기초 정수론

Elementary Number Theory
and Its Applications

기초 정수론

제7판

Kenneth H. Rosen 지음

강순이 · 김창헌 · 전대열 옮김

KM 경문사

Pearson Education South Asia Pte Ltd
3 Temasek Avenue #21-23, Centennial Tower
Singapore 039190

Pearson Education offices in Asia: *Bangkok, Beijing, Ho Chi Minh City, Hong Kong, Jakarta, Kuala Lumpur, Manila, Seoul, Singapore, Taipei, Tokyo*

3 2 1
26 25 24

Cover Image by Windwheel/Shutterstock

발행일: 2025년 2월 12일
공급처: ㈜경문사(02-332-2004/kms2004@kyungmoon.com)
ISBN: 978-981-3351-15-8(93410)
가격: 43,000원

http://pearson.com/asia

역자 서문

이 책은 학부 수준의 정수론 교재로, 전통적인 정수론 주제와 함께 암호학 등 다양한 응용 분야를 포괄적으로 다루고 있다. 본문에서 이론의 전개와 증명을 체계적으로 설명하며, 연습문제가 충실하게 구성되어 있어 교재로서의 요건을 부족함 없이 갖추고 있다. 특히 연습문제에는 기본적인 문제뿐만 아니라 계산 및 탐구형 문제, 프로그래밍 프로젝트 등이 포함되어 있어 독자가 깊이 이해하고 계산 능력을 키우는 데 도움이 된다. 또한 각 주요 개념 및 정리와 관련된 정수론 학자들을 소개함으로써 정수론의 역사적 배경과 최근 연구 동향을 흥미롭게 보여준다. 이를 통해 독자는 정수론에 대한 흥미를 높이고 심화 연구에 대한 동기를 부여받을 수 있다.

역자들은 원저자의 의도를 충실히 반영하여 번역하려고 노력했으나 부족한 점도 있을 것이다. 그러한 부분은 증쇄 시 바로잡아 완성도를 높일 것을 약속드리며, 독자의 피드백을 겸허히 검토하여 반영할 것이다.

마지막으로, 이 책의 출간을 위해 지원해준 피어슨에듀케이션과 경문사 관계자 여러분에게 깊이 감사드린다.

2025년 1월

강순이, 김창헌, 전대열

저자 서문

처음 이 책을 시작할 때의 목표는 수론에 대해 접근하기 쉽고 매력적인 입문서를 쓰는 것이었다. 무엇보다도 가르치고 배우기에 효과적인 도구를 만들고 싶었다. 수론의 풍부함과 아름다움, 그리고 예상치 못한 유용성을 담고 싶었다. 수론은 고전적이면서도 현대적인 동시에 순수한 이론이자 응용의 학문이기도 한다. 이와 같은 대조적인 측면을 포착하고 이것을 하나의 일관된 텍스트로 통합하려고 노력했다. 이 책을 개정할 때마다 이러한 목표를 유지하면서 원래의 목표를 더욱 발전시키고자 노력했다. 새로운 발견과 응용도 추가했다.

이 책은 모든 학부 수준의 수론 수업에 사용할 수 있다. 대부분의 내용을 이해하는 데 기본적인 대수 이상의 선수 과목이 필요하지 않으며, 어느 정도의 수학적 성숙도만 갖추면 된다. 또한 이 책은 기초 수론의 참고서로 기획되었으므로 컴퓨터 과학 과목에 유용한 보조 자료로 사용할 수 있고, 수론과 암호학의 발전에 관심이 있는 사람들을 위한 입문서로도 활용할 수 있다. 이 책은 수론 및 다양한 응용 분야의 교재로서뿐만 아니라 평생 참고서로 이용할 수 있을 만큼 포괄적이다.

수론의 많은 중요한 미해결 문제가 이 책이 출간된 후에 해결되었다. 컴퓨팅 성능의 발전은 놀라운 양의 계산적 발견으로 이어졌다. 지난 40년 동안 수론의 새로운 응용이 많이 개발되었는데, 그중 많은 것이 암호학 분야에서 이루어졌다.

새 개정판이 나올 때마다 새로운 주제를 추가하고 내용을 최신 상태로 보완했다. 특히 7판은 출간 38주년 기념판이다. 지난 수년 동안 전 세계의 10만 명 이상 학생들이 이 책으로 수론을 공부했다. 각 개정판은 교수자, 학생, 리뷰어가 보내준 피드백과 제안의 도움을 받았다. 7판도 이전과 동일한 접근 방식을 따랐지만 대폭 개선 및 보완되었다. 이 책을 처음 접하거나 6판을 보지 못한 교수자는 7판의 풍부한 연습문제, 흥미로운 역사적 참고 자료, 최신 정보의 다양한 커버리지, 신중하고 엄격한 증명, 유용한 예제, 다채로운 응용, Maple·Mathematica·SageMath 등의 계산 엔진을 위한 지원에 만족할 것이다.

7판의 개정 사항

더 쉽게 가르치고 더 쉽게 배울 수 있도록, 더 흥미롭도록, 가능한 한 최신 정보를 제공하도록 개정이 이루어졌다. 이러한 개정 사항의 대부분은 6판 사용자와 리뷰어가 제안한 것이다. 7판의 주요 개정 사항은 다음과 같다.

- 다양성, 공정성, 포용성: 다양성, 공정성, 포용성을 보다 완벽하게 지원하기 위해 더욱 많은 노력을 기울였다. 출판사는 이러한 노력을 지원하기 위해 철저히 검토했으며, 그 결과로 연습문제가 향상되었다.
- 새로운 발견: 이론과 계산에서의 최근 발견을 소개한다. 7판에 반영된 계산의 발견 중에는 4개의 새로운 메르센 소수, 현재 알려진 가장 큰 쌍둥이 소수, 여러 중요한 가설을 뒷받침하는 증거 등이 있다. 책 전반에 걸쳐 새로운 이론의 발견도 언급되는데, 그중에는 약한 골드바흐 추측의 증명과 $O(n \log 2n)$ 비트연산을 사용하여 두 n-비트 정수를 곱하는 알고리즘이 있다는 결과가 포함되어 있다.
- 미해결 문제: 앞서 언급했듯이 이 책이 출간된 후 수론의 많은 미해결 문제가 해결되었다. 그럼에도 불구하고 수론은 학생들이 접근 가능한 미해결 문제가 여전히 많기로 악명이 높다. 7판에서는 이러한 미해결 문제를 폭넓게 다루며 부록 F에 요약하여 제공한다.
- 더 유연한 구성: 6판의 3장 '최대공약수 및 소수'를 교수자가 더 쉽게 자신만의 강의를 구성할 수 있도록 7판에서는 3장 '최대공약수', 4장 '소수'로 나누었다.
- 추상 대수와의 연결: 이 책은 추상 대수에 대한 사전 지식을 요구하지는 않지만 군, 환, 체와 같은 기본적인 대수 구조를 소개한다. 예를 들어 법 p(소수)에 대한 정수환을 소개하고, 산술함수 집합에서 점별 덧셈과 디리클레 곱셈 연산으로 형성된 교환 환인 디리클레 환을 다룬다. 이는 추상 대수를 이미 공부한 학생에게 도움이 되며, 앞으로 추상 대수를 수강할 학생은 핵심 아이디어를 이해할 수 있을 것이다.
- 암호학: 암호학을 다루는 범위가 확장되었다. 타원곡선 암호를 다루고, 공개키 암호 개발의 역사가 된 배낭 암호를 제외했다. 또한 현대 암호학에서 중요한 개념인 동형 암호화를 소개한다.
- 원시근과 이산로그: 어떤 양의 정수가 원시근을 갖는지 특정하는 정리의 증명이 간소화되었다. 또한 이산로그의 최단보폭-최장보폭 알고리즘을 소개한다.
- 소수 p로의 타원곡선: 실수에 대한 타원곡선의 기존 적용 범위를 확대해 홀수 소수 p에 대한 타원곡선 내용을 추가했다. 그리고 렌스트라 타원곡선 방법으로 홀수 소수에 대한 곡선을 이용하는 인수분해를 추가했다. 또한 엘가말 타원곡선 암호체계, 타원곡선 디피-헬먼 키 교환, 타원곡선 디지털 키 교환에 대한 간단한 설명을 포함해 타원곡선을 암호에 응용하는 방법을 설명한다.

- 강화된 연습문제: 연습문제를 개선하기 위해 광범위한 작업을 수행했다. 단순한 루틴부터 도전적인 연습까지 수백 개의 연습문제가 추가되었다. 또한 새로운 계산 연습 및 탐구 문제도 포함되었다.
- 정확도: 정확성을 보장하기 위해 주의를 기울였다. 정확성 점검자들과 보조 자료를 준비하는 사람들이 본문 전체를 검토했다.
- 대화형 전자 교재: 이 책의 대화형 버전인 Pearson eText를 개발 중이다.

연습문제

수학을 배우는 가장 좋은 방법은 가능한 한 연습문제를 많이 풀어보는 것이다. 이 책에 수록된 연습문제의 유형은 다음과 같다.

- 표준 연습문제: 기본적인 개념과 기술을 익힐 수 있는 루틴 연습문제가 포함되어 있다. 중급 수준의 연습문제는 여러 개념을 결합하여 새로운 결과를 만들 수 있도록 돕는다. 그 밖의 연습문제와 연습 블록은 새로운 개념을 개발하는 데 사용된다. 우수한 학생들을 위한 도전적인 연습문제도 수록되어 있다.
- 연습문제 설명: 도전적인 연습문제를 풍부하게 제공한다. 별표 1개(*)는 어려운 문제를 나타내고, 별표 2개(**)는 매우 어려운 문제를 나타낸다. 본문의 뒷부분에 사용되는 결과가 포함된 연습문제는 마름모(♦)로 표시했다. 이러한 연습문제는 가급적 과제로 주어져야 한다.
- 연습문제 해답: 홀수 번호 연습문제의 해답을 책 말미에 수록했다.
- 계산과 탐구: Maple, Mathematica, PARI/GP, SageMath 등의 계산 프로그램을 사용하거나 교수자 또는 학생이 작성한 프로그램을 사용하여 수행할 수 있는 계산과 탐구 문제를 각 절에 수록했다. 학생들이 기본 명령어를 적용하는 방법(Maple, Mathematica, SageMath의 경우 부록 C에 설명되어 있음)을 배울 수 있는 계산 연습문제, 실험과 창의성을 위해 고안된 개방형 문제가 있다. 또한 각 절에는 학생이 선택한 프로그래밍 언어나 계산 프로그램을 사용하여 수행할 수 있는 프로그래밍 프로젝트도 담겨 있다.

이 책을 이용하여 교육과정을 설계하는 방법

이 책은 다양한 각도와 수준에서 기초 수론 강의 교재로 사용할 수 있다. 따라서 교수자는 이 책을 사용하여 강의를 계획할 때 상당한 유연성을 확보할 수 있다. 대부분의 경우 1장(필요시), 2.1절(필요시), 3장, 4장, 5.1~5.3절, 7장, 8.1~8.3절, 10.1~10.2절의 핵심 내용을 다루고자 할 것이다.

핵심 내용에 관심 있는 주제를 추가할 수 있다. 일반적으로 크게 순수와 응용으로 주제를 분류할 수 있다. 순수 수론 주제에는 뫼비우스 반전(8.4절), 정수 분할(8.5절), 원시근(10장), 연분수(13장), 디오판토스 방정식(14장의 첫 절반), 타원곡선(14장의 후반부), 가우스 정수(15장)가 포함된다.

응용을 다루고자 한다면 나눔 판정법, 만세력, 체크디지트(6장)와 같이 접근하기 쉬운 응용을 다룰 수 있다. 컴퓨터 응용 및 암호화에 중점을 두고자 한다면 2장과 9장을 다루어야 한다. 또한 10.3절, 10.4절, 11장, 12.5절, 14.7절을 포함할 수도 있다.

그림은 각 장의 관계도를 보여준다.

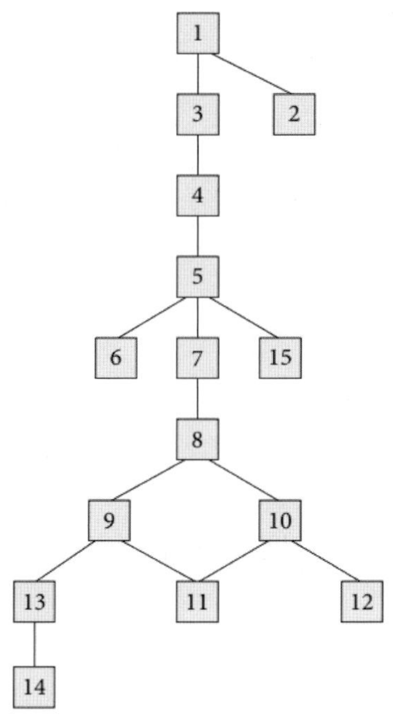

2장은 필요에 따라 생략할 수 있지만, 본문에 등장하는 수론 알고리즘의 복잡성을 설명하는 데 사용되는 빅-오 표기법이 2장에서 소개된다. 13장은 1장의 내용만 필요하지만 정리 13.4에는 10장의 내용이 등장한다. 14장에서 13장의 내용이 필요한 유일한 부분은 14.4절이다. 10.1절의 원시근과 관련된 선택적인 내용을 생략한다면 12장에서는 10장을 다루지 않아도 된다. 또한 15.3절은 14.3절과 함께 다루어야 한다. 타원곡선을 소개하려면 14.5절과 14.6절을 추가하고, 법 p로의 타원곡선의 응용을 소개하려면 14.7절을 추가한다.

차례

* 홀수 번호 연습문제 해답은 경문사(02-332-2004/kms2004@kyungmoon.com)를 통해 전자책으로 구매 가능하며, 부록과 참고문헌은 경문사의 북이오 홈페이지(https://buk.io/@pa9309)에서 무료로 열람할 수 있습니다.

수론이란 무엇인가

수론에 대한 관심이 뜨겁다. 인터넷을 통해 수천 명이 공동으로 수론 문제를 풀고, 수론에서 유명한 문제의 해답이 PBS(미국 공영 방송) 텔레비전 시리즈 NOVA에서 보도되며, 메시지를 비밀로 보내기 위한 시스템을 이해하기 위해 수론을 공부한다. 수론이란 어떤 학문이며, 왜 오늘날 많은 사람이 여기에 관심을 가질까?

수론은 특정 종류의 숫자의 성질과 관계를 연구하는 수학의 한 분야이다. 수론에서 연구하는 숫자 집합 중 가장 중요한 대상은 양의 정수의 집합인데, 1과 자기 자신을 제외한 다른 양의 정수 약수를 가지지 않는 정수인 **소수**(primes)가 특별히 중요하다. 곱셈의 관점에서 소수가 양의 정수의 구성 요소가 되기 때문인데, 이 결과는 **산술의 기본정리**(fundamental theorem of arithmetic)라고 불리며, 정확하게는 모든 양의 정수를 소수의 곱으로 유일하게(순서를 고려하지 않으면) 표현할 수 있다는 것이다. 소수에 대한 관심은 적어도 2500년 전 고대 그리스 수학자들의 연구까지 거슬러 올라갈 수 있다. 아마도 소수에 대한 첫 번째 질문은 소수가 무한히 많은지 여부일 것이다. 고대 그리스 수학자 유클리드가 그의 저서 《원론(The Elements)》에서 소수는 무한히 많다고 증명했는데, 그의 증명은 수학의 가장 아름다운 증명 중 하나로 여겨진다. 소수에 대한 관심은 페르마(Pierre de Fermat)와 오일러(Leonhard Euler)와 같은 수학자들이 많은 중요한 결과를 증명하고 소수를 생성하는 여러 접근법에 대한 가설을 제시한 17세기와 18세기에 다시 불 붙었다. 소수에 대한 연구는 19세기에 크게 발전하여, 등차수열에 무한히 많은 소수가 존재한다는 사실이나 주어진 양수 x보다 크지 않는 소수의 개수에 대한 예리한 근사 등의 결과들이 발견되었다. 지난 100여 년 동안 소수 연구를 위한 많은 강력한 기법이 개발되었지만, 쌍둥이 소수(차이가 2인 소수의 쌍)가 무한히 존재한다는 악명 높은 미해결 문제를 비롯하여 여전히 풀지 못한 미해결 문제가 많이 남아 있다. 소수와 관련된 다양한 미해결 문제에 대한 연구가 계속 이루어질 것이고, 앞으로 몇십 년 후에는 새로운 결과들이 반드시 등장할 것이다.

현대 수론의 발전은 역사상 가장 위대한 수학자 중 한 명인 독일 수학자 가우스(Carl Friedrich Gauss)에 의해 이루어졌다. 가우스는 "수학은 과학의 여왕"이고 "수론은 수학의 여왕"이라

했다고 알려져 있다. 19세기 초에 가우스는 **합동**(congruence)이라는 개념을 제시했는데, 두 정수 a와 b가 있을 때, $a-b$가 양의 정수 m으로 나뉘면 a와 b가 법 m으로 합동이라고 한다. 이 합동의 개념으로 나눗셈에 의한 관계를 등식을 다루듯이 쉽게 처리할 수 있다. 가우스는 수론에서 여러 중요한 개념을 정립했는데, 대표적으로 수론에서 가장 미묘하고 아름다운 결과 중 하나인 **이차상호법칙**(law of quadratic reciprocity)을 증명했다. 이 법칙은 두 소수 p와 q가 있을 때, p가 법 q로 제곱수인지의 여부를 q가 법 p로 제곱수인지 여부와 관련짓는다. 가우스는 이 법칙에 대한 여러 다른 증명을 개발했고, 이 중 일부는 수론의 새로운 분야를 열기도 했다.

소수와 합성수를 구별하는 것은 수론의 근본적인 문제이다. 이 문제에 대한 연구로 다양한 **소수 판정법**(primality test)이 개발되었다. 어떤 양의 정수가 소수인지 가장 간단하게 판단하는 방법은 그 정수가 자신의 제곱근 이하의 소수로 나눠지는지를 일일이 확인하는 것이다. 그러나 이 방법은 매우 큰 양의 정수에 사용하기에는 너무 비효율적이다. 19세기에 페르마가 'p가 소수이면 p가 2^p-2를 나눈다는 것'을 보이자, 그 역인 어떤 수 n이 2^n-2를 나누면 n이 소수라는 명제를 참이라고 생각한 이도 있었지만, 이 명제는 참이 아니다. 19세기 초에 이미 341과 같이 이 명제의 반례가 되는 합성수가 알려졌고, 이러한 수를 **유사소수**(pseudoprimes)라고 부른다. 유사소수가 존재하기는 하지만 대부분의 합성수가 유사소수가 아니라는 사실에 기반한 소수 판정법은 굉장히 큰 정수 중 소수일 가능성이 높은 수를 빠르게 찾는 데 사용된다. 그러나 이 방법을 주어진 정수가 소수임을 증명하는 데는 사용할 수 없다. 이러한 문제는 수백 년 동안 미해결 문제로 남아 있었지만, 2002년에 세 명의 인도 컴퓨터 과학자인 아그라왈(Manindra Agrawal), 카얼(Neeraj Kayal), 시세나(Nitin Saxena)에 의해 해결되어 수학계를 놀라게 했다. 그들의 알고리즘은 정수 n이 소수인지 아닌지 다항 시간 안에 (n의 자릿수를 기준으로) 보일 수 있다.

양의 정수를 소수의 곱으로 인수분해하는 것은 수론에서 또 다른 중요한 문제이다. 물론 나눗셈시행을 통해 양의 정수를 인수분해 할 수 있지만, 이 방법은 극도로 많은 시간이 소요된다. 페르마와 오일러를 포함한 많은 수학자가 창의적인 인수분해 알고리즘을 개발했고, 이 알고리즘들은 지난 30년 동안 다양한 인수분해방법으로 확장되어 왔다. 그러나 지금까지 잘 알려진 방법으로 수백 또는 수천 자리의 소수를 쉽게 찾을 수는 있지만, 그 정도 자릿수의 정수를 인수분해하는 것은 현재의 가장 강력한 컴퓨터로도 어려운 일이다.

중요한 보안 시스템인 **RSA 암호체계**(RSA cryptosystem)의 안정성은 큰 정수 중 거의 확실히 소수인 수를 찾는 데 필요한 시간과 큰 정수를 인수분해하는 데 필요한 시간 사이의 차이에 기반을 두고 있다. RSA시스템은 공개키 암호체계로, 각 사람이 공개키와 연결된 개인키를 가지는 보안 시스템이다. 다른 사람의 공개키를 사용하여 누구든지 메시지를 암호화하고 디지털 서명을 할 수 있지만, 이렇게 암호화된 메시지는 개인키를 소유한 사람만이 복호화할 수 있으며, 메시지의 수신자는 메시지의 발신자를 확인할 수 있다. 수론에서 나온 개념이 RSA 암호체계의 기본 작동 원리 뿐 아니라 현대 암호학의 여러 부분을 이해하는 데 필수적이다. 이와 같이 수론이 암호학에서 중요한 역할을 하고 실생활에서 활용되리라고는 많은 수학자들이 예상하지 못했었다. 몇몇 유명한 수학자들, 예를 들면 하디(G. H. Hardy)와 같은 사람들은 수론이 오늘날 이용되고 있는 것처럼 절대로 응용되지 않을 것이라며 자부심을 가질 정도였다.

방정식의 정수해를 찾는 것은 수론의 또 다른 중요한 주제이다. 정수해만을 구하는 조건이 추가된 방정식을 고대 그리스 수학자 디오판토스(Diophantine)의 이름을 따서 **디오판토스 방정식**(diophantine equation)이라고 부른다. 다양한 종류의 디오판토스 방정식이 연구되었지만, 그 중에서 가장 유명한 것은 **페르마 방정식**(Fermat's equation) $x^n + y^n = z^n$일 것이다. **페르마의 마지막 정리**(Fermat's last theorem)는 n이 2보다 큰 정수일 때, 이 방정식이 $xyz \neq 0$인 정수해 x, y, z를 갖지 않는다는 것이다. 17세기에 페르마가 이 정리가 참이라고 추측한 후, 수학자들은 300년 이상에 걸쳐 이를 증명하기 위해 노력했으나, 1995년 와일스(Andrew Wiles)에 의해 처음으로 증명되었다. 와일스는 20세기 후반에 개발된 타원곡선 이론의 결과를 사용했다. 이 책에서는 다양한 디오판토스 방정식을 다루고, 이를 활용하여 여러 문제를 해결하는 방법을 소개할 것이다.

와일스의 증명에서 볼 수 있듯이, 수론은 정적인 주제가 아니다. 새로운 발견이 꾸준히 이루어지고 중요한 이론이 계속 정립되고 있다. 오늘날 컴퓨터가 인터넷을 통해 연결되면서 제공되는 엄청난 계산력으로 수론에서 새로운 발견이 촉진되고, 누구나 이 계산 퀘스트에 참여할 수 있게 되었다. 예를 들어 GIMPS(Great Internet Prime Search)에 참여하여 새로운 **메르센 소수**(Mersenne prime), 즉 $2^p - 1$ (p도 소수) 형태의 소수 찾기에 동참할 수 있다. 현재까지 51개의 메르센 소수가 발견되었고, 새로운 메르센 소수를 찾으면 3,000달러의 상금을 받게 된다. 2008년 8월에는 천만 자리 이상의 첫 번째 소수이자 메르센 소수인 $2^{43,112,609} - 1$이 발견되었는데, 이 발견에 전자프론티어재단(Electronic Frontier Foundation)이 10만 달러의 상금을 수여했다. 현재는 1억 자리 이상의 소수를 찾는 공동 프로젝트가 진행 중이며, 15만 달러의 상금이 걸려 있다. 2022년 중반 기준으로 가장 큰 메르센 소수는 2,500만 자리 미만이기 때문에 1억 자리 이상의 메르센 소수를 발견하는 데는 아마도 수년이 걸릴 것으로 예상된다. 이 책에서 다룰 몇 가지 주제를 학습한 후에는 남는 컴퓨팅 자원을 활용하여 직접 이 프로젝트에 참여할 수도 있을 것이다.

기초 수론이란 무엇인가

이 책의 제목에 "기초"라는 단어가 포함된 이유는 **기초 수론**(elementary number theory)이라고 불리는 수론의 일부만 다루기 때문이다. 기초 수론이란 복소 변수 이론, 추상 대수, 대수기하학과 같은 고급 수학에 의존하지 않는 수론의 분야이다. 수학을 계속 공부할 계획이 있는 학생들은 해석적 수론(복소 변수 이론을 활용하는 분야)이나 대수적 수론(추상 대수의 개념을 사용하여 대수적 수체에 관한 흥미로운 결과를 증명하는 분야)과 같은 고급 수론 분야에 대해 배울 것이다.

몇 가지 조언

공부를 시작하면서 수론은 수천 년 전으로 거슬러 올라가는 고전적인 주제임인 동시에 새로운 발견이 빠르게 이루어지고 있는 매우 현대적인 주제임을 명심하자. 수론은 또한 지순한 지적 매력을 지닌 순수 수학이자 암호학과 컴퓨터 과학, 전기 공학에 핵심적으로 응용되는 응용 수학이기도 하다. 앞서 수론을 공부하며 학업을 마친 후에도 수론에 대한 흥미를 유지했던 선배들처럼 수론의 다양한 매력을 찾기를 바란다.

수론 공부에서 실험과 탐구는 중요한 역할을 한다. 이 책의 결과들은 수많은 수치적 근거를 조사하고 패턴을 찾으며 가설을 세워보던 수학자들에 의해 발견되었다. 그들은 자신의 가설을 증명하려고 열심히 노력했고, 그중 일부는 증명되어 정리로 남는 데 성공했으며, 일부는 반례가 발견되어 기각되었고, 나머지는 아직까지 해결되지 않은 미해결 문제로 남아 있다. 수론을 공부할 때 많은 예를 살펴보고 패턴을 찾고 자신만의 가설을 세워보기를 추천한다. 작은 수들은 수론의 창시자들처럼 손으로 예제를 계산해 볼 수 있겠지만, 그들과 달리 여러분은 오늘날의 거대한 컴퓨팅 파워와 계산 엔진을 활용할 수 있다. 손으로든 컴퓨터를 도구로 하든 예제를 직접 풀어보는 것은 이 주제를 배우는 데 도움이 될 것이다. 그러는 동안 여러분만의 새로운 결과를 발견할 수도 있다.

제1장
정수

가장 일반적인 의미에서 수론은 다양한 수 집합의 성질을 다룬다. 이 장에서는 정수, 유리수, 대수적 수를 포함해 특히 중요한 몇 가지 수 집합에 대해 알아본다. 실수를 유리수로 근사하는 개념을 간단히 소개하고, 수열의 개념과 고대 그리스에서 다뤘던 일부 도형수를 포함한 특정 정수 수열을 소개한다. 주어진 첫째항으로부터 특정 정수 수열을 찾는 일반적인 문제에 어떻게 접근할 수 있는지도 간략하게 다룬다.

수열의 개념을 사용하여 가산집합을 정의하고 유리수 집합이 가산집합이라는 것을 보이며, 합과 곱에 대한 표기법을 소개한 후 몇 가지 유용한 합 공식을 유도한다.

수학, 특히 수론에서 가장 중요한 증명 기법 중 하나는 수학적 귀납법이다. 두 종류의 수학적 귀납법을 소개하고, 이 증명법으로 어떻게 다양한 결과를 증명하는지 보이며 수학적 귀납법이 왜 유효한 증명 기법인지를 알아본다.

다음으로, 흥미로운 피보나치 수열과 이 수열을 탄생시킨 원래의 문제를 소개한다. 또한 수학적 귀납법 등을 사용하여 피보나치 수열과 관련된 여러 가지 등식과 부등식을 확립한다.

이 장의 마지막 절에서는 수론에서의 기본 개념 중 하나인 나눗셈에 대해 다룬다. '나눗셈 알고리즘'을 포함해 정수 나눗셈의 몇 가지 기본 성질을 증명하고, 한 정수를 다른 정수로 나눈 몫과 나머지를 최대정수함수의 값을 사용하여 표현하는 방법을 보여준다(최대정수함수의 여러 유용한 특성도 알아본다).

1.1 수와 수열

이 절에서는 이 책 전체에 걸쳐 사용되는 기본적인 내용을 소개한다. 특히 정수론에서 공부하는 중요한 수 집합과 정수 수열의 개념, 합과 곱에 대해 다룬다.

1.1.1 수

우선 여러 유형의 수를 알아보자. **정수**(integers)는 다음 집합에 속한 수로, 수론 연구에 핵심적인 요소이다.

$$\{\ldots, -3, -2, -1, 0, 1, 2, 3, \ldots\}$$

양의 정수는 다음과 같이 특별한 성질을 갖는다.

정렬 성질(the well-ordering property) 공집합이 아닌 모든 양의 정수 집합은 최소 원소를 갖는다.

양의 정수의 정렬 성질은 당연해 보일 수 있지만, 1.3절에서 살펴볼 것처럼 정수 집합에 대한 많은 결과를 증명할 수 있는 기본 원리이다.

정렬 성질은 양의 정수 집합을 정의하는 공리 중 하나로 볼 수도 있고, 이 성질이 포함되지 않은 공리 집합에서 유도할 수도 있다(정수 집합에 대한 공리는 부록 A 참조). 양의 정수 집합은 **잘 정렬되어 있다**(well ordered)고 할 수 있지만, 모든 정수의 집합(양의 정수, 음의 정수, 0)은 그렇지 않다. 왜냐하면 음의 정수의 집합, 100보다 작은 짝수 집합이나 모든 정수 집합에는 최소 원소가 없기 때문이다.

수론 연구에서 중요한 또 다른 종류의 수는 정수의 비로 표현될 수 있는 수의 집합이다.

정의 1.1

실수 r이 정수 p와 q의 비 $r = p/q$로 표현될 수 있을 때 r을 **유리수**(rational)라고 한다. 만약 r이 유리수가 아니라면 **무리수**(irrational)라고 한다.

예제 1.1

숫자 $-22/7, 0 = 0/1, 2/17, 1111/41$은 유리수이다.

모든 정수 n은 $n = n/1$으로 쓸 수 있기 때문에 유리수이다. 무리수의 예로는 $\sqrt{2}$, π, e 등이 있다. 양의 정수 집합의 정렬 성질을 이용하여 $\sqrt{2}$가 무리수임을 보일 수 있다. 여기서 보인 증명은 꽤 뛰어나지만, $\sqrt{2}$가 무리수임을 보이는 가장 간단한 증명은 아니다. 더 선호할 만한 증명이 4장에서 제시될 것이다(4.3절의 예제 4.13과 4.14, 연습문제 72(c) 참조). $\sqrt{2}$가 무리수라는 것은 여러 가지 방법으로 증명할 수 있는 기초 정수론의 많은 결과 중 하나이다. 이 책의 뒷부분에서 다양한 증명이 가능한 다른 결과를 살펴본다. (e가 무리수임을 연습문제 44에서 증명해보자. π가 무리수임을 증명하는 것은 쉽지 않으며 관련 내용은 [HaWr08]를 참조하기 바란다.)

정리 1.1

$\sqrt{2}$는 무리수이다.

증명 1.1

$\sqrt{2}$가 유리수라고 가정해보자. 그러면 어떤 양의 정수 a와 b에 대해 $\sqrt{2} = a/b$이다. 따라서 집합 $S = \{k\sqrt{2} \mid k$와 $k\sqrt{2}$는 양의 정수$\}$의 집합은 공집합이 아닌 양의 정수들의 집합이다($a = b\sqrt{2}$가 S의 원소이므로 S는 공집합이 아니다). 그러므로 정렬 성질에 의해 S에는 가장 작은 원소가 있다. 이를 $s = t\sqrt{2}$라고 하자.

한편 $s\sqrt{2} - s = s\sqrt{2} - t\sqrt{2} = (s-t)\sqrt{2}$인데, $s\sqrt{2} = 2t$와 s가 모두 정수이기 때문에 $s\sqrt{2} - s = (s-t)\sqrt{2}$도 정수이다. 또한 $s\sqrt{2} - s = s(\sqrt{2} - 1)$이고 $\sqrt{2} > 1$이기 때문에 $s\sqrt{2} - s$는 양수이다. 따라서 $s\sqrt{2} - s$는 S의 원소이다. 그런데 $\sqrt{2} < 2$이므로 $\sqrt{2} - 1 < 1$이 성립하여 $s\sqrt{2} - s$는 s보다 작다. 이는 s가 S에서 가장 작은 양의 정수라는 사실에 위배된다. 따라서 $\sqrt{2}$는 무리수이다.

정수, 양의 정수, 유리수, 실수의 집합은 전통적으로 각각 $\mathbf{Z}$, $\mathbf{Z}^+$, $\mathbf{Q}$, $\mathbf{R}$로 표기한다. 또한 x가 집합 S에 속할 때 $x \in S$와 같이 표기한다. 이 책에서도 종종 이 표기를 사용한다.

여기서는 몇 가지 다른 유형의 수를 간단히 언급하고 13장에서 다시 다룬다.

정의 1.2

수 α가 정수계수 다항식의 해인 경우, 즉 $a_0, a_1, \ldots, a_n$이 정수일 때 $a_n\alpha^n + a_{n-1}\alpha^{n-1} + \cdots + a_0 = 0$을 만족시키면 α는 **대수적**(algebraic)이라 한다. 만약 α가 대수적이 아니면 **초월적**(transcendental)이라 한다.

예제 1.2

무리수 $\sqrt{2}$는 다항식 $x^2 - 2$의 해이므로 대수적이다.

모든 유리수는 대수적이다. 왜냐하면 a와 b가 정수이고 $b \neq 0$일 때, a/b는 $bx - a$의 해이기 때문이다. 13장에서는 초월수의 예를 들어본다. e와 π도 초월수이지만, 이것을 증명하는 것은 이 책의 범위를 벗어난다(증명은 [HaWr08] 참조).

1.1.2 최대정수함수

어떤 실수 이하의 수 중 가장 큰 정수를 나타내기 위해 특별한 표기법이 사용된다.

정의 1.3

실수 x의 **최대정수**(greatest integer)는 x보다 작거나 같은 가장 큰 정수이고, $[x]$로 표기한다. 즉 $[x]$는 다음을 만족하는 정수이다.

$$[x] \le x < [x] + 1$$

예제 1.3

$[5/2] = 2$, $[-5/2] = -3$, $[\pi] = 3$, $[-2] = -2$, $[0] = 0$이다.

비고. 최대정수함수는 **바닥함수**(floor function)로도 알려져 있다. 이 함수에 대한 표기법으로 $[x]$ 대신 컴퓨터 과학자들은 일반적으로 $\lfloor x \rfloor$ 표기법을 사용한다. 관련 함수로 **천장함수**(ceiling function)도 컴퓨터 과학에서 자주 사용되는 함수이다. 실수 x의 천장함수는 $\lceil x \rceil$로 나타내며, x보다 크거나 같은 가장 작은 정수이다. 예를 들어 $\lceil 5/2 \rceil = 3$이고, $\lceil -5/2 \rceil = -2$이다.

최대정수함수는 다양한 맥락에서 활용되고 있다. 이 책 전반에 걸쳐 보이는 바와 같이 수론에서 중요할 뿐 아니라 컴퓨터 과학의 한 분야인 알고리즘 분석에서도 중요한 역할을 한다. 다음 예제는 이 함수의 유용한 속성을 보여준다. 최대정수함수의 더 많은 속성은 이 절 끝에 제공된 연습문제와 [GrKnPa94]에서 살펴볼 수 있다.

예제 1.4

정수 n이 주어졌을 때 $[x+n] = [x]+n$임을 보이기 위해 $[x] = m$으로 두자. m은 정수이고 $m \le x < m+1$이다. 이 부등식의 모든 항에 n을 더하면 $m+n \le x+n < m+n+1$을 얻는다. 즉 $m+n = [x]+n$이 $x+n$보다 작거나 같은 가장 큰 정수이다. 따라서 $[x+n] = [x]+n$이다.

정의 1.4

실수 x의 **소수부분**(fractional part)은 $\{x\}$로 나타내며, x와 x보다 작거나 같은 가장 큰 정수인 $[x]$와의 차이이다. 즉 $\{x\} = x - [x]$이다.

모든 실수 x에 대해 $[x] \le x < [x]+1$이므로 $0 \le \{x\} = x - [x] < 1$이다. 또한 x의 최대정수는 $x = [x] + \{x\}$이기 때문에 x의 **정수부분**(intergral part)이라고도 한다.

예제 1.5

$\{5/4\} = 5/4 - [5/4] = 5/4 - 1 = 1/4$이고 $\{-2/3\} = -2/3 - [-2/3] = -2/3 - (-1) = 1/3$이다.

1.1.3 디오판토스 근사

실수와 가장 가까운 정수와의 거리는 최대 $1/2$이다. 하지만 어떤 실수의 k배수 중에는 정수에 훨씬 더 가까운 것이 있을까? 수론의 중요한 부분 중 하나인 **디오판토스 근사**(diophantine approximation)에서 이러한 질문을 연구한다. 특히 실수를 유리수로 근사하는 문제에 중점을 두고 있다. [형용사 *diophantine*은 그리스 수학자 디오판투스(Diophantus)에서 비롯되었다.]

실수 α의 첫 n개의 배수 중에 가장 가까운 정수와의 거리가 $1/n$보다 작은 것이 적어도 하나는 있다는 것을 증명하는 데 독일 수학자 디리클레(Dirichlet)가 소개한 유명한 **비둘기집 원리**(pigeonhole principle)를 이용한다.[1] 비둘기집 원리는 물체의 수가 상자보다 많으면 물체를 상자에 넣을 때 적어도 두 개의 물체가 같은 상자에 들어가야 한다는 것으로, 단순한 것처럼 보이지만, 수론과 조합수학에서 매우 유용하게 사용된다. 먼저 이 중요한 사실을 명시하고 증명하자. 이 정리를 비둘기집 원리라고 부르는 이유는 비둘기의 수가 둥지보다 많으면, 두 마리의 비둘기가 같은 둥지에 들어가야 하기 때문이다.

정리 1.2 비둘기집 원리

$k+1$개 이상의 물체를 k개의 상자에 넣으려면 적어도 한 상자에는 두 개 이상의 물체를 넣어야 한다.

증명 1.2

만약 k개의 상자 중 어느 하나도 두 개 이상의 물체를 포함하지 않는다면 전체 물체 수는 최대 k가 된다는 모순이 생긴다. 따라서 어떤 상자에는 적어도 두 개 이상의 물체가 포함되어야 한다.

이제 실수 α의 첫 n개의 배수 중에 가장 가까운 정수와의 거리가 $1/n$보다 작은 것이 적어도 하나는 있다는 근사 정리를 증명해보자. 이 증명은 비둘기집 원리의 유용성을 보여준다. (비둘기집 원리의 더 많은 응용에 대해서는 [Ro19]를 참고하기 바란다.) (증명에서 **절댓값 함수**를 사용하는데, x의 절댓값 $|x|$는 $x \geq 0$이면 x이고, $x < 0$이면 $-x$임을 상기하자. 또한 $|x-y|$는 x와 y 사이의 거리를 나타낸다.)

정리 1.3 디리클레 근사 정리

α가 실수이고 n이 양의 정수이면, $|a\alpha - b| < 1/n$를 만족하는 $1 \leq a \leq n$인 정수 a와 b가 존재한다.

[1] 비둘기집 원리를 원래 디리클레는 *Schubfachprinzip*라고 불렀는데, 이는 독일어로 '서랍 원리'라는 뜻이다.

증명 1.3

정리를 증명하기 위해 $n+1$개의 수 $0, \{\alpha\}, \{2\alpha\}, \dots, \{n\alpha\}$를 고려하자. 이들은 $j\alpha\ (j=0,1,\dots,n)$의 소수부분이므로, 각 $j=0,1,\dots,n$에 대해 $0 \le \{j\alpha\} < 1$를 만족한다. 따라서 이 $n+1$개의 수는 각각 n개의 서로소인 구간 $0 \le x < 1/n, 1/n \le x < 2/n, \dots, (j-1)/n \le x < j/n, \dots, (n-1)/n \le x < 1$ 중 하나에 속하는데, 숫자는 $n+1$개지만 구간은 n개뿐이므로 비둘기집 원리에 의해 적어도 두 개의 수가 같은 구간에 속한다. 각 구간의 길이가 $1/n$이며 우측 끝점을 포함하지 않으므로 같은 간격에 속한 두 수 사이의 거리는 $1/n$보다 작다. 따라서 $0 \le j < k \le n$인 정수 j와 k가 존재하여 $|\{k\alpha\} - \{j\alpha\}| < 1/n$이다. $a = k - j$라 두면 곱 $a\alpha$는 다음과 같이 정수 $b = [k\alpha] - [j\alpha]$와의 거리가 $1/n$ 이하이다.

$$\begin{aligned} |a\alpha - b| &= |(k-j)\alpha - ([k\alpha] - [j\alpha])| \\ &= |(k\alpha - [k\alpha]) - (j\alpha - [j\alpha])| \\ &= |\{k\alpha\} - \{j\alpha\}| < 1/n \end{aligned}$$

또한 $0 \le j < k \le n$이므로 $1 \le a = k - j \le n$이다. 따라서 정수 a와 b는 $1 \le a \le n$과 $|a\alpha - b| < 1/n$를 만족한다.

예제 1.6

$\alpha = \sqrt{2}$이고 $n = 6$이라면, $1 \cdot \sqrt{2} \approx 1.414$, $2 \cdot \sqrt{2} \approx 2.828$, $3 \cdot \sqrt{2} \approx 4.243$, $4 \cdot \sqrt{2} \approx 5.657$, $5 \cdot \sqrt{2} \approx 7.071$, $6 \cdot \sqrt{2} \approx 8.485$이다. 이 중 $5 \cdot \sqrt{2}$가 가장 작은 소수부분을 갖고, $|5 \cdot \sqrt{2} - 7| \approx |7.071 - 7| = 0.071 \le 1/6$임을 알 수 있다. 따라서 $\alpha = \sqrt{2}$이고 $n = 6$일 때 $a = 5$와 $b = 7$이라고 두면 $|a\alpha - b| < 1/n$이 성립한다.

정리 1.3의 증명은 디리클레의 1834년 원래의 증명을 따른 것이다. 근사에서 $1/n$ 대신 $1/(n+1)$로 교체된 더 강력한 정리를 증명하는 것은 어렵지 않다(연습문제 32 참조). 더 나아가 연습문제 34에서는 디리클레 근사 정리를 사용하여 무리수 α가 주어졌을 때 $|\alpha - p/q| \le 1/q^2$를 만족하는 서로 다른 유리수 p/q가 무한히 많음을 보인다. 이것은 디오판토스 근사 이론의 중요한 결과이다. 이 주제에 대해 13장에서 다시 다룰 것이다.

1.1.4 수열

수열(sequence) $\{a_n\}$은 숫자 $a_1, a_2, a_3, \dots$의 나열이다. 다른 장에서 수론의 연구에 등장하는 여러 특정 정수 수열을 다룬다. (수열이 첫째항 a_0로 시작하는 것을 정의할 수도 있고, 더 일반적으로 수열의 항들의 지표를 0 또는 임의의 다른 정수로 시작할 수 있다.) 다음 예제에서 몇 가지 유용한 수열을 소개한다.

예제 1.7

일반항이 $a_n = n^2$인 수열 $\{a_n\}$의 첫째항은 $1, 4, 9, 16, 25, 36, 49, 64, \ldots$이다. 즉 정수의 제곱수의 수열이다. 일반항이 $b_n = 2^n$인 수열 $\{b_n\}$의 첫째항은 $2, 4, 8, 16, 32, 64, 128, 256, \ldots$ 이다. 즉 2의 거듭제곱수의 수열이다. n이 홀수이면 $c_n = 0$이고, n이 짝수이면 $c_n = 1$인 수열 $\{c_n\}$의 첫째항은 $0, 1, 0, 1, 0, 1, 0, 1, \ldots$ 이다.

많은 수열이 이전 항에 공통의 수를 곱하여 다음 항을 구한다. 예를 들어 2의 거듭제곱 수열의 각 항은 이전 항의 2배이다. 이런 수열을 다음과 같이 정의한다.

정의 1.5

등비수열(geometric progression)은 $a, ar, ar^2, ar^3, \ldots, ar^k, \ldots$과 같은 형태의 수열이다. 여기서 a는 **첫째항**(initial term), r은 실수이고 **공비**(common ratio)라고 한다.

예제 1.8

각 $n = 0, 1, 2 \ldots$에 대해 $a_n = 3 \cdot 5^n$을 만족하는 수열 $\{a_n\}$은 첫째항이 3이고 공비가 5인 등비수열이다. (이 수열은 a_0부터 시작한다.)

수론에서 흔한 문제 중 하나는 몇 개의 항만 알려진 상태에서도 수열의 일반항을 구성하는 공식 또는 규칙을 찾는 것이다(예를 들어 n번째 삼각수 $1 + 2 + 3 + \cdots + n$의 공식). 수열의 첫째항이 수열을 결정하지는 못하더라도 처음 몇 개의 항을 알고 있다면 일반항에 대한 공식 또는 규칙에 대한 가설을 세울 수 있다. 다음 예제에서 고려해보자.

예제 1.9

수열 $\{a_n\}$의 처음 여덟 개의 항이 $4, 11, 18, 25, 32, 39, 46, 53$인 경우 a_n의 공식에 대한 가설을 세우기 위해 각 항이 이전 항에 7을 더해서 얻어진다는 것을 관찰한다. 따라서 n번째 항은 첫째항에 $7(n-1)$을 더한 값일 수 있다. 합리적인 가설은 $a_n = 4 + 7(n-1) = 7n - 3$이다.

예제 1.9의 수열은 **등차수열**(arithmetic progression), 즉 $a, a+d, a+2d, \ldots, a+nd, \ldots$의 형태를 가지고 있다. 특히 예제 1.9에서 $a = -3$이고 $d = 7$이다.

예제 1.10

수열 $\{a_n\}$의 처음 여덟 개의 항이 $5, 11, 29, 83, 245, 731, 2189, 6563$인 경우 a_n의 공식에 대한 가설을 세우기 위해 각 항이 이전 항의 약 3배임을 관찰한다. 따라서 a_n의 공식은 3^n과 관련 있음을 추론할 수 있다. $n = 1, 2, 3, \ldots$에 대한 정수 3^n은 $3, 9, 27, 81, 243, 729, 2187, 6561$이므로, 두 수열을 함께 살펴보면 $a_n = 3^n + 2$라는 공식으로 수열의 각 항이 생성된다는 것을 알 수 있다.

예제 1.11

수열 $\{a_n\}$의 처음 열 개의 항이 $1, 1, 2, 3, 5, 8, 13, 21, 34, 55$인 경우 a_n의 공식에 대한 가설을 세우기 위해 이 수열을 다양한 관점에서 살펴보면서 각 항이 이전 항으로부터 어떻게 구성될 수 있는지를 찾아본다. 이 수열에서 각 항이 처음 두 항을 제외한 이전 두 항의 합임을 알 수 있다. 즉 $3 \le n \le 10$에 대해 $a_n = a_{n-1} + a_{n-2}$이다. 이는 수열의 재귀적 정의의 예로 1.3절에서 논의된다. 초기 조건 $a_1 = 1$, $a_2 = 1$과 다른 항을 찾는 규칙으로 모든 항을 구할 수 있다. 이 예제에 나열된 항들은 1.4절에서 논의하는 피보나치 수열의 첫째항들이다.

수열의 항을 아무리 많이 알아도 그 항으로 시작하는 수열이 하나만 있는 것이 아님에 주의해야 한다. 다음 예제에서 이러한 예를 살펴보자.

예제 1.12

첫 세 항이 $2, 4, 6$인 수열을 생성하는 세 가지 규칙을 찾아본다. 먼저 떠오르는 첫 번째 규칙은 양의 짝수 정수 수열이다. 즉 $a_n = 2n$이다. 그러나 이것이 유일한 답은 아니다. 세제곱이 아닌 짝수 수열도 $2, 4, 6$으로 시작하기 때문에 이것도 유효한 답이다. $2, 4, 6$으로 시작하는 또 다른 수열은 **eban 수**(eban number)라고 불리며, 영어로 표기될 때 영문자 e가 포함되지 않는 수로 이루어진 수열이다. 이들 수열의 처음 다섯 개의 항은 각각 $(2, 4, 6, 8, 10)$, $(2, 4, 6, 10, 12)$, $(2, 4, 6, 30, 32)$이다. [eban 수열은 1990년경 슬론(Neil Sloane)에 의해 소개되었는데, 수학적 연구가 아닌 레크리에이션 수학에서 비롯되었다.] $2, 4, 6$으로 시작하는 세 가지 수열을 찾았지만, 이 예제 다음에 설명되는 **온라인 정수 수열 사전**(On-Line Encyclopedia of Integer Sequences, OETS)의 검색 기능을 사용하여 5296개의 다른 수열을 찾을 수 있다.

정수 수열은 수론의 많은 맥락에서 나타난다. 연구하는 수열 중에는 피보나치 수열, 소수 수열(4장), 완전수 수열(8.3절) 등이 있다. 정수 수열은 수론 외에도 놀랍도록 다양한 주제에서 등장한다. 슬론은 2022년 중반 기준으로 웹에서 이용할 수 있는 온라인 정수 수열 사전에 355,481개가 넘는 굉장히 다양한 수열을 모았다. 이 수열 모음은 해당 작업을 전담하는 OEIS 재단에서 관리하고 있다. ([SlPl95]는 이 사전의 현재 내용 중 일부만 포함한 이전 인쇄본이다.) 이 사이트는 첫째항들을 입력하면 이들과 일치하는 수열을 찾는 프로그램을 제공한다. 수론(및 다른 과목)을 공부할 때 유용한 자료가 될 수 있다. OEIS의 수열은 코드 번호로 식별된다. 예를 들어 예제 1.12의 eban 수열은 OEIS에서 A006933 수열이다. 슬론은 또한 OEIS의 수열과 관련된 연구 논문이 수록된 〈Journal of Integer Sequences〉를 창설했다. OEIS를 살펴보면 이 사전에서 수열과 관련된 많은 미해결 문제를 찾을 수 있다. 슬론은 "내가 좋아하는 정수 수열"이라는 흥미로운 논문을 쓰기도 했다(`http://neilsloane.com/doc/sg.pdf`). 그는 OEIS에 있는 341,000개가 넘는 수열 중 자신이 가장 좋아하는 수열은 연습문제 46에서 소개된 레카만 수열이라고 밝힌 바 있다.

이제 집합을 셀 수 있다는 것이 무엇을 의미하는지 정의하고, 집합의 원소를 수열의 항으로 나열할 수 있는 경우에만 집합을 셀 수 있다는 것을 보이자.

정의 1.6

유한 집합이나 양의 정수 집합과 일대일 대응 관계를 가진 무한 집합을 **가산집합**(countable set)이라고 한다. 가산집합이 아닌 집합을 **비가산집합**(uncountable set)이라고 한다.

무한 집합 S는 양의 정수 집합을 지표로 가지는 수열의 항으로 나열될 수 있는 경우에만 가산적이다. 왜냐하면 양의 정수 집합에서 집합 S로의 일대일 대응 f가 있다는 것은 집합 S의 원소를 수열 $a_1, a_2, \ldots, a_n, \ldots$으로 나열하는 것과 동치이기 때문이다. 이때 $a_i = f(i)$이다.

예제 1.13

정수 집합은 0부터 시작하여 1과 -1, 2와 -2와 같이 나열될 수 있으므로 가산집합이다. 즉 정수 집합을 수열 $0, 1, -1, 2, -2, 3, -3, \ldots$로 쓸 수 있으며, 이때 $a_1 = 0$, $a_{2n} = n$, $a_{2n+1} = -n$ $(n = 1, 2, \ldots)$이다.

유리수 집합이 가산집합일까? 언뜻 보기에는 양의 정수 집합과 모든 유리수 집합 간에 일대일 대응이 있을 것 같지 않을 수 있다. 그러나 다음 정리에서 알 수 있듯이 실제로 이러한 대응이 존재한다.

정리 1.4

유리수의 집합은 가산집합이다.

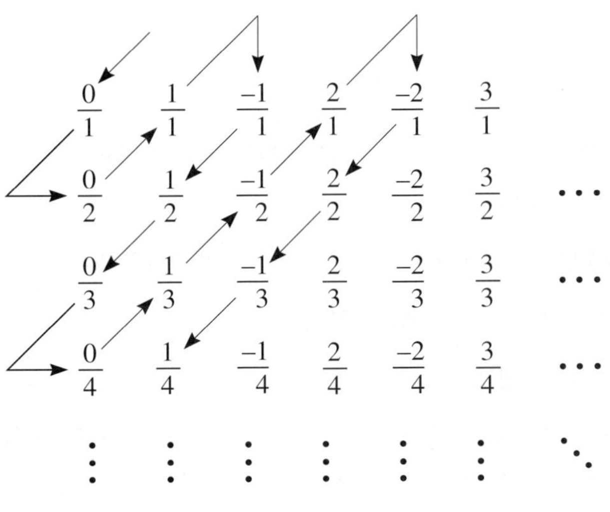

그림 1.1: 유리수 나열하기

증명 1.4

유리수를 다음과 같이 수열의 항으로 나열할 수 있다. 먼저 모든 유리수를 그림 1.1과 같이 2차원 배열로 정렬한다. 분모가 1인 모든 분수를 첫 번째 행에 놓는다. 이때 분자가 예제 1.13에서 나열한 순서대로 배열되도록 한다. 다음으로 그림 1.1에 표시된 순서를 따라 연속된 대각선에 있는 모든 분수를 나열한다. 마지막으로, 이미 나열된 유리수를 나타내는 분수는 목록에서 삭제한다. (예를 들어 이미 1/1을 나열했기 때문에 2/2는 나열하지 않는다.)
수열의 첫째항은 $0/1 = 0$, $1/1 = 1$, $-1/1 = -1$, $1/2$, $1/3$, $-1/2$, $2/1 = 2$, $-2/1 = -2$, $-1/3$, $1/4$ 등이다. 이 절차가 모든 유리수를 수열의 항으로 나열한다는 것은 스스로 확인하기 바란다.

비고. 쉽기는 하지만 특별히 통찰력이 있지는 않은 접근으로 유리수 집합이 가산집합임을 보였다. 하지만 4장에서는 기초 수론에서 가장 중요한 결과 중 하나인 산술의 기본정리를 사용하여 유리수 집합이 가산집합이라는 것을 좀 더 간결하고 통찰력 있게 증명한다.

유리수의 집합은 가산집합임을 살펴봤다. 비가산집합의 예로 연습문제 45에서 보이는 것처럼 실수의 집합이 있다.

1.1 연습문제

1. 다음 집합이 잘 정렬되어 있는지 확인하라. 각각에 대해 양의 정수의 정렬 성질을 이용하여 증명하거나 해당 집합의 부분집합 중에서 가장 작은 원소가 없는 예를 들라.

   a) 3보다 큰 정수의 집합

   b) 양의 짝수 정수의 집합

   c) 양의 유리수의 집합

   d) 양의 정수 a를 사용하여 $a/2$로 쓸 수 있는 양의 유리수의 집합

   e) 음 아닌 유리수의 집합

♦2. a와 b가 양의 정수인 경우, $k \in \mathbf{Z}$일 때 $a - bk$ 형태의 가장 작은 양의 정수가 있다는 것을 보여라.

3. 두 유리수의 합과 곱이 모두 유리수임을 증명하라.

4. 다음 명제를 증명하거나 반례를 제시하라.

   a) 유리수와 무리수의 합은 무리수이다.

   b) 두 무리수의 합은 무리수이다.

   c) 유리수와 무리수의 곱은 무리수이다.

   d) 두 무리수의 곱은 무리수이다.

∗5. 정렬 성질을 이용하여 $\sqrt{3}$이 무리수임을 보여라.

6. 음의 정수로 이루어진 집합의 공집합이 아닌 모든 부분집합은 최대 원소를 가짐을 보여라.

7. 다음 최대정수함수값을 구하라.

   a) $[1/4]$ c) $[22/7]$ e) $[[1/2]+[1/2]]$
   b) $[-3/4]$ d) $[-2]$ f) $[-3+[-1/2]]$

8. 다음 최대정수함수값을 구하라.

   a) $[-1/4]$ c) $[5/4]$ e) $[[3/2]+[-3/2]]$
   b) $[-22/7]$ d) $[[1/2]]$ f) $[3-[1/2]]$

9. 다음 수의 소수부분을 구하라.

   a) $8/5$ b) $1/7$ c) $-11/4$ d) 7

10. 다음 수의 소수부분을 구하라.

   a) $-8/5$ b) $22/7$ c) -1 d) $-1/3$

11. x가 실수일 때 $[x]+[-x]$의 값은 무엇인가?

12. x가 실수일 때 $[x]+[x+1/2]=[2x]$임을 보여라.

13. 모든 실수 x와 y에 대해 $[x+y]\geq[x]+[y]$임을 보여라.

14. x와 y가 실수일 때 $[2x]+[2y]\geq[x]+[y]+[x+y]$임을 보여라.

15. 만약 x와 y가 양의 실수이면 $[xy]\geq[x][y]$임을 보여라. 두 수가 모두 음수일 때는 어떻게 되는가? 하나는 음수이고 다른 하나는 양수일 때는 어떤가?

16. x가 실수일 때 $-[-x]$는 x보다 크거나 같은 가장 작은 정수임을 보여라.

17. $[x+1/2]$는 x에 가장 가까운 정수임을 보여라. (x에서 동일한 거리에 두 정수가 있는 경우에는 두 정수 중 더 큰 값이다.)

18. 만약 m과 n이 정수이면, x가 실수일 때 $[(x+n)/m]=[([x]+n)/m]$임을 보여라.

*19. x가 음이 아닌 실수일 때 $\left[\sqrt{[x]}\right]=[\sqrt{x}]$임을 보여라.

*20. m이 양의 정수인 경우, x가 실수일 때 다음이 성립함을 보여라.

$$[mx]=[x]+[x+(1/m)]+[x+(2/m)]+\cdots+[x+(m-1)/m]$$

21. 처음 열 개의 항이 다음과 같다면 $\{a_n\}$의 n번째 항에 대한 공식을 추측하라.

a) $3, 11, 19, 27, 35, 43, 51, 59, 67, 75$

b) $5, 7, 11, 19, 35, 67, 131, 259, 515, 1027$

c) $1, 0, 0, 1, 0, 0, 0, 0, 1, 0$

d) $1, 3, 4, 7, 11, 18, 29, 47, 76, 123$

22. 처음 열 개의 항이 다음과 같다면 $\{a_n\}$의 n번째 항에 대한 공식을 추측하라.

 a) $2, 6, 18, 54, 162, 486, 1458, 4374, 13122, 39366$

 b) $1, 1, 0, 1, 1, 0, 1, 1, 0, 1$

 c) $1, 2, 3, 5, 7, 10, 13, 17, 21, 26$

 d) $3, 5, 11, 21, 43, 85, 171, 341, 683, 1365$

23. 처음 세 항이 $1, 2, 4$인 수열 $\{a_n\}$에 대한 세 가지 공식 또는 규칙을 찾아라.

24. 처음 세 항이 $2, 3, 6$인 수열 $\{a_n\}$에 대한 세 가지 공식 또는 규칙을 찾아라.

25. -100보다 큰 모든 정수의 집합이 가산집합임을 보여라.

26. n이 정수일 때 $n/5$ 형태의 모든 유리수의 집합이 가산집합임을 보여라.

27. a와 b가 정수일 때 $a + b\sqrt{2}$ 형태의 모든 숫자의 집합이 가산집합임을 보여라.

*28. 두 가산집합의 합집합이 가산집합임을 보여라.

*29. 가산집합의 가산 개의 합집합이 가산집합임을 보여라.

30. 필요한 경우 계산 도구를 사용하여, 다음의 α에 대해 $1 \le a \le 8$이고 $|a\alpha - b| < 1/8$를 만족하는 정수 a와 b를 찾아라.

 a) $\sqrt{2}$ b) $\sqrt[3]{2}$ c) π d) e

31. 필요한 경우 계산 도구를 사용하여, 다음의 α에 대해 $1 \le a \le 10$이고 $|a\alpha - b| < 1/10$를 만족하는 정수 a와 b를 찾아라.

 a) $\sqrt{3}$ b) $\sqrt[3]{3}$ c) π^2 d) e^3

32. 다음과 같이 디리클레 근사의 더 강한 버전을 증명하라. α가 실수이고 n이 양의 정수일 때, $1 \le a \le n$이고 $|a\alpha - b| \le 1/(n+1)$을 만족하는 정수 a와 b가 있다. (힌트: $n+2$개의 숫자 $0, \ldots, \{j\alpha\}, \ldots, 1$과 $n+1$개의 구간 $(k-1)/(n+1) \le x < k/(n+1)$ $(k = 1, \ldots, n+1)$을 고려하자.)

33. α가 실수이고 n이 양의 정수일 때, $|\alpha - n/k| \le 1/2k$를 만족하는 정수 k가 존재함을 보여라.

34. 디리클레 근사 정리를 이용하여 α가 무리수인 경우 $|\alpha - p/q| \le 1/q^2$을 만족하는 정수 p와 양의 정수 q가 무한히 많음을 보여라.

35. $|\sqrt{2} - p/q| \le 1/q^2$을 만족하는 네 개의 유리수 p/q를 찾아라.

36. $|\sqrt[3]{5} - p/q| \le 1/q^2$을 만족하는 다섯 개의 유리수 p/q를 찾아라.

37. $\alpha = a/b$가 유리수이면 $|p/q - a/b| < 1/q^2$을 만족하는 유리수 p/q가 유한 개만 존재함을 보여라.

실수 α의 **스펙트럼 수열**(spectrum sequence)은 n번째 항으로 $[n\alpha]$를 갖는 수열이다.

38. 다음 숫자들의 스펙트럼 수열의 첫 열 개항을 찾아라.

a) 2
b) $\sqrt{2}$
c) $2 + \sqrt{2}$
d) e
e) $\frac{1+\sqrt{5}}{2}$

39. 다음 숫자들의 스펙트럼 수열의 첫 열 개항을 찾아라.

a) 3
b) $\sqrt{3}$
c) $\frac{3+\sqrt{3}}{2}$
d) π

40. $\alpha \neq \beta$이면 α의 스펙트럼 수열이 β의 스펙트럼 수열과 다르다는 것을 증명하라.

$**$41. α와 β가 양의 무리수이고 $1/\alpha + 1/\beta = 1$을 만족한다면 α 또는 β의 스펙트럼 수열에는 모든 양의 정수가 정확히 한 번씩 나타나고 그 역도 성립함을 보여라.

울람 수(Ulam numbers) u_n $(n = 1, 2, 3, \ldots)$은 다음과 같이 정의된다. $u_1 = 1$, $u_2 = 2$로 지정하고, $m > 2$인 정수 m이 울람 수가 되려면 두 개의 서로 다른 울람 수의 합으로 유일하게 나타내야 한다. 1964년에 처음으로 이 수열을 소개한 울람(Stanislaw Ulam)의 이름에서 유래되었다. (울람 수는 OEIS의 A002858 수열이다.)

42. 첫 열 개의 울람 수를 찾아라.

$*$43. 무한히 많은 울람 수가 존재함을 보여라.

$*$44. e가 무리수임을 증명하라. (힌트: $e = 1 + 1/1! + 1/2! + 1/3! + \cdots$를 사용하라.)

$*$45. 실수의 집합이 가산집합이 아님을 보여라. (힌트: 0과 1 사이의 실수를 나열하는 것이 가능하다고 가정하고, 그 수열의 i번째 실수의 i번째 소수 자릿수가 5일 때는 4로, 그렇지 않을 때는 5로 설정된 숫자를 생각하면 이 숫자는 리스트에 포함되지 않는다.)

레카만 수열(Recamán's sequence) $a_n (n = 0, 1, 2, 3, \ldots)$은 다음과 같이 정의된다. $a_0 = 0$으로 지정하고, $n = 1, 2, 3, \ldots$일 때 $a_{n-1} - n$이 양수이고 이전에 나타난 항의 값이 아니라면 $a_n = a_{n-1} - n$으로 두고, 그렇지 않으면 $a_n = a_{n-1} + n$으로 둔다. 이 수열은 콜롬비아 수학자 레카만(Bernardo Recamán Santos)의 이름을 따서 지어졌다. 1991년에 레카만으로부터 편지를 받았을 때 슬론은 이 정수 수열을 알게 되었으며, OEIS에서 그의 가장 좋아하는 수열 중 하나라고 말했다. (레카만 수열은 OEIS A005132이다.)

46. $n \leq 10$에 대해 레카만 수열의 항을 찾아라.

47. 모든 양의 정수 n에 대해 레카만 수열의 n번째 항 a_n이 $n(n+1)/2$을 초과하지 않음을 증명하라.

48. 서로 다른 두 양의 정수 m과 n에 대해 $a_m \neq a_n$임을 증명하거나 반례를 제시하라.

계산과 탐구

1. $|\pi - p/q| \le 1/q^2$을 만족하는 10개의 유리수 p/q를 찾아라.
2. $|e - p/q| \le 1/q^2$을 만족하는 20개의 유리수 p/q를 찾아라.
3. $\sqrt{2}$의 스펙트럼 수열의 항을 최대한 많이 찾아라(스펙트럼 수열의 정의는 연습문제 38 참조).
4. π의 스펙트럼 수열의 항을 최대한 많이 찾아라(스펙트럼 수열의 정의는 연습문제 38 참조).
5. 처음 1000개의 울람 수를 찾아라.
6. 서로 연속하는 두 정수 중 둘 다 울람 수인 경우는 몇 개나 있는가?
7. 1과 2를 제외한 다른 두 연속하는 울람 수의 합이 다른 울람 수가 될 수 있는가? 그렇다면 얼마나 많은 예를 찾을 수 있는가?
8. 연속하는 두 울람 수 사이의 간격은 얼마나 큰가? 임의의 양의 정수보다 큰 크기의 간격이 있을 것으로 예상하는가?
9. 정수 n보다 작은 울람 수의 개수에 대해 어떤 추측을 할 수 있는가? 계산 결과가 이러한 추측을 뒷받침하는가?
10. 레카만 수열의 처음 1000개의 항을 찾아라.

레카만 수열에 모든 양의 정수가 나타나는지는 아직 미해결 문제이다. 수열의 항으로 지금까지 나타나지 않은 가장 작은 양의 정수는 852,655이다.

11. 정수 4, 8, 10, 14가 레카만 수열의 항으로 나타나는지 보여라.
12. $n \le 1{,}000{,}000$인 n에 대해 852,655가 레카만 수열의 n번째 항으로 나타나지 않음을 확인하라.

프로그래밍 프로젝트

1. 숫자 α가 주어졌을 때 $|\alpha - p/q| \le 1/q^2$을 만족하는 유리수 p/q를 찾아라.
2. 숫자 α가 주어졌을 때 α의 스펙트럼 수열을 찾아라.
3. 양의 정수 n이 주어졌을 때 첫 n개의 울람 수를 찾아라.
4. 양의 정수 n이 주어졌을 때 레카만 수열의 첫 n개의 항을 찾아라.

1.2 합과 곱

수론의 연구에서 합과 곱이 자주 발생하기 때문에, 이제 합과 곱에 대한 표기법을 소개한다. 다음 표기법은 숫자 $a_1, a_2, \ldots, a_n$의 합을 나타낸다.

$$\sum_{k=1}^{n} a_k = a_1 + a_2 + \cdots + a_n$$

합의 지표(index of summation)인 문자 k는 "더미 변수(dummy variable)"이며 어떤 문자로든 대체할 수 있다. 예를 들어

$$\sum_{k=1}^{n} a_k = \sum_{j=1}^{n} a_j = \sum_{i=1}^{n} a_i \text{ 등}$$

예제 1.14

$\sum_{j=1}^{5} j = 1+2+3+4+5 = 15$, $\sum_{j=1}^{5} 2 = 2+2+2+2+2 = 10$, $\sum_{j=1}^{5} 2^j = 2+2^2+2^3+2^4+2^5 = 62$이다.
또한 합의 표기법에서 합의 지표는 하한값이 상한값을 초과하지 않는 한 어떤 두 정수 사이에서든지 범위를 취할 수 있다. m과 n이 $m \leq n$을 만족하는 정수이면 $\sum_{k=m}^{n} a_k = a_m + a_{m+1} + \cdots + a_n$이다. 예를 들어
$\sum_{k=3}^{5} k^2 = 3^2 + 4^2 + 5^2 = 50$, $\sum_{k=0}^{2} 3^k = 3^0 + 3^1 + 3^2 = 13$, $\sum_{k=-2}^{1} k^3 = (-2)^3 + (-1)^3 + 0^3 + 1^3 = -8$
이다.

종종 특정 성질을 가진 모든 정수의 합을 고려해야 할 때가 있다. 합의 표기법을 사용하여 특정 성질을 지정하여 해당 지표의 항이 합에 포함되도록 할 수 있다. 다음 예제에서 이 표기법을 사용한다.

예제 1.15

10을 초과하지 않는 정수이면서 제곱수의 합계를 다음과 같이 나타낼 수 있다.

$$\sum_{\substack{j \leq 10 \\ j \in \{n^2 \mid n \in \mathbf{Z}\}}} 1/(j+1) = 1/1 + 1/2 + 1/5 + 1/10 = 9/5$$

다음은 유용하게 쓰이는 합의 표기법의 성질이다. 증명은 독자에게 맡긴다.

$$\sum_{j=m}^{n} ca_j = c\sum_{j=m}^{n} a_j \tag{1.1}$$

$$\sum_{j=m}^{n} (a_j + b_j) = \sum_{j=m}^{n} a_j + \sum_{j=m}^{n} b_j \tag{1.2}$$

$$\sum_{i=m}^{n}\sum_{j=p}^{q} a_i b_j = \left(\sum_{i=m}^{n} a_i\right)\left(\sum_{j=p}^{q} b_j\right) = \sum_{j=p}^{q}\sum_{i=m}^{n} a_i b_j \tag{1.3}$$

다음으로 몇 가지 유용한 합 공식을 살펴보자. 등비수열의 연속된 항의 합을 종종 이용해야 하는데, 다음 예제는 이러한 합의 공식을 어떻게 유도할 수 있는지를 보여준다.

예제 1.16

등비수열 $a, ar, \ldots, ar^k, \ldots$의 첫 $n+1$개 항의 합을 구한다.

$$S = \sum_{j=0}^{n} ar^j$$

먼저 양변에 r을 곱하고 그 결과를 조작하여 다음을 얻는다.

$$\begin{aligned} rS &= r\sum_{j=0}^{n} ar^j \\ &= \sum_{j=0}^{n} ar^{j+1} \\ &= \sum_{k=1}^{n+1} ar^k && (k=j+1\text{로 두고 합의 지표 밀기}) \\ &= \sum_{k=0}^{n} ar^k + (ar^{n+1}-a) && (\text{항 } k=n+1 \text{ 분리하고 항 } k=0\text{을 추가}) \\ &= S + (ar^{n+1}-a) \end{aligned}$$

따라서 다음과 같고

$$rS - S = (ar^{n+1} - a)$$

S로 풀면 $r \neq 1$일 때 다음을 얻는다.

$$S = \frac{ar^{n+1}-a}{r-1}$$

$r=1$인 경우 $\sum_{j=0}^{n} ar^j = \sum_{j=0}^{n} a = (n+1)a$이다.

예제 1.17

예제 1.16에서 찾은 공식에 $a=3$, $r=-5$, $n=6$을 대입하면 다음과 같다.

$$\sum_{j=0}^{6} 3(-5)^j = \frac{3(-5)^7-3}{-5-1} = 39{,}063$$

다음 예제는 첫 n개의 2의 거듭제곱의 합이 $n+1$번째 2의 거듭제곱보다 1이 작다는 것을 보여준다.

예제 1.18

n이 양의 정수일 때 다음과 같은 합을 얻는다.

$$\sum_{k=0}^{n} 2^k = 1 + 2 + 2^2 + \cdots + 2^n$$

예제 1.16의 공식에 $a = 1$과 $r = 2$를 대입하여 다음과 같이 구한다.

$$1 + 2 + 2^2 + \cdots + 2^n = \frac{2^{n+1} - 1}{2 - 1} = 2^{n+1} - 1$$

$a_0, a_1, a_2, \ldots, a_n$이 수열일 때 **망원합**(telescoping series)이라고 불리는 $\sum_{j=1}^{n}(a_j - a_{j-1})$ 형식의 합은 다음과 같이 쉽게 계산된다.

$$\begin{aligned}\sum_{j=1}^{n} a_j - a_{j-1} &= (a_1 - a_0) + (a_2 - a_1) + \cdots + (a_n - a_{n-1}) \\ &= a_n - a_0\end{aligned}$$

고대 그리스인들은 동일한 간격으로 배치된 점의 정규 배열로 나타낼 수 있는 숫자들의 수열에 관심을 가졌다. 다음 예제는 그러한 수열을 소개한다.

예제 1.19

삼각수(triangular numbers) $t_1, t_2, t_3, \ldots, t_k, \ldots$에서 t_k는 j번째 행에 j개의 점이 있는 k개의 행으로 이루어진 삼각형 배열의 점의 개수이다.

비고. 삼각수의 수열은 OEIS의 수열 A000217이다.

그림 1.2는 $k = 1, 2, 3, 4, 5$일 때 t_k가 더 큰 정삼각형의 점을 세는 것을 보여준다.

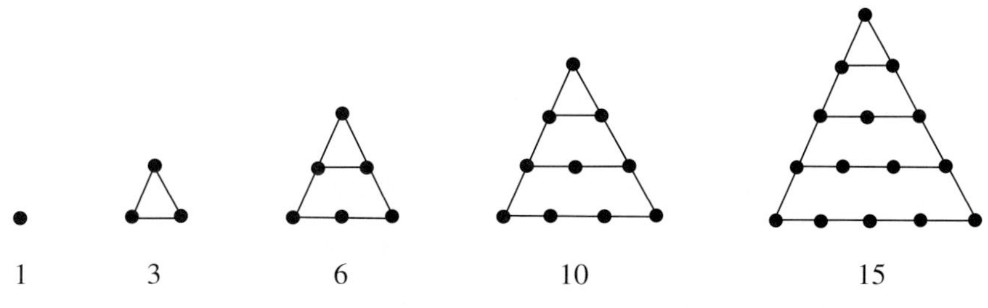

그림 1.2: 삼각수

다음으로 n번째 삼각수 t_n의 공식을 유도하자.

예제 1.20

n번째 삼각수의 공식을 얻기 위해 항등식 $(k+1)^2 - k^2 = 2k+1$을 사용하여, k를 분리하면 먼저 식 $k = ((k+1)^2 - k^2)/2 - 1/2$를 얻는다. 이 식을 $k = 1, 2, \ldots, n$의 값들에 대해 더하면 다음과 같다.

$$\begin{aligned} t_n &= \sum_{k=1}^{n} k \\ &= \left(\sum_{k=1}^{n} \frac{((k+1)^2 - k^2)}{2} \right) - \sum_{k=1}^{n} \frac{1}{2} && (k\text{를 } (((k+1)^2 - k^2)/2) - 1/2\text{로 대체}) \\ &= \left(\frac{(n+1)^2}{2} - \frac{1}{2} \right) - \frac{n}{2} && (\text{망원합 공식 이용}) \\ &= \frac{n^2 + 2n}{2} - \frac{n}{2} \\ &= \frac{n^2 + n}{2} \\ &= \frac{n(n+1)}{2} \end{aligned}$$

위의 세 번째 등식은 $a_k = (k+1)^2 - k^2$의 망원합 공식에 따른 것이다. 따라서 n번째 삼각수 $t_n = \frac{n(n+1)}{2}$이다. (연습문제 7에서 다른 방법으로 t_n을 찾아 본다.)

합과 유사하게 곱에 대한 표기법도 정의한다. 수 $a_1, a_2, \ldots, a_n$의 곱은 다음과 같이 표기한다.

$$\prod_{j=1}^{n} a_j = a_1 a_2 \cdots a_n$$

여기서 문자 j는 "더미 변수"이며 임의의 문자로 대체될 수 있다.

예제 1.21

다음과 같은 예로 곱의 표기법을 살펴보자.

$$\prod_{j=1}^{5} j = 1 \cdot 2 \cdot 3 \cdot 4 \cdot 5 = 120$$

$$\prod_{j=1}^{5} 2 = 2 \cdot 2 \cdot 2 \cdot 2 \cdot 2 = 2^5 = 32$$

$$\prod_{j=1}^{5} 2^j = 2 \cdot 2^2 \cdot 2^3 \cdot 2^4 \cdot 2^5 = 2^{15}$$

차례곱함수(factorial function)는 수론 전반에 걸쳐 사용된다.

정의 1.7

양의 정수 n에 대해 $n!$("n 팩토리얼"로 읽음)은 정수 $1, 2, \ldots, n$의 곱이다. 또한 $0! = 1$로 정의한다. 곱의 표기법으로 나타내면 $n! = \prod_{j=1}^{n} j$이다.

예제 1.22

$1! = 1$, $4! = 1 \cdot 2 \cdot 3 \cdot 4 = 24$, $12! = 1 \cdot 2 \cdot 3 \cdot 4 \cdot 5 \cdot 6 \cdot 7 \cdot 8 \cdot 9 \cdot 10 \cdot 11 \cdot 12 = 479{,}001{,}600$이다.

비고. 차례곱함수 수열은 OEIS에서 수열A000142이다.

1.2 연습문제

1. 다음 합을 구하라.

   a) $\sum_{j=1}^{5} j^2$ b) $\sum_{j=1}^{5} (-3)$ c) $\sum_{j=1}^{5} 1/(j+1)$

2. 다음 합을 구하라.

   a) $\sum_{j=0}^{4} 3$ b) $\sum_{j=0}^{4} (j-3)$ c) $\sum_{j=0}^{4} (j+1)/(j+2)$

3. 다음 합을 구하라.

   a) $\sum_{j=1}^{8} 2^j$ b) $\sum_{j=1}^{8} 5(-3)^j$ c) $\sum_{j=1}^{8} 3\left(-\frac{1}{2}\right)^j$

4. 다음 합을 구하라.

   a) $\sum_{j=0}^{10} 8 \cdot 3^j$ b) $\sum_{j=0}^{10} (-2)^{j+1}$ c) $\sum_{j=0}^{10} \left(\frac{1}{3}\right)^j$

*5. 합 $\sum_{k=1}^{n} [\sqrt{k}]$의 공식을 n과 $[\sqrt{n}]$의 함수로 나타내고 이를 증명하라. (힌트: 식 $\sum_{k=1}^{t} k^2 = t(t+1)(2t+1)/6$을 사용하라.)

6. n개의 행으로 이루어진 삼각 배열과 $n-1$개의 행으로 이루어진 삼각 배열을 합쳐서 정사각형을 만들 수 있다(그림은 $n = 4$일 때의 예). t_n이 n번째 삼각수를 나타낸다고 할 때 $t_{n-1} + t_n = n^2$임을 보여라.

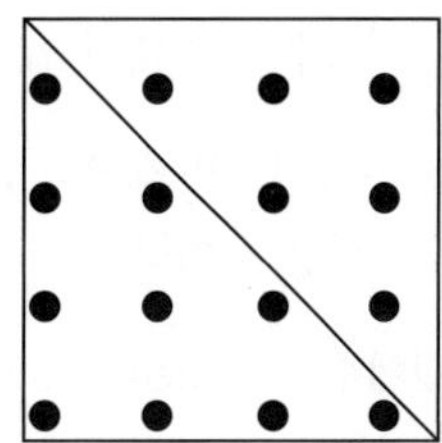

7. 각각 n개의 행으로 이루어진 두 개의 삼각 배열을 합쳐서 n행과 $n+1$열 크기의 점 배열을 만들 수 있다(그림은 $n=4$일 때의 예). t_n이 n번째 삼각수를 나타낸다고 할 때 $2t_n = n(n+1)$임을 보여라. 이로부터 $t_n = n(n+1)/2$임을 결론내릴 수 있다.

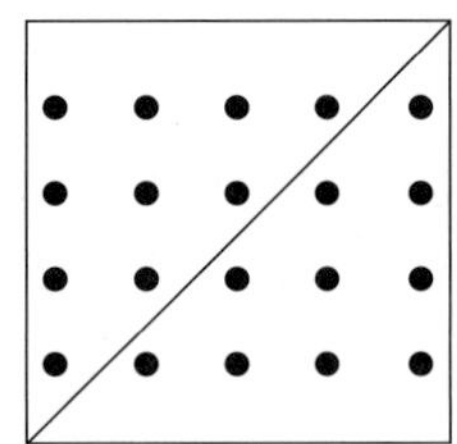

8. t_n이 n번째 삼각수를 나타낸다고 할 때 $3t_n + t_{n-1} = t_{2n}$이 성립함을 보여라.

9. t_n이 n번째 삼각수를 나타낸다고 할 때 $t_{n+1}^2 - t_n^2 = (n+1)^3$이 성립함을 보여라.

오각수(pentagonal numbers) $p_1, p_2, p_3, \ldots, p_k, \ldots$ (OEIS의 A000326)는 다음 그림에 나타난 것처럼 k개의 중첩된 오각형 안의 점의 수를 나타내는 정수이다.

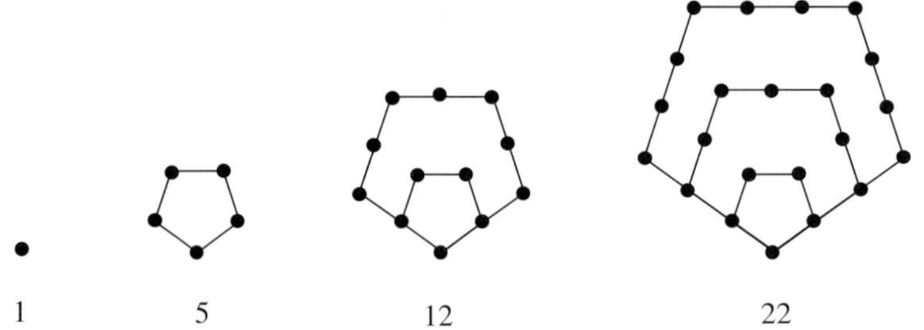

♦10. 먼저 $p_1 = 1$이고 $k \geq 2$일 때 $p_k = p_{k-1} + (3k-2)$임을 보여라. 이를 통해 $p_n = \sum_{k=1}^{n}(3k-2)$임을 증명하고, p_n의 간단한 공식을 찾아라.

♦11. $(n-1)$번째 삼각수와 n번째 제곱수의 합은 n번째 오각수임을 보여라.

12. a) 삼각수, 제곱수, 오각수와 유사한 방식으로 $n = 1, 2, \ldots$에 대한 육각수 h_n을 정의하라. (OEIS의 A000384 참조)

    b) 육각수의 공식을 찾아라.

13. a) 삼각수, 제곱수, 오각수와 유사한 방식으로 $n = 1, 2, \ldots$에 대한 칠각수를 정의하라. (OEIS의 A000566 참조)

    b) 칠각수의 공식을 찾아라.

14. h_n이 연습문제 12에서 정의된 n번째 육각수이고 t_{2n-1}은 $(2n-1)$번째 삼각수이면, 모든 양의 정수 n에 대해 $h_n = t_{2n-1}$임을 보여라.

15. p_n이 n번째 오각수이고 t_{3n-1}은 $(3n-1)$번째 삼각수이면, 모든 양의 정수 n에 대해 $p_n = t_{3n-1}/3$임을 보여라.

사면체수(tetrahedral numbers) $T_1, T_2, T_3, \ldots, T_k, \ldots$ (OEIS의 A000292)는 다음 그림에 나타난 것처럼 k개의 중첩된 사면체의 면에 있는 점의 개수이다.

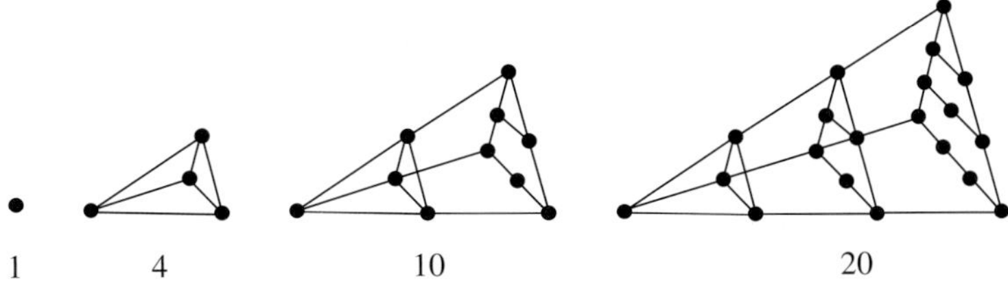

16. n번째 사면체수가 첫 n개의 삼각수의 합임을 보여라.

17. n번째 사면체수에 대한 공식을 찾고 증명하라.

18. 첫 열 개의 양의 정수에 대해 $n!$을 찾아라.

19. $100!$, 100^{100}, 2^{100}, $(50!)^2$를 크기순으로 나열하고 이유를 제시하라.

20. 다음 곱을 $\prod_{i=1}^{n} a_i$의 형태로 표현하라. k는 상수이다.

    a) $\displaystyle\prod_{i=1}^{n} ka_i$ b) $\displaystyle\prod_{i=1}^{n} ia_i$ c) $\displaystyle\prod_{i=1}^{n} a_i^k$

21. 등식 $\dfrac{1}{k(k+1)} = \dfrac{1}{k} - \dfrac{1}{k+1}$을 이용하여 $\displaystyle\sum_{k=1}^{n} \frac{1}{k(k+1)}$을 구하라.

22. 등식 $\dfrac{1}{k^2-1} = \dfrac{1}{2}\left(\dfrac{1}{k-1} - \dfrac{1}{k+1}\right)$을 이용하여 $\displaystyle\sum_{k=2}^{n} \frac{1}{k^2-1}$을 구하라.

23. 예제 1.20과 유사한 방법을 사용하여 $\displaystyle\sum_{k=1}^{n} k^2$의 공식을 찾아라.

24. 예제 1.20과 유사한 방법을 사용하여 $\displaystyle\sum_{k=1}^{n} k^3$의 공식을 찾아라.

25. 모든 항을 곱하지 않고 다음 등식을 확인하라.

    a) $10! = 6! \times 7!$ b) $10! = 7! \times 5! \times 3!$ c) $16! = 14! \times 5! \times 2!$ d) $9! = 7! \times 3! \times 3! \times 2!$

26. a_1, a_2, $\ldots$, a_n이 양의 정수일 때 $b = (a_1!a_2!\ldots a_n!) - 1$이고 $c = a_1!a_2!\ldots a_n!$이라고 하자. $c! = a_1!a_2!\cdots a_n!b!$임을 보여라.

27. $x! + y! = z!$을 만족하는 모든 양의 정수 x, y, z를 찾아라.

28. 다음 곱의 값을 찾아라.

    a) $\displaystyle\prod_{j=2}^{n}(1-\frac{1}{j})$ b) $\displaystyle\prod_{j=2}^{n}(1-\frac{1}{j^2})$

양의 정수 n에 대한 **이중차례곱**(double factorial)을 $n!!$로 나타내며, 다음과 같이 정의한다. n이 양의 홀수 정수일 때 $n!! = n(n-2)(n-4)\cdots 5\cdot 3\cdot 1$이고, n이 양의 짝수 정수일 때 $n!! = n(n-2)(n-4)\cdots 6\cdot 4\cdot 2$이고, $0!! = (-1)!! = 1$이다.

29. $n \le 10$인 모든 양의 정수 n에 대해 $n!!$의 값을 찾아라.

30. 모든 음이 아닌 정수 n에 대해 $(2n+1)!!2^n(n!) = (2n+1)!$ 임을 증명하라.

31. 모든 음이 아닌 정수 n에 대해 $n!!(n-1)!!$의 공식을 찾고 증명하라.

계산과 탐구

1. $n!$이 100개 미만의 10진 자릿수, 1000개 미만의 10진 자릿수, 10,000개 미만의 10진 자릿수를 가지는 가장 큰 n값은 각각 무엇인가?

2. 삼각수이면서 제곱수인 수를 가능한 많이 찾아라. (이 질문은 14.4절의 연습문제에서 다룬다.)

3. 사면체수이면서 제곱수인 수를 가능한 많이 찾아라.

프로그래밍 프로젝트

1. 수열 $a_1, a_2, \ldots, a_n$의 항이 주어졌을 때 $\sum_{j=1}^{n} a_j$와 $\prod_{j=1}^{n} a_j$를 계산하라.

2. 등비수열의 항이 주어졌을 때 그 항들의 합을 찾아라.

3. 양의 정수 n이 주어졌을 때 n번째 삼각수, n번째 제곱수, n번째 오각수, n번째 사면체수를 찾아라.

1.3 수학적 귀납법

다음과 같이 작은 n에 대해 첫 n개의 양의 홀수 정수의 합을 살펴보면, 이 합에 대한 공식을 추측할 수 있다.

$$\begin{aligned} 1 &= 1 \\ 1+3 &= 4 \\ 1+3+5 &= 9 \\ 1+3+5+7 &= 16 \\ 1+3+5+7+9 &= 25 \\ 1+3+5+7+9+11 &= 36 \end{aligned}$$

위의 값들로부터 모든 양의 정수 n에 대해

$$\sum_{j=1}^{n}(2j-1) = 1+3+5+7+\cdots+(2n-1) = n^2$$

이라고 가설을 세울 수 있다.

이 공식이 모든 양의 정수 n에 대해 성립하는지 어떻게 증명할 수 있을까?

수학적 귀납법(principle of mathematical induction)은 정수에 대한 결과를 증명하는 데 유용한 도구로, 가장 작은 n개의 양의 홀수의 합에 대해 방금 위에서 추측한 공식과 같은 결과를 증명하는 데 쓰인다. 먼저 이 원리를 소개한 다음 어떻게 사용되는지를 보인다. 그런 다음 정렬 성질을 이용하여 수학적 귀납법이 유효한 증명 기법임을 보여주고자 한다. 수학적 귀납법과 정렬 성질은 수론의 연구 전반에 걸쳐 사용된다.

어떤 특정한 명제가 모든 양의 정수에 대해 성립한다는 것을 수학적 귀납법으로 증명하기 위해 두 가지를 수행해야 한다. 명제를 참이 되게 한다고 주장하는 양의 정수들의 집합을 S라고 할 때, 다음을 증명해야 한다. 첫째, 1이 S에 속한다는 것, 즉 명제가 정수 1에 대해 참임을 보여야 한다. 이를 **기초 단계**(basis step)라고 한다.

둘째, 각 양의 정수 n에 대해 n이 S에 속하면 $n+1$도 S에 속한다는 것을 보여야 한다. 즉 명제가 n에 대해 참이면 $n+1$에 대해서도 참이라는 것을 증명해야 한다. 이를 **귀납적 단계**(inductive step)라고 한다. 이 두 단계가 완료되면 수학적 귀납법의 원리에 따라 해당 명제가 모든 양의 정수에 대해 참이라는 결론을 내릴 수 있다.

수학적 귀납법의 기원

많은 학자가 수학적 귀납법의 최초의 사용은 16세기 수학자인 마우롤리코(Francesco Maurolico, 1494~1575)의 작품에 등장한다고 오래 전부터 믿어왔다.그는 자신의 저서 《**Arithmeticorum Libri Duo**》에서 증명과 함께 정수의 다양한 성질을 제시했다. 그는 수학적 귀납법을 고안하여 몇 가지 증명을 완성했는데, 그의 책에서 가장 작은 n개의 양의 홀수의 합이 n^2이 됨을 증명하는 데 수학적 귀납법이 처음 사용되었다. 최근 학계에서는 14세기에 레비 벤 게르손(Levi ben Gerson, '게르소니데스'라고도 함)이 수학적 귀납법을 엄격하게 사용했음을 발견했다. 일부 학자들은 수학적 귀납법을 처음으로 공식적으로 사용한 것은 1665년 파스칼(Pascal)이라고 주장하기도 한다. "수학적 귀납법"이라는 명칭은 1838년 드모르간(DeMorgan)에 의한 것으로 믿고 있다.

정리 1.5 수학적 귀납법의 원리

정수 1을 포함하고 정수 k를 포함하는 경우에 그 다음 정수 $k+1$도 포함하는 양의 정수 집합은 모든 양의 정수의 집합이다.

수학적 귀납법의 사용을 다음 예제를 통해 설명하고자 한다. 먼저, 이 절의 시작 부분에서 세운 가설을 증명해보자.

예제 1.23

모든 양의 정수 n에 대해 다음이 성립함을 보여주기 위해 수학적 귀납법을 사용할 수 있다.

$$\sum_{j=1}^{n}(2j-1) = 1+3+\cdots+(2n-1) = n^2$$

(그런데 이 추측이 틀렸다면 수학적 귀납법을 이용한 증명은 실패할 것이다.)

기초 단계는 다음과 같이 완성된다.

$$\sum_{j=1}^{1}(2j-1) = 2\cdot 1-1 = 1 = 1^2$$

귀납 단계에서는 n에 대한 귀납적 가정이 성립한다고, 즉 $\sum_{j=1}^{n}(2j-1) = n^2$이 성립한다고 가정한다. 귀납적 가정을 사용하여 다음과 같이 쓸 수 있다.

$$\begin{aligned}\sum_{j=1}^{n+1}(2j-1) &= \sum_{j=1}^{n}(2j-1) + (2(n+1)-1) && (j=n+1 \text{ 항 분리})\\ &= n^2+2(n+1)-1 && (\text{귀납적 가정 사용})\\ &= n^2+2n+1\\ &= (n+1)^2\end{aligned}$$

기초 단계와 귀납적 단계가 모두 완료되었기 때문에, 위 결과가 참임을 알 수 있다.

다음으로 수학적 귀납법을 사용하여 부등식을 증명해보자.

예제 1.24

모든 양의 정수 n에 대해 $n! \le n^n$임을 수학적 귀납법을 통해 보일 수 있다. 기초 단계, 즉 $n=1$인 경우는 $1! = 1 \le 1^1 = 1$이므로 부등식이 성립한다. 이제 증명을 완성하기 위해 $n! \le n^n$를 가정하고 (귀납적 가정), $(n+1)! \le (n+1)^{n+1}$을 보여야 한다. 귀납적 가정을 사용하여 다음과 같이 쓸 수 있다.

$$\begin{aligned}(n+1)! &= (n+1)\cdot n!\\ &\le (n+1)n^n\\ &< (n+1)(n+1)^n\\ &\le (n+1)^{n+1}\end{aligned}$$

이로써 귀납적 단계와 증명이 모두 완료되었다.

이제 수학적 귀납법이 정렬 성질로부터 유도된다는 것을 보인다.

증명 1.5

정수 1을 포함하고, n을 포함하는 경우 $n+1$도 포함하는 양의 정수 집합을 S라고 하자. 모순을 유도하기 위해 S가 모든 양의 정수 집합이 아니라고 가정하면 S에 포함되지 않은 양의 정수가 있다. 정렬 성질에 의해 S에 포함되지 않은 양의 정수 집합은 공집합이 아니므로, S에 포함되지 않은 가장 작은 양의 정수 n이 있다. 1은 S에 있기 때문에 $n \neq 1$이다.

이제 $n > 1$이기 때문에, $n-1$은 n보다 작은 양의 정수이므로 S에 포함되어야 한다. 그러나 S가 $n-1$을 포함한다면, S는 $(n-1)+1=n$도 포함해야 한다. 이는 n이 S에 포함되지 않은 가장 작은 양의 정수라는 사실에 모순이다. 따라서 S는 모든 양의 정수 집합이어야 한다.

수학적 귀납법의 약간 변형된 형태도 때때로 증명에 유용하다.

정리 1.6 수학적 귀납법의 두 번째 원리

정수 1을 포함하고 모든 양의 정수 n에 대해 $1, 2, \ldots, n$을 포함하는 경우에 $n+1$도 포함하는 양의 정수 집합은 모든 양의 정수의 집합이다.

수학적 귀납법의 두 번째 원리는 수학적 귀납법과 구별하기 위해 때때로 **강한 귀납법**(strong induction)이라고 불린다. 수학적 귀납법은 **약한 귀납법**(weak induction)이라고도 불리지만, 이것이 약하다는 것은 전혀 아니다.

수학적 귀납법의 두 번째 원리가 유효하다는 것을 증명하기 전에 그 사용법을 설명하는 예제를 하나 들어보도록 한다.

예제 1.25

1센트를 초과하는 우편 요금은 2센트와 3센트 우표 요금을 사용하여 만들 수 있음을 보이자. 기초 단계의 경우 2센트의 우편 요금은 2센트 우표 하나를 사용하여 만들고 3센트 우표 하나를 사용하여 3센트 우표 요금을 만들 수 있다.

귀납적 단계에서는 n센트($n \geq 3$)를 초과하지 않는 모든 금액이 2센트 우표와 3센트 우표를 사용하여 만들어질 수 있다고 가정하자. 그런 다음 $n+1$센트의 우표 요금을 만들기 위해 $n-1$센트 우표 요금을 만들 때 사용된 우표와 2센트 우표를 함께 사용할 수 있다. 이로써 증명이 완료된다.

이제 수학적 귀납법의 두 번째 원리가 유효한 증명법임을 보여준다.

증명 1.6

정수 1을 포함하고 모든 양의 정수 n에 대해 $1, 2, \ldots, n$이 포함하면 $n+1$도 포함하는 정수의 집합을 T라고 하자. 또한 양의 정수 n 이하의 모든 양의 정수가 T에 속하는 n을 원소로 가지는 집합을 S라 하자. 그러면 1이 S에 속하고, 가정에 따라 n이 S에 속한다면 $n+1$도 S에 속한다. 그러므로 수학적 귀납법의 원리에 의해 S는 모든 양의 정수의 집합이어야 한다. 따라서 T도 모든 양의 정수의 집합이다. 왜냐하면 S는 T의 부분집합이기 때문이다.

1.3.1 재귀적 정의

수학적 귀납법의 원리는 양의 정수에서 함수값을 정의하는 방법을 제시한다. n에서 함수값을 직접 명시하는 대신에 1에서 함수값을 특정하고, 각 양의 정수 n에 대해 n에서의 함수값으로부터 $n+1$에서의 함수값을 찾는 규칙을 제공한다.

정의 1.8

함수 f의 값이 1에서 주어지고 모든 양의 정수 n에 대해 $f(n+1)$을 $f(n)$으로부터 결정하는 규칙이 제공된다면, 함수 f가 **재귀적으로 정의된다**(defined recursively)고 한다.

재귀적으로 정의된 함수가 각 양의 정수에서 유일하게 정의된다는 것을 보여주는 데 수학적 귀납법의 원리가 사용될 수 있다(연습문제 25 참조). 다음 예제에서 재귀적으로 함수를 정의하는 법을 살펴본다.

예제 1.26

차례곱함수 $f(n) = n!$을 재귀적으로 정의하자. 먼저 다음과 같이 정의한다.

$$f(1) = 1$$

각 양의 정수 n에 대해 $f(n)$으로부터 $f(n+1)$을 얻을 수 있는 다음 규칙을 준다.

$$f(n+1) = (n+1) \cdot f(n)$$

이 두 식을 통해 각 양의 정수 n에 대해 $n!$의 값을 유일하게 결정한다.

재귀적 정의로부터 $f(6) = 6!$의 값을 찾기 위해 두 번째 식을 다음과 같이 연속적으로 사용한다.

$$f(6) = 6 \cdot f(5) = 6 \cdot 5 \cdot f(4) = 6 \cdot 5 \cdot 4 \cdot f(3) = 6 \cdot 5 \cdot 4 \cdot 3 \cdot f(2) = 6 \cdot 5 \cdot 4 \cdot 3 \cdot 2 \cdot f(1)$$

정의의 첫 번째 식 $f(1) = 1$을 사용하여 $6! = 6 \cdot 5 \cdot 4 \cdot 3 \cdot 2 \cdot 1 = 720$임을 확인할 수 있다.

수학적 귀납법의 두 번째 원리도 재귀적 정의의 기초가 된다. 양의 정수 집합을 정의역으로 하는 함수를 다음과 같이 정의할 수 있다. 1에서 함수값을 정의하고, 각 양의 정수 n에 대해 $1 \leq j \leq n-1$인 모든 정수 j에서의 함수값 $f(j)$를 이용하여 $f(n)$을 찾는 규칙을 주어 함수를 재귀적으로 정의한다. 재귀적 정의를 통해 1.4절에서 논의한 피보나치 수열을 정의한다.

1.3 연습문제

1. 양의 정수 n에 대해 $n < 2^n$ 임을 수학적 귀납법을 사용하여 증명하라.
2. 첫 n개의 양의 짝수의 합에 대한 공식을 추측하고, 이를 수학적 귀납법을 사용하여 증명하라.
3. 양의 정수 n에 대해 $\displaystyle\sum_{k=1}^{n} \frac{1}{k^2} \leq 2 - \frac{1}{n}$이 성립함을 수학적 귀납법을 사용하여 증명하라.
4. 작은 정수 n에 대해 $\displaystyle\sum_{k=1}^{n} \frac{1}{k(k+1)} = \frac{1}{1\cdot 2} + \frac{1}{2\cdot 3} + \cdots + \frac{1}{n(n+1)}$을 계산해보고 이 합의 공식을 추측하라. 그리고 수학적 귀납법을 사용하여 이를 증명하라. (1.2절 연습문제 21과 비교하라.)
5. 행렬 $\mathbf{A} = \begin{pmatrix} 1 & 1 \\ 0 & 1 \end{pmatrix}$일 때 $\mathbf{A}^n$의 공식을 추측하고, 이를 수학적 귀납법을 사용하여 증명하라.
6. 모든 양의 정수 n에 대해 $\displaystyle\sum_{j=1}^{n} j = 1+2+3+\cdots+n = \frac{n(n+1)}{2}$임을 수학적 귀납법을 사용하여 증명하라. (1.2절의 예제 1.20과 비교하라.)
7. 모든 양의 정수 n에 대해 $\displaystyle\sum_{j=1}^{n} j^2 = 1^2+2^2+3^2+\cdots+n^2 = \frac{n(n+1)(2n+1)}{6}$임을 수학적 귀납법을 사용하여 증명하라.
8. 모든 양의 정수 n에 대해 $\displaystyle\sum_{j=1}^{n} j^3 = 1^3+2^3+3^3+\cdots+n^3 = \left[\frac{n(n+1)}{2}\right]^2$임을 수학적 귀납법을 사용하여 증명하라.
9. 모든 양의 정수 n에 대해 $\displaystyle\sum_{j=1}^{n} j(j+1) = 1\cdot 2+2\cdot 3+\cdots+n\cdot(n+1) = \frac{n(n+1)(n+2)}{3}$임을 수학적 귀납법을 사용하여 증명하라.
10. 모든 양의 정수 n에 대해 $\displaystyle\sum_{j=1}^{n} (-1)^{j-1} j^2 = 1^2-2^2+3^2-\cdots+(-1)^{n-1}n^2 = (-1)^{n-1}\frac{n(n+1)}{2}$ 임을 수학적 귀납법을 사용하여 증명하라.
11. $\prod_{j=1}^{n} 2^j$에 대한 공식을 찾아라.
12. 모든 양의 정수 n에 대해 $\displaystyle\sum_{j=1}^{n} j\cdot j! = 1\cdot 1!+2\cdot 2!+\cdots+n\cdot n! = (n+1)!-1$임을 수학적 귀납법을 사용하여 증명하라.

13. 4센트와 5센트짜리 우표만 사용하여 11센트를 초과하는 모든 정수 센트의 우표 요금을 지불할 수 있음을 보여라.

14. 7센트와 10센트 우표만 사용하여 53센트를 초과하는 모든 정수 센트의 우표 요금을 지불할 수 있음을 보여라.

H_n을 조화급수의 n번째 부분합 $H_n = \sum_{j=1}^{n} 1/j$이라고 두자.

*15. 수학적 귀납법을 사용하여 $H_{2^n} \geq 1 + \frac{n}{2}$임을 보여라.

*16. 수학적 귀납법을 사용하여 $H_{2^n} \leq 1 + n$임을 보여라.

17. 수학적 귀납법을 사용하여 n이 양의 정수이면 $(2n)! < 2^{2n}(n!)^2$임을 보여라.

18. x와 y가 변수일 때 $x - y$가 $x^n - y^n$의 인수임을 수학적 귀납법을 사용하여 증명하라.

♦19. 수학적 귀납법의 원리를 사용하여 정수 k를 포함하는 어떤 정수의 집합이 n을 포함할 때마다 $n+1$을 포함한다면 k보다 크거나 같은 모든 정수를 포함함을 보여라.

20. $n \geq 4$인 경우에 $2^n < n!$임을 수학적 귀납법을 사용하여 증명하라.

21. $n \geq 4$인 경우에 $n^2 < n!$임을 수학적 귀납법을 사용하여 증명하라.

22. $h \geq -1$인 경우에 모든 음이 아닌 정수 n에 대해 $1+nh \leq (1+h)^n$임을 수학적 귀납법을 사용하여 증명하라.

23. 직소 퍼즐은 올바르게 조각을 맞추어서 풀 수 있다. n개의 조각으로 이루어진 직소 퍼즐을 풀려면 정확히 $n-1$번의 이동이 필요함을 보여라. 여기서 한 번의 이동은 하나 이상의 조각으로 이루어진 조각 뭉치를 합치는 것이다. (힌트: 수학적 귀납법의 두 번째 원리를 사용하라.)

24. 모든 말이 같은 색이라는 다음 수학적 귀납법에 의한 증명이 잘못된 이유를 설명하라.

"한 마리 말이 있는 임의의 집합의 말은 모두 분명히 같은 색이다. 이로써 기초 단계가 완료된다. 이제 n마리 말이 있는 임의의 집합의 모든 말이 같은 색이라고 가정하고, $n+1$마리 말로 이루어진 집합을 고려해보자. 이 집합의 말들은 정수 $1, 2, \ldots, n+1$로 표시된다고 하자. 귀납적 가정에 의하면 말 $1, 2, \ldots, n$은 모두 같은 색이며, 말 $2, 3, \ldots, n, n+1$도 마찬가지이다. 이 두 집합에 말 $2, 3, 4, \ldots, n$이 공통으로 속하므로 $n+1$마리 모두 같은 색이어야 한다. 이로써 귀납적인 주장이 완료된다."

25. 수학적 귀납법을 사용하여 재귀적으로 정의된 함수의 각 양의 정수에서의 값이 유일하게 결정됨을 보여라.

26. 함수 $f(n)$이 $f(1) = 2$이고 $f(n+1) = 2f(n)$ ($n \geq 1$에 대해)으로 재귀적으로 정의된다면 함수 $f(n)$은 무엇인가? 수학적 귀납법을 사용하여 답을 증명하라.

27. g가 $g(1) = 2$이고 $g(n) = 2^{g(n-1)}$ ($n \geq 2$에 대해)으로 재귀적으로 정의된다면, $g(4)$는 무엇인가?

28. 수학적 귀납법의 두 번째 원리를 사용하여 $f(1)$이 지정되고 $f(n+1)$을 찾는 규칙이 첫 n개의 양의 정수에서의 f의 값으로부터 주어진다면, 모든 양의 정수 n에 대해 $f(n)$이 유일하게 결정됨을 보여라.

29. 함수 f를 $f(1)=1$, $f(2)=5$ 그리고 $n \geq 2$인 경우에는 $f(n+1)=f(n)+2f(n-1)$로 재귀적으로 정의하자. 수학적 귀납법의 두 번째 원리를 사용하여 $f(n)=2^n+(-1)^n$임을 보여라.

30. n이 4보다 큰 정수일 때 $2^n > n^2$임을 보여라.

31. $a_0=1$, $a_1=3$, $a_2=9$, $a_n=a_{n-1}+a_{n-2}+a_{n-3}$ $(n \geq 3)$이라고 하자. 모든 음이 아닌 정수 n에 대해 $a_n \leq 3^n$임을 보여라.

32. 하노이의 탑은 19세기 후반에 유명한 퍼즐이었다. 이 퍼즐은 세 개의 막대와 크기가 다른 여덟 개의 링으로 이루어져 있고, 가장 큰 링부터 크기 순으로 한 개의 막대에 놓여 있다. 이 퍼즐의 목표는 모든 링을 한 번에 하나씩 이동시켜 작은 링 위에 큰 링을 놓지 않고, 다른 막대에 크기 순으로 이동하는 것이다. 세 번째 막대를 보조 막대로 사용한다.

    a) 수학적 귀납법을 사용하여 위의 규칙으로 n개의 링을 한 막대에서 다른 막대로 이동하는 데 필요한 최소한의 이동 횟수가 2^n-1임을 보여라.

    b) 고대 전설에 따르면, 탑에 있는 수도사들은 64개의 황금 링과 3개의 다이아몬드 막대를 가지고 있었다. 그들은 세계가 창조될 때부터 매 초마다 링을 이동하기 시작했다. 링을 두 번째 막대로 옮기는 것을 마치면 세계가 종말될 것이다. 세계가 얼마나 오래 지속되는가?

*33. 양의 실수 $a_1, a_2, \ldots, a_n$의 **산술평균**(arithmetic mean)과 **기하평균**(geometric mean)은 각각 $A=(a_1+a_2+\cdots+a_n)/n$과 $G=(a_1a_2\cdots a_n)^{1/n}$이다. 모든 유한한 양의 실수 수열에 대해 $A \geq G$임을 수학적 귀납법을 사용하여 증명하라. 등식이 성립하는 것은 언제인가?

34. 어떤 정사각형 한 개가 빠진 $2^n \times 2^n$ 체스판은 각각이 세 개의 정사각형을 덮는 L자 모양의 조각들로 덮을 수 있음을 수학적 귀납법을 사용하여 보여라.

*35. **단위분수**(unit fraction)는 n이 양의 정수일 때 $1/n$ 형태의 분수이다. 고대 이집트인은 분수를 서로 다른 단위분수의 합으로 표현했기 때문에, 그런 합을 **이집트 분수**(Egyption fraction)라고 부른다. p와 q가 $0<p<q$인 정수인 모든 유리수 p/q를 서로 다른 단위분수의 합, 즉 이집트 분수로 쓸 수 있음을 보여라. (힌트: 분자 p에 대한 강한 귀납법을 사용하여 매 단계에서 가능한 가장 큰 단위분수를 추가하는 탐욕 알고리즘이 항상 종료되는 것을 보여라. 예를 들어 이 알고리즘을 실행하면 $5/7=1/2+1/5+1/70$임을 보여준다.)

36. 연습문제 35의 알고리즘을 사용하여 다음 각 숫자를 이집트 분수로 나타내라.

    a) 2/3　　b) 5/8　　c) 11/17　　d) 44/101

계산과 탐구

1. 모든 양의 정수 n에 대해 $\sum_{j=1}^{n} j = n(n+1)/2$임을 증명하기 위해 숫자 및 기호 계산을 사용하여 수학적 귀납법의 기초 및 귀납적 단계를 완료하라.

2. 모든 양의 정수 n에 대해 $\sum_{j=1}^{n} j^2 = n(n+1)(2n+1)/6$임을 증명하기 위해 숫자 및 기호 계산을 사용하여 수학적 귀납법의 기초 및 귀납 단계를 완료하라.

3. 모든 양의 정수 n에 대해 $\sum_{j=1}^{n} j^3 = (n(n+1)/2)^2$임을 증명하기 위해 숫자 및 기호 계산을 사용하여 수학적 귀납법의 기초 및 귀납 단계를 완료하라.

4. $n = 1, 2, 3, 4, 5, 6$에 대해 $\sum_{j=1}^{n} j^4$의 값을 사용하여 이 합을 n의 5차 다항식으로 이루어진 공식을 추측하고, 숫자 및 기호 계산을 사용하여 이 추측을 증명하라.

5. **에르되쉬–슈트라우스 추측**(Erdös-Straus conjecture)은 폴 에르되쉬와 에른스트 슈트라우스에 의해 제안된 추측이다. 이 추측은 $n > 1$인 모든 정수 n에 대해 $4/n = 1/x + 1/y + 1/z$ (x, y, z는 서로 다른 양의 정수) 형태로 표현할 수 있다는 것이다. 가능한 많은 양의 정수 n에 대해 이러한 표현을 찾아라.

6. $0 < p < q$이고 q가 홀수인 정수 p/q가 홀수 분모를 가진 단위분수의 합으로 표현될 수 있다고 추측된다. 각 단계에서 가장 작은 양의 홀수 분모 q를 가진 단위분수를 연속적으로 추가하는 탐욕 알고리즘을 사용하여 이 추측을 탐구하라. (예를 들어 $2/7 = 1/5 + 1/13 + 1/115 + 1/10{,}465$이다.)

프로그래밍 프로젝트

*1. 하노이의 탑 퍼즐의 움직임을 나열하라(연습문제 32 참조). 가능하다면 이러한 움직임을 애니메이션으로 만들어라.

**2. 정사각형 한 개가 빠진 $2^n \times 2^n$ 체스판을 L자 모양의 조각으로 덮어라(연습문제 34 참조).

3. 유리수 p/q가 주어졌을 때 연습문제 35에서 설명한 알고리즘을 사용하여 p/q를 이집트 분수로 표현하라.

1.4 피보나치 수

수학자 피보나치(Fibonacci)는 1202년에 쓴 그의 저서 《**산반서(Liber Abaci)**》에서 토끼의 개체 수 증가에 관한 문제를 제기했다. 어느 섬에 암수 각각 한 마리씩 어린 토끼 한 쌍을 풀어 놓는다. 토끼는 두 달이 되기 전까지는 번식하지 않으며 두 달이 지난 후에는 매달 한 쌍의 토끼가 한 쌍을 더 낳는다고 가정하면, n개월 후에는 몇 쌍의 토끼가 있을까?

n개월 후의 토끼 쌍의 수를 f_n이라고 하자. 원래 한 쌍만 섬에 있었기 때문에 $f_1 = 1$이다. 이 쌍은 두 달 동안 번식하지 않으므로 $f_2 = 1$이다. n개월 후 토끼 쌍의 수는 이전 달에 섬에 있던 토끼 쌍의 수인 f_{n-1}에 새로 태어난 쌍의 수를 더하면 된다. 새로이 태어난 쌍은 최소 2개월 이상 된 쌍에서 태어나므로 그 수는 f_{n-2}와 같다. 이로부터 다음과 같은 정의를 얻는다.

정의 1.9

피보나치 수열(Fibonacci sequence)은 $f_1 = 1$, $f_2 = 1$ 그리고 $n \geq 3$인 경우 $f_n = f_{n-1} + f_{n-2}$와 같이 재귀적으로 정의된다. 이 수열의 각 항을 **피보나치 수**(Fibonacci number)라고 한다.

19세기에 수학자 루카스(Edouard Lucas)는 이 수열을 피보나치의 이름으로 명명하고 피보나치 수열에 대해 많은 성질을 밝혔다. 피보나치의 질문에 대답하기 위해서는 n개월 후에 섬에는 f_n쌍의 토끼가 있으므로 f_n의 닫힌 공식을 구하면 된다.

피보나치 수열의 첫째항을 살펴보는 것은 피보나치 수열의 특성을 연구하는 데 유용하다.

예제 1.27

피보나치 수열의 첫 10개의 항은 다음과 같다.

$$f_3 = f_2 + f_1 = 1 + 1 = 2$$
$$f_4 = f_3 + f_2 = 2 + 1 = 3$$
$$f_5 = f_4 + f_3 = 3 + 2 = 5$$
$$f_6 = f_5 + f_4 = 5 + 3 = 8$$
$$f_7 = f_6 + f_5 = 8 + 5 = 13$$
$$f_8 = f_7 + f_6 = 13 + 8 = 21$$
$$f_9 = f_8 + f_7 = 21 + 13 = 34$$
$$f_{10} = f_9 + f_8 = 34 + 21 = 55$$

f_0의 값을 0으로 정의할 수 있으므로 $f_2 = f_1 + f_0$가 성립한다. 또한 음의 정수 n에 대해서도 피보나치 수열의 재귀적 정의를 만족하도록 f_n을 정의할 수 있다(연습문제 37 참조).

피보나치 수는 수학과 컴퓨터 과학에서 매우 유용하다. 식물학, 예술과 건축, 음악, 경제 등 다양한 분야에 응용된다. 예를 들어 식물학에서는 잎차례로 알려진 패턴을 갖는 식물의 나선의 수가 항상 피보나치 수이다. 또한 피보나치 수는 연속된 1이 없는 비트 문자열의 개수를 세는 등 엄청나게 다양한 수 세기 문제의 해이다([Ro18] 참조).

피보나치 수의 광범위한 응용으로 보아, 이 수가 아주 오래 전에 발견되었을 것으로 추청할 수 있다. 수학 역사학자들은 피보나치가 피보나치 수에 대해 책에 기록하기 훨씬 전부터 피보나치 수가 알려져 있었다는 사실을 발견했다. 피보나치 수에 대해 가장 오래된 기록은 약 2200년 전에 핑갈라(Pingala)라는 인도의 수학자가 쓴 것이다. 그는 자신의 책인 《찬다 사트라(Chandahṣ'sāstra)》에서 산스크리트 시의 운율 체계를 분석하기 위해 피보나치 수열을 사용했다. 이는 시와 음악의 연구에서 피보나치 수열이 얼마나 중요한지를 보여주는 한 예일 뿐이다. 인도 수학자 헤마찬드라(Hemachandra)는 1150년경에 피보나치 수열에 대해 기술했다. 이 수열의 점화식이 그의 작품에 등장하는데, 그는 길이가 n인 운율은 길이가 $n-1$인 운율에 짧은 음절을 추가하거나 길이가 $n-2$인 운율에 긴 음절을 더함으로써 형성될 수 있다는 것을 보여주었다.

1.4.1 피보나치 수 등식

피보나치 수는 또한 매우 많은 등식을 만족한다. 예를 들어 연속한 첫 n개의 피보나치 수의 합에 대한 등식을 쉽게 찾을 수 있다.

예제 1.28

$1 \le n \le 8$에 대해 첫 n개의 피보나치 수를 더한 값은 1, 2, 4, 7, 12, 20, 33, 54이다. 이 수들을 보면 모두 f_{n+2}보다 1이 작은 값임을 알 수 있다. 이를 토대로 모든 양의 정수 n에 대해 다음과 같은 추측을 할 수 있다.

$$\sum_{k=1}^{n} f_k = f_{n+2} - 1$$

이제 이 등식이 모든 양의 정수 n에 대해 성립한다는 것을 두 가지 다른 방법으로 보이자. 등식이 참임을 증명하는 여러 가지 방법이 있다는 것을 보여주기 위해 두 가지 다른 증명을 제시하는 것이다.

첫 번째로, $n = 2, 3, \ldots$에 대해 $f_n = f_{n-1} + f_{n-2}$이므로, $k = 1, 2, 3, \ldots$일 때 $f_k = f_{k+2} - f_{k+1}$이다. 따라서 다음이 성립한다.

$$\sum_{k=1}^{n} f_k = \sum_{k=1}^{n} (f_{k+2} - f_{k+1})$$

이 합은 망원합이므로 쉽게 계산할 수 있다. 1.2절의 망원합 공식을 이용하여 다음과 같이 원하는 결과를 얻을 수 있다.

$$\sum_{k=1}^{n} f_k = f_{n+2} - f_2 = f_{n+2} - 1$$

또한 이 등식은 수학적 귀납법을 사용하여 증명할 수 있다. 기초 단계는 $\sum_{k=1}^{1} f_k = 1$이고 $f_{1+2} - 1 = f_3 - 1 = 2 - 1 = 1$이므로 성립한다. 귀납적 가정은 다음과 같다.

$$\sum_{k=1}^{n} f_k = f_{n+2} - 1$$

다음 식이 성립함을 보여야 한다.

$$\sum_{k=1}^{n+1} f_k = f_{n+3} - 1$$

귀납적 가정을 이용하여 다음과 같이 이를 증명한다.

$$\begin{aligned}\sum_{k=1}^{n+1} f_k &= \left(\sum_{k=1}^{n} f_k\right) + f_{n+1} \\ &= (f_{n+2} - 1) + f_{n+1} \\ &= (f_{n+1} + f_{n+2}) - 1 \\ &= f_{n+3} - 1\end{aligned}$$

이 절 마지막에 있는 연습문제에서 더 많은 피보나치 수와 관련된 등식을 증명한다.

1.4.2 피보나치 수는 얼마나 빨리 증가하는가

부등식은 3장에서 사용되는데, 피보나치 수열이 공비 $\alpha = (1+\sqrt{5})/2$를 가진 등비수열보다 더 빠르게 증가한다는 것을 보여준다.

예제 1.29

수학적 귀납법의 두 번째 원리를 사용하여 $n \geq 3$인 경우에 $\alpha = (1+\sqrt{5})/2$일 때 $f_n > \alpha^{n-2}$임을 증명할 수 있다. 기초 단계는 $n = 3$과 $n = 4$일 때 위 부등식을 확인하는 것이다. 먼저 $\alpha < 2 = f_3$이므로 $n = 3$일 때 부등식은 참이고, $\alpha^2 = (3+\sqrt{5})/2 < 3 = f_4$이므로 $n = 4$일 때 역시 부등식은 참이다.

귀납적 가정은 $k \leq n$인 모든 정수 k에 대해 $\alpha^{k-2} < f_k$임을 가정하는 것이다. $\alpha = (1+\sqrt{5})/2$이 $x^2 - x - 1 = 0$의 해임을 고려하면 $\alpha^2 = \alpha + 1$이다. 따라서 다음과 같음을 알 수 있다.

$$\alpha^{n-1} = \alpha^2 \cdot \alpha^{n-3} = (\alpha+1) \cdot \alpha^{n-3} = \alpha^{n-2} + \alpha^{n-3}$$

귀납적 가정에 의해 다음 부등식이 성립한다.

$$\alpha^{n-2} < f_n, \quad \alpha^{n-3} < f_{n-1}$$

이 두 부등식을 더하여 다음과 같이 원하는 부등식을 얻게 된다.

$$\alpha^{n-1} < f_n + f_{n-1} = f_{n+1}$$

마지막으로 n번째 피보나치 수의 닫힌 공식을 살펴보자. 본문에서는 이를 증명하지 않지만 연습문제 41과 42에서 각각 선형동차점화식과 생성함수를 사용하여 이 공식을 찾는 방법의 개요를 제공한다. 또한 연습문제 40에서는 이 공식이 피보나치 수와 동일한 재귀적 정의를 따른다는 것을 보여주고, 연습문제 45에서는 수학적 귀납법을 통해 증명한다. 첫 두 접근 방식의 장점은 공식을 찾는 데 사용될 수 있다는 것이다. 다른 두 접근 방식은 그렇지 않다.

정리 1.7

$\alpha = \frac{1+\sqrt{5}}{2}$, $\beta = \frac{1-\sqrt{5}}{2}$라고 두면, 양의 정수 n에 대해 n번째 피보나치 수 f_n은 다음과 같다.

$$f_n = \frac{1}{\sqrt{5}}(\alpha^n - \beta^n)$$

비고. 연속적인 피보나치 수 f_n과 f_{n-1}의 비율은 n이 무한대로 증가함에 따라 $\alpha = \frac{1+\sqrt{5}}{2}$에 수렴한다. 이 수 α는 **황금비**(golden ratio)라고 불린다. 황금비는 자연과 건축에서 중요한 역할을 한다.

지금까지 피보나치 수와 관련된 여러 중요한 결과를 소개했다. 이러한 수와 식물학, 컴퓨터 과학, 지리학, 물리학 및 기타 분야 등 다양한 응용 분야에 관한 방대한 문헌이 있다([Va89] 참조). 심지어 피보나치 수에 관한 연구에 중점을 둔 학술 저널인 〈**The Fibonacci Quarterly**〉도 있다.

1.4 연습문제

1. 다음 피보나치 수를 찾아라.

   a) f_{10} b) f_{13} c) f_{15} d) f_{18} e) f_{20} f) f_{25}

2. 다음 피보나치 수를 찾아라.

   a) f_{12} b) f_{16} c) f_{24} d) f_{30} e) f_{32} f) f_{36}

3. n이 양의 정수일 때 $f_{n+3} + f_n = 2f_{n+2}$임을 증명하라.

4. n이 양의 정수일 때 $f_{n+3} - f_n = 2f_{n+1}$임을 증명하라.

5. n이 양의 정수일 때 $f_{2n} = f_n^2 + 2f_{n-1}f_n$임을 증명하라. ($f_0 = 0$이다.)

6. $n \geq 2$인 정수 n에 대해 $f_{n-2} + f_{n+2} = 3f_n$임을 증명하라. ($f_0 = 0$이다.)

7. 양의 정수 n에 대해 홀수 지표를 가진 첫 n개의 피보나치 수의 합에 대한 간단한 공식을 찾고 증명하라. 즉 $f_1 + f_3 + \cdots + f_{2n-1}$에 대한 간단한 공식을 찾아라.

8. 양의 정수 n에 대해 짝수 지표를 가진 첫 n개의 피보나치 수의 합에 대한 간단한 공식을 찾고 증명하라. 즉 $f_2 + f_4 + \cdots + f_{2n}$에 대한 간단한 공식을 찾아라.

9. 양의 정수 n에 대해 $f_n - f_{n-1} + f_{n-2} - \cdots + (-1)^{n+1} f_1$의 간단한 공식을 찾아라.

10. n이 양의 정수일 때 $f_{2n+1} = f_{n+1}^2 + f_n^2$임을 증명하라.

11. n이 양의 정수일 때 $f_{2n} = f_{n+1}^2 - f_{n-1}^2$임을 증명하라($f_0 = 0$이다). (힌트: 연습문제 5 참조)

12. $n \geq 3$인 정수 n에 대해 $f_n + f_{n-1} + f_{n-2} + 2f_{n-3} + 4f_{n-4} + 8f_{n-5} + \cdots + 2^{n-3} f_1 = 2^{n-1}$임을 증명하라.

13. 모든 양의 정수 n에 대해 $\sum_{j=1}^{n} f_j^2 = f_1^2 + f_2^2 + \cdots + f_n^2 = f_n f_{n+1}$임을 증명하라.

14. 모든 양의 정수 n에 대해 $f_{n+1} f_{n-1} - f_n^2 = (-1)^n$임을 증명하라.

15. $n > 2$인 정수 n에 대해 $f_{n+1} f_n - f_{n-1} f_{n-2} = f_{2n-1}$임을 증명하라.

16. 모든 양의 정수 n에 대해 $f_1 f_2 + f_2 f_3 + \cdots + f_{2n-1} f_{2n} = f_{2n}^2$임을 증명하라.

17. m과 n이 양의 정수일 때 $f_{m+n} = f_m f_{n+1} + f_n f_{m-1}$임을 증명하라.

루카스 수(Lucas number)는 루카스(François-Eduoard-Anatole Lucas)의 이름을 따서 지어졌다(8장 참조). $L_1 = 1$이고 $L_2 = 3$일 때 루카스 수는 다음과 같이 재귀적으로 정의된다.

$$L_n = L_{n-1} + L_{n-2}, \quad n \geq 3$$

이 수열은 피보나치 수와 동일한 재귀 관계를 만족하지만 초깃값이 다르다.

18. 첫 12개의 루카스 수를 찾아라.

19. 모든 양의 정수 n에 대해 첫 n개의 루카스 수의 합을 찾고 증명하라.

20. 양의 정수 n에 대해 홀수 지표를 가지는 첫 n개의 루카스 수의 합에 대한 공식을 찾고 증명하라.

21. 양의 정수 n에 대해 짝수 지표를 가지는 첫 n개의 루카스 수의 합에 대한 공식을 찾고 증명하라.

22. $n \geq 2$인 정수 n에 대해 $L_n^2 - L_{n+1} L_{n-1} = 5(-1)^n$임을 증명하라.

23. $n \geq 1$인 정수 n에 대해 $L_1^2 + L_2^2 + \cdots + L_n^2 = L_n L_{n+1} - 2$임을 증명하라.

24. n번째 루카스 수 L_n이 $(n+1)$번째와 $(n-1)$번째 피보나치 수, 즉 f_{n+1}과 f_{n-1}의 합임을 보여라.

25. $n \geq 1$인 정수 n에 대해 $f_{2n} = f_n L_n$임을 보여라. f_n은 n번째 피보나치 수이고 L_n은 n번째 루카스 수이다.

26. n이 양의 정수일 때 $5f_{n+1} = L_n + L_{n+2}$임을 증명하라. 여기서 f_n은 n번째 피보나치 수이고, L_n은 n번째 루카스 수이다.

*27. $n > 1$인 모든 양의 정수 m과 n에 대해 $L_{m+n} = f_{m+1}L_n + f_m L_{n-1}$임을 증명하라. 여기서 f_n은 n번째 피보나치 수이고, L_n은 n번째 루카스 수이다.

28. $\alpha = (1+\sqrt{5})/2$이고 $\beta = (1-\sqrt{5})/2$일 때, n번째 루카스 수 L_n은 다음 식을 만족함을 증명하라.

$$L_n = \alpha^n + \beta^n$$

제켄도프 표현[Zeckendorf representation, 벨기에 의사이자 수학자인 제켄도프(Edouard Zeckendorf)의 이름을 딴]은 어떤 자연수를 연속하지 않은 서로 다른 피보나치 수의 합으로 나타내는 표현 방식으로, 이 표현 방식은 유일하다. 이 표현에서 항 $f_1 = 1$은 사용되지 않는다(항 $f_2 = 1$은 사용될 수 있다).

29. 정수 50, 85, 110, 200의 제켄도프 표현을 각각 찾아라.

*30. 모든 양의 정수는 유일한 제켄도프 표현을 갖는다는 것을 보여라.

31. $\alpha = (1+\sqrt{5})/2$일 때, $n \geq 2$인 정수 n에 대해 $f_n \leq \alpha^{n-1}$임을 보여라.

32. n이 음이 아닌 정수이고 f_{n+1}이 $(n+1)$번째 피보나치 수일 때 다음과 같음을 보여라. (이항 계수는 부록 B를 참조)

$$\binom{n}{0} + \binom{n-1}{1} + \binom{n-2}{2} + \cdots + \binom{1}{n-1} = f_{n+1}$$

33. n이 음이 아닌 정수일 때 $\sum_{j=1}^{n} \binom{n}{j} f_j = f_{2n}$임을 증명하라. f_j는 j번째 피보나치 수이다.

34. $\mathbf{F} = \begin{pmatrix} 1 & 1 \\ 1 & 0 \end{pmatrix}$라 하자. $n \in \mathbf{Z}^+$일 때, $\mathbf{F}^n = \begin{pmatrix} f_{n+1} & f_n \\ f_n & f_{n-1} \end{pmatrix}$임을 보여라.

35. 연습문제 34의 결과를 사용하여 연습문제 14의 등식을 증명하라.

36. $g_1 = a,\ g_2 = b,\ g_n = g_{n-1} + g_{n-2}\ (n \geq 3, generalizedFibonaccinumbers)$에 의해 재귀적으로 **일반화된 피보나치 수**(generalized Fibonacci numbers)를 정의한다. $n \geq 3$일 때 $g_n = af_{n-2} + bf_{n-1}$임을 보여라.

37. 음의 정수 n에 대한 피보나치 수 f_n의 재귀적 정의를 제시하라. 그리고 $n = -1, -2, -3, \cdots, -10$에 대해 f_n을 찾아라.

38. 연습문제 37의 결과를 사용하여 n이 양의 정수일 때 f_{-n}과 f_n의 값을 관련시키는 가설을 제시하라. 그리고 이 가설을 수학적 귀납법을 사용하여 증명하라.

39. 8×8 정사각형이 다음 그림과 같이 나누어져 5×13 직사각형을 만들 수 있다는 주장에 어떤 문제가 있는가? (힌트: 연습문제 14의 등식을 살펴보자.)

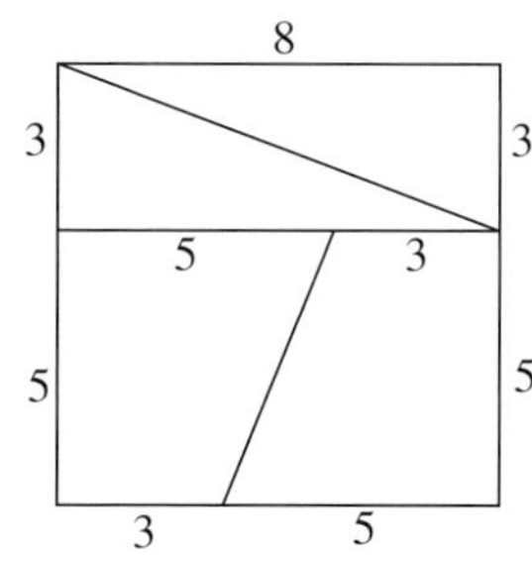

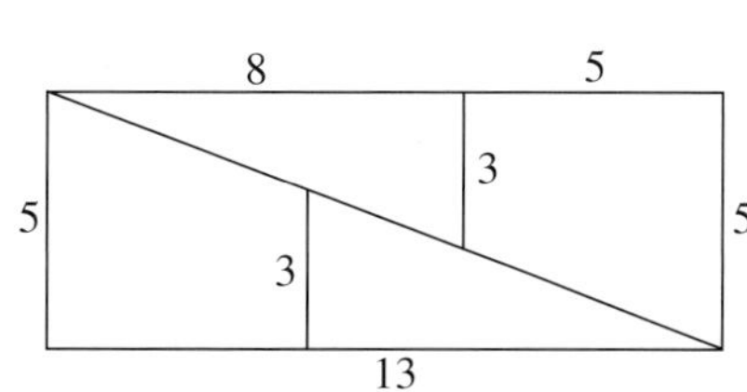

40. $\alpha = (1+\sqrt{5})/2$, $\beta = (1-\sqrt{5})/2$일 때 $a_n = \frac{1}{\sqrt{5}}(\alpha^n - \beta^n)$이라면, $a_n = a_{n-1} + a_{n-2}$이고 $a_1 = a_2 = 1$임을 보여라. 이로부터 f_n이 n번째 피보나치 수일 때 $f_n = a_n$임을 결론지어라.

상수계수를 가지는 2차 선형동차점화관계는 다음과 같은 형태의 방정식이다.

$$a_n = c_1 a_{n-1} + c_2 a_{n-2}$$

여기서 c_1과 c_2는 $c_2 \neq 0$인 실수이다. [Ro18]에서 보였듯이, 만약 방정식 $r^2 - c_1 r - c_2 = 0$가 두 개의 서로 다른 해 r_1과 r_2를 갖는다면 수열 $\{a_n\}$이 선형동차점화관계식 $a_n = c_1 a_{n-1} + c_2 a_{n-2}$의 해일 때 $n = 0, 1, 2, \ldots$에 대해 $a_n = C_1 r_1^n + C_2 r_2^n$임을 보일 수 있다. 여기서 C_1과 C_2는 상수이다. 이러한 상수의 값을 수열의 초기 두 항을 사용하여 찾을 수 있다.

41. 점화식 $f_n = f_{n-1} + f_{n-2}$을 풀고 초기 조건 $f_0 = 0$와 $f_1 = 1$을 이용하여 $n = 2, 3, \ldots$에 대해 f_n의 닫힌 공식을 찾아라. 즉 정리 1.7을 증명하라.

수열 $a_0, a_1, \ldots, a_k, \ldots$에 대한 **생성함수**(generating function)는 다음과 같이 정의되는 무한 급수이다.

$$G(x) = \sum_{k=0}^{\infty} a_k x^k$$

42. f_k가 k번째 피보나치 수일 때 생성함수 $G(x) = \sum_{k=0}^{\infty} f_k x^k$를 사용하여 f_k의 닫힌 공식을 찾고, 정리 1.7을 증명하라. (힌트: $k = 2, 3, \ldots$에 대해 $f_k = f_{k-1} + f_{k-2}$임을 이용하여 $G(x) - xG(x) - x^2G(x) = x$임을 보여라. 이를 통해 $G(x) = x/(1 - x - x^2)$임을 보이고, 미적분학에서와 같이 $G(x)$를 부분분수의 합으로 나타내라.) (생성함수 사용에 대해서는 [Ro18]을 참조하라.)

43. 연습문제 41의 방법을 사용하여 루카스 수에 대한 닫힌 공식을 찾아라.

44. 연습문제 42의 방법을 사용하여 루카스 수에 대한 닫힌 공식을 찾아라.

45. 수학적 귀납법을 사용하여 정리 1.7을 증명하라.

독일계 유태인 수학자 야콥스탈(Ernst Erich Jacobsthal)의 이름을 딴 **야콥스탈 수열**(Jacobsthal sequence) $\{J_n\}$은 다음과 같이 재귀적으로 정의된다. $J_0 = 0$, $J_1 = 1$이고 $n \geq 2$일 때 $J_n = J_{n-1} + 2J_{n-2}$

이다. 야콥스탈 수는 다양한 수 세기 문제의 해로 등장한다. (야콥스탈 수열은 OEIS의 수열 A001045 이다.)

46. $n \leq 10$인 모든 양의 정수 n에 대해 야콥스탈 수 J_n을 찾아라.

47. 모든 음이 아닌 정수 n에 대해 $J_{n+1} = 2J_n + (-1)^n$ 임을 증명하라.

48. 점화식을 풀어 $J_n = (2^n - (-1)^n)/3$ 임을 보여라.

야콥스탈-루카스 수열(Jacobsthal-Lucas sequence) $\{j_n\}$은 초기 값 $j_0 = 2$, $j_1 = 1$과 점화식 $j_n = j_{n-1} + 2j_{n-2}$ ($n \geq 2$)로 재귀적으로 정의된다. (야콥스탈-루카스 수열은 OEIS의 수열 A014551이다.)

49. 야콥스탈-루카스 수(여기서 J_n은 n번째 야콥스탈 수)와 관련된 다음 문제를 풀어라.

    a) $n \leq 10$인 모든 양의 정수 n에 대해 야콥스탈-루카스 수 j_n을 찾아라.
    b) 모든 양의 정수 n에 대해 J_n과 j_n이 모두 홀수임을 보여라.
    c) 모든 음이 아닌 정수 n에 대해 $j_n = 2^n + (-1)^n$ 임을 증명하라.
    d) 모든 음이 아닌 정수 n에 대해 $J_n + j_n = 2J_{n+1}$ 임을 증명하라.

50. 건축가 파도반(Richard Padovan)의 이름을 따라 명명된 **파도반 수**(Padovan numbers) $P(n)$은 다음과 같이 재귀적으로 정의된다. $n \geq 3$일 때 $P(n) = P(n-2) + P(n-3)$이고, $P(0) = P(1) = P(2) = 1$이다. 파도반 수는 건축 설계에서 중요한 역할을 한다. (파도반 수열은 OEIS의 수열 A000931이다.) 파도반 수에 관한 다음 문제를 풀어라.

    a) $0 \leq n \leq 12$인 경우 파도반 수 $P(n)$을 찾아라.
    b) 재귀적 정의를 사용하여 $n \geq 5$인 모든 정수 n에 대해 $P(n) = P(n-1) + P(n-5)$ 임을 보여라.
    c) n이 양의 정수인 경우 $\sum_{j=0}^{n} P(j) = P(n+5) - 2$임을 보여라.
    d) n이 양의 정수인 경우 $\sum_{j=0}^{n} P(5j) = P(5n+1)$임을 보여라.
    e) 점화식 $P(n) = P(n+3) - P(n+1)$를 이용하여 파도반 수의 정의를 음의 정수 n으로 확장하는 방법에 대해 설명하라. (이는 파도반 수를 정의하는 점화 관계식을 새로 쓴 것이다). 확장된 정의를 사용하여 $-12 \leq n \leq -1$인 모든 정수 n에 대해 $P(n)$을 찾아라.

계산과 탐구

1. 100번째, 200번째, 500번째 피보나치 수를 각각 찾아라.

2. 100번째, 200번째, 500번째 루카스 수를 각각 찾아라.

3. 가능한 많은 피보나치 수를 조사하여 어떤 수가 제곱수인지 확인하라. 계산을 바탕으로 가설을 제시하라.

4. 가능한 많은 피보나치 수를 조사하여 어떤 수가 삼각수인지 확인하라. 계산을 바탕으로 가설을 제시하라.

5. 가능한 많은 피보나치 수를 조사하여 어떤 수가 세제곱수인지 확인하라. 계산을 바탕으로 가설을 제시하라.

6. 10,000보다 작은 가장 큰 피보나치 수, 100,000보다 작은 가장 큰 피보나치 수, 1,000,000보다 작은 가장 큰 피보나치 수를 각각 찾아라.

7. 피보나치 수가 음이 아닌 모든 정수 x, y에 대해 $2xy^4 + x^2y^3 - 2x^3y^2 - y^5 - x^4y + 2y$의 양의 값이라는 놀라운 정리가 있다. x와 y가 음이 아닌 모든 정수에 대해 $x + y \leq 100$인 경우 이를 확인하라.

8. 피보나치 수이면서 파도반 수인 수를 가능한 많이 찾아라.

프로그래밍 프로젝트

1. 양의 정수 n이 주어졌을 때 피보나치 수열의 첫 n개 항을 찾아라.

2. 양의 정수 n이 주어졌을 때 루카스 수열의 첫 n개 항을 찾아라.

3. 양의 정수 n이 주어졌을 때 그의 제켄도르프 표현을 찾아라(연습문제 29에 정의됨).

4. 양의 정수 n이 주어졌을 때 파도반 수열의 첫 n개 항을 찾아라.

1.5 나눔

한 정수를 다른 정수로 나눈다는 개념은 정수론의 핵심이다.

정의 1.10

$a \neq 0$인 정수 a와 b가 있을 때, $b = ac$를 만족시키는 정수 c가 존재한다면 a가 b를 **나눈다**(a divides b)고 한다. a가 b를 나눌 때 a를 b의 **약수**(divisor) 또는 **인수**(factor)라고 하고, b를 a의 **배수**(multiple)라고 한다.

a가 b를 나누는 것을 $a \mid b$로 쓰고, a가 b를 나누지 않으면 $a \nmid b$로 쓴다. (주의: $a \mid b$는 a가 b를 나눈다는 것을 나타내는 표기법이며, a/b는 a를 b로 나누었을 때 얻는 몫을 나타낸다. 이 두 가지 표기법을 혼동하지 않도록 주의하라.)

예제 1.30

정수의 나눗셈에 대한 몇 가지 예는 $13 \mid 182$, $-5 \mid 30$, $17 \mid 289$, $6 \nmid 44$, $7 \nmid 50$, $-3 \mid 33$, $17 \mid 0$이다.

예제 1.31

6의 약수는 ±1, ±2, ±3, ±6이다. 17의 약수는 ±1, ±17이다. 100의 약수는 ±1, ±2, ±4, ±5, ±10, ±20, ±25, ±50, ±100이다.

이제 앞으로의 장에서 사용할 나눗셈의 몇 가지 간단한 성질을 기술하고 증명한다.

정리 1.8

a, b, c가 정수이고 $a \mid b$이며 $b \mid c$이면 $a \mid c$이다.

증명 1.8

$a \mid b$이고 $b \mid c$이므로, $ae = b$와 $bf = c$를 만족하는 정수 e와 f가 존재한다. 따라서 $c = bf = (ae)f = a(ef)$가 되어 $a \mid c$임을 알 수 있다.

예제 1.32

$11 \mid 66$이고 $66 \mid 198$이므로, 정리 1.8에 따라 $11 \mid 198$임을 알 수 있다.

정리 1.9

a, b, m, n이 정수이고 c가 0이 아닌 정수일 때 $c \mid a$이고 $c \mid b$이면, $c \mid (ma + nb)$이다.

증명 1.9

$c \mid a$이고 $c \mid b$이므로, $a = ce$와 $b = cf$를 만족하는 정수 e와 f가 존재한다. 따라서 $ma + nb = mce + ncf = c(me + nf)$이다. 즉 $c \mid (ma + nb)$임을 알 수 있다.

예제 1.33

$3 \mid 21$이고 $3 \mid 33$이므로, 정리 1.9에 따라 3은 $5 \cdot 21 - 3 \cdot 33$를 다음과 같이 나눈다.

$$5 \cdot 21 - 3 \cdot 33 = 105 - 99 = 6$$

1.5.1 나눗셈 알고리즘

다음 정리에서 나눗셈에 관한 중요한 사실을 증명한다.

정리 1.10 나눗셈 알고리즘

a와 b가 $b > 0$ 인 정수라면 $a = bq + r$과 $0 \le r < b$를 만족하는 유일한 정수 q와 r이 존재한다.

나눗셈 알고리즘에서 주어진 방정식에서, q를 **몫**(quotient), r을 **나머지**(remainder)라고 부른다. 또한 a를 **나뉘는 수**(diridend), b를 **나누는 수**(divisor)라고 부른다. (**참고**: 나눗셈 알고리즘은 사실 알고리즘이 아니지만, 전통적으로 이 정리를 이렇게 부른다. 알고리즘에 대해서는 2.2절에서 논의한다.)

나눗셈 알고리즘에서 a가 b로 나뉘는 경우는 나머지가 0인 경우에만 성립함을 알 수 있다. 나눗셈 알고리즘을 증명하기 전에 먼저 예제를 살펴보자.

예제 1.34

$a = 133$이고 $b = 21$이면, $133 = 21 \cdot 6 + 7$이고 $0 \le 7 < 21$이므로 $q = 6$이고 $r = 7$이다. 마찬가지로 $a = -50$이고 $b = 8$이면, $-50 = 8(-7) + 6$이고 $0 \le 6 < 8$이므로 $q = -7$이고 $r = 6$이다.

이제 정렬 성질을 이용하여 나눗셈 알고리즘을 증명한다.

증명 1.10

집합 S가 $a - bk$ 형태의 모든 정수로 이루어져 있다고 하자. 즉 $S = \{a - bk \mid k \in \mathbf{Z}\}$이다. T를 S에 있는 모든 음이 아닌 정수의 집합으로 정의하면, $k < a/b$인 정수 k에 대해 $a - bk$가 양수이기 때문에 T는 공집합이 아니다.

따라서 정렬 성질에 의해 T에는 최소 원소 $r = a - bq$가 존재한다. (이 값들이 정리에서 명시된 q와 r의 값이다.) r은 T의 원소이므로 $r \ge 0$이다. 또한 $r < b$임을 다음과 같이 쉽게 증명할 수 있다. 만약 $r \ge b$이면 $r > r - b = a - bq - b = a - b(q+1) \ge 0$이 되어, $r = a - bq$가 $a - bk$ 형태의 음이 아닌 정수 중 최소인 것으로 선택한 것에 모순이 된다. 따라서 $0 \le r < b$이다.

이제 q와 r의 이러한 값이 유일하다는 것을 보이기 위해 $a = bq_1 + r_1$ $(0 \le r_1 < b)$이고 $a = bq_2 + r_2 (0 \le r_2 < b)$라고 가정하자. 두 번째 식을 첫 번째 식에서 빼면 다음과 같다.

$$0 = b(q_1 - q_2) + (r_1 - r_2)$$

그러므로 다음을 얻는다.

$$r_2 - r_1 = b(q_1 - q_2)$$

이는 b가 $r_2 - r_1$을 나눈다는 것을 의미한다. 그런데 $0 \le r_1 < b$이고 $0 \le r_2 < b$이므로, $-b < r_2 - r_1 < b$이다. 따라서 b가 $r_2 - r_1$을 나눌 수 있는 경우는 $r_2 - r_1 = 0$일 때이다. 다시 말해 $r_1 = r_2$이 성립한다. 또한 $bq_1 + r_1 = bq_2 + r_2$이고 $r_1 = r_2$이므로 $q_1 = q_2$도 성립한다. 그러므로 몫 q와 나머지 r이 유일하게 결정된다.

이제 최대정수함수(1.1절에서 정의됨)를 사용하여 나눗셈 알고리즘에서 몫과 나머지의 공식을 찾는다. 몫 q는 $bq \leq a$인 최대정수이고, $r = a - bq$이므로 다음이 성립한다.

$$q = [a/b], \quad r = a - b[a/b] \tag{1.4}$$

예제를 통해 나눗셈의 몫과 나머지를 나타낸다.

예제 1.35

$a = 1028$이고 $b = 34$라 두면, $a = bq+r$이고 $0 \leq r < b$를 만족하는 몫과 나머지는 $q = [1028/34] = 30$과 $r = 1028 - [1028/34] \cdot 34 = 1028 - 30 \cdot 34 = 8$이다.

예제 1.36

$a = -380$이고 $b = 75$라 두면, $a = bq+r$이고 $0 \leq r < b$를 만족하는 몫과 나머지는 $q = [-380/75] = -6$과 $r = -380 - [-380/75] \cdot 75 = -380 - (-6)75 = 70$이다.

식 (1.4)를 사용하여 최대정수함수의 유용한 성질을 증명할 수 있다.

예제 1.37

양의 정수 n이 주어졌을 때, x가 실수인 경우 $[x/n] = [[x]/n]$임을 보이고자 한다. 이 등식을 증명하기 위해 $[x] = m$이라고 가정하면, 나눗셈 알고리즘에 의해 $m = nq + r$을 만족하고 $0 \leq r \leq n - 1$인 정수 q와 r이 존재한다. 식 (1.4)에 의해 $q = [[x]/n]$이다. 한편 $[x] \leq x < [x] + 1$이므로, $0 \leq \epsilon < 1$인 어떤 실수 ϵ에 대해 $x = [x] + \epsilon$임을 알 수 있다. 따라서 $[x/n] = [([x] + \epsilon)/n] = [(m + \epsilon)/n] = [((nq + r) + \epsilon)/n] = [q + (r + \epsilon)/n]$이다. $0 \leq \epsilon < 1$이므로, $0 \leq r + \epsilon < (n - 1) + 1 = n$이다. 그러므로 $[x/n] = [q]$이다.

양의 정수 d가 주어지면 d로 나눌 때의 나머지에 따라 정수를 분류할 수 있다. 예를 들어 $d = 2$인 경우 나눗셈 알고리즘에 따리 모든 정수를 2로 나눌 때 나머지는 0 또는 1이다. 이미 "홀수"와 "짝수"라는 용어를 사용하고 있고 모든 사람이 이 용어가 무엇을 의미하는지 알고 있지만, 이를 공식적으로 정의한다.

정의 1.11

정수 n을 2로 나눌 때 나머지가 0이면 어떤 정수 k에 대해 $n = 2k$이다. 이러한 n을 **짝수**(even)라고 한다. n을 2로 나눌 때 나머지가 1이면 어떤 정수 k에 대해 $n = 2k+1$이고, 이때 n을 **홀수**(odd)라고 한다.

마찬가지로 $d = 4$인 경우 나눗셈 알고리즘에 따라 정수 n을 4로 나눌 때 나머지는 $0, 1, 2, 3$이다. 따라서 모든 정수는 k가 정수일 때 $4k$, $4k+1$, $4k+2$, $4k+3$의 형태를 가진다.

이것에 대해 5장에서 계속 살펴보기로 한다.

1.5.2 최대공약수

a와 b가 정수이고 둘 다 0이 아니라면, a와 b의 공통의 약수 집합은 정수들의 유한 집합이고 항상 정수 $+1$과 -1을 포함한다. 두 정수의 공약수 중에서 가장 큰 정수가 특히 흥미로운 대상이다.

정의 1.12

둘 다 0이 아닌 두 정수 a와 b의 **최대공약수**(greatest common divisor)는 a와 b를 모두 나누는 가장 큰 정수이다.

정수 a와 b의 최대공약수는 (a, b)로 표기한다. (참고: 최대공약수를 나타낼 때 특히 수론이 아닌 분야에서 $\gcd(a, b)$로 표기하기도 하지만, 이 책에서는 전통적인 표기법인 (a, b)를 사용한다. 이것은 순서쌍을 나타내는 표기법과 동일하지만, 맥락에 따라 최대공약수를 나타내는지 순서쌍을 나타내는지 명확히 알 수 있다.) n이 양의 정수일 때 $(0, n) = (n, 0) = n$이다. 모든 양의 정수가 0을 나누지만, $(0, 0) = 0$으로 정의한다. 이는 최대공약수와 관련된 결과가 모든 경우에 성립하도록 하기 위함이다.

예제 1.38

24와 84의 공약수는 ± 1, ± 2, ± 3, ± 4, ± 6, ± 12이다. 따라서 $(24, 84) = 12$이다. 마찬가지로 공약수 집합을 통해 $(15, 81) = 3$, $(100, 5) = 5$, $(17, 25) = 1$, $(0, 44) = 44$, $(-6, -15) = 3$, $(-17, 289) = 17$임을 알 수 있다.

공약수가 1보다 큰 것이 없는 정수 쌍을 특별히 따로 정의한다.

정의 1.13

둘 다 0이 아닌 정수 a와 b의 최대공약수가 $(a, b) = 1$일 때, a와 b를 **서로소**(relatively prime, coprime)라고 한다.

예제 1.39

$(25, 42) = 1$이므로, 25와 42는 서로소이다.

3장에서는 최대공약수를 깊이 있게 살펴본다. 최대공약수를 효율적으로 계산하는 알고리즘을 제시하고, 수론에서 중요한 결과를 유도하는 최대공약수의 많은 유용한 성질을 증명한다.

1.5 연습문제

1. $3 \mid 99$, $5 \mid 145$, $7 \mid 343$, $888 \mid 0$임을 보여라.

2. 1001이 7, 11, 13으로 나뉨을 보여라.

3. 다음 정수 중에서 7로 나뉘는 수를 찾아라.

   a) 0 c) 1717 e) $-285{,}714$
   b) 707 d) 123,321 f) $-430{,}597$

4. 다음 정수 중에서 22로 나뉘는 수를 찾아라.

   a) 0 c) 1716 e) $-32{,}516$
   b) 444 d) 192,544 f) $-195{,}518$

5. 나누는 수가 17이고 나뉘는 수는 다음과 같을 때 나눗셈 알고리즘에서의 나머지와 몫을 찾아라.

   a) 100 b) 289 c) -44 d) -100

6. 다음 각 수를 나누는 모든 양의 정수를 구하라.

   a) 12 b) 22 c) 37 d) 41

7. 다음 각 수를 나누는 모든 양의 정수를 구하라.

   a) 13 b) 21 c) 36 d) 44

8. 다음 각 쌍에서 두 수 각각의 양의 약수를 구한 후 가장 큰 공약수를 찾음으로써 최대공약수를 찾아라.

   a) $(8, 12)$ b) $(7, 9)$ c) $(15, 25)$ d) $(16, 27)$

9. 다음 각 쌍에서 두 수 각각의 양의 약수를 구한 후 가장 큰 공약수를 찾음으로써 최대공약수를 찾아라.

   a) $(11, 22)$ b) $(36, 42)$ c) $(21, 22)$ d) $(16, 64)$

10. 10보다 작은 수 중 10과 서로소인 모든 양의 정수를 찾아라.

11. 11보다 작은 수 중 11과 서로소인 모든 양의 정수를 찾아라.

12. 10을 초과하지 않는 서로소인 모든 양의 정수 쌍을 찾아라.

13. 10과 20을 포함하여 10과 20 사이의 수 중 서로소인 모든 양의 정수 쌍을 찾아라.

14. a와 b가 $a \mid b$이고 $b \mid a$인 0이 아닌 정수라면 무엇을 알 수 있는가?

15. a, b, c, d가 정수이고 a와 c가 0이 아닌 경우, $a \mid b$이고 $c \mid d$이면 $ac \mid bd$임을 보여라.

16. a, b, c가 정수일 때, $a \mid bc$이지만 $a \nmid b$이고 $a \nmid c$인 경우가 있는가?

17. a, b, $c \neq 0$가 정수일 때, $a \mid b$인 필요충분조건이 $ac \mid bc$임을 보여라.

18. a와 b가 양의 정수이고 $a \mid b$인 경우, $a \leq b$임을 보여라.

19. a와 b가 정수이고 $a \mid b$인 경우, 모든 양의 정수 k에 대해 $a^k \mid b^k$임을 보여라.

20. 두 개의 짝수나 두 개의 홀수 정수의 합은 짝수이고, 홀수와 짝수 정수의 합은 홀수임을 보여라.

21. 두 홀수 정수의 곱은 홀수이고, 두 정수 중 하나가 짝수인 경우 두 정수의 곱은 짝수임을 보여라.

22. a와 b가 홀수이고 $b \nmid a$인 경우, $a = bs + t$가 되는 정수 s와 t가 있다는 것을 보여라. 이때 t는 홀수이고 $|t| < b$이다.

23. $b > 0$인 정수 b로 정수 a를 나눌 때 나머지를 r, 몫을 q라 하자. $b \nmid a$인 경우에 $-a$를 b로 나누었을 때 몫은 $-(q+1)$이고 나머지는 $b - r$임을 보여라. 또한 $b \mid a$인 경우에 몫은 $-q$이고 나머지는 0임을 보여라.

24. a, b, c가 정수이고 $b > 0$이고 $c > 0$인 경우 다음을 보여라. a를 b로 나눌 때 몫이 q이고 나머지가 r이라고 할 때, q를 c로 나누면 몫이 t이고 나머지가 s라고 하자. 그렇다면 a를 bc로 나눌 때 몫이 t이고 나머지가 $bs + r$이다.

25. a) 음수 약수를 포함함으로써 나눗셈 알고리즘을 음수로 확장하라. 특히 모든 정수 a와 $b \neq 0$에 대해 $a = bq + r$이고 $0 \leq r < |b|$인 유일한 정수 q와 r이 있다는 것을 보여라.
    b) 17을 -7로 나누었을 때의 나머지를 찾아라.

♦26. a와 b가 양의 정수인 경우, $-b/2 < r \leq b/2$이고 $a = bq + r$를 만족하는 유일한 정수 q와 r이 있음을 보여라. 이 결과는 **수정된 나눗셈 알고리즘**(modified division algorithm)이라고 한다.

27. m과 $n > 0$이 정수인 경우, 다음이 성립함을 보여라.

$$\left[\frac{m+1}{n}\right] = \begin{cases} \left[\frac{m}{n}\right], & \text{모든 정수 } k\text{에 대해 } m \neq kn-1\text{일 때} \\ \left[\frac{m}{n}\right]+1, & \text{어떤 정수 } k\text{에 대해 } m = kn-1\text{일 때} \end{cases}$$

28. n이 짝수인 필요충분조건이 $n - 2\left[\frac{n}{2}\right] = 0$임을 보여라.

29. x가 양의 실수이고 d가 양의 정수인 경우, d로 나뉘는 x 이하의 양의 정수의 개수는 $\left[\frac{x}{d}\right]$임을 보여라.

30. 1000 이하의 양의 정수 중 5, 25, 125, 625로 나뉘는 수의 개수를 각각 찾아라.

31. 100에서 1000 사이의 정수 중 7로 나뉘는 수와 49로 나뉘는 수를 각각 찾아라.

32. 1000 이하의 양의 정수 중 3 또는 5로 나뉘지 않는 수의 개수를 찾아라.

33. 1000 이하의 양의 정수 중 3, 5, 7로 나뉘지 않는 수의 개수를 찾아라.

34. 1000 이하의 양의 정수 중 3으로는 나뉘지만 4로는 나뉘지 않는 수의 개수를 찾아라.

35. 2021년 7월 미국에서 편지를 특급 우편으로 보내려면 첫 1온스당 55센트, 추가 온스나 그 이하의 분량마다 20센트가 추가로 든다. 당시의 편지 발송 비용에 대해 최대정수함수를 포함하는 공식을 구하라. 또한 2021년 7월에 미국에서 특급 우편을 보내는 데 1.95 또는 2.65달러가 들었을 가능성이 있는가?

36. a가 정수이면, 3은 $a^3 - a$를 나눈다는 것을 보여라.

37. 두 개의 $4k+1$ 형태의 정수의 곱은 다시 $4k+1$ 형태이고, 두 개의 $4k+3$ 형태의 정수의 곱은 $4k+1$ 형태임을 보여라.

38. 모든 홀수 정수의 제곱이 $8k+1$ 형태임을 보여라.

39. 모든 홀수 정수의 네 번째 거듭제곱이 $16k+1$ 형태임을 보여라.

40. $6k+5$ 형태의 두 정수의 곱이 $6k+1$ 형태임을 보여라.

41. 연속하는 세 정수의 곱이 6으로 나뉨을 보여라.

42. 수학적 귀납법을 사용하여 모든 양의 정수 n에 대해 $n^5 - n$이 5로 나뉨을 보여라.

43. 수학적 귀납법을 사용하여 연속하는 세 정수의 세제곱의 합이 9로 나뉨을 보여라.

연습문제 44~48번에서 f_n은 n번째 피보나치 수를 나타낸다.

44. f_n이 짝수이기 위한 필요충분조건은 n이 3으로 나뉠 때임을 보여라.

45. f_n이 3으로 나누어 떨어질 필요충분조건은 n이 4로 나뉠 때임을 보여라.

46. f_n이 4로 나누어 떨어질 필요충분조건은 n이 6으로 나뉠 때임을 보여라.

47. n이 5보다 큰 양의 정수일 때 $f_n = 5f_{n-4} + 3f_{n-5}$임을 보여라. 이 결과를 이용하여 n이 5로 나뉠 때 f_n이 5로 나뉨을 보여라.

*48. n과 m이 $m > 1$인 양의 정수일 때 $f_{n+m} = f_m f_{n+1} + f_{m-1} f_n$임을 보여라. 이 결과를 이용하여 $n \mid m$일 때 $f_n \mid f_m$임을 보여라.

양의 정수 n에 대해 $T(n)$을 다음과 같이 정의한다.

$$T(n) = \begin{cases} n/2, & \text{만약 } n\text{이 짝수} \\ (3n+1)/2, & \text{만약 } n\text{이 홀수} \end{cases}$$

이 정의를 반복하여 수열 n, $T(n)$, $T(T(n))$, $T(T(T(n)))$, ...를 생성한다. 예를 들어 $n = 7$부터 시작한다면, 수열 $7, 11, 17, 26, 13, 20, 10, 5, 8, 4, 2, 1, 2,\ 1, 2, 1, \ldots$를 얻는다. **콜라츠 추측**(Collatz conjecture)이라고도 불리는(독일 수학자 **로타 콜라츠**에게서 따옴) 널리 알려진 추측은 T를 반복하여 얻은 수열은 어떤 양의 정수 n으로 시작하든지 항상 정수 1에 도달한다는 것이다.

49. $n = 39$부터 시작하여 T를 반복하여 얻은 수열을 찾아라.

50. k가 1보다 큰 양의 정수인 경우 $n = (2^{2k} - 1)/3$부터 시작하여 T를 반복하여 얻은 수열이 항상 정수 1에 도달함을 보여라.

51. $n \geq 2$인 모든 양의 정수 n에 대해 n부터 시작하여 T를 반복하여 얻은 수열에 n보다 작은 항이 있는 것을 보일 수 있다면 콜라츠 추측이 참임을 보여라.

52. $2 \leq n \leq 100$인 모든 양의 정수 n에 대해 n부터 시작하여 T를 반복하여 얻은 수열에 n보다 작은 항이 있는지를 확인하라. (힌트: 이것이 참임을 쉽게 증명할 수 있는 양의 정수 집합을 고려하는 것으로 시작하라.)

*53. n이 음 아닌 정수일 때, $[(2+\sqrt{3})^n]$이 홀수임을 보여라.

*54. $[x]$가 최대정수함수일 때, $[a/2] + [a/3] + [a/5] = a$인 양의 정수 a의 개수를 구하라.

55. 수학적 귀납법의 두 번째 원리를 사용하여 나눗셈 알고리즘을 증명하라.

계산과 탐구

1. 111,111,111,111을 987,654,321로 나눌 때의 몫과 나머지를 구하라.

2. 연습문제 49에서 설명된 콜라츠 추측을 10,000을 넘지 않는 모든 정수 n에 대해 검증하라.

3. 수치적 증거를 사용하여 주어진 양의 정수 n에 대해 $T(n)$을 반복하여 얻은 수열이 1에 도달하기까지 필요한 반복 횟수에 관해 어떤 추측을 할 수 있는가?

4. 수치적 증거를 사용하여 피보나치 수가 7, 8, 9, 11, 13으로 나뉘는 경우 각각에 대한 가설을 세워라.

저글러 수열(juggler sequence)은 정수 a_0로 시작하는 정수 수열로, 이후의 항은 다음과 같이 재귀적으로 정의된다. a_k가 짝수일 때 $a_{k+1} = \lfloor a_k^{1/2} \rfloor$이고, a_k가 홀수일 때 $a_{k+1} = \lfloor a_k^{3/2} \rfloor$이다. 저글러 수열은 미국의 수학자이자 작가인 클리포드 피코버(Clifford Pickover)에 의해 논의되었다. 모든 저글러 수열이 결국 정수 1에 도달하여 이후의 항에서는 그 수를 유지한다고 추측되고 있다.

5. 50을 초과하지 않는 정수로 시작하는 모든 저글러 수열이 결국 1과 같은 항에 도달한다는 추측을 검증하라. 이 저글러 수열에 중 가장 큰 항은 무엇인가?

프로그래밍 프로젝트

1. 한 정수가 주어진 정수로 나뉘는지의 여부를 결정하라.

2. 나눗셈 알고리즘에서 몫과 나머지를 구하라.

3. 연습문제 26에서 제시된 수정된 나눗셈 알고리즘에서 몫, 나머지, 부호를 구하라.

4. 연습문제 49의 서문에서 정의된 대로 주어진 양의 정수 n에 대한 수열 n, $T(n)$, $T(T(n))$, $T(T(T(n)))$, $\ldots$의 항을 각각 계산하라.

제2장
정수의 표현과 연산

정수를 표현하는 방법은 사람이나 컴퓨터가 이 정수로 얼마나 쉽게 계산을 수행할 수 있는지에 큰 영향을 미친다. 이 장의 목적은 b진전개로 정수가 어떻게 표현되는지 그리고 어떻게 b진전개로 기초적인 계산을 수행하는지 알아보는 것이다. 특히 b가 양의 정수일 때 모든 양의 정수는 유일한 b진전개를 가짐을 보일 것이다. 예를 들어 b가 10일 때 정수의 십진전개를 얻고, b가 2일 때 이진전개를, b가 16일 때 십육진전개를 얻는다. 이 장에서는 정수의 b진전개를 찾는 과정을 설명하고, b진전개를 사용하여 정수 연산을 수행하는 기본적인 알고리즘을 설명한다. 마지막으로 빅-오 표기를 도입하고, 이러한 기본적인 연산이 사용하는 비트연산을 빅-오로 추정하여 연산의 복잡도를 분석할 것이다.

2.1 정수의 표현

일상생활에서는 정수를 표현하기 위해 보통 십진표기를 사용한다. 이때 자릿수로 10의 거듭제곱을 나타내어 숫자를 쓴다. 예를 들어 정수 37,465는 다음을 의미한다.

$$3 \cdot 10^4 + 7 \cdot 10^3 + 4 \cdot 10^2 + 6 \cdot 10 + 5$$

십진표기법은 **위치수체계**(positional number system)의 한 예이고, 위치수체계에서는 숫자가 차지하는 위치가 그것이 나타내는 양을 결정한다. 고대와 현대 역사를 통틀어 정수에 대한 서로 다른 많은 표기법이 사용되었다. 예를 들어 3000년 전에 살았던 바빌로니아 수학자들은 60을 밑으로 하여 정수를 표현했다. 로마인들은 로마 숫자를 사용했는데, 이것은 오늘날에도 연도를 나타내기 위해 사용된다. 고대 마야인들은 20을 밑으로 하는 위치 표기법을 사용했다. 또한 다른 많은 정수 표기법이 발명되어 사용되었다.

위치수체계에서 주로 10을 밑으로 사용하는 이유는 사람이 10개의 손가락을 가지고 있다는 것 외에는 없다. 앞으로 보게 될 것처럼, 1보다 큰 모든 양의 정수는 밑으로 사용될 수 있다.

컴퓨터의 발명과 확산으로, 10이 아닌 다른 밑들은 점점 더 중요해졌다. 특히 정수의 2진, 8진, 16진표기는 다양한 목적으로 컴퓨터에 널리 사용된다.

이 절에서는 어떤 양의 정수 b가 선택되었든 간에 모든 양의 정수는 b진전개로 유일하게 표현됨을 보일 것이다. 2.2절에서는 어떻게 이러한 전개가 정수의 계산에 사용될 수 있는지를 보일 것이다. (이 절의 끝에 있는 연습문제에서는 1의 보수와 2의 보수 표기법을 익힐 수 있는데, 이는 컴퓨터가 양의 정수와 음의 정수를 모두 나타내기 위해 사용하는 표기법이다.)

위치수체계의 흥미로운 역사에 대한 자세한 내용은 [Or88] 또는 [Kn97]을 참조할 수 있는데, 수체계에 대한 광범위한 조사와 수많은 참고문헌을 찾을 수 있다.

이제 1보다 큰 모든 정수가 밑으로 사용될 수 있음을 보인다.

정리 2.1

1보다 큰 양의 정수 b에 대해 모든 양의 정수 n은 다음과 같은 꼴로 유일하게 표현된다.

$$n = a_k b^k + a_{k_1} b^{k-1} + \cdots + a_1 b + a_0$$

여기서 k는 음이 아닌 정수이고, a_j는 $j = 0, 1, \ldots, k$에 대해 $0 \leq a_j \leq b-1$인 정수이고, 첫 번째 계수 $a_k \neq 0$이다.

증명 2.1

결과는 나눗셈 알고리즘을 연속적으로 적용하여 얻게 된다. 먼저 n을 b로 나누면 다음을 얻는다.

$$n = bq_0 + a_0, \quad 0 \leq a_0 \leq b-1$$

만약 $q_0 \neq 0$이면 q_0을 b로 나누어 다음을 얻는다.

$$q_0 = bq_1 + a_1, \quad 0 \leq a_1 \leq b-1$$

이 과정을 연속적으로 적용하면 다음을 얻는다.

$$q_1 = bq_2 + a_2, \quad 0 \leq a_2 \leq b-1$$

$$q_2 = bq_3 + a_3, \quad 0 \leq a_3 \leq b-1$$

$$\vdots$$

$$q_{k-2} = bq_{k-1} + a_{k-1}, \ \ 0 \le a_{k-1} \le b-1$$
$$q_{k-1} = b \cdot 0 + a_k, \ \ 0 \le a_k \le b-1$$

위 과정의 마지막 단계는 나눈 몫이 0일 때 얻어진다. 결국 마지막 단계에 도달한다는 것을 알기 위해, 먼저 몫의 수열이 다음을 만족함에 주목하자.

$$n > q_0 > q_1 > q_2 > \cdots \ge 0$$

수열 $q_0, q_1, q_2, \ldots$ 는 항이 음이 아닌 정수이고 감소 수열이기 때문에, 이 수열에는 최대 q_0 개의 항이 있고 마지막 항은 0과 같다.
위의 첫 번째 등식에 의해 다음을 얻고,

$$n = bq_0 + a_0$$

위의 두 번째 등식을 q_0에 대입하면 다음을 얻는다.

$$n = b(bq_1 + a_1) + a_0 = b^2 q_1 + a_1 b + a_0$$

$q_1, q_2, \ldots, q_{k-1}$에 연속적으로 대입하면 다음을 얻는다.

$$\begin{aligned} n &= b^3 q_2 + a_2 b^2 + a_1 b + a_0 \\ &\vdots \\ &= b^{k-1} q_{k-2} + a_{k-2} b^{k-2} + \cdots + a_1 b + a_0 \\ &= b^k q_{k-1} + a_{k-1} b^{k-1} + \cdots + a_1 b + a_0 \\ &= a_k b^k + a_{k-1} b^{k-1} + \cdots + a_1 b + a_0 \end{aligned}$$

여기서 $j = 0, 1, \ldots, k$에 대해 $0 \le a_j \le b-1$이고 $a_k = q_{k-1}$는 마지막 0이 아닌 몫이며 $a_k \ne 0$이다.

전개의 유일성을 보이기 위해 n의 전개가 두 개 있다고 가정하자. 즉

$$\begin{aligned} n &= a_k b^k + a_{k-1} b^{k-1} + \cdots + a_1 b + a_0 \\ &= c_k b^k + c_{k-1} b^{k-1} + \cdots + c_1 b + c_0 \end{aligned}$$

여기서 $0 \le a_k < b$이고 $0 \le c_k < b$이다. 또한 필요한 경우 항의 개수가 일치하도록 두 전개 중

하나에 계수가 0인 항들을 앞쪽에 추가했다. 두 항을 빼면 다음을 얻는다.

$$(a_k - c_k)b^k + (a_{k-1} - c_{k-1})b^{k-1} + \cdots + (a_1 - c_1)b + (a_0 - c_0) = 0$$

만약 두 전개가 다르다면 $a_j \neq c_j$ 인 가장 작은 정수 j $(0 \leq j \leq k)$가 존재한다. 따라서 다음과 같다.

$$b^j \Big((a_k - c_k)b^{k-j} + \cdots + (a_{j+1} - c_{j+1})b + (a_j - c_j)\Big) = 0$$
$$(a_k - c_k)b^{k-j} + \cdots + (a_{j+1} - c_{j+1})b + (a_j - c_j) = 0$$

$a_j - c_j$ 에 대해 풀면 다음을 얻는다.

$$\begin{aligned} a_j - c_j &= (c_k - a_k)b^{k-j} + \cdots + (c_{j+1} - a_{j+1})b \\ &= b\Big((c_k - a_k)b^{k-j-1} + \cdots + (c_{j+1} - a_{j+1})\Big) \end{aligned}$$

그러므로 다음과 같다.

$$b \mid (a_j - c_j)$$

$0 \leq a_j < b$이고 $0 \leq c_j < b$이기 때문에 $-b < a_j - c_j < b$이다. 따라서 $b \mid (a_j - c_j)$는 $a_j = c_j$임을 의미하고, 이는 두 수가 다르다는 가정에 모순이다. 결론적으로 n의 b진전개는 유일하다.

$b = 2$인 경우 정리 2.1에 의해 다음 따름정리가 성립한다.

따름정리 2.1.1

모든 양의 정수는 서로 다른 2의 거듭제곱의 합으로 표현된다.

증명 2.1.1

n을 양의 정수라고 하자. 정리 2.1을 $b = 2$일 때 적용하면 다음을 얻는다.

$$n = a_k 2^k + a_{k-1} 2^{k-1} + \cdots + a_1 2 + a_0$$

여기서 a_j는 0 또는 1이다. 따라서 모든 양의 정수는 서로 다른 2의 거듭제곱의 합으로 표현된다.

정리 2.1의 전개에서 b는 그 전개의 **밑**(base) 또는 **기수**(radix)라고 한다. 정수를 표현하는 전통적인 방법을 **십진표기법**(base 10 notation, decimal notation)이라고 부른다. $b = 2$인 경우 **이진전개**(binary expansion), $b = 8$인 경우 **팔진전개**(octal expansion), $b = 16$인 경우 **십육진전개**(hexadecimal expansion)라고 한다. 계수 a_i는 전개의 각 자리의 **수**(digit)라고 불린다.

이진전개의 각 자리의 수는 컴퓨터 용어로 **비트**(bit)라고 한다. 다른 밑을 가진 정수 표현을 구별하기 위해 특별한 표기법을 사용한다. 즉 $(a_k a_{k-1} \cdots a_1 a_0)_b$는 $a_k b^k + a_{k-1} b^{k-1} + \cdots + a_1 b + a_0$를 나타낸다.

예제 2.1

$(236)_7 = 2 \cdot 7^2 + 3 \cdot 7 + 6 = 125$, $(10010011)_2 = 1 \cdot 2^7 + 1 \cdot 2^4 + 1 \cdot 2 + 1 = 147$이다.

정리 2.1의 증명은 임의의 양의 정수 n의 b진전개 $(a_k a_{k-1} \cdots a_1 a_0)_b$를 찾는 방법을 제공한다. 구체적으로 n의 b진전개를 찾기 위해 먼저 n을 b로 나누면 나머지가 a_0이다. 그런 다음 몫 $[n/b] = q_0$를 b로 나누면 나머지가 a_1이다. 계속해서 몫을 b로 나누는 과정을 반복하면 n의 b진전개에서 각 자리의 수를 얻게 된다. 이 과정은 몫이 0이 되면 중단된다. 즉 n의 b진전개를 찾기 위해 나눗셈 알고리즘을 반복적으로 수행하되 매번 나뉘는 수를 몫으로 대체하고 몫이 0이 되면 중단한다. 그렇게 하고 나서 나머지를 역순으로 읽으면 b진전개를 얻게 된다. 이 절차는 다음 예제에서 설명한다.

예제 2.2

1864의 이진전개를 얻기 위해 나눗셈 알고리즘을 연속적으로 적용한다.

$$
\begin{aligned}
1864 &= 2 \cdot 932 + 0 \\
932 &= 2 \cdot 466 + 0 \\
466 &= 2 \cdot 233 + 0 \\
233 &= 2 \cdot 116 + 1 \\
116 &= 2 \cdot 58 + 0 \\
58 &= 2 \cdot 29 + 0 \\
29 &= 2 \cdot 14 + 1 \\
14 &= 2 \cdot 7 + 0 \\
7 &= 2 \cdot 3 + 1 \\
3 &= 2 \cdot 1 + 1 \\
1 &= 2 \cdot 0 + 1
\end{aligned}
$$

1864의 이진전개를 얻기 위해 위 나눗셈에서 단순히 나머지를 취하면 된다. 즉 $(1864)_{10} = (11101001000)_2$이다.

컴퓨터는 내부적으로 "켜짐" 또는 "꺼짐"의 상태를 갖는 일련의 "스위치"를 사용하여 숫자를 나타낸다. (이것은 전기적으로 또는 기계적으로 또는 다른 방법으로 수행될 수 있다.) 각 스위치가 숫자 1을 나타낼 때 "켜짐"을 사용할 수 있고, 숫자 0을 나타낼 때 "꺼짐"을 사용할 수 있다.

컴퓨터는 수를 나타내기 위해 밑 8 또는 밑 16을 사용한다. 십육진표기에는 16개의 숫자가 있으며 보통 0, 1, 2, 3, 4, 5, 6, 7, 8, 9, A, B, C, D, E, F로 표시된다. 문자 A, B, C, D, E, F는 10, 11, 12, 13, 14, 15에 해당하는 숫자를 나타내기 위해 사용된다. 다음 예제에서는 십육진표기에서 십진표기로 바꾸는 방법을 보인다.

예제 2.3

$(A35B0F)_{16}$는 다음과 같이 십진표기로 바꿀 수 있다.

$$\begin{aligned}(A35B0F)_{16} &= 10 \cdot 16^5 + 3 \cdot 16^4 + 5 \cdot 16^3 + 11 \cdot 16^2 + 0 \cdot 16 + 15 \\ &= (10705679)_{10}\end{aligned}$$

이진표기와 십육진표기 사이에 간단한 변환이 가능하다. 표 2.1에 주어진 대응에 따라 각 십육진수를 4개의 이진수로 이루어진 블록으로 쓸 수 있다.

표 2.1: 십육진수의 이진수 블록으로의 변환

십육진수	이진수	십육진수	이진수
0	0000	8	1000
1	0001	9	1001
2	0010	A	1010
3	0011	B	1011
4	0100	C	1100
5	0101	D	1101
6	0110	E	1110
7	0111	F	1111

예제 2.4

십육진수를 이진수로 바꾸는 예는 $(2FB3)_{16} = (10111110110011)_2$이다. 십육진수의 각 자리의 수는 네 개의 이진수의 블록으로 바뀐다. 이때 $(2)_{16}$에 대응하는 첫 번째 블록인 $(0010)_2$에서 처음 0은 생략한다.

이진수에서 십육진수로 바꾸는 과정을 살펴보기 위해 $(11110111101001)_2$를 생각해보자. 먼저 오른쪽부터 시작해서 이진수를 4개의 블록으로 나눈다. 블록은 오른쪽에서 왼쪽으로 $1001, 1110, 1101, 0011$이다. 이때 네 번째 블록에서는 두 개의 0을 추가한다. 각 블록을 십육진수로 바꾸면 $(3DE9)_{16}$을 얻는다.

두 개의 다른 밑 사이의 변환은 밑 중 하나가 다른 밑의 거듭제곱일 때는 이진수와 십육진수의 사이의 변환만큼이나 쉽다.

2.1 연습문제

1. $(1999)_{10}$을 칠진표기로 바꾸라. $(6105)_7$을 십진표기로 바꾸라.
2. $(89156)_{10}$을 팔진표기로 바꾸라. $(706113)_8$을 십진표기로 바꾸라.
3. $(10101111)_2$를 십진표기로 바꾸고, $(999)_{10}$을 이진표기로 바꾸라.
4. $(101001000)_2$를 십진표기로 바꾸고, $(1984)_{10}$을 이진표기로 바꾸라.
5. $(100011110101)_2$와 $(11101001110)_2$를 십육진표기로 각각 바꾸라.
6. $(\text{ABCDEF})_{16}$, $(\text{DEFACED})_{16}$, $(\text{9A0B})_{16}$을 이진표기로 각각 바꾸라.
7. 십진 정수를 쉼표로 구분한 세 자리 블록으로 나누는 것이 실제로는 밑이 1000인 표기법을 사용하는 것임을 설명하라.
8. -1보다 작은 음의 정수 b에 대해 모든 영이 아닌 정수 n은 다음과 같은 꼴로 유일하게 표현됨을 보여라.

$$n = a_k b^k + a_{k-1} b^{k-1} + \cdots + a_1 b + a_0$$

   여기서 $a_k \neq 0$이고 $j = 0, 1, 2, \ldots, k$에 대해 $0 \leq a_j < |b|$이다. 이때 밑이 양수인 경우와 마찬가지로 $n = (a_k a_{k-1} \cdots a_1 a_0)_b$로 표기한다.
9. $(101001)_{-2}$와 $(12012)_{-3}$의 십진표기를 각각 구하라.
10. 십진수 $-7, -17, 61$을 밑이 -2인 표기로 각각 나타내라.
11. $2^k - 1$ 이하의 모든 무게는 $1, 2, 2^2, \ldots, 2^{k-1}$의 무게를 사용하여 측정할 수 있음을 보여라. 단, $1, 2, 2^2, \ldots, 2^{k-1}$의 무게는 양팔 저울의 한 쪽 접시에 올려 놓는다.
12. 모든 0이 아닌 정수는 다음과 같은 형태로 유일하게 표현됨을 보여라.

$$e_k 3^k + e_{k-1} 3^{k-1} + \cdots + e_1 3 + e_0$$

   여기서 $j = 0, 1, 2, \ldots, k$에 대해 $e_j = -1, 0, 1$이고 $e_k \neq 0$이다. 이 전개를 **균형삼진전개**(balanced ternary expansion)라고 한다.
13. 연습문제 12를 이용하여 $(3^k - 1)/2$ 이하의 모든 무게는 $1, 3, 3^2, \ldots, 3^{k-1}$의 무게를 사용하여 측정할 수 있음을 보여라. 단, $1, 3, 3^2, \ldots, 3^{k-1}$의 무게는 양팔 저울의 어느 쪽 접시에 올려 놓아도 된다.

14. 삼진표기를 구진표기로 바꾸는 방법과 구진표기를 삼진표기로 바꾸는 방법을 각각 설명하라.

15. 양의 정수 n과 $r > 1$에 대해 r진표기를 r^n진표기로 바꾸는 방법과 r^n진표기를 r진표기로 바꾸는 방법을 각각 설명하라.

16. $n = (a_k a_{k-1} \ldots a_1 a_0)_b$이면 n을 b^j로 나눈 몫과 나머지는 각각 $q = (a_k a_{k-1} \ldots a_j)_b$와 $r = (a_{j-1} \ldots a_1 a_0)_b$가 됨을 보여라.

17. n의 b진전개가 $n = (a_k a_{k-1} \ldots a_1 a_0)_b$이면 $b^m n$의 b진전개는 무엇인가?

정수의 **1의 보수**(one's complement) 표현은 컴퓨터 연산을 단순화하는 데 사용된다. 절댓값이 2^n보다 작은 양의 정수와 음의 정수를 나타내기 위해서는 총 $n+1$비트가 사용된다.

가장 왼쪽 비트는 기호를 나타내는 데 사용된다. 이 위치의 0은 양의 정수에 사용되며, 이 위치의 1은 음의 정수에 사용된다.

양의 정수의 경우 나머지 비트는 정수의 이진전개과 동일하다. 음의 정수의 경우 나머지 비트는 먼저 정수의 절댓값의 이진전개를 찾은 다음 각 비트의 보수를 취함으로써 얻어진다. 1의 보수는 0이고, 0의 보수는 1이다.

18. 길이가 6인 비트 문자열을 사용하여 다음 정수의 1의 보수 표현을 각각 구하라.

a) 22　　b) 31　　c) -7　　d) -19

19. 길이가 5인 다음 1의 보수 표현은 각각 어떤 정수를 나타내는가?

a) 11001　　b) 01101　　c) 10001　　d) 11111

20. 길이가 n인 비트 문자열이 사용될 때 $-m$의 1의 보수 표현은 m의 1의 보수 표현으로부터 어떻게 얻을 수 있는가?

21. 1의 보수 표현이 $a_{n-1}a_{n-2}\ldots a_1a_0$인 정수를 m이라 하면 $m = -a_{n-1}(2^{n-1}-1) + \sum_{i=0}^{n-2} a_i 2^i$임을 보여라.

2의 보수(two's complement) 표현 또한 컴퓨터 계산을 단순화하는 데 사용된다. (사실 그것은 1의 보수 표현보다 훨씬 더 일반적으로 사용된다.) $-2^{n-1} \le x \le 2^{n-1}-1$인 정수 x를 나타내기 위해 n비트가 사용된다.

가장 왼쪽 비트는 부호를 나타내며, 0은 양의 정수에, 1은 음의 정수에 사용된다.

양의 정수의 경우 나머지 $n-1$비트는 정수의 이진전개와 동일하다. 음의 정수의 경우 나머지 비트는 $2^{n-1} - |x|$의 이진전개의 비트이다.

22. 길이가 6인 비트 문자열을 사용하여 연습문제 18의 정수의 2의 보수 표현을 각각 구하라.

23. 연습문제 19의 각 표현이 정수에 대한 2의 보수표현이라면 각각 어떤 정수를 나타내는가?

24. 2의 보수 표현이 $a_{n-1}a_{n-2}\ldots a_1a_0$인 정수를 m이라 하면 $m = -a_{n-1} \cdot 2^{n-1} + \sum_{i=0}^{n-2} a_i 2^i$임을 보여라.

25. 길이가 n인 비트 문자열이 사용될 때, $-m$의 2의 보수 표현은 m의 2의 보수 표현으로부터 어떻게 얻을 수 있는가?

26. 어떻게 정수의 2의 보수 표현을 그것의 1의 보수 표현으로부터 찾을 수 있는가?

27. 때로 십진수의 각 자리의 수를 나타내기 위해 네 자리 이진전개를 사용하여 정수를 부호화한다. 이렇게 하면 정수의 **이진부호화된 십진형식**(the binary coded decimal form)이 생성된다. 예를 들어 791을 이러한 방식으로 부호화하면 011110010001이다. 이러한 방식을 사용하여 자릿수가 n인 십진수를 나타내는 데 몇 비트가 필요한가?

양의 정수 n에 대해 유명한 수학자 칸토어(Georg Cantor)의 이름을 따라 명명된 **칸토어 전개**(Cantor expansion)는 다음과 같다.

$$n = a_m m! + a_{m-1}(m-1)! + \cdots + a_2 2! + a_1 1!$$

여기서 각 a_j는 $0 \leq a_j \leq j$인 정수이고 $a_m \neq 0$이다.

28. 14, 56, 384의 칸토어 전개를 각각 구하라.

*29. 모든 양의 정수가 유일한 칸토어 전개를 가짐을 보여라. (힌트: 각 양의 정수 n에 대해 $m! \leq n < (m+1)!$인 양의 정수 m이 존재한다. 이때 나눗셈 알고리즘으로 n을 $m!$로 나누어 나온 몫을 a_m으로 취하고, 이 과정을 반복한다.)

중국의 **님**(nim) 게임의 진행 방법은 다음과 같다. 경기는 임의 개수의 성냥개비로 이루어진 더미를 여러 개 두는 것으로 시작한다. 참가자는 더미 중 하나에서 한 개 이상의 성냥개비를 가지고 온다. 참가자들이 차례대로 게임을 진행하여 마지막 성냥개비를 가져온 참가자가 승리한다.

승리위치(winning position)란 한 참가자가 이 위치로 이동할 경우, 두 번째 참가자가 무엇을 하든 첫 번째 참가자가 게임을 계속 진행하여 결국 이길 수 있는 더미들의 배열을 의미한다. 예를 들어 두 더미가 있고, 각 더미에 한 개씩의 성냥개비가 있는 배열은 승리위치이다. 왜냐하면 두 번째 참가자는 반드시 하나만 가져올 수 있으므로 첫 번째 참가자가 마지막 성냥개비를 가져와 승리할 수 있게 되기 때문이다.

30. 2개의 더미가 있고 각각 2개의 성냥개비가 있는 위치가 승리위치임을 보여라.

31. 주어진 더미들의 배열에 대해, 각 더미에 있는 성냥개비의 개수를 이진수로 나타낸 다음, 이 수들의 각 자리의 수를 열로 정렬한다(필요한 경우 앞에 0을 추가한다). 어떤 위치가 승리위치일 필요충분조건은 각 열의 1의 개수가 짝수임을 보여라. (예: 각각 3개, 4개, 7개의 성냥개비로 이루어진 세 더미가 있다면 이것으로부터 다음과 같은 수의 나열을 얻을 수 있다. 이때 각 열은 정확히 두 개씩의 1을 가진다.)

$$\begin{array}{ccc} 0 & 1 & 1 \\ 1 & 0 & 0 \\ 1 & 1 & 1 \end{array}$$

(힌트: 승리위치에서 어떻게 이동해도 승리위치가 아님을 보여라. 또한 임의의 승리위치가 아닌 위치에서 승리위치로의 이동이 있음을 보여라.)

모든 자리의 수가 같지는 않은 네 자리 십진 정수 a에 대해 $T(a) = a' - a''$으로 정의하자. 여기서 a'은 a의 모든 자리의 수를 내림차순으로 적어서 얻은 수이고, a''은 a의 모든 자리의 수를 오름차순으로 적어서 얻은 수이다. 예를 들어 $T(7318) = 8731 - 1378 = 7353$이다.

*32. 모든 자리의 수가 같지는 않은 네 자리 십진 정수 중에서 $T(a) = a$를 만족하는 수는 $a = 6174$뿐임을 보여라. 정수 6174는 인도의 수학자 카프리카(Kaprekar)의 이름을 따라 **카프리카 상수**(Kaprekar's constant)라고 불린다.

**33. a) 정수 a가 모든 자리의 수가 같지는 않은 네 자리 십진수라면, T를 반복하여 얻은 수열 $a, T(a), T(T(a)), T(T(T(a))), \ldots$는 결국 6174에 도달함을 보여라.

b) (a)에서 정의된 수열이 6174에 도달하는 데 필요한 단계의 수의 최댓값을 구하라.

양의 정수 b와 모든 자리의 수가 같지는 않은 네 자리 b진 정수 a에 대해 $T_b(a) = a' - a''$으로 정의하자. 여기서 a'는 a의 모든 자리의 수를 내림차순으로 적어서 얻은 b진수이고, a''은 a의 모든 자리의 수를 오름차순으로 적어서 얻은 b진수이다.

**34. $b = 5$라고 하고, $T_5(a_0) = a_0$를 만족하는 유일한 네 자리 5진 정수 a_0를 구하라. 또한 a_0가 밑 5에 대한 카프리카 상수임을 보여라. 즉 a가 모든 자리의 수가 같지는 않은 네 자리 5진 정수이면 수열 $a, T_5(a), T_5(T_5(a)), T_5(T_5(T_5(a))), \ldots$는 결국 a_0에 도달한다.

*35. 밑 6에 대한 네 자리 카프리카 상수는 존재하지 않음을 보여라.

*36. 밑 10에 대한 세 자리 카프리카 상수가 존재하는지 결정하고, 그것을 증명하라.

37. 모든 $i \neq j$에 대해 항들의 합 $a_i + a_j$가 서로 다른 수열 $\{a_j\}$를 헝가리의 수학자 시돈(Simon Sidon)의 이름을 따라 **시돈 수열**(Sidon sequence)이라고 부른다. 정리 2.1을 사용하여 $a_j = 2^j (j = 1, 2, \ldots)$일 때 수열 $\{a_j\}$가 시돈 수열임을 보여라.

양의 십진 정수 n에 대해 $P(n)$을 n의 모든 자리의 수를 뒤집어 얻은 수에 n을 더한 수로 정의하자. 이때 $P(n)$을 **역순-덧셈함수**(reverse-and-add function)라고 한다. 예를 들어 $P(136) = 136 + 631 = 767$이다. 한편 어떤 수 n에 역순-덧셈 함수를 반복적으로 적용했을 때 앞으로 읽을 때와 뒤로 읽을 때가 동일한 수인 **대칭수**(palindrome)가 결코 나오지 않으면 n을 **라이크렐 수**(Lychrel number)라고 한다. 예를 들어 $P(136) = 767$이고 767은 대칭수이기 때문에 136은 라이크렐 수가 아니다. (라이크렐 수는 OEIS의 A023108에서 찾을 수 있다.)

라이크렐 수가 존재하는지 여부는 아직 해결되지 않은 문제이다. 현재 알려진 바로는 라이크렐 수인지 아닌지를 알 수 없는 가장 작은 양의 정수는 196이다. $n = 196$에 역순-덧셈 함수를 10억 번 적용해도 대칭수가 나오지 않음이 직접 계산을 통해 확인되었다. 하지만 추가적인 반복에서도 대칭수가 나오지 않을 것임을 보여주는 증거는 없다.

38. 다음 정수는 라이크렐 수가 아님을 각각 보여라.

a) 56　　b) 57　　c) 58　　d) 59

39. 라이크렐 수의 모든 자리의 수를 뒤집어서 얻은 수도 라이크렐 수가 되는 이유를 설명하라.

양의 b진 정수 n에 대해 $P_b(n)$을 n의 모든 자리의 수를 뒤집어 얻은 수에 n을 더한 b진수로 정의하자. 이때 $P_b(n)$을 **b진 역순-덧셈 함수**(base b reverse-and-add function)라고 한다. 예를 들어 $b = 3$인 경우 $P_3((1222)_3) = (1222)_3 + (2221)_3 = (11220)_3$이다. 한편 어떤 b진수 n에 b진 역순-덧셈 함수를 반복적으로 적용했을 때 앞으로 읽을 때와 뒤로 읽을 때가 동일한 b진수인 **b진 대칭수**(base b palindrome)가 결코 나오지 않으면 n을 **b진 라이크렐 수**(base b Lychrel number)라고 한다.

*40 $(10110)_2$가 이진 라이크렐 수임을 증명하라.

*41 $(3333)_4$가 사진 라이크렐 수임을 증명하라.

**42 모든 양의 정수 m에 대해 2^m진 라이크렐 수가 존재함을 증명하라. (힌트: 2^m진수 $(1\ 0\ 2^m - 1\ 2^m - 2\ 2^m - 1\ 0\ 0)_{2^m}$을 고려하라. 여기서 $2^m - 1$은 수 $2^m - 1$을 나타내는 2^m진수를 나타내며, $2^m - 2$는 수 $2^m - 2$를 나타내는 2^m진수를 나타낸다). 예를 들어 팔진법에서 $(1076700)_8$은 라이크렐 수임을 증명할 수 있다.

계산과 탐구

1. 다음 각 정수의 이진, 팔진, 십육진전개를 각각 구하라.

a) 9876543210　　b) 1111111111　　c) 10000000001

2. 다음 정수의 십진전개를 각각 구하라.

a) $(1010101010101)_2$　　b) $(765432101234567)_8$　　c) $(\mathrm{ABBAFADACABA})_{16}$

3. 다음 덧셈을 계산하고, 그 결과를 더하는 수를 나타내는 데 사용한 것과 같은 밑으로 각각 표현하라.

a) $(110110110110110110111)_2 + (1001001001001001001001)_2$

b) $(12345670123456)_8 + (765432107654321)_8$

c) $(123456789\mathrm{ABCD})_{16} + (\mathrm{BABACACADADA})_{16}$

4. 정수 100,000, 10,000,000, 1,000,000,000의 칸토어 전개를 각각 구하라(칸토어 전개의 정의는 연습문제 28을 참조).

5. 연습문제 33에 설명된 결과를 모든 자리의 수가 같지는 않은 여러 개의 네 자리 정수에 대해 검증하라.

6. 수치적인 증거를 활용하여 수열 $a, T(a), T(T(a)), \ldots$의 행동에 대해 추측하라. 여기서 a는 모든 자리의 수가 같지는 않은 다섯 자리 십진수이고, $T(a)$는 연습문제 32와 같이 정의된다.

7. 10이 아닌 밑 b에 대해 a가 세 자리 b진 정수일 때, 수열 $a, T(a), T(T(a)), \ldots$ 의 행동을 탐색하라. 어떤 추측을 할 수 있는가? 네 자리 b진 정수와 다섯 자리 b진 정수를 사용하여 탐색을 반복하라.

8. 100 미만의 모든 양의 정수가 라이크렐 수가 아님을 보여라.

9. 다음 양의 정수에 역순-덧셈 함수를 100번 반복적으로 적용하여도 대칭수가 생성되지 않음을 각각 확인하라.

   a) 196　　b) 897　　c) 1997

10. 89에 역순-덧셈 함수를 반복적으로 적용하여 대칭수를 얻기 위해 필요한 반복 횟수를 찾아라.

11. 10,911에 역순-덧셈 함수를 반복적으로 적용하여 대칭수를 얻기 위해 필요한 반복 횟수를 찾아라.

프로그래밍 프로젝트

1. 정수의 십진전개로부터 그 정수의 이진전개를 구하고, 그 반대의 경우도 수행하라.
2. b_1진표기를 b_2진표기로 바꾸라. 여기서 b_1과 b_2는 1보다 큰 임의의 양의 정수이다.
3. 이진표기를 십육진표기로 바꾸고, 그 반대의 경우도 수행하라.
4. 정수의 십진표기로부터 그 정수의 (-2)진표기를 구하라(연습문제 8 참조).
5. 정수의 십진전개로부터 그 정수의 균형삼진전개를 구하라(연습문제 12 참조).
6. 정수의 십진전개로부터 그 정수의 칸토어 전개를 구하라(연습문제 28 참조).
7. 님 게임에서 승리 전략을 실행하라(연습문제 30 참조).

*8. 양의 정수 a에 대해 수열 $a, T(a), T(T(a)), \ldots$ (연습문제 32에서 정의됨)를 조사하여 6174에 도달하는 데 필요한 최소 반복 횟수를 찾아라.

9. 주어진 양의 정수 b, n에 대해, n에 b진 역순-덧셈 함수를 반복적으로 적용하여 대칭수가 생성되는지를 조사하라.

2.2 정수의 컴퓨터 연산

컴퓨터가 발명되기 전에 수학자들은 손이나 기계 장치를 사용하여 계산을 했다. 어느 쪽이든, 그들은 다소 제한된 크기의 정수로만 작업할 수 있었다. 인수분해 및 소수 판정법과 같은 많은 수론의 문제는 자릿수가 100 또는 심지어 200인 정수의 계산이 필요하다. 이 절에서는 컴퓨터 연산을 위한 몇 가지 기본적인 알고리즘을 살펴보고, 다음 절에서는 이러한 알고리즘을 수행하는 데 필요한 기본적인 컴퓨터 작업의 개수를 살펴볼 것이다.

컴퓨터가 내부적으로 비트 또는 이진수를 사용하여 숫자를 나타낸다고 언급했었다. 컴퓨터에는 기계 계산에 사용할 수 있는 정수의 크기에 대한 제한이 있다. 이 상한을 **단어 크기**(word size)라고 하는데, 이것을 w로 표기한다. 단어 크기는 펜티엄 기계의 경우 2^{32} 또는 2^{35}와 같이 일반적으로 2의 거듭제곱이지만, 때로는 10의 거듭제곱이기도 한다.

단어 크기보다 큰 정수로 계산을 하려면 각 정수에 두 단어 이상을 할애해야 한다. $n > w$의 정수를 저장하기 위해 n을 w진표기로 표현하며, 이 전개의 각 자리의 수에 대해 하나의 컴퓨터 단어를 사용한다. 예를 들어 단어 크기가 2^{35}이면 컴퓨터 단어 10개를 사용하여 $2^{350} - 1$만큼 큰 정수를 저장할 수 있다. 왜냐하면 2^{350}보다 작은 정수는 2^{35}진전개에서 10자리 이하이기 때문이다. 또한 정수의 2^{35}진전개를 찾으려면 단지 35비트의 블록만 연결하면 된다.

큰 정수로 컴퓨터 계산을 논하는 첫 번째 단계는 기본적인 연산이 어떻게 체계적으로 수행되는지 설명하는 것이다.

정수 $r > 1$에 대해 r진표기된 정수의 기본적인 연산을 수행하는 고전적인 방법을 설명할 것이다. 이러한 방법은 **알고리즘**(algorithm)의 예이다.

정의 2.1

알고리즘은 계산을 수행하거나 문제를 해결하기 위한 엄밀한 명령어들의 유한 집합이다.

자릿수가 n인 두 정수 $a = (a_{n-1}a_{n_2} \cdots a_1a_0)_r$, $b = (b_{n-1}b_{n_2} \cdots b_1b_0)_r$의 덧셈, 뺄셈, 곱셈을 수행하기 위한 알고리즘을 알아보자. 여기서 두 전개 모두를 같은 길이로 만들기 위해 필요한 경우 앞쪽에 0을 추가한다. 살펴보고자 하는 알고리즘은 컴퓨터의 단어 크기보다 작은 정수들의 이진 계산과 단어 크기 w보다 큰 정수들의 **다중정밀**(multiple precision) 계산 모두에 사용된다.

덧셈 a와 b를 더하면 다음과 같다.

$$a + b = \sum_{j=0}^{n-1} a_j r^j + \sum_{j=0}^{n-1} b_j r^j = \sum_{j=0}^{n-1} (a_j + b_j) r^j$$

$a + b$의 r진전개를 찾기 위해 먼저 나눗셈 알고리즘에 의해 다음 식을 만족하는 정수 C_0과 s_0이 있다는 것을 주목한다.

$$a_0 + b_0 = C_0 r + s_0, \quad 0 \le s_0 < r$$

a_0와 b_0는 r을 초과하지 않는 양의 정수이므로 $0 \le a_0 + b_0 \le 2r - 2$이고, 따라서 $C_0 = 0$ 또는 1이다. 여기서 C_0는 다음 자리로의 **받아올림**(carry)이다. 다음 식을 만족하는 정수 C_1과 s_1이 존재한다.

$$a_1 + b_1 + C_0 = C_1 r + s_1, \quad 0 \le s_1 < r$$

$0 \le a_1 + b_1 + C_0 \le 2r - 1$이므로 $C_1 = 0$ 또는 1이다. 귀납적으로 진행하면 $1 \le i \le n - 1$에

대해 다음 식을 만족하는 정수 C_i과 s_i가 존재한다.

$$a_i + b_i + C_{i-1} = C_i r + s_i, \quad 0 \le s_i < r$$

이때 $C_0 = 0$ 또는 1이다. 마지막으로 자릿수가 n인 두 정수의 합은 n번째 자리에서 받아올림이 있으면 $n+1$자리이기 때문에 $s_n = C_{n-1}$이라고 한다. 따라서 합의 r진전개는 $a + b = (s_n s_{n-1} \cdots s_1 s_0)_r$이다.

직접 손으로 r진수를 더할 때 십진수의 덧셈에서 사용되는 것과 동일한 익숙한 기술을 사용할 수 있다.

예제 2.5

$(1101)_2$와 $(1001)_2$를 더하면 다음과 같다.

$$\begin{array}{ccccc} \mathit{1} & & & \mathit{1} & \\ & 1 & 1 & 0 & 1 \\ + & 1 & 0 & 0 & 1 \\ \hline 1 & 0 & 1 & 1 & 0 \end{array}$$

여기서 적절한 열 위에 받아올림을 기울인 1로 표시했다. 덧셈의 이진수는 $1 + 1 = 1 \cdot 2 + 0$, $0 + 0 + 1 = 0 \cdot 2 + 1$, $1 + 0 + 0 = 0 \cdot 2 + 1$, $1 + 1 + 0 = 1 \cdot 2 + 0$을 계산하여 얻은 것이다.

"알고리즘"이라는 단어의 유래

'알고리즘'은 원래 9세기 책 《복원 및 축소 규칙(Kitab al-jabr w'al-muqabala)》의 저자 *Abu Ja'far Mohammed ibn Mûsâ al-Khwârizmî*의 이름에서 유래한 "algorism"의 변형이다. "algorism"이라는 단어는 원래 힌두-아랍어 숫자를 사용한 계산 규칙만을 의미했지만, 18세기에 이르러 "algorithm"으로 발전했다. 컴퓨팅 기계에 대한 관심이 증가함에 따라 알고리즘의 개념은 아랍어 표기법으로 표현된 정수로 계산하는 절차뿐만 아니라 문제를 해결하기 위한 모든 명확한 절차를 포함하기 위해 더욱 일반화되었다.

뺄셈 $a > b$라 가정하고 다음을 생각하자.

$$a - b = \sum_{j=0}^{n-1} a_i r^j - \sum_{j=0}^{n-1} b_j r^j = \sum_{j=0}^{n-1} (a_j - b_j) r^j$$

나눗셈 알고리즘에 의해 다음 식을 만족하는 정수 B_0, d_0가 존재하고,

$$a_0 - b_0 = B_0 r + d_0, \quad 0 \le d_0 < r$$

a_0, b_0는 r보다 작은 음이 아닌 정수이므로 다음과 같다.

$$-(r-1) \leq a_0 - b_0 \leq r-1$$

만약 $a_0 - b_0 \geq 0$이면 $B_0 = 0$이다. 반면에 $a_0 - b_0 < 0$이면 $B_0 = -1$이고, 이 경우 B_0는 a의 r진전개의 그 다음 자리에서 **받아내림**(borrow)이다. 나눗셈 알고리즘을 다시 한번 사용하면 다음 식을 만족하는 정수 B_1, d_1이 존재한다.

$$a_1 - b_1 + B_0 = B_1 r + d_1, \quad 0 \leq d_1 < r$$

이 등식으로부터 $-r \leq a_1 - b_1 + B_0 \leq r-1$이기 때문에 $a_1 - b_1 + B_0 \geq 0$이기만 하면 $B_1 = 0$이고, 그렇지 않으면 $B_1 = -1$임을 알 수 있다. 이 과정을 계속 반복하면 각 $i = 1, 2, \ldots, n-1$에 대해 다음 식을 만족하는 정수 B_i와 d_i가 존재하고,

$$a_i - b_i + B_{i-1} = B_i r + d_i, \quad 0 \leq d_i < r$$

이때 $B_i = 0$ 또는 -1이다. $a > b$이므로 $B_{n-1} = 0$이다. 따라서 다음과 같은 결과를 얻는다.

$$a - b = (d_{n-1}d_{n-2} \cdots d_1 d_0)_r$$

직접 손으로 r진수를 뺄 때 십진수의 뺄셈에서 사용되는 것과 동일한 익숙한 기술을 사용할 수 있다.

예제 2.6

$(11011)_2$에서 $(10110)_2$을 빼면 다음과 같다.

$$\begin{array}{rccccc} & & & \mathit{-1} & & \\ & 1 & 1 & 0 & 1 & 1 \\ - & 1 & 0 & 1 & 1 & 0 \\ \hline & & & 1 & 0 & 1 \end{array}$$

위의 열에서 기울인 -1은 받아내림을 가리킨다. 뺄셈의 이진수는 $1-0 = 0 \cdot 2 + 1$, $1-1+0 = 0 \cdot 2 + 0$, $0-1+0 = -1 \cdot 2 + 1$, $1-0-1 = 0 \cdot 2 + 0$, $1-1+0 = 0 \cdot 2 + 0$을 계산하여 얻은 것이다.

곱셈 곱셈에 대해 논의하기 전에 **밀기**(shifting)에 대해 알아보자. $(a_{n-1} \cdots a_1 a_0)_r$에 r^m를 곱하려면 각 자리의 숫자들을 왼쪽으로 m 자리만큼 밀고, m개의 0을 추가하면 된다.

예제 2.7

$(101101)_2$에 2^5을 곱하려면 각 자리의 숫자들을 왼쪽으로 다섯 자리만큼 밀고 다섯 개의 0을 추가하여 $(10110100000)_2$을 얻는다.

먼저 자릿수가 n인 정수에 자릿수가 1인 정수를 곱하는 것에 대해 생각해보자. $(a_{n-1}\cdots a_1a_0)_r$에 $(b)_r$을 곱할 때, 먼저 $0 \le a_0b < (r-1)^2$이므로

$$a_0b = q_0r + p_0, \quad 0 \le p_0 < r$$

이고 $0 \le q_0 \le r-2$를 만족하는 정수 q_0, p_0가 존재한다. 다음으로

$$a_1b + q_0 = q_1r + p_1, \quad 0 \le p_1 < r$$

이고 $0 \le q_1 \le r-1$을 만족하는 정수 q_1, p_1이 존재한다. 일반적으로

$$a_ib + q_{i-1} = q_ir + p_i, \quad 0 \le p_i < r$$

이고 $0 \le q_i \le r-1$을 만족하는 정수 q_i, p_i가 존재한다. 이때 $p_n = q_{n-1}$이다. 따라서 $(a_{n-1}\cdots a_1a_0)_r(b)_r = (p_np_{n-1}\cdots p_1p_0)_r$이다.

자릿수가 n인 두 정수를 곱하면 다음과 같다.

$$ab = a\left(\sum_{j=0}^{n-1} b_jr^j\right) = \sum_{j=0}^{n-1}(ab_j)r^j$$

따라서 각 j에 대해 먼저 a에 숫자 b_j를 곱한 다음 j자리 만큼 왼쪽으로 밀고, 마지막으로 얻은 모든 정수를 더하여 곱을 구한다.

두 r진수를 곱할 때 십진수의 곱셈에서 사용되는 것과 동일한 익숙한 기술을 사용할 수 있다.

예제 2.8

$(1101)_2$과 $(1110)_2$를 곱하면 다음과 같다.

$$\begin{array}{rrrrrrrr}
 & & & & 1 & 1 & 0 & 1 \\
 & & & \times & 1 & 1 & 1 & 0 \\
\hline
 & & & & 0 & 0 & 0 & 0 \\
 & & & 1 & 1 & 0 & 1 & \\
 & & 1 & 1 & 0 & 1 & & \\
 & 1 & 1 & 0 & 1 & & & \\
\hline
1 & 0 & 1 & 1 & 0 & 1 & 1 & 0
\end{array}$$

위 계산에서 먼저 $(1101)_2$에 $(1110)_2$의 각 자리의 수를 곱한 다음 적절한 자리만큼 왼쪽으로 밀고, 적절한 정수를 더하여 곱을 찾았다.

나눗셈 나눗셈 알고리즘에 의해 다음과 같다고 하자.

$$a = bq + R, \quad 0 \le R < b$$

이때 몫 q를 구해보자. 만약 q의 r진전개가 $q = (q_{n-1}q_{n-2}\cdots q_1q_0)_r$라면 다음을 얻는다.

$$a = b\left(\sum_{j=0}^{n-1} q_j r^j\right) + R, \quad 0 \le R < b$$

q의 첫 번째 자리의 수 q_{n-1}을 구하기 위해 다음을 주목하자.

$$a - bq_{n-1}r^{n-1} = b\left(\sum_{j=0}^{n-2} q_j r^j\right) + R, \quad 0 \le R < b$$

이 등식의 오른쪽은 음이 아닌 정수이면서 br^{n-1}보다 작다. 왜냐하면 $\sum_{j=0}^{n-2} q_j r^j \le \sum_{j=0}^{n-2}(r-1)r^j = \sum_{j=1}^{n-1} r^j - \sum_{j=0}^{n-2} r^j = r^{n-1} - 1$이기 때문이다. 따라서 다음을 얻는다.

$$0 \le a - bq_{n-1}r^{n-1} < br^{n-1}$$

즉 다음과 같다.

$$q_{n-1} = \left[\frac{a}{br^{n-1}}\right]$$

a에서 음수가 나올 때까지 br^{n-1}를 연적으로 빼면 q_{n-1}를 얻을 수 있다. 그러면 q_{n-1}는 뺀 횟수보다 1이 적다.

q의 다른 자리의 수를 얻기 위해 **부분나머지**(partial remainders) R_i를 $R_0 = a$이고, 각 $i = 1, 2, \ldots, n$에 대해 다음과 같이 정의하자.

$$R_i = R_{i-1} - bq_{n-i}r^{n-i}$$

수학적 귀납법에 의해 다음이 성립함을 보이자.

$$R_i = \left(\sum_{j=0}^{n-i-1} q_j r^j\right) b + R \tag{2.1}$$

$i = 0$인 경우, $R_0 = a = qb + R$이므로 이 식은 성립한다. $k \ge 0$에 대해 다음 식이 성립한다고 가정하면

$$R_k = \left(\sum_{j=0}^{n-k-1} q_j r^j\right) b + R$$

다음을 얻는다.

$$\begin{aligned} R_{k+1} &= R_k - bq_{n-k-1}r^{n-k-1} \\ &= \left(\sum_{j=0}^{n-k-1} q_j r^j\right) b + R - bq_{n-k-1}r^{n-k-1} \\ &= \left(\sum_{j=0}^{n-(k+1)-1} q_j r^j\right) b + R \end{aligned}$$

따라서 식 (2.1)이 성립한다.

식 (2.1)을 이용하면 각 $i = 1, 2, \cdots, n$에 대해 $0 \le R_i < r^{n-i}b$임을 알 수 있다. 왜냐하면 $\sum_{j=0}^{n-i-1} q_j r^j \le r^{n-i}-1$이기 때문이다. 결과적으로, $R_i = R_{i-1} - bq_{n-i}r^{n-i}$이고 $0 \le R_i < r^{n-i}b$이므로, q_{n-i}는 $[R_{i-1}/(br^{n-i})]$이고 R_{i-1}에서 음수가 나올 때까지 br^{n-i}을 연속적으로 빼서 얻을 수 있다. 그러면 q_{n-i}는 뺀 횟수보다 1이 적다. 이것이 q의 자리의 수를 찾는 방법이다.

예제 2.9

$(11101)_2$를 $(111)_2$로 나누기 위해 $q = (q_2q_1q_0)_2$라 하자. $(11101)_2$에서 $2^2(111)_2 = (11100)_2$를 한 번 빼면 $(1)_2$를 얻고, 다시 한 번 빼면 음수이므로 $q_2 = 1$이 된다. 이때 $R_1 = (11101)_2 - (11100)_2 = (1)_2$이고, $R_1 - 2(111)_2$가 0보다 작기 때문에 $q_1 = 0$이다. 마찬가지로 $q_0 = 0$이다. 따라서 나눗셈의 몫은 $(100)_2$이고 나머지는 $(1)_2$이다.

2.2 연습문제

1. $(101111011)_2 + (1100111011)_2$를 계산하라.
2. $(10001000111101)_2 + (11111101011111)_2$를 계산하라.
3. $(1111000011)_2 - (11010111)_2$를 계산하라.
4. $(1101101100)_2 - (101110101)_2$를 계산하라.
5. $(11101)_2 \times (110001)_2$를 계산하라.
6. $(1110111)_2 \times (10011011)_2$를 계산하라.
7. $(110011111)_2$를 $(1101)_2$로 나눈 몫과 나머지를 각각 구하라.
8. $(110100111)_2$를 $(11101)_2$로 나눈 몫과 나머지를 각각 구하라.
9. $(1234321)_5 + (2030104)_5$를 계산하라.

10. $(4434201)_5 - (434421)_5$를 계산하라.

11. $(1234)_5 \times (3002)_5$를 계산하라.

12. $(14321)_5$를 $(334)_5$로 나눈 몫과 나머지를 각각 구하라.

13. $(ABAB)_{16} + (BABA)_{16}$을 계산하라.

14. $(FEED)_{16} - (CAFE)_{16}$을 계산하라.

15. $(FACE)_{16} \times (BAD)_{16}$을 계산하라.

16. $(BEADED)_{16}$을 $(ABBA)_{16}$으로 나눈 몫과 나머지를 각각 구하라.

17. 단어 크기가 1000인 컴퓨터에서 18235187과 22135674를 더하고, 빼고, 곱하는 방법을 각각 설명하라.

18. (-2)진표기로 된 정수의 기본 연산에 대한 알고리즘을 작성하라(2.1절의 연습문제 8 참조).

19. 두 정수의 1의 보수 표현으로부터 그 두 정수의 덧셈의 1의 보수 표현을 얻는 방법을 설명하라.

20. 두 정수의 1의 보수 표현으로부터 그 두 정수의 뺄셈의 1의 보수 표현을 얻는 방법을 설명하라.

21. 칸토어 확장의 덧셈에 대한 알고리즘과 뺄셈에 대한 알고리즘을 작성하라(2.1절 연습문제 28 참조).

22. **다스**(dozen)는 12이고, **그로스**(gross)는 12^2이다. **십이진법**(duodecimal) 계산을 사용하여 다음 질문에 답하라.

    a) 만약 총 11그로스, 3다스의 달걀에서 총 3그로스, 7다스, 4개의 달걀을 제거하면, 얼마나 많은 달걀이 남겠는가?

    b) 만약 총 2그로스, 3다스, 7알의 달걀을 각각 실은 트럭 5대가 슈퍼마켓에 달걀을 배달한다면 달걀은 모두 몇 개나 배달되는가?

    c) 만약 총 11그로스, 10다스, 6알의 달걀을 같은 개수의 3모둠으로 나누면 각 모둠에는 몇 개의 달걀이 있겠는가?

23. 마지막 자리의 수가 $a_0 = 5$인 십진전개 $(a_n a_{n-1} \cdots a_1 a_0)_{10}$의 제곱을 찾는 데 사용되는 잘 알려진 규칙은 곱 $(a_n a_{n-1} \cdots a_1)_{10} \times [(a_n a_{n-1} \cdots a_1)_{10} + 1]$에 추가로 25를 붙이는 것이다. 예를 들어 165^2이 $16 \cdot 17 = 272$로 시작되므로 $165^2 = 27,225$이다. 이 규칙이 성립함을 보여라.

24. 여기서는 연습문제 23에 주어진 규칙을 일반화하여 $2B$진전개의 마지막 자리의 수가 B인 정수의 제곱을 구하는 규칙을 찾는다. $2B$진전개 $(a_n a_{n-1} \cdots a_1 a_0)_{2B}$의 제곱은 $(a_n a_{n-1} \cdots a_1)_{2B} \times [(a_n a_{n-1} \cdots a_1)_{2B} + 1]$의 $2B$진전개에 추가로 B가 짝수일 때는 $B/2$와 0을, B가 홀수일 때는 $(B-1)/2$과 B를 각각 붙여서 얻어짐을 보여라.

계산과 탐구

1. 연습문제 23과 24에 주어진 규칙을 적절한 예제를 통하여 확인하라.

프로그래밍 프로젝트

1. 임의로 큰 정수를 택하여 더하라.
2. 임의로 큰 정수를 택하여 빼라.
3. 기존 알고리즘을 사용하여 두 개의 임의의 큰 정수를 곱하라.
4. 큰 정수를 임의로 택하여 나누고, 몫과 나머지를 각각 구하라.

2.3 정수 연산의 복잡도

일단 연산을 위한 알고리즘이 결정되면, 컴퓨터로 이 알고리즘을 수행하는 데 필요한 시간을 고려할 수 있고, 이 시간은 **비트연산**(bit operations)을 이용하여 측정할 수 있다. 1비트연산이란 두 1비트의 덧셈, 뺄셈, 곱셈, 2비트를 1비트로 나누거나(몫과 나머지를 얻는다), 이진수의 한 자리 밀기를 의미한다. (컴퓨터에서 1비트연산을 수행하는 데 필요한 실제 시간은 컴퓨터의 용량 및 시스템의 구성에 따라 다르다.) 알고리즘을 수행하는 데 필요한 비트연산 수를 보여주는 것이 바로 이 알고리즘의 **계산 복잡도**(computational complexity)를 보여주는 것이다.

계산을 수행하는 데 필요한 비트연산 수를 설명할 때, **빅-오**(big-O) 표기를 사용한다. 빅-오 표기는 큰 값에서의 크기를 쉽게 알 수 있는 함수(기준 함수)를 사용하여 어떤 함수의 크기에 대한 상한을 제공한다.

이 표기의 정의를 이해하기 위해 다음과 같은 상황을 고려해보자. 정수 n에 대해 지정된 작업을 수행하려면 최대 $n^3 + 8n^2 \log n$개의 비트연산이 필요하다고 가정하자. 모든 양의 정수에 대해 $8n^2 \log n < 8n^3$이기 때문에, 모든 정수 n에 대해 이 연산에 필요한 비트연산은 $9n^3$ 미만이다. 필요한 비트연산 수는 항상 n^3의 상수배, 즉 $9n^3$보다 작기 때문에 $O(n^3)$ 비트연산이 필요하다고 말한다. 일반적으로 다음과 같이 정의한다.

정의 2.2

실수들의 집합 S에 대해 f와 g가 모든 $x \in S$에 대해 정의되고 양의 값을 취하는 함수라고 할 때, f가 $O(g)$라는 것은 양의 상수 K가 존재하여 충분히 큰 모든 $x \in S$에 대해 $f(x) < Kg(x)$를 만족하는 것이다. (일반적으로 S를 양의 정수 집합으로 간주하고, S를 언급하지 않는다.)

빅-오 표기는 수론과 알고리즘 분석에 널리 사용된다. 바흐만(Paul Bachmann)은 1892년에 빅-오 표기를 도입했다. 빅-오 표기는 때때로 란다우 기호라고 불리는데, 란다우(Edmund

Landau)는 이 표기를 수론에서 다양한 함수의 추정에 사용했다. 알고리즘 분석에 빅-오 표기를 사용하는 것은 유명한 컴퓨터 과학자 커누스(Donald Knuth)에 의해 대중화되었다.

여러 가지 예제를 통해 빅-오 표기의 개념을 알아보자.

예제 2.10

양의 정수 집합에서 함수 n^4+2n^3+5는 $O(n^4)$이다. 왜냐하면 모든 양의 정수에 대해 $n^4+2n^3+5 < n^4+2n^4+5n^4 = 8n^4$이기 때문이다. 또한 역으로 n^4이 $O(n^4+2n^3+5)$라는 점도 유의하자.

예제 2.11

$\sum_{j=1}^{n} j$에 대한 빅-오 추정도 쉽게 할 수 있다. 모든 $j = 1, 2, \ldots, n$에 대해 $j \leq n$이므로 $\sum_{j=1}^{n} j \leq \sum_{j=1}^{n} n = n \cdot n = n^2$이다. 또한 공식 $\sum_{j=1}^{n} j = n(n+1)/2$로부터도 쉽게 빅-오 추정을 할 수 있다.

이제 함수 연산에 대해 빅-오 추정을 하는 데 있어 유용한 결과를 알아보자.

정리 2.2

만약 f가 $O(g)$이면 양의 상수 c에 대해 cf는 $O(g)$이다.

증명 2.2

만약 f가 $O(g)$이면 충분히 큰 모든 x에 대해 $f(x) < Kg(x)$를 만족하는 상수 K가 존재한다. 따라서 $cf(x) < (cK)g(x)$이므로 cf는 $O(g)$이다.

정리 2.3

f_1이 $O(g_1)$이고 f_2가 $O(g_2)$이면 f_1+f_2는 $O(g_1+g_2)$이고 $f_1 f_2$는 $O(g_1 g_2)$이다.

증명 2.3

만약 f_1이 $O(g_1)$이고 f_2가 $O(g_2)$이면 충분히 큰 모든 x에 대해 $f_1(x) < K_1 g_1(x)$이고 $f_2(x) < K_2 g_2(x)$인 상수 K_1과 K_2가 존재한다. 따라서 K_1과 K_2 중에 큰 값을 K라고 할 때 다음과 같다.

$$\begin{aligned} f_1(x) + f_2(x) &< K_1 g_1(x) + K_2 g_2(x) \\ &\leq K(g_1(x) + g_2(x)) \end{aligned}$$

따라서 $f_1 + f_2$는 $O(g_1 + g_2)$이다. 또한 다음과 같고,

$$\begin{aligned} f_1(x)f_2(x) &< K_1 g_1(x) K_2 g_2(x) \\ &= K_1 K_2 (g_1(x) g_2(x)) \end{aligned}$$

그러므로 $f_1 f_2$는 $O(g_1 g_2)$이다.

따름정리 2.3.1

f_1과 f_2가 $O(g)$이면 $f_1 + f_2$는 $O(g)$이다.

증명 2.3.1

정리 2.3에 의해 $f_1 + f_2$는 $O(2g)$이다. 그런데 $f_1 + f_2 < K(2g)$이면 $f_1 + f_2 = (2K)g$이므로 $f_1 + f_2$는 $O(g)$이다.

빅-오 추정을 사용하는 목적은 가장 간단한 기준 함수를 사용하면서 가능한 최고의 빅-오 추정을 제공하는 것이다. 빅-오 추정에 사용되는 잘 알려진 기준 함수에는 1, $\log n$, n, $n \log n$, $n \log \log n$, n^2, 2^n 등이 있고, 이 뿐만 아니라 다른 중요한 함수가 포함된다. 미적분학을 이용하면 n이 한없이 증가함에 따라 목록의 각 함수와 그 다음 함수의 비율이 0에 가까이 가는 경향이 있다는 점에서 목록의 각 함수가 그 다음 함수보다 작다는 것을 보일 수 있다. 보다 더 복잡한 함수가 빅-오 추정에 사용됨을 나중에 보게 될 것이다.

빅-오 추정에 사용되는 정리들이 어떻게 적용되는지 예제를 통해 알아보자.

예제 2.12

$(n+8\log n)(10n\log n+17n^2)$에 대한 빅-오 추정을 하기 위해 먼저 $n+8\log n$이 $O(n)$이고 $10n\log n+17n^2$이 $O(n^2)$임을 주목하자. 이는 $\log n$이 $O(n)$이고 $n\log n$이 $O(n^2)$이기 때문에 정리 2.2와 2.3 그리고 따름정리 2.3.1에 의해 성립함을 알 수 있다. 따라서 정리 2.3에 의해 $(n+8\log n)(10n\log n+17n^2)$은 $O(n^3)$이다.

빅-오 표기를 사용하면 두 개의 n비트 정수를 더하거나 빼려면 $O(n)$ 비트연산이 필요하지만, 일반적인 방식으로 두 개의 n비트 정수를 곱하려면 $O(n^2)$ 비트연산이 필요하다(연습문제 12, 13 참조). 놀랍게도, 큰 정수를 곱하기 위한 더 빠른 알고리즘이 존재한다. 이러한 알고리즘을 개발하기 위해 먼저 두 개의 $2n$ 비트 정수, 예를 들어 $a = (a_{2n-1}a_{2n-2}\cdots a_1 a_0)_2$와

$b = (b_{2n-1}b_{2n-2}\cdots b_1b_0)_2$의 곱셈을 고려하자. 이 두 정수를 다음과 같이 쓰자.

$$a = 2^n A_1 + A_0,\quad b = 2^n B_1 + B_0$$

여기서 다음과 같다.

$$A_1 = (a_{2n-1}a_{2n-2}\cdots a_{n+1}a_n)_2,\quad A_0 = (a_{n-1}a_{n-2}\cdots a_1a_0)_2$$
$$B_1 = (b_{2n-1}b_{2n-2}\cdots b_{n+1}b_n)_2,\quad B_0 = (b_{n-1}b_{n-2}\cdots b_1b_0)_2$$

이때 다음과 같은 등식을 사용한다.

$$ab = (2^{2n} + 2^n)A_1B_1 + 2^n(A_1 - A_0)(B_0 - B_1) + (2^n + 1)A_0B_0 \tag{2.2}$$

식 (2.2)를 사용하여 a와 b의 곱을 찾으려면 n비트 정수들의 세 개의 곱(즉 A_1B_1, $(A_1 - A_0)(B_0 - B_1)$, A_0B_0)과 함께 몇 개의 덧셈과 밀기를 해야 한다. 다음 예제를 통해 살펴보자.

예제 2.13

식 (2.2)를 이용하여 $(1101)_2$와 $(1011)_2$를 곱하자. $(1101)_2 = 2^2(11)_2 + (01)_2$이고 $(1011)_2 = 2^2(10)_2 + (11)_2$이므로 식 (2.2)를 이용하면 다음을 얻는다.

$$\begin{aligned}(1101)_2(1011)_2 =& (2^4 + 2^2)(11)_2(10)_2 + 2^2((11)_2 - (01)_2)\cdot((11)_2 - (10)_2)+\\ & (2^2 + 1)(01)_2(11)_2\\ =& (2^4 + 2^2)(110)_2 + 2^2(10)_2(01)_2 + (2^2 + 1)(11)_2\\ =& (1100000)_2 + (11000)_2 + (1000)_2 + (1100)_2 + (11)_2\\ =& (10001111)_2\end{aligned}$$

이제 식 (2.2)를 반복적으로 사용하여 두 개의 n비트 정수를 곱하는 데 필요한 비트연산 수를 추정하자. $M(n)$이 두 개의 n비트 정수를 곱하는 데 필요한 비트연산 수를 나타낼 때, 식 (2.2)로부터 다음이 성립함을 알 수 있다.

$$M(2n) \le 3M(n) + Cn \tag{2.3}$$

여기서 C는 상수이다. 그 이유는 n비트 정수의 세 곱셈 각각은 $M(n)$비트연산을 취하는 반면, 식 (2.2)를 통해 ab를 계산하는 데 필요한 덧셈 및 밀기의 개수는 n에 의존하지 않으며, 이들 각 연산은 $O(n)$ 비트연산을 취하기 때문이다.

수학적 귀납법을 사용하면 식 (2.3)으로부터 다음을 보일 수 있다.

$$M(2^k) \le c(3^k - 2^k) \tag{2.4}$$

여기서 c는 $M(2)$와 식 (2.3)에서의 상수 C의 최댓값이다. 먼저 $k=1$일 때, c는 $M(2)$와 C의 최댓값이기 때문에 $M(2) \le c(3^1 - 2^1) = c$가 성립한다. 수학적 귀납법 가정에 따라 다음이 성립함을 가정하자.

$$M(2^k) \le c(3^k - 2^k)$$

그러면 식 (2.3)에 의해 다음이 성립한다.

$$\begin{aligned} M(2^{k+1}) &\le 3M(2^k) + C2^k \\ &\le 3c(3^k - 2^k) + c2^k \\ &\le c3^{k+1} - c \cdot 3 \cdot 2^k + c2^k \\ &\le c(3^{k+1} - 2^{k+1}) \end{aligned}$$

따라서 식 (2.4)는 모든 양의 정수 k에 대해 성립한다.

부등식 (2.4)를 이용하면 다음 정리를 증명할 수 있다. 이 결과는 1962년 러시아 수학자 카라추바(Anatoly Karatsuba)에 의해 처음으로 증명되었다.

정리 2.4

두 n비트 정수의 곱셈은 $O(n^{\log_2 3})$ 비트연산을 사용하여 수행할 수 있다. (참고 : $\log_2 3$은 약 1.585 이며, 이는 기존 곱셈 알고리즘에 필요한 비트연산 수의 추정에서 발생하는 지수 2보다 상당히 작다.)

증명 2.4

식 (2.4)에 의해 다음을 얻는다.

$$\begin{aligned} M(n) = M(2^{\log_2 n}) &\le M(2^{[\log_2 n]+1}) \\ &\le c\left(3^{[\log_2 n]+1} - 2^{[\log_2 n]+1}\right) \\ &\le 3c \cdot 3^{[\log_2 n]} \le 3c \cdot 3^{\log_2 n} = 3cn^{\log_2 3} \end{aligned}$$

마지막 등식은 $3^{\log_2 n} = n^{\log_2 3}$이기 때문에 성립한다. 따라서 $M(n)$은 $O(n^{\log_2 3})$이다.

정리 2.4의 결과를 개선한 몇 가지 정리를 증명 없이 서술한다. 첫 번째이자 좀 더 오래된 결과는 1970년에 독일의 수학자 쇤하게(Arnold Schönhage)와 슈트라센(Volker Strassen)에 의해 증명되었다. (자세한 증명은 [Kn97]이나 [Kr79]에서 볼 수 있다.)

정리 2.5

$O(n \log_2 n \log_2 \log_2 n)$ 비트연산을 이용하여 두 개의 n 비트 정수를 곱하는 알고리즘이 존재한다.

$n \log_2 \log_2 \log_2 n$이 $O(n^{\log_2 3})$이기 때문에 정리 2.4는 정리 2.5의 결과이다. 마찬가지로 1보다 큰 모든 양의 실수 ϵ에 대해 $M(n)$은 $O(n^{\epsilon})$이다.

2019년 호주 수학자 하비(David Harvey)와 네덜란드 수학자 반 더 호벤(Joris van der Hoeven)이 정리 2.5의 $\log_2 \log_2 n$ 요소를 제거하는 중요한 개선을 이뤘다([HaHo21] 참조). 이는 쇤하게와 슈트라센이 제기한 추측의 일부를 증명한 것이다.

정리 2.6

$O(n \log_2 n)$ 비트연산을 이용하여 두 개의 n 비트 정수를 곱하는 알고리즘이 존재한다.

$M(n)$이 $O(n \log_2 n)$임을 알고 있지만, 편의상 후속 논의에서는 $M(n)$을 $O(n^2)$으로 간주한다.

2.2절에서 설명한 전통적인 알고리즘은 $2n$ 비트 정수를 n 비트 정수로 나눌 때 $O(n^2)$ 비트연산을 수행한다. 그러나 정수 나눗셈에 필요한 비트연산 수는 정수 곱셈에 필요한 비트연산 수와도 연관될 수 있다. 다음 정리는 [Kn97]에서 논의된 알고리즘을 기반으로 한다.

정리 2.7

$2n$ 비트 정수 a를 n 비트 이하 정수 b로 나눌 때 $O(M(n))$ 비트연산을 사용하여 몫 $q = [a/b]$을 찾는 알고리즘이 존재한다. 여기서 $M(n)$은 두 개의 n 비트 정수를 곱하는 데 필요한 비트연산 수이다.

2.3 연습문제

1. 양의 정수들의 집합 위에서 다음 함수가 $O(n)$인지 여부를 각각 결정하라.
   a) $2n + 7$
   b) $n^2/3$
   c) 10
   d) $\log(n^2 + 1)$
   e) $\sqrt{n^2 + 1}$
   f) $(n^2 + 1)/(n + 1)$
2. 양의 정수들의 집합 위에서 $2n^4 + 3n^3 + 17$이 $O(n^4)$임을 보여라.
3. $(n^3 + 4n^2 \log n + 101n^2)(14n \log n + 8n)$이 $O(n^4 \log n)$임을 보여라.
4. $n!$이 $O(n^n)$임을 보여라.
5. $(n! + 1)(n + \log n) + (n^3 + n^n)((\log n)^3 + n + 7)$이 $O(n^{n+1})$임을 보여라.

6. 양의 실수 m에 대해 $\sum_{j=1}^{n} j^m$은 $O(n^{m+1})$임을 보여라.

*7. $n \log n$은 $O(\log n!)$임을 보여라.

8. f_1과 f_2가 각각 $O(g_1)$과 $O(g_2)$이고 c_1과 c_2가 상수일 때, $c_1 f_1 + c_2 f_2$는 $O(g_1 + g_2)$임을 보여라.

9. f가 $O(g)$이면 모든 양의 정수 k에 대해 f^k은 $O(g^k)$임을 보여라.

10. 1보다 큰 양의 실수 r에 대해 함수 f가 $O(\log_2 n)$일 필요충분조건은 f가 $O(\log_r n)$임을 보여라. (힌트: $\log_a n / \log_b n = \log_a b$)

11. 양의 정수 n의 b진전개의 자릿수는 $[\log_b n] + 1$임을 보여라.

12. 덧셈과 뺄셈에 대한 기존의 알고리즘을 분석하여 n비트 정수로 이러한 연산을 하려면 $O(n)$ 비트 연산이 필요함을 보여라.

13. 기존의 방법으로 n비트 정수와 m비트 정수를 곱하려면 $O(mn)$ 비트연산이 필요함을 보여라.

14. $1 + 2 + \cdots + n$을 다음과 같은 방법으로 계산할 때 필요한 비트연산 수를 각각 구하라.
   a) 모두 더한다.
   b) 등식 $1 + 2 + \cdots + n = n(n+1)/2$을 이용하여 곱하고 민다.

15. 다음을 계산하는 데 필요한 비트연산 수를 추정하라.
   a) $n!$
   b) $\binom{n}{k}$

16. 정수의 십진전개에서 이진전개를 찾는 데 필요한 비트연산 수를 추정하라.

17. $n = 2$일 때 식 (2.2)를 이용하여 $(1001)_2$과 $(1011)_2$를 곱하라.

18. $n = 4$일 때 식 (2.2)를 이용한 다음 $n = 2$일 때를 이용하여 $(10010011)_2$와 $(11001001)_2$를 곱하라.

19. a) 십진전개에 대해 식 (2.2)와 유사한 등식이 있음을 보여라.
   b) (a)를 사용하여 한 자리 정수의 세 개의 곱셈, 밀기와 더하기를 함으로써 73과 87을 곱하라.
   c) (a)를 사용하여 4216과 2733의 곱셈을 두 자리 정수의 세 개의 곱셈, 밀기, 더하기로 바꾸라. 그런 다음 (a)를 다시 사용하여 각 두 자리 정수의 곱셈을 한 자리 정수의 세 개의 곱셈, 밀기, 더하기로 바꾸라. 한 자리 정수의 아홉 개의 곱셈, 밀기와 더하기를 함으로써 곱셈을 완료하라.

20. **A**와 **B**가 $n \times n$ 행렬이고 $1 \le i \le n, 1 \le j \le n$에 대해 각각 성분 a_{ij}와 b_{ij}를 가지면, **AB**는 $n \times n$행렬이고 성분으로 $c_{ij} = \sum_{k=1}^{n} a_{ik} b_{kj}$를 갖는다. 이 정의로 직접 **AB**를 찾기 위해서는 n^3의 곱셈이 사용됨을 보여라.

21. 다음 등식을 사용하여 일곱 번의 곱셈만으로 두 개의 2×2 행렬을 곱할 수 있음을 보여라.

$$\begin{pmatrix} a_{11} & a_{12} \\ a_{21} & a_{22} \end{pmatrix} \begin{pmatrix} b_{11} & b_{12} \\ b_{21} & b_{22} \end{pmatrix}$$
$$= \begin{pmatrix} a_{11}b_{11} + a_{12}b_{21} & \begin{array}{l} x + (a_{21} + a_{22})(b_{12} - b_{11}) \\ \quad +(a_{11} + a_{12} - a_{21} - a_{22})b_{22} \end{array} \\ \begin{array}{l} x + (a_{11} - a_{21})(b_{22} - b_{12}) \\ \quad -a_{22}(b_{11} - b_{21} - b_{12} + b_{22}) \end{array} & \begin{array}{l} x + (a_{11} - a_{21})(b_{22} - b_{12}) \\ \quad +(a_{21} + a_{22})(b_{12} - b_{11}) \end{array} \end{pmatrix}$$

여기서 $x = a_{11}b_{11} - (a_{11} - a_{21} - a_{22})(b_{11} - b_{12} + b_{22})$이다.

*22. 수학적 귀납법을 이용하고 $(2n) \times (2n)$ 행렬을 네 개의 $n \times n$ 행렬로 분할하고 연습문제 21을 사용하여 단지 7^k개의 곱셈과 7^{k+1}개 미만의 덧셈을 사용하여 두 개의 $2^k \times 2^k$ 행렬을 곱할 수 있음을 보여라.

23. 상수 c에 대해 행렬의 모든 성분이 c비트보다 작을 때 $O(n^{\log_2 7})$ 비트연산을 사용하여 두 개의 $n \times n$ 행렬을 곱할 수 있다는 것을 연습문제 22으로부터 결론지어라.

계산과 탐구

1. 식 (2.2)를 8자리 정수에 대해 사용하고, 4자리 정수에 대해 사용하고, 2자리 정수에 대해 사용하여 81,873,569와 41,458,892를 곱하라.

2. 8×8 행렬 두 개를 택한 후 연습문제 21의 등식을 사용하여 나온 4×4 행렬의 곱셈에 다시 등식을 사용하는 방식으로 두 행렬을 곱하라.

프로그래밍 프로젝트

*1. 식 (2.2)를 사용하여 임의로 큰 두 정수를 곱하라.

**2. 연습문제 21~23에서 논의된 알고리즘을 사용하여 두 개의 $n \times n$ 행렬을 곱하라.

제3장
최대공약수

1장에서 두 정수의 최대공약수에 대한 개념을 소개했지만, 그것의 중요한 성질에 대해서는 설명하지 않았다. 이 장에서는 최대공약수의 몇 가지 핵심적인 성질을 소개하고 증명한다. 예를 들어 두 양의 정수의 최대공약수는 이 정수들의 가장 작은 양의 일차결합이다. 이러한 특성은 이 책에서 수론에 관한 많은 중요한 정리를 증명하기 위해 사용된다.

1장에서는 최대공약수를 계산하는 효율적인 방법을 제공하지 않았지만, 이 장에서는 두 정수의 최대공약수를 찾기 위한 유클리드 알고리즘으로 알려진 효율적인 알고리즘을 설명한다. 또한 계산 복잡성을 분석하여 이 알고리즘이 효율적이라는 것을 보인다.

마지막으로 디오판토스 방정식의 개념을 소개한다. 디오판토스 방정식은 오직 정수해만을 찾는 방정식이다. 최대공약수가 선형 디오판토스 방정식의 해결에 어떻게 사용되는지를 보인다. 이러한 방정식의 해를 찾는 것은 변수들의 일차결합 중 어떤 것이 주어진 양의 정수와 같은지에 대한 질문의 대답을 제공한다. 다른 많은 디오판토스 방정식과 달리, 선형 디오판토스 방정식은 쉽고 체계적으로 해결될 수 있다.

3.1 최대공약수와 그 성질

1.5절에서 두 정수의 최대공약수의 개념을 설명했다. 모두는 0이 아닌 두 정수 a, b의 최대공약수는 a, b를 동시에 나누는 가장 큰 약수이고, (a, b)로 표현한다. 최대공약수에 관해 증명하려고 하는 결과들이 모든 경우에 대해 성립함을 보증하기 위해 $(0, 0) = 0$으로 정의하자. 1.5절에서 1보다 큰 공약수가 없는 두 정수를 서로소라고 불렀다.

a의 약수와 $-a$의 약수가 같기 때문에 $(a, b) = (|a|, |b|)$이다. 여기서 $|a|$는 a의 절댓값을 나타내며 $a \geq 0$이면 $|a| = a$이고, $a < 0$이면 $|a| = -a$이다. 따라서 양의 정수의 최대공약수만 관심을 기울이도록 하자.

예제 1.38에서 $(15, 81) = 3$임을 알았다. 만약 15와 81을 $(15, 81) = 3$으로 각각 나누면 서로소인 양의 정수 5와 27을 얻게 된다. 모든 공약수가 제거되었기 때문에 이는 놀라운 일이 아니다. 이 예는 두 정수를 그것의 최대공약수로 나누면 서로소인 두 정수를 얻게 된다는 다음 정리를 보여준다.

정리 3.1

정수 a, b에 대해 $(a, b) = d$이면 $(a/d, b/d) = 1$이다. 즉 a/d와 b/d는 서로소이다.

증명 3.1

정수 a, b에 대해 $(a, b) = d$라고 하자. 정수 a/d, b/d가 1보다 큰 공약수를 갖지 않음을 보이자. 양의 정수 e가 a/d, b/d의 공약수라고 하자. 그러면 정수 k, l이 존재하여 $a/d = ek$, $b/d = el$이다. 따라서 $a = dek$, $b = del$이다. 그래서 de는 a, b의 공약수이다. d는 a, b의 최대공약수이므로 $de \leq d$이고, 따라서 $e = 1$일 수밖에 없다. 결과적으로 $(a/d, b/d) = 1$이다.

$(p, q) = 1$인 분수 p/q를 **기약분수**(lowest term)라고 한다. 다음 따름정리는 모든 분수가 기약분수와 같음을 말해 준다.

따름정리 3.1.1

정수 a, $b \neq 0$에 대해 $a/b = p/q$, $(p, q) = 1$을 만족하는 정수 p, $q \neq 0$가 존재한다.

증명 3.1.1

정수 a, $b \neq 0$에 대해 $(a, b) = d$일 때 $p = a/d$와 $q = b/d$라고 두자. 이때 $a/b = (a/d)/(b/d) = p/q$이고, 정리 3.1에 의해 $(p, q) = 1$이므로 따름정리가 증명된다.

두 정수 중 한 정수의 배수를 다른 정수에 더하는 것이 최대공약수를 변화시키지 않는다. 예제 1.38에서 $(24, 84) = 12$임을 보였다. 24의 배수를 84에 더해도 그 수와 24의 최대공약수는 여전히 12이다. 예를 들어 $2 \cdot 24 = 48$이고 $(-3) \cdot 24 = -72$이므로 $(24, 84 + 48) = (24, 132) = 12$이고 $(24, 84 + (-72)) = (24, 12) = 12$이다. 그 이유는 24와 84의 공약수들과 24와 24의 배수를 84에 더하여 얻은 정수의 공약수들이 같기 때문이다. 다음 정리의 증명은 그 이유를 보여준다.

정리 3.2

정수 a, b, c에 대해 $(a+cb,\ b)=(a,\ b)$이다.

증명 3.2

a, b, c를 정수라고 하자. a, b의 공약수들과 $a+cb$, b의 공약수들이 정확히 같음을 보이자. 이것은 $(a+cb,\ b)=(a,\ b)$임을 증명한다. e를 a, b의 공약수라고 하자. 정리 1.9에 의해 $e|(a+cb)$이므로 e는 $a+cb$, b의 공약수이다. 만약 f가 $a+cb$, b의 공약수이면 정리 1.9에 의해 f는 $(a+cb)-cb=a$를 나눈다. 따라서 f는 a, b의 공약수이다. 그러므로 $(a+cb,\ b)=(a,\ b)$이다.

이제 모두는 0이 아닌 두 정수 a, b의 최대공약수는 a의 배수와 b의 배수의 합으로 표현됨을 보인다. 이를 좀 더 엄밀하게 서술하기 위해 다음 정의를 사용한다.

정의 3.1

정수 a, b와 정수 m, n에 대해 $ma+nb$를 a, b의 **일차결합**(linear combination)이라고 한다.

예제 3.1

두 정수 m, n에 대해 일차결합 $9m+15n$은 무엇인가? 이러한 결합 중에는 $-6=1\cdot 9+(-1)\cdot 15$, $-3=(-2)\cdot 9+1\cdot 15$, $0=0\cdot 9+0\cdot 15$, $3=2\cdot 9+(-1)\cdot 15$, $6=(-1)\cdot 9+1\cdot 15$ 등이 있다. 두 정수 9, 15의 모든 일차결합의 집합은 $\{\dots,-12,-9,-6,-3,0,3,6,9,12,\dots\}$와 같음을 다음 두 정리의 증명을 읽으면 알 수가 있다.

예제 3.1에서 $(9,\ 15)=3$이 9, 15의 가장 작은 양의 일차결합으로 나타남을 발견할 수 있다. 다음 정리에서 볼 수 있듯이 이는 우연이 아니다.

정리 3.3

0이 아닌 두 정수 a, b의 최대공약수는 a, b의 가장 작은 양의 일차결합이다.

증명 3.3

d를 a, b의 가장 작은 양의 일차결합이라고 하자. ($a\neq 0$이라고 하면 일차결합 $1\cdot a+0\cdot b$ 또는 $(-1)\cdot a+0\cdot b$가 양의 정수이므로 정렬성 원리에 의해 최소 양의 정수가 존재한다.) 적당한 두 정수 m, n이 존재하여 다음과 같다.

$$d=ma+nb \tag{3.1}$$

먼저 $d|a$, $d|b$임을 보이자.
나눗셈 알고리즘에 의해 다음을 얻는다.

$$a = dq + r, \ 0 \leq r < d$$

이 식과 식 (??)로부터 다음과 같음을 알 수 있다.

$$r = a - dq = a - q(ma + nb) = (1 - qm)a - qnb$$

이것은 r이 a와 b의 일차결합임을 보여준다. $0 \leq r < d$이고 d가 a와 b의 가장 작은 양의 일차결합이므로 $r = 0$임을 알 수 있다. 따라서 $d|a$이다. 비슷한 방법으로 $d|b$임을 보일 수 있다. 따라서 a, b의 가장 작은 양의 일차결합인 d는 a, b의 공약수이다.

이제 남은 것은 d가 a, b의 최대공약수임을 보이는 것이다. 이를 위해 필요한 것은 a, b의 임의의 공약수 c가 d를 나눔을 보이는 것뿐이다. 왜냐하면 d의 임의의 약수는 d보다 작거나 같기 때문이다. 만약 $c|a$, $c|b$이면 $d = ma + nb$이므로 정리 1.9에 의해 $c|d$이다. 따라서 $c \leq d$이므로 정리가 증명된다.

정리 3.3으로부터 당장 알 수 있는 것은 a, b의 최대공약수가 a, b의 일차결합으로 표현된다는 것이다. 그런데 정리가 말하는 것은 단지 (a, b)가 이들 정수의 일차결합으로 나타난다는 것뿐만 아니라 그런 양의 정수들 중에서 가장 작다는 것이다. 이 사실은 매우 중요하기 때문에 따름정리로 자세히 진술한다.

따름정리 3.3.1 베주 정리

정수 a, b에 대해 $ma + nb = (a, b)$를 만족하는 정수 m, n이 존재한다.

다항식에 대한 더 일반적인 결과를 증명한 18세기 프랑스 수학자 베주(Étienne Bézout)에 따라 따름정리 3.3.1는 **베주 정리**(Bézout's theorem)라고 부른다. 비록 이 정리가 베주 정리라고 불리지만, 정수들에 대한 이 결과는 수년 전에 바셰(Claude Gaspar Bachet)에 의해 알려졌다. 등식 $ma + nb = (a, b)$는 **베주 항등식**(Bézout's identity)으로 불리고, 주어진 두 정수 a, b에 대해 이 등식을 만족하는 두 정수 m, n은 a, b의 **베주 계수**(Bézout coefficient) 또는 **베주 수**(Bézout's number)라고 불린다.

예제 3.2

1, 2가 4, 10의 유일한 양의 공약수이므로 $(4, 10) = 2$이다. 등식 $(-2) \cdot 4 + 1 \cdot 10 = 2$는 -2, 1이 4, 10의 베주 계수임을 보여준다. $8 \cdot 4 + (-3) \cdot 10 = 2$이므로 8, -3도 4, 10의 베주 계수임을 알 수

있다. 모든 정수 t에 대해 $-2+10t$, $1+(-4)t$가 4, 10의 베주 계수이므로 사실 4, 10의 베주 계수는 무한히 많다.

종종 따름정리 3.3.1를 a, b가 서로소인 정수에 대해 적용하기 때문에 이 특별한 경우를 정리 3.3의 두 번째 따름정리로 부르자.

따름정리 3.3.2

두 정수 a, b가 서로소일 필요충분조건은 $ma + mb = 1$을 만족하는 두 정수 m, n이 존재하는 것이다.

증명 3.3.2

이 따름정리를 증명하기 위해 a, b가 서로소이면 $(a, b) = 1$임을 주목하자. 결과적으로 정리 3.3에 의해 1이 a, b의 일차결합으로 표현되는 최소 양의 정수이다. 따라서 $ma + nb = 1$을 만족하는 두 정수 m, n이 존재한다. 역으로 $ma+nb = 1$을 만족하는 두 정수 m, n이 존재하면 정리 3.3에 의해 곧바로 $(a, b) = 1$임을 알 수 있다. 이는 a, b 둘다 0이 아니고, 두 정수의 일차결합이 표현할 수 있는 양의 정수 중에서 확실히 1이 가장 작기 때문이다.

두 정수의 최대공약수가 이 정수들의 최소 양의 일차결합이라는 사실을 이용하여 최대공약수에 대한 결과들을 얻을 수 있기 때문에 정리 3.3은 유용하다. 두 정수의 최대공약수의 서로 다른 표현을 가지면 특별한 목적에 가장 유용한 것을 고를 수 있다. 이것은 다음 정리의 증명에서 볼 수 있다.

정리 3.4

양의 정수 a, b에 대해 a, b의 일차결합의 집합은 (a, b)의 정수 배수의 집합과 같다.

증명 3.4

$d = (a, b)$라고 가정하자. 먼저 a, b의 모든 일차결합이 d의 배수임을 보이자. 최대공약수의 정의에 의해 $d \mid a$, $d \mid b$이다. 한편 a, b의 모든 일차결합은 두 정수 m, n에 대해 $ma+nb$꼴이다. 정리 1.9에 의해 $d \mid (ma+nb)$이므로 일차결합 $ma+nb$는 d의 배수이다.

역으로 d의 모든 배수가 a, b의 일차결합임을 보이자. 정리 3.3에 의해 $(a, b) = ra+sb$인 두 정수 r, s가 존재한다. d의 배수는 jd꼴이므로 $d = ra + sb$의 양변에 j를 곱하면 $jd = (jr)a + (js)b$이다. 따라서 d의 모든 배수는 a, b의 일차결합이다. 이것으로 증명이 완성되었다.

앞에서 모든 정수가 정렬된다는 개념, 즉 두 개의 서로 다른 정수가 주어지면 한 정수는 다른 정수보다 크다는 사실을 사용하여 최대공약수를 정의했다. 그러나 정리 3.5에서와 같이 정렬의 개념에 의존하지 않고도 두 정수의 최대공약수를 정의할 수 있다. 정렬의 개념에 의존하지 않는 두 정수의 최대공약수의 이러한 특성은 대수적 수론의 연구에서 일반화되어 대수적 수체로 알려진 구조에 적용된다.

정리 3.5

둘다 0이 아닌 정수 a, b에 대해 양의 정수 d가 a, b의 최대공약수일 필요충분조건은 다음과 같다.

(i) $d \mid a$, $d \mid b$

(ii) $c \mid a$, $c \mid b$이면 $c \mid d$인 정수 c가 존재한다.

증명 3.5

먼저 a, b의 최대공약수가 이 두 성질을 갖는다는 것을 보이자. $d = (a, b)$라고 가정하자. 최대공약수의 정의에 따라 $d \mid a$, $d \mid b$이다. 정리 3.3에 따라 $d = ma + nb$인 두 정수 m, n이 존재한다. 결과적으로 $c \mid a$, $c \mid b$이면 정리 1.9에 의해 $c \mid d = ma + nb$이다. 따라서 $d = (a, b)$이면 (i), (ii)가 성립한다.

역으로 (i), (ii)가 성립한다고 가정하자. 그러면 d는 a, b의 공약수이다. 또한 (ii)에 의해 c가 a, b의 공약수이면 $c \mid d$이므로 $d = ck$가 되는 정수 k가 존재한다. 따라서 $c = d/k \leq d$이다. 여기서 양의 정수를 0이 아닌 정수로 나눈 값이 그 정수보다 작거나 같다는 사실을 사용했다. 이는 (i), (ii)를 만족하는 양의 정수가 a, b의 최대공약수여야 함을 보여준다.

정리 3.5가 의미하는 바는 모두는 0이 아닌 두 정수 a, b의 최대공약수가 다른 모든 공약수로 나뉠 수 있는 양의 공약수라는 것이다.

둘다 0이 아닌 a, b의 최대공약수가 a, b의 일차결합임을 보였다. 그러나 a, b의 특정 일차결합을 찾는 방법을 설명하지 않았다. 다음 절에서는 (a, b)가 되는 a, b의 특정 일차결합을 찾는 알고리즘을 제공한다.

또한 다음과 같이 두 개 이상의 정수의 최대공약수도 정의할 수 있다.

정의 3.2

0이 아닌 정수 $a_1, a_2, \ldots, a_n$에 대해, 이 정수들의 **최대공약수**는 이 정수들의 공약수 중에서 가장 큰 정수이다. $a_1, a_2, \ldots, a_n$의 최대공약수는 $(a_1, a_2, \ldots, a_n)$으로 표시한다. (a_i가 나타나는 순서는 결과에 영향을 미치지 않는다.)

예제 3.3

$(12, 18, 30) = 6$이고 $(10, 15, 25) = 5$이다.

다음 도움정리를 사용하여 두 개 이상의 정수의 최대공약수를 찾을 수 있다.

도움정리 3.1

모두 0이 아닌 정수 $a_1, a_2, \ldots, a_n$에 대해 $(a_1, a_2, \ldots, a_{n-1}, a_n) = (a_1, a_2, \ldots, a_{n-2}, (a_{n-1}, a_n))$이다.

증명

정수 $a_1, a_2, \ldots, a_{n-1}, a_n$의 공약수는 특히 a_{n-1}과 a_n의 공약수이다. 따라서 (a_{n-1}, a_n)의 약수이다. 즉 $a_1, a_2, \ldots, a_{n-1}, a_n$의 공약수는 $a_1, a_2, \ldots, a_{n-2}, (a_{n-1}, a_n)$의 공약수이다. 역으로 (a_{n-1}, a_n)을 나누면 a_{n-1}과 a_n을 나누어야하기 때문에 $a_1, a_2, \ldots, a_{n-2}, (a_{n-1}, a_n)$의 공약수는 $a_1, a_2, \ldots, a_{n-1}, a_n$의 공약수이다. 따라서 그들의 최대공약수는 서로 같다.

예제 3.4

세 정수 105, 140, 350의 최대공약수를 구하기 위해 도움정리 3.1을 사용하여 $(105, 140, 350) = (105, (140, 350)) = (105, 70) = 35$임을 알 수 있다.

예제 3.5

세 정수 15, 21, 35를 생각해보자. $(15, 21, 35) = (15, (21, 35)) = (15, 7) = 1$의 단계를 사용하여 세 정수의 최대공약수가 1임을 알 수 있다. 이 정수들 사이의 각 쌍은 $(15, 21) = 3, (15, 35) = 5, (21, 35) = 7$이기 때문에 1보다 큰 공약수를 갖는다.

예제 3.5는 다음 정의에 동기를 부여한다.

정의 3.3

정수 $a_1, a_2, \ldots, a_n$에 대해 $(a_1, a_2, \ldots, a_n) = 1$이면 **상대적으로 서로소**(mutually relatively prime)라고 한다. 서로 다른 i, j에 대해 $(a_i, a_j) = 1$이면 **쌍으로 서로소**(pairwise relative prime)라고 한다. 즉 각 정수 쌍이 서로소인 경우이다.

쌍으로 서로소의 개념은 상대적으로 서로소의 개념보다 훨씬 자주 사용된다. 또한 쌍으로 서로소인 정수는 상대적으로 서로소이어야 하지만 그 반대는 거짓이다. (이는 예제 3.5의 정수 15, 21, 35가 보여준다.)

3.1 연습문제

1. 다음 정수들의 최대공약수를 각각 구하라.

   a) $15, 35$
   b) $0, 111$
   c) $-12, 18$
   d) $99, 100$
   e) $11, 121$
   f) $100, 102$

2. 다음 정수들의 최대공약수를 각각 구하라.

   a) $5, 15$
   b) $0, 100$
   c) $-27, -45$
   d) $-90, 1000$
   e) $100, 121$
   f) $1001, 289$

3. 양의 정수 a에 대해 a, $2a$의 최대공약수는 무엇인가?

4. 양의 정수 a에 대해 a, a^2의 최대공약수는 무엇인가?

5. 양의 정수 a에 대해 a, $a+1$의 최대공약수는 무엇인가?

6. 양의 정수 a에 대해 a, $a+2$의 최대공약수는 무엇인가?

7. 두 짝수의 최대공약수는 짝수임을 보여라.

8. 짝수와 홀수의 최대공약수는 홀수임을 보라.

9. 둘다 0이 아닌 정수 a, b와 0이 아닌 정수 c에 대해 $(ca,\ cb) = |c|(a,\ b)$임을 보여라.

10. $(a,\ b) = 1$인 정수 a, b에 대해 $(a+b,\ a-b)$는 1 또는 2임을 보여라.

11. 둘다 0이 아닌 서로소인 정수 a, b에 대해 $(a^2+b^2,\ a+b)$는 무엇인가?

12. 둘다 0이 아닌 두 짝수 a, b에 대해 $(a,\ b) = 2(a/2,\ b/2)$임을 보여라.

13. 짝수 정수 a와 홀수 정수 b에 대해 $(a,\ b) = (a/2,\ b)$임을 보여라.

14. 세 정수 a, b, c가 $(a,\ b) = 1$이고 $c \mid (a+b)$를 만족할 때 $(c,\ a) = (c,\ b) = 1$임을 보여라.

15. 서로소이고 0이 아닌 정수 a, b, c에 대해 $(a,\ bc) = (a,\ b)(a,\ c)$임을 보여라.

♦16. a) 정수 a, b, c가 $(a,\ b) = (a,\ c) = 1$을 만족할 때 $(a,\ bc) = 1$임을 보여라.

   b) 정수 $a_1, a_2, \ldots, a_n$과 b가 $(a_1,\ b) = (a_2,\ b) = \cdots = (a_n,\ b) = 1$을 만족할 때 수학적 귀납법을 사용하여 $(a_1 a_2 \cdots a_n, b) = 1$임을 보여라.

17. 서로소이지만 그 중 어느 두 개도 서로소가 아닌 세 정수를 찾아라. 본문의 예제는 사용하지 말라.

18. 서로소이지만 그 중 어느 세 개도 서로소가 아닌 네 정수를 찾아라.

19. 다음 정수들의 최대공약수를 각각 구하라.

a) $8, 10, 12$ c) $99, 9999, 0$ e) $-7, 28, -35$

b) $5, 25, 75$ d) $6, 15, 21$ f) $0, 0, 1001$

20. 정수 $66, 105, 42, 70, 165$ 중에서 서로소인 세 개의 정수를 찾아라.

21. 모두 0이 아닌 정수 $a_1, a_2, ..., a_n$과 양의 정수 c에 대해 $(ca_1, ca_2, \ldots, ca_n) = c(a_1, a_2, \ldots, a_n)$임을 보여라.

22. 모두 0이 아닌 정수 $a_1, a_2, ..., a_n$의 최대공약수는 $a_1, a_2, \ldots, a_n$의 일차결합 중에서 가장 작은 양의 정수임을 보여라.

23. 정수 k에 대해 $6k - 1, 6k + 1, 6k + 2, 6k + 3, 6k + 5$는 쌍으로 서로소임을 보여라.

24. 양의 정수 k에 대해 $3k + 2$, $5k + 3$은 서로소임을 보여라.

25. 정수 a에 대해 $8a + 3$, $5a + 2$는 서로소임을 보여라.

26. 양의 정수 k에 대해 $(6k + 7)/(3k + 4)$는 기약분수임을 보여라.

27. 양의 정수 k에 대해 $(15k + 4)/(10k + 3)$은 기약분수임을 보여라.

28. 서로소인 정수 a, b에 대해 $(a + 2b,\ 2a + b)$는 1 또는 3임을 보여라.

29. 6보다 큰 모든 양의 정수가 1보다 큰 두 개의 서로소인 정수의 합임을 보여라.

30. 양의 정수 n에 대해 $(n + 1,\ n^2 - n + 1)$은 1 또는 3임을 보여라.

31. 양의 정수 n에 대해 $(2n^2 + 6n - 4,\ 2n^2 + 4n - 3) = 1$임을 보여라.

32. 양의 정수 n에 대해 $(n^2 + 2,\ n^3 + 1)$은 1 또는 3 또는 9임을 보여라.

페리(J. Farey)에 따라 명명된 **n차 페리 급수**(Farey series of order n) $\mathcal{F}_n$은 분수 h/k를 크기 순으로 나열한 집합이다. 여기서 h, k는 $0 \le h \le k \le n$, $(h, k) = 1$을 만족하는 정수이다. 0, 1은 각각 $0/1$, $1/1$의 형태로 급수에 포함된다. 예를 들어 4차 페리 급수는 다음과 같다.

$$\frac{0}{1}, \frac{1}{4}, \frac{1}{3}, \frac{1}{2}, \frac{2}{3}, \frac{3}{4}, \frac{1}{1}$$

연습문제 33∼37번에서는 페리 급수를 다룬다.

33. 5차 페리 급수를 찾아라.

34. 7차 페리 급수를 찾아라.

*35. 페리 급수의 연속된 항 a/b, c/d, e/f에 대해 다음과 같음을 보여라.

$$\frac{c}{d} = \frac{a+e}{b+f}$$

*36. 페리 급수의 연속된 항 a/b, c/d에 대해 $ad - bc = -1$임을 보여라.

*37. n차 페리 급수의 연속된 항 a/b, c/d에 대해 $b + d > n$임을 보여라.

*38. a) 양의 정수 a, b에 대해 $((a^n - b^n)/(a - b),\ a - b) = (n(a,\ b)^{n-1},\ a - b)$임을 보여라.
b) 서로소인 양의 정수 a, b에 대해 $((a^n - b^n)/(a - b),\ a - b) = (n,\ a - b)$임을 보여라.

39. 두 정수 a, c와 두 양의 정수 b, d에 대해 $(a,\ b) = (c,\ d) = 1$이고 $\frac{a}{b} + \frac{c}{d}$가 정수이면 $b = d$임을 보여라.

40. 세 양의 정수 a, b, c에 대해 $(a,\ b) = (b,\ c) = 1$이고 $\frac{1}{a} + \frac{1}{b} + \frac{1}{c}$가 정수이면 어떤 결론을 내릴 수 있는가?

41. 양의 정수 a, b에 대해 $(a,\ b) = 2\sum_{i=1}^{a-1}[bi/a] + a + b - ab$임을 보여라. (힌트: 두 가지 다른 방법으로 꼭짓점이 $(0,\ 0), (0,\ b), (a,\ 0)$인 삼각형 및 그 내부에 있는 좌표가 정수인 격자점의 개수를 세라.)

42. c, d가 서로소인 양의 정수일 때 $n = 0, 1, 2, \ldots$에 대해 $a_0 = c$와 $a = a_0 a_1 \cdots a_{n-1} + d$로 정의되는 정수 $a_j (j = 0, 1, 2, \ldots)$는 쌍으로 서로소임을 보여라.

계산과 탐구

1. $(987654321, 123456789)$와 $[987654321, 123456789]$를 각각 구하라.

2. $(1223334444455555, 6666677777888990)$과 $[1223334444455555, 6666677777888990]$을 각각 구하라.

3. 100차 페리 급수를 구성하라.

4. 연습문제 35, 36, 37에서 제시된 연속된 항에 대한 페리 급수의 성질을 100차 페리 급수에서 선택한 항들을 이용하여 확인하라.

5. n차 페리 급수의 항들의 개수 $|\mathcal{F}_n|$은 $3n^2/\pi^2$에 점근적이다. n의 값이 점점 더 커짐에 따라 이 점근공식이 얼마나 잘 맞는지 탐구하라.

프로그래밍 프로젝트

1. 두 양의 정수 m, n과 그들의 양의 약수 목록이 주어졌을 때 $(m,\ n)$을 찾아라.

2. 양의 정수 n이 주어졌을 때 n차 페리 급수를 나열하라.

3.2 유클리드 알고리즘

두 양의 정수의 최대공약수를 찾는 체계적인 방법, 즉 알고리즘을 알아보자. 이 방법을 **유클리드 알고리즘**(Euclidean algorithm)이라고 한다. 그것은 고대 그리스 수학자 유클리드(Euclid)의 이름을 따라 명명되었으며, 그는 이 알고리즘을 그의 책 《**원론(Elements)**》에서 설명했다. [최대공약수를 찾는 동일한 방법이 6세기 인도의 수학자 아리아바타(Aryabhata)에 의해 기술되었는데, 그는 그것을 "분쇄기(pulverizer)"라고 불렀다.]

유클리드 알고리즘을 일반적으로 논의하기 전에 예제를 사용하여 그 알고리즘을 어떻게 사용하는지 알아보자. 30, 72의 최대공약수를 찾는다고 하자. 먼저 나눗셈 알고리즘을 사용하여 $72 = 30 \cdot 2 + 12$로 쓰면, 정리 3.2에 의해 $(30, 72) = (30, 72 - 2 \cdot 30) = (30, 12)$가 성립한다. $(72, 30) = (30, 12)$이므로 이 계산에서 72를 더 작은 숫자 12로 대체했다는 것에 주목하자. 다음으로 나눗셈 알고리즘을 다시 사용하여 $30 = 2 \cdot 12 + 6$으로 쓰면 이전과 같은 이유로 $(30, 12) = (12, 6)$이 성립한다. $12 = 6 \cdot 2 + 0$이므로 $(12, 6) = (6, 0) = 6$임을 알 수 있다. 결과적으로 30, 72의 모든 공약수를 찾지 않고도 $(72, 30) = 6$이라고 결론지을 수 있다.

이제 두 양의 정수의 최대공약수를 계산하기 위한 유클리드 알고리즘의 일반적인 형태를 제시한다.

정리 3.6 유클리드 알고리즘

두 정수 $a \geq b > 0$에 대해 $r_0 = a$, $r_1 = b$라고 하자. $j = 0, 1, 2, \ldots, n-2$에 대해 나눗셈 알고리즘을 연속적으로 적용하여 다음을 얻는다.

$$r_j = r_{j+1}q_{j+1} + r_{j+2} \; (0 < r_{j+2} < r_{j+1}, r_{n+1} = 0)$$

그러면 $(a, b) = r_n$, 즉 마지막 0이 아닌 나머지가 최대공약수이다.

이 정리로부터, 주어진 두 양의 정수 a, b에 대해 나눗셈 알고리즘을 나머지가 0이 될 때까지 연속적으로 적용하여 얻어지는 등식의 수열에서 마지막 0이 아닌 나머지가 a, b의 최대공약수라는 것을 알 수 있다. 이때 각 단계에서 나뉘는 수와 나누는 수는 더 작은 수들, 즉 나누는 수와 나머지로 각각 대체된다.

유클리드 알고리즘이 최대공약수를 생성한다는 것을 증명하기 위해서는 다음 도움정리가 필요하다.

도움정리 3.2

두 정수 e, d에 대해 $e = dq + r$인 정수 q, r이 존재하면 $(e, d) = (d, r)$이다.

증명

이 도움정리는 $a = r$, $b = d$, $c = q$로 택하면 정리 3.2로부터 직접적으로 얻을 수 있다.

이제 유클리드 알고리즘이 두 정수의 최대공약수를 생성한다는 것을 증명한다.

증명 3.6

두 양의 정수 $a \geq b$에 대해 $r_0 = a, r_1 = b$라고 하자. 나눗셈 알고리즘을 연속적으로 적용하여 다음을 얻을 수 있다.

$$
\begin{aligned}
r_0 &= r_1 q_1 + r_2 \quad (0 \leq r_2 < r_1) \\
r_1 &= r_2 q_2 + r_3 \quad (0 \leq r_3 < r_2) \\
&\vdots \\
r_{j-2} &= r_{j-1} q_{j-1} + r_j \quad (0 \leq r_j < r_{j-1}) \\
&\vdots \\
r_{n-4} &= r_{n-3} q_{n-3} + r_{n-2} \quad (0 \leq r_{n-2} < r_{n-3}) \\
r_{n-3} &= r_{n-2} q_{n-2} + r_{n-1} \quad (0 \leq r_{n-1} < r_{n-2}) \\
r_{n-2} &= r_{n-1} q_{n-1} + r_n \quad (0 \leq r_n < r_{n-1}) \\
r_{n-1} &= r_n q_n
\end{aligned}
$$

나머지의 수열 $a = r_0 \geq r_1 > r_2 > \cdots \geq 0$은 a개보다 많은 항을 포함할 수 없고 나머지는 정수이기 때문에 결국에는 나머지 0을 얻는다고 가정할 수 있다. 도움정리 3.2에 의해 $(a, b) = (r_0, r_1) = (r_1, r_2) = (r_2, r_3) = \cdots = (r_{n-3}, r_{n-2}) = (r_{n-2}, r_{n-1}) = (r_{n-1}, r_n) = (r_n, 0) = r_n$이다. 따라서 $(a, b) = r_n$, 즉 마지막 0이 아닌 나머지이다.

다음 예제를 통해 유클리드 알고리즘을 어떻게 사용하는지 설명한다.

예제 3.6

유클리드 알고리즘으로 (252, 198)을 찾기 위해 사용하는 단계는 다음과 같다.

$$
\begin{aligned}
252 &= 1 \cdot 198 + 54 \\
198 &= 3 \cdot 54 + 36 \\
54 &= 1 \cdot 36 + 18 \\
36 &= 2 \cdot 18
\end{aligned}
$$

다음 표에 이러한 단계를 요약한다.

j	r_j	r_{j+1}	q_{j+1}	r_{j+2}
0	252	198	1	54
1	198	54	3	36
2	54	36	1	18
3	36	18	2	0

마지막 0이 아닌 나머지(마지막 열에서 마지막 바로 전 행에서 발견됨)는 252, 198의 최대공약수이다. 따라서 $(252, 198) = 18$이다.

유클리드 알고리즘은 최대공약수를 찾는 극도로 빠른 방법이다.

추후에 유클리드 알고리즘이 두 양의 정수의 최대공약수를 찾기 위해 사용하는 나눗셈의 최대 개수를 추정할 때는 명확해진다. 그러나 양의 정수 n이 주어지면 유클리드 알고리즘을 사용하여 (a, b)를 찾기 위해 정확히 n개의 나눗셈이 필요한 정수 a와 b가 있음을 먼저 보이자. 피보나치 수열로부터 연속된 두 항을 취함으로써 그러한 숫자를 찾을 수 있다.

유클리드 알고리즘이 연속된 피보나치 수의 최대공약수를 발견할 때 다소 느리게 작동하는 이유는 다음 예제에서와 같이 마지막 단계를 제외한 모든 단계의 몫이 1이기 때문이다.

예제 3.7

$(34, 55)$를 구하기 위해 유클리드 알고리즘을 적용하면 다음을 얻는다. 이때 $f_9 = 34$, $f_{10} = 55$이다.

$$55 = 34 \cdot 1 + 21$$
$$34 = 21 \cdot 1 + 13$$
$$21 = 13 \cdot 1 + 8$$
$$13 = 8 \cdot 1 + 5$$
$$8 = 5 \cdot 1 + 3$$
$$5 = 3 \cdot 1 + 2$$
$$3 = 2 \cdot 1 + 1$$
$$2 = 1 \cdot 2$$

유클리드 알고리즘을 사용하여 $f_9 = 34$, $f_{10} = 55$의 최대공약수를 찾는 경우 총 8번의 나눗셈이 필요하다. 또한 $(34, 55) = 1$이므로 1은 마지막 0이 아닌 나머지이다.

다음 정리는 유클리드 알고리즘이 연속된 피보나치 수의 최대공약수를 찾기 위해 얼마나 많은 나눗셈을 사용하는지 알려준다.

정리 3.7

정수 $n > 1$에 대해 f_{n+1}, f_{n+2}를 피보나치 수열의 연속된 두 항이라고 하자. 유클리드 알고리즘은 정확히 n개의 나눗셈을 사용하여 $(f_{n+1}, f_{n+2}) = 1$임을 보여준다.

증명 3.7

유클리드 알고리즘을 적용하고 각 단계에서 피보나치 수의 관계 $f_j = f_{j-1} + f_{j-2}$를 사용하면 다음을 얻는다.

$$\begin{aligned} f_{n+2} &= f_{n+1} \cdot 1 + f_n \\ f_{n+1} &= f_n \cdot 1 + f_{n-1} \\ &\vdots \\ f_4 &= f_3 \cdot 1 + f_2 \\ f_3 &= f_2 \cdot 2 \end{aligned}$$

따라서 알고리즘은 정확히 n개의 나눗셈을 사용하여 $(f_{n+2}, f_{n+1}) = f_2 = 1$임을 보여준다.

유클리드 알고리즘의 복잡성 이제 19세기 프랑스의 수학자 라메(G. Lamé)가 최초로 증명 정리를 보일 수 있는데, 이 정리는 유클리드 알고리즘을 이용하여 최대공약수를 찾는 데 필요한 나눗셈의 개수에 대한 추정치를 제공한다.

정리 3.8 라메 정리

유클리드 알고리즘을 사용하여 두 양의 정수의 최대공약수를 찾는 데 필요한 나눗셈의 개수는 두 정수 중 작은 수의 자릿수의 다섯 배를 초과하지 않는다.

증명 3.8

두 양의 정수 $a > b$에 대해 $a = r_0$, $b = r_1$라 두고, 유클리드 알고리즘을 적용하면 다음과 같은 등식의 수열을 얻는다.

$$\begin{aligned} r_0 &= r_1 q_1 + r_2 \qquad (0 \le r_2 < r_1) \\ r_1 &= r_2 q_2 + r_3 \qquad (0 \le r_3 < r_2) \\ &\vdots \end{aligned}$$

$$\begin{aligned} r_{n-2} = &\quad r_{n-1}q_{n-1} + r_n \qquad (0 \le r_n < r_{n-1}) \\ r_{n-1} = &\quad r_n q_n \end{aligned}$$

이 계산에서 n개의 나눗셈이 사용되었다. 이때 각각의 몫 $q_1, q_2, \ldots, q_{n-1}$은 1 이상이고, $r_n < r_{n-1}$이므로 $q_n \ge 2$이다. 따라서 다음과 같다.

$$\begin{aligned} r_n &\ge 1 = f_2 \\ r_{n-1} &\ge 2r_n \ge 2f_2 = f_3 \\ r_{n-2} &\ge r_{n-1} + r_n \ge f_3 + f_2 = f_4 \\ r_{n-3} &\ge r_{n-2} + r_{n-1} \ge f_4 + f_3 = f_5 \\ &\vdots \\ r_2 &\ge r_3 + r_4 \ge f_{n-1} + f_{n-2} = f_n \\ b = r_1 &\ge r_2 + r_3 \ge f_n + f_{n-1} = f_{n+1} \end{aligned}$$

따라서 유클리드 알고리즘에 n개의 나눗셈이 사용되기 위해서는 $b \ge f_{n+1}$이어야 한다. 예제 1.29에 의해 $n > 2$일 때 $f_{n+1} > \alpha^{n-1}$이 성립함을 알 수 있다. 여기서 $\alpha = (1+\sqrt{5})/2$이다. 따라서 $b > \alpha^{n-1}$이다. 한편 $\log_{10}\alpha > 1/5$이기 때문에 다음과 같다.

$$\log_{10} b > (n-1)\log_{10}\alpha > (n-1)/5$$

결과적으로 다음을 얻는다.

$$n - 1 < 5\log_{10} b$$

만약 b의 자릿수가 k라면 $b < 10^k$이고 $\log_{10} b < k$이다. 따라서 $n-1 < 5k$이므로 $n \le 5k$이다. 결론적으로 라메 정리가 증명된다.

다음은 라메 정리의 결과이다. 이것은 유클리드 알고리즘이 매우 효율적임을 말해준다.

따름정리 3.8.1

두 양의 정수 a와 b $(a > b)$의 최대공약수는 $O((\log_2 b)^3)$ 비트연산을 사용하여 구할 수 있다.

증명 3.8.1

라메 정리에 의해 (a, b)를 찾기 위해 $O(\log_2 b)$ 비트연산을 취하는 나눗셈이 필요하고, 각 나눗셈은 $O(\log_2 b)^2$ 비트연산이 필요하다. 따라서 정리 2.3에 의해 (a, b)는 총 $O((\log_2 b)^3)$ 비트연산을 사용하여 구할 수 있다.

최대공약수를 일차결합으로 표현하기 유클리드 알고리즘을 사용하여 두 정수의 최대공약수를 그 두 정수의 일차결합으로 나타낼 수 있다. 두 정수 252, 198의 일차결합으로 $(252,\ 198) = 18$을 표현함으로써 이 과정을 살펴보자. $(252,\ 198)$을 찾는 데 사용된 유클리드 알고리즘의 단계를 참고하면 마지막의 바로 전 단계는 다음으로 나타낼 수 있다.

$$18 = 54 - 1 \cdot 36$$

그 앞의 단계는 다음으로 나타낼 수 있고,

$$36 = 198 - 3 \cdot 54$$

이로부터 다음을 얻는다.

$$18 = 54 - 1 \cdot (198 - 3 \cdot 54) = 4 \cdot 54 - 1 \cdot 198$$

마찬가지로 첫 번째 단계는 다음으로 나타낼 수 있고,

$$54 = 252 - 1 \cdot 198$$

이로부터 다음을 얻는다.

$$18 = 4(252 - 1 \cdot 198) - 1 \cdot 198 = 4 \cdot 252 - 5 \cdot 198$$

이 마지막 등식은 $18 = (252,\ 198)$이 252, 198의 일차결합으로 나타남을 보여준다.

일반적으로 $d = (a,\ b)$가 $a,\ b$의 일차결합으로 어떻게 표현되는지를 보려면 유클리드 알고리즘에 의해 생성되는 일련의 등식을 참조하면 된다. 끝에서 두 번째 등식으로부터 다음을 얻는다.

$$r_n = (a, b) = r_{n-2} - r_{n-1}q_{n-1}$$

이것은 $(a,\ b)$를 r_{n-2}와 r_{n-1}의 일차결합으로 표현한 것이다. 끝에서 세 번째 등식은 다음과 같이 표현할 수 있고,

$$r_{n-1} = r_{n-3} - r_{n-2}q_{n-2}$$

이 등식을 사용하여 $(a,\ b)$에 대한 이전 식에서 r_{n-1}을 제거하면 다음을 얻는다.

$$\begin{aligned}(a,\ b) &= r_{n-2} - (r_{n-3} - r_{n-2}q_{n-2})q_{n-1} \\ &= (1 + q_{n-1}q_{n-2})r_{n-2} - q_{n-1}r_{n-3}\end{aligned}$$

이것은 $(a,\ b)$를 r_{n-2}와 r_{n-3}의 일차결합으로 표현한 것이다. 이제 이 과정을 계속 반복하여 $r_0 = a$와 $r_1 = b$의 일차결합으로 $(a,\ b)$를 표현할 때까지 유클리드 알고리즘의 각 단계에서

그 앞 단계의 나머지 쌍의 일차결합으로 $(a,\ b)$를 표현한다. 특히 특정 단계에서 다음 식을 발견하면

$$(a, b) = sr_j + tr_{j-1}$$

다음과 같기 때문에

$$r_j = r_{j-2} - r_{j-1}q_{j-1}$$

다음 식을 얻는다.

$$\begin{aligned}(a, b) &= s(r_{j-2} - r_{j-1}q_{j-1}) + tr_{j-1} \\ &= (t - sq_{j-1})r_{j-1} + sr_{j-2}\end{aligned}$$

이것은 유클리드 알고리즘에 의해 생성된 등식에서 $(a,\ b)$의 일차결합이 각 단계에서 위로 이동하는 방법을 보여주므로 $a,\ b$의 최대공약수는 $a,\ b$의 일차결합으로 표현될 수 있다.

$(a,\ b)$를 $a,\ b$의 일차결합으로 표현하는이 방법은 유클리드 알고리즘의 단계를 계산하고 이러한 모든 단계를 저장한 다음, 단계를 거꾸로 진행하여 나머지의 각 쌍의 일차결합으로 $(a,\ b)$를 표현한 것을 기록해야하기 때문에 계산이 다소 불편하다. 유클리드 알고리즘의 각 단계를 한 번만 수행하여 $(a,\ b)$를 찾는 또 다른 방법이 있다. 다음 정리는 이 방법을 제공하며, 이를 **확장된 유클리드 알고리즘**(extended Euclidean algorithm)이라고 한다.

정리 3.9

두 양의 정수 $a,\ b$에 대해 최대공약수는 다음과 같이 표현된다.

$$(a,\ b) = s_n a + t_n b$$

여기서 $s_n,\ t_n$은 다음과 같이 재귀적으로 정의된 수열의 n번째 항이다.

$$s_0 = 1, \quad t_0 = 0$$
$$s_1 = 0, \quad t_1 = 1$$

$$s_j = s_{j-2} - q_{j-1}s_{j-1}, \quad t_j = t_{j-2} - q_{j-1}t_{j-1}\ (j = 2, 3, \ldots, n)$$

여기서 q_j는 유클리드 알고리즘으로 $(a,\ b)$를 구할 때, 각 단계에서 얻어지는 나눗셈의 몫이다.

증명 3.9

먼저 $j = 0, 1, \ldots, n$에 대해 다음 식을 증명한다.

$$r_j = s_j a + t_j b \tag{3.2}$$

$(a,\, b) = r_n$ 이므로 식 (??)가 증명된다면 다음이 성립함을 알 수 있다.

$$(a,\, b) = s_n a + t_n b$$

수학적 귀납법의 두 번째 원리를 사용하여 식 (??)를 증명한다. $j = 0$의 경우 $a = r_0 = 1 \cdot a + 0 \cdot b = s_0 a + t_0 b$이므로 식 (??)는 $j = 0$인 경우 성립한다. 마찬가지로 $b = r_1 = 0 \cdot a + 1 \cdot b = s_1 a + t_1 b$이므로 식 (??)는 $j = 1$에 대해서도 성립한다. 이제 $j = 1, 2, \ldots, k-1$에 대해 다음 식이 성립한다고 가정하자.

$$r_j = s_j a + t_j b$$

유클리드 알고리즘의 k번째 단계에서 다음 식을 얻게 되므로

$$r_k = r_{k-2} - r_{k-1} q_{k-1}$$

귀납법 가정에 의해 다음이 성립한다.

$$\begin{aligned} r_k &= (s_{k-2} a + t_{k-2} b) - (s_{k-1} a + t_{k-1} b) q_{k-1} \\ &= (s_{k-2} - s_{k-1} q_{k-1}) a + (t_{k-2} - t_{k-1} q_{k-1}) b \\ &= s_k a + t_k b \end{aligned}$$

이것으로 증명이 완성된다.

다음 예제는 $(a,\, b)$를 $a,\, b$의 일차결합으로 표현하는 데 이 알고리즘이 어떻게 사용되는지 보여준다.

예제 3.8

확장된 유클리드 알고리즘을 이용하여 $(252,\ 198)$을 $252,\ 198$의 일차결합으로 표현하기 위해 사용하는 단계를 다음 표에 요약한다.

j	r_j	r_{j+1}	q_{j+1}	r_{j+2}	s_j	t_j
0	252	198	1	54	1	0
1	198	54	3	36	0	1
2	54	36	1	18	1	-1
3	36	18	2	0	-3	4
4					4	-5

$j = 0, 1, 2, 3, 4$에 대해 s_j, t_j의 값은 다음과 같이 계산된다.

$$\begin{aligned} s_0 &= 1, & t_0 &= 0, \\ s_1 &= 0, & t_1 &= 1, \\ s_2 &= s_0 - s_1 q_1 = 1 - 0 \cdot 1 = 1, & t_2 &= t_0 - t_1 q_1 = 0 - 1 \cdot 1 = -1, \\ s_3 &= s_1 - s_2 q_2 = 0 - 1 \cdot 3 = -3, & t_3 &= t_1 - t_2 q_2 = 1 - (-1) \cdot 3 = 4, \\ s_4 &= s_2 - s_3 q_3 = 1 - (-3) \cdot 1 = 4, & t_4 &= t_2 - t_3 q_3 = -1 - 4 \cdot 1 = -5 \end{aligned}$$

$r_4 = 18 = (252,\ 198)$이고 $r_4 = s_4 a + t_4 b$이므로 다음과 같다.

$$18 = (252,\ 198) = 4 \cdot 252 - 5 \cdot 198$$

둘다 0이 아닌 두 정수의 최대공약수를 두 정수의 일차결합으로 표현할 수 있는 방법은 무한히 많다. 즉 둘다 0이 아닌 임의의 정수 쌍에 대해 무한히 많은 쌍의 베주 계수가 있다. 이것을 보이기 위해 $d = (a,\ b)$라 하고, d를 a, b의 일차결합으로 표현하는 한 가지 방법을 $d = sa + tb$라고 하자. 즉 s, t는 a, b에 대한 베주 계수이다. 그러면 모든 정수 k에 대해 $s + k(b/d)$, $t - k(a/d)$는 a, b에 대한 베주 계수이므로 다음과 같다.

$$d = (s + k(b/d))a + (t - k(a/d))b$$

예제 3.9

$a = 252$, $b = 198$일 때, 임의의 정수 k에 대해 $18 = (252, 198) = (4 + 11k)252 + (-5 - 14k)198$이다.

3.2 연습문제

1. 유클리드 알고리즘을 사용하여 다음 최대공약수를 각각 찾아라.

   a) $(45, 75)$ b) $(102, 222)$ c) $(666, 1414)$ d) $(20785, 44350)$

2. 유클리드 알고리즘을 사용하여 다음 최대공약수를 각각 찾아라.

   a) $(51, 87)$ b) $(105, 300)$ c) $(981, 1234)$ d) $(34709, 100313)$

3. 연습문제 1의 각 정수 쌍에 대해 최대공약수를 그 정수들의 일차결합으로 표현하라.

4. 연습문제 2의 각 정수 쌍에 대해 최대공약수를 그 정수들의 일차결합으로 표현하라.

5. 다음 정수들의 최대공약수를 각각 구하라.

   a) $6, 10, 15$ b) $70, 98, 105$ c) $280, 330, 405, 490$

6. 다음 정수들의 최대공약수를 각각 구하라.

   a) $15, 35, 90$ b) $300, 2160, 5040$ c) $1240, 6660, 15540, 19980$

n개의 정수 $a_1, a_2, \ldots, a_n$의 최대공약수는 그 정수들의 일차결합으로 나타낼 수 있다. 이를 위해 먼저 a_1과 a_2의 일차결합으로 (a_1, a_2)를 표현한 다음 $(a_1, a_2, a_3) = ((a_1, a_2), a_3)$을 a_1, a_2, a_3의 일차결합으로 표현한다. $(a_1, a_2, \ldots a_n)$이 $a_1, a_2, \ldots, a_n$의 일차결합으로 표현될 때까지 이 과정을 계속 반복한다. 연습문제 7과 8에서 이 절차를 사용하라.

7. 연습문제 5에서 각 정수들의 최대공약수를 그 정수들의 일차결합으로 표현하라.

8. 연습문제 6에서 각 정수들의 최대공약수를 그 정수들의 일차결합으로 표현하라.

두 양의 정수의 최대공약수는 나눗셈을 사용하지 않고 뺄셈, 홀짝성 검사, 이진전개의 이동만을 사용하는 알고리즘을 이용하여 찾을 수도 있다. 이 알고리즘은 다음과 같이 간추리는 과정을 반복적으로 적용하여 수행된다.

$$(a,\, b) = \begin{cases} a, & a = b \\ 2(a/2, b/2), & a,\, b\text{가 짝수} \\ (a/2, b), & a\text{가 짝수이고 } b\text{가 홀수} \\ (a-b, b), & a,\, b\text{가 홀수이고 } a > b \end{cases}$$

(참고: 필요한 경우 a, b의 역할을 반대로 한다.) 연습문제 9~13은 이 알고리즘에 관한 문제이다.

9. 이 알고리즘을 사용하여 $(2106, 8318)$을 구하라.

10. 이 알고리즘이 항상 양의 정수 쌍의 최대공약수를 생성함을 보여라.

*11. n이 양의 정수일 때 $a = (2^n - (-1)^n)/3$, $b = 2(2^{n-1} - (-1)^{n-1})/3$인 경우 이 알고리즘은 (a, b)를 찾기 위해 얼마나 많은 단계를 사용하는가?

$*12.$ $(a,\, b)$를 찾기 위해 이 알고리즘은 $1+[\log_2 \max(a,\, b)]$번 이하의 뺄셈을 사용함을 보여라.

$*13.$ 균형 삼진전개를 사용하여 두 양의 정수의 최대공약수를 찾는 알고리즘을 고안하라.

1.5절의 연습문제 26에서는 주어진 정수 $a,\, b>0$에 대해 $a=bq+er,\ e=\pm 1,\ r\geq 0,\ -b/2<er\leq b/2$인 유일한 정수 q, r, e가 존재한다는 수정된 나눗셈 알고리즘이 있다. 이 수정된 나눗셈 알고리즘을 기반으로 하여 유클리드 알고리즘과 유사한 **최소잉여 알고리즘**(least-remainder algorithm)을 구성할 수 있다. 그것은 다음과 같이 시행된다. 주어진 $a>b>0$에 대해 $r_0=a,\ r_1=b$라고 한다. 수정된 나눗셈 알고리즘을 반복적으로 사용하여 얻은 다음과 같은 나눗셈 수열에서 0이 아닌 마지막 나머지 r_n으로 $a,\, b$의 최대공약수를 구한다.

$$\begin{aligned}
r_0 &= r_1q_1+e_2r_2 && (-r_1/2<e_2r_2\leq r_1/2)\\
&\vdots\\
r_{n-2} &= r_{n-1}q_{n-1}+e_nr_n && (-r_{n-1}/2<e_nr_n\leq r_{n-1}/2)\\
r_{n-1} &= r_nq_n
\end{aligned}$$

14. 최소잉여 알고리즘을 사용하여 (384, 226)를 찾아라.

15. 최소잉여 알고리즘이 항상 두 정수의 최대공약수를 생성한다는 것을 보여라.

$**16.$ 최소잉여 알고리즘이 항상 유클리드 알고리즘만큼 빠르다는 것을 보여라. (힌트: 먼저 a, b가 $2b<a$인 양의 정수인 경우 최소잉여 알고리즘은 $(a,\, a-b)$를 찾는 데 사용하는 것보다 더 많은 단계를 거치지 않고 $(a,\, b)$를 찾을 수 있음을 보여라.)

$*17.$ 최소잉여 알고리즘이 $(v_{n+1},\, v_{n+2})$를 찾는 데 정확히 n개의 나눗셈을 취하게 되는 정수 수열 $v_0, v_1, v_2, \ldots$를 찾아라.

$*18.$ 최소잉여 알고리즘을 사용하여 두 양의 정수의 최대공약수를 찾는 데 필요한 나눗셈의 개수는 두 수 중 작은 수의 자릿수의 $8/3$배에 $4/3$을 더한 수보다 작음을 보여라.

$*19.$ 양의 정수 $a,\ m,\ n$에 대해 $a>1$이면 $(a^m-1, a^n-1)=a^{(m,n)}-1$임을 보여라.

$*20.$ 양의 정수 $m,\ n$에 대해 $(f_m, f_n)=f_{(m,n)}$임을 보여라.

다음 두 연습문제는 **유클리드의 게임**(game of Euclid)을 다룬다. 두 명의 플레이어는 한 쌍의 양의 정수로 시작하여 교대로 다음과 같은 유형의 이동을 한다. 각 플레이어는 $x\geq y$인 양의 정수 쌍 $\{x,\, y\}$에서 $\{x-ty,\, y\}$ 쌍으로 이동할 수 있다. 여기서 t는 양의 정수이고 $x-ty\geq 0$이다. 게임에서 **이기는 이동**(winning move)은 한 원소가 0인 쌍으로 이동하는 것이다.

21. $\{a,\, b\}$로 시작하는 모든 이동의 수열은 결국 $\{0,\, (a,\, b)\}$로 끝남을 보여라.

$*22.$ $\{a,\, b\}$로 시작하는 게임에서 $a=b$ 또는 $a>b(1+\sqrt{5})/2$인 경우는 첫 번째 플레이어가 승리하는 전략을 수행할 수 있고, 그렇지 않으면 두 번째 플레이어가 승리하는 전략을 수행할 수 있음을

보여라. (힌트: 먼저 $y < x \le y(1+\sqrt{5})/2$인 경우 $\{x, y\}$에서 $y > z(1+\sqrt{5})/2$을 만족하는 $\{z, y\}$로 가는 유일한 이동이 있음을 보여라.)

*23. 유클리드 알고리즘을 사용하여 $a > b$ 인 두 양의 정수 a, b의 최대공약수를 찾는 데 필요한 비트연산 수가 $O((\log_2 b)^2)$ 임을 보여라. (힌트: 먼저 양의 정수 q를 양의 정수 d로 나누는 계산의 복잡도가 $O(\log d \log q)$ 임을 보여라.)

*24. a, b가 양의 정수일 때, $j = 1, 2, \ldots, n$에 대해 r_j, q_j를 이 절에서 정의된 유클리드 알고리즘의 각 단계의 나머지와 몫이라고 하자.

a) $\sum_{j=1}^{n} r_j q_j$의 값을 구하라.

b) $\sum_{j=1}^{n} r_j^2 q_j$의 값을 구하라.

25. a, b가 $a \ge b$인 양의 정수일 때 $i = 1, 2, \ldots, n$에 대해 q_i, r_i를 유클리드 알고리즘의 각 단계에서 각각 몫과 나머지라고 하자. 여기서 r_n은 마지막 0이 아닌 나머지이다. $Q_i = \begin{pmatrix} q_i & 1 \\ 1 & 0 \end{pmatrix}$, $Q = \prod_{i=0}^{n} Q_i$라고 할 때 $\begin{pmatrix} a \\ b \end{pmatrix} = Q \begin{pmatrix} r_n \\ 0 \end{pmatrix}$ 임을 보여라.

계산과 탐구

1. $(9876543210, 123456789)$, $(11111111111, 1000000001)$, $(45666020043321, 73433510078091009)$를 각각 구하라.

2. 앞 연습문제에서 각 정수 쌍에 대한 베주 계수를 찾아라.

3. 큰 양의 정수 쌍들을 여러 개 선택하여 라메 정리를 확인하라.

4. 큰 양의 정수 쌍들을 여러 개 선택하여 각각 유클리드 알고리즘, 연습문제 9에서 설명한 알고리즘, 연습문제 14에서 설명한 최소잉여 알고리즘을 사용하여 최대공약수를 찾을 때, 요구되는 단계의 개수를 비교하라.

5. 두 양의 정수 a, b가 1000을 초과하지 않을 때, $10,000$을 초과하지 않을 때, $100,000$을 초과하지 않을 때, $1,000,000$을 초과하지 않을 때 각각의 경우에 대해 서로소인 양의 정수 쌍 (a, b)의 비율을 추정하라. 그렇게하기 위해 몇 개의 서로소인 쌍을 무작위로 선택하여 테스트할 수 있다(유사난수에 대한 자료는 10.1절 참조). 이 증거로부터 어떤 추측을 할 수 있는가?

프로그래밍 프로젝트

1. 주어진 두 정수에 대해 유클리드 알고리즘을 사용하여 최대공약수를 찾는다.

2. 주어진 두 정수에 대해 연습문제 14에 주어진 수정된 유클리드 알고리즘을 사용하여 최대공약수를 찾아라.

3. 주어진 두 정수에 대해 나눗셈을 사용하지 않고 최대공약수를 찾아라(연습문제 9 참조).

4. 주어진 두 개 이상의 정수에 대해 최대공약수를 찾아라.

5. 주어진 한 쌍의 양의 정수에 대해 베주 계수를 구하라.

6. 주어진 두 개 이상의 정수에 대해 베주 계수를 구하라.

*7. 연습문제 21에서 설명한 유클리드의 게임을 실행하라.

3.3 선형 디오판토스 방정식

다음과 같은 문제를 생각해보자. 한 남성이 은행 계좌에서 510달러를 인출한다. 그는 직원에게 20달러와 50달러짜리 지폐만으로 그 돈을 달라고 한다. 직원은 어떤 조합으로 20달러와 50달러짜리 지폐를 그에게 줄 수 있을까? 만약 직원이 그에게 주는 20달러와 50달러짜리 지폐의 개수를 각각 x, y로 정한다면, $20x + 50y = 510$이라는 방정식을 만족해야 한다. 20달러와 50달러짜리 지폐를 합쳐서 총 510달러를 만들 수 있는 가능한 모든 조합을 찾으려면, 이 방정식의 모든 음이 아닌 정수해를 찾아야 한다.

여성이 우체국에서 소포를 보내려는 경우에도 유사한 문제가 발생한다. 우체국 직원이 우편물에 붙일 우표 요금이 4.15달러라고 하는데, 30센트와 75센트짜리 우표만 사용 가능하다고 하자. 이러한 우표의 조합으로 소포를 보낼 수 있을까? 이 문제에 대답하기 위해 먼저 x를 30센트짜리 우표의 개수라 하고, y를 75센트짜리 우표의 개수라고 한다. 그리고 나서 $30x + 75y = 415$를 만족하는 음이 아닌 정수 x, y가 존재하는지를 생각해야 한다. 이 문제의 해가 존재한다면 4.15달러의 우표 요금을 지불하는 방법을 제시하고 우표를 구입할 수 있다.

특정 방정식의 해를 정수 집합에서만 찾을 때, 그 방정식을 **디오판토스 방정식**(diophantine equation)이라고 한다. 이는 해를 유리수 집합에서만 찾았던 고대 그리스 수학자 디오판토스(Diophantus)의 이름에서 유래 되었다. a, b, c가 정수인 경우에 방정식 $ax + by = c$를 **변수가 2개인 선형 디오판토스 방정식**이라고 한다.

정수 쌍 (x, y)가 선형 디오판토스 방정식 $ax + by = c$의 해일 필요충분조건은 (x, y)가 직선 $ax + by = c$ 위에 있는 평면 격자점이다. 이를 그림 3.1에서 선형 디오판토스 방정식 $2x + 3y = 5$의 경우로 설명한다.

선형 디오판토스 방정식의 일반적 해를 처음으로 묘사한 사람은 인도의 수학자 브라마굽타(Brahmagupta)이다. 그는 7세기에 쓴 책에 이 내용을 포함시켰다. 이제 이러한 방정식을 해결하기 위한 이론을 알아보자. 다음 정리는 언제 이러한 방정식에 해가 있는지 그리고 해가 있을 경우 그 해를 구체적으로 보여준다.

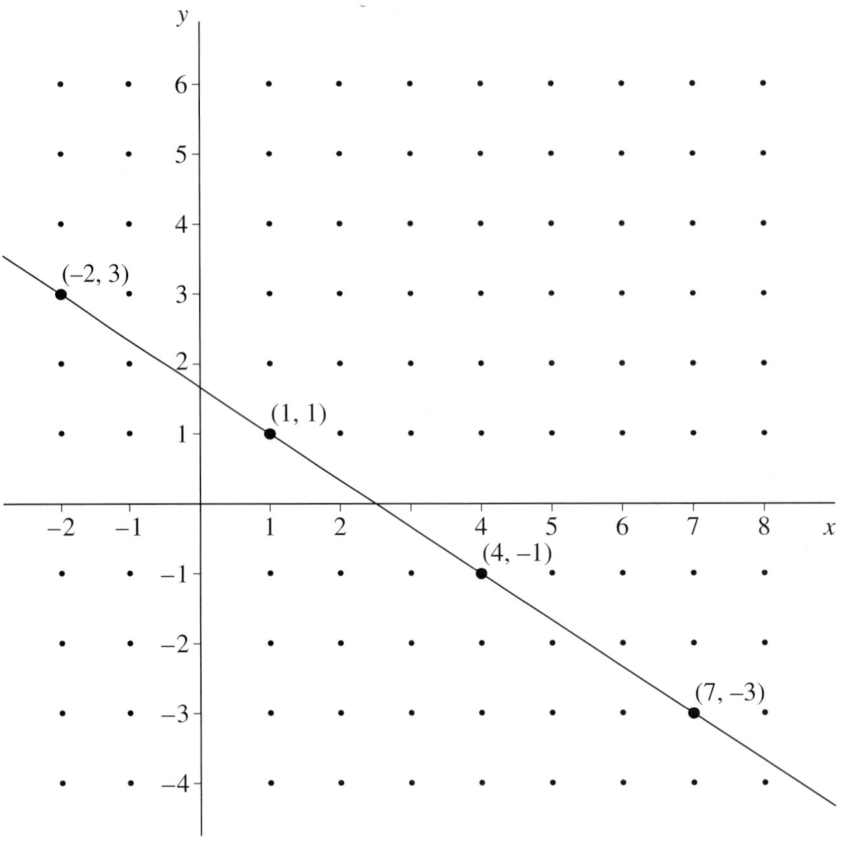

그림 3.1: $2x + 3y = 5$의 정수해는 직선 $2x + 3y = 5$ 위의 격자점에 대응한다.

정리 3.10

세 정수 a, b, c에 대해 $d = (a, b)$라고 하자. 방정식 $ax + by = c$는 $d \nmid c$일 때 정수해가 없다. 그러나 $d \mid c$이면 무한히 많은 정수해가 존재한다. 만약 방정식의 특수해가 $x = x_0$, $y = y_0$이면, 모든 해는 다음과 같이 주어진다.

$$x = x_0 + (b/d)n, \quad y = y_0 - (a/d)n \quad (n\text{은 정수})$$

증명 3.10

두 정수 x, y가 $ax + by = c$를 만족한다고 가정하자. 이때 $d \mid a$, $d \mid b$이므로 정리 1.9에 의해 $d \mid c$이다. 따라서 $d \nmid c$라면 이 방정식의 정수해는 존재하지 않는다.

이제 $d \mid c$라고 가정하자. 정리 3.3에 의해 다음 식을 만족하는 정수 s와 t가 존재한다.

$$d = as + bt \tag{3.3}$$

또한 $d \mid c$이므로 정수 e가 존재하여 $de = c$이다. 식 (3.3)의 양변에 e를 곱하면 다음과 같다.

$$c = de = (as + bt)e = a(se) + b(te)$$

따라서 이 방정식의 한 해는 $x = x_0$, $y = y_0$로 주어지며, 여기서 $x_0 = se$, $y_0 = te$이다.

무한히 많은 해가 존재함을 보이기 위해 먼저 정수 n에 대해 $x = x_0 + (b/d)n$, $y = y_0 - (a/d)n$이 해임을 보이고, 그런 다음 모든 해가 이 형태임을 보일 것이다. 직접 대입하여 다음과 같이 해임을 확인할 수 있다.

$$ax + by = ax_0 + a(b/d)n + by_0 - b(a/d)n = ax_0 + by_0 = c.$$

이제 방정식 $ax + by = c$의 모든 해가 정리에 설명된 형태임을 보이자. 두 정수 x, y가 $ax + by = c$를 만족한다고 가정하면 $ax_0 + by_0 = c$이므로, 이 두 식을 빼서 다음을 얻을 수 있다.

$$(ax + by) - (ax_0 + by_0) = 0$$

이것을 정리하면 다음과 같고,

$$a(x - x_0) + b(y - y_0) = 0$$

그러므로 다음을 얻는다.

$$a(x - x_0) = b(y_0 - y)$$

이제 이 마지막 방정식의 양쪽을 d로 나누면 다음을 얻을 수 있다.

$$(a/d)(x - x_0) = (b/d)(y_0 - y)$$

정리 3.1에 의해 $(a/d, b/d) = 1$이다. 이제 4장에서 증명하게 될 도움정리 4.2를 사용하면 $(a/d) \mid (y_0 - y)$임을 알 수 있다. 따라서 정수 n이 존재하여 $(a/d)n = y_0 - y$이므로 $y = y_0 - (a/d)n$이다. 이제 이 값을 방정식 $a(x-x_0) = b(y_0-y)$에 대입하면 $a(x-x_0) = b(a/d)n$이므로 $x = x_0 + (b/d)n$이다.

다음 예제는 정리 3.10을 사용하는 예를 보여준다.

예제 3.10

정리 3.10에 의하면 $(15, 6) = 3$이지만 $3 \nmid 7$이기 때문에, 디오판토스 방정식 $15x + 6y = 7$의 정수해는 없다.

예제 3.11

정리 3.10에 의하면 $(21, 14) = 7$이고 $7 \mid 70$이기 때문에 디오판토스 방정식 $21x + 14y = 70$은 무한히 많은 해를 갖는다. 이러한 해를 찾기 위해 유클리드 알고리즘을 이용하면 $1 \cdot 21 + (-1) \cdot 14 = 7$이므로, $10 \cdot 21 + (-10) \cdot 14 = 70$이다. 따라서 $x_0 = 10$, $y_0 = -10$은 특수한 해이므로 모든 해는 $x = 10 + 2n$, $y = -10 - 3n$(n은 정수)로 주어진다.

다음으로 이 절의 시작 부분에 설명한 두 가지 문제를 해결하는 데 정리 3.10을 사용하자.

예제 3.12

30센트와 75센트짜리 우표만을 사용하여 요금이 4.15달러인 우편물을 부치는 문제를 생각해보자. 만약 x가 30센트짜리 우표의 개수이고 y가 75센트짜리 우표의 개수라면, $30x + 75y = 415$이다. 이때 $(30, 75) = 15$가 415를 나누지 않으므로, 정리 3.10에 따라 정수해가 없음을 알 수 있다. 따라서 30센트와 75센트짜리 우표를 조합해서는 원하는 가격만큼의 우표를 살 수 없다.

예제 3.13

20달러짜리 지폐와 50달러짜리 지폐만으로 510달러를 받는 문제를 생각해보자. 고객이 각 종류의 지폐를 몇 장씩 받을 수 있는지를 알려면 어떻게 해야 하는가?

x를 20달러짜리 지폐의 개수, y를 50달러짜리 지폐의 개수라고 하면 x, y는 방정식 $20x + 50y = 510$을 만족해야 한다. 20, 50의 최대공약수가 $(20, 50) = 10$이고, $10 \mid 510$이므로 선형 디오판토스 방정식은 무수히 많은 정수해를 갖는다. 유클리드 알고리즘을 사용하면 $20(-2) + 50 = 10$을 얻을 수 있다. 양변에 51을 곱하면 $20(-102) + 50(51) = 510$이 된다. 따라서 특수해는 $x_0 = -102$, $y_0 = 51$이다. 정리 3.10에 의하면 모든 정수해는 $x = -102 + 5n$, $y = 51 - 2n$꼴이다. x, y가 모두 음이 아니어야 하므로 $-102 + 5n \geq 0$, $51 - 2n \geq 0$이어야 한다. 따라서 $n \geq 20\,2/5$, $n \leq 25\,1/2$이어야 한다. n이 정수이므로 $n = 21, 22, 23, 24, 25$이다. 따라서 다섯 개의 해 $(x, y) = (3, 9), (8, 7), (13, 5), (18, 3), (23, 1)$가 있다. 따라서 직원은 고객에게 3개의 20달러짜리 지폐와 9개의 50달러짜리 지폐, 8개의 20달러짜리 지폐와 7개의 50달러짜리 지폐, 13개의 20달러짜리 지폐와 5개의 50달러짜리 지폐, 18개의 20달러짜리 지폐와 3개의 50달러짜리 지폐, 23개의 20달러짜리 지폐와 1개의 50달러짜리 지폐를 줄 수 있다.

정리 3.10을 세 개 이상의 변수를 가진 선형 디오판토스 방정식에 대한 결과로 확장할 수 있다. 다음 정리는 이를 보여준다.

정리 3.11

0이 아닌 정수 $a_1, a_2, \ldots, a_n$에 대해 방정식 $a_1x_1 + a_2x_2 + \cdots + a_nx_n = c$가 정수해를 가질 필요충분조건은 $d = (a_1, a_2, \ldots, a_n)$이 c를 나누는 것이다. 더구나 해가 존재하면 무한히 많은 해를 갖는다.

증명 3.11

만약 $x_1, x_2, \ldots, x_n$이 $a_1x_1 + a_2x_2 + \cdots + a_nx_n = c$를 만족하는 정수라면, d가 $a_i(i = 1, 2, \ldots, n)$를 나누므로 정리 1.9에 의해 d는 c를 나눈다. 그러므로 $d \nmid c$인 경우 해당 방정식의 정수해는 존재하지 않는다.

이제 수학적 귀납법을 사용하여 $d \mid c$인 경우 무한히 많은 정수해가 있는 것을 증명하자. 정리 3.10에 의해 $n = 2$일 때 이는 참이다.

이제 이 정리의 가정을 만족하는 변수가 n인 모든 방정식이 무한히 많은 해를 갖는다고 가정하고, 0이 아닌 정수계수를 갖는 방정식

$$a_1x_1 + a_2x_2 + \cdots + a_nx_n + a_{n+1}x_{n+1} = c$$

이 무한히 많은 해를 가짐을 보이자. 정리 3.4에 의해 일차결합 $a_nx_n + a_{n+1}x_{n+1}$의 집합은 $(a_n,\, a_{n+1})$의 배수 집합과 같다. 따라서 모든 정수 y에 대해 선형 디오판토스 방정식 $a_nx_n + a_{n+1}x_{n+1} = (a_n,\, a_{n+1})y$는 무한히 많은 해를 갖는다. 따라서 주어진 $n+1$개의 변수를 가진 방정식을 다음과 같은 n개의 변수를 가진 선형 디오판토스 방정식으로 바꿀 수 있다.

$$a_1x_1 + a_2x_2 + \cdots + a_{n-1}x_{n-1} + (a_n, a_{n+1})y = c$$

여기서 c는 $(a_1, a_2, \ldots, a_{n-1}, (a_n, a_{n+1}))$로 나뉜다. 왜냐하면 도움정리 3.1에 의해 이 최대공약수는 $(a_1, a_2, \ldots, a_n, a_{n+1})$과 같기 때문이다. 이 방정식은 계수의 최대공약수가 c를 나누는 n개의 변수를 갖는 선형 디오판토스 방정식이므로 귀납법 가정에 의해 무한히 많은 정수해를 갖는다. 따라서 주어진 $n+1$개의 변수를 갖는 방정식도 무한히 많은 해를 갖는다.

세 개 이상의 변수를 가진 선형 디오판토스 방정식은 정리 3.11의 증명에서와 같이 변수를 줄이는 방법을 사용하여 풀 수 있다. 정리 3.11의 응용은 연습문제로 남겨둔다.

3.3 연습문제

1. 다음 선형 디오판토스 방정식에 대해 모든 해를 찾거나 정수해가 없음을 각각 보여라.

a) $2x + 5y = 11$

b) $17x + 13y = 100$

c) $21x + 14y = 147$

d) $60x + 18y = 97$

e) $1402x + 1969y = 1$

2. 다음 선형 디오판토스 방정식에 대해 모든 해를 찾거나 정수해가 없음을 각각 보여라.

a) $3x + 4y = 7$

b) $12x + 18y = 50$

c) $30x + 47y = -11$

d) $25x + 95y = 970$

e) $102x + 1001y = 1$

3. 북미 여행에서 귀국한 일본 사업가가 미국 달러와 캐나다 달러를 엔화로 환전한다. 사업가가 미국 1달러당 111엔, 캐나다 1달러당 83엔의 환율로 10,396엔을 받았다면, 어떤 종류의 통화를 얼마나 환전했는가?

4. 유럽에서 귀국한 미국 학생이 유로와 스위스 프랑을 미국 달러로 환전한다. 만약 학생이 적어도 20유로와 20스위스 프랑을 갖고 있었고, 1유로당 1.12달러, 1스위스 프랑당 0.98달러의 환율로 51.24달러를 받았다면, 어떤 종류의 통화를 얼마나 환전했는가?

5. 파리와 런던의 학회에 참석한 후 귀국한 미국 교수는 자신의 유로와 파운드를 미국 달러로 환전한다. 교수가 적어도 20유로와 20파운드 이상을 가지고 있었고, 1유로당 1.12달러, 1파운드당 1.32달러의 환율로 105.56달러를 받았다면, 어떤 종류의 통화를 얼마나 환전했는가?

6. 서로소인 양의 정수 a, b와 양의 정수 c에 대해 선형 디오판토스 방정식 $ax + by = c$의 음이 아닌 해 (x, y)의 개수는 $\left[\frac{c}{ab}\right]$ 또는 $\left[\frac{c}{ab}\right] + 1$임을 보여라.

7. c가 다음에 주어진 정수일 때 $11x + 8y = c$의 음이 아닌 정수해 (x, y)의 개수를 각각 구하라.

a) 44

b) 96

c) 52

d) 345

e) 69

f) 777

8. 인도의 천문학자이자 수학자인 마하비라(Mahavira)는 9세기에 다음과 같은 퍼즐을 제시했다. 23명의 지친 여행객이 울창한 숲에 들어가 같은 개수의 바나나로 이루어진 63개의 무더기와 7의 바나나로 이루어진 한 개의 무더기를 발견했다. 이들이 바나나를 공평하게 나누었다고 할 때 63개의 무더기 각각에는 몇 개의 바나나가 있는가? 이 퍼즐을 풀어라.

9. 한 식료품점 주인은 사과와 오렌지 총 15.24달러어치를 주문했다. 만약 사과 1개가 45센트이고 오렌지 1개가 33센트이라면, 다음 각 경우에 대해 각각 몇 개의 과일을 주문했는지 결정하라.

a) 적어도 20개의 사과를 주문한 경우

b) 사과를 10개 미만으로 주문한 경우

c) 주문한 오렌지와 사과의 개수의 차이가 10 미만인 경우

10. 한 고객이 개당 33센트인 오렌지와 개당 69센트인 포도를 사는 데 총 11.34 달러를 소비했다고 할 때 고객이 살 수 있는 과일의 최소 개수는 얼마인가?

11. 한 우체국 직원은 42센트와 63센트짜리 우표만 팔고 있다. 다음 각 금액의 우편료가 드는 소포를 보낸다고 할 때, 어떤 조합의 우표를 사용할 수 있는지 각각 구하라.

    a) 10.55달러 b) 12.00달러 c) 23.31달러

12. 한 식당에서 바닷가재 메뉴는 21달러이고, 치킨 메뉴는 12달러이다. 총 식사비가 각각 다음과 같을 때, 얼마나 많은 바닷가재 메뉴와 치킨 메뉴가 구매되었는가?

    a) 915달러 b) 822달러 c) 777달러

*13. 다음 각 선형 디오판토스 방정식의 모든 정수해를 찾아라.

    a) $2x + 3y + 4z = 5$ b) $7x + 21y + 35z = 8$ c) $101x + 102y + 103z = 1$

*14. 다음 각 선형 디오판토스 방정식의 모든 정수해를 찾아라.

    a) $2x_1 + 5x_2 + 4x_3 + 3x_4 = 5$

    b) $12x_1 + 21x_2 + 9x_3 + 15x_4 = 9$

    c) $15x_1 + 6x_2 + 10x_3 + 21x_4 + 35x_5 = 1$

미국의 동전과 그 가치는 페니 0.01달러, 니켈 0.05달러, 다임 0.10달러, 쿼터 0.25달러이다.

15. 어떤 조합의 페니, 다임, 쿼터가 총 99센트의 가치를 가지는가?

16. 다음 동전들을 사용하여 1달러를 어떻게 만들 수 있는가?

    a) 다임, 쿼터 b) 니켈, 다임, 쿼터 c) 페니, 니켈, 다임, 쿼터

연습문제 17~19번에서는 연립 선형 디오판토스 방정식을 다룬다. 이를 해결하려면 먼저 변수를 두 개만 남기고 나머지를 제거하여 얻은 방정식을 두 변수에 대해 풀면 된다.

17. 다음 연립 선형 디오판토스 방정식의 정수해를 각각 찾아라.

    a) $\begin{cases} x + y + z = 100, \\ x + 8y + 50z = 156 \end{cases}$

    b) $\begin{cases} x + y + z = 100, \\ x + 6y + 21z = 121 \end{cases}$

    c) $\begin{cases} x + y + z + w = 100 \\ x + 2y + 3z + 4w = 300 \\ x + 4y + 9z + 16w = 1000 \end{cases}$

18. 어떤 돼지저금통에 니켈, 다임, 쿼터 동전이 총 24개 들어 있다. 동전들의 전체 가치가 2달러일 때 가능한 동전의 조합을 구하라.

19. 어떤 항공사는 보스턴에서 뉴욕행 비행기 운임으로 세 가지 종류의 티켓을 제공한다. 일등석 티켓은 140달러, 이등석 티켓은 110달러, 스탠바이 티켓은 78달러이다. 어떤 비행에서 69명의 승객이 티켓에 총 6548달러를 지불했다면, 종류별로 몇 장의 티켓이 각각 판매되었는가?

20. 페니, 다임, 쿼터 동전 총 50개의 전체 가치가 3달러인 경우가 있는가?

a, b는 서로소인 양의 정수이고, n은 양의 정수이다. (x, y)가 선형 디오판토스 방정식 $ax + by = n$의 해이고, x, y가 모두 음이 아닐 때, (x, y)를 **음이 아닌** 해라고 한다.

*21. $n \geq (a-1)(b-1)$이면 $ax + by = n$의 음이 아닌 해가 항상 존재함을 보여라.

*22. $n = ab - a - b$이면 $ax + by = n$의 음이 아닌 해가 존재하지 않음을 보여라.

*23. $ax + by = n$의 음이 아닌 해가 존재하는 정확히 $(a-1)(b-1)/2$개의 양의 정수 $n < ab - a - b$이 존재함을 보여라.

24. 메인주의 작은 마을 우체국에는 두 가지 가격의 우표만 남아 있다. 이들 우표로는 46센트를 포함하여 정확히 33개의 우표 금액을 만들 수 없다고 할 때 남아 있는 우표의 가격은 각각 얼마인가?

*25. 6세기 중국 수학자 장 치우치엔(Chang Ch'iu-chien)의 작품에 있는 중국 퍼즐인 "백 마리 닭" 문제는 다음과 같다. 만약 수탉이 동전 다섯 개, 암탉이 동전 세 개, 병아리 세 마리가 동전 한 개의 값으로 팔린다면 동전 100개로 총 100마리를 산다고 할 때, 얼마나 많은 수탉, 암탉, 병아리를 각각 살 수 있는가? 이 문제를 풀어라.

*26. 다음 디오판토스 방정식의 해 (x, y)를 모두 찾아라.

$$\frac{1}{x} + \frac{1}{y} = \frac{1}{14}$$

계산과 탐구

1. 선형 디오판토스 방정식 $10234357x + 331108819y = 1$, $10234357x + 331108819y = 123456789$의 모든 해를 각각 찾아라.

2. 선형 디오판토스 방정식 $1122334455x + 10101010101y + 9898989898z = 1$, $1122334455x + 10101010101y + 9898989898z = 987654321$의 모든 해를 각각 찾아라.

3. 음이 아닌 두 정수 x, y에 대해 $999x + 1001y$꼴의 양의 정수를 결정하고, 그 결과가 연습문제 21~23과 일치하는지 확인하라.

프로그래밍 프로젝트

1. 변수가 2개인 선형 디오판토스 방정식의 계수가 주어졌을 때 모든 해를 찾아라.

2. 변수가 2개인 선형 디오판토스 방정식의 계수가 주어졌을 때 모든 양수 해를 찾아라.

3. 변수가 3개인 선형 디오판토스 방정식의 계수가 주어졌을 때 모든 양수 해를 찾아라.

*4. 계수 a, b가 주어졌을 때 선형 디오판토스 방정식 $ax + by = n$이 양수 해를 갖지 않는 모든 양의 정수 n을 찾아라(연습문제 21 참조).

제4장
소수

이 장에서는 수론의 중심 개념, 즉 소수의 개념을 소개한다. 소수는 정확히 두 개의 양의 정수 약수가 있는 정수이다. 소수는 고대 그리스인들에 의해 광범위하게 연구되었으며, 이들은 소수에 관한 많은 기본적인 성질을 발견했다. 지난 3세기 동안 수학자들은 소수의 세계를 탐구하는 데 수많은 시간을 할애했다. 그들은 많은 매혹적인 성질을 발견했고, 다양한 추측을 공식화했으며, 흥미롭고 놀라운 결과를 증명했다. 소수에 관련된 문제에 대한 연구는 오늘날에도 계속되고 있는데, 이는 부분적으로는 현대 암호학에서 소수의 중요성 때문이다. 소수에 대한 미해결 문제는 새로운 연구를 자극한다. 또한 지금까지 알려지지 않은 가장 큰 소수를 찾으려고 하는 사람들도 수만 명에 이른다.

이 장에서 소수가 무한히 많다는 것을 보일 것이다. 제시하려고 하는 증명의 출처는 고대로 거슬러 올라간다. 또한 에라토스테네스의 체를 사용하여 주어진 정수를 초과하지 않는 모든 소수를 찾는 방법을 제시할 것인데, 이 또한 고대로 거슬러 올라간다. 소수의 분포에 대해 논의하고, 19세기 말에 증명된 유명한 소수 정리를 기술한다. 이 정리는 주어진 정수를 초과하지 않는 소수의 개수에 대한 정확한 추정치를 제공한다. 수학자들의 관심에도 불구하고 수백년 동안 미해결 문제로 남아 있는 소수에 관한 문제가 많이 있다. 그 중 가장 잘 알려진 문제인 쌍둥이 소수 추측과 골드바흐의 추측을 포함하여 여러 개의 문제를 선별하여 논의할 것이다.

이 장에서는 또한 모든 양의 정수가 소수의 곱으로 (소수의 크기가 증가하는 순서로 쓰여질 때) 유일하게 표현됨을 보인다. 이 결과는 **산술의 기본정리**(fundamental theorem of arithmetic)로 알려져 있다. 이 정리를 증명하기 위해 두 정수의 최대공약수의 개념을 사용할 것이다. 정수를 소수의 곱으로 분해하는 방법을 찾는 데 사용되는 방법을 설명하고, 이러한 방법의 복잡도에 대해 논의한다. 특수한 형태의 수는 종종 수론에서 연구되는데, 이 장에서는 $2^{2^n}+1$ 형태의 수인 페르마 수를 소개한다. (페르마는 그들이 모두 소수라고 추측했지만 이것은 사실이 아니다.)

4.1 소수

양의 정수 1에는 양의 약수가 하나만 있다. 다른 모든 양의 정수는 1과 그 자신으로 나뉘기 때문에 적어도 두 개의 양의 약수를 가진다. 정확히 두 개의 양의 약수를 가진 정수는 수론에서 매우 중요다. 그것들을 **소수**(primes)라고 부른다.

정의 4.1

1과 그 자신 외에는 양의 약수를 갖지 않는 1보다 큰 정수를 소수라고 한다.

예제 4.1

정수 2, 3, 5, 13, 101, 163은 소수이다.

정의 4.2

소수가 아닌 1보다 큰 정수를 **합성수**(composite)라고 한다.

예제 4.2

정수 $4 = 2 \cdot 2$, $8 = 4 \cdot 2$, $33 = 3 \cdot 11$, $111 = 3 \cdot 37$, $1001 = 7 \cdot 11 \cdot 13$은 합성수이다.

소수는 곱셈으로 정수를 건설할 때 사용하는 벽돌이다. 나중에 모든 양의 정수가 소수의 곱으로 유일하게 표현될 수 있음을 보일 것이다.

이 절에서는 양의 정수 집합에서 소수의 분포에 대해 논의하고, 이 분포에 대한 몇 가지 기본 성질을 증명한다. 또한 소수의 분포에 대한 보다 강력한 결과에 대해서도 논의할 것이다. 앞으로 소개할 정리에는 수론에서 가장 유명한 결과가 포함된다.

부록의 표 E.1에서 10,000보다 작은 모든 소수를 볼 수 있다.

소수의 무한성 소수가 무한히 많다는 것을 보일 때 필요한 도움정리가 있다.

도움정리 4.1

1보다 큰 양의 정수는 소수 약수를 갖는다.

증명

모순을 이끌어 냄으로써 도움정리를 증명한다. 소수 약수가 없는 1보다 큰 양의 정수가 있다고 가정하자. 그러면 소수 약수가 없는 1보다 큰 양의 정수 집합이 공집합이 아니기 때문에 정렬성 원리에 의해 소수 약수가 없는 1보다 큰 최소 양의 정수 n이 존재한다. n은 소수 약수가 없고 n은 n의 약수이므로 n은 합성수이다. 따라서 $n = ab$인 정수 a, $b(1 < a, b < n)$가 존재한다. $a < n$이므로 a는 소수 약수를 갖는다. 정리 1.8에 의해 a의 약수는 또한 n의 약수이므로 n도 소수 약수를 가져야 한다. 이는 n이 소수 약수를 갖지 않는다는 사실과 모순이다. 따라서 1보다 큰 모든 양의 정수는 적어도 하나의 소수를 가지고 있다고 결론내릴 수 있다.

이제 고대 그리스인들이 알고 있었던 놀라운 결과인 소수가 무한히 많다는 사실을 증명하자. 이것은 수론의 핵심적인 정리 중 하나이고, 다양한 방법으로 증명할 수 있다. 제시하고자 하는 증명은 유클리드가 그의 책 **《원소(Elements)》**에서 제시한 것이다. 간단하지만 우아한 이 증명은 많은 사람이 특별히 아름답다고 생각한다. 매우 통찰력 있고 영리한 증명만을 모아 놓은 책인 **《하늘책의 증명(Proofs from THE BOOK)》**[AiZilO]은 유클리드에 의해 발견된 이 증명으로 시작한다. 더욱이 이 책은 소수의 무한성에 대한 여섯 가지 다른 증명을 제시한다. 하늘책은 폴 에르되시(Paul Erdős)가 주장한 신에 의한 완벽한 증명을 모은 상상의 책을 가리킨다. 이 절에서는 유클리드의 증명과 보다 최근 증명을 포함한 두 가지 증명을 제공한다. 또한 이 장의 뒷부분에서는 소수의 무한성에 대한 다양한 증명에 대해 설명한다. (이 외에도 이 절의 연습문제 8번과 4.3절의 연습문제에서 추가적인 8개의 증명이 제공된다.) 무한히 많은 소수가 존재함을 보여주는 매우 다양한 증명이 발견되었으며, 새로운 증명이 놀랍도록 자주 발견된다. 이러한 증명의 다양성을 보여주기 위해 2006년으로 거슬러 올라가는 두 번째 증명을 제시한다. 로메오 메쉬트로비치(Romeo Meštrović)의 논문(https://arxiv.org/abs/1202.3670)에서는 무한히 많은 소수가 존재함을 보여주는 183가지의 증명을 제공하고 있다.

정리 4.1

소수가 무한히 많다.

증명 4.1

소수가 유한개만 있다고 가정하고 다음과 같이 모두 나열하자.

$$p_1, p_2, \ldots, p_n \, (n : \text{ 양의 정수})$$

이 소수들을 모두 곱하고 1을 더하여 얻은 정수인 Q_n, 즉 $Q_n = p_1p_2\cdots p_n + 1$을 생각하면 도움정리

4.1에 의해 Q_n은 적어도 하나의 소수 약수 q를 가진다. 그런데 모든 소수는 위에서 나열된 소수 중 하나가 되어야 하므로 $q = p_j$인 $j\,(1 \le j \le n)$가 존재한다. 그러나 이 경우 $Q_n - p_1p_2\cdots p_n = 1$이므로 q는 이 등식의 왼쪽에 있는 두 항을 나누기 때문에 정리 1.9에 의해 $q \mid 1$이다. 어떤 소수도 1을 나누지 않기 때문에 이것은 모순이다. 이 모순은 무한히 많은 소수가 있음을 보여준다.

정리 4.1의 증명에서 만든 정수 Q_n은 처음 n개의 소수의 곱보다 1이 더 큰 수이기 때문에 소수일 수도 있고 아닐 수도 있다. 따라서 이것은 소수를 만드는 공식을 제공하지는 못한다(연습문제 11 참조). 결과적으로 그 증명에서 새로운 소수가 무엇인지를 발견하지는 못했지만, 기존 n개의 소수가 아닌 소수가 추가로 하나 더 존재한다는 것은 알 수 있다.

다음으로, 완전히 다른 방식으로 접근한 증명을 제시한다. 이 증명은 뉴질랜드 출신의 수론학자인 사이닥(Filip Saidak)이 2006년에 발견했다.

증명 4.1

먼저 임의로 1보다 큰 양의 정수 n_1을 택한 후, 등식 $n_k = n_{k-1}(n_{k-1}+1)$을 이용하여 수열 $n_1, n_2, \ldots, n_k, \ldots$를 재귀적으로 정의한다. 그리고 나서 양의 정수 k에 대해 n_k가 적어도 k개의 서로 다른 소인수를 가진다는 것을 수학적 귀납법으로 증명하면, 이는 소수가 무한히 많다는 것을 의미한다.

도움정리 4.1에 의해 n_1이 적어도 하나의 소인수를 가지므로 $k = 1$인 경우는 성립한다. 양의 정수 k에 대해 n_k가 적어도 k개의 서로 다른 소인수를 가진다고 가정하고, $n_{k+1} = n_k(n_k+1)$이 적어도 $k+1$개의 서로 다른 소인수를 가짐을 보이자. 두 수 n_k, n_k+1이 공약수를 가지면, 그 수는 $(n_k+1) - n_k = 1$도 나눠야 하므로 n_k, n_k+1는 서로소이다. 귀납적 가정에 의해 n_k는 적어도 k개의 서로 다른 소인수를 가지고, 도움정리 4.1에 의해 n_k+1은 적어도 하나의 소인수를 가진다. n_k, n_k+1는 서로소이므로 n_k+1의 소인수는 n_k의 소인수와 다르다. 따라서 $n_{k+1} = n_k(n_k+1)$은 적어도 $k+1$개의 서로 다른 소인수를 가진다.

이 증명을 사용하면 무한히 많은 소수의 수열을 구성할 수 있기는 하지만, 각 단계마다 $n_k\,(k = 1, 2, 3, \ldots)$를 인수분해하여 새로운 소수를 찾아야 하므로 이 증명은 실질적이지는 않다. 이 장의 후반부에서 큰 정수의 인수분해의 복잡도에 대해 논의할 것이다. 그러나 지금은 사이닥의 증명에서 사용된 과정을 설명하는 예제를 제시한다.

예제 4.3

$n_1 = 2$라고 가정하자. 2가 n_1의 소인수이므로 2로 소수 목록을 시작한다. $n_2 = n_1(n_1+1) = 2\cdot 3 = 6$이므로 $n_1+1 = 3$의 소인수인 3을 목록에 추가한다. $n_3 = n_2(n_2+1) = 6\cdot 7 = 42$이므로 $n_2+1 = 7$의 소인수인 7을 목록에 추가한다. $n_4 = n_3(n_3+1) = 42\cdot 43 = 1806$이므로 $n_3+1 = 43$의 소인수인 43을 목록에 추가한다. $n_4 = n_3(n_3+1) = 1806\cdot 1807 = 3263442$이므로 $n_3+1 = 1807$의 소인수인

13을 목록에 추가한다. 이때 $1807 = 13 \cdot 139$이고 13과 139 모두 소인수이기 때문에, 13 대신에 139를 목록에 추가할 수도 있다. $n_5 = n_4(n_4+1) = 3263442 \cdot 3263443 = 10650056950806$이므로 다음 소수는 3263443의 소인수이다. 손으로 직접 계산하거나 컴퓨터를 이용하면 3263443이 소수임을 알 수 있고, 이것이 목록에 추가할 다음 소수이다. 따라서 소수 목록은 이제 $2, 3, 7, 43, 13, 3263443$이다. 이 절차를 반복함으로써 이 목록을 무한히 확장할 수 있다. 이 시점에서 새로운 소수를 목록에 추가하기 위해 방대한 계산이 필요함이 명백해진다. 인수분해해야 할 정수는 점점 커져서 더 많은 시간이 소요된다. 독자에게 소수 몇 개를 추가하여 소수 목록을 확장해 볼 것을 권장한다.

이전에 언급한대로, 위에 제시된 소수의 무한성 증명 외에도 다양한 증명들을 연습문제에서 찾을 수 있다. 새로운 증명들이 지속적으로 발견되고 있는데, 종종 그 증명들에서 창의성이 크게 발휘되기도 하고 또 수학의 다른 분야와 연결되기도 한다.

소수 찾기 다음 장에서는 극도로 큰 소수를 찾아서 사용하는 것에 관심을 가질 것이다. 그래서 소수와 합성수를 구별하는 판정법이 중요하다. 그러한 판정법을 **소수 판정법**(primality test)이라고 한다. 가장 기본적인 소수 판정법은 n이 소수일 필요충분조건은 n이 $\sqrt{n}$ 이하인 소수로 나뉠 수 없다는 사실을 이용하는 **나눗셈시행**(trial division)이다. 이 판정법이 n이 소수인지 여부를 결정하는 데 사용될 수 있음을 증명하자.

정리 4.2

합성수 n은 $\sqrt{n}$ 이하의 소인수를 갖는다.

증명 4.2

n은 합성수이기 때문에 $n = ab$로 쓸 수 있다. 여기서 a, b는 $1 < a \leq b < n$인 정수이다. $n = ab \geq a^2$이므로 $a \leq \sqrt{n}$이다. 도움정리 4.1에 의해 a는 소인수를 가져야 한다. 정리 1.8에 의해 이 소인수는 n의 소인수이기도 하고, $\sqrt{n}$보다 작거나 같다.

정리 4.2를 사용하면 주어진 양의 정수 n보다 작거나 같은 모든 소수를 찾을 수 있다. 이 절차는 고대 그리스 수학자 에라토스테네스(Eratosthenes)에 의해 발명되었기 때문에 **에라토스테네스의 체**(sieve of Eratosthenes)라고 한다. 그림 4.1에서 100보다 작은 모든 소수를 찾음으로써 그것을 어떻게 사용하는지 설명한다. 먼저 100 이하 모든 합성수는 $\sqrt{100} = 10$보다 작은 소인수를 가져야 한다는 점에 유의한다. 10보다 작은 소수는 2, 3, 5, 7이기 때문에 이 소수에 의해 나눠지는 100 이하 정수만 확인하면 된다. 먼저 수평선 (–)을 사용하여 2보다 큰 2의 모든 배수를 지운다. 다음으로 슬래시(/)로 3를 제외한 3의 모든 배수를 지운다. 그런

~~1~~	**2**	**3**	~~4~~	**5**	~~6~~	**7**	~~8~~	~~9~~	~~10~~
11	~~12~~	**13**	~~14~~	~~15~~	~~16~~	**17**	~~18~~	**19**	~~20~~
~~21~~	~~22~~	**23**	~~24~~	~~25~~	~~26~~	~~27~~	~~28~~	**29**	~~30~~
31	~~32~~	~~33~~	~~34~~	~~35~~	~~36~~	**37**	~~38~~	~~39~~	~~40~~
41	~~42~~	**43**	~~44~~	~~45~~	~~46~~	**47**	~~48~~	~~49~~	~~50~~
~~51~~	~~52~~	**53**	~~54~~	~~55~~	~~56~~	~~57~~	~~58~~	**59**	~~60~~
61	~~62~~	~~63~~	~~64~~	~~65~~	~~66~~	**67**	~~68~~	~~69~~	~~70~~
71	~~72~~	**73**	~~74~~	~~75~~	~~76~~	~~77~~	~~78~~	**79**	~~80~~
~~81~~	~~82~~	**83**	~~84~~	~~85~~	~~86~~	~~87~~	~~88~~	**89**	~~90~~
~~91~~	~~92~~	~~93~~	~~94~~	~~95~~	~~96~~	**97**	~~98~~	~~99~~	~~100~~

그림 4.1: 에라토스테네스의 체를 이용하여 100보다 작은 소수 구하기

다음 5를 제외한 5의 모든 배수는 백 슬래시(\)로 지운다. 마지막으로 7을 제외한 7의 모든 배수는 수직 스트로크(|)로 지운다. 나머지 모든 정수(×를 사용하여 지운 1 이외의)는 소수여야 한다(그림의 굵은 글씨로 표시됨).

에라토스테네스의 체는 고정된 정수보다 작거나 같은 모든 소수를 찾아주기는 하지만, 이 방법으로 특정한 정수 n이 소수인지 여부를 결정하기 위해서는 $\sqrt{n}$ 이하 모든 소수로 n을 나누어 보아야할 필요가 있다. 이것은 매우 비효율적이다. 나중에 어떤 정수가 소수인지 아닌지를 결정하는 더 나은 방법을 제시할 것이다.

이제 지정된 수 이하 모든 소수의 개수를 세는 함수를 도입한다.

정의 4.3

양의 실수 x에 대해 함수 $\pi(x)$는 x 이하 모든 소수의 개수를 나타낸다.

예제 4.4

그림 4.1에 의해 $\pi(10) = 4$이고 $\pi(100) = 25$이다.

등차수열에서 소수 모든 홀수는 $4n+1$ 또는 $4n+3$ 중 하나이다. 이 두 가지 꼴의 소수가 무한히 많이 있을까? 소수 $5, 13, 17, 29, 37, 41, \ldots$ 는 $4n+1$이고 소수 $3, 7, 11, 19, 23, 31, 43, \ldots$ 은 $4n+3$이다. 이러한 예는 두 등차수열 모두에 무한히 많은 소수가 있음을 암시한다. $3n+1, 7n+4, 8n+7$ 등의 다른 등차수열은 어떨까? 이들 각각은 무한히 많은 소수를 포함할까? 독일 수학자 디리클

레(G. Lejeune Dirichlet)는 1837년에 복소수 이론을 사용하여 다음 정리를 증명함으로써 이 문제를 해결했다.

정리 4.3 등차수열에서 소수에 관한 디리클레의 정리

서로소인 양의 정수 a, b에 대해 등차수열 $an + b\,(n = 1, 2, 3, \ldots)$은 무한히 많은 소수를 포함한다.

등차수열에서 소수에 관한 디리클레의 정리에 대한 단순한 증명은 알려져 있지 않다. (디리클레의 원래 증명은 복소수 이론을 사용했다. 1950년대에 에르되시와 셀버그가 기초적이긴 하지만 복잡한 증명을 발견했다.) 그러나 디리클레의 정리의 특별한 경우는 아주 쉽게 증명할 수 있다. 4.3절에서 $4n + 3$의 소수가 무한히 많다는 것을 보일 것이다.

알려진 가장 큰 소수 수천 년은 아니더라도 수백 년 동안 적지 않은 전문적인 수학자들과 아마추어 수학자들이 현재 알려진 어떤 것보다 더 큰 소수를 찾는 데 관심을 가졌다. 그러한 소수를 발견한 사람은 적어도 한동안 유명해지고 자신의 이름이 책에 기록된다. 무한히 많은 소수가 있기 때문에 항상 현재 기록보다 큰 소수가 있다. 새로운 소수를 찾는 것은 체계적으로 이루어진다. 무작위로 검사하는 것이 아니라 사람들은 특별한 형태를 가진 숫자를 검사한다. 예를 들어 7장에서 소수 p에 대해 $2^p - 1$의 소수에 대해 논의할 것이다. 그러한 수를 **메르센 소수** (Mersenne prime)라고 한다. 나눗셈시행을 수행하지 않고 $2^p - 1$이 소수인지 여부를 결정할 수 있는 특별한 판정법이 있음을 보게 될 것이다. 지난 100년 동안 알려진 가장 큰 소수는 메르센 소수였다. 현재 알려진 가장 큰 소수의 세계 기록은 $2^{82,589,933} - 1$이다.

소수의 공식 소수만 생성하는 공식이 있을까? 이것은 수학자들이 오랫동안 관심을 가지고 있는 또 다른 질문이다. 연습문제 35가 보여주듯이 변수가 하나인 다항식으로는 이러한 공식을 만들 수 없다. 또한 소수만 생성하는 변수가 여러 개인 다항식도 없다(이 책의 범위를 벗어난 결과임). 소수만을 생성하는 몇 가지 비실용적인 공식이 있다. 예를 들어 1947년 미국 수학자 밀스(W. H. Mills)는 함수 $f(n) = \lfloor \Theta^{3^n} \rfloor$이 소수만 생성하도록 하는 상수 Θ가 있음을 보였다. 이 상수를 밀스 상수라고 한다. 여기서 Θ의 값은 1.3064에 근사한 값으로 알려져 있다. 이 공식은 Θ의 정확한 값을 알 수 없을 뿐더러 Θ를 계산하기 위해서는 $f(n)$이 생성하는 소수를 모두 알아야하기 때문에, 소수를 생성하는 데 있어서는 비실용적이다(자세한 내용은 [Mi47] 참조).

큰 소수를 생성하는 데 유용한 공식을 사용할 수 없다면 어떻게 소소를 생성할 수 있을까? 7장에서는 확률적 소수 테스트라고 알려진 것을 사용하여 큰 소수를 생성하는 방법을 배울 것이다.

4.1.1 소수 판정법

만약 어떤 사람이 양의 정수 n을 제시하고 n이 소수라고 주장한다면, 어떻게 n이 정말로 소수라고 확신할 수 있을까? $\sqrt{n}$을 초과하지 않는 소수에 의한 나눗셈시행을 수행함으로써 n이 소수인지 여부를 결정할 수 있다. 이 모든 소수에 의해 n이 나눠지지 않는다면, 소수이다. 결론적으로 n의 제곱근을 초과하지 않는 모든 소수로 n이 나눠지지 않음을 확인하면 n이 소수임을 증명한 것이다. 이러한 증명을 **소수 증명**(certificate of primality)이라고도 한다.

불행하게도 소수 증명을 얻기 위해 나눗셈시행을 사용하는 것은 매우 비효율적이다. 이를 위해 이 판정법에 사용되는 비트연산 수를 추정해보자. 소수 정리를 사용하여 $\sqrt{n}$을 초과하지 않는 모든 소수에 의한 나눗셈시행에 의해 n이 소수임을 판정하는 데 필요한 비트연산 수를 추정할 수 있다. 소수 정리는 대략 $\sqrt{n}/\log\sqrt{n} = 2\sqrt{n}/\log n$개의 소수가 $\sqrt{n}$을 초과하지 않는다는 것을 알려준다. 또 n을 정수 m으로 나누려면 $O(\log_2 n \cdot \log_2 m)$ 비트연산이 필요하다. 따라서 이 방법으로 n이 소수임을 판정하는 데 필요한 비트연산 수는 적어도 $(2\sqrt{n}/\log n)(c\log_2 n) = c\sqrt{n}$이다(때로는 $\log_2 m$이 $(\log_2 n)/2$만큼 큰 경우도 있지만, 적어도 1이기 때문에 $\log_2 m$를 무시했다). 결론적으로 $\sqrt{n}$보다 크지 않은 모든 소수를 알고 있어야 할 뿐만 아니라 적어도 $\sqrt{n}$의 상수배 비트연산만큼 계산을 수행해야 하기 때문에 정수 n이 소수임을 보여주는 이 방법은 매우 비효율적이라고 할 수 있다.

컴퓨터 프로그램에 정수를 입력하기 위해서 정수의 이진수를 입력한다. 따라서 정수가 소수인지 여부를 결정하기 위한 알고리즘의 계산 복잡도는 정수의 이진수 자릿수에 의해 측정된다. 2.3절의 연습문제 11에 따르면, 양의 정수 n은 자릿수가 $[\log_2 n] + 1$인 이진수를 갖는다. 그러므로 n의 이진수의 자릿수에 의한 알고리즘의 계산 복잡도의 빅-오 추정은 $\log_2 n$에 의한 동일한 빅-오 추정으로 변환되고, 그 반대도 마찬가지이다. 정수 n이 소수인지 여부를 결정하기 위해 나눗셈시행을 사용하는 알고리즘의 계산 복잡도는 n의 이진수의 자릿수 또는 $\log_2 n$의 관점에서 보면 지수적이다. 왜냐하면 $\sqrt{n} = 2^{(\log_2 n)/2}$이기 때문이다. 즉 이 알고리즘을 이진수의 자릿수로 측정해보면 지수시간 복잡도를 가진다. n이 커짐에 따라 지수시간 복잡도를 가진 알고리즘은 빠르게 계산 불능에 빠지게 된다. 나눗셈시행을 사용하여 200자리 숫자가 소수인지 여부를 결정하는 것은 가장 빠른 컴퓨터에서도 여전히 수십억 년이 걸린다.

수학자들은 오랫동안 효율적인 소수 판정법을 찾아 왔다. 특히 그들은 입력된 이진수의 자릿수로 측정했을 때, 다항시간 안에 소수 증명을 제공하는 알고리즘을 찾았다. 1975년에 밀러(G. L. Miller)는 일반화된 리만 가설이 맞다는 가정 아래 $O((\log n)^5)$ 비트연산을 사용하여 정수가 소수임을 증명할 수 있는 알고리즘을 개발했다. 불행하게도 일반화된 리만 가설은 여전히 미해결로 남아 있다. 1983년 애들먼(Leonard Adleman), 포머런스(Carl Pomerance), 루멜리(Robert Rumely)는 적당한 상수 c에 대해 $(\log n)^{c\log\log\log n}$ 비트연산을 사용하여 정수가 소수임을 증명할 수 있는 알고리즘을 개발했다. 이들의 알고리즘은 다항시간으로 실행되지 않지만, 로그 함수가 매우 느리게 증가하기 때문에 다항시간에 가깝게 실행된다. 최신 PC로 그들의 알고리즘을 실행하면 100자리 정수가 소수인지 여부를 결정하는 데는 불과 천분의 몇 초 정도가 소요되며, 400자리 정수가 소수인지 여부를 결정하는 데는 1초 미만이 소요되며, 1000자리 정수가 소수인지 여부를 결정하는 데는 1시간 미만이 소요된다(자세한 내용은 [AdPoRu83] 및 [Ru83] 참조).

소수 증명에 대한 다항시간 알고리즘 2002년까지 누구도 양의 정수가 소수임을 증명하기 위한 다항시간 알고리즘을 찾을 수 없었다. 2002년 인도의 컴퓨터 과학 교수인 아그라왈(M. Agrawal), 카얄(N. Kayal), 삭세나(N. Saxena)는 $O((\log n)^{12})$ 비트연산을 사용하여 정수 n에 대한 소수 증명을 제공할 수 있는 알고리즘을 발견했다고 발표했다. 양의 정수가 소수임을 증명하기 위한 다항시간 알고리즘의 발견은 수학계를 놀라게 했다. 그들의 발표는 "*PRIMES*는 P 안에 있다"로 규정할 수 있다. 여기서 *PRIMES*는 주어진 정수 n이 소수인지 여부를 결정하는 문제를 나타내고, P는 다항시간으로 해결할 수 있는 문제 유형을 나타낸다. 결과적으로 *PRIMES*는 P 안에 있다는 것은 n의 이진수의 자릿수 또는 동등하게 $\log n$에 대한 다항식에 의해 제한이 되는 계산 복잡도를 갖는 알고리즘을 사용하여 n이 소수인지 결정할 수 있음을 의미한다. 그들의 증명은 [AgKaSa02]에서 찾을 수 있으며, 수론과 추상 대수학을 공부한 학부 학생은 이해할 수 있다. 이 논문에서 그들은 또한 **소피 제르맹 소수**(Sophie Germain primes), 즉 $2p+1$이 소수인 소수 p의 밀도에 대해 널리 알려진 추측(14장 참조)[1]의 가정 아래 그들의 알고리즘은 $O((\log n)^6)$ 비트연산만을 사용한다는 것을 보여준다. 다른 수학자들도 아그라왈, 카얄, 삭세나의 결과를 개선했다. 특히 렌스트라와 포머런스는 원래 추정치의 지수 12를 $6+\epsilon$으로 줄였다. 여기서 ϵ는 양의 실수이다.

소수 판정법에 대한 논의에서는 **결정론적 알고리즘**(()deterministic algorithms), 즉 정수가 소수인지 여부를 확실하게 결정하는 알고리즘만을 다루었다. 7장에서는 확률적 소수 판정법, 즉 확실하지는 않지만 정수가 소수일 확률이 높음을 알려주는 판정법의 개념을 소개할 것이다.

4.1 연습문제

1. 다음 소수가 소수인지 각각 판정하라.

[1]소피 제르맹의 이름과 성이 둘 다 $2p+1$이 소수인 소수 p를 설명하는 데 사용된다. 이런 식의 용어 사용은 다른 수학자의 이름이 형용사로 사용될 때는 거의 사용되지 않는다.

a) 101 c) 107 e) 113

b) 103 d) 111 f) 121

2. 다음 소수가 소수인지 각각 판정하라.

a) 201 c) 207 e) 213

b) 203 d) 211 f) 221

3. 에라토스테네스의 체를 이용하여 150보다 작은 소수를 모두 구하라.

4. 에라토스테네스의 체를 이용하여 200보다 작은 소수를 모두 구하라.

5. 두 정수의 네 제곱수의 차로 나타나는 소수를 모두 구하라.

6. $2 = 1^3 + 1$를 제외하고는 $n^3 + 1$꼴의 소수가 없음을 보여라.

7. 만약 두 양의 정수 a와 n에 대해 $n > 1$이고 $a^n - 1$이 소수이면 $a = 2$이고 n은 소수임을 보여라. (힌트: 항등식 $a^{kl} - 1 = (a^k - 1)(a^{k(l-1)} + a^{k(l-2)} + \cdots + a^k + 1)$을 이용하라.)

십진대칭소수(decimal palindromic prime)는 십진 정수로서 뒤집어도 같은 수가 되는 소수이다.

8. 100 미만의 모든 십진대칭소수를 찾아라.

9. 자릿수가 짝수인 십진대칭소수를 찾아라.

2008년 미국 수학자 롤랜드(Eric Rowland)는 재귀적인 관계를 사용하여 소수를 생성하는 방법을 발견했다. 그는 $a(1) = 7$, $a(n) = a(n-1) + (n, a(n-1))$ $(n = 2, 3, \ldots)$일 때 $a(n) - a(n-1) = (n, a(n-1))$가 1이거나 소수라는 것을 증명했다.

10. 서로 다른 세 개의 소수가 생성될 때까지 $a(k)$ $(k = 1, 2, \ldots)$를 계산해야 하는 항의 수를 결정하라 (1도 여러 번 나타난다).

11. 서로 다른 네 개의 소수가 생성될 때까지 $a(k)$ $(k = 1, 2, \ldots)$를 계산해야 하는 항의 수를 결정하라 (1도 여러 번 나타난다).

12. (이 문제는 소수의 무한성에 대한 또 다른 증명을 준다.) 양의 정수 n에 대해 정수 $Q_n = n! + 1$은 n보다 큰 소인수를 가짐을 보여라. 이 사실을 이용하여 무한히 많은 소수가 있음을 증명하라.

13. n이 양의 정수일 때 정수 $S_n = n! - 1$을 이용하여 소수가 무한히 많다는 것을 보일 수 있는가?

14. 소수의 무한성에 관한 유클리드의 증명을 사용하여 n이 양의 정수일 때 n번째 소수 p_n이 $2^{2^{n-1}}$보다 작음을 보여라. n이 양의 정수일 때 2^{2^n}보다 작은 소수가 적어도 $n+1$개 있음을 증명하라.

15. 가장 작은 n개의 소수 $p_1, p_2, \ldots, p_n$에 대해 $Q_n = p_1 p_2 \cdots p_n + 1$이라 하자. $n = 1, 2, 3, 4, 5, 6$일 때 Q_n의 가장 작은 소인수를 결정하라. Q_n이 소수인 경우가 무한히 많은가? (참고: 이것은 해결되지 않은 문제다.)

16. n이 양의 정수이고 i, j가 $1 \le i < j \le n$을 만족하는 정수일 때 $(n! \cdot i + 1, n! \cdot j + 1) = 1$임을 보여라.

17. 연습문제 16을 사용하여 소수가 무한히 많음을 다른 방법으로 증명하라. (힌트: 소수가 정확히 r개 있다고 가정하고 $r + 1$개의 숫자 $(r+1)! \cdot i + 1$ $(i = 1, 2, \ldots, r+1)$을 고려하라. 이 증명은 숀(P. Schorn)에 의해 발견되었다.)

18. 양의 정수 k에 대해 p_k가 k번째 소수라면, 모든 정수 $n \ge 3$에 대해 $p_n \le p_1 p_2 \cdots p_{n-1} + 1$임을 보여라.

19. 양의 정수 n의 가장 작은 소인수 p가 $\sqrt[3]{n}$을 초과하면 n/p은 소수이거나 1이어야 함을 보여라.

20. 소수 p가 등차수열 $3n + 1$ $(n = 1, 2, 3, \ldots)$에 있으면, 그것은 등차수열 $6n + 1$ $(n = 1, 2, 3, \ldots)$에도 있음을 보여라.

21. 다음 a, b에 대해 등차수열 $an + b$에 있는 가장 작은 소수를 각각 구하라.

    a) $a = 3, b = 1$ b) $a = 5, b = 4$ c) $a = 11, b = 16$

22. 다음 a, b에 대해 등차수열 $an + b$에 있는 가장 작은 소수를 각각 구하라.

    a) $a = 5, b = 1$ b) $a = 7, b = 2$ c) $a = 23, b = 13$

23. 디리클레의 정리를 사용하여 1로 끝나는 십진수가 무한히 많음을 보여라.

24. 디리클레의 정리를 사용하여 23으로 끝나는 십진수가 무한히 많음을 보여라.

25. 디리클레의 정리를 사용하여 123으로 끝나는 십진수가 무한히 많음을 보여라.

26. 모든 양의 정수 n에 대해 n개의 연속된 1로 끝나는 소수가 있음을 보여라.

*27. 모든 양의 정수 n에 대해 n개의 연속된 1을 포함하고 3으로 끝나는 소수가 있음을 보여라.

*28. 모든 양의 정수 n에 대해 n개의 연속된 2를 포함하고 7로 끝나는 소수가 있음을 보여라.

29. 수학적 귀납법의 두 번째 원리를 사용하여 1보다 큰 모든 정수가 소수이거나 두 개 이상의 소수의 곱임을 증명하라.

*30. 포함-배제 원리(부록 B의 연습문제 16)를 이용하여 다음을 증명하라.

$$\begin{aligned}\pi(n) =& (\pi(\sqrt{n}) - 1) + n - \left(\left[\frac{n}{p_1}\right] + \left[\frac{n}{p_2}\right] + \cdots + \left[\frac{n}{p_r}\right]\right) \\ &+ \left(\left[\frac{n}{p_1p_2}\right] + \left[\frac{n}{p_1p_3}\right] + \cdots + \left[\frac{n}{p_{r-1}p_r}\right]\right) \\ &- \left(\left[\frac{n}{p_1p_2p_3}\right] + \left[\frac{n}{p_1p_2p_4}\right] + \cdots + \left[\frac{n}{p_{r-2}p_{r-1}p_r}\right]\right) + \cdots\end{aligned}$$

여기서 $p_1, p_2, \ldots, p_r$은 $\sqrt{n}$보다 작거나 같은 모든 소수이고, 이때 $r = \pi(\sqrt{n})$이다. (힌트: 성질 P_i를 정수가 p_i로 나눠지는 성질이라고 하자.)

31. 연습문제 30을 사용하여 $\pi(250)$을 구하라.

32. $0 \leq n \leq 40$인 모든 정수 n에 대해 $n^2 - n + 41$이 소수임을 보여라. 그러나 $n = 41$일 때는 합성수임을 보여라.

33. $0 \leq n \leq 10$인 모든 정수 n에 대해 $2n^2 + 11$이 소수이지만 $n = 11$에 대해 합성수임을 보여라.

34. $0 \leq n \leq 28$인 모든 정수 n에 대해 $2n^2 + 29$가 소수이지만 $n = 29$에 대해 합성수임을 보여라.

*35. 양의 정수 n에 대해 $f(x) = a_n x^n + a_{n-1}x^{n-1} + \cdots + a_1 x + a_0$가 정수계수를 갖는 다항식이면 $f(y)$가 합성수인 양의 정수 y가 있음을 보여라. (힌트: $f(x) = p$가 소수라고 가정하고, p가 모든 정수 k에 대해 $f(x + kp)$를 나눔을 보여라. 그리고 차수가 $n > 1$인 다항식은 많아야 n번씩 각 값을 취한다는 사실을 이용하여 $f(y)$가 합성수가 되는 y가 존재함을 보여라.)

행운의 수(lucky number)는 다음과 같은 체로 거르는 과정에 의해 생성된다. 양의 정수 목록이 주어졌다고 하자. 목록에서 1은 남겨 두고, 1부터 세었을 때 매 두 번째 정수는 지우는 것으로 이 과정을 시작한다. 1을 제외하고, 지워지지 않은 가장 작은 정수는 3이므로 남겨진 정수를 1부터 세었을 때 매 세 번째 정수를 지운다. 다음으로 남겨진 정수는 7이므로 매 일곱 번째 정수를 지운다. 이 과정을 계속 반복하여 각 단계에서 매 k번째 정수를 지운다. 여기서 k는 1을 제외하고, 지워지지 않고 남아 있는 정수이면서 체로 거르는 과정에서 아직 사용되지 않은 가장 작은 정수이다. 이렇게 하여 최종적으로 남아 있는 정수가 행운의 수이다.

36. 100보다 작은 행운의 수를 찾아라.

37. 무한히 많은 행운의 수가 있음을 보여라.

38. t_k가 $Q_k = p_1 p_2 \cdots p_k + 1$보다 큰 가장 작은 소수라고 가정하자. 여기서 p_j는 j번째 소수이다.

    a) $t_k - Q_k + 1$이 모든 $j = 1, 2, \ldots, k$에 대해 p_j로 나눠지지 않음을 보여라.

    b) 캠브리지 대학의 잘 알려진 사회인류학자로서, 수학에도 관심을 가진 사람이었던 포춘(Reo Franklin Fortune)은 $t_k - Q_k + 1$이 모든 양의 정수 k에 대해 소수라고 추측했다. 이 추측은 $k \leq 5$인 모든 양의 정수 k에 대해 참임을 보여라.

다음 연습문제에서는 피보나치 수의 성질을 기반으로 무한히 많은 소수가 존재한다는 또 다른 증명을 제시한다. 이 증명은 1965년 미국 수학자 원더리치(Marvin Wunderlich)에 의해 발견되었다([Wu65] 참조).

39. 다음 각 단계의 이유를 채움으로써 원더리치에 의해 발견된 피보나치 수의 성질을 기반으로하여 무한히 많은 소수가 존재한다는 증명을 완성하라. 우선 $2, 3, 5, \ldots, 37, 41, \ldots, p_n$까지 유한 개의 소수만 존재한다고 가정하자. 여기서 p_n은 가장 큰 소수이다. 모든 양의 정수 j, k에 대해 $(f_j, f_k) = f_{(j,k)}$임을 이용하여(3.2절 연습문제 20에서 증명됨) $i \neq j$ $(1 \leq i, j \leq n)$인 모든 쌍 (i, j)에 대해 f_{p_i}, f_{p_j}가 서로소임을 결론지어라. $f_2 = 1$은 소수가 아니므로 정확히 두 개의

소인수를 가진 한 개의 f_{p_j} 가 있고 나머지 f_{p_i} 는 정확히 하나의 소인수를 가지는 이유를 설명하라. f_{37} 이 세 개의 소인수를 가지고 있다는 것을 확인하여 모순을 이끌어내라.

계산과 탐구

1. n이 다음 같은 정수일 때 n번째 소수를 각각 구하라.

   a) 1,000,000 b) 333,333,333 c) 1,000,000,000

2. 다음 정수보다 큰 소수 중에서 가장 작은 것을 각각 찾아라.

   a) 1,000,000 b) 100,000,000 c) 100,000,000,000

3. 1000 미만의 모든 십진대칭소수를 찾아라.

4. 최대한 많은 십진대칭소수를 찾아라. 아직 해결되지 않은 추측은 십진대칭소수가 무한히 많다는 것이다.

5. $1 \le n \le 100$일 때 n번째 소수를 n에 대한 함수로 보고 그래프를 그려라.

6. $1 \le x \le 1000$일 때 $\pi(x)$의 그래프를 그려라.

7. 20 이하의 모든 양의 정수 n에 대해 $n! + 1$의 가장 작은 소인수를 구하라.

8. 20 이하의 모든 양의 정수 n에 대해 $n!! + 1$의 가장 작은 소인수를 찾아라. 여기서 $n!!$는 1.2절의 연습문제 29에서 정의된 n의 이중 팩토리얼이다.

9. 100 이하의 모든 양의 정수 k에 대해 $p_1, p_2, \ldots, p_k$를 가장 작은 k개의 소수라고 할 때 $Q_k = p_1 p_2 \cdots p_k + 1$의 가장 작은 소인수를 구하라. 이 Q_k 중 어떤 수가 소수인가? 소수가 아닐 때 p_{k+1}이 Q_k의 가장 작은 소인수인가?

10. 100 이하의 모든 양의 정수 k에 대해 $p_1, p_2, \ldots, p_k$를 가장 작은 k개의 소수라고 할 때 $R_k = p_1 p_2 \cdots p_k - 1$의 가장 작은 소인수를 구하라. 이 R_k 중 어떤 수가 소수인가? 소수가 아닐 때 p_{k+1}이 R_k의 가장 작은 소인수인가?

11. **오일러-멀린 수열**(Euler-Mullin sequence) $q_1, q_2, \ldots, q_k, \ldots$ 는 $q_1 = 2$라 하고, 각 양의 정수 k에 대해 q_{k+1}을 $q_1 q_2 \cdots q_k + 1$의 가장 작은 소인수라고 함으로써 정의된다. 이 수열의 항을 최대한 많이 찾아라. 이 수열은 소수의 목록을 재정렬한 것으로 추측된다.

12. 에라토스테네스의 체를 사용하여 10,000 이하의 모든 소수를 찾아라.

13. 연습문제 30에서 주어진 결과를 사용하여 10,000 이하의 소수의 개수인 $\pi(10{,}000)$을 찾아라.

14. 롤랜드의 소수 생성 수열로 100개의 소수를 생성할 때까지의 항의 개수를 결정하라(연습문제 10 참조).

15. 롤랜드의 소수 생성 수열로 소수 397을 생성할 때까지의 항의 개수를 결정하라(연습문제 10 참조).

16. 영국 수학자 하디(Godfrey Harold Hardy)와 리틀우드(John Edensor Littlewood)의 유명한 미해결 추측은 현재 거짓이라고 여겨지고 있는데, 이 추측은 모든 정수 x, y가 1보다 큰 경우 $\pi(x+y) \le \pi(x) + \pi(y)$라는 주장이다. x와 y의 다양한 값에 대해 $\pi(x+y) - (\pi(x) + \pi(y))$를 조사하여 이 추측을 탐구하라.

17. 모든 양의 정수 k에 대해 t_k가 $Q_k = \prod_{j=1}^{k} p_j + 1$보다 큰 소수 중에서 가장 작은 소수일 때 $t_k - Q_k + 1$이 항상 소수라는 포춘의 추측을 가능한 한 많은 k에 대해 검증하라.

18. 10,000 이하의 모든 행운의 수(연습문제 30에 정의됨)를 찾아라.

프로그래밍 프로젝트

1. 주어진 양의 정수 n에 대해 그것의 제곱근을 초과하지 않는 모든 소수에 의한 나눗셈시행을 사용하여 소수인지 여부를 결정하라.

*2. 주어진 양의 정수 n에 대해 에라토스테네스의 체를 사용하여 이를 초과하지 않는 모든 소수를 구하라.

*3. 주어진 양의 정수 n에 대해 연습문제 30을 사용하여 $\pi(n)$을 찾아라.

4. 주어진 서로소인 양의 정수 a, b에 대해 등차수열 $an + b$에서 가장 작은 소인수를 찾아라. 여기서 n은 양의 정수이다.

5. 주어진 양의 정수 n에 대해 롤랜드의 소수 생성 수열을 사용하여 n개의 서로 다른 소수를 생성하라(연습문제 10 참조).

*6. 주어진 양의 정수 n에 대해 n보다 작은 행운의 수를 찾아라(연습문제 36 참조).

4.2 소수의 분포

무한히 많은 소수가 있다는 것을 알고 있지만, 양의 실수 x보다 작은 소수가 몇 개 있는지 추정할 수 있을까? 수론과 수학 전반에서 가장 유명한 정리 중 하나는 이 질문에 답하는 **소수 정리**(prime number theorem)이다.

18세기 후반의 수학자들은 손으로 계산하여 작성된 소수 표를 조사했다. 이 값을 사용하여 $\pi(x)$를 추정한 함수를 찾았다. 1798년 프랑스 수학자 르장드르(Adrien-Marie Legendre)는 슬로베니아 수학자 베가(Jurij Vega)가 계산한 400,031까지의 소수 표를 사용하여 $\pi(x)$가 함수

$$\frac{x}{\log x - 1.08366}$$

에 의해 근사될 수 있음을 알았다. 위대한 독일 수학자 가우스(K. F. Gauss)는 $\pi(x)$가 다음 함수들과 같은 비율로 증가한다고 추측했다.

$$x/\log x, \quad \mathrm{Li}(x) = \int_2^x \frac{dt}{\log t}$$

여기서 $\int_2^x \frac{dt}{\log t}$는 $t = 2$에서 $t = x$까지 곡선 $y = 1/\log t$ 아래와 t축 위의 영역을 나타낸다. [Li라는 이름은 **로그적분**(logarithmic integral)의 약어이다.] 르장드르도 가우스도 이러한 함수가 x의 큰 값에 대해 $\pi(x)$에 가깝게 근사된다는 것을 증명하지 못했다. 1811년경 헝가리 과학자 체르낙(Ladislaus Chernac)은 1,020,000 미만의 모든 소수 표를 작성했고, 이 추측에 대한 증거를 제공하는 데 사용될 수 있었다. $\pi(x)$가 $x/\log x$로 근사될 수 있음을 보여주는 첫 번째 실질적인 결과는 1850년 러시아의 수학자 체비셰프(Pafnuty Lvovich Chebyshev)에 의해 확립되었다. 그는 충분히 큰 x에 대해

$$C_1(x/\log x) < \pi(x) < C_2(x/\log x)$$

를 만족하는 $C_1 < 1 < C_2$인 양의 실수 C_1과 C_2가 있음을 보였다(특히 그는 이 결과가 $C_1 = 0.929, C_2 = 1.1$에 대해 성립한다는 것을 보였다). 그는 또한 x가 한없이 증가함에 따라 $\pi(x)$와 $x/\log x$의 비율이 극한에 접근한다면, 그 극한은 1이어야 함을 증명했다.

x가 한없이 증가함에 따라 $\pi(x)$와 $x/\log x$의 비율이 1에 접근한다는 소수 정리는 마침내 1896년 프랑스 수학자 아다마르(Jacques Hadamard)와 벨기에 수학자 발레푸생(Charles-Jean-Gustave-Nicholas de la Vallée-Poussin)이 각각 독립적으로 증명했다. 그들의 증명은 복소해석 이론의 결과에 기초하고 있다. 그들은 독일 수학자 리만(Bernhard Riemann)이 1859년에 개발한 아이디어를 사용했는데, 그것은 $\pi(x)$가 복소 평면에서 다음 함수의 행동과 관련이 있다.

$$\zeta(s) = \sum_{n=1}^{\infty} \frac{1}{n^s}$$

[함수 $\zeta(s)$는 **리만 제타함수**(Riemann zeta function)로 알려져 있다.] 리만 제타함수와 소수 사이의 연결은 다음 등식에서 비롯된다.

$$\zeta(s) = \sum_{n=1}^{\infty} \frac{1}{n^s} = \prod_p \left(1 - \frac{1}{p^s}\right)^{-1}$$

여기서 방정식의 오른쪽에 있는 곱은 모든 소수 p에 대한 곱이다. 이 등식이 사실인 이유는 4.3절에서 설명한다(유명한 리만 가설, 즉 제타함수의 근에 대한 추측에 대한 정보는 이 절 뒷부분의 박스 노트 참조).

발레푸생은 소수 정리를 증명한 것 외에도 $\mathrm{Li}(x)$ 함수가 모든 상수 a에 대해 함수 $x/(\log x - a)$보다 $\pi(x)$에 더 가까운 근사임을 보였다.

소수 정리 자체는 복소수를 포함하지 않지만, 아다마르와 발레푸생이 발견한 증명은 복소수 이론에 의존한다. 그래서 이것은 복소수 이론을 사용하지 않은 증명을 찾는 도전의 길을 열었다. 1949년 노르웨이 수학자 셀베르그(Atle Selberg)와 헝가리 수학자 에르되시(Paul Erdős)는 소수 정리의 초등적인 증명을 독립적으로 발견하여 수학계를 놀라게 했다. 그들의 증명은 비록 초등적(복소수 이론을 사용하지 않는다는 의미)이지만 매우 복잡하고 어렵다.

소수 정리를 공식적으로 서술한다.

정리 4.4 소수 정리

$\pi(x)$와 $x/\log x$의 비율은 x가 한없이 증가함에 따라 1에 접근한다. (여기서 $\log x$는 x의 자연로그이며, 극한 표기를 이용하면 $\lim_{x\to\infty} \pi(x)/(x/\log x) = 1$이다.)

비고. 소수 정리를 간단하게 기술하는 방법은 $\pi(x) \sim x/\log x$라고 쓰는 것이다. 여기서 기호 $\sim$는 "어떤 것에 점근적이다"를 뜻한다. $\lim_{x\to\infty} a(x)/b(x) = 1$을 나타내기 위해 $a(x) \sim b(x)$라 쓰고, $a(x)$는 $b(x)$에 점근적이라고 말한다.

소수 정리는 x가 클 때 $x/\log x$와 $\pi(x)$의 비가 1에 가깝다는 것을 알려준다. 그러나 $\pi(x)$와의 비가 $x/\log x$보다 빠르게 1에 접근하는 함수가 있다. 특히 $\mathrm{Li}(x)$가 훨씬 더 나은 근사임을 보였다. 표 4.1에서 소수 정리에 대한 증거와 $\mathrm{Li}(x)$가 $\pi(x)$의 우수한 근사임을 알 수 있다. ($\mathrm{Li}(x)$의 값은 가장 가까운 정수로 조정했다.)

표 4.1: $\pi(x)$에 근사

x	$\pi(x)$	$x/\log x$	$\pi(x)/\frac{x}{\log x}$	$\mathrm{Li}(x)$	$\pi(x)/\mathrm{Li}(x)$
10^3	168	144.8	1.160	178	0.9438202
10^4	1229	1085.7	1.132	1246	0.9863563
10^5	9592	8685.9	1.104	9630	0.9960540
10^6	78498	72382.4	1.085	78628	0.9983466
10^7	664579	620420.7	1.071	664918	0.9998944
10^8	5761455	5428681.0	1.061	5762209	0.9998691
10^9	50847534	48254942.4	1.054	50849235	0.9999665
10^{10}	455052512	434294481.9	1.048	455055614	0.9999932
10^{11}	4118054813	3948131663.7	1.043	4118165401	0.9999731
10^{12}	37607912018	36191206825.3	1.039	37607950281	0.9999990
10^{13}	346065536839	334072678387.1	1.036	346065645810	0.9999997
10^{14}	3204941750802	3102103442166.0	1.033	3204942065692	0.9999999

리만 가설

많은 수학자는 순수 수학에서 가장 중요한 미해결 문제가 제타함수의 영에 대한 추측인 **리만 가설**(Riemann Hypothesis)이라고 생각한다. 100년 이상 수론 학자들은 이 문제를 해결하기 위해 애썼다. 클레이 수학연구소가 그 문제의 증명을 위해 백만 달러의 상금을 제공했기 때문에 관심이 확산되었다. 이 가설이 복소 해석학의 정교한 개념을 포함하고 있음에도 불구하고 최근에는 [De03], [Sa03a], [Sa03b] 등과 같이 리만 가설에 관해 많은 교양서적이 등장했다. 복소 해석학에 익숙한 독자 뿐만 아니라 그렇지 않은 독자의 일반적인 이해를 위해 리만 가설을 간략하게 설명한다. 리만 제타함수를 $\zeta(s) = \sum_{n=1}^{\infty} \frac{1}{n^s}$로 정의했다. 이 정의는 $\mathrm{Re}(s) > 1$을 가진 모든 복소수 s에 유효하며, 여기서 $\mathrm{Re}(s)$는 복소수 s의 실수 부분이다. 리만은 무한 합에 의해 정의된 이 함수를 $s = 1$에서 극점을 가진 복소평면 전체에서 정의된 함수로 확장할 수 있었다. 1859년 그의 유명한 논문 [Ri59]에서 리만은 제타함수를 소수의 분포와 연결시켰다. 그는 $\zeta(s)$의 영을 이용하여 $\pi(x)$에 대한 공식을 도출했다. 제타함수의 영의 위치에 대해 더 많이 이해할수록 소수의 분포에 대해 더 많이 알게 된다. 리만 가설은 이 함수의 영의 위치에 대한 진술이다. 가설을 진술하기 전에, 먼저 제타함수가 음의 짝수 $-2, -4, -6, \ldots$ 에서 영을 가진다는 것을 주목하자. 이를 **자명한 영**(trivial zeros)이라고 부른다. 리만 가설은 $\zeta(s)$의 자명하지 않은 모든 영의 실수 부분이 $1/2$이라는 주장이다. $\mathrm{Li}(x)$로 $\pi(x)$를 추정할 때 생기는 오차를 이용하여 진술된 리만 가설과 동등한 공식이 있다. 이 대체 공식은 복소변수를 포함하지 않는다. 1901년 스웨덴 수학자 본 코크(Niels Helge von Koch)는 리만 가설이 $\pi(x)$를 $\mathrm{Li}(x)$로 추정할 때 발생하는 오차가 $O(x^{1/2} \log x)$라는 진술과 동등하다는 것을 보였다.

많은 수학자는 리만 가설이 사실이라고 믿는데, 이는 특별히 가설을 뒷받침하는 증거가 풍부하기 때문이다. 첫째, 방대한 양의 수치적 증거가 발견되었다. 처음 2.5×10^{11}개의 영(허수 부분이 증가하는 순서로)의 실수 부분이 $1/2$이라는 것을 알고 있다. [이 계산은 루마니아 소프트웨어 엔지니어인 베데니우스키(Sebastian Wedeniwski)에 의해 수행되었으며, 그는 이를 위해 ZetaGrid라는 분산 컴퓨팅 프로젝트를 구축했다.] 둘째, 제타함수의 자명하지 않은 영의 40% 이상이 단순 영(simple zero)[2]이고 실수 부분이 $1/2$임을 알고 있다. 셋째, 리만 가설에 예외가 있는 경우 $\mathrm{Re}(s) = 1/2$ 선에서 멀어 질수록 희귀해진다는 것을 알고 있다. 물론 이러한 증거가 사람들을 오도하고 있을 수도 있고, 리만 가설이 사실이 아닐 가능성은 여전히 존재한다. 이 유명한 문제는 앞으로 몇 년 안에 해결될 지도 모르고, 앞으로 수백 년 동안 있을 모든 공격에 저항할지도 모른다. 리만 가설에 대한 자세한 내용은 [EdO1]과 클레이 수학연구소 밀레니엄 문제의 웹사이트에 있는 이탈리아 수론 학자 봄비에리(Enrico Bombieri)의 온라인 에세이를 참조하라.

$\pi(x)$를 계산하기 위해 x를 이하의 모든 소수를 찾을 필요는 없다. x보다 작은 모든 소수를 찾지 않고도 $\pi(x)$를 계산하는 한 가지 방법은 에라토스테네스의 체를 기반으로 하는 셈법을 사용하는 것이다(4.1절 연습문제 30 참조). 라가리아스(J. Lagarias)와 오들리즈코(A. Odlyzko) [LaOd82]는 $O(x^{(3/5)+\epsilon})$ 비트연산만으로 $\pi(x)$를 효율적으로 계산하는 방법을 고안했다. 현재 세계 기록은 뷔테(J. Buethe), 프랑케(J. Franke), 조스트(A. Jost), 클라인영(T. Kleinjung)으로 구성된 팀이 갖고 있으며, 그들은 2013년에 $\pi(10^{25}) = 176{,}846{,}309{,}399{,}143{,}769{,}411{,}680$을 계산할 수 있었다.

n번째 소수는 얼마나 클까? 소수 정리로부터 $n = \pi(p_n) \sim p_n/\log p_n$이다. 점근식의 양변에 로그를 취하는 것이 점근적 관계를 유지하기 때문에 $\log n \sim \log(p_n/\log p_n) = \log p_n - \log\log p_n \sim \log p_n$임을 알 수 있다. 결과적으로 $p_n \sim n\log p_n \sim n\log n$이다. 이 사실을 따름정리로 기술한다.

따름정리 4.4.1

양의 정수 n에 대해 p_n을 n번째 소수라고 하자. 그러면 $p_n \sim n\log n$이다. 즉 n번째 소수는 $n\log n$에 점근적이다.

임의로 선택된 양의 정수가 소수일 확률은 얼마일까? x를 초과하지 않는 소수가 대략 $x/\log x$개 존재하므로 x가 소수일 확률은 대략 $(x/\log x)/x = 1/\log x$이다. 예를 들어 10^{1000} 근처에 있는 정수가 소수일 확률은 약 $1/\log 10^{1000} \approx 1/2303$이다. 자릿수가 1000인 소수를 찾고 싶다고 가정해보자. 소수를 찾기 위해 평균적으로 몇 개의 정수를 선택해야 하는가? 답은 그 중 하나가 소수가 되기 위해서는 대략 $1/(1/2303) = 2303$개의 정수를 선택해야 한다는 것이다. 물론, 그것이 소수인지 여부를 결정하기 위해 하나하나 확인해야 할 것이다. 6장에서는 이를 어떻게 효율적으로 수행할 수 있는지에 대해 논의할 것이다.

소수 분포의 틈 무한히 많은 소수가 있고 주어진 x 이하의 소수가 얼마나 있는지에 대해 논의했지만 양의 정수 전체에 소수가 얼마나 규칙적으로 분포되었는지에 대해서는 아직 논의하지 않았다. 먼저 소수를 포함하지 않는 임의로 긴 정수 구간이 있음을 보여주는 결과가 있다.

[2]역자 주: 중복되지 않은 영

정리 4.5

양의 정수 n에 대해 적어도 n개의 연속된 합성수가 있다.

증명 4.5

다음과 같은 연속된 정수를 생각해보자.

$$(n+1)!+2,\ (n+1)!+3,\ \ldots,\ (n+1)!+n+1$$

$2 \le j \le n+1$인 모든 j에 대해 $j \mid (n+1)!$이므로 정리 1.9에 의해 $j \mid (n+1)!+j$이다. 그래서 이 n개의 연속된 정수들은 모두 합성수이다.

예제 4.5

$8!+2 = 40{,}322$로부터 시작하여 연속된 7개의 정수는 모두 합성수이다. (그러나 이 수들은 가장 작은 7개의 연속된 합성수인 $90, 91, 92, 93, 94, 95, 96$보다는 너무 크다.)

수학적 증명에서 자연적으로 나타나는 가장 큰 숫자 중 하나

표 4.1의 데이터를 사용하면 표의 모든 x에 대해 차이 $\mathrm{Li}(x) - \pi(x)$가 양수이고 x가 증가함에 따라 증가한다는 것을 알 수 있다. 이 표의 처음 몇 행에 대해서만 알 수 있었던 가우스는 이 추세가 모든 양의 정수 x에 대해 유지된다고 믿었다. 그러나 1914년 영국 수학자 리틀우드(J. E. Littlewood)는 $\mathrm{Li}(x) - \pi(x)$의 부호가 무한 번 바뀐다는 것을 보였다. 그의 증명에서 리틀우드는 처음으로 $\mathrm{Li}(x) - \pi(x)$의 부호가 양수에서 음수로 어떤 경계에서 바뀌는지를 설정하지 않았다. 이것은 1933년에 남아공 수학자이자 리틀우드의 학생인 스큐스(Samuel Skewes)에 의해 이루어졌는데, $\mathrm{Li}(x) - \pi(x)$의 부호가 거대한 숫자인 $10^{10^{10^{34}}}$보다 작은 적어도 하나의 x에서 바뀐다는 것을 보였다. **스큐스 상수**(Skewes' constant)로 알려진 이 숫자는 수학적 증명에 자연스럽게 나타나는 가장 큰 숫자로 유명해졌다. 다행히도 지난 70년 동안 이 경계를 줄이는 데 상당한 진전이 있었다. 가장 좋은 최신 결과는 $\mathrm{Li}(x) - \pi(x)$의 부호가 $x = 1.39822 \times 10^{316}$ 근처에서 바뀐다는 것이다.

4.2.1 소수에 관한 추측

전문 수학자와 아마추어 수학자 모두 소수가 매력적이라고 생각한다. 소수에 관해 엄청나게 다양한 추측이 공식화된 것은 놀라운 일이 아니다. 이러한 추측 중 일부는 해결되었지만 대부분은 여전히 해결되지 않고 있다. 그 중 가장 잘 알려진 몇 가지를 설명해보자.

19세기 전반기의 수학자들은 소수들의 표를 보고 소수의 분포가 다음 추측과 같이 몇 가지 기본 속성을 만족한다는 추측을 했다.

베르트랑의 추측 1845년 프랑스 수학자 베르트랑(Joseph Bertrand)은 1보다 큰 모든 양의 정수 n에 대해 $n < p < 2n$인 소수 p가 있다고 추측했다. 베르트랑은 3,000,000을 초과하지 않는 모든 n에 대해 이 추측을 확인했지만 증명할 수 없었다. 이 추측의 첫 번째 증명은 1852년 체비셰프에 의해 발견되었다. 이 추측이 증명되었기 때문에 이를 **베르트랑의 공준**(Bertrand's postulate)이라고 한다(증명 개요는 연습문제 26~28 참조).

정리 4.5는 연속된 소수 사이의 간격이 임의로 길다는 것을 보여준다. 반면 소수는 종종 서로 가까울 수 있다. 2가 유일한 짝수 소수이기 때문에 연속되는 소수는 2와 3뿐이다. 그러나 많은 소수 쌍은 2만큼 차이가 난다. 이러한 소수 쌍을 **쌍둥이 소수**(twin primes)라고 한다. 예를 들어 3과 5, 5와 7, 11과 13, 101과 103, 4967과 4969이 있다.

증거들은 쌍둥이 소수가 무한히 많다는 것을 보여준다. 10^3보다 작은 35쌍의 쌍둥이 소수가 있고, 10^6보다 작은 8169쌍, 10^9보다 작은 3,424,506쌍, 10^{12}보다 작은 1,870,585,220쌍, 10^{18}보다 작은 808,675,888,577,436쌍의 쌍둥이 소수가 있다. 이는 다음과 같은 추측으로 이어진다.

쌍둥이 소수 추측 p와 $p+2$가 모두 소수인 쌍이 무한히 많다.

1966년 중국 수학자 천징룬(Chen Jingrun)은 정교한 체 방법을 사용하여 $p+2$가 소수이거나 많아야 두 개의 소인수를 갖는 정수, 즉 **거의 소수**(almost prime)인 무한히 많은 소수 p가 있음을 보였다. 가장 큰 쌍둥이 소수를 찾기 위한 적극적인 경쟁이 진행 중이다. 가장 큰 쌍둥이 소수에 대한 현재 기록은 2016년에 발견된 자릿수가 388,342인 $2996863034895 \cdot 2^{1,290,000} \pm 1$이다.

$P(n)$을 정확히 n만큼 차이나는 소수 쌍이 무한히 많다는 명제라고 하자. **쌍둥이 소수 추측**(twin prime conjecture)은 $P(2)$가 참이라는 주장이다. 쌍둥이 소수 추측을 연구하는 수학자들은 **유계간격추측**(bounded gap conjecture)이라고 알려진 보다 약한 추측을 만들었다. 이 추측은 $P(N)$이 참인 정수 N이 존재한다는 주장이다. 2001년 이후 논문을 발표하지 않았던 50세의 뉴햄프셔 대학교 교수인 이탕장(Yitang Zhang)이 2013년에 유계간격추측을 증명하여 수학계를 놀라게 했다. 특히 $P(N)$이 참인 정수 $N < 70{,}000{,}000$이 존재한다는 것을 보였다. 타오(Terence Tao)를 비롯한 수학자들은 이탕장의 상계를 낮추었다. 그들은 $P(N)$이 참인 정수 $N \leq 246$이 존재한다는 것을 보였다. 게다가 특정 추측이 참이라면 이탕장이 소개한 방법을 사용하여 증명할 수 있는 최선의 추정은 $N \leq 6$임을 보였다.

쌍둥이 소수 추측은 연속된 홀수 쌍으로 발생하는 무한히 많은 소수가 있다는 것이다. 그러나 연속된 두 소수는 아주 멀리 떨어져 있을 수 있다. 한편 소수 정리의 결과는 n이 증가함에 따라 연속된 소수 p_n, p_{n+1} 사이의 평균 간격이 $\log p_n$ 이라는 것이다. 수론 학자들은 평균보다 훨씬 작은 간격을 갖는 연속된 소수가 무한히 많다는 결과를 증명하기 위해 열심히 노력했다. 2005년 미국 수학자 골드스턴(Daniel Goldston), 헝가리 수학자 핀츠(János Pintz), 튀르키예 수학자 일더림(Cem Yildirim)이 획기적인 발전을 이루었다. 그들은 임의의 양수 c에 대해 연속된 소수 사이의 평균 거리인 $\log p_n$ 에 c를 곱한 값보다 작은 차이를 갖는 연속된 소수 p_n, p_{n+1} 의 쌍이 무한히 많다는 것을 보였다. 그들은 또한 **엘리엇-할버스탬 추측**(Elliott-Halberstam conjecture)으로 알려진 추측을 가정하여, 차가 16 이내인 무한히 많은 소수 쌍이 있음을 보였다.

노르웨이 수학자 브룬(Viggo Brun)은 무한 합

$$\sum_{p:\, p+2\text{이 소수인 소수}} \frac{1}{p} = (1/3+1/5)+(1/5+1/7)+(1/11+1/13)+\cdots$$

이 **브룬 상수**(Brun's constant)라고 불리는 상수로 수렴한다는 것을 보였다. 브룬 상수는 대략 1.9021605824이다. 놀랍게도 브룬 상수의 계산은 인텔의 초기 펜티엄 칩의 결함을 발견하는 데 중요한 역할을 했다. 1994년 버지니아의 린치버그 대학에서 미국 수학자 나이슬리(Thomas Nicely)는 두 가지 방법으로 브룬 상수를 펜티엄 PC에서 계산하여 서로 다른 결과를 얻었다. 그는 이 오류를 추적하여 펜티엄 칩의 결함을 발견하고 인텔에 이 문제를 알렸다(나이슬리의 발견에 대한 자세한 내용은 4.2절 연습문제 앞의 박스노트 참조).

소수의 등차수열에 대한 에르되시의 추측 모든 양의 정수 $n \geq 3$에 대해 길이가 n인 소수의 등차수열이 있다.

이 추측은 1세기 이상 거슬러 올라가서 1930년대 에르되시에 의해 논의되었다. 이 추측을 뒷받침하는 많은 수치적 증거가 발견되었지만 오랫동안 미해결로 남아 있었다.

예제 4.6

수열 5, 11, 17, 23, 29는 5개의 소수의 등차수열이며 수열 199, 409, 619, 829, 1039, 1249, 1459, 1669, 1879, 2089는 10개의 소수의 등차수열이다.

네덜란드의 수학자 반 더 코르푸(Johannes van der Corput)가 1939년에 3개의 소수의 등차수열이 무한히 많다는 것을 보였을 때 이 추측에 대해 어느 정도 진전을 이루어졌다. 획기적인 진전은 그린(Ben Green)과 타오(Terence Tao)에 이루어졌으며, 그들은 2006년에 이 추측을 증명할 수 있었다. 그들은 처음에 4개의 소수의 등차수열이 무한히 많다는 것을 보여주려고 시도했지만, 결국은 현재 **그린-타오 정리**(Green-Tao theorem)로 알려진 완전한 추측을 증명할 수 있었다. 수학적으로 위대한 업적으로 여겨지는 그들의 증명은 해석적 수론과 에르고딕 이론을 포함한 수학의 여러 분야의 아이디어를 결합하여 얻은 비구성적인 존재 증명이다. 비구성적이기 때문에 특정 길이를 가지는 소수의 등차수열의 예를 구성할 때는 사용할 수 없다. 그린-타오 정리는 에르되시가 1930년대에 만든 보다 일반적인 추측, 즉 양의 정수들로 이루어진 어떤 집합 A의 원소들의 역수의 합이 발산하면 A는 임의로 긴 등차수열을 포함한다는 추측의 특별한 경우를 해결한 것이다. 이 일반적인 추측은 여전히 해결되지 않았다.

골드바흐 추측 이제 아마도 소수에 대한 가장 악명 높은 추측에 대해 논의한다. 1742년에 러시아에서 생활하던 독일의 아마추어 수학자인 골드바흐(Christian Goldbach)는 친구인 오일러에게 두 개의 추측을 제시하는 편지를 썼다. 이 추측들은 강한 골드바흐 추측과 약한 골드바흐 추측으로 알려져 있다. 강한 골드바흐 추측은 모든 2보다 큰 짝수는 두 소수의 합으로 표현될 수 있다는 주장이며, 약한 골드바흐 추측은 5보다 큰 모든 홀수는 세 홀수 소수의 합으로 표현될 수 있다는 주장이다.

흔히 골드바흐 추측이라고 불리는 강한 골드바흐 추측부터 논의를 시작한다.

골드바흐 추측 2보다 큰 모든 짝수는 두 소수의 합으로 쓸 수 있다.

예제 4.7

정수 10, 24, 100은 다음과 같은 방법으로 두 소수의 합으로 쓸 수 있다.

$$10 = 3 + 7 = 5 + 5$$

$$24 = 5 + 19 = 7 + 17 = 11 + 13$$

$$\begin{aligned} 100 &= 3 + 97 = 11 + 89 = 17 + 83 \\ &= 29 + 71 = 41 + 59 = 47 + 53 \end{aligned}$$

분산 컴퓨팅에 의해 10^{18}보다 작은 모든 짝수에 대한 추측이 확인되었고, 컴퓨터가 더욱 강력해짐에 따라 이 한계는 점점 증가한다. 예제 4.7에서 볼 수 있듯이 일반적으로 특정 짝수를 소수의 합으로 쓰는 방법에는 여러 가지가 있다. 그러나 항상 적어도 하나의 방법이 있다는 증명은 아직 발견되지 않았다. 현재까지 알려진 가장 좋은 결과는 1966년에 천징룬이 강력한 체 방법을 사용하여 충분히 큰 모든 정수가 소수와 거의 소수의 합임을 보인 것이다.

다음으로 약한 골드바흐 추측에 관해 논의해보자.

약한 골드바흐 추측 5보다 큰 모든 홀수는 세 소수의 합으로 쓸 수 있다.

예제 4.8

정수 7, 13, 33, 91은 다음과 같은 방법으로 세 소수의 합으로 쓸 수 있다.

$$
\begin{aligned}
7 &= 2+2+3\\
13 &= 3+3+7\\
33 &= 5+11+17 = 7+7+19 = 3+11+19\\
91 &= 7+41+43 = 7+11+73 = 3+5+83
\end{aligned}
$$

약한 골드바흐 추측은 강한 골드바흐 추측을 이용하면 증명할 수 있기 때문에 **약한**(weak)이라고 불린다(연습문제 15 참조). 때로는 **삼차**(ternary) 골드바흐 추측이라고도 한다. 2013년 5월 파리의 에콜 노르말 쉬페리외르 대학에서 근무하는 페루 수학자 헬프곳(Harald Helfgott)이 약한 골드바흐 추측의 증명을 발표했다. 이전에 수학자들은 10^{1500}보다 큰 모든 홀수가 세 소수의 합으로 표현될 수 있음을 보였다. 헬프곳은 서로 상당히 가까운 홀수 소수들이 존재함을 보장하는 어떤 결과를 사용하여 이 한계를 10^{30}으로 낮추었다. 그런 다음 헬프곳의 동료인 영국 수학자 플랫(David Plat)은 40,000 이상의 CPU-시간을 소비하여 10^{30}보다 작은 모든 홀수가 세 홀수 소수의 합으로 표현됨을 확인했다. 비록 헬프곳의 증명이 옳은 것으로 널리 인정되지만, 아직 학술지에 게재되지는 않았다. 또한 타오는 1보다 큰 모든 홀수가 최대 다섯 개의 소수의 합으로 표현될 수 있다는 것을 증명했다. 이는 프랑스 수론 학자 라마레(Olivier Ramaré)가 증명한 모든 짝수 자연수는 최대 여섯 개의 소수의 합으로 표현될 수 있다는 결과를 개선한 것이다.

다음 추측과 같이 특정한 형태의 소수에 관한 많은 추측이 있다.

$\mathbf{n^2+1}$ 추측 양의 정수 n에 대해 n^2+1의 소수는 무한히 많다.

n^2+1의 가장 작은 소수들은 $2=1^2+1$, $5=2^2+1$, $17=4^2+1$, $37=6^2+1$, $101=10^2+1$, $197=14^2+1$, $257=16^2+1$, $401=20^2+1$이다. 현재까지 알려진 가장 좋은 결과는 n^2+1이 소수이거나 두 소수의 곱인 무한히 많은 정수 n이 있다는 것이다. 이것은 1973년에 이와니에크(Henryk Iwaniec)에 의해 증명되었다. n^2+1 추측과 같은 추측은 쉽게 설명할 수 있지만 때로는 해결하기가 매우 어렵다(자세한 내용은 [Ri96] 참조).

1912년 유명한 수론 학자 란다우(Edmund Landau)가 국제 수학자 대회에서 제시한 "현재 과학 수준으로는 공격할 수 없는" 소수에 관한 네 가지 문제 중 세 가지를 지금까지 논의했다. **란다우 문제**(Landau' s problems)로 통칭되는 이 네 가지 문제는 골드바흐 추측, 쌍둥이 소수 추측, n^2+1꼴의 소수의 무한성 추측 그리고 다음에 소개할 르장드르 추측이다.

르장드르 추측 정수의 연속된 두 제곱수 사이에는 소수가 있다.

이 추측은 프랑스 수학자 르장드르(Adrien-Marie Legendre)에 의해 제안되었다. 이 추측에 대한 수치적 증거는 모든 $n \leq 10^{18}$에 대해 n^2와 $(n+1)^2$ 사이에 소수가 있다는 사실이다. 영국 수학자 잉햄(Albert Ingham)은 충분히 큰 n에 대해 n^3과 $(n+1)^3$ 사이에 소수가 있음을 보였다.

1912년 란다우가 소개한 네 가지 추측은 모두 미해결인 상태에 있지만 부분적인 진전이 각각 이루어졌다. 그것들 중 하나 또는 그 이상이 향후 몇 년 안에 해결되는 것을 볼 수도 있을 것이다. 하지만 지금으로부터 한 세기가 지난 후에도 여전히 모든 문제가 미해결된 채로 남아 있을 수도 있다.

펜티엄 칩 결함

나이슬리가 직면한 펜티엄 칩 결함에 대한 이야기는 컴퓨터가 생성한 답변을 항상 신뢰해서는 안 된다는 것을 보여준다. 놀랄만큼 많은 하드웨어 및 소프트웨어 문제가 발생하고, 이는 잘못된 계산 결과를 초래한다. 이 이야기는 또한 기업들이 제품의 오류를 숨길 때 심각한 문제를 일으킬 위험이 있다는 것을 보여준다. 1994년 6월, 인텔의 제품 검사자들은 펜티엄 칩이 항상 계산을 올바르게 수행하지 않는다는 것을 발견했다. 그러나 인텔은 이 문제에 대한 정보를 공개하지 않기로 결정했다. 대신 칩의 오류가 영향을 줄 수 있는 사용자가 많지 않기에 수백만 명의 펜티엄 컴퓨터 소유자에게 이를 경고할 필요가 없다고 결론지었다. 펜티엄 결함은 부동 소수점 나눗셈 알고리즘의 잘못된 구현과 관련이 있다. 이 오류가 계산 과정에서 발생하여 숫자의 나눗셈에 영향을 끼칠 확률은 낮기는 하지만 수학, 과학, 엔지니어링의 많은 계산에서뿐 아니라 비즈니스 응용 프로그램을 실행하는 스프레드 시트에서도 이러한 오류가 발생한다.

같은 달 후반, 나이슬리는 펜티엄 컴퓨터에서 두 가지 방법으로 브룬 상수를 계산하여 서로 다른 결과를 얻었다. 1994년 10월, 가능한 모든 계산 오류 원인을 확인한 후 나이슬리는 인텔 고객지원센터에 연락했다. 그들은 그의 계산을 다시 수행했고, 오류의 존재를 확인했다. 게다가, 그들은 그에게 이 오류가 이전에는 보고되지 않았다고 말했다. 인텔로부터 추가적인 정보를 듣지 못한 후, 나이슬리는 몇몇 사람들에게 이 사실을 알리는 이메일을 보냈다. 이 사람들은 이 메시지를 다른 이해 당사자들에게 전달했고, 며칠 안에 이 버그에 대한 정보가 다수의 인터넷뉴스에 게시되었다. 11월 말에는 이 이야기가 CNN, 뉴욕 타임즈, AP 통신에 의해 보도되었다.

이러한 부정적인 보도에 놀란 인텔은 펜티엄 칩을 교체해주겠다고 제안했지만, 이는 나눗셈 결함에 취약하다고 인텔이 판단한 응용 프로그램을 실행하는 사용자들에게만 해당되었다. 이 제안으로 펜티엄 사용자 커뮤니티를 달랠 수는 없었다. 모든 부정적인 보도로 인해 인텔 주식은 주당 수 달러 하락했으며, 인텔은 “인텔에서 품질은 0.999999998

이다"와 같은 많은 농담의 대상이 되었다. 결국 1994년 12월 인텔은 모든 요청에 대해 대체 펜티엄 칩을 제공하기로 결정했다. 그들은 비용을 충당하기 위해 거의 5억 달러를 적립해두었고, 고객의 요청을 처리하기 위해 수백 명의 직원을 추가로 고용했다. 그럼에도 불구하고 이 이야기는 인텔에게 해피엔딩이 된다. 수정되고 개선된 펜티엄 칩은 엄청나게 성공적이었다.

4.2 연습문제

1. 가장 작은 5개의 연속된 합성수를 찾아라.
2. 100만 개의 연속된 합성수를 찾아라.
3. 3, 5, 7 이외에 세 쌍둥이 소수, 즉 p, $p+2$, $p+4$가 모두 소수인 세 쌍이 없음을 보여라.
4. p, $p+2$, $p+6$의 소수 세 쌍 중 가장 작은 네 개를 찾아라.
5. p, $p+4$, $p+6$의 소수 세 쌍 중 가장 작은 네 개를 찾아라.
6. 다음 정수 n에 대해 n과 $2n$ 사이의 가장 작은 소수를 각각 찾아라.

   a) 3 b) 5 c) 19 d) 31

7. 다음 정수 n에 대해 n과 $2n$ 사이의 가장 작은 소수를 각각 찾아라.

   a) 4 b) 6 c) 23 d) 47

8. 모든 양의 정수 $n \leq 10$에 대해 n^2과 $(n+1)^2$ 사이의 가장 작은 소수를 각각 구하라.
9. $11 \leq n \leq 20$인 모든 정수 n에 대해 n^2과 $(n+1)^2$ 사이의 가장 작은 소수를 각각 구하라.

*10. 쌍둥이 소수 쌍에 속하지 않는 소수가 무한히 많다는 것을 보여라. (힌트: 디리클레의 정리를 적용하라.)

*11. p, $p+2$, $p+6$꼴의 소수 세 쌍에 속하지 않는 소수가 무한히 많음을 보여라. (힌트: 디리클레의 정리를 적용하라.)

12. 다음 정수에 대해 골드바흐 추측을 각각 검증하라.

    a) 50 c) 102 e) 200
    b) 98 d) 144 f) 222

13. 다음 홀수에 대해 약한 골드바흐 추측을 각각 검증하라.

a) 7　　c) 27　　e) 101

b) 17　　d) 97　　f) 199

14. 11보다 큰 모든 정수가 두 합성수의 합임을 보여라.

15. 약한 골드바흐의 추측이 강한 골드바흐 추측으로부터 얻어짐을 증명하라.

16. 짝수 정수 n에 대해 $G(n)$을 두 소수 p, $q(p \le q)$의 합 $n = p + q$로 나타내는 방법의 수라고 하자. 골드바흐의 추측은 모든 짝수 $n > 2$에 대해 $G(n) \ge 1$이라는 주장이다. 더 강한 추측은 짝수 n이 한없이 증가함에 따라 $G(n)$도 한없이 증가하는 경향이 있다는 주장이다.

a) $4 \le n \le 30$인 모든 짝수 n에 대해 $G(n)$을 찾아라.

b) $G(158)$을 찾아라.　　c) $G(188)$을 찾아라.

*17. 양의 정수 $n > 1$과 k에 대해 모든 n개의 양의 정수 $a, a + k, \ldots, a + (n-1)k$가 홀수 소수이면 k는 n보다 작은 모든 소수로 나뉨을 보여라.

연습문제 17을 사용하여 연습문제 18~21을 해결하라.

18. 정수 7로 시작하고 모든 항이 소수이며 길이가 6인 등차수열을 찾아라.

19. 모든 항이 소수이고 길이가 4인 등차수열의 공차를 찾아라.

20. 모든 항이 소수이고 길이가 5인 등차수열의 공차를 찾아라.

*21. 모든 항이 소수이고 길이가 6인 등차수열의 공차를 찾아라.

22. 르장드르 추측, 즉 연속된 두 정수의 제곱 사이에는 소수가 존재한다는 추측의 가정하에 $n \ge 3$일 때 연속된 두 소수 p_n, p_{n+1}의 제곱 사이에는 적어도 두 개의 소수가 있음을 보여라.

23. **브로카 추측**(Brocard's conjecture)은 프랑스의 수학자이자 기상학자인 브로카(Pierre René Jean Baptiste Henri Brocard)의 이름을 따라 붙여진 것으로, 모든 $n \ge 2$에 대해 p_n이 n번째 소수일 때 p_n^2과 p_{n+1}^2 사이에 적어도 네 개의 소수가 있다는 주장이다. 모든 n에 대해 10이하 양의 정수에 대해 브로카 추측을 확인하라.

24. a) 1848년 드 폴리냑(Alphonse de Polignac)은 모든 양의 홀수는 소수와 2의 거듭제곱의 합이라고 추측했다. 509가 반례임을 보임으로써 이 추측이 거짓임을 보여라.

b) 509 다음 가장 작은 반례를 찾아라.

*25. **소수의 거듭제곱**(prime power)은 소수 p와 정수 $n > 1$에 대해 p^n의 정수이다. 1만큼 차이가 나는 소수의 거듭제곱의 쌍을 모두 찾아라. 그 답이 옳음을 증명하라.

*26. 양의 정수 $n > 1$에 대해 $p_1, p_2, \ldots, p_t$를 n 이하의 소수라고 할 때 $p_1 p_2 \cdots p_t < 4^n$임을 보여라.

*27. 양의 정수 $n > 3$에 대해 p를 $2n/3 < p \le n$을 만족하는 소수라고 하자. p가 이항계수 $\binom{2n}{n}$을 나누지 않음을 보여라.

28. 연습문제 26, 27을 사용하여 n이 양의 정수인 경우 $n < p < 2n$을 만족하는 소수 p가 존재함을 보여라. (이것은 **베르트랑 추측이다.)

29. p_n을 n번째 소수라고 할 때 연습문제 28을 사용하여 $p_n \leq 2^n$임을 보여라.

30. 베르트랑 추측을 사용하여 모든 양의 정수 $n \geq 7$이 서로 다른 소수의 합임을 보여라.

31. 베르트랑의 공준을 사용하여 n, m이 양의 정수일 때 $\frac{1}{n} + \frac{1}{n+1} + \cdots + \frac{1}{n+m}$의 값이 정수가 아님을 보여라.

*32. 이 연습문제에서는 p_k가 k번째 소수일 때 양의 정수 $n \geq 4$에 대해 $p_{n+1} < p_1p_2\cdots p_n$임을 보인다. 이 결과는 **본즈 부등식**(Bonse's inequality)으로 알려져 있다.

a) 양의 정수 k에 대해 정수 $p_1p_2\cdots p_{k-1}\cdot 1-1,\ p_1p_2\cdots p_{k-1}\cdot 2-1,\ \ldots,\ p_1p_2\cdots p_{k-1}\cdot p_k-1$ 중 어느 것도 처음 $k-1$개의 소수 중 하나로 나눠지지 않는다면, 어떤 소수 p가 이 정수 중 하나를 나눌 경우 다른 정수는 나눌 수 없음을 보여라.

b) (a)로부터 $n-k+1 < p_k$이면 (a)에 나열된 정수 중에서 모든 $p_j (j = 1, \ldots, n)$로 나눠지지 않는 정수가 있음을 결론지어라. (힌트: 비둘기집 원리를 사용하라.)

c) (b)를 이용하여 $n-k+1 < p_k$이면 $p_{n+1} < p_1p_2\cdots p_k$임을 보여라. n을 고정하고, k가 $n-k+1 < p_k$를 만족하는 최소 양의 정수라고 가정하자. $n-k \geq p_{k-1}-2$임을 보이고, $k \geq 5$일 때 $p_{k-1}-2 \geq k$이고 $n \geq 10$일 때 $k \geq 5$임을 보여라. 만약 $n \geq 20$이면 $n-k \geq k$를 만족하는 어떤 k에 대해 $p_{n+1} < p_1p_2\cdots p_k$임을 결론지어라. 이 사실을 이용하여 $n \geq 10$일 때 본즈 부등식이 성립함을 증명하라.

d) $4 \leq n < 10$일 때 각 경우를 확인하여 증명을 완료하라.

33. $k < n$이고 $(n, k) = 1$이면 k가 소수가 되는 성질을 갖는 가장 큰 정수 n이 30임을 보여라. (힌트: n이 이 성질을 갖고 있고, 소수 p가 $n \geq p^2$을 만족하면 $p|n$임을 보여라. 만약 $n \geq 7^2$이면 n은 $2, 3, 5, 7$로 나눠짐을 결론지어라. 본즈 부등식을 적용하여 그러한 n이 모든 소수로 나눠짐을 보임으로써 모순을 이끌어내라. 30은 원하는 성질을 갖고 있지만, $30 < n < 49$인 정수 n은 그러한 성질을 갖지 않음을 보여라.)

*34. p_k가 k번째 소수일 때 모든 정수 $n \geq 4$에 대해 $p_{n+1}p_{n+2} < p_1p_2\cdots p_n$이 성립함을 보여라.(힌트: 베르트랑의 공준과 본즈 부등식 증명의 (c)를 사용하라.)

35. p_k가 k번째 소수일 때 모든 정수 $n \geq 6$에 대해 $p_n^2 < p_{n-1}p_{n-2}p_{n-3}$이 성립함을 보여라. 또한 $n = 3, 4, 5$일 때 부등식이 성립하지 않음을 보여라. (힌트: $p_n < 2p_{n-1}$과 $p_{n-1} < 2p_{n-2}$를 보이기 위해 베르트랑의 공준을 사용하라.)

36. 모든 양의 정수 N에 대해 짝수 K와 N개보다 많은 연속된 소수 쌍이 존재하여 각 소수 쌍의 차이가 K가 됨을 보여라. (힌트: 소수 정리를 사용하라.)

37. 따름정리 4.4.1을 사용하여 백만 번째 소수를 추정하라.

계산과 탐구

1. 표 4.1에 제시된 정보를 가능한 한 많이 검증하라.

2. n번째 소수를 p_n이라 하고 소수 간격을 $d_n = p_{n+1} - p_n$이라고 할 때, 가능한 한 많은 d_n을 구하라.

3. $p,\ p+2,\ p+6$꼴의 소수의 세 쌍을 가능한 한 많이 찾아라.

4. 10,000보다 작은 모든 짝수에 대한 골드바흐의 추측을 검증하라.

5. 10,000보다 작은 모든 쌍둥이 소수를 찾아라.

6. 계산 1번의 각 정수보다 큰 첫 번째 쌍둥이 소수를 찾아라.

7. 양의 정수 x에 대해 $\pi_2(x)$를 x 이하의 쌍둥이 소수의 개수라고 하자. $1 \le x \le 1000$과 $1 \le x \le 10{,}000$일 때 $\pi_2(x)$의 그래프를 각각 그려라.

8. 하디와 리틀우드는 x 이하의 쌍둥이 소수의 개수 $\pi_2(x)$가 $2C_2x/(\log x)^2$에 점근적이라고 추측했다. 여기서 $C_2 = \prod_{p>2}\left(1 - \frac{1}{(p-1)^2}\right)$이고, 그 값은 대략 0.66016과 같다. 계산할 수 있는 만큼 큰 x 값에 대해 $\pi_2(x)$에 대한 이 점근공식이 얼마나 정확한지 검증하라.

9. 브룬 상수를 가능한 한 정확하게 계산하라.

10. 짝수 n이 소수 $p, q\ (p \le q)$의 합 $p+q$로 표현되는 방법의 수 $G(n)$이 모든 짝수 $n \ge 188$에 대해 $G(n) \ge 10$을 만족한다는 추측을 탐구하라.

11. 모든 양의 정수 n에 대해 n개의 연속된 소수로 구성된 길이가 n인 등차수열이 있다는 추측은 아직 해결되지 않았다. 현재 알려진 가장 긴 등차수열은 22개의 연속된 소수로 구성된다. 100보다 작은 세 개의 연속된 소수와 500보다 작은 네 개의 연속된 소수로 구성된 등차수열을 각각 찾아라.

12. 115,453,391로 시작하여 공차가 4,144,140이고 길이가 15인 등차수열의 모든 항이 소수임을 보여라.

13. 23,143으로 시작하여 공차가 30,030이고 길이가 12인 등차수열의 모든 항이 소수임을 보여라.

14. 4943으로 시작하고 10개의 소수를 포함하는 등차수열을 찾아라.

15. 루마니아 수학자인 안드리카(Dorin Andrica)의 이름을 따라 명명된 안드리카 추측은 모든 양의 정수 n에 대해 p_n을 n번째 소수라고 할 때 $A_n = \sqrt{p_{n+1}} - \sqrt{p_n} < 1$이 성립한다는 것이다. 가능한 한 많은 양의 정수 n에 대해 A_n을 계산하여 이 추측에 대한 증거를 수집하고, 그 데이터를 이용하여 A_n의 가장 큰 값에 대해 추측하라.

16. $n = 1000$, $n = 10{,}000$, $n = 100{,}000$, $n = 1{,}000{,}000$에 대해 르장드르 추측을 각각 검증하라.

17. 1882년에 덴마크 수학자이자 언어학자인 오페르만(Ludvig Oppermann)은 모든 정수 $n > 2$에 대해 $n^2 - n < p_1 < n^2 < p_2 < n^2 + n$을 만족하는 소수 p_1, p_2가 존재한다는 추측을 제시했다.

$n < 100$인 모든 양의 정수 n과 $n < 1000$인 모든 양의 정수 n에 대해 오퍼만의 추측을 각각 확인하라.

18. 모든 짝수가 두 개의 행운의 수(서로 다를 필요가 없음)의 합이라는 추측을 탐구하라. 또 임의의 양의 정수 k에 대해 정확히 k개의 방법으로 두 개의 행운의 수의 합으로 표현될 수 있는 양의 정수 n이 있다는 추측을 탐구하라.

19. **자리민감 b진 소수**(digitally delicate base-b prime)는 해당 소수의 b진수에서 그 자리의 수 중 어느 하나라도 다른 수로 바꾸면 합성수가 되는 소수이다.

    a) $2 \le b \le 10$인 모든 밑 b에 대해 가장 작은 자리민감 b진 소수를 찾아라.

    b) 가장 작은 네 개의 자리민감 10진 소수를 찾아라.

프로그래밍 프로젝트

1. 주어진 양의 정수 n에 대해 n보다 작은 모든 짝수에 대해 골드바흐의 추측을 검증하라.
2. 주어진 양의 정수 n에 대해 n보다 작은 모든 쌍둥이 소수를 구하라.
3. 주어진 양의 정수 m에 대해 처음 m개의 n^2+1꼴의 소수를 구하라.
4. 주어진 양의 정수 n에 대해 두 소수 $p, q\,(p \le q)$의 합 $n = p + q$로 표현되는 방법의 수 $G(n)$을 구하라.
5. 주어진 양의 정수 n에 대해 모든 항이 소수이고 길이가 n인 등차수열을 가능한 많이 찾아라.

4.3 산술의 기본정리

산술의 기본정리는 소수가 정수를 곱셈적으로 구성하는 벽돌임을 보여주는 중요한 결과이다.

정리 4.6 산술의 기본정리

1보다 큰 모든 양의 정수는 소인수가 나타나는 순서를 고려하지 않으면 소수의 곱으로 유일하게 표현된다.

때로는 산술의 기본정리가 정수 1에 대해서도 적용되도록 확장하기도 한다. 즉 1은 소수의 공집합 곱으로 유일하게 표현되는 것으로 간주하는 것이다.

예제 4.9

몇 가지 양의 정수의 인수분해는 다음과 같이 주어진다.

$$240 = 2 \cdot 2 \cdot 2 \cdot 2 \cdot 3 \cdot 5 = 2^4 \cdot 3 \cdot 5, \quad 289 = 17 \cdot 17 = 17^2, \quad 1001 = 7 \cdot 11 \cdot 13.$$

앞의 예와 같이 특정 소인수가 반복되어 나타날 때, 이를 거듭제곱으로 표현하면 편리하다. 240의 인수분해의 경우 네 번 반복되어 나타나는 소인수 2를 2^4 으로 표현한다. 소수의 거듭제곱을 이용하여 나타내는 정수의 인수분해를 **소인수거듭제곱분해**(prime-power factorization)라고 한다.

산술의 기본정리를 증명하기 위해서는 나눗셈에 관한 다음 도움정리가 필요하다. 이 도움정리는 증명의 핵심적인 부분이다.

도움정리 4.2

정수 a, b, c에 대해 $(a, b) = 1$이고 $a \mid bc$이면, $a \mid c$이다.

증명

$(a, b) = 1$이기 때문에 $ax + by = 1$을 만족하는 정수 x, y가 있다. 이 등식의 양변에 c를 곱하면 $acx + bcy = c$가 된다. 정리 1.9에 따르면 a는 $acx + bcy$를 나눈다. 왜냐하면 이것은 a의 배수들인 a와 bc의 일차결합이기 때문이다. 따라서 $a \mid c$이다.

비고. 도움정리 4.2는 종종 **유클리드의 보조정리**(Euclid's Lemma)라고 불린다. 이것은 유클리드의 《원론》의 제7권의 30번째 명제이다.

다음으로, 산술의 기본정리의 증명에 사용하는 도움정리 4.2의 강한 버전을 제시한다.

도움정리 4.3

소수 p와 양의 정수 $a_1, a_2, \ldots, a_n$에 대해 $p \mid a_1a_2\cdots a_n$이면 $p \mid a_i$을 만족하는 i $(1 \le i \le n)$가 있다.

증명

수학적 귀납법을 통해 이 결과를 증명한다. $n = 1$인 경우는 자명하다. 결과가 n에 대해 참이라고 가정하자. 소수 p로 나눠지는 $n+1$개 정수의 곱 $a_1a_2\cdots a_{n+1}$을 생각하자. p가 소수이므로 $(p, a_1a_2\cdots a_n) = 1$이거나 $(p, a_1a_2\cdots a_n) = p$이다. 만약 $(p, a_1a_2\cdots a_n) = 1$이면 도움정리 4.2에 의해 $p \mid a_{n+1}$이고, $p \mid a_1a_2\cdots a_n$이면 수학적 귀납법 가정에 의해 $p \mid a_i$을 만족하는 i $(1 \le i \le n)$가 있다. 결과적으로 $p \mid a_i$를 만족하는 i $(1 \le i \le n+1)$가 있다.

이제 산술의 기본정리의 증명을 시작한다. 첫째, 1보다 큰 모든 양의 정수는 소수의 곱으로 쓸 수 있음을 보인다. 그런 다음 소인수가 나타나는 순서를 고려하지 않으면 소수의 곱으로 유일하게 표현됨을 보인다.

증명 4.6

모순을 유도함으로써 이 결과를 증명한다. 어떤 양의 정수는 소수들의 곱으로 쓸 수 없다고 가정하자. 그러한 속성을 가진 정수 중에 가장 작은 정수를 n이라고 하자. n이 소수라면 그것은 소수 n 하나의 곱으로 볼 수 있다. 따라서 n은 합성수이어야 한다. 즉 $n = ab$ $(1 < a, b < n)$라고 할 수 있다. 그러나 a, b는 n보다 작기 때문에 소수들의 곱이어야 한다. 따라서 $n = ab$이므로 n도 소수들의 곱이다. 이 모순은 모든 양의 정수가 소수들의 곱으로 표현됨을 보여준다.

이제 소인수분해가 유일하다는 것을 보임으로써 산술의 기본정리에 대한 증명을 끝내자. 다음과 같이 서로 다른 소인수분해를 가지는 정수 n이 있다고 가정하자.

$$n = p_1 p_2 \cdots p_s = q_1 q_2 \cdots q_t$$

여기서 $p_1, p_2, \ldots, p_s$와 $q_1, q_2, \ldots, q_t$는 모두 소수이며 $p_1 \leq p_2 \leq \cdots \leq p_s$, $q_1 \leq q_2 \leq \cdots \leq q_t$이다.

두 소인수분해에서 모든 공통 소인수를 제거하여 다음과 같은 소인수분해를 얻을 수 있다.

$$p_{i_1} p_{i_2} \cdots p_{i_u} = q_{j_1} q_{j_2} \cdots q_{j_v}$$

여기서 등식의 왼쪽에 있는 소수와 오른쪽에 있는 소수는 서로 다르고, 원래 소인수분해가 다르다고 가정되었으므로 $u \geq 1$이고 $v \geq 1$이다. 그러나 이것은 도움정리 4.3에 의해 모순으로 이어진다. 이 도움정리에 의해 p_{i_1}은 어떤 k에 대해 q_{j_k}를 나눠야만 하는데, 이것은 불가능하다. 왜냐하면 각 q_{j_k}는 소수이고 p_{i_1}과 다르기 때문이다. 따라서 양의 정수 n의 소인수분해는 순서를 고려하지 않으면 유일하다.

인수분해가 유일하지 않는 경우 모든 양의 정수가 유일한 인수분해를 갖는다는 사실은 정수 집합이 갖는 특별한 속성으로서, 이러한 성질은 일부의 수 체계만이 공유하는 속성이다. 13장에서 디오판토스 방정식 $x^n + y^n = z^n$을 연구할 것이다. 19세기 수학자들은 n이 3 이상의 정수인 경우, 이 방정식이 모두 0이 아닌 정수해를 갖지 않음을 증명할 수 있다고 생각했다. (이는 페르마의 마지막 정리로 알려진 결과이다.) 그 증명에서 그들은 특정한 꼴의 수가 유일한 인수분해를 갖는다는 성질을 사용했다. 그러나 그 수들은 결국 인수분해의 유일성을 갖지 않는 것으로 판명되었다. 이와 같이 추정된 증명은 부정확했고, 이것은 많은 저명한 수학자도 미처 인식하지 못한 문제였다.

책의 수준을 벗어나지 않는 범위 내에서 특정한 꼴의 수가 유일한 인수분해를 갖지 않음을 보여주는 예제를 제공할 수 있다. 모든 정수 a, b에 대해 $a + b\sqrt{-5}$꼴의 수들의 집합을 생각해 보자. 이 집합에는 모든 정수($b = 0$을 취함)와 $3\sqrt{-5}$, $-1 + 4\sqrt{-5}$, $7 - 5\sqrt{-5}$ 등의 다른 수가 포함된다. 이러한 수들의 집합에서는 어떤 수가 ± 1이 아닌 두 수의 곱으로 표현되지 않으면, 그 수는 소수이다. $6 = 2 \cdot 3 = (1+\sqrt{-5})(1-\sqrt{-5})$를 주목해보자. 이때 $2, 3, 1+\sqrt{-5}, 1-\sqrt{-5}$ 각각은 소수이다. (이 절의 끝 부분에있는 연습문제 19~22를 참고하여 이것이 사실임을 확인하라.) 따라서 $a+b\sqrt{-5}$꼴의 수들의 집합은 인수분해의 유일성을 갖는다. 반면에 모든 정수 a, b에 대해 $a+b\sqrt{-1}$꼴의 수들의 집합은 15장에서 볼 수 있듯이 인수분해의 유일성을 갖는다.

4.3.1 소인수분해의 활용

양의 정수 n의 소인수분해에는 n에 대한 필수적인 정보가 들어 있다. 소인수분해가 주어지면 p가 n을 나눌 필요충분조건은 p가 이 소인수분해에 나타나는 것임을 바로 유추할 수 있다. (n을 나누는 소수 q가 n의 소인수분해에 나타나지 않는다면 소인수분해의 유일성에 대한 모순을 얻을 수 있다. 독자는 다른 방향을 증명을 채워보라.) 예를 들어 $168 = 2^3 \cdot 3 \cdot 7$이기 때문에 소수 $2, 3, 7$ 각각은 168을 나누지만 소수 $5, 11, 13$은 나누지 않는다. 또한 n을 나누는 소수 p의 최대 거듭제곱은 n의 소인수분해에 나타나는 이 소수의 거듭제곱이다. 예를 들어 $2^3, 3, 7$의 각각은 168을 나누지만 $2^4, 3^2, 7^2$ 어느 것도 나누지 않는다. 더욱이 d가 n의 약수일 필요충분조건은 d의 소인수분해에서 나타나는 모든 소수가 n의 소인수분해에서 나타나고, 또한 d의 소인수분해에서 각 소수의 거듭제곱의 지수는 n의 소인수분해에서 그 소수의 거듭제곱의 지수보다 작거나 같은 것이다. (이것이 산술의 기본정리에서 비롯된 것임을 확인하라.) 다음 예제는 이 관찰을 이용하여 양의 정수의 모든 양의 약수를 찾는 방법을 보여준다.

예제 4.10

$120 = 2^3 \cdot 3 \cdot 5$의 양의 약수는 그것의 소인수분해가 소수 $2, 3, 5$만을 포함하며, 그 소수들의 거듭제곱의 지수는 각각 $3, 1, 1$ 이하의 양의 정수이다. 따라서 이 약수들은 다음과 같다.

$$\begin{array}{llll} 1 & 3 & 5 & 3\cdot 5 = 15 \\ 2 & 2\cdot 3 = 6 & 2\cdot 5 = 10 & 2\cdot 3\cdot 5 = 30 \\ 2^2 = 4 & 2^2\cdot 3 = 12 & 2^2\cdot 5 = 20 & 2^2\cdot 3\cdot 5 = 60 \\ 2^3 = 8 & 2^3\cdot 3 = 24 & 2^3\cdot 5 = 40 & 2^3\cdot 3\cdot 5 = 120 \end{array}$$

소인수분해를 활용하는 또 다른 방안은 다음 예제에서 설명한 것처럼 최대공약수를 찾는 것이다.

예제 4.11

어떤 양의 정수가 $720 = 2^4 \cdot 3^2 \cdot 5$와 $2100 = 2^2 \cdot 3 \cdot 5^2 \cdot 7$의 공약수가 되기 위해서는 그것의 소인수분해에 소수 $2, 3, 5$만 나타나야 하고, 각 소수의 거듭제곱의 지수는 720과 2100의 소인수분해에서 그 소수의 거듭제곱의 지수들 중 어느 하나보다 클 수 없다. 결과적으로 720과 2100의 공약수의 소인수분해에는 소수 2, 3, 5만 나타나고, 그들의 거듭제곱의 지수는 각각 2, 1, 1보다 크지 않다. 따라서 720과 2100의 최대공약수는 $2^2 \cdot 3 \cdot 5 = 60$이다.

소인수분해를 사용하여 최대공약수를 찾는 방법을 일반적으로 설명하기 위해 두 수 a, b 중 더 작은 수를 $\min(a, b)$로 나타내기로 하자. 이제 a, b의 소인수분해가 다음과 같다고 하자.

$$a = p_1^{a_1} p_2^{a_2} \cdots p_n^{a_n}, \quad b = p_1^{b_1} p_2^{b_2} \cdots p_n^{b_n}$$

여기서 각 지수는 음이 아닌 정수이고, 소인수분해에서 나타나는 모든 소수는 a와 b 양쪽 모두에 나타나며, 이때 지수는 0이 될 수도 있다. 그러면 각 소수 p_i에 대해 a와 b는 정확히 p_i의 $\min(a_i, b_i)$제곱만큼 공유하기 때문에 다음과 같다.

$$(a, b) = p_1^{\min(a_1, b_1)} p_2^{\min(a_2, b_2)} \cdots p_n^{\min(a_n, b_n)}$$

소인수분해는 또한 두 양의 정수의 양의 공배수 중에서 가장 작은 수를 찾는 데 사용될 수 있다. 이 수를 구하는 문제는 분수를 더할 때 발생한다.

정의 4.4

0이 아닌 두 정수 a, b의 **최소공배수**(least common multiple)는 a, b로 나뉘는 가장 작은 양의 정수이다.

a, b의 최소공배수는 $[a, b]$로 표기한다. (참고 : $\text{lcm}(a, b)$ 표기도 a, b의 최소공배수를 나타내기 위해 사용된다.)

예제 4.12

몇 가지 최소공배수를 구하면 다음과 같다.

$$[15, 21] = 105,\ [24, 36] = 72,\ [2, 20] = 20,\ [7, 11] = 77$$

일단 a, b의 소인수분해를 알면 $[a, b]$를 쉽게 찾을 수 있다. a, b의 소인수분해를 각각 $a = p_1^{a_1} p_2^{a_2} \cdots p_n^{a_n}$, $b = p1^{b_1} p_2^{b_2} \cdots p_n^{b_n}$이라고 하자. 여기서 $p_1, p_2, \cdots, p_n$은 a 또는 b의 소인수분해에서 나타나는 소수이고, $a_i = 0$이거나 $b_i = 0$일 수 있다. 그러면 어떤 정수가 a, b 모두에 의해 나뉘려면 그 정수의 소인수분해에서 각 p_j의 거듭제곱 지수는 a_j, b_j 모두 보다 크거나 같아야 한다.

따라서 a, b 모두로 나뉠 수 있는 가장 작은 양의 정수인 $[a, b]$는 다음과 같다.

$$[a, b] = p_1^{\max(a_1, b_1)} p_2^{\max(a_2, b_2)} \cdots p_n^{\max(a_n, b_n)}$$

여기서 $\max(x, y)$는 x, y 둘 중 더 큰 수를 나타낸다.

큰 정수의 소인수분해를 찾는데는 많은 시간이 걸리기 때문에 소인수분해를 사용하지 않고 두 정수의 최소공배수를 찾는 방법을 선호한다. 이제 두 양의 정수의 최대공약수를 알면 최소공배수를 찾을 수 있음을 보인다. 앞에서 설명한 대로 최대공약수는 유클리드 알고리즘을 통해 찾을 수 있다. 먼저, 다음과 같은 도움정리를 증명한다.

도움정리 4.4

실수 x, y에 대해 $\max(x, y) + \min(x, y) = x + y$이다.

증명

만약 $x \geq y$이면 $\min(x, y) = y$, $\max(x, y) = x$이다. 그래서 $\max(x, y) + \min(x, y) = x + y$이다. 만약 $x < y$이면 $\min(x, y) = x$, $\max(x, y) = y$이다. 그래서 $\max(x, y) + \min(x, y) = x + y$이다.

최대공약수를 알 때, 다음 정리를 이용하면 최소공배수를 찾을 수 있다.

정리 4.7

양의 정수 a, b에 대해 $[a, b] = ab/(a, b)$이다.

증명 4.7

a, b가 다음과 같은 소인수분해를 갖는다고 하자.

$$a = p_1^{a_1} p_2^{a_2} \cdots p_n^{a_n}, \quad b = p_1^{b_1} p_2^{b_2} \cdots p_n^{b_n}$$

여기서 지수는 음이 아닌 정수이다. 이제 $M_j = \max(a_j, b_j)$, $m_j = \min(a_j, b_j)$라고 하자. 그러면 $M_j + m_j = \max(a_j, b_j) + \min(a_j, b_j) = a_j + b_j$ 이므로 다음이 성립한다.

$$\begin{aligned}
[a, b](a, b) &= p_1^{M_1} p_2^{M_2} \cdots p_n^{M_n} p_1^{m_1} p_2^{m_2} \cdots p_n^{m_n} \\
&= p_1^{M_1+m_1} p_2^{M_2+m_2} \cdots p_n^{M_n+m_n} \\
&= p_1^{a_1+b_1} p_2^{a_2+b_2} \cdots p_n^{a_n+b_n} \\
&= p_1^{a_1} p_2^{a_2} \cdots p_n^{a_n} p_1^{b_1} p_2^{b_2} \cdots p_n^{b_n} \\
&= ab
\end{aligned}$$

다음 산술의 기본정리의 결과는 나중에 필요하게 된다.

도움정리 4.5

m, n이 서로소인 양의 정수라고 하자. 만약 d가 mn의 양의 약수이면 $d = d_1 d_2$인 m의 양의 약수 d_1과 n의 양의 약수 d_2의 쌍이 유일하게 존재한다. 반대로 d_1, d_2가 각각 m, n의 양의 약수라면 $d = d_1 d_2$는 mn의 양의 약수이다.

증명

m, n의 소인수분해를 각각 $m = p_1^{m_1} p_2^{m_2} \cdots p_s^{m_s}$, $n = q_1^{n_1} q_2^{n_2} \cdots q_t^{n_t}$이라고 하면 $(m, n) = 1$이므로 소수 $p_1, p_2, \ldots, p_s$의 집합과 $q_1, q_2, \ldots, q_t$의 집합은 공통 원소가 없다. 따라서

$$mn = p_1^{m_1} p_2^{m_2} \cdots p_s^{m_s} q_1^{n_1} q_2^{n_2} \cdots q_t^{n_t}$$

은 mn의 소인수분해이다. 따라서 d가 mn의 양의 약수이면 d는 다음과 같은 꼴로 표현된다.

$$d = p_1^{e_1} p_2^{e_2} \cdots p_s^{e_s} q_1^{f_1} q_2^{f_2} \cdots q_t^{f_t}$$

여기서 $i = 1, 2, \ldots, s$에 대해 $0 \le e_i \le m_i$이고 $j = 1, 2, \ldots, t$에 대해 $0 \le f_j \le n_j$이다. 이제 $d_1 = (d, m)$, $d_2 = (d, n)$이라고 하면 다음과 같다.

$$d_1 = p_1^{e_1} p_2^{e_2} \cdots p_s^{e_s}, \ d_2 = q_1^{f_1} q_2^{f_2} \cdots q_t^{f_t}$$

따라서 $d = d_1 d_2$, $(d_1, d_2) = 1$이다. 또한 d의 소인수분해가 유일하므로 이 성질을 만족하는 d_1, d_2의 쌍은 유일하다.

반대로 d_1, d_2가 각각 m, n의 양의 약수라고 하자. 그러면 다음과 같다.

$$d_1 = p_1^{e_1} p_2^{e_2} \cdots p_s^{e_s}, \ d_2 = q_1^{f_1} q_2^{f_2} \cdots q_t^{f_t}$$

여기서 $i = 1, 2, \ldots, s$에 대해 $0 \le e_i \le m_i$이고 $j = 1, 2, \ldots, t$에 대해 $0 \le f_j \le n_j$이다. 따라서 정수

$$d = d_1 d_2 = p_1^{e_1} p_2^{e_2} \cdots p_s^{e_s} q_1^{f_1} q_2^{f_2} \cdots q_t^{f_t}$$

는

$$mn = p_1^{m_1} p_2^{m_2} \cdots p_s^{m_s} q_1^{n_1} q_2^{n_2} \cdots q_t^{n_t}$$

의 약수이다. 왜냐하면 d의 소인수분해에서 나타나는 각 소인수의 거듭제곱의 지수는 mn의 소인수분해에서 그 소인수의 거듭제곱의 지수보다 작거나 같기 때문이다.

디리클레 정리의 특수한 경우의 증명 소인수분해는 디리클레 정리의 특별한 경우를 증명하는 데 사용될 수 있다. 이 정리는 서로소인 두 양의 정수 a, b에 대해 등차수열 $an + b$가 무한히 많은 소수를 포함한다는 것이다. 소인수분해를 이용하여 등차수열 $4n+3$에 대한 디리클레의 정리의 증명해보자.

정리 4.8

양의 정수 n에 대해 $4n + 3$꼴의 소수는 무한히 많다.

이 정리를 증명하기 전에 유용한 도움정리 하나를 증명하자.

도움정리 4.6

a, b가 모두 $4n + 1$꼴의 정수이면 곱 ab도 같은 꼴이다.

증명

a, b는 모두 $4n + 1$꼴이기 때문에 $a = 4r + 1, b = 4s + 1$인 정수 r, s가 존재한다. 따라서 다음과 같고,

$$ab = (4r + 1)(4s + 1) = 16rs + 4r + 4s + 1 = 4(4rs + r + s) + 1$$

이것은 다시 $4n + 1$꼴이다.

이제 원하는 결과를 증명하자.

증명 4.8

$4n+3$꼴의 소수가 유한하다고 가정하고, 그 소수들을 $p_0 = 3, p_1, p_2, \ldots, p_r$이라고 하자. 양의 정수

$$Q = 4p_1p_2 \cdots p_r + 3$$

를 생각하면, Q의 소인수분해에는 $4n + 3$꼴의 소수가 적어도 하나 나타난다. 그렇지 않으면 Q의 소인수분해에 나타나는 소수들은 모두 $4n + 1$꼴이 될 것이고, 도움정리 4.6에 의해 Q도 $4n + 1$꼴이 될 것이며 이것은 모순이다. 그러나 소수 $p_0, p_1, p_2, \ldots, p_r$ 중 어느 것도 Q를 나누지 않는다. 먼저 소수 3은 Q를 나누지 않는다. 왜냐하면 $3 \mid Q$이면 $3 \mid (Q - 3) = 4p_1p_2 \cdots p_r$이 모순이기 때문이다. 마찬가지로 $p_j \mid Q$는 $p_j \mid (Q - 4p_1p_2 \cdots p_r) = 3$을 의미하기 때문에 p_j는 Q를 나눌 수 없다. 그러면 Q의 소인수분해에 나타나는 $4n+3$꼴의 소수는 $p_0, p_1, p_2, \ldots, p_r$ 중 어느 것과도 같지 않으므로 모순이다. 따라서 $4n + 3$꼴의 소수가 무한히 많다.

무리수에 대한 결과 무리수에 대한 몇 가지 결과를 증명함으로써 이 절을 마무리하자. 무리수를 살펴보기 전에 유리수를 두 정수의 분수로 나타내는 서로 다른 방법을 생각해보자. α가 유리수인 경우, α를 두 정수의 분수로 쓸 수 있는 방법은 무한히 많다. 왜냐하면 두 정수 a, $b(b \neq 0)$에 대해 $\alpha = a/b$일 때, 0이 아닌 모든 정수 k에 대해 $\alpha = ka/kb$이기 때문이다. 그러나 인수분해의 유일성에 의해 양수 α는 기약분수로 유일하게 표현된다. 이 표현은 α를 나타내는 두 정수의 분수에서 분자와 분모의 공통 소인수를 제거하여 얻을 수 있다. 예를 들어 유리수 11/21은 기약분수이다. 또한 이 수는 다음과 같이 서로 다른 방법으로 나타낼 수 있다.

$$\cdots = -33/-63 = -22/-42 = -11/-21 = 11/21 = 22/42 = 33/63 = \cdots.$$

다음 두 결과는 특정 숫자가 무리수임을 보여준다. 먼저 $\sqrt{2}$가 무리수라는 또 다른 증명을 제시함으로써 시작하자(이 사실을 1.1절에서 증명했다).

예제 4.13

$\sqrt{2}$가 유리수라고 가정하자. 그러면 $\sqrt{2}$는 기약분수 $\sqrt{2} = a/b$로 나타낼 수 있다. 즉 a, $b(b \neq 0)$는 정수이고 $(a, b) = 1$이다. 따라서 $2 = a^2/b^2$이므로 $2b^2 = a^2$이 된다. $2 \mid a^2$이므로 $2 \mid a$이다(연습문제 40 참조). $a = 2c$라고 두면 $b^2 = 2c^2$이다. 따라서 $2 \mid b^2$이고, 연습문제 40에 의해 2도 b를 나눈다. 그러나 $(a, b) = 1$이기 때문에 2가 a, b를 둘 다 나눌 수 없다. 즉 모순이 발생한다. 이 모순은 $\sqrt{2}$가 무리수라는 것을 보여준다.

다음의 좀 더 일반적인 결과를 이용하여 $\sqrt{2}$가 무리수임을 보일 수 있다.

정리 4.9

α를 정수계수 다항식 $x^n + c_{n-1}x^{n-1} + \cdots + c_1x + c_0$의 실근이라고 하자. 그러면 α는 정수 또는 무리수이다.

증명 4.9

α가 유리수라고 가정하자. 그러면 α를 기약분수 $\alpha = a/b$로 쓸 수 있다. α는 $x^n + c_{n-1}x^{n-1} + \cdots + c_1x + c_0$의 근이므로 다음을 얻는다.

$$(a/b)^n + c_{n-1}(a/b)^{n-1} + \cdots + c_1(a/b) + c_0 = 0$$

b^n을 곱하면 다음을 얻는다.

$$a^n + c_{n-1}a^{n-1}b + \cdots + c_1ab^{n-1} + c_0b^n = 0$$

이고,

$$a^n = b(-c_{n-1}a^{n-1} - \cdots - c_1ab^{n-2} - c_0b^{n-1})$$

이므로 $b \mid a^n$이다. 만약 b가 소인수 p를 가지고 있다면 $p \mid a^n$이기 때문에 연습문제 41에 의해 $p \mid a$이다. 그러나 $(a, b) = 1$이기 때문에 이것은 모순이며, 따라서 $b = \pm 1$이다. 결과적으로 α가 유리수이면 $\alpha = \pm a$이므로 α는 정수이다.

다음 예제를 통해 정리 4.9를 어떻게 사용하는지 알아보자.

예제 4.14

양의 정수 a가 어떤 정수의 m제곱이 아니라고 하자. 그러면 $\sqrt[m]{a}$는 정수가 아니다. 한편 $\sqrt[m]{a}$는 다항식 $x^m - a$의 근이기 때문에 정리 4.9에 의해 무리수이다. 따라서 $\sqrt{2}$, $\sqrt[3]{5}$, $\sqrt[10]{17}$ 등과 같은 수는 무리수이다.

산술의 기본정리는 유명한 리만 제타함수를 소수와 관련시키는 다음 결과를 증명하는 데 사용될 수 있다.

정리 4.10

만약 s가 1보다 큰 실수이면, 다음 등식이 성립한다.

$$\zeta(s) = \sum_{n=1}^{\infty} \frac{1}{n^s} = \prod_{p:\ \text{소수}} \left(1 - \frac{1}{p^s}\right)^{-1}$$

정리 4.10을 증명하지 않을 것이다. 왜냐하면 그 증명은 해석학으로부터 나온 결과에 의존하기 때문이다. 단지 산술의 기본정리를 사용하여 양의 정수 n에 대해 왼쪽에 있는 항 $1/n^s$이 오른쪽에 있는 곱을 전개할 때 정확히 한 번 나타난다는 사실만 보이자. 이를 보기 위해 다음 등식을 이용한다.

$$\frac{1}{1 - p_j^s} = \sum_{k=0}^{\infty} \left(\frac{1}{p_j^k}\right)^s$$

이것을 대입하여 곱을 전개하면 $n = p_1^{k_1} p_2^{k_2} \cdots p_r^{k_r}$이 n의 소인수분해일 때

$$\frac{1}{n^s} = \left(\frac{1}{n}\right)^s = \left(\frac{1}{p_1^{k_1} p_2^{k_2} \cdots p_r^{k_r}}\right)^s$$

은 곱의 전개에서 정확히 한 번 나타난다는 사실을 알 수 있다. 자세한 증명은 [HaWr08]에서 확인할 수 있다.

4.3 연습문제

1. 다음 정수들의 소인수분해를 각각 구하라.

   a) 36　　d) 289　　g) 515　　j) 8000

   b) 39　　e) 222　　h) 989　　k) 9555

   c) 100　　f) 256　　i) 5040　　l) 9999

2. 111,111 의 소인수분해를 구하라.

3. 4,849,845 의 소인수분해를 구하라.

4. 다음 정수들의 소인수분해를 각각 구하라.

   a) 100,000　　b) 10,500,000　　c) 10!　　d) $\binom{30}{10}$

5. 다음 정수들의 소인수분해를 각각 구하라.

   a) 196,608　　b) 7,290,000　　c) 20!　　d) $\binom{50}{25}$

6. 정수 n 의 소인수분해에서 모든 소수의 거듭제곱의 지수가 짝수일 필요충분조건은 n 이 제곱수임을 보여라.

7. 어떤 양의 정수가 정확히 세 개의 양의 약수를 가지고 있는가? 또 정확히 네 개의 양의 약수를 가지고 있는가?

8. 모든 양의 정수를 제곱수와 제곱인수가 없는 정수의 곱으로 쓸 수 있음을 보여라. **제곱인수가 없는 정수**(square-free integer)는 1 이외의 어떤 제곱수로도 나뉘지 않는 정수이다.

9. 소수 p가 n을 나눌 때마다 p^2 이 n을 나눌 때, 정수 n을 **강력수**(powerful number)라고 한다. 모든 강력수가 제곱수와 완전세제곱수의 곱으로 쓸 수 있음을 보여라.

10. a, b가 양의 정수이고 $a^3 \nmid b^2$ 이면 $a \nmid b$임을 보여라.

11. p를 소수, n을 양의 정수라고 하자. $p^a \mid n$ 이지만 $p^{a+1} \nmid n$ 이면 p^a 가 **정확히 나눈다**(exactly divides)고 하고, $p^a \parallel n$ 으로 표기한다.

    a) $p^a \parallel m$ 이고 $p^b \parallel n$ 이면 $p^{a+b} \parallel mn$ 임을 보여라.

    b) $p^a \parallel m$ 이면 $p^{ka} \parallel m^k$ 임을 보여라.

    c) $a \neq b$일 때 $p^a \parallel m$ 이고 $p^b \parallel n$ 이면 $p^{\min(a,\,b)} \parallel m+n$ 임을 보여라.

12. n을 양의 정수라고 하자. n의 소인수분해에서 나타나는 소수 p의 거듭제곱 지수는 다음과 같음을 보여라.

$$[n/p] + [n/p^2] + [n/p^3] + \cdots$$

13. 연습문제 12를 사용하여 20! 의 소인수분해를 찾아라.

14. 1000!의 십집표기의 끝에 0이 몇 개가 있는가? 또 8진법 표현에는 몇 개가 있는가?

15. $n!$의 십진표기가 정확히 740개의 0으로 끝나는 모든 양의 정수 n을 찾아라.

16. n이 양의 정수이면 $n!$의 십진표기가 정확히 153, 154, 155개의 영으로 끝날 수 없음을 보여라.

정수 a, b에 대해 $\alpha = a + b\sqrt{-5}$라고 하자. $N(\alpha) = a^2 + 5b^2$으로 정의하고, 이를 α의 **노름**(norm)이라고 하자.

17. 만약 $\alpha = a + b\sqrt{-5}$, $\beta = c + d\sqrt{-5}$이면 $N(\alpha\beta) = N(\alpha)N(\beta)$임을 보여라.

18. $a + b\sqrt{-5}$꼴의 수는 그것이 ± 1이 아닌 같은 꼴의 두 수 α, β의 곱으로 쓸 수 없는 경우 **소수**라고 한다. 2가 $a + b\sqrt{-5}$꼴의 소수임을 보여라. (힌트: $N(2) = N(\alpha)N(\beta)$로 시작하고 연습문제 17을 사용하라.)

19. 연습문제 18과 유사한 방법을 사용하여 3이 $a + b\sqrt{-5}$꼴의 소수임을 보여라.

20. 연습문제 18과 유사한 방법을 사용하여 $1 \pm \sqrt{-5}$이 둘 다 $a + b\sqrt{-5}$꼴의 소수임을 보여라.

21. 21의 두 가지 서로 다른 $a + b\sqrt{-5}$꼴의 소수에 의한 인수분해를 찾아라.

*22. $a + b\sqrt{-6}$꼴의 모든 수의 집합이 인수분해의 유일성을 갖지 않음을 보여라.

*23. $a + b\sqrt{-14}$꼴의 모든 수의 집합이 인수분해의 유일성을 갖지 않음을 보여라.

다음 세 개의 연습문제는 인수분해가 유일하지 않은 또 다른 예를 제시한다. H를 $4k + 1$꼴의 모든 양의 정수의 집합이라고 하자. 여기서 k는 음수가 아닌 정수이다. 도움정리 4.6에 의해 H의 두 원소의 곱은 H의 원소이다.

24. H에서 두 정수의 곱으로 쓸 수 있는 유일한 방법이 $h = h \cdot 1 = 1 \cdot h$이고 $h \neq 1$이면 h를 **힐베르트 소수**(Hilbert prime, 유명한 독일 수학자 힐베르트의 이름을 따라 명명됨)라고 한다. 가장 작은 20개의 힐베르트 소수를 찾아라.

25. H의 1보다 큰 모든 원소가 힐베르트 소수로 인수분해될 수 있음을 보여라.

26. H의 원소를 힐베르트 소수로 인수분해하는 것이 유일하지 않음을 693의 서로 다른 두 가지 인수분해를 찾음으로써 보여라.

27. 어떤 양의 정수 n이 $\sqrt{n}$ 이하의 모든 양의 정수로 나눠지는가?

28. 다음 정수 쌍의 최소공배수를 각각 구하라.

a) 8, 12
b) 14, 15
c) 28, 35
d) 111, 303
e) 256, 5040
f) 343, 999

29. 다음 정수 쌍의 최소공배수를 각각 구하라.

a) 7. 11
b) 12, 18
c) 25, 30
d) 101, 333
e) 1331, 5005
f) 5040, 7700

30. 다음 정수 쌍의 최대공약수와 최소공약수를 각각 구하라.

a) $2 \cdot 3^2 5^3$, $2^2 3^3 7^2$
b) $2 \cdot 3 \cdot 5 \cdot 7$, $7 \cdot 11 \cdot 13$
c) $2^8 3^6 5^4 11^{13}$, $2 \cdot 3 \cdot 5 \cdot 11 \cdot 13$
d) $41^{101} 47^{43} 103^{1001}$, $41^{11} 43^{47} 83^{111}$

31. 다음 정수 쌍의 최대공약수와 최소공약수를 각각 구하라.

a) $2^2 3^3 5^5 7^7$, $2^7 3^5 5^3 7^2$
b) $2 \cdot 3 \cdot 5 \cdot 7 \cdot 11 \cdot 13$, $17 \cdot 19 \cdot 23 \cdot 29$
c) $2^3 5^7 11^{13}$, $2 \cdot 3 \cdot 5 \cdot 7 \cdot 11 \cdot 13$
d) $47^{11} 79^{111} 101^{10001}$, $41^{11} 83^{111} 101^{1000}$

*32. n을 1보다 큰 양의 정수라고 하자. $1 + \frac{1}{2} + \frac{1}{3} + \cdots + \frac{1}{n}$이 정수가 아님을 보여라.

33. 주기매미(periodical cicadas)는 매우 긴 유충기와 짧은 성충기를 가진 곤충이다. 애벌레 시기가 17년인 주기매미의 각 종마다 애벌레 시기가 13년인 유사종이 있다. 만약 17년과 13년 종 모두 1900년에 특정한 장소에서 출현했다면 그 다음에는 언제 둘 모두 그 장소에서 출현하겠는가?

34. 어떤 정수 a, b의 쌍이 최대공약수 18과 최소공배수 540을 갖는가?

35. a, b의 최소공배수가 540, a, c의 최소공배수가 675, b, c의 최소공배수가 900인 모든 양의 정수 쌍 (a, b, c)를 찾아라.

36. (2018년 미국 수학 경시대회에서 제공된 문제의 수정된 버전) $(a, b) = 24$, $(b, c) = 36$, $(c, d) = 54$, $70 < (d, a) < 90$인 양의 정수 a, b, c, d가 주어졌을 때 $13 \mid a$임을 보여라.

37. 만약 a, b가 양의 정수이면 $(a, b) \mid [a, b]$임을 보여라. 언제 $(a, b) = [a, b]$가 성립하는가?

38. 만약 a, b가 양의 정수이면 $(c, d) = 1$, $cd = [a, b]$를 만족하는 a의 약수 c와 b의 약수 d가 있음을 보여라.

모두 0이 아닌 정수 $a_1, a_2, \ldots, a_n$의 최소공배수는 모든 정수 a_i로 나뉘는 가장 작은 양의 정수이다. 이것을 $[a_1, a_2, \ldots, a_n]$으로 표기한다.

♦39. a) a, b, c가 정수이면 $[a, b] \mid c$일 필요충분조건은 $a \mid c$, $b \mid c$임을 보여라.

b) $a_1, a_2, \ldots, a_n$과 d가 정수이면 $[a_1, a_2, \ldots, a_n] \mid d$일 필요충분조건은 모든 $i = 1, 2, \ldots, n$에 대해 $a_i \mid d$임을 보여라.

♦40. 도움정리 4.2를 이용하여 p가 소수이고 a가 정수일 때 $p \mid a^2$이면 $p \mid a$임을 보여라.

♦41. p가 소수이고 a가 정수일 때 양의 정수 n에 대해 $p \mid a^n$이면 $p \mid a$임을 보여라.

42. a, b, c가 정수이고 $c \mid ab$이면 $c \mid (a, c)(b, c)$임을 보여라.

43. a) a, b가 양의 정수이고 $(a,\ b) = 1$이면 모든 양의 정수 n에 대해 $(a^n,\ b^n) = 1$임을 보여라.
b) (a)를 이용하여 a, b가 정수이고 양의 정수 n에 대해 $a^n \mid b^n$이면 $a \mid b$임을 보여라.

44. $\sqrt[3]{5}$가 무리수임을 다음을 이용하여 각각 보여라.

a) 예제 4.13에 사용된 방법과 유사한 방법 b) 정리 4.9

45. $\sqrt{2} + \sqrt{3}$이 무리수임을 보여라.

46. $\log_2 3$이 무리수임을 보여라.

47. p가 소수이고 b가 p의 거듭제곱이 아닌 양의 정수이면 $\log_p b$가 무리수임을 보여라.

48. a) a, b가 양의 정수이면 $(a,\ b) = (a + b,\ [a,\ b])$임을 보여라.
b) (a)를 사용하여 합이 798이고 최소공배수가 $10,780$인 두 양의 정수를 찾아라.

49. a, b, c가 양의 정수이면 $([a,\ b],\ c) = [(a,\ c),\ (b,\ c)]$이고 $[(a,\ b),\ c] = ([a,\ c],\ [b,\ c])$임을 보여라.

50. $[6,\ 10,\ 15]$와 $[7,\ 11,\ 13]$을 찾아라.

51. $[a_1, a_2, \ldots, a_{n-1}, a_n] = [[a_1, a_2, \ldots, a_{n-1}], a_n]$임을 보여라.

52. n이 양의 정수라고 하자. $[a,\ b] = n$을 만족하는 양의 정수의 쌍은 얼마나 되는가? (힌트: n의 소인수분해를 생각해보라.)

53. a) a, b, c가 양의 정수이면 다음을 보여라.

$$\max(a,\ b,\ c) = a + b + c - \min(a,\ b) - \min(a,\ c) - \min(b,\ c) + \min(a,\ b,\ c)$$

b) (a)를 이용하여 다음을 보여라.

$$[a,\ b, c] = \frac{abc(a,\ b,\ c)}{(a,\ b)(a,\ c)(b,\ c)}$$

54. $a_1, a_2, \ldots, a_n$가 양의 정수일 때 연습문제 53을 일반화하여 $(a_1, a_2, \ldots, a_n)$와 $[a_1, a_2, \ldots, a_n]$에 관련된 공식을 찾아라.

55. a, b, c가 양의 정수이면 $(a,\ b,\ c)[ab,\ ac,\ be] = abc$임을 보여라.

56. a, b, c가 양의 정수이면 $[a,\ b,\ c](ab,\ ac,\ bc) = abc$임을 보여라.

57. a, b, c가 양의 정수이면 $([a,\ b],\ [a,\ c],\ [b,\ c]) = [(a,\ b),\ (a,\ c),\ (b,\ c)]$임을 보여라.

58. 양의 정수 k에 대해 $6k + 5$꼴의 소수가 무한히 많음을 증명하라.

*59. a, b가 양의 정수이면 등차수열 $a, a + b, a + 2b, \ldots$ 은 임의의 길이의 연속된 합성수 항을 포함함을 보여라.

60. 다음 정수의 소인수분해를 각각 구하라.

a) $10^6 - 1$
b) $10^8 - 1$
c) $2^{15} - 1$
d) $2^{24} - 1$
e) $2^{30} - 1$
f) $2^{36} - 1$

61. 한 할인점은 소매가인 99달러보다 낮고 1달러 보다 높은 가격으로 카메라를 판매한다. 만약 그들이 8,137달러어치의 카메라를 팔았고 카메라의 할인된 달러 가격이 정수라면, 그들은 얼마나 많은 카메라를 팔았는가?

62. 한 출판사가 375,961달러어치의 특정 책을 팔았다. 만약 그 책 한권의 달러 가격이 1보다 큰 정수라면, 그들은 얼마나 많은 책을 팔았는가?

63. 한 상점이 139,499달러어치의 전자제품을 한 개에 300달러 미만, 1달러 초과의 정수 달러 가격으로 판매한 경우 그들은 얼마나 많은 전자제품을 팔았는가?

64. a, b가 양의 정수일 때 $a^2 \mid b^2$ 이면 $a \mid b$임을 보여라.

♦65. a, b, c가 양의 정수일 때 $(a, b) = 1$, $ab = c^n$ 이면 $a = d^n$, $b = e^n$ 를 만족하는 양의 정수 d, e가 존재함을 보여라.

♦66. $a_1, a_2, \ldots, a_n$ 이 쌍으로 서로소이면 $[a_1, a_2, \ldots, a_n] = a_1 a_2 \cdots a_n$ 임을 보여라.

67. $2n$ 이하의 양의 정수 $n + 1$개로 이루어진 임의의 집합에는 그 집합의 다른 정수를 나누는 한 정수가 존재함을 보여라.

68. m, n이 양의 정수이면 $\frac{(m+n)!}{m!n!}$ 이 정수임을 보여라.

*69. 양의 정수 m, n에 대해 방정식 $m^n = n^m$ 의 모든 해를 구하라.

70. $p_1, p_2, \ldots, p_n$ 은 처음 n개의 소수이고, m은 $1 < m < n$인 정수이다. Q를 나열된 n개의 소수 중 m개의 곱이라 하고, R를 나머지 소수의 곱이라고 하자. $Q + R$이 어떠한 소수 p_i로도 나눠지 않음을 보이고, 그래서 나열된 n개의 소수 외에 다른 소수가 있어야 함을 보여라. 이 사실을 이용하여 무한히 많은 소수가 있음을 결론지어라.

71. 이 연습문제는 무한히 많은 소수가 있다는 또 다른 증명을 제시한다. 정확히 r개의 소수 $p_1, p_2, \ldots, p_r$가 있다고 가정하자. $k = 1, 2, \ldots, r$에 대해 $Q_k = \left(\prod_{j=1}^{r} p_j\right)/p_k$라 하고, $S = \sum_{j=1}^{r} Q_j$ 라고 하자. S가 나열된 r개의 소수에 속하지 않은 다른 소인수를 가져야 함을 보여라. 이 사실을 이용하여 무한히 많은 소수가 있음을 결론지어라. [이 증명은 1917년 메트로(G. Métrod)에 의해 발표되었다.]

72. 2019년 라운즈(W. Rounds, [Ro19] 참조)는 양의 정수 n, k에 대해 $n^{1/k}$가 유리수이면 n이 정수의 k제곱임을 보였다.

    a) 양의 정수 p, q에 대해 $n^{1/k} = p/q$라 가정하고, 도움정리 4.3을 이용하여 p의 소인수의 집합이 n의 소인수 집합과 q의 소인수 집합의 합집합임을 보여라.
    b) (a)를 이용하여 $q = 1$임을 보임으로써 $n = p^k$ 임을 보여라.

c) (b)로부터 $\sqrt{2}$가 무리수임을 결론지어라.

73. 모든 양의 유리수는 서로 다른 유한 개의 소수의 거듭제곱의 곱으로 유일하게 표현됨을 보여라. (단, 거듭제곱의 지수는 정수이며 음수 또는 양수가 될 수 있다.)

74. p가 소수이고 $1 \le k < p$이면 이항 계수$\binom{p}{k}$는 p로 나뉨을 보여라.

75. n이 1보다 큰 정수일 때, $n!$의 소인수분해에서 거듭제곱의 지수가 1인 소인수가 적어도 하나 있음을 증명하라. (힌트: 베르트랑의 공준을 사용하라.)

연습문제 76과 77에서는 무한히 많은 소수가 있다는 두 가지 추가 증명을 개략적으로 설명한다.

76. $p_1, p_2, \ldots, p_j$가 증가하는 순서로 나열된 처음 j개의 소수라고 하자. 양의 정수 x에 대해 $N(x)$를 p_j보다 큰 어떤 소수로도 나뉘지 않는 x 이하의 양의 정수 n의 개수라고 하자.

   a) p_j보다 큰 어떤 소수로도 나뉘지 않는 모든 정수 n은 $n = r^2 s$꼴로 표현됨을 보여라. 여기서 s는 제곱인수가 없는 수이다.

   b) (a)에서 s가 $0 \le k \le j$에 대해 $p_k^{e_k}$($e_k = 0$ 또는 1)의 곱임을 보이고, 이를 이용하여 s로 가능한 값은 2^j개뿐임을 보여라.

   c) (a)의 r에 대해 $n \le x$이면 $r \le \sqrt{n} \le \sqrt{x}$임을 보이고, r로 가능한 값은 $\sqrt{x}$개 이하 임을 결론지어라. 또 $N(x) \le 2^j\sqrt{x}$임을 결론지어라.

   d) 소수의 개수가 유한하고 p_j가 가장 큰 소수라면, 모든 양의 정수 x에 대해 $N(x) = x$임을 보여라.

   e) (c)와 (d)에서 $x \le 2^j\sqrt{x}$이므로 모든 x에 대해 $x \le 2^{2j}$이고, 이것이 모순을 이끌어 냄을 보여라. 또 무한히 많은 소수가 있어야 함을 결론지어라.

*77. 이 연습문제는 1915년 오릭(A. Auric)이 발표한 산술의 기본정리에 근거한 소수의 무한성 증명을 발전시킨 것이다. 정확히 r개의 소수가 있다고 가정하고, 그것을 $p_1 < p_2 < \cdots < p_r$이라고 하자. n이 양의 정수이고 $Q = p_r^n$이라고 하자.

   a) $1 \le m \le Q$인 각 정수 m은 $m = p_1^{e_1} p_2^{e_2} \cdots p_r^{e_r}$꼴로 유일하게 쓰여질 수 있음을 보여라. 여기서 $i = 1, 2, \ldots, r$에 대해 $e_i \ge 0$이다. 또한 이러한 소인수분해를 갖는 정수 m에 대해, $p_1^{e_1} \le m \le Q = p_r^n$임을 보여라.

   b) $C = (\log p_r)/(\log p_1)$이라고 하자. $i = 1, 2, \ldots, r$에 대해 $e_i \le nC$임을 보이고, Q가 $1 \le m \le Q$인 정수 m의 소인수거듭제곱분해에서 지수들의 r중 순서쌍 $(e_1, e_2, \ldots, e_r)$의 개수보다 작거나 같음을 보여라.

   c) (b)로부터 $Q = p_r^n \le (nC+1)^r \le n^r(C+1)^r$임을 결론지어라.

   d) (c)의 부등식이 충분히 큰 n의 값에 대해서는 성립하지 않음을 보여라. 이 사실로부터 무한히 많은 소수가 있어야 함을 결론지어라.

양의 정수 n에 대해 $n \mid m!$을 만족하는 최소 양의 정수 m을 $S(n)$으로 정의하고, 이를 루마니아계 미국 수학자인 스마란다케(Florentin Smarandache)의 이름을 따라 **스마란다케 함수**(Smarandache function)라고 한다. 예를 들어 8은 $1! = 1$, $2! = 2$, $3! = 6$을 나누지 않고 $4! = 24$를 나누기 때문에 $S(8) = 4$이다.

78. 12 이하의 모든 양의 정수 n에 대해 $S(n)$을 구하라.

79. $n = 40, 41, 43$에 대해 $S(n)$을 찾아라.

80. p가 소수이면 $S(p) = p$임을 보여라.

$a(n)$이 스마란다케 함수의 최소 역수, 즉 $S(m) = n$인 최소 양의 정수 m이라고 하자. 다른 말로 하면 $a(n)$은 수열 $S(1), S(2), \ldots, S(k), \ldots$ 에서 정수 n이 처음으로 나타나는 위치이다.

81. 11 이하의 모든 양의 정수 n에 대해 $a(n)$을 구하라.

*82. $a(12)$를 찾아라.

83. p가 소수이면 $a(p) = p$임을 보여라.

$\text{rad}(n)$을 n의 소인수거듭제곱분해에서 나타나는 서로 다른 소수들의 곱이라고 하자. 예를 들어 $\text{rad}(360) = \text{rad}(2^3 \cdot 3^2 \cdot 5) = 2 \cdot 3 \cdot 5 = 60$이다.

84. 다음 정수 n에 대해 $\text{rad}(n)$을 각각 구하라.

    a) 300 b) 44 c) 44,004 d) 128,128

85. 양의 정수 n에 대해 $\text{rad}(n) = n$일 필요충분조건은 n이 제곱인수가 없는 수임을 보여라.

86. 양의 정수 n에 대해 $\text{rad}(n!)$의 값은 얼마인가?

87. 모든 양의 정수 m, n에 대해 $\text{rad}(nm) \le \text{rad}(n)\text{rad}(m)$임을 보여라. 어떤 양의 정수 m, n에 대해 등호가 성립하는가?

다음 여섯 개의 연습문제에서는 x 이하의 소수의 개수인 $\pi(x)$의 크기에 대한 몇 가지 추정치를 제공한다. 이러한 결과는 원래 체비셰프에 의해 19세기에 증명되었다.

88. p를 소수, n을 양의 정수라고 하자. p가 $\binom{2n}{n}$을 정확히

$$([2n/p] - 2[n/p]) + ([2n/p^2] - 2[n/p^2]) + \cdots + ([2n/p^t] - 2[n/p^t])$$

    번 나눔을 보여라. 여기서 $t = [\log_p 2n]$이다. p^r이 $\binom{2n}{n}$을 나누면 $p^r \le 2n$임을 결론지어라.

89. 연습문제 88을 이용하여 다음을 보여라.

$$\binom{2n}{n} \le (2n)^{\pi(2n)}$$

90. n과 $2n$ 사이의 모든 소수의 곱이 $\binom{2n}{n}$과 $n^{\pi(2n)-\pi(n)}$ 사이에 있음을 보여라. (힌트: n과 $2n$ 사이의 모든 소수가 $(2n)!$을 나누지만 $(n!)^2$은 나누지 않는다는 사실을 사용하라.)

91. 연습문제 89와 90을 이용하여 다음을 보여라.

$$\pi(2n) - \pi(n) < n \log 4 / \log n$$

*92. 연습문제 91을 이용하여 다음을 보여라.

$$\begin{aligned}\pi(2n) =& (\pi(2n) - \pi(n)) + (\pi(n) - \pi(n/2)) + (\pi(n/2) - \pi(n/4))) \\ &+ \cdots \leq n \log 64 / \log n\end{aligned}$$

*93. 연습문제 89와 92를 사용하여 모든 $x \geq 2$에 대해

$$c_1 x / \log x < \pi(x) < c_2 x / \log x$$

을 만족하는 양의 상수 c_1, c_2가 존재함을 보여라. 이것을 4.2절의 정리 4.4에 제시된 소수 정리와 비교하라.

94. 이 연습문제는 양의 유리수 집합이 가산집합임을 증명하기 위해 산술의 기본정리를 이용하는 방법을 제시한다. 서로소인 두 양의 정수 m, n에 대해 m, n이 각각 $m = p_1^{a_1} p_2^{a_2} \cdots p_s^{a_s}$, $n = q_1^{b_1} q_2^{b_2} \cdots q_t^{b_t}$과 같이 소인수분해될 때, 함수 $K(m/n)$을 다음과 같이 정의하자.

$$K(m/n) = p_1^{2a_1} p_2^{2a_2} \cdots p_s^{2a_s} q_1^{2b_1-1} q_2^{2b_2-1} \cdots q_t^{2b_t-1}$$

K가 양의 유리수 집합과 양의 정수 집합 간의 일대일 대응임을 보여라.

계산과 탐구

1. 8,616,460,799, 1,234,567,890, 111,111,111,111, 43,854,532,213,873의 소인수분해를 각각 찾아라.

2. 적당한 범위 내의 자연수 n에 대해 $4n+1$꼴의 소수의 개수와 $4n+3$꼴의 소수의 개수를 비교하라. 이러한 소수들의 개수 사이의 관계에 대해 어떤 추측을 할 수 있는가?

3. 적당한 범위 내의 정수 a, b에 대해 $an+b$꼴의 가장 작은 소수를 찾아라. 이러한 소수들에 대해 어떠한 추측을 할 수 있는가?

4. $m = 1, 2, 3, 4, 5, 6$에 대해 10^m 미만의 강력수(연습문제 9에서 정의됨)들의 개수를 각각 찾아라.

5. 두 수가 모두 강력수인 연속된 양의 정수 쌍을 가능한 한 많이 찾아라.

프로그래밍 프로젝트

1. 양의 정수의 소인수분해로부터 그 정수의 양의 약수를 모두 찾아라.
2. 두 양의 정수의 소인수분해로부터 그 두 정수의 최대공약수를 찾아라.
3. 두 양의 정수의 소인수분해로부터 그 두 정수의 최소공배수를 찾아라.
4. 양의 정수 n에 대해 $n!$의 십진전개에서 끝에 붙은 0의 개수를 찾아라.
5. 양의 정수 n에 대해 $n!$의 소인수분해를 찾아라.
6. 양의 정수 n보다 작은 강력수(연습문제 9에서 정의됨)의 개수를 찾아라.

4.4 인수분해방법과 페르마 수

산술의 기본정리에 의해 모든 자연수는 소수의 곱으로 유일하게 나타난다. 이 절에서는 이러한 인수분해 문제를 다루며 여러 가지 간단한 인수분해방법을 소개한다. 정수의 인수분해는 특히 암호학에서 중요하므로 수학 분야에서 매우 활발히 연구되는 주제 중 하나이다. 이는 9장에서 확인할 수 있는데, 해당 장에서 RSA 공개키 암호체계의 보안은 정수의 인수분해가 큰 소수를 찾는 것보다 훨씬 어렵다는 관찰에 기초하고 있다.

현재의 인수분해 알고리즘에 대한 현황을 논의하기 전에 **나눗셈시행**(trial division)이라고 불리는 정수를 인수분해하는 가장 직접적인 방법을 고려하고, 이 방법이 왜 효율적이지 않은지를 설명해보자. 정수 $n > 1$이 주어지면 정리 4.2에 의해 n은 소수이거나 $\sqrt{n}$ 이하의 소인수를 갖는다. 따라서 n을 $\sqrt{n}$ 이하의 소수 $2, 3, 5, \ldots$로 차례대로 나누면 n의 소인수 p_1을 찾거나 n 자체가 소수임을 알 수 있다. 소인수 p_1을 찾았다면 다음으로 $n_1 = n/p_1$의 소인수를 찾는다. 이때 n_1의 소인수는 n의 소인수도 되므로 n_1은 p_1보다 작은 소인수를 가지고 있지 않고, 따라서 p_1부터 시작하여 소인수를 찾으면 된다. 필요한 경우 $\sqrt{n_1}$ 이하의 소수 중 어떤 것이 n_1을 나누는지 결정한다. 이와 같은 방식을 계속 반복하여 n의 소인수분해를 찾아낸다.

예제 4.15

$n = 42{,}833$이라고 하자. n이 2, 3, 5로 나뉘지 않지만 $7 \mid n$임을 알 수 있다. 따라서 다음과 같이 나타낼 수 있다.

$$42{,}833 = 7 \cdot 6119$$

나눗셈시행을 통해 6119가 $7, 11, 13, 17, 19, 23$ 중 어느 것으로도 나뉘지 않음을 확인할 수 있다. 그러나 다음과 같이 나타낼 수 있다.

$$6119 = 29 \cdot 211$$

$29 > \sqrt{211}$이므로 211이 소수임을 알 수 있다. 따라서 42,833의 소인수분해는 $42{,}833 = 7 \cdot 29 \cdot 211$이다.

유감스럽게도 이 방법은 정수의 소인수분해를 찾는 데 효율적이지 않다. 정수 N을 인수분해하려면 최대 $\pi(\sqrt{N})$번의 나눗셈을 수행해야 한다($\sqrt{N}$ 이하의 소수를 모두 아는 경우). 이로 인해 전체적으로 $\sqrt{N} \cdot \log N$ 비트 작업이 필요할 수 있다. 왜냐하면 소수 정리에 의해 $\pi(\sqrt{N})$은 대략 $2\sqrt{N}/\log N$이고, 정리 2.7에 의해 이러한 나눗셈은 각각 $O(\log_2 N)$ 비트 작업이 소요되기 때문이다.

4.4.1 현대의 인수분해방법

수학자들은 오랫동안 정수의 인수분해 문제에 흥미를 가져 왔다. 17세기 페르마(Pierre de Fermat)는 두 제곱수의 차로 합성수를 표현하는 아이디어를 기반으로 한 인수분해방법을 고안했다. 이 방법은 이론적으로나 일부 실용적으로 중요하지만 그 자체로는 효율적이지는 않다. 이 방법에 대한 논의는 이 절의 뒷부분에서 다룬다.

1970년 이후로 많은 새로운 인수분해방법이 발명되었고, 강력한 계산 능력을 가진 컴퓨터를 사용하여 이전에는 불가능했던 정수를 인수분해할 수 있게 되었다. 이러한 새로운 방법 중 몇 가지를 알아본다. 그러나 현재 알려진 가장 강력한 인수분해방법들은 극도로 복잡하다. 이 책의 범위를 벗어나는 설명이기는 하지만, 이들이 인수분해할 수 있는 정수의 크기는 논의할 가치가 있다.

최근 30년 동안 개발된 몇 가지 최신 인수분해방법 중에는 폴라드(J. M. Pollard)에 의해 고안된 것들이 있다. 폴라드 로 방법(Pollard rho method, 5.6절에서 논의됨)과 폴라드 $p-1$ 방법(7.1절에서 논의됨)이 이에 해당한다. 이 두 방법은 일반적으로 어려운 인수분해 문제에 대해서는 너무 느리다. 단, 인수분해하는 숫자가 특별한 속성을 가지는 경우에는 예외이다. 13.5절에서는 연분수를 사용하는 인수분해방법을 소개한다. 모리슨(Morrison)과 브릴하트(Brillhart)가 소개한 이 방법의 변형은 1970년대에 큰 정수를 인수분해하는 데 주로 사용되었다. 이 알고리즘은 **서브지수시간**(subexponential time) 안에 실행되는 첫 번째 인수분해 알고리즘이었다. 여기서 서브지수시간이란 정수 n을 인수분해하는 데 필요한 비트연산 수를 n이 증가함에 따라 감소하는 $\alpha(n)$이 존재하여 $n^{\alpha(n)}$ 형태로 쓸 수 있다는 것을 의미한다. 서브지수시간 안에 실행되는 알고리즘이 사용하는 비트연산 수를 나타내기 위한 유용한 표기법은 $L(a, b)$이며, 이는 알고리즘이 사용하는 비트연산 수가 $O(\exp(b(\log n)^a(\log\log n)^{1-a}))$임을 나타낸다. (이 표기의 정확한 정의는 다소 복잡하다.) 모리슨과 브릴하트가 고안한 연분수 알고리즘의 변형은 $L(1/2, \sqrt{3/2})$ 비트연산을 사용했다. 이 방법의 큰 성공 사례 중 하나는 1970년에 자릿수가 63인 수를 인수분해한 것이다.

14.7절에서는 1987년 고안된 중요한 인수분해 알고리즘인 **렌스트라 타원곡선 인수분해방법**(Lenstra's elliptic curve factorization method)을 소개한다. 이 알고리즘은 서브지수시간 안에 실행되며 현재 알려진 인수분해방법 중 세 번째로 빠르다. 이 알고리즘의 실행 시간은 인수분

해할 정수 n의 크기보다는 n의 가장 작은 소인수의 크기에 의해 지배된다. 실제로 50에서 60자리의 소인수를 가진 경우에는 최적의 알고리즘으로 여겨진다.

1981년 포머런스(Carl Pomerance)가 소개한 **이차체**(quadratic sieve)는 특정한 꼴이 아닌 100자리 이상의 수를 처음으로 인수분해할 수 있게 만들었다. 이 방법은 초기 발명 이후 여러 향상된 기능을 추가하여 $L(1/2, 1)$ 비트연산을 사용한다. 이 방법의 큰 성공 사례는 RSA-129로 알려진 129자리 정수의 인수분해로서 RSA-129는 9장에서 논의된 바와 같이 RSA 암호체계의 발명자들에 의해 제시된 챌린지 수이다. 이차체는 현재 알려진 인수분해방법 중 두 번째로 빠르다.

현재 115자리 이상의 일반적인 정수에 대한 가장 빠른 인수분해 알고리즘은 폴라드가 제안하고 뷸러(Buhler), 렌스트라, 포머런스가 개선한 **수체체**(number field sieve)이다. 이 알고리즘은 $L(1/3, (64/9)^{1/3})$ 비트연산을 사용한다. 이 방법의 가장 큰 성공 사례 중 하나는 2020년 RSA-250로 알려진 250자리 정수의 인수분해이다. 115자리 미만의 숫자에 대해서는 이차체가 여전히 수체체보다 빠른 것으로 보인다.

수체체 및 이차체의 중요한 특징은 이러한 알고리즘을 여러 개의 컴퓨터(또는 프로세서)에서 동시에 병렬로 실행할 수 있다는 것이다. 이로 인해 많은 사람이 동일한 정수의 인수분해에 참여할 수 있다(이 소절의 끝에 있는 RSA-129 및 다른 RSA 챌린지 수에 대한 역사적인 사실 참조).

미래에 인수분해할 수 있는 숫자의 크기는 얼마나 될까? 그 답은 더 효율적인 알고리즘이 발명되는지 여부에 따라 (또는 더 정확하게는 얼마나 빨리) 그리고 계산 능력이 얼마나 빨리 발전하는지에 따라 달려 있다. 특정 크기의 정수를 인수분해하는 데 필요한 계산 양을 추정하는 데 유용하게 사용되는 측정 단위는 MIPS년으로서 초당 백만 명령어를 처리하는 컴퓨터가 1년 동안 계산하는 양이다. (1 MIPS년은 1년 동안 클래식컴퓨터인 DEC VAX 11/780으로 수행되는 계산 능력을 나타낸다. 이 컴퓨터는 더 이상 사용되지 않지만 아직도 참고 지표로 사용된다. 현대 PC는 보통 수백 MIPS 성능으로 작동된다.) 표 4.2([Od95]의 정보를 적용하여

표 4.2: 수체체를 이용하여 정수를 인수분해하는 데 요구되는 컴퓨팅 파워

십진 자릿수	대략적으로 필요한 MIPS년
150	10^4
225	10^8
300	10^{11}
450	10^{16}
600	10^{20}

수정된 표)는 수체체를 사용하여 주어진 크기의 정수를 인수분해하는 데 필요한 계산 능력을 가장 가까운 10의 거듭제곱으로 바꾸어 표시한 것이다. 사람들이 팀으로 작업함으로써 특정 수를 인수분해하는 데 수천 또는 수백만 MIPS년의 계산 능력을 발휘할 수 있다. 따라서 새로운 알고리즘이 개발되지 않더라도, 다음 몇 년 안에 특정한 꼴이 아닌 300 또는 400자리의 정수가 인수분해되는 것을 보게 될 수도 있다.

4.4.2 양자인수분해

1994년 미국의 컴퓨터 과학자 쇼어(Peter Shor)가 개발한 **양자인수분해 알고리즘**(quantum factorization algorithm)은 양자컴퓨터에서 실행할 수 있는 매우 효율적인 인수분해 알고리즘이다. 쇼어의 알고리즘은 양자컴퓨터에서 양의 정수 N을 다항시간 안에 인수분해할 수 있다. 더 효율적인 양자인수분해방법들도 개발되었거나 개발 중이다.

양자컴퓨터를 개발하는 것은 물리학자들에게 어려운 일이다. 2022년 현재, 소형의 양자컴퓨터만 구현되어 있다. 특정 문제를 클래식컴퓨터보다 빠르게 해결할 수 있는 큰 규모의 양자컴퓨터가 만들어지면 "양자 우월성"이 실현될 것이다. 그러나 그렇게 되더라도 모든 문제에 있어 양자컴퓨터가 클래식컴퓨터를 능가한다는 것은 아니다.

양자컴퓨터 및 양자인수분해 알고리즘의 발전에 대해 많은 연구자가 낙관적이지만, 정수를 다항시간 안에 인수분해할 수 있는지 여부 또는 그 시기에 대한 불확실성이 많이 있다. 2022년 말 기준으로 양자인수분해 알고리즘을 사용하여 분해된 가장 큰 수는 1,099,551,473,989였다. 실용적인 양자인수분해의 꿈이 실현되면, 가장 흔히 사용되는 공개키 암호화 방법들(9와 10장에서 논의됨)은 더 이상 사용되지 않을 것이다.

인수분해 알고리즘에 대한 더 자세한 정보는 [Br89], [Br00], [CrPo05], [Di84], [Gu75], [Od95], [Po84], [Po90], [Ri94], [Ru83], [WaSm87], [Wi84]를 참조하기 바란다.

RSA 인수분해 챌린지

1991년부터 2007년까지 진행된 RSA 인수분해 챌린지(RSA Factoring Challenge)는 수학자들에게 크기가 큰 정수들을 인수분해하는 과제를 제시하는 대회였다. 이 대회의 목적은 인수분해방법의 발전을 추적하기 위한 것으로서, 이는 암호학에 중요한 영향을 미친다(9장 참조). 1991년에 처음 시작된 RSA 챌린지에서는 1977년 가드너(Martin Gardner)의 《**사이언티픽 아메리칸(Scientific American)**》에서 처음 제안된 129자리 정수인 RSA-129의 인수분해가 과제로 제시되었다. 암호화된 메시지의 해독에 100달러의 상금이 걸렸다. RSA-129가 인수분해되면 메시지를 쉽게 해독할 수 있었지만 그렇지 않으면 어려웠다. 1994년 이 도전이 처음으로 성공하기까지 17년이 걸렸다.

RSA-129의 인수분해는 이차체 방법을 사용하여 약 5000 MIPS년이 소요되었으며, 600명 이상의 사람이 8개월 동안 협력하여 이루어졌다. 8장에서 다루는 RSA 암호체계의 특허를 소유한 회사인 RSA 데이터 시큐리티(RSA Data Security)의 부속 연구소인 RSA 랩스(RSA Labs)는 챌린지를 주최하고 챌린지 목록의 정수의 인수분해에 대한 현상금을 제공했다. 그들은 성공적인 인수분해에 대해 8만 달러 이상의 상금을 수여했다. 챌린지 목록의 수들의 인수분해는 세계 기록으로 이어졌다. 예를 들어 1996년에 렌스트라(A. Lenstra)가 이끄는 팀이 수체체 방법을 사용하여 RSA-130을 인수분해했는데, 이는 약 750 MIPS년이 소요되었다. 1999년에는 수체체 방법이 사용되어 RSA-140 및 RSA-155를 인수분해했는데, 각각 2000 MIPS년과 8000 MIPS년이 소요되었다. 이 챌린지의 일환으로 인수분해된 가장 큰 수는 200자리 수인 RSA-200로, 2005년에 본대학의 프랑케(Jens Franke)가 이끄는 팀에 의해 인수분해되었다. 비록 RSA 인수분해 챌린지는 공식적으로 2007년에 종료되었지만, 아직 인수분해되지 않은 RSA 수 목록에 대한 인수분해 시도가 계속되고 있다. 가장 최근의 진전으로는 2019년에 240자리 수인 RSA-240이 2.1 GHz Intel Xeon Gold 6130 CPU에서 약 900시간의 컴퓨터 시간을 사용하여 인수분해되었으며, 2020년에는 부도(F. Boudot), 고드리(P. Gaudry), 길빅(A. Guillevic), 헤닝어(N. Heninger), 토메(E. Thomé), 지머만(P. Zimmermann)이 다양한 종류의 컴퓨터에서 오픈 소스 CADO-NFS 소프트웨어를 사용하여 250자리 RSA-250을 인수분해했다. 2020년 초까지 RSA 인수분해 챌린지 목록의 232에서 617자리 크기의 수 중에서 33개가 아직 인수분해되지 않았다.

4.4.3 페르마 인수분해

항상 효율적이지는 않지만 흥미로운 인수분해방법을 살펴보자. 페르마에 의해 발견된 이 방법은 **페르마 인수분해**(Fermat factorization)로 알려져 있으며, 다음 도움정리에 기초하고 있다.

도움정리 4.7

만약 n이 홀수인 양의 정수이면 n을 두 양의 정수의 곱으로 분해하는 것과 n을 두 제곱수의 차로 나타내는 것 사이에 일대일 대응이 존재한다.

증명

n을 홀수인 양의 정수라 가정하고 n이 두 양의 정수 a, b의 곱으로 분해된다고 하면, n은 두 제곱수의 차로 나타낼 수 있다. $s = (a+b)/2$, $t = (a-b)/2$라고 두면 a, b가 모두 홀수이기 때문에 s, t는 정수이고, 다음과 같기 때문이다.

$$n = ab = s^2 - t^2$$

역으로 n이 두 제곱수의 차로 나타난다고 가정하면, 예를 들어 $n = s^2 - t^2$이면 n을 $n = (s-t)(s+t)$로 인수분해할 수 있다.

이것이 일대일 대응임을 보이는 것은 독자에게 맡긴다.

페르마 인수분해방법을 수행하기 위해 $x^2 - n$꼴의 제곱수를 찾아 방정식 $n = x^2 - y^2$의 해를 찾는다. 즉 n의 인수분해를 찾기 위해 다음과 같은 정수 수열에서 제곱수를 찾는다.

$$s^2 - n,\ (s+1)^2 - n,\ (s+2)^2 - n, \ldots$$

여기서 s는 $\sqrt{n}$보다 큰 정수 중에서 가장 작은 수이다. 이 절차는 반드시 끝난다. 왜냐하면 자명한 인수분해 $n = n \cdot 1$은 다음과 같은 등식으로 이어지기 때문이다.

$$n = \left(\frac{n+1}{2}\right)^2 - \left(\frac{n-1}{2}\right)^2$$

예제 4.16

페르마 인수분해방법을 사용하여 6077을 인수분해하자. $77 < \sqrt{6077} < 78$이므로 다음 수열에서 제곱수를 찾는다.

$$\begin{aligned} 78^2 - 6077 &= 7 \\ 79^2 - 6077 &= 164 \\ 80^2 - 6077 &= 323 \\ 81^2 - 6077 &= 484 = 22^2 \end{aligned}$$

$6077 = 81^2 - 22^2$이므로 $6077 = (81-22)(81+22) = 59 \cdot 103$으로 나타낼 수 있다.

안타깝게도 페르마 인수분해는 매우 비효율적일 수 있다. 이 방법을 사용하여 n을 인수분해하려면 $(n+1)/2 - [\sqrt{n}]$ 정도의 정수가 제곱수인지 확인하는 작업이 필요할 수 있다. 페르마 인수분해는 두 인수의 크기가 유사한 정수를 인수분해할 때 가장 잘 작동한다. 비록 페르마 인수분해는 거의 사용되지 않지만, 그 기본 아이디어는 컴퓨터 계산에서 널리 사용되는 더 강력한 인수분해 알고리즘의 기초가 된다.

4.4.4 페르마 수

정수 $F_n = 2^{2^n} + 1$은 **페르마 수**(Fermat numbers)라고 불린다. 페르마는 이 정수들이 모두 소수라고 추측했다. 실제로 처음 몇 개의 수는 소수이다. 즉 $F_0 = 3$, $F_1 = 5$, $F_2 = 17$, $F_3 = 257$, $F_4 = 65{,}537$은 소수이다. 그러나 $F_5 = 2^{2^5} + 1$은 합성수인데, 이를 확인해보자.

예제 4.17

페르마 수 $F_5 = 2^{2^5} + 1$은 641로 나뉜다. $641 \mid F_5$를 실제로 나누지 않고도 다소 명백하지 않은 여러 가지 관찰을 사용하여 보일 수 있다.

$$641 = 5 \cdot 2^7 + 1 = 2^4 + 5^4$$

이므로

$$\begin{aligned} 2^{2^5} + 1 = 2^{32} + 1 = 2^4 \cdot 2^{28} + 1 &= (641 - 5^4)2^{28} + 1 \\ &= 641 \cdot 2^{28} - (5 \cdot 2^7)^4 + 1 = 641 \cdot 2^{28} - (641 - 1)^4 + 1 \\ &= 641(2^{28} - 641^3 + 4 \cdot 641^2 - 6 \cdot 641 + 4) \end{aligned}$$

따라서 $641 \mid F_5$임을 알 수 있다.

다음 결과는 페르마 수를 인수분해하는 데 유용하다.

정리 4.11

페르마 수 $F_n = 2^{2^n} + 1$의 모든 소인수는 $2^{n+2}k + 1$꼴을 가진다.

정리 4.11의 증명은 12장에서 연습문제로 제시되어 있다. 여기서는 정리 4.11이 페르마 수의 인수분해를 결정하는 데 어떻게 유용한지 보인다.

예제 4.18

정리 4.11에서 $F_3 = 2^{2^3} + 1 = 257$의 모든 소인수가 $2^5k + 1 = 32 \cdot k + 1$꼴을 가져야 한다는 것을 알 수 있다. $\sqrt{257}$ 이하이고 이 꼴의 소수는 없으므로 $F_3 = 257$이 소수이다.

예제 4.19

$F_6 = 2^{2^6} + 1$을 인수분해할 때, 정리 4.11을 사용하면 그 모든 소인수가 $2^8k + 1 = 256 \cdot k + 1$꼴을 가짐을 알 수 있다. 따라서 F_6을 $\sqrt{F_6}$ 이하이고 $256 \cdot k + 1$꼴의 소수로만 나눠 보면 된다. 상당한 계산 끝에 $k = 1071$에서 소인수를 얻을 수 있고, 즉 $274{,}177 = (256 \cdot 1071 + 1) \mid F_6$이다.

알려진 페르마 수의 인수분해 페르마 수의 인수분해를 찾기 위한 엄청난 노력이 기울여졌다. 아직까지 F_4 이후 새로운 페르마 소수는 발견되지 않았다. 많은 수학자는 추가적인 페르마 소수가 존재하지 않을 것이라고 믿고 있다. 12장에서 페르마 수의 소수성 테스트를 소개한다. 이는 많은 페르마 수가 합성수임을 보여주는 데 사용되었다. (이러한 테스트를 사용할 때, 그 수가 그 수의 제곱근 이하의 소수로 나눠지지 않음을 보이기 위해 나눗셈시행을 할 필요가 없다.)

2022년 중반 현재 총 316개의 페르마 수가 합성수로 알려져 있다. 그러나 완전한 인수분해는 오직 일곱 개의 페르마 수에 대해서만 알려져 있다. 즉 F_5, F_6, F_7, F_8, F_9, F_{10}, F_{11}이다. 155자리 수인 페르마 수 F_9는 1990년에 머나시(Mark Manasse)와 렌스트라(Arjen Lenstra)가 수체체 방법을 사용하여 인수분해했는데, 이 방법은 큰 정수의 인수분해 문제를 여러 개의 좀 더 작은 수의 인수분해 문제로 쪼개어 병렬로 계산을 수행할 수 있는 방법이다. 머나시와 렌스트라는 F_9의 인수분해 계산을 수백 명의 수학자와 컴퓨터 과학자에게 위탁했지만, 계산을 완료하는 데 약 두 달이 걸렸다(F_9의 인수분해에 대한 자세한 내용은 [Ci90] 참조).

1989년에 브렌트(Richard Brent)가 타원곡선 방법(자세한 내용은 [Br89] 참조)이라는 인수분해 알고리즘을 사용하여 F_{11}의 소인수분해를 발견했다. F_{11}은 617자리 수이며, $F_{11} = 319{,}489 \cdot 974{,}849 \cdot P_{21} \cdot P_{22} \cdot P_{564}$이다. 여기서 P_{21}, P_{22}, P_{564}은 각각 21, 22, 564자리 소수이다. 1995년까지 브렌트는 F_{10}을 완전히 인수분해하는 데 성공했다. 타원곡선 인수분해를 사용하여 $F_{10} = 45{,}592{,}577 \cdot 6{,}487{,}031{,}809 \cdot P_{40} \cdot P_{252}$가 됨을 발견했다. 여기서 P_{40}, P_{252}는 각각 40, 252자리 소수이다.

많은 페르마 수가 합성수임이 알려져 있다. 왜냐하면 정리 4.11과 같은 결과를 사용하여 이러한 수의 적어도 하나의 소인수가 발견되었기 때문이다. $n = 20, 24$인 경우에도 F_n이 합성수임이 알려져 있지만, 아직 이러한 수의 소인수는 발견되지 않았다. 현재 합성수로 알려진 가장 큰 페르마 수는 $F_{18,233,954}$이다. (1999년 $F_{382,447}$은 처음으로 10만 자리 이상의 인수가 발견된 합성수인 페르마 수였다.) F_{33}은 그 수가 실제로 합성수라면 아직 합성수임이 확인되지 않은 가장 작은 페르마 수이다. 컴퓨터 소프트웨어와 하드웨어의 지속적인 발전으로 인해 페르마 수의 성질과 그들의 인수분해에 대한 새로운 결과가 지속적으로 발견될 것으로 기대된다.

페르마 수의 인수분해는 미국수학회에 의해 후원되는 **커닝햄 프로젝트**(Cunningham project)의 한 부분으로 볼 수 있다. 이 프로젝트는 $b = 2, 3, 5, 6, 7, 10, 11, 12$에 대해 $b^n \pm 1$꼴의 정수의 모든 인수표를 만드는 프로젝트이다. 이 프로젝트의 이름은 20세기 초에 이런 종류의 정수의 인수표를 편찬한 영국군 대령인 커닝햄(A. J. Cunningham)의 이름을 따라 명명되었다. 1988년 기준의 인수표는 [Br88]에 포함되어 있으며, 현재 상태는 인터넷에서 확인할 수 있다. $b^n \pm 1$꼴의 수는 유사난수를 생성하는 데 중요하며(11장 참조), 추상 대수학과 수론에서의 중요성으로 인해 특별한 관심을 받고 있다.

커닝햄 프로젝트와 함께 인수분해가 가장 필요한 상위 10개의 정수 목록은 퍼듀대학의 웨

그스태프(Samuel Wagstaff)가 관리하고 있다. 인수분해 기술과 컴퓨터 성능의 발전으로 인해 이 목록에는 점점 더 큰 수가 포함되고 있다. 1980년대 초에는 가장 큰 수가 50에서 70자리 수였고, 1990년대 초에는 90에서 130자리 수, 2000년대 초에는 150에서 200자리 수, 2010년 초에는 185에서 233자리 수, 2021년에는 242에서 337자리 수였다.

페르마 수를 사용한 소수의 무한성 증명 페르마 수를 사용하여 무한히 많은 소수가 있다는 것을 증명할 수 있다. 먼저 임의의 두 페르마 수가 서로소임을 보이는 것으로 시작한다. 이를 위해 다음 도움정리가 필요하다.

도움정리 4.8

음이 아닌 정수 k에 대해 $F_k = 2^{2^k}+1$를 k번째 페르마 수라고 하면 모든 양의 정수 n에 대해 다음이 성립한다.

$$F_0F_1F_2\cdots F_{n-1} = F_n - 2$$

증명

수학적 귀납법을 사용하여 이 도움정리를 증명한다. $n = 1$의 경우 등식은 다음과 같다.

$$F_0 = F_1 - 2$$

$F_0 = 3$이고 $F_1 = 5$이므로, 이는 명백히 참이다. 이제 n이 양의 정수인 경우에 다음 등식이 성립한다고 가정하자.

$$F_0F_1F_2\cdots F_{n-1} = F_n - 2$$

이 가정하에서 $n+1$인 경우에 대한 등식이 성립함을 다음과 같이 보일 수 있다.

$$\begin{aligned} F_0F_1F_2\cdots F_{n-1}F_n &= (F_0F_1F_2\cdots F_{n-1})F_n \\ &= (F_n-2)F_n = (2^{2^n}-1)(2^{2^n}+1) \\ &= (2^{2^n})^2 - 1 = 2^{2^{n+1}} - 1 = F_{n+1} - 2 \end{aligned}$$

이로부터 다음 정리을 얻을 수 있다.

정리 4.12

m, n이 서로 다른 음이 아닌 정수일 때 페르마 수 F_m과 F_n은 서로소이다.

증명 4.12

$m < n$이라고 가정해보자. 도움정리 4.8에 의해 다음이 성립한다.

$$F_0F_1F_2\cdots F_m\cdots F_{n-1} = F_n - 2$$

d가 F_m, F_n의 공약수일 때 정리 1.8에 의해 다음을 얻는다.

$$d \mid (F_n - F_0F_1F_2\cdots F_m\cdots F_{n-1}) = 2$$

따라서 d는 2 또는 1이다. 그러나 F_m, F_n은 모두 홀수이므로 d는 2가 될 수 없다. 결과적으로 $d = 1$이 되고 $(F_m, F_n) = 1$이다.

페르마 수를 사용하여 무한히 많은 소수가 있다는 것을 증명하자. 먼저 4.1절의 도움정리 4.1에 의해 모든 페르마 수 F_n은 소인수 p_n을 갖는다. $(F_m, F_n) = 1$이므로 $m \neq n$이면 $p_m \neq p_n$이다. 따라서 무한히 많은 소수가 있다는 결론을 얻을 수 있다.

페르마 소수와 기하학 페르마 소수는 기하학에서 중요하다. 다음은 가우스의 유명한 정리 중 하나이고, 그 증명은 [Or88]에서 확인할 수 있다.

정리 4.13

눈금없는 자와 컴퍼스만 사용하여 정n각형이 작도 가능할 필요충분조건은 n이 2의 거듭제곱과 서로 다른 페르마 소수의 곱으로 표현되는 것이다.

4.4 연습문제

1. 다음 양의 정수의 소인수분해를 각각 찾아라.

   a) 33,776,925　　b) 210,733,237　　c) 1,359,170,111

2. 다음 양의 정수의 소인수분해를 각각 찾아라.

   a) 33,108,075　　b) 7,300,977,607　　c) 4,165,073,376,607

3. 페르마 인수분해방법을 사용하여 다음 양의 정수를 각각 인수분해하라.

   a) 143　　b) 2279　　c) 43　　d) 11,413

4. 페르마 인수분해방법을 사용하여 다음 양의 정수를 각각 인수분해하라.

a) 8051 c) 46,009 e) 3,200,399

b) 73 d) 11,021 f) 24,681,023

5. 양수인 제곱수의 마지막 두 자리의 수가 00, $e1$, $e4$, 25, $o6$, $e9$ 중 하나임을 보여라. 여기서 e는 짝수 자리의 수, o는 홀수 자리의 수를 나타낸다. (힌트: n^2, $(50+n)^2$, $(50-n)^2$의 마지막 자리의 수가 모두 같음을 보이고, 그런 다음 $0 \leq n \leq 25$인 n에 대해 생각하라.)

6. 연습문제 5의 결과를 이용하여 페르마의 인수분해방법이 더 빨리 작동하게 하는 방법에 대해 설명하라.

7. 만약 n의 가장 작은 소인수가 p이면, $x = (n+1)/2$인 경우를 제외하고는 $x > (n+p^2)/(2p)$에 대해서 $x^2 - n$이 제곱수가 됨을 보여라.

연습문제 8~10은 **드레임 인수분해**(Draim factorization) 방법에 관련된 것으로, 이 방법은 미국 해군의 드레임(Nicholas A. Draim) 대령에 의해 만들어졌다. 이 기법을 사용하여 양의 정수 $n = n_1$의 인수를 찾기 위해, 먼저 나눗셈 알고리즘을 사용하여 다음을 얻는다.

$$n_1 = 3q_1 + r_1, \ 0 \leq r_1 < 3$$

여기서 $m_1 = n_1$로 두고, 다음과 같다고 한다.

$$m_2 = m_1 - 2q_1, \quad n_2 = m_2 + r_1$$

나눗셈 알고리즘을 다시 사용하여 다음을 얻는다.

$$n_2 = 5q_2 + r_2, \ 0 \leq r_2 < 5$$

그리고 다음과 같다고 한다.

$$m_3 = m_2 - 2q_2, \ n_3 = m_3 + r_2$$

이러한 과정을 반복하고 나눗셈 알고리즘을 사용하여 다음과 같이 쓰고,

$$n_k = (2k+1)q_k + r_k, \ 0 \leq r_k < 2k+1$$

다음과 같다고 한다.

$$m_k = m_{k-1} - 2q_{k-1}, \ n_k = m_k + r_{k-1}$$

$r_k = 0$이 될 때 멈춘다.

8. 다음을 보여라.

$$n_k = kn_1 - (2k+1)(q_1 + q_2 + \cdots + q_{k-1}), \ m_k = n_1 - 2(q_1 + q_2 + \cdots + q_{k-1})$$

9. 만약 $(2k+1) \mid n$이면 $(2k+1) \mid n_k$, $n = (2k+1)m_{k+1}$ 임을 보여라.

10. 드레임 인수분해를 사용하여 5899를 인수분해하라.

연습문제 11~13에서는 **오일러 방법**(Euler's method)이라 불리는 인수분해방법을 알아본다. 이 방법은 인수분해하려는 홀수 정수가 서로 다른 방법으로 두 제곱수의 합으로 표현될 수 있는 경우에 적용된다. n을 홀수라 하고, $n = a^2 + b^2 = c^2 + d^2$라 하자. 여기서 a, c는 홀수 양의 정수이고, b, d는 짝수 양의 정수이다.

11. $u = (a-c, b-d)$라고 하자. u가 짝수임을 보이고 $r = (a-c)/u$, $s = (d-b)/u$이면 $(r,s) = 1$, $r(a+c) = s(d+b)$, $s \mid (a+c)$임을 보여라.

12. $sv = a+c$라고 하자. $rv = d+b$, $v = (a+c, d+b)$이고 v가 짝수임을 보여라.

13. 결론적으로 n은 $n = [(u/2)^2 + (v/2)^2](r^2+s^2)$으로 인수분해될 수 있음을 보여라.

14. 오일러 방법을 사용하여 다음 정수를 각각 인수분해하라.

    a) $221 = 10^2 + 11^2 = 5^2 + 14^2$

    b) $2501 = 50^2 + 1^2 = 49^2 + 10^2$

    c) $1{,}000{,}009 = 1000^2 + 3^2 = 972^2 + 235^2$

15. $2^{4n+2}+1$꼴의 모든 수는 항등식 $4x^4 + 1 = (2x^2+2x+1)(2x^2-2x+1)$을 사용하여 쉽게 인수분해될 수 있음을 보여라. 이 항등식을 사용하여 $2^{18}+1$을 인수분해하라.

16. 만약 a가 양의 정수이고 a^m+1이 홀수 소수이면, $m = 2^n$인 양의 정수 n이 존재함을 보여라. (힌트: 항등식 $a^m + 1 = (a^k+1)(a^{k(l-1)} - a^{k(l-2)} + \cdots - a^k + 1)$을 상기하라. 여기서 $m = kl$이고, l은 홀수이다.)

17. $n \geq 2$이면 $F_n = 2^{2^n}+1$의 마지막 자리의 수는 7임을 보여라. (힌트: 수학적 귀납법을 사용하여 2^{2^n}의 마지막 자리의 수가 6임을 보여라.)

18. $F_4 = 2^{2^4}+1 = 65{,}537$의 모든 소인수가 $64k+1$꼴임을 이용하여 F_4가 소수임을 확인하라. (한 번의 나눗셈시행이 필요할 것이다.)

19. $F_5 = 2^{2^5}+1$의 모든 소인수가 $128k+1$꼴임을 이용하여 F_5의 소인수분해가 $F_5 = 641 \cdot 6{,}700{,}417$임을 입증하라.

20. 음이 아닌 정수 n에 대해 $2^{2^n}+5$꼴의 모든 소수를 찾아라.

21. 페르마 수 F_n의 자릿수를 근사적으로 구하라.

*22. n이 양의 정수일 때 n, F_n의 최대공약수가 무엇인가? 답이 맞음을 증명하라.

23. 양의 정수 m에 대해 2^m+1꼴의 정수가 어떤 정수의 거듭제곱으로 나타나는 경우, 즉 양의 정수 n과 $k \geq 2$에 대해 $2^m+1 = n^k$으로 나타나는 경우는 $m = 3$일 때 뿐임을 보여라.

24. k가 작은 양의 정수일 때 페르마 인수분해방법을 사용하여 kn을 인수분해하는 것은 때로 이 방법을 사용하여 n을 인수분해하는 것보다 더 쉽다. 페르마 인수분해방법을 사용하여 $3 \cdot 901 = 2703$을 인수분해하는 것이 901을 인수분해하는 것보다 더 쉽다는 것을 보여라.

계산과 탐구

1. 나눗셈시행을 사용하여 10,000을 초과하는 여러 정수의 소인수분해를 찾아라.
2. 페르마 인수분해방법을 사용하여 10,000을 초과하는 여러 정수를 인수분해하라.
3. 정리 4.11을 사용하여 페르마 수 F_6과 F_7을 인수분해하라.

프로그래밍 프로젝트

1. 양의 정수 n이 주어졌을 때 n의 소인수분해를 찾아라.
2. 양의 정수 n이 주어졌을 때 n에 페르마 인수분해방법을 수행하라.
3. 양의 정수 n이 주어졌을 때 n에 드레임 인수분해방법을 수행하라(연습문제 8 참조).
4. 정리 4.11을 사용하여 양의 정수 n에 대해 페르마 수 F_n의 소인수를 조사하라.

제5장
합동

합동의 개념은 위대한 독일 수학자 가우스에 의해 개발되었다. 이를 통해 나눔 관계를 등식 계산을 하는 것과 마찬가지 방식으로 계산할 수 있다. 이 장에서는 합동의 기본 성질을 탐구하고 합동을 사용한 산술의 방법을 설명하며 일차합동식과 같은 미지수를 포함하는 합동식에 관하여 연구한다. 일차합동식으로 이어지는 예로는 $7x$를 11로 나누었을 때 나머지가 3인 모든 정수 x를 찾는 문제가 있다. 또한 3, 5, 7로 각각 나눌 때 나머지가 2, 3, 2인 수를 찾는 고대 중국 퍼즐과 같은 문제로부터 발생하는 연립일차합동식을 연구한다. 중국인의 나머지정리라고 불리는 유명한 방법을 사용하여 이러한 퍼즐에서 발생하는 연립일차합동식을 해결하는 방법을 익힌다. 또한 다항합동식을 해결하는 방법을 배운다. 마지막으로 합동을 사용하여 폴라드 로 방법으로 불리는 인수분해방법을 소개한다.

5.1 합동의 소개

이 장에서 소개되는 합동 개념은 수론에서 매우 유용한 도구로 널리 사용되고 있는데, 이 개념은 19세기 초에 가우스(K. F. Gauss)에 의해 개발되었다. 가우스는 역사상 가장 유명한 수학자 중 하나로 꼽히고 있다.

합동 개념을 사용하면 나눔 관계를 등식처럼 처리할 수 있다. 합동이 도입되기 전에는 나눔 관계에 대한 표기법이 다소 난해하고 처리하기 어려웠다. 편리한 표기법의 도입은 수론의 발전을 가속화하는 데 도움이 되었다.

정의 5.1

양의 정수 m과 정수 a, b에 대해 $m \mid (a-b)$이면 **법** m**으로** a, b**는 합동**(a is congruent to b modulo m)이라고 한다.

법 m으로 a, b가 합동이면 $a \equiv b \pmod{m}$으로 표기한다. $m \nmid (a-b)$이면 $a \not\equiv b \pmod{m}$로 표기하고 a, b는 **법 m으로 합동이 아니다**(incongruent modulo m)라고 한다. 정수 m을 합동의 **법**(modulus, 모듈러스)이라 하고 법의 복수형은 **법**(moduli, 모듈라이)이다.

예제 5.1

$9 \mid (22-4) = 18$이므로 $22 \equiv 4 \pmod{9}$이다. 마찬가지로 $9 \mid (3-(-6)) = 9$이므로 $3 \equiv -6 \pmod{9}$이고 $9 \mid (200-2) = 198$이므로 $200 \equiv 2 \pmod{9}$이다. 한편 $9 \nmid (13-5) = 8$이므로 $13 \not\equiv 5 \pmod{9}$이다.

합동은 종종 일상 생활에서 발생한다. 예를 들어 시계는 시간에 대해 법 12나 24로 작동하고 분과 초에 대해서는 법 60으로 작동한다. 달력은 요일에 대해 법 7로 월에 대해 법 12로 작동한다. 전기나 수도의 미터기는 종종 법 1000으로 작동하며 주행 거리계는 보통 법 100,000으로 작동한다.

합동을 다룰 때 종종 합동을 등식으로 변환해야 할 때가 있는데, 이는 다음 정리를 이용하여 할 수 있다.

정리 5.1

임의의 정수 a, b에 대해 $a \equiv b \pmod{m}$일 필요충분조건은 정수 k가 존재하여 $a = b + km$이다.

증명 5.1

$a \equiv b \pmod{m}$라고 가정하자. 이는 $m \mid (a-b)$를 의미한다. 따라서 $km = a - b$를 만족하는 정수 k가 존재한다. 그러므로 $km = a - b$이고 $a = b + km$이 성립한다. 역으로 $a = b + km$를 만족하는 정수 k가 있다면 $km = a - b$이다. 따라서 $m \mid (a-b)$이 되고 결과적으로 $a \equiv b \pmod{m}$이 성립한다.

예제 5.2

$19 \equiv -2 \pmod{7}$이고 $19 = -2 + 3 \cdot 7$이다.

이제 합동이 여러 가지 중요한 성질을 만족함을 보인다.

정리 5.2

양의 정수 m에 대해 법 m으로 합동은 다음과 같은 성질을 만족한다.

(i) **반사성**(reflexive property): 정수 a에 대해 $a \equiv a \pmod{m}$이다.

(ii) **대칭성**(symmetric property): 정수 a, b에 대해 $a \equiv b \pmod{m}$이면 $b \equiv a \pmod{m}$이다.

(iii) **전이성**(transitive property): 정수 a, b, c에 대해 $a \equiv b \pmod{m}$, $b \equiv c \pmod{m}$이면 $a \equiv c \pmod{m}$이다.

증명 5.2

(i) $m \mid (a-a) = 0$이므로 $a \equiv a \pmod{m}$이다.

(ii) $a \equiv b \pmod{m}$이면 $m \mid (a-b)$이므로 정수 k가 존재하여 $km = a-b$이다. 이것은 $(-k)m = b-a$를 의미하므로 $m \mid (b-a)$이다. 따라서 $b \equiv a \pmod{m}$이다.

(iii) $a \equiv b \pmod{m}$, $b \equiv c \pmod{m}$이면 $m \mid (a-b)$, $m \mid (b-c)$이다. 그러므로 정수 k, l이 존재하여 $km = a-b$, $lm = b-c$이다. 그러므로 $a-c = (a-b)+(b-c) = km+lm = (k+l)m$이다. 결국 $m \mid (a-c)$이므로 $a \equiv c \pmod{m}$이다.

정리 5.2에 의해 정수 전체 집합은 **법** m**으로 합동류**(congruence classes modulo m)라고 불리는 m개의 서로 다른 집합으로 나뉜다. 이때 각 집합은 법 m으로 합동인 정수로 이루어져 있다. 예를 들어 $m = 2$일 때 짝수와 홀수의 두 합동류가 있다. 정수 a를 포함하는 법 m으로 합동류는 $[a]_m$으로 표기한다. 예를 들어 $[2]_5 = \{\ldots, -13, -8, -3, 2, 7, 12, 17, \ldots\}$이다.

집합에서 관계의 개념에 익숙하다면 정리 5.2는 m이 양의 정수일 때 법 m으로 합동이 동치관계이며 법 m으로 합동류가 이 동치관계의 동치류임을 알 수 있다.

예제 5.3

$m = 4$인 경우는 다음과 같다.

$$\cdots \equiv -8 \equiv -4 \equiv 0 \equiv 4 \equiv 8 \equiv \ldots \pmod{4}$$
$$\cdots \equiv -7 \equiv -3 \equiv 1 \equiv 5 \equiv 9 \equiv \ldots \pmod{4}$$
$$\cdots \equiv -6 \equiv -2 \equiv 2 \equiv 6 \equiv 10 \equiv \ldots \pmod{4}$$
$$\cdots \equiv -5 \equiv -1 \equiv 3 \equiv 7 \equiv 11 \equiv \ldots \pmod{4}$$

그러므로 법 4에 대한 네 개의 합동류는 다음과 같다.

$$[0]_4 = \{\ldots, -8, -4, 0, 4, 8, \ldots\}$$
$$[1]_4 = \{\ldots, -7, -3, 1, 5, 9, \ldots\}$$
$$[2]_4 = \{\ldots, -6, -2, 2, 6, 10, \ldots\}$$
$$[3]_4 = \{\ldots, -5, -1, 3, 7, 11, \ldots\}$$

양의 정수 m과 정수 a에 대해 나눗셈 알고리즘에 의해 $a = bm + r$을 만족하는 정수 b, $r\,(0 \le r \le m-1)$이 존재한다. 이때 r을 법 m으로 a의 **최소비음잉여**(least nonnegative residue)라고 한다. 또한 r을 법 m으로 a를 **축소한**(reducing) 결과라고 한다. 한편 a가 m으로 나눠지 않을 때는 r을 법 m으로 a의 **최소양잉여**(least positive residue)라고 한다.

특별히 컴퓨터 과학에서 흔히 사용되는 표기법은 $a \textbf{ mod } m = r$이다. 이는 a를 m으로 나눌 때 얻는 나머지가 r임을 나타낸다. 예를 들어 $17 \textbf{ mod } 5 = 2$이고 $-8 \textbf{ mod } 7 = 6$이다. $\textbf{mod}$ m은 정수 집합에서 집합 $\{0, 1, 2, \ldots, m-1\}$으로의 함수이다.

비고. 많은 프로그래밍 언어에서는 $a \textbf{ mod } m$ 대신 $a \,\%\, m$을 사용하여 a를 m으로 나눈 최소비음잉여를 나타낸다.

합동의 다양한 표기법 사이의 관계는 다음 정리에 의해 분명해진다. 이 정리의 증명은 이 절의 연습문제 10과 11에서 다루고 이는 독자에게 맡긴다.

정리 5.3

양의 정수 m과 정수 a, b에 대해 $a \equiv b \pmod{m}$일 필요충분조건은 $a \textbf{ mod } m = b \textbf{ mod } m$이다.

이제 등식 $a = bm + r$로부터 $a \equiv r \pmod{m}$이 성립한다는 것에 주목하자. 이로 인해 모든 정수는 그 정수를 m으로 나눌 때의 나머지, 즉 $0, 1, \ldots, m-1$ 중 하나와 법 m으로 합동이다. 또한 $0, 1, \ldots, m-1$ 중 어떤 두 정수도 법 m으로 합동이 아니므로 모든 정수는 이 m개의 정수 중 정확히 하나와 합동이다.

정의 5.2

법 m으로 완전잉여계(complete system of residues modulo m)는 모든 정수가 그 집합 내의 정확히 하나의 정수와 합동이 되게 하는 정수들의 집합이다.

예제 5.4

나눗셈 알고리즘에 의해 정수들의 집합 $\{0, 1, 2, \ldots, m-1\}$은 법 m으로 완전잉여계임을 알 수 있다. 이를 **법 m으로 최소비음잉여 집합**(least nonnegative residues modulo m)이라고 한다.

예제 5.5

홀수인 양의 정수 m에 대해 정수들의 다음 집합은 완전잉여계이다.

$$\left\{-\frac{m-1}{2}, -\frac{m-3}{2}, \ldots, -1, 0, 1, \ldots, \frac{m-3}{2}, \frac{m-1}{2}\right\}$$

이 집합을 **법 m으로 절대최소잉여 집합**(absolute least residues modulo m)이라고 한다.

합동으로 정수 계산을 수행하는 것을 종종 **모듈러 산술**(modular arithmetic)이라고 한다. 합동은 등식과 유사한 많은 성질을 가지고 있다. 먼저, 합동식의 양쪽에 덧셈, 뺄셈, 곱셈을 적용하면 합동이 유지된다는 것을 보이자.

정리 5.4

양의 정수 m과 정수 a, b에 대해 $a \equiv b \pmod{m}$이면 임의의 정수 c에 대해 다음이 성립한다.

(i) $a + c \equiv b + c \pmod{m}$

(ii) $a - c \equiv b - c \pmod{m}$

(iii) $ac \equiv bc \pmod{m}$

증명 5.4

$a \equiv b \pmod{m}$이므로 $m \mid (a - b)$임을 알 수 있다. 항등식 $(a + c) - (b + c) = a - b$로부터 $m \mid [(a+c) - (b+c)]$이므로 (i)가 성립한다. 비슷하게 (ii)는 $(a - c) - (b - c) = a - b$의 사실로부터 성립한다. (iii)가 성립함을 보이려면 $ac - bc = c(a - b)$임에 주목하자. $m \mid (a - b)$이므로 $m \mid c(a - b)$이고 따라서 $ac \equiv bc \pmod{m}$이다.

예제 5.6

$19 \equiv 3 \pmod{8}$이므로 정리 5.4에 의해 $26 = 19 + 7 \equiv 3 + 7 = 10 \pmod{8}$이고 $15 = 19 - 4 \equiv 3 - 4 = -1 \pmod{8}$이고 $38 = 19 \cdot 2 \equiv 3 \cdot 2 = 6 \pmod{8}$이다.

합동식에서 양변을 동일한 정수로 나누면 합동이 어떻게 되는지 알아보자. 다음 예제를 생각해보자.

예제 5.7

$14 = 7 \cdot 2 \equiv 4 \cdot 2 = 8 \pmod{6}$의 양변에서 공통 인수 2를 나눌 수 없다. 그 이유는 $7 \not\equiv 4 \pmod{6}$이기 때문이다.

이 예제는 합동식에서 양변을 동일한 정수로 나눌 때 합동이 항상 보존되지는 않는다는 것을 보여준다. 그러나 다음 정리는 합동식에서 양변을 동일한 정수로 나눌 때 어떻게 해야 합동이 유지되는지 보여준다.

정리 5.5

양의 정수 m과 정수 a, b, c에 대해 $ac \equiv bc \pmod{m}$이면 $a \equiv b \pmod{m/d}$이다. 여기서 $d = (c, m)$이다.

증명 5.5

$ac \equiv bc \pmod{m}$이라고 가정하자. 그러면 $m \mid (ac - bc) = c(a - b)$이다. 따라서 $c(a - b) = km$인 정수 k가 있다. d로 양변을 나누면 $(c/d)(a - b) = k(m/d)$가 되는데, 이때 $(m/d, c/d) = 1$이므로 도움정리 4.2에 의해 $m/d \mid (a - b)$가 성립한다. 따라서 $a \equiv b \pmod{m/d}$이다.

예제 5.8

$50 \equiv 20 \pmod{15}$이고 $(10, 15) = 5$이므로 $50/10 \equiv 20/10 \pmod{15/5}$ 또는 $5 \equiv 2 \pmod{3}$이다.

다음 따름정리는 정리 5.5의 특수한 경우로 자주 사용된다. 이는 법 m과 서로소인 수를 합동식에서 소거할 수 있도록 해준다.

따름정리 5.5.1

양의 정수 m과 정수 a, b, c에 대해 $ac \equiv bc \pmod{m}$이고 $(c, m) = 1$이면 $a \equiv b \pmod{m}$이다.

예제 5.9

$42 \equiv 7 \pmod{5}$이고 $(5, 7) = 1$이므로 $42/7 \equiv 7/7 \pmod{5}$ 또는 $6 \equiv 1 \pmod{5}$이다.

다음 정리는 정리 5.4보다 더 일반적이며 또한 유용하다. 그 증명은 정리 5.4의 증명과 유사하다.

정리 5.6

양의 정수 m과 정수 a, b, c, d에 대해 $a \equiv b \pmod{m}$이고 $c \equiv d \pmod{m}$이면 다음이 성립한다.

(i) $a + c \equiv b + d \pmod{m}$

(ii) $a - c \equiv b - d \pmod{m}$

(iii) $ac \equiv bd \pmod{m}$

증명 5.6

$a \equiv b \pmod{m}$, $c \equiv d \pmod{m}$이므로 $m \mid (a - b)$, $m \mid (c - d)$이다. 따라서 두 정수 k, l이 존재하여 $km = a - b$, $lm = c - d$이다.

(i)를 증명하기 위해 $(a + c) - (b + d) = (a - b) + (c - d) = km + lm = (k + l)m$임에 주목하자. 따라서 $m \mid [(a + c) - (b + d)]$이므로 $a + c \equiv b + d \pmod{m}$이다.

(ii)를 증명하기 위해 $(a - c) - (b - d) = (a - b) - (c - d) = km - lm = (k - l)m$임에 주목하자.

따라서 $m \mid [(a-c)-(b-d)]$이므로 $a-c \equiv b-d \pmod{m}$이다.

(iii)를 증명하기 위해 $ac-bd = ac-bc+bc-bd = c(a-b)+b(c-d) = ckm+blm = m(ck+bl)$임에 주목하자. 따라서 $m \mid (ac-bd)$이므로 $ac \equiv bd \pmod{m}$이다.

예제 5.10

$13 \equiv 3 \pmod{5}$이고 $7 \equiv 2 \pmod{5}$이므로 정리 5.6을 사용하면 $20 = 13+7 \equiv 3+2 = 5 \pmod{5}$, $6 = 13-7 \equiv 3-2 = 1 \pmod{5}$, $91 = 13 \cdot 7 \equiv 3 \cdot 2 = 6 \pmod{5}$이다.

다음 도움정리는 m개의 수로 이루어진 집합이 법 m으로 완전잉여계를 이루는지 결정하는 데 도움을 준다.

도움정리 5.1

법 m으로 서로 합동이 아닌 m개의 정수들의 집합은 법 m으로 완전잉여계를 이룬다.

증명

법 m으로 서로 합동이 아닌 m개의 정수의 집합이 법 m으로 완전잉여계를 이루지 않는다고 가정하자. 이는 적어도 하나의 정수 a가 집합 안의 어떤 정수와도 합동이 아니라는 것을 의미한다. 따라서 a를 m으로 나눈 나머지와 합동인 정수가 집합에 없음을 의미한다. 결국 집합 안의 정수들을 m으로 나눈 나머지가 최대 $m-1$개만큼 서로 다르다는 것을 의미한다. 이때 "비둘기집 원리", 즉 n개보다 많은 물건을 n개의 상자에 담을 때 적어도 두 개의 물건은 한 상자에 들어가게 된다는 원리를 적용하면 집합 안에서 적어도 두 정수는 같은 나머지를 가지게 되는데, 이는 모순이다. 따라서 법 m으로 서로 합동이 아닌 m개의 정수로 이루어진 집합은 법 m으로 완전잉여계를 이룬다.

정리 5.7

$\{r_1, r_2, \ldots, r_m\}$이 법 m으로 완전잉여계이고 a가 $(a, m) = 1$인 양의 정수이면 임의의 정수 b에 대해

$$\{ar_1 + b, ar_2 + b, \ldots, ar_m + b\}$$

는 법 m으로 완전잉여계이다.

증명 5.7

우선 다음 정수들이 법 m으로 합동이 아님을 보이자.

$$ar_1 + b, ar_2 + b, \ldots, ar_m + b$$

이를 위해 다음과 같다고 가정하면

$$ar_j + b \equiv ar_k + b \pmod{m}$$

정리 5.4의 (ii)에 의해 다음과 같다.

$$ar_j \equiv ar_k \pmod{m}$$

이때 $(a, m) = 1$이므로 따름정리 5.5.1에 의해 다음을 얻는다.

$$r_j \equiv r_k \pmod{m}$$

$j \neq k$이면 $r_j \not\equiv r_k \pmod{m}$이므로 $j = k$이다. 정리의 정수들이 법 m으로 서로 합동이 아닌 m개의 정수이므로 도움정리 5.1에 의해 이 정수들은 법 m으로 완전잉여계를 이룬다.

다음 정리는 합동식의 양변을 동일한 양의 정수만큼 거듭제곱할 때 합동이 유지됨을 보여준다.

정리 5.8

양의 정수 k, m과 정수 a, b에 대해 $a \equiv b \pmod{m}$이면 $a^k \equiv b^k \pmod{m}$이다.

증명 5.8

$a \equiv b \pmod{m}$이므로 $m \mid (a-b)$이다. 또한 다음과 같다.

$$a^k - b^k = (a-b)(a^{k-1} + a^{k-2}b + \cdots + ab^{k-2} + b^{k-1})$$

그러므로 $(a-b) \mid (a^k - b^k)$이다. 따라서 정리 1.8에 의해 $m \mid (a^k - b^k)$이므로 $a^k \equiv b^k \pmod{m}$이다.

예제 5.11

$7 \equiv 2 \pmod{5}$이므로 정리 5.8에 의해 $343 = 7^3 \equiv 2^3 = 8 \pmod{5}$이다.

다음 결과는 두 수의 합동을 결합하는 방법을 보여준다.

정리 5.9

양의 정수 $m_1, m_2, \ldots, m_k$와 정수 a, b에 대해 $a \equiv b \pmod{m_1}$, $a \equiv b \pmod{m_2}, \ldots, a \equiv b \pmod{m_k}$이면 다음과 같다.

$$a \equiv b \pmod{[m_1, m_2, \ldots, m_k]}$$

여기서 $[m_1, m_2, \ldots, m_k]$는 $m_1, m_2, \ldots, m_k$의 최소공배수를 나타낸다.

증명 5.9

가정한 $a \equiv b \pmod{m_1}$, $a \equiv b \pmod{m_2}, \ldots, a \equiv b \pmod{m_k}$는 각각 $m_1 \mid (a-b)$, $m_2 \mid (a-b), \ldots, m_k \mid (a-b)$를 의미한다. 4.3절 연습문제 39에 의해 다음과 같고,

$$[m_1, m_2, \ldots, m_k] \mid (a-b)$$

그러므로 다음과 같다.

$$a \equiv b \pmod{[m_1, m_2, \ldots, m_k]}$$

다음 결과는 이 정리의 즉각적이고 유용한 결과이다.

따름정리 5.9.1

서로소인 양의 정수 $m_1, m_2, \ldots, m_k$과 정수 a, b에 대해 $a \equiv b \pmod{m_1}$, $a \equiv b \pmod{m_2}, \ldots, a \equiv b \pmod{m_k}$이면 다음과 같다.

$$a \equiv b \pmod{m_1 m_2 \cdots m_k}$$

증명 5.9.1

$m_1, m_2, \ldots, m_k$가 서로소이므로 4.3절 연습문제 66에 의해 다음과 같다.

$$[m_1, m_2, \ldots, m_k] = m_1 m_2 \cdots m_k$$

따라서 정리 5.9에 의해 다음을 얻는다.

$$a \equiv b \pmod{m_1 m_2 \cdots m_k}$$

5.1.1 빠른 모듈러 거듭제곱 방법

앞으로 공부할 내용에서는 큰 거듭제곱의 지수를 포함하는 합동식을 다루기도 한다. 예를 들어 법 645로 2^{644}의 최소양잉여를 찾는 경우가 있을 수 있다. 만약 2^{644}를 먼저 계산하여 최소양잉여를 찾는다면 194자리나 되는 수를 얻기 위해 많은 계산이 필요하게 되기 때문에 이는 매우 바람직하지 않은 생각이다. 대신에 2^{644}를 법 645로 구하기 위해 먼저 지수 644를 이진법으로 표현한다. 즉 다음과 같다.

$$(644)_{10} = (1010000100)_2$$

그런 다음 $2, 2^2, 2^4, 2^8, \ldots, 2^{512}$를 차례로 제곱하고 법 645로 축소하여 최소양잉여를 각각 계산한다. 즉 다음과 같다.

$$\begin{aligned}
2 &\equiv 2 \pmod{645}\\
2^2 &\equiv 4 \pmod{645}\\
2^4 &\equiv 16 \pmod{645}\\
2^8 &\equiv 256 \pmod{645}\\
2^{16} &\equiv 391 \pmod{645}\\
2^{32} &\equiv 16 \pmod{645}\\
2^{64} &\equiv 256 \pmod{645}\\
2^{128} &\equiv 391 \pmod{645}\\
2^{256} &\equiv 16 \pmod{645}\\
2^{512} &\equiv 256 \pmod{645}
\end{aligned}$$

이제 적절한 2의 거듭제곱의 최소양잉여를 곱하여 법 645로 2^{644}의 최소양잉여를 구할 수 있다. 즉 다음과 같다.

$$2^{644} = 2^{512+128+4} = 2^{512}2^{128}2^4 \equiv 256 \cdot 391 \cdot 16 = 1{,}601{,}536 \equiv 1 \pmod{645}$$

이 예는 **모듈러 거듭제곱**(modular exponentiation)의 일반적인 절차를 보여준다. 즉 양의 정수 b, m, N에 대해 법 m으로 b^N을 계산하는 것이다. 우선 지수 N을 이진수, 즉 $N = (a_k a_{k-1} \cdots a_1 a_0)_2$로 표현한다. 그런 다음 $b, b^2, b^4, \ldots, b^{2^k}$를 차례로 제곱하고 법 m으로 축소하여 최소양잉여를 각각 계산한다. 마지막으로 $a_j = 1$인 j에 대해 b^{2^j}의 최소양잉여를 모두 곱한 후에 법 m으로 다시 축소한다.

앞으로 모듈러 거듭제곱에 필요한 비트연산의 양을 추정해야 한다. 이를 위해 다음 정리를 소개한다.

정리 5.10

양의 정수 b, m, N에 대해 $b < m$일 때 법 m으로 b^N의 최소양잉여는 $O((\log_2 m)^2 \log_2 N)$ 비트연산으로 계산된다.

증명 5.10

법 m으로 b^N의 최소양잉여를 찾기 위해 앞에서 설명한 알고리즘을 사용할 수 있다. 먼저, $2^k \le N < 2^{k+1}$일 때 $b, b^2, b^4, \ldots, b^{2^k}$을 차례로 제곱하고 법 m으로 축소하여 최소양잉여를 각각 계산한다. 이는 각각이 $O((\log_2 m)^2)$ 비트연산이 필요한 제곱을 $k = [\log_2 N]$번 수행하므로 총 $O((\log_2 m)^2 \log_2 N)$ 비트연산이 필요하다. 다음으로 N의 이진표기에서 $a_j = 1$인 j에 해당하는 정수 b^{2^j}의 최소양잉여를 모두 곱한 후에 법 m으로 축소한다. 이는 각각이 $O((\log_2 m)^2)$ 비트연산이 필요한 곱셈을 많아야 $\log_2 N$번 수행하므로 총 $O((\log_2 m)^2 \log_2 N)$ 비트연산이 필요하다. 따라서 총 $O((\log_2 m)^2 \log_2 N)$ 비트연산이 필요하다.

5.1.2 $\mathbb{Z}_n$의 산술

법 n으로 합동류의 전체 집합을 생각해보자.

정의 5.3

다음을 **법 n으로 정수**(integers module n)의 집합이라 하고 $\mathbb{Z}_n$으로 나타낸다.

$$\{[0]_n, [1]_n, [2]_n, \ldots, [n-1]_n\}$$

n이 2 이상의 양의 정수일 때 법 n으로 합동류의 합, 차, 곱을 정의할 수 있다. 이러한 연산이 잘 정의되었음을 정리 5.6을 사용하여 보일 수 있다. (자세한 내용은 연습문제 53에서 다룬다.) 이때 $[a]_n = [b]_n$일 필요충분조건은 $a \equiv b \pmod{n}$임에 유의하자.

정의 5.4

양의 정수 n과 정수 a, b에 대해 $[a]_n + [b]_n = [a+b]_n$, $[a]_n - [b]_n = [a-b]_n$, $[a]_n \cdot [b]_n = [a \cdot b]_n$으로 정의한다.

예제 5.12

$[4]_7 + [6]_7 = [4+6]_7 = [10]_7 = [3]_7$, $[4]_7 - [6]_7 = [4-6]_7 = [-2]_7 = [5]_7$, $[4]_7 \cdot [6]_7 = [4 \cdot 6]_7 = [24]_7 = [3]_7$이다.

다음 정리에서는 $\mathbb{Z}_n$ 에서의 합과 곱에 대한 기본적인 성질을 요약한다. 이 정리의 증명은 연습문제 54에 남겨둔다. 이러한 성질들은 정수의 성질과 합동류의 정의를 사용하여 증명할 수 있다.

정리 5.11

2 이상의 양의 정수 n과 정수 a, b, c에 대해 $\mathbb{Z}_n$ 에서의 덧셈과 곱셈은 다음 성질들을 만족한다.
(i) **덧셈의 교환법칙**: $[a]_n + [b]_n = [b]_n + [a]_n$
(ii) **덧셈의 결합법칙**: $[a]_n + ([b]_n + [c]_n) = ([a]_n + [b]_n) + [c]_n$
(iii) **덧셈의 항등원**: $[a]_n + [0]_n = [a]_n$
(iv) **덧셈 역원의 존재**: $[a]_n + [-a]_n = [0]_n$
(v) **곱셈의 교환법칙**: $[a]_n \cdot [b]_n = [b]_n \cdot [a]_n$
(vi) **곱셈의 결합법칙**: $[a]_n \cdot ([b]_n \cdot [c]_n) = ([a]_n \cdot [b]_n) \cdot [c]_n$
(vii) **곱셈의 항등원**: $[a]_n \cdot [1]_n = [a]_n$
(viii) **덧셈에 대한 곱셈의 분배법칙**: $[a]_n \cdot ([b]_n + [c]_n) = [a]_n \cdot [b]_n + [a]_n \cdot [c]_n$

정리 5.11의 성질들은 $(\mathbb{Z}_n, +, \cdot)$이 **항등원을 가진 가환환**(commutative ring with an identity)임을 보여주는데, 이 사실은 추상 대수학에서 배운다.

5.1 연습문제

1. 다음 합동식이 성립함을 각각 보여라.

   a) $13 \equiv 1 \pmod 2$
   b) $22 \equiv 7 \pmod 5$
   c) $91 \equiv 0 \pmod{13}$
   d) $69 \equiv 62 \pmod 7$
   e) $-2 \equiv 1 \pmod 3$
   f) $-3 \equiv 30 \pmod{11}$
   g) $111 \equiv -9 \pmod{40}$
   h) $666 \equiv 0 \pmod{37}$

2. 다음 정수 쌍이 법 7로 합동인지 여부를 각각 결정하라.

   a) 1, 15
   b) 0, 42
   c) 2, 99
   d) −1, 8
   e) −9, 5
   f) −1, 699

3. 어떤 양의 정수 m에 대해 다음의 각 합동식이 성립하는가?

   a) $27 \equiv 5 \pmod m$
   b) $1000 \equiv 1 \pmod m$
   c) $1331 \equiv 0 \pmod m$

4. a가 짝수이면 $a^2 \equiv 0 \pmod 4$이고 a가 홀수이면 $a^2 \equiv 1 \pmod 4$임을 보여라.

♦5. a가 홀수이면 $a^2 \equiv 1 \pmod 8$임을 보여라.

6. 법 13으로 다음 정수의 최소비음잉여를 각각 찾아라.

a) 22
b) 100
c) 1001
d) -1
e) -100
f) -1000

7. 법 28로 다음 정수의 최소비음잉여를 각각 찾아라.

a) 99
b) 1100
c) 12,345
d) -1
e) -1000
f) $-54{,}321$

8. 다음 정수를 법으로 택했을 때 $1! + 2! + 3! + \cdots + 10!$의 최소비음잉여를 각각 찾아라.

a) 3
b) 11
c) 4
d) 23

9. 다음 정수를 법으로 택했을 때 $1! + 2! + 3! + \cdots + 100!$의 최소비음잉여를 각각 찾아라.

a) 2
b) 7
c) 12
d) 25

10. 양의 정수 m과 정수 a, b에 대해 $a \equiv b \pmod{m}$이면 $a \mathbin{\mathbf{mod}} m = b \mathbin{\mathbf{mod}} m$임을 보여라.

11. 양의 정수 m과 정수 a, b에 대해 $a \mathbin{\mathbf{mod}} m = b \mathbin{\mathbf{mod}} m$이면 $a \equiv b \pmod{m}$임을 보여라.

12. 양의 정수 m, n과 정수 a, b에 대해 $n \mid m$, $a \equiv b \pmod{m}$이면 $a \equiv b \pmod{n}$임을 보여라.

13. 양의 정수 c, m과 정수 a, b에 대해 $a \equiv b \pmod{m}$이면 $ac \equiv bc \pmod{mc}$임을 보여라.

14. 양의 정수 c와 정수 a, b에 대해 $a \equiv b \pmod{c}$이면 $(a, c) = (b, c)$임을 보여라.

15. 양의 정수 m과 정수 a_j, $b_j (j = 1, 2, \ldots, n)$에 대해 $a_j \equiv b_j \pmod{m} (j = 1, 2, \ldots, n)$이면 다음이 성립함을 보여라.

a) $\sum_{j=1}^{n} a_j \equiv \sum_{j=1}^{n} b_j \pmod{m}$
b) $\prod_{j=1}^{n} a_j \equiv \prod_{j=1}^{n} b_j \pmod{m}$

16. 양의 정수 $m > 2$과 정수 a, b에 대해 $(a + b) \mathbin{\mathbf{mod}} m = a \mathbin{\mathbf{mod}} m + b \mathbin{\mathbf{mod}} m$이라는 명제의 반례를 찾아라.

17. 양의 정수 $m > 2$과 정수 a, b에 대해 $(ab) \mathbin{\mathbf{mod}} m = (a \mathbin{\mathbf{mod}} m)(b \mathbin{\mathbf{mod}} m)$이라는 명제의 반례를 찾아라.

18. 양의 정수 $m > 2$과 정수 a, b에 대해 $(a + b) \mathbin{\mathbf{mod}} m = (a \mathbin{\mathbf{mod}} m + b \mathbin{\mathbf{mod}} m) \mathbin{\mathbf{mod}} m$임을 보여라.

19. 양의 정수 $m > 2$과 정수 a, b에 대해 $(ab) \mathbin{\mathbf{mod}} m = ((a \mathbin{\mathbf{mod}} m)(b \mathbin{\mathbf{mod}} m)) \mathbin{\mathbf{mod}} m$임을 보여라.

연습문제 20 ~ 22에서는 법 6으로 최소비음잉여로 합동류를 나타내어 법 6으로 연산 표를 작성하라.

20. 법 6으로 덧셈 표를 작성하라.

21. 법 6으로 뺄셈 표를 작성하라.

22. 법 6으로 곱셈 표를 작성하라.

23. 다음 각 경우에 12시간제 시계가 나타내는 시각은?

   a) 11시를 나타낸 후 29시간이 지난 경우
   b) 2시를 나타낸 후 100시간이 지난 경우
   c) 6시를 나타낸 후 50시간이 지난 경우

24. 정수를 네 제곱한 수의 마지막 자리의 수를 결정하라.

25. 소수 p와 정수 a, b에 대해 $a^2 \equiv b^2 \pmod{p}$이면 어떤 결론을 내릴 수 있는가?

26. 양의 정수 k, m과 정수 a, b에 대해 $a^k \equiv b^k \pmod{m}$, $a^{k+1} \equiv b^{k+1} \pmod{m}$이고 $(a, m) = 1$이면 $a \equiv b \pmod{m}$임을 보여라. 만약 조건 $(a, m) = 1$이 없으면 결론 $a \equiv b \pmod{m}$은 여전히 유효한가?

27. 홀수인 양의 정수 n에 대해 다음이 성립함을 보여라.

$$1 + 2 + 3 + \cdots + (n-1) \equiv 0 \pmod{n}$$

   n이 짝수인 경우 이 명제는 참인가?

28. n이 홀수인 양의 정수이거나 n이 4로 나눠는 양의 정수인 경우에 대해 다음이 성립함을 보여라.

$$1^3 + 2^3 + 3^3 + \cdots + (n-1)^3 \equiv 0 \pmod{n}$$

   n이 짝수이지만 4로 나눠지 않는 경우 이 명제는 참인가?

29. 어떤 양의 정수 n에 대해 다음이 참인지 결정하라.

$$1^2 + 2^2 + 3^2 + \cdots + (n-1)^2 \equiv 0 \pmod{n}$$

30. 수학적 귀납법을 사용하여 n이 양의 정수인 경우에 대해 다음이 성립함을 보여라.

$$4^n \equiv 1 + 3n \pmod{9}$$

31. 수학적 귀납법을 사용하여 n이 양의 정수인 경우에 대해 다음이 성립함을 보여라.

$$5^n \equiv 1 + 4n \pmod{16}$$

32. 홀수만으로 이루어진 법 13으로 완전잉여계를 구하라.

33. $n \equiv 3 \pmod 4$이면 n은 두 정수의 제곱의 합으로 나타낼 수 없음을 보여라.

34. 소수 p에 대해 합동식 $x^2 \equiv x \pmod p$의 해는 $x \equiv 0$ 또는 $x \equiv 1 \pmod p$인 정수 x뿐임을 보여라.

35. 소수 p와 양의 정수 k에 대해 합동식 $x^2 \equiv x \pmod{p^k}$의 해는 $x \equiv 0$ 또는 $x \equiv 1 \pmod{p^k}$인 정수 x뿐임을 보여라.

36. 법 47로 다음 정수의 최소양잉여를 찾아라.

    a) 2^{32} b) 2^{47} c) 2^{200}

37. 서로소인 양의 정수 $m_1, m_2, \ldots, m_k$에 대해 $M = m_1 m_2 \cdots m_k$이라 하고 각 $j = 0, 1, 2, \ldots, k$에 대해 $M_j = M/m_j$이라고 하자. $a_1, a_2, \ldots, a_k$가 각각 법 $m_1, m_2, \ldots, m_k$로 완전잉여계의 원소들을 취할 때, 다음은 법 M으로 완전잉여계를 이룸을 보여라.

$$M_1 a_1 + M_2 a_2 + \cdots + M_k a_k$$

38. 양의 정수 m과 m보다 작은 양의 정수 u, v에 대해 법 m으로 $u+v$의 최소양잉여로부터 $u+v$의 실제 값을 찾는 방법에 대해 설명하라. (힌트: $u \le v$로 가정하고 $u+v$의 최소양잉여가 u보다 작은 경우와 v보다 큰 경우를 따로 고려하라.)

39. 워드 사이즈가 w인 컴퓨터에서 $n < w/2$인 경우 법 n으로 곱셈은 아래의 단계에 따라 수행될 수 있다. $T = [\sqrt{n} + 1/2]$, $t = T^2 - n$이라고 두자. 다음 각 계산에 대해 필요한 모든 컴퓨터 계산은 워드 사이즈를 초과하지 않고 수행됨을 보여라. (이 방법은 헤드(Head)에 의해 소개되었다. [He80] 참조)

    a) $0 < t \le T$임을 보여라.

    b) x, y가 n보다 작은 음이 아닌 정수이면

$$x = aT + b, \quad y = cT + d$$

    임을 보여라. 여기서 a, b, c, d는 정수이며 $0 \le a \le T$, $0 \le b < T$, $0 \le c \le T$, $0 \le d < T$이다.

    c) $z \equiv ad + bc \pmod n$이고 $0 \le z < n$인 경우

$$xy \equiv act + zT + bd \pmod n$$

    임을 보여라.

    d) $0 \le e \le T$, $0 \le f < T$인 정수 e, f에 대해 $ac = eT + f$인 경우

$$xy \equiv (z + et)T + ft + bd \pmod n$$

임을 보여라.

e) $v \equiv z + et \pmod n$이고 $0 \leq v < n$인 경우

$$v = gT + h$$

임을 보여라. 여기서 g와 h는 $0 \leq g \leq T$, $0 \leq h < T$이고 다음을 만족하는 정수이다.

$$xy \equiv hT + (f+g)t + bd \pmod n$$

f) 다음과 같이 계산하여 (e)의 합동식의 우변을 워드 사이즈를 초과하지 않고 계산할 수 있음을 보여라. 먼저

$$j \equiv (f+g)t \pmod n$$

이고 $0 \leq j < n$를 만족하는 j를 찾고

$$k \equiv j + bd \pmod n$$

이고 $0 \leq k < n$를 만족하는 k를 찾으면

$$xy \equiv hT + k \pmod n$$

이 된다. 결과적으로 원하는 결과를 얻게 된다.

40. 지수의 3진전개를 사용하여 모듈러 거듭제곱을 계산하는 알고리즘을 구현하라.

41. 다음에서 최소양잉여를 각각 찾아라.

a) 3^{10} 법 11

b) 2^{12} 법 13

c) 5^{16} 법 17

d) 3^{22} 법 23

e) 위의 합동으로부터 어떤 정리를 제안할 수 있는가?

42. 다음에서 최소양잉여를 각각 찾아라.

a) 6! 법 7

b) 10! 법 11

c) 12! 법 13

d) 16! 법 17

e) 위의 합동으로부터 어떤 정리를 제안할 수 있는가?

*43. 임의의 양의 정수 m에 대해 m으로 나뉘는 무한히 많은 피보나치 수 f_n이 있음을 보여라. (힌트: 피보나치 수의 법 m으로 최소양잉여들의 수열이 주기적으로 반복되는 수열임을 보여라.)

44. 수학적 귀납법을 사용하여 정리 5.8을 증명하라.

45. 두 양의 정수가 m보다 작은 경우 법 m으로 이 두 수의 곱의 최소비음잉여는 $O(\log^2 m)$ 비트연산을

사용하여 계산할 수 있음을 보여라.

*46. 다섯 명의 남자와 원숭이 한 마리가 섬에 난파되었다. 남자들은 다음 날 아침에 똑같이 나눌 계획으로 코코넛을 한 더미 모았다. 다른 남자들을 믿지 못한 한 남자는 밤에 일어나 코코넛을 다섯 부분으로 똑같이 나눈 후 남은 코코넛 한 개를 원숭이에게 주고 자신의 몫을 숨겼다. 그날 밤 다른 네 명의 남자도 똑같은 일을 하여 코코넛을 다섯 부분으로 똑같이 나누고 원숭이에게 남은 코코넛 한 개를 준 후 자신의 몫을 숨겼다. 아침이 되어 남자들은 남은 코코넛을 다섯 부분으로 나누고 남은 코코넛 한 개를 원숭이에게 주었다. 그 남자들이 처음에 모은 코코넛의 최소 개수는 몇 개인가?

*47. 연습문제 46에서 다섯 명의 남자와 한 마리의 원숭이 대신 n명의 남자와 k마리의 원숭이가 있고 각 단계에서 각 원숭이가 한 개씩 코코넛을 받는다면 최소 코코넛 개수는 몇 개인가?

정수계수를 갖는 다항식 $f(x)$, $g(x)$에서 x의 각 거듭제곱에 대해 그 거듭제곱의 계수가 법 n으로 서로 합동이면 두 다항식은 법 n으로 합동이라 하고 $f(x) \equiv g(x) \pmod{n}$로 나타낸다. 예를 들어 $11x^3 + x^2 + 2 \equiv x^3 - 4x^2 + 5x + 22 \pmod{5}$이다. 연습문제 48~52에서는 n이 1보다 큰 정수이며 모든 다항식이 정수계수를 갖는다고 가정한다.

48. a) $f(x) \equiv g(x) \pmod{n}$이면 모든 정수 a에 대해 $f(a) \equiv g(a) \pmod{n}$임을 보여라.
    b) 모든 정수 a에 대해 $f(a) \equiv g(a) \pmod{n}$이라고 해서 $f(x) \equiv g(x) \pmod{n}$일 필요는 없음을 보여라.

49. $f_1(x) \equiv g_1(x) \pmod{n}$, $f_2(x) \equiv g_2(x) \pmod{n}$이면 다음이 성립함을 보여라.
    a) $(f_1 + f_2)(x) \equiv (g_1 + g_2)(x) \pmod{n}$
    b) $(f_1 f_2)(x) \equiv (g_1 g_2)(x) \pmod{n}$

50. $f(a) \equiv 0 \pmod{n}$인 정수 a가 존재하면 $f(x) \equiv (x-a)g(x) \pmod{n}$인 다항식 $g(x)$가 존재함을 보여라.

51. 소수 p와 법 p로 서로 합동이 아닌 정수 $a_1, a_2, \ldots, a_k$에 대해 $f(a_j) \equiv 0 \pmod{p}$($j = 1, 2, \ldots, k$)이면 다음을 만족하는 다항식 $g(x)$가 존재함을 보여라.

$$f(x) \equiv (x - a_1)(x - a_2) \cdots (x - a_k)g(x) \pmod{p}$$

52. 연습문제 51을 사용하여 p는 소수이고 다항식 $f(x)$에서 x^n이 그 계수가 p로 나눠지지 않는 x의 가장 큰 거듭제곱이면 $f(x) \equiv 0 \pmod{p}$의 법 p로 서로 합동이 아닌 해는 많아야 n개임을 보여라.

53. 양의 정수 $n \geq 2$에 대해 법 n으로 합동류의 합, 차, 곱은 잘 정의됨을 보여라. (정리 5.6을 사용하여 연산의 결과가 계산에 사용된 합동류의 특정 원소에 의존하지 않음을 보여라.)

54. 양의 정수 $n \geq 2$에 대해 법 n으로 합동류의 집합은 정리 5.11에서 명시된 모든 특성을 갖는다는 것을 보여라.

계산과 탐구

1. 법 10,403으로 7651^{891}의 최소양잉여를 구하라.
2. 법 10,403으로 $7651^{20!}$의 최소양잉여를 구하라.

프로그래밍 프로젝트

1. 주어진 법에 대한 정수의 최소비음잉여를 찾아라.
2. 컴퓨터의 워드 크기의 절반보다 법이 작을 때 모듈러 덧셈과 뺄셈을 수행하라.
3. 컴퓨터의 워드 크기의 절반보다 법이 작을 때 연습문제 39를 사용하여 모듈러 곱셈을 수행하라.
4. 본문에서 설명된 알고리즘을 사용하여 모듈러 거듭제곱 연산을 수행하라.

5.2 일차합동식

정수 a, b와 $a \not\equiv 0 \pmod{m}$인 양의 정수 m에 대해

$$ax \equiv b \pmod{m}$$

꼴의 합동식을 **일차합동식**(linear congruence)이라고 한다. 이 절에서는 이러한 합동식 연구가 두 변수에 대한 선형 디오판토스 방정식 연구와 유사함을 보인다.

먼저, $x = x_0$가 합동식 $ax \equiv b \pmod{m}$의 해이고 $x_1 \equiv x_0 \pmod{m}$인 경우 $ax_1 \equiv ax_0 \equiv b \pmod{m}$이므로 x_1도 해이다. 따라서 합동류의 한 원소가 해인 경우 이 합동류의 모든 원소가 해이다. 그러므로 일차합동식의 해에 관하여 법 m으로 합동류 중에서 몇 개가 해를 주는지를 물을 수 있다. 그리고 이것은 정확히 법 m으로 합동이 아닌 해가 몇 개 있는지 묻는 것과 동일하다. 다음 정리는 일차합동식이 해를 가지는 경우를 알려주며 그럴 경우 법 m으로 합동이 아닌 해가 정확히 몇 개 있는지를 알려준다.

정리 5.12

양의 정수 m과 정수 a, b에 대해 $(a, m) = d$인 경우를 생각해보자. $d \nmid b$이면 $ax \equiv b \pmod{m}$은 해를 가지지 않는다. $d \mid b$이면 $ax \equiv b \pmod{m}$은 법 m으로 정확히 d개의 합동이 아닌 해를 가진다.

증명 5.12

정리 5.1에 의해 일차합동식 $ax \equiv b \pmod{m}$은 두 변수에 대한 선형 디오판토스 방정식 $ax - my = b$와 동치이다. 정수 x가 $ax \equiv b \pmod{m}$의 해일 필요충분조건은 $ax - my = b$을 만족하는 정수 y가 존재한다는 것이다. 정리 3.10에 의해 $ax - my = b$는 $d \nmid b$인 경우 해가 없고 $d \mid b$인 경우 무한히 많은 해를 가지며 이는 다음과 같이 주어진다.

$$x = x_0 + (m/d)t, \quad y = y_0 + (a/d)t$$

여기서 $x = x_0$, $y = y_0$은 방정식의 특정 해이다. 위에서 주어진 x의 값인

$$x = x_0 + (m/d)t$$

가 일차합동식의 해이고 이는 무한히 많다.

그 중 합동이 아닌 해가 몇 개 있는지를 결정하기 위해 두 해 $x_1 = x_0 + (m/d)t_1$, $x_2 = x_0 + (m/d)t_2$가 법 m으로 합동인 경우를 알아보자. 이 두 해가 합동이면 다음과 같고,

$$x_0 + (m/d)t_1 \equiv x_0 + (m/d)t_2 \pmod{m}$$

이 합동식의 양변에서 x_0를 빼면 다음과 같다.

$$(m/d)t_1 \equiv (m/d)t_2 \pmod{m}$$

이제 $(m/d) \mid m$이므로 $(m, m/d) = m/d$이고 정리 5.5에 의해 다음을 얻는다.

$$t_1 \equiv t_2 \pmod{d}$$

이는 서로 합동이 아닌 모든 해는 $x = x_0 + (m/d)t$에서 t가 법 d로 완전잉여계의 원소를 택함으로써 얻을 수 있음을 보여준다. 따라서 서로 합동이 아닌 모든 해의 집합 중 하나는 $t = 0, 1, 2, \ldots, d-1$일 때의 $x = x_0 + (m/d)t$로 주어진다.

곱하는 수 a와 법 m이 서로소인 합동식은 따름정리 5.12.1에 따라 유일한 해를 갖는다.

따름정리 5.12.1

정수 a, b와 $(a, m) = 1$인 양의 정수 m에 대해 일차합동식 $ax \equiv b \pmod{m}$은 법 m으로 유일한 해를 갖는다.

증명 5.12.1

$(a, m) = 1$이므로 $(a, m) \mid b$이다. 따라서 정리 5.12에 의해 합동식 $ax \equiv b \pmod{m}$은 법 m으로 정확히 $(a, m) = 1$개의 합동이 아닌 해를 갖는다.

이제 정리 5.12를 어떻게 사용하는지 알아보자.

예제 5.13

$9x \equiv 12 \pmod{15}$의 해를 찾아보자. $(9, 15) = 3$이고 $3 \mid 12$이므로 이 합동식은 정확히 세 개의 합동이 아닌 해가 있다. 이 해를 찾기 위해서는 먼저 특정 해를 찾고 나서 $15/3 = 5$의 적절한 배수를 더하면 된다. 특정 해를 찾기 위해 선형 디오판토스 방정식 $9x - 15y = 12$를 고려하자. 유클리드 알고리즘을 사용하여 다음을 얻는다.

$$15 = 9 \cdot 1 + 6$$
$$9 = 6 \cdot 1 + 3$$
$$6 = 3 \cdot 2$$

따라서 $3 = 9 - 6 \cdot 1 = 9 - (15 - 9 \cdot 1) = 9 \cdot 2 - 15$이고 $9 \cdot 8 - 15 \cdot 4 = 12$이므로 $9x - 15y = 12$의 특정 해는 $x_0 = 8,\ y_0 = 4$이다.

정리 5.12의 증명에서 볼 수 있듯이 세 개의 합동이 아닌 해는 $x = x_0 \equiv 8 \pmod{15}$, $x = x_0 + 5 \equiv 13 \pmod{15}$, $x = x_0 + 5 \cdot 2 \equiv 18 \equiv 3 \pmod{15}$으로 주어진다.

5.2.1 모듈러 역수

이제 특별한 형태의 일차합동식 $ax \equiv 1 \pmod{m}$에 대해 생각해보자. 정리 5.12에 의해 이 합동식의 해가 존재하는 유일한 경우는 $(a, m) = 1$이며 그런 경우 해는 법 m으로 유일하다.

정의 5.5

정수 a가 $(a, m) = 1$인 경우 $ax \equiv 1 \pmod{m}$의 정수해 x를 **법 m으로 a의 역수**(inverse of a)라고 한다.

예제 5.14

$7x \equiv 1 \pmod{31}$의 해는 $x \equiv 9 \pmod{31}$이므로 9 자신과, 9와 합동인 모든 정수는 법 31로 7의 역수이다. 또 $9 \cdot 7 \equiv 1 \pmod{31}$이므로 7은 법 31로 9의 역수이다.

법 m으로 a의 역수가 존재할 때 $ax \equiv b \pmod{m}$꼴의 합동식을 푸는데, 이 사실을 사용할 수 있다. $\bar{a}$가 법 m으로 a의 역수이고 $a\bar{a} \equiv 1 \pmod{m}$이라고 하면 $ax \equiv b \pmod{m}$의 양변에 $\bar{a}$를 곱하여 $\bar{a}(ax) \equiv \bar{a}b \pmod{m}$을 얻을 수 있다. 따라서 $x \equiv \bar{a}b \pmod{m}$임을 알 수 있다.

예제 5.15

$7x \equiv 22 \pmod{31}$을 풀어보자. 이 합동식의 양변에 9를 곱하여 $9 \cdot 7x \equiv 9 \cdot 22 \pmod{31}$을 얻는다. 따라서 $x \equiv 198 \equiv 12 \pmod{31}$이 된다.

예제 5.16

$7x \equiv 4 \pmod{12}$를 풀어보자. 먼저 $(7, 12) = 1$이므로 법 12로 유일한 해가 있다. 이를 찾기 위해 $7x - 12y = 4$의 선형 디오판토스 방정식의 특정 해를 찾아야 한다. 유클리드 알고리즘을 사용하여 다음을 얻는다.

$$12 = 7 \cdot 1 + 5$$

$$7 = 5 \cdot 1 + 2$$

$$5 = 2 \cdot 2 + 1$$

$$2 = 1 \cdot 2$$

따라서 $1 = 5 - 2 \cdot 2 = 5 - (7 - 5 \cdot 1) \cdot 2 = 5 \cdot 3 - 2 \cdot 7 = (12 - 7 \cdot 1) \cdot 3 - 2 \cdot 7 = 12 \cdot 3 - 5 \cdot 7$이므로 선형 디오판토스 방정식의 특정 해는 $x_0 = -20$, $y_0 = -12$이다. 그러므로 일차합동식의 모든 해는 $x \equiv -20 \equiv 4 \pmod{12}$이다.

앞으로의 논의에서 p가 소수일 때 법 p로 역수가 자기 자신인 정수가 어떤 정수인지를 알아야 하는 경우가 있다. 다음 정리는 이러한 성질을 가진 정수를 알려준다.

정리 5.13

소수 p에 대해 양의 정수 a가 법 p로 자기 자신의 역수일 필요충분조건은 $a \equiv 1 \pmod{p}$ 또는 $a \equiv -1 \pmod{p}$이다.

증명 5.13

먼저 $a \equiv 1 \pmod{p}$ 또는 $a \equiv -1 \pmod{p}$이라 하자. 그러면 $a^2 \equiv 1 \pmod{p}$이 되어 a는 법 p로 자기 자신의 역수이다.

반대로 a가 법 p로 자기 자신의 역수일 때 $a^2 = a \cdot a \equiv 1 \pmod{p}$이다. 따라서 $p \mid (a^2 - 1)$이고 $a^2 - 1 = (a-1)(a+1)$이므로 $p \mid (a-1)$ 또는 $p \mid (a+1)$이다. 그러므로 $a \equiv 1 \pmod{p}$ 또는

$a \equiv -1 \pmod p$이다.

5.2.2 $\mathbb{Z}_p$에서의 곱셈 항등원

5.1절에서 언급한 대로 정리 5.11의 성질들은 $(\mathbb{Z}_n, +, \cdot)$이 **단위원을 갖는 가환환**(commutative ring with unity)임을 의미한다. 특히 법이 소수 p일 때 성립하는 성질이 하나 더 있다. 따름정리 5.12.1에 따르면 p가 소수이고 a가 p로 나뉘지 않는 정수일 때 법 p로 a의 역수 $\overline{a}$가 존재한다. 즉 $a \cdot \overline{a} \equiv 1 \pmod p$이다. 이것은 $[a]_p \cdot [\overline{a}]_p = [a \cdot \overline{a}]_p = [1]_p$이 되므로 $[\overline{a}]_p$가 $\mathbb{Z}_p$에서 $[a]_p$의 곱셈 역원이라는 것을 의미한다. 이 추가적인 성질로 인해 모든 0이 아닌 원소에 대한 곱셈 역원이 존재하므로 $(\mathbb{Z}_p, +, \cdot)$는 단위원을 갖는 가환환일 뿐만 아니라 **체**(field)이기도 하다. 또한 $(\mathbb{Z}_p^*, \cdot)$가 가환군이라는 것도 알고 있다. (여기서 $\mathbb{Z}_p^*$는 $\mathbb{Z}_p$의 0이 아닌 원소를 나타낸다.) 더 나아가 10장에서는 $(\mathbb{Z}_p^*, \cdot)$가 **순환군**(cyclic group)임을 보일 것인데, 이는 $\mathbb{Z}_p^*$의 모든 원소가 a의 거듭제곱으로 나타나는 원소 a가 존재한다는 것이다.

5.2 연습문제

1. 다음 일차합동식을 각각 풀어라.

   a) $2x \equiv 5 \pmod 7$
   b) $3x \equiv 6 \pmod 9$
   c) $19x \equiv 30 \pmod{40}$
   d) $9x \equiv 5 \pmod{25}$
   e) $103x \equiv 444 \pmod{999}$
   f) $980x \equiv 1500 \pmod{1600}$

2. 다음 일차합동식을 각각 풀어라.

   a) $3x \equiv 2 \pmod 7$
   b) $6x \equiv 3 \pmod 9$
   c) $17x \equiv 14 \pmod{21}$
   d) $15x \equiv 9 \pmod{25}$
   e) $128x \equiv 833 \pmod{1001}$
   f) $987x \equiv 610 \pmod{1597}$

3. 합동식 $6{,}789{,}783x \equiv 2{,}474{,}010 \pmod{28{,}927{,}591}$을 풀어라.

4. p는 소수이고 a, b는 양의 정수이며 $(p, a) = 1$이라 가정하자. 이 연습문제의 방법은 일차합동식 $ax \equiv b \pmod p$를 푸는 데 사용할 수 있다.

   a) 일차합동식 $ax \equiv b \pmod p$의 해는 일차합동식

   $$a_1 x \equiv -b[m/a] \pmod p$$

   의 해임을 보여라. 여기서 a_1은 법 a로 p의 최소양잉여이다. 이 합동식은 원래 합동식과 같은 꼴이지만 x의 계수가 a보다 작은 양의 정수이다.

b) (a)의 과정을 반복하면 x의 계수가 $a_0 = a > a_1 > a_2 > \cdots$ 인 일차합동식의 수열을 얻게 된다. 이때 $a_n = 1$인 양의 정수 n이 존재하여 n 단계에서 $x \equiv B \pmod{p}$의 일차합동식을 얻게 됨을 보여라.

c) (b)에서 설명한 방법을 사용하여 일차합동식 $6x \equiv 7 \pmod{23}$을 풀어라.

5. 위성이 지구 주위를 도는 주기는 정수 시간이지만 하루보다는 짧다고 한다. 어떤 위성이 24시간제 시계로 측정했을 때 0시에서 시작하여 지구를 11번 돌고 난 후의 시간이 17시였다면 위성의 공전 주기는 얼마인가?

6. $0 \leq c < 30$인 정수 c에 대해 합동식 $12x \equiv c \pmod{30}$이 해를 갖는 c는 어떤 정수인가? 해가 있는 경우 몇 개의 서로 다른 해가 있는가?

7. $0 \leq c < 1001$인 정수 c에 대해 합동식 $154x \equiv c \pmod{1001}$이 해를 갖는 c는 어떤 정수인가? 해가 있는 경우 몇 개의 서로 다른 해가 있는가?

8. 법 13으로 다음 정수의 역수를 각각 찾아라.

a) 2　　b) 3　　c) 5　　d) 11

9. 법 17로 다음 정수의 역수를 각각 찾아라.

a) 4　　b) 5　　c) 7　　d) 16

10. a) $1 \leq a \leq 14$인 정수 a 중에서 법 14로 역수를 갖는 a를 결정하라.

b) (a)에서 결정한 각 정수의 법 14로 역수를 구하라.

11. a) $1 \leq a \leq 30$인 정수 a 중에서 법 30으로 역수를 갖는 정수 a를 결정하라.

b) (a)에서 결정한 각 정수의 법 30으로 역수를 찾아라.

12. $\bar{a}, \bar{b}$가 각각 법 m으로 a, b의 역수이면 $\bar{a}\bar{b}$는 법 m으로 ab의 역수임을 보여라.

13. 정수 a, b, c와 $d = (a, b, m)$인 양의 정수 m에 대해 두 변수에 대한 일차합동식 $ax + by \equiv c \pmod{m}$은 $d \mid c$인 경우 dm개의 서로 합동이 아닌 해를 갖고 그렇지 않은 경우 해를 갖지 않음을 보여라.

14. 다음 두 변수에 대한 일차합동식의 해를 모두 찾아라.

a) $2x + 3y \equiv 1 \pmod{7}$

b) $2x + 4y \equiv 6 \pmod{8}$

c) $6x + 3y \equiv 0 \pmod{9}$

d) $10x + 5y \equiv 9 \pmod{15}$

15. 홀수 소수 p와 양의 정수 k에 대해 합동식 $x^2 \equiv 1 \pmod{p^k}$은 정확히 두 개의 서로 합동이 아닌 해 즉 $x \equiv \pm 1 \pmod{p^k}$을 가짐을 보여라.

16. $k > 2$일 때 합동식 $x^2 \equiv 1 \pmod{2^k}$은 정확히 네 개의 서로 합동이 아닌 해, 즉 $x \equiv \pm 1$ 또는 $\pm(1 + 2^{k-1}) \pmod{2^k}$을 가짐을 보여라. $k = 1$일 때는 한 개, $k = 2$일 때는 두 개의 서로 합동이

아닌 해가 있음을 보여라.

17. 서로소인 양의 정수 a, m에 대해 $a < m$이면 $O(\log^3 m)$ 비트연산을 사용하여 법 m으로 a의 역수를 찾을 수 있음을 보여라.

18. 홀수 소수 p와 p로 나뉘지 않는 양의 정수 a에 대해 합동식 $x^2 \equiv a \pmod p$는 해가 없거나 정확히 두 개의 서로 합동인 아닌 해를 가짐을 보여라.

계산과 탐구

1. $123{,}456{,}789x \equiv 9{,}876{,}543{,}210 \pmod{10{,}000{,}000{,}001}$을 풀어라.
2. $333{,}333{,}333x \equiv 87{,}543{,}211{,}376 \pmod{967{,}454{,}302{,}211}$을 풀어라.
3. 법 1,533,331로 734,342, 499,999, 1,000,001의 역수를 각각 찾아라.

프로그래밍 프로젝트

1. 본문에서 제시한 방법을 사용하여 일차합동식을 풀어라.
2. 연습문제 4에서 제시한 방법을 사용하여 일차합동식을 풀어라.
3. a가 2보다 큰 정수이고 양의 정수 m과 서로소인 경우 법 m으로 a의 역수를 찾아라.
4. 모듈러 역수를 사용하여 일차합동식을 풀어라.
5. 두 변수에 대한 일차합동식을 풀어라.

5.3 중국인의 나머지정리

이 절과 다음 절에서 두 가지 유형의 연립합동식에 대해 논의한다. 첫 번째는 변수는 하나이지만 법은 여러 개인 연립합동식이고, 두 번째는 변수는 여러 개이지만 법은 하나인 연립합동식이다.

먼저 하나의 미지수와 서로 다른 법을 갖는 연립합동식을 생각해보자. 이러한 연립합동식은 3세기 후반 중국의 수학책인 《손자산경(Master Sun's Mathematical Manual)》에 있는 문제로부터 발생한 것으로 그 문제의 요지는 "3으로 나누면 나머지가 1이 되고 5로 나누면 나머지가 2이며 7로 나누면 나머지가 3인 수를 찾아라."이다. 이 퍼즐은 다음과 같은 연립합동식으로 이어진다.

$$x \equiv 1 \pmod 3, x \equiv 2 \pmod 5, x \equiv 3 \pmod 7$$

연립합동식과 관련된 문제는 그리스 수학자 니코마코스(Nicomachus)의 1세기 작품에서 찾아볼 수 있으며 7세기의 인도 수학자 브라마굽타(Brahmagupta)의 작품에서도 볼 수 있다. 그러나 일반적인 연립일차합동식의 해결 방법은 1247년 친지우샤오(Ch'in Chiu-Shao)의 저서 《수학 논총 9편(Mathematical Treatise in Nine Sections)》에서 처음으로 제시되었다.

이제 하나의 미지수에 대한 연립일차합동식의 해에 관한 주요 정리를 제시한다. 이 정리는 중국인의 나머지정리로 불리며 중국의 수학자들이 이에 기여한 데서 비롯된 이름이다. (중국인의 나머지정리의 역사에 대한 자세한 내용은 [Ne69], [LiDu87], [Li73], [Ka98] 등을 참고하라.)

정리 5.14 중국인의 나머지정리

서로소인 양의 정수 $m_1, m_2, \ldots, m_r$에 대해 다음 연립일차합동식은 법 $M = m_1 m_2 \cdots m_r$으로 유일한 해를 가진다.

$$\begin{aligned} x &\equiv a_1 \pmod{m_1} \\ x &\equiv a_2 \pmod{m_2} \\ &\vdots \\ x &\equiv a_r \pmod{m_r} \end{aligned}$$

증명 5.14

먼저, 연립일차합동식의 해를 구해보자. 이를 위해 각 $k = 1, 2, \cdots, r$에 대해 $M_k = M/m_k = m_1 m_2 \cdots m_{k-1} m_{k+1} \cdots m_r$로 두자. 3.1절의 연습문제 16(b)에 의해 $(M_k, m_k) = 1$이다. 왜냐하면 $j \neq k$일 때 $(m_j, m_k) = 1$이기 때문이다. 따라서 정리 5.12에 의해 법 m_k로 M_k의 역수 y_k를 찾을 수 있다. 즉 $M_k y_k \equiv 1 \pmod{m_k}$이다. 이제 $x = a_1 M_1 y_1 + a_2 M_2 y_2 + \cdots + a_r M_r y_r$이라고 하면 x는 연립합동식의 해다. 이를 증명하기 위해서는 모든 $k = 1, 2, \ldots, r$에 대해 $x \equiv a_k \pmod{m_k}$임을 보여야 한다. $j \neq k$일 때 $m_k \mid M_j$이므로 $M_j \equiv 0 \pmod{m_k}$이다. 따라서 x에서 k번째 항을 제외한 모든 항은 $0 \pmod{m_k}$이고 $M_k y_k \equiv 1 \pmod{m_k}$이므로 $x \equiv a_k M_k y_k \equiv a_k \pmod{m_k}$이다. 이제 어떤 두 해도 법 M으로 합동임을 보이자. x_0, x_1이 연립합동식의 해라고 가정하자. 그러면 각 k에 대해 $x_0 \equiv x_1 \equiv a_k \pmod{m_k}$이므로 $m_k \mid (x_0 - x_1)$이다. 정리 5.9에 의해 $M \mid (x_0 - x_1)$이고 따라서 $x_0 \equiv x_1 \pmod{M}$이다. 이는 연립합동식의 해가 법 M으로 유일함을 보여준다.

중국인의 나머지정리를 사용하여 고대 중국 퍼즐에서 나오는 연립 방정식을 해결해보자.

예제 5.17

연립합동식

$$x \equiv 1 \pmod 3$$
$$x \equiv 2 \pmod 5$$
$$x \equiv 3 \pmod 7$$

을 해결하기 위해 $M = 3 \cdot 5 \cdot 7 = 105$, $M_1 = 105/3 = 35$, $M_2 = 105/5 = 21$, $M_3 = 105/7 = 15$로 두자. y_1을 결정하기 위해 $35y_1 \equiv 1 \pmod 3$, 즉 $2y_1 \equiv 1 \pmod 3$을 풀면 $y_1 \equiv 2 \pmod 3$이다. $21y_2 \equiv 1 \pmod 5$를 풀어 $y_2 \equiv 1 \pmod 5$를 얻는다. 마지막으로 $15y_3 \equiv 1 \pmod 7$을 풀어 $y_3 \equiv 1 \pmod 7$을 얻는다. 따라서 다음과 같다.

$$\begin{aligned} x &\equiv 1 \cdot 35 \cdot 2 + 2 \cdot 21 \cdot 1 + 3 \cdot 15 \cdot 1 \\ &\equiv 157 \equiv 52 \pmod{105} \end{aligned}$$

$52 \equiv 1 \pmod 3$, $52 \equiv 2 \pmod 5$, $52 \equiv 3 \pmod 7$이므로 연립합동식의 해가 $x \equiv 52 \pmod{105}$임을 확인할 수 있다.

연립합동식을 해결하는 또 다른 방법으로는 반복법이 있다. 이 방법을 예제를 통해 알아보자.

예제 5.18

연립합동식

$$x \equiv 1 \pmod 5$$
$$x \equiv 2 \pmod 6$$
$$x \equiv 3 \pmod 7$$

을 풀어보자. 첫 번째 합동식을 등식으로 바꾸기 위해 정리 5.1을 사용한다. 즉 $x = 5t + 1$(t는 정수)이라고 둔다. 이 표현을 두 번째 합동식에 대입하면 다음을 얻는다.

$$5t + 1 \equiv 2 \pmod 6$$

이는 $t \equiv 5 \pmod 6$로 간단히 변환된다. 다시 정리 5.1을 사용하여 $t = 6u + 5$(u는 정수)로 나타낼 수 있다. 따라서 $x = 5(6u + 5) + 1 = 30u + 26$이다. 이 표현을 세 번째 합동식에 대입하면 다음을 얻는다.

$$30u + 26 \equiv 3 \pmod 7$$

이 합동식을 풀면 $u \equiv 6 \pmod 7$를 얻을 수 있다. 따라서 정리 5.1에 의해 $u = 7v + 6$이라고 할 수 있으므로 다음과 같다.

$$x = 30(7v + 6) + 26 = 210v + 206$$

이 등식을 합동식으로 변환하면 다음과 같고,

$$x \equiv 206 \pmod{210}$$

이것이 주어진 연립합동식의 해다.

주목해야 할 점은 위의 방법이 일차합동식을 차례대로 풀어 연립일차합동식을 해결할 수 있음을 보여준다는 것이다. 이는 합동식의 법이 서로소가 아니더라도 연립합동식의 해가 존재하기만 하면 같은 방법을 이용하여 연립합동식을 풀 수 있음을 의미한다(연습문제 17~22 참조).

중국인의 나머지정리를 사용한 컴퓨터 계산 중국인의 나머지정리는 큰 정수를 다루는 컴퓨터 계산을 수행하는 방법을 제공한다. 매우 큰 정수를 저장하고 그와 관련된 계산을 수행하기 위해서는 특별한 기술이 필요하다. 중국인의 나머지정리는 서로소인 법 $m_1, m_2, \ldots, m_r$로, 주어졌을 때 $M = m_1 m_2 \cdots m_r$보다 작은 양의 정수 n이 법 $m_j (j = 1, 2, \ldots, r)$로 대한 최소양잉여에 의해 유일하게 결정된다는 것을 알려준다. 예를 들어 컴퓨터의 워드 크기는 100인데, 10^6만큼 큰 정수로 계산한다고 해보자. 먼저 100 미만의 정수들로서 서로소이면서 곱이 10^6보다 큰 정수를 찾아야 한다. 예를 들어 $m_1 = 99$, $m_2 = 98$, $m_3 = 97$, $m_4 = 95$를 사용할 수 있다. 10^6 미만의 정수를 각각 법 m_1, m_2, m_3, m_4로 최소양잉여를 성분으로 하는 4중 순서쌍으로 변환한다. (10^6만큼 큰 정수를 그것의 최소양잉여 목록으로 변환하려면 다중정밀도 기술을 사용해야 한다. 하지만 이것은 입력과 출력에 있어 각 정수에 대해 한 번만 수행하면 된다.) 예를 들어 두 정수 x, y를 더하기 위해서는 $x \equiv x_i \pmod{m_i}$, $y \equiv y_i \pmod{m_i}$인 경우 $x + y \equiv x_i + y_i \pmod{m_i}$임을 이용하여 법 m_1, m_2, m_3, m_4로 각각의 최소양잉여를 더한다. 그런 다음 중국인의 나머지정리를 사용하여 합에 대한 네 개의 최소양잉여를 다시 정수로 변환한다.

이 방법을 다음 예제를 통해 알아보자.

예제 5.19

컴퓨터 워드 크기가 100인 컴퓨터에서 $x = 123{,}684$와 $y = 413{,}456$를 더하려고 한다. 두 수는 다음 합동식을 만족한다.

$$\begin{aligned} x &\equiv 33 \pmod{99} & y &\equiv 32 \pmod{99} \\ x &\equiv 8 \pmod{98} & y &\equiv 92 \pmod{98} \\ x &\equiv 9 \pmod{97} & y &\equiv 42 \pmod{97} \\ x &\equiv 89 \pmod{95} & y &\equiv 16 \pmod{95} \end{aligned}$$

따라서 다음과 같다.

$$
\begin{aligned}
x + y &\equiv 65 \pmod{99} \\
x + y &\equiv \ \ 2 \pmod{98} \\
x + y &\equiv 51 \pmod{97} \\
x + y &\equiv 10 \pmod{95}
\end{aligned}
$$

이제 중국인의 나머지정리를 사용하여 $x + y \pmod{99 \cdot 98 \cdot 97 \cdot 95}$를 구한다. $M = 99 \cdot 98 \cdot 97 \cdot 95 = 89{,}403{,}930$, $M_1 = M/99 = 903{,}070$, $M_2 = M/98 = 912{,}285$, $M_3 = M/97 = 921{,}690$, $M_4 = M/95 = 941{,}094$라고 하자. $M_i \pmod{y_i} (i = 1, 2, 3, 4)$의 역수를 찾아야 하므로 유클리드 알고리즘을 사용하여 다음 합동식을 푼다.

$$
\begin{aligned}
903{,}070 y_1 &\equiv 91 y_1 \equiv 1 \pmod{99} \\
912{,}285 y_2 &\equiv \ \ 3 y_2 \equiv 1 \pmod{98} \\
921{,}690 y_3 &\equiv 93 y_3 \equiv 1 \pmod{97} \\
941{,}094 y_4 &\equiv 24 y_4 \equiv 1 \pmod{95}
\end{aligned}
$$

이를 풀면 $y_1 \equiv 37 \pmod{99}$, $y_2 \equiv 35 \pmod{98}$, $y_3 \equiv 24 \pmod{97}$, $y_4 \equiv 4 \pmod{95}$를 얻을 수 있다. 따라서 다음과 같다.

$$
\begin{aligned}
x + y &\equiv 65 \cdot 903{,}070 \cdot 37 + 2 \cdot 912{,}285 \cdot 35 + 51 \cdot 921{,}690 \cdot 24 + 10 \cdot 941{,}094 \cdot 4 \\
&= 3{,}397{,}886{,}480 \\
&\equiv 537{,}140 \pmod{89,403,930}
\end{aligned}
$$

$0 < x + y < 89{,}403{,}930$이므로 $x + y = 537{,}140$이다.

대부분의 컴퓨터에서 중앙처리장치(CPU)에서 처리되는 비트연산 수, 즉 워드 크기는 주로 2의 거듭제곱인 2^{32}와 2^{64}이다. CPU의 워드 크기는 저장할 수 있는 정수의 크기의 상한을 제공한다. 예를 들어 CPU의 워드 크기가 2^{32}인 경우 표현할 수 있는 양의 정수는 $2^{32} - 1$이다.

따라서 컴퓨터 계산을 수행하기 위해 모듈러 산술과 중국인의 나머지정리를 사용하려면 곱하여 큰 정수가 되는 $2^{32} - 1$보다 작고 서로소인 정수들이 필요하다. 이러한 정수를 찾기 위해 $2^m - 1$ (m은 양의 정수) 꼴의 수를 사용한다. 이러한 수를 사용한 컴퓨터 계산은 비교적 간단하다([Kn97] 참조). 이러한 꼴의 서로소인 수들을 만들기 위해 먼저 두 개의 도움정리를 증명한다.

도움정리 5.2

양의 정수 a, b에 대해 법 $2^b - 1$로 $2^a - 1$의 최소양잉여는 $2^r - 1$이다. 여기서 r은 법 b로 a의 최소양잉여다.

증명

나눗셈 알고리즘에 의해 $a = bq+r$이다. 여기서 r은 법 b로 a의 최소양잉여다. $2^a-1 = 2^{bq+r}-1 = (2^b-1)(2^{b(q-1)+r} + \cdots + 2^{b+r} + 2^r) + (2^r-1)$이므로 $2^a - 1$을 $2^b - 1$로 나눌 때의 나머지는 $2^r - 1$이다. 즉 $2^r - 1$은 법 $2^b - 1$로 $2^a - 1$의 최소양잉여이다.

도움정리 5.2를 사용하여 다음 결과를 증명한다.

도움정리 5.3

양의 정수 a, b에 대해 $2^a - 1$, $2^b - 1$의 최대공약수는 $2^{(a,b)} - 1$이다.

증명

일반성을 잃지 않고 $a \geq b$라고 가정하자. $a = r_0$, $b = r_1$이라 두고 유클리드 알고리즘을 수행하면 다음과 같다.

$$
\begin{aligned}
r_0 &= r_1 q_1 + r_2 & 0 \leq r_2 < r_1 \\
r_1 &= r_2 q_2 + r_3 & 0 \leq r_3 < r_2 \\
&\vdots \\
r_{n-3} &= r_{n-2} q_{n-2} + r_{n-1} & 0 \leq r_{n-1} < r_{n-2} \\
r_{n-2} &= r_{n-1} q_{n-1}
\end{aligned}
$$

여기서 마지막 나머지인 r_{n-1}은 a와 b의 최대공약수이다.

이제 $R_0 = 2^a - 1$, $R_1 = 2^b - 1$이라 두고 유클리드 알고리즘을 다시 적용하고 각 단계에서 도움정리 5.2를 사용하여 나머지를 구하면 다음과 같다.

$$
\begin{aligned}
R_0 &= R_1 Q_1 + R_2 & R_2 = 2^{r_2} - 1 \\
R_1 &= R_2 Q_2 + R_3 & R_3 = 2^{r_3} - 1 \\
&\vdots \\
R_{n-3} &= R_{n-2} Q_{n-2} + R_{n-1} & R_{n-1} = 2^{r_{n-1}} - 1 \\
R_{n-2} &= R_{n-1} Q_{n-1}
\end{aligned}
$$

여기서 마지막으로 0이 아닌 나머지 $R_{n-1} = 2^{r_{n-1}} - 1 = 2^{(a,b)} - 1$은 R_0, R_1의 최대공약수이다.

도움정리 5.3을 사용하여 다음 정리를 얻는다.

정리 5.15

양의 정수 $2^a - 1$, $2^b - 1$이 서로소일 필요충분조건은 a, b가 서로소인 것이다.

이제 정리 5.15를 사용하여 각각은 2^{32}보다 작고 주어진 정수보다 큰 곱을 갖는 서로소인 정수들을 만들 수 있다. 예를 들어 2^{148}만큼 큰 정수로 계산한다고 하면 $m_1 = 2^{31} - 1$, $m_2 = 2^{30} - 1$, $m_3 = 2^{29} - 1$, $m_4 = 2^{23} - 1$, $m_5 = 2^{19} - 1$, $m_6 = 2^{17} - 1$을 선택할 수 있다. 왜냐하면 m_j의 표현에서 2의 지수가 서로소이므로 정리 5.15에 따라 m_j는 서로소이고 $M = m_1m_2m_3m_4m_5m_6 > 2^{148}$이기 때문이다. 따라서 중국인의 나머지정리와 모듈러 산술을 사용하여 2^{148}만큼 큰 정수를 처리할 수 있다.

모듈러 산술과 중국인의 나머지정리를 사용하여 큰 정수로 컴퓨터 연산을 수행하는 것은 다소 이상해 보일 수 있지만, 이 방법에는 몇 가지 이점이 있다. 첫째, 여러 대의 고속 컴퓨터에서 계산을 동시에 수행할 수 있다. 그래서 두 개의 큰 정수의 연산을 여러 작은 정수의 연산으로 축소시킴으로써 특히 병렬 처리를 사용할 때 더 빠르게 수행될 수 있다. 둘째, 동시 계산의 이점을 고려하지 않더라도 이러한 아이디어를 사용하면 다른 많은 다중정밀도 방법보다 더 빨리 큰 정수를 곱할 수 있다. 관심 있는 독자는 크누스(Knuth)의 [Kn97]를 참조할 수 있다.

5.3 연습문제

1. 2, 3으로 각각 나눌 때 나머지가 모두 1인 정수는 어떤 정수인가?

2. 2, 5로 각각 나눌 때 나머지가 모두 1인 정수 중에서 3의 배수를 찾아라.

3. 3, 5로 각각 나눌 때 나머지가 모두 2인 정수 중에서 4의 배수를 찾아라.

4. 다음 연립합동식의 해를 각각 찾아라.

   a) $x \equiv 4 \pmod{11}$
      $x \equiv 3 \pmod{17}$

   b) $x \equiv 1 \pmod{2}$
      $x \equiv 2 \pmod{3}$
      $x \equiv 3 \pmod{5}$

c) $x \equiv 0 \pmod{2}$
$x \equiv 0 \pmod{3}$
$x \equiv 1 \pmod{5}$
$x \equiv 6 \pmod{7}$

d) $x \equiv 2 \pmod{11}$
$x \equiv 3 \pmod{12}$
$x \equiv 4 \pmod{13}$
$x \equiv 5 \pmod{17}$
$x \equiv 6 \pmod{19}$

5. 연립합동식 $x \equiv 1 \pmod{2}$, $x \equiv 2 \pmod{3}$, $x \equiv 3 \pmod{5}$, $x \equiv 4 \pmod{7}$, $x \equiv 5 \pmod{11}$ 의 해를 찾아라.

6. 연립합동식 $x \equiv 1 \pmod{999}$, $x \equiv 2 \pmod{1001}$, $x \equiv 3 \pmod{1003}$, $x \equiv 4 \pmod{1004}$, $x \equiv 5 \pmod{1007}$의 해를 찾아라.

7. 연립합동식 $x \equiv 4 \pmod{5}$, $x \equiv 6 \pmod{7}$, $x \equiv 8 \pmod{9}$의 유일한 해가 $x \equiv 314 \pmod{315}$ 임을 계산 없이 바로 알아낼 수 있는 이유를 설명하라.

8. 연립합동식 $x \equiv 1 \pmod{3}$, $x \equiv 2 \pmod{4}$, $x \equiv 9 \pmod{11}$, $x \equiv 11 \pmod{13}$의 유일한 해가 $x \equiv 1714 \pmod{1716}$임을 계산 없이 바로 알아낼 수 있는 이유를 설명하라.

9. 원숭이 17마리가 바나나를 12더미로 쌓았는데, 11더미에는 각각 같은 개수의 바나나가 있고 나머지 한 더미에는 6개의 바나나가 있다. 만약 17개 더미로 동일하게 바나나를 나누면 남는 바나나는 없다. 원숭이들이 처음 가지고 있는 바나나의 최소 개수는 몇 개인가?

10. 주행 거리계의 점검을 위해 사용되는 한 특수 카운터는 자동차가 이동한 마일 수를 7로 나눈 나머지로 측정한다. 만약 주행 거리계가 49,335마일을 나타내고 있고 100,000으로 나눈 나머지로 작동할 때 자동차가 49,335마일, 149,335마일, 249,335마일 중 얼마를 주행했는지 확인하는 데 이 카운터가 어떻게 사용될 수 있는지 설명하라.

11. 중국 장군들은 전투 후 남은 병력을 서로 다른 길이의 행으로 정렬하여 매번 남은 인원을 세고 나머지를 이용하여 총 병력을 계산하는 방식으로 남은 병력의 수를 구했다. 어떤 장군에게 전투 시작 시 1200명의 병력이 있었고 전투 후 5명씩 정렬했을 때 3명이 남았고 6명씩 정렬했을 때 3명이 남았고 7명씩 정렬했을 때 1명이 남았고 11명씩 정렬했을 때 남은 인원이 없다면 장군에게 남은 병력은 몇 명인가?

12. 10, 11로 각각 나눌 때 나머지가 모두 9인 정수 중에서 13의 배수를 찾아라.

13. $2, 3, 5, 7$로 각각 나눌 때 나머지가 모두 1인 정수 중에서 11의 배수를 찾아라.

14. 다음 고대 인도 수수께끼를 풀어라. 바구니에서 계란을 한번에 각각 2개, 3개, 4개, 5개, 6개씩

계속해서 꺼내면 남는 개수는 각각 1개, 2개, 3개, 4개, 5개이다. 그러나 7개씩 꺼내면 남는 게 없다. 바구니에 최소 몇 개의 계란이 있었는가?

15. 모든 수가 1보다 큰 적당한 제곱수들로 각각 나눠지는 임의로 긴 길이의 연속된 정수의 수열이 존재함을 보여라. (힌트: 중국인의 나머지정리를 사용하여 연립합동식 $x \equiv 0 \pmod 4$, $x \equiv -1 \pmod 9$, $x \equiv -2 \pmod{25}, \ldots, x \equiv -k+1 \pmod{p_k^2}$ (여기서 p_k는 k번째 소수)의 해가 존재함을 보여라.)

*16. 정수 a, b, c에 대해 $(a, b) = 1$이면 $(an+b, c) = 1$을 만족하는 정수 n이 존재함을 보여라.

연습문제 17~20에서는 각 합동식의 법이 서로소일 필요가 없는 연립일차합동식을 생각한다.

17. 연립합동식

$$x \equiv a_1 \pmod{m_1}$$
$$x \equiv a_2 \pmod{m_2}$$

의 해가 존재할 필요충분조건은 $(m_1, m_2) \mid (a_1 - a_2)$임을 보여라. 해가 존재할 때 그 해는 법 $[m_1, m_2]$로 유일함을 보여라. (힌트: 첫 번째 합동식을 $x = a_1 + km_1$(k는 정수)꼴로 나타내어 이 x의 식을 두 번째 합동식에 대입하라.)

18. 연습문제 17을 이용하여 다음 연립합동식을 각각 풀어라.

a) $x \equiv 4 \pmod 6$
$x \equiv 13 \pmod{15}$

b) $x \equiv 7 \pmod{10}$
$x \equiv 4 \pmod{15}$

19. 연습문제 17을 이용하여 다음 연립합동식을 각각 풀어라.

a) $x \equiv 10 \pmod{60}$
$x \equiv 80 \pmod{350}$

b) $x \equiv 2 \pmod{910}$
$x \equiv 93 \pmod{1001}$

20. 연립합동식 $x \equiv 1 \pmod 8$, $x \equiv 3 \pmod 9$, $x \equiv 2 \pmod{12}$의 해가 존재하는가?

세 개 이상의 합동식으로 이루어진 연립일차합동식에서 법으로 사용되는 수가 서로소가 아닌 경우에는 어떤 일이 발생하는가? 다음 연습문제에서는 그러한 연립일차합동식의 해가 법의 최소공배수를 법으로 했을 때 유일하게 존재하는 조건을 제시한다.

21. 연립합동식

$$x \equiv a_1 \pmod{m_1}$$
$$x \equiv a_2 \pmod{m_2}$$
$$\vdots$$
$$x \equiv a_r \pmod{m_r}$$

의 해가 존재할 필요충분조건은 $1 \le i < j \le r$인 모든 정수 i, j에 대해 $(m_i, m_j) \mid (a_i - a_j)$임을 보여라. 해가 존재하면 법 $[m_1, m_2, \ldots, m_r]$로 유일함을 보여라. (힌트: 연습문제 17과 수학적 귀납법을 사용하라.)

22. 연습문제 21을 사용하여 다음 연립합동식을 각각 풀어라.

a) $x \equiv 5 \pmod{6}$
$x \equiv 3 \pmod{10}$
$x \equiv 8 \pmod{15}$

b) $x \equiv 2 \pmod{14}$
$x \equiv 16 \pmod{21}$
$x \equiv 10 \pmod{30}$

c) $x \equiv 2 \pmod{9}$
$x \equiv 8 \pmod{15}$
$x \equiv 10 \pmod{25}$

d) $x \equiv 2 \pmod{6}$
$x \equiv 4 \pmod{8}$
$x \equiv 2 \pmod{14}$
$x \equiv 14 \pmod{15}$

e) $x \equiv 7 \pmod{9}$
$x \equiv 2 \pmod{10}$
$x \equiv 3 \pmod{12}$
$x \equiv 6 \pmod{15}$

23. 수조에서 랍스터를 한번에 각각 2마리, 3마리, 5마리, 7마리씩 계속해서 꺼낼 때 남는 랍스터는 모두 1마리이지만 11마리씩 꺼내면 남는 랍스터는 없다. 수조에 최소 몇 마리의 랍스터가 있었는가?

24. 고대 중국의 수수께끼 중 하나는 17명의 해적들이 훔친 금화의 최소 개수를 구하는 문제이다. 이 수수께끼에 따르면 해적들이 금화를 같은 개수로 나눌 때 3개의 금화가 남았다. 남은 금화를 누가 가져갈지 싸웠고 그 중 한 명의 해적이 죽었다. 남은 해적들이 금화를 같은 개수로 나눌 때는 10개의 금화가 남았고 다시 금화를 누가 가져갈지 싸웠을 때 다른 한 명의 해적이 죽었다. 남은 해적들이 금화를 다시 같은 개수로 나눌 때는 남는 금화가 없었다. 이 수수께끼의 답은 무엇인가?

25. 중국의 친지우샤오가 제시한 다음 수수께끼를 풀어라. 세 명의 농부가 쌀을 같은 양만큼 나눠 가졌고 그 무게는 정수 무게라고 하자. 각 농부는 최대한 많은 쌀을 세 개의 시장에 내다 팔려고 한다. 각 시장에서 사용되는 무게 단위는 83파운드, 110파운드, 135파운드이고 이 무게들의 정수배만큼만 쌀을 산다고 한다. 만약 농부들이 각각 32파운드, 70파운드, 30파운드의 쌀을 가지고 집에 돌아왔다면 농부들이 나눈 쌀의 최소 양은 얼마인가?

26. 중국인의 나머지정리를 사용하여 워드 사이즈가 100인 컴퓨터에서 784와 813을 더하고 곱하는 방법에 대해 설명하라.

자릿수가 n인 b진수 $x \ge 2$에 대해 x^2의 끝 n개의 자리의 수가 x와 같을 때 x를 **b진 자기동형수**(automorph to the base b)라고 한다.

$*27$ 네 자리의 십진 자기동형수를 찾아라. (단, 몇 개의 0으로 시작하는 경우도 허용한다.)

$*28$ b가 소수인수분해 $b = p_1^{b_1} p_2^{b_2} \cdots p_k^{b_k}$를 가진 경우에 자릿수가 n 이하의 b진 자기동형수의 개수는 몇 개인가?

생체리듬(biorhythms) 이론에 따르면 사람이 태어난 날부터 **신체적**(physical), **감정적**(emotional), **지적**(intellectual)인 세 가지 주기를 갖게 된다. 이 주기는 각각 23일, 28일, 33일의 길이를 가지며 각각의 주기는 0에서 시작하여 주기의 1/4지점에서 1까지 상승하고 주기의 1/2지점에서 다시 0으로 떨어지며 주기의 3/4지점에서 −1까지 더 떨어지고 주기의 끝에서 다시 0으로 상승하는 사인 곡선을 따른다.
생체리듬에 관한 연습문제 29~31의 물음에 답하라.

29. 세 주기가 동시에 최댓값을 가지는 날은 며칠째 되는 날인가?

30. 세 주기가 동시에 최솟값을 가지는 날은 며칠째 되는 날인가?

31. 세 주기가 동시에 중립 위치(값 0)에 있는 날은 며칠째 되는 날인가?

1보다 크고 서로 다른 법을 가진 합동식의 집합에 대해 모든 정수가 그 중 적어도 하나의 합동식을 만족하는 성질을 가진 것을 **합동식의 덮개집합**(a covering set of congruences)이라고 한다. 에르되시의 유명한 추측에 따르면 1보다 큰 홀수인 서로 다른 법을 가진 합동식의 덮개집합은 없다.

32. $x \equiv 0 \pmod 2$, $x \equiv 0 \pmod 3$, $x \equiv 1 \pmod 4$, $x \equiv 1 \pmod 6$, $x \equiv 11 \pmod{12}$이 합동식의 덮개집합임을 보여라.

♦33. $x \equiv 1 \pmod 2$, $x \equiv 2 \pmod 4$, $x \equiv 1 \pmod 3$, $x \equiv 8 \pmod{12}$, $x \equiv 4 \pmod 8$, $x \equiv 0 \pmod{24}$가 합동식의 덮개집합임을 보여라.

34. $x \equiv 1 \pmod 2$, $x \equiv 0 \pmod 4$, $x \equiv 0 \pmod 3$, $x \equiv 2 \pmod{12}$, $x \equiv 2 \pmod 8$, $x \equiv 22 \pmod{24}$가 합동식의 덮개집합임을 보여라.

35. $x \equiv 0 \pmod 2$, $x \equiv 0 \pmod 3$, $x \equiv 0 \pmod 5$, $x \equiv 0 \pmod 7$, $x \equiv 1 \pmod 6$, $x \equiv 1 \pmod{10}$, $x \equiv 1 \pmod{14}$, $x \equiv 2 \pmod{15}$, $x \equiv 2 \pmod{21}$, $x \equiv 23 \pmod{30}$, $x \equiv 4 \pmod{35}$, $x \equiv 5 \pmod{42}$, $x \equiv 59 \pmod{70}$, $x \equiv 104 \pmod{105}$가 합동식의 덮개집합임을 보여라.

∗36. 양의 정수 m이 $m = 2^{a_0} p_1^{a_1} p_2^{a_2} \cdots p_r^{a_r}$ 꼴의 소인수분해를 갖는다고 하자. 합동식 $x^2 \equiv 1 \pmod m$이 정확히 2^{r+e}의 해를 가짐을 보여라. 여기서 $a_0 = 0$ 또는 1이면 $e = 0$, $a_0 = 2$이면 $e = 1$, $a_0 > 2$이면 $e = 2$이다. (힌트: 5.2절 연습문제 15와 16을 사용하라.)

37. 한 가족의 세 아이들은 발이 각각 5인치, 7인치, 9인치이다. 그들이 발을 사용하여 집의 부엌의 길이를 측정할 때 각각 3인치가 남는다고 한다. 부엌의 길이는 얼마인가?

38. 합동식 $x^2 + 6x - 31 \equiv 0 \pmod{72}$의 해를 모두 찾아라. (힌트: $72 = 2^3 3^2$임을 이용하여 이 합동식의 해를 법 8, 법 9로 각각 찾은 후 중국인의 나머지정리를 적용하라.)

39. 합동식 $x^2 + 18x - 823 \equiv 0 \pmod{1800}$의 해를 모두 찾아라. (힌트: $1800 = 2^3 3^2 5^2$임을 이용하여 이 합동식의 해를 법 8, 법 9, 법 25로 각각 찾은 후 중국인의 나머지정리를 적용하라.)

∗40 양의 정수 R에 대해 소수 p가 양 끝 점까지 포함하여 $p - R$과 $p + R$ 사이에 있는 유일한 소수일 때 p를 **R-은둔 소수**(R-reclusive prime)라고 한다. 모든 양의 정수 R에 대해 무한히 많은 R-은둔

소수가 있음을 보여라. (힌트: 중국인의 나머지정리를 사용하여 $x-j$가 p_j로 나뉘고 $x+j$가 p_{R+j}로 나뉘는 정수 x를 찾아라. 여기서 p_k는 k번째 소수이다. 그런 다음 등차수열에서의 소수에 대한 디리클레의 정리를 적용하라.)

계산과 탐구

1. 다음 연립합동식을 풀어라.
   $x \equiv 1 \pmod{12{,}341{,}234{,}567}, x \equiv 2 \pmod{750{,}000{,}057}, x \equiv 3 \pmod{1{,}099{,}511{,}627{,}776}$
2. 연립합동식 $x \equiv 5269 \pmod{40{,}320}$, $x \equiv 1248 \pmod{11{,}111}$, $x \equiv 16{,}645 \pmod{30{,}003}$, $x \equiv 2911 \pmod{12{,}321}$을 풀어라.
3. 연습문제 15를 사용하여 각각이 적당한 제곱수들로 나뉘는 100개의 연속된 양의 정수 수열을 찾아라. 더 작은 정수들로 이루어지고 이러한 성질을 갖는 수열을 찾을 수 있는가?
4. 연습문제 32에서 설명한 합동식의 덮개집합을 세 개 찾되, 덮개집합에 속한 합동식의 가장 작은 법이 각각 3, 6, 8이 되도록 찾아라.

프로그래밍 프로젝트

1. 중국인의 나머지정리에 나오는 형태의 일차합동식을 풀어라.
2. 연습문제 17~22에 주어진 일차합동식을 풀어라.
3. 중국인의 나머지정리를 사용하여 컴퓨터의 워드 크기를 초과하는 큰 정수를 더하라.
3. 중국인의 나머지정리를 사용하여 컴퓨터의 워드 크기를 초과하는 큰 정수를 곱하라.
4. 주어진 양의 정수 $b > 1$에 대해 1보다 큰 b진 자기동형수를 찾아라(연습문제 27 참조).
5. 생체리듬 차트를 그려서 세 주기가 동시에 최댓값이 되는 시기와 동시에 최솟값이 되는 시기를 찾아라(연습문제 29 참조).

5.4 다항합동식

이 절은 정수계수를 갖는 2차 이상의 다항식 $f(x)$에 대한 합동식 $f(x) \equiv 0 \pmod{m}$의 해를 찾는 데 도움이 되는 유용한 도구를 제공한다. 예를 들어 $2x^3 + 7x - 4 \equiv 0 \pmod{200}$과 같은 꼴의 합동식이다.

먼저, m의 소인수분해가 $m = p_1^{a_1} p_2^{a_2} \ldots p_k^{a_k}$이면 합동식 $f(x) \equiv 0 \pmod{m}$을 푸는 것은 다음 연립합동식을 푸는 것과 동치이다.

$$f(x) \equiv 0 \pmod{p_i^{a_i}} \quad (i = 1, 2, \ldots, k)$$

k개의 각 합동식의 해를 알면 중국인의 나머지정리를 사용하여 법 m으로 원래 합동식의 해를 찾을 수 있다. 다음 예제에서 이를 살펴보자.

예제 5.20

합동식

$$2x^3 + 7x - 4 \equiv 0 \pmod{200}$$

을 푸는 것은 $200 = 2^3 5^2$이므로 다음 연립합동식을 푸는 것과 같다.

$$2x^3 + 7x - 4 \equiv 0 \pmod{8}, \quad 2x^3 + 7x - 4 \equiv 0 \pmod{25}$$

법 8로 합동식의 해는 $x \equiv 4 \pmod{8}$임을 쉽게 확인할 수 있다. (x가 홀수이면 해가 될 수 없으므로 x는 짝수여야 한다.) 예제 5.21에서 법 25로 합동식의 해는 $x \equiv 16 \pmod{25}$임을 보일 것이다. 중국인의 나머지정리를 사용하여 연립합동식 $x \equiv 4 \pmod{8}$, $x \equiv 16 \pmod{25}$를 풀면 해 $x \equiv 116 \pmod{200}$을 얻을 수 있다. 이것은 $2x^3 + 7x - 4 \equiv 0 \pmod{200}$의 해이다.

소수 p에 대해 법 p로 다항합동식의 해를 알면 법 p^k으로 다항합동식의 해를 비교적 간단한 방법으로 구할 수 있다. 법 p로 해를 사용하여 법 p^2으로 해를 찾고 법 p^2으로 해를 사용하여 법 p^3으로 해를 찾을 수 있다. 이 일반적인 방법을 소개하기 전에 법 p로 해를 사용하여 법 p^2으로 다항합동식의 해를 찾는 기본적인 아이디어를 보여주는 예제를 살펴보자.

예제 5.21

합동식

$$2x^3 + 7x - 4 \equiv 0 \pmod{5}$$

에 $x = 0, 1, 2, 3, 4$를 대입하여 확인하면 해는 $x \equiv 1 \pmod{5}$임을 알 수 있다. 그렇다면 법 25로 해는 어떻게 찾을 수 있을까? $x = 0, 1, 2, \ldots, 24$를 모두 대입하여 확인할 수 있겠지만 더 체계적인 방법이 있다. 합동식 $2x^3 + 7x - 4 \equiv 0 \pmod{25}$의 해는 법 5로 합동식의 해이므로 $x \equiv 1 \pmod{5}$를 만족한다. 따라서 $x = 1 + 5t$(t는 정수)이다. $x = 1 + 5t$를 대입하면 다음과 같고,

$$2(1 + 5t)^3 + 7(1 + 5t) - 4 \equiv 0 \pmod{25}$$

이를 간단하게 정리하면 다음과 같다.

$$65t + 5 \equiv 15t + 5 \equiv 0 \pmod{25}$$

정리 5.5에 의해 5를 소거하면 다음을 얻는다.

$$3t + 1 \equiv 0 \pmod{5}$$

이 합동식의 해는 $t \equiv 3 \pmod 5$이다. 즉 법 25로 합동식의 해는 $x \equiv 1 + 5t \equiv 1 + 5 \cdot 3 \equiv 16 \pmod{25}$이다.

이제 소수의 거듭제곱을 법으로 하는 합동식의 해를 찾는 일반적인 방법을 소개한다. 특히 소수 p와 2 이상의 정수 k에 대해 $f(x) \equiv 0 \pmod{p^k}$의 해가 $f(x) \equiv 0 \pmod{p^{k-1}}$의 해에서 어떻게 얻어지는지를 살펴보자. 이때 법 p^k으로 해는 법 p^{k-1}으로 해에서 **올림된**(lifted) 것이라고 한다. 이 과정에서 $f'(x)$, 즉 f의 도함수를 사용하지만 미적분학의 결과는 필요하지 않다. 대신 다항식의 도함수를 직접 정의하고 필요한 성질을 설명한다.

정의 5.6

실수계수를 갖는 다항식 $f(x) = a_nx^n + a_{n-1}x^{n-1} + \cdots + a_1x + a_0$에 대해 $f(x)$의 **도함수**(derivative)는 $f'(x) = na_nx^{n-1} + (n-1)a_{n-1}x^{n-2} + \cdots + a_1$로 정의한다.

주어진 다항식에 대해 그 도함수를 찾고 또 그 도함수의 도함수를 찾는 식으로 반복할 수 있다. 양수 k에 대해 다항식 $f(x)$의 k번째 도함수는 $f^{(k)}(x)$로 표기하며, 이는 $(k-1)$번째 도함수의 도함수, 즉 $f^{(k)}(x) = (f^{(k-1)})'(x)$이다.

다음 두 개의 도움정리의 증명은 독자에게 맡긴다.

도움정리 5.4

다항식 $f(x)$, $g(x)$와 상수 c에 대해 $(f+g)'(x) = f'(x) + g'(x)$, $(cf)'(x) = c(f'(x))$이다. 더욱이 양의 정수 k에 대해 $(f+g)^{(k)}(x) = f^{(k)}(x) + g^{(k)}(x)$, $(cf)^{(k)}(x) = c(f^{(k)}(x))$이다.

도움정리 5.5

양의 정수 m, k에 대해 $f(x) = x^m$이면 $f^{(k)}(x) = m(m-1)\cdots(m-k+1)x^{m-k}$이다.

이제 다항합동식의 해를 올림하는 데 사용할 수 있는 결과를 제시한다. 이는 **헨젤의 도움정리**(Hensel's Lemma)로 불리며 독일 수학자 헨젤(Kurt Hensel)이 p진 해석학이라는 수학 분야를 창시할 때 발견한 것이다.

정리 5.16 헨젤의 도움정리

$f(x)$는 정수계수를 갖는 다항식, k는 2 이상의 정수, p는 소수라고 하자. 또 r이 합동식 $f(x) \equiv 0 \pmod{p^{k-1}}$의 해라고 하자. 그러면 다음이 성립한다.

(i) $f'(r) \not\equiv 0 \pmod p$이면 $f(r + tp^{k-1}) \equiv 0 \pmod{p^k}$를 만족하는 $0 \le t < p$인 유일한 정수 t가 존재하고 이는 다음과 같이 주어진다.

$$t \equiv -\overline{f'(r)}(f(r)/p^{k-1}) \pmod p$$

여기서 $\overline{f'(r)}$는 법 p로 $f'(r)$의 역수이다.

(ii) $f'(r) \equiv 0 \pmod p$, $f(r) \equiv 0 \pmod{p^k}$이면 모든 정수 t에 대해 $f(r+tp^{k-1}) \equiv 0 \pmod{p^k}$이다.

(iii) $f'(r) \equiv 0 \pmod p$, $f(r) \not\equiv 0 \pmod{p^k}$이면 $f(x) \equiv 0 \pmod{p^k}$는 $x \equiv r \pmod{p^{k-1}}$인 해가 없다.

(i)의 경우에 $f(x) \equiv 0 \pmod{p^{k-1}}$의 해는 $f(x) \equiv 0 \pmod{p^k}$의 유일한 해로 올림되며 (ii)와 (iii)의 경우에 그 해는 법 p^k으로 p개의 합동이 아닌 해로 올림되거나 아예 올림되지 않는다.

정리 5.16의 증명은 테일러 전개에 관한 도움정리를 증명한 이후로 미룬다.

비고. 이 절의 말미에서 p진 정수의 연구에서 중요한 역할을 하는 헨젤의 도움정리의 확장된 버전을 소개한다.

도움정리 5.6

정수계수를 갖는 n차 다항식 $f(x)$와 실수 a, b에 대해 다음이 성립한다.

$$f(a+b) = f(a) + f'(a)b + f''(a)b^2/2! + \cdots + f^{(n)}(a)b^n/n!$$

여기서 모든 a 값에 대해 계수, 즉 $f(a)$, $f'(a)$, $f''(a)/2!$, $\ldots$, $f^{(n)}(a)/n!$은 a에 대해 정수계수를 갖는 다항식이다.

증명

n차 다항식 $f(x)$는 단항식들 $x^m (m \le n)$의 상수배의 합으로 나타낼 수 있다. 따라서 도움정리 5.4

에 의해 $f_m(x) = x^m$에 대해서만 도움정리 5.6을 증명하면 된다. 이항정리에 의해 다음과 같다.

$$(a+b)^m = \sum_{j=0}^{m} \binom{m}{j} a^{m-j} b^j$$

도움정리 5.5에 의해 $f_m^{(j)}(a) = m(m-1)\cdots(m-j+1)a^{m-j}$이다. 따라서 다음과 같다.

$$f_m^{(j)}(a)/j! = \binom{m}{j} a^{m-j}$$

$\binom{m}{j}$가 $0 \le j \le m$인 모든 정수 m, j에 대해 정수이므로 $f_m^{(j)}(a)/j!$는 a에 대해 정수계수를 갖는 다항식이다.

이제 헨젤의 도움정리를 증명하기 위해 필요한 모든 요소가 갖춰졌으므로 증명을 시작하자.

증명 5.16

$x = r$이 $f(x) \equiv 0 \pmod{p^{k-1}}$의 해라고 가정하자. r이 $f(x) \equiv 0 \pmod{p^k}$의 해로 올림이 된다면 그 해는 $r + tp^{k-1}$(t는 정수)꼴이다. 이제 증명은 t에 대한 조건을 결정함으로써 얻어진다. 도움정리 5.6에 따라 다음이 성립한다.

$$f(r+tp^{k-1}) = f(r) + f'(r)tp^{k-1} + \frac{f''(r)}{2!}(tp^{k-1})^2 + \cdots + \frac{f^{(n)}(r)}{n!}(tp^{k-1})^n$$

여기서 $k = 1, 2, \ldots, n$에 대해 $f^{(k)}(r)/k!$은 정수이다. 임의의 정수 $k \ge 2$와 $m(2 \le m \le n)$에 대해 $k \le m(k-1)$이므로 $p^k \mid p^{m(k-1)}$이다. 따라서 다음과 같다.

$$f(r+tp^{k-1}) \equiv f(r) + f'(r)tp^{k-1} \pmod{p^k}$$

$r + tp^{k-1}$이 $f(x) \equiv 0 \pmod{p^k}$의 해이므로 $f'(r)tp^{k-1} \equiv -f(r) \pmod{p^k}$이다.

이때 $f(r) \equiv 0 \pmod{p^{k-1}}$이므로 이 합동식을 p^{k-1}로 나누면 다음과 같다.

$$f'(r)t \equiv -f(r)/p^{k-1} \pmod{p}$$

법 p로 이 합동식의 해를 살펴봄으로써 정리의 세 가지 경우를 증명할 수 있다.

$f'(r) \not\equiv 0 \pmod{p}$인 경우를 생각해보자. 이 경우에는 $(f'(r), p) = 1$이 성립한다. 따름정리 5.12.1을 적용하면 t에 대한 합동식은 다음과 같이 유일한 해를 갖는다.

$$t \equiv (-f(r)/p^{k-1})\overline{f'(r)}x \pmod{p}$$

여기서 $\overline{f'(r)}$은 법 p로 $f'(r)$의 역수이다. 이로써 경우 (i)이 성립한다.

$f'(r) \equiv 0 \pmod{p}$인 경우에는 $(f'(r), p) = p$가 성립한다. 정리 5.12에 의해 $p \mid (f(r)/p^{k-1})$일 필요충분조건은 $f(r) \equiv 0 \pmod{p^k}$이므로 이 경우에는 모든 t의 값이 해를 준다. 즉 $t = 0, 1, \ldots, p-1$에 대해 $x = r + tp^{k-1}$이 모두 해이다. 이로써 경우 (ii)가 성립한다.

마지막으로 $f'(r) \equiv 0 \pmod{p}$이지만 $p \nmid (f(r)/p^{k-1})$인 경우를 생각해보자. 이 경우에는 $(f'(r), p) = p$이고 $f(r) \not\equiv 0 \pmod{p^k}$이므로 정리 5.12에 의해 t의 어떤 값도 해를 주지 않는다. 이로써 경우 (iii)이 성립한다.

다음 따름정리는 헨젤의 도움정리의 경우 (i)이 적용될 때 법 p로 해에서 시작하여 해를 반복적으로 올림할 수 있다는 것을 보여준다.

따름정리 5.16.1

소수 p에 대해 r이 합동식 $f(x) \equiv 0 \pmod{p}$의 해이고 $f'(r) \not\equiv 0 \pmod{p}$이면 $k = 2, 3, \ldots$에 대해 다음을 만족하는 법 p^k으로 유일한 해 r_k가 존재한다.

$$r_1 = r, \quad r_k = r_{k-1} - f(r_{k-1})\overline{f'(r)}$$

여기서 $\overline{f'(r)}$은 법 p로 $f'(r)$의 역수이다.

증명 5.16.1

가정에 따라 헨젤의 도움정리의 경우 (i)이 성립하므로 r은 법 p^2으로 유일한 해 $r_2 = r + tp$로 올림된다. 여기서 $t = -\overline{f'(r)}(f(r)/p)$이다. 따라서 다음과 같다.

$$r_2 = r - f(r)\overline{f'(r)}$$

한편 $r_2 \equiv r \pmod{p}$이므로 $f'(r_2) \equiv f'(r) \not\equiv 0 \pmod{p}$이다. 즉 헨젤의 도움정리의 경우 (i)이 성립하므로 r_2는 법 p^3으로 유일한 해 r_3로 올림되며 $r_3 = r_2 - f(r_2)\overline{f'(r)}$임을 보일 수 있다. 계속해서 진행하면 모든 정수 $k \geq 2$에 대해 이 도움정리가 성립함을 알 수 있다.

다음 예제에서는 헨젤의 도움정리가 어떻게 적용되는지 설명한다.

예제 5.22

다음 합동식의 해를 찾아라.

$$x^3 + x^2 + 29 \equiv 0 \pmod{25}$$

$f(x) = x^3 + x^2 + 29$로 두면 $f(x) \equiv 0 \pmod 5$의 해는 $x \equiv 3 \pmod 5$임을 확인할 수 있다. $f'(x) = 3x^2 + 2x$이고 $f'(3) = 33 \equiv 3 \not\equiv 0 \pmod 5$이므로 헨젤의 도움정리에 따라 법 25로 $3 + 5t$ 꼴의 유일한 해가 존재한다. 여기서 다음을 얻는다.

$$t \equiv -\overline{f'(3)}(f(3)/5) \pmod 5$$

법 5로 3의 역수가 2이므로 $\overline{f'(3)} = \overline{3} = 2$이고 $f(3)/5 = 65/5 = 13$이므로 $t \equiv -2 \cdot 13 = 4 \pmod 5$이다. 따라서 $x \equiv 3 + 5 \cdot 4 = 23$이 $f(x) \equiv 0 \pmod{25}$의 유일한 해이다.

예제 5.23

다음 합동식의 해를 찾아라.

$$x^2 + x + 7 \equiv 0 \pmod{27}$$

$f(x) = x^2 + x + 7$로 두면 $f(x) \equiv 0 \pmod 3$의 해는 $x \equiv 1 \pmod 3$임을 확인할 수 있다. $f'(x) = 2x + 1$이므로 $f'(1) = 3 \equiv 0 \pmod 3$이고 $f(1) = 9 \equiv 0 \pmod 9$이기 때문에 헨젤의 도움정리의 경우 (ii)를 적용하면 모든 정수 t에 대해 $1 + 3t$가 법 9로 해임을 알 수 있다. 즉 $x \equiv 1, 4, 7 \pmod 9$이다.

한편 $f(1) = 9 \not\equiv 0 \pmod{27}$이므로 헨젤의 도움정리의 경우 (iii)에 따라 $x \equiv 1 \pmod 9$인 $f(x) \equiv 0 \pmod{27}$의 해는 없다. 또한 $f(4) = 27 \equiv 0 \pmod{27}$이므로 헨젤의 도움정리의 경우 (ii)에 따라 모든 정수 t에 대해 $4 + 9t$가 법 27로 해임을 알 수 있다. 즉 $x \equiv 4, 13, 22 \pmod{27}$이다. 마지막으로 $f(7) = 63 \not\equiv 0 \pmod{27}$이므로 헨젤의 도움정리의 경우 (iii)에 따라 $x \equiv 7 \pmod 9$인 $f(x) \equiv 0 \pmod{27}$의 해는 없다.

모든 경우를 종합하면 $f(x) \equiv 0 \pmod{27}$의 해는 $x \equiv 4, 13, 22 \pmod{27}$이다.

예제 5.24

$f(x) = x^3 + x^2 + 2x + 26 \equiv 0 \pmod{343}$의 해는 무엇인가? 간단한 관찰을 통해 $x^3 + x^2 + 2x + 26 \equiv 0 \pmod 7$의 해는 $x \equiv 2 \pmod 7$임을 알 수 있다. $f'(x) = 3x^2 + 2x + 2$이므로 $f'(2) = 18 \not\equiv 0 \pmod 7$이다. 따름정리 5.16.1을 사용하여 $k = 2, 3, \ldots$에 대해 법 7^k으로 해를 찾아보자. $\overline{f'(2)} = \overline{4} = 2$이므로 $r_2 = 2 - f(2)\overline{f'(2)} = 2 - 42 \cdot 2 = -82 \equiv 16 \pmod{49}$, $r_3 = 16 - f(16)\overline{f'(2)} = 16 - 4410 \cdot 2 = -8804 \equiv 114 \pmod{343}$이다. 따라서 법 343으로 해는 $x \equiv 114 \pmod{343}$이다.

이 절을 마무리하며 헨젤의 도움정리의 확장 버전을 소개한다. 그 증명은 연습문제 12로 남겨둔다.

헨젤의 도움정리의 확장 $f(x)$는 정수계수를 갖는 다항식이고 p는 소수, k는 양의 정수, j는

$k \ge 2j+1$인 정수, a는 $f(x) \equiv 0 \pmod{p^k}$의 해로서 $p^j \| f'(a)$를 만족하는 정수라고 가정하자. 만약 $b \equiv a \pmod{p^{k-j}}$이면 $f(b) \equiv f(a) \pmod{p^k}$이고 $p^j \| f'(b)$이고 $f(a+tp^{k-j}) \equiv 0 \pmod{p^{k+1}}$을 만족하는 법 p로 유일한 t가 존재한다.

5.4 연습문제

1. 다음 합동식의 해를 모두 찾아라.
   a) $x^2+4x+2 \equiv 0 \pmod 7$
   b) $x^2+4x+2 \equiv 0 \pmod{49}$
   c) $x^2+4x+2 \equiv 0 \pmod{343}$
2. 다음 각 합동식의 해를 모두 찾아라.
   a) $x^3+8x^2-x-1 \equiv 0 \pmod{11}$
   b) $x^3+8x^2-x-1 \equiv 0 \pmod{121}$
   c) $x^3+8x^2-x-1 \equiv 0 \pmod{1331}$
3. 합동식 $x^2+x+47 \equiv 0 \pmod{2401}$의 해를 찾아라. (여기서 $2401 = 7^4$임에 유의하라.)
4. $x^2+x+34 \equiv 0 \pmod{81}$의 해를 찾아라.
5. $13x^7-42x-649 \equiv 0 \pmod{1323}$의 해를 모두 찾아라.
6. $x^8-x^4+1001 \equiv 0 \pmod{539}$의 해를 모두 찾아라.
7. $x^4+2x+36 \equiv 0 \pmod{4375}$의 해를 모두 찾아라.
8. $x^6-2x^5-35 \equiv 0 \pmod{6125}$의 해를 모두 찾아라.
9. $5x^3+x^2+x+1 \equiv 0 \pmod{64}$의 서로 합동이 아닌 해는 몇 개인가?
10. $x^5+x-6 \equiv 0 \pmod{144}$의 서로 합동이 아닌 해는 몇 개인가?
11. 정수 a와 $(a,p)=1$인 소수 p에 대해 헨젤의 도움정리를 사용하여 합동식 $ax \equiv 1 \pmod{p^k}$(k는 양의 정수)의 해에 대한 재귀적 공식을 찾아라.

*12. a) $f(x)$는 정수계수를 갖는 다항식이고 p는 소수, k는 양의 정수, j는 $k \ge 2j+1$인 정수, a는 $f(x) \equiv 0 \pmod{p^k}$의 해로서 $p^j \| f'(a)$를 만족하는 정수라고 가정하자. 만약 $b \equiv a \pmod{p^{k-j}}$이면 $f(b) \equiv f(a) \pmod{p^k}$, $p^j \| f'(b)$이고 $f(a+tp^{k-j}) \equiv 0 \pmod{p^{k+1}}$을 만족하는 법 p로 유일한 t가 존재함을 보여라. (힌트: 테일러 전개를 사용하여 먼저 $f(a+tp^{k-j}) \equiv f(a)+tp^{k-j}f'(a) \pmod{p^{2k-2j}}$임을 보여라.)

b) (a)의 가정이 성립할 때 $f(x) \equiv 0 \pmod{p^k}$의 해는 p의 임의의 고차 거듭제곱에 대한 해로 올림될 수 있음을 보여라.

*13. $x^2 + x + 223 \equiv 0 \pmod{3^j}$의 서로 합동이 아닌 해는 몇 개인가? (힌트: 먼저 3^5에 대한 해를 찾은 다음 연습문제 12를 적용하라.)

계산과 탐구

1. $x^4 - 13x^3 + 11x - 3 \equiv 0 \pmod{7^8}$의 해를 모두 찾아라.

2. $x^9 + 13x^3 - x + 100{,}336 \equiv 0 \pmod{17^9}$의 해를 모두 찾아라.

프로그래밍 프로젝트

1. 정수계수를 갖는 다항식 $f(x)$, 소수 p, 양의 정수 n이 주어졌을 때 헨젤의 도움정리를 사용하여 $f(x) \equiv 0 \pmod{p^n}$꼴의 합동식을 풀어라.

5.5 연립일차합동식

다음으로 같은 개수의 미지수와 같은 법을 갖는 일차합동식들로 이루어진 연립합동식을 생각해보자. 예를 살펴보는 것으로 연구를 시작한다.

먼저, 다음 두 일차합동식을 동시에 만족하는 모든 정수 x, y를 찾아보자.

$$3x + 4y \equiv 5 \pmod{13}$$
$$2x + 5y \equiv 7 \pmod{13}$$

y를 소거하기 위해 첫 번째 일차합동식에 5를, 두 번째 일차합동식에 4를 곱하면 다음과 같다.

$$15x + 20y \equiv 25 \pmod{13}$$
$$8x + 20y \equiv 28 \pmod{13}$$

첫 번째 일차합동식에서 두 번째 일차합동식을 빼면 다음과 같다.

$$7x \equiv -3 \pmod{13}$$

2가 $7 \pmod{13}$의 역수이므로 위의 일차합동식의 양변에 2를 곱하면 다음과 같다.

$$2 \cdot 7x \equiv -2 \cdot 3 \pmod{13}$$

따라서 다음과 같다.

$$x \equiv 7 \pmod{13}$$

마찬가지로 x를 소거하기 위해 첫 번째 일차합동식에 2를 곱하고, 두 번째 일차합동식에 3을 곱하여 다음을 얻을 수 있다.

$$6x + 8y \equiv 10 \pmod{13}$$
$$6x + 15y \equiv 21 \pmod{13}$$

두 번째 일차합동식에서 첫 번째 일차합동식을 빼면 다음을 얻을 수 있다.

$$7y \equiv 11 \pmod{13}$$

y에 대해 풀기 위해 이 일차합동식의 양변에 2, 즉 법 13으로 7의 역수를 곱한다.

$$2 \cdot 7y \equiv 2 \cdot 11 \pmod{13}$$

따라서 다음을 얻는다.

$$y \equiv 9 \pmod{13}$$

이상으로부터 모든 해 (x, y)는 다음을 만족해야 함을 알 수 있다.

$$x \equiv 7 \pmod{13}, \quad y \equiv 9 \pmod{13}$$

이 일차합동식을 x, y에 대입하면 원래 연립합동식에 대한 실제 해가 되는 것을 확인할 수 있다.

$$3x + 4y \equiv 3 \cdot 7 + 4 \cdot 9 = 57 \equiv 5 \pmod{13}$$
$$2x + 5y \equiv 2 \cdot 7 + 5 \cdot 9 = 59 \equiv 7 \pmod{13}$$

따라서 이 일차합동식의 해는 $x \equiv 7 \pmod{13}$, $y \equiv 9 \pmod{13}$인 모든 쌍 (x, y)이다.

이제 두 미지수에 대한 두 일차합동식으로 이루어진 연립합동식에 관한 일반적인 결과를 제시한다. (이 결과는 연립일차방정식을 풀 때의 크래머의 규칙과 유사하다.)

정리 5.17

양의 정수 m과 정수 a, b, c, d, e, f에 대해 $\Delta = ad - bc$라 하고 $(\Delta, m) = 1$이라고 가정하자. 그러면 연립일차합동식

$$ax + by \equiv e \pmod{m}$$
$$cx + dy \equiv f \pmod{m}$$

은 법 m으로 다음과 같은 유일한 해를 갖는다.

$$x \equiv \bar{\Delta}(de - bf) \pmod{m}$$
$$y \equiv \bar{\Delta}(af - ce) \pmod{m}$$

여기서 $\bar{\Delta}$는 법 m으로 Δ의 역수이다.

증명 5.17

y를 소거하기 위해 연립 방정식의 첫 번째 일차합동식에 d를, 두 번째 일차합동식에 b를 곱하여 다음을 얻을 수 있다.

$$adx + bdy \equiv de \pmod{m}$$
$$bcx + bdy \equiv bf \pmod{m}$$

그런 다음 첫 번째 일차합동식에서 두 번째 일차합동식을 빼면 다음을 얻을 수 있다.

$$(ad - bc)x \equiv de - bf \pmod{m}$$

이때 $\Delta = ad - bc$이므로 다음을 얻는다.

$$\Delta x \equiv de - bf \pmod{m}$$

다음으로 이 일차합동식의 양변에 법 m으로 Δ의 역수인 $\bar{\Delta}$로 곱하여 다음을 얻을 수 있다.

$$x \equiv \bar{\Delta}(de - bf) \pmod{m}$$

비슷한 방법으로 x를 소거하기 위해 첫 번째 일차합동식에 c를, 두 번째 일차합동식에 a를 곱하여 다음을 얻을 수 있다.

$$acx + bcy \equiv ce \pmod{m}$$
$$acx + ady \equiv af \pmod{m}$$

첫 번째 일차합동식에서 두 번째 일차합동식을 빼면 다음을 얻을 수 있다.

$$(ad - bc)y \equiv af - ce \pmod{m}$$

또는

$$\Delta y \equiv af - ce \pmod{m}$$

마지막으로 이 일차합동식의 양변에 $\bar{\Delta}$를 곱하여 다음을 얻을 수 있다.

$$y \equiv \bar{\Delta}(af - ce) \pmod{m}$$

이상에서 연립일차합동식의 해가 (x, y)이면 다음이 성립한다는 것을 보였다.

$$x \equiv \bar{\Delta}(de - bf) \pmod{m}, \ y \equiv \bar{\Delta}(af - ce) \pmod{m}$$

또 이러한 쌍 (x, y)가 해임을 쉽게 확인할 수 있다. $x \equiv \bar{\Delta}(de - bf) \pmod{m}$, $y \equiv \bar{\Delta}(af - ce)$ $(\text{mod } m)$일 때 다음을 얻을 수 있다.

$$\begin{aligned} ax + by &\equiv a\bar{\Delta}(de - bf) + b\bar{\Delta}(af - ce) \\ &\equiv \bar{\Delta}(ade - abf + abf - bce) \\ &\equiv \bar{\Delta}(ad - bc)e \\ &\equiv \bar{\Delta}\Delta e \\ &\equiv e \pmod{m} \end{aligned}$$

그리고

$$\begin{aligned} cx + dy &\equiv c\bar{\Delta}(de - bf) + d\bar{\Delta}(af - ce) \\ &\equiv \bar{\Delta}(cde - bcf + adf - cde) \\ &\equiv \bar{\Delta}(ad - bc)f \\ &\equiv \bar{\Delta}\Delta f \\ &\equiv f \pmod{m} \end{aligned}$$

이로써 정리가 성립된다.

유사한 방법으로 n개의 미지수에 대한 n개의 일차합동식으로 이루어진 연립합동식을 해결할 수 있다. 선형대수학에서 채택된 방법을 사용하여 이러한 연립합동식을 해결하는 이론을 개발한다. 선형대수학에 익숙하지 않은 독자는 이 절의 나머지 부분을 건너뛸 수 있다.

n개의 미지수에 대한 n개의 일차합동식으로 이루어진 연립합동식은 9장에서 다루는 암호학적 연구에서 발생한다. n이 큰 경우에는 이러한 연립합동식을 다루는 데 있어 행렬을 사용하는 것이 도움이 된다. 여기에서는 대부분의 선형대수학 교재에서 설명되는 행렬 연산의 기본적인

개념 중 일부를 사용한다.

계속하기 전에 행렬의 합동성을 정의하자.

정의 5.7

$\mathbf{A}$, $\mathbf{B}$를 정수 성분을 갖는 $n \times k$ 행렬이라 하고 그것의 (i, j)번째 항목을 각각 a_{ij}, b_{ij}라고 하자. 모든 $1 \le i \le n$, $1 \le j \le k$에 대해 $a_{ij} \equiv b_{ij} \pmod{m}$일 때 $\mathbf{A}$가 법 m으로 $\mathbf{B}$와 합동(congruent to B modulo m)이라고 한다. 이를 $\mathbf{A} \equiv \mathbf{B} \pmod{m}$로 표기한다.

행렬의 합동 $\mathbf{A} \equiv \mathbf{B} \pmod{m}$은 $1 \le i \le n$, $1 \le j \le k$에 대한 nk개의 합동 $a_{ij} \equiv b_{ij} \pmod{m}$을 간결하게 표현하는 방법을 제공한다.

예제 5.25

다음이 성립함을 쉽게 알 수 있다.

$$\begin{pmatrix} 15 & 3 \\ 8 & 12 \end{pmatrix} \equiv \begin{pmatrix} 4 & 3 \\ -3 & 1 \end{pmatrix} \pmod{11}$$

다음 결과가 필요하다.

정리 5.18

$\mathbf{A}$, $\mathbf{B}$가 정수 성분을 갖는 $n \times k$ 행렬이고 $\mathbf{A} \equiv \mathbf{B} \pmod{m}$이면 정수 성분을 갖는 $k \times p$ 행렬 $\mathbf{C}$와 $p \times n$ 행렬 $\mathbf{D}$에 대해 $\mathbf{AC} \equiv \mathbf{BC} \pmod{m}$이고 $\mathbf{DA} \equiv \mathbf{DB} \pmod{m}$이다.

증명 5.18

$\mathbf{A}$, $\mathbf{B}$의 성분을 각각 a_{ij}, $b_{ij}(1 \le i \le n,\ 1 \le j \le k)$라 하고 $\mathbf{C}$의 성분을 $c_{ij}(1 \le i \le k,\ 1 \le j \le p)$라고 하자. $\mathbf{AC}$, $\mathbf{BC}$의 (i, j)번째 성분은 각각 $\sum_{t=1}^{k} a_{it}c_{tj}$, $\sum_{t=1}^{k} b_{it}c_{tj}(1 \le i \le n,\ 1 \le j \le p)$이다. $\mathbf{A} \equiv \mathbf{B} \pmod{m}$이므로 모든 i, t에 대해 $a_{it} \equiv b_{it} \pmod{m}$이고 정리 5.4에 의해 $\sum_{t=1}^{k} a_{it}c_{tj} \equiv \sum_{t=1}^{k} b_{it}c_{tj} \pmod{m}$이다. 따라서 $\mathbf{AC} \equiv \mathbf{BC} \pmod{m}$이다. $\mathbf{DA} \equiv \mathbf{DB} \pmod{m}$임을 증명하는 것은 비슷하기 때문에 생략한다.

이제 다음과 같은 연립합동식을 생각해보자.

$$\begin{aligned} a_{11}x_1 + a_{12}x_2 + \cdots + a_{1n}x_n &\equiv b_1 \pmod{m} \\ a_{21}x_1 + a_{22}x_2 + \cdots + a_{2n}x_n &\equiv b_2 \pmod{m} \\ &\vdots \\ a_{n1}x_1 + a_{n2}x_2 + \cdots + a_{nn}x_n &\equiv b_n \pmod{m} \end{aligned}$$

행렬 표기법을 사용하면 n개의 합동식으로 이루어진 이 연립합동식은 $\mathbf{AX} \equiv \mathbf{B} \pmod{m}$으로 표현될 수 있다. 여기서 다음과 같다.

$$\mathbf{A} = \begin{pmatrix} a_{11} & a_{12} & \cdots & a_{1n} \\ a_{21} & a_{22} & \cdots & a_{2n} \\ \vdots & \vdots & \ddots & \\ a_{n1} & a_{n2} & \cdots & a_{nn} \end{pmatrix}, \ \mathbf{X} = \begin{pmatrix} x_1 \\ x_2 \\ \vdots \\ x_n \end{pmatrix}, \ \mathbf{B} = \begin{pmatrix} b_1 \\ b_2 \\ \vdots \\ b_n \end{pmatrix}$$

예제 5.26

연립합동식

$$\begin{aligned} 3x + 4y &\equiv 5 \pmod{13} \\ 2x + 5y &\equiv 7 \pmod{13} \end{aligned}$$

은 다음과 같이 쓸 수 있다.

$$\begin{pmatrix} 3 & 4 \\ 2 & 5 \end{pmatrix} \begin{pmatrix} x \\ y \end{pmatrix} \equiv \begin{pmatrix} 5 \\ 7 \end{pmatrix} \pmod{13}$$

이제 $\mathbf{AX} \equiv \mathbf{B} \pmod{m}$꼴의 연립합동식을 해결하기 위한 방법을 생각해보자. 이 방법은 행렬 $\overline{\mathbf{A}}$를 찾는 것에 기반을 둔다. 이 행렬은 항등행렬 $\mathbf{I}$에 대해 $\overline{\mathbf{A}}\mathbf{A} \equiv \mathbf{I} \pmod{m}$을 만족하는 행렬이다.

정의 5.8

$\mathbf{A}$, $\overline{\mathbf{A}}$가 정수 성분을 갖는 $n \times n$ 행렬이고 $\overline{\mathbf{A}}\mathbf{A} \equiv \mathbf{A}\overline{\mathbf{A}} \equiv \mathbf{I} \pmod{m}$이면, $\overline{\mathbf{A}}$를 법 m으로 $\mathbf{A}$의

역행렬(inverse of $\mathbf{A}$ modulo m)이라고 한다.

$$\mathbf{I} = \begin{pmatrix} 1 & 0 & \dots & 0 \\ 0 & 1 & \dots & 0 \\ \vdots & & \ddots & \\ 0 & 0 & \dots & 1 \end{pmatrix}$$

여기서 $\mathbf{I}$는 n차 항등행렬이다.

$\overline{\mathbf{A}}$가 $\mathbf{A}$의 역행렬이고 $\mathbf{B} \equiv \overline{\mathbf{A}} \pmod{m}$이면 $\mathbf{B}$도 $\mathbf{A}$의 역행렬이다. 이는 정리 5.18에 의해 $\mathbf{BA} \equiv \overline{\mathbf{A}}\mathbf{A} \equiv \mathbf{I} \pmod{m}$이므로 성립한다. 반대로 $\mathbf{B}_1, \mathbf{B}_2$가 모두 $\mathbf{A}$의 역행렬이라면 $\mathbf{B}_1 \equiv \mathbf{B}_2 \pmod{m}$이다. 이를 확인하기 위해 정리 5.18과 합동식 $\mathbf{B}_1\mathbf{A} \equiv \mathbf{B}_2\mathbf{A} \equiv \mathbf{I} \pmod{m}$을 사용하여 $\mathbf{B}_1\mathbf{AB}_1 \equiv \mathbf{B}_2\mathbf{AB}_1 \pmod{m}$를 얻을 수 있다. 여기서 $\mathbf{AB}_1 \equiv \mathbf{I} \pmod{m}$이므로 $\mathbf{B}_1 \equiv \mathbf{B}_2 \pmod{m}$임을 결론지을 수 있다.

예제 5.27

$$\begin{pmatrix} 1 & 3 \\ 2 & 4 \end{pmatrix}\begin{pmatrix} 3 & 4 \\ 1 & 2 \end{pmatrix} = \begin{pmatrix} 6 & 10 \\ 10 & 16 \end{pmatrix} \equiv \begin{pmatrix} 1 & 0 \\ 0 & 1 \end{pmatrix} \pmod{5}$$

$$\begin{pmatrix} 3 & 4 \\ 1 & 2 \end{pmatrix}\begin{pmatrix} 1 & 3 \\ 2 & 4 \end{pmatrix} = \begin{pmatrix} 11 & 25 \\ 5 & 11 \end{pmatrix} \equiv \begin{pmatrix} 1 & 0 \\ 0 & 1 \end{pmatrix} \pmod{5}$$

이므로 행렬 $\begin{pmatrix} 3 & 4 \\ 1 & 2 \end{pmatrix}$은 법 5로 $\begin{pmatrix} 1 & 3 \\ 2 & 4 \end{pmatrix}$의 역행렬이다.

다음 정리는 2×2 행렬의 역행렬을 찾는 간단한 방법을 제공한다.

정리 5.19

정수 행렬 $\mathbf{A} = \begin{pmatrix} a & b \\ c & d \end{pmatrix}$에 대해 $\Delta = \det \mathbf{A} = ad - bc$가 양의 정수 m과 서로소이면 다음 행렬은 법 m으로 $\mathbf{A}$의 역행렬이다.

$$\overline{\mathbf{A}} = \overline{\Delta}\begin{pmatrix} d & -b \\ -c & a \end{pmatrix}$$

여기서 $\overline{\Delta}$는 Δ의 m에 대한 역수이다.

증명 5.19

$\overline{\mathbf{A}}$가 법 m으로 $\mathbf{A}$의 역행렬임을 확인하기 위해서는 $\mathbf{A}\overline{\mathbf{A}} \equiv \overline{\mathbf{A}}\mathbf{A} \equiv \mathbf{I} \pmod{m}$을 확인하면 된다. 이것은 다음과 같이 확인할 수 있다.

$$\begin{aligned}\mathbf{A}\overline{\mathbf{A}} &\equiv \begin{pmatrix} a & b \\ c & d \end{pmatrix} \overline{\Delta} \begin{pmatrix} d & -b \\ -c & a \end{pmatrix} \equiv \overline{\Delta} \begin{pmatrix} ad-bc & 0 \\ 0 & -bc+ad \end{pmatrix} \\ &\equiv \overline{\Delta} \begin{pmatrix} \Delta & 0 \\ 0 & \Delta \end{pmatrix} \equiv \begin{pmatrix} \overline{\Delta}\Delta & 0 \\ 0 & \overline{\Delta}\Delta \end{pmatrix} \equiv \begin{pmatrix} 1 & 0 \\ 0 & 1 \end{pmatrix} = \mathbf{I} \pmod{m}\end{aligned}$$

$$\begin{aligned}\overline{\mathbf{A}}\mathbf{A} &\equiv \overline{\Delta} \begin{pmatrix} d & -b \\ -c & a \end{pmatrix} \begin{pmatrix} a & b \\ c & d \end{pmatrix} \equiv \overline{\Delta} \begin{pmatrix} ad-bc & 0 \\ 0 & -bc+ad \end{pmatrix} \\ &\equiv \overline{\Delta} \begin{pmatrix} \Delta & 0 \\ 0 & \Delta \end{pmatrix} \equiv \begin{pmatrix} \overline{\Delta}\Delta & 0 \\ 0 & \overline{\Delta}\Delta \end{pmatrix} \equiv \begin{pmatrix} 1 & 0 \\ 0 & 1 \end{pmatrix} = \mathbf{I} \pmod{m}\end{aligned}$$

여기서 $\overline{\Delta}$는 Δ의 m에 대한 역수이고 이는 $(\Delta, m) = 1$이기 때문에 존재한다.

예제 5.28

$\mathbf{A} = \begin{pmatrix} 3 & 4 \\ 2 & 5 \end{pmatrix}$로 놓자. 법 13으로 $\det \mathbf{A} = 7$의 역수는 2이므로 $\overline{\mathbf{A}}$는 다음과 같다.

$$\overline{\mathbf{A}} \equiv 2 \begin{pmatrix} 5 & -4 \\ -2 & 3 \end{pmatrix} \equiv \begin{pmatrix} 10 & -8 \\ -4 & 6 \end{pmatrix} \equiv \begin{pmatrix} 10 & 5 \\ 9 & 6 \end{pmatrix} \pmod{13}$$

2보다 큰 양의 정수인 n에 대해 $n \times n$ 행렬의 역행렬에 대한 공식을 얻으려면 선형대수학의 결과가 필요하다. 이는 딸림행렬의 개념을 포함하고 있는데, 다음과 같이 정의된다.

정의 5.9

$n \times n$ 행렬 $\mathbf{A}$의 **딸림행렬**(adjoint)은 C_{ji}가 (i, j)번째 성분인 $n \times n$ 행렬이다. 여기서 C_{ij}는 $\mathbf{A}$에서 i번째 행과 j번째 열을 삭제한 행렬의 행렬식에 $(-1)^{i+j}$를 곱한 것이다. $\mathbf{A}$의 딸림행렬은 $\operatorname{adj}(\mathbf{A})$ 또는 간단히 $\operatorname{adj}\mathbf{A}$로 표기한다.

정리 5.20

$\det \mathbf{A} \neq 0$을 만족하는 $n \times n$ 행렬 $\mathbf{A}$에 대해 다음이 성립한다.

$$\mathbf{A}(\operatorname{adj}\mathbf{A}) = (\det \mathbf{A})\mathbf{I}$$

이 정리를 사용하면 다음 정리를 쉽게 얻을 수 있다.

정리 5.21

$n \times n$ 정수 행렬 $\mathbf{A}$와 $(\det \mathbf{A},\, m) = 1$인 양의 정수 m에 대해 행렬 $\overline{\mathbf{A}} = \overline{\Delta}(\operatorname{adj}\mathbf{A})$는 법 m으로 $\mathbf{A}$의 역행렬이다. 여기서 $\overline{\Delta}$는 법 m으로 $\Delta = \det \mathbf{A}$의 역수이다.

증명 5.21

$(\det \mathbf{A},\, m) = 1$이므로 $\det \mathbf{A} \neq 0$이다. 따라서 정리 5.20에 의해 다음이 성립한다.

$$\mathbf{A}\,(\operatorname{adj}\mathbf{A}) = (\det \mathbf{A})\mathbf{I} = \Delta\mathbf{I}$$

$(\det \mathbf{A},\, m) = 1$이므로 법 m으로 $\Delta = \det \mathbf{A}$의 역수 $\overline{\Delta}$가 존재한다. 따라서 다음과 같다.

$$\mathbf{A}(\overline{\Delta}\operatorname{adj}\mathbf{A}) \equiv \mathbf{A}(\operatorname{adj}\mathbf{A})\overline{\Delta} \equiv \Delta\overline{\Delta}\mathbf{I} \equiv \mathbf{I} \pmod{m}$$
$$\overline{\Delta}(\operatorname{adj}\mathbf{A})\mathbf{A} \equiv \overline{\Delta}((\operatorname{adj}\mathbf{A})\mathbf{A}) \equiv \overline{\Delta}\Delta\mathbf{I} \equiv \mathbf{I} \pmod{m}$$

그러므로 $\overline{\mathbf{A}} = \overline{\Delta}\,(\operatorname{adj}\mathbf{A})$는 법 m으로 $\mathbf{A}$의 역행렬이다.

예제 5.29

$\mathbf{A} = \begin{pmatrix} 2 & 5 & 6 \\ 2 & 0 & 1 \\ 1 & 2 & 3 \end{pmatrix}$으로 놓자. 그러면 $\det \mathbf{A} = -5$이다. 또한 $(\det \mathbf{A},\, 7) = 1$이고 법 7로 -5의 역수는 4이다. 따라서 $\overline{\mathbf{A}}$는 다음과 같다.

$$\overline{\mathbf{A}} = 4(\operatorname{adj}\mathbf{A}) = 4\begin{pmatrix} -2 & -3 & 5 \\ -5 & 0 & -10 \\ 4 & 1 & -10 \end{pmatrix} = \begin{pmatrix} -8 & -12 & 20 \\ -20 & 0 & 40 \\ -16 & 4 & -40 \end{pmatrix} \equiv \begin{pmatrix} 6 & 2 & 6 \\ 1 & 0 & 5 \\ 2 & 4 & 2 \end{pmatrix} \pmod{7}$$

$(\det \mathbf{A},\, m) = 1$일 때 $\mathbf{AX} \equiv \mathbf{B} \pmod{m}$꼴의 연립합동식을 풀기 위해 법 m으로 $\mathbf{A}$의 역행렬을 이용할 수 있다. 정리 5.18에 의해 이 합동식의 양변에 $\mathbf{A}$의 역행렬인 $\overline{\mathbf{A}}$를 곱하면 다음과

같다.

$$\begin{aligned} \overline{\mathbf{A}}(\mathbf{AX}) &\equiv \overline{\mathbf{A}}\mathbf{B} \pmod{m} \\ (\overline{\mathbf{A}}\mathbf{A})\mathbf{X} &\equiv \overline{\mathbf{A}}\mathbf{B} \pmod{m} \\ \mathbf{X} &\equiv \overline{\mathbf{A}}\mathbf{B} \pmod{m} \end{aligned}$$

따라서 해 $\mathbf{X}$를 $\overline{\mathbf{A}}\mathbf{B} \pmod{m}$과 같이 구할 수 있다.

이 방법은 정리 5.17의 또 다른 증명을 제공한다. 이를 확인하기 위해 $\mathbf{AX} = \mathbf{B}$라고 하자. 여기서 $\mathbf{A} = \begin{pmatrix} a & b \\ c & d \end{pmatrix}$, $\mathbf{X} = \begin{pmatrix} x \\ y \end{pmatrix}$, $\mathbf{B} = \begin{pmatrix} e \\ f \end{pmatrix}$이다. $\Delta = \det \mathbf{A} = ad - bc$ 이 m과 서로소이면 다음과 같다.

$$\begin{pmatrix} x \\ y \end{pmatrix} = \mathbf{X} \equiv \overline{\mathbf{A}}\mathbf{B} \equiv \overline{\Delta} \begin{pmatrix} d & -b \\ -c & a \end{pmatrix} \begin{pmatrix} e \\ f \end{pmatrix} = \overline{\Delta} \begin{pmatrix} de - bf \\ af - ce \end{pmatrix} \pmod{m}$$

따라서 (x, y)가 해일 필요충분조건은 다음과 같다.

$$x \equiv \overline{\Delta}(de - bf) \pmod{m}, \ y \equiv \overline{\Delta}(af - ce) \pmod{m}$$

다음 예제는 행렬을 사용하여 세 미지수에 대한 세 일차합동식으로 이루어진 연립합동식의 해를 구하는 문제이다.

예제 5.30

다음과 같이 세 일차합동식으로 이루어진 연립합동식을 생각해보자.

$$\begin{aligned} 2x_1 + 5x_2 + 6x_3 &\equiv 3 \pmod{7} \\ 2x_1 + x_3 &\equiv 4 \pmod{7} \\ x_1 + 2x_2 + 3x_3 &\equiv 1 \pmod{7} \end{aligned}$$

이를 다음과 같이 행렬 합동식으로 표현할 수 있다.

$$\begin{pmatrix} 2 & 5 & 6 \\ 2 & 0 & 1 \\ 1 & 2 & 3 \end{pmatrix} \begin{pmatrix} x_1 \\ x_2 \\ x_3 \end{pmatrix} \equiv \begin{pmatrix} 3 \\ 4 \\ 1 \end{pmatrix} \pmod{7}$$

앞에서 $\begin{pmatrix} 6 & 2 & 6 \\ 1 & 0 & 5 \\ 2 & 4 & 2 \end{pmatrix}$가 $\begin{pmatrix} 2 & 5 & 6 \\ 2 & 0 & 1 \\ 1 & 2 & 3 \end{pmatrix}$ (mod 7)의 역행렬임을 보았다. 따라서 다음과 같은 해를 얻는다.

$$\begin{pmatrix} x_1 \\ x_2 \\ x_3 \end{pmatrix} = \begin{pmatrix} 6 & 2 & 6 \\ 1 & 0 & 5 \\ 2 & 4 & 2 \end{pmatrix} \begin{pmatrix} 3 \\ 4 \\ 1 \end{pmatrix} = \begin{pmatrix} 32 \\ 8 \\ 24 \end{pmatrix} \equiv \begin{pmatrix} 4 \\ 1 \\ 3 \end{pmatrix} \pmod 7$$

이 주제를 마치기 전에, 연립일차방정식을 해결하는 많은 방법이 연립일차합동식을 해결하기 위해 적용될 수 있음을 언급하려고 한다. 예를 들어 가우스 소거법은 나눗셈을 항상 법 m으로 역수에 의한 곱셈으로 대체하여 연립일차합동식을 해결하는 데 적용될 수 있다. 또한 크라머 규칙과 유사한 방법으로 연립일차합동식을 푸는 방법도 있다. 이러한 방법의 적용은 선형대수학에 익숙한 독자에게 연습문제로 남긴다.

5.5 연습문제

1. 다음 연립일차합동식의 해를 각각 찾아라.

   a) $x + 2y \equiv 1 \pmod 5$
   $2x + y \equiv 1 \pmod 5$

   b) $x + 3y \equiv 1 \pmod 5$
   $3x + 4y \equiv 2 \pmod 5$

   c) $4x + y \equiv 2 \pmod 5$
   $2x + 3y \equiv 1 \pmod 5$

2. 다음 연립일차합동식의 해를 각각 찾아라.

   a) $2x + 3y \equiv 5 \pmod 7$
   $x + 5y \equiv 6 \pmod 7$

   b) $4x + y \equiv 5 \pmod 7$
   $x + 2y \equiv 4 \pmod 7$

*3. 소수 p와 양의 정수 a, b, c, d, e, f에 대해 다음 연립일차합동식의 서로 합동이 아닌 해의 개수로 가능한 수를 결정하라.

$$ax + by \equiv c \pmod p$$
$$dx + ey \equiv f \pmod p$$

4. 모든 성분이 5보다 작은 음이 아닌 정수이고 다음을 만족하는 행렬 $\mathbf{C}$를 모두 찾아라.

$$\mathbf{C} \equiv \begin{pmatrix} 2 & 1 \\ 4 & 3 \end{pmatrix} \begin{pmatrix} 4 & 0 \\ 2 & 1 \end{pmatrix} \pmod 5$$

5. $n \times n$ 정수 행렬 $\mathbf{A}$, $\mathbf{B}$에 대해 $\mathbf{A} \equiv \mathbf{B} \pmod{m}$이면 모든 양의 정수 k에 대해 $\mathbf{A}^k \equiv \mathbf{B}^k \pmod{m}$임을 수학적 귀납법을 사용하여 증명하라.

행렬 $\mathbf{A} \neq \mathbf{I}$가 $\mathbf{A}^2 \equiv \mathbf{I} \pmod{m}$을 만족하면 $\mathbf{A}$를 **법 m으로 거듭적**(involutory modulo m)이라고 한다.

6. 행렬 $\begin{pmatrix} 4 & 11 \\ 1 & 22 \end{pmatrix}$가 법 26으로 거듭적임을 보여라.

7. 법을 m으로 하는 2×2 거듭행렬 $\mathbf{A}$에 대해 $\det \mathbf{A} \equiv \pm 1 \pmod{m}$임을 증명하거나 반례를 찾아라.

8. 법 5로 다음 행렬의 역행렬을 각각 찾아라.

   a) $\begin{pmatrix} 0 & 1 \\ 1 & 0 \end{pmatrix}$ b) $\begin{pmatrix} 1 & 2 \\ 3 & 4 \end{pmatrix}$ c) $\begin{pmatrix} 2 & 2 \\ 1 & 2 \end{pmatrix}$

9. 법 7로 다음 행렬의 역행렬을 각각 찾아라.

   a) $\begin{pmatrix} 1 & 1 & 0 \\ 1 & 0 & 1 \\ 0 & 1 & 1 \end{pmatrix}$ b) $\begin{pmatrix} 1 & 2 & 3 \\ 1 & 2 & 5 \\ 1 & 4 & 6 \end{pmatrix}$ c) $\begin{pmatrix} 1 & 1 & 1 & 0 \\ 1 & 1 & 0 & 1 \\ 1 & 0 & 1 & 1 \\ 0 & 1 & 1 & 1 \end{pmatrix}$

10. 연습문제 9를 사용하여 다음 연립합동식의 모든 해를 각각 찾아라.

    a) $x + y \equiv 1 \pmod{7}$
    $x + z \equiv 2 \pmod{7}$
    $y + z \equiv 3 \pmod{7}$

    b) $x + 2y + 3z \equiv 1 \pmod{7}$
    $x + 2y + 5z \equiv 1 \pmod{7}$
    $x + 4y + 6z \equiv 1 \pmod{7}$

    c) $x + y + z \equiv 1 \pmod{7}$
    $x + y + w \equiv 1 \pmod{7}$
    $x + z + w \equiv 1 \pmod{7}$
    $y + z + w \equiv 1 \pmod{7}$

11. 다음 연립 방정식의 서로 합동이 아닌 해는 각각 몇 개인가?

    a) $x + y + z \equiv 1 \pmod{5}$
    $2x + 4y + 3z \equiv 1 \pmod{5}$

    b) $2x + 3y + z \equiv 3 \pmod{5}$
    $x + 2y + 3z \equiv 1 \pmod{5}$
    $2x + z \equiv 1 \pmod{5}$

    c) $3x + y + 3z \equiv 1 \pmod{5}$
    $x + 2y + 4z \equiv 2 \pmod{5}$
    $4x + 3y + 2z \equiv 3 \pmod{5}$

    d) $2x + y + z \equiv 1 \pmod{5}$
    $x + 2y + z \equiv 1 \pmod{5}$
    $x + y + 2z \equiv 1 \pmod{5}$

*12. n개의 미지수에 대한 n개의 일차합동식으로 이루어진 연립합동식을 해결하기 위해 크라머 규칙을 어떻게 적용할 수 있는지 설명하라.

*13. m개의 미지수에 대한 n개의 일차합동식으로 이루어진 연립합동식을 해결하기 위해 가우스 소거법을 어떻게 적용할 수 있는지 설명하라. (m, n은 서로 다를 수 있다.)

마방진(magic square)은 행 또는 열의 수들의 합이 항상 같은 정수들의 정사각형 배열이다. 이 연습문제에서는 마방진을 생성하는 방법을 제시한다.

*14. n^2개의 정수 $0, 1, \ldots, n^2 - 1$을 $n \times n$ 정사각형의 n^2개의 위치에 놓을 때 다음과 같은 조건을 만족하도록 정수 k를 i번째 행과 j번째 열에 놓으면 어느 두 정수도 동일한 위치에 놓이지 않음을 보여라.

$$i \equiv a + ck + e\left[\frac{k}{n}\right] \pmod{n}$$
$$j \equiv b + dk + f\left[\frac{k}{n}\right] \pmod{n}$$

여기서 $1 \le i \le n, 1 \le j \le n$이고 a, b, c, d, e, f는 $(cf - de, n) = 1$를 만족하는 정수들이다.

*15. 연습문제 14에서 $(c, n) = (d, n) = (e, n) = (f, n) = 1$이면 마방진이 생성된다는 것을 보여라.

*16. 주어진 정수 k에 대해 $n \times n$ 마방진의 **양대각선**(positive diagonals)과 **음대각선**(negative diagonals)은 각각 $i + j \equiv k \pmod{n}$과 $i - j \equiv k \pmod{n}$을 만족하는 (i, j) 위치에 있는 정수들로 구성된다. 양대각선 또는 음대각선의 정수들의 합이 항상 같은 경우에 해당 마방진을 **악마마방진**(diabolic square)이라고 한다. $(c + d, n) = (c - d, n) = (e + f, n) = (e - f, n) = 1$이면 연습문제 14에서 제시된 절차를 사용하여 악마마방진이 생성된다는 것을 보여라.

계산과 탐구

1. 4×4, 5×5, 6×6 마방진을 각각 생성하라.

프로그래밍 프로젝트

1. 두 미지수에 대한 두 일차합동식으로 이루어진 연립합동식의 해를 정리 5.17을 사용하여 찾아라.
2. 정리 5.19를 사용하여 2×2 행렬의 역행렬을 찾아라.
3. 정리 5.21을 사용하여 $n \times n$ 행렬의 역행렬을 찾아라.
4. 행렬의 역행렬을 사용하여 n개의 미지수에 대한 n개의 일차합동식으로 이루어진 연립합동식을 풀어라.
5. 크라머 규칙과 유사한 방법을 사용하여 n개의 미지수에 대한 n개의 일차합동식으로 이루어진 연립합동식을 풀어라(연습문제 12 참조).
6. 가우스 소거법과 유사한 방법을 사용하여 n개의 미지수에 대한 m개의 일차합동식으로 이루어진 연립합동식을 풀어라(연습문제 13 참조).
7. 주어진 양의 정수 n에 대해 연습문제 14에서 제시된 방법을 사용하여 $n \times n$ 마방진을 생성하라.

5.6 폴라드 로 방법으로 인수분해하기

이 절에서는 1974년 폴라드에 의해 개발된 합동식 기반 인수분해방법을 설명한다. 폴라드는 이 기술을 **몬테카를로 방법**(Monte Carlo method)이라고 명명했다. 이는 이 방법이 무작위로 선택된 것처럼 행동하는 정수를 생성하는 데 의존하기 때문이다. 이 방법은 이제 **폴라드 로 방법**(Pollard rho method)으로 널리 알려져 있고 이 절에서 그 이유를 설명한다.

n이 큰 합성수이고, p가 그것의 가장 작은 소인수라고 가정하자. 원하는 바는 정수 $x_0, x_1, \ldots, x_s$를 선택하고 이러한 정수들이 법 n으로 서로 다른 최소비음잉여를 갖지만, 법 p로 서로 다르지 않는 최소비음잉여를 갖도록 하는 것이다. 확률적인 논증을 사용하여 이러한 경우가 $\sqrt{p}$에 비해 s가 크지만 $\sqrt{n}$에 비해서는 작을 때, 숫자가 무작위로 선택될 때 발생할 가능성이 높음을 볼 수 있다([Ri94] 참조).

만약 $x_i \equiv x_j \pmod{p}$이지만 $x_i \not\equiv x_j \pmod{n}$인 정수 $x_i, x_j (0 \le i < j \le s)$를 찾았다면 그 결과로 $(x_i - x_j, n)$가 n의 비자명 약수가 됨이 분명하다. 왜냐하면 p가 $x_i - x_j$를 나누지만 n은 그렇지 않기 때문이다. 이러한 수 $(x_i - x_j, n)$는 유클리드 알고리즘을 사용하여 빨리 찾을 수 있다. 그러나 $0 \le i < j \le s$인 모든 쌍 (i, j)에 대해 $(x_i - x_j, n)$을 찾으려면 $O(s^2)$개의 최대공약수를 찾아야 한다. 따라서 유클리드 알고리즘을 사용해야 하는 횟수를 어떻게 줄이는지를 설명할 것이다.

이러한 정수 x_i, x_j를 찾기 위해 다음 절차를 사용한다. 임의로 선택된 초깃값 x_0과 정수계수를 갖는 다항식 함수 $f(x)$로 시작한다. 다음과 같은 재귀적인 정의를 사용하여 항 $x_k (k = 1, 2, 3, \ldots)$를 계산한다.

$$x_{k+1} \equiv f(x_k) \pmod{n}, \quad 0 \le x_{k+1} < n$$

다항식 $f(x)$는 충분히 많은 정수 x_i가 생성될 확률이 높도록 선택되어야 한다. 실증적 증거는 다항식 $f(x) = x^2 + 1$이 이러한 테스트에 대해 잘 수행된다는 것을 보여준다. 다음 예제에서 이러한 수열이 어떻게 생성되는지를 볼 수 있다.

예제 5.31

$n = 8051$이라 하고 $x_0 = 2$, $f(x) = x^2 + 1$이라고 가정하자. 이때 $x_1 = 5$, $x_2 = 26$, $x_3 = 677$, $x_4 = 7474$, $x_5 = 2839$, $x_6 = 871$ 등을 찾을 수 있다.

이제 x_k의 재귀적 정의에 따라 양의 정수 d와 $i, j (j > i)$에 대해 다음과 같다고 하자.

$$x_i \equiv x_j \pmod{d}$$

그러면 다음을 얻는다.

$$x_{i+1} \equiv f(x_i) \equiv f(x_j) \equiv x_{j+1} \pmod{d}$$

따라서 $x_i \equiv x_j \pmod{d}$이면 수열 x_k는 법 d로 주기적이고 그 주기는 $j - i$를 나눈다. 즉 i 이상의 정수 q, r에 대해 $q \equiv r \pmod{j - i}$이면 $x_q \equiv x_r \pmod{d}$이다. 따라서 s가 i 이상이고

$j-i$의 가장 작은 배수이면 $x_s \equiv x_{2s} \pmod{d}$임을 알 수 있다.

더 나아가서 n의 인수를 찾으려면 $k = 1, 2, 3, \ldots$에 대해 $x_{2k} - x_k$과 n의 최대공약수를 찾으면 된다는 것도 알 수 있다. $1 < (x_{2k} - x_k, n) < n$을 만족하는 k를 찾았다면 그것은 n의 인수를 찾은 것이다. 또한 확률적인 논증으로부터 $\sqrt{p}$에 가까운 정수 중에서 그러한 k를 찾을 가능성이 높음을 알 수 있다.

실제로 폴라드 로 방법을 사용할 때 정수 수열 $x_0, x_1, x_2, \ldots, x_k, \ldots$를 생성하기 위해 다항식 $f(x) = x^2 + 1$이 종종 선택된다. 또한 초깃값 $x_0 = 2$가 자주 사용된다. 이 다항식과 초깃값의 선택은 이 인수분해방법의 목적을 위해 무작위 수열과 유사하게 행동하는 수열을 생성한다.

예제 5.32

초깃값 $x_0 = 2$와 생성 다항식 $f(x) = x^2 + 1$을 사용하여 $n = 8051$의 비자명 인수를 찾기 위해 폴라드 로 방법을 사용한다. 이때 $x_1 = 5$, $x_2 = 26$, $x_3 = 677$, $x_4 = 7474$, $x_5 = 2839$, $x_6 = 871$을 찾을 수 있다. 유클리드 알고리즘을 사용하면 $(x_2 - x_1, 8051) = (26 - 5, 8051) = (21, 8051) = 1$ 이고 $(x_4 - x_2, 8051) = (7474 - 26, 8051) = (7448, 8051) = 1$임을 알 수 있다. 그러나 다음 단계에서 8051의 비자명 인수를 발견한다. $(x_6 - x_3, 8051) = (871 - 677, 8051) = (194, 8051) = 97$이므로 97이 8051의 인수임을 알 수 있다.

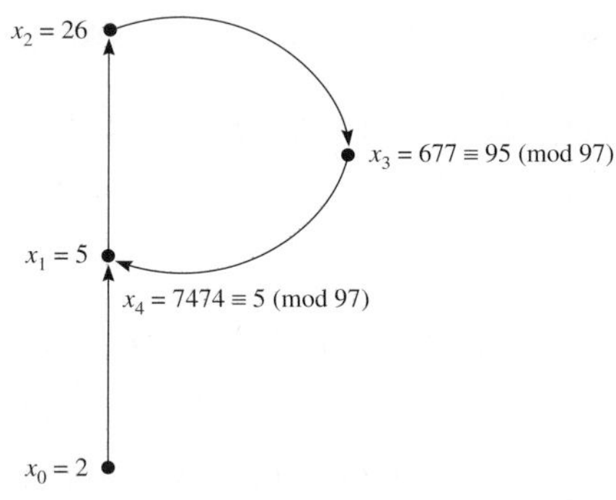

그림 5.1: 폴라드 로 방법

이 방법이 폴라드 로 방법이라고 불리는 이유를 알아보려면 그림 5.1을 살펴보고 이를 그리스 소문자 로(rho)의 형태와 비교하라. 이 그림은 $x_0 = 2$, $x_{i+1} = x_i^2 + 1 \pmod{97} (i \geq 1)$인 수열 x_i의 주기적인 행동을 보여준다. 이 주기성 이전에 발생하는 이 수열의 일부는 로의 꼬리이며 루프는 주기적인 부분이다.

폴라드 로 방법은 어느 정도 큰 소인수를 가진 정수의 인수분해에 실용적임이 입증되었다. 1980년에 브렌트(Brent)와 폴라드는 이 방법을 사용하여 78자리 페르마 수 F_8을 인수분해했다. $x_0 = 3$과 다항식 $f(x) = x^{2^{10}} + 1$을 취해 그들은 약 두 시간의 컴퓨터 시간을 사용하여 16자리

소인수를 찾았다.

실제로 큰 정수를 인수분해할 때에는 먼저 작은 소수로 나누어보는 것으로 시작한다. 예를 들어 10,000보다 작은 모든 소수로의 나눗셈시행이다. 그 다음에는 폴라드 로 방법을 사용하여 중간 정도 크기의 소인수를 찾는다(예를 들어 10^{15}까지). 작은 소수로의 나눗셈시행과 폴라드 로 방법이 실패한 경우에만 실제로 큰 인수를 찾기 위해 이차체 또는 타원곡선 방법과 같은 강력한 방법을 사용한다.

5.6 연습문제

1. $x_0 = 2$, $f(x) = x^2 + 1$를 택해 폴라드 로 방법을 사용하여 다음 정수의 소인수분해를 각각 찾아라.

   a) 133
   b) 1189
   c) 1927
   d) 8131
   e) 36,287
   f) 48,227

2. 정수 1387을 인수분해하기 위해 다음 초깃값과 생성 다항식을 각각 택하여 폴라드 로 방법을 적용하라.

   a) $x_0 = 2$, $f(x) = x^2 + 1$
   b) $x_0 = 3$, $f(x) = x^2 + 1$
   c) $x_0 = 2$, $f(x) = x^2 - 1$
   d) $x_0 = 2$, $f(x) = x^3 + x + 1$

*3. $f(x)$로 일차다항식, 즉 $f(x) = ax + b$(a, b는 정수)의 다항식을 선택하는 것이 나쁜 선택인 이유를 설명하라.

계산과 탐구

1. 15자리에서 20자리까지의 정수 10개를 선택하고 폴라드 로 방법을 사용하여 소인수분해하라.
2. 100,000에 가까운 정수를 대상으로 폴라드 로 방법을 사용하여 가능한 한 많은 정수를 소인수분해하고 필요한 단계 수를 기록하라. 데이터를 기반으로 어떤 추측을 할 수 있는가?
3. 폴라드 로 방법을 사용하여 $2^{58} + 1$을 소인수분해하라.

프로그래밍 프로젝트

1. 양의 정수 n이 주어졌을 때 폴라드 로 방법을 사용하여 이 정수의 소인수 중 하나를 찾아라.

제6장
합동의 응용

합동이 응용되는 분야는 매우 다양하다. 이미 몇 가지 예제를 살펴본 바 있는데, 5.3절에서는 컴퓨터에서 큰 정수를 곱할 때 합동이 사용됨을 보았다. 이 장에서는 합동의 다양한 흥미로운 응용에 대해 다룬다. 먼저, 합동을 사용하여 나눔 판정법을 개발하는 방법을 살펴본다. 예를 들어 정수가 3으로 나뉘는지 또는 9로 나뉘는지 확인하는 간단한 검사 방법 등이 있다. 그 다음으로, 합동을 사용하여 역사상의 어떤 날짜에 대한 요일을 결정하는 방법을 살펴본다. 그런 다음, 합동을 사용하여 리그전의 스케줄을 짜는 방법을 알아본다. 또한 컴퓨터 과학에서 합동의 몇 가지 응용에 대해 논의한다. 예를 들어 합동이 해시함수에 사용되는 방법을 알아본다. 실제로 해시함수 자체로 데이터가 저장된 컴퓨터 메모리 위치를 결정하는 등 많은 응용이 있다. 마지막으로, 합동이 복사 오류로 인해 식별번호가 제대로 복사되었는지 여부를 결정하는 데 사용될 수 있는 체크디지트를 만드는 방법을 알아본다.

후속 장에서는 합동의 추가적인 응용에 대해 논의한다. 예를 들어 9장에서는 메시지를 비밀로 유지하는 여러 가지 방법 중의 하나로 합동을 사용하는 방법을 살펴본다. 11장에서는 의사난수를 생성하는 데 합동이 사용될 수 있는 방법을 알아본다.

6.1 나눔 판정법

초등학교 때 정수가 3의 배수인지 확인할 때 해당 정수의 각 자리의 수의 합이 3의 배수인지만 확인하면 된다는 것을 배웠다. 이것은 특정수로 직접 나누지 않고도 나뉘는 정수의 자리의 수를 사용하여 그 정수가 특정수로 나뉘는지를 확인하는 나눔 판정법의 예이다. 이 절에서는 이러한 판정법의 배경이 되는 이론을 살펴본다. 특히 합동을 이용하여 양의 정수 b에 대해 b진전개를 기반으로 하는 정수의 나눔 판정법을 개발한다. $b = 10$을 취하면 2, 3, 4, 5, 7, 9, 11, 13에 대해 잘 알려진 판정법을 얻을 수 있다. 이러한 나눔 판정법을 오랫동안 배웠겠지만, 여기서 그것이 왜 작동하는지 배울 수 있다.

2의 거듭제곱으로의 나뉨 먼저, 2의 거듭제곱으로 나눠지는지 여부를 판정하는 방법을 알아보자. $n = 32{,}688{,}048$로 두자. n이 짝수이기 때문에 n이 2로 나누어진다는 것은 쉽게 알 수 있다. 다음 질문들을 고려해보자. $2^2 = 4$가 n을 나누는가? $2^3 = 8$이 n을 나누는가? $2^4 = 16$이 n을 나누는가? n을 나누는 가장 큰 2의 거듭제곱은 무엇인가? n을 $4, 8, \ldots$ 와 2의 연속적인 거듭제곱으로 실제로 나누지 않고도 질문에 대답할 수 있는 판정법을 개발하고자 한다.

이 논의에서 $n = (a_k a_{k-1} \ldots a_1 a_0)_{10}$으로 두자. 그러면

$$n = a_k 10^k + a_{k-1} 10^{k-1} + \cdots + a_1 10 + a_0$$

이다. 여기서 $j = 0, 1, 2, \ldots, k$에 대해 $0 \leq a_j \leq 9$이다.

$10 \equiv 0 \pmod 2$이므로 모든 양의 정수 j에 대해 $10^j \equiv 0 \pmod{2^j}$임을 알 수 있다. 따라서 다음과 같다.

$$\begin{aligned}
n &\equiv (a_0)_{10} \pmod 2 \\
n &\equiv (a_1 a_0)_{10} \pmod{2^2} \\
n &\equiv (a_2 a_1 a_0)_{10} \pmod{2^3} \\
&\vdots \\
n &\equiv (a_{k-1} a_{k-2} \ldots a_2 a_1 a_0)_{10} \pmod{2^k}
\end{aligned}$$

위 합동식은 정수 n이 2로 나뉘는지 여부를 결정하기 위해 n의 마지막 자리의 수만 검사하면 되는 것을 보여준다. 또 n이 4로 나뉘는지 여부를 결정하려면 n의 마지막 두 자리의 수로 이루어진 정수가 4로 나뉘는지만 확인하면 된다. 일반적으로 n이 2^j으로 나뉘는지 여부를 테스트하려면 n의 마지막 j개의 자리의 수로 이루어진 정수가 2^j으로 나뉘는지만 확인하면 된다.

예제 6.1

$n = 32{,}688{,}048$이라 했을 때 $2 \mid 8$이므로 $2 \mid n$, $4 \mid 48$이므로 $4 \mid n$, $16 \mid 8048$이므로 $8 \mid n$이다. 그러나 $32 \nmid 88{,}048$이므로 $32 \nmid n$이다.

5의 거듭제곱으로의 나뉨 다음으로 5의 거듭제곱에 대한 나뉨 판정법을 개발한다. 이를 위해 우선 $10 \equiv 0 \pmod 5$임에 유념한다. 따라서 $10^j \equiv 0 \pmod{5^j}$이고, 5의 거듭제곱에 대한 나뉨 판정법은 2의 거듭제곱에 대한 것과 유사하다. n의 마지막 j개의 자리의 수로 이루어진 정수를 확인하여 n이 5^j으로 나뉘는지를 결정할 수 있다.

예제 6.2

$n = 15{,}535{,}375$라 했을 때 $5 \mid 5$이므로 $5 \mid n$, $25 \mid 75$이므로 $25 \mid n$, $125 \mid 375$이므로 $125 \mid n$이다. 그러나 $625 \nmid 5375$이므로 $625 \nmid n$이다.

3과 9로의 나눔 다음으로, 3으로 나누거나 9로 나누는 것에 대한 판정법을 개발한다. 먼저 $10 \equiv 1 \pmod 3$과 $10 \equiv 1 \pmod 9$ 두 합동식이 모두 성립함에 유념한다. 따라서 $10^k \equiv 1 \pmod 3$이고 $10^k \equiv 1 \pmod 9$임을 알 수 있다. 이는 다음의 유용한 합동식을 준다.

$$
\begin{aligned}
(a_k a_{k-1} \cdots a_1 a_0)_{10} &= a_k 10^k + a_{k-1} 10^{k-1} + \cdots + a_1 10 + a_0 \\
&\equiv a_k + a_{k-1} + \cdots + a_1 + a_0 \pmod 3 \text{ 그리고 } \pmod 9
\end{aligned}
$$

따라서 n의 모든 자리의 수의 합이 3으로 나뉘는지 또는 9로 나뉘는지만 확인하여 n이 3으로 나뉘는지 또는 9로 나뉘는지를 확인할 수 있다.

예제 6.3

$n = 4{,}127{,}835$라 했을 때 n의 모든 자리의 수의 합은 $4+1+2+7+8+3+5=30$이다. $3 \mid 30$이지만 $9 \nmid 30$이므로, $3 \mid n$이지만 $9 \nmid n$이다.

11로의 나눔 11로 나뉘는 것에 대한 비교적 간단한 판정법을 찾을 수 있다. $10 \equiv -1 \pmod{11}$이므로 다음과 같다.

$$
\begin{aligned}
(a_k a_{k-1} \ldots a_1 a_0)_{10} &= a_k 10^k + a_{k-1} 10^{k-1} + \cdots + a_1 10 + a_0 \\
&\equiv a_k(-1)^k + a_{k-1}(-1)^{k-1} + \cdots - a_1 + a_0 \pmod{11}
\end{aligned}
$$

이는 $(a_k a_{k-1} \ldots a_1 a_0)_{10}$이 11로 나뉘는 필요충분조건은 각 자리의 수를 번갈아가며 더하고 빼서 만든 정수인 $a_0 - a_1 + a_2 - \cdots + (-1)^k a_k$가 11로 나뉘는 것이다.

예제 6.4

$n = 723{,}160{,}823$이라 했을 때 각 자리의 수를 번갈아가며 더하고 빼면 $3-2+8-0+6-1+3-2+7=22$가 되는데, 이는 11로 나뉘므로 $11 \mid n$이다. 반면에 $n = 33{,}678{,}924$로 두었을 때 $4-2+9-8+7-6+3-3=4$가 11로 나뉘지 않으므로 $11 \nmid n$이다.

7, 11, 13으로의 나눔 다음으로, 소수 $7, 11, 13$으로 동시에 나뉘는지를 확인하는 판정법을 개발한다. 먼저 $7 \cdot 11 \cdot 13 = 1001$이고 $10^3 = 1000 \equiv -1 \pmod{1001}$임에 유의하라. 따라서

다음과 같이 쓸 수 있다.

$$\begin{aligned}(a_k a_{k-1} \dots a_0)_{10} &= a_k 10^k + a_{k-1}10^{k-1} + \cdots + a_1 10 + a_0 \\ &\equiv (a_0 + 10a_1 + 100a_2) + 1000(a_3 + 10a_4 + 100a_5) \\ &\quad + (1000)^2(a_6 + 10a_7 + 100a_8) + \cdots \\ &\equiv (100a_2 + 10a_1 + a_0) - (100a_5 + 10a_4 + a_3) \\ &\quad + (100a_8 + 10a_7 + a_6) - \cdots \\ &= (a_2a_1a_0)_{10} - (a_5a_4a_3)_{10} + (a_8a_7a_6)_{10} - \cdots \pmod{1001}\end{aligned}$$

이 합동식은 주어진 십진 정수의 연속적인 세 자리 수의 블록을 번갈아가며 더하고 빼서 만든 정수가 주어진 정수와 법 1001으로 합동임을 보여준다. 이때 각 자리의 수들을 가장 오른쪽 자리의 수부터 블록화한다. 결과적으로 $7, 11, 13$이 1001의 약수이므로 정수가 $7, 11, 13$으로 나눠는지 확인하려면 세 자리 수의 블록을 번갈아가며 더하고 빼는 것이 해당 소수로 나눠는지 확인하는 것으로 충분하다.

예제 6.5

$n = 59{,}358{,}208$이라 했을 때 세 자리 수의 블록을 번갈아가며 더하고 빼면 $208 - 358 + 59 = -91$이 되는데, 이는 $7, 13$으로는 나눠지만 11로는 나눠지 않으므로, n도 $7, 13$으로는 나눠지만 11로는 나눠지 않는다는 것을 알 수 있다.

다음은 $7, 11, 13$에 대한 또 다른 판정법, 즉 실제로는 10과 서로소인 정수로의 나눔 판정법을 연습문제에서 살펴본다.

b진표현을 이용한 나눔 판정법 지금까지 개발한 모든 나눔 판정법은 십진표기를 기반으로 한다. 이제 양의 정수 b에 대해 b진표현을 이용한 나눔 판정법을 개발한다.

정리 6.1

$b \mid d$인 경우 양의 정수 $j, k(j < k)$에 대해 $(a_k \dots a_1a_0)b$가 d^j로 나눌 필요충분조건은 $(a_{j-1} \dots a_1a_0)_b$가 d^j로 나눠는 것이다.

증명 6.1

$b \equiv 0 \pmod{d}$이므로 $b^j \equiv 0 \pmod{d^j}$이다. 따라서 다음과 같다.

$$\begin{aligned}(a_k a_{k-1} \ldots a_1 a_0)_b &= a_k b^k + \cdots + a_j b^j + a_{j-1} b^{j-1} + \cdots + a_1 b + a_0 \\ &\equiv a_{j-1} b^{j-1} + \cdots + a_1 b + a_0 \\ &= (a_{j-1} \cdots a_1 a_0)_b \pmod{d^j}\end{aligned}$$

결국 $d^j \mid (a_k a_{k-1} \ldots a_1 a_0)_b$일 필요충분조건은 $d^j \mid (aj - 1 \cdots a_1 a_0)_b$이다.

정리 6.1은 십진 정수에 대한 2의 거듭제곱과 5의 거듭제곱으로의 나눔 판정법을 밑이 다른 경우로 확장한 것이다.

정리 6.2

$d \mid (b-1)$인 경우 $n = (a_k \ldots a_1 a_0)_b$가 d로 나뉠 필요충분조건은 자리의 수들의 합 $a_k + \cdots + a_1 + a_0$가 d로 나뉘는 것이다.

증명 6.2

$d \mid (b-1)$이므로 $b \equiv 1 \pmod{d}$이고, 따라서 모든 양의 정수 j에 대해 정리 5.8에 의해 $b^j \equiv 1 \pmod{d}$이다. 따라서 $n = (a_k \ldots a_1 a_0)_b = a_k b^k + \cdots + a_1 b + a_0 \equiv a_k + \cdots + a_1 + a_0 \pmod{d}$이다. 그러므로 $d \mid n$일 필요충분조건은 $d \mid (a_k + \cdots + a_1 + a_0)$이다.

정리 6.2는 십진 정수에 대한 3과 9로의 나눔 판정법을 밑이 다른 경우로 확장한 것이다.

정리 6.3

$d \mid (b+1)$인 경우 $n = (a_k \ldots a_1 a_0)_b$가 d로 나뉠 필요충분조건은 각 자리의 수를 번갈아가며 더하고 빼서 만든 수인 $(-1)^k a_k + \cdots - a_1 + a_0$이 d로 나뉘는 것이다.

증명 6.3

$d \mid (b+1)$이므로 $b \equiv -1 \pmod{d}$이다. 따라서 $b^j \equiv (-1)^j \pmod{d}$이고, 결과적으로 $n = (a_k \ldots a_1 a_0)_b \equiv (-1)^k a_k + \cdots - a_1 + a_0 \pmod{d}$이다. 따라서 $d \mid n$일 필요충분조건은 $d \mid ((-1)^k a_k + \cdots - a_1 + a_0)$이다.

정리 6.3은 십진 정수에 대한 11로의 나눔 판정법을 밑이 다른 경우로 확장한 것이다.

예제 6.6

$n = (7F28A6)_{16}$이라고 하자. $2 \mid 16$이므로 정리 6.1을 적용하여 2의 거듭제곱으로 나뉘는 것을 테스트할 수 있다. 마지막 자리의 수 6이 2로 나뉘므로 $2 \mid n$임을 알 수 있다. 그러나 $4 \nmid (A6)_{16} = (166)_{10}$이므로 $2^2 = 4 \nmid n$이다.

$b - 1 = 15 = 3 \cdot 5$이므로 $3, 5, 15$로 나뉘는 것을 테스트하기 위해 정리 6.2를 적용할 수 있다. n의 자리의 수들의 합은 $7 + F + 2 + 8 + A + 6 = (30)_{16} = (48)_{10}$이다. 이때 $3 \mid 48$이지만 $5 \nmid 48$, $15 \nmid 48$이다. 따라서 정리 6.2에 의해 $3 \mid n$이지만 $5 \nmid n$, $15 \nmid n$이다.

$b + 1 = 17$이므로 17로 나뉘는 것을 테스트하기 위해 정리 6.3을 적용할 수 있다. 각 자리의 수를 번갈아가며 더하거나 빼면 $6 - A + 8 - 2 + F - 7 = (A)_{16} = (10)_{10}$이다. $17 \nmid 10$이므로 정리 6.3에 의해 $17 \nmid n$이다.

예제 6.7

$n = (1001001111)_2$라 했을 때 $n \equiv 1-1+1-1+0-0+1-0+0-1 \equiv 0 \pmod 3$이고 $3 \mid (2+1)$이기 때문에 정리 6.3에 의해 $3 \mid n$이다.

6.1 연습문제

1. 다음 양의 정수를 나누는 가장 큰 2의 거듭제곱을 각각 결정하라.

   a) 201,984 b) 1,423,408 c) 89,375,744 d) 41,578,912,246

2. 다음 양의 정수를 나누는 가장 큰 5의 거듭제곱을 각각 결정하라.

   a) 112,250 b) 4,860,625 c) 235,555,790 d) 48,126,953,125

3. 다음 정수 중 어떤 것이 3으로 나뉘는가? 그 중 9로 나뉘는 것은 무엇인가?

   a) 18,381 b) 65,412,351 c) 987,654,321 d) 78,918,239,735

4. 다음 정수 중 어떤 것이 11로 나뉘는가?

   a) 10,763,732
   b) 1,086,320,015
   c) 674,310,976,375
   d) 8,924,310,064,537

5. 다음 정수를 나누는 가장 큰 2의 거듭제곱을 각각 찾아라.

   a) $(101111110)_2$ b) $(1010000011)_2$ c) $(111000000)_2$ d) $(1011011101)_2$

6. 연습문제 5의 정수 중 3으로 나뉘는 것을 결정하라.

7. 다음 정수 중 어떤 것이 2로 나뉘는가?

a) $(1210122)_3$

b) $(211102101)_3$

c) $(1112201112)_3$

d) $(10122222011101)_3$

8. 연습문제 7의 정수 중 어떤 것이 4로 나뉘는가?

9. 다음 정수 중 어떤 것이 3으로 나뉘고, 어떤 것이 5로 나뉘는가?

a) (3EA235)16

b) (ABCDEF)16

c) (F117921173)16

d) (10AB987301F)16

10. 연습문제 9의 정수 중 어떤 것이 17로 나뉘는가?

단위반복수(repunit)는 모든 자리의 수가 1인 십진 정수이다.

11. 단위반복수 중 어떤 것이 3으로 나뉘는지, 어떤 것이 9로 나뉘는지 결정하라.

12. 어떤 단위반복수가 11로 나뉘는지 결정하라.

13. 1001로 나뉘는 단위반복수를 결정하라. 단위반복수 중 어떤 것이 7로 나뉘는가? 또 13으로 나뉘는가?

14. 10자리 미만의 단위반복수 중에서 소수인 것을 결정하라.

b**진 단위반복수**(base b repunit)는 모든 자리의 수가 1로 이루어진 b진 정수이다.

15. b진 단위반복수 중 $b-1$의 약수로 나뉘는 것을 결정하라.

16. b진 단위반복수 중 $b+1$의 약수로 나뉘는 것을 결정하라.

b**진 대칭수**(base b palindromic integer)는 앞으로 읽을 때와 뒤로 읽을 때가 동일한 b진 정수이다.

17. 자릿수가 짝수인 모든 십진 대칭수가 11로 나뉘는 것을 보여라.

18. 자릿수가 짝수인 모든 7진 대칭수가 8로 나뉘는 것을 보여라.

19. $10^3 \equiv 1 \pmod{37}$인 사실을 기반으로 37에 의한 나눔 판정법을 개발하라. 이를 사용하여 443,692와 11,092,785가 37로 각각 나뉘는지 확인하라.

20. $n \mid (b^2+1)$인 경우 b진 정수의 n에 의한 나눔 판정법을 개발하라. (힌트: 오른쪽부터 시작하여 자리의 수를 두 개씩 묶어라.)

21. 연습문제 20에서 개발한 판정법을 사용하여 다음 사항을 결정하라.

a) $(101110110)_2$가 5로 나뉘는지 여부

b) $(12100122)_3$가 2로 나뉘는지, 5로 나뉘는지 여부

c) $(364701244)_8$가 5로 나뉘는지, 13으로 나뉘는지 여부

d) $(5837041320219)_{10}$이 101로 나뉘는지 여부

22. 오래된 영수증이 희미하게 되었다. 88마리의 닭이 총 $x4.2y$달러로 결제되었는데, 이때 x, y는 알아볼 수 없는 숫자이다. 닭 한 마리의 가격은 얼마인가?

23. 법 9로 합동을 사용하여 다음에서 물음표로 표시된 누락된 숫자를 찾아라.

$$89{,}878 \cdot 58{,}965 = 5{,}299{,}?56{,}270$$

24. $n = 31{,}888{,}X74$라고 가정하자. 여기서 X는 누락된 숫자이다. n이 다음 정수로 나뉘는 경우 X의 모든 가능한 값을 각각 찾아라.

a) 2
b) 3
c) 4
d) 5
e) 9
f) 11

25. $n = 917{,}4X8{,}835$라고 가정하자. 여기서 X는 누락된 숫자이다. n이 다음 정수로 나뉘는 경우 X의 모든 가능한 값을 각각 찾아라.

a) 2
b) 3
c) 5
d) 9
e) 11
f) 25

정수의 곱셈 $c = ab$를 확인하기 위해 합동 $c \equiv ab \pmod{m}$이 성립하는지 확인하는 경우가 있다. 만약 c가 ab와 어떤 법 m으로 합동이 아님을 발견한다면, 오류가 발생했다는 것을 알 수 있다. $m = 9$를 취하고 십진 정수가 법 9로 그 수의 모든 자리의 수의 합과 합동이라는 사실을 사용하는 경우에 이 확인 방법을 **구거법**(casting out nines)이라고 부른다.

26. 다음 곱셈을 구거법으로 각각 확인하라.

a) $875{,}961 \cdot 2753 = 2{,}410{,}520{,}633$
b) $14{,}789 \cdot 23{,}567 = 348{,}532{,}367$
c) $24{,}789 \cdot 43{,}717 = 1{,}092{,}700{,}713$

27. 구거법에 의한 곱셈의 확인이 완벽한가?

28. 십진수의 자리의 수의 어떤 조합이 그 정수와 법 99로 합동이 되는가? 그 답을 사용하여 **구십구거법**(casting out ninety-nines)을 기반으로 한 곱셈 확인 방법을 고안하라. 그런 다음 연습문제 26의 곱셈을 확인하기 위해 이 방법을 사용하라.

29. 이 연습문제에서는 나뉨 판정법을 만드는 일반적인 방법을 개발한다. $n = (a_k a_{k-1} \ldots a_1 a_0)_{10}$이고 d는 $(d, 10) = 1$인 양의 정수라고 가정하자. 먼저, e가 법 10으로 d의 역수라 하고 $n' = (n - a_0)/10 + ea_0$라고 할 때, $d \mid n$일 필요충분조건은 $d \mid n'$임을 보여라. 이 사실을 사용하여 d로 나뉘는지 여부를 손으로 확인할 수 있는 항에 도달할 때까지 수열 $n, n', (n')', \ldots$을 차례로 계산하고 그 항이 d로 나뉘는지 여부에 따라 n이 d로 나뉘는지가 결정됨을 보여라.

30. 연습문제 29를 사용하여 다음 정수로 나뉘는지 확인하기 위한 나뉨 판정법을 각각 개발하라.

a) 7 b) 11 c) 17 d) 23

31. 연습문제 29를 사용하여 다음 정수로 나뉘는지 확인하기 위한 나뉨 판정법을 각각 개발하라.

a) 13 b) 19 c) 21 d) 27

32. 연습문제 30에서 개발한 판정법을 사용하여 7, 11, 17, 23 중 어떤 수가 다음 정수를 나누는지 각각 결정하라.

a) 851 b) 8694 c) 20,493 d) 558,851

33. 연습문제 31에서 개발한 판정법을 사용하여 13, 19, 21, 27 중 어떤 수가 다음 정수를 나누는지 각각 결정하라.

a) 798 b) 2340 c) 34,257 d) 348,327

계산과 탐구

1. 30 이하의 양의 정수 n에 대해 자릿수가 n인 단위반복수가 소수인지 여부를 결정하라. 더 큰 자릿수에 대해 같은 작업을 할 수 있는가?

프로그래밍 프로젝트

1. 주어진 양의 정수 n에 대해 n을 나누는 가장 큰 2와 5의 거듭제곱을 각각 결정하라.
2. 주어진 양의 정수 n에 대해 n이 3, 7, 9, 11, 13으로 나뉘는지 확인하라. (7, 13으로 나뉘는 것을 확인하기 위해 법 1001로 합동을 사용하라.)
3. 주어진 양의 정수 n과 밑 b에 대해 n의 b진전개를 사용하여 n을 나누는 b의 각 인수의 가장 큰 거듭제곱을 각각 결정하라.
4. 주어진 양의 정수 n과 밑 b에 대해 n의 b진전개를 사용하여 n이 $b-1$과 $b+1$의 각 인수로 나뉘는지 여부를 각각 결정하라.

6.2 만세력

이 절에서는 특정 해의 특정 날짜에 대해 그 요일을 알려주는 공식을 유도한다. 요일들은 일주일의 주기를 가지므로 법 7로 합동을 사용한다. 각 요일을 집합 $\{0, 1, 2, 3, 4, 5, 6\}$에 있는 숫자로 다음과 같이 표현한다.

- 일요일 $= 0$, • 수요일 $= 3$, • 토요일 $= 6$
- 월요일 $= 1$, • 목요일 $= 4$,
- 화요일 $= 2$, • 금요일 $= 5$,

율리우스는 1년을 정확히 365일로 설정한 이집트 달력을 개선하여 1년의 실제 길이를 더 잘 반영하도록 새로운 달력인 **율리우스력**(Julian calendar)을 도입했다. 이 달력은 1년의 평균 길이를 $365\frac{1}{4}$일로 설정하고 4년마다 윤년을 추가했다. 그러나 더 최근의 계산에 따르면 실제 1년의 길이는 대략 365.2422일이다. 세기가 지나감에 따라 매해 0.0078일의 차이가 누적되어 1582년 윤년에는 10일의 추가가 불가피하게 이루어졌다. 이를 해결하기 위해 1582년에 그레고리우스 교황은 새로운 달력을 제정했다. 먼저, 10일을 추가하여 1582년 10월 5일이 1582년 10월 15일이 되었다(10월 6일부터 14일까지는 건너뛰었다). 그리고 윤년은 정확히 4로 나뉘는 해로 정했는데, 그 중에서 세기가 시작되는 해인 100으로 나뉘는 해는 제외했으나 400으로 나뉘는 해는 다시 윤년이 되도록 했다. 예를 들어 1700년, 1800년, 1900년, 2100년은 윤년이 아니지만 1600년과 2000년은 윤년이다. 이러한 배치로 인해 달력 해의 평균 길이는 365.2425일이 되었으며, 이는 실제 해의 365.2422일과 매우 근사하다. 매 해마다 0.0003일의 오차가 있는데, 이는 1만 년마다 3일의 오차를 나타낸다. 미래에는 이러한 차이를 고려해야 하며, 이를 보정하기 위해 다양한 대안이 제안되었다.

세계 각 지역의 달력 날짜를 다룰 때 1582년 당시 그레고리력이 모든 곳에서 채택된 것은 아니라는 사실도 고려해야 한다. 영국과 미국에서는 1752년에 그레고리력이 채택되었고 그 당시 11일을 더해주어야만 했다. 이들 지역에서는 1752년 9월 3일이 율리우스력에서 그레고리력으로 변경되어 1752년 9월 14일이 되었다. 일본은 1873년에 변경되었고, 러시아 및 주변 국가는 1917년에 변경되었으나, 그리스는 1923년까지도 변경되지 않았다.

이제 그레고리력에서 특정 날짜에 대한 요일을 찾기 위한 절차, 즉 **만세력**(perpetual calendar)을 설정하자. 이를 위해 몇 가지 조정해야 하는데, 그 이유는 윤년에 추가하는 날이 2월 말에 있기 때문이다. 이를 해결하기 위해 월의 번호를 다시 매기고 매년을 3월에 시작하며 1,2월은 이전 해의 일부로 간주한다. 예를 들어 2000년 2월은 1999년의 열두 번째 달로 간주하며, 2000년 5월은 2000년의 세 번째 달로 간주한다. 이 규칙에 따라 관심 있는 특정 날짜에 대해 다음과 같이 정의한다.

- k = 날짜
- m = 월, 여기서

$$\begin{array}{lll} 1월 = 11 & 5월 = 3 & 9월 = 7 \\ 2월 = 12 & 6월 = 4 & 10월 = 8 \\ 3월 = 1 & 7월 = 5 & 11월 = 9 \\ 4월 = 2 & 8월 = 6 & 12월 = 10 \end{array}$$

- N = 연도

여기서 N은 현재의 월이 1, 2월이면 그 전년도이고, 그렇지 않으면 현재 연도이며 $N = 100C + Y$이다.

- C = 세기
- Y = 세기에서의 연도

예제 6.8

1951년 4월 3일의 경우 $k = 3$, $m = 2$, $N = 1951$, $C = 19$, $Y = 51$이다. 그러나 1951년 2월 28일의 경우 $k = 28$, $m = 12$, $N = 1950$, $C = 19$, $Y = 50$이다. 이 계산에서는 2월을 이전 해의 12번째 달로 간주했다.

각 연도의 3월 1일을 기준으로 한다. N년의 3월 1일의 요일을 d_N으로 나타내자. 1600년부터 시작하여 주어진 연도의 3월 1일이 무슨 요일인지를 계산해보자. $N-1$년의 3월 1일부터 N년의 3월 1일까지의 기간 동안 N이 윤년이 아니면 365일이 지난다. 따라서 $365 \equiv 1 \pmod 7$이므로 $d_N \equiv d_{N-1} + 1 \pmod 7$이 된다. 반면에 N이 윤년이면 3월 1일 사이에 하루가 더 있으므로 다음과 같다.

$$d_N \equiv d_{N-1} + 2 \pmod 7$$

그러므로 d_N을 d_{1600}으로부터 찾기 위해서는 먼저 1600년과 N년 사이의 윤년의 개수를 알아야 한다(1600년은 포함시키지 않고, N년은 포함시킨다). 이때 윤년의 개수를 x라고 하자. x를 계산하기 위해 먼저 나눗셈 알로리즘을 적용하면 1600과 N 사이에 있는 4의 배수, 100의 배수, 400의 배수의 개수는 각각 $[(N-1600)/4]$개, $[(N-1600)/100]$개, $[(N-1600)/400]$개임을 알 수 있다. 따라서 다음을 얻는다.

$$\begin{aligned} x &= [(N-1600)/4] - [(N-1600)/100] + [(N-1600)/400] \\ &= [N/4] - 400 - [N/100] + 16 + [N/400] - 4 \\ &= [N/4] - [N/100] + [N/400] - 388 \end{aligned}$$

이때 식을 간단하게 하기 위해 예제 1.4에 있는 등식을 사용했다. 위 식에 $N = 100C + Y$를 대입하여 정리하면 다음과 같다.

$$\begin{aligned} x &= [25C + (Y/4)] - [C + (Y/100)] + [(C/4) + (Y/400)] - 388 \\ &= 25C + [Y/4] - C + [C/4] - 388 \\ &\equiv 3C + [C/4] + [Y/4] - 3 \pmod 7 \end{aligned}$$

여기서 예제 1.4에 있는 등식을 다시 사용했고, 또한 부등식 $Y/100 < 1$과 등식 $[(C/4)+(Y/400)] = [C/4]$를 사용했다. 마지막 등식은 $Y/400 < 1/4$이기 때문에 1.5절의 연습문제 27로부터 얻어진다.

이제 1600년에서 시작하여 N년까지 지나는 각 연도마다 d_{1600}에 1씩 더하고 1600년과 N년 사이에 있는 윤년에 대해 1씩 추가로 더하여 d_N을 계산할 수 있다. 이로써 다음과 같은 공식을 얻는다.

$$\begin{aligned} d_N &\equiv d_{1600} + N - 1600 + x \\ &= d_{1600} + 100C + Y - 1600 + 3C + [C/4] + [Y/4] - 3 \pmod 7 \end{aligned}$$

이를 간단히 하면 다음과 같다.

$$d_N \equiv d_{1600} - 2C + Y + [C/4] + [Y/4] \pmod 7$$

이제 특정 연도의 3월 1일의 요일과 1600년의 3월 1일의 요일을 관련 짓는 공식을 갖고 있으므로 2025년 3월 1일이 토요일임을 이용하여 1600년 3월 1일의 요일을 찾을 수 있다. 2025년의 경우 $N = 2025$이므로 $C = 20$이고 $Y = 25$이다. 그리고 $d_{2025} = 6$이므로 다음과 같다.

$$6 \equiv d_{1600} - 40 + 25 + [20/4] + [25/4] \equiv d_{1600} - 4 \pmod 7$$

따라서 $d_{1600} = 3$이므로 1600년 3월 1일은 수요일이였다. d_{1600}의 값을 대입하면 d_N에 대한 공식은 다음과 같다.

$$d_N \equiv 3 - 2C + Y + [C/4] + [Y/4] \pmod 7$$

이제 이 공식을 사용하여 N년의 각 달의 첫 번째 날의 요일을 계산한다. 이를 위해서는 특정 달의 첫 번째 날이 그 이전 달의 첫 번째 날로부터 몇 일 뒤에 있는지를 고려해야 한다. 30일인 달은 $30 \equiv 2 \pmod 7$이므로 다음 달의 첫 번째 날이 2일 뒤로 이동하고 31일인 달은 $31 \equiv 3 \pmod 7$이므로 다음 달의 첫 번째 날이 3일 뒤로 이동한다. 따라서 다음과 같은 양을 추가해야 한다.

3월 1일부터 4월 1일까지 : 3일
4월 1일부터 5월 1일까지 : 2일
5월 1일부터 6월 1일까지 : 3일
6월 1일부터 7월 1일까지 : 2일
7월 1일부터 8월 1일까지 : 3일
8월 1일부터 9월 1일까지 : 3일
9월 1일부터 10월 1일까지 : 2일

10월 1일부터 11월 1일까지 :	3일
11월 1일부터 12월 1일까지 :	2일
12월 1일부터 1월 1일까지 :	3일
1월 1일부터 2월 1일까지 :	3일

동일한 증분을 얻는 공식을 찾아보자. 총 11개의 증분이 있으며, 그 중 7개는 3일씩이고 4개는 2일이다. 모두 29일이므로 각 증분은 평균적으로 2.6일이 된다. 직관적으로 함수 $[2.6m-0.2]-2$가 m이 2부터 12까지 변할 때 정확히 동일한 증분을 갖고 있고, $m=1$일 때는 0이라는 것을 알 수 있다. (이 공식은 젤러[1]에 의해 처음 발견되었다. 그는 시행착오를 통해 이를 발견한 것으로 보인다.) 따라서 N년 m월 첫째 날의 요일은 법 7로 $d_N+[2.6m-0.2]-2$의 최소비음잉여이다.

마지막으로 N년 m월 k일의 요일 W를 찾기 위해 해당 월의 첫째 날에 대한 공식에 $k-1$을 더하면 된다. 이로써 다음 공식을 얻을 수 있다.

$$W \equiv k+[2.6m-0.2]-2C+Y+[Y/4]+[C/4] \pmod 7$$

이 공식을 사용하여 그레고리력의 모든 연도의 모든 날짜의 요일을 찾을 수 있다. 다음 예제를 통해 이를 설명한다.

예제 6.9

1900년 1월 1일의 요일을 찾기 위해 $C=18$, $Y=99$, $m=11$, $k=1$이라고 둔다(1월을 전년도의 열한 번째 달로 간주한다). 따라서 $W \equiv 1+28-36+99+24+4 \equiv 1 \pmod 7$이므로 1900년 1월 1일은 월요일이었다.

6.2 연습문제

1. 본인이 태어난 날과 올해 생일의 요일을 각각 찾아라.
2. 미국 역사에서 중요한 날짜들의 요일을 각각 찾아라(1752년 9월 3일 이전은 율리우스력, 1752년 9월 14일 이후부터는 그레고리력을 사용하라).

[1]젤러 (Christian Zeller, 1822∼1899)는 독일 네카어의 뮐하우젠에서 태어났다. 그는 신학 공부를 마친 후 쇼킹겐의 사제가 되었다. 그는 1874년부터 1898년까지 마크그르로닝겐 대학의 교장으로 일했다. 1882년 젤러는 특정한 날짜의 요일에 대한 공식을 발표했다.

*a) 1492년 10월 12일 (콜럼버스가 카리브해에서 육지를 발견)
*b) 1626년 5월 24일 (피터 미뉴트가 원주민으로부터 맨하탄을 구매)
*c) 1752년 6월 15일 (벤자민 프랭클린이 피뢰침을 발명)
d) 1776년 7월 4일 (미국 독립 선언)
e) 1867년 3월 30일 (미국이 러시아로부터 알래스카를 구매)
f) 1888년 3월 11일 (미국 동부의 대설)
g) 1898년 2월 15일 (미국 전함 메인이 하바나 항에서 폭파)
h) 1925년 7월 2일 (스코프스가 진화론 가르침으로 유죄 선고)
i) 1945년 7월 16일 (최초의 원자폭탄 폭발)
j) 1969년 7월 20일 (달 위 최초의 인간)
k) 1974년 8월 9일 (닉슨 대통령 사임)
l) 1979년 3월 28일 (스리마일섬 핵 사고)
m) 1984년 1월 1일 ("마벨(Ma Bell)" 분리)
n) 1991년 12월 25일 (소련 해체)
o) 2009년 1월 20일 (오바마 대통령 최초 취임)
p) 2045년 6월 5일 (화성 최초의 인간)

3. 2030년에 13일이 금요일인 횟수는 몇 번인가?

4. 서기 1년부터 10,000년까지 10,000년을 포함하여 윤년이 몇 번인가?

5. 그레고리력의 연도와 실제 연도의 일 수 간의 작은 차이를 보정하기 위해 4000으로 나뉘는 연도는 윤년이 아니어야 한다는 제안이 있다. 이 보정을 고려하여 주어진 날짜의 요일에 대한 공식을 수정하라.

6. 같은 세기에 속하는 서로 다른 연도에서 같은 달력 날짜가 28, 56, 84년 차이로 나뉘는 두 날은 같은 요일을 갖는다는 것을 보여라.

7. 본인의 생일 중에서 100번째 생일까지 본인이 태어난 요일과 같은 날이 몇 번 있는지 구하라.

8. 수열 1995, 1997, 1998, 1999, 2001, 2002, 2003의 다음 항은 무엇인가?

9. 수열 1700, 1800, 1900, 2100, 2200, 2300의 다음 항은 무엇인가?

10. 연속된 400년의 기간 안에 발생하는 윤년의 수가 항상 동일함을 보여라. 그리고 이 윤년의 개수를 구하라.

11. 연속된 두 달의 13일이 금요일일 필요충분조건은 그 달들이 1월 1일이 목요일인 해의 2월과 3월임을 보여라.

*12. 새로운 달력인 **국제고정력**(International Fixed Calendar)이 제안되었다. 이 달력은 1년을 13개월로 하며, 현재의 달에다 6월과 7월 사이에 솔(Sol)이라 불리는 새로운 달을 끼워넣는다. 각

달은 28일씩이며 윤년의 경우 6월에 하루가 추가된다(윤년은 그레고리력과 동일하게 결정된다). 어떤 달에도 속하지 않는 추가적인 날인 **연말의 날**(Year End Day)이 있으며, 이는 12월 29일로 생각할 수 있다. 국제고정력의 특정 날짜에 대한 요일을 제공하는 만세력을 고안하라.

13. 그레고리력의 모든 연도에는 적어도 하나의 13일의 금요일이 포함됨을 보여라.

14. 그레고리력의 모든 연도와 $1 \leq k \leq 30$인 모든 정수 k에 대해 그 연도의 12개월을 지나면서 각 월의 k번째 날의 요일이 모든 요일(일요일부터 토요일까지)이 다 될 수 있음을 보여라.

15. 그레고리력의 연도가 주어질 때 각 달의 31일이 될 수 있는 요일의 개수를 결정하라.

16. 한 세기에서 2월에 다섯 번의 일요일이 있는 연도의 최대 개수는 얼마인가?

계산과 탐구

1. 1800년부터 2300년 사이의 모든 해에 대해 13일이 금요일이 되는 횟수를 찾아라. 그 증거를 기반으로 적절한 추측을 제시하고 증명할 수 있는가?

프로그래밍 프로젝트

1. 주어진 날짜에 대해 그 날이 무슨 요일인지 결정하라.
2. 주어진 연도에 해당하는 달력을 출력하라.
3. 주어진 연도에 해당하는 국제고정력(연습문제 12 참조)을 출력하라.

6.3 리그전

합동은 리그전 일정을 짜는 데 사용될 수 있다. 이 절에서는 각 팀이 하루에 많아야 한 번의 경기를 치르며 리그전이 $N-1$일 동안 계속되도록 N개의 팀을 대상으로 하는 리그전 일정을 짜는 방법을 알아본다. 여기서 각 팀은 다른 모든 팀과 정확히 한 번씩 경기를 치르게 된다. 여기서 설명하는 방법은 프로인드(Freund)에 의해 개발되었다([Fr56] 참조).

먼저, N이 홀수인 경우 각 라운드에 모든 팀을 일정에 포함시킬 수는 없다. 왜냐하면 팀이 짝지어지면 경기를 치르는 총 팀의 개수가 짝수가 되기 때문이다. 따라서 N이 홀수이면 더미팀(dummy team) 하나를 추가하고 특정 라운드에서 팀이 더미팀과 짝지어진 경우 해당 팀은 해당 라운드에서 부전승을 얻는다. 따라서 필요한 경우 더미팀을 추가하여 항상 팀의 수가 짝수라고 가정할 수 있다.

N개의 팀에 정수 $1, 2, 3, \ldots, N-1, N$으로 번호를 붙이고 다음과 같은 방식으로 팀을 짝지어 일정을 구성한다. $i \neq N$인 팀 i에 대해 $j \neq N$이고 $j \neq i$인 팀 j와 $i + j \equiv k \pmod{N-1}$일 때 k번째 라운드에서 경기를 치른다. 이 일정에 따르면 팀 N과 $2i \equiv k \pmod{N-1}$인 팀

i를 제외한 모든 팀이 k번째 라운드에 경기를 치른다. $(2, N-1) = 1$이므로 따름정리 5.12.1에 의해 $1 \le x \le N-1$인 해가 정확히 한 개 있으므로 팀 i는 오직 하나뿐이다. 따라서 k번째 라운드에서 이 팀 i와 N을 대결시킨다.

이제 각 팀이 다른 모든 팀과 정확히 한 번씩 경기를 치르게 되는 것을 보여야 한다. 처음 $N-1$개의 팀을 고려하자. $1 \le i \le N-1$일 때 $2i \equiv k \pmod{N-1}$를 만족하는 $k(1 \le k \le N-1)$에 대해 팀 i는 k 라운드에서 팀 N과 경기를 치르고, 이것은 정확히 한 번 발생한다. 다른 라운드에서, 팀 i는 동일한 팀과 두 번 경기를 치르지 않는다. 왜냐하면 팀 i가 라운드 k와 k'에서 팀 j와 두 번 경기를 치른다면, $i+j \equiv k \pmod{N-1}$과 $i+j \equiv k' \pmod{N-1}$이 되며, 이것은 $k \not\equiv k' \pmod{N-1}$임에 명백한 모순이다. 따라서 처음 $N-1$개 팀 각각이 $N-1$번의 게임을 치르고, 어떤 팀과도 두 번 이상 경기하지 않으므로, 각 팀은 정확히 한 번씩 다른 팀과 경기를 하게 된다. 또한 팀 N이 아닌 모든 다른 팀이 팀 N과 정확히 한 번씩 경기를 치르므로, 팀 N은 $N-1$번의 게임을 치르게 되고 팀 N도 정확히 한 번씩 다른 팀과 경기를 하게 된다.

예제 6.10

리그전의 일정을 짜기 위해 1부터 5까지 번호를 매긴 5개의 팀이 있을 때 6번으로 번호를 매긴 더미팀을 포함시킨다. 첫 번째 라운드에서 팀 1은 $1 + j \equiv 1 \pmod 5$를 만족하는 j에 대해 팀 j와 경기를 한다. 이는 팀 $j = 5$이므로 팀 1이 팀 5와 경기를 한다. 팀 2는 $2 + j \equiv 1 \pmod 5$의 해가 $j = 4$이기 때문에 첫 번째 라운드에서 팀 4와 경기를 한다. $i = 3$이 합동식 $2i \equiv 1 \pmod 5$의 해이므로 팀 3은 더미팀인 팀 6과 짝을 이루게 되어 첫 번째 라운드에서는 부전승을 얻는다. 이 절차를 계속하고 다른 라운드의 일정을 모두 결정하고 나면 표 6.1과 같은 대진을 얻게 된다. 여기서 각 팀 i의 k 라운드에서의 상대팀은 k번째 행과 i번째 열에 주어진다.

표 6.1: 다섯 팀에 대한 리그전 일정

라운드	**팀**				
	1	2	3	4	5
1	5	4	부전승	2	1
2	부전승	5	4	3	2
3	2	1	5	부전승	3
4	3	부전승	1	5	4
5	4	3	2	1	부전승

6.3 연습문제

1. 다음에 대한 리그전 일정을 각각 설정하라.

   a) 7개의 팀　　b) 8개의 팀　　c) 9개의 팀　　d) 10개의 팀

2. 홀수인 N에 대해 N개의 팀의 리그전 일정을 설정할 때 각 게임마다 **홈팀**과 **원정팀**을 할당하여 N개의 팀 각각이 동일한 수의 홈경기와 원정경기를 치를 수 있도록 하고자 한다. 만약 $i+j$가 홀수이면 i와 j 중 작은 값을 홈팀으로 할당하고 만약 $i+j$가 짝수이면 i와 j 중 큰 값을 홈팀으로 할당하여 각 팀은 동일한 수의 홈경기와 원정경기를 치르게 되는 것임을 보여라.

3. 리그전 일정 설정에서 연습문제 2를 이용하여 다음 각 팀의 개수에 대해 각 게임의 홈 팀을 결정하라.

   a) 5개의 팀　　b) 7개의 팀　　c) 9개의 팀

계산과 탐구

1. 13개의 팀에 대한 리그전 일정을 설정하고 각 게임에 대해 홈 팀을 지정하라.

프로그래밍 프로젝트

1. 주어진 양의 정수 n에 대해 n개의 팀에 대한 리그전 일정을 설정하라.

2. 주어진 홀수인 양의 정수 n에 대해 연습문제 2를 사용하여 n개의 팀에 대한 리그전 일정을 설정하고 각 게임에 대한 홈 팀을 지정하라.

6.4 해시함수

대학은 각 학생에 대한 파일을 컴퓨터에 저장하려고 한다. 각 파일의 식별번호 또는 **키**(key)는 학생의 사회보장번호[2]이다. 사회보장번호는 아홉 자리 정수이므로 가능한 모든 사회보장번호에 대해 메모리 위치를 할당하는 것은 거의 불가능한 일이다. 대신 메모리에 있는 파일들을 합리적인 수의 메모리 위치에 배치하여 각 파일에 쉽게 접근할 수 있도록 체계적인 방법을 사용해야 한다. 파일을 배열하는 체계적인 방법은 **해시함수**(hashing function)를 기반으로 개발되었다. 해시함수는 각 파일의 키에 특정한 메모리 위치를 할당한다. 다양한 유형의 해시함수가 제안되었지만, 가장 일반적으로 사용되는 유형은 모듈러 산술을 사용한다. 여기서 이러한 유형의 해시함수에 대해 논의한다. 해시함수의 일반적인 논의는 [Kn97]이나 [CoLeRiSt10]를 참조하라.

[2] 역자 주: 미국인의 사회보장번호 대신 한국인의 주민등록번호의 뒤 7자리의 수를 생각할 수 있다.

k를 저장할 파일의 키로 두자. 위의 예에서 k는 학생의 사회보장번호이다. 양의 정수 m에 대해 해시함수 $h(k)$를 다음과 같이 정의한다.

$$h(k) \equiv k \pmod{m}$$

여기서 $0 \le h(k) < m$이고, $h(k)$는 법 m으로 k의 최소양잉여이다. 파일이 m개의 서로 다른 메모리 위치 $0, 1, 2, \ldots, m-1$에 합리적인 방식으로 분산되도록 m을 지혜롭게 선택한다.

첫 번째로 고려해야 할 점은 m이 키를 표현하는 데 사용되는 밑 b의 거듭제곱이 되지 않아야 한다는 것이다. 예를 들어 키로 사회보장번호를 사용할 때 m은 10의 거듭제곱인 10^3과 같은 값이 되어서는 안 된다. 왜냐하면 해시함수의 값은 키의 마지막 여러 자리의 수가 될 것이고, 이는 키를 메모리 위치에 균일하게 분산시키지 못할 수 있다. 예를 들어 초기에 발급된 사회보장번호의 마지막 세 자리의 수는 보통 000부터 099 사이에 있지만, 900부터 999 사이에 있는 경우는 드물다. 마찬가지로 m의 값이 $b^k \pm a$를 나누는 수이면서 k와 a가 작은 정수인 경우도 지양해야 한다. 이런 경우에는 $h(k)$가 키의 특정한 숫자에 너무 의존하게 될 수 있으며 비슷한 숫자를 가진 다른 키가 동일한 메모리 위치로 전송될 수 있다. 예를 들어 $m = 111$인 경우 $111 \mid (10^3 - 1) = 999$이므로 $10^3 \equiv 1 \pmod{111}$이 된다. 따라서 사회보장번호 064212848과 064848212는 동일한 메모리 위치로 보내지게 된다. 왜냐하면 다음과 같기 때문이다.

$$h(064\ 212\ 848) \equiv 064\ 212\ 848 \equiv 064 + 212 + 848 \equiv 1124 \equiv 14 \pmod{111}$$
$$h(064\ 848\ 212) \equiv 064\ 848\ 212 \equiv 064 + 848 + 212 \equiv 1124 \equiv 14 \pmod{111}$$

이러한 어려움을 피하기 위해 m은 파일 저장을 위해 할당된 사용 가능한 메모리 위치의 개수에 가까운 소수여야 한다. 예를 들어 파일 저장을 위해 사용 가능한 5000개의 메모리 위치가 있고 2000명의 학생 파일을 저장해야 한다면, m을 소수인 4969로 선택할 수 있다.

해시함수가 두 개의 다른 파일에 동일한 메모리 위치를 할당하면 **충돌**(collision)이 있다고 말한다. 파일이 고유한 메모리 위치에 할당되도록 충돌을 해결하는 방법이 필요하다. 충돌 해결 정책에는 두 가지 종류가 있다. 첫 번째 종류에서는 충돌이 발생할 때 추가 메모리 위치가 첫 번째 메모리 위치와 연결된다. 이 충돌 해결 정책이 사용된 파일에 액세스하려면 먼저 해당 키에 대한 해시함수의 값을 계산해야 한다. 그런 다음 이 메모리 위치에 연결된 목록이 검색된다.

두 번째 종류의 충돌 해결 정책은 파일이 할당된 위치가 이미 사용 중인 경우 비어 있는 메모리 위치를 찾는 것이다. 이를 수행하기 위한 다양한 제안이 있으며 다음과 같은 기술이 있다.

원래 해시함수 $h_0(k) = h(k)$로 시작하여 메모리 위치수열 $h_1(k), h_2(k), \ldots$를 정의한다. 먼저 키 k를 가진 파일을 위치 $h_0(k)$에 배치하려고 시도한다. 이 위치가 사용 중이면 위치 $h_1(k)$로 이동한다. 이 위치가 사용 중이면 위치 $h_2(k)$로 이동하고 이와 같이 계속된다.

이때 함수 $h_j(k)$의 수열을 여러 가지 방법으로 선택할 수 있다. 가장 간단한 방법은 다음과 같이 정의하는 것이다.

$$h_j(k) \equiv h(k) + j \pmod{m} \quad (0 \le h_j(k) < m)$$

이는 키 k를 가진 파일을 가능한 한 위치 $h(k)$에 가까운 곳에 배치한다. 이러한 $h_j(k)$의 선택에서는 모든 메모리 위치가 확인되므로 비어 있는 위치가 있다면 찾을 수 있다. 그러나 간단한 $h_j(k)$의 선택은 문제를 야기한다. 즉 파일이 **집중**(cluster)되는 경향이 있다. 만약 $k_1 \neq k_2$이고 $h_i(k_1) = h_j(k_2)$인 경우를 살펴보면, 음이 아닌 정수 i, j에 대해 $h_{i+k}(k_1) = h_{j+k}(k_2)$이므로 한번 충돌이 발생하면 동일한 위치수열이 결정된다. 이는 해시 테이블에서 파일을 검색하는 효율성을 낮춘다. 따라서 이러한 집중 문제를 피하기 위해 함수 $h_j(k)$를 다르게 선택한다.

집중을 피하기 위해 **이중해싱**(double hashing)이라는 기술을 사용한다. 이전과 마찬가지로 해시함수를 다음과 같이 선택한다.

$$h(k) \equiv k \pmod{m}$$

여기서 $0 \le h(k) < m$이고, m은 소수이다. 두 번째 해시함수를 다음과 같이 선택한다.

$$g(k) \equiv k + 1 \pmod{m-2}$$

여기서 $0 < g(k) \le m - 2$이고, $(g(k), m) = 1$이다. **탐색수열**(probing sequence)을 다음과 같이 선택한다.

$$h_j(k) \equiv h(k) + j \cdot g(k) \pmod{m}$$

여기서 $0 \le h_j(k) < m$이다. $(g(k), m) = 1$이므로 j가 정수 $0, 1, 2, \ldots, m-1$을 따라가면서 모든 메모리 위치가 추적된다. 이상적인 상황은 $m-2$도 소수인 경우이고, 이는 값 $g(k)$가 합리적인 방식으로 분포되도록 하려는 것이다. 따라서 $m-2$와 m이 쌍둥이 소수가 되는 경우가 바람직하다.

예제 6.11

사회보장번호를 사용하는 예에서 $m = 4969$와 $m - 2 = 4967$은 모두 소수이다. 따라서 탐색수열은 다음과 같다.

$$h_j(k) \equiv h(k) + j \cdot g(k) \pmod{4969}$$

여기서 $0 \le h_j(k) < 4969$, $h(k) \equiv k \pmod{4969}$, $g(k) \equiv k + 1 \pmod{4967}$이다.

다음과 같은 사회보장번호를 가진 학생 파일에 메모리 위치를 할당하려고 한다고 하자.

$$\begin{array}{ll} k_1 = 344\ 401\ 659 & k_6 = 372\ 500\ 191 \\ k_2 = 325\ 510\ 778 & k_7 = 034\ 367\ 980 \\ k_3 = 212\ 228\ 844 & k_8 = 546\ 332\ 190 \\ k_4 = 329\ 938\ 157 & k_9 = 509\ 496\ 993 \\ k_5 = 047\ 900\ 151 & k_{10} = 132\ 489\ 973 \end{array}$$

주어진 사회보장번호에 대해 $k_1 \equiv 269$, $k_2 \equiv 1526$, $k_3 \equiv 2854 \pmod{4969}$이므로 첫 번째, 두 번째, 세 번째 파일을 각각 위치 269, 1526, 2854에 할당한다.

$k_4 \equiv 1526 \pmod{4969}$이지만, 메모리 위치 1526은 이미 사용 중이므로 탐색수열을 계산하면 $g(k_4) \equiv 1 + k_4 \equiv 216 \pmod{4967}$이기 때문에, $h_1(k_4) \equiv h(k_4) + g(k_4) = 1526 + 216 = 1742 \pmod{4969}$이다. 따라서 위치 1742가 비어 있으므로 네 번째 파일을 이 위치에 할당한다.

$k_5 \equiv 3960$, $k_6 \equiv 4075$, $k_7 \equiv 2376$, $k_8 \equiv 578 \pmod{4969}$이기 때문에 다섯 번째, 여섯 번째, 일곱 번째, 여덟 번째 파일은 각각 가능한 위치 3960, 4075, 2376, 578에 할당된다.

$k_9 \equiv 578 \pmod{4969}$이지만, 메모리 위치 578이 이미 사용 중이므로 탐색수열을 계산하면 $g(k_9) \equiv 1 + k_9 \equiv 2002 \pmod{4967}$이기 때문에, $h_1(k_9) \equiv h(k_9) + g(k_9) = 578 + 2002 = 2580 \pmod{4969}$이다. 따라서 아홉 번째 파일을 비어 있는 위치 2580에 할당한다.

마지막으로 $k_{10} \equiv 1526 \pmod{4969}$인데, 위치 1526이 이미 사용 중이다. $g(k_{10}) \equiv 1 + k_{10} \equiv 216 \pmod{4967}$이므로 $h_1(k_{10}) \equiv h(k_{10}) + g(k_{10}) = 1526 + 216 = 1742 \pmod{4969}$이다. 그러나 위치 1742가 이미 사용 중이므로 계속해서 $h_2(k_{10}) \equiv h(k_{10}) + 2g(k_{10}) \equiv 1958 \pmod{4969}$를 찾아서 이 위치에 열 번째 파일을 놓는다.

표 6.2에는 사회보장번호별 학생 파일의 할당이 나열되어 있다. 표에서 파일 위치는 굵게 표시된다.

더블해싱이 집중을 초래하는 조건을 찾아보자. 즉 다음과 같이 두 탐색수열의 연속된 두 항이 일치하는 조건을 찾는다.

$$h_i(k_1) = h_j(k_2) \tag{6.1}$$

$$h_{i+1}(k_1) = h_{j+1}(k_2) \tag{6.2}$$

식 (6.1)과 (6.2)가 모두 발생하면 다음과 같다.

$$h(k_1) + ig(k_1) \equiv h(k_2) + jg(k_2) \pmod{m} \tag{6.3}$$

$$h(k_1) + (i+1)g(k_1) \equiv h(k_2) + (j+1)g(k_2) \pmod{m} \tag{6.4}$$

표 6.2: 학생 파일에 대한 해시함수

사회보장번호	hk	$h_1(k)$	$h_2(k)$
344 401 659	**269**		
325 510 778	**1526**		
212 228 844	**2854**		
329 938 157	1526	**1742**	
047 900 151	**3960**		
372 500 191	**4075**		
034 367 980	**2376**		
546 332 190	**578**		
509 496 993	578	**2580**	
132 489 973	1526	1742	**1958**

식 (6.3)을 식 (6.4)에서 빼면 다음을 얻는다.

$$g(k_1) \equiv g(k_2) \pmod m$$

여기서 $0 < g(k) \leq m-1$이므로 $g(k_1) \equiv g(k_2) \pmod m$는 $g(k_1) = g(k_2)$를 의미한다. 결과적으로

$$k_1 + 1 \equiv k_2 + 1 \pmod{m-2}$$

이므로

$$k_1 \equiv k_2 \pmod{m-2}$$

이다. $g(k_1) = g(k_2)$이므로 식 (6.3)을 간단히 하면 다음을 얻을 수 있고,

$$h(k_1) \equiv h(k_2) \pmod m$$

따라서 다음과 같다.

$$k_1 \equiv k_2 \pmod m$$

결과적으로 $(m-2, m) = 1$이므로 따름정리 5.9.1에 의해 다음을 얻는다.

$$k_1 \equiv k_2 \pmod{m(m-2)}$$

그러므로 두 개의 탐색수열의 연속된 두 항이 동일하게 되는 유일한 방법은 관련된 두 키 k_1, k_2가 법 $m(m-2)$로 합동일 때이다. 따라서 집중은 극히 드물다. 실제로 모든 키 k에 대해

$m(m-2) > k$ 이면 집중은 발생하지 않는다.

6.4 연습문제

1. 주차장에는 총 101개의 주차 공간이 있다. 총 500개의 주차 스티커가 판매되었고, 한 번에 50~75대의 차량만 주차될 것으로 예상된다. 여섯 자리 숫자의 자동차 번호판을 기반으로 주차 공간을 할당하기 위한 해시함수와 충돌 해결 정책을 설정하라.

2. 본인의 반 학생들에 대해 메모리 위치를 할당하라. 키로는 학생들의 생일의 월과 일을 사용하고 이때 해시함수는 $h(K) \equiv K \pmod{19}$ 로 충돌 해결을 위한 탐색수열로는 다음을 각각 사용하라.

   a) $h_j(K) \equiv h(K) + j \pmod{19}$

   b) $h_j(K) \equiv h(K) + j \cdot g(K), 0 \le j \le 16$, 여기서 $g(K) \equiv 1 + K \pmod{17}$

*3. 해시함수가 $h(K) \equiv K \pmod{m}$, $0 \le h(K) < m$ 이고 충돌 해결을 위한 탐색수열이 $h_j(K) \equiv h(K) + jq \pmod{m}$, $0 \le h_j(K) < m$ $(j = 1, 2, \ldots, m-1)$이라고 하자. 여기서 m, q는 양의 정수이다. 다음의 경우에 모든 메모리 위치가 탐색되는 것을 각각 보여라.

   a) m 이 소수이고 $1 \le q \le m-1$ 인 경우　　b) $m = 2^r$ 이고 q가 홀수인 경우

*4. 해시함수가 $h(K) \equiv K \pmod{m}$, $0 \le h(K) < m$ 이고 충돌 해결을 위한 탐색수열이 $h_j(K) \equiv h(K) + j(2h(K)+1) \pmod{m}, 0 \le h_j(K) < m$ 이다.

   a) m 이 소수인 경우 모든 메모리 위치가 탐색됨을 보여라.

   b) 집중이 발생하는 조건을 결정하라. 즉 $h_j(K_1) = h_j(K_2)$, $h_{j+r}(K_1) = h_{j+r}(K_2) (r = 1, 2, \ldots)$의 조건을 결정하라.

5. 본문의 예제에서 제공된 해시함수와 탐색수열을 사용하여 사회보장번호가 $k_{11} = 137612044$, $k_{12} = 505576452$, $k_{13} = 157170996$, $k_{14} = 131220418$ 인 학생들을 추가했을 때 추가된 학생 파일의 메모리 위치를 찾아라. (이를 기존에 저장된 10개의 파일에 추가하라.)

계산과 탐구

1. 예제 6.11의 해시함수와 탐색수열을 사용하여 본인의 반의 모든 학생 파일에 메모리 위치를 할당하라. 그 후, 본인이 만든 사회보장번호가 있는 다른 파일들에 대해서도 메모리 위치를 할당하라. (실제 사회보장번호를 사용하지 말라.)

프로그래밍 프로젝트

다음 각 프로그래밍 프로젝트에서 해시함수 $h(k) \equiv k \pmod{1021}$, $0 \le h(k) < 1021$ 을 사용하여 학생 파일에 메모리 위치를 할당하라. 이때 키로는 본인이 만든 사회보장번호를 사용하라. (실제 사회보장번호를 사용하지 말라.)

1. 충돌이 발생했을 때 파일을 링크하라.

2. 탐색수열로 $h_j(k) \equiv h(k) + j \pmod{1021}$, $j = 0, 1, 2, \ldots$를 사용하라.

3. 탐색수열로 $h_j(k) \equiv h(k) + j \cdot g(k)$, $j = 0, 1, 2, \ldots$를 사용하라, 여기서 $g(k) \equiv 1 + k \pmod{1019}$이다.

6.5 체크디지트

합동식은 숫자 문자열에서 발생한 오류를 확인하는 데 사용될 수 있다. 이 절에서는 컴퓨터 데이터를 나타내는 데 사용되는 비트 문자열에 대한 오류 검출에 대해 설명한다. 그런 다음 여권, 수표, 책, 기타 유형의 물건을 식별하는 데 사용되는 십진수 문자열에서 오류를 검출하는 방법에 대해 설명한다.

비트 문자열을 조작하거나 전송하는 과정에서 오류가 발생할 수 있다. 간단한 오류 검출 방법은 비트 문자열 $x_1x_2\ldots x_n$ 뒤에 **패리티 체크비트**(parity check bit) x_{n+1}를 추가하는 것이다. 이는 다음과 같이 정의된다.

$$x_{n+1} \equiv x_1 + x_2 + \cdots + x_n \pmod{2}$$

따라서 $x_{n+1} = 0$인 경우는 문자열의 처음 n개 비트에 짝수 개의 1이 있고, $x_{n+1} = 1$인 경우는 이러한 비트에 홀수 개의 1이 있다. 따라서 추가된 문자열 $x_1x_2\ldots x_nx_{n+1}$은 다음 합동식을 만족한다.

$$x_1 + x_2 + \cdots + x_n + x_{n+1} \equiv 0 \pmod{2} \tag{6.5}$$

이 합동식을 사용하여 오류를 찾는다.

$x_1x_2\ldots x_nx_{n+1}$을 보내고 문자열 $y_1y_2\ldots y_ny_{n+1}$을 받았다고 가정하자. 만약 오류가 없으면, 이 두 문자열은 동일하다. 즉 모든 $i = 1, 2, \ldots, n+1$에 대해 $y_i = x_i$이다. 그러나 오류가 있으면 하나 이상의 위치에서 다를 수 있다. 따라서 다음 합동식이 성립하는지 확인한다.

$$y_1 + y_2 + \cdots + y_n + y_{n+1} \equiv 0 \pmod{2} \tag{6.6}$$

이 합동식이 성립하지 않으면 최소한 하나의 오류가 있다. 그러나 이 합동식이 성립하더라도 여전히 오류가 존재할 수 있다. 그럼에도 불구하고 오류가 드물고 무작위일 때에 발생할 수 있는 가장 일반적인 오류 유형은 숫자가 하나만 바뀌는 단일오류이고, 이러한 오류는 항상 감지된다. 일반적으로 이 방법으로 홀수 개의 오류는 감지할 수 있지만, 짝수 개의 오류는 감지할 수 없다 (연습문제 4 참조).

예제 6.12

1101111과 11001000을 받았다고 가정하자. 각 문자열의 마지막 비트는 패리티 체크비트이다. 첫 번째 문자열의 경우 $1+1+0+1+1+1+1 \equiv 0 \pmod 2$이므로 받은 문자열이 오류 없이 전송된 것이거나 짝수 개의 오류가 있는 경우이다. 두 번째 문자열의 경우 $1+1+0+0+1+0+0+0 \equiv 1 \pmod 2$이므로 받은 문자열에 오류가 있고, 따라서 재전송을 요청한다.

십진수 문자열은 다양한 상황에서 식별번호로 사용된다. 다양한 방식으로 설계된 체크디지트는 이러한 문자열의 오류를 찾는 데 사용된다. 예를 들어 체크디지트는 여권번호에서 오류를 감지하는 데 사용된다. 몇몇 유럽 국가에서 사용되는 한 방식은 여권의 식별번호가 $x_1x_2x_3x_4x_5x_6$이라면 체크디지트 x_7은 다음 조건을 충족하는 것으로 선택된다.

$$x_7 \equiv 7x_1 + 3x_2 + x_3 + 7x_4 + 3x_5 + x_6 \pmod{10}$$

예제 6.13

여권의 식별번호가 211894라고 가정해보자. 체크디지트 x_7을 찾기 위해 다음을 계산한다.

$$x_7 \equiv 7 \cdot 2 + 3 \cdot 1 + 1 \cdot 1 + 7 \cdot 8 + 3 \cdot 9 + 1 \cdot 4 \equiv 5 \pmod{10}$$

그 결과 체크디지트는 5이며, 여권에는 일곱 자리 숫자 2118945가 인쇄된다.

이 방법으로 계산된 체크디지트가 추가된 여권 식별번호에서 단일오류를 항상 감지할 수 있다. 이를 알아보기 위해 한 자리에서 a만큼 오류가 발생한다고 가정해보자. 즉 $y_j \equiv x_j + a \pmod{10}$이고, 여기서 x_j는 올바른 j번째 숫자이고, y_j는 그것을 대체한 잘못된 숫자이다. 체크디지트의 정의에 따라 x_7은 $7a$, $3a$, $a \pmod{10}$ 중 하나만큼 바뀌고, 이는 각각 x_7을 변경시킨다. 그러나 두 숫자가 교환되는 오류, 즉 전치오류는 두 수의 차이가 5 또는 -5가 아닌 경우에만 감지될 수 있다. 즉 $|\, x_i - x_j \,| = 5$인 숫자 x_i, x_j가 아닌 경우이다(연습문제 7 참조). 이 방법은 또한 세 숫자가 자리를 바꾸는 여러 가지 오류를 감지한다.

6.5.1 ISBN

이제 출판에서 체크디지트가 어떻게 사용되는지 살펴보자. 2007년까지 책은 열 자리 **국제표준도서번호**(International Standard Book Number, ISBN-10)로 식별되었다. 예를 들어 이 책의 첫 번째 영문판의 ISBN-10은 0-201-06561-4이다. 여기서 첫 번째 숫자 블록인 0은 책의 언어(영어)를 나타내고, 두 번째 숫자 블록인 201은 해당 판의 출판사를 나타내며, 세 번째 숫자 블록인 06561은 이 책에 대해 출판사가 부여한 제목 번호이다. 마지막 숫자는 이 경우에는 4로 체크디지트이다. (다양한 언어와 출판사에 따라 블록의 크기가 다르다.) ISBN-10의 체크디지트는 ISBN이 복사될 때 가장 흔히 발생하는 오류, 즉 단일오류와 전치오류를 감지하는 데 사용될 수 있다.

2005년에는 새로운 열세 자리 코드인 ISBN-13이 도입되었다. ISBN-13은 세계적으로 출판사와 출판된 책의 증가로 인해 필요한 도서 코드의 개수를 늘려 줄 뿐 아니라, 도서 코드를 일반 소비재의 코드와 일치되도록 조정시켜 준다. 2007년 이후로 출판사들은 ISBN-13 코드와 함께 ISBN-10 코드를 계속해서 인쇄할 수 있다. ISBN-13 코드는 현재 모든 책에 대해 978 또는 979의 세 자리 숫자로 시작되며, 이어서 ISBN-10 코드에서 사용된 아홉 자리 숫자와 체크디지트가 따라 나온다.

ISBN 체크디지트 먼저, 책의 ISBN-10 코드의 체크디지트가 어떻게 결정되는지를 설명하고 그것이 흔히 발생하는 유형의 오류를 감지하는 데 사용될 수 있음을 보자. 책의 ISBN-10이 $x_1x_2\ldots x_{10}$인 경우를 가정해보자. 여기서 x_{10}은 체크디지트이다. (ISBN의 하이픈은 체크디지트를 계산하는 방법에 영향을 주지 않으므로 무시한다.) 첫 번째 아홉 자리는 각각은 십진수이며, 이는 집합 $\{0,1,2,3,4,5,6,7,8,9\}$에 속한다. 반면 체크디지트 x_{10}는 11진수이며, 이는 집합 $\{0,1,2,3,4,5,6,7,8,9,\mathrm{X}\}$에 속한다. 이때 X는 정수 10에 해당하는 11진수이다. 체크디지트는 다음 합동식을 만족하도록 선택된다.

$$\sum_{i=1}^{10} ix_i \equiv 0 \pmod{11}$$

쉽게 볼 수 있듯이(연습문제 10 참조), 체크디지트 x_{10}은 합동식 $x_{10} \equiv \sum_{i=1}^{9} ix_i \pmod{11}$로부터 계산될 수 있다. 즉 체크디지트는 첫 아홉 자리의 가중 합을 11로 나눈 나머지이다.

예제 6.14

이 책의 첫 번째 영문판의 ISBN의 체크디지트를 찾아보자. 이는 0-201-06561로 시작한다. 다음과 같이 계산하여 체크디지트를 찾는다.

$$x_{10} \equiv 1\cdot 0 + 2\cdot 2 + 3\cdot 0 + 4\cdot 1 + 5\cdot 0 + 6\cdot 6 + 7\cdot 5 + 8\cdot 6 + 9\cdot 1 \equiv 4 \pmod{11}$$

따라서 ISBN은 앞서 언급한 대로 0-201-06561-4이다. 비슷하게 책의 ISBN 번호가 3-540-19102로 시작하는 경우에 다음 합동식을 사용하여 체크디지트를 찾는다.

$$x_{10} \equiv 1\cdot 3 + 2\cdot 5 + 3\cdot 4 + 4\cdot 0 + 5\cdot 1 + 6\cdot 9 + 7\cdot 1 + 8\cdot 0 + 9\cdot 2 \equiv 10 \pmod{11}$$

이는 체크디지트가 정수 10에 해당하는 11진수 X임을 의미한다. 따라서 ISBN 번호는 3-540-19102-X이다.

ISBN의 체크디지트를 사용하여 단일오류나 전치오류를 감지할 수 있음을 보이자. 먼저, $x_1x_2\ldots x_{10}$이 유효한 ISBN이라고 가정하고 이 번호가 $y_1y_2\ldots y_{10}$으로 인쇄되었다고 가정하자. $x_1x_2\ldots x_{10}$이 유효한 ISBN이므로 $\sum_{i=1}^{10} ix_i \equiv 0 \pmod{11}$임을 알 수 있다.

ISBN을 인쇄하는 동안 단일오류가 발생했다고 가정하자. 그러면 어떤 정수 j에 대해 $i \neq j$이면 $y_i = x_i$이고, $y_j = x_j + a$를 만족하는 0이 아닌 정수 $a(-10 \leq a \leq 10)$가 존재한다. 여기서 $a = y_j - x_j$는 j번째 자리의 오류이다. 한편 $11 \nmid j$, $11 \nmid a$이므로 도움정리 4.2에 의해 $11 \nmid ja$이다. 또한 $\sum_{i=1}^{10} ix_i \equiv 0 \pmod{11}$이므로 다음이 성립한다.

$$\sum_{i=1}^{10} iy_i = \sum_{i=1}^{10} ix_i + ja \equiv ja \not\equiv 0 \pmod{11}$$

따라서 $y_1y_2\ldots y_{10}$는 유효하지 않은 ISBN이라는 결론을 내리고, 이 오류를 조사할 수 있다.

이제 전치오류가 발생했다고 가정하자. 즉 서로 다른 정수 j, k가 있어 $y_j = x_k$, $y_k = x_j$이다. $\sum_{i=1}^{10} ix_i \equiv 0 \pmod{11}$이고 $11 \nmid (j-k)$와 $11 \nmid (x_k - x_j)$이므로 다음이 성립한다.

$$\sum_{i=1}^{10} iy_i = \sum_{i=1}^{10} ix_i + (jx_k - jx_j) + (kx_j - kx_k) \equiv (j-k)(x_k - x_j) \not\equiv 0 \pmod{11}$$

따라서 $y_1y_2\ldots y_{10}$는 유효하지 않은 ISBN이라는 결론을 내리고, 두 개의 숫자가 교환되었음을 감지할 수 있다.

ISBN-13 코드의 첫 12자리 숫자인 $a_i(i = 1, 2, \ldots, 12)$에 대한 체크디지트 a_{13}는 합동식을 통해 다음과 같이 결정된다.

$$\begin{aligned} &a_1 + 3a_2 + a_3 + 3a_4 + a_5 + 3a_6 + a_7 + 3a_8 + a_9 + 3a_{10} + a_{11} \\ &\quad + 3a_{12} + a_{13} \equiv 0 \pmod{10} \end{aligned}$$

ISBN-10과 달리 ISBN-13은 모든 단일오류를 감지하지만 전치오류는 감지하지 못한다(연습문제 21과 22 참조). 따라서 세 자리를 추가하는 이점은 전치오류를 더 이상 감지하지 못하게 되는 대가로 돌아온다.

지금까지 숫자 문자열의 오류를 감지하는 데 있어 하나의 체크디지트를 사용하는 방법에 대해 논의했다. 그러나 하나의 체크디지트를 사용해서는 오류를 감지하고 수정까지 할 수는 없다. 즉 오류가 발생한 자리를 올바른 숫자로 대체할 수는 없다. 그러나 특정 합동식을 만족하는 추가 숫자를 사용하면 오류를 감지하고 수정할 수 있다(예를 들어 연습문제 24와 26 참조). 오류 감지 및 수정에 대한 자세한 내용은 부호론에 대한 책을 참고할 수 있다. 부호론은 다양한 수학 분야, 예를 들어 수론, 추상 대수, 조합론, 심지어 기하학 등으로부터 많은 결과를 사용한다. 좋은 정보

출처를 찾으려면 [Ro18]의 14장을 참조하라. 또한 체크디지트에 관한 갈리안(J. Gallian)의 훌륭한 논문인 [Ga92], [Ga91], [Ga96]을 참조하라. [GaWi88]는 관련 정보를 제공하며, 이는 운전면허번호의 체크디지트가 어떻게 결정되는지를 설명한다. 그리고 체크디지트와 식별번호를 중점적으로 다룬 [Ki01]도 좋은 참고 자료이다.

6.5 연습문제

1. 다음 비트 문자열에 추가해야 할 패리티 체크비트는 각각 무엇인가?

   a) 111111
   b) 000000
   c) 101010
   d) 100000
   e) 11111111
   f) 11001011

2. 마지막 비트가 패리티 체크비트인 다음 비트 문자열을 받았다고 가정할 때 어떤 문자열이 잘못되었는지 알 수 있는가?

   a) 111111111
   b) 0101010101010
   c) 1111010101010101

3. 다음 문자열이 패리티 체크비트로 끝나고 물음표로 표시된 빠진 비트를 제외하고 올바르게 받았다고 가정할 때 빠진 비트는 각각 무엇인가?

   a) 1?11111
   b) 000?10101
   c) ?0101010100

4. 패리티 체크비트가 홀수 개의 오류는 감지할 수 있지만, 짝수 개의 오류를 감지할 수 없음을 보여라.

5. 본문에 설명된 체크디지트 방식을 사용하여, 다음 여권 식별번호에 추가해야 할 체크디지트를 각각 찾아라.

   a) 132999
   b) 805237
   c) 645153

6. 다음 여권 식별번호에서 일곱 번째 숫자는 본문에서 설명한 대로 계산된 체크디지트이다. 이 여권 식별번호가 유효한지 각각 확인하라.

   a) 3300118
   b) 4501824
   c) 1873336

7. 본문에 설명된 여권 체크디지트 방식이 x_i, x_j의 전치를 감지하는 필요충분조건은 $|\ x_i - x_j\ | \neq 5$임을 보여라.

8. 수표에 인쇄된 은행 식별번호는 여덟 자리 숫자인 $x_1x_2\ldots x_8$로 이루어지며, 그 뒤에 아홉 번째 체크디지트 x_9가 있다. 여기서 x_9는 $x_9 \equiv 7x_1 + 3x_2 + 9x_3 + 7x_4 + 3x_5 + 9x_6 + 7x_7 + 3x_8 \pmod{10}$으로 정의된다.

   a) 식별번호의 처음 여덟 자리 숫자가 00185403일 때 체크디지트는 무엇인가?
   b) 이 방식으로 계산된 체크디지트가 감지하는 단일오류는 무엇인가?

c) 이 방식이 감지하는 전치오류는 무엇인가?

9. 10자리 ISBN의 처음 9자리 숫자가 다음과 같을 때 체크디지트는 각각 무엇인가?

a) 2-113-54001 b) 0-19-081082 c) 1-2123-9940 d) 0-07-038133

10. ISBN-10의 체크디지트 x_{10}은 합동식 $x_{10} \equiv \sum_{i=1}^{9} ix_i \pmod{11}$으로부터 계산될 수 있음을 보여라.

11. 다음 ISBN-10 코드가 유효한지 각각 확인하라.

a) 0-394-38049-5 c) 0-8218-0123-6 e) 90-6191-705-2

b) 1-09-231221-3 d) 0-404-50874-X

12. 다음 ISBN-10 코드에서 물음표로 표시된 자리가 더러워져서 읽을 수 없다고 가정하자. 빠진 숫자는 각각 무엇이어야 하는가?

a) 0-19-8?3804-9 b) 91-554-212?-6 c) ?-261-05073-X

13. 책에 대한 ISBN-10을 복사하는 동안 직원이 숫자 두 개를 실수로 교환했다. 직원이 ISBN-10을 0-07-289095-0으로 복사했고 다른 실수는 없다면 이 책의 올바른 ISBN-10은 무엇인가?

상품은 종종 **유니버설 제품코드**(Universal Product Codes, UPCs)로 식별된다. 가장 흔한 UPC는 12자리의 십진수로 구성된다. 첫 번째 숫자는 제품 카테고리를 식별하고 다음 다섯 자리는 제조사를 식별하고 다음 다섯 자리는 특정 제품을 식별하며, 마지막 자리는 체크디지트이다. 체크디지트는 처음 11자리의 숫자를 사용하여 다음 세 단계로 결정된다. 첫 번째로 왼쪽부터 홀수 위치의 수들을 모두 더하고 그 결과에 3을 곱한다. 두 번째로 짝수 위치의 수들의 합을 첫 번째 단계의 결과에 더한다. 세 번째로 체크디지트는 두 번째 단계의 결과에 더했을 때 그 결과가 10으로 나눠는 한 자리 십진수로 결정된다.

14. 합동식을 사용하여 제품 카테고리, 제조사, 특정 제품을 나타내는 11자리 숫자로부터 UPC의 체크디지트를 생성하는 공식을 제시하라.

15. 다음 12자리 숫자 문자열 각각이 제품의 UPC가 될 수 있는지를 각각 결정하라.

a) 0 47000 00183 6 c) 0 58000 00127 5

b) 3 11000 01038 9 d) 2 26500 01179 4

16. 12자리 UPC 코드의 처음 11자리 숫자가 다음과 같을 때 체크디지트는 각각 무엇인가?

a) 3 81370 02918 b) 5 01175 00557 c) 0 33003 31439 d) 4 11000 01028

17. 12자리 UPC 코드가 항상 단일오류를 감지할 수 있는지 확인하라.

18. 12자리 UPC 코드가 항상 전치오류를 감지할 수 있는지 확인하라.

19. 다음 ISBN-13 코드가 유효한지 각각 확인하라.

a) 978-0-073-22972-0 c) 978-1-4000-8277-3 e) 978-1-56975-655-3

b) 978-0-073-10779-1 d) 978-0-43985-654-2

20. 다음 ISBN-13 코드가 유효한지 각각 확인하라.

a) 978-0-06135-328-9 c) 978-1-41697-800-8 e) 978-0-67-002053-9

b) 978-0-79225-314-3 d) 978-0-45228-521-0

21. ISBN-13 코드는 항상 단일오류를 감지함을 보여라.

22. ISBN-13 코드에서 감지되지 않는 전치오류가 있음을 보여라.

23. 열 자리의 십진수 코드워드 $x_1x_2\ldots x_{10}$가 합동식 $\sum_{i=1}^{10} x_i \equiv 0 \pmod{11}$을 만족할 때 유효하다고 가정하자.

a) 코드워드의 모든 단일오류를 감지할 수 있는가?

b) 코드워드의 모든 전치오류를 감지할 수 있는가?

*24. 열 자리의 십진수 코드워드 $x_1x_2\ldots x_{10}$가 합동식 $\sum_{i=1}^{10} x_i \equiv \sum_{i=1}^{10} ix_i \equiv 0 \pmod{11}$을 만족할 때 유효하다고 가정하자.

a) 유효한 코드워드의 마지막 두 자리의 수가 $x_9 \equiv \sum_{j=1}^{8}(i+1)x_i \pmod{11}$과 $x_{10} \equiv \sum_{j=1}^{8}(9-i)x_i \pmod{11}$를 만족함을 보여라.

b) 유효한 열 자리 코드워드의 개수를 구하라.

c) 코드워드의 단일오류의 위치와 값이 결정될 수 있기 때문에 단일오류를 감지하고 수정할 수 있음을 보여라.

d) 코드워드의 전치오류를 감지할 수 있음을 보여라.

25. 노르웨이 정부는 노르웨이 수학자 셀머(Ernst Sejersted Selmer)가 설계한 방식을 사용하여 각 시민에게 11자리의 십진수 등록번호 $x_1x_2\ldots x_{11}$을 부여한다. 숫자 $x_1x_2\ldots x_6$은 출생일을 나타내며, 숫자 $x_7x_8x_9$는 그날 태어난 특정 사람을 식별하며, x_{10}과 x_{11}은 합동식 $x_{10} \equiv 8x_1 + 4x_2 + 5x_3 + 10x_4 + 3x_5 + 2x_6 + 7x_7 + 6x_8 + 9x_9 \pmod{11}$과 $x_{11} \equiv 6x_1 + 7x_2 + 8x_3 + 9x_4 + 4x_5 + 5x_6 + 6x_7 + 7x_8 + 8x_9 + 9x_{10} \pmod{11}$을 사용하여 계산된 체크디지트이다.

a) 처음 아홉 자리 숫자 110491238 뒤에 오는 체크디지트를 결정하라.

b) 이 방식이 등록번호의 모든 단일오류를 감지함을 보여라.

*c) 감지되는 이중오류는 무엇인가?

*26. 열 자리의 십진수 코드워드 $x_1x_2\ldots x_{10}$가 합동식 $\sum_{i=1}^{10} x_i \equiv \sum_{i=1}^{10} ix_i \equiv \sum_{i=1}^{10} i^2x_i \equiv \sum_{i=1}^{10} i^3x_i \equiv 0 \pmod{11}$을 만족할 때 유효하다고 가정하자.

a) 유효한 열 자리 코드워드의 개수를 구하라.

b) 코드워드의 이중오류가 어떻게 수정될 수 있는지 보여라.

c) 코드워드가 0204906710으로 수신되었다고 가정하라. 이중오류가 발생했다면 올바른 코드워드는 무엇인가?

항공권은 15자리 식별번호 $a_1a_2 \dots a_{14}a_{15}$를 가지며, a_{15}는 체크디지트로서 법 7로 정수 $a_1a_2 \dots a_{14}$의 최소비음잉여이다.

27. 항공권 식별번호의 처음 14자리가 다음과 같을 때 체크디지트 a_{15}를 각각 구하라.

    a) 00032781811224 b) 10238544122339 c) 00611133123278

28. 다음이 유효한 항공권 식별번호인지 각각 결정하라.

    a) 102284711033122 b) 004113711331240 c) 100261413001533

29. 항공권의 체크디지트를 사용하여 단일오류 중에서 감지되는 것과 감지되지 않는 것을 각각 결정하라.

30. 항공권 식별번호에서 인접한 두 숫자의 전치오류 중 감지되는 것과 감지되지 않는 것을 결정하라.

학술 잡지를 식별하기 위해 사용되는 **국제표준연속간행물번호**(International Standard Serial Number, ISSN)는 두 블록의 네 자리 숫자로 구성되며 두 번째 블록의 마지막 숫자는 11진수 체크디지트이다. ISBN에서와 같이 문자 X는 10을 나타낸다. 체크디지트 d_8은 합동식 $d_8 \equiv 3d_1+4d_2+5d_3+6d_4+7d_5+8d_6+9d_7 \pmod{11}$에 의해 결정된다.

31. 다음 ISSN의 처음 일곱 자리 숫자에 대해 올바른 체크디지트를 각각 결정하라.

    a) 0317-847 b) 0423-555 c) 1063-669 d) 1363-837

32. ISSN에서 단일오류를 항상 감지할 수 있는가? 이에 대한 답을 정당화하라.

33. ISSN에서 두 연속된 숫자가 실수로 전치된 경우를 항상 감지할 수 있는가? 이에 대한 답을 정당화하라.

계산과 탐구

1. 여러 권의 책의 ISBN-10 코드를 확인하여 체크디지트가 올바르게 계산되었는지 확인하라.
2. 최근 출판된 여러 권의 책의 ISBN-13 코드를 확인하여 체크디지트가 올바르게 계산되었는지 확인하라.

프로그래밍 프로젝트

1. 패리티 체크비트로 끝나는 주어진 비트 문자열에 홀수 또는 짝수 개의 오류가 있는지 확인하라.

2. 처음 9자리 숫자가 주어진 경우 ISBN-10 코드의 체크디지트를 결정하라.

3. 주어진 10자리 숫자 문자열이 유효한 ISBN-10 코드인지 확인하라. 이때 처음 9개의 숫자는 십진수이고 마지막 숫자는 십진수이거나 X이다.

4. 주어진 12자리 숫자 문자열이 유효한 UPC인지 확인하라.

5. 처음 12자리 숫자가 주어진 경우 ISBN-13 코드의 체크디지트를 결정하라.

6. 주어진 13자리 숫자 문자열이 유효한 ISBN-13 코드인지 확인하라.

제7장
특별한 종류의 합동식

이 장에서는 이론적이고 실용적인 중요성을 갖는 세 가지 합동식에 대해 논의한다. 윌슨의 정리는 소수 p에 대해 $(p-1)!$을 p로 나눌 때 나머지가 -1임을 보여준다. 페르마의 작은 정리는 정수의 p 제곱을 p로 나눈 나머지에 대한 합동을 제공한다. 특히 이는 p가 소수일 때, 정수 a에 대해 a^p과 a가 p로 나누었을 때 같은 나머지를 갖는다는 것을 보여준다. 오일러 정리는 소수가 아닌 법에 대한 페르마의 작은 정리의 일반화를 제공한다.

이 세 가지 합동식은 많은 응용 분야가 있다. 예를 들어 페르마의 작은 정리는 소수 판정법과 인수분해 알고리즘의 기초로 사용될 수 있다. 또한 소수와 동일한 합동식을 만족함으로써 소수와 유사하게 보이는 합성수인 유사소수에 대해 설명한다. 유사소수가 상대적으로 드물다는 사실을 이용하여 정수가 소수임을 압도적인 증거로 제공할 수 있는 몇 가지 판정법을 소개할 것이다.

7.1 윌슨의 정리와 페르마의 작은 정리

1770년에 출판된 책에서 영국 수학자 웨어링(Edward Waring)은 그의 학생인 윌슨(John Wilson)이 $(p-1)!+1$이 소수 p로 나누어 떨어진다는 것을 발견했다고 밝혔다. 더 나아가, 그는 자신과 윌슨 둘 다 이를 증명할 방법을 모른다고 언급했다. 아마도 윌슨은 이 추측을 숫자적 증거를 바탕으로 내린 것으로 보인다. 예를 들어 쉽게 2가 $1!+1=2$를 나누고, 3이 $2!+1=3$을 나누며, 5가 $4!+1=25$를 나누고, 7이 $6!+1=721$를 나누는 것을 확인할 수 있다. 웨어링은 이것을 증명하기 어렵다고 생각했지만, 라그랑주(Joseph Lagrange)는 1771년에 이 결과를 증명했다. 그럼에도 불구하고, p가 $(p-1)!+1$을 나눈다는 사실은 **윌슨의 정리**(Wilson's theorem)로 알려져 있다. 이제 이 정리를 합동식의 형태로 표시하면 다음과 같다.

정리 7.1 윌슨의 정리

p가 소수이면 $(p-1)! \equiv -1 \pmod{p}$이다.

윌슨의 정리를 증명하기 전에, 증명에 쓰인 아이디어를 설명하기 위한 예제를 들어보자.

예제 7.1

$p = 7$인 경우 $(7-1)! = 6! = 1 \cdot 2 \cdot 3 \cdot 4 \cdot 5 \cdot 6$이 된다. 여기에서 곱의 인수들을 재배열하여 법 7로 역수의 쌍을 모아 그룹화해보자. $2 \cdot 4 \equiv 1 \pmod{7}$과 $3 \cdot 5 \equiv 1 \pmod{7}$임을 알 수 있다. 따라서 $6! \equiv 1 \cdot (2 \cdot 4) \cdot (3 \cdot 5) \cdot 6 \equiv 1 \cdot 6 \equiv -1 \pmod{7}$이 된다. 따라서 윌슨의 정리의 특수한 경우를 확인할 수 있다.

이제 예제 7.1에서 사용된 방법을 사용하여 윌슨의 정리를 증명해보자.

증명 7.1

$p = 2$일 때 $(p-1)! \equiv 1 \equiv -1 \pmod{2}$이므로 윌슨의 정리가 $p = 2$일 때 참임이 확인된다. 이제 p를 2보다 큰 소수로 두자. 따름정리 5.12.1을 사용하여 $1 \leq a \leq p-1$인 각 정수 a에 대해 법 p로 a의 역수 $\bar{a}, 1 \leq \bar{a} \leq p-1$가 있음을 알 수 있다. 여기서 $a\bar{a} \equiv 1 \pmod{p}$가 성립한다. 정리 5.13에 따르면 p보다 작고 자기 자신의 역수인 양의 정수는 1과 $p-1$뿐이다. 그러므로 2부터 $p-2$까지의 정수를 $(p-3)/2$개의 쌍으로 나눌 수 있고, 각 쌍의 곱은 법 p로 1이 된다. 그러므로 다음과 같은 합동식을 얻을 수 있다.

$$2 \cdot 3 \cdots (p-3) \cdot (p-2) \equiv 1 \pmod{p}$$

이 합동식의 양쪽에 1과 $p-1$을 곱하여 다음을 얻을 수 있다.

$$(p-1)! = 1 \cdot 2 \cdot 3 \cdots (p-3)(p-2)(p-1) \equiv 1 \cdot (p-1) \equiv -1 \pmod{p}$$

이로써 증명이 완료된다.

흥미로운 점은 윌슨의 정리의 역 또한 참인데, 다음 정리가 그것을 보여준다.

정리 7.2

만약 n이 2 이상이고 $(n-1)! \equiv -1 \pmod{n}$인 양의 정수이면, n은 소수이다.

증명 7.2

n이 합성수이고 $(n-1)! \equiv -1 \pmod n$이라고 가정하자. n이 합성수이기 때문에 $n = ab$이고 $1 < a < n$, $1 < b < n$인 정수 a와 b가 존재한다. $a < n$이므로 $(n-1)!$을 형성하는 $n-1$개의 수 중 하나인 a가 $(n-1)!$의 약수임을 알 수 있다. $(n-1)! \equiv -1 \pmod n$이므로 $n \mid ((n-1)!+1)$이 된다. 이는 정리 1.8에 의해 a도 $(n-1)!+1$을 나눈다는 것을 의미한다. 정리 1.9에 의해 $a \mid (n-1)!$이고 $a \mid ((n-1)!+1)$이므로 $a \mid ((n-1)!+1)-(n-1)! = 1$이 된다. 하지만 $a > 1$이므로 이것은 모순이다.

윌슨의 정리는 예제 7.2가 보여주듯이 합성수가 소수가 아님을 증명하는 데 사용될 수 있다.

예제 7.2

$(6-1)! = 5! = 120 \equiv 0 \pmod 6$이기 때문에, 정리 7.1은 6이 소수가 아니라는 사실을 확인시켜준다.

윌슨의 정리와 그의 역은 소수 판정법을 제공한다. 정수 n이 소수인지 여부를 결정하려면 $(n-1)! \equiv -1 \pmod n$인지 여부를 결정하면 된다. 그러나 $(n-1)!$을 찾으려면 $n-2$번의 곱셈이 필요하며 $O(n(\log_2 n)^2)$ 비트연산이 필요하므로 이는 실용적인 판정법이 아니다.

페르마는 수론에서 많은 중요한 발견을 했다. 그 중 하나는 p가 소수이고 a가 p로 나눠지지 않는 정수일 때, p가 $a^{p-1}-1$을 나눈다는 사실이다. 그는 이 결과를 그의 수학적 편지 수신인 베시에게 1640년에 보낸 편지에서 밝혔다. 페르마는 편지에 증명을 첨부할 필요가 없다고 말했는데, 그 이유는 증명이 너무 길 것을 우려했다고 한다. 페르마가 이 정리를 어떻게 증명하는지에 대한 의문은 거의 없다. 이 정리는 페르마의 "마지막 정리"와 구별하기 위해 "페르마의 작은 정리"라고 불린다. 이 정리에 대한 최초의 출판된 증명은 오일러가 1736년에 한 것으로 되어 있다. 오일러는 또한 페르마의 작은 정리를 일반화했는데, 7.3절에서 그것을 살펴볼 것이다.

정리 7.3 페르마의 작은 정리

p가 소수이고 p가 정수 a를 나누지 않으면 $a^{p-1} \equiv 1 \pmod p$이다.

페르마의 작은 정리를 증명하기 전에, 다음 예제를 통해 증명에 사용된 아이디어를 살펴보자.

예제 7.3

증명의 기본 아이디어는 $1 \cdot a$부터 $(p-1) \cdot a$까지의 a의 배수를 모두 곱하고 간단히하는 것이다. 예를 들어 $p = 7$이고 $a = 3$인 경우를 생각해보자. $j = 1, 2, \ldots, 6$에 대해 ja의 수를 곱하고 간단히할 것이다. 이 수들을 모두 곱하기 전에 다음을 주목하자. $1 \cdot 3 \equiv 3 \pmod 7$, $2 \cdot 3 \equiv 6 \pmod 7$, $3 \cdot 3 \equiv 2$

(mod 7), $4 \cdot 3 \equiv 5 \pmod 7$, $5 \cdot 3 \equiv 1 \pmod 7$, $6 \cdot 3 \equiv 4 \pmod 7$이므로 다음을 얻는다.

$$(1 \cdot 3) \cdot (2 \cdot 3) \cdot (3 \cdot 3) \cdot (4 \cdot 3) \cdot (5 \cdot 3) \cdot (6 \cdot 3) \equiv 3 \cdot 6 \cdot 2 \cdot 5 \cdot 1 \cdot 4 \pmod 7$$

따라서 $3^6 \cdot 1 \cdot 2 \cdot 3 \cdot 4 \cdot 5 \cdot 6 \equiv 3 \cdot 6 \cdot 2 \cdot 5 \cdot 1 \cdot 4 \pmod 7$이므로, $3^6 \cdot 6! \equiv 6! \pmod 7$이 되어 $3^6 \equiv 1 \pmod 7$을 얻는다.

이제 예제 7.3에서 살펴본 아이디어를 사용하여 페르마의 작은 정리를 증명해보자.

증명 7.3

$p-1$개의 정수 $a, 2a, \ldots, (p-1)a$를 고려하자. 이 정수들 중 어느 하나도 p로 나눠지 않는다. 왜냐하면 $p \mid ja$인 경우 도움정리 4.2에 의해 $p \nmid a$이므로 $p \mid j$가 된다. 하지만 $1 \leq j \leq p-1$이므로 이는 불가능하다. 또한 $a, 2a, \ldots, (p-1)a$ 중 두 정수가 법 p로 합동이 아니다. 이를 보이기 위해 $ja \equiv ka \pmod p$가 되는 경우를 가정해보자. 여기서 $1 \leq j < k \leq p-1$이다. 그러면 따름정리 5.5.1에 의해 $(a, p) = 1$이므로 $j \equiv k \pmod p$가 된다. 하지만 이는 불가능하다. 왜냐하면 j와 k는 $p-1$보다 작은 양의 정수이기 때문이다.

도움정리 5.1에 의해 $a, 2a, \ldots, (p-1)a$의 최소양잉여들은 어떤 순서로든 $1, 2, \ldots, p-1$의 정수들이어야 한다. 따라서 정수 $a, 2a, \ldots, (p-1)a$의 곱은 첫 $p-1$개의 양의 정수의 곱과 법 p로 합동이 된다. 따라서 다음과 같다.

$$\begin{aligned} a \cdot 2a \cdots (p-1)a &\equiv 1 \cdot 2 \cdots (p-1) \pmod p \\ a^{p-1}(p-1)! &\equiv (p-1)! \pmod p \end{aligned}$$

$((p-1)!, p) = 1$이기 때문에, 따름정리 5.5.1에 의해 $(p-1)!$을 소거하여 다음을 얻게 된다.

$$a^{p-1} \equiv 1 \pmod p$$

정리 7.4

p가 소수이고 a가 양의 정수이면 $a^p \equiv a \pmod p$이다.

증명 7.4

페르마의 작은 정리에 따르면 $p \nmid a$일 때 $a^{p-1} \equiv 1 \pmod p$임을 알 수 있다. 이 합동식 양쪽에 a를 곱하면 $a^p \equiv a \pmod p$가 된다. 만약 $p \mid a$이라면 $p \mid a^p$도 성립하여 $a^p \equiv a \equiv 0 \pmod p$가 된다. 따라서 $p \nmid a$일 때와 $p \mid a$일 때에 관계없이 $a^p \equiv a \pmod p$가 성립한다.

정수의 거듭제곱의 최소양잉여를 찾는 것은 종종 수론 및 암호학과 같은 응용 분야에서 필요하다. 특히 다음 예제에서 볼 수 있듯이 페르마의 작은 정리는 이러한 계산에서 유용한 도구이다.

예제 7.4

페르마의 작은 정리를 활용하여 법 11로 3^{201}의 최소양잉여를 구할 수 있다. $3^{10} \equiv 1 \pmod{11}$임을 알고 있다. 따라서 $3^{201} = (3^{10})^{20} \cdot 3 \equiv 3 \pmod{11}$이 된다.

다음 결과는 페르마의 작은 정리의 유용한 응용 사례이다.

정리 7.5

만약 p가 소수이고 정수 a가 p의 배수가 아니면 a^{p-2}는 법 p로 a의 역수이다.

증명 7.5

만약 $p \nmid a$이면 페르마의 작은 정리에 의해 $a \cdot a^{p-2} = a^{p-1} \equiv 1 \pmod{p}$이다. 따라서 a^{p-2}는 법 p로 a의 역수가 된다.

예제 7.5

정리 7.5에 의해 $2^9 = 512 \equiv 6 \pmod{11}$은 법 11로 2의 역수가 된다.

정리 7.5는 법이 소수인 일차합동식을 해결하는 또 다른 방법을 제시한다.

따름정리 7.5.1

만약 a와 b가 양의 정수이고 p가 $p \nmid a$를 만족하는 소수라면 일차합동식 $ax \equiv b \pmod{p}$의 해는 $x \equiv a^{p-2}b \pmod{p}$를 만족하는 정수 x이다.

증명 7.5.1

$ax \equiv b \pmod{p}$라고 가정하자. $p \nmid a$이므로 정리 7.5에서 a^{p-2}가 a의 역수임을 알 수 있다. 원래의 합동식 양변에 a^{p-2}를 곱하면 다음과 같이 된다.

$$a^{p-2}ax \equiv a^{p-2}b \pmod{p}$$

따라서 다음과 같이 됨을 알 수 있다.

$$x \equiv a^{p-2}b \pmod{p}$$

7.1.1 폴라드 $p-1$ 방법

페르마의 작은 정리는 1974년 폴라드에 의해 고안된 소인수분해방법의 기초가 된다. 이 방법은 **폴라드 $p-1$ 방법**(Pollard $p-1$ methed)으로 알려져 있으며, 양의 정수 n이 소인수 p를 가질 때, $p-1$을 나누는 소인수들이 상대적으로 작은 경우에 n의 비자명 인수를 찾는 데 사용할 수 있다.

이 방법이 어떻게 작동하는지 보기 위해 양수 정수 n의 약수를 찾고자 한다고 가정해보자. 또한 n이 소인수 p를 가지며, $p-1$이 $k!$(k는 양의 정수)로 나눈다고 가정하자. $p-1$이 작은 소인수들로만 이루어져 있어서 k가 너무 크지 않은 정수가 되도록 한다. 예를 들어 $p = 2269$라면 $p-1 = 2268 = 2^2 3^4 7$이므로, $p-1$은 $9!$를 나누지만 그 이하의 팩토리얼 값을 나누지는 않는다.

$p-1$이 $k!$을 나누는 것을 원하는 이유는 페르마의 작은 정리를 적용할 수 있기 때문이다. 페르마의 작은 정리에 따르면 $2^{p-1} \equiv 1 \pmod{p}$임을 알고 있다. 이제 $p-1$이 $k!$을 나누므로, 어떤 정수 q에 대해 $k! = (p-1)q$이다. 따라서 다음이 성립한다.

$$2^{k!} = 2^{(p-1)q} = (2^{p-1})^q \equiv 1^q = 1 \pmod{p}$$

이는 p가 $2^{k!}-1$을 나눈다는 것을 의미한다. 이제 M을 법 n으로 $2^{k!}-1$의 최소양잉여라고 하자. 즉 $M = (2^{k!}-1) - nt$인 어떤 정수 t가 있다. 이때 p가 $2^{k!}-1$과 n을 모두 나누기 때문에 p는 M을 나눈다.

이제 n의 약수를 찾기 위해 단순히 M과 n의 최대공약수 $d = (M, n)$을 계산하기만 하면 된다. 이는 유클리드 알고리즘을 사용하여 빠르게 할 수 있다. 이때 d가 비자명 인수가 되기 위해서는 M이 0이 아니어야만 한다. 이것은 n이 $2^{k!}-1$을 나누지 않을 때에 해당되는데, 이는 n이 큰 소인수를 가질 때에 가능하다.

이 방법을 사용하기 위해서는 양수 정수 k에 대해 $2^{k!}$을 계산해야 한다. 모듈러 거듭제곱이 효율적으로 수행될 수 있기 때문에 이것도 효과적으로 계산할 수 있다. 법 n으로 $2^{k!}$의 최소양잉여를 찾기 위해 $r_1 = 2$로 두고 $r_2 \equiv r_1^2 \pmod{n}$, $r_3 \equiv r_2^3 \pmod{n}, \ldots, r_k \equiv r_{k-1}^k \pmod{n}$과 같은 계산을 순차적으로 시행한다. 이 절차를 다음 예제에서 설명한다.

예제 7.6

$2^{9!}$ (mod 5,157,437)를 찾기 위해 다음과 같은 계산을 순차적으로 시행한다.

$$r_2 \equiv r_1^2 = 2^2 \equiv 4 \pmod{5{,}157{,}437}$$
$$r_3 \equiv r_2^3 = 4^3 \equiv 64 \pmod{5{,}157{,}437}$$
$$r_4 \equiv r_3^4 = 64^4 \equiv 1{,}304{,}905 \pmod{5{,}157{,}437}$$
$$r_5 \equiv r_4^5 = 1{,}304{,}905^5 \equiv 404{,}913 \pmod{5{,}157{,}437}$$
$$r_6 \equiv r_5^6 = 404{,}913^6 \equiv 2{,}157{,}880 \pmod{5{,}157{,}437}$$
$$r_7 \equiv r_6^7 = 2{,}157{,}880^7 \equiv 4{,}879{,}227 \pmod{5{,}157{,}437}$$
$$r_8 \equiv r_7^8 = 4{,}879{,}227^8 \equiv 4{,}379{,}778 \pmod{5{,}157{,}437}$$
$$r_9 \equiv r_8^9 = 4{,}379{,}778^9 \equiv 4{,}381{,}440 \pmod{5{,}157{,}437}$$

그러면 $2^{9!} \equiv 4{,}381{,}440 \pmod{5{,}157{,}437}$을 얻을 수 있다.

다음 예제에서는 폴라드 $p-1$ 방법을 사용하여 정수 5,157,437의 약수를 찾아본다.

예제 7.7

폴라드 $p-1$ 방법을 사용하여 5,157,437의 약수를 찾기 위해 예제 7.6에서와 같이 $k = 1, 2, 3, \ldots$에 대해 법 5,157,437로 $2^{k!}$의 최소양잉여인 r_k를 순차적으로 찾는다. 각 단계에서 $(r_k - 1,\ 5{,}157{,}437)$을 계산한다. 5,157,437의 인수를 찾기 위해 아홉 단계가 필요하다. 왜냐하면 $k = 1, 2, 3, 4, 5, 6, 7, 8$에 대해 $(r_k - 1,\ 5{,}157{,}437) = 1$임을 알 수 있지만, $(r_9 - 1,\ 5{,}157{,}437) = (4{,}381{,}439,\ 5{,}157{,}437) = 2269$이기 때문이다. 따라서 2269는 5,157,437의 약수가 된다.

폴라드 $p-1$ 방법은 다른 인수분해방법, 특히 나눗셈시행을 포함한 다른 방법보다 효율이 낮을 수 있다. 이는 양의 정수 n의 모든 소인수 p에 대해 $p-1$이 작은 소인수를 갖지 않는 경우에 그렇다. (이와 관련한 예제는 7.1절의 연습문제 29를 참조하기 바란다.)

또한 밑 2 이외의 정수를 사용하여 더 많은 정수의 인수를 찾을 수 있도록 이 방법을 확장할 수 있다. 실제로 폴라드 $p-1$ 방법은 작은 소수에 의한 나눗셈시행 후에 사용되는 것이 일반적이지만, 이후에는 이차체 및 타원곡선 방법과 같은 고급 방법보다는 덜 복잡한 방법으로 사용된다.

7.1 연습문제

1. 10!에 나타내는 법 11로 서로 역수가 되는 쌍들을 묶음으로써 $10! + 1$이 11로 나뉨을 보여라.

2. 12!에 나타내는 법 13으로 서로 역수가 되는 쌍들을 묶음으로써 $12! + 1$이 13으로 나뉨을 보여라.

3. 16!을 19로 나눌 때 나머지는 무엇인가?

4. 5!25!을 31로 나눌 때 나머지는 무엇인가?

5. 윌슨의 정리를 사용하여 법 7로 $8 \cdot 9 \cdot 10 \cdot 11 \cdot 12 \cdot 13$의 최소양잉여를 구하라.

6. $7 \cdot 8 \cdot 9 \cdot 15 \cdot 16 \cdot 17 \cdot 23 \cdot 24 \cdot 25 \cdot 43$을 11로 나눌 때 나머지는 무엇인가?

7. 18!을 437로 나눌 때 나머지는 무엇인가?

8. 40!을 1763으로 나눌 때 나머지는 무엇인가?

9. 5^{100}을 7로 나눌 때 나머지는 무엇인가?

10. 6^{2000}을 11로 나눌 때 나머지는 무엇인가?

11. 페르마의 작은 정리를 사용하여 법 7로 $3^{999,999,999}$의 최소양잉여를 찾아라.

12. 페르마의 작은 정리를 사용하여 법 17로 $2^{1,000,000}$의 최소양잉여를 찾아라.

13. $3^{10} \equiv 1 \pmod{11^2}$임을 보여라.

14. 페르마의 작은 정리를 사용하여 3^{100}의 7진전개의 마지막 숫자를 찾아라.

15. 페르마의 작은 정리를 사용하여 다음 일차합동식의 해를 찾아라.

    a) $7x \equiv 12 \pmod{17}$　　　　b) $4x \equiv 11 \pmod{19}$

16. 만약 n이 4가 아닌 합성수라면 $(n-1)! \equiv 0 \pmod{n}$임을 보여라.

17. p가 홀수 소수일 때 $2(p-3)! \equiv -1 \pmod{p}$임을 보여라.

18. n이 홀수이고 $3 \nmid n$일 때 $n^2 \equiv 1 \pmod{24}$임을 보여라.

19. $(a, 35) = 1$일 때 $a^{12} - 1$이 35로 나뉨을 보여라.

20. $(a, 42) = 1$일 때 $a^6 - 1$이 168로 나뉨을 보여라.

21. 모든 양의 정수 n에 대해 $42 \mid (n^7 - n)$임을 보여라.

22. 모든 양의 정수 n에 대해 $30 \mid (n^9 - n)$임을 보여라.

23. 소수 p에 대해 $1^{p-1} + 2^{p-1} + 3^{p-1} + \cdots + (p-1)^{(p-1)} \equiv -1 \pmod{p}$임을 보여라. (이는 그 역도 사실임이 추측되고 있다.)

24. 홀수 소수 p에 대해 $1^p + 2^p + 3^p + \cdots + (p-1)^p \equiv 0 \pmod{p}$임을 보여라.

25. 소수 p의 배수가 아닌 정수 a, b에 대해 $a^p \equiv b^p \pmod{p}$이면 $a^p \equiv b^p \pmod{p^2}$임을 보여라.

26. 폴라드 $p-1$ 방법을 사용하여 689의 약수를 찾아라.

27. 폴라드 $p-1$ 방법을 사용하여 7,331,117의 약수를 찾아라.

28. 폴라드 $p-1$ 방법을 사용하여 15,251의 약수를 찾아라.

29. 1,068,931의 약수를 찾기 위해 폴라드 $p-1$ 방법을 사용하고, 이 방법이 그 약수를 찾는 데 최선이 아닌 이유를 설명하라.

30. 서로 다른 소수 p와 q에 대해 $p^{q-1}+q^{p-1} \equiv 1 \pmod{pq}$임을 보여라.

31. 소수 p와 정수 a에 대해 $p \mid (a^p + (p-1)!\, a)$를 보여라.

32. 홀수 소수 p가 주어졌을 때 $1^2 3^2 \cdots (p-4)^2 (p-2)^2 \equiv (-1)^{(p+1)/2} \pmod{p}$임을 보여라.

33. 소수 p가 주어졌을 때 $p \equiv 3 \pmod 4$이면 $((p-1)/2)! \equiv \pm 1 \pmod{p}$임을 보여라.

34. a) 소수 p보다 작은 양의 정수 r이 $(-1)^r r! \equiv -1 \pmod{p}$를 만족하면 $(p-r+1)! \equiv -1 \pmod{p}$임을 보여라.

    b) (a)번을 사용하여 $61! \equiv 63! \equiv -1 \pmod{71}$임을 보여라.

35. 윌슨의 정리를 사용하여 다음을 보여라. 만약 p가 소수이고 $p \equiv 1 \pmod 4$이면 이차합동식 $x^2 \equiv -1 \pmod{p}$는 $x \equiv \pm((p-1)/2)! \pmod{p}$로 주어지는 두 개의 서로 합동이 아닌 해를 가짐을 보여라.

36. 만약 p가 소수이고 $0 < k < p$이면 $(p-k)!(k-1)! \equiv (-1)^k \pmod{p}$임을 보여라.

37. 정수 n에 대해 다음을 보여라.

$$\pi(n) = \sum_{j=2}^{n} \left[\frac{(j-1)!+1}{j} - \left[\frac{(j-1)!}{j} \right] \right]$$

38. 소수 p가 3보다 큰 경우 다음을 보여라.

$$2^{p-2} + 3^{p-2} + 6^{p-2} \equiv 1 \pmod{p}$$

39. 음이 아닌 정수 n에 대해 다음을 보여라.

$5 \mid (1^n + 2^n + 3^n + 4^n)$일 필요충분조건은 $4 \nmid n$이다.

*40. 어떤 양수 정수 n에 대해 $n^4 + 4^n$이 소수일 때는 언제인가?

41. $n \neq 1$인 경우, 다음을 보여라.

양수 정수 쌍 n과 $n+2$가 쌍둥이 소수일 필요충분조건은 $4((n-1)!+1)+n \equiv 0 \pmod{n(n+2)}$이다.

42. $n > k$이고 짝수인 양의 정수 k에 대해 n과 $n+k$가 모두 소수일 때 다음을 보여라.

$$(k!)^2((n-1)!+1)+n(k!-1)(k-1)! \equiv 0 \pmod{n(n+k)}$$

43. p가 소수인 경우에 다음을 보여라.

$$\binom{2p}{p} \equiv 2 \pmod{p}$$

44. 4.3절의 연습문제 74에서 p가 소수이고 k가 p보다 작은 양의 정수인 경우 이항계수 $\binom{p}{k}$가 p로 나뉘는 것을 보였다. 이 사실과 이항정리를 사용하여 a와 b가 정수일 때 다음을 보여라.

$$(a+b)^p \equiv a^p + b^p \pmod{p}$$

45. 수학적 귀납법을 사용하여 페르마의 작은 정리를 증명하라. (힌트: 귀납법 단계에서 연습문제 44를 사용하여 $(a+1)^p$에 대한 합동식을 얻어라.)

*46. 5.3절의 연습문제 36을 사용하여 **윌슨의 정리의 가우스 일반화**(Gauss's generalization of Wilson's theorem)를 증명하라. 즉 m보다 작은 양의 정수 중 m과 서로소인 수들의 곱은 $m = 4$, p^t, $2p^t$일 때(p는 홀수 소수이고 t는 양의 정수) 법 m으로 -1과 합동이고, 이외의 경우에는 1과 합동이다.

47. 카드 뭉치를 26장씩 두 더미로 나눈 뒤, 두 더미의 밑에서부터 카드를 번갈아 빼내어 쌓아 새로운 더미를 만든다. 물음에 답하라.

    a) 카드가 원래 더미에서 c번째 위치에 있고, 새로 쌓은 더미에서 해당 카드가 b번째 위치에 있다면 $b \equiv 2c \pmod{53}$이고, $1 \le b \le 52$임을 보여라.

    b) 위에서 설명한 방식의 카드섞이를 몇 번 반복해야 카드가 원래 순서로 돌아오는지 구하라.

48. 소수 p와 양의 정수 a에 대해 $p \nmid a$ 경우 페르마 몫 $q_p(a)$를 $q_p(a) = (a^{p-1}-1)/p$와 같이 정의한다. 이때 p로 나뉘지 않는 양의 정수 a와 b에 대해 $q_p(ab) \equiv q_p(a) + q_p(b) \pmod{p}$가 성립함을 보여라.

49. 주어진 소수 p에 대해 $a_1, a_2, \ldots, a_p$와 $b_1, b_2, \ldots, b_p$가 법 p로의 완전잉여계라고 하자. 이때 $a_1b_1, a_2b_2, \ldots, a_pb_p$는 법 p로의 완전잉여계가 아님을 보여라.

*50. $n \ge 2$인 경우 n이 $2^n - 1$을 나누지 않음을 보여라.

*51. 홀수 소수 p가 주어진 경우 $(p-1)!^{p^{n-1}} \equiv -1 \pmod{p^n}$임을 보여라.

52. $p > 5$인 경우 소수 $(p-1)!+1$은 적어도 두 개의 서로 다른 소인수를 가짐을 보여라.

53. a와 n이 서로소인 정수이고 $n > 1$인 경우 n이 소수일 때와 그렇지 않을 때 두 다항식 $(x-a)^n$과 $x^n - a$가 법 n으로 합동임을 보여라. (5.1절의 연습문제 48의 전제에서 두 다항식이 법 n으로 합동이라는 것은 두 다항식의 x의 거듭제곱에 대한 계수들이 법 n으로 서로 합동인 경우를 말한

다.) (Agrawal, Kayal, and Saxena [AgKaSa02]의 정리, 즉 정수가 소수인지 판별하는 다항시간 알고리즘이 이 결과로부터 시작한다.)

54. 양의 정수 n에 대해 $(n!+1, (n+1)!)$을 구하라.

연습문제 55~60은 폴라드의 $p-1$ 방법의 변형된 형태를 소개하고자 한다. 이 방법은 본문에 제시된 방법보다 다소 효율적이다. 양의 정수 A에 대해 소인수분해가 $n = \prod_{i=1}^{t} p_i^{e_i}$로 주어지는 정수 n이 **A-거듭제곱 부드러운 수**(A-power smooth integer)라 함은 모든 $i = 1, 2, \ldots, t$에 대해 $p_i^{e_i} \leq A$일 때를 말한다.

55. 다음에 주어진 각각의 정수에 대해 8-거듭제곱 부드러운 수를 찾아라.

a) 80
b) 77
c) 90
d) 120
e) 135
f) 150

56. 다음에 주어진 각각의 정수에 대해 30-거듭제곱 부드러운 수를 찾아라.

a) 160
b) 54
c) 250
d) 96
e) 135
f) 350

57. P_A가 A 이하의 모든 소수의 집합인 경우 $[1, 2, \ldots, A] = \prod_{p \in P_A} p^{[\log_p(A)]}$임을 보여라. 여기서 $[a_1, a_2, \ldots, a_n]$은 $a_1, a_2, \ldots, a_n$의 최소공배수를 나타낸다.

58. 이번 연습문제에서는 연습문제 57과 페르마의 작은 정리를 사용하여 폴라드 $p-1$ 방법의 변형된 형태를 소개한다. 주어진 양의 정수 A와 e에 대해 $b \equiv e^{[1,2,\ldots,A]} - 1 \pmod{N}$이라고 가정하자. 만약 $(e^{[1,2,\ldots,A]} - 1, N) = 1$이고 $B \leq A$이면 $(e^{[1,2,\ldots,B]} - 1, N) = 1$임을 보여라. 또한 $(e^{[1,2,\ldots,A]} - 1, N) = N$이고 $B \geq A$이면 $(e^{[1,2,\ldots,B]} - 1, N) = N$임을 보여라. 이때 $f = (b, N)$을 계산하여 $f \neq 1$이고 $f \neq N$일 때 N의 비자명한 인수를 얻는다. 이것은 경계 A와 밑 e가 지정된 인수분해방법을 제공한다. 특정한 경계와 밑 값에 대해 비자명한 인수가 발견되지 않으면, 다른 값들을 사용하여 인수를 찾을 수 있는데, 이것은 [St09]에서 설명되는 예제를 통해 연습문제 60~62에서 보여진다.

59. 연습문제 58에서 $A = 5$와 $e = 2$를 사용하여 5917의 인수를 찾아라.

60. 연습문제 58에서 $A = 5$와 $e = 2$를 사용하면 779167의 비자명 인수를 찾을 수 없음을 보여라. 그러나 $A = 15$와 $e = 2$를 사용하면 779167의 비자명 인수를 찾을 수 있음을 보여라.

61. 연습문제 58에서 $A = 7$와 $e = 2$를 사용하면 4331의 비자명 인수를 찾을 수 없음을 보여라. 그러나 $A = 5$와 $e = 2$를 사용하면 4331의 비자명 인수를 찾을 수 있음을 보여라.

62. 연습문제 58에서 $A = 15$와 $e = 2$를 사용하면 187의 비자명 인수를 찾을 수 없음을 보여라. 그러나 $A = 3$와 $e = 2$를 사용하면 187의 비자명 인수를 찾을 수 있음을 보여라.

63. 만약 p가 N을 나누고 $p-1$이 A-거듭제곱 부드러운 경우에는 $p \mid (e^{[1,2,\ldots,A]}-1, N)$임을 보여라. (힌트: 연습문제 57을 사용하라.)

계산과 탐구

1. **윌슨 소수**(Wilson prime)는 $(p-1)! \equiv -1 \pmod{p^2}$을 만족하는 소수 p이다. 10,000보다 작은 모든 윌슨 소수를 찾아라.
2. $2^{p-1} \equiv 1 \pmod{p^2}$을 만족하는 10,000보다 작은 모든 소수 p를 찾아라.
3. 폴라드 $p-1$ 방법을 사용하여 여러 가지 서로 다른 여섯 자리 홀수 정수의 약수를 찾아라.
4. 연습문제 58에서 소개된 폴라드 $p-1$ 방법의 변형을 사용하여 여러 가지 서로 다른 여섯 자리 홀수 정수의 약수를 찾아라.
5. n이 합성수인 경우, 가능한 한 많은 정수 n에 대해 다음 추측이 맞는지 확인하라.

$$1^{n-1}+2^{n-1}+3^{n-1}+\cdots+(n-1)^{(n-1)} \not\equiv -1 \pmod{n}$$

프로그래밍 프로젝트

1. 주어진 양의 정수 n보다 작은 모든 윌슨 소수를 찾아라.
2. p가 주어진 양의 정수 n보다 작은 소수일 때 $2^{p-1} \equiv 1 \pmod{p^2}$을 만족하는 소수들을 찾아라.
3. 페르마의 작은 정리를 사용하여 법이 소수인 일차합동식을 풀어라.
4. 폴라드 $p-1$ 방법을 사용하여 주어진 양의 정수 n의 약수를 찾아라.
5. 연습문제 58에 주어진 폴라드 $p-1$ 방법의 변형을 사용하여 주어진 양의 정수 n의 약수를 찾아라. 이를 위해 약수가 얻어질 때까지 특정한 밑와 경계를 반복적으로 변경하여 이 방법을 적용하라.

7.2 유사소수

페르마의 작은 정리에 따라 n이 소수이고 b가 어떤 정수라면 $b^n \equiv b \pmod{n}$이 성립한다. 그러므로 만약 정수 b를 찾아서 $b^n \not\equiv b \pmod{n}$이라는 것을 알 수 있다면 n이 합성수임을 알 수 있다.

역사적 오류

중국 고대인들이 $2^n \equiv 2 \pmod{n}$이면 n이 소수라고 믿었다는 이야기는 잘못된 번역과 19세기 중국 수학자의 실수 때문에 생겨난 것으로 보인다. 1897년에 J. H. Jeans가 이 주장이 "공자 시대부터 전해져 온 것"이라고 보고했는데, 이는 《수학기술구결》의 잘못된 번역의 결과로 보여진다. 1869년에 Alexander Wade가 ⟨Notes and Queries on China⟩에서 “중국의 정리”라는 제목의 글을 발표했는데, 그 중국 수학자로 이상란(1811∼1882)을 이 ‘정리’의 저자로 지목했다. 이상란은 이 결과가 잘못되었음을 알았지만, 이 오류는 후대의 저자들에 의해 계속 전파되었다. 이러한 역사적 세부사항은 중국의 수학자 Man-Keung Siu가 Paulo Ribenboim에게 보낸 편지에서 확인할 수 있다. (더 많은 정보는 [Ri96]을 참고하기 바란다.)

예제 7.8

63이 소수가 아님을 다음의 관찰을 통해 알 수 있다.

$$2^{63} = 2^{60} \cdot 2^3 = (2^6)^{10} \cdot 2^3 = 64^{10}2^3 \equiv 2^3 \equiv 8 \not\equiv 2 \pmod{63}$$

페르마의 작은 정리를 사용하여 어떤 정수가 합성수임을 보일 수 있다. 어떤 정수가 소수임을 보일 수 있는 방법을 제공하다면 이 정리가 더욱 유용할 것 같다. 보통 중국에서는 $2^n \equiv 2 \pmod{n}$이면 n이 소수임을 믿었다고 한다. 이 주장은 $1 \le n \le 340$에 대해 사실이다. 하지만 불행하게도 페르마의 작은 정리의 역은 참이 아니다. 이는 1919년에 프랑스 수학자인 피에르 프레데릭 사루스(Pierre Frédéric Sarrus)가 발견한 다음 예제를 통해 알 수 있다.

예제 7.9

$n = 341 = 11 \cdot 31$로 놓자. 페르마의 작은 정리에 의해 $2^{10} \equiv 1 \pmod{11}$이므로 $2^{340} = (2^{10})^{34} \equiv 1 \pmod{11}$이 된다. 또한 $2^{340} = (2^5)^{68} \equiv (32)^{68} \equiv 1 \pmod{31}$이므로 따름정리 5.9.1에 의해 $2^{340} \equiv 1 \pmod{341}$이 됨을 알 수 있다. 이 합동식의 양변에 2를 곱하면 $2^{341} \equiv 2 \pmod{341}$이 된다. 비록 341은 소수가 아니지만 이러한 합동식이 성립함을 주목하자.

이러한 예제는 다음의 정의로 이어진다.

정의 7.1

b를 양의 정수라고 하자. 만약 n이 합성수이고 $b^n \equiv b \pmod{n}$이면 n을 **밑 b에 대한 유사소수**(pseudoprime to the base b)라고 한다.

만약 $(b, n) = 1$이라면 $b^n \equiv b \pmod{n}$은 $b^{n-1} \equiv 1 \pmod{n}$과 동치가 된다. 따름정리 5.5.1에서 $(b, n) = 1$이므로 첫 번째 합동식의 양변을 b로 나눌 수 있어서 두 번째 합동식을 얻을 수 있다. 또한 정리 5.4의 (iii)에 의해 두 번째 합동식의 양변에 b를 곱해서 첫 번째 합동식을 얻을 수 있다. 종종 이와 같은 동치 조건을 사용한다.

예제 7.10

$341 = 11 \cdot 31$, $561 = 3 \cdot 11 \cdot 17$, $645 = 3 \cdot 5 \cdot 43$은 모두 밑 2에 대한 유사소수이다. 왜냐하면 $2^{340} \equiv 1 \pmod{341}$, $2^{560} \equiv 1 \pmod{561}$, $2^{644} \equiv 1 \pmod{645}$이기 때문이다.

비고. 위에서 정의한 유사소수는 때때로 **페르마 유사소수**(Fermat pseudoprime)라고도 부른다. 이 용어는 소수처럼 보이는 다른 유형의 정수와 구별하기 위해 사용된다. 더 일반적으로 **유사소수**라는 용어는 모든 소수가 통과하는 특정한 판정법 또는 일련의 판정법을 통과하는 합성수를 설명하는 데 사용된다. 이 장의 뒷 부분에서는 추가적인 판정법을 통과하는 페르마 유사소수인 **강한 유사소수**(strong pseudoprime)를 논의한다. 12장에서는 다른 중요한 유형의 유사소수인 오일러 유사소수를 논의할 것이다.

만약 밑 b에 대한 유사소수가 상대적으로 적다면 합동식 $b^n \equiv b \pmod{n}$이 성립하는지 확인하는 것은 유용한 판정법이다. 실제로 합성수들 중에서 이 판정법을 통과하는 비율은 매우 작다. 사실 특정한 한계를 넘지 않는 밑 b에 대한 유사소수의 개수는 소수들의 개수보다 훨씬 적다. 특히 10^{10}을 넘지 않는 455,052,511개의 소수가 있지만, 밑 2에 대한 유사소수는 14,884개 뿐이다. 어떤 주어진 밑 b에 대한 유사소수들은 드물지만, 그럼에도 불구하고 무한히 많은 밑 b에 대한 유사소수가 존재한다. 도움정리 7.1은 밑 2에 대한 유사소수가 무한히 많음을 증명하는 데 도움이 된다.

도움정리 7.1

만약 d와 n이 양의 정수이고 d가 n을 나누면 $2^d - 1$은 $2^n - 1$을 나눈다.

증명

d가 n을 나누어 $dt = n$을 만족하는 양의 정수 t가 존재한다. $x = 2^d$로 놓고 항등식 $x^t - 1 = (x-1)(x^{t-1} + x^{t-2} + \cdots + 1)$을 고려하면 $2^n - 1 = (2^d - 1)(2^{d(t-1)} + 2^{d(t-2)} + \cdots + 2^d + 1)$임을 발견할 수 있다. 따라서 $(2^d - 1) \mid (2^n - 1)$이 성립한다.

이제 밑 2에 대한 유사소수가 무한히 많이 있음을 증명한다.

정리 7.6

밑 2에 대한 유사소수가 무한히 많이 존재한다.

증명 7.6

이 증명에서 n이 밑 2에 대한 홀수 유사소수인 경우 $m = 2^n - 1$도 밑 2에 대한 홀수 유사소수가 됨을 보이자. 우선 적어도 하나의 밑 2에 대한 홀수 유사소수인 $n_0 = 341$을 가지고 있기 때문에, $n_0 = 341$을 취하고 $n_{k+1} = 2^{n_k} - 1$을 $k = 0, 1, 2, 3, \ldots$에 대해 계속해서 취함으로써 무한히 많은 밑 2에 대한 홀수 유사소수를 만들 수 있다. 이 정수들은 모두 다르다. 왜냐하면 $n_0 < n_1 < n_2 < \cdots < n_k < n_{k+1} < \cdots$이기 때문이다.

증명을 이어가기 위해 n을 밑 2에 대한 홀수 유사소수라고 가정하자. 따라서 n은 합성수이며 $2^{n-1} \equiv 1 \pmod{n}$이다. n이 합성수이기 때문에 $n = dt$로 쓸 수 있다. 여기서 $1 < d < n$이고 $1 < t < n$이다. 이제 $m = 2^n - 1$이 또한 밑 2에 대한 유사소수임을 보이자. 먼저 m이 합성수임을 보이고, 그 다음으로 $2^{m-1} \equiv 1 \pmod{m}$임을 보일 것이다.

도움정리 7.1에 의해 $(2^d - 1) \mid (2^n - 1) = m$이므로 m은 합성수이다. 또한 $2^n \equiv 2 \pmod{n}$이기 때문에 $2^n - 2 = kn$인 정수 k가 존재한다. 따라서 $2^{m-1} = 2^{2^n - 2} = 2^{kn}$이 된다. 도움정리 7.1에 의해 $m = (2^n - 1) \mid (2^{kn} - 1) = 2^{m-1} - 1$이고 $2^{m-1} - 1 \equiv 0 \pmod{m}$이므로 $2^{m-1} \equiv 1 \pmod{m}$이 된다. 결국 m도 밑 2에 대한 유사소수임을 알 수 있다.

만약 어떤 정수 n이 소수인지 알고 싶고 $2^{n-1} \equiv 1 \pmod{n}$임을 안다면, n이 소수이거나 밑 2에 대한 유사소수임을 알 수 있다. n이 소수인지를 알 수 있는 한 가지 방법은 n을 다른 밑을 통하여 판정하는 것이다. 즉 여러 양의 정수 b에 대해 $b^{n-1} \equiv 1 \pmod{n}$을 확인한다. 만약 $(b, n) = 1$이고 $b^{n-1} \not\equiv 1 \pmod{n}$인 어떤 b값을 찾으면, n이 합성수임을 알 수 있다.

예제 7.11

341이 밑 2에 대한 유사소수임을 보았다. 이제 341이 밑 7에 대한 유사소수인지 판정하자. 다음과 같은 이유로 341은 밑 7에 대한 유사소수가 되지 않는다.

$$7^3 = 343 \equiv 2 \pmod{341}$$
$$2^{10} = 1024 \equiv 1 \pmod{341}$$

그러므로 다음을 얻는다.

$$\begin{aligned} 7^{340} &= (7^3)^{113} 7 \equiv 2^{113} 7 = (2^{10})^{11} \cdot 2^3 \cdot 7 \\ &\equiv 8 \cdot 7 \equiv 56 \not\equiv 1 \pmod{341} \end{aligned}$$

따라서 $7^{340} \not\equiv 1 \pmod{341}$이므로 페르마의 작은 정리의 대우명제에 의해 341이 합성수임을 알 수 있다.

7.2.1 카마이클 수

유감스럽게도 위의 접근법을 사용하여 합성수임을 보여줄 수 없는 합성수 n이 있다. 왜냐하면 모든 밑에 대한 유사소수가 되는 정수가 있기 때문이다. 즉 모든 $(b,n)=1$인 b에 대해 $b^{n-1}\equiv 1 \pmod{n}$인 합성수 n이 존재한다. 이것은 다음과 같은 정의로 이어진다.

정의 7.2

양의 정수 n이 합성수이고, n과 서로소인 모든 양의 정수 b에 대해 $b^{n-1}\equiv 1 \pmod{n}$을 만족하면 n을 **카마이클 수**(Carmichael number)라고 부른다. 이 용어는 20세기 초반에 이를 연구한 카마이클(Robert Carmichael)에게서 따왔으며, **절대유사소수**(absolute pseudoprime)라고도 불린다.

예제 7.12

$561=3\cdot 11\cdot 17$은 카마이클 수이다. 이를 확인하기 위해 $(b,561)=1$이면 $(b,3)=(b,11)=(b,17)=1$임을 유념하자. 그러면 페르마의 작은 정리로부터 $b^2\equiv 1 \pmod{3}$, $b^{10}\equiv 1 \pmod{11}$, $b^{16}\equiv 1 \pmod{17}$임을 얻을 수 있다. 따라서 $b^{560}=(b^2)^{280}\equiv 1 \pmod{3}$, $b^{560}=(b^{10})^{56}\equiv 1 \pmod{11}$, $b^{560}=(b^{16})^{35}\equiv 1 \pmod{17}$이 된다. 따라서 따름정리 5.9.1에 의해 $(b,n)=1$인 모든 b에 대해 $b^{560}\equiv 1 \pmod{561}$임을 알 수 있다.

1912년에 카마이클은 무한히 많은 카마이클 수가 존재한다는 추측을 발표했다. 이 추측을 해결하는 데 80년이 걸렸다. 1992년에 알포드(Alford), 그랜빌(Granville), 포머랜스(Pomerance)는 카마이클의 추측이 옳았음을 보였다.[1] 그들의 증명은 복잡하고 비기초적인 성격을 가지고 있기 때문에 여기에서는 설명하지 않는다. 그러나 카마이클 수를 찾는 데 사용될 수 있는 핵심 요소 중 하나인 정리를 증명하고자 한다.

정리 7.7

만약 $n=q_1q_2\ldots q_k$이며 모든 q_j는 서로 다른 소수이고 $(q_j-1)\mid(n-1)$을 만족하며 $k>2$이면, n은 카마이클 수이다.

[1]특히 그들은 $C(x)$를 x를 넘지 않는 카마이클 수의 수라고 할 때, $C(x)>x^{2/7}$라는 부등식이 충분히 큰 x에 대해 성립함을 보였다.

증명 7.7

b를 $(b, n) = 1$을 만족하는 양의 정수로 놓자. 그러면 $j = 1, 2, \ldots, k$에 대해 $(b, q_j) = 1$이므로 페르마의 작은 정리에 의해 $j = 1, 2, \ldots, k$에 대해 $b^{q_j - 1} \equiv 1 \pmod{q_j}$가 된다. 각 정수 $j = 1, 2, \ldots, k$에 대해 $(q_j - 1) \mid (n - 1)$이므로 $t_j(q_j - 1) = n - 1$을 만족하는 정수 t_j가 존재한다. 따라서 각 j에 대해 $b^{n-1} = b^{(q_j - 1)t_j} \equiv 1 \pmod{q_j}$임을 알 수 있다. 따라서 따름정리 5.9.1에 의해 $b^{n-1} \equiv 1 \pmod{n}$이므로 n은 카마이클 수가 된다.

예제 7.13

정리 7.7은 $6601 = 7 \cdot 23 \cdot 41$이 카마이클 수임을 보여준다. 왜냐하면 $7, 23, 41$이 모두 소수이고 $6 = (7-1) \mid 6600$, $22 = (23-1) \mid 6600$, $40 = (41-1) \mid 6600$이기 때문이다.

정리 7.7의 역도 참이 된다. 즉 모든 카마이클 수는 $q_1 q_2 \cdots q_k$ 형태이다. 여기서 모든 q_j는 서로 다른 소수이고 $(q_j - 1) \mid (n - 1)$을 만족한다. 이 사실은 11장에서 보여질 것이다.

그런데 10^6을 초과하지 않는 카마이클 수는 단 43개뿐임이 밝혀져 있다. 숫자가 커짐에 따라 그들은 점점 더 드물어진다. 예를 들어 10^{15}을 초과하지 않는 카마이클 수는 105,212개이며, 10^{21}을 초과하지 않는 카마이클 수는 20,138,200개뿐이다. 이는 10^{21} 미만의 양의 정수 중 약 50조 개 중 1개가 카마이클 수라는 것을 의미한다.

7.2.2 밀러 판정법

n이 홀수일 때 $b^{n-1} \equiv 1 \pmod{n}$이 확인되면, 또 다른 가능한 접근 방법은 법 n으로 $b^{(n-1)/2}$의 최소양잉여를 고려하는 것이다. $x = b^{(n-1)/2}$로 놓으면 $x^2 = b^{n-1} \equiv 1 \pmod{n}$이다. 만약 n이 소수인 경우 정리 5.13에 의해 $x \equiv 1$ 또는 $x \equiv -1 \pmod{n}$임을 알 수 있다. 따라서 $b^{n-1} \equiv 1 \pmod{n}$을 확인했다면 $b^{(n-1)/2} \equiv \pm 1 \pmod{n}$을 추가로 확인해야 한다. 이 합동식이 성립하지 않는다면 n이 합성수임을 알 수 있다.

예제 7.14

$b = 5$이고 $n = 561$인 경우를 생각해보자. 여기서 561은 가장 작은 카마이클 수이다. $5^{(561-1)/2} = 5^{280} \equiv 67 \pmod{561}$이므로 561은 합성수임을 알 수 있다.

소수 판정법을 더 발전시키기 위해 다음 정의가 필요하다.

정의 7.3

n이 2보다 큰 정수이고 $n-1=2^s t$ (s는 음이 아닌 정수이고 t는 홀수)라고 가정하자. 만약 $b^t \equiv 1 \pmod{n}$이거나 $b^{2^j t} \equiv -1 \pmod{n}$이고 $0 \le j \le s-1$인 어떤 j가 존재하면, n이 **밑 b에 대한 밀러 판정법**(Miller's test for the loase b)을 통과한다고 말한다. [이는 미국 컴퓨터 과학자 밀러(Gary Miller)에 의해 이름이 지어졌다.]

다음 예제에서는 2047이 밑 2에 대한 밀러 판정법을 통과함을 보여준다.

예제 7.15

$n=2047=23\cdot 89$로 놓자. 그러면 $2^{2046}=(2^{11})^{186}=(2048)^{186}\equiv 1 \pmod{2047}$이므로, 2047은 밑 2에 대한 유사소수이다. 또한 $2^{2046/2}=2^{1023}=(2^{11})^{93}=(2048)^{93}\equiv 1 \pmod{2047}$이므로, 2047은 밑 2에 대한 밀러 판정법을 통과한다.

다음 정리에서는 n이 소수인 경우 n을 약수로 갖지 않는 모든 밑 b에 대한 밀러 판정법을 통과함을 보여준다.

정리 7.8

만약 n이 소수이고 b가 n으로 나누어떨어지지 않는 양의 정수라면 n은 밑 b에 대한 밀러 판정법을 통과한다.

증명 7.8

$n-1=2^s t$ (s는 음이 아닌 정수이고 t는 홀수)로 쓰고, $k=0,1,2,\ldots,s$에 대해 $x_k=b^{(n-1)/2^k}=b^{2^{s-k}t}$로 놓자. n이 소수이므로 페르마의 작은 정리에 의해 $x_0=b^{n-1}\equiv 1 \pmod{n}$이 된다. 정리 5.13에 의해 $x_1^2=(b^{(n-1)/2})^2=x_0\equiv 1 \pmod{n}$이므로, $x_1\equiv -1 \pmod{n}$이거나 $x_1\equiv 1 \pmod{n}$이 된다. 만약 $x_1\equiv 1 \pmod{n}$이면 $x_2^2=x_1\equiv 1 \pmod{n}$이므로, $x_2\equiv -1 \pmod{n}$이거나 $x_2\equiv 1 \pmod{n}$임을 알 수 있다. 일반적으로 $k<s$인 경우에 $x_0\equiv x_1\equiv x_2\equiv\cdots\equiv x_k\equiv 1 \pmod{n}$이라면 $x_{k+1}^2=x_k\equiv 1 \pmod{n}$이므로, $x_{k+1}\equiv -1 \pmod{n}$이거나 $x_{k+1}\equiv 1 \pmod{n}$이 된다.

$k=1,2,\ldots,s$에 대해 이 절차를 계속하면, 어떤 정수 k에 대해 $0\le k\le s$일 때 $x_s\equiv 1 \pmod{n}$이거나 $x_k\equiv -1 \pmod{n}$이 된다. 따라서 n은 밑 b에 대한 밀러 판정법을 통과함을 알 수 있다.

n이 2보다 큰 정수이고 $n-1=2^s t$ (s는 음이 아닌 정수이고 t는 홀수)일 때 밑 b에 대한 n이 밀러 판정법을 통과하면, $b^t\equiv 1 \pmod{n}$이거나 $b^{2^j t}\equiv -1 \pmod{n}$ $(0\le j\le s-1)$임을 기억하자.

어떤 경우든지 $b^{n-1} \equiv 1 \pmod n$이 된다. 왜냐하면 $j = 0, 1, 2, \ldots, s$에 대해 $b^{n-1} = (b^{2^j t})^{2^{s-j}}$이기 때문이다. 따라서 밑 b에 대한 밀러 판정법을 통과하는 합성수 n은 자동으로 밑 b에 대한 유사소수가 된다. 이 관찰은 다음과 같은 정의로 이어진다.

정의 7.4

만약 n이 합성수이고 밑 b에 대한 밀러 판정법을 통과한다면, n을 **밑 b에 대한 강한 유사소수**(strong pseudoprime to the base b)라고 부른다.

예제 7.16

예제 7.15에 의해 2047은 밑 2에 대한 강한 유사소수이다.

강한 유사소수는 매우 드물지만, 그럼에도 불구하고 무한히 많다. 이를 밑 2에 대해 다음 정리에서 설명한다.

정리 7.9

밑 2에 대한 강한 유사소수가 무한히 많이 존재한다.

증명 7.9

만약 n이 밑 2에 대한 유사소수라면, $N = 2^n - 1$도 밑 2에 대한 강한 유사소수임을 보일 것이다.

n이 밑 2에 대한 홀수 유사소수라고 가정하자. 따라서 n은 합성수이며 $2^{n-1} \equiv 1 \pmod n$이다. 이 합동식으로부터 $2^{n-1} - 1 = nk$가 되는 어떤 홀수 k가 있음을 알 수 있다. 따라서 다음과 같은 분해를 얻는다.

$$N - 1 = 2^n - 2 = 2(2^{n-1} - 1) = 2^1 nk$$

이는 $N - 1$을 홀수 정수와 2의 거듭제곱의 곱으로 분해한 것이 된다.

이제 다음 합동식이 성립함을 주목하자.

$$2^{(N-1)/2} = 2^{nk} = (2^n)^k \equiv 1 \pmod N$$

왜냐하면 $2^n = (2^n - 1) + 1 = N + 1 \equiv 1 \pmod N$이기 때문이다. 이것은 N이 밀러 판정법을 통과함을 보여준다.

도움정리 7.1의 증명에서 만약 n이 합성수라면 $N = 2^n - 1$도 합성수라는 것을 보였다. 따라서 N은 밀러 판정법을 통과하고 합성수이므로, N은 밑 2에 대한 강한 유사소수가 된다. 밑 2에 대한 임의의 유사소수 n이 강한 유사소수 $2^n - 1$을 생성한다는 사실과 밑 2에 대해 무한히 많은 유사소수가 있다는 사실로부터 밑 2에 대한 강한 유사소수가 무한히 많다는 결론을 내릴 수 있다.

다음의 관찰들은 비교적 작은 정수가 소수인지를 확인하기 위해 밀러 판정법과 결합하여 적용하면 유용하다. 밑 2에 대한 강한 유사소수 중 가장 작은 홀수는 2047이므로, 만약 홀수 n이 2047보다 작고 밑 2에 대한 밀러 판정법을 통과한다면 n은 소수임을 알 수 있다. 마찬가지로 1,373,653은 밑 2와 3 둘 다에 대한 강한 유사소수 중 가장 작은 홀수이며, 이것은 $1,373,653$보다 작은 정수에 대한 소수 판정법을 제공한다. 밑 $2,3,5$ 모두에 대한 강한 유사소수 중 가장 작은 홀수는 25,326,001이며, 밑 $2,3,5,7$ 모두에 대한 강한 유사소수 중 가장 작은 홀수는 3,215,031,751이다. 또한 $25 \cdot 10^9$보다 작은 정수 중에서 밑 $2,3,5,7$ 모두에 대한 강한 유사소수는 더는 없다. (독자는 이러한 주장들을 확인해보기 바란다.) 이것은 $25 \cdot 10^9$보다 작은 정수에 대한 다음과 같은 소수 판정법을 제공한다. 만약 홀수 n이 $25 \cdot 10^9$보다 작고 밑 $2,3,5,7$ 모두에 대한 밀러 판정법을 통과하고 $n \neq 3{,}215{,}031{,}751$이면, n은 소수이다.

10^{12}보다 작은 정수 중에는 밑 2, 3, 5 모두에 대한 강한 유사소수가 101개 밖에 없다는 것이 계산을 통해 확인 가능하다. 이 중 9개만이 밑 7에 대한 강한 유사소수이며, 이 중 어느 것도 밑 11에 대한 강한 유사소수는 아니다. 밑 2, 3, 5, 7, 11 모두에 대한 가장 작은 강한 유사소수 중 가장 작은 수는 2,152,302,898,747이다. 따라서 n이 홀수이고 $n < 2{,}152{,}302{,}898{,}747$인 경우에 n이 소수인지 여부를 판별하기 위해 밑 2, 3, 5, 7, 11 모두에 대한 밀러 판정법을 통과해야 한다. 이 방법으로 더 큰 정수가 소수인지를 판정하려면 341,550,071,728,321보다 작은 양의 정수가 밑 2, 3, 5, 7, 11, 13, 17 모두에 대한 강한 유사소수가 아니라는 관찰을 사용할 수 있다. 이 수보다 작거나 같은 홀수는 밑 2, 3, 5, 7, 11, 13, 17 모두에 대한 밀러 판정법을 통과한다면 소수임을 알 수 있다.

강한 유사소수에 대한 카마이클 수의 유사한 개념은 없다. 이것은 다음의 정리의 결과이다.

정리 7.10

양의 홀수인 합성수 n에 대해 n은 최대 $(n-1)/4$개의 밑 $b(1 \leq b \leq n-1)$에 대한 밀러 판정법을 통과한다.

10장에서 정리 7.10을 증명할 것이다. 정리 7.10에서 n의 개수는 $(n-1)/4$보다 더 많고 크기는 n보다 작은 밑에 대한 밀러 판정법을 통과한다면 n이 소수임을 보여준다. 그러나 이는 양의 정수 n이 소수임을 보여주는 상당히 긴 방법으로 소수임을 확인하는 데 있어 나눗셈시행보다 더 좋지 않다. 밀러 판정법은 정수 n이 **확률적 소수**(probably prime)임을 보여주는 흥미로운 빠른 방법을 제공한다. 이를 확인하기 위해 $1 \leq b \leq n-1$ 범위에서 임의의 정수 b를 무작위로 선택한다(이 "무작위" 선택 방법에 대해서는 11장에서 설명한다). 정리 7.10에서 만약 n이 합성수라면 밑 b에 대한 밀러 판정법을 통과할 확률은 $1/4$보다 작다는 것을 알 수 있다. 만약 n보다 작은 k개의 서로 다른 밑을 선택하고 각각의 밑에 대한 밀러 판정법을 적용한다면 다음과 같은 결과에 이르게 된다.

정리 7.11 라빈의 확률적 소수 판정법

양의 정수 n에 대해 n보다 작은 서로 다른 k개의 양의 정수를 밑으로 선택하고 각각의 밑에 대해 n에 대한 밀러 판정법을 수행하자. 만약 n이 합성수라면 n이 모든 k개의 판정법을 통과할 확률은 $(1/4)^k$보다 작다.

n을 합성수라고 하자. 라빈의 확률적 소수 판정법을 사용하여, 1부터 n 사이에서 무작위로 100개의 서로 다른 정수를 선택하고 100개의 밑 각각에 대해 밀러 판정법을 수행한다면, n이 모든 판정법을 통과할 확률은 10^{-60}보다 작을 것이다. 이는 극히 작은 수이다. 사실 합성수가 모든 100개의 테스트를 통과하는 것보다는 컴퓨터 오류가 발생할 가능성이 더 높을 수도 있다. 라빈의 소수 판정법은 일련의 판정법을 통과한 정수가 소수임을 엄밀히 증명하지는 않지만, 그것이 소수일 것이라는 매우 강력한 증거를 제공한다고 볼 수 있다.

해석적 수론에서 유명한 가설이 있는데, 이는 **일반화된 리만 가설**(generalized Riemann hypothesis)이라고 불리우며 독일 수학자 리만(Georg Friedrich Bernhard Riemann)에 의해 명명된 유명한 리만제타함수에 관한 명제이다. 리만제타함수는 4.2절에서 논의된 바 있다. 컴퓨터 과학자 에릭 바흐(Eric Bach)에 의한 다음 추측은 이 가설의 결과이다.

추측 7.1 모든 합성수 n에 대해 $b < 2(\log n)^2$을 만족하는 b가 존재하여 n이 밑 b에 대한 밀러 판정법을 통과하지 못한다.

이 추측이 많은 정수론 학자들이 믿는 대로 참이라면, 다음 결과는 빠른 소수 판정법을 제공한다.

정리 7.12

만약 일반화된 리만 가설이 참이라면 $O((\log_2 n)^5)$ 비트연산을 사용하여 양의 정수 n이 소수인지를 결정하는 알고리즘이 존재한다. (빅-오 표기의 정의는 2.3절을 참조하기 바란다.)

증명 7.12

양의 정수 b가 n보다 작은 경우를 고려해보자. n에 대해 밑 b에 대한 밀러 판정법을 수행하는 데는 $O((\log_2 n)^3)$ 비트연산이 걸린다. 이는 이 판정법이 $\log_2 n$ 이상의 모듈러 거듭제곱을 수행해야 하며, 각각은 $O((\log_2 n)^2)$ 비트연산을 사용하기 때문이다. 만약 일반화된 리만 가설이 참이라고 가정한다면 n이 합성수인 경우는 추측 7.1에 의해 $1 < b < 2(\log_2 n)^2$을 만족하는 b가 존재하여 n이 밑 b에 대한 밀러 판정법을 통과하지 못한다. b를 찾는 데 필요한 비트연산은 $O((\log_2 n)^3) \cdot O((\log_2 n)^2) = O((\log_2 n)^5)$보다 적다. 따라서 $O((\log_2 n)^5)$ 비트연산을 사용하여 n이 합성수인지 소수인지를 결정할 수 있다.

라빈의 확률적 소수 판정법과 정리 7.12는 둘 다 어떤 정수 n을 소수로 확인하는 데 $O((\log_2 n)^k)$ 비트연산만으로 가능함을 나타내는 점이 중요하다. 여기서 k는 양의 정수이다. (또한 Agrawal, Kayal, Saxena[AgKaSa02]의 최근 결과에 따르면 $O((\log_2 n)^k)$ 비트연산을 사용하는 결정론적 검사가 존재한다는 것을 보여준다.) 이는 인수분해 문제와는 극명하게 대조적이다. 어떤 정수를 소인수분해하기 위해 알려진 최고의 알고리즘은 해당 정수의 비트연산 수의 제곱근에 지수적인 비트연산이 필요하다. 반면 소수 판정법은 시험하는 정수의 비트연산 수에 대해 다항식보다 적은 비트연산만 필요로 하는 것으로 보여진다. 이 차이를 활용하여 최근에 개발된 암호체계를 9장에서 소개할 것이다.

7.2 연습문제

1. 91이 밑 3에 대한 유사소수임을 보여라.

2. 45가 밑 17과 19에 대한 유사소수임을 보여라.

3. $n = 161{,}038 = 2 \cdot 73 \cdot 1103$이 합동식 $2^n \equiv 2 \pmod{n}$을 만족함을 보여라. 161,038은 밑 2에 대한 가장 작은 짝수인 유사소수이다.

4. 모든 홀수 합성수가 밑 1에 대한 유사소수이며, 또한 밑 -1에 대한 유사소수임을 보여라.

5. 홀수 합성수 n이 어떤 밑 a에 대한 유사소수이면, 그것이 밑 $n-a$에 대해서도 유사소수임을 보여라.

*6. $n = (a^{2p} - 1)/(a^2 - 1)$에서 a는 $a > 1$인 양의 정수이고 p는 $a(a^2 - 1)$을 나누지 않는 홀수 소수라고 가정하자. 이때 n이 밑 a에 대한 유사소수임을 보여라. 그리고 이를 통해 임의의 밑 a에 대해 무한히 많은 유사소수가 있음을 결론지어라. (힌트: $a^{n-1} \equiv 1 \pmod{n}$임을 입증하기 위해 $2p \mid (n-1)$을 보이고, $a^{2p} \equiv 1 \pmod{n}$임을 보여라.)

7. 모든 합성수인 페르마 수 $F_m = 2^{2^m} + 1$이 밑 2에 대한 유사소수임을 보여라.

8. p가 소수이고 $2^p - 1$이 합성수인 경우 $2^p - 1$이 밑 2에 대한 유사소수임을 보여라.

9. 만약 n이 밑 a와 밑 b에 대한 유사소수라면, n이 밑 ab에 대한 유사소수임을 보여라.

10. a와 n이 서로소인 양의 정수이고 n이 밑 a에 대한 유사소수라면 ,n이 밑 $\bar{a}$에 대해서도 유사소수임을 보여라. 여기서 $\bar{a}$는 법 n으로 a의 역수이다.

11. 만약 n이 밑 a에 대한 유사소수이지만 밑 b에 대한 유사소수가 아니라면, $(a, n) = (b, n) = 1$인 상황에서 n이 밑 ab에 대한 유사소수가 아님을 보여라.

12. 25는 밑 7에 대한 강한 유사소수임을 보여라.

13. 1387은 밑 2에 대한 유사소수이지만, 강한 유사소수는 아님을 보여라.

14. 1,373,653은 밑 2와 3 둘다에 대한 강한 유사소수임을 보여라.

15. 25,326,001은 밑 2, 3, 5 모두에 대한 강한 유사소수임을 보여라.

16. 다음 각각의 정수가 카마이클 수임을 보여라.

    a) $2821 = 7 \cdot 13 \cdot 31$
    b) $10{,}585 = 5 \cdot 29 \cdot 73$
    c) $29{,}341 = 13 \cdot 37 \cdot 61$
    d) $314{,}821 = 13 \cdot 61 \cdot 397$
    e) $278{,}545 = 5 \cdot 17 \cdot 29 \cdot 113$
    f) $172{,}081 = 7 \cdot 13 \cdot 31 \cdot 61$
    g) $564{,}651{,}361 = 43 \cdot 3361 \cdot 3907$

17. $7 \cdot 23 \cdot q$ 형태의 카마이클 수를 찾거나, 그런 것이 없음을 보여라. 여기서 q는 41이 아닌 홀수 소수이다.

18. a) $(6m+1)(12m+1)(18m+1)$ 형태의 모든 정수가 카마이클 수임을 보여라. 여기서 m은 $6m+1$, $12m+1$, $18m+1$이 모두 소수가 되도록 하는 양의 정수이다.
    b) (a)의 결과를 토대로 $1729 = 7 \cdot 13 \cdot 19$, $294{,}409 = 37 \cdot 73 \cdot 109$, $56{,}052{,}361 = 211 \cdot 421 \cdot 631$, $118{,}901{,}521 = 271 \cdot 541 \cdot 811$, $172{,}947{,}529 = 307 \cdot 613 \cdot 919$가 모두 카마이클 수임을 결론지어라.

19. 소인수의 개수가 여섯 개인 가장 작은 카마이클 수는 $5 \cdot 19 \cdot 23 \cdot 29 \cdot 37 \cdot 137 = 321{,}197{,}185$이다. 이 수가 카마이클 수임을 검증하라.

*20. 만약 n이 카마이클 수이면, n은 제곱인수가 없는 정수임을 보여라.

21. 만약 n이 양의 정수이고 $n \equiv 3 \pmod 4$를 만족한다면 밀러 판정법은 $O((\log_2 n)^3)$ 비트연산이 필요함을 보여라.

계산과 탐구

1. 100 이하의 양의 정수 n에 대해 $n \cdot 2^n - 1$이 소수인 양의 정수 n을 찾아라.

2. $(6m+1)$, $(12m+1)$, $(18m+1)$이 모두 소수인 $(6m+1)(12m+1)(18m+1)$ 형태의 카마이클 수를 가능한 많이 찾아라.

3. 세 소수의 곱으로 이루어진 밑 2에 대한 유사소수를 가능한 많이 찾아라. 무한히 많은 경우가 있다고 생각하는가?

4. 양의 정수이고 1보다 큰 n에 대해 $n \cdot 2^n + 1$ 형태의 정수는 아일랜드 수학자 컬렌(James Cullen)의 이름을 따서 **컬렌 수**(Callen number)라고 부른다. 소수인 컬렌 수를 찾을 수 있는가?

페랭 수열 $R(n)$[프랑스 수학자 페랭(Francois Olivier Raoul Perrin)의 이름을 따서 지은 것]은 재귀적으로 $R(n) = R(n-2) + R(n-3)$으로 정의된다. (1.4절 연습문제에서 파도반 수열을 정의하는 데 같은 점화식이 사용되었다.) 이때 $R(0) = 3$, $R(1) = 0$, $R(2) = 2$이다. 이 수열은 3, 0, 2, 3, 2, 5, 5, 7, 10, 12와 같이 시작된다. 1899년에 페랭은 p가 소수이면 p가 $R(p)$를 나눈다는 것을 알아내었다. (이 사실을 처음으로 제시한 수학자는 1876년에 É. Lucas였다.) $n|R(n)$인 합성수 n은 **페랭 유사소수**(Perrin pseudoprimes)로 알려져 있다. 2010년에 미국 수학자 Jon Grantham은 무한히 많은 페랭 유사소수가 존재한다는 것을 증명했다.

5. 1000 미만의 모든 소수 p에 대해 $p|R(p)$인지 확인하라.

6. 1000 미만의 페랭 유사소수가 없음을 확인하라.

7. 27,144가 페랭 유사소수임을 보여라. 가능하다면 이것이 가장 작은 페랭 유사소수임을 확인하라.

프로그래밍 프로젝트

1. 양의 정수 n이 주어지고 b가 n보다 작은 양의 정수일 때 $b^{n-1} \equiv 1 \pmod{n}$인지 확인하라. 만약 그렇다면 n은 소수 또는 밑 b에 대한 유사소수일 것이다.

2. 주어진 양의 정수 n이 밑 b에 대한 밀러 판정법을 통과하는지 확인하라. 만약 그렇다면 n은 소수이거나 밑 b에 대한 강한 유사소수일 것이다.

3. 밑 $2, 3, 5, 7$에 대한 밀러 판정법을 이용하여 $25 \cdot 10^9$보다 작은 정수들에 대한 소수 판정법을 시행하라. (정리 7.9 다음에 이어지는 설명을 참조하라.)

4. 밑 $2, 3, 5, 7, 11$에 대한 밀러 판정법을 이용하여 2,152,302,898,747보다 작은 정수들에 대한 소수 판정법을 시행하라. (정리 7.9 다음에 이어지는 설명을 참조하라.)

5. 밑 $2, 3, 5, 7, 11, 13, 17$에 대한 밀러 판정법을 이용하여 341,550,071,728,321보다 작은 정수들에 대한 소수 판정법을 시행하라. (정리 7.9 다음에 이어지는 설명을 참조하라.)

6. 홀수인 양의 정수 n이 주어졌을 때, n이 라빈의 확률적 소수 판정법을 통과하는지 여부를 결정하라.

7. 양의 정수 n이 주어졌을 때 n을 넘지 않는 카마이클 수를 모두 찾아라.

8. 주어진 양의 정수 n에 대해 $R(n)$이 n번째 페랭 수일 때, $n|R(n)$인지 여부를 결정하라. 만약 $n|R(n)$이라면 n이 소수인지 아니면 페랭 유사소수인지를 결정하라.

7.3 오일러 정리

페르마의 작은 정리는 법이 소수인 경우 특정 지수에 관련된 특정한 합동식을 다루는 방법을 제공한다. 법이 합성수인 경우에 이와 유사한 합동식을 다루기 위해서는 어떻게 해야 할까? 7.1절에서 언급했듯이 1736년에 위대한 스위스 수학자 오일러(Leonhard Euler)는 페르마의 작은 정리의 증명을 발표했다. 1760년에 오일러는 페르마의 작은 정리에서의 합동식에 대한 자연스러운 일반화를 발견했는데 이것은 법이 합성수인 경우에도 성립한다. 이 결과를 소개하기 전에 이 정리에서 사용되는 오일러가 소개한 특별한 계산 함수를 정의하자.

정의 7.5

n을 양의 정수라고 할 때 **오일러 phi-함수**(Euler phi-function) $\phi(n)$은 n과 서로소인 양의 정수의 개수로 정의된다. 이는 n을 초과하지 않는 양의 정수 중에서 n과 서로소인 수의 개수를 의미한다.

비고. 오일러 phi-함수는 1879년 영국 수학자 실베스터(J. J. Sylvester)에 의해 소개된 **토션트 함수**(totient function)라는 이름으로도 불린다. 라틴어로 "tot"는 "그만큼" 또는 "그렇게 많은"을 의미한다.

표 7.1에서는 $1 \leq n \leq 12$에 대한 $\phi(n)$의 값들을 표시하고 있다. $1 \leq n \leq 100$에 대한 $\phi(n)$의 값들은 부록 E의 표 2에 주어져 있다.

표 7.1: $1 \leq n \leq 12$에 대한 $\phi(n)$의 값

n	1	2	3	4	5	6	7	8	9	10	11	12
$\phi(n)$	1	1	2	2	4	2	6	4	6	4	10	4

8장에서는 오일러 phi-함수를 더 깊게 연구할 것이다. 이 절에서는 오일러 phi-함수를 사용하여 법이 합성수인 경우에 페르마의 작은 정리와 유사한 정리를 제시한다. 이를 위해 먼저 일부 기초적인 작업이 필요하다.

정의 7.6

법 n으로 축소된 잉여계(reduced residue system modulo n)는 $\phi(n)$개의 정수로 구성된 집합으로서, 이 집합의 각 원소는 n과 서로소이며, 집합의 서로 다른 두 요소가 법 n으로 합동일 수 없다.

예제 7.17

집합 $\{1, 3, 5, 7\}$은 법 8로 축소된 잉여계이다. 집합 $\{-3, -1, 1, 3\}$도 그러하다.

다음에 소개될 축소된 잉여계에 관한 정리는 중요한 도구이다.

정리 7.13

만약 $r_1, r_2, \ldots, r_{\phi(n)}$이 법 n으로 축소된 잉여계이고 a가 양의 정수이며 $(a, n) = 1$이면, 집합 $ar_1, ar_2, \ldots, ar_{\phi(n)}$도 법 n으로 축소된 잉여계이다.

증명 7.13

각 정수 ar_j가 n과 서로소임을 보이기 위해 $(ar_j, n) > 1$인 경우를 가정해보자. 이때 $1 \le j \le \phi(n)$이고, p를 (ar_j, n)의 소인수라고 놓자. 그러면 $p \mid a$ 또는 $p \mid r_j$가 성립한다. 이로부터 $p \mid a$이고 $p \mid n$이거나, $p \mid r_j$이고 $p \mid n$이어야 한다. 그러나 r_j가 법 n으로 축소된 잉여계의 원소이기 때문에 $p \mid r_j$이고 $p \mid n$이 될 수는 없다. 또한 $(a, n) = 1$이므로 $p \mid a$이고 $p \mid n$일 수도 없다. 따라서 $j = 1, 2, \ldots, \phi(n)$에 대해 ar_j와 n이 서로소임을 결론지을 수 있다.

또한 ar_j와 ar_k가 법 n으로 합동이라고 가정해보자. 이때 j와 k는 서로 다른 양의 정수이며, $1 \le j \le \phi(n)$이고 $1 \le k \le \phi(n)$이다. $(a, n) = 1$이므로 따름정리 5.5.1에 의해 $r_j \equiv r_k \pmod{n}$임을 알 수 있다. 이는 모순이다. 왜냐하면 r_j와 r_k가 법 n으로 축소된 잉여계에 속하는 수이므로 $r_j \not\equiv r_k \pmod{n}$이어야 하기 때문이다.

다음 예제는 정리 7.13을 어떻게 사용하는지 보여준다.

예제 7.18

집합 $\{1, 3, 5, 7\}$은 법 8로 축소된 잉여계이다. $(3, 8) = 1$이기 때문에, 정리 7.13에 따라 $3 \cdot 1 = 3$, $3 \cdot 3 = 9$, $3 \cdot 5 = 15$, $3 \cdot 7 = 21$도 법 8로 축소된 잉여계를 이룬다.

오일러 정리는 다음과 같다.

정리 7.14 오일러 정리

만약 m이 양의 정수이고 a가 m과 서로소인 정수라면 $a^{\phi(m)} \equiv 1 \pmod{m}$이다.

오일러 정리를 증명하기 전에 다음 예제를 통해 증명에 쓰인 아이디어를 먼저 살펴보도록 하자.

예제 7.19

$1, 3, 5, 7$과 $3 \cdot 1, 3 \cdot 3, 3 \cdot 5, 3 \cdot 7$ 두 집합이 법 8로 축소된 잉여계임을 알고 있다. 따라서 이들은 법 8로 같은 최소양잉여를 갖는다. 따라서 다음과 같다.

$$(3 \cdot 1) \cdot (3 \cdot 3) \cdot (3 \cdot 5) \cdot (3 \cdot 7) \equiv 1 \cdot 3 \cdot 5 \cdot 7 \pmod 8$$
$$3^4 \cdot 1 \cdot 3 \cdot 5 \cdot 7 \equiv 1 \cdot 3 \cdot 5 \cdot 7 \pmod 8$$

여기서 $1 \cdot 3 \cdot 5 \cdot 7$이 8과 서로소임을 고려하면, 다음 합동식을 얻는다.

$$3^4 = 3^{\phi(8)} \equiv 1 \pmod 8$$

이제 예제 7.19에서 소개된 아이디어를 사용하여 오일러 정리를 증명해보자.

증명 7.14

$r_1, r_2, \ldots, r_{\phi(m)}$을 m을 초과하지 않는 양의 정수들로 이루어진 법 m으로 축소된 잉여계라고 하자. $(a, m) = 1$이기 때문에, 정리 7.13에 의해 $ar_1, ar_2, \ldots, ar_{\phi(m)}$ 집합도 법 m으로 축소된 잉여계가 된다. 따라서 법 m으로 $ar_1, ar_2, \ldots, ar_{\phi(m)}$의 최소양잉여는 $r_1, r_2, \ldots, r_{\phi(m)}$과 같게 된다. 따라서 이 축소된 잉여계들의 모든 원소를 곱하면 다음의 합동식을 얻을 수 있다.

$$ar_1 ar_2 \cdots ar_{\phi(m)} \equiv r_1 r_2 \cdots r_{\phi(m)} \pmod m$$
$$a^{\phi(m)} r_1 r_2 \cdots r_{\phi(m)} \equiv r_1 r_2 \cdots r_{\phi(m)} \pmod m$$

여기서 $(r_1 r_2 \cdots r_{\phi(m)}, m) = 1$이기 때문에, 따름정리 5.5.1에 의해 $a^{\phi(m)} \equiv 1 \pmod m$임을 결론지을 수 있다.

오일러 정리를 사용하여 법 m으로 역수를 찾을 수 있다. 만약 a와 m이 서로소이면 다음과 같다.

$$a \cdot a^{\phi(m)-1} = a^{\phi(m)} \equiv 1 \pmod m$$

그러므로 $a^{\phi(m)-1}$은 법 m으로 a의 역수가 된다.

예제 7.20

$2^{\phi(9)-1} = 2^{6-1} = 2^5 = 32 \equiv 5 \pmod 9$는 법 9로 2의 역수이다.

이 관찰을 통하여 일차합동식을 풀 수 있다. $(a, m) = 1$인 경우 $ax \equiv b \pmod m$를 풀기 위해 이 합동식의 양쪽에 $a^{\phi(m)-1}$을 곱하면 다음과 같다.

$$a^{\phi(m)-1} ax \equiv a^{\phi(m)-1} b \pmod m$$

그러므로 $x \equiv a^{\phi(m)-1}b \pmod{m}$을 얻는다.

예제 7.21

일차합동식 $3x \equiv 7 \pmod{10}$의 해는 $x \equiv 3^{\phi(10)-1} \cdot 7 \equiv 3^3 \cdot 7 \equiv 9 \pmod{10}$으로 주어진다.

7.3 연습문제

1. 다음에 주어진 각각의 법으로 축소된 잉여계를 구하라.

   a) 6 b) 9 c) 10 d) 14 e) 16 f) 17

2. 양의 정수 m에 대해 법 2^m으로 축소된 잉여계를 구하라.

3. 2가 아닌 양의 정수 m에 대해 $c_1, c_2, \ldots, c_{\phi(m)}$이 법 m으로 축소된 잉여계이면 $c_1 + c_2 + \cdots + c_{\phi(m)} \equiv 0 \pmod{m}$임을 보여라.

4. 양의 정수 a와 m이 $(a, m) = (a-1, m) = 1$을 만족하면 $1+a+a^2+\cdots+a^{\phi(m)-1} \equiv 0 \pmod{m}$임을 보여라.

5. 3^{1000}의 일의 자리의 수를 구하라.

6. $7^{999,999}$의 일의 자리의 수를 구하라.

*7. 7^{7^7}의 일의 자리의 수를 구하라.

*8. $7^{7^{7^7}}$의 일의 자리의 수와 십의 자리의 수를 각각 구하라.

9. 오일러 정리를 사용하여 $3^{100,000}$을 35로 나눈 나머지를 구하라.

10. 정수 a가 3의 배수가 아니거나 9의 배수이면 $a^7 \equiv a \pmod{63}$임을 보여라.

11. a가 32,760과 서로소인 정수이면 $a^{12} \equiv 1 \pmod{32,760}$임을 보여라.

12. 정수 a와 b가 서로소이면 $a^{\phi(b)} + b^{\phi(a)} \equiv 1 \pmod{ab}$임을 보여라.

13. 오일러 정리를 사용하여 다음 일차합동식의 해를 각각 구하라.

    a) $5x \equiv 3 \pmod{14}$ b) $4x \equiv 7 \pmod{15}$ c) $3x \equiv 5 \pmod{16}$

14. 오일러 정리를 사용하여 다음 일차합동식의 해를 각각 구하라.

    a) $3x \equiv 11 \pmod{20}$ b) $10x \equiv 19 \pmod{21}$ c) $8x \equiv 13 \pmod{22}$

15. 양의 정수 n이 서로 다른 홀수 소수들의 곱이면 $a^{\phi(n)+1} \equiv a \pmod{n}$임을 보여라.

16. $m_1, m_2, \ldots, m_r$이 쌍으로 서로소인 양의 정수일 때 다음 연립합동식

$$\begin{aligned} x &\equiv a_1 \pmod{m_1} \\ x &\equiv a_2 \pmod{m_2} \\ &\vdots \\ x &\equiv a_r \pmod{m_r} \end{aligned}$$

의 해가 $x \equiv a_1 M_1^{\phi(m_1)} + a_2 M_2^{\phi(m_2)} + \cdots + a_r M_r^{\phi(m_r)} \pmod{M}$으로 주어짐을 보여라. 여기서 $M = m_1 m_2 \cdots m_r$이고, 각각의 $j = 1, 2, \ldots, r$에 대해 $M_j = M/m_j$이다.

17. 연습문제 16을 사용하여 5.3절의 연습문제 4에 주어진 연립합동식의 해를 구하라.

18. 연습문제 16을 사용하여 5.3절의 연습문제 5에 주어진 연립합동식의 해를 구하라.

19. 오일러 정리를 사용하여 7^{1000}의 일의 자리의 수를 구하라.

20. 오일러 정리를 사용하여 $5^{1,000,000}$의 16진전개의 마지막 자리의 수를 구하라.

21. n이 13부터 20까지의 정수인 경우 $\phi(n)$의 값을 구하라.

22. 10과 서로소인 임의의 양의 정수는 무한히 많은 단위반복수를 나눌 수 있음을 보여라. (6.1절의 연습문제 11을 참조) (힌트: n자리 단위반복수는 $111\ldots11 = (10^n - 1)/9$임을 주목하라.)

23. b와 서로소인 임의의 양의 정수는 무한히 많은 b진 단위반복수를 나눌 수 있음을 보여라. (6.1절의 연습문제 15를 참조)

*24. m이 양의 정수이고 $m > 1$인 경우이면 모든 양의 정수 a에 대해 $a^m \equiv a^{m-\phi(m)} \pmod{m}$임을 보여라.

25. 만약 $(b, n) = 1$이고 n이 밑 b에 대한 유사소수가 아닌 정수 b가 존재한다면, $1 \leq a < n$인 a에 대해 n이 밑 a에 대한 유사소수인 a의 개수는 $\phi(n)$ 이하임을 보여라. (힌트: 7.2절의 연습문제 11을 활용하라. 먼저 두 집합 $\{a_1, a_2, \ldots, a_r\}$과 $\{ba_1, ba_2, \ldots, ba_r\}$의 교집합은 공집합임을 보여라. 여기서 $\{a_1, a_2, \ldots, a_r\}$은 n이 밑 a에 대한 유사소수가 되는 n보다 작은 밑 a의 집합이다.)

계산과 탐구

1. 1000 미만의 모든 정수 n에 대해 $\phi(n)$을 구하라. $\phi(n)$ 값에 관한 어떤 추측을 할 수 있는가?

2. $\Phi(n) = \sum_{i=1}^{n} \phi(i)$로 정의하자. n이 점점 커짐에 따라 $\Phi(n)/n^2$의 값을 조사하라. 예를 들어 $n = 100$, $n = 1000$, $n = 10,000$일 때 이 비율을 확인하라. n이 무한히 커질 때 이 비율의 극한값에 관한 어떤 추측을 할 수 있는가?

프로그래밍 프로젝트

1. 주어진 양의 정수 n에 대해, 법 n으로 축소된 잉여계를 구성하라.
2. 오일러 정리를 사용하여 일차합동식의 해를 구하라.
3. 오일러 정리와 중국인의 나머지정리를 사용하여 연립일차합동식의 해를 구하라. (연습문제 16을 참조)

제8장
산술함수

이번 장에서 **산술함수**(arithmetic function)라고 불리는 양의 정수의 집합에서 정의되는 함수를 공부하며, 이 장의 대부분은 **곱셈함수**(multiplicative function)라고 불리는 특별한 종류의 산술함수를 공부한다. 곱셈함수의 정수에서의 함수값은 주어진 정수를 소인수분해했을 때 나오는 각 소인수의 거듭제곱에서의 함수값들의 곱과 같게 된다. 몇몇 중요한 함수, 예를 들어 약수의 합함수, 약수개수함수, 오일러 phi-함수 등이 곱셈함수임을 보일 것이다. 이들 함수들이 곱셈함수임을 이용하여, 주어진 양의 정수 n의 소인수분해에 근거한 이들 함수들의 함수값에 관한 닫힌 공식을 유도할 수 있다.

또한 완전수라고 불리우는 특별한 종류의 양의 정수에 대해 공부할 것이다. **완전수**(perfect number)는 자기 자신의 진약수의 합과 같게 되는 양의 정수이다. 짝수 완전수는 **메르센 소수**라고 불리는 특별한 종류의 소수로 생성이 됨을 보일 것이다. 메르센 소수는 2의 거듭제곱보다 1이 모자라는 소수이다. 새로운 메르센 소수를 찾아내기 위한 시도는 고대 이후로 계속 되고 있는데, 최근에는 컴퓨터와 인테넷의 발달로 인해 이러한 시도가 가속화되고 있다.

산술함수의 **합함수**(summatory function)가 주어진 산술함수 그 자체에 관한 정보를 얻는 데 어떻게 사용될 수 있는지 보일 것이다. 여기서 산술함수 f의 합함수 F는 주어진 양의 정수 n에 대해, $F(n) = \sum_{d|n} f(d)$로 정의된다. 그 유명한 뫼비우스 반전 공식은 산술함수 f의 합함수의 값으로부터 어떻게 f의 값을 얻을 수 있는지를 보여준다.

마지막으로 제한분할과 비제한분할의 개수를 세는 산술함수를 공부할 것이다. 분할이란 주어진 양의 정수를 순서에 상관없이 양의 정수의 합으로 쓰는 방법이다. 여기서 합의 항에 조건이 주어질 때 제한된 분할이라고 부른다. 이러한 산술함수들 사이에 다양한 종류의 놀라운 관계식을 유도할 것이며, 분할을 공부하는 과정에서 생기는 많은 중요한 개념들을 소개할 것이다.

8.1 오일러 phi-함수

이번 절에서 오일러 phi-함수는 다음과 같은 성질을 갖고 있음을 보일 것이다. 오일러 phi-함수의 정수 n에서의 함수값은 n을 소인수분해했을 때 나오는 각 소인수의 거듭제곱에서의 오일러 phi-함수값들의 곱과 같게 된다. 이러한 성질을 갖는 함수를 곱셈함수라고 부르며, 정수론에 등장하는 중요한 함수이다. 오일러 phi-함수가 곱셈함수라는 사실을 사용하여, 소인수분해에 근거한 공식을 유도할 것이다. 이 장의 후반부에서는 약수개수함수, 약수의 합함수 등을 포함한 다른 종류의 곱셈함수에 대해 공부할 것이다.

먼저 몇 가지 정의들을 살펴보자.

정의 8.1

모든 양의 정수에 대해 정의된 함수를 **산술함수**라고 부른다.

이번 장에서는 다음과 같은 특별한 성질을 갖는 산술함수를 자세히 살펴보고자 한다.

정의 8.2

서로소인 모든 양의 정수 m, n에 대해 산술함수 f가 $f(mn) = f(m)f(n)$을 만족하면 f를 **곱셈함수**라고 부른다. 또한 모든 양의 정수 m, n에 대해 $f(mn) = f(m)f(n)$을 만족하면 f를 **완전곱셈함수** (completely multiplicative function)라고 부른다.

예제 8.1

함수 f를 모든 양의 정수 n에 대해 $f(n) = 1$로 정의하면 $f(mn) = 1$, $f(m) = 1$, $f(n) = 1$이 되어 $f(mn) = f(m)f(n)$이 만족되므로 f는 곱셈함수임은 물론 완전곱셈함수이다. 비슷한 방식으로 함수 g를 모든 양의 정수 n에 대해 $g(n) = n$으로 정의하면 $g(mn) = mn$, $g(m) = m$, $g(n) = n$이 되어 $g(mn) = g(m)g(n)$이 만족되므로 g도 곱셈함수임은 물론 완전곱셈함수임을 알 수 있다.

만약 f가 곱셈함수이고 n의 소인수분해가 주어지면 $f(n)$을 구하는 간단한 공식을 얻을 수 있다. 이 결과가 특히 유용한 이유는 n의 소인수분해가 $n = p_1^{a_1}p_2^{a_2}\cdots p_s^{a_s}$로 주어질 때 $f(n)$의 값을 $f(p_i^{a_i})$ $(i = 1, 2, \ldots, s)$의 값으로부터 구할 수 있기 때문이다.

정리 8.1

f가 곱셈함수이고 양의 정수 n의 소인수분해를 $n = p_1^{a_1}p_2^{a_2}\cdots p_s^{a_s}$라고 놓으면 $f(n) = f(p_1^{a_1})f(p_2^{a_2})\cdots f(p_s^{a_s})$로 주어진다.

증명 8.1

주어진 양의 정수 n의 서로 다른 소인수 개수에 관한 수학적 귀납법을 적용하자. n의 소인수 개수가 단 하나뿐인 경우에는 $n = p_1^{a_1}$ 꼴이므로 당연히 정리의 결과가 성립한다.

이제 n의 서로 다른 소인수 개수가 k인 경우에 정리의 결과가 성립한다고 가정하고, 서로 다른 소인수 개수가 $k+1$인 경우, 즉 $n = p_1^{a_1}p_2^{a_2}\cdots p_k^{a_k}p_{k+1}^{a_{k+1}}$인 경우를 살펴보자. f가 곱셈함수이고, $(p_1^{a_1}p_2^{a_2}\cdots p_k^{a_k}, p_{k+1}^{a_{k+1}}) = 1$이기 때문에, $f(n) = f(p_1^{a_1}p_2^{a_2}\cdots p_k^{a_k})f(p_{k+1}^{a_{k+1}})$이 된다. 이제 수학적 귀납법 가정에 의해 $f(p_1^{a_1}p_2^{a_2}\cdots p_k^{a_k}) = f(p_1^{a_1})f(p_2^{a_2})\cdots f(p_k^{a_k})$이므로 $f(n) = f(p_1^{a_1})f(p_2^{a_2})\cdots f(p_k^{a_k})f(p_{k+1}^{a_{k+1}})$이 성립하게 된다. 따라서 서로 다른 소인수 개수가 $k+1$인 경우에도 정리의 내용이 성립하게 되므로 수학적 귀납법에 의해 정리가 증명된다.

이제 오일러 phi-함수의 경우를 살펴보자. 먼저 소수에서의 함수값을 구한 다음에 소수의 거듭제곱에서의 함수값을 차례로 구해보자.

정리 8.2

p가 소수이면 $\phi(p) = p - 1$이다. 역으로 양의 정수 p에 대해 $\phi(p) = p - 1$이면 p는 소수이다.

증명 8.2

p가 소수이면 p보다 작은 양의 정수는 p와 서로소이고, 그러한 양의 정수의 개수는 $p-1$이므로 $\phi(p) = p - 1$이다. 역으로 p가 소수가 아니면 $p = 1$이거나 합성수이다. 만약 $p = 1$이면 $\phi(1) = 1$이므로 $\phi(p)$는 $p - 1$과 같지 않다. 만약 p가 합성수이면 1보다 크고 p보다 작은 p의 약수 d가 존재하게 되고, 그러한 d는 p와 서로소가 아니므로 $\phi(p) \le p - 2$임을 알 수 있다. 따라서 역도 참이 된다.

이제 소수의 거듭제곱에서 오일러 phi-함수의 값을 구해보자.

정리 8.3

소수 p와 양의 정수 a에 대해 $\phi(p^a) = p^a - p^{a-1}$이다.

증명 8.3

p^a보다 작거나 같은 양의 정수들 중에서 p와 서로소가 아닌 정수는 p의 배수들 뿐이다. 이러한 정수들은 kp $(1 \le k \le p^{a-1})$꼴이므로 이들의 개수는 p^{a-1}이 된다. 따라서 $\phi(p^a) = p^a - p^{a-1}$임을 알 수 있다.

예제 8.2

정리 8.3에 의해 오일러 함수값을 $\phi(5^3) = 5^3 - 5^2 = 100$, $\phi(2^{10}) = 2^{10} - 2^9 = 512$, $\phi(11^2) = 11^2 - 11 = 110$과 같이 계산할 수 있다.

양의 정수 n의 소인수분해가 주어졌을 때 $\phi(n)$의 공식을 구하기 위해 ϕ가 곱셈함수임을 보이면 충분하다. 다음 예제를 통해 증명에 쓰인 아이디어를 조명해보자.

예제 8.3

$m = 4$, $n = 9$인 경우 $mn = 36$의 오일러 함수값을 계산하기 위해 1부터 36까지의 정수를 그림 8.1에 있는 것처럼 4행 9열의 직사각형 도표로 나열해보자.

2행과 4행의 정수들은 4와 서로소가 아니므로, 36과도 서로소가 되지 않아 제외하면 된다. 1행과 3행의 정수들은 4와 서로소이고 각각 법 9로 완전잉여계이므로, 이 안에 9와 서로소인 정수들은 각각 $\phi(9) = 6$개씩 존재한다. 따라서 $\phi(36) = \phi(4)\phi(9) = 2 \cdot 6$을 얻는다.

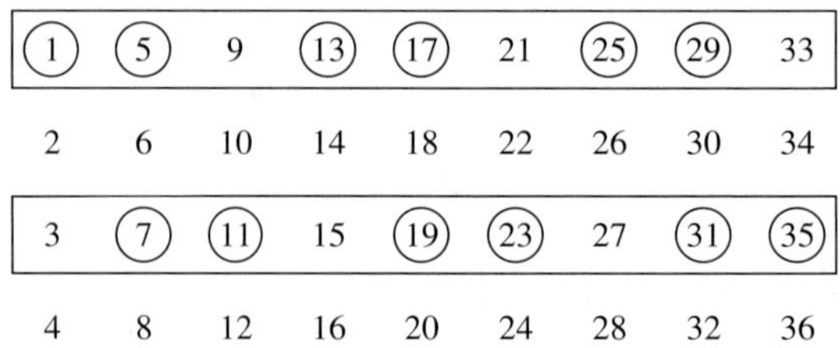

그림 8.1: $\phi(36) = \phi(4)\phi(9)$임을 보이는 예

이제 ϕ가 곱셈함수임을 보이는 정리를 소개한다.

정리 8.4

서로소인 양의 정수 m과 n에 대해 $\phi(mn) = \phi(m)\phi(n)$이다.

증명 8.4

mn을 넘지 않는 양의 정수들을 다음 그림과 같이 나열해보자.

$$\begin{array}{lllll} 1 & m+1 & 2m+1 & \cdots & (n-1)m+1 \\ 2 & m+2 & 2m+2 & \cdots & (n-1)m+2 \\ 3 & m+3 & 2m+3 & \cdots & (n-1)m+3 \\ \vdots & \vdots & \vdots & & \vdots \end{array}$$

$$\begin{matrix} r & m+r & 2m+r & \cdots & (n-1)m+r \\ \vdots & \vdots & \vdots & & \vdots \\ m & 2m & 3m & \cdots & mn \end{matrix}$$

이제 m을 넘지 않는 양의 정수 r이 $(m,r) = d > 1$을 만족한다고 가정하자. 그러면 위의 그림에서 r번째 행에 있는 모든 수는 mn과 서로소가 아님을 알 수 있다. 왜냐하면 r번째 행에 있는 수는 $km + r$ $(0 \leq k \leq n-1)$ 꼴이 되는데, 이러한 수는 d의 배수이기 때문이다.

위의 그림에서 mn과 서로소인 정수를 찾기 위해서는 $(m,r) = 1$인 r번째 행을 들여다보고, 이 행에 있는 원소들 중에서 mn과 서로소인 정수를 찾아야 한다. 이러한 수들은 $km + r$ $(0 \leq k \leq n-1)$ 꼴이고 $(r,m) = 1$이므로, 이들 역시 m과 서로소임을 알 수 있다. 정리 5.7에 따르면 r번째 행에 있는 n개의 정수들은 완전잉여계를 이루므로, 이 중에 정확히 $\phi(n)$개의 정수만 n과 서로소가 된다. 이러한 $\phi(n)$개의 정수는 m과도 서로소이므로 mn과 서로소임을 알 수 있다.

결론적으로 $(m,r) = 1$을 만족하는 r번째 행의 개수가 $\phi(m)$개이고, 이러한 각 행마다 mn과 서로소인 정수들이 $\phi(n)$개씩 있으므로 $\phi(mn) = \phi(m)\phi(n)$이 성립하게 된다.

정리 8.3과 8.4를 결합하면 **오일러의 곱공식**(Euler's product formula)이라고 알려진 $\phi(n)$에 대해 다음과 같은 공식을 얻을 수 있다.

정리 8.5

양의 정수 n의 소인수분해를 $n = p_1^{a_1} p_2^{a_2} \cdots p_k^{a_k}$이라고 놓으면 $\phi(n)$은 다음과 같이 계산된다.

$$\phi(n) = n\left(1 - \frac{1}{p_1}\right)\left(1 - \frac{1}{p_2}\right)\cdots\left(1 - \frac{1}{p_k}\right)$$

증명 8.5

ϕ가 곱셈함수이기 때문에 정리 8.1로부터 다음이 성립한다.

$$\phi(n) = \phi(p_1^{a_1})\phi(p_2^{a_2})\cdots\phi(p_k^{a_k})$$

또한 정리 8.3에 의해 다음을 얻는다.

$$\phi(p_j^{a_j}) = p_j^{a_j} - p_j^{a_j - 1} = p_j^{a_j}\left(1 - \frac{1}{p_j}\right) \quad (j = 1, 2, \ldots, k)$$

그러므로 $\phi(n)$은 다음과 같이 계산된다.

$$\begin{aligned}\phi(n) &= p_1^{a_1}\left(1-\frac{1}{p_1}\right)p_2^{a_2}\left(1-\frac{1}{p_2}\right)\cdots p_k^{a_k}\left(1-\frac{1}{p_k}\right)\\ &= p_1^{a_1}p_2^{a_2}\cdots p_k^{a_k}\left(1-\frac{1}{p_1}\right)\left(1-\frac{1}{p_2}\right)\cdots\left(1-\frac{1}{p_k}\right)\\ &= n\left(1-\frac{1}{p_1}\right)\left(1-\frac{1}{p_2}\right)\cdots\left(1-\frac{1}{p_k}\right)\end{aligned}$$

이로부터 정리 8.5가 증명된다.

비고. 주어진 양의 정수 n에 대해 n의 소인수만 알면, 정리 8.5를 사용하여 $\phi(n)$의 값을 구할 수 있다.

다음 예제에서는 정리 8.5를 사용하여 특정한 양의 정수 n에 대해 $\phi(n)$의 값을 구체적으로 구해보자.

예제 8.4

정리 8.5에 의해 $\phi(100)$과 $\phi(720)$을 계산하면 다음과 같다.

$$\phi(100) = \phi(2^2 5^2) = 100\left(1-\frac{1}{2}\right)\left(1-\frac{1}{5}\right) = 40$$
$$\phi(720) = \phi(2^4 3^2 5) = 720\left(1-\frac{1}{2}\right)\left(1-\frac{1}{3}\right)\left(1-\frac{1}{5}\right) = 192$$

다음 정리가 보여주듯이 $n = 2$일 때를 제외하고는 $\phi(n)$의 값이 짝수임을 주목하자.

정리 8.6

n이 2보다 큰 정수일 때 $\phi(n)$은 짝수이다.

증명 8.6

양의 정수 n의 소인수분해를 $n = p_1^{a_1}p_2^{a_2}\cdots p_s^{a_s}$이라고 놓자. ϕ는 곱셈함수이기 때문에 $\phi(n) = \prod_{j=1}^{s}\phi(p_j^{a_j})$가 되고, 정리 8.3에 의해 $\phi(p_j^{a_j}) = p_j^{a_j} - p_j^{a_j-1} = p_j^{a_j-1}(p_j-1)$이 된다. 만약 n의 소인수 중에서 홀수인 소인수 p_j가 존재하면 $p_j - 1$은 짝수가 되어서 $\phi(p_j^{a_j})$ 역시 짝수가 된다. 만약 n이 2의 거듭제곱인 경우에 $p_1 = 2$이고 $a_1 > 1$이면 $p_1^{a_1-1}$은 짝수이므로, $\phi(p_1^{a_1})$ 역시 짝수가 된다. n이 2보다 큰 정수일 때 적어도 이 두 조건 중에 하나가 반드시 성립하므로 $\phi(n)$은 짝수가 됨을 알 수 있다.

비고. n이 2보다 큰 정수일 때, $\phi(n)$이 짝수가 됨을 확인하는 쉬운 방법은 다음과 같다. $(a, n) = 1$일 필요충분조건은 $(n-a, n) = 1$임을 주목하자. 따라서 n보다 작은 양의 정수 중에서 n과 서로소인 정수들은 짝을 지어 나타나므로 $\phi(n)$은 짝수가 됨이 확인된다.

정의 8.3

산술함수 f에 대해 함수 F를 다음과 같이 정의하자.

$$F(n) = \sum_{d|n} f(d)$$

즉 $F(n)$은 n의 모든 약수에서 함수 f의 값들의 합으로 주어진다. 이때 함수 F를 f의 **합함수**라고 부른다.

예제 8.5

산술함수 f의 합함수를 F라고 놓으면 $F(12)$는 다음과 같다.

$$F(12) = \sum_{d|12} f(d) = f(1) + f(2) + f(3) + f(4) + f(6) + f(12)$$

예를 들어 $f(d) = d^2$인 경우에 $F(12)$를 계산하면 다음과 같다.

$$\begin{aligned}\sum_{d|12} d^2 &= 1^2 + 2^2 + 3^2 + 4^2 + 6^2 + 12^2 \\ &= 1 + 4 + 9 + 16 + 36 + 144 = 210\end{aligned}$$

가우스에 의해 증명된 다음 결과는 $\phi(n)$의 합함수가 항등함수임을 말해준다.

정리 8.7

양의 정수 n에 대해 다음이 성립한다.

$$\sum_{d|n} \phi(d) = n$$

증명 8.7

n의 약수 d에 대해 집합 C_d를 $(m, n) = d$이고 $1 \le m \le n$인 정수 m으로 이루어진 집합이라고 정의하자. $(m, n) = d$일 필요충분조건은 $(m/d, n/d) = 1$이므로, 집합 C_d의 원소의 개수는 $\phi(n/d)$임을 알 수 있다. 1부터 n까지의 모든 정수는 오직 하나의 C_d에만 들어가므로 다음의 등식이

성립한다.

$$n = \sum_{d|n} \phi(n/d)$$

또한 d가 n의 임의의 양의 약수이면, n/d도 그러하므로 다음 등식을 얻게 된다.

$$n = \sum_{d|n} \phi(n/d) = \sum_{d|n} \phi(d)$$

이로부터 정리가 증명된다.

예제 8.6

$n = 18$인 경우에 정리 8.7의 증명을 되짚어보자. 18의 약수 d에 대해 집합 C_d는 $(m, 18) = d$인 정수 m으로 이루어져 있고, 이들은 구체적으로 다음과 같다.

$$\begin{array}{ll} C_1 = \{1, 5, 7, 11, 13, 17\} & C_6 = \{6, 12\} \\ C_2 = \{2, 4, 8, 10, 14, 16\} & C_9 = \{9\} \\ C_3 = \{3, 15\} & C_{18} = \{18\} \end{array}$$

집합 C_d의 원소의 개수는 $\phi(18/d)$이고, 1부터 18까지의 모든 정수는 오직 하나의 C_d에만 들어가므로 다음의 등식이 성립한다.

$$18 = \phi(18) + \phi(9) + \phi(6) + \phi(3) + \phi(2) + \phi(1) = \sum_{d|18} \phi(d)$$

양의 정수 n의 소인수분해가 $n = \prod_{i=1}^{k} p_i^{a_i}$로 주어질 때, $\phi(n) = \prod_{i=1}^{k} p_i^{a_i - 1}(p_i - 1)$과 같다. 주어진 양의 정수 m에 대해 $\phi(n) = m$인 모든 양의 정수 n을 찾고자 할 때, 이 공식은 유용한 도구가 된다. 다음 예제를 통해 이 공식이 어떻게 사용되는지 살펴보자.

예제 8.7

$\phi(n) = 8$이 되는 모든 양의 정수 n을 구해보자. n의 소인수분해가 $n = \prod_{i=1}^{k} p_i^{a_i}$로 주어질 때 $\phi(n) = \prod_{i=1}^{k} p_i^{a_i - 1}(p_i - 1)$이므로 $\phi(n) = 8$을 만족하기 위해 n은 9보다 큰 소인수를 가질 수 없다. 또한 7도 n의 소인수가 될 수 없다. 왜냐하면 $7 - 1 = 6$은 $\phi(n) = 8$의 약수가 아니기 때문이다. 따라서 $n = 2^a 3^b 5^c$꼴이어야 한다. 여기서 a, b, c는 음이 아닌 정수이고, b와 c는 모두 0 또는 1이 되어야 한다. b 또는 c가 2 이상인 경우에는 3 또는 5가 $\phi(n) = 8$을 나누게 되어 모순이 생긴다.

이제 모든 해를 구하기 위해 다음 네 가지 경우를 살펴보자. b와 c가 모두 0인 경우 $n = 2^a$ $(a \geq 1)$꼴이므로, $\phi(n) = 2^{a-1}$이 되어 $a = 4$이고 $n = 16$이 된다. $b = 0$이고 $c = 1$인 경우 $n = 2^a \cdot 5$ $(a \geq 1)$꼴이므로, $\phi(n) = 2^{a-1} \cdot 4$가 되어 $a = 2$이고 $n = 20$이 된다. $b = 1$이고 $c = 0$인 경우 $n = 2^a \cdot 3$ $(a \geq 1)$꼴이므로, $\phi(n) = 2^{a-1} \cdot 2 = 2^a$이 되어 $a = 3$이고 $n = 24$가 된다. 마지막으로

b와 c가 모두 1인 경우에는 $n = 2^a \cdot 3 \cdot 5$ $(a \geq 0)$ 꼴이 된다. 여기서 $a = 0$이면 $n = 15$이고, 이는 $\phi(n) = 8$을 만족한다. $a \geq 1$이면 $\phi(n) = 2^{a+2}$이 되어 $a = 1$이고 $n = 30$이 된다. 이 모든 경우를 종합하면 $\phi(n) = 8$이 되는 모든 양의 정수 n은 $n = 15, 16, 20, 24, 30$임을 알 수 있다.

8.1.1 산술함수의 디리클레 곱

이미 오일러 phi-함수를 도입했으며 전체적으로 이 장에서는 다른 많은 중요한 산술함수를 소개하고자 한다. 여러 다른 방법으로 기존의 산술함수를 조합하여 새로운 산술함수를 만들 수 있음에 주목하자. 예를 들어 f와 g가 산술함수라면 $(f+g)(n) = f(n)+g(n)$, $(fg)(n) = f(n)g(n)$과 같이 정의함으로써 f과 g의 합과 곱을 정의할 수 있다. 그러나 산술함수를 결합하는 또 다른 유용한 방법이 있다.

정의 8.4

두 산술함수 f와 g는 다음과 같이 정의함으로써 f와 g의 합과 곱을 정의할 수 있다.

$$(f * g)(n) = \sum_{d|n} f(d)g(n/d)$$

산술함수의 집합은 합과 디리클레 곱 연산을 통하여 가환 환을 이루는 데, 이는 **디리클레 환**(Dirichlet ring)이라고 불린다. 다음 정리 8.8에서 디리클레 환은 실제로 환이 만족해야 할 성질들을 만족하고 있음을 보여주고 있다.

정리 8.8

두 산술함수의 합과 디리클레 곱은 결합법칙, 교환법칙, 배분법칙을 만족한다. 즉 두 산술함수 f와 g에 대해 다음이 성립한다.

$(f * g) * h = f * (g * h)$	결합법칙
$f * g = g * f$	교환법칙
$f * (g + h) = f * g + f * h$	결합법칙

증명 8.8

연습문제 37부터 41까지를 참고하기 바란다.

이오타 함수(iota function) $\iota(n)$을 다음과 같이 정의하자.

$$\iota(n) = \begin{cases} 1, & n = 1\text{일 때} \\ 0, & n > 1\text{일 때} \end{cases}$$

연습문제 41의 결과에 따르면, 이오타 함수는 모든 산술함수 f에 대해 다음 식을 만족한다.

$$\iota(n) * f(n) = f(n) * \iota(n) = f(n)$$

그러므로 디리클레 곱 연산의 항등원임을 알 수 있다.

정리 8.7을 디리클레 곱과 관련된 항등식으로 변환할 수 있다. $I(n)$과 $Id(n)$을 모든 양의 정수 n에 대해 $I(n) = 1$과 $Id(n) = n$인 함수라고 하자. 즉 $I(n)$은 함수값이 항상 1인 상수함수이고, $Id(n)$은 항등함수이다. 이러한 함수를 사용하여 $\sum_{d|n} \phi(d) = n$임을 말해주는 정리 8.7은 $\phi * I = Id$로 표현될 수 있다.

산술함수 f의 합함수 또한 디리클레 곱을 사용하여 표현될 수 있다. 만약 $F(n)$이 $f(n)$의 합함수라면 $F(n) = \sum_{d|n} f(d)$임을 상기하자. 이는 디리클레 환에서 다음과 같이 간단히 표현된다.

$$F = f * I$$

8.1 연습문제

1. 다음에 주어진 각각의 산술함수가 완전곱셈함수인지 결정하고, 이를 증명하라.

   a) $f(n) = 0$ d) $f(n) = \log n$ g) $f(n) = n + 1$

   b) $f(n) = 2$ e) $f(n) = n^2$ h) $f(n) = n^n$

   c) $f(n) = n/2$ f) $f(n) = n!$ i) $f(n) = \sqrt{n}$

2. 다음에 주어진 각각의 정수에서 오일러 phi-함수값을 구하라.

   a) 100 c) 1001 e) 10!

   b) 256 d) $2 \cdot 3 \cdot 5 \cdot 7 \cdot 11 \cdot 13$ f) 20!

3. $\phi(5186) = \phi(5187) = \phi(5188)$임을 보여라.

4. $\phi(n)$의 값이 다음에 주어진 각각의 정수와 같게 되는 모든 양의 정수 n을 구하라.

   a) 1 b) 2 c) 3 d) 4

5. $\phi(n) = 6$인 모든 양의 정수 n을 구하라.

6. $\phi(n) = 12$인 모든 양의 정수 n을 구하라.

7. $\phi(n) = 24$인 모든 양의 정수 n을 구하라.

8. $\phi(n) = 14$인 양의 정수 n은 존재하지 않음을 보여라.

9. $1, 2, 2, 4, 4, 4, 6, 8, 6, \ldots$ 으로 시작하는 수열 $\{a_n\}$, $n = 1, 2, 3, \ldots$ 을 생각하자. $f(n) = a_n$이 되는 함수 $f(n)$을 오일러 phi-함수와 관련지어 구할 수 있는가? (부록에 있는 표 E.2를 참고하라.)

10. $2, 3, 0, 4, 0, 4, 0, 5, 0, \ldots$ 으로 시작하는 수열 $\{a_n\}$, $n = 1, 2, 3, \ldots$ 을 생각하자. $f(n) = a_n$이 되는 함수 $f(n)$을 오일러 phi-함수와 관련지어 구할 수 있는가? (부록에 있는 표 E.2를 참고하라.)

11. $\phi(3n) = 3\phi(n)$을 만족하는 양의 정수 n을 구하라.

12. $\phi(n)$이 4의 배수가 되는 양의 정수 n을 구하라.

13. $\phi(n) = n/2$을 만족하는 양의 정수 n을 구하라.

14. $\phi(n)$이 n의 약수가 되는 양의 정수 n을 구하라.

15. 양의 정수 n에 대해, 다음이 성립함을 보여라.

$$\phi(2n) = \begin{cases} \phi(n), & n\text{이 홀수일 때} \\ 2\phi(n), & n\text{이 짝수일 때} \end{cases}$$

16. 양의 정수 n의 서로 다른 홀수 소인수 개수를 k라 하면, $\phi(n)$은 2^k의 배수임을 보여라.

17. $\phi(n)$의 값이 2의 거듭제곱이 되는 양의 정수 n을 구하라.

18. n이 홀수인 양의 정수이면 $\phi(4n) = 2\phi(n)$임을 보여라.

19. $n = 2\phi(n)$을 만족하는 양의 정수 n은 2의 거듭제곱임을 보여라.

20. 소수 p와 양의 정수 n에 대해 $p \nmid n$일 필요충분조건은 $\phi(np) = (p-1)\phi(n)$임을 보여라.

21. 두 양의 정수 m과 n의 최대공약수가 소수 p일 때 다음이 성립함을 보여라.

$$\phi(mn) = \frac{p\phi(m)\phi(n)}{p-1}$$

22. 두 양의 정수 m과 k에 대해 다음이 성립함을 보여라.

$$\phi(m^k) = m^{k-1}\phi(m)$$

23. 두 양의 정수 a와 b에 대해 다음 등식이 성립함을 보여라.

$$\phi(ab) = \frac{(a,b)\phi(a)\phi(b)}{\phi((a,b))}$$

또한 이를 이용하여 $(a,b) > 1$일 때 $\phi(ab) > \phi(a)\phi(b)$임을 보여라.

24. 다음에 주어진 각각의 부등식에 대해 이를 만족하는 최소의 양의 정수 n을 구하라.

 a) $\phi(n) \geq 100$
 b) $\phi(n) \geq 1000$
 c) $\phi(n) \geq 10{,}000$
 d) $\phi(n) \geq 100{,}000$

25. 오일러 phi-함수를 사용하여 소수의 개수가 무한히 많음을 보여라. (힌트: 유한개의 소수 $p_1, \ldots, p_k$만이 존재한다고 가정하고, 이들의 곱에 오일러 phi-함수의 값을 생각해보자.)

26. 양의 정수 k에 대해 $\phi(n) = k$를 만족시키는 정수 n이 오직 하나뿐이면 n은 36의 배수임을 보여라.

27. 양의 정수 k에 대해 $\phi(n) = k$를 만족시키는 정수 n의 개수는 유한함을 보여라.

28. p가 소수이고 r은 양의 정수일 때 $1 \leq a \leq r$인 모든 정수 a에 대해 $2^a p + 1$이 합성수이고 p는 페르마 소수가 아니라고 가정하자. 그러면 $\phi(n) = 2^r p$를 만족하는 정수 n은 존재하지 않음을 보여라.

*29. 주어진 양의 정수 k에 대해 $\phi(n) = k$를 만족시키는 양의 정수 n이 정확히 두 개가 존재한다고 할 때 가능한 k의 개수가 무수히 많음을 보여라. (힌트: 양의 정수 j에 대해 $k = 2 \cdot 3^{6j+1}$을 생각하자.)

30. 양의 정수 n이 $n \neq 2$이고 $n \neq 6$이면 $\phi(n) \geq \sqrt{n}$이 성립함을 보여라.

*31. 양의 정수 n이 합성수이고 $\phi(n) \mid n-1$이면 n은 제곱인수가 없는 정수이면서 적어도 세 개의 서로 다른 소수의 곱이 됨을 보여라.

32. 두 양의 정수 m과 n에 대해 m이 n의 약수이면 $\phi(m)$은 $\phi(n)$의 약수임을 보여라.

*33. 포함-배제 원리를 사용하여 정리 8.5를 증명하라. (부록 B에 있는 연습문제 16을 참조)

34. 양의 정수 n이 합성수일 필요충분조건은 $\phi(n) \leq n - \sqrt{n}$임을 보여라.

35. 양의 정수 n이 주어졌을 때 다음과 같은 규칙에 의해 양의 정수로 이루어진 수열 n_1, n_2, n_3, ... 를 정의하자.

$$n_1 = \phi(n),\ n_{k+1} = \phi(n_k)\,(k = 1, 2, 3, \ldots)$$

 이때 $n_r = 1$이 되는 양의 정수 r이 존재함을 보여라.

곱셈함수 f가 모든 소수 p와 양의 정수 k에 대해 $f(p^k) = f(p)$를 만족할 때, **강한 곱셈함수**(strongly multiplicative function)라고 부른다.

36. $f(n) = \phi(n)/n$은 강한 곱셈함수임을 보여라.

37. 산술함수의 덧셈과 곱셈은 교환법칙과 결합법칙을 만족함을 보여라. 즉 산술함수 f, g, h에 대해 $(f+g)(n) = (g+f)(n)$, $(f+(g+h))(n) = ((f+g)+h)(n)$, $(fg)(n) = (gf)(n)$, $((fg)h)(n) = (f(gh))(n)$이 성립함을 보여라.

38. 산술함수의 덧셈과 디리클레 곱은 분배법칙을 만족함을 보여라. 즉 산술함수 f, g, h에 대해 $f * (g + h) = f * g + f * h$임을 보여라.

39. 산술함수의 디리클레 곱은 교환법칙과 결합법칙을 만족함을 보여라. 즉 산술함수 f, g, h에 대해 $f * g = g * f$이고 $(f * g) * h = f * (g * h)$임을 보여라.

40. 두 곱셈함수 f와 g에 대해 $f * g$도 곱셈함수임을 보여라.

41. a) ι가 곱셈함수임을 보여라.

    b) 모든 양의 정수 n에 대해 $\iota(n) = [1/n]$임을 보여라.

    c) 모든 산술함수 f에 대해 $\iota * f = f * \iota = f$가 성립함을 보여라.

산술함수 f에 대해 $f * g = g * f = \iota$가 되는 산술함수 g를 f의 **디리클레 역**(Dirichlet inverse)이라고 부른다.

42. 산술함수 f가 역을 가질 필요충분조건은 $f(1) \neq 0$임을 보여라. (힌트: $f(1) \neq 0$일 때 $\iota(n) = \sum_{d|n} f(d) f^{-1}(n/d)$임을 이용하여 $f^{-1}(n)$을 재귀적으로 계산함으로써 f^{-1}를 구하라.)

43. 산술함수 f가 디리클레 역을 가지면, 그것은 유일함을 보여라.

44. 두 산술함수 f와 g에 대해 $F = f * g$이고 h가 g의 디리클레 역이라면 $f = F * h$임을 보여라.

프랑스 수학자 조제프 리우빌(Joseph Liouville)에 의해 만들어진 **리우빌 함수**(Liouville's function) $\lambda(n)$는 다음과 같이 정의된다. $\lambda(1) = 1$이고 1보다 큰 양의 정수 n의 소인수분해가 $n = p_1^{a_1} p_2^{a_2} \cdots p_m^{a_m}$일 때 $\lambda(n) = (-1)^{a_1 + a_2 + \cdots + a_m}$이다.

45. 다음에 주어진 각각의 양의 정수 n에 대해 $\lambda(n)$의 값을 구하라.

    a) 12
    b) 20
    c) 210
    d) 1000
    e) 1001
    f) 10!
    g) 20!

46. $\lambda(n)$이 완전곱셈함수임을 보여라.

47. 양의 정수 n이 제곱수이면 $\sum_{d|n} \lambda(d)$의 값이 1과 같음을 보이고, 그렇지 않으면 0과 같게 됨을 보여라.

48. 두 곱셈함수 f와 g에 대해 fg도 곱셈함수임을 보여라. 여기서 fg는 양의 정수 n에 대해 $(fg)(n) = f(n)g(n)$으로 정의된다.

49. 두 완전곱셈함수 f와 g에 대해 fg도 완전곱셈함수임을 보여라.

50. f가 완전곱셈함수이고 양의 정수 n의 소인수분해가 $n = p_1^{a_1} p_2^{a_2} \cdots p_m^{a_m}$일 때 $f(n) = f(p_1)^{a_1} f(p_2)^{a_2} \cdots f(p_m)^{a_m}$임을 보여라.

서로소인 두 양의 정수 m과 n에 대해 $f(m+n) = f(m) + f(n)$을 만족하는 함수를 **덧셈함수**(additive function)라 부르고, 임의의 두 양의 정수 m과 n에 대해 위의 조건을 만족하는 함수를 **완전덧셈함수**(completely additive function)라고 부른다.

51. $f(n) = \log n$은 완전덧셈함수임을 보여라.

양의 정수 n에 대해 함수 $\omega(n)$을 n의 서로 다른 소인수 개수로 정의하자.

52. 다음에 주어진 각각의 양의 정수 n에 대해 $\omega(n)$의 값을 구하라.

    a) 1　　b) 2　　c) 20　　d) 84　　e) 128

53. 다음에 주어진 각각의 양의 정수 n에 대해 $\omega(n)$의 값을 구하라.

    a) 12　　b) 30　　c) 32　　d) 10!　　e) 20!　　f) 50!

54. $\omega(n)$은 덧셈함수이지만, 완전덧셈함수는 아님을 보여라.

55. f가 덧셈함수일 때 함수 $g(n) = 2^{f(n)}$은 곱셈함수임을 보여라.

56. 임의의 실수 k에 대해 $f(n) = n^k$은 완전곱셈함수임을 보여라.

57. 양의 정수 n과 $1 \le a \le n$인 정수 a에 대해 $(a, n) = 1$일 필요충분조건은 $(n-a, n) = 1$임을 보여라. 이를 이용하여 정리 8.6을 증명하라.

계산과 탐구

1. n이 다음 값을 가질 때 $\phi(n)$을 계산하라.

    a) 185,888,434,028　　b) 1,111,111,111,111　　c) 121,110,987,654,321

2. 위의 문제에서 주어진 각각의 정수에서 시작하여 1에 도달하기까지 오일러 phi-함수의 반복 횟수를 찾아라. (연습문제 35를 참조)

3. 다음에 주어진 각각의 정수 k에 대해, $\phi(n) \le k$를 만족하는 가장 큰 정수 n을 찾아라.

    a) 1,000,000　　b) 10,000,000　　c) 1,000,000,000

4. $\phi(n) = \phi(n+1)$을 만족하는 양의 정수 n을 가능한 많이 찾아라. 얻은 증거를 기반으로 가설을 제시할 수 있는가?

5. 연습문제 3에서는 $\phi(5186) = \phi(5187) = \phi(5188)$를 보여주도록 요청한다. $\phi(n) = \phi(n+1) = \phi(n+2)$이 되도록 하는 5186 이외의 양의 정수 n을 찾을 수 있는가? 또한 $\phi(n) = \phi(n+1) = \phi(n+2) = \phi(n+3)$이 되는 연속된 네 개의 양의 정수 n, $n+1$, $n+2$, $n+3$을 찾을 수 있는가?

6. 레머의 추론에 따르면, n이 소수일 때 $\phi(n)$이 $n-1$을 나눈다고 주장한다. 이 추론의 진위를 탐구하라.

7. 카마이클의 추론에 따르면, 모든 양의 정수 n에 대해 $\phi(m) = \phi(n)$을 만족하는 양의 정수 m이 있다고 주장한다. 이 추론을 위한 가능한 증거를 모아라.

프로그래밍 프로젝트

1. 주어진 양의 정수 n에 대해 $\phi(n)$의 값을 찾아라.
2. 주어진 양의 정수 n에 대해 n으로 시작하여 1에 도달하기까지 오일러 phi-함수의 반복 횟수를 찾아라. (이 반복 횟수는 문제 8.1.35의 정수 r과 같다.)
3. 주어진 양의 정수 k에 대해 $\phi(n) = k$의 해의 개수를 찾아라.

8.2 약수의 합과 약수의 개수

8.1절에서 언급되었듯이 약수의 합함수와 약수개수함수는 둘 다 곱셈함수이다. 이번 절에서는 이 함수들이 곱셈함수임을 보이고, 양의 정수 n의 소인수분해로부터 이 함수들의 n에서의 함수값을 유도할 것이다.

정의 8.5

약수의 합함수(sum of divisor function)는 σ로 표기하고, $\sigma(n)$은 n의 모든 양의 약수의 합으로 정의된다. 즉 $\sigma(n) = \sum_{d|n} d$이다.

표 8.1에서는 1부터 12까지의 양의 정수 n에 대한 $\sigma(n)$의 값이 나열되어 있고, 부록 E에 있는 표 2에서는 1부터 100까지의 정수 n에 대한 $\sigma(n)$의 값이 계산되어 있다. (이러한 값들은 메이플이나 메쓰매티카를 사용하여 계산할 수 있다.)

표 8.1: $1 \leq n \leq 12$에 대한 $\sigma(n)$의 값

n	1	2	3	4	5	6	7	8	9	10	11	12
$\sigma(n)$	1	3	4	7	6	12	8	15	13	18	12	28

정의 8.6

약수개수함수(number of divisor function)는 τ로 표기하고, $\tau(n)$은 n의 모든 양의 약수의 개수로 정의된다. 즉 $\tau(n) = \sum_{d|n} 1$이다.

표 8.2에서는 1부터 12까지의 양의 정수 n에 대한 $\tau(n)$의 값이 나열되어 있고, 부록 E에 있는 표 2에서는 1부터 100까지의 정수 n에 대한 $\tau(n)$의 값이 계산되어 있다. (이러한 값들은 메이플이나 메쓰매티카를 사용하여 계산할 수 있다.)

표 8.2: $1 \leq n \leq 12$에 대한 $\tau(n)$의 값

n	1	2	3	4	5	6	7	8	9	10	11	12
$\tau(n)$	1	2	2	3	2	4	2	4	3	4	2	6

$\sigma(n)$과 $\tau(n)$을 합 기호를 사용하여 표현하면 다음과 같다.

$$\sigma(n) = \sum_{d|n} d, \qquad \tau(n) = \sum_{d|n} 1$$

σ와 τ가 곱셈함수임을 보이기 위해 다음 정리를 이용하도록 하자.

정리 8.9

f가 곱셈함수이면 f의 합함수, 즉 $F(n) = \sum_{d|n} f(d)$도 곱셈함수이다.

이 정리를 증명하기 전에 다음 예제를 통하여 증명의 아이디어를 살펴본다. 곱셈함수 f와 f의 합함수 F에 대해 $F(60) = F(4)F(15)$임을 보이자. 60의 약수들은 4의 약수와 15의 약수의 곱으로 쓰여질 수 있는데, 구체적인 표현은 $1 = 1 \cdot 1$, $2 = 2 \cdot 1$, $3 = 1 \cdot 3$, $4 = 4 \cdot 1$, $5 = 1 \cdot 5$, $6 = 2 \cdot 3$, $10 = 2 \cdot 5$, $12 = 4 \cdot 3$, $15 = 1 \cdot 15$, $20 = 4 \cdot 5$, $30 = 2 \cdot 15$, $60 = 4 \cdot 15$와 같다. (각각의 곱에서 첫 번째 인수는 4의 약수이고, 두 번째 인수는 15의 약수이다). 따라서 $F(60)$은 다음과 같이 계산된다.

$$\begin{aligned}
F(60) =& f(1) + f(2) + f(3) + f(4) + f(5) + f(6) + f(10) + f(12) \\
&+ f(15) + f(20) + f(30) + f(60) \\
=& f(1 \cdot 1) + f(2 \cdot 1) + f(1 \cdot 3) + f(4 \cdot 1) + f(1 \cdot 5) + f(2 \cdot 3) \\
&+ f(2 \cdot 5) + f(4 \cdot 3) + f(1 \cdot 15) + f(4 \cdot 5) + f(2 \cdot 15) + f(4 \cdot 15) \\
=& f(1)f(1) + f(2)f(1) + f(1)f(3) + f(4)f(1) + f(1)f(5) + f(2)f(3) \\
&+ f(2)f(5) + f(4)f(3) + f(1)f(15) + f(4)f(5) + f(2)f(15) + f(4)f(15) \\
=& (f(1) + f(2) + f(4))(f(1) + f(3) + f(5) + f(15)) \\
=& F(4)F(15)
\end{aligned}$$

여기서 제시된 아이디어를 사용하여 정리 8.9를 증명해보자.

증명 8.9

F가 곱셈함수임을 보이기 위해 서로소인 두 양의 정수 m과 n에 대해 $F(mn) = F(m)F(n)$임을 보여야 한다. 이제 m과 n을 서로소라고 가정하자. mn의 약수 d는 m의 약수 d_1과 n의 약수 d_2의 곱으로 유일하게 쓰인다. 또한 역으로 m의 약수 d_1과 n의 약수 d_2의 순서쌍 (d_1, d_2)는 mn의 약수 $d = d_1d_2$에 대응한다. 따라서 F의 정의와 f가 곱셈함수임을 이용하면 다음 식을 얻게 된다.

$$\begin{aligned} F(mn) &= \sum_{d|mn} f(d) = \sum_{\substack{d_1|m \\ d_2|n}} f(d_1d_2) \\ &= \sum_{\substack{d_1|m \\ d_2|n}} f(d_1)f(d_2) = \sum_{d_1|m} f(d_1) \sum_{d_2|n} f(d_2) \\ &= F(m)F(n) \end{aligned}$$

이로부터 F가 곱셈함수임이 증명되었다.

이제 정리 8.9를 사용하여 σ와 τ가 곱셈함수임을 보인다.

따름정리 8.9.1

약수의 합함수 σ와 약수개수함수 τ는 곱셈함수이다.

증명 8.9.1

$f(n) = n$으로 정의하고 $g(n) = 1$로 정의하면, f와 g는 모두 곱셈함수이다. 따라서 정리 8.9로부터 $\sigma(n) = \sum_{d|n} f(d)$와 $\tau(n) = \sum_{d|n} g(d)$는 곱셈함수가 됨을 알 수 있다.

$\sigma(n)$과 $\tau(n)$이 곱셈함수이기 때문에, n의 소인수분해에 근거하여 이 함수들의 값을 구할 수 있다. 먼저 n이 소수의 거듭제곱일 때 $\sigma(n)$과 $\tau(n)$의 값에 대한 공식을 구해보자.

도움정리 8.1

소수 p와 양의 정수 a에 대해, $\sigma(p^a)$와 $\tau(p^a)$의 값은 다음과 같다.

$$\sigma(p^a) = 1 + p + p^2 + \cdots + p^a = \frac{p^{a+1} - 1}{p - 1}$$

$$\tau(p^a) = a + 1$$

증명

p^a의 모든 약수는 $1, p, p^2, \ldots, p^{a-1}, p^a$이므로 p^a는 정확히 $a+1$개의 약수를 가지고 있다. 따라서 $\tau(p^a) = a+1$이 된다. 또한 $\sigma(p^a)$는 p^a의 모든 약수의 합이므로 다음과 같다.

$$\sigma(p^a) = 1 + p + p^2 + \cdots + p^a = \frac{p^{a+1}-1}{p-1}$$

예제 8.8

$p = 5$이고 $a = 3$인 경우에 도움정리 8.1을 적용하면 $\sigma(5^3) = 1 + 5 + 5^2 + 5^3 = \frac{5^4-1}{5-1} = 156$이고 $\tau(5^3) = 1 + 3 = 4$가 된다.

도움정리 8.1과 따름정리 8.9.1로부터 다음 공식을 유도할 수 있다.

정리 8.10

양의 정수 n의 소인수분해가 $n = p_1^{a_1} p_2^{a_2} \cdots p_s^{a_s}$일 때 $\sigma(n)$과 $\tau(n)$의 값은 다음과 같다.

$$\sigma(n) = \frac{p_1^{a_1+1}-1}{p_1-1} \cdot \frac{p_2^{a_2+1}-1}{p_2-1} \cdot \cdots \cdot \frac{p_s^{a_s+1}-1}{p_s-1} = \prod_{j=1}^{s} \frac{p_j^{a_j+1}-1}{p_j-1}$$

$$\tau(n) = (a_1+1)(a_2+1)\cdots(a_s+1) = \prod_{j=1}^{s}(a_j+1)$$

증명 8.10

σ와 τ가 모두 곱셈함수이기 때문에 $\sigma(n) = \sigma(p_1^{a_1} p_2^{a_2} \cdots p_s^{a_s}) = \sigma(p_1^{a_1})\sigma(p_2^{a_2})\cdots\sigma(p_s^{a_s})$이고 $\tau(n) = \tau(p_1^{a_1} p_2^{a_2} \cdots p_s^{a_s}) = \tau(p_1^{a_1})\tau(p_2^{a_2})\cdots\tau(p_s^{a_s})$임을 알 수 있다. 이제 도움정리 8.1에서 구한 $\sigma(p_i^{a_i})$의 값과 $\tau(p_i^{a_i})$의 값을 대입하면 정리의 결과를 얻게 된다.

다음 예제를 통해 정리 8.10이 어떻게 사용되는지 살펴보자.

예제 8.9

정리 8.10을 사용하여 $\sigma(200)$과 $\tau(200)$의 값을 구하면 다음과 같다.

$$\sigma(200) = \sigma(2^3 5^2) = \frac{2^4-1}{2-1} \cdot \frac{5^3-1}{5-1} = 15 \cdot 31 = 465$$

$$\tau(200) = \tau(2^3 5^2) = (3+1)(2+1) = 12$$

비슷한 방식으로 $\sigma(720)$과 $\tau(720)$의 값은 다음과 같다.

$$\sigma(720) = \sigma(2^4 3^2 5) = \frac{2^5-1}{2-1} \cdot \frac{3^3-1}{3-1} \cdot \frac{5^2-1}{5-1} = 31 \cdot 13 \cdot 6 = 2418$$
$$\tau(720) = \tau(2^4 3^2 5) = (4+1)(2+1)(1+1) = 30$$

8.2 연습문제

1. 다음에 주어진 각각의 정수에 대해 양의 약수들의 합을 구하라.

   a) 35
   b) 196
   c) 1000
   d) 2^{100}
   e) $2 \cdot 3 \cdot 5 \cdot 7 \cdot 11$
   f) $2^5 3^4 5^3 7^2 11$
   g) 10!
   h) 20!

2. 다음에 주어진 각각의 정수에 대해 양의 약수들의 개수를 구하라.

   a) 36
   b) 99
   c) 144
   d) $2 \cdot 3 \cdot 5 \cdot 7 \cdot 11 \cdot 13 \cdot 17 \cdot 19$
   e) $2 \cdot 3^2 \cdot 5^3 \cdot 7^4 \cdot 11^5 \cdot 13^4 \cdot 17^5 \cdot 19^5$
   f) 20!

3. 연습문제 2에 주어진 각각의 정수에 대해 홀수인 양의 약수들의 개수를 구하라.

4. 연습문제 2에 주어진 각각의 정수에 대해 5로 나눠지지 않는 양의 약수들의 개수를 구하라.

5. $\tau(n)$이 홀수인 양의 정수 n을 구하라.

6. $\sigma(n)$이 홀수인 양의 정수 n을 구하라.

*7. 다음에 주어진 각각의 정수를 $\sigma(n)$의 값으로 갖는 모든 양의 정수 n을 구하라.

   a) 12
   b) 18
   c) 24
   d) 48
   e) 52
   f) 84

*8. 다음에 주어진 각각의 정수를 $\tau(n)$의 값으로 갖는 가장 작은 양의 정수 n을 구하라.

   a) 1
   b) 2
   c) 3
   d) 6
   e) 14
   f) 100

9. 1보다 큰 정수 k에 대해 $\tau(n) = k$를 만족하는 양의 정수 n이 무수히 많음을 보여라.

10. 어떤 양의 정수가 오직 두 개의 양의 약수만을 갖는가?

11. 어떤 양의 정수가 오직 세 개의 양의 약수만을 갖는가?

12. 어떤 양의 정수가 오직 네 개의 양의 약수만을 갖는가?

13. 양의 정수 n의 양의 약수들의 곱은 무엇인가?

14. 양의 정수 k에 대해 $\sigma(n) = k$를 만족하는 양의 정수 n은 기껏해야 유한개 밖에 없음을 보여라.

15. 다음에 주어진 각각의 수열에 대해 τ 함수 또는 σ 함수를 포함하는 수열의 규칙을 찾을 수 있는가? (부록 E에 있는 표 E.2를 참고하라.)

    a) $3, 7, 12, 15, 18, 28, 24, 31, \ldots$

    b) $0, 1, 2, 4, 4, 8, 6, 11, \ldots$

    c) $1, 2, 4, 6, 16, 12, 64, 24, 36, 48, \ldots$

    d) $1, 0, 1, 1, 0, 1, 1, 1, 0, 0, 0, 2, 1, \ldots$

16. 다음에 주어진 각각의 수열에 대해 τ 함수 또는 σ 함수를 포함하는 수열의 규칙을 찾을 수 있는가? (부록 E에 있는 표 E.2를 참고하라.)

    a) $2, 5, 6, 10, 8, 16, 10, 19, 16, 22, \ldots$

    b) $1, 4, 6, 8, 13, 12, 14, 24, 18, \ldots$

    c) $6, 8, 10, 14, 15, 21, 22, 26, 27, 33, 34, 35, \ldots$

    d) $1, 2, 2, 2, 3, 2, 2, 4, 2, 2, 4, 2, 3, \ldots$

1보다 큰 양의 정수 n을 생각하자. $1 \leq m < n$인 모든 양의 정수 m에 대해 $\tau(m) < \tau(n)$이면 n을 **고합성수**(highly composite)라고 부른다. 이는 인도의 유명한 수학자인 라마누잔(Srinivasa Ramanujan)에 의해 소개되었다.

17. 처음 여섯 개의 고합성수를 구하라.

18. 고합성수 n과 $\tau(m) > \tau(n)$을 만족하는 양의 정수 m에 대해 $n < k \leq m$인 고합성수 k가 존재함을 보여라. 이로부터 고합성수의 개수가 무수히 많음을 구하라.

19. n이 양의 정수일 때 n과 $2n$ 사이에 고합성수 k가 존재함을 보여라. 이를 이용하여 m번째 고합성수에 대한 상한을 구하라.

20. n이 고합성수이면 $n = 2^{a_1}3^{a_2}5^{a_3}\cdots p_k^{a_k}$ 가 되는 양의 정수 k가 존재함을 보여라. 여기에서 p_k는 k번째 소수이고 $a_1 \geq a_2 \geq \cdots a_k \geq 1$이다.

*21. a와 b가 음이 아닌 정수일 때 $2^a 3^b$꼴의 고합성수를 모두 구하라.

양의 정수 n의 약수들을 k번 거듭제곱한 수들의 합을 $\sigma_k(n)$으로 표기하자. 즉 $\sigma_k(n) = \sum_{d|n} d^k$이며, 특별히 $\sigma_1(n) = \sigma(n)$이다.

22. $\sigma_3(4)$, $\sigma_3(6)$, $\sigma_3(12)$의 값을 각각 구하라.

23. 소수 p에 대해 $\sigma_k(p)$에 대한 공식을 구하라.

24. 소수 p와 양의 정수 a에 대해 $\sigma_k(p^a)$에 대한 공식을 구하라.

25. σ_k가 곱셈함수임을 보여라.

26. 양의 정수 n의 소인수분해가 $n = p_1^{a_1} p_2^{a_2} \cdots p_m^{a_m}$과 같을 때 연습문제 24와 25를 사용하여 $\sigma_k(n)$에 대한 공식을 구하라.

∗27. $\phi(n) + \sigma(n) = 2n$을 만족하는 모든 양의 정수 n을 구하라.

∗28. 서로 다른 두 양의 정수에 대해 약수들의 곱이 서로 같지 않음을 보여라.

29. 양의 정수들로 이루어진 순서쌍 중에서 최소공배수가 n이 되는 순서쌍의 개수는 $\tau(n^2)$임을 보여라.

30. n을 1보다 큰 양의 정수라 하고, 정수들로 이루어진 수열 $n_1, n_2, n_3, \ldots$를 $n_1 = \tau(n)$, $k = 1, 2, 3, \ldots$에 대해 $n_{k+1} = \tau(n_k)$과 같이 정의하자. 이때 $2 = n_r = n_{r+1} = n_{r+2} = \ldots$이 되는 양의 정수 r이 존재함을 보여라.

31. 양의 정수 n이 합성수일 필요충분조건은 $\sigma(n) > n + \sqrt{n}$임을 보여라.

32. 임의의 양의 정수 n에 대해 부등식 $\tau(2^n - 1) \geq \tau(n)$이 성립함을 보여라.

∗33. 양의 정수 n에 대해 다음 등식이 성립함을 보여라.

$$\sum_{j=1}^{n} \tau(j) = 2 \sum_{j=1}^{[\sqrt{n}]} [n/j] - [\sqrt{n}]^2$$

위의 공식을 사용하여 $\sum_{j=1}^{100} \tau(j)$의 값을 구하라.

∗34. 양의 정수 a와 b에 대해 다음 부등식이 성립함을 보여라.

$$\frac{\sigma(a)}{a} \leq \frac{\sigma(ab)}{ab} \leq \frac{\sigma(a)\sigma(b)}{ab}$$

∗35. 양의 정수 a와 b에 대해 다음 등식이 성립함을 보여라.

$$\sigma(a)\sigma(b) = \sum_{d|(a,b)} d\sigma(ab/d^2)$$

∗36. 양의 정수 n에 대해 다음 등식이 성립함을 보여라.

$$\left(\sum_{d|n} \tau(d) \right)^2 = \sum_{d|n} \tau(d)^3$$

37. 양의 정수 n의 서로 다른 소인수들의 개수를 $\omega(n)$이라 할 때 $\tau(n^2) = \sum_{d|n} 2^{\omega(n)}$임을 보여라.

38. 양의 정수 n에 대해 다음 등식이 성립함을 보여라.

$$\sum_{d|n} \frac{n\sigma(d)}{d} = \sum_{d|n} d\tau(d)$$

*39. $n \times n$ 행렬의 i행 j열의 원소가 $\gcd(i,j)$로 주어질 때, 이 행렬의 행렬식을 구하라.

*40. 양의 정수 n에 대해 $n+1$이 24의 배수일 때, $\sigma(n)$도 24의 배수임을 보여라.

41. 무수히 많은 쌍의 쌍둥이 소수가 있다고 가정하거나 무수히 많은 메르센 소수가 있다고 가정할 때, $\phi(m) = \sigma(n)$을 만족하는 (m,n)의 쌍이 무수히 많음을 보여라.

42. 정리 8.9의 결과로 정리 8.7에 있는 등식 $\sum_{d|n} \phi(d) = n$이 얻어짐을 보여라.

계산과 탐구

1. n이 다음 값을 가질 때 $\tau(n)$, $\sigma(n)$, $\sigma_2(n)$을 각각 계산하라.

   a) 121,110,987,654 b) 11,111,111,111 c) 98,989,898,989

2. 양의 약수의 개수가 동일한 연속하는 정수 쌍, 세 개, 네 개를 가능한 많이 찾아라.

3. $n_1 = \tau(n)$, $n_2 = \tau(n_1)$, $\ldots$, $n_{k+1} = \tau(n_k)$, $\ldots$의 순서대로 정의된 수열이 정수 2에 도달하는 데 필요한 반복 횟수를 결정하라. 이를 위해 1000을 넘지 않는 모든 양의 정수 n에 대해 반복 작업을 수행하고, 각 n에 대해 필요한 반복 횟수를 세어라. 그런 다음 이러한 증거를 바탕으로 가설을 세워라.

4. 10,000 이하의 고합성수를 모두 찾아라.

*5. 293,318,625,600이 고합성수임을 보여라.

프로그래밍 프로젝트

1. 주어진 양의 정수 n에 대해 그 양의 약수의 개수 $\tau(n)$을 구하라.

2. 주어진 양의 정수 n에 대해 그 양의 약수의 합 $\sigma(n)$을 구하라.

3. 주어진 양의 정수 n과 양의 정수 k에 대해 n의 양의 약수들을 k번 거듭제곱한 수들의 합 $\sigma_k(n)$을 구하라.

4. 주어진 양의 정수 n에 대해 연습문제 30에서 정의된 정수 r을 구하라.

5. 주어진 양의 정수 n이 고합성수인지 판별하라.

8.3 완전수와 메르센 소수

고대 그리스인들은 신비한 믿음 때문에 진약수들의 합이 자신과 같아지는 정수에 관심이 있었다. 그러한 정수들을 **완전수**(perfect number)라고 부른다.

정의 8.7

$\sigma(n) = 2n$이 되는 양의 정수 n을 **완전수**라고 부른다.

예제 8.10

$\sigma(6) = 1+2+3+6 = 12$이기 때문에 6은 완전수이다. 또한 $\sigma(28) = 1+2+4+7+14+28 = 56$이기 때문에 28도 완전수임을 알 수 있다.

고대 그리스인들은 짝수 완전수를 모두 찾는 방법을 알고 있었다. 다음 정리는 어떤 짝수가 완전수인지를 말해준다.

정리 8.11

양의 정수 n이 짝수 완전수일 필요충분조건은 $n = 2^{m-1}(2^m - 1)$ 형태이다. 여기서 m은 2 이상의 정수이고 $2^m - 1$은 소수이다.

증명 8.11

먼저 $n = 2^{m-1}(2^m - 1)$ 형태이고, $2^m - 1$은 소수인 경우에 n이 완전수임을 보이자. $2^m - 1$은 홀수이므로 $(2^{m-1}, 2^m - 1) = 1$이고, σ는 곱셈함수이기 때문에 $\sigma(n)$은 다음과 같이 계산된다.

$$\sigma(n) = \sigma(2^{m-1})\sigma(2^m - 1)$$

도움정리 8.1에 따르면 $\sigma(2^{m-1}) = 2^m - 1$이고, $2^m - 1$은 소수라고 가정했으므로 $\sigma(2^m - 1) = 2^m$이 된다. 따라서 다음과 같다.

$$\sigma(n) = (2^m - 1)2^m = 2n$$

그러므로 n은 완전수가 된다.

이제 역이 성립함을 보이기 위해 n을 짝수 완전수라고 가정하자. $n = 2^s t$로 쓰고, 여기서 s와 t는 양의 정수이며 t는 홀수이다. $(2^s, t) = 1$이므로 도움정리 8.1로부터 다음을 알 수 있다.

$$\sigma(n) = \sigma(2^s t) = \sigma(2^s)\sigma(t) = (2^{s+1} - 1)\sigma(t) \tag{8.1}$$

n이 완전수이므로 다음이 성립한다.

$$\sigma(n) = 2n = 2^{s+1}t \tag{8.2}$$

식 (8.1)과 (8.2)를 결합하면 다음이 나타난다.

$$(2^{s+1} - 1)\sigma(t) = 2^{s+1}t \tag{8.3}$$

여기서 $(2^{s+1}, 2^{s+1} - 1) = 1$이므로, 도움정리 4.2로부터 $2^{s+1} \mid \sigma(t)$임을 알 수 있다. 따라서 정수 q가 있어서 $\sigma(t) = 2^{s+1}q$이다. 이 식을 식 (8.3)에 대입하면 다음과 같이 나타난다.

$$(2^{s+1} - 1)2^{s+1}q = 2^{s+1}t$$

그러므로 다음을 얻는다.

$$(2^{s+1} - 1)q = t \tag{8.4}$$

따라서 $q \mid t$이고 $q \neq t$이다. 식 (8.4)의 양변에 q를 더하면 다음이 나타난다.

$$t + q = (2^{s+1} - 1)q + q = 2^{s+1}q = \sigma(t) \tag{8.5}$$

다음으로 $q = 1$임을 보이자. 만약 $q \neq 1$이면 t의 적어도 세 개의 서로 다른 양의 약수가 존재한다. 즉 1, q, t이다. 이는 $\sigma(t) \geq t + q + 1$을 의미하며, 이는 식 (8.5)에 모순된다. 그러므로 $q = 1$이고 식 (8.4)로부터 $t = 2^{s+1} - 1$임을 결론 짓는다. 또한 식 (8.5)로부터 $\sigma(t) = t + 1$이므로, t는 소수여야 한다. 따라서 $n = 2^s(2^{s+1} - 1)$이고, 여기서 $2^{s+1} - 1$은 소수이다.

8.3.1 메르센 소수

정리 8.11에 의해 짝수 완전수를 찾으려면 $2^m - 1$ 형태의 소수를 찾아야 한다. 이러한 형태의 소수를 찾기 위해 먼저 지수 m이 소수여야 함을 보여야 한다.

정리 8.12

m이 양의 정수이고 $2^m - 1$이 소수인 경우에 m은 반드시 소수여야 한다.

증명 8.12

m이 소수가 아닌 경우 $m = ab$라 가정하자. 여기서 $1 < a < m$이고 $1 < b < m$이다. (여기서 $2^m - 1$이 소수이므로 $m > 1$임을 유의하자.) 그러면 다음과 같이 쓸 수 있다.

$$2^m - 1 = 2^{ab} - 1 = (2^a - 1)(2^{a(b-1)} + 2^{a(b-2)} + \cdots + 2^a + 1)$$

우변의 두 인수가 모두 1보다 크기 때문에, m이 소수가 아닌 경우 $2^m - 1$이 합성수임을 알 수 있다. 따라서 $2^m - 1$이 소수인 경우 m도 소수여야 한다.

정리 8.12에 의해 $2^m - 1$ 형태의 소수를 찾으려면 소수인 m만을 고려하면 된다. $2^m - 1$ 형태의 정수는 심도있게 연구되었으며, 이러한 정수들은 17세기 프랑스 수도회원인 메르센(Marin Mersenne)의 이름을 따서 명명되었다.

정의 8.8

만약 m이 양의 정수라면 $M_m = 2^m - 1$은 m번째 **메르센 수**(Mersenne number)라고 부른다. 만약 p가 소수이고 $M_p = 2^p - 1$ 또한 소수이면 M_p를 **메르센 소수**(Mersenne prime)라고 부른다.

예제 8.11

메르센 수 $M_7 = 2^7 - 1$은 소수이지만, 메르센 수 $M_{11} = 2^{11} - 1 = 2047 = 23 \cdot 89$는 합성수이다.

메르센 수가 소수인지 결정하는 데 도움되는 다양한 정리를 증명하는 것이 가능하다. 예를 들어 다음 정리와 관련된 결과가 있다. 12.1절의 연습문제 37~39에서 관련 결과를 찾을 수 있다.

정리 8.13

만약 p가 홀수 소수이면 메르센 수 $M_p = 2^p - 1$의 어떤 약수도 $2kp + 1$ 형태를 가진다. 여기서 k는 양의 정수이다.

증명 8.13

q를 $M_p = 2^p - 1$을 나누는 소수라고 가정하자. 페르마의 작은 정리에 따라 $q \mid (2^{q-1} - 1)$임을 알 수 있다. 또한 도움정리 5.3에서 알 수 있듯이 다음을 얻는다.

$$(2^p - 1, 2^{q-1} - 1) = 2^{(p,q-1)} - 1 \tag{8.6}$$

q가 2^p-1과 $2^{q-1}-1$의 공약수이기 때문에 $(2^p-1, 2^{q-1}-1) > 1$임을 알 수 있다. 또한 p가 소수이므로 $(p, q-1)$은 1 또는 p여야 한다. $(p, q-1) = 1$인 경우 $(2^p-1, 2^{q-1}-1) = 1$임을 식 (8.6)에서 알 수 있다. 따라서 $(p, q-1) = p$이다. 따라서 $p \mid (q-1)$이고, 따라서 양의 정수 m이 있어 $q-1 = mp$이다. q가 홀수이므로 m은 짝수여야 하므로 $m = 2k$라고 할 수 있다. 따라서 $q = mp+1 = 2kp+1$이다. M_p의 모든 약수는 M_p의 소인수의 곱이므로, M_p의 각 소인수는 $2kp+1$ 형태를 가진다. 그리고 이러한 형태의 숫자들의 곱 또한 이러한 형태를 가진다.

정리 8.13을 사용하여 메르센 수가 소수인지 결정하는 데 도움을 받을 수 있다. 다음 예제에서 이를 설명한다.

예제 8.12

$M_{13} = 2^{13}-1 = 8191$이 소수인지 결정하기 위해 $\sqrt{8191} = 90.504\ldots$보다 작은 소인수를 찾아야 한다. 또한 정리 8.13에 따라 모든 소인수는 $26k+1$ 형태여야 한다. 8191보다 작거나 같은 소수 중 M_{13}를 나누는 소수 후보는 53과 79뿐이다. 이 수들로 나누어보면 이들은 소인수가 되지 않으므로 M_{13}이 소수임을 알 수 있다.

예제 8.13

$M_{23} = 2^{23}-1 = 8{,}388{,}607$이 소수인지 결정하기 위해 $\sqrt{M_{23}} = 2896.309\ldots$보다 작은 $46k+1$ 형태의 소수로 나누어 볼 필요가 있다. 이러한 형태의 첫 번째 소수는 47이다. $8{,}388{,}607 = 47 \cdot 178{,}481$임을 알 수 있으므로, M_{23}은 합성수임을 알 수 있다.

메르센 수에 대한 특별한 소수 판정법이 있기 때문에, 극도로 큰 메르센 수가 소수인지 여부를 결정하는 것이 가능해졌다. 이를 루카스-레머 판정법이라고 부른다. 이 판정법은 p가 소수일 때 2^p-1이 소수인지를 결정하는 판정법으로 1870년대에 이론을 개발한 프랑스 수학자 루카스(Edouard Lucas)와 1930년에 판정법의 단순화된 버전을 개발한 미국 수학자 레머(Derrick H. Lehmer)의 이름을 딴 것이다. (타원곡선을 사용하는 이 판정법의 버전은 14장에서 소개되며, 최근에는 이를 개발한 미국 수학자 베네딕트 그로스가 있다.) 이 판정법은 알려진 가장 큰 메르센 소수를 찾는 데 사용되었으며, 새로운 메르센 소수를 찾기 위한 지속적인 검색에서도 사용되고 있다. 현재와 최근 역사 대부분 동안 알려진 가장 큰 메르센 소수는 알려진 가장 큰 소수였다. 그러나 1990년 말부터 1992년 초까지 알려진 가장 큰 소수인 $391{,}581 \cdot 2^{216{,}193-1}$은 메르센 소수가 아니었다. 이 수가 $k \cdot 2^n - 1$ 형태이므로, 이것의 소수성을 증명하기 위해 특수한 판정법을 사용할 수 있었다.

정리 8.14 루카스-레머 판정법

소수 p에 대해 $M_p = 2^p - 1$이 p번째 메르센 수라고 정의하자. 정수의 수열을 재귀적으로 정의하는데, $r_1 = 4$로 설정하고 $k \geq 2$일 때 다음과 같이 정의한다.

$$r_k \equiv r_{k-1}^2 - 2 \pmod{M_p},\ 0 \leq r_k < M_p$$

그러면 M_p가 소수일 필요충분조건은 $r_{p-1} \equiv 0 \pmod{M_p}$이다.

루카스-레머 판정법의 증명은 [Le80]과 [Si64]를 참고하기 바란다. 다음 예제를 통해 루카스-레머 판정법이 어떻게 사용되는지 살펴보자.

예제 8.14

메르센 수 $M_5 = 2^5 - 1 = 31$을 생각하자. 그러면 $r_1 = 4$, $r_2 \equiv 4^2 - 2 = 14 \pmod{31}$, $r_3 \equiv 14^2 - 2 \equiv 8 \pmod{31}$, $r_4 \equiv 8^2 - 2 \equiv 0 \pmod{31}$이다. 이때 $r_4 \equiv 0 \pmod{31}$이기 때문에, $M_5 = 31$이 소수임을 결론지을 수 있다.

루카스-레머 판정법은 다음 따름정리에 있는 것과 같이 빠르게 수행될 수 있다. 이것은 메르센 수를 인수분해하지 않고도 소수 여부를 판정할 수 있게 해주며, 매우 큰 메르센 수가 소수인지 판단할 수 있게 해준다. 반면에 특별한 형태가 아닌 유사한 크기의 다른 숫자는 판정법을 벗어나는 경우가 있다.

따름정리 8.14.1

소수 p에 대해 $M_p = 2^p - 1$이 p번째 메르센 수라고 하자. M_p가 소수인지 여부를 결정하는 데 $O(p^3)$ 비트연산으로 가능하다.

증명 8.14.1

루카스-레머 판정법을 사용하여 M_p가 소수인지 여부를 결정하려면 M_p에 대한 $p-1$번의 제곱 연산이 필요하다. 각 연산은 $O((\log M_p)^2) = O(p^2)$ 비트연산을 필요로 한다. 따라서 루카스-레머 판정법은 $O(p^3)$ 비트연산이 필요하다.

수세기 동안 메르센 소수가 연구되어 왔지만, 무한히 많은 메르센 소수가 존재한다는 추측은 증명되지 않았다. 다음 추측은 무한히 많은 메르센 소수가 존재하며 어떤 양의 실수 x보다 작은 메르센 소수의 개수에 대한 근사치가 성립한다는 것을 주장한다.

Lenstra-Pomerance-Wagstaff 추측 메르센 소수는 무한히 많은 것으로 추정되며, 더 정확히 말하면 x보다 작은 메르센 소수의 개수는 γ가 오일러-마스케로니 상수일 때 $e^{\gamma} \cdot \log_2 \log_2(x)$로 점근적으로 근사된다. (여기서 γ는 대략 0.577이며, 이는 n이 무한히 커질 때 조화수열의 n번째 항과 n의 자연로그인 $\ln n$의 차이의 극한이다.)

메르센 소수가 무한히 많은지 여부는 알려지지 않았지만, 더 크고 큰 메르센 소수를 찾는 노력은 꽤 성공적이다. (예를 들어 지난 20년 동안 13개의 새로운 메르센 소수가 발견되었으며, 이는 새로운 메르센 소수의 발견 간격이 평균적으로 두 해 미만임을 의미한다.)

8.3.2 메르센 소수 찾기

메르센 소수를 찾는 노력의 역사는 세 시대로 나눌 수 있다. 첫 번째는 고대부터 컴퓨터가 등장하기 전인 1950년대까지 이어진다. 1950년대 이전에는 12개의 메르센 소수만 알려져 있었는데, 이 중 가장 큰 것은 1876년에 발견되었다. 컴퓨터가 이용가능해지자 많은 새로운 메르센 소수가 발견되었는데, 그 중 1952년에는 1년 만에 5개의 새로운 소수가 발견되었다. 1952년부터 1996년까지 독립적인 컴퓨터에서 총 22개의 메르센 소수가 발견되었으며, 이 중 가장 큰 것은 당시 가장 강력한 슈퍼 컴퓨터에서 발견되었다. 두 번째 시대는 인터넷이 널리 사용되기 전까지 이어졌으며, 세 번째 시대는 인터넷을 통한 분산 컴퓨터 네트워크를 활용한 시대이다. 지금까지 (2022년 중반 기준으로) 인터넷을 통해 가능해진 분산 컴퓨터 네트워크를 사용하여 17개의 새로운 메르센 소수가 발견되었으며, 현재까지 알려진 메르센 소수의 총 수는 51개이다. 이제 각 시기별 메르센 소수 탐색에 대해 간단히 설명한다.

컴퓨터 시대 이전 컴퓨터 시대 이전에는 검색 결과가 오류와 미확인된 주장으로 가득 찼으며, 그 중 많은 것이 잘못되었다. 1588년에 피에트로 카탈디는 M_{17}와 M_{19}가 소수임을 확인했지만, M_p가 소수임을 무분별하게 주장했다. ($p = 23, 29, 31, 37$에 대해 M_p가 모두 소수라고 주장했지만, 실제로 그 중 M_{31}만이 소수로 밝혀졌다). 1644년에 출판된 메르센의 《Cogitata Physica-Mathematica》에서는 (이유를 제시하지 않고) $p = 2$, 3, 5, 7, 13, 17, 19, 31, 67, 127, 257에 대해 M_p가 소수임을 주장했으며 257 미만의 다른 소수 p에 대해서는 소수가 아니라고 했다. 1772년에 오일러는 M_{31}이 소수임을 보였는데, 이는 M_{31}의 제곱근 이하의 모든 소수를 대입하여 소수 여부를 판별한 것으로 그 중 가장 큰 소수는 46,337이다. 1811년, 영국 수학자 피터 바를로우는 자신의 책 《Theory of Numbers》에서 M_{31}이 발견된 이후에는 더 큰 메르센 소수가 발견되지 않을 것이라고 썼다. 이것은 끔찍한 예측이었는데, 바를로우는 새로운 메르센 소수가 발견될 것이라는 것뿐만 아니라, 이러한 소수의 유용성에 대해서도 틀린 것이었다. 후속 논평에서 이에 대해 논의한다.

1876년에 루카스는 M_{67}이 소수가 아님을 보이는 데에 자신이 개발한 검사 방법을 사용했지만, 인수분해는 찾지 못했다. M_{67}이 인수분해되는 데에는 추가적으로 27년이 걸렸다. 미국 수학자 프랭크 콜은 20년 동안의 계산을 통해 $M_{67} = 193{,}707{,}721 \cdot 761{,}838{,}257{,}287$임을 발견했다. 그는 1903년에 미국수학협회회의에서 이 결과를 제시했을 때 말을 하지 않고 칠판에 인수분해한 것만을 쓰자, 청중들이 이 작업에 얼마나 많은 노력이 필요했는지 이해하여 일어나서 박수를 보냈다고 한다. M_{61}, M_{89}, M_{107}, M_{127}의 소수성은 1876년부터 1914년 사이에 확인되었다. 그러나 1947년까지 257 이하의 모든 소수 p에 대해 M_p의 소수성을 시험한 것은 기계 계산기의 도움이 필요했다. 이 작업을 수행할 때 메르센이 정확히 다섯 번의 잘못을 범했음을 알 수 있다. 그는 M_{67} 및 M_{257}이 소수임을 주장했지만, 실제로는 소수가 아니었으며 또한 M_{61}, M_{89}, M_{107}을 그의 목록에 포함시키지도 않았다.

컴퓨터 시대 컴퓨터 시대 전에는 모던 컴퓨터가 등장하기 전까지 메르센 소수가 12개만 알려져 있었고, 그 중 마지막은 1914년에 발견되었다. 그러나 컴퓨터의 발명 이후로는 새로운 메르센 소수가 꾸준한 속도로 발견되었는데, 1950년 이후 평균적으로 두 해에 한 번씩 새로운 메르센 소수가 발견되었다. 새로운 메르센 소수가 발견된 연도와 사용된 컴퓨터에 관한 자세한 정보는 표 8.4를 참조하기 바란다.

컴퓨터의 도움을 받아 발견된 처음 다섯 개의 메르센 소수는 13번째부터 17번째 메르센 소수였다. 이 다섯 개의 소수는 라파엘 로빈슨이 1952년에 발견했는데, 이때는 SWAC(국립표준청 서부 자동 계산기)를 사용했으며 데릭 레머와 엠마 레머의 도움을 받았다. SWAC를 사용하여 루카스-레머 판정법을 실행한 첫날에 13번째와 14번째 메르센 소수를 발견했으며, 다른 세 개는 그 이후 아홉 달 동안 발견되었다. 오늘날의 컴퓨터와 비교하면 SWAC는 원시적이었는데, 총 메모리는 1152바이트이며 이 중 절반은 프로그램을 실행하는 명령에 사용되었다. 로빈슨의 루카스-레머 판정법을 구현한 프로그램은 그가 처음으로 작성한 프로그램이었다.

라이젤은 스웨덴 BESK 컴퓨터를 사용하여 18번째 메르센 소수를 발견했고, 허윅츠는 IBM 7090을 사용하여 19번째와 20번째 메르센 소수를 발견했다. 그리고 길리즈는 ILLIAC 2를 사용하여 21번째, 22번째, 23번째 메르센 소수를 발견했으며, 터커먼은 IBM 360을 사용하여 24번째 메르센 소수를 발견했다.

25번째와 26번째 메르센 소수는 캘리포니아 주립대학 헤이워드 캠퍼스의 사이버 174 컴퓨터의 유휴 시간을 활용한 고등학교 학생인 로라 니켈과 랜든 놀이 발견했다. 그들은 당시 18세의 고등학교 학생으로 데릭 레머 박사와 CSU 교수인 댄 유르카와 함께 수론을 공부하고 있었다. 그들의 발견은 세계 주요 네트워크의 저녁 뉴스 프로그램에서 발표되었는데, 로라 니켈과 랜든 놀은 25번째 메르센 소수를 함께 발견했으며, 놀은 이후 26번째 메르센 소수를 혼자 발견했다.

데이비드 슬로윈스키는 1979년부터 1996년 사이에 여러 협업자와 함께 $n = 27$, 28, 30, 31, 32, 33, 34인 n에 대해 n번째 메르센 소수를 발견했다. 예를 들어 슬로윈스키와 게이지는 1996년에 378,632자리 수를 가진 메르센 소수 $M_{1,257,787}$를 발견했다. 이 수가 소수임을 증명하는 데는 크레이 슈퍼 컴퓨터에서 약 여섯 시간이 걸렸다. 슬로윈스키가 놓친 메르센 소수인 29번째는 콜퀴트와 웰시가 1988년에 NEC SX-2 컴퓨터를 사용하여 발견했다. 슬로윈스키가 이 소수를 놓치게 된 이유는 연속적인 소수에 대해 M_p가 소수인지 확인하지 않고 메르센 소수의 분포에 대한 직감을 따라 건너뛰었기 때문이었다.

인터넷을 통한 위대한 소수 탐색 인터넷은 메르센 소수의 발견을 가속화하는 핵심 성분이 되었다. 1996년에 조지 월트만에 의해 설립된 GIMPS(Great Internet Mersenne Prime Search)를 통해 많은 사람이 새로운 메르센 소수를 찾기 위해 협력하고 있다. GIMPS에는 전 세계의 분산된 컴퓨터들을 하나의 가상 슈퍼 컴퓨터로 연결하는 PrimeNet이라는 네트워크가 있으며, 약 40 테라플롭스[초당 40조(10의 12승) 개의 부동 소수점 연산]가 이용되고 있다. 이 가상 슈퍼 컴퓨터는 대부분 개인용 PC를 사용하고 있지만 세계에서 가장 강력한 컴퓨터 중 하나이다.

지금까지 알려진 17개의 가장 큰 메르센 소수는 모두 GIMPS 프로젝트의 일환으로 발견되었다. 이 중 첫 번째와 두 번째인 $M_{1,398,269}$와 $M_{2,976,221}$은 각각 1996년과 1997년에 소수로 발견되었다. $M_{2,976,221}$은 100 MHz 펜티엄 PC를 사용하여 약 15일의 CPU 시간을 사용하여 소수임이 확인되었다. 1998년에는 909,526자리의 수인 $M_{3,021,377}$이 소수임이 밝혀졌다. 이 발견을 한 운이 좋은 사람은 캘리포니아 주립 대학 도밍게즈 힐스 캠퍼스의 19세 학생인 롤란드 클락슨이다. 이 소수를 찾는 데 200 MHz 펜티엄 컴퓨터를 사용하여 약 일주일 동안의 전체 CPU 처리량이 소요되었다. 1999년에는 2,098,960자리의 수인 $M_{6,972,593}$이 GIMPS 참가자인 나얀 하즈라트왈라에 의해 소수로 발견되었다. 이것은 350 MHz 펜티엄 컴퓨터를 사용하여 약 삼주간의 연속 처리를 통해 확인되었다.

2001년에는 캐나다 대학 20세 학생인 마이클 카메론이 4,053,946자리의 수인 $M_{13,466,917}$을 발견했다. 이것은 800 MHz AMD PC에서 42일이 소요되어 소수임이 확인되었다. 다음으로 큰 메르센 소수는 6,320,430자리의 수인 $M_{20,996,011}$이며, 이것은 2003년에 미시간주립대학교의 26세 화학공학 대학원생인 마이클 샤퍼에 의해 소수로 밝혀졌다. 이를 확인하기 위해 2.4 GHz 펜티엄 4 PC를 19일 동안 실행했다고 한다. 7,253,733자리의 수인 $M_{24,036,583}$은 2004년에 조쉬 핀들리에 의해 소수로 밝혀졌다. 이를 증명하기 위해 2.4 GHz 펜티엄 4 PC를 14일 동안 실행했다고 한다. 7,816,230자리의 수인 $M_{25,964,951}$은 독일 안과 의사 마틴 노박이 2005년 2월에 발견했다. 이것은 2.4 GHz 펜티엄 4 PC를 50일 이상 실행하여 확인되었다. 9,152,052자리의 수인 $M_{30,402,457}$은 2005년 12월에 센트럴 미주리주립대학교(CMSU)의 커티스 쿠퍼와 스티븐 분이 주도하는 협력 노력에 의해 소수로 밝혀졌다. 그들은 캠퍼스 랩 PC 약 700대에서 GIMPS 소프트웨어를 실행했는데, 이 메르센 소수를 찾기 위해 약 50일 동안 계속해서 컴퓨터를 실행했다고 한다. 불과 1년 후인 2006년 9월에 같은 팀이 동일한 랩에서 몇 대의 컴퓨터를 사용하여 $M_{32,582,657}$이 9,808,358자리의 소수임을 발견했다.

표 8.3: 컴퓨터 이전에 알려진 메르센 소수들

번호	p	M_p 의 자릿수	발견연도	발견자
1	2	1	고대 시대	
2	3	1	고대 시대	
3	5	2	고대 시대	
4	7	3	고대 시대	
5	13	4	1456	익명
6	17	6	1588	카탈디
7	19	6	1588	카탈디
8	31	10	1772	오일러
9	61	19	1883	페르부신
10	89	27	1911	파워스
11	107	33	1914	파워스
12	127	39	1876	루카스

2008년에 GIMPS는 100,000,000자리 이하의 새로운 메르센 소수 발견에 대해 3천 달러의 상금을, 적어도 100,000,000자리 이상의 새로운 메르센 소수 발견에 대해서는 5만 달러의 상금을 수여하기로 결정했다. CMSU에서 두 개의 새로운 메르센 소수가 발견된 두 해 후에 GIMPS는 상금 자격을 갖는 두 개의 새로운 메르센 소수 발견을 발표했다. 그 중 더 큰 수인 메르센 소수 $M_{43,112,609}$ 는 12,978,189자리의 숫자로, 2008년 8월 UCLA 수학과의 컴퓨팅 매니저인 에드슨 스미스가 발견했다. 그는 GIMPS 소프트웨어가 실행되는 컴퓨터 랩의 75대 컴퓨터 중 하나인 2.4 GHz Windows XP 컴퓨터에서 이 숫자를 발견했다. 이 두 개의 새로운 메르센 소수 중 더 작은 수인 $M_{37,156,667}$ 은 11,185,272자리의 숫자로, 2008년 9월 화학 회사에서 일하는 전기 공학자인 한스-미카엘 엘베니히가 발견했다. 46번째 메르센 소수인 $M_{42,643,801}$ 은 12,837,064 자리의 숫자로, 노르웨이 IT 전문가인 스트린드모가 발견했다. 이 메르센 소수는 3.0 GHz PC에서 발견되었으며, 컴퓨터는 사실상 새로운 소수를 2009년 4월에 발견했지만 사람들은 거의 3개월이 지나서야 이를 알게되었다!

2013년 1월 25일, 중부 미주리 대학의 한 컴퓨터가 17,425,170자리의 숫자로 이루어진 48번째 메르센 소수인 $M_{57,885,161}$ 을 발견했다. 이 소수의 소수성 증명은 Intel Core 2 Duo E8400 @ 3.00 GHz를 장착한 PC에서 39일간의 계산을 사용해서 이루어졌다.

2016년 1월 7일, GIMPS는 커티스 쿠퍼가 중부 미주리대학에서 자발적으로 제공한 컴퓨터에서 또 다른 메르센 소수인 $M_{74,207,281}$ 을 발견하여 GIMPS의 20주년을 기념했다. 이 소수는

표 8.4: 컴퓨터를 사용했지만, 인터넷을 사용하지 않고 발견된 메르센 소수들

번호	p	M_p의 자릿수	발견연도	발견자	사용된 컴퓨터
13	521	157	1952	로빈슨	SWAC
14	607	183	1952	로빈슨	SWAC
15	1279	386	1952	로빈슨	SWAC
16	2203	664	1952	로빈슨	SWAC
17	2281	687	1952	로빈슨	SWAC
18	3217	969	1957	리젤	BESK
19	4253	1281	1961	후르비츠	IBM 7090
20	4423	1332	1961	후르비츠	IBM 7090
21	9689	2917	1963	길리스	ILLIAC 2
22	9941	2993	1963	길리스	ILLIAC 2
23	11,213	3376	1963	길리스	ILLIAC 2
24	19,937	6002	1971	터커만	IBM 360/91
25	21,701	6533	1978	놀, 니켈	Cyber 174
26	23,209	6987	1979	놀	Cyber 174
27	44,497	13,395	1979	넬슨, 슬로윈스키	Cray 1
28	86,243	25,962	1983	슬로윈스키	Cray 1
29	110,503	33,265	1988	콜퀴트, 웰시	NEC SX-2
30	132,049	39,751	1983	슬로윈스키	Cray X-MP
31	216,091	65,050	1985	슬로윈스키	Cray X-MP
32	756,839	227,832	1992	슬로윈스키, 게이지	Cray 2
33	859,433	258,716	1994	슬로윈스키, 게이지	Cray 2
34	1,257,787	378,632	1996	슬로윈스키, 게이지	Cray T94

22,338,618자리이며, Intel i7-4790 CPU를 장착한 PC에서 31일간의 계산을 통해 소수임을 증명할 수 있었다. 이것은 쿠퍼 박사가 발견한 GIMPS 메르센 소수 중 네 번째 기록이었다. 쿠퍼 박사의 중부 미주리 대학의 그룹은 GIMPS 프로젝트에 가장 많은 CPU 시간을 기여하는 단체이다. 쿠퍼 박사의 컴퓨터는 2015년 9월 17일에 GIMPS에 소수를 보고했지만, 일반 유지 보수 과정에서 이를 발견할 때까지 누군가에게 알려지지 않았으며, 공식 발견일은 결과를 인간이 인지한 날짜로 기록된다. 이것은 GIMPS의 전통을 따르는 것인데, 이는 1961년에 알렉산더 후르비츠가 그의 컴퓨터 출력물을 거꾸로 읽어보면 M_{4423}이 M_{4253}보다 먼저 소수임을 발견한 사실에 근거한다.

2017년 12월 26일, 테네시주 제르만타운에 사는 51세 전기공학자인 조나단 페이스는 23,249,425자리의 50번째 메르센 소수 $M_{77,232,917}$을 발견했다. 이 소수의 소수성 증명은 인텔 i5-6600 CPU를 장착한 PC에서 6일이 걸렸다. 페이스는 GIMPS와 함께 14년 이상의 긴 시간 동안 대규모 소수를 찾는 데 몰두해왔다. 2018년 12월 7일, GIMPS가 51번째 메르센 소수를 발견했다. 이는 2022년 중반까지 알려진 가장 큰 소수였으며 24,862,048자리의 $M_{82,589,933}$이다. 이 발견은 플로리다주 오칼라에 사는 35세 IT 전문가인 패트릭 라로쉬가 자발적으로 제공한 컴퓨터에서 이루어졌다. 패트릭은 오랫동안 GIMPS 소프트웨어를 자신의 컴퓨터 빌드를 테스트하는 방법으로 사용해왔다. 그는 이 프로젝트에 대한 보답으로 메디어 서버에서 메르센 소수를 찾기 시작했다. 4번째 메르센 수의 소수성을 테스트할 때 이 새로운 소수를 발하게 되었다. 이는 매우 운이 좋았던 일이었다. 왜냐하면 일부 GIMPS 참가자들은 20년 이상 찾아봐도 메르센 소수를 찾지 못한 채 수만 개의 메르센 수를 검사했기 때문이다. 이는 제한된 자원을 가진 사람도 많은 컴퓨팅 자원을 가진 사람들이 찾는 동안 새로운 메르센 소수를 발견할 수 있다는 것을 보여준다. 이 51번째 알려진 메르센 소수의 소수성 증명은 인텔 i5-4590T CPU를 장착한 컴퓨터에서 12일 동안 진행되었다.

2022년 중반까지 59,917,901부터 108,367,841 사이의 지수를 가진 모든 메르센 수가 테스트되고 확인된 것은 아니므로, 이 범위 내에 하나 이상의 아직 발견되지 않은 메르센 소수가 있을 수 있다. 이는 47번째까지의 메르센 소수를 알고 있지만, 51번째 이전의 추가 메르센 소수가 있을 수 있다는 것을 의미한다.

새로운 메르센 소수를 찾기 위해, 약 10,000명의 사람들이 70,000대 이상의 컴퓨터에서 GIMPS 소프트웨어를 실행하여 전력을 다하고 있다. 전 세계적인 GIMPS CPU 네트워크는 초당 450조 개 이상의 계산을 수행할 수 있으며, GIMPS는 인터넷 역사상 가장 오래된 연속적인 슈퍼 컴퓨팅 프로젝트로 남아 있다.

GIMPS에서 새로운 메르센 소수를 발견하는 속도가 점점 빨라지는 것으로 보인다. 앞으로 몇 년 동안 GIMPS가 이 속도를 유지할 수 있는지에 대해서는 흥미롭게 지켜볼 것이다. (이들이 발견된 시대별로 나뉘어진 알려진 메르센 소수 목록과 발견에 관한 정보는 표 8.3, 8.4 및 8.5를 참조하기 바란다.)

왜 사람들이 메르센 소수를 찾는가 많은 사람이 새로운 메르센 소수를 찾는 노력에 헌신하고 있는데, 그 이유는 다양하다. 새로운 메르센 소수의 발견은 명성과 유명세를 가져온다. 현금 상금에 동기를 부여하는 사람도 있고, 어떤 사람들은 팀 노력에 기여하는 것을 좋아한다. GIMPS와 PrimeNet에 가입하여 누구나 새로운 메르센 소수를 찾는 데 유용한 기여를 할 수 있다. 새로운 메르센 소수를 찾는 노력은 새로운 이론적 결과의 발전을 촉발시켰고, 이는 많은 사람에게 동기부여를 했다. 어떤 사람들은 소수의 분포에 관심이 있으며, 가설의 기초로 사용할

표 8.5: GIMPS를 통해 발견된 메르센 소수들

번호	p	M_p의 자릿수	발견연도	발견자
35	1,398,269	420,921	1996	알멘드고
36	2,976,221	895,952	1997	스펜스
37	3,021,377	909,526	1998	클락슨
38	6,972,593	2,098,960	1999	하지랏와라
39	13,466,917	4,053,946	2001	카메론
40	20,996,011	6,320,430	2003	샤퍼
41	24,036,583	7,253,733	2004	핀들리
42	25,964,951	7,816,230	2005	노박
43	30,402,457	9,152,052	2005	쿠퍼, 부운
44	32,582,657	9,808,358	2006	쿠퍼, 부운
45	37,156,667	11,185,272	2008	엘베니히
46	42,643,801	12,837,064	2009	스트린드모
47	43,112,609	12,978,189	2008	스미스
48	57,885,161	17,425,170	2013	커티스
49	74,207,281	22,338,618	2016	커티스
50	77,232,917	23,249,425	2017	페이스
51	82,589,933	24,862,048	2018	라로쉬

증거를 원하기도 한다. 많은 사람이 GIMPS가 배포하는 Prime95 소프트웨어를 사용하여 루카스-레머 판정법을 수행해왔는데, 이러한 프로그램은 CPU 및 컴퓨터 버스 집중적이다. 예를 들어 Intel Pentium II 칩은 GIMPS 소프트웨어를 사용하여 테스트되었다. 2016년에 GIMPS 소프트웨어가 Intel의 Skylake CPU에서 복잡한 작업 부하를 처리할 때 시스템이 멈추는 결함을 발견해냈다. 이 결함이 발견되자 Intel은 Skylake CPU용 수정 사항을 개발했다. 마지막으로 어떤 사람들은 단순히 스크린 세이버를 실행하는 대신 유휴 시간에 메르센 소수를 찾는 것과 같이 컴퓨터에 유용한 작업을 수행하기를 원한다. 이와 같은 이유로 많은 사람이 메르센 소수를 찾고 있다.

만약 메르센 소수를 찾는 탐구에 관심을 두고 싶다면, GIMPS 웹사이트와 다른 관련 웹사이트를 조사해보기 바란다. GIMPS 사이트에서 루카스-레머 판정법을 실행하는 프로그램을 얻을 수 있으며, PrimeNet에 가입하는 방법을 배울 수도 있다. 루카스-레머 판정법을 실행하는 GIMPS 프로그램은 여러 가지 방법으로 최적화되어 있으므로 단순한 판정법의 구현보다 훨씬 효율적으로 작동할 것이며 특정 지수 범위를 예약하여 확인할 수도 있을 것이다. 역사를 바탕으로 보면 메르센 (그리고 모든) 소수의 세계 기록이 곧 깨질 것으로 예상된다. GIMPS에 가입하면 이 기록을 깰 행운을 가진 사람이 될 수도 있을 것이다!

프라임 잭팟

나얀 하지라트왈라가 메르센 소수 $2^{6,972,593}-1$을 찾았을 때, 그는 처음으로 백만 자리 이상의 소수를 찾은 사람이었다. 이로 인해 인터넷 건강과 성장을 보호하는 단체인 전자 프론티어 재단(EFF)으로부터 5만 달러의 상금을 받을 자격을 얻게 되었다. 게다가 메르센 소수 $M_{43,112,609}$의 발견은 1000만 자리 이상의 첫 번째 소수이므로 EFF로부터 10만 달러의 상금을 받을 자격 또한 얻게 되었다. 이 상금 중에 5만 달러는 UCLA 수학과에, 2만 5천 달러는 자선단체에, 나머지 2만 5천 달러는 이전 6개의 메르센 소수 발견자들에게 일부가 분배되었고, 나머지는 GIMPS 조직에게 분배되었다.

아직도 EFF로부터 상금을 받을 가능성이 남아 있다. 그들은 1억 자리와 10억 자리 이상의 소수를 발견한 사람에게 각각 15만 달러와 25만 달러의 상금을 제공할 계획이다. 익명의 후원자가 이러한 상금을 지원하여 대규모 계산을 필요로 하는 과학 문제에 대한 협력 작업을 촉진하는 데 그 목적이 있다. 또한 GIMPS는 1억 자리 미만의 새로운 메르센 소수를 찾으면 현금 상금을 제공하는데, 이러한 소수의 발견당 3천 달러의 상금을 수여한다고 한다. GIMPS를 통해 1억 자리 이상의 새로운 메르센 소수를 첫 번째로 발견하면, 5만 달러의 상금을 받게 되며, EFF로부터의 나머지 상금은 GIMPS가 보관한다.

8.3.3 홀수 완전수

짝수 완전수의 연구는 메르센 소수의 연구로 귀결된다. 그러나 과연 홀수 완전수가 있을까? 이에 대한 답은 아직 알려지지 않았다. 만약 홀수 완전수가 존재한다면, 이 수는 다양한 조건을 만족해야 한다는 것을 입증할 수 있다. 영국의 위대한 수학자 실베스터(James Joseph Sylvestey)의 연구로부터 홀수 완전수에 대한 다양한 제한 조건을 확립하는 작업이 시작되었다. 1888년에 그는 "여러 가지 조건들의 복잡한 망을 탈출하는 것이 거의 기적에 가까울 것"이라고 말했다. 오늘날에도 이 명언이 더욱 적절해 보인다. 2022년 중반까지 10^{1500} 미만의 홀수 완전수는 없다는 것이 밝혀졌다. 홀수 완전수는 적어도 9개의 서로 다른 소인수와 중복을 고려하여 적어도 101개의 소인수를 가져야 하며, 해당 숫자의 가장 큰 소인수는 적어도 10^8이어야 하며, 소인수분해에서 가장 큰 지수는 적어도 4이어야 하며, 가장 큰 소인수 지수는 적어도 10^{62}여야 한다. 홀수 완전수에 대한 논의는 [Gu94] 또는 [Ri96]에서 찾을 수 있으며, 일부 제한 사항에 대한 정보는 [BrCote93], [Co87], [GoOh08], [Ha83], [OcRa12]에서 확인할 수 있다.

8.3 연습문제

1. 여섯 개의 가장 작은 완전수를 찾아라.
2. 일곱 번째와 여덟 번째로 작은 완전수를 찾아라.
3. 다음 각각의 정수들의 약수를 찾아라.

   a) $2^{15}-1$ b) $2^{91}-1$ c) $2^{1001}-1$
4. 다음 각각의 정수들의 약수를 찾아라.

   a) $2^{111}-1$ b) $2^{289}-1$ c) $2^{46,189}-1$

양의 정수 n에 대해 $\sigma(n) < 2n$이면 n을 **부족수**(deficient number)라고 부르고, $\sigma(n) > 2n$이면, n을 **과잉수**(abundant number)라고 부른다. 모든 정수는 부족수, 완전수, 과잉수 중의 하나이다.

5. 여섯개의 가장 작은 과잉수를 찾아라.

*6. 가장 작은 홀수인 과잉수를 찾아라.

7. 소수 거듭제곱은 부족수임을 보여라.
8. 부족수 또는 완전수의 진약수는 부족수임을 보여라.
9. 완전수 또는 과잉수의 배수는 과잉수임을 보여라. 단, 완전수 그 자신은 제외한다.
10. 양의 정수 m에 대해 2^m-1이 합성수일 때, $n=2^{m-1}(2^m-1)$은 과잉수임을 보여라.
11. 부족수가 무한히 많음을 보여라.
12. 짝수 과잉수가 무한히 많음을 보여라.
13. 홀수 과잉수가 무한히 많음을 보여라.
14. p와 q는 서로 다른 홀수이고 a와 b는 양의 정수일 때, $n=p^aq^b$은 부족수임을 보여라.

두 양의 정수 m과 n이 $\sigma(m)=\sigma(n)=m+n$을 만족하면, 이들을 **친화수**(amicable pair)이라고 부른다.

15. 다음 정수 쌍이 친화수임을 보여라.

    a) $220, 284$ b) $1184, 1210$ c) $79750, 88730$
16. a) 만약 n이 양의 정수이고 $n \geq 2$일 때 $3\cdot 2^{n-1}-1$, $3\cdot 2^n-1$, $3^2\cdot 2^{2n-1}-1$이 모두 소수라면, $2^n(3\cdot 2^{n-1}-1)(3\cdot 2^n-1)$과 $2^n(3^2\cdot 2^{2n-1}-1)$이 친화수를 이룸을 보여라.

b) (a)를 이용하여 세 쌍의 친화수를 찾아라.

$\sigma(n) = kn$을 만족하는 정수 n을 k-**완전수**(perfect number)라고 부른다. 여기서 주목할 점은 완전수는 2-완전수라는 것이다.

17. $120 = 2^3 \cdot 3 \cdot 5$는 3-완전수임을 보여라.

18. $30{,}240 = 2^5 \cdot 3^3 \cdot 5 \cdot 7$이 4-완전수임을 보여라.

19. $14{,}182{,}439{,}040 = 2^7 \cdot 3^4 \cdot 5 \cdot 7 \cdot 11^2 \cdot 17 \cdot 19$는 5-완전수임을 보여라.

20. $2^k \cdot 3 \cdot p$ 형태의 모든 3-완전수를 찾아라. 여기서 p는 홀수인 소수이다.

21. 만약 n이 3-완전수이고 3이 n의 약수가 아니라면, $3n$은 4-완전수임을 보여라.

$\sigma(n) > (k+1)n$을 만족하는 양의 정수 n을 k**-과잉수**(abundant number)라고 부른다.

22. 3-과잉수 하나를 찾아라.

23. 4-과잉수 하나를 찾아라.

**24. 모든 양의 정수 k에 대해 무한히 많은 k-과잉수가 있다는 것을 보여라.

$\sigma(\sigma(n)) = 2n$을 만족하는 양의 정수 n을 **초완전수**(superperfect number)라고 부른다.

25. 16은 초완전수임을 보여라.

26. $n = 2^q$이고 $2^{q+1} - 1$이 소수이면, n은 초완전수임을 보여라.

27. 모든 짝수인 초완전수는 $n = 2^q$ 형태이며, 여기서 $2^{q+1} - 1$이 소수임을 보여라.

*28. 홀수인 소수 p에 대해서 p^2은 초완전수가 아님을 보여라.

만약 양의 정수 n을 자신의 진약수들의 어떤 부분집합의 합으로 나타낼 수 있다면 n을 **유사완전수**(pseudoperfect number)라고 부른다. 유사완전수가 하나 빼고 모든 진약수의 합으로 표현될 때 **근완전수**(near-perfect number)라고 부르고, 그 빠진 약수를 **여분**(redundant)이라고 부른다.

29. 다음 각각의 양의 정수가 유사완전수인지 결정하라.

    a) 15 b) 24 c) 54 d) 56 e) 84 f) 105

30. 다음 각각의 양의 정수가 근완전수임을 보이고 여분을 구하라.

    a) 12 b) 20 c) 56 d) 104 e) 224 f) 234

31. 양의 정수 n에 대해 $6n$은 유사완전수임을 보여라.

32. p와 $2^p - 1$이 둘 다 소수이면, $n = 2^{p-1}(2^p - 1)^2$은 근완전수이고 여분은 $2^p - 1$임을 보여라.

33. 정리 8.13을 사용하여 다음 각각의 메르센 수가 소수임을 보여라.

a) M_7 b) M_{11} c) M_{17} d) M_{29}

34. 정리 8.14에 주어진 루카스-레머 판정법을 사용하여 다음 각각의 메르센 수가 소수임을 보여라.

    a) M_3 b) M_7 c) M_{11} d) M_{13}

*35. 양의 정수 n에 대해 $2n+1$이 소수인 경우 $(2n+1)$이 M_n을 나누거나 (M_n+2)를 나누는 것을 보여라. (힌트: 페르마의 작은 정리를 사용하여 $M_n(M_n+2) \equiv 0 \pmod{2n+1}$임을 보여라.)

36. 홀수 완전수 n에 대해 $\sigma(2n)$을 구하라.

37. $n = 3^2 \cdot 7^2 \cdot 11^2 \cdot 13^2 \cdot 22021$일 때 $\sigma(3^2)\sigma(7^2)\sigma(11^2)\sigma(13^2)(22021+1) = 2n$이지만 n이 홀수 완전수가 아닌 이유를 설명하라. (데카르트는 n이 홀수 완전수라고 잘못된 결론을 내렸다.)

*38. a) n이 홀수 완전수이면 $n = p^a m^2$ 형태임을 보여라. 여기서 p는 홀수 소수, a와 m은 정수이며, $p \equiv a \equiv 1 \pmod 4$를 만족한다.

    b) 위의 결과를 이용하여 n이 홀수 완전수이면 $n \equiv 1 \pmod 4$임을 보여라.

*39. p가 소수이고 $n = p^a m^2$이 홀수 완전수이면 $n \equiv p \pmod 8$임을 보여라.

*40. n이 홀수 완전수이면 $3, 5, 7$은 모두 n의 약수가 될 수 없음을 보여라.

*41. 만약 n이 홀수 완전수라면 n은 적어도 서로 다른 세 개의 소인수를 가짐을 보여라.

**42. 만약 n이 홀수 완전수라면 n은 적어도 서로 다른 네 개의 소인수를 가짐을 보여라.

43. 모든 양의 정수 n에 대해 n을 제외한 모든 약수의 곱이 정확히 n^2인 경우를 찾아라. (이러한 정수는 완전수의 곱셈적인 대응으로 볼 수 있다.)

44. 양의 정수 n에 대해 **앨리쿼트 수열**(aliquot sequence) $n_1, n_2, n_3, \ldots$은 $n_0 = n$이고 $k = 0, 1, 2, 3, \ldots$에 대해 $n_{k+1} = \sigma(n_k) - n_k$과 같은 점화식으로 정의된다. (*aliquot*는 "다른 것에 정확한 횟수만큼 포함된"이라는 의미의 형용사이다. 고대에는 정수의 *aliquot* 부분이 그 정수의 약수를 의미했다.)

    a) n이 완전수이면 $n = n_1 = n_2 = n_3 = \cdots$ 임을 보여라.

    b) n과 m이 친화수이면 $n_1 = m,\ n_2 = n,\ n_3 = m,\ n_4 = n, \ldots$ 과 같이 주기 2로 반복됨을 보여라.

    c) $n = 12,496 = 2^4 \cdot 11 \cdot 71$에 의해 생성되는 앨리쿼트 수열을 구하라.

컴퓨터가 앨리쿼트 수열의 행동을 조사하기 전에는 모든 정수 n에 대해 정수 $n_1, n_2, n_3, \ldots$의 앨리쿼트 수열이 유계임이 추측되었다. 그러나 큰 정수들에 대한 계산 결과로부터 얻은 증거는 이러한 일부 수열이 유계가 아니라는 것을 시사한다.

*45. n이 1보다 큰 양의 정수이면, 메르센 수 M_n은 어떤 양의 정수의 거듭제곱 형태가 될 수 없음을 보여라.

46. **이중 메르센 수**(double Mersenne number)란 M_{M_n} 형태의 메르센 수를 의미한다. 여기서 M_n은 n번째 메르센 수이다.

   a) 이중 메르센 수 M_{M_n}이 소수이면 n은 소수이고 M_n도 소수임을 보여라.

   b) 표 8.3의 도움을 받아 $n \le 30$인 이중 메르센 수 M_{M_n} 중에서 소수인 것을 모두 찾아라.

47. 유사완전수의 배수는 다시 유사완전수임을 보여라.

계산과 탐구

1. 직접 계산하여 $2^{30}(2^{31}-1)$이 완전수임을 보여라.

2. 154,345,556,085,770,649,600이 6-완전수임을 보여라.

3. 다음 정수 쌍이 친화수임을 보여라.

   a) $609928, 686072$

   b) $643336, 652664$

   c) $938304290, 1344480478$

   d) $4000783984, 4001351168$

4. 정리 8.13을 사용하여 소수 p에 대해 M_p의 약수를 가능한 많이 찾아라.

5. 루카스-레머 판정법을 사용하여 가능한 많은 메르센 소수의 소수성을 확인하라. (이를 위해 GIMPS 소프트웨어를 사용해도 좋다.)

6. GIMPS에 가입하여 메르센 소수를 찾아라.

7. 10,000 미만의 두 정수로 이루어진 모든 친화수를 찾아라.

8. $n = 14{,}316$으로 설정하여 얻은 앨리쿼트 수열이 주기가 28인 것을 보여라.

9. 주기가 4인 앨리쿼트 수열을 가능한 많이 찾아라.

10. $n = 138$을 시작으로 얻은 앨리쿼트 수열이 정수 1에 도달하기 전에 몇 개의 항이 있는지 찾아라. 이 수열의 가장 큰 항은 무엇인가? $n = 276$에 대해서도 같은 질문에 답할 수 있는가?

11. 100 미만의 모든 유사완전수를 찾아라.

12. 가장 작은 홀수 유사완전수를 찾아라.

13. 500 미만의 모든 근사완전수와 각각의 중복되는 약수를 찾아라.

14. 홀수 근사완전수를 찾아라.

프로그래밍 프로젝트

1. 양의 정수를 부족수, 완전수, 과잉수로 분류하라.

2. 정리 8.13을 사용하여 메르센 수의 약수를 찾아라.

3. p가 소수일 때 메르센 수 $2^p - 1$이 소수인지 여부를 루카스-레머 판정법을 사용하여 결정하라.

4. 양의 정수 n이 주어졌을 때 연습문제 44에서 정의한 앨리쿼트 수열이 주기적인지 여부를 결정하라.

5. 양의 정수 n이 주어졌을 때 $a \leq n$이고 $b \leq n$인 모든 친화수 a, b를 찾아라.

6. 양의 정수 n이 주어졌을 때 n을 초과하지 않는 모든 유사완전수를 찾아라.

7. 양의 정수 n이 주어졌을 때 n을 초과하지 않는 모든 근사완전수와 각각의 중복되는 약수를 찾아라.

8.4 뫼비우스 반전

f를 산술함수라고 하자. F를 f의 합함수로 나타내는 공식은 $F(n) = \sum_{d|n} f(d)$이다. 이 관계를 역으로 나타낼 수 있을까? 즉 f의 값을 F의 값으로 나타내는 편리한 방법이 있을까? 이 절에서는 이러한 역 관계를 나타내는 유용한 공식을 제공한다. 어떤 종류의 공식이 존재할 수 있는지 알아보기 위해 다음과 같은 관찰을 해보자.

f가 산술함수이고 F가 그 합함수 $F(n) = \sum_{d|n} f(d)$이면 $n = 1, 2, \ldots, 8$에 대해 $F(n)$은 다음과 같이 주어진다.

$$\begin{aligned}
F(1) &= f(1) \\
F(2) &= f(1) + f(2) \\
F(3) &= f(1) + f(3) \\
F(4) &= f(1) + f(2) + f(4) \\
F(5) &= f(1) + f(5) \\
F(6) &= f(1) + f(2) + f(3) + f(6) \\
F(7) &= f(1) + f(7) \\
F(8) &= f(1) + f(2) + f(4) + f(8)
\end{aligned}$$

이 식들로부터 $n = 1, 2, \ldots, 8$에 대해 순차적으로 $f(n)$을 함수 F의 값으로 표현하면 다음과 같은 결과를 얻는다.

$$\begin{aligned}
f(1) &= F(1) \\
f(2) &= F(2) - F(1) \\
f(3) &= F(3) - F(1)
\end{aligned}$$

$$f(4) = F(4) - F(2)$$
$$f(5) = F(5) - F(1)$$
$$f(6) = F(6) - F(3) - F(2) + F(1)$$
$$f(7) = F(7) - F(1)$$
$$f(8) = F(8) - F(4)$$

위의 내용을 간략히 설명하면 산술함수 $f(n)$이 특정한 형태의 항의 합으로 표현될 수 있다는 것이다. 이때 그 항들은 n의 약수 d에 대해 $\pm F(n/d)$의 형태를 가진다. 이러한 패턴을 바탕으로 함수 $f(n)$을 다음과 같은 항등식으로 나타낼 수 있다.

$$f(n) = \sum_{d|n} \mu(d)F(n/d)$$

여기서 μ는 산술함수로서, 위 등식이 성립한다고 하면 계산 결과를 통해 μ의 몇 가지 값을 알 수 있다. 예를 들어 소수 p에 대해 $F(p) = f(1) + f(p)$이므로 $f(p) = F(p) - F(1)$이 되고, 따라서 $\mu(p) = -1$임을 알 수 있다. 또한 $F(p^2) = f(1) + f(p) + f(p^2)$이므로 $f(p^2) = F(p^2) - (F(p) - F(1)) - F(1) = F(p^2) - F(p)$가 되어 $\mu(p^2) = 0$임을 알 수 있다. 이와 비슷한 논리를 사용하면 모든 소수 p와 정수 $k > 1$에 대해 $\mu(p^k) = 0$임을 보일 수 있다. 마지막으로 μ가 곱셈함수라고 가정한다면 μ의 값은 소수의 거듭제곱에서의 값으로 결정된다.

정의 8.9

뫼비우스 함수(Möbius function) $\mu(n)$은 다음과 같이 정의된다.

$$\mu(n) = \begin{cases} 1, & n = 1 \\ (-1)^r, & n = p_1 p_2 \cdots p_r,\ \text{여기서 } p_i\text{는 서로 다른 소수} \\ 0, & \text{나머지 경우} \end{cases}$$

뫼비우스 함수는 독일 수학자 뫼비우스(August Ferdinand Möbius)의 이름을 따서 지어졌다.

정의에서 $\mu(n)$가 0인 경우는 n이 소수의 제곱으로 나뉠 때이다. $\mu(n) \neq 0$인 유일한 n은 제곱인수가 없는 경우이다.

예제 8.15

$\mu(n)$의 정의로부터 $\mu(1) = 1$, $\mu(2) = -1$, $\mu(3) = -1$, $\mu(4) = \mu(2^2) = 0$, $\mu(5) = -1$, $\mu(6) = \mu(2 \cdot 3) = 1$, $\mu(7) = -1$, $\mu(8) = \mu(2^3) = 0$, $\mu(9) = \mu(3^2) = 0$, $\mu(10) = \mu(2 \cdot 5) = 1$임을 알 수 있다.

예제 8.16

$\mu(330) = \mu(2\cdot3\cdot5\cdot11) = (-1)^4 = 1$, $\mu(660) = \mu(2^2\cdot3\cdot5\cdot11) = 0$, $\mu(4290) = \mu(2\cdot3\cdot5\cdot11\cdot13) = (-1)^5 = -1$임을 알 수 있다.

정리 8.15

뫼비우스 함수 $\mu(n)$은 곱셈함수이다.

증명 8.15

m과 n이 서로소인 양의 정수라고 가정하자. $\mu(n)$이 곱셈함수임을 보이기 위해서는 $\mu(mn) = \mu(m)\mu(n)$을 보여야 한다. 이 등식이 성립함을 보이기 위해 먼저 $m = 1$이거나 $n = 1$인 경우를 고려하자. $m = 1$인 경우에는 $\mu(mn)$과 $\mu(m)\mu(n)$이 모두 $\mu(n)$과 같음을 볼 수 있다. $n = 1$인 경우도 비슷하다.

이제 적어도 m과 n 중 하나는 소수의 제곱으로 나눠지는 경우를 생각해보자. 그러면 mn도 소수의 제곱으로 나눠지게 된다. 따라서 $\mu(mn)$과 $\mu(m)\mu(n)$은 모두 0으로 같아짐을 알 수 있다. 마지막으로 m과 n이 모두 1보다 크고 제곱인수가 없는 정수인 경우를 생각해보자. $m = p_1p_2\cdots p_s$, $n = q_1q_2\cdots q_t$라고 가정하자. 여기서 $p_1, p_2, \ldots, p_s$는 서로 다른 소수이고 $q_1, q_2, \ldots, q_t$도 서로 다른 소수이다. m과 n이 서로소이므로 m과 n의 소인수분해에서 어느 소수도 동시에 나타나지 않는다. 따라서 mn은 $s+t$개의 서로 다른 소수의 곱으로 이루어지게 되므로 $\mu(mn) = (-1)^{s+t} = (-1)^s(-1)^t = \mu(m)\mu(n)$이 성립함을 알 수 있다.

이제 뫼비우스 함수의 합함수가 특히 간단한 함수임을 보이자.

정리 8.16

뫼비우스 함수의 합함수 $F(n) = \sum_{d|n}\mu(d)$는 다음을 만족한다.

$$\sum_{d|n}\mu(d) = \begin{cases} 1, & n = 1 \\ 0, & n > 1 \end{cases}$$

비고. $\mu(n)$의 합함수는 $\mu * I$이므로 정리 8.16은 다음 등식이 성립함을 보여준다.

$$\mu * I = \iota \tag{8.7}$$

증명 8.16

먼저 $n = 1$일 때를 보면 다음을 얻는다.

$$F(1) = \sum_{d|1} \mu(d) = \mu(1) = 1$$

이제 $n > 1$인 경우를 생각해보자. 정리 8.9에 따라 μ가 곱셈함수이기 때문에, 그 합함수 $F(n) = \sum_{d|n} \mu(d)$ 역시 곱셈함수가 된다. 이제 p가 소수이고 k가 양의 정수인 경우를 가정해보면 다음을 관찰할 수 있다.

$$\begin{aligned} F(p^k) &= \sum_{d|p^k} \mu(d) = \mu(1) + \mu(p) + \mu(p^2) + \cdots + \mu(p^k) \\ &= 1 + (-1) + 0 + \cdots + 0 = 0 \end{aligned}$$

여기서 $i \geq 2$일 때는 $\mu(p^i) = 0$임을 이용했다. 마지막으로 n이 양의 정수이고, $n > 1$일 때 소수 거듭제곱 분해를 가진 경우를 가정해보자. F가 곱셈함수이기 때문에, 이는 $F(n) = F(p_1^{a_1})F(p_2^{a_2}) \cdots F(p_t^{a_t})$를 의미한다. 이 식의 우변의 각 성분이 0이기 때문에, $F(n) = 0$임을 알 수 있다.

뫼비우스 반전 공식은 이 절 초반에 제기된 질문에 대한 답을 제공한다. 이것은 함수 f의 값을 그 합함수 F의 값으로 표현하는 방법을 주고, 곱함수의 연구에서 널리 사용되며 이러한 함수들을 포함하는 새로운 항등식을 설정하는 데 사용될 수 있다.

정리 8.17 뫼비우스 반전 공식

만약 f가 산술함수이고 $F = \sum_{d|n} f(d)$가 f의 합함수라면, 모든 양의 정수 n에 대해 다음이 성립한다.

$$f(n) = \sum_{d|n} \mu(d) F(n/d)$$

비고. 뫼비우스 반전 공식을 디리클레 곱을 이용하여 $f = \mu * F$로 표현할 수 있다. 여기서 F는 산술함수 f의 합함수이다.

증명 8.17

이 공식을 증명하기 위해 이중 합을 다루는 것이 필요하다. 오른쪽 항의 합으로 시작하여 $F(n/d)$

에 대한 식을 $\sum_{e|(n/d)} f(e)$로 대체하는데, 이는 함수 F를 f의 합함수로 정의한 것에서 나온 것이다. 다음 식이 성립함을 관찰하자.

$$\begin{aligned}\sum_{d|n}\mu(d)F(n/d) &= \sum_{d|n}\left(\mu(d)\sum_{e|(n/d)} f(e)\right)\\ &= \sum_{d|n}\left(\sum_{e|(n/d)}\mu(d)f(e)\right)\end{aligned}$$

이때 $d \mid n$이고 $e \mid (n/d)$인 정수 쌍 (d, e)는 $e \mid n$이고 $d \mid (n/e)$인 정수 쌍과 동일하다는 것을 주목하자. 이것으로부터 다음을 얻는다.

$$\begin{aligned}\sum_{d|n}\left(\sum_{e|(n/d)}\mu(d)f(e)\right) &= \sum_{e|n}\left(\sum_{d|(n/e)} f(e)\mu(d)\right)\\ &= \sum_{e|n}\left(f(e)\sum_{d|(n/e)}\mu(d)\right)\end{aligned}$$

이제 정리 8.16에 의해 $n/e = 1$이 아니면 $\sum_{d|(n/e)}\mu(d) = 0$임을 알 수 있다. $n/e = 1$인 경우, 즉 $n = e$인 경우에는 이 합이 1이 된다. 따라서 다음 식이 성립하게 된다.

$$\sum_{e|n}\left(f(e)\sum_{d|(n/e)}\mu(d)\right) = f(n)\cdot 1 = f(n)$$

이 마지막 등식으로부터 증명이 완료된다.

뫼비우스 반전 공식에 대한 대안적인 증명을 제시할 수 있다. 이 두 번째 접근 방식은 합에 대한 조작 대신 8.1절에서 증명된 디리클레 곱의 특성 및 이 장의 앞부분에서 언급한 특성을 사용하기 때문에 훨씬 짧다.

증명 8.17′

이 대체 증명은 다음과 같은 일련의 등식을 기반으로 한다.

$$\mu * F = \mu * (I * f) = (\mu * I) * f = \iota * f = f$$

이 등식의 각 부분을 정당화하는 방법은 먼저 함수 f의 합함수인 F가 $I * F$와 같다는 사실을 사용했다. 그 다음에는 디리클레 곱이 결합법칙을 만족한다는 사실을 사용했으며, 이어서 $\mu * I = \iota$ [식 (8.7)]임을 사용했다. 마지막으로 모든 산술함수 g에 대해 $\iota * g = g$라는 항등식을 사용했다.

뫼비우스 반전 공식을 사용하면 다음 예제에서 보여주는 것처럼 다른 방법으로는 증명하기 어려운 많은 새로운 항등식을 만들어낼 수 있다.

예제 8.17

8.2절에서 언급한 대로 함수 $\sigma(n)$과 $\tau(n)$은 각각 함수 $f(n) = n$과 $f(n) = 1$의 합함수이다. 즉 $\sigma(n) = \sum_{d|n} d$이고 $\tau(n) = \sum_{d|n} 1$이다. 뫼비우스 반전 공식에 의해 모든 정수 n에 대해 다음이 성립함을 알 수 있다.

$$n = \sum_{d|n} \mu(n/d)\sigma(d)$$
$$1 = \sum_{d|n} \mu(n/d)\tau(d)$$

정리 8.9에 의해 f가 곱셈함수이면 그것의 합함수인 $F(n) = \sum_{d|n} f(d)$도 곱셈함수임을 알 수 있다. 또한 뫼비우스 반전 공식의 유용한 결과 중 하나는 이 명제의 역도 성립한다는 사실이다. 즉 산술함수 f의 합함수 F가 곱셈함수이면, f도 곱셈함수이다.

정리 8.18

산술함수 f의 합함수 $F(n) = \sum_{d|n} f(d)$가 곱셈함수이면, f도 곱셈함수이다.

증명 8.18

m과 n이 서로소인 양의 정수라고 가정하자. $f(mn) = f(m)f(n)$을 보이고자 한다. 이를 위해 먼저 도움정리 4.5를 적용하면, d가 mn의 약수일 때 $d = d_1 d_2$로 쓸 수 있다. 여기서 $(d_1, d_2) = 1$이고 $d_1 \mid m$, $d_2 \mid n$이다. 뫼비우스 반전 공식과 μ와 F가 곱셈함수라는 사실을 이용하여 다음이 성립함을 알 수 있다.

$$\begin{aligned}
f(mn) &= \sum_{d|mn} \mu(d) F\left(\frac{mn}{d}\right) \\
&= \sum_{d_1|m,\, d_2|n} \mu(d_1 d_2) F\left(\frac{mn}{d_1 d_2}\right) \\
&= \sum_{d_1|m,\, d_2|n} \mu(d_1)\mu(d_2) F\left(\frac{m}{d_1}\right) F\left(\frac{n}{d_2}\right) \\
&= \sum_{d_1|m} \mu(d_1) F\left(\frac{m}{d_1}\right) \cdot \sum_{d_2|n} \mu(d_2) F\left(\frac{n}{d_2}\right) = f(m)f(n)
\end{aligned}$$

8.4 연습문제

1. 다음 뫼비우스 함수의 값을 각각 구하라.

   a) $\mu(12)$ d) $\mu(50)$ g) $\mu(10!)$
   b) $\mu(15)$ e) $\mu(1001)$
   c) $\mu(30)$ f) $\mu(2\cdot 3\cdot 5\cdot 7\cdot 11\cdot 13)$

2. 다음 뫼비우스 함수의 값을 각각 구하라.

   a) $\mu(33)$ c) $\mu(110)$ e) $\mu(999)$ g) $\mu(10!/(5!)^2)$
   b) $\mu(105)$ d) $\mu(740)$ f) $\mu(3\cdot 7\cdot 13\cdot 19\cdot 23)$

3. $100 \leq n \leq 110$인 각각의 정수 n에 대해 $\mu(n)$의 값을 구하라.

4. $1000 \leq n \leq 1010$인 각각의 정수 n에 대해 $\mu(n)$의 값을 구하라.

5. $1 \leq n \leq 100$일 때 $\mu(n) = 1$인 모든 정수 n을 찾아라.

6. $100 \leq n \leq 200$일 때 $\mu(n) = -1$인 모든 합성수 n을 찾아라.

메르텐스 함수(Mertens function) $M(n)$은 폴란드 수학자 메르텐스(Franz Mertens)의 이름에서 유래되었고, $M(n) = \sum_{i=1}^{n} \mu(i)$로 정의된다.

7. 양의 정수 n이 $n \leq 10$인 모든 경우에 대해 $M(n)$을 구하라.

8. $M(100)$을 구하라.

9. $M(n)$은 소인수의 개수가 짝수이고 제곱인수가 없는 n 이하의 정수의 개수에서 소인수의 개수가 홀수이고 제곱인수가 없는 n 이하의 정수의 개수를 뺀 것과 같음을 보여라.

10. 만약 n이 양의 정수이면 $\mu(n)\mu(n+1)\mu(n+2)\mu(n+3) = 0$임을 증명하거나 반례를 제시하라.

11. $\mu(n)+\mu(n+1) = 0$을 만족하는 양의 정수 n이 무한히 많다는 것을 증명하거나 반례를 제시하라.

12. $\mu(n-1)+\mu(n)+\mu(n+1) = 0$을 만족하는 양의 정수 n이 무한히 많다는 것을 증명하거나 반례를 제시하라.

13. $\mu(n)$이 0이 아닌 값을 취할 수 있는 연속된 정수는 몇 개인가?

14. $\mu(n)$의 값이 0인 연속된 정수는 몇 개인가?

15. 양의 정수 n에 대해 $\phi(n) = n\sum_{d|n} \mu(d)/d$임을 보여라. (힌트: 뫼비우스 반전 공식을 사용하라.)

16. 뫼비우스 반전 공식과 8.1절에 주어진 항등식 $n = \sum_{d|n} \phi(n/d)$를 사용하여 다음을 증명하라.

a) p가 소수이고 t가 양의 정수일 때 $\phi(p^t) = p^t - p^{t-1}$이다.

b) $\phi(n)$은 곱셈함수이다.

17. f가 $f(1) = 1$인 곱셈함수일 때 다음 식이 성립함을 보여라.

$$\sum_{d|n} \mu(d)f(d) = (1 - f(p_1))(1 - f(p_2)) \cdots (1 - f(p_k))$$

여기서 $n = p_1^{a_1} p_2^{a_2} \ldots p_k^{a_k}$는 n의 소인수분해이다.

18. 연습문제 17을 사용하여 모든 양의 정수 n에 대해 $\sum_{d|n} d\mu(d)$의 간단한 공식을 찾아라.

19. 연습문제 17을 사용하여 모든 양의 정수 n에 대해 $\sum_{d|n} \mu(d)/d$의 간단한 공식을 찾아라.

20. 연습문제 17을 사용하여 모든 양의 정수 n에 대해 $\sum_{d|n} \mu(d)\tau(d)$의 간단한 공식을 찾아라.

21. 연습문제 17을 사용하여 모든 양의 정수 n에 대해 $\sum_{d|n} \mu(d)\sigma(d)$의 간단한 공식을 찾아라.

22. 양의 정수 n에 대해 다음이 성립함을 보여라.

$$\prod_{d|n} \mu(d) = \begin{cases} -1, & n\text{은 소수} \\ 0, & n\text{은 제곱인수를 갖는 정수} \\ 1, & n\text{은 제곱인수가 없는 합성수} \end{cases}$$

23. 다음 식이 성립함을 보여라.

$$\sum_{d|n} \mu(d)^2 = 2^{\omega(n)}$$

여기서 $\omega(n)$은 n의 서로 다른 소인수의 개수이다.

24. 연습문제 23과 뫼비우스 반전 공식을 사용하여 다음 식이 성립함을 보여라.

$$\mu(n)^2 = \sum_{d|n} \mu(d) 2^{\omega(n/d)}$$

25. 모든 양의 정수 n에 대해 $\sum_{d|n} \mu(d)\lambda(d) = 2^{\omega(n)}$임을 보여라. 여기서 $\lambda(n)$의 정의는 8.1절의 연습문제 45에 있는 정의를 참고하기 바란다.

26. 모든 양의 정수 n에 대해 $\sum_{d|n} \lambda(n/d) 2^{\omega(d)} = 1$임을 보여라.

연습문제 27~29에서는 디리클레 곱과 디리클레 역의 개념을 사용하여 뫼비우스 반전 공식(정리 8.17)과 정리 8.18을 증명한다.

27. 뫼비우스 함수 $\mu(n)$이 함수 $\nu(n) = 1$의 디리클레 역임을 보여라.

28. 8.1절의 연습문제 39와 8.4절의 연습문제 27을 사용하여 뫼비우스 반전 공식을 증명하라.

29. 만약 $F = f * \nu$이면, $f = F * \mu$임을 이용하여 정리 8.18을 증명하라. 여기서 ν는 모든 양의 정수 n에 대해 $\nu(n) = 1$로 정의되는 함수이다.

망골트 함수(Mangoldt function) Λ는 독일 수학자 망골트(Hans Carl Friedrich von Mangoldt)로부터 유래되었으며, 모든 양의 정수 n에 대해 다음과 같이 정의된다.

$$\Lambda(n) = \begin{cases} \log p, & n = p^k (\text{여기서 } p\text{는 소수이고 } k\text{는 양의 정수}) \\ 0, & \text{그 외에} \end{cases}$$

30. 양의 정수 n에 대해 $\sum_{d|n} \Lambda(d) = \log n$임을 보여라.

31. 뫼비우스 반전 공식과 연습문제 30을 사용하여 다음 식이 성립함을 보여라.

$$\Lambda(n) = -\sum_{d|n} \mu(d) \log d$$

32. 모든 완전수가 짝수임을 증명하는 다음 증명에서 잘못된 점을 찾아라.
증명: n이 완전수이면 $2n = \sum_{d|n} d$이다. 뫼비우스 반전 공식에 의해 $n = \sum_{d|n} \mu(n/d)2d$이다. 마지막 합의 모든 항이 짝수이므로 n도 짝수임을 알 수 있다.

$\alpha^n = 1$이지만 $1 \le k \le n-1$일 때 $\alpha^k \ne 1$인 복소수 α를 단위원의 원시 n제곱근이라고 부른다. $e^{2\pi i} = 1$이므로 원시 n제곱근은 $1 \le j \le n$이고 $(j, n) = 1$일 때 ζ^j 형태의 복소수이다. n차 **원분다항식**(cyclotomic polynomial) $\Phi_n(x)$는 원시 n제곱근을 근으로 갖는 다항식이다. 즉 $\Phi_n(x) = \prod_{\substack{1 \le j \le n \\ (j,n)=1}} (x - \zeta^j)$이다.

♦33. a) n이 양의 정수이면 $x^n - 1 = \prod_{d|n} \Phi_d(x)$임을 보여라.
b) p가 소수일 때 $\Phi_p(x)$를 구하라.
c) p가 홀수 소수일 때 $\Phi_{2p}(x)$를 구하라.

34. 뫼비우스 반전 공식을 사용하여 n이 양의 정수일 때 $\Phi_n(x) = \prod_{d|n}(x^d - 1)^{\mu(n/d)}$임을 보여라. (힌트: 먼저 연습문제 33(a)에 있는 식의 양변에 로그를 취하라.)

35. 연습문제 34를 사용하여 n차 원분다항식 $\Phi_n(x)$의 계수가 항상 정수임을 보여라.

**36. p와 q가 서로 다른 홀수 소수인 경우 pq차 원분다항식의 각 계수가 -1, 0, 1이 됨을 보여라.

계산과 탐구

1. 다음 각각의 n의 값에 대해 $\mu(n)$을 계산하라.

a) 421,602,180,943 b) 186,728,732,190 c) 737,842,183,177

2. 다음 각각의 n의 값에 대해 메르텐스 함수값 $M(n)$을 계산하라.

   a) 1000 b) 10,000 c) 100,000

3. 1897년 메르텐스가 추측하고, 1985년 미국 수학자 오들리즈코와 네덜란드 수학자 릴에 의해 반증([Odte85] 참고)된 유명한 추측은 메르텐스 추측이라고 불리는데, 모든 양의 정수 n에 대해 $|M(n)| < \sqrt{n}$이 성립한다는 것이다. 가능한 많은 범위의 n에 대해 이 추측이 참임을 보여라. 이 추측이 거짓인 가장 작은 n은 믿을 수 없을 정도로 크기 때문에 반례를 찾으려 하지 말라. 알려진 바로는 반례가 $3.21 \cdot 10^{10}$보다 작다. 이 추측이 거짓임이 증명되기 전까지 10^{10}이하의 모든 정수에 대해 컴퓨터로 검증되었다. 추측에 대한 가장 작은 반례조차도 엄청나게 클 수 있어서 이 예는 엄청난 양의 증거도 오해를 불러일으킬 수 있음을 보여준다.

4. $1 \le n \le 50$인 모든 n에 대해 n차 원분다항식을 계산하라.

5. n차 원분다항식이 0 또는 ± 1이 아닌 계수를 갖는 가장 작은 n과 절댓값이 10 이상인 계수를 갖는 가장 작은 n을 찾아라.

프로그래밍 프로젝트

1. 양의 정수 n이 주어졌을 때 $\mu(n)$의 값을 구하라.

2. 양의 정수 n이 주어졌을 때 $M(n)$의 값을 구하라.

3. 양의 정수 n이 주어졌을 때 $M(n)$이 메르텐스 추측을 만족하는지 확인하라. 즉 $|M(n)| = |\sum_{i=1}^{n} \mu(i)| \le \sqrt{n}$ 인지 확인하라.

4. 양의 정수 n이 주어졌을 때 n차 원분다항식을 계산하라.

8.5 분할

양의 정수의 **분할**(partition)은 순서를 고려하지 않고 그 정수를 양의 정수의 합으로 나타내는 방법이다. 이 절에서는 수론과 조합론의 다양한 아이디어를 사용하여 분할을 연구할 것이므로 조합적 수론의 한 측면을 보게 될 것이다. 분할 이론은 매우 풍부한 연구 분야로 많은 놀라운 결과가 있다. 분할을 연구한 수많은 수학자 중에서 가장 유명한 사람은 거의 모든 면에서 근본적인 기여를 한 오일러이다. 놀랍게도 분할에 관한 새로운 발견들은 오늘날에도 다양한 기술을 사용하여 계속해서 이루어지고 있으며, 그 중 많은 것이 기초적인 것들이다.

우선 몇 가지 정의부터 시작해보자.

정의 8.10

양의 정수 n의 **분할**은 순서를 고려하지 않고 양의 정수들의 합으로 n을 표현하는 방법이다. 즉 분할은 $\lambda_1 + \lambda_2 + \cdots + \lambda_r = n$을 만족하는 증가하지 않는 양의 정수의 수열$(\lambda_1, \lambda_2, \cdots, \lambda_r)$로 나타낼 수 있다. 이때 $\lambda_1, \lambda_2, \cdots, \lambda_r$은 분할 λ의 **부분**(part)이라고 부른다.

예제 8.18

수열 $(3,1,1)$은 5의 분할이다. 왜냐하면 $3+1+1=5$이며 $3 \geq 1 \geq 1$이기 때문이다. 이 분할의 부분은 3, 1, 1인데, 1이 부분으로 두 번 등장한다. 여기서 주목할 점은 서로 다른 부분이 동일할 수 있다는 것이다.

정수의 분할을 나타내는 또 다른 방법은 각 정수가 부분으로 나타나는 횟수를 주는 것이다. 즉 $n = k_1a_1 + k_2a_2 + \cdots + k_ia_i + \cdots$ 와 같이 n의 분할을 표현하는 것이다. 여기서 $a_1, a_2, \ldots$ 은 서로 다른 음이 아닌 정수들의 감소 수열이며, 정수 k_i는 a_i가 분할에 나타나는 횟수이다. 예를 들어 $1 \cdot 4 + 3 \cdot 3 + 3 \cdot 2 + 2 \cdot 1$는 21의 분할을 나타내며, 여기서 4, 3, 2, 1의 빈도는 각각 1, 3, 3, 2이다.

다양한 유형의 분할을 계산하는 산술함수를 다룰 것이며, 이 중에서 가장 중요한 함수는 다음과 같다.

정의 8.11

n의 모든 분할의 개수를 $p(n)$으로 표기하며, 이를 **분할함수**(partition function)라고 부른다. 또한 $p(0) = 1$로 정의하는데, 그 이유는 부분이 없는 빈 분할이 정확히 하나 있기 때문이다.

예제 8.19

$p(4) = 5$이다. 왜냐하면 4의 다섯 가지 분할, 즉 (4), $(3,1)$, $(2,2)$, $(2,1,1)$, $(1,1,1,1)$이 있기 때문이다. 또한 $p(7) = 15$인 것에 주목하자. 왜냐하면 7의 15가지 다른 분할, 즉 (7), $(6,1)$, $(5,2)$, $(5,1,1)$, $(4,3)$, $(4,2,1)$, $(4,1,1,1)$, $(3,3,1)$, $(3,2,2)$, $(3,2,1,1)$, $(3,1,1,1,1)$, $(2,2,2,1)$, $(2,2,1,1,1)$, $(2,1,1,1,1,1)$, $(1,1,1,1,1,1,1)$이 있기 때문이다.

$p(n)$을 찾기 위해 n의 모든 분할을 나열할 필요는 없다. 대신에 이 절 뒷부분에 나오는 정리 8.26에서 증명되는 점화식을 사용하여 $p(n)$을 계산할 수 있다. 이 점화식은 n이 최대 25,000,000에 이를 때까지 $p(n)$을 찾는 데 사용되었다. 또한 이 점화식을 사용하면 정수 n의 분할의 수가 극도로 빠르게 증가한다는 것을 알 수 있다. 이는 영국 수학자 하디(Godfrey Harold Hardy)와 인도 수학자 라마누잔(Srinivasa Ramanujan)이 1918년에 도출한 다음 점근공식을 사용하여

확인할 수 있다.

$$p(n) \sim \frac{e^{\pi\sqrt{2n/3}}}{4n\sqrt{3}}$$

(이 공식 및 증명에 대한 내용은 [An76]을 참조하기 바란다.) 이 점근공식은 $p(n)$을 꽤 잘 근사하는데, 예를 들어 다음과 같다.

$$p(1000) = 24{,}061{,}467{,}864{,}032{,}622{,}473{,}692{,}149{,}727{,}991 \approx 2.4061 \times 10^{31}$$

여기서 $\frac{e^{\pi\sqrt{(2\cdot 1000)/3}}}{4\cdot 1000\sqrt{3}}$은 대략 2.4402×10^{31}이다.

한스 라데마허(Hans Rademacher)라는 독일 출신 수학자가 1937년에 발견한 $p(n)$의 구체적 공식이 있다. 이 공식은 각 항이 꽤 복잡한 수렴급수의 값으로 $p(n)$을 계산한다. (항들은 매우 복잡해서 첫 번째 항조차 제시하는 데 어려움이 있으며, 관심이 있다면 웹을 참고하기 바란다.) 이 구체적 공식을 사용하여 $p(n)$을 계산하려면 초월함수의 값을 계산할 필요가 있다.

8.5.1 제한분할

분할함수 $p(n)$은 부분들이 양의 정수여야 하는 것을 제외하고 부분에 대한 아무 제한 없이 n의 모든 분할들을 세는 함수이다. 따라서 $p(n)$은 n의 **비제한분할**(unrestricted partition)의 수를 세는 함수라고 말할 수 있다. 다음으로 부분들이 하나 이상의 특정 제한에 따라야 하는 **제한분할**(restricted partition)을 세는 여러 관련 함수들을 소개하고자 한다. 독자는 제한분할의 표기법이 표준화되지 않았음을 인식하기 바란다. 서로 다른 저자들이 이러한 함수들을 나타내는 다양한 표기법을 사용하고 있다.

정의 8.12

양의 정수 집합 S와 양의 정수 m이 주어졌을 때

$p_S(n) = n$을 S에서 선택된 부분으로 나눈 분할의 수,

$p^D(n) = n$을 서로 다른 부분으로 나눈 분할의 수,

$p_m(n) =$ 각 부분이 적어도 m인 n의 분할의 수로 정의한다.

이러한 표기법을 결합하여 더 나아가 다음을 정의하자.

$p_S^D(n) = n$을 S에서 선택된 서로 다른 부분으로 나눈 분할의 수,

$p_m^D(n) =$ 각 부분이 적어도 m인 서로 다른 부분으로 n을 나눈 분할의 수,

$p_{m,S}(n) = S$에서 선택된 각 부분이 적어도 m인 n의 분할의 수,

$p_{m,S}^D(n) = S$에서 선택된 각 부분이 서로 다르고 적어도 m인 n의 분할의 수로 정의한다.

홀수 정수 집합을 O와 짝수 정수 집합을 E로 표기할 때, $p_O(n)$은 n을 홀수 부분으로 나눈 분할의 수를 나타내며 $p_E(n)$은 n을 짝수 부분으로 나눈 분할의 수를 나타낸다.

이러한 표기법에서 위에서 소개한 제한 외의 다른 제한 사항이 발생할 때는 이를 위한 특정 표기법을 도입하지 않는다. 대신 보다 유연한 표기법인 $p(n|$ 조건)을 사용하여 부분들이 지정된 조건을 만족하는 n의 분할을 세는 데 사용하고자 한다. 예를 들어 $p(n|$ 모든 부분이 한 번씩 나타나지 않음), $p(n|$ 각 부분이 홀수 번 나타남), $p(n|$ 짝수 부분이 중복되지 않음) 등이다.

예제 8.20

7의 분할은 예제 8.19에 나열되어 있다. 홀수 부분으로 이루어진 것은 (7), $(5, 1, 1)$, $(3, 3, 1)$, $(3, 1, 1, 1, 1)$, $(1, 1, 1, 1, 1, 1, 1)$이고 서로 다른 부분으로 이루어진 것은 (7), $(6, 1)$, $(5, 2)$, $(4, 3)$, $(4, 2, 1)$이다. 또한 모든 부분이 적어도 2인 것은 (7), $(5, 2)$, $(4, 3)$, $(3, 2, 2)$이므로 $p_O(7) = 5$, $p^D(7) = 5$, $p_2(7) = 4$임을 알 수 있다. 또한 $p_E(7) = 0$이다. 왜냐하면 7을 짝수 부분으로 나눈 분할이 없기 때문이다.

$p_O^D(7) = 1$임을 알 수 있다. 왜냐하면 7을 홀수이면서 서로 다른 부분으로 나눈 분할은 (7) 하나뿐이기 때문이다. 또한 각 부분이 두 번 이상 나타나는 분할은 $(2, 2, 1, 1, 1)$ 및 $(1, 1, 1, 1, 1, 1, 1)$로, $p(n|$ 한 번씩만 나타나지 않음) $= 2$임을 알 수 있다.

8.5.2 페러스 도표

다음으로, 영국 수학자 페러스(Norman Ferrers)가 고안한 방법을 사용하여 분할을 도식적으로 표현하는 유용한 방법을 설명하고자 한다. 분할 $n = \lambda_1 + \lambda_2 + \cdots + \lambda_k$를 $\lambda_1 \geq \lambda_2 \geq \cdots \geq \lambda_k$인 형태로 나타내려면 k개의 점 행으로 이루어진 도표를 사용한다. 여기서 각 행 j에는 λ_j개의 점이 있으며 모든 행의 점은 왼쪽 정렬된다. 이러한 분할의 표현은 **페러스 도표**(Ferrers diagram)라고 한다.

예제 8.21

10의 분할인 $(5, 2, 1, 1, 1)$, $(4, 4, 2)$, $(3, 3, 3, 1)$에 해당하는 페러스 도표가 그림 8.2에 나와 있으니 참고하기 바란다.

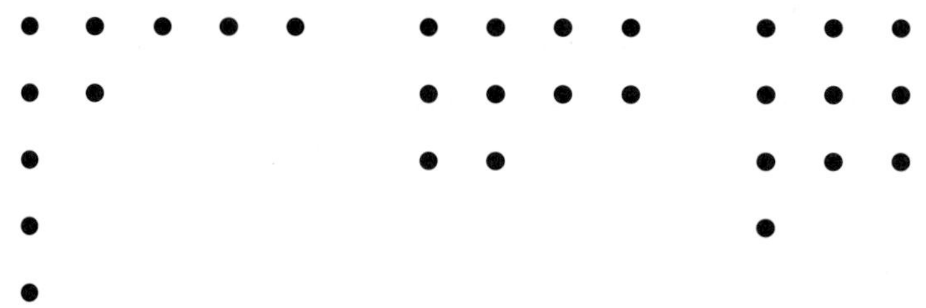

그림 8.2: 분할 $(5, 2, 1, 1, 1)$, $(4, 4, 2)$, $(3, 3, 3, 1)$에 대한 페러스 도표

주어진 분할의 페러스 도표의 행과 열을 바꿔서 얻은 분할에 주목할 필요가 있다.

정의 8.13

분할 $n = \lambda_1 + \lambda_2 + \cdots + \lambda_r$ $(\lambda_1 \geq \lambda_2 \geq \cdots \geq \lambda_r)$이 주어졌을 때 **켤레**(conjugate)라고 부르는 새로운 분할 $\lambda' = \lambda'_1 + \lambda'_2 + \cdots + \lambda'_s$을 정의하자. 여기서 λ'_i은 λ의 부분 중에서 적어도 i인 부분의 수를 나타낸다. 분할이 **자기켤레**(self-conjugate)라는 건, 켤레가 자기 자신과 같아지는 경우를 의미한다.

예제 8.22

14의 분할 $\lambda = (4, 4, 3, 2, 1)$을 생각해보자. λ의 모든 다섯 부분은 최소한 1 이상이며, 네 부분은 최소한 2 이상, 세 부분은 최소한 3 이상, 두 부분은 최소한 4 이상이다. 그러므로 λ의 켤레분할 λ'은 $(5, 4, 3, 2)$가 된다.

분할 λ의 켤레 λ'이 n의 분할이 되는 이유를 이해하기 위해 페러스 도표를 살펴보자. λ'의 페러스 도표의 i번째 행의 점의 개수는 λ의 페러스 도표의 i번째 열의 점의 개수와 같다. 왜냐하면 i번째 열의 점의 개수는 적어도 i개의 점을 가진 행의 수와 같아지기 때문이다. 그러므로 λ'의 페러스 도표는 λ의 페러스 도표의 행과 열을 바꾸어서 그릴 수 있다. (기하학적으로 λ'의 페러스 도표는 λ의 페러스 도표를 왼쪽 상단 모서리에서 시작하는 대각선을 중심으로 대칭시킨 것과 같고, 이는 행렬의 전치를 하는 것과 같다.) 또한 이 두 페러스 도표에는 동일한 개수의 점이 있다. 켤레 λ'의 부분들이 증가하지 않는 순서로 있을 때, 즉 $i < j$인 경우에는 적어도 j 이상의 부분의 수가 적어도 i 이상의 부분의 수를 초과하지 않는 것도 확인할 수 있다.

예제 8.23

예제 8.21의 세 분할의 켤레에 대한 페러스 도표를 그려보면 그림 8.3과 같다. 행과 열을 교환함으로써, $(5, 2, 1, 1, 1)$의 켤레분할은 자기 자신임을 알 수 있다. 이것은 자기켤레임을 보여준다. $(4, 4, 2)$와 $(3, 3, 3, 1)$의 켤레는 각각 $(3, 3, 2, 2)$와 $(4, 3, 3)$이므로 어느 쪽도 자기켤레가 아님을 알 수 있다.

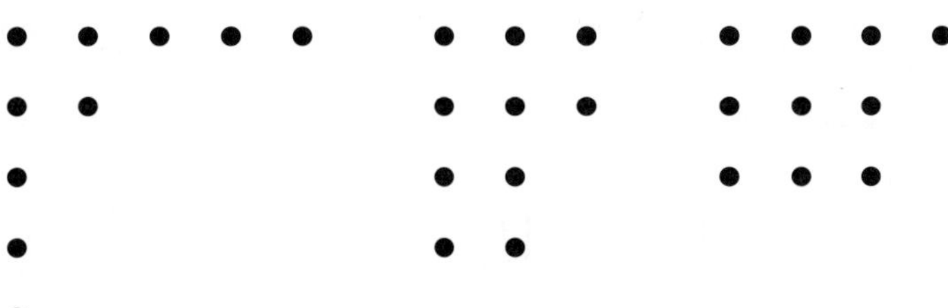

그림 8.3: 예제 8.21의 분할의 켤레에 대한 페러스 도표

페러스 도표는 서로 다른 종류의 분할을 세는 함수들이 만족하는 식을 얻는 데 유용하게 쓰인다. 이를 예제와 함께 소개한다.

정리 8.19

양의 정수 n에 대해 최대 부분이 r인 n의 분할의 개수는 r개의 부분으로 이루어진 n의 분할의 개수와 같다.

증명 8.19

n의 분할 중에서 최대 부분이 r인 분할을 λ라고 하면, λ의 페러스 도표는 정확히 r개의 열을 가지고 있다. λ의 켤레 λ'의 페러스 도표를 구성하기 위해 λ의 페러스 도표에서 행과 열을 교환하자. 결과적으로 켤레분할의 페러스 도표는 정확히 r개의 행을 갖게 된다. 이는 r개의 부분으로 이루어진 분할의 페러스 도표임을 의미한다. 더 나아가 이 대응은 뒤집을 수 있다. 따라서 최대 부분이 r인 n의 분할과 정확히 r개의 부분으로 이루어진 분할 사이에 일대일 대응이 존재하게 되어 증명이 완료된다.

8.5.3 생성함수를 이용한 분할 연구

생성함수는 조합론적 문제에서 발생하는 수열의 성질을 연구하는 데 중요한 도구이다. 수열 a_n, $n = 0, 1, 2, 3, \ldots$의 **생성함수**(generating function)는 멱급수 $\sum_{n=0}^{\infty} a_n x^n$ 으로 정의된다. 이 책에서는 생성함수를 형식적인 멱급수로만 다룰 것이다. 즉 다항식의 기법을 사용하여 멱급수의 계수를 부호화하는 방식을 사용하고자 하며, 이러한 급수의 수렴에 관련된 문제에는 신경쓰지 않을 것이다. 생성함수를 사용하여 분할에 대한 많이 흥미로운 항등식을 증명할 수 있다. 또한 해석학적 기법([An76], [Gr82] 참조)을 사용하면 분할에 관한 많은 심층적 정리를 증명할 수 있다.

먼저, 정수의 비제한분할의 생성함수를 연구해보자.

정리 8.20

$p(n)$의 생성함수는 다음과 같다.

$$\sum_{n=0}^{\infty} p(n)x^n = \prod_{j=1}^{\infty} \frac{1}{1-x^j} = \prod_{j=1}^{\infty}(1 + x^j + x^{2j} + \cdots + x^{kj} + \cdots)$$

증명 8.20

이 정리를 증명하기 위해 모든 양의 정수 n에 대해 위에 주어진 무한곱의 x^n 계수가 $p(n)$과 같음을 보이면 된다. 이를 보이기 위해 먼저 주어진 j 값에 대해 $\frac{1}{1-x^j}$ 의 급수 전개가 $1+x^j+x^{2j}+\cdots+x^{kj}+\cdots$ 임을 주목하자. 따라서 다음 식이 성립한다.

$$\prod_{j=1}^{\infty} \frac{1}{1-x^j} = \prod_{j=1}^{\infty}(1 + x^j + x^{2j} + \cdots + x^{kj} + \cdots)$$

이 곱을 전개하면, 급수의 항들은 각각의 양의 정수 j에 대해 x^{kj} 형태의 성분을 선택하고 이들을 곱하여 얻어진다. 따라서 생성함수의 x^n 계수는 $k_1a_1 + k_2a_2 + \cdots = n$ 형태의 방정식의 해의 수와 같다. 여기서 a_i는 각각의 i에 대해 양의 정수이고, $i \neq j$인 경우 $a_i \neq a_j$이며, 모든 j에 대해 k_j는 음이 아닌 정수이다. 앞서 언급한 대로 이러한 해와 a_i의 빈도수가 k_i인 n의 분할 사이에 일대일 대응이 있으므로, 정리가 증명된다.

다음으로, 정수를 서로 다른 부분으로 나누는 분할의 수를 나타내는 p^D의 생성함수를 구하자.

정리 8.21

p^D의 생성함수는 다음과 같다.

$$\sum_{n=0}^{\infty} p^D(n)x^n = \prod_{j=1}^{\infty}(1 + x^j)$$

증명 8.21

위 등식의 좌변의 x^n의 계수가 x^n을 x^j의 서로 다른 항의 곱으로 표현하는 방법의 수와 같음을 주목하자. 따라서 위 무한곱의 성분들을 곱하여 얻어지는 급수의 x^n 계수는 양의 정수 집합에서 서로 다른 지수의 합으로 n을 표현하는 방법의 수와 같아진다. 이로써 이 계수가 정확히 $p^D(n)$임을 알 수 있다. 이것으로 정리가 증명된다.

정리 8.20과 8.21을 양의 정수 집합의 부분집합 S에 속하는 부분들로 제한된 n의 분할로 일반화할 수 있다. 이러한 일반화는 정리 8.22에서 제시되며, 이에 대한 증명은 연습문제로 남겨둔다.

정리 8.22

양의 정수 집합의 부분집합 S에 대해 n을 S의 원소들의 합으로 나타내는 방법의 수인 $p_S(n)$에 대한 생성함수, n을 S의 서로 다른 원소들의 합으로 나타내는 방법의 수인 $p_S^D(n)$에 대한 생성함수는 각각 다음과 같다.

$$\sum_{n=0}^{\infty} p_S(n)x^n = \prod_{j\in S} \frac{1}{1-x^j}, \quad \sum_{n=0}^{\infty} p_S^D(n)x^n = \prod_{j\in S}(1+x^j)$$

다음 정리는 생성함수를 사용하여 분할에 관한 흥미로운 결과를 증명하는 방법을 보여준다. 예제 8.20에서 7을 홀수 부분으로 나누는 분할의 수는 5이고 7을 서로 다른 부분으로 나누는 분할의 수도 5이었다. 즉 $p_O(7) = p^D(7) = 5$이다. 다음 정리에서는 이것이 우연이 아님을 보여준다.

정리 8.23 오일러 홀짝성 정리

만약 n이 양의 정수라면 $p_O(n) = p^D(n)$이다. 즉 n을 홀수 부분으로 나누는 분할의 수와 서로 다른 부분으로 나누는 분할의 수는 같다.

증명 8.23

이 정리를 오일러가 한 것과 같은 방식으로 증명할 것이다. $p_O(n)$의 생성함수와 $p^D(n)$의 생성함수를 표현하는 무한곱은 처음 보았을 때 다르게 보일지라도 실제로는 동일한 함수임을 보이고자 한다.

정리 8.21과 8.22에 의해 $\sum_{n=0}^{\infty} p^D(n)x^n = \prod_{i=1}^{\infty}(1+x^i)$이고 $\sum_{n=0}^{\infty} p_O(n)x^n = \prod_{j\in O}\frac{1}{1-x^j} = \prod_{i=1}^{\infty}\frac{1}{1-x^{2i-1}}$임을 알 수 있다. 두 무한곱이 동일함을 보이기 위해 먼저 다음과 같은 관찰을 해보자.

$$\prod_{i=1}^{\infty}(1+x^i) = \prod_{i=1}^{\infty}\frac{1-x^{2i}}{1-x^i} = \prod_{i=1}^{\infty}\frac{1-x^{2i}}{1-x^i} = \frac{1-x^2}{1-x}\cdot\frac{1-x^4}{1-x^2}\cdot\frac{1-x^6}{1-x^3}\cdots = \prod_{i=1}^{\infty}\frac{1}{1-x^{2i-1}}$$

위에서 마지막 등식이 성립하는 이유는 $1-x^{2i}$ 형태의 모든 항들이 곱의 분자와 분모에서 상쇄될 수 있기 때문이다. 이를 종합하면, $\prod_{i=1}^{\infty}(1+x^i) = \prod_{i=1}^{\infty}\frac{1}{1-x^{2i-1}}$이라는 결론을 얻게 된다.

이제 $p_O(n)$과 $p^D(n)$의 생성함수가 동일하다는 것을 보였다. 이는 모든 양의 정수 n에 대해 $p_O(n) = p^D(n)$임을 의미한다.

오일러 홀짝성 정리를 증명하는 또 다른 방법은 홀수 부분을 가진 분할과 서로 다른 부분을 가진 분할 간의 일대일 대응을 찾는 것이다. 연습문제 32에서 이러한 증명의 개요를 제시할 것이다. 두 분할 집합 사이의 일대일 대응을 찾는 것은 분할 동일성의 이면에 있는 통찰력을 제공하지만, 종종 생성함수를 사용하여 이러한 동일성을 증명하는 것이 더 쉽다. 실제로 수학자들은 종종 생성함수를 사용하여 처음으로 증명된 분할 동일성을 설명하는 일대일 대응을 계속해서 찾는 시도를 한다.

8.5.4 오일러의 오각수 정리

이제 오일러가 발견한 분할에 관한 중요한 결과를 살펴보자. 정리 8.21로부터 $\prod_{i=1}^{\infty}(1+x^i) = \sum_{n=1}^{\infty} p^D(n)x^n$ 임을 알고 있다. 이 무한곱의 각 항의 더하기가 빼기 기호로 바뀐 무한곱 $\prod_{i=1}^{\infty}(1-x^i)$에 대해 무엇을 말할 수 있을까? 이 무한곱은 어떤 생성함수를 나타낼까? 다음 정리가 이 질문에 답을 제공한다.

정리 8.24

양의 정수 n에 대해 다음 결과가 성립한다.

$$\prod_{i=1}^{\infty}(1-x^i) = \sum_{n=1}^{\infty} a_n x^n$$

여기서 $a_n = p(n \mid$ 짝수 개의 서로 다른 부분으로 나뉘는 경우$) - p(n \mid$ 홀수 개의 서로 다른 부분으로 나뉘는 경우$)$를 나타낸다.

증명 8.24

무한곱을 전개할 때 생성함수의 x^n 항에 대한 모든 기여를 고려해보자. 각각의 기여는 n을 서로 다른 정수들의 분할로 나눈 것에서 나온 것이며, 만약 서로 다른 부분의 개수가 짝수인 경우에는 + 부호를 가져오고(왜냐하면 그 계수는 -1의 짝수 개의 곱이기 때문에), 서로 다른 부분의 개수가 홀수인 경우에는 -1의 부호를 가져온다(왜냐하면 그 계수는 -1의 홀수 개의 곱이기 때문에). 따라서 생성함수의 x^n 항의 계수는 $p(n \mid$ 짝수 개의 서로 다른 부분으로 나뉘는 경우$)- p(n \mid$ 홀수 개의 서로 다른 부분으로 나뉘는 경우$)$와 같게 된다.

오일러가 발견한 것은 정리 8.24의 생성함수의 계수에 대한 간단한 공식이 있다는 것이다.

정리 8.25 오일러 오각수 정리

만약 n이 어떤 양의 정수 k에 대해 $n = k(3k \pm 1)/2$꼴이라면, $p(n \mid$ 짝수 개의 서로 다른 부분으로 나뉘는 경우$) - p(n \mid$ 홀수 개의 서로 다른 부분으로 나뉘는 경우$) = (-1)^k$이며, 그 외의 경우에는 0

이다. 즉 다음과 같다.

$$\prod_{i=1}^{\infty}(1-x^i) = \sum_{n=-\infty}^{\infty}(-1)^n x^{n(3n-1)/2} = 1 + \sum_{n=1}^{\infty}(-1)^n x^{n(3n-1)/2}(1+x^n)$$

비고. 오일러는 정리 8.25를 증명하기 위해 생성함수를 사용했다. 오일러의 방법 대신, 존스 홉킨스 대학의 교수인 프랭클린(Fabian Franklin)이 1881년에 발견한 더 간단한 증명을 제시하고자 한다. 이 영리한 증명은 미국 수학의 최초의 중요한 기여로 자주 인용된다.

증명 8.25

이 정리를 증명하기 위해 서로 다른 부분의 개수가 짝수인 분할들의 집합과 서로 다른 부분의 개수가 홀수인 분할들의 집합 사이의 대응을 줄 것이다. 이 대응은 n이 어떤 양의 정수 k에 대해 $n = k(3k \pm 1)/2$꼴인 경우를 제외하고 일대일 대응이고, $n = k(3k \pm 1)/2$꼴인 경우에는 두 집합 중 하나가 한 개의 추가적인 분할을 더 가짐을 보일 것이다.

분할의 페러스 도표를 사용하여 이 대응을 설정하고자 한다. 페러스 도표의 두 부분, 즉 b개의 점으로 이루어진 마지막 행과 k개의 점으로 이루어진 비대각 부분 D를 생각하자. 여기서 비대각 부분 D는 첫 행의 마지막 점에서 시작하여 왼쪽 아래로 이어지는 비대각선 부분이고, 이 부분은 바로 위 행보다 정확히 하나의 점이 적은 행을 포함하는 모든 행의 마지막 점으로 이루어져 있다.

이제 분할의 페러스 도표에서 새로운 페러스 도표를 만들 것이다. $b \leq k$일 때 마지막 행의 점들을 이동시키고자 한다. 이 점들 중 하나를 상위 b개의 행에 각각 하나씩 삽입한다. (주의: $b \leq k$이므로 남은 행의 수는 마지막 행의 점들의 수보다는 많다.) 이는 오른쪽으로 대각선을 만들어내고, 결과적으로 얻어지는 페러스 도표는 서로 다른 부분들을 가진 분할을 주게 된다. $b > k$일 때는 비대각 부분 D의 점들을 새로운 페러스 도표의 마지막 행으로 이동시킨다. 이 새로운 행은 이전 행보다 더 적은 개수의 점을 가지고 있음을 주목하자. 이 두 변환은 각각 짝수 개의 서로 다른 부분을 가진 분할들의 집합과 홀수 개의 서로 다른 부분을 가진 분할들의 집합 간의 대응을 준다. 그림 8.4에서는 이 두 변환의 예를 보여주고 있으며, 아래 두 경우를 제외하면 이 대응은 일대일 대응임을 주목하자.

일대일 대응이 되지 않는 예외적인 경우는 $b = k$ 또는 $b = k + 1$일 때 발생한다. 이러한 경우에는 서로 다른 부분을 가진 분할을 다른 홀짝성을 갖는 새로운 분할로 변환할 수 없는 분할이 존재한다. 즉 마지막 행과 비대각 부분 D가 공통된 점을 가지고 있는 두 가지 경우이다. $b = k$인 경우 페러스 도표는 k개의 행을 가지며, 마지막 행은 k개의 점을 가지고 있고, 다른 모든 행은 아래 행보다 하나의 점이 더 많아서 $n = k + (k+1) + \cdots + (2k-1) = \sum_{j=1}^{2k-1} j - \sum_{j=1}^{k} j = (2k-1)2k/2 - (k-1)k/2 = k(3k-1)/2$가 된다. 비슷하게 $b = k+1$인 경우 페러스 도표는 k개의 행을 가지며, 마지막 행은 $k+1$개의 점을 가지고 있으며, 다른 모든 행은 아래 행보다 하나의 점이 더 많아서 $n=(k+1)+(k+2)+\cdots+2k=\sum_{j=1}^{2k} j-\sum_{j=1}^{k} j=2k(2k+1)/2-k(k+1)/2=k(3k+1)/2$ 임을 알 수 있다.

결국 $n=k(3k\pm 1)/2$일 때 짝수 개의 서로 다른 부분을 가진 분할의 수와 홀수 개의 서로 다른 부분을 가진 분할의 수의 차이는 $(-1)^k$과 같게 된다. 그렇지 않으면 이 차이는 0이 된다.

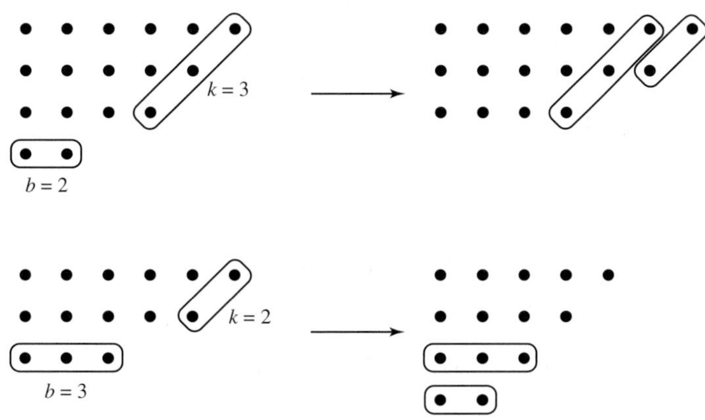

그림 8.4: 프랭클린 대응법에서 $b<k$인 경우와 $b>k$인 경우의 예

오일러의 오각수 정리에 나오는 $n=k(3k\pm 1)/2$인 특이한 경우는 이 정리를 **오일러의 오각수 정리**(Euler's pentagonal number theorem)라고 부르는 이유이다. 1.2절의 연습문제 10에 따르면 $p_k=k(3k-1)/2$은 k번째 오각수를 나타내며, 이는 n개의 겹겹이 들어간 오각형 안의 점의 수를 세어준다. 음의 지수에 대해 이 수열을 확장하기 위해 $p_{-k}=-k(-3k-1)/2=k(3k+1)/2$로 정의하고 $k=0,\pm 1,\pm 2,\ldots$에 대한 이 수열의 항들을 **일반화된 오각수**(generalized pentagonal number)라고 부르자. 그러면 정리 8.25의 특이한 경우들은 n이 일반화된 오각수일 때 정확히 발생함을 알 수 있다.

이제 오일러의 오각수 정리의 결과로부터 도출되는 한 가지 결과를 설명한다. 이 결과는 $p(n)$에 대한 놀라운 점화식을 발견할 수 있게 해주었다.

정리 8.26 오일러 분할 공식

양의 정수 n에 대해 $p(n)$은 다음과 같은 점화식을 만족한다.

$$\begin{aligned}p(n)=&p(n-1)+p(n-2)-p(n-5)-p(n-7)+p(n-12)+p(n-15)-\cdots\\&+(-1)^{k-1}[p(n-(k(3k-1))/2)+p(n-(k(3k+1)/2))]+\cdots\end{aligned}$$

비고. $n < 0$일 때 $p(n) = 0$이므로 오일러 분할 공식 우변의 항들은 유한 개를 제외하고 모두 0이 되어 이산적인 계산이 가능하게 된다.

증명 8.26

무한곱 전개 $\sum_{n=1}^{\infty} p(n)x^n = \prod_{i=1}^{\infty} \frac{1}{1-x^i}$과 오일러의 오각수 정리의 결과인 $\prod_{i=1}^{\infty}(1-x^i) = 1 + \sum_{n=1}^{\infty}(-1)^n x^{n(3n-1)/2}(1+x^n)$을 함께 사용하면 다음의 등식을 얻는다.

$$\begin{aligned} 1 &= \prod_{i=1}^{\infty} \frac{1}{1-x^i} \prod_{i=1}^{\infty}(1-x^i) \\ &= \left(\sum_{n=0}^{\infty} p(n)x^n\right)\left(1 + \sum_{n=1}^{\infty}(-1)^n x^{n(3n-1)/2}(1+x^n)\right) \end{aligned}$$

이제 $n > 0$일 때 양변에서 x^n의 계수를 비교하면 다음을 얻게 된다.

$$\begin{aligned} 0 = p(n) - p(n-1) - p(n-2) + p(n-5) + p(n-7) - \cdots + \\ (-1)^k p(n - k(3k-1)/2) + (-1)^k p(n - k(3k+1)/2) + \cdots \end{aligned}$$

위 식을 $p(n)$에 대해 풀면 증명이 완료된다.

19세기 후반, 말타 출신의 영국 수학자 맥마흔(Percy MacMahon)은 오일러의 분할 공식을 사용하여 $1 \leq n \leq 200$에 대해 $p(n)$을 계산했는데, 그 결과 $p(200) = 3{,}972{,}999{,}029{,}388$을 얻었다. 놀랍게도 오일러의 점화식이 현재로서는 가장 효율적인 $p(n)$을 구하는 계산 방법으로 알려져 있다. 이 방법은 $O(n^{3/2})$ 비트연산을 사용하여 $p(n)$을 계산한다(연습문제 38 참조).

8.5.5 라마누잔의 기여

인도의 유명한 수학자 라마누잔은 분할 이론에 많은 중요한 기여를 했다. 이제 이 중 일부를 간단히 설명한다.

라마누잔이 분할에 대해 발견한 놀라운 발견 중에 분할함수의 값이 만족시키는 몇 가지 합동식이 있다. 특히 모든 양의 정수 k에 대해 다음 합동식이 성립함을 보였다.

$$\begin{aligned} p(5k+4) &\equiv 0 \pmod 5 \\ p(7k+5) &\equiv 0 \pmod 7 \\ p(11k+6) &\equiv 0 \pmod{11} \end{aligned}$$

이 세 합동식 각각의 증명은 [An76]을 참조하기 바란다.

$p(ak+b) \equiv 0 \pmod{m}$과 같은 형태의 합동식을 **라마누잔 합동식**(Ramanujan congruences)이라고 부른다. 라마누잔과 다른 수학자들은 m이 5, 7, 11, 13의 거듭제곱일 때 이러한 형태의 합동식을 증명했다. 오랫동안 라마누잔 합동식이 다른 작은 법에 대해서는 성립하지 않는다는 믿음이 있었다. 그러나 2000년에 오노(Ken Ono)가 모듈러 형식의 강력한 이론을 사용하여 법 p로 라마누잔 합동식이 모든 소수 $p \geq 5$에 대해 성립한다는 놀라운 발견을 했다. 그리고 그 후에 알그렌(Scott Algren)과 함께 오노는 6과 서로소인 모든 정수 m에 대해 이러한 합동식이 법 m으로 성립함을 증명했다. 오노가 발견한 라마누잔 합동식은 라마누잔이 발견한 것보다 훨씬 복잡하다. 예를 들어 오노의 연구는 다음과 같은 결과를 보여준다.

$$p(11864749k + 56062) \equiv 0 \pmod{13}$$
$$p(48037937k + 1122838) \equiv 0 \pmod{17}$$

라마누잔은 영국 수학자 로저스가 1890년대에 발견한 두 가지 중요하고 잘 알려지지 않은 분할 항등식을 밝힌 것으로도 알려져 있다. 이들의 증명에 대해서는 [An76]을 참고하기 바란다.

정리 8.27 첫 번째 로저스-라마누잔 항등식

만약 n이 양의 정수라면 n을 최소 2씩 차이나는 부분들로 나누는 분할의 수는 5로 나누어 나머지가 1 또는 4인 부분들로 나누는 분할의 수와 같다.

정리 8.28 두 번째 로저스-라마누잔 항등식

만약 n이 양의 정수라면 n을 최소 2씩 차이나고 최소 2인 부분으로 나누는 분할의 수는 5로 나누어 나머지가 2 또는 3인 부분들로 나누는 분할의 수와 같다.

로저스-라마누잔 항등식은 많은 방식으로 일반화되어 왔으며, 이러한 항등식에 대한 연구는 여전히 활발한 연구 분야이다.

라마누잔이 한 가장 흥미로운 주장 중 하나는 양의 정수 n의 분할함수를 합의 형태로 표현할 수 있다는 것이었다. 이 주장은 오노와 독일의 수학자 브루이니어(Jan Herdrik Bruinier)가 2011년에 아이젠슈타인 합과 데데킨트 에타 함수의 값을 포함하는 대수적 숫자들의 유한합으로 $p(n)$의 산술적 공식을 찾아내면서 해결되었다. 오노와 그의 공동 연구자들은 이 결과를 사용하여 $p(n)$이 소수의 거듭제곱으로 나뉜 정수들 사이에서의 값들이 관련되어 있는 프랙탈 구조를 갖고 있다는 것을 보였다.

이 절에서는 분할 이론에 대해 간략히 살펴보았다. 이 흥미로운 주제에 대해 더 알고 싶은 독자는 [AnEr04] 또는 [An76]을 참고하면 더 많은 정보를 얻을 수 있다.

8.5 연습문제

1. n이 다음 값일 때 모든 분할을 나열하여 $p(n)$을 찾아라.

   a) 2 b) 4 c) 6 d) 9

2. n이 다음 값일 때 모든 분할을 나열하여 $p(n)$을 찾아라.

   a) 3 b) 5 c) 8 d) 11

3. 연습문제 1(c)의 답을 사용하여 $p_O(6)$, $p^D(6)$, $p_2(6)$을 구하라.

4. 연습문제 2(c)의 답을 사용하여 $p_O(8)$, $p^D(8)$, $p_2(8)$을 구하라.

5. 연습문제 1(d)의 답을 사용하여 다음 값을 각각 구하라.

   a) $p_O(9)$
   b) $p_E(9)$
   c) $p_{\{m|m\equiv 1 \pmod 3\}}(9)$
   d) $p^D(9)$
   e) $p_2(9)$
   f) $p^D_O(9)$
   g) $p^D_2(9)$
   h) $p_{2,O}(9)$

6. 연습문제 2(d)의 답을 사용하여 다음 값을 각각 구하라.

   a) $p_O(11)$
   b) $p_E(11)$
   c) $p_{\{m|m\equiv 1 \pmod 3\}}(11)$
   d) $p^D(11)$
   e) $p_2(11)$
   f) $p^D_O(11)$
   g) $p^D_3(11)$
   h) $p_{3,O}(11)$

양의 정수 n을 정확히 k개의 부분으로 나누는 분할의 수를 $p(n,k)$로 표기하자.

7. 양의 정수 n에 대해 $\sum_{k=1}^{n} p(n,k) = p(n)$임을 보여라.

8. $k = 1, 2, 3, 4$에 대해 $p(4,k)$를 찾고 $\sum_{k=1}^{4} p(n,k) = p(4)$인지 확인하라.

9. $k = 1, 2, 3, 4, 5$에 대해 $p(5,k)$를 찾고 $\sum_{k=1}^{5} p(n,k) = p(5)$인지 확인하라.

10. 양의 정수 n에 대해 $p(n,k)$가 다음 점화식 $p(1,1) = 1$, $k > n$이거나 $k = 0$이면 $p(n,k) = 0$, $n \geq 2$이고 $1 \leq k \leq n$이면 $p(n,k) = p(n-1,k-1) + p(n-k,k)$을 만족함을 보여라.

11. 정수 n을 정확히 두 부분으로 나누는 분할의 수에 대한 공식을 찾아라.

12. n 자체로 이루어진 분할의 켤레분할을 찾아라.

13. 다음에 주어진 각각의 15의 분할에 대해 켤레분할을 찾아라. 이 결과를 사용하여 각각의 분할이 자기켤레분할인지 확인하라.

a) $6, 4, 2, 2, 1$
b) $8, 7$
c) $4, 3, 3, 2, 1, 1, 1$
d) $2, 2, 2, 2, 2, 1, 1, 1, 1, 1$

14. 다음에 주어진 각각의 16의 분할에 대해 켤레분할을 찾아라. 이 결과를 사용하여 각각의 분할이 자기켤레분할인지 확인하라.

a) $5, 4, 2, 2, 2, 1$
b) $11, 5$
c) $5, 5, 2, 2, 1, 1$
d) $3, 3, 3, 3, 3, 1$

15. 15의 자기켤레분할을 모두 찾아라.

16. 16의 자기켤레분할을 모두 찾아라.

17. n과 m이 $1 \le m \le n$인 양의 정수일 때 페러스 도표를 사용하여 $p(n|$ 최대 m개의 부분$) = p(n|$ 부분이 m보다 큰 것이 없음$)$임을 보여라.

18. 페러스 도표를 사용하여 $p^D(n) = p(n|$1부터 가장 큰 부분 까지 모든 크기의 부분이 있는 경우$)$인 것을 보여라.

19. $p(n|$부분이 2의 서로 다른 거듭제곱들로 이루어짐$)$의 생성함수에 대한 무한곱을 찾아라. 정리 2.1을 사용하여 이 무한곱에 대한 생성함수를 구하라.

20. $p_{\{k|k\equiv 1 \pmod 3\}}(n)$의 생성함수에 대한 무한곱을 찾아라. 이 무한곱을 전개하여 $1 \le n \le 16$일 때 $p_{\{k|k\equiv 1 \pmod 3\}}(n)$을 구하라.

21. $p(n|$짝수 부분이 반복되지 않음$)$의 생성함수에 대한 무한곱을 찾아라. 이 무한곱을 전개하여 $1 \le n \le 10$일 때 $p(n|$짝수 부분이 반복되지 않음$)$을 구하라.

22. 양의 정수 d에 대해 $p(n|$모든 부분이 d번 이하로 반복됨$)$의 생성함수에 대한 무한곱을 찾아라. 이 무한곱을 전개하여 $1 \le n \le 10$일 때 $p(n|$모든 부분이 3번 이하로 반복됨$)$을 구하라.

23. 양의 정수 d에 대해 $p_{\{k|d\nmid k\}}(n)$의 생성함수에 대한 무한곱을 찾아라. 이 무한곱을 전개하여 $1 \le n \le 10$일 때 $p_{\{k|4\nmid k\}}(n)$을 구하라.

24. $p(n|$모든 j에 대해 부분 j는 j번 미만 반복됨$)$의 생성함수에 대한 무한곱을 찾아라. 이 무한곱을 전개하여 $1 \le n \le 10$일 때 $p(n|$모든 j에 대해 부분 j는 j번 미만 반복됨$)$을 구하라.

25. $p(n|$모든 부분이 제곱수가 아님$)$의 생성함수에 대한 무한곱을 찾아라. 이 무한곱을 전개하여 $1 \le n \le 10$일 때 $p(n|$어떤 부분도 제곱수가 아님$)$을 구하라.

26. 연습문제 21~23을 사용하여 모든 양의 정수 n에 대해 $p_{\{k|4\nmid k\}}(n) = p(n|$짝수 부분이 반복되지 않음$) = p(n|$ 모든 부분이 세 번 이하로 나타남$)$을 보여라.

27. 연습문제 22와 23을 사용하여 d가 양의 정수일 때 $p_d(n|$모든 부분이 d번 이하로 반복됨$) = p_{\{k|\ d+1 \nmid k\}}(n)$임을 보여라.

28. 연습문제 24와 25를 사용하여 모든 양의 정수 n에 대해 $p(n|$모든 j에 대해 부분 j가 j번 미만 반복됨$) = p(n|$어떤 부분도 제곱수가 아님$)$을 보여라.

29. 양의 정수 n에 대해 1을 부분으로 갖지 않는 n의 분할의 수가 $p(n) - p(n-1)$임을 다음 두 가지 방법으로 보여라.

    a) 생성함수를 사용하여 b) 전단사함수를 사용하여

∗30. 페러스 도표를 사용하여 양의 정수 n의 자기켤레분할의 수가 서로 다른 홀수 부분으로 이루어진 분할의 수인 $p_O^D(n)$과 같음을 보여라. (힌트: 자기켤레분할의 페러스 도표의 첫 번째 행 또는 열의 점의 개수를 세어 서로 다른 홀수 부분으로 이루어진 분할의 첫 번째 행을 얻을 수 있다.)

31. $p_{\{1\}}(n) = p(n|$부분이 2의 서로 다른 거듭제곱들로 이루어짐$)$임을 증명하라. 두 분할들 간의 전단사함수를 만들기 위해 먼저 1의 쌍을 2로, 2의 쌍을 4로, 이어서 모든 부분이 서로 다른 값이 될 때까지 계속하여 합치는 것으로 시작하라. 이러한 과정을 통해 모든 양의 정수가 서로 다른 2의 거듭제곱수의 합으로 고유하게 나타낼 수 있는 이유를 설명하라.

∗32. 전단사함수를 사용하여 오일러 홀짝성 정리(정리 8.23)를 증명하라. (힌트: 홀수 부분으로 이루어진 분할에서 시작하여 크기가 같은 부분을 연속적으로 합병하여 모든 부분이 서로 다를 때까지 진행하라. 반대 방향의 경우 짝수 부분을 연속적으로 같은 크기의 두 부분으로 나누어라.)

33. 연습문제 30을 사용하여 $p(n)$이 홀수인 경우와 오직 그 경우에만 $p_O^D(n)$도 홀수임을 보여라.

34. 연습문제 29를 사용하여 모든 양의 정수 n에 대해 $p(n) > p(n-1)$임을 보여라.

∗35. 2 이상의 모든 양의 정수 n에 대해 $p(n) \leq p(n-1) + p(n-2)$임을 보여주고, 이 부등식을 사용하여 $p(n) \leq f_{n+1}$ (피보나치 수열의 $(n+1)$번째 항)임을 보여라. (힌트: 연습문제 34를 사용하고, $p(n-2) < p(n|$어떤 부분도 1이 아님$)$을 보여라.)

36. 양의 정수 n에 대해 $p(n) \leq (p(n-1) + p(n+1))/2$임을 보여라.

37. 오일러 분할 공식을 사용하여 $n \leq 12$인 모든 양의 정수 n에 대해 $p(n)$을 구하라.

∗38. 오일러 분할 공식을 사용하여 $p(n)$을 계산하는 데 필요한 비트연산 수가 $O(n^{3/2})$임을 보여라.

39. 정리 8.22를 증명하라.

40. $n = 9$인 경우에 첫 번째 로저스-라마누잔 항등식과 두 번째 로저스-라마누잔 항등식이 성립함을 확인하라.

41. $n = 11$인 경우에 첫 번째 로저스-라마누잔 항등식과 두 번째 로저스-라마누잔 항등식이 성립함을 확인하라.

*42. 양의 정수 n에 대해 $p(n) = \frac{1}{n}\sum_{k=1}^{n}\sigma(k)p(n-k)$임을 증명하라. (힌트: 정리 8.20의 양변에 로그를 취한 후 미분하라.)

43. 오일러 분할 공식(정리 8.26)을 사용하여 $p(n)$이 무한히 많은 양의 정수 n에 대해 짝수이고, 무한히 많은 양의 정수 n에 대해 홀수임을 보여라. (이 결과는 노르웨이 수학자 콜버그에 의해 처음 증명되었다.) (힌트: $p(n)$이 어떤 정수 a 이상의 모든 n에 대해 짝수라고 가정하라. 그런 다음 오일러 분할 공식에 $n = a(3a-1)/2$을 대입하면 $p(0) = 1$이기 때문에 모순을 얻는다. $p(n)$이 어떤 정수 b 이상의 모든 n에 대해 홀수라고 가정하면 오일러 분할 공식에 $n = b(3b+1)/2$을 대입하여 모순을 얻을 수 있다.)

계산과 탐구

1. 오일러 분할 공식(정리 8.26)을 사용하여 $p(100)$을 구하라.

2. 오일러 분할 공식(정리 8.26)을 사용하여 $p(500)$을 구하라.

*3. 수치적 증거를 사용하여 양의 정수 n을 정확히 세 부분으로 나누는 분할의 수에 대한 공식을 추측하라.

4. 가능한 많은 정수 k에 대해 라마누잔 합동식 $p(5k+4) \equiv 0 \pmod 5$, $p(7k+5) \equiv 0 \pmod 7$, $p(11k+6) \equiv 0 \pmod{11}$이 성립함을 확인하라.

*5. 1958년 출판된 참고문헌 (H. Gupta, *Tables of Partitions*, Royal Society Mathematical Tables, vol.~4, Cambridge University Press, 1958)을 참고하여, 모든 양의 정수 k에 대해 성립하는 $p(5^2k+b) \equiv 0 \pmod{5^2}$, $p(7^2k+b) \equiv 0 \pmod{7^2}$, $p(5^3k+b) \equiv 0 \pmod{5^3}$ 형태의 합동식을 찾아라.

6. 콜버그는 $p(n)$이 홀수인 n이 무한히 많음을 보였고, 또한 $p(n)$이 짝수인 n도 무한히 많음을 보였다. (연습문제 43 참조) 파킨과 샨크스는 n이 커짐에 따라 $p(n)$이 짝수가 될 확률이 $1/2$로 접근함을 추측했다. 가능한 많은 정수 n에 대해 $p(n)$의 홀짝성을 조사하여 이 추측에 대한 증거를 수집하라.

7. $p(n)$이 3으로 나뉘는 양의 정수 n이 무한히 많은지 여부는 알려져 있지 않다. $p(n)$이 3으로 나뉘는 가능한 많은 양의 정수 n을 찾아라.

8. 에르되시가 추측한 바에 따라 m이 양의 정수이고 r이 $0 \le r < m$인 정수라면 $p(n) \equiv r \pmod m$을 만족하는 양의 정수 n이 존재한다. 게다가 미국 수학자 모리스 뉴먼은 1960년에 이러한 n이 m과 r이 주어졌을 때 무한히 많이 존재할 것으로 추측했다. 이러한 추측을 지원하기 위해 가능한 많은 증거를 수집하라.

9. $p(n)$이 소수인 가능한 많은 정수 n을 찾아라.

10. n이 증가함에 따라 하디-라마누잔 점근공식이 $p(n)$을 어떻게 근사하는지 조사하라.

분할 P의 **랭크**(rank)는 P의 가장 큰 부분에서 P의 부분들의 수를 뺀 값으로 정의한다. 분할 P에 대해 $L(P)$ 를 P의 가장 큰 부분, $\omega(P)$를 P에 있는 1의 개수, $\mu(P)$를 $\omega(P)$를 초과하는 부분들의 개수라고 표기하자. 분할 P의 **크랭크**(crank)는 $\omega(P) = 0$인 경우에는 $L(P)$로 정의하고 $\omega(P) > 0$인 경우에는 $\mu(P) - \omega(P)$로 정의한다.

11. $0 \le j \le 4$에 대해 $n \equiv j \pmod 5$인 경우 n의 분할 중에서 랭크가 j와 법 5로 일치하는 것이 $p(n)/5$개임을 확인하라.

12. $0 \le j \le 6$에 대해 $n \equiv j \pmod 7$인 경우 n의 분할 중에서 랭크가 j와 법 7로 일치하는 것이 $p(n)/7$개임을 확인하라.

13. $0 \le j \le 10$에 대해 $n \equiv j \pmod{11}$인 경우 n의 분할 중에서 랭크가 j와 법 11로 일치하는 것이 $p(n)/11$개임을 확인하라.

14. $0 \le j \le 4$에 대해 $n \equiv j \pmod 5$인 경우 n의 분할 중에서 크랭크가 j와 법 5로 일치하는 것이 $p(n)/5$개임을 확인하라.

15. $0 \le j \le 6$에 대해 $n \equiv j \pmod 7$인 경우 n의 분할 중에서 크랭크가 j와 법 7로 일치하는 것이 $p(n)/7$개임을 확인하라.

16. $0 \le j \le 10$에 대해 $n \equiv j \pmod{11}$인 경우 n의 분할 중에서 크랭크가 j와 법 11로 일치하는 것이 $p(n)/11$개임을 확인하라.

프로그래밍 프로젝트

1. 양의 정수 n이 주어질 때 오일러 분할 공식을 사용하여 $p(n)$을 구하라.

2. 양의 정수 n이 주어질 때 $p^D(n)$을 구하라. (이 값은 $p_O(n)$과 같은 값임을 기억하라.)

3. $0 \le r < m$인 양의 정수 m, r과 양의 정수 n이 주어질 때 $p_S(n)$을 구하라. 여기서 S는 법 m으로 r과 합동인 모든 양의 정수의 집합이다.

제9장
암호학

메시지를 암호화하고 의도한 수신자만이 암호화된 메시지를 복원할 수 있도록 하려면 어떻게 해야 할까? 이 문제는 고대로부터 많은 사람, 특히 외교, 군사, 상업 등에 종사하는 사람들의 관심을 받아왔다. 현대 사회에서는 전자 메시지와 인터넷의 등장으로 메시지의 보안이 더욱 중요해졌다. 이 장에서는 보안체계에 관한 학문인 암호학을 다루고자 한다. 2000년전 고대 로마제국에서 사용된 방법을 포함하여 메시지의 보안에 사용된 고전적인 방법을 몇 가지 소개할 것이다. 지난 2세기 동안 이러한 고전적인 방법들로부터 모듈러 산술을 기반으로 하여 개발된 방법을 다루면서 암호학의 기본 용어와 개념을 소개할 것이다. 모든 고전적인 방법에서는 비밀리에 통신하려는 두 사람은 공통의 비밀키를 공유해야 한다.

1970년대 이후 공개키 암호화라는 개념이 등장하여 발전되어 왔다. 공개키 암호화에서는 서로 통신하기 원하는 두 사람이 공통의 비밀키를 공유할 필요가 없다. 대신, 각 사람은 자신만 아는 개인키와 모든 사람이 아는 공개키를 가지고 있다. 공개키 체계에서는 상대방의 공개키를 사용하여 메시지를 보내면 해당 사람만 본인의 개인키를 이용하여 메시지를 복구할 수 있다. 가장 일반적으로 사용되는 공개키 암호체계는 RSA 암호체계로. 그 안전성은 정수 인수분해의 어려움에 기반한 것이다. RSA 암호체계와 함께 (유망해 보였지만) 적합한 공개키 암호가 아닌 것으로 판명난 배낭 문제를 기반으로 한 공개키 암호체계도 살펴보기로 한다.

마지막으로 둘 이상의 당사자가 공동의 목표를 달성하고자 합의를 이루는 데 사용되는 알고리즘인 암호 프로토콜을 다룰 것이다. 지금까지 개발된 암호화 기술이 어떻게 공통의 암호화키를 공유하고, 전자 메시지에 서명하고, 전자 포커게임을 하며, 비밀을 공유할 수 있게 하는지 보일 것이다.

9.1 문자암호

9.1.1 용어

특정 보안체계에 대해 논하기 전에 보안체계의 기본 용어를 살펴보자. 보안체계를 연구하는 분야를 **암호학**(cryptology)이라고 한다. **암호기술**(cryptography)은 보안체계의 설계 및 구현과 관련된 부분을 다루는 암호학 분야인 반면에 **암호해독**(cryptanalysis)은 이러한 체계를 "깨뜨리는(무력화하는) 것"을 목표로 한다. 보안 형태로 변환될 메시지를 **평문**(laintext) 이라고 하고, 평문을 어떤 변환을 사용하여 **암호문**(ciphertext)으로 만드는 알고리즘이나 절차를 **암호**(cipher)라 한다. 여기서 **키**(key)가 가능한 변환 중 특정 변환을 결정한다. 평문을 암호문으로 변경하는 과정은 **암호화**(encryption 또는 enciphering)라고 하며, 암호문을 평문으로 다시 변경하는 반대 과정은 의도된 수신자가 그러한 작업을 수행하기 위해 방법을 알고 있는 경우 **복호화**(decryption) 또는 **해독**(deciphering)이라고 한다. 물론 이 과정은 의도된 수신자가 아닌 다른 누군가가 암호해독을 통해 메시지를 이해 가능하게 만드는 과정과는 다르다.

암호체계(cryptosystem)는 허용 가능한 평문 집합, 암호문 집합, 특정 암호화 함수를 지정하는 키 집합 그리고 이에 대응하는 암호화 및 복호화 함수로 구성된다. 형식적으로 암호체계는 가능한 평문의 유한 집합 $\mathcal{P}$, 가능한 암호문의 유한 집합 $\mathcal{C}$, 가능한 키로 이루어진 키 스페이스 $\mathcal{K}$, 키 스페이스 $\mathcal{K}$에 속하는 각 키 k에 대응하는 암호화 함수 E_k와 모든 평문 x에 대해 $D_k(E_k(x)) = x$를 만족하는 복호화 함수 D_k로 이루어진다.

이 절에서는 모듈러 산술을 기반으로 하는 보안체계를 살펴보기로 한다. 율리우스 시저(Julius Caesa)가 사용한 첫 번째 보안체계부터 1970년 후반에 발명된 것까지 여기서 다룰 모든 보안체계는 문자를 숫자로 변환하는 것으로 시작한다. 영어 알파벳을 기준 문자로 택하고, 이를 표 ??에서와 같이 0에서 25까지의 정수로 변환하자.

표 9.1: 문자에 대응하는 숫자

문자	A	B	C	D	E	F	G	H	I	J	K	L	M	N	O	P	Q	R	S	T	U	V	W	X	Y	Z
대응하는 숫자	0	1	2	3	4	5	6	7	8	9	10	11	12	13	14	15	16	17	18	19	20	21	22	23	24	25

물론 러시아어, 그리스어, 히브리어 또는 다른 언어로 메시지를 보내는 경우에는 해당 언어에 적절한 알파벳과 정수 범위를 사용해야 한다. 또한 문장에 포함되어야 할 구두점, 공백을 나타내는 기호, 그리고 숫자를 나타내는 숫자기호를 포함하여 모든 ASCII 문자를 나타낼 수 있다. 그러나 간단하게 영어 알파벳만 고려하자. 문자를 숫자로 변환하는 방법은 (비트 문자열로

변환하는 것을 포함하여) 다양한 방법으로 수행할 수 있다. 여기에서는 간단하고 이해하기 쉬운 단순한 방법을 선택했다.

먼저 평문의 각 문자를 다른 문자(동일한 문자도 가능)로 변환하여 암호문을 생성하는 데 기반한 보안체계를 살펴보자. 이러한 암호체계에서의 암호화 방법을 **문자**(character) 또는 **단문자**(monigraphic) 암호라고 부른다. 각 문자가 **치환**(substitution)을 통해 각각 다른 문자로 변환되기 때문이다. 단문자암호 변환을 생성하는 데는 모두 $26!$가지의 가능한 방법이 있다. 모듈러 산술을 기반으로 한 특정 단문자암호 변환을 살펴보자.

9.1.2 시저 암호

시저는 각 문자를 알파벳에서 세 문자 다음의 문자로 대체하는 치환 암호를 사용했다. 마지막 세 문자는 알파벳의 처음 세 문자로 이동된다. 이 치환을 모듈러 산술을 사용하여 설명하면 P가 평문의 문자에 대응하는 숫자이고 C가 해당 암호문 문자에 대응하는 숫자라고 하면 다음이 성립한다.

$$C \equiv P + 3 \pmod{26}, \quad 0 \leq C \leq 25$$

시저 암호의 평문과 암호문 간의 대응은 표 ??에서 확인할 수 있다.

표 9.2: 시저 암호에서 문자와 숫자의 대응

평문	A 0	B 1	C 2	D 3	E 4	F 5	G 6	H 7	I 8	J 9	K 10	L 11	M 12	N 13	O 14	P 15	Q 16	R 17	S 18	T 19	U 20	V 21	W 22	X 23	Y 24	Z 25
암호문	3 D	4 E	5 F	6 G	7 H	8 I	9 J	10 K	11 L	12 M	13 N	14 O	15 P	16 Q	17 R	18 S	19 T	20 U	21 V	22 W	23 X	24 Y	25 Z	0 A	1 B	2 C

이 변환을 사용하여 메시지를 암호화하려면 먼저 해당 메시지를 다섯 문자의 블록으로 그룹화한 다음 대응하는 숫자로 변환한다. 문자들을 블록으로 그룹화하는 것은 특정 단어를 인식하여 암호해독을 하는 것을 방지하는 데 도움이 된다. 예제 9.1을 통해 이 절차를 살펴보자.

예제 9.1

THIS MESSAGE IS TOP SECRET

위 메시지를 암호화하기 위해 메시지를 다섯 문자로 나누어서 그룹화하면 (마지막 두 문자로 이루어진 블록 제외) 다음과 같다.

THISM ESSAG EISTO PSECR ET

이 문자들에 대응하는 숫자는 다음과 같고,

19 7 8 18 12   4 18 18 0 6   4 8 18 19 14
15 18 4 2 17   4 19

여기에 시저 변환 $C \equiv P + 3 \pmod{26}$을 사용하면 다음과 같다.

22 10 11 21 15   7 21 21 3 9   7 11 21 22 17
18 21 7 5 20   7 22

이를 다시 문자로 환원시키면 다음과 같은 암호문을 얻는다.

WKLVP HVVDJ HLVWR SVHFU HW

수신자는 다음과 같은 방법으로 메시지를 해독한다. 먼저 암호문의 문자를 숫자로 변환한 다음 관계식 $P \equiv C - 3 \pmod{26}$, $0 \le P \le 25$를 사용하여 평문에 대응하는 숫자로 변환시키고, 마지막으로 이를 문자로 환원시킨다.

다음 예제로 암호해독 과정을 살펴보자.

예제 9.2

시저 암호를 사용하여 얻은 다음 암호문을 복호화해보자.

WKLVL VKRZZ HGHFL SKHU

먼저 각 문자를 다음과 같이 대응하는 숫자로 변환하고,

22 10 11 21 11   21 10 17 25 25   7 6 7 5 11   18 10 7 20

각 숫자에 변환 $P \equiv C - 3 \pmod{26}$를 사용하여 다음 평문을 얻는다.

19 7 8 18 8   18 7 14 22 22   4 3 4 2 8   15 7 4 17

이를 다시 문자로 환원시켜 다음과 같이 평문 메시지를 복구한 다음에,

THISI SHOWW EDECI PHER

단어가 되도록 적절하게 문자를 조합하면 다음 문장이 된다.

THIS IS HOW WE DECIPHER

9.1.3 아핀 변환

시저 암호는 다음과 같이 변환을 이용하는 **밀기변환**(shift transformation) 암호 중 하나이다.

$$C \equiv P + k \pmod{26}, \quad 0 \le C \le 25$$

여기서 k는 알파벳의 문자를 미는 정도를 나타내는 키이다. 이러한 종류의 26가지 변환 중에는 $k \equiv 0 \pmod{26}$인 경우도 있다. 이 경우에는 $C \equiv P \pmod{26}$이므로 문자가 변경되지 않는다.

보다 일반적으로 다음과 같은 형태의 변환을 고려할 수 있다.

$$C \equiv aP + b \pmod{26}, \quad 0 \le C \le 25. \tag{9.1}$$

여기서 a와 b는 $(a, 26) = 1$인 정수이다. 이러한 변환을 **아핀 변환**(affine transformation)이라고 하는데, 밀기변환은 $a = 1$인 아핀 변환이다. 조건 $(a, 26) = 1$에 의해 P가 법 26으로의 완전잉여계의 원소를 모두 하나씩 취하게 되면 C도 그렇게 된다. a는 $\phi(26) = 12$개 중 선택할 수 있고, b는 26개 중 선택할 수 있으므로 이러한 유형의 변환은 총 $12 \cdot 26 = 312$개 있다 (이 중 하나는 $a = 1$이고 $b = 0$일 때 얻어지는 $C \equiv P \pmod{26}$이다). 평문과 암호문 간의 관계가 식 (??)로 주어지면 역 관계는 다음과 같다.

$$P \equiv \overline{a}(C - b) \pmod{26}, \quad 0 \le P \le 25$$

여기서 $\overline{a}$는 법 26으로 a의 역수이다. (7.3절에서 알아본 바와 같이 이 역수는 오일러 정리로부터 얻을 수 있는 합동식 $\overline{a} \equiv a^{\phi(26)-1} = a^{11} \pmod{26}$을 사용하여 구할 수 있다.)

예제 ??에서 아핀 변환의 작동 방식을 살펴보기로 한다.

예제 9.3

$a = 7$이고 $b = 10$인 아핀 암호 $C \equiv aP + b \pmod{26}$를 고려해보자. 이 경우 $C \equiv 7P + 10 \pmod{26}$이고, 법 26으로 7의 역수는 15이므로 $P \equiv 15(C - 10) \equiv 15C + 6 \pmod{26}$이다. 이 변환에 의한 문자 간의 대응 관계는 표 ??에 주어져 있다.

예를 들어 평문 문자 L은 숫자 11에 대응되는데, $7 \cdot 11 + 10 = 87 \equiv 9 \pmod{26}$이므로 숫자 11은 9로 변환되고 9에 대응하는 문자 J가 L에 대응하는 암호문 문자가 된다.

따라서 암호화 과정에서는 평문

PLEASE SEND MONEY

를 다음 암호문으로 변환시킨다.

LJMKG MGMXF QEXMW

암호문

FEXEN ZMBMK JNHMG MYZMN

는 평문

DONOT REVEA LTHES ECRET

또는 단어가 되도록 적절하게 문자를 조합하여 다음 문장으로 복호화 할 수 있다.

DO NOT REVEAL THE SECRET

표 9.3: 아핀 변환 $C \equiv 7P + 10 \pmod{26}$에서 문자와 숫자의 대응

평문	A	B	C	D	E	F	G	H	I	J	K	L	M	N	O	P	Q	R	S	T	U	V	W	X	Y	Z
	0	1	2	3	4	5	6	7	8	9	10	11	12	13	14	15	16	17	18	19	20	21	22	23	24	25
암호문	10	17	24	5	12	19	0	7	14	21	2	9	16	23	4	11	18	25	6	13	20	1	8	15	22	3
	K	R	Y	F	M	T	A	H	O	V	C	J	Q	X	E	L	S	Z	G	N	U	B	I	P	W	D

이제부터는 아핀 변환에 기반한 암호의 암호해독을 위한 몇 가지 기법을 살펴보자. 단문자암호를 깨뜨리려고 할 때, 암호문의 문자 빈도를 보통의 텍스트의 문자 빈도와 비교하여 문자들 간의 대응에 관한 정보를 얻을 수 있다. 다양한 영어 텍스트를 분석하여 알파벳의 26개의 문자가 발생하는 비율을 표 ??에 나열했다. 다른 언어의 문자 빈도 계산은 [Fr78]과 [Ku76]에서 찾을 수 있다.

표 9.4: 알파벳 문자의 발생 빈도

문자	A	B	C	D	E	F	G	H	I	J	K	L	M	N	O	P	Q	R	S	T	U	V	W	X	Y	Z
빈도 (%)	7	1	3	4	13	3	2	3	8	⟨1	⟨1	4	3	8	7	3	⟨1	8	6	9	3	1	1	⟨1	2	⟨1

이로부터 전형적인 영어 텍스트에서 가장 빈번하게 나타나는 문자가 E, T, N, R, I, O, A 이며, E는 다른 문자들에 비해 상당히 많이 발생하여 13%를 차지하고, T, N, R, I, O, A는 각각 7%에서 9% 를 차지함을 알 수 있다. 이 정보를 사용하여 메시지를 암호화하는 데 어떤 아핀 변환이 사용되었는지를 알아낼 수 있다. 다음 예제를 통해 이러한 암호해독을 살펴보기로 한다.

예제 9.4

메시지를 암호화하는 데 밀기변환 $C \equiv P + k \pmod{26}$, $0 \leq C \leq 25$ 가 사용되었다는 것을 사전에 알고 있다고 가정하자. 암호문

YFXMP CESPZ CJTDF DPQFW QZCPY
NTASP CTYRX PDDLR PD

를 해독하기 위해 먼저 표 ??에서와 같이 각 문자의 발생 빈도를 계산한다.

암호문에서 가장 빈번하게 발생하는 문자는 P이며, C, D, F, T, Y 문자가 상대적으로 높은 빈도로 발생하므로 P가 영어 텍스트에서 가장 빈번하게 발생하는 E에 대응한다고 추측해볼 수 있다. 만약 이것이 사실이라면 $15 \equiv 4 + k \pmod{26}$이므로 $k \equiv 11 \pmod{26}$이다. 따라서 $C \equiv P + 11 \pmod{26}$ 또는 $P \equiv C - 11 \pmod{26}$이 성립한다. 이 대응은 표 ??에 주어져 있다.

이 대응을 사용하여 메시지 복호화를 시도해보면 다음 평문을 얻고,

NUMBE RTHEO RYISU SEFUL FOREN
CIPHE RINGM ESSAG ES

이것은 쉽게 다음과 같이 읽을 수 있다.

NUMBER THEORY IS USEFUL FOR ENCRYPTING MESSAGE.

결과적으로 추측이 맞았다는 것이고, 만약 이 변환을 시도했고 평문 대신에 말이 되지 않는 텍스트가 얻어졌다면 암호문의 문자 빈도수에 기반한 다른 변환을 시도해보면 된다.

표 9.5: 암호문에서 문자의 발생 빈도

문자	A	B	C	D	E	F	G	H	I	J	K	L	M	N	O	P	Q	R	S	T	U	V	W	X	Y	Z
발생 빈도	1	0	4	5	1	3	0	0	0	1	0	1	1	1	0	7	2	2	2	3	0	0	1	2	3	2

표 9.6: 샘플 암호문에서 문자의 대응

암호문	A 0	B 1	C 2	D 3	E 4	F 5	G 6	H 7	I 8	J 9	K 10	L 11	M 12	N 13	O 14	P 15	Q 16	R 17	S 18	T 19	U 20	V 21	W 22	X 23	Y 24	Z 25
평문	15 P	16 Q	17 R	18 S	19 T	20 U	21 V	22 W	23 X	24 Y	25 Z	0 A	1 B	2 C	3 D	4 E	5 F	6 G	7 H	8 I	9 J	10 K	11 L	12 M	13 N	14 O

예제 9.5

메시지를 암호화하는 데 아핀 변환 $C \equiv aP + b \pmod{26}$, $0 \leq C \leq 25$가 사용되었다는 것을 사전에 알고 있다고 가정하고, 다음 암호문을 해독하고자 한다.

USLEL JUTCC YRTPS URKLT YGGFV
ELYUS LRYXD JURTU ULVCU URJRK
QLLQL YXSRV LBRYZ CYREK LVEXB
RYZDG HRGUS LJLLM LYPDJ LJTJU
FALGU PTGVT JULYU SLDAL TJRWU
SLJFE OLPU

먼저 표 ??에서와 같이 각 문자의 발생 빈도를 계산한다.

이 정보를 바탕으로 주어진 암호문에서 가장 빈번하게 발생하는 글자 L이 E에 해당하고, 두 번째로 높은 빈도로 발생하는 글자 U가 T에 해당한다고 추측해보자. 이로부터 변환 형태가 $C \equiv aP + b \pmod{26}$인 경우 다음 두 개의 합동식을 얻을 수 있다.

$$4a + b \equiv 11 \pmod{26}$$
$$19a + b \equiv 20 \pmod{26}$$

정리 5.17을 이용하면 이 연립 방정식의 해는 $a \equiv 11 \pmod{26}$과 $b \equiv 19 \pmod{26}$임을 알 수 있다. 이것이 올바른 암호화 변환이라면, 19가 법 26으로 11의 역수이므로 복호화 변환은 다음과 같다.

$$P \equiv 19(C - 19) = 19C - 361 \equiv 19C + 3 \pmod{26},\ 0 \leq P \leq 25$$

이 경우의 암호문과 평문의 대응은 표 ??에 주어져 있다.

이 대응을 사용하여 메시지 복호화를 시도하면 다음 평문을 얻게 된다.

THEBE STAPP ROACH TOLEA RNNUM
BERTH EORYI STOAT TEMPT TOSOL
VEEVE RYHOM EWORK PROBL EMBYW
ORKIN GONTH ESEEX ERCIS ESAST
UDENT CANMA STERT HEIDE ASOFT
HESUB JECT

위 평문에서 문자를 적절하게 단어로 결합하여 이해 가능한 문장으로 만드는 것은 독자에게 맡긴다.

표 9.7: 암호문에서 문자의 발생 빈도

문자	A	B	C	D	E	F	G	H	I	J	K	L	M	N	O	P	Q	R	S	T	U	V	W	X	Y	Z
발생 빈도	2	2	4	4	5	3	6	1	0	10	3	22	1	0	1	4	2	12	7	8	16	5	1	3	10	2

표 9.8: 샘플 암호문에서 문자의 대응

	A	B	C	D	E	F	G	H	I	J	K	L	M	N	O	P	Q	R	S	T	U	V	W	X	Y	Z
암호문	0	1	2	3	4	5	6	7	8	9	10	11	12	13	14	15	16	17	18	19	20	21	22	23	24	25
	3	22	15	8	1	20	13	6	25	18	11	4	23	16	9	2	21	14	7	0	19	12	5	24	17	10
평문	D	W	P	I	B	U	N	G	Z	S	L	E	X	Q	J	C	V	O	H	A	T	M	F	Y	R	K

이 절에서 다룬 암호화 방법을 확장하여 문자암호보다 공략하기 어려운 암호체계를 구축할 수 있다. 예를 들어 9.2절에서 소개할 비즈네르 암호와 같이 평문의 각 문자를 다른 양만큼 밀기변환할 수도 있다. 또한 개별 문자가 아닌 문자 블록을 암호화하는 방법도 9.2절 및 이 장의 후속 절에서 다루고, 문자마다 암호화에 사용되는 키가 변경되는 경우도 다룰 것이다.

9.1 연습문제

1. 시저 암호를 사용하여 평문 ATTACK AT DAWN을 암호화하라.
2. 시저 암호를 사용하여 암호화된 암호문 LFDPH LVDZL FRQTX HUHG를 해독하라.
3. 아핀 변환 $C \equiv 11P + 18 \pmod{26}$를 사용하여 평문 SURRENDER IMMEDIATELY를 암호화하라.
4. 아핀 변환 $C \equiv 15P + 14 \pmod{26}$를 사용하여 평문 THE RIGHT CHOICE를 암호화하라.
5. 아핀 변환 $C \equiv 21P + 5 \pmod{26}$을 사용하여 암호화된 메시지 YLFQX PCRIT를 해독하라.
6. 아핀 변환 $C \equiv 3P + 24 \pmod{26}$을 사용하여 암호화된 메시지 RTOLK TOIK를 해독하라.
7. 밀기변환 $C \equiv P + k \pmod{26}$으로 암호화된 긴 암호문에서 가장 빈번하게 등장하는 문자가 Q라면 가장 가능성이 높은 k의 값은 무엇인가?
8. 암호문 KYVMR CLVFW KYVBV PZJJV MVEKV VE는 밀기변환 $C \equiv P + k \pmod{26}$을 사용하여 암호화되었다. 문자의 빈도를 사용하여 k의 값을 정하고 평문을 찾아라.
9. 암호문 IVQLM IQATQ SMIKP QTLVW VMQAJ MBBMZ BPIVG WCZWE VNZWU KPQVM AMNWZ BCVMK WWSQM은 밀기변환 $C \equiv P + k \pmod{26}$을 사용하여 암호화되었다. 문자의 빈도를 사용하여 k의 값을 정하고 평문을 찾아라.
10. 아핀 변환 $C \equiv aP + b \pmod{26}$으로 암호화된 긴 암호문에서 가장 빈번하게 등장하는 문자가 각각 X와 Q라면 가장 가능성이 높은 a와 b의 값은 무엇인가?
11. 아핀 변환 $C \equiv aP + b \pmod{26}$으로 암호화된 긴 암호문에서 가장 빈번하게 등장하는 문자가 각각 W와 B라면 가장 가능성이 높은 a와 b의 값은 무엇인가?

12. 암호문 MJMZK CXUNM GWIRY VCPUW MPRRW GMIOP MSNYS RYRAZ PXMCD WPRYE YXD는 아핀 변환 $C \equiv aP + b \pmod{26}$을 사용하여 암호화되었다. 문자의 빈도를 사용하여 a와 b의 값을 정하고 평문을 찾아라.

13. 암호문 WEZBF TBBNJ THNBT ADZQE TGTYR BZAJN ANOOZ ATWGN ABOVG FNWZV A는 아핀 변환 $C \equiv aP + b \pmod{26}$을 사용하여 암호화되었다. 평문에서 가장 많이 등장한 문자가 A, E, N, S일 때 평문을 찾아라.

14. 암호문 PJXFJ SWJNX JMRTJ FVSUJ OOJWF OVAJR WHEOF JRWJO DJFFZ BJF는 아핀 변환 $C \equiv aP + b \pmod{26}$을 사용하여 암호화되었다. 문자의 빈도를 사용하여 a와 b의 값을 정하고 평문을 찾아라.

두 개의 암호가 주어지면 먼저 두 암호 중 하나를 사용하여 평문을 암호화한 다음 이 결과에 다른 암호를 사용하여 평문을 암호화할 수 있다. 이것을 **곱셈암호**(product cipher)라 한다.

15. 변환 $C \equiv 5P + 13 \pmod{26}$을 먼저 사용한 다음 변환 $C \equiv 17P + 3 \pmod{26}$을 사용하여 얻은 곱셈암호를 찾아라.

16. 변환 $C \equiv aP + b \pmod{26}$을 먼저 사용한 다음 변환 $C \equiv cP + d \pmod{26}$을 사용하여 얻은 곱셈암호를 찾아라. 여기서 $(a, 26) = (c, 26) = 1$이다.

계산과 탐구

1. 이 책이나 컴퓨터 프로그램, 소설 등 다른 유형의 영어 텍스트에서 영어 알파벳 문자의 빈도를 조사하라.

2. 아핀 변환을 사용하여 몇 가지 메시지를 암호문으로 암호화하여 동료 학생들에게 해독하도록 하라.

3. 아핀 변환을 사용하여 동료 학생들이 암호화한 메시지를 문자 빈도 분석을 사용하여 해독하라.

프로그래밍 프로젝트

1. 주어진 평문 메시지를 시저 암호를 사용하여 암호화하라.

2. 주어진 평문 메시지를 변환 $C \equiv P + k \pmod{26}$를 사용하여 암호화하라. 이때 k는 주어진 정수이다.

3. 주어진 평문 메시지를 변환 $C \equiv aP + b \pmod{26}$을 사용하여 암호화하라. 이때 a와 b는 $(a, 26) = 1$를 만족하는 정수이다.

4. 시저 암호를 사용하여 암호화된 암호문 메시지가 주어진 경우 그것을 복호화하라.

5. 키 k와 변환 $C \equiv P + k \pmod{26}$를 사용하여 생성된 암호문 메시지가 주어진 경우 그것을 복호화하라.

6. 유효한 키 쌍 a, b와 변환 $C \equiv aP + b \pmod{26}$를 사용하여 생성된 암호문 메시지가 주어진 경우 그것을 복호화하라.

*7. 알려지지 않은 키 k에 대해 변환 $C \equiv P + k \pmod{26}$를 사용하여 생성된 암호문이 주어진 경우 빈도 수를 사용하여 k를 찾아라.

*8. 유효한 키 쌍 a, b에 대해 변환 $C \equiv aP + b \pmod{26}$를 사용하여 생성된 암호문이 주어진 경우 빈도 수를 사용하여 a와 b를 찾아라.

9.2 블록 암호와 스트림 암호

9.1절에서 문자의 치환에 기반한 문자(또는 단문자) 암호를 알아보았다. 문자암호는 암호문에서의 문자 빈도에 기반한 암호 분석에 취약하다. 이런 약점을 피하기 위해 지정된 길이의 평문 문자 블록마다 같은 길이의 암호문 문자 블록으로 대체하는 암호를 사용할 수 있다. 이런 종류의 암호를 **블록 암호**(block cipher) 또는 **다중문자암호**(polygraphic cipher)라고 한다. 이 절에서 모듈러 산술에 기반한 다중문자암호를 비롯한 다양한 블록 암호를 다루고자 한다. 키워드에 의해 결정되는 여러 가지 문자암호를 사용하는 16세기부터 알려진 암호와 1930년경 레스터 힐(Lester Hill)이 발명한 모듈러 행렬 곱셈을 사용하여 블록을 암호화하는 암호([Hi31] 참조)를 다룰 것이다. 또한 더 복잡한 블록 암호이자 상업적으로 중요한 데이터 암호화 알고리즘에 대해서도 간단하게 소개하려고 한다. 이 절의 마지막에는 연속적인 문자(또는 비트)가 암호화될 때 키가 변경될 수 있는 또 다른 유형의 암호인 스트림 암호에 대해 소개할 것이다.

9.2.1 비즈네르 암호

평문 메시지의 각 문자를 동일한 방식으로 암호화하지 않고, 다양화하는 한 방법으로 프랑스 외교관이자 암호학자인 비즈네르(Blaise de Vigenére)의 이름을 딴 **비즈네르 암호**(Vigenére cipher)가 있다. 비즈네르 암호의 키는 키워드 $\ell_1\ell_2\ldots\ell_n$으로 구성된다. 문자 $\ell_1, \ell_2, \ldots, \ell_n$에 대응하는 숫자가 각각 $k_1, k_2, \ldots, k_n$이라고 하자. 평문 메시지를 암호화하기 위해 먼저 메시지를 길이가 n인 블록으로 나눈 다음, 대응하는 숫자가 $p_1, p_2, \ldots, p_n$인 문자의 블록을 각 $i = 1, 2, \ldots, n$에 대해 다음과 같은 밀기변환을 사용하여 암호문에 대응하는 숫자 $c_1, c_2, \ldots, c_n$으로 변환한다.

$$c_i \equiv p_i + k_i \pmod{26}, \quad 0 \le c_i \le 25$$

비즈네르 암호는 평문 문자의 길이가 n인 블록을 동일한 길이의 암호문 문자 블록으로 암호화하는 암호체계의 암호 알고리즘이다. 키는 n중 순서쌍 $(k_1, k_2, \ldots, k_n)$이다. (길이가 n보다 작은 마지막 블록을 채우기 위해 아무 문자나 사용할 수 있다.) 즉 비즈네르 암호는 길이 n의 블록에 길이 n의 키를 이용하여 작동하는 블록 암호로 생각할 수 있다.

예제 9.6

평문 MILLENNIUM을 키 YTWOK를 사용하여 비즈네르 암호로 암호화할 때, 먼저 메시지와 키를 대응하는 숫자로 치환한다. 평문의 문자와 키의 문자는 각각 다음과 같이 변환된다.

$$p_1p_2p_3p_4p_5p_6p_7p_8p_9p_{10} = 12\ 8\ 11\ 11\ 4\ 13\ 13\ 8\ 20\ 12$$
$$k_1k_2k_3k_4k_5 = 24\ 19\ 22\ 14\ 10$$

주어진 키를 사용하여 비즈네르 암호를 실행하면 다음과 같은 암호문을 얻는다.

$$c_1 = p_1 + k_1 = 12 + 24 \equiv 10 \pmod{26}$$
$$c_2 = p_2 + k_2 = 8 + 19 \equiv 1 \pmod{26}$$
$$c_3 = p_3 + k_3 = 11 + 22 \equiv 7 \pmod{26}$$
$$c_4 = p_4 + k_4 = 11 + 14 \equiv 25 \pmod{26}$$
$$c_5 = p_5 + k_5 = 4 + 10 \equiv 14 \pmod{26}$$
$$c_6 = p_6 + k_1 = 13 + 24 \equiv 11 \pmod{26}$$
$$c_7 = p_7 + k_2 = 13 + 19 \equiv 6 \pmod{26}$$
$$c_8 = p_8 + k_3 = 8 + 22 \equiv 4 \pmod{26}$$
$$c_9 = p_9 + k_4 = 20 + 14 \equiv 8 \pmod{26}$$
$$c_{10} = p_{10} + k_5 = 12 + 10 \equiv 22 \pmod{26}$$

이렇게 찾은 숫자로 된 암호문을 다시 문자로 변환시켜 암호문 KBHZO LGEIW를 얻게 된다.

예제 9.7

키 ZORRO를 사용하여 비즈네르 암호로 암호화된 암호문 FFFLB CVFX를 복호화하기 위해 먼저 대응하는 숫자 $c_1c_2c_3c_4c_5c_6c_7c_8c_9 = 5\ 5\ 5\ 11\ 1\ 2\ 21\ 5\ 23$를 구한다. 이제 주어진 키를 사용하여 복호화 과정을 실행하여 다음과 같은 평문에 대응하는 숫자를 찾는다.

$$p_1 \equiv c_1 - k_1 = 5 - 25 \equiv 6 \pmod{26}$$
$$p_2 \equiv c_2 - k_2 = 5 - 14 \equiv 17 \pmod{26}$$
$$p_3 \equiv c_3 - k_3 = 5 - 17 \equiv 14 \pmod{26}$$
$$p_4 \equiv c_4 - k_4 = 11 - 17 \equiv 20 \pmod{26}$$

$$p_5 \equiv c_5 - k_5 = 1 - 14 \equiv 13 \pmod{26}$$
$$p_6 \equiv c_6 - k_1 = 2 - 25 \equiv 3 \pmod{26}$$
$$p_7 \equiv c_7 - k_2 = 21 - 14 \equiv 7 \pmod{26}$$
$$p_8 \equiv c_8 - k_3 = 5 - 17 \equiv 14 \pmod{26}$$
$$p_9 \equiv c_9 - k_4 = 23 - 17 \equiv 6 \pmod{26}$$

이렇게 찾은 숫자로 된 암호문을 다시 문자로 변환시켜 평문 GROUNDHOG를 얻는다.

9.2.2 비즈네르 암호의 암호해독

비즈네르 암호는 오랫동안 난공불락이라고 여겨졌고 전신으로 전송되는 민감한 정보를 암호화하는 데 광범위하게 사용되었다. 하지만 19세기 중반에 비즈네르 암호를 성공적으로 공략할 수 있는 기술이 개발되었다. 1863년, 프로이센 군 장교였던 카시스키(Friedrich Kasiski)가 현재 **카시스키 판정법**(Kasiski's test)이라고 알려진 비즈네르 암호의 키 길이를 알아내는 방법을 제시했다. 키 길이를 알면 암호문에 있는 문자의 빈도 분석을 통해 키에 사용된 문자를 찾을 수 있다. 처음 발견했다고 여겨지는 사람의 이름을 따서 명명되는 많은 발견처럼, 이 판정법도 카시스키가 처음으로 발견한 것은 아니고 사실 1854년 찰스 배비지가 동일한 방법을 먼저 발견했다. 하지만 당시 영국군은 적이 보낸 비밀 메시지를 해독하기 위해 배비지의 판정법을 사용했는데, 이 사실이 알려지는 것을 원치 않았기 때문에 배비지의 발견은 수년 동안 발표되지 못했던 것이다.

카시스키 판정은 암호문에서 동일한 문자열을 찾아내는 것으로 출발한다. 길이가 n인 키로 비즈네르 암호를 사용하여 메시지를 암호화하면, n의 배수만큼 떨어진 동일한 평문 문자열은 동일한 문자열로 암호화된다(연습문제 5 참조). 따라서 암호문에서 보통 길이가 3 이상인 동일한 문자열은 평문에서 동일한 문자열에 대응할 확률이 높다. 암호문에 k개의 동일한 문자열 쌍이 있을 때 $d_1, d_2, d_3, \ldots, d_k$를 각 문자열 쌍의 첫 문자의 위치의 차이라고 하자. 만약 이러한 동일한 암호문 문자열 쌍이 실제로 동일한 평문 문자열에 대응한다면, 키 길이 n은 이러한 정수 $d_i, i = 1, 2, \ldots, k$를 모두 나누어야 한다. 즉 n은 이 정수들의 최대공약수 $(d_1, d_2, \ldots, d_k)$의 약수이다.

서로 다른 평문 문자열이 키의 다른 부분에 의해 동일한 암호 문자열로 암호화될 수 있기 때문에, 동일한 암호문 문자열의 시작 위치 차이 중 일부는 제거해야 할 불필요한 것일 수 있다. 이런 경우에는 찾은 위치 차이의 전부가 아니라 일부의 최대공약수를 구해야 한다.

다음으로 두 번째 판정법을 실행하여 올바른 키 길이를 찾았는지 확인할 수 있다. 유명한 미국인 암호학자 프리드먼(William Friedman)이 1920년에 개발한 이 방법은 암호문의 문자 빈도 변화를 조사하여 비즈네르 암호의 키 길이를 추정하는 것이다. 프리드먼은 영문 텍스트에서 문자의 발생 빈도가 상당히 다르지만, 비즈네르 암호에서 키의 길이가 증가하면 이 차이가 감소함을 관찰했다.

프리드먼은 **일치 지수**(index of coincidence, IC)라는 개념을 도입했는데, 문자열 x_1, x_2, $\ldots$, x_n으로 표시되는 n개의 문자가 주어졌을 때 이 문자열에서 무작위로 선택한 두 문자가 동일할 확률이 일치 지수이다. 여기서 다루는 문자는 영어이고, 한 문자열에서 문자 $A, B, \ldots, Z$가 각각 $f_0, f_1, \ldots, f_{24}, f_{25}$회 나타난다고 가정하자.

i번째 문자가 f_i번 나타나므로 두 개를 선택했을 때 두 개 모두 i번째 문자인 경우의 수는 다음과 같다.

$$\left(f_i 2\right) = \frac{f_i(f_i-1)}{2}$$

그런데 길이 n인 문자열에서 두 개를 선택할 방법 수는 $\binom{n}{2} = n(n-1)/2$이므로 이 문자열의 일치 지수는 다음과 같다.

$$IC = \frac{\sum_{i=0}^{25} f_i(f_i-1)}{n(n-1)}$$

고려하는 평문이 충분히 길 경우, 나타나는 문자의 빈도는 일반적인 영문자의 빈도와 비슷할 것이다(표 ?? 참조). $A, B, \ldots, Y$, Z의 예상 발생 확률을 각각 $p_0, p_1, \ldots, p_{25}$라고 하면 무작위로 선택한 두 문자가 모두 A일 확률은 p_0^2, 두 문자가 모두 B일 확률은 p_1^2 등이 된다. 따라서 이 평문의 일치 지수는 영어의 26개 각 문자에 대해 무작위로 선택한 두 문자가 모두 이 문자일 확률의 합으로 근사할 것으로 예상된다. 즉 일치 지수는 다음과 같다.

$$\sum_{i=0}^{25} p_i^2 \approx 0.065$$

(이 계산에서 $p_i, i = 0, 1, \ldots, 25$의 값을 표 ??에 주어진 값을 사용했다.) 또한 이 방법은 문자암호로 생성된 암호문에도 적용된다. 문자암호로 암호화된 암호문에서 문자의 발생 확률은 대응하는 평문 문자의 발생 확률과 같다. 따라서 문자암호의 경우 합 $\sum_{i=0}^{25} p_i^2$의 각 항의 순서는 바뀔 수 있어도 합은 변하지 않는다.

만약 키의 길이를 k로 추측했고, 이 추측이 맞는지 확인하기 위해 일치 지수를 사용하려면, 먼저 암호문 메시지를 k개의 다른 부분으로 분할한다. 첫 번째 부분에는 위치 $1, k+1, 2k+1, \ldots$에 있는 문자를, 두 번째 부분에는 위치 $2, k+2, 2k+2, \ldots$에 있는 문자를, 이와 같은 방식으로 k개의 부분에 암호문 메시지의 문자를 포함시킨다. 그런 다음 각각의 부분에 대해 일치 지수를 따로 계산한다. 만약 키의 길이가 k가 맞다면 이들의 일치 지수는 각각 약 0.065일 것이고, 아니라면 이 값들은 대부분 0.065보다 작을 것이다. 이 값들은 아마도 무작위 영어 문자열의 일치 지수인 $1/26 \approx 0.038$에 더 가까울 것이다. (이 일치 지수는 전형적인 영어 텍스트에서 문자 발생 확률값으로 계산할 수 있고, 이 확률값은 [StPa19]에서 찾을 수 있다. 이 값들은 표 ??에 제공된 값보다 더 정확하다.)

암호문의 각 부분의 문자를 암호화하는 데 사용한 키의 문자를 찾기 위해 문자 발생 빈도를 조사한다. 암호문에서 가장 빈번하게 나타나는 문자를 찾아 이들이 영문 텍스트에서 가장 빈번하게 나타나는 문자와 대응될 것으로 추정한 후 가장 가능성이 높은 키의 문자를 추측한다. 이 키의 문자를 사용하여 암호화 했을 때 예상되는 문자의 발생 빈도와 해당 암호문 부분에서 관측된 문자의 발생 빈도를 비교해서 올바르게 키의 문자를 추측했는지 확인할 수 있다.

각 키의 문자에 대한 최선의 추측을 한 다음, 계산한 키를 사용하여 메시지를 해독해본다. 의미 있는 평문 메시지를 얻는다면 올바른 평문을 복구했다고 가정하고, 반면에 알수 없는 문자열을 얻게 되면 처음부터 다시 시작하여 다른 가능성을 알아본다.

이제 비즈네르 암호를 사용하여 암호화된 암호문의 암호해독을 예제를 들어 살펴보자.

예제 9.8

비즈네르 암호로 암호화된 암호문이 다음과 같다고 하자.

QWHID	DNZEM	WTLMT	BKTIT	EMWLZ
WVCVE	HLTBS	TUDLG	WNUJE	WJEUL
EXWQO	SLNZA	NLHYQ	ALWEH	VOQWD
VQTBW	ILURY	STIJW	CLHWW	RNSIH
MNUDI	YFAVD	ELAGB	LSNZA	NSMIF
GNZEM	WALWL	CXEFA	BYJTS	SNXLH
YHULK	UCLOZ	ZAJHI	HWSM	

이 암호문을 해독하기 위해 먼저 카시스키 판정법을 사용하고자 암호문에서 반복되는 세 글자를 찾아 조사한 결과를 표로 나타내면 다음과 같다.

글자	시작 위치	시작 위치의 차이
EMW	9, 21, 129	12, 108, 120
ZEM	8, 128	120
ZAN	59, 119	60
NZE	7, 127	120
NZA	58, 118	60
LHY	62, 149	87
ALW	66, 132	66

암호문에서 반복되는 세글자 간의 차이는 12, 60, 66, 87, 108, 120으로서 이 차이들의 최대공약수가 $(12, 60, 66, 87, 108, 120) = 3$이므로, 키의 길이를 3으로 추측해볼 수 있다.

이 추측이 맞다고 가정하고 첫 번째 부분에는 위치 $1, 4, 7, \ldots, 169$에 있는 문자를, 두 번째 부분에는 위치 $2, 5, 8, \ldots, 167$에 있는 문자를, 세 번째 부분에는 위치 $3, 6, 9, \ldots, 168$에 있는 문자를 포함하도록 암호문을 세 개의 부분으로 나눈다. 세 부분의 일치 지수를 계산하여 얻은 값은 각각 0.071, 0.109, 0.091이다. (자세한 계산은 독자에게 맡긴다.) 이 중 하나의 값은 상대적으로 영어 텍스트의 일치 지수인 0.065에 상당히 가깝고, 나머지 두 값은 더 크다는 것은 3이 올바른 키 길이일 수 있다는 것을 나타낸다. 주어진 암호문이 상당히 짧기 때문에, 이러한 일치 지수가 0.065에 원하는 만큼 가깝지 않다고 해도 크게 걱정할 필요 없다. 만약 추측이 틀렸다면, 이러한 일치 지수 중 일부가 0.065보다 작을 것으로 예상되며 아마도 0.038 근처일 것이다.

일부 작업을 거친 후(연습문제 12 참조) 메시지를 암호화하는 데 사용된 키가 USA이며, 이에 해당하는 평문은 다음과 같다는 것을 알 수 있다.

WEHOL	DTHES	ETRUT	HSTOB	ESELF
EVIDE	NTTHA	TALLM	ENARE	CREAT
EDEQU	ALTHA	TTHEY	AREEN	DOWED
BYTHE	IRCRE	ATORW	ITHCE	RTAIN
UNALI	ENABL	ERIGH	TSTHA	TAMON
GTHES	EAREL	IFELI	BERTY	ANDTH
EPURS	UITOF	HAPPI	NESS	

이 평문은 미국 독립선언서의 일부로 다음 문장이다. “We hold these truths to be self-evident, that all men are created equal, that they are endowed by their Creator with certain unalienable Rights, that among these are Life, Liberty, and the pursuit of Happiness.” 비즈네르 암호의 암호해독에 대한 자세한 정보는 [StPa19]와 [TrWa02]를 참조하기 바란다.

9.2.3 힐 암호

힐 암호(Hill ciphers)는 1929년에 힐에 의해 발명된 블록 암호이다. 이 암호체계를 이해하기 위해서는 먼저 **이중문자암호**(digraphic ciphers)에 대한 이해가 필요하다. 이중문자암호란 평문을 이루는 모든 두 문자 블록이 암호문에서 다른 두 문자 블록으로 대체되는 방식을 말한다. 이 과정을 예제로 살펴보자.

예제 9.9

이중문자 힐 암호를 사용하여 메시지를 암호화하려면, 먼저 메시지를 두 문자씩 블록으로 나눈다. (필요한 경우, 마지막 블록이 두 글자가 되도록 메시지 끝에 ’X’ 같은 더미 문자를 추가한다). 예를 들어 다음과 같은 메시지라고 하자.

THE GOLD IS BURIED IN ORONO

다음과 같이 나눠진다.

TH EG OL DI SB UR IE DI NO RO NO

이 글자들을 이전의 예제처럼 대응되는 숫자로 치환하여 다음과 같은 메시지를 얻는다.

19 7   4 6   14 11   3 8   18 1   20 17   8 4   3 8   13 14   17 14   13 14

이제 평문 숫자 블록 P_1P_2를 암호 숫자 블록 C_1C_2로 변환시킨다. 여기서 C_1은 P_1과 P_2의 어떤 일차결합 중 법 26으로 최소비음잉여로, C_2는 P_1과 P_2의 다른 일차결합 중 법 26으로 최소비음잉여로 정의한다. 만약 C_1, C_2를 다음과 같이 정의하면,

$$C_1 \equiv 5P_1 + 17P_2 \pmod{26}, \quad 0 \leq C_1 < 26$$
$$C_2 \equiv 4P_1 + 15P_2 \pmod{26}, \quad 0 \leq C_2 < 26$$

첫 번째 블록인 19 7은 다음 식에 의해 6 25로 변환된다.

$$C_1 \equiv 5 \cdot 19 + 17 \cdot 7 \equiv 6 \pmod{26}$$
$$C_2 \equiv 4 \cdot 19 + 15 \cdot 7 \equiv 25 \pmod{26}$$

이 연산을 전체 메시지에 적용하면 다음과 같은 암호문을 얻는다.

6 25   18 2   23 13   21 2   3 9   25 23   4 14   21 2   17 2   11 18   17 2

마지막으로 이 블록들을 문자로 변환하여 다음과 같은 암호문 메시지를 얻게 된다.

GZ SC XN VC DJ ZX EO VC RC LS RC

이 암호체계의 복호화 함수는 정리 5.17을 사용하여 얻을 수 있다. 암호문 블록 C_1C_2에 대응하는 평문 블록 P_1P_2를 찾기 위해 다음 관계를 사용한다.

$$P_1 \equiv 17C_1 + 5C_2 \pmod{26}$$
$$P_2 \equiv 18C_1 + 23C_2 \pmod{26}$$

(정리 5.17로부터 이 관계가 유도됨을 직접 확인하기 바란다.)

예제 9.9에서 다룬 이중문자암호체계는 다음과 같이 행렬을 사용하여 쉽게 설명할 수 있다.

$$\begin{pmatrix} C_1 \\ C_2 \end{pmatrix} \equiv \begin{pmatrix} 15 & 17 \\ 4 & 15 \end{pmatrix} \begin{pmatrix} P_1 \\ P_2 \end{pmatrix} \pmod{26}$$

정리 5.19에 의해 법 26으로 행렬 $\begin{pmatrix} 5 & 17 \\ 4 & 15 \end{pmatrix}$의 역행렬은 $\begin{pmatrix} 17 & 5 \\ 18 & 23 \end{pmatrix}$이다. 그러므로 정리 5.18에 따라 복호화는 다음 관계를 사용하여 수행할 수 있다.

$$\begin{pmatrix} P_1 \\ P_2 \end{pmatrix} \equiv \begin{pmatrix} 17 & 5 \\ 18 & 23 \end{pmatrix} \begin{pmatrix} C_1 \\ C_2 \end{pmatrix} \pmod{26}$$

일반적으로 힐 암호체계에서는 평문을 길이가 n인 문자의 블록으로 나누고, 문자를 대응하는 숫자로 변환하고 다음 관계를 사용하여 암호문을 만든다.

$$\mathbf{C} \equiv \mathbf{AP} \pmod{26}$$

여기서 $\mathbf{A}$는 $(\det \mathbf{A}, 26) = 1$을 만족하는 $n \times n$ 행렬이고, $\mathbf{C} = \begin{pmatrix} C_1 \\ C_2 \\ \vdots \\ C_n \end{pmatrix}$, $\mathbf{P} = \begin{pmatrix} P_1 \\ P_2 \\ \vdots \\ P_n \end{pmatrix}$으로 $C_1C_2 \ldots C_n$은 평문 블록 $P_1P_2 \ldots P_n$에 대응하는 암호문 블록이다. 마지막으로 숫자로 된 암호문을 문자로 변환하면 된다. 복호화 과정에서는 정리 5.21을 사용하여 법 26으로 $\mathbf{A}$의 역행렬 $\overline{\mathbf{A}}$를 구하고, $\overline{\mathbf{A}}\mathbf{A} \equiv \mathbf{I} \pmod{26}$임을 이용하여 얻어진 다음의 관계를 사용하여 암호문으로부터 평문을 얻는다.

$$\mathbf{P} \equiv \overline{\mathbf{A}}\mathbf{C} \pmod{26}$$

예제 9.10

위의 절차를 $n = 3$일 때 다음과 같은 암호화 행렬로 실행해보자.

$$\mathbf{A} = \begin{pmatrix} 11 & 2 & 19 \\ 5 & 23 & 25 \\ 20 & 7 & 1 \end{pmatrix}$$

먼저 $\det \mathbf{A} \equiv 5 \pmod{26}$이기 때문에, $(\det \mathbf{A}, 26) = 1$임을 확인한다. 이제 길이가 3인 평문 블록을 암호화하는 데 다음 관계를 사용할 것이다.

$$\begin{pmatrix} C_1 \\ C_2 \\ C_3 \end{pmatrix} \equiv \mathbf{A} \begin{pmatrix} P_1 \\ P_2 \\ P_3 \end{pmatrix} \pmod{26}$$

암호화할 메시지 STOP PAYMENT를 길이가 3인 문자의 블록으로 나누고, 마지막 블록을 채우기 위해 마지막에 더미 글자 X를 추가하여 다음과 같은 평문 블록을 만든다.

STO PPA YME NTX

이 문자를 다음과 같이 대응하는 숫자로 변환한다.

18 19 14　15 15 0　24 12 4　13 19 23

다음 관계식을 이용하여 암호문의 첫 번째 블록을 구한다.

$$\begin{pmatrix} C_1 \\ C_2 \\ C_3 \end{pmatrix} \equiv \begin{pmatrix} 11 & 2 & 19 \\ 5 & 23 & 25 \\ 20 & 7 & 1 \end{pmatrix} \begin{pmatrix} 18 \\ 19 \\ 14 \end{pmatrix} \equiv \begin{pmatrix} 8 \\ 19 \\ 13 \end{pmatrix} \pmod{26}$$

같은 방식으로 전체 평문 메시지를 암호화하면 다음과 같은 암호문을 얻게 된다.

8 19 13　13 4 15　0 2 22　20 11 0

이 메시지를 문자로 변환하여 다음 암호문을 얻는다.

ITN NEP ACW ULA

이 다중문자암호체계의 복호화 과정은 암호문 블록에 다음 변환을 사용하여 평문 블록을 얻는 것이다.

$$\begin{pmatrix} P_1 \\ P_2 \\ P_3 \end{pmatrix} \equiv \bar{\mathbf{A}} \begin{pmatrix} C_1 \\ C_2 \\ C_3 \end{pmatrix} \pmod{26}$$

여기서 다음과 같은 $\bar{\mathbf{A}}$는 법 26으로 $\mathbf{A}$의 역행렬로 정리 5.21을 사용하여 얻을 수 있다.

$$\bar{\mathbf{A}} = \begin{pmatrix} 6 & 21 & 11 \\ 21 & 25 & 16 \\ 19 & 3 & 7 \end{pmatrix}$$

다중문자암호는 개별 문자가 아닌 블록 단위로 작동하기 때문에 문자 빈도를 기반으로 한 암호해독에 취약하지 않다. 그러나 블록 크기가 n인 다중문자암호는 크기 n의 블록의 빈도에 기반한 암호해독에는 취약하다. 예를 들어 이중문자암호체계에는 길이가 2인 블록이 총 $26^2 = 676$개 있는데, 전형적인 영어 텍스트에서 이중문자의 상대적 빈도를 수집하는 연구가 이루어져서, 암호문에서 이중문자의 빈도를 평균 이중문자의 빈도와 비교함으로써 종종 이중문자암호를 성공적으로 공격하게 되었다. 일부 통계에 따르면, 영어에서 가장 발생 빈도가 높은 이중문자는 TH이고, 그 다음으로는 HE이다. 만약 힐 이중문자암호체계가 사용된 암호문에서 가장 많이 등장한 이중문자가 KX이고, 그 다음으로 VZ인 경우 암호문의 이중문자 KX와 VZ가 각각 TH와 HE에 해당한다고 추측할 수 있다. 이는 블록 19 7과 7 4가 각각 10 23과 21 25로 전송되었다는 것을 의미한다. 즉 암호화 행렬을 **A**라고 하면 다음 식이 성립한다.

$$\mathbf{A}\begin{pmatrix}19 & 7\\ 7 & 4\end{pmatrix} \equiv \begin{pmatrix}10 & 21\\ 23 & 25\end{pmatrix} \pmod{26}$$

법 26으로 행렬 $\begin{pmatrix}4 & 19\\ 19 & 19\end{pmatrix}$가 $\begin{pmatrix}19 & 7\\ 7 & 4\end{pmatrix}$의 역행렬이므로 다음과 같이 가능한 키를 얻을 수 있다.

$$\mathbf{A} \equiv \begin{pmatrix}10 & 21\\ 23 & 25\end{pmatrix}\begin{pmatrix}4 & 19\\ 19 & 19\end{pmatrix} \equiv \begin{pmatrix}23 & 17\\ 21 & 2\end{pmatrix} \pmod{26}$$

이제 이 키로 복호화를 시도해보면 $\overline{\mathbf{A}} = \begin{pmatrix}2 & 9\\ 5 & 23\end{pmatrix}$를 사용하여 암호문을 변환시켜보고 추측이 옳은지 확인할 수 있다.

일반적으로 길이가 n의 평문 블록과 암호문 블록 사이의 n개의 대응을 알고 있다면[예를 들어 암호문 블록 $C_{1j}C_{2j}\ldots C_{nj}(j = 1, 2, \ldots, n)$이 각각 평문 블록 $P_{1j}P_{2j}\ldots P_{nj}(j = 1, 2, \ldots, n)$에 대응한다는 것을 알고 있다면] 다음을 얻을 수 있다.

$$\mathbf{A}\begin{pmatrix}P_{1j}\\ \vdots\\ P_{nj}\end{pmatrix} \equiv \begin{pmatrix}C_{1j}\\ \vdots\\ C_{nj}\end{pmatrix} \pmod{26}$$

이 n개의 합동식은 행렬 합동식을 사용하여 간결하게 표현할 수 있다.

$$\mathbf{AP} \equiv \mathbf{C} \pmod{26}$$

여기서 **P**와 **C**는 각각 ij번째 성분이 P_{ij}와 C_{ij}인 $n \times n$ 행렬이다. 만약 $(\det \mathbf{P}, 26) = 1$이라면,

$\overline{\mathbf{P}}$를 법 26으로 $\mathbf{P}$의 역행렬이라 할 때 암호화 행렬 $\mathbf{A}$를 다음과 같이 찾을 수 있다.

$$\mathbf{A} \equiv \mathbf{C}\overline{\mathbf{P}} \pmod{26}$$

다중문자의 빈도를 사용한 암호해독은 다중문자의 길이 n이 작을 때만 유용하다. 예를 들어 $n = 10$일 때 이 길이의 다중문자는 모두 26^{10}개가 있는데, 이는 약 1.4×10^{14}으로 다중문자의 상대적 빈도에 대한 분석은 전혀 현실적이지 않다.

9.2.4 데이터 암호화 표준 및 관련 암호

20세기의 마지막 20년 동안 상업 및 정부 사용 사례에서 가장 중요한 암호는 데이터 암호화 알고리즘(DEA)이다. 이 알고리즘은 IBM에 의해 개발되어 1977년 미국연방정부에 의해 데이터 암호화 표준(DES)의 일부로 표준화되었다(연방정보처리 표준 46-1). 표준화되기 전에는 루시퍼로 불렸다. DEA는 64비트 키를 사용하여 64비트 블록을 64비트 암호문 블록으로 변환하는 블록 암호화이다(키의 마지막 8비트는 홀짝성 검사용으로 사용 전에 제거된다).

DEA의 암호화 절차는 굉장히 복잡하기 때문에 여기서 설명하지 않는다. 기본적으로 64비트의 평문 블록에서 먼저 초기 순열로 64비트의 순서를 바꾼 다음, 64비트 문자열의 왼쪽 반과 오른쪽 반에 특정한 방식으로 어떤 함수를 16번 반복하여 적용한 후, 초기 순열의 역을 사용하여 암호화한다. 이 암호에 대한 자세한 내용은 [StPa19]와 [MevaVa97]에서 찾을 수 있다. 이 절차는 이 책을 읽는 학생들의 수학적 성숙도를 가진 사람이면 쉽게 이해할 수 있지만, 상당히 길긴 하다.

DEA는 **대칭암호**(symmetric cipher)로, 메시지의 송신자와 수신자 모두가 암호화와 복호화에 사용되는 동일한 비밀키를 알아야 한다. DEA에서 사용할 보안 키를 배포하는 것은 어려운 문제이며, 공개키 암호화(9.4절에서 다룸)를 포함한 다양한 방법으로 해결할 수 있다.

DEA를 쉽게 공격할 수 있는 방법은 발견되지 않았지만, 이 알고리즘은 무차별 대입 분석에 취약하다. 1999년에는 2^{56}개의 가능한 키를 하루 이내에 모두 확인할 수 있게 되었다. 이러한 취약점 때문에 미국 국립표준기술연구소(NIST)는 1998년 이후로 DEA의 사용을 인증하지 않기로 결정했다.

2000년 11월, 미국 국립표준기술연구소는 **고급 암호화 표준**(Advanced Encryption Standard, AES)이라는 새로운 알고리즘을 미국 정부의 공식 암호화 표준으로 선정했다. 이 암호화 알고리즘은 벨기에의 과학자인 조안 다멘(Joan Daemen)과 빈센트 레이멘(Vincent Rijmen)에 의해 개발되었으며, 그들의 이름을 따라 **레인달 알고리즘**(Rijndael algorithm)이라고 불린다. 레인달 알고리즘이 고급 암호화 표준으로 채택된 것은 표준 후보로 제출된 많은 암호화 알고리즘들의 3년간 경쟁 끝에 이루어졌다. AES 알고리즘은 128비트, 192비트, 256비트 대칭 키를 사용하여 128비트 블록을 암호화하고 복호화할 수 있다. AES의 복잡성과 지원하는 키의 크기로 인해 수년 동안 무차별 대입 공격에 저항할 수 있을 것이다. 미국 정부의 초기 희망은 AES가 적어도 20년 동안 안전하게 유지되는 것이었는데, 많은 암호학자가 이를 깨기 위해 부단히 노력했지만 지금까지 이 알고리즘을 효율적으로 깨는 기술이 개발되지 않았다. 연구자들이 충분한 취약점을 발견하면 더 안전한 대체 암호체계를 찾기 시작할 것이다. 아직 그런 일은 일어나지 않았기 때문에, AES는 계획된 수명인 20년을 넘기고 있다. 다양한 알고리즘이 고안되었지만, 아직 AES를 대체할 뚜렷한 대안이 없다.

9.2.5 스트림 암호

지금까지 살펴본 방법은 각 문자(또는 블록)에 적용되는 특정 암호화 변환을 결정하기 위해 동일한 키가 사용된다는 특성이 있다. 따라서 일단 평문-암호문 쌍이 알려지면 키를 찾을 수 있다. 보안을 강화하기 위해 연속적인 문자를 암호화하는 데 사용되는 키를 변경할 수 있다. 이러한 유형의 암호화에 대해 설명하려면 먼저 몇 가지 용어를 정의해야 한다.

키 공간 $\mathcal{K}$의 원소로 이루어진 수열 $k_1, k_2, k_3, \ldots$를 **키스트림**(keystream)이라 한다. 키 k_i에 대응하는 암호화 함수는 E_{k_i}로 표시된다. **스트림 암호**(stream cipher)는 평문 문자열 $p_1p_2p_3\ldots$을 키스트림 $k_1, k_2, k_3, \ldots$을 사용하여 암호문 문자열 $c_1c_2c_3\ldots$로 보내는 암호체계로, 여기서 $c_i = E_{k_i}(p_i)$이다. 이에 대응하는 복호화 함수는 d_i가 암호화키 k_i에 대응하는 복호화 키일 때 $D_{d_i}(c_i) = p_i$이다.

스트림 암호의 키스트림을 생성하는 방법은 여러 가지가 있다. 예를 들어 키를 무작위로 선택하여 키스트림을 구성하거나 초기 키열(씨드)을 사용하여 연속적인 키를 생성하는 함수(이때 이전의 평문 기호를 사용할 수도 있음)인 키스트림 생성기를 사용할 수 있다.

가장 간단한 (비자명한) 스트림 암호는 1917년에 전신 메시지의 자동 암호화 및 복호화를 위해 버넘(Gilbert Vernam)에 의해 제안된 **버넘 암호**(Vernam cipher)이다. 이 스트림 암호에서 키스트림은 평문 메시지와 동일한 길이의 비트 문자열 $k_1k_2\ldots k_m$이며, 평문 메시지는 비트 문자열 $p_1p_2\ldots p_m$이다. 평문 비트는 다음 암호화 함수를 사용하여 암호화된다.

$$E_{k_i}(p_i) \equiv k_i + p_i \pmod 2$$

버넘 암호에는 정확히 두 가지 암호화 함수가 사용된다. $k_i = 0$일 때 E_{k_i}는 0을 0으로 보내고 1을 1로 보내는 항등함수이고, $k_i = 1$일 때 E_{k_i}는 0을 1로 보내고 1을 0으로 보내는 함수이다. 이에 대응하는 복호화 함수 D_{d_i}은 E_{k_i}와 동일하다.

예제 9.11

평문 비트 문자열 0 1111 0111을 키스트림 1 1000 1111을 사용하여 버념 암호화하면 각 비트를 평문과 키스트림의 해당 비트를 더하여 얻은 비트 문자열 1 0111 1000을 얻게 된다. 이를 복호화하는 것은 동일한 연산을 반복하는 것으로 충분하다.

버넘 암호의 키스트림은 한 번만 사용해야 한다(연습문제 38 참조). 버넘 암호의 키스트림이 무작위로 선택되어 정확히 하나의 평문 메시지를 암호화하는 데 사용될 때, 이를 **일회용 패드**(one-time pad)라고 한다. 일회용 패드는 한번만 사용된 임의의 키스트림으로 암호화된 암호문 문자열을 가진 사람은 단순히 평문 문자열을 추측하는 것 이상을 할 수 없다는 의미에서 깰 수 없다는 것을 알 수 있다. 버넘 암호의 문제는 키스트림이 최소한 평문 메시지만큼 길어야 하고, 일회용 패드를 사용하려는 두 당사자 사이에 안전하게 전송되어야 한다는 것이다. 따라서 일회용 패드는 주로 외교적이거나 군사적인 성격의 극도로 민감한 통신을 제외하고는 사용되지 않는다.

이제 16세기에 비즈네르에 의해 발명된 또 다른 스트림 암호인 **자동키 암호**(autokey cipher)를 살펴보기로 한다. 자동키 암호는 단일 문자인 초기 시드 키를 사용하며, 후속 키는 평문 문자를 사용한다. 특히 자동키 암호는 첫 번째 문자를 제외한 각 평문 문자를 법 26으로 이전 문자에 대응하는 숫자만큼 이동하고 첫 번째 문자는 법 26으로 씨드 문자에 대응하는 숫자만큼 이동한다. 즉 자동키 암호는 다음 변환에 따라 문자 p_i를 암호화한다.

$$c_i \equiv p_i + k_i \pmod{26}$$

여기서 p_i는 i번째 평문 문자에 대응하는 숫자이고, c_i는 i번째 암호문 문자에 대응하는 숫자이며, 키스트림의 i번째 문자에 대응하는 숫자인 k_i는 s가 시드 문자에 대응하는 숫자일 때 $k_1 = s$로 주어지며 $k_i = p_{i-1}$(단, $i \geq 2$)이다.

자동키 암호로 암호화된 메시지를 복호화하려면 시드를 알아야 한다. 법 26으로 첫 번째 암호문 문자에서 시드를 빼서 첫 번째 평문 문자를 결정하고, 다음 암호문 문자에서 각 평문 문자에 대응하는 숫자를 빼서 다음 평문 문자를 얻으면 된다.

다음 예제에서 자동키 암호를 사용하여 암호화 및 복호화하는 방법을 다루어 본다.

예제 9.12

평문 메시지 HERMIT를 시드 X(대응하는 숫자는 23)로 자동키 암호를 사용하여 암호화하려면 먼저 HERMIT의 문자를 대응하는 숫자로 치환하여 7 4 17 12 8 19를 얻는다. 키스트림은 숫자 23 7 4 17 12 8로 구성된다. 암호문의 문자들에 대응하는 숫자는 다음과 같다.

$$p_1 + k_1 \equiv 7 + 23 \equiv 4 \pmod{26}$$

$$p_2 + k_2 \equiv 4 + 7 \equiv 11 \pmod{26}$$

$$p_3 + k_3 \equiv 17 + 4 \equiv 21 \pmod{26}$$

$$p_4 + k_4 \equiv 12 + 17 \equiv 3 \pmod{26}$$

$$p_5 + k_5 \equiv 8 + 12 \equiv 20 \pmod{26}$$

$$p_6 + k_6 \equiv 19 + 8 \equiv 1 \pmod{26}$$

문자로 다시 치환하면 암호문은 ELVDUB이다.

예제 9.13

F가 시드인 자동키 암호를 사용하여 만들어진 암호문 RMNTU를 복호화하려면 먼저 암호문의 문자를 대응하는 숫자로 변환하여 17 12 13 19 20을 얻은 후 첫 번째 평문 문자에 대응하는 숫자를 다음과 같이 구한다.

$$p_1 = c_1 - s \equiv 17 - 5 = 12 \pmod{26}$$

그리고 나머지 평문 문자에 대응하는 숫자를 다음과 같이 계산한다.

$$p_2 = c_2 - p_1 = 12 - 12 = 0 \pmod{26}$$

$$p_3 = c_3 - p_2 = 13 - 0 = 13 \pmod{26}$$

$$p_4 = c_4 - p_3 = 19 - 13 = 6 \pmod{26}$$

$$p_5 = c_5 - p_4 = 20 - 6 = 14 \pmod{26}$$

이것을 다시 문자로 치환하면 평문 메시지가 MANGO임을 알 수 있다.

스트림 암호라는 깊은 주제를 간단하게 소개했다. 실무에서 사용되는 스트림 암호에 대한 자세한 설명을 포함하여 더 많은 정보를 원한다면 [MevaVa97]를 참조하자.

9.2 연습문제

1. 비즈네르 암호를 사용하여 암호키 SECRET으로 다음 메시지를 암호화하라.

DO NOT OPEN THIS ENVELOPE

2. 비즈네르 암호를 사용하여 암호키 SECRET으로 암호화된 다음 메시지를 복호화하라.

WBRCS LAZGJ MGKMF V

3. 비즈네르 암호를 사용하여 암호키 TWAIN으로 다음 메시지를 암호화하라.

   AN ENGLISHMAN IS A PERSON WHO DOES THINGS BECAUSE THEY HAVE BEEN DONE BEFORE. AN AMERICAN IS A PERSON WHO DOES THINGS BECAUSE THEY HAVE NOT BEEN DONE BEFORE.

4. 비즈네르 암호를 사용하여 암호키 TWAIN으로 암호화된 다음 메시지를 복호화하라.

PACWH	EZUAR	NLTEB	XPEZA	BPIMF
BJLMN	KJIVT	THLBU	TPIAG	HXETR
TNNMQ	TXOCG	HQRWJ	GSOZY	WWNLG
AATPB	NOAVQ	LKFVN	MEOVF	MDABU
TREIE	BOEVN	GZFTB	NNIAU	XZAVQ
OWNQF	AADNE	HIIBZ	TPHMZ	TPIKF
THOVR	PKUTQ	HYCCC	RIEMV	ZDTUV
EHIWA	RAAZF			

5. 비즈네르암호를 사용하여 평문 메시지가 암호화되었다고 가정할 때, 키의 배수만큼 떨어진 동일한 문자열이 동일한 암호문 문자열로 암호화됨을 보여라.

연습문제 6~11에서 주어진 암호문을 비즈네르 암호를 사용하여 암호화한 후에 텍스트에 설명된 절차를 사용하여 복호화하라.

6.

UCYFC	OOCQU	CYFHE	BHFTH	EFERF
GQJCK	XVBUV	BSHFT	BLCZB	SWKUV
BNKWE	HLTIC	GSOUV	BTZFO	UPBBA
BFOPK	PPTLV	HOBUB	PIPGC	OUIKF

7.

KMKRE	CCWSP	ISNEJ	RSXZI	ALKZS
QSLEH	NVWAM	SRIQM	YJKMK	RECCW
XMVOF	ELRLW	WEJCT	JCGAM	YKJMX
CPWQW	GLWLF	ELAEF	MRDWF	WJISP
RWBXZ	CLSPH	OYCML	PWQWA	RMKYJ
SREDK	MKREC	CAZGG	ZYXDC	EKRSL
FIJQG	SLPWY	VFDVG	K	

8.

SIIWZ	FDIBN	HUDEU	WQJHP	JKRNK
RLACT	WXBIM	MHMPJ	OFUFP	WVEOG
PQPEL	VPZYD	AXIAG	PITMA	XFSSS
GWPBW	IWOFO	TFWVF	JSXPL	BJOTP
SUDIJ	JXFNR	FPAFG	RPSXI	WXJOR
PPXSQ	I			

9. JWEFF PRGBA GDSZF ZBTZJ IBLSP
VDBTP FXMLV UGWID NWDHO BNKJT
VLXIJ KPMZQ HQEDW QCOBO VJBZU
HOIEG JNVOU BYDUQ NDTUF UFLZV
UQEJV QJKFL SBUPR WDQIF VUJWB
VTHUP RWJAY RVTUK BDVEF MEEZI
EBFXR XMMKL DWLOE PRYFE FUO

10. PDJVJ LFCJW ZQLGR EVMUV ZOWID
AJZPZ DWEMU QLGGI QZZME NZPJM
YXSMW IHQQP DBWIE KMSFB GIQWW
IJWZE YMAIC TJRRB MIYQS KPDJV
LAHIY LNRRM AICQR TCWAM YOUEE
PDSFS SSHGT YHQQP YMAIC OJXEW
YLPMS HZNYL PRTYC VJCMC YXSQX
WZNFV QZTQO QXGZC WERQS KZVQC
LLIWE WYLPR TCLVI KWWWC ZNYLP
KQMXJ

11. TUZTU WFGCG LHGTF GMKGR FIASR
KWKRR DAAGU WDGTQ GEYNB LISPY
QTNAG SLRWU GAXEY SUMHR VAZAE
WGKNV MSKSG ZEELN MGNEQ STIOY
MMHUF LHKYY SUMHR VAZFH DTUNG
ZEELN MGNEQ STZHR OROGU LBXOG
ZEXSO MTZHR QARSB DAAGU WDGTO
GZUTU WCROJ F

12. 예제 9.8에서 키의 길이가 3이라는 것을 알 때 올바른 키가 USA임을 어떻게 찾는지 보여라.

13. 평문 블록 P_1P_2를 암호문 블록 C_1C_2로 다음과 같이 변환하는 이중문자암호화 알고리즘을 사용하여 메시지 BEWARE OF THE MESSENGER를 암호화하라.

$$C_1 \equiv 3P_1 + 10P_2 \pmod{26}$$
$$C_2 \equiv 9P_1 + 7P_2 \pmod{26}$$

14. 평문 블록 P_1P_2를 암호문 블록 C_1C_2로 다음과 같이 변환하는 이중문자암호화 알고리즘을 사용하여

메시지 DO NOT SHOOT THE MESSENGER를 암호화하라.

$$C_1 \equiv 8P_1 + 9P_2 \pmod{26}$$
$$C_2 \equiv 3P_1 + 11P_2 \pmod{26}$$

15. 평문 블록 P_1P_2를 암호문 블록 C_1C_2로 다음과 같이 변환하는 이중문자암호화 알고리즘을 사용하여 암호화된 암호문 RD SR QO VU QB CZ AN QW RD DS AK OB를 복호화하라.

$$C_1 \equiv 13P_1 + 4P_2 \pmod{26}$$
$$C_2 \equiv 9P_1 + P_2 \pmod{26}$$

16. 평문 블록 P_1P_2를 암호문 블록 C_1C_2로 다음과 같이 변환하는 이중문자암호화 알고리즘을 사용하여 암호화된 암호문 UW DM NK QB EK를 복호화하라.

$$C_1 \equiv 23P_1 + 3P_2 \pmod{26}$$
$$C_2 \equiv 10P_1 + 25P_2 \pmod{26}$$

17. 한 암호 분석가가 어떤 암호문에서 가장 발생 빈도가 높은 두 개의 이중문자가 RH와 NI라는 것을 확인하고, 이 이중문자가 영어 텍스트에서 가장 빈번하게 등장하는 이중문자 TH와 HE에 해당한다고 추측했다. 이 암호문이 평문을 다음과 같이 설명된 힐 이중문자암호를 사용하여 암호화된 경우 a, b, c, d는 무엇인가?

$$C_1 \equiv aP_1 + bP_2 \pmod{26}$$
$$C_2 \equiv cP_1 + dP_2 \pmod{26}$$

18. 다음 각각의 경우에 주어진 이중문자암호를 사용하여 암호화를 수행할 때 변경되지 않은 문자 쌍은 몇 개인가?
    a) $C_1 \equiv 4P_1 + 5P_2 \pmod{26}$
       $C_2 \equiv 3P_1 + P_2 \pmod{26}$
    b) $C_1 \equiv 7P_1 + 17P_2 \pmod{26}$
       $C_2 \equiv P_1 + 6P_2 \pmod{26}$
    c) $C_1 \equiv 3P_1 + 5P_2 \pmod{26}$
       $C_2 \equiv 6P_1 + 3P_2 \pmod{26}$

19. 힐 암호체계의 암호화 행렬 $\mathbf{A}$가 법 26으로 자신의 역행렬, 즉 $\mathbf{A}^2 \equiv \mathbf{I} \pmod{26}$이면 $\mathbf{A}$는 이 암호체계의 복호화 행렬도 된다는 것을 보여라.

20. 한 암호 분석가가 어떤 암호문에서 가장 흔한 삼중문자(길이가 3인 블록)이 LME, WRI, ZYC

라는 것을 파악했고, 이들이 영어 텍스트에서 가장 흔한 삼중문자인 THE, AND, THA에 각각 해당한다고 추측했다. 만약 평문이 $\mathbf{C} \equiv \mathbf{AP} \pmod{26}$에 따라 암호화되었다면 3×3 암호화 행렬 **A**의 성분들은 무엇인가?

21. 암호화 행렬 $\begin{pmatrix} 2 & 3 \\ 1 & 17 \end{pmatrix}$을 사용하여 이중문자 힐 암호를 적용한 다음, 그 결과에 암호화 행렬 $\begin{pmatrix} 5 & 1 \\ 25 & 4 \end{pmatrix}$을 사용하는 이중문자 힐 암호를 적용해서 얻어진 곱셈암호를 찾아라.

22. 두 이중문자 힐 암호에서 얻은 곱셈암호는 역시 이중문자 힐 암호임을 보여라.

23. 길이가 m인 블록을 사용하는 힐 암호화를 먼저 수행하고, 그 다음 길이가 n인 블록을 사용하는 힐 암호를 수행함으로써 얻은 곱셈암호가 길이가 $[m, n]$인 블록을 사용하는 힐 암호임을 보여라.

24. 암호화 행렬 $\begin{pmatrix} 3 & 1 \\ 2 & 1 \end{pmatrix}$을 사용하는 힐 암호를 먼저 사용한 후, 암호화 행렬 $\begin{pmatrix} 1 & 1 & 0 \\ 1 & 0 & 1 \\ 0 & 1 & 1 \end{pmatrix}$을 사용하는 힐 암호를 사용하여 얻은 곱셈암호에 해당하는 6×6 암호화 행렬을 찾아라.

*25. 치환 암호에서는 지정된 크기의 블록이 지정된 방식으로 문자들을 치환하여 암호화한다. 예를 들어 길이가 5인 평문 블록 $P_1P_2P_3P_4P_5$는 암호문 블록 $C_1C_2C_3C_4C_5 = P_4P_5P_2P_1P_3$으로 변환될 수 있다. 각 행과 열이 오직 0과 1만을 성분으로 가지며, 각 행과 열에 정확히 하나의 1이 포함된 암호화 행렬을 가진 치환 암호는 모두 힐 암호임을 보여라.

힐 암호는 아핀 변환을 기반으로 하는 블록 암호의 특별한 경우이다. 이러한 변환에는 $(\det\mathbf{A}, 26) = 1$을 만족하는 정수 성분을 가진 $n \times n$ 행렬 **A**와 정수 성분을 가진 $n \times 1$ 행렬 **B**가 필요하다. 암호화 할 메시지를 길이가 n인 블록으로 나누고 각 블록의 문자에 대응하는 숫자를 $n \times 1$ 행렬 **P**에 넣은 다음 (필요한 경우 마지막 블록에는 더미 문자를 채움), 대응하는 암호문 블록을 $\mathbf{C} \equiv (\mathbf{AP} + \mathbf{B}) \pmod{26}$을 계산하여 구하고, **C**의 성분을 다시 문자로 변환시킨다.

26. 연속된 두 문자 블록에 아핀 변환 $\mathbf{C} \equiv \begin{pmatrix} 3 & 2 \\ 7 & 11 \end{pmatrix}\mathbf{P} + \begin{pmatrix} 8 \\ 19 \end{pmatrix} \pmod{26}$를 사용하여 메시지 HAVE A NICE DAY를 암호화하라.

27. 연습문제 26에 주어진 아핀 변환의 복호화 변환을 구하라.

28. **A**는 모든 성분이 정수인 $n \times n$ 행렬이고 $(\det \mathbf{A}, 26) = 1$이며, **B**는 모든 성분이 정수인 $n \times 1$ 행렬일 때, 암호화 변환 $\mathbf{C} \equiv (\mathbf{AP} + \mathbf{B}) \pmod{26}$의 복호화 변환은 무엇인가?

29. 아핀 변환 $\mathbf{C} \equiv \begin{pmatrix} 5 & 2 \\ 11 & 15 \end{pmatrix}\mathbf{P} + \begin{pmatrix} 14 \\ 3 \end{pmatrix} \pmod{26}$를 사용하여 암호화된 메시지 HG PM QR YN NM을 복호화하라.

30. $\mathbf{A}$는 모든 성분이 정수인 2×2 행렬이고 $(\det \mathbf{A}, 26) = 1$이며, $\mathbf{B}$는 모든 성분이 정수인 2×1 행렬일 때, 두 문자 블록에 아핀 변환 $\mathbf{C} \equiv \mathbf{AP} + \mathbf{B} \pmod{26}$을 사용하여 암호화된 메시지를 복호화하는 방법을 설명하라.

31. $\mathbf{A}$는 모든 성분이 정수인 3×3 행렬이고 $(\det \mathbf{A}, 26) = 1$이며, $\mathbf{B}$는 모든 성분이 정수인 3×1 행렬일 때, 세 문자 블록에 아핀 변환 $\mathbf{C} \equiv \mathbf{AP} + \mathbf{B} \pmod{26}$을 사용하여 암호화된 메시지를 복호화하는 방법을 설명하라.

32. 아핀 변환에 기반한 두 개의 이중문자 블록 암호의 합성으로 이루어진 곱셈암호도 아핀 변환에 기반한 이중문자 블록 암호인가?

*33. 아핀 변환에 기반한 각각 길이가 m인 블록과 길이가 n인 블록을 암호화하는 두 개의 블록 암호의 합성으로 이루어진 곱셈암호도 아핀 변환에 기반한 블록 암호인가?

34. 비트 문자열 11 1010 0011을 키스트림 10 0111 1001을 사용하여 버넘 암호화하라.

35. 키스트림 10 0111 1001을 사용하여 버넘 암호화된 것이라고 추정하고, 비트 문자열 11 1010 0011을 복호화하라.

36. 평문 메시지 MIDDLETOWN을 시드 Z로 자동키 암호를 사용하여 암호화하라.

37. 시드 I로 자동키 암호를 사용하여 암호화 되었다고 추정하고, 암호문 메시지 ZVRQH DUJIM를 복호화하라.

38. 키스트림이 반복적으로 사용되는 경우 버넘 암호는 알려진 평문 공격에 취약하다는 것을 보여라. 특히 어떤 비트 문자열을 암호화한 후 결과 암호 문자열에 접근할 수 있다면 키스트림을 찾을 수 있음을 보여라.

39. 버넘 암호를 사용하여 두 가지 다른 메시지를 암호화하는 데 동일한 키스트림을 사용하는 경우 그 암호문을 가진 사람이 두 메시지의 각 비트를 법 2로 더한 비트 문자열을 찾을 수 있다는 것을 보여라. 이것이 암호해독에 어떤 영향을 줄 수 있는가?

계산과 탐구

1. 동료들이 복호화할 수 있도록 비즈네르 암호를 사용하여 몇 가지 메시지를 암호화하라.

*2. 동료들이 암호화한 메시지를 비즈네르 암호를 사용하여 복호화하라.

3. 비즈네르 암호를 사용하여 암호화된 일부 암호문에 카시스키 판정법을 실행하라.

4. 일부 문자열의 일치 지수를 찾아라.

5. 비즈네르 암호를 사용하여 암호화된 몇 가지 암호문을 해독하라.

6. 이 책 본문, 컴퓨터 프로그램, 소설과 같은 다양한 유형의 영어 텍스트에서 이중문자의 빈도를 찾아라.

7. 이 책 본문, 컴퓨터 프로그램, 소설과 같은 다양한 유형의 영어 텍스트에서 삼중문자의 빈도를 찾아라.
8. 동료들이 복호화할 수 있도록 힐 암호를 사용하여 몇 가지 메시지를 암호화하라.
9. 동료들이 힐 암호를 사용하여 암호화한 메시지를 복호화하라.
10. 비즈네르 암호를 사용한 일회용 패드를 사용하여 일부 긴 메시지를 암호화하고 복호화하여 특정 동료에게 보내라.
11. 동료들이 복호화할 수 있도록 자동키 암호를 사용하여 몇 가지 메시지를 암호화하라.
12. 동료들이 자동키 암호를 사용하여 암호화한 메시지를 복호화하라.

프로그래밍 프로젝트

1. 평문 메시지가 주어졌을 때 비즈네르 암호를 사용하여 암호화하라.
2. 비즈네르 암호를 사용하여 암호화된 평문 메시지가 주어졌을 때 이를 복호화하라.

*3. 비즈네르 암호를 사용하여 암호화된 암호문이 주어졌을 때 카시스키 판정법을 실행하여 암호문의 키 길이를 찾아라.

4. 영어 문자열이 주어졌을 때 이 문자열의 일치 지수를 찾아라.

**5. 비즈네르 암호를 사용하여 생성된 암호문이 주어졌을 때 카시스키 판정법과 일치 지수를 사용하는 프리드먼 테스트를 함께 사용하여 가능한 키 길이를 찾아라. 각 가능한 키 길이에 대해 빈도 분석을 사용하여 각 키의 문자를 찾아라. 찾은 각 가능한 키에 대해 원래 평문을 복구하는 시도를 하여 영어 단어가 생성되는지 여부를 확인하여 올바른 키를 찾았는지 확인하라.

6. 평문 메시지가 주어졌을 때 힐 암호를 사용하여 암호화하라.
7. 힐 암호를 사용하여 생성된 암호문이 주어졌을 때 이를 복호화하라.

*8. 이중문자 힐 암호를 사용하여 암호화된 메시지를, 암호문 내 이중문자의 빈도를 분석하여 암호해독하라.

9. 블록의 아핀 변환을 기반으로 하는 암호를 사용하여 주어진 평문 메시지를 암호화하라. (연습문제 26에서 제시된 내용을 참조하라.)
10. 블록의 아핀 변환을 기반으로 한 암호를 사용하여 암호화된 메시지가 주어졌을 때 이를 복호화하라.
11. 블록의 아핀 변환을 기반으로 한 이중문자 블록 암호를 사용하여 암호화된 메시지를 분석하여 이중문자의 빈도를 분석하여 암호해독하라.
12. 메시지가 주어졌을 때 자동키 암호를 사용하여 이를 암호화하라.
13. 자동키 암호를 사용하여 암호화된 메시지가 주어졌을 때 이를 복호화하라.

9.3 거듭제곱 암호

이 절에서는 스티븐 포리그(Stephen Pohlig)와 마틴 헬만(Martin Hellman)이 1978년에 발명한, 모듈러 거듭제곱을 기반으로 하는 암호체계[PoHe78]에 대해 다루고자 한다. 이 암호체계는 7.1절에서 다룬 페르마의 작은 정리를 기반으로 하며, 이를 통해 생성된 암호는 공격에 강력한 저항력을 갖고 있다. (이 암호는 실용적이기보다는 이론적인 측면에서 더 큰 의의가 있다.)

p를 홀수 소수라 하고, 양의 정수 e를 $(e, p-1) = 1$을 만족하는 암호화키라고 하자. 메시지를 암호화하기 위해 먼저 메시지의 문자를 대응하는 숫자로 변환한다(각 문자를 두 자리 숫자에 대응시킴). 이 대응 관계는 표 9.9와 같이 지금까지 사용한 관계이다.

표 9.9: 문자에 대응하는 두 자리 숫자

문자	A	B	C	D	E	F	G	H	I	J	K	L	M	N	O	P	Q	R	S	T	U	V	W	X	Y	Z
대응하는 숫자	00	01	02	03	04	05	06	07	08	09	10	11	12	13	14	15	16	17	18	19	20	21	22	23	24	25

숫자로 변환시킨 결과를 길이가 $2m$인 블록으로 그룹화하는데, 여기서 $2m$은 m개의 문자에 대응하는 모든 숫자 블록이 ($2m$개의 십진수 자릿수를 갖는 하나의 정수로 볼 때) p보다 작게 되는 것 중 가장 큰 양의 짝수이다. 예를 들어 $2525 < p < 252{,}525$이면 $m = 2$이다.

각 평문 블록 P는 $2m$개의 십진수 자릿수를 가진 정수로 다음 관계를 사용하여 암호문 블록 C로 변환된다.

$$C \equiv P^e \pmod{p}, \quad 0 \le C < p$$

암호문 메시지는 p보다 작은 정수인 이러한 암호문 블록으로 구성된다. e의 값에 따라 다른 암호가 결정되므로, e가 암호화키로 불리는 것이 적절하다. 다음 예제에서 이러한 암호화 기술을 살펴보기로 하자.

예제 9.14

암호화 과정에서 사용될 소수를 $p = 2633$이라 하고, 모듈러 거듭제곱에서 지수로 사용될 암호화키를 $e = 29$라 하면 $(e, p-1) = (29,\ 2632) = 1$임을 확인할 수 있다. 다음과 같은 평문 메시지를 암호화하자.

THIS IS AN EXAMPLE OF AN EXPONENTIATION CIPHER

우선 메시지의 문자를 대응하는 숫자로 변환하고, 이 숫자로부터 $2m = 4$이므로 다음과 같이 길이가 4인 블록을 형성한다.

1907	0818	0818	0013	0423
0012	1511	0414	0500	1304
2315	1413	0413	1908	0019
0814	1302	0815	0704	1723

마지막 네 자리 블록을 채우기 위해 X에 해당하는 숫자 23을 메시지의 끝에 추가했다.

이제 각 평문 블록 P를 다음 식을 이용하여 암호문 블록 C로 변환시킨다.

$$C \equiv P^{29} \pmod{2633}, \quad 0 \leq C < 2633$$

예를 들어 첫 번째 평문 블록을 암호화하려면 다음 식을 계산하면 된다.

$$C \equiv 1907^{29} \equiv 2199 \pmod{2633}$$

모듈러 거듭제곱을 효율적으로 수행하기 위해 5.1절의 알고리즘을 사용하고, 그 결과로 다음과 같은 암호문을 얻게 된다.

2199	1745	1745	1206	2437
2425	1729	1619	0935	0960
1072	1541	1701	1553	0735
2064	1351	1704	1841	1459

암호문 블록 C를 해독하기 위해서는 복호화 키인 정수 d가 필요하다. d는 $de \equiv 1 \pmod{p-1}$를 만족하는 법 $p-1$로 e의 역수인데, $(e, p-1) = 1$이므로 이 역수는 존재한다. 암호문 블록 C를 법 p로 d제곱하면 평문 블록 P를 복구하게 된다. 이를 이해하기 위해 우선 $p \nmid P$인 경우를 살펴보고, 다음으로 $p \mid P$인 경우도 알아보도록 하자. $p \nmid P$이면 페르마의 작은 정리에 의해 $P^{p-1} \equiv 1 \pmod{p}$이다. 한편 $de \equiv 1 \pmod{p-1}$은 어떤 정수 k에 대해 $de = k(p-1)+1$임을 의미하므로 다음과 같음을 알 수 있다.

$$C^d \equiv (P^e)^d = P^{ed} \equiv P^{k(p-1)+1} = (P^{p-1})^k P \equiv P \pmod{p}$$

만약 $p \mid P$라면 $0 \leq P < p$이므로 $P = 0$이고, 관계식 $C \equiv P^e = 0^e = 0 \pmod{p}$, $0 \leq C < p$에 의해 C도 0이다. 따라서 $C^d \equiv 0^d = 0 \pmod{p}$이 성립하여 이 경우에도 $C^d \equiv P \pmod{p}$를 만족한다.

예제 9.15

소수 $p = 2633$과 암호화키 $e = 29$를 사용하여 생성된 암호문 블록을 해독하기 위해서는 법 $p - 1 = 2632$로 e의 역수가 필요하다. 5.2절에서 살펴 본 간단한 계산을 사용하여 역수 $d = 2269$를 구할 수 있다. 따라서 암호문 블록 C로부터 대응하는 평문 블록 P를 다음과 같이 구할 수 있다.

$$P \equiv C^{2269} \pmod{2633}$$

예를 들어 암호문 블록 2199를 해독하면 다음과 같다.

$$P \equiv 2199^{2269} \equiv 1907 \pmod{2633}$$

모듈러 거듭제곱은 역시 5.1절에서 제공된 알고리즘을 사용하여 계산한다.

각 평문 블록 P를 $P^e \pmod{\text{p}}$를 계산하여 암호화할 때, 정리 5.10이 보여주듯이 $O((\log_2 p)^3)$ 비트연산만을 사용한다. 복호화할 때는 먼저 법 $p - 1$로 e의 역수 d를 찾아야 하는데, 이는 $O(\log^3 p)$ 비트연산을 사용하여 수행될 수 있고(5.2절의 연습문제 17 참조), 단 한 번만 수행되어야 한다. 그 다음에 암호문 블록 C에서 평문 블록 P를 복구하기 위해서는 단순히 법 p로 C^d의 최소양잉여를 계산하면 된다. 이를 $O((\log_2 p)^3)$ 비트연산을 사용하여 수행할 수 있으므로 모듈러 거듭제곱을 사용한 암호화 및 복호화 과정은 신속하게 수행될 수 있다.

반면에 모듈러 거듭제곱을 사용하여 암호화된 메시지의 암호해독은 일반적으로 신속하게 수행될 수 없다. 설령 암호화에 사용된 소수 p를 알고, 더욱이 암호문 블록 C에 해당하는 평문 블록 P를 알고 있다고 하더라도 성공적인 암호해독을 위해서는 다음을 만족하는 암호화키 e를 찾아야 한다.

$$C \equiv P^e \pmod{p} \tag{9.2}$$

이 문제는 10장에서 다룰 계산상 어려운 문제인 이산로그문제이다. p가 200자리 이상일 때 컴퓨터를 사용하여 이 문제를 해결하는 것은 현실적으로 불가능하다.

9.3 연습문제

1. 소수 $p = 101$과 암호화키 $e = 3$을 사용하여 메시지 GOOD MORNING을 모듈러 거듭제곱으로 암호화하라.

2. 소수 $p = 2621$과 암호화키 $e = 7$을 사용하여 메시지 SWEET DREAMS을 모듈러 거듭제곱으로 암호화하라.

3. 소수 $p = 29$과 암호화키 $e = 5$을 사용하여 모듈러 거듭제곱으로 생성된 암호문 01 09 00 12 12 09 24 10에 해당하는 평문 메시지는 무엇인가?

4. 소수 $p = 2591$과 암호화키 $e = 13$을 사용하여 모듈러 거듭제곱으로 생성된 암호문 1213 0902 0539 1208 1234 1103 1374에 해당하는 평문 메시지는 무엇인가?

5. 소수 $p = 31$과 암호화키 $e = 11$을 사용하여 모듈러 거듭제곱으로 암호화할 때 암호화와 복호화 절차가 동일함을 보여라.

6. 소수 $p = 29$와 알려지지 않은 암호화키 e를 사용하여 모듈러 거듭제곱으로 암호문 04 19 19 11 04 24 09 15 15가 생성되었다. 암호문 블록 24가 평문 문자 U(숫자로는 20에 해당)에 해당한다고 알려진 경우, 위의 암호를 해독하라. (힌트: 먼저 법 29로 밑이 20인 24의 로그를 찾아보자. 이때 일부 추측이 필요함.)

계산과 탐구

1. 거듭제곱 암호를 사용하여 암호화된 몇 가지 메시지를 동료들이 해독할 수 있도록 암호화하라.

2. 주어진 암호화키와 소수를 사용하여 동료들이 거듭제곱 암호를 사용하여 암호화한 메시지를 해독하라.

프로그래밍 프로젝트

1. 메시지, 암호화키, 소수(법)가 주어졌을 때 거듭제곱 암호를 사용하여 해당 메시지를 암호화하라.

2. 거듭제곱 암호를 사용하여 암호화된 메시지, 암호화키, 소수(법)가 주어졌을 때 해당 메시지를 해독하라.

9.4 공개키 암호

지금까지 논의한 암호체계는 모두 비밀키 또는 대칭암호체계의 예로 암호화와 복호화 키가 같거나 서로 쉽게 찾을 수 있다. 예를 들어 밀기 암호에서 암호화키가 정수 k이면 대응되는 복호화 키는 정수 $-k$이고, 아핀 암호에서 암호화키가 (a, b)이면 복호화 키는 $\overline{a}$가 법 26으로 a의 역수일 때 $(\overline{a}, -\overline{a}b)$이다. 힐 암호에서 암호화키는 $n \times n$ 행렬 $\mathbf{A}$이고 대응하는 복호화 키는 법 26으로 행렬 $\mathbf{A}$의 역행렬인 $n \times n$ 행렬 $\overline{\mathbf{A}}$이다. 포리그-헬만 거듭제곱 암호에서 암호화키는 p가 소수일 때 (e, p)이고, 이에 대응하는 복호화 키는 법 $p - 1$로 e의 역수 d를 사용한 (d, p)이다. DEA의 경우 암호화와 복호화 키는 정확히 같다.

이러한 이유로 지금까지 설명한 암호체계 중 하나를 사용하여 네트워크 내에서 보안 통신을 구축하는 경우 통신을 원하는 서로는 네트워크의 다른 개인에게는 비밀로 유지되게 암호화키를 사용해야 한다. 왜냐하면 이러한 암호체계에서 암호화키가 알려지면, 적은 컴퓨터 시간을 사용하여 암호해독 키를 찾을 수 있기 때문이다. 결과적으로 비밀을 유지하기 위해서 암호화키 자체가 보안 통신 채널을 통해 전송되어야 한다.

이를 피하기 위해 1970년대에 **공개키 암호체계**(public key cryptosystem)라는 새로운 유형의 암호체계가 개발되었다. 이 유형의 암호체계에서는 암호화 변환으로부터 복호화 변환을 찾는 데 비현실적으로 많은 컴퓨터 시간이 필요하기 때문에 암호화키를 공개할 수 있다. 공개키 암호체계를 사용하여 n명의 개인으로 구성된 네트워크에서 보안 통신을 구축하려면, 각 개인은 암호체계에 의해 지정된 유형의 키를 생성하고 지정된 규칙에 따라 키 k로부터 얻은 암호화 함수 E_k의 구성에 사용된 특정 정보를 보유한다. 그리고 n개의 키 $k_1, k_2, \ldots, k_n$의 디렉토리가 공개된다. 개인 i가 개인 j에게 메시지를 보낼 때 메시지의 문자는 대응하는 숫자로 변환되고 지정된 크기의 블록으로 그룹화된다. 각 평문 블록 P는 암호화 함수 E_{k_j}에 의해 대응하는 암호문 블록 $C = E_{k_j}(P)$로 계산된다. 메시지를 복호화하기 위해 개인 j는 각 암호문 블록 C에 복호화 함수 D_{k_j}를 적용하여 다음과 같이 P를 찾는다.

$$D_{k_j}(C) = D_{k_j}(E_{k_j}(P)) = P$$

복호화 함수 D_{k_j}는 개인 j 외의 누구도 현실적인 시간 내에 찾을 수 없기 때문에, 권한이 없는 사람은 설령 키 k_j를 알고 있어도 메시지를 해독할 수 없다.

많은 암호체계가 공개키 암호체계로 제안되었지만 몇 가지를 제외하고는 암호문 메시지를 적당한 컴퓨터 시간을 사용하여 해독할 수 있음이 입증되어 부적합한 것으로 밝혀졌다. 이 절에서는 가장 널리 사용되는 공개키 암호체계인 RSA 암호체계를 소개할 것이다. 또한 이 절 마지막 부분에서 라빈 공개키 암호체계, 11장에서 엘가말 공개키 암호체계, 14장에서 타원곡선 암호체계 등 여러 다른 공개키 암호체계를 소개할 것이다. 이러한 시스템의 보안은 정수의 인수분해(4장에서 다룸), 이산로그 찾기(10장에서 다룸), 법 p로 타원곡선 이산로그 찾기(14장에서 다룸)라는 세 가지 계산 집약적인 수학 문제의 난이도에 달려 있다. (중요한 공개키 암호체계를 포괄적으로 살펴보려면 [MevaVa97] 및 [Ro18]를 참조하라.)

공개키 암호체계는 많은 장점을 가지고 있지만, 범용 암호화에 널리 사용되지는 않는다. 공개키 암호체계에서 암호화와 복호화를 수행하는 데 대부분의 컴퓨터에서 너무 많은 시간과 메모리가 필요하며 대칭암호체계보다 수십 배 더 많은 자원이 필요하기 때문이다. 그러나 공개키 암호체계는 DES와 같은 대칭암호체계의 키를 안전하게 전송하기 위해 광범위하게 사용된다. 또한 스마트 카드와 전자상거래 등의 응용 프로그램에 특히 유용하여 디지털 서명(9.5절에서 다룸)과 같은 다양한 암호화 프로토콜에서 널리 사용된다.

현대 암호학에서는 메시지를 암호화하는 데 사용되는 암호체계가 공개적으로 알려져 있다. 암호화된 메시지의 비밀 보장은 사용 중인 암호화 알고리즘의 비밀성에 의존하지 않는다. 대칭키 암호체계의 경우 메시지의 비밀성은 사용 중인 암호화키의 비밀성과 평문-암호문 쌍과 같은 다른 정보로부터 이 키를 찾아내는 계산의 난이도에 따라 달라진다. 공개키 암호체계의 경우 메시지의 비밀성은 복호화 키의 비밀성과 암호화키 및 기타 공개정보(예를 들어 평문-암호문 쌍)로부터 이 키를 찾아내는 계산의 난이도에 따라 달라진다.

9.4.1 RSA 암호체계

가장 널리 사용되는 공개키 암호체계는 **RSA 암호체계**(RSA cryptosystem)로, 1977년에 이 암호체계를 개발한 리베스트, 샤미르, 애들먼의 이름을 따서 지어졌다([RiShAd78]을 참조, 1983년 특허 결정[RiShAd83]). 그러나 이 암호체계는 사실 몇 년 전인 1973년에 영국의 수학자 콕스(Clifford Cocks)가 영국 정보국 통신 본부에서 비밀리에 연구하던 중에 발명했는데, 콕스의 발명은 1997년에야 기밀이 해제되어 공개되었다. 더욱이 미국 국가안보국이 1966년 이전부터 이 암호체계에 대해 알고 있었다는 소문도 있다.

RSA 암호체계는 모듈러 거듭제곱에 기반한 공개키 암호체계로, 키는 지수 e와 두 큰 소수의 곱인 법 n으로 이루어진 쌍 (e, n)이다. 즉 큰 소수 p, q에 대해 $n = pq$이고 $(e, \phi(n)) = 1$을 만족한다. 메시지를 암호화하려면 먼저 문자들을 대응하는 숫자로 변환한 다음, 가능한 가장 큰 크기(짝수 개의 자리수를 가진)의 블록을 만든다. 평문 블록 P에 암호화 함수 $E(P)$를 적용하여 다음과 같이 암호문 블록 C를 얻는다.

$$E(P) = C \equiv P^e \pmod{n}, \quad 0 \le C < n$$

복호화 절차에는 $\phi(n)$에 대한 e의 역수 d가 필요한데, $(e, \phi(n)) = 1$이기 때문에 이러한 역수는 존재한다. 암호문 블록 C를 복호화하기 위해 복호화 함수 $D(C)$를 사용하여 다음과 같이 계산한다.

$$D(C) \equiv C^d \pmod{n}, \quad 0 \le D(C) < n$$

임의의 평문 메시지 P에 대해 $D(C) = (P^e)^d \equiv P \pmod{n}$임을 다음과 확인할 수 있다.

$$D(C) = C^d \equiv (P^e)^d = P^{ed} \equiv P^{k\phi(n)+1} = P^{\phi(n)k} P \pmod{n}$$

여기서 $ed \equiv 1 \pmod{\phi(n)}$이기 때문에 $ed = k\phi(n) + 1$이 성립하는 정수 k가 존재한다. $(P, n) = 1$인 경우 오일러의 정리에 따라 $P^{\phi(n)} \equiv 1 \pmod{n}$임을 알 수 있다. 그러므로 다음을 얻는다.

$$P^{\phi(n)k} P = (P^{\phi(n)})^k P \equiv P \pmod{n}$$

따라서 다음과 같다.

$$D(C) \equiv P \pmod{n}$$

다음으로 $(P, n) > 1$인 드문 경우를 고려하자(연습문제 4 참조). 복호화 변환이 평문 메시지를 복구하는 것을 보여주기 위해 먼저 p와 q에 대한 합동식을 따로 살펴보고 중국인의 나머지정리를 적용한다. (이 방법은 $(P, n) = 1$인 경우에도 적용되지만, 이전의 방법보다 더 복잡하다.) 만약 $P \not\equiv 0 \pmod{p}$라고 가정하면, 페르마의 작은 정리에 의해 $P^{p-1} \equiv 1 \pmod{p}$ 이므로 $D(C) \equiv P^{\phi(n)k}P \equiv P^{(p-1)(q-1)k}P = (P^{p-1})^{(q-1)k}P \equiv P \pmod{p}$이다. 만약 $P \equiv 0 \pmod{p}$이면, $C = P^e \equiv 0 \pmod{p}$이므로 이 경우에도 $D(C) \equiv P \pmod{p}$이다. 마찬가지로 q에 대해서도 $D(C) \equiv P \pmod{q}$가 성립함을 증명할 수 있다. 따라서 중국인의 나머지정리를 적용하면 p와 q에 대한 이러한 합동식으로부터 n에 대한 합동식 $D(C) \equiv P \pmod{n}$을 얻을 수 있으므로 $(P, n) > 1$인 경우를 포함하여 모든 P에 대해 $D(C) \equiv P \pmod{n}$임을 뜻한다.

지금까지 RSA 암호체계에서 암호화키 (e, n)에 대응하는 복호화 키는 d가 법 n으로 e의 역수일 때 (d, n)임을 보였다.

메시지 P가 n과 서로소가 아님을 아는 암호 분석가는 n을 인수분해하고 사용 중인 특정 RSA 코드를 해독할 수 있다(연습문제 4). 임의의 메시지 P가 n과 서로소가 아닌 확률은 극히 낮다(연습문제 3).

예제 9.16

RSA 암호체계가 작동하는 방법을 설명하기 위해 소수 43과 59의 곱 $n = 43 \cdot 59 = 2537$을 법으로 하고(실제로 사용되는 큰 소수보다는 작음), 지수로는 $e = 13$를 선택하면 $(e, \phi(n)) = (13, 42 \cdot 58) = 1$임을 확인할 수 있다. 다음과 같은 평문 메시지를 암호화하자.

PUBLIC KEY CRYPTOGRAPHY

먼저 각 문자를 숫자로 변환하고, 이 숫자들을 네 개씩 묶어 블록으로 그룹화하면 결과는 다음과 같다.

1520 0111 0802 1004
2402 1724 1519 1406
1700 1507 2423

마지막 블록을 채우기 위해 더미 글자 $X = 23$을 메시지의 끝에 추가했다.

이제 각 평문 블록을 다음 식을 이용하여 암호문 블록으로 암호화한다.

$$C \equiv P^{13} \pmod{2537}$$

예를 들어 첫 번째 평문 블록 1520을 암호화하면 다음을 얻는다.

$$C \equiv (1520)^{13} \equiv 95 \pmod{2537}$$

모든 평문 블록을 암호화하면 다음과 같은 암호문을 얻게 된다.

0095 1648 1410 1299

0811 2333 2132 0370

1185 1957 1084

이 RSA 암호를 사용하여 암호화된 메시지를 해독하려면 법 $\phi(2537) = \phi(43 \cdot 59) = 42 \cdot 58 = 2436$으로 $e = 13$의 역수를 찾아야 한다. 5.2절에서와 같이 유클리드 알고리즘을 사용하면 간단하게 법 2436으로 13의 역수 $d = 937$을 구할 수 있다. 따라서 암호문 블록 C를 해독하기 위해 다음 식을 사용한다.

$$P \equiv C^{937} \pmod{2537}, \quad 0 \leq P < 2537$$

왜냐하면 다음과 같기 때문이다.

$$C^{937} \equiv (P^{13})^{937} = (P^{2436})^5 P \equiv P \pmod{2537}$$

여기서 $(P, 2537) = 1$(이 예제의 모든 평문 블록에 대해 성립)일 때 오일러 정리의 결과인 다음을 사용했다.

$$P^{\phi(2537)} = P^{2436} \equiv 1 \pmod{2537}$$

RSA 암호체계의 보안 RSA 암호체계가 공개키 암호체계의 요구 조건을 어떻게 충족시키는지 이해하기 위해 먼저 각 개인이 200자리 숫자를 가진 두 개의 큰 소수 p와 q를 몇 분 만에 컴퓨터 시간으로 찾을 수 있다는 점을 알아야 한다. 소수 정리에 따르면 무작위로 선택한 200자리의 홀수 정수가 소수일 확률은 대략 $2/\log 10^{200}$이다. 따라서 평균적으로 $1/(2/\log 10^{200})$ 또는 약 230개의 이러한 정수를 조사한 후에 소수를 찾을 것으로 기대할 수 있다. 무작위로 선택된 홀수 정수의 소수성을 검사하기 위해 라빈의 확률적 소수 판정법을 사용한다(7.2절 참조). 각각의 200자리 홀수 정수에 대해 그것보다 작은 100개의 정수를 택해서 이들을 밑으로 하는 밀러 판정법을 모두 수행하는 것이다. 합성수가 이 모든 테스트를 통과할 확률은 10^{-60}보다 작다. 이러한 절차로 몇 분 안에 200자리 소수를 찾을 수 있고, 이 과정을 두 번만 수행하면 된다.

일단 소수 p와 q를 찾았다면 암호화 지수 e는 $(e, \phi(pq)) = 1$을 만족하는 것으로 선택해야 한다. e는 p와 q보다 큰 임의의 소수를 선택할 것을 제안한다. e를 어떻게 정하든 $2^e > n = pq$여야 한다. 왜냐하면 $C \equiv P^e \pmod{n}$, $0 \leq C < n$인 정수 암호문 C의 e번째 거듭제곱근을 취하는 것만으로는 평문 블록 $P, P \neq 0$ 또는 1을 복구할 수 없도록 하기 위함이다. $2^e > n$일 때 $P = 0$ 및 1을 제외한 모든 메시지는 거듭제곱하여 n으로 나눈 나머지를 취함으로써 암호화된다.

RSA 암호체계로 메시지를 암호화하는 데 필요한 모듈러 거듭제곱 연산은 법, 지수, 밑이 500자리 숫자로 이루어진 경우에도 5.1절에서 설명된 빠른 모듈러 거듭제곱 알고리즘을 사용하여 몇 초만에 수행될 수 있다. 또한 p와 q를 알면 $\phi(n) = \phi(pq) = (p-1)(q-1)$임을 알 수 있으므로 유클리드 알고리즘을 사용하여 법 $\phi(n)$으로 암호화 지수 e의 역원 d를 빠르게 찾을 수 있다.

암호화키 (e, n)을 안다고 해서 복호화 키 (d, n)을 쉽게 찾을 수 없는 이유는 법 $\phi(n)$으로 지수 e의 역수 d를 찾으려면 먼저 $\phi(n) = \phi(pq) = (p-1)(q-1)$을 찾아야 하는데, $\phi(n)$을 찾는 것이 정수 n을 인수분해하는 것보다 쉽지 않다는 데 있다. $p+q = n - \phi(n) + 1$이고 $p - q = \sqrt{(p+q)^2 - 4pq} = \sqrt{(p+q)^2 - 4n}$이며 $p = \frac{1}{2}[(p+q) + (p-q)]$이고 $q = \frac{1}{2}[(p+q) - (p-q)]$이므로, $n = pq$와 $\phi(n) = (p-1)(q-1)$이 알려진 경우엔 p와 q를 쉽게 찾을 수 있다. 그러나 p와 q가 모두 약 200자리의 숫자인 경우 $n = pq$는 약 400자리의 숫자로 알려진 가장 빠른 인수분해 알고리즘을 사용하여 이러한 크기의 정수를 인수분해하는 데는 수백만 년의 컴퓨터 시간이 필요하다. 한편 정수 d가 알려져 있지만 $\phi(n)$이 알려져 있지 않은 경우 $ed-1$이 $\phi(n)$의 배수이므로 $\phi(n)$의 배수를 사용하여 정수 n을 인수분해하는 특별한 알고리즘이 있어서([Mi76] 참조) n이 쉽게 인수분해될 수 있다.

RSA 암호체계로 암호화된 메시지를 인수분해하지 않고 해독하는 것이 불가능하다는 것은 입증되지 않았지만, 지금까지 그러한 방법은 발견되지 않았다. (예를 들어 n의 인수분해에 대한 지식에 의존하지 않고 법 n으로 e번째 제곱근을 빠르게 찾을 수 있는 알고리즘이 존재한다면 RSA 암호문을 해독할 수 있다.) 아직까지 일반적으로 작동하는 복호화 방법은 모두 n을 인수분해하는 것과 동치로서, 앞서 언급했듯이 큰 정수를 인수분해하는 것은 엄청난 컴퓨터 시간이 필요한 난해한 문제이다. 만약 n을 인수분해하지 않고 RSA 메시지를 해독하는 방법을 찾지 못한다면 인수분해방법과 계산 능력의 향상에 따라 n의 크기를 늘려서 RSA 시스템의 보안을 유지할 수 있다. 하지만 유감스럽게도 RSA를 사용하여 암호화된 메시지는 n을 인수분해하는 것이 가능할 때 공격에 취약해지므로 수십 년 또는 수백 년 동안 비밀로 유지해야 하는 메시지의 비밀을 보호하려면 예를 들어 각각 수백 자리의 소수 p와 q를 사용하는 등 추가적인 주의를 기울여야 한다.

RSA 암호체계에 사용될 소수 p와 q를 선택할 때 몇 가지 추가적인 주의사항이 필요하다. 이는 $n = pq$를 인수분해하는 특수한 빠른 기법이 사용되는 것을 방지하기 위함이다. 예를 들어 $p-1$과 $q-1$ 모두 큰 소인수를 가져야 하고, $(p-1, q-1)$은 작아야 하며, p와 q는 서로 너무 가까워서는 안 되는데(연습문제 12 참조), 이것은 두 소수의 길이를 몇 자리씩 차이가 나도록 선택하면 피할 수 있다.

앞서 언급했듯이 RSA 암호체계의 보안은 큰 정수 인수분해의 어려움에 달려 있다. 특히 RSA 암호체계에서는 법 n이 인수분해되면 암호화 변환에서 복호화 변환을 쉽게 찾을 수 있다.

9.4.2 RSA 암호체계 구현에 대한 공격

30년 이상의 검토 끝에 RSA 암호체계의 특정 구현에 대한 다양한 공격이 개발되었다. 이러한 공격은 프로토콜 실패(pritocol failures)라고 하는 특정 취약점을 피하기 위해 RSA를 구현할 때 주의를 기울여야 함을 보여준다. RSA를 공개키 암호체계로 사용하기에 부적합하다고 볼 만한 근본적인 취약점은 발견되지 않았다는 것을 강조하며 RSA 암호체계에 대한 다양한 공격에 대해 다룬다. 관심 있는 독자는 [Bo99]를 참고하기 바란다.

동일한 평문 메시지를 다른 키로 암호화하면 성공적인 "헤스터드 방송 공격" 으로 이어질 수 있다. 예를 들어 서로 다른 암호화 법을 가진 세 사람이 암호화 지수 3을 사용하여 동일한 평문 메시지를 암호화하는 경우 생성된 세 개의 암호 메시지를 가지고 있는 사람은 원본 평문 메시지를 복구할 수 있다. 일반적으로 만약 충분한 수의 동일한 메시지가 서로 다른 RSA 암호화키를 사용하여 암호화되었다면, 공격자는 이러한 암호문들을 분석하여 해당 메시지의 원래 평문을 복구할 수 있다. 이러한 유형의 공격은 원본 메시지를 각 수신자마다 선형적인 방식으로 약간 변경하여 보내더라도 성공할 수 있다. 이러한 취약성을 피하기 위해 각 메시지를 암호화 할 때 서로 다른 무작위 패딩을 적용해서 암호화해야 한다.

위너(M. Wiener, [Wi90] 참조)는 암호화키 (e, n)를 갖는 RSA 암호체계에서 $n = pq$일 때 p와 q가 $q < p < 2q$이며 복호화 지수 d가 $n^{1/4}/3$보다 작은 경우 d를 효율적으로 찾을 수 있음을 보여줌으로써 RSA 암호체계의 잠재적인 취약점을 확인했다. (13장에서 연분수 이론을 사용하여 이 공격을 실행해본다.) 이 결과는 서로 너무 가깝지 않은 소수 p와 q를 사용하여 암호화 법을 생성하고, 상대적으로 큰 복호화 지수 d를 사용해야 함을 보여준다. RSA 암호체계에서 암호화키를 먼저 선택하는 것이 일반적이지만, 복호화 지수를 먼저 선택하고 이를 사용하여 암호화 지수 e를 계산함으로써 복호화 지수를 크게 만들 수 있다.

암호화 법 n을 이루는 소수 중 하나에 대한 부분적인 정보를 공개하면 RSA 암호체계의 다른 취약성이 드러난다. $n = pq$이고 m 자리수를 가진 경우 p의 처음 $m/4$자리수 또는 마지막 $m/4$ 자리수를 알면 n을 효율적으로 인수분해할 수 있다. 예를 들어 p와 q가 각각 100자리 수인 경우 p의 처음 50자리의 수 또는 마지막 50자리의 수를 알고 있다면 n을 인수분해할 수 있다. RSA 부분 키 공개 공격에 대한 자세한 내용은 [Co97]에서 확인할 수 있다. 또한 복호화 지수 d의 마지막 $m/4$자리를 알고 있다면 $O(e \log e)$개 연산을 사용하여 d를 효율적으로 찾을 수 있다는 비슷한 결과도 있다. 이는 암호화 지수 e가 작은 경우 복호화 지수 d의 마지막 1/4자리를 알고 있다면 d를 찾을 수 있음을 보여준다.

마지막으로 언급할 공격 유형은 1995년에 스탠퍼드 대학교 학부생이었던 코허(Paul Kocher)가 발견한 것이다. 코허는 RSA 암호체계가 일련의 암호해독을 수행하는 데 필요한 시간을 면밀히 측정하여 암호체계의 복호화 키 d를 결정할 수 있음을 보여주었다. 즉 복호화 키 d를 찾을 수 있는 정보를 제공한 것이다. 다행히도 이 공격을 차단하는 방법은 쉽게 고안할 수 있다. 이 공격에 대한 설명은 [TrWa20]와 [Ko96a]를 참조하길 바란다.

RSA 암호체계는 광범위하게 수용되고 사용되고 있기 때문에 공격의 표적이 되기 쉽다. 하지만 지금까지 발견된 취약점은 사소한 것이어서 사람들은 RSA 암호체계의 실용성에 신뢰를 갖고 있다. 동시에 이 암호체계의 약점을 찾아내는 연구를 촉발하고 있다.

9.4.3 라빈 암호체계

라빈(Michael Rabin, [Ra79] 참조)은 법 n의 인수분해가 암호화 변환에서 복호화 변환을 구하는 것과 거의 동일한 계산 복잡도를 갖는 RSA 암호체계의 변형을 발견했다. 라빈의 암호체계를 설명하기 위해 p와 q가 홀수 소수일 때 $n = pq$라 하고, b는 $0 \leq b < n$인 정수라고 하자. 평문 메시지 P를 암호화하기 위해 다음 식을 이용한다.

$$C \equiv P(P+b) \pmod{n}$$

라빈 암호의 복호화 절차는 아직 다루지 않은 개념에 의존하기 때문에 여기서는 다루지 않는다(12.1절의 연습문제 49 참조). 그러나 각 암호문 C에 대해 $C \equiv P(P+b) \pmod{n}$를 만족하는 네 가지 가능한 P값이 있다는 모호성 때문에 복호화 과정을 복잡하게 만든다는 점을 말해둔다. p와 q를 알면 라빈 암호문의 복호화 절차는 $O(\log, n)$ 비트연산만 필요로 하기 때문에 빠르게 수행될 수 있다.

라빈은 만약 이 암호체계에서 소수 p와 q를 알지 못할 때 $f(n)$ 비트연산을 필요로 하는 복호화 알고리즘이 있다면 $2(f(n) + \log n)$ 비트연산만 필요한 n의 인수분해 알고리즘도 존재한다는 것을 보였다. 따라서 p와 q를 모를 때 라빈 암호로 암호화된 메시지를 해독하는 과정은 인수분해와 유사한 계산 복잡도를 갖고 있는 문제이다. 라빈 공개키 암호체계에 대한 자세한 내용은 [MevaVa97]를 참조하기 바란다.

9.4 연습문제

1. $n = pq = 14{,}647$이고 $\phi(n) = 14{,}400$일 때 소수 p와 q를 구하라.

2. $n = pq = 4{,}386{,}607$이고 $\phi(n) = 4{,}382{,}136$일 때 소수 p와 q를 구하라.

3. 어떤 암호 분석가가 RSA 암호체계에서 사용되는 암호화 법 n과 서로소가 아닌 메시지 P를 발견했다고 가정하자(유클리드 알고리즘을 실행하여 확인할 수 있음). 이 암호해독자가 n을 인수분해할 수 있음을 보여라.

4. 연습문제 3에서와 같은 메시지가 발견될 가능성은 극히 낮을 것이라는 것을 보여라. 메시지 P가 n과 서로소가 아닐 경우의 확률이 $\frac{1}{p}+\frac{1}{q}-\frac{1}{pq}$이고, p와 q가 각각 10^{100}보다 큰 경우 이 확률이 10^{-99}보다 작음을 보임으로써 이를 증명하라. 이 문제에서는 각 메시지가 법 n으로의 각 잉여류에 속할 확률이 같다고 가정한다.

5. 키 $(e,n) = (3,2669)$를 사용하여 메시지 BEST WISHES를 암호화할 때 생성되는 암호문은 무엇인가?

6. 키 $(e,n) = (7,2627)$를 사용하여 메시지 LIFE IS A DREAM을 암호화할 때 생성되는 암호문은 무엇인가?

7. 키 $(e,n) = (13,2747)$를 사용하여 생성된 암호문이 2206 0755 0436 1165 1737일 때 평문 메시지는 무엇인가?

8. 키 $(e,n) = (5,2881)$를 사용하여 생성된 암호문이 0504 1874 0347 0515 2088 2356 0736 0468일 때 평문 메시지는 무엇인가?

9. 라빈 암호 $C \equiv P(P+5) \pmod{2573}$를 사용하여 메시지 SELL NOW를 암호화하라.

10. 라빈 암호 $C \equiv P(P+11) \pmod{3901}$를 사용하여 메시지 LEAVE TOWN를 암호화하라.

11. 보안에 매우 신경을 쓰는 Bob은 큰 소수 p와 q를 택하여 암호화 법 $n = pq$를 정하고, 두 개의 암호화 지수 e_1과 e_2를 선택한 다음 Alice에게 메시지를 보낼 때 다음과 같이 이중 암호화를 하도록 요청한다. 먼저 평문을 암호화키 (e_1,n)를 사용하여 RSA 암호로 암호화한 다음, 생성된 암호문을 다시 암호화키 (e_2,n)를 사용하여 RSA 암호로 암호화하여 두 번 암호화한다. 이러한 이중 암호화로 Bob은 추가적인 보안을 얻을 수 있을지 논의하라. (RSA로 암호화된 메시지의 송신자와 수신자에게 Bob과 Alice라는 이름을 사용하는 것이 관례이다.)

12. RSA 암호체계에서 암호화 지수 n을 만들기 위해 서로 너무 가까운 소수 p와 q를 선택해서는 안 되는 이유를 설명하라. 특히 p와 q에 쌍둥이 소수를 사용하면 재앙이 될 수 있음을 보여라. (힌트: 페르마의 인수분해방법을 상기해보자.)

13. RSA 암호체계에서 두 당사자가 공통 법 n을 공유하지만 서로 다른 암호화 지수를 가지고 있다고 하자. 각자의 RSA 암호화키를 사용하여 암호화되어 두 당사자 각각에게 보낸 메시지의 평문을 암호문 메시지에서 복구할 수 있음을 보여라.

14. 서로 다른 법을 가진 세 사람이 RSA 암호체계에서 암호화 지수 3을 사용하는 경우 각자의 키를 사용하여 암호화된 평문 메시지 P를 이 세 개의 암호문 메시지에서 복구할 수 있음을 보여라. (힌트: 세 키의 법이 n_1, n_2, 및 n_3이라 하고, 먼저 $x_i \equiv P^3 \pmod{n_i}, i = 1,2,3$의 합동식의 공통 해를 구하라.)(이것은 해스터드 방송 공격의 예이다.)

15. 암호화 법 n이 두 개가 아닌 세 개의 소수의 곱이라면 RSA 암호체계가 어떻게 작동할 것인지 설명하라.

16. 두 사람이 서로 다른 암호화 법 n_1 및 n_2를 RSA 암호화키로 가지고 있을 때 $(n_1, n_2) > 1$인 경우 이 암호를 깨뜨릴 방법을 보여라.

17. RSA 암호화에서 동일한 키를 사용하여 평문 메시지 P_1과 P_2 그리고 곱 $P = P_1P_2$를 암호한다고 하자. $P = P_1P_2$를 암호화해서 얻는 암호문이 각각 P_1과 P_2의 암호화된 메시지 C_1과 C_2의 곱과 법 n으로 합동임을 보여라(n은 암호화 법임).

18. Alice의 RSA 암호화키가 (e, n)이고 평문 메시지 P를 암호화하여 생성된 암호문이 C라고 하자. Eve가 C를 가로챈 후 임의로 선택한 정수 r이 포함된 메시지 $C' = Cr^e$을 Alice에게 보낸 후 이 메시지를 Alice가 복호화한 결과를 얻을 수 있다면 Eve가 P를 복구할 수 있음을 보여라. (Alice는 유효한 메시지라고 속았기 때문에 C'을 복호화하고, 말이 되지 않아 보이는 결과가 얻어져서 이를 폐기하면 이것을 Eve가 얻을 수 있게 된다.) (RSA 암호체계에서 관례적으로 사용되는 이름을 사용했다. 평소처럼 Alice는 메시지 발신자 또는 수신자이고, Eve는 다른 사람의 메시지를 가로채는 도청자이다).

계산과 탐구

1. 같이 수업을 듣는 이들을 위해 암호화키 디렉토리에 포함할 RSA 암호용 키를 생성하라.
2. 같이 수업을 듣는 이들 각각에게 디렉토리에 공개된 공개키를 사용하여 메시지를 RSA 암호화하라.
3. 본인의 RSA 암호화키를 사용하여 다른 이가 보낸 메시지를 해독하라.

프로그래밍 프로젝트

1. RSA 암호체계에 유효한 키 (e, n)를 생성하라.
2. RSA 암호체계에서 유효한 키 (e, n)과 소인수분해 $n = pq$가 주어졌을 때 대응하는 복호화 키 d를 찾아라.
3. 주어진 키 (e, n)를 사용하여 주어진 메시지를 RSA 암호화하라.
4. RSA 암호로 암호화된 메시지가 암호화키 (e, n)와 대응하는 복호화 키 d와 함께 주어졌을 때 이를 복호화하라.

9.5 암호 프로토콜 및 응용

이 절에서는 두 명 이상의 당사자가 특정 목표를 달성하기 위해 수행하는 알고리즘인 프로토콜과 다른 암호화 응용 프로그램에서 암호체계가 어떻게 사용되는지 살펴보기로 한다. 특히 두 명 이상이 암호화키를 교환하는 방법을 알아본다. 또한 RSA 암호체계를 사용하여 메시지에 서명하는 방법과 암호화를 사용하여 사람들이 네트워크 상에서 공정하게 포커를 플레이하는 방법에 대해도 설명한다. 마지막으로 아무도 비밀을 알지 못하면서도 충분히 많은 사람이 협력하여 비밀을 복구할 수 있는 방법을 보여줄 것이다. 이들은 프로토콜 및 응용 프로그램의 많은 예 중 일부에 불과하며, 이 장에서 다룬 아이디어를 기반으로 한 추가적인 프로토콜 및 응용 프로그램에 대해 관심이 있다면 [MevaVa97]를 참조하기 바란다.

9.5.1 디피-헬먼 키 교환

이제 과거에 어떠한 정보도 공유하지 않은 두 당사자가 안전하지 않은 통신 링크를 통해 비밀 키를 교환할 수 있는 프로토콜을 살펴보자. 키 교환은 암호학에서 기본적인 문제이다. 여기서 설명하는 방법은 1976년 디피(Whitfield Diffie)와 헬먼(Martin Hellman)에 의해 발명되었으며 ([DiHe76] 참조) **디피-헬먼 키 합의 프로토콜**(Diffie-Hellman key agreement protocol)이라고 불린다. 이 프로토콜에 의해 생성된 공통 비밀키는 대칭형 암호체계의 공유 키로 사용되어 특정 통신 세션 동안 서로 만나거나 사전 정보를 공유한 적이 없는 당사자들이 사용할 수 있다. 이 키는 무단 사용자가 적절한 컴퓨터 시간 내에 발견할 수 없다는 성질을 가지고 있다.

이 프로토콜을 실행하기 위해 큰 소수 p와 정수 r이 필요하다. r은 법 p로 r^k의 최소양잉여가 1부터 $p-1$까지의 모든 정수를 거치는 수여야 한다. (이것은 r이 p의 원시근이라는 뜻으로 10장에서 다루게 될 개념이다.) 큰 소수 p와 정수 r은 모두 공개되는 정보이다.

이 프로토콜에서 공통 키를 공유하고자 하는 두 당사자는 각각 1부터 $p-2$까지의 양의 정수 집합에서 임의의 개인 값 하나를 선택한다. 두 사람이 각각 k_1과 k_2를 선택한 경우 k_1을 선택한 사람은 다음과 같이 계산하여 상대방에게 y_1을 보내고,

$$y_1 \equiv r^{k_1} \pmod{p}, \quad 0 < y_1 < p$$

y_1을 받은 상대방은 여기에 본인이 선택한 k_2를 사용하여 공통의 키 K를 다음과 같이 찾는다.

$$K \equiv y_1^{k_2} \equiv r^{k_1 k_2} \pmod{p}, \quad 0 < K < p$$

마찬가지로 k_2를 선택한 사람은 상대방에게 다음과 같이 계산하여 상대방에게 y_2를 보내고,

$$y_2 \equiv r^{k_2} \pmod{p}, \quad 0 < y_2 < p$$

y_2를 받은 상대방은 본인이 선택한 k_1을 사용하여 공통의 키 K를 다음과 같이 찾는다.

$$K \equiv y_2^{k_1} \equiv r^{k_1 k_2} \pmod{p}, \quad 0 < K < p$$

이 키 합의 프로토콜의 보안은 법 p로 주어진 r^{k_1}과 r^{k_2}의 최소양잉여에 대해 비밀키 K를 결정하는 보안, 즉 계산적으로 어려운 문제로 알려진 법 p으로 이산로그 계산(10장에서 다룰

예정)의 난이도에 달려 있다. 특정 조건이 성립할 때 이 프로토콜을 깨는 것이 이산로그를 계산하는 것과 동치라는 것이 증명되었다([Ma94] 참조).

유사한 방식으로 임의의 n명이 공통 키를 공유할 수 있다. 각 개인들이 키 $k_1, k_2, \ldots, k_n$을 가지고 있는 경우 다음과 같은 공통 키가 공유될 수 있다.

$$K = r^{k_1 k_2 \cdots k_n} \pmod{p}$$

이 공통 키를 생성하는 방법에 대한 자세한 과정은 독자에게 문제로 남겨둔다.

키 설정 프로토콜에 대한 주제는 여기서 설명한 것 이상으로 훨씬 더 광범위하다. 키 배포를 위해 신뢰할 수 있는 서버를 사용하는 프로토콜을 포함하여 공유 키를 설정하기 위한 다양한 프로토콜이 개발되었다. 이 주제에 대해 자세히 알아보려면 [MevaVa97]의 12장을 참조하기 바란다.

타원곡선 암호화를 사용하는 또 다른 버전의 디피-헬만 키 교환에 대해 14장에서 소개한다.

9.5.2 전자 서명

전자 메시지를 받을 때, 그것이 예상한 발신자로부터 온 것임을 어떻게 알 수 있을까? 메시지를 보낸 것으로 추정되는 당사자가 보낸 것이 틀림없다는 것을 알려줄 수 있는 **디지털 서명**(digital signature)이 필요하다. RSA 암호체계와 같은 공개키 암호체계를 사용하여 "서명된" 메시지를 보낼 수 있음을 보인다. 서명을 사용하면 메시지 수신자는 해당 메시지가 발신자가 보낸 것임을 확신할 수 있으며, 중립적인 관찰자에게 메시지의 발신자가 오직 그 메시지의 출처가 될 수 있음을 입증할 수 있다. 이러한 인증은 전자 메일, 전자 금융, 전자 주식 시장 거래에 필요하다.

RSA 암호체계를 사용해 서명된 메시지를 전송하는 방법을 알아보기 위해 Alice가 RSA 암호체계를 사용해 서명된 메시지를 전송하고자 한다고 가정해보자. Alice는 공개키 (n_{Alice}, e_{Alice})와 대응하는 개인키 (n_{Alice}, d_{Alice})를 갖고 있다. 여기서 p와 q가 큰 소수일 때 $n = pq$이고 d와 e는 법 $\phi(n) = (p-1)(q-1)$으로 서로 역수임을 기억하자. 누구나 Alice의 공개키 (n_{Alice}, e_{Alice})에 접근할 수 있지만 p, q, d_{Alice}는 오직 Alice만이 알고 있다. Alice는 자신의 개인키로 메시지 M을 다음과 같이 암호화하고 서명한다.

$$S \equiv D_{Alice}(M) \equiv M^{d_{Alice}} \pmod{n_{Alice}}$$

다른 사람들은 이것을 계산하는 방법을 알지 못한다.

서명된 메시지 S를 받는 사람은 누구나 메시지를 복호화하여 그것이 Alice의 원래 메시지임을 확인할 수 있다. 수신자는 M을 복구하고 이것이 Alice의 메시지임을 검증하기 위해 다음과 같이 Alice의 공개키만 사용하면 된다.

$$E_{Alice}(S) \equiv S^{e_{Alice}} \equiv (M^{d_{Alice}})^{e_{Alice}} \equiv M^{d_{Alice}e_{Alice}} \equiv M \pmod{n_{Alice}}.$$

Alice는 자신이 서명한 암호화된 메시지를 원하는 만큼 많은 사람에게 보낼 수 있다. 한 사람에게 보낼 수도 있고 여러 사람에게 대량 발송할 수도 있다. 이 메시지를 받은 사람은 누구나 다른 사람에게 전달할 수 있고, 비밀 메시지를 복구하여 그것이 원래 Alice가 보낸 것인지 확인할 수 있다.

또한 Alice는 한 사람만이 읽을 수 있고, Alice가 보낸 메시지임을 확인하도록 서명된 비밀 메시지를 보낼 수도 있다. Alice가 Bab에게 메시지 M을 보내면서 Bab만 읽을 수 있고 Alice가 보낸 메시지임을 확신하게 하고 싶다고 가정해보자. 이를 위해 Alice는 먼저 다음과 같이 서명이 된 비밀 메시지를 생성한다.

$$S \equiv D_{Alice}(M) \equiv M^{d_{Alice}} \pmod{n_{Alice}}$$

여기서 (d_{Alice}, n_{Alice})는 Alice의 복호화 키로 Alice만 알고 있다. 그런 다음 (e_{Bob}, n_{Bob})이 밥의 공개키 암호화키인 경우에 $n_{Bob} > n_{Alice}$라면 Alice는 다음과 같이 S를 암호화한다.

$$C = E_{Bob}(S) \equiv S^{e_{Bob}} \pmod{n_{Bob}}, \quad 0 \le C < n_{Bob}$$

$n_{Bob} < n_{Alice}$이라면 Alice는 S를 n_{Bob}보다 작은 크기의 블록으로 분할한 다음 암호화 변환 E_{Bob}를 사용하여 각 블록을 암호화한다.

복호화를 위해 Bab은 먼저 개인 복호화 변환 D_{Bob}을 사용하여 다음과 같이 S를 복구한다.

$$D_{Bob}(C) = D_{Bob}(E_{Bob}(S)) = S$$

이로부터 Alice가 보낸 것으로 추정되는 평문 메시지 M을 찾기 위해 Bab은 Alice의 공개 암호화 변환 E_{Alice}를 사용하여 다음과 같이 계산한다.

$$E_{Alice}(S) = E_{Alice}(D_{Alice}(M)) = M$$

여기서 등식 $E_{Alice}(D_{Alice}(P)) = P$를 사용했는데, 이 등식은 다음과 같기 때문에

$$d_{Alice}e_{Alice} \equiv 1 \pmod{\phi(n_{Alice})}$$

다음과 같이 성립한다.

$$E_{Alice}(D_{Alice}(P)) \equiv (P^{d_{Alice}})^{e_{Alice}} \equiv P^{d_{Alice}e_{Alice}} \equiv P \pmod{n_{Alice}}$$

평문 블록 P와 서명된 버전 S의 결합은 Bab이 이 메시지가 실제로 Alice가 보낸 것임을 확신

하게 한다. 또한 Alice는 본인이 메시지를 생성한 것을 부인할 수 없다. 왜냐하면 오직 Alice만이 원본 메시지 M에서 서명된 메시지 S를 생성할 수 있기 때문이다.

서명된 비밀 메시지를 보내는 것에는 여러 가지 보안 서비스가 제공된다. 첫째, 수신자 Bab만이 원본 메시지에 접근할 수 있기 때문에 기밀성이 보장된다. 메시지의 출처가 Alice여야 하므로 출처의 무결성이 제공된다. 또한 누구도 암호화키를 알지 못하면 메시지를 변경할 수 없기 때문에 데이터 무결성이 보장되며, Alice만이 비밀 복호화 키를 알고 있기 때문에 메시지를 생성한 사실을 부인할 수 없다.

타원곡선 암호학을 기반으로 한 전자 서명 방식을 14장에서 소개할 것이다.

9.5.3 전자 포커

샤미르, 리베스트, 애들먼은 거듭제곱 암호의 재미있는 응용 사례를 소개했다([ShRiAd81] 참조). 이들은 거듭제곱 암호를 사용하면 두 명의 플레이어가 컴퓨터를 통해 공정한 포커 게임을 할 수 있음을 보였다. 알렉스와 베티가 포커를 하려고 한다고 가정해보자. 먼저 두 사람은 공동으로 큰 소수 p를 선택한 다음에 모듈러 거듭제곱에서 지수로 사용할 비밀키 e_1과 e_2를 각자 선택한다. 대응하는 암호화 변환을 각각 E_{e_1}과 E_{e_2}라 하면 M이 평문 메시지일 때 다음과 같이 정의된다.

$$E_{e_1}(M) \equiv M^{e_1} \pmod p$$
$$E_{e_2}(M) \equiv M^{e_2} \pmod p$$

그리고 d_1과 d_2가 각각 법 p로 e_1과 e_2의 역수이고, D_{e_1}과 D_{e_2}를 이에 대응하는 복호화 변환이라고 하면 C가 암호문 메시지일 때 다음과 같이 정의된다.

$$D_{e_1}(C) \equiv C^{d_1} \pmod p$$
$$D_{e_2}(C) \equiv C^{d_2} \pmod p$$

$(M^{e_2})^{e_1} \equiv (M^{e_1})^{e_2} \pmod p$이므로 암호화 변환은 교환가능하다. 즉 다음이 성립한다.

$$E_{e_1}(E_{e_2}(M)) = E_{e_2}(E_{e_1}(M))$$

전자 포커를 플레이할 때 카드 덱은 다음 52개의 메시지로 표시된다.

$$M_1 = \text{“TWO OF CLUBS”}$$
$$M_2 = \text{“THREE OF CLUBS”}$$
$$\vdots$$
$$M_{52} = \text{“ACE OF SPADES”}$$

Alex와 Betty는 다음 순서에 따라 전자 포커를 한다. Betty가 딜러라고 가정하자.

1. Betty는 자신의 암호화 변환을 사용하여 카드의 52개 메시지를 $E_{e_2}(M_1)$, $E_{e_2}(M_2)$, $\ldots, E_{e_2}(M_{52})$로 암호화한다. 암호화된 메시지들의 순서를 무작위로 바꿔서 덱을 섞은 다음, 뒤섞인 52개의 암호화된 메시지를 Alex에게 보낸다.

2. Alex는 Betty가 보낸 암호화된 메시지 중 다섯 개를 무작위로 선택한 다음에 이 다섯 개의 메시지를 Betty에게 다시 보낸다. Betty는 자기 카드를 확인하기 위해 자신의 복호화 함수 D_{e_2}를 이용하여 각 메시지 M을 $D_{e_2}(E_{e_2}(M)) = M$과 같이 복호화한다. Alex는 암호화된 메시지 $E_{e_2}(M_j)$, $j = 1, 2, \ldots, 52$를 복호화할 수 없기 때문에 Betty가 어떤 카드를 가졌는지 알 수 없다.

3. Alex는 다른 암호화된 메시지 5개를 무작위로 선택한다. 이 메시지들을 C_1, C_2, C_3, C_4, C_5라 하고 각 $j = 1, 2, 3, 4, 5$에 대해 다음과 같다고 하자.

$$C_j = E_{e_2}(M_{i_j})$$

   Alex는 이들 다섯 개의 암호화된 메시지를 자신의 암호화 변환을 사용하여 각 $j = 1, 2, 3, 4, 5$에 대해 다음과 같이 재암호화한다.

$$C_j^* = E_{e_1}(C_j) = E_{e_1}(E_{e_2}(M_{i_j}))$$

   Alex는 두 번 암호화된 이 다섯 개의 메시지를 (처음은 Betty가, 그 다음에는 Alex가) Betty에게 보낸다.

4. Betty는 복호화 변환 D_{e_2}를 사용하여 다음을 계산한다.

$$\begin{aligned} D_{e_2}(C_j^*) &= D_{e_2}(E_{e_1}(E_{e_2}(M_{i_j}))) \\ &= D_{e_2}(E_{e_2}(E_{e_1}(M_{i_j}))) \\ &= E_{e_1}(M_{i_j}) \end{aligned}$$

위 등식은 모든 메시지 M에 대해 $E_{e_1}(E_{e_2}(M)) = E_{e_2}(E_{e_1}(M))$이고, $D_{e_2}(E_{e_2}(M)) = M$이므로 성립한다. 이제 Betty는 다섯 개의 메시지 $E_{e_1}(M_{i_j})$를 Alex에게 다시 보낸다.

5. Alex는 자신의 복호화 변환 D_{e_1}를 사용하여 다음과 같이 자신의 카드를 찾는다.

$$D_{e_1}(E_{e_1}(M_{i_j})) = M_{i_j}$$

드로우 포커와 같이 추가 카드를 딜링해야 하는 게임을 하는 경우, 남은 덱에서 추가 카드를 딜링할 때도 동일한 절차를 거친다. 설명한 절차를 사용하면 어느 플레이어도 다른 플레이어의 패에 있는 카드를 알 수 없으며, 모든 패는 각 플레이어에게 동등하게 주어진다. 부정 행위가 발생하지 않도록 하기 위해 게임이 끝나면 두 플레이어는 각자의 키를 공개하여 게임 중에 실제로 받은 카드를 확인할 수 있도록 한다.

이 체계의 가능한 약점과 이를 극복하는 방법에 대한 설명은 12.1절의 연습문제에서 확인할 수 있다.

9.5.4 비밀 공유

이제 암호의 또 다른 응용 분야, 즉 비밀을 공유하는 방법에 대해 살펴보자. 통신 네트워크에서 중요하지만 매우 민감한 정보가 있다고 가정하자. 이 정보가 여러 개인에게 배포되면 노출 위험이 크게 증가하지만, 반면에 이 정보가 손실되면 심각한 결과를 초래할 수 있다. 이러한 정보의 예로 컴퓨터 시스템에서 비밀번호 파일에 접근하는 데 사용되는 **마스터키**(master key) K를 들 수 있다.

마스터키 K를 분실과 노출로부터 보호하기 위해 **그림자**(shadows) $k_1, k_2, \ldots, k_r$을 만들어 서로 다른 r명의 개인에게 제공한다. 이 r개의 그림자 중 임의의 s개를 사용하여 키 K를 쉽게 생성할 수 있다. 반면에 s개보다 적은 그림자로는 키 K를 찾을 수는 없다. 적어도 s명이 K를 찾는데 필요하므로 키는 노출될 위험이 적다. 또한 r명의 개인 중 임의의 s명이 K를 생성할 수 있으므로 키 K는 손실될 위험이 적다. 이러한 성질을 갖는 체계를 (s,r)**-임계값 체계**((s,r)-threshold schemes)라고 한다.

이러한 속성을 가지는 그림자를 생성하는 데 사용할 수 있는 시스템을 개발하기 위해 중국인의 나머지정리를 사용한다. 키 K보다 큰 소수 p와 다음 조건들을 만족하는 p로 나눌 수 없는 서로소인 정수의 수열 $m_1, m_2, \ldots, m_r$를 선택한다.

$$m_1 < m_2 < \cdots < m_r$$

$$m_1 m_2 \cdots m_s > p m_r m_{r-1} \cdots m_{r-s+2} \tag{9.3}$$

식 (??)은 m_j 중 s개의 가장 작은 정수의 곱이 p와 m_j 중 $s-1$개의 가장 큰 정수의 곱보다 크다는 것을 나타낸다. 식 (9.3)에 의해 $M = m_1 m_2 \cdots m_s$이면, M/p은 m_j의 어떤 $s-1$개의 정수의 곱보다 크다.

이제 t를 M/p보다 작은 음 아닌 양의 정수로 임의로 선택하고 다음과 같다고 두면,

$$K_0 = K + tp$$

$0 \le K_0 = K + tp < p + tp = (t+1)p \le (M/p)p = M$이므로 $0 \le K_0 \le M-1$임을 알 수 있다.

그림자 $k_1, k_2, \ldots, k_r$를 생성하기 위해 $j = 1, 2, \ldots, r$일 때 k_j를 다음과 같은 정수로 두자.

$$k_j \equiv K_0 \pmod{m_j}, \quad 0 \le k_j < m_j$$

그림자를 가진 총 r명 중 s명의 개인으로부터 마스터키 K를 찾을 수 있는지 확인하기 위해 s개의 그림자 $k_{j_1}, k_{j_2}, \ldots, k_{j_s}$가 주어졌다고 가정하자. 중국인의 나머지정리를 사용하여 $M_j = m_{j_1} m_{j_2} \cdots m_{j_s}$일 때 K_0를 법 M_j로 최소양잉여로 쉽게 구할 수 있다. $0 \le K_0 < M \le M_j$이기 때문에 K_0을 결정한 다음 $K = K_0 - tp$를 구할 수 있다.

한편 $s-1$개의 그림자 $k_{i_1}, k_{i_2}, \ldots, k_{i_{s-1}}$만 알고 있다고 가정해보자. 중국인의 나머지정리에 따라 $M_i = m_{i_1} m_{i_2} \cdots m_{i_{s-1}}$일 때 법 M_i로 K_0의 최소양잉여 a를 구할 수 있다. 이 그림자를 통해 얻을 수 있는 K_0에 대한 유일한 정보는 a가 법 M_i로 K_0의 최소양잉여라는 것과 $0 \le K_0 < M$뿐이다. 따라서 $0 \le x < M/M_i$인 어떤 x가 있어 다음과 같이 성립한다는 것만 알 수 있다.

$$K_0 = a + xM_i$$

식 (??)으로부터 $M/M_i > p$이므로, x가 M/M_i보다 작은 양의 정수를 모두 취할 때 x는 법 p로의 잉여류의 모든 값을 취하게 된다는 것을 알 수 있다. 각 $j = 1, 2, \ldots, s$에 대해 $(m_j, p) = 1$이므로 $(M_i, p) = 1$이고, 결과적으로 x가 법 p로의 잉여류의 모든 값을 취하면 $a + xM_i$도 그렇게 된다. 따라서 K_0은 법 p로의 모든 잉여류 중 하나에 속할 수 있기 때문에 $s-1$개의 그림자에 대한 정보는 K_0을 결정하는 데 충분하지 않다.

이 임계값 체계를 예제를 사용하여 설명한다.

예제 9.17

마스터키를 $K = 4$라고 하자. 위에서 설명한 (2, 3)-임계값 체계를 값 $p = 7$, $m_1 = 11$, $m_2 = 12$, $m_3 = 17$를 사용하여 $M = m_1 m_2 = 132 > pm_3 = 119$일 때 살펴보자. $M/p = 132/7$보다 작은

양의 정수 중에서 무작위로 $t = 14$를 선택하면 다음과 같다.

$$K_0 = K + tp = 4 + 14 \cdot 7 = 102$$

세 그림자 k_1, k_2, k_3은 각각 법 m_1, m_2, m_3으로 K_0의 최소양잉여로 다음과 같이 구할 수 있다.

$$k_1 \equiv 102 \equiv 3 \pmod{11}$$
$$k_2 \equiv 102 \equiv 6 \pmod{12}$$
$$k_3 \equiv 102 \equiv 0 \pmod{17}$$

즉 세 그림자는 $k_1 = 3$, $k_2 = 6$, $k_3 = 0$이다.

세 개의 그림자 중 두 개를 통해 마스터키 K를 복원할 수 있다. 예를 들어 $k_1 = 3$과 $k_3 = 0$을 알고 있다고 가정해보자. 중국인의 나머지정리를 사용하여 K_0를 법 $m_1m_3 = 11 \cdot 17 = 187$로 나머지 연산한 값을 구할 수 있다. 다시 말해 $K_0 \equiv 3 \pmod{11}$이고 $K_0 \equiv 0 \pmod{17}$이므로 $0 \le K_0 < M = 132 < 187$로부터 $K_0 \equiv 102 \pmod{187}$임을 알 수 있다. 따라서 마스터키는 $K = K_0 - tp = 102 - 14 \cdot 7 = 4$이다.

비밀 공유 체계에 대해 자세한 내용은 [MevaVa97]을 참조하기 바란다.

9.5.5 동형 암호

암호체계는 파일을 암호화하여 비밀로 유지하는 데 사용될 수 있다. 암호화된 파일은 컴퓨터에 저장하거나 원격 서버로 전송하여 저장할 수 있다. 시간이 지나면서 점점 더 많은 암호화된 파일이 **클라우드**(cloud)라 불리는 원격 컴퓨터에 저장된다. 클라우드에서 데이터를 로컬 컴퓨터로 다운로드하여 처리하면, 도청자가 이 데이터에 접근할 수 있다. 계산된 데이터가 포함된 암호화된 파일을 사용하여 클라우드에서 암호화된 데이터에 대한 계산을 수행할 수 있다면 더 안전할 것이다.

1978년, RSA 암호체계 도입 직후에 연구자들은 클라우드에서 데이터를 복호화할 필요가 없도록 암호화된 데이터에 대한 임의의 계산을 허용하는 암호체계를 고안할 수 있을까라는 질문을 제기했다. 이러한 암호체계는 원격으로 암호화된 데이터로 임의의 계산을 실행할 수 있기 때문에 **완전동형 암호체계**(fully homomorphic cryptosystem)이라고 불린다.

완전동형 암호화를 위한 성과를 논의하기 전에 RSA 암호체계는 암호화된 데이터에 전부는 아니지만 일부 연산을 실행하여 결과의 암호문을 얻을 수 있기 때문에 **부분동형**(partially homomorphic)임을 보인다. 특히 RSA를 사용하면 복호화 없이도 암호화된 데이터를 곱할 수는 있지만, 복호화 없이 암호화된 데이터를 더할 수는 없다.

예제 9.18

RSA는 부분동형이다.

만약 (n, e)가 RSA 암호체계의 공개키이고 M_1과 M_2는 $0 \le M_1 < n$이고 $0 \le M_2 < n$를 만족하는 평문 메시지라면 다음과 같음을 알 수 있다.

$$E_{(n,e)}(M_1M_2) \equiv (M_1M_2)^e (\text{mod } m) \equiv (M_1^e \cdot M_2^e)(\text{mod } m)$$
$$= E_{(n,e)}(M_1)E_{(n,e)}(M_2)$$

비고. 학부의 대수학 과목을 수강한 학생들은 그룹 $(G, \odot)$에서 그룹 $(H, \bullet)$으로의 **동형사상**(homomorphism)이란 f가 G에서 H로의 함수이며 G의 모든 원소 a와 b에 대해 $f(a \odot b) = f(a) \bullet f(b)$를 만족하는 것을 기억할 것이다. 이 정의는 동형 암호라는 용어가 어디서 유래했는지 보여준다.

지금까지 보인 것은 RSA가 **곱셈동형**(multiplicatively homomorphic)이라는 것이다. RSA를 사용해 암호화한 경우에 두 평문 암호의 곱의 암호화는 두 암호의 곱과 같기 때문에 먼저 복호화하지 않고 곱셈을 수행할 수 있다.

그러나 모든 $\mathbb{Z}_n$에 속한 M_1과 M_2에 대해 $E_{(n,e)}(M_1) +_n E_{(n,e)}(M_2) = E_{(n,e)}(M_1 + M_2)$이 되지는 않는다. (이를 $M_2 = 1$일 때 쉽게 확인할 수 있다.) 즉 RSA로 암호화하는 경우, 두 평문의 합의 암호화가 두 암호화의 합과 같지 않다는 것이다. 이러한 이유로 RSA는 **덧셈동형**(additively homomorphic)이 아니며 완전동형도 아니다.

11장에서는 곱셈동형이지만 완전동형은 아닌 엘가말 암호체계를 소개하고, 연습문제에서는 덧셈동형이지만 완전동형이 아닌 파이에 암호체계를 소개한다.

비록 완전동형 암호체계에 대한 탐색은 1978년에 시작되었지만, 2009년이 되어서야 젠트리(Craig Gentry)가 스탠포드 대학의 박사 학위 논문에서 최초의 완전동형 암호체계를 제시했다. 젠트리의 암호체계는 곱셈과 덧셈 모두 동형이며, 곱셈과 덧셈 회로를 사용하여 임의의 계산을 수행하는 회로를 구성할 수 있다. 그러나 그의 시스템의 일부 측면은 구현하기 어렵고 비효율적이다. 2009년 이후 많은 발전이 이루어져 여러 세대의 완전동형 암호체계가 개발되었으며, 오늘날 상용 클라우드 컴퓨팅 제공 업체는 완전동형 암호체계를 서비스로 제공하고 있다.

9.5 연습문제

1. 디피-헬만 키 합의 프로토콜을 사용하여 법이 $p = 103$이고 밑이 $r = 5$일 때 키 $k_1 = 27$과 $k_2 = 31$을 가진 두 당사자가 사용할 수 있는 공통 키를 찾아라.

2. 디피-헬만 키 합의 프로토콜을 사용하여 법이 $p = 53$이고 밑이 $r = 2$일 때 키 $k_1 = 7$과 $k_2 = 8$을 가진 두 당사자가 사용할 수 있는 공통 키를 찾아라.

3. 법이 $p = 601$이고 밑이 $r = 7$일 때 키 $k_1 = 3, k_2 = 10$, $k_3 = 5$를 가진 세 당사자가 공유할 수 있는 그룹 키 K는 얼마인가?

4. 법이 $p = 1009$이고 밑이 $r = 3$일 때 키 $k_1 = 11, k_2 = 12$, $k_3 = 17$, $k_4 = 19$를 가진 네 당사자가 공유할 수 있는 그룹 키 K는 얼마인가?

*5. 본문에서 설명된 대로 n명의 당사자가 공통 키를 공유할 수 있는 프로토콜의 단계를 설명하라.

6. Romeo와 Juliet은 각각 $(5, 19 \cdot 67)$ 및 $(3, 11 \cdot 71)$을 RSA 키로 사용한다.

   a) 본문에 설명된 방법을 사용하여 Romeo가 Juliet에게 평문 메시지 GOODBYE SWEET LOVE를 보내는 경우 서명된 암호문 메시지는 무엇인가?

   b) 본문에 설명된 방법을 사용하여 Juliet이 Romeo에게 평문 메시지 ADIEU FOREVER를 보내는 경우 서명된 암호문 메시지는 무엇인가?

7. Harold와 Audrey는 각각 $(3, 23 \cdot 47)$ 및 $(7, 31 \cdot 59)$을 RSA 키로 사용한다.

   a) 본문에 설명된 방법을 사용하여 Harold가 Audrey에게 평문 메시지 CHEERS HAROLD를 보내는 경우 서명된 암호문 메시지는 무엇인가?

   b) 본문에 설명된 방법을 사용하여 Audrey가 Harold에게 평문 메시지 SINCERELY AUDREY를 보내는 경우 서명된 암호문 메시지는 무엇인가?

연습문제 8과 9에서는 블록 크기의 변경 가능성을 피하면서 RSA 암호체계를 사용하여 서명된 메시지를 보내는 두 가지 방법을 소개한다.

*8. H를 고정된 정수라고 하고 n과 n^*가 각각 $n < H < n^*$를 만족하는 두 소수의 곱이라고 할 때, 각 개인이 두 쌍의 암호화키 $k = (e, n)$과 $k^* = (e, n^*)$를 가지고 있다고 가정하자. RSA 암호체계를 사용하여 개인 i는 개인 j에게 $E_{k_j^*}(D_{k_i}(P))$를 전송함으로써 서명된 메시지 P를 보낼 수 있다.

   a) 변환 D_{k_i}가 적용된 후에 변환 $E_{k_j^*}$가 적용될 때 블록 크기를 변경할 필요가 없음을 보여라.

   b) 개인 j가 평문 메시지 P를 복구하는 방법과 개인 i 이외의 다른 사람이 메시지를 보낼 수 없는 이유를 설명하라.

   c) 개인 i가 암호화키 $(3, 11 \cdot 71)$와 $(3, 29 \cdot 41)$를 가지고 있다면 $781 = 11 \cdot 71 < 1000 < 1189 = 29 \cdot 41$이 된다. 또한 개인 j가 암호화키 $(7, 19 \cdot 47)$와 $(7, 31 \cdot 37)$을 가지고 있다면 $893 = 19 \cdot 47 < 1000 < 1147 = 31 \cdot 37$이다. 이 연습문제의 시작 부분에서 제시된 방법을 사용하여 개인 i가 HELLO ADAM이라는 서명된 평문 메시지를 개인 j에게 보낼 때 어떤 암호문 메시지를 보내는가? 또한 서명된 평문 메시지가 GOODBYE ALICE일 때 개인 j가 개인 i에게 보내는 암호문 메시지는 무엇인가?

*9. a) 개인 i와 개인 j가 각각 암호화키 $k_i = (e_i, n_i)$와 $k_j = (e_j, n_j)$를 가지고 있고, n_i와 n_j가 각각 두 개의 서로 다른 소수의 곱인 경우에 개인 i는 서명된 메시지 P를 개인 j에게 다음과 같이 전송함으로써

$$\text{만약 } n_i < n_j \text{인 경우} \quad E_{k_j}(D_{k_i}(P))$$

$$\text{만약 } n_i < n_j \text{인 경우} \quad D_{k_j}(E_{k_i}(P))$$

블록 크기를 변경하지 않고도 P를 j에게 보낼 수 있음을 보여라.

b) 개인 j는 P를 어떻게 복구할 수 있는가?

c) 개인 j는 메시지가 개인 i로부터 온 것임을 어떻게 보장할 수 있는가?

d) $k_i = (11, 47 \cdot 61)$이고 $k_j = (13, 43 \cdot 59)$일 때 (a)에서 설명된 방법을 사용하여 메시지가 REGARDS FRED인 경우 개인 i가 개인 j에게 보내는 것은 무엇이고, 메시지가 REGARDS ZELDA인 경우 개인 j가 개인 i에게 보내는 것은 무엇인가?

10. 값 $p = 7$, $m_1 = 11$, $m_2 = 12$, $m_3 = 17$, $t = 14$로 본문에서 설명된 $(2, 3)$-임계값 체계를 사용하여 예제 9.17에서와 같이 마스터키 $K = 5$를 세 그림자로 분해하라.

11. 값 $p = 5$, $m_1 = 8$, $m_2 = 9$, $m_3 = 11$, $t = 13$으로 $(2, 3)$-임계값 체계를 사용하여 마스터키 $K = 3$을 세 그림자로 분해하라.

12. 연습문제 10에서 찾은 세 쌍의 그림자로부터 마스터키 K를 복원하는 방법을 보여라.

13. 연습문제 11에서 찾은 세 쌍의 그림자로부터 마스터키 K를 복원하는 방법을 보여라.

14. 본문에서 설명한 유형의 $(3, 5)$-임계값 체계를 구축하라. 이 체계를 사용하여 마스터키 $K = 22$를 다섯 개의 그림자로 분해하고, 이 중 세 개의 그림자로 마스터키를 찾는 방법을 보여라.

파이에 암호체계(Paillier cryptosystem)는 프랑스의 암호학자 파이에(Pascal Paillier)가 1999년에 도입한 공개키 암호체계로 일부 전자 투표 시스템과 전자 현금 제도를 포함하여 다양한 응용 분야에서 사용된다. 이 시스템에서는 공개키 (n, g)와 그에 대응하는 개인키 (p, q)가 소수 p와 q를 무작위로 선택하여 $n = pq$로 정의해 생성된다. 이때 $\lambda = (p-1)(q-1)$에 대해 $(pq, \lambda) = 1$이고, 0이 아닌 $\mathbb{Z}_n$의 원소 g가 $(((g^\lambda \ \mathbf{mod}\ n^2) - 1)/n, n) = 1$이 되도록 선택된다. 메시지 $m \in \mathbb{Z}_n$은 무작위로 선택된 $r \in \mathbb{Z}_n$에 대해 $c = g^m r^n \pmod{n^2}$으로 암호화된다.

15. a) 파이에 암호체계의 공개키를 생성하기 위해 $p = 149$, $q = 179$, $g = 5$를 선택할 수 있는지 매개변수에 필요한 모든 조건이 성립함을 보여줌으로써 확인하고, 생성된 공개 및 개인키를 구하라.

b) $r = 81$이 선택되었을 때 평문 $m = 67$에 해당하는 암호문을 찾아라.

16. 파이에 암호체계가 덧셈동형임을 보여라.

계산과 탐구

1. 100자리 이상의 소수 p를 사용하여 디피-헬먼 프로토콜로 공통 키 집합을 생성하라.
2. RSA 암호체계를 사용하여 서명된 메시지를 생성하고, 이러한 메시지가 예상된 발신자로부터 온 것임을 검증하라.
3. 마스터키를 6개의 그림자로 분해하는 $(4,6)$-임계값 체계를 구축하라. 이 그림자를 동료 6명에게 분배한 다음, 이 6명 중 4명씩으로 구성된 다른 세 그룹을 선택하여 각 그룹에 속한 사람들의 그림자 4개에서 다시 키를 찾아라.

프로그래밍 프로젝트

1. 디피-헬먼 프로토콜을 사용하여 네트워크 내 개인들 간의 공통 키를 생성하라.
2. 메시지와 수신자의 암호화키 (e, n_1)과 발신자의 복호화 키 (d, n_2)가 주어졌을 때 메시지를 서명하고 암호화하라.
3. RSA 암호와 연습문제 8에서 제시된 방법을 사용하여 서명된 메시지를 전송하라.
4. RSA 암호와 연습문제 9에서 제시된 방법을 사용하여 서명된 메시지를 전송하라.

*5. 모듈러 거듭제곱 연산을 통해 암호화하여 전자 포커를 플레이하라.

6. 본문에서 설명된 유형의 임계값 체계에서 그림자를 구하라.
7. 본문에서 설명된 임계값 체계에 대한 그림자 집합이 주어졌을 때 마스터키를 복구하라.
8. 파이에 암호체계를 사용하여 메시지를 암호화하라.

제10장
원시근

이 장에서는 양의 정수 n이 주어졌을 때 법 n으로의 정수 집합의 곱셈 구조를 조사한다. 먼저, 정수의 거듭제곱을 n으로 나누었을 때 나머지가 1이 되는 최소 거듭제곱을 나타내는 개념인 법 n으로 정수의 위수를 소개한다. 또한 법 n으로 정수의 위수의 기본적인 성질을 연구한다. n이 양의 정수일 때 양의 정수 x의 거듭제곱이 법 n으로 모든 정수를 생성하는 경우, 이를 법 n의 원시근이라고 하는데, 어떤 정수 n에 대해 원시근이 있는지를 결정한다.

원시근은 많은 용도가 있다. 예를 들어 정수 n이 원시근을 가질 때 정수의 이산로그(또한 지표라고도 함)를 정의할 수 있다. 이산로그는 양수 실수의 로그와 유사한 많은 성질을 갖는다. 이산로그는 법 n으로의 계산을 간단하게 만드는 데 사용될 수 있다.

이 장의 결과를 사용하여 페르마의 작은 정리의 부분적인 역을 나타내는 소수 판정법을 개발하는 방법을 보인다. 프로트 소수 판정법은 특별한 형태의 수가 소수임을 보이는 데 널리 사용된다. 또한 정수가 소수임을 확인하는 데 사용할 수 있는 절차를 설정한다.

마지막으로, 법 n으로의 최소보편지수의 개념을 소개한다. 이것은 모든 정수 x에 대해 $x^U \equiv 1 \pmod{n}$이 되는 최소 지수 U를 의미한다. n의 최소보편지수에 대한 공식을 개발하고, 이 공식을 사용하여 카마이클 수에 대한 유용한 결과를 증명할 것이다.

10.1 정수의 위수와 원시근

이 절에서는 1보다 큰 양의 정수 n에 대해 법 n으로 양의 정수 a의 거듭제곱의 최소양잉여에 대해 연구한다. 먼저, 법 n으로 a의 **위수**(order), 즉 법 n으로 1과 합동인 a의 거듭제곱의 최소지수를 연구한다. 그런 다음, a가 n과 서로소인 정수일 때 a의 거듭제곱의 최소양잉여가 n보다 작고 n과 서로소인 모든 양의 정수를 생성하는 정수 a를 연구한다. 그런 정수들이 존재할 때, 그것들을 n의 **원시근**(primitive root)이라고 한다. 이 장에서의 주요 목표 중 하나는 어떤 양의 정수가 원시근을 갖는지를 결정하는 것이다.

10.1.1 정수의 위수

오일러 정리에 따라 n이 양의 정수이고 a가 n과 서로소인 정수이면 $a^{\phi(n)} \equiv 1 \pmod{n}$이다. 따라서 적어도 하나의 양의 정수 x가 $a^x \equiv 1 \pmod{n}$을 만족한다. 결과적으로 정렬 성질에 의해 이 합동식을 만족하는 가장 작은 양의 정수 x가 존재한다.

정의 10.1

n은 1보다 큰 양의 정수이고 a는 n과 서로소인 정수라고 하자. 그러면 $a^x \equiv 1 \pmod{n}$을 만족하는 가장 작은 양의 정수 x를 **법 n으로 a의 위수**(order of a modulo n)라고 하며 $\text{ord}_n a$로 표기한다.

비고. p가 소수일 때 군 $(\mathbb{Z}_p^*, *)$에서의 a의 위수는 법 p로 a의 위수와 같다.

비고. 이 표기법 $\text{ord}_n a$는 1801년 가우스가 쓴 《**Disquisitiones Arithmeticae**》에서 소개되었다. 가우스가 사용한 다른 표기법들과는 달리, 이 표기법은 여전히 널리 사용되고 있다.

예제 10.1

법 7로 2의 위수를 찾기 위해서는 법 7로 2의 거듭제곱의 최소양잉여를 계산해야 한다. 그 결과는 다음과 같다.

$$2^1 \equiv 2 \pmod{7},\ 2^2 \equiv 4 \pmod{7},\ 2^3 \equiv 1 \pmod{7}$$

따라서 $\text{ord}_7 2 = 3$이다. 비슷하게 법 7로 3의 위수를 찾기 위한 과정은 다음과 같다.

$$3^1 \equiv 3 \pmod{7},\ 3^2 \equiv 2 \pmod{7},\ 3^3 \equiv 6 \pmod{7}$$

$$3^4 \equiv 4 \pmod{7},\ 3^5 \equiv 5 \pmod{7},\ 3^6 \equiv 1 \pmod{7}$$

따라서 $\text{ord}_7 3 = 6$이다.

합동식 $a^x \equiv 1 \pmod{n}$의 모든 해를 찾기 위해 다음의 정리가 필요하다.

정리 10.1

양의 정수 n과 $(a, n) = 1$인 정수 a에 대해 양의 정수 x가 합동식 $a^x \equiv 1 \pmod{n}$의 해일 필요충분조건은 $\text{ord}_n a \mid x$이다.

증명 10.1

만약 $\text{ord}_n a \mid x$이면 $x = k \cdot \text{ord}_n a$ (k는 양의 정수)이다. 따라서 다음이 성립한다.

$$a^x = a^{k \cdot \text{ord}_n a} = (a^{\text{ord}_n a})^k \equiv 1 \pmod{n}$$

역으로, 만약 $a^x \equiv 1 \pmod{n}$이라면 먼저 나눗셈 알고리즘을 사용하여 다음과 같이 쓸 수 있다.

$$x = q \cdot \text{ord}_n a + r, \quad 0 \leq r < \text{ord}_n a$$

이 식을 이용하면 다음이 성립한다.

$$a^x = a^{q \cdot \text{ord}_n a + r} = (a^{\text{ord}_n a})^q a^r \equiv a^r \pmod{n}$$

$a^x \equiv 1 \pmod{n}$이라는 사실을 이용하면 $a^r \equiv 1 \pmod{n}$임을 알 수 있다. 이제 부등식 $0 \leq r < \text{ord}_n a$에 의해 $r = 0$임을 결론지을 수 있다. 왜냐하면 정의에 의해 $y = \text{ord}_n a$는 $a^y \equiv 1 \pmod{n}$을 만족하는 가장 작은 양의 정수이기 때문이다. $r = 0$이므로 $x = q \cdot \text{ord}_n a$가 되고, 따라서 $\text{ord}_n a \mid x$가 성립한다.

예제 10.2

정리 10.1과 예제 10.1을 사용하여 $x = 10$ 및 $x = 15$가 $2^x \equiv 1 \pmod{7}$의 해인지 결정할 수 있다. 예제 10.1에 의하면 $\text{ord}_7 2 = 3$임을 알 수 있다. 3은 10을 나누지 않지만 15는 나누기 때문에, 정리 10.1에 의해 $x = 10$은 $2^x \equiv 1 \pmod{7}$의 해가 아니지만 $x = 15$는 이 합동식의 해임을 알 수 있다.

정리 10.1에 의해 다음 따름정리를 얻을 수 있다.

따름정리 10.1.1

양의 정수 n과 $(a, n) = 1$인 정수 a에 대해 $\text{ord}_n a \mid \phi(n)$이다.

증명 10.1.1

$(a, n) = 1$이므로 오일러 정리에 의해 다음 식이 성립한다.

$$a^{\phi(n)} \equiv 1 \pmod{n}$$

정리 10.1을 사용하여, $\text{ord}_n a \mid \phi(n)$임을 결론지을 수 있다.

위수를 계산할 때 따름정리 10.1.1을 사용하여 계산량을 줄일 수 있다. 다음 예제는 이 절차를 설명한다.

예제 10.3

법 9로 7의 위수를 찾기 위해 우선 $\phi(9) = 6$임을 주목하자. 6의 양의 약수는 1, 2, 3, 6이므로 따름정리 10.1.1에 의해 $\text{ord}_9 7$의 가능한 값은 이들 중 하나이다.

$$7^1 \equiv 7 \pmod 9, 7^2 \equiv 4 \pmod 9, 7^3 \equiv 1 \pmod 9$$

따라서 $\text{ord}_9 7 = 3$임을 알 수 있다.

예제 10.4

법 17에 대한 5의 위수를 찾기 위해 우선 $\phi(17) = 16$임을 주목하자. 16의 양의 약수는 1, 2, 4, 8, 16이므로 따름정리 10.1.1에 의해 $\text{ord}_{17} 5$의 가능한 값은 이들 중 하나이다. 다음과 같은 합동식을 통해 이를 구할 수 있다.

$$5^1 \equiv 5 \pmod{17}, 5^2 \equiv 8 \pmod{17}, 5^4 = (5^2)^2 \equiv 8^2 \equiv -4 \pmod{17},$$
$$5^8 \equiv (5^4)^2 \equiv (-4)^2 \equiv 16 \pmod{17}, 5^{16} \equiv 1 \pmod{17}$$

따라서 $\text{ord}_{17} 5 = 16$임을 결론지을 수 있다.

$\text{ord}_{17} 5 = 16$임을 결론짓기 위해 필요한 유일한 합동식은 $5^8 \equiv 16 \pmod{17}$이다. 이 합동식은 $\text{ord}_{17} 5$가 1, 2, 4, 8이 아닌 것을 알려주므로 $\text{ord}_{17} 5$는 16이어야 한다.

다음 정리는 이후의 논의에서 유용하게 사용될 것이다.

정리 10.2

양의 정수 n과 $(a, n) = 1$인 정수 a에 대해 i와 j가 음이 아닌 정수일 때 $a^i \equiv a^j \pmod n$이 성립할 필요충분조건은 $i \equiv j \pmod{\text{ord}_n a}$이다.

증명 10.2

$i \equiv j \pmod{\text{ord}_n a}$이고 $0 \le j \le i$라고 가정하자. 그러면 $i = j + k \cdot \text{ord}_n a$가 되는 음이 아닌 정수 k가 존재한다. 따라서 $a^{\text{ord}_n a} \equiv 1 \pmod n$이기 때문에 다음과 같다.

$$a^i = a^{j + k \cdot \textbf{ord}_n a} = a^j (a^{\textbf{ord}_n a})^k \equiv a^j \pmod n$$

역으로 $a^i \equiv a^j \pmod{n}$이고 $i \geq j$인 경우를 가정해보자. $(a,n)=1$이므로 $(a^j,n)=1$이다. 따라서 따름정리 5.5.1을 사용하여 합동식

$$a^i \equiv a^j \equiv a^j a^{i-j} \pmod{n}$$

에서 a^j을 소거하면

$$a^{i-j} \equiv 1 \pmod{n}$$

을 얻는다. 정리 10.1에 의해 이로부터 $\mathrm{ord}_n a$가 $i-j$를 나누므로 $i \equiv j \pmod{\mathrm{ord}_n a}$임을 알 수 있다.

다음 예제는 정리 10.2의 사용법을 설명한다.

예제 10.5

$a=3$이고 $n=14$라고 하면, $\phi(14)=6$이고 $5 \equiv 11 \pmod{6}$이지만 $9 \not\equiv 20 \pmod{6}$이다. 따라서 정리 10.2에 의해 $3^5 \equiv 3^{11} \pmod{14}$이지만 $3^9 \not\equiv 3^{20} \pmod{14}$임을 알 수 있다.

10.1.2 원시근

주어진 양의 정수 n에 대해 법 n으로 위수가 $\phi(n)$과 같은 정수 a에 관심이 있다. 여기서 $\phi(n)$은 법 n으로 가능한 최대 위수임을 주목하자. 이러한 정수 a가 존재할 때 a의 거듭제곱의 최소양잉여가 n보다 작고 n과 서로소인 모든 양의 정수를 돌아다니게 된다.

정의 10.2

양의 정수 n과 $(r,n)=1$인 정수 r에 대해 $\mathrm{ord}_n r = \phi(n)$이면, r을 **법 n의 원시근**(primitive root modulo n) 또는 **n의 원시근**(primitive root of n)이라고 한다. 이 경우에 n이 원시근을 가진다고 말한다.

예제 10.6

이전에 $\mathrm{ord}_7 3 = 6 = \phi(7)$임을 보였다. 따라서 3은 7의 원시근이다. 마찬가지로 $\mathrm{ord}_7 5 = 6$이기 때문에, 5 또한 7의 원시근이 된다.

비고. n의 원시근의 개념은 군론의 언어로 표현될 수 있다. $(\mathbb{Z}_n^*, *)$가 n과 서로소인 정수들의 법 n으로 잉여류로 이루어진 군임을 상기해보자. 양의 정수 a가 n보다 작을 때, a가 n의 원시근이 되려면 $\mathbb{Z}_n^*$의 모든 원소가 a의 거듭제곱이어야 한다. 다시 말해 a가 n의 원시근이 되려면 a가 $\mathbb{Z}_n^*$의 **생성자**(generator)여야 하며, 이는 $\mathbb{Z}_n^*$가 **순환군**(cyclic group)임을 의미한다.

오일러는 1737년에 **원시근**이라는 용어를 만들었다. 그러나 소수가 원시근을 가진다는 것에 대한 그의 증명은 부정확했다. 1770년에 라그랑주가 처음으로 이 결과의 올바른 증명을 제시했다. 이 증명은 10.2절에서 소개한다. 가우스도 원시근을 광범위하게 연구하고 모든 소수가 원시근을 가지는 것에 대한 여러 추가적인 증명을 제시했다.

모든 정수가 원시근을 갖는 것은 아니다. 예를 들어 8의 원시근은 없다. 이를 확인하기 위해, 8보다 작고 8과 서로소인 정수 1, 3, 5, 7을 살펴보자. $\text{ord}_8 1 = 1$이고 $\text{ord}_8 3 = \text{ord}_8 5 = \text{ord}_8 7 = 2$이다. $\phi(8) = 4$이므로 8의 원시근은 존재하지 않음을 알 수 있다.

첫 30개의 1보다 큰 양의 정수 중에서 2, 3, 4, 5, 6, 7, 9, 10, 11, 13, 14, 17, 18, 19, 22, 23, 25, 26, 27, 29가 원시근을 가지고 있음을 알 수 있다. 반면에 8, 12, 15, 16, 20, 21, 24, 28, 30은 원시근을 가지고 있지 않다. (연습문제 5~8을 통해 이를 확인해보기 바란다.) 위의 증거를 바탕으로 다음과 같은 추측을 할 수 있다. 이 범위 내에서 모든 소수는 원시근을 가지며, 모든 홀수 소수의 거듭제곱도 원시근을 가진다($9 = 3^2$, $25 = 5^2$, $27 = 3^3$은 원시근을 가진다). 그러나 2의 거듭제곱 중에서 원시근을 가지는 것은 4뿐이다. 이 범위 내에서 원시근을 가지는 다른 정수는 $6, 10, 14, 18, 22, 26$이다. 이 정수들은 공통점은 무엇일까? 각각은 홀수 소수의 거듭제곱 또는 홀수 소수의 거듭제곱의 두 배이다. 이 증거를 사용하여 양의 정수가 홀수 소수 p와 양의 정수 t에 대해 $2, 4, p^t, 2p^t$과 같을 때에만 원시근을 가진다고 추측할 수 있다. 10.2절과 10.3절은 이 추측을 검증하기 위해 할애되어 있다.

원시근이 유용하게 사용되는 한 가지 방법을 보여주기 위해 다음 정리를 제시하고자 한다.

정리 10.3

양의 정수 n과 $(r, n) = 1$인 정수 r에 대해 r이 n의 원시근이라면 다음과 같은 정수들은 법 n으로 축소된 잉여계를 형성한다.

$$r^1, r^2, \ldots, r^{\phi(n)}$$

증명 10.3

원시근 r의 처음 $\phi(n)$개의 거듭제곱이 법 n으로 축소된 잉여계를 형성하는 것을 보이기 위해 이들이 모두 n과 서로소임과 동시에 법 n으로 서로 합동인 것이 없음을 보이면 된다.

$(r, n) = 1$이므로 3.1절의 연습문제 16에 의해 임의의 양의 정수 k에 대해 $(r^k, n) = 1$이다. 따라서 이러한 거듭제곱들은 모두 n과 서로소이다. 이러한 거듭제곱들 중 두 개가 법 n으로 서로 합동인 것이 없음을 보이기 위해 다음을 가정해보자.

$$r^i \equiv r^j \pmod{n}$$

정리 10.2에 의해 $i \equiv j \pmod{\text{ord}_n r}$임을 알 수 있다. 여기서 r이 n의 원시근이므로 $\text{ord}_n r = \phi(n)$이다. 따라서 이는 $i \equiv j \pmod{\phi(n)}$과 같다. 그러나 $1 \leq i \leq \phi(n)$ 및 $1 \leq j \leq \phi(n)$인 경우 $i \equiv j \pmod{\phi(n)}$은 $i = j$를 의미한다. 따라서 이러한 거듭제곱들 중 두 개가 법 n으로 서로 합동인 것이 없음을 보여준다. 이로써 이들은 법 n으로 축소된 잉여계를 형성함을 보였다.

예제 10.7

따름정리 10.1.1에 의하면 $\text{ord}_9 2 \mid \phi(9) = 6$임을 알고 있다. 따라서 $\text{ord}_9 2$의 가능한 값은 1, 2, 3, 6이다. $2^1 = 2$, $2^2 = 4$, $2^3 = 8$이 모두 법 9로 1과 합동이 아니므로, $\text{ord}_9 2$가 6임을 결론지을 수 있다. 이것은 2가 9의 원시근임을 알려준다. 따라서 정리 10.3에 의해 2의 처음 $\phi(9) = 6$개의 거듭제곱은 법 9로 축소된 잉여계를 형성한다. 이들은 $2^1 \equiv 2 \pmod 9$, $2^2 \equiv 4 \pmod 9$, $2^3 \equiv 8 \pmod 9$, $2^4 \equiv 7 \pmod 9$, $2^5 \equiv 5 \pmod 9$, $2^6 \equiv 1 \pmod 9$이다.

어떤 정수가 원시근을 갖고 있을 때 보통 많은 원시근을 갖게 된다. 이를 증명하기 위해 먼저 다음 정리를 증명한다.

정리 10.4

만약 $\text{ord}_n a = t$이고 u가 양의 정수이면 다음과 같다.

$$\text{ord}_n(a^u) = t/(t, u)$$

증명 10.4

$s = \text{ord}_n(a^u), v = (t, u), t = t_1 v$, $u = u_1 v$라고 놓자. 정리 3.1에 의해 $(t_1, u_1) = 1$임을 알 수 있다.

$t_1 = t/(t, u)$이므로 $\text{ord}_n(a^u) = t_1$임을 보이면 된다. 이를 위해 $(a^u)^{t_1} \equiv 1 \pmod n$임을 보일 것이다. 먼저 다음을 주목하자.

$$(a^u)^{t_1} = (a^{u_1 v})^{(t/v)} = (a^t)^{u_1} \equiv 1 \pmod n$$

여기서 $\text{ord}_n a = t$임을 이용했다. 위 식에 정리 10.1을 적용하면 $s \mid t_1$임을 알 수 있다.

반면 다음과 같으므로 $t \mid us$임을 알 수 있다.

$$(a^u)^s = a^{us} \equiv 1 \pmod n$$

따라서 $t_1 v \mid u_1 v s$가 되고 $t_1 \mid u_1 s$가 된다. 여기서 $(t_1, u_1) = 1$이므로, 도움정리 4.2를 이용하면

$t_1 \mid s$임을 알 수 있다.

이제 $s \mid t_1$이고 $t_1 \mid s$이므로 $s = t_1 = t/v = t/(t,u)$임을 결론지을 수 있다. 이로써 결과가 증명되었다.

예제 10.8

예제 10.1에서 $\text{ord}_7 3 = 6$임을 보였기 때문에, 정리 10.4로부터 $\text{ord}_7 3^4 = 6/(6,4) = 6/2 = 3$임을 알 수 있다.

다음에 나오는 정리 10.4의 따름정리는 원시근의 거듭제곱이 어떤 경우에 다시 원시근이 되는지를 알려준다.

따름정리 10.4.1

1보다 큰 양의 정수 n과 n의 원시근 r에 대해 r^u이 n의 원시근이 될 필요충분조건은 $(u, \phi(n)) = 1$이다.

증명 10.4.1

정리 10.4에 의해 다음이 성립한다.

$$\begin{aligned}\text{ord}_n r^u &= \text{ord}_n r/(u, \text{ord}_n r)\\ &= \phi(n)/(u, \phi(n))\end{aligned}$$

따라서 $\text{ord}_n r^u = \phi(n)$, 즉 r^u이 n의 원시근일 필요충분조건은 $(u, \phi(n)) = 1$임을 알 수 있다.

이 따름정리로부터 곧바로 다음 정리를 얻을 수 있다.

정리 10.5

만약 양의 정수 n의 원시근이 존재하면 서로 합동이 아닌 n의 원시근의 총 개수는 $\phi(\phi(n))$이다.

증명 10.5

r을 n의 원시근이라고 하면, 정리 10.3에 의해 $r, r^2, \ldots, r^{\phi(n)}$이 법 n으로 축소된 잉여계를 형성한다. 따름정리 10.4.1에 따르면 r^u이 n의 원시근이 될 필요충분조건은 $(u, \phi(n)) = 1$이다. 이러한 정수 u가 정확히 $\phi(\phi(n))$개 있기 때문에, 서로 합동이 아닌 n의 원시근은 정확히 $\phi(\phi(n))$개임을 알 수 있다.

예제 10.9

$n = 11$로 놓고, 2가 11의 원시근임을 주목하자(연습문제 5를 참조하기 바란다). 11이 원시근을 가지고 있기 때문에, 정리 10.5에 의해 11은 총 $\phi(\phi(11)) = 4$개의 서로 합동이 아닌 원시근을 가짐을 알 수 있다. 여기서 $\phi(11) = 10$이므로, 정리 10.5의 증명에 따르면 이러한 원시근을 $2^1, 2^3, 2^7, 2^9$의 최소비음잉여인 2, 8, 7, 6을 택하여 얻을 수 있다. 즉 11의 서로 합동이 아닌 모든 원시근은 2, 6, 7, 8로 이루어져 있다.

10.1 연습문제

1. 다음 각각의 위수를 구하라.

   a) $\text{ord}_5 2$　　b) $\text{ord}_{10} 3$　　c) $\text{ord}_{13} 10$　　d) $\text{ord}_{10} 7$

2. 다음 각각의 위수를 구하라.

   a) $\text{ord}_{11} 3$　　b) $\text{ord}_{17} 2$　　c) $\text{ord}_{21} 10$　　d) $\text{ord}_{25} 9$

3. $\text{ord}_3 2 = 2$, $\text{ord}_5 2 = 4$, $\text{ord}_7 2 = 3$임을 보여라.

4. $\text{ord}_{13} 2 = 12$, $\text{ord}_{17} 2 = 8$, $\text{ord}_{241} 2 = 24$임을 보여라.

5. a) 5는 6의 원시근임을 보여라.
   b) 2는 11의 원시근임을 보여라.

6. 다음에 주어진 정수의 원시근을 각각 구하라.

   a) 4　　c) 10　　e) 14
   b) 5　　d) 13　　f) 18

7. 12는 원시근을 갖지 않음을 보여라.

8. 20은 원시근을 갖지 않음을 보여라.

9. 14의 서로 합동이 아닌 원시근은 몇 개인가? 그 개수만큼의 서로 합동이 아닌 14의 원시근을 찾아라.

10. 13의 서로 합동이 아닌 원시근은 몇 개인가? 그 개수만큼의 서로 합동이 아닌 13의 원시근을 찾아라.

11. $\overline{a}$가 법 n으로 a의 역수이면, $\text{ord}_n a = \text{ord}_n \overline{a}$임을 보여라.

12. n이 양의 정수이고 a와 b가 n과 서로소인 정수일 때 $(\text{ord}_n a, \text{ord}_n b) = 1$이라면, $\text{ord}_n(ab) = \text{ord}_n a \cdot \text{ord}_n b$임을 보여라.

13. a와 n이 서로소인 양의 정수이고 $\text{ord}_n a$가 홀수이면, k가 양의 정수일 때 $\text{ord}_n(a^{2^k}) = \text{ord}_n a$임을 보여라.

14. r과 s가 둘다 소수 p의 원시근이면, rs도 p의 원시근인지 증명하거나 반증하라.

15. 만약 a와 b가 n과 서로소인 정수이며, $\text{ord}_n a$와 $\text{ord}_n b$가 반드시 서로소일 필요는 없다면, $\text{ord}_n(ab)$에 대해 무엇을 말할 수 있는가?

16. n이 양의 정수이고 d가 $\phi(n)$의 약수인 경우 $\text{ord}_n a = d$인 정수 a가 있는지 여부를 결정하고 그 이유를 제시하라.

17. 정수 a가 양의 정수 m과 서로소이고 $\text{ord}_m a = st$이면, $\text{ord}_m a^t = s$임을 보여라.

18. m이 양의 정수이고 a가 m과 서로소인 정수일 때 $\text{ord}_m a = m - 1$이면, m이 소수임을 보여라.

♦19. r가 홀수 소수 p에 대한 원시근일 필요충분조건은 r이 p와 서로소인 정수이고, $p-1$의 모든 소인수 q에 대해 다음과 같음을 보여라.

$$r^{(p-1)/q} \not\equiv 1 \pmod{p}$$

20. 만약 r이 양의 정수 m의 원시근이라면, $\overline{r}$도 m의 원시근임을 보여라. 여기서 $\overline{r}$은 법 m으로 r의 역수이다.

21. $F_n = 2^{2^n} + 1$이 n번째 페르마 수일 때, $\text{ord}_{F_n} 2 \leq 2^{n+1}$임을 보여라.

∗22. p가 페르마 수 $F_n = 2^{2^n} + 1$의 소인수라고 하자.

a) $\text{ord}_p 2 = 2^{n+1}$임을 보여라.

b) (a)에 의해 2^{n+1}이 $(p-1)$의 약수임을 결론지어라. 따라서 p는 $2^{n+1}k + 1$의 형태가 되어야 한다.

23. a와 n이 양의 정수일 때 $m = a^n - 1$이라고 하자. $\text{ord}_m a = n$임을 보이고 n이 $\phi(m)$의 약수임을 결론지어라.

∗24. a) p와 q가 서로 다른 홀수 소수일 때 pq가 밑 2에 대한 유사소수이기 위한 필요충분조건이 $\text{ord}_q 2 \mid (p-1)$이고 $\text{ord}_p 2 \mid (q-1)$임을 보여라.

b) (a)를 이용하여 다음 정수 $13 \cdot 67$, $19 \cdot 73$, $23 \cdot 89$, $29 \cdot 97$이 밑 2에 대한 유사소수인지 결정하라.

∗25. p와 q가 서로 다른 홀수 소수일 때 pq가 밑 2에 대한 유사소수이기 위한 필요충분조건이 $M_p M_q = (2^p - 1)(2^q - 1)$이 밑 2에 대한 유사소수임을 보여라.

연습문제 26과 27은 1849년에 프랑스 수학자 알퐁스 드 폴리냐크(Alphonse de Polignac)이 제기한 추측과 관련이 있다. 그 추측은 모든 홀수 정수 k에 대해 n이 양의 정수일 때 $2^n + k$의 형태를 가진 소수가 존재한다는 것이다.

26. a) 연습문제 3을 이용하여 $n \equiv 1 \pmod{2}$일 때, $3 \mid (2^n + 61)$임을 보여라. $n \equiv 2 \pmod{4}$일 때 $5 \mid (2^n + 61)$임을 보여라. 그리고 $n \equiv 1 \pmod{3}$일 때 $7 \mid (2^n + 61)$임을 보여라.

b) (a)를 통해 $n \not\equiv 0, 8 \pmod{12}$가 아닌 모든 양의 정수 n에 대해 $2^n + 61$이 합성수임을 결론지어라.

c) (b)를 이용하여 $2^n + 61$이 소수가 되는 양의 정수 n을 찾아라.

27. a) 연습문제 3과 4를 5.3절의 연습문제 33과 함께 사용하여 $k \equiv -2^1 \pmod 3$, $k \equiv -2^2 \pmod 5$, $k \equiv -2^1 \pmod 7$, $k = -2^8 \pmod{13}$, $k \equiv -2^4 \pmod{17}$, $k \equiv -2^0 \pmod{241}$를 만족하는 정수 k와 모든 양의 정수 n에 대해 $2^n + k$가 합성수임을 보여라.

    b) 중국인의 나머지정리를 사용하여 모든 양의 정수 n에 대해 $2^n + k$가 합성수가 되는 홀수 양의 정수 k를 찾아라. 이를 통해 de Polignac의 추측을 부정하는 예를 찾아라.

암호문이 RSA 암호로 암호화되었지만 해독키를 알지 못하는 상황에서 해독하는 데 사용되는 **주기링 공격** (cycling attack)이라는 반복적인 방법이 있다. 공개키 (e, n)는 암호화에 사용되었지만 복호화 키 (d, n)은 알려지지 않은 상태라고 가정하자. 암호문 블록 C를 해독하기 위해 수열 $C_1, C_2, C_3, \ldots$를 다음과 같이 정의하자. $C_1 \equiv C^e \pmod n$이고 $0 < C_1 < n$이며, $C_{j+1} \equiv C_j^e \pmod n$, $0 < C_{j+1} < n$ $(j = 1, 2, 3, \ldots)$이다.

28. $C_j \equiv C^{e^j} \pmod n$, $0 < C_j < n$임을 보여라.

29. $C_j = C$이고 $C_{j-1} = P$인 j가 존재함을 보여라. 여기서 P는 원래의 평문 메시지이다. 또한 이 j가 $\text{ord}_{\phi(n)} e$의 약수임을 보여라.

30. RSA 암호에서 $n = 47 \cdot 59$이고 $e = 17$일 때 반복법을 사용하여 암호문 1504에 해당하는 평문을 찾아라.

(**Note:** 반복법을 사용하여 RSA 암호를 공격하는 방법은 대부분의 경우 합리적인 시간 내에 성공하지 못한다. 게다가 소수 p와 q를 선택할 때 이러한 공격이 거의 항상 무용지물이 되도록 선택할 수 있다. 10.2절의 연습문제 19를 참조하라.)

계산과 탐구

1. $\text{ord}_{52,579} 2$, $\text{ord}_{52,579} 3$, $\text{ord}_{52,579} 1001$을 구하라.
2. 2를 원시근으로 갖는 정수를 가능한 많이 찾아라. 이런 정수가 무한히 많다고 생각하는가?

프로그래밍 프로젝트

1. a와 m이 서로소인 양의 정수일 때 법 m으로 a의 위수를 구하라.
2. 원시근이 존재할 때, 이를 찾아라.
3. 반복법을 사용하여 RSA 암호를 해독하라(연습문제 28을 참조하라).

10.2 소수의 원시근

이번 절과 다음 절의 목표는 어떤 정수들이 원시근을 갖는지 알아보는 것이다. 이번 절에서는 모든 소수가 원시근을 갖고 있음을 보인다. 이를 위해 먼저 다항합동식을 연구할 필요가 있다.

$f(x)$가 정수계수를 가진 다항식이라고 하자. 정수 c가 **법 m으로 $f(x)$의 근**이라 함은 $f(c) \equiv 0 \pmod{m}$인 경우를 말한다. 만약 c가 법 m으로 $f(x)$의 근이라면 c와 법 m으로 합동인 모든 정수도 근이 됨을 쉽게 알 수 있다.

예제 10.10

다항식 $f(x) = x^2 + x + 1$은 정확히 두 개의 법 7로 서로 합동이 아닌 근이 있다. 즉 $x \equiv 2 \pmod{7}$과 $x \equiv 4 \pmod{7}$이다.

예제 10.11

다항식 $g(x) = x^2 + 2$는 법 5로 근이 없다.

예제 10.12

페르마의 작은 정리에 따르면 p가 소수일 때 다항식 $h(x) = x^{p-1} - 1$은 법 p로 서로 합동이 아닌 정확히 $p-1$개의 근을 가진다. 즉 $x \equiv 1, 2, 3, \ldots, p-1 \pmod{p}$이다.

소수 p에 대해 법 p로 다항식의 근과 관련된 다음 중요한 정리가 필요하다.

정리 10.6 라그랑주 정리

$f(x) = a_n x^n + a_{n-1}x^{n-1} + \cdots + a_1 x + a_0$가 정수계수를 가지며, 최고차항의 계수 a_n이 p로 나눠지지 않는 n차 다항식이라고 하자. 그러면 $f(x)$는 법 p로 서로 합동이 아닌 근을 최대 n개 가진다.

증명 10.6

수학적 귀납법을 사용하여 이 정리를 증명한다. $n = 1$일 때 $f(x) = a_1 x + a_0$이고 $p \nmid a_1$이다. $f(x)$의 법 p로의 근은 일차합동식 $a_1 x \equiv -a_0 \pmod{p}$의 해이다. 정리 5.12에 따르면 $(a_1, p) = 1$이므로 이 일차합동식은 정확히 하나의 해를 가지며, 따라서 $f(x)$의 법 p로의 근은 정확히 하나이다. 분명히 이 정리는 $n = 1$일 때 참이다.

이제 수학적 귀납법을 사용하여 $n-1$차 다항식에 대해 정리가 참이라고 가정하고, $f(x)$가 n차인 경우를 고려하자. 합동식 $f(x) \equiv 0 \pmod{p}$은 해가 없거나, 적어도 하나의 해를 가질 수 있다. 이 해를 a라고 하자. $f(x)$를 $x - a$로 나누면 다음과 같은 결과를 얻는다.

$$f(x) = (x-a)g(x) + r$$

여기서 $g(x)$는 계수가 정수인 $n-1$차 다항식이고, r은 정수이다. 위 식에 $x = a$를 대입하면 다음을 얻는다.

$$0 \equiv f(a) \equiv (a-a)g(a) + r \equiv r \pmod{p}$$

따라서 $f(x) \equiv (x-a)g(x) \pmod{p}$가 성립한다. $f(x) \equiv 0 \pmod{p}$가 a와 합동이 아닌 해 b를 갖는다고 하면, 다음이 성립한다.

$$0 \equiv f(b) \equiv (b-a)g(b) \pmod{p}$$

$b - a \not\equiv 0 \pmod{p}$이므로 $g(b) \equiv 0 \pmod{p}$이다. 즉 $f(x) \equiv 0 \pmod{p}$의 해 중 a와 합동이 아닌 해는 모두 $g(x) \equiv 0 \pmod{p}$의 해가 된다. 귀납법 가정에 의해 $g(x) \equiv 0 \pmod{p}$는 서로 합동이 아닌 해를 최대 $n-1$개 가질 수 있다. 따라서 $f(x) \equiv 0 \pmod{p}$는 최대 n개의 서로 합동이 아닌 해를 가질 수 있다. 이로써 귀납 단계가 완성되었으며, 증명이 완료되었다.

라그랑주 정리를 사용하여 다음 결과를 증명해보자.

정리 10.7

p를 소수라 하고 d를 $p-1$의 약수라 하자. 그러면 다항식 $x^d - 1$은 법 p로 정확히 d개의 서로 합동이 아닌 근을 가진다.

증명 10.7

d가 $p-1$의 약수이므로 $p-1 = de$인 정수 e가 존재한다. 그러면 다음과 같이 쓸 수 있다.

$$\begin{aligned} x^{p-1} - 1 &= (x^d - 1)(x^{d(e-1)} + x^{d(e-2)} + \cdots + x^d + 1) \\ &= (x^d - 1)g(x) \end{aligned}$$

페르마의 작은 정리에 의해 $x^{p-1} - 1$은 법 p로 $p-1$개의 서로 합동이 아닌 근을 가진다. 게다가 $x^{p-1} - 1$의 법 p로의 모든 근은 $x^d - 1$의 법 p로의 근이거나 $g(x)$의 법 p로의 근이다.

라그랑주 정리에 따르면 $g(x)$는 법 p로 최대 $d(e-1) = p-d-1$개의 근을 가진다. $x^{p-1} - 1$의 법 p로의 모든 근 중 $g(x)$의 법 p로의 근이 아닌 것은 $x^d - 1$의 법 p로의 근이어야 하므로, 다항식 $x^d - 1$은 법 p로 적어도 $(p-1) - (p-d-1) = d$개의 서로 합동이 아닌 근을 가진다. 한편 라그랑주 정리에 따르면 $x^d - 1$은 법 p로 최대 d개의 서로 합동이 아닌 근을 가지므로 $x^d - 1$은 법 p로 정확히 d개의 서로 합동이 아닌 근을 가짐을 알 수 있다.

정리 10.7은 법 p로 주어진 위수를 가진 서로 합동이 아닌 정수들이 몇 개 있는지 알려주는 유용한 결과를 증명하는 데 사용될 수 있다. 이 결과를 증명하기 전에 그 증명에 필요한 도움정리를 살펴보자.

도움정리 10.1

p를 소수라 하고 d를 $p-1$의 양의 약수라고 하자. 그러면 p 미만의 양의 정수 중에서 법 p로 위수가 d인 정수의 개수는 $\phi(d)$를 넘지 않는다.

증명

$p-1$의 양의 약수인 d에 대해 함수 $F(d)$를 p 미만의 양의 정수 중에서 법 p로 위수가 d인 양의 정수의 개수라고 정의하자.

만약 $F(d)=0$이면 $F(d) \le \phi(d)$임이 명백하다. 그렇지 않다면 법 p로 위수가 d인 정수 a가 있다. $\mathrm{ord}_p a = d$이므로 다음과 같은 정수는 법 p로 서로 합동이 되지 않는다.

$$a, a^2, \ldots, a^d$$

또한 이 a의 거듭제곱 각각은 x^d-1의 법 p로의 근이다. 왜냐하면 모든 양의 정수 k에 대해 $(a^k)^d = (a^d)^k \equiv 1 \pmod p$이기 때문이다. 정리 10.7에 따르면 x^d-1은 법 p로 정확히 d개의 서로 합동이 되지 않는 근을 가지므로, 법 p로의 모든 근은 이 a의 거듭제곱 중 하나와 합동이다.

이제 정리 10.4에 따르면 위수가 d인 a의 거듭제곱은 $(k,d)=1$인 형태의 a^k이다. $1 \le k \le d$인 이러한 정수 k는 정확히 $\phi(d)$개 있으며, 따라서 법 p로 위수가 d인 원소가 하나라도 있으면 p 미만인 이러한 양의 정수는 정확히 $\phi(d)$개가 있어야 한다. 그러므로 $F(d) \le \phi(d)$이다.

이제 법 p로 주어진 위수를 가지는 서로 합동이 아닌 정수가 몇 개 있는지 결정할 수 있다.

정리 10.8

p를 소수라 하고 d를 $p-1$의 양의 약수라고 하자. 그러면 법 p로 위수가 d이고 서로 합동이 아닌 정수의 개수는 $\phi(d)$와 같다.

증명 10.8

$p-1$의 양의 약수 d에 대해 함수 $F(d)$를 p 미만의 양의 정수 중에서 법 p로 위수가 d인 양의 정수의 개수라고 정의하자. p로 나눠지지 않는 정수의 법 p로의 위수는 $p-1$을 나눈다는 사실로부터 다음이 성립한다.

$$p-1 = \sum_{d|(p-1)} F(d)$$

정리 8.7에 따르면 다음의 등식을 얻는다.

$$p - 1 = \sum_{d|(p-1)} \phi(d)$$

도움정리 10.1에 의해 $d \mid (p-1)$일 때 $F(d) \leq \phi(d)$이다. 이 부등식과 함께 다음 등식은 $p-1$의 각 양의 약수 d에 대해 $F(d) = \phi(d)$임을 의미한다.

$$\sum_{d|(p-1)} F(d) = \sum_{d|(p-1)} \phi(d)$$

따라서 $F(d) = \phi(d)$임을 결론지을 수 있으며, 이는 법 p로 위수가 d이고 서로 합동이 아닌 정수가 정확히 $\phi(d)$개 있다는 것을 알려준다.

다음 따름정리는 정리 10.8로부터 바로 얻어진다.

따름정리 10.8.1

모든 소수는 원시근을 갖는다.

증명 10.8.1

p를 소수라 하자. 정리 10.8에 따르면 법 p로 위수가 $p-1$인 서로 합동이 아닌 정수들이 $\phi(p-1)$개 존재한다는 것을 알 수 있다. 이들 각각은 정의에 따라 원시근이므로 p는 $\phi(p-1)$개의 원시근을 가진다.

따름정리 10.8.1은 소수의 원시근이 존재한다는 것을 말해주지만 구체적으로 어떻게 구성하는지에 대해서는 알 수 없다. 1000보다 작은 각 소수의 가장 작은 양의 원시근은 부록 E의 표 E.3에 나와 있다. 표를 보면 많은 소수 p에 대해 2가 가장 작은 원시근이라는 것을 알 수 있다. 2가 무한히 많은 소수에 대해 원시근일까? 이 질문에 대한 답은 알려져 있지 않으며, 2를 ± 1이나 제곱수가 아닌 다른 정수로 바꾸었을 때도 마찬가지로 알려져 있지 않다. 많은 증거들이 아틴(Emil Artin)이 만든 다음의 추측을 뒷받침한다.

아틴 추측. 정수 a가 ± 1이 아니고 제곱수가 아니라면, a는 무한히 많은 소수의 원시근이다.

아틴 추측이 아직 해결되지는 않았지만, 흥미로운 부분 결과들이 있다. 예를 들어 Roger Heath-Brown [He86]의 결과에 따르면, a가 유한히 많은 소수의 원시근인 경우, a는 최대 두 개의 소수이거나 세 개의 양의 제곱인수가 없는 정수뿐이라는 결과가 있다. 이는 정수 2, 3, 5

중 적어도 하나는 무한히 많은 소수의 원시근이라는 것을 의미한다.

많은 수학자가 소수 p의 가장 작은 원시근 g_p의 상한과 하한을 결정하는 문제를 연구해왔다. 그 중에서 증명된 결과로는 다음과 같은 결과가 있다.

$$g_p > C \log p$$

여기서 위 부등식은 무한히 많은 소수 p에 대해 성립하는 어떤 상수 C가 존재한다. 이 결과는 러시아 수학자 프리들렌더(V. R. Fridlender)와 독일 수학자 살리에(Hans Salié)에 의해 독립적으로 증명되었으며, 이는 가장 작은 원시근이 특정 양의 정수보다 큰 소수가 무한히 많다는 것을 보여준다. (자세한 내용은 [Ri96]을 참조하기 바란다.) 그러나 g_p는 매우 빨리 증가하지는 않는다. 미국 수학자 그로스월드(Emil Grosswald)는 (1981년에) 만약 p가 $p > e^{e^{24}}$ 인 소수라면 $g_p < p^{0.499}$ 임을 보여주었다. 또 다른 흥미로운 결과는 1984년《American Mathematical Monthly》의 문제 섹션에서 증명된 것으로, 모든 양의 정수 M에 대해 $M < g_p < p - M$인 무한히 많은 소수가 존재한다는 것이다. (자세한 내용은 [Ri96]을 참조하기 바란다.)

10.2 연습문제

1. 다음 각각의 다항식에 대해 법 11로 서로 합동이 아닌 근의 개수를 구하라.

   a) $x^2 + 2$　　b) $x^2 + 10$　　c) $x^3 + x^2 + 2x + 2$　　d) $x^4 + x^2 + 1$

2. 다음 각각의 다항식에 대해 법 13으로 서로 합동이 아닌 근의 개수를 구하라.

   a) $x^2 + 1$　　b) $x^2 + 3x + 2$　　c) $x^3 + 12$　　d) $x^4 + x^2 + x + 1$

3. 다음 각각의 소수에 대해 원시근의 개수를 구하라.

   a) 7　　c) 17　　e) 29

   b) 13　　d) 19　　f) 47

4. 7의 서로 합동이 아닌 원시근을 모두 구하라.

5. 13의 서로 합동이 아닌 원시근을 모두 구하라.

6. 17의 서로 합동이 아닌 원시근을 모두 구하라.

7. 19의 서로 합동이 아닌 원시근을 모두 구하라.

8. $p \equiv 1 \pmod 4$인 소수 p의 원시근 r이 있다고 하자. $-r$도 원시근임을 보여라.

9. p가 소수이고 $p \equiv 1 \pmod 4$이면 $x^2 \equiv -1 \pmod p$인 정수 x가 존재함을 보여라. (힌트: 법 p로 위수가 4인 정수 x가 존재함을 보여주는 정리 10.8을 사용하라.)

10. a) 다항식 $x^2 - x$의 법 6으로 서로 합동이 아닌 근의 개수를 구하라.

    b) (a)의 답이 라그랑주 정리와 모순되지 않는 이유를 설명하라.

11. a) 라그랑주 정리를 사용하여 p가 소수이고 정수계수를 갖는 차수 n인 다항식 $f(x)$가 법 p로 $n+1$개 이상의 근을 가진다면, p는 $f(x)$의 모든 계수를 나눈다는 것을 보여라.

    b) p가 소수라고 하자. (a)를 사용하여 $f(x) = (x-1)(x-2)\cdots(x-p+1) - x^{p-1} + 1$의 모든 계수가 p로 나뉨을 보여라.

    c) (b)를 사용하여 윌슨의 정리(정리 7.1)을 증명하라. (힌트: $f(x)$의 상수항을 고려하라.)

12. 소수 p에 대해 $\phi(p-1)$개의 서로 합동이 아닌 원시근들의 곱의 최소양잉여를 구하라.

*13. 소수 p의 원시근을 구하는 체계적인 방법이 이 문제에 설명되어 있다. $\phi(p) = p-1$의 소인수분해가 $p - 1 = q_1^{t_1} q_2^{t_2} \cdots q_r^{t_r}$ 이라고 하자. 여기서 $q_1, q_2, \ldots, q_r$은 서로 다른 소수이다.

    a) 정리 10.8을 사용하여 $\text{ord}_p a_1 = q_1^{t_1}$, $\text{ord}_p a_2 = q_2^{t_2}, \ldots$, $\text{ord}_p a_r = q_r^{t_r}$ 인 정수 $a_1, a_2, \ldots, a_r$ 이 존재함을 보여라.

    b) 10.1절의 연습문제 12를 사용하여 $a = a_1 a_2 \cdots a_r$가 p의 원시근임을 보여라.

    c) (a)와 (b)에서 설명된 절차를 따라 29의 원시근을 찾아라.

*14. 합성수 n의 소인수분해를 $n = p_1^{a_1} p_2^{a_2} \cdots\ p_r^{a_r}$ 라고 하자. n이 유사소수가 되는 서로 합동이 아닌 밑의 개수는 $\prod_{j=1}^{r}(n-1, p_j - 1)$임을 보여라.

15. 연습문제 14를 사용하여 3의 거듭제곱이 아닌 모든 홀수 합성수가 ± 1을 제외한 적어도 두 개의 밑에 대한 유사소수임을 보여라.

16. 홀수 소수 q에 대해 $p = 2q + 1$이 소수이고 a는 $1 < a < p - 1$인 양의 정수일 때, $p - a^2$이 p의 원시근임을 보여라.

*17. a) $f(x)$가 $n-1$차 정수계수 다항식이고 $x_1, x_2, \ldots, x_n$이 법 p로 서로 합동이 아닌 n개의 정수라고 하자. 모든 정수 x에 대해 다음 합동식이 성립함을 보여라.

$$f(x) \equiv \sum_{j=1}^{n} f(x_j) \prod_{\substack{i=1 \\ i \neq j}}^{n} (x - x_i)\overline{(x_j - x_i)} \pmod{p}$$

    여기서 $\overline{x_j - x_i}$는 법 p로 여기서 $x_j - x_i$의 역수이다. 법 p로 $f(x)$를 구하는 이 방법을 **라그랑주 보간법**(Lagrange interpolation)이라고 부른다.

    b) $f(x)$가 3차 다항식이고 $f(1) \equiv 8, f(2) \equiv 2,\ f(3) \equiv 4 \pmod{11}$일 때 $f(5)$의 최소양잉여를 구하라.

18. 이 연습문제에서는 9.5절에서 논의된 방식과는 다른 컴퓨터 시스템에서 마스터키를 보호하기 위한 임계값 체계를 개발한다. $f(x)$를 $r-1$차 다항식으로 무작위로 선택하여, 마스터키 K가 이 다항식의 상수항이 되도록 하자. p를 소수로 하되, $p > K$이고 $p > s$라고 가정하자. s개의 그림자

$k_1, k_2, \ldots, k_s$는 $j = 1, 2, \ldots, s$에 대해 무작위로 선택된 서로 합동하지 않은 정수 $x_1, x_2, \ldots, x_s$에 대해 $f(x_j)$의 최소양잉여를 찾아 계산된다. 즉 다음과 같다.

$$k_j \equiv f(x_j) \pmod p, \quad 0 \le k_j < p$$

여기서 $j = 1, 2, \ldots, s$이다.

a) 연습문제 17에서 설명된 라그랑주 보간법을 사용하여 마스터키 K가 r개의 그림자로부터 결정될 수 있음을 보여라.

b) 마스터키 K가 r개 미만의 그림자로는 결정될 수 없음을 보여라.

c) $K = 33, p = 47, r = 4, s = 7$이고 $f(x) = 4x^3 + x^2 + 31x + 33$이라고 하자. 1, 2, 3, 4, 5, 6, 7에서 $f(x)$의 값에 대응하는 일곱 개의 그림자를 찾아라.

d) 네 개의 그림자 $f(1)$, $f(2)$, $f(3)$, $f(4)$로부터 마스터키를 구하는 방법을 설명하라.

19. RSA 암호체계가 법 $n = pq$를 가지고 암호화될 때 $p - 1$과 $q - 1$이 각각 큰 소인수 p'과 q'을 가지며, $p' - 1$과 $q' - 1$이 각각 큰 소인수 p''와 q''를 가지고 있으면 주기링 공격에 저항성을 가진다는 것을 보여라.

계산과 탐구

1. 각 소수 10,007, 10,009, 10,037에 대한 가장 작은 원시근을 구하라.

2. 에르되시는 충분히 큰 소수 p마다 q가 p의 원시근인 소수 q가 존재하는지에 대해 물었다. 이 추측에 대한 증거를 찾을 수 있는가? 이 추측이 성립하지 않는 작은 소수 p를 찾아라.

프로그래밍 프로젝트

1. 소수 p가 주어졌을 때 연습문제 13을 사용하여 p의 원시근을 찾아라.

2. 연습문제 18에 주어진 임계값 체계를 구현하라.

10.3 원시근의 존재성

이전 절에서는 모든 소수가 원시근을 가진다는 것을 보였다. 이번 절에서는 원시근을 가지는 모든 양의 정수를 찾아본다. 먼저, 홀수 소수의 거듭제곱이 원시근을 가진다는 것을 보인다.

홀수 소수 p에 대한 p^2의 원시근 홀수 소수의 거듭제곱이 원시근을 가진다는 것을 보이기 위한 첫 번째 단계는 홀수 소수의 제곱이 원시근을 가진다는 것을 증명하는 것이다.

정리 10.9

홀수 소수 p의 원시근이 r이면 r 또는 $r+p$ 중 하나가 p^2의 원시근이 된다.

증명 10.9

r이 p의 원시근이므로 다음이 성립한다.

$$\mathrm{ord}_p r = \phi(p) = p-1$$

$n = \mathrm{ord}_{p^2} r$이라고 하자. 그러면 다음과 같다.

$$r^n \equiv 1 \pmod{p^2}$$

법 p^2으로의 합동식은 명백히 법 p로도 성립하므로 다음을 얻는다.

$$r^n \equiv 1 \pmod{p}$$

정리 10.1에 따라 $p-1 = \mathrm{ord}_p r$이므로 다음과 같다.

$$(p-1) \mid n$$

한편 따름정리 10.1.1에 따르면 다음 식이 성립한다.

$$n \mid \phi(p^2)$$

$\phi(p^2) = p(p-1)$이므로, 이는 $n \mid p(p-1)$을 의미한다. $n \mid p(p-1)$이고 $(p-1) \mid n$이므로, $n = p-1$ 또는 $n = p(p-1)$이다. $n = p(p-1)$이면 r은 p^2의 원시근이 된다. 왜냐하면 $\mathrm{ord}_{p^2} r = \phi(p^2)$이기 때문이다. 그렇지 않으면 $n = p-1$이 되어 다음 합동식이 성립한다.

$$r^{p-1} \equiv 1 \pmod{p^2} \tag{10.1}$$

$s = r+p$라고 하자. 그러면 $s \equiv r \pmod{p}$이므로 s도 p의 원시근이 된다. 따라서 $\mathrm{ord}_{p^2} s$는 $p-1$ 또는 $p(p-1)$ 중 하나임을 알 수 있다. $\mathrm{ord}_{p^2} s = p-1$일 가능성을 제거함으로써 $\mathrm{ord}_{p^2} s = p(p-1)$임을 보일 것이다.

$\text{ord}_{p^2} s \neq p-1$임을 보이기 위해, 먼저 이항정리를 사용하여 다음 합동식이 성립함을 주목하자.

$$\begin{aligned} s^{p-1} = (r+p)^{p-1} &= r^{p-1} + (p-1)r^{p-2}p + \binom{p-1}{2} r^{p-3}p^2 + \cdots + p^{p-1} \\ &\equiv r^{p-1} + (p-1)p \cdot r^{p-2} \pmod{p^2} \end{aligned}$$

따라서 식 (10.1)을 사용하여 다음을 얻게 된다.

$$s^{p-1} \equiv 1 + (p-1)p \cdot r^{p-2} \equiv 1 - pr^{p-2} \pmod{p^2}$$

이 마지막 합동식으로부터 다음과 같음을 보일 수 있다.

$$s^{p-1} \not\equiv 1 \pmod{p^2}$$

이를 확인하기 위해 $s^{p-1} \equiv 1 \pmod{p^2}$이라면 $pr^{p-2} \equiv 0 \pmod{p^2}$이 된다. 이 마지막 합동식은 $r^{p-2} \equiv 0 \pmod{p}$임을 의미하는데, 이는 r이 p의 원시근이므로 $p \nmid r$이기 때문에 불가능하다.

따라서 $\text{ord}_{p^2} s \neq p-1$이므로 $\text{ord}_{p^2} s = p(p-1) = \phi(p^2)$임을 결론지을 수 있다. 따라서 $s = r+p$는 p^2의 원시근이 된다.

예제 10.13

소수 $p = 7$은 원시근으로 $r = 3$을 가진다. 정리 10.9의 증명에서 관찰한 바를 사용하면 $\text{ord}_{49} 3 = 6$ 또는 $\text{ord}_{49} 3 = 42$이다. 그러나 다음과 같다.

$$r^{p-1} = 3^6 \not\equiv 1 \pmod{49}$$

따라서 $\text{ord}_{49} 3 = 42$이다. 그러므로 3은 $p^2 = 49$의 원시근이기도 하다.

r이 p보다 작은 p의 원시근일 때 다음 합동식이 성립하는 것은 매우 드물다는 것을 주목한다.

$$r^{p-1} \equiv 1 \pmod{p^2}$$

따라서 소수 p의 원시근 r이 p^2의 원시근이 아닌 경우는 매우 드물다. 이 경우에 정리 10.9는 $r+p$가 p^2의 원시근임을 알려준다. 다음 예제는 이를 보여준다.

예제 10.14

소수 $p = 487$의 원시근 10에 대해 다음과 같음을 계산할 수 있다.

$$10^{486} \equiv 1 \pmod{487^2}$$

따라서 10은 487^2의 원시근이 아니지만, 정리 10.9에 의해 $497 = 10 + 487$이 487^2의 원시근이 된다.

홀수 소수 p와 양의 정수 k에 대한 p^k의 원시근 다음으로, 임의의 홀수 소수의 거듭제곱이 원시근을 가진다는 것을 보인다.

정리 10.10

홀수 소수 p와 양의 정수 k에 대해 p^k는 원시근을 가진다. 더욱이 r이 p^2의 원시근이면 r은 p^k의 원시근이 된다.

증명 10.10

정리 10.9에 의해 p의 원시근이면서 동시에 p^2의 원시근이 되는 정수 r이 존재한다. 따라서 다음을 얻는다.

$$r^{p-1} \not\equiv 1 \pmod{p^2} \tag{10.2}$$

수학적 귀납법을 사용하여 이 원시근 r에 대해 다음과 같음을 모든 양의 정수 $k \geq 2$에 대해 증명할 것이다.

$$r^{p^{k-2}(p-1)} \not\equiv 1 \pmod{p^k} \tag{10.3}$$

이를 입증한 후, 다음과 같은 논리를 통해 r이 p^k에 대해서도 원시근임을 보일 수 있다.

$$n = \text{ord}_{p^k} r$$

도움정리 10.1.1에 의해 $n \mid \phi(p^k)$이다. 정리 8.3에 의해 $\phi(p^k) = p^{k-1}(p-1)$이므로 $n \mid p^{k-1}(p-1)$이 된다. 한편 다음과 같다.

$$r^n \equiv 1 \pmod{p^k}$$

또한 다음과 같음을 알고 있다.

$$r^n \equiv 1 \pmod{p}$$

r이 p의 원시근이므로 $\text{ord}_p r = \phi(p)$이다. 정리 8.2에 의해 $\phi(p) = p-1$이므로 $\text{ord}_p r = p-1$임을 알 수 있다. 따라서 정리 10.1에 의해 $(p-1) \mid n$이 성립한다.

$(p-1) \mid n$이고 $n \mid p^{k-1}(p-1)$이므로 $n = p^t(p-1)$이며, 여기서 t는 $0 \leq t \leq k-1$인 정수이다. 만약 $t \leq k-2$이면 다음과 같다.

$$r^{p^{k-2}(p-1)} = \left(r^{p^t(p-1)}\right)^{p^{k-2-t}} \equiv 1 \pmod{p^k}$$

그러면 식 (10.3)과 모순이 된다. 따라서 $\text{ord}_{p^k} r = p^{k-1}(p-1) = \phi(p^k)$이다. 결과적으로 r은 p^k의 원시근이 된다.

이제 남은 것은 수학적 귀납법을 사용하여 식 (10.3)을 증명하는 것이다. $k = 2$의 경우는 식 (10.2)에 의해 성립한다. $k \geq 2$인 양의 정수에 대해 식 (10.3)이 성립한다고 가정하자. 그러면 다음과 같다.

$$r^{p^{k-2}(p-1)} \not\equiv 1 \pmod{p^k}$$

$(r, p) = 1$이므로 $(r, p^{k-1}) = 1$임을 알 수 있다. 결과적으로 오일러의 정리에 의해 다음을 얻는다.

$$r^{p^{k-2}(p-1)} = r^{\phi(p^{k-1})} \equiv 1 \pmod{p^{k-1}}$$

따라서 다음과 같은 수 d가 존재한다.

$$r^{p^{k-2}(p-1)} = 1 + dp^{k-1}$$

$r^{p^{k-2}(p-1)} \not\equiv 1 \pmod{p^k}$라는 가정에 의해 $p \nmid d$임을 알 수 있다. 양변을 이항정리를 사용하여 p번 거듭제곱하고, p가 홀수라는 가정으로부터 다음을 얻는다.

$$\begin{aligned} r^{p^{k-1}(p-1)} &= (1 + dp^{k-1})^p \\ &= 1 + p(dp^{k-1}) + \binom{p}{2}(dp^{k-1})^2 + \cdots + (dp^{k-1})^p \\ &\equiv 1 + dp^k \pmod{p^{k+1}} \end{aligned}$$

$p \nmid d$이므로 다음과 같이 결론지을 수 있다.

$$r^{p^{k-1}(p-1)} \not\equiv 1 \pmod{p^{k+1}}$$

이것으로 귀납법에 의한 증명이 완료된다.

예제 10.15

예제 10.13에 의하면 $r = 3$은 7의 원시근임과 동시에 7^2의 원시근이기도 하다. 따라서 정리 10.10은 $r = 3$이 모든 양의 정수 k에 대해 7^k의 원시근임을 알려준다.

원시근과 2의 거듭제곱 이제 2의 거듭제곱에 대해 원시근이 있는지 논의할 때가 되었다. 먼저, 2와 $2^2 = 4$는 원시근을 가지고 있다는 점을 주목하자. 각각 1과 3이 그 예이다. 그러나 2의 더 높은 거듭제곱의 경우는 상황이 다르다. 다음 정리에서 보여주듯이, 이러한 2의 거듭제곱에는 원시근이 존재하지 않는다.

정리 10.11

홀수 a와 정수 $k \geq 3$에 대해 다음 식이 성립한다.

$$a^{\phi(2^k)/2} = a^{2^{k-2}} \equiv 1 \pmod{2^k}$$

증명 10.11

수학적 귀납법을 사용하여 이 결과를 증명할 것이다. 우선 $k = 3$에 대해 이것이 참임을 다음과 같이 증명할 수 있다. a가 홀수라면, $a \equiv \pm 1$ 또는 $\pm 3 \pmod 8$이다. 따라서 다음이 성립한다.

$$a^2 \equiv 1 \pmod 8$$

이는 $k = 3$일 때 원하는 합동식이다. 왜냐하면 $\phi(2^3) = 4$이기 때문이다.

이제 귀납법을 완성하기 위해 다음과 같다고 가정하자.

$$a^{2^{k-2}} \equiv 1 \pmod{2^k}$$

그러면 어떤 정수 d가 존재하여 다음과 같다.

$$a^{2^{k-2}} = 1 + d2^k$$

위의 등식을 제곱하면 다음을 얻는다.

$$a^{2^{k-1}} = 1 + d2^{k+1} + d^2 2^{2k}$$

이것은 다음과 같은 식을 의미하며,

$$a^{2^{k-1}} \equiv 1 \pmod{2^{k+1}}$$

이는 귀납법 증명을 완성한다.

정리 10.11에 의해 2와 4를 제외한 어떤 2의 거듭제곱도 원시근을 가지지 않는다는 결론을 내릴 수 있다. 이를 확인하기 위해 a가 홀수일 때 $\text{ord}_{2^k} a \neq \phi(2^k)$임을 주목하자. 왜냐하면 $a^{\phi(2^k)/2} \equiv 1 \pmod{2^k}$이기 때문이다.

비록 $k \geq 3$인 정수에 대해 2^k의 원시근은 없지만, 항상 가장 큰 가능한 위수를 가지는 원소, 즉 위수가 $\phi(2^k)/2$인 원소가 존재한다. 다음 정리는 이를 보여준다.

정리 10.12

정수 $k \geq 3$에 대해 다음이 성립한다.

$$\text{ord}_{2^k} 5 = \phi(2^k)/2 = 2^{k-2}$$

증명 10.12

정리 10.11에 의하면 $k \geq 3$인 경우에 다음 합동식이 성립한다.

$$5^{2^{k-2}} \equiv 1 \pmod{2^k}$$

또한 정리 10.1에 따르면 $\text{ord}_{2^k} 5 \mid 2^{k-2}$임을 알 수 있다. 따라서 $\text{ord}_{2^k} 5 \nmid 2^{k-3}$임을 보이면 다음과 같은 결론을 내릴 수 있다.

$$\text{ord}_{2^k} 5 = 2^{k-2}$$

$\text{ord}_{2^k} 5 \nmid 2^{k-3}$임을 보이기 위해 수학적 귀납법으로 $k \geq 3$일 때 다음을 증명할 것이다.

$$5^{2^{k-3}} \equiv 1 + 2^{k-1} \not\equiv 1 \pmod{2^k}$$

$k = 3$일 때 다음을 얻는다.

$$5 \equiv 1 + 4 \pmod 8$$

위 식이 성립함이 확인된다. 이제 다음을 가정하자.

$$5^{2^{k-3}} \equiv 1 + 2^{k-1} \pmod{2^k}$$

이는 어떤 정수 d가 존재하여 다음 식을 의미한다.

$$5^{2^{k-3}} = (1 + 2^{k-1}) + d2^k$$

양변을 제곱하면 다음을 얻게 되고,

$$5^{2^{k-2}} = (1 + 2^{k-1})^2 + 2(1 + 2^{k-1})d2^k + (d2^k)^2$$

따라서 다음 합동식이 성립하게 된다.

$$5^{2^{k-2}} \equiv (1 + 2^{k-1})^2 = 1 + 2^k + 2^{2k-2} \equiv 1 + 2^k \pmod{2^{k+1}}$$

이로써 귀납법이 완성되며 다음을 증명한다.

$$\text{ord}_{2^k} 5 = \phi(2^k)/2$$

소수의 거듭제곱이 아닌 정수의 원시근 이제 모든 홀수 소수의 거듭제곱이 원시근을 가지고 있으며, 원시근을 가지는 2의 거듭제곱은 2와 4뿐이라는 것을 증명했다. 다음으로, 소수의 거듭제곱이 아닌 정수, 즉 두 개 이상의 서로 다른 소수로 나뉘는 정수 중에서 원시근을 가지는 정수가 무엇인지 알아보자. 소수의 거듭제곱이 아닌 정수 중 원시근을 가지는 유일한 양의 정수는 홀수 소수의 거듭제곱에 2를 곱한 수임을 증명할 것이다.

먼저 다음 결과를 통해 고려해야 할 양의 정수의 범위를 좁힌다.

정리 10.13

서로소인 양의 정수 a, b에 대해 $n = ab$이고 $a > 2$, $b > 2$이면 n은 원시근을 가지지 않는다.

증명 10.13

x가 n과 서로소라고 가정하자. $a > 2$이고 $b > 2$이기 때문에, 정리 8.6에 의해 $\phi(a)$와 $\phi(b)$는 둘 다 짝수가 된다. $\phi(n)$은 곱셈적이므로, $\phi(n)/2 = \phi(ab)/2 = \phi(a)\phi(b)/2$는 정수이며 $\phi(a)$와 $\phi(b)$의 공배수임을 알 수 있다. $(x, n) = 1$이면 $(x, a) = (x, b) = 1$이므로, 오일러 정리에 의해 $x^{\phi(n)/2} \equiv 1 \pmod{a}$이고 $x^{\phi(n)/2} \equiv 1 \pmod{b}$를 얻는다. 이제 따름정리 5.9.1을 적용하면 $x^{\phi(n)/2} \equiv 1 \pmod{n}$이 되므로, x는 n의 원시근이 될 수 없다.

정리 10.13에 따라 n이 $n = 2^j b$ (j는 2 이상의 정수이고 b는 양의 홀수) 형태의 정수이거나 두 개의 서로 다른 홀수 소인수들로 나뉘면, n은 원시근을 가지지 않음을 알 수 있다. 따라서 다음 정리를 얻는다.

정리 10.14

양의 정수 n이 소수의 거듭제곱이 아니고 소수의 거듭제곱에 2를 곱한 형태도 아니라면, n은 원시근을 가지지 않는다.

이제 고려할 양의 정수는 $n = 2p^t$ 형태의 정수들만 남았다. 여기서 p는 홀수 소수이고 t는 양의 정수이다. 이제 모든 이러한 정수가 원시근을 가진다는 것을 보이자.

정리 10.15

p가 홀수 소수이고 t가 양의 정수라면 $2p^t$는 원시근을 가진다. 실제로 r이 p^t의 원시근이라면, r이 홀수인 경우 r은 $2p^t$에 대해서도 원시근이 된다. 반면에 r이 짝수인 경우에는 $r + p^t$가 $2p^t$의 원시근이 된다.

증명 10.15

r이 p^t의 원시근이라고 가정하자. 그러면 다음과 같고,

$$r^{\phi(p^t)} \equiv 1 \pmod{p^t}$$

$\phi(p^t)$보다 작은 양의 지수 중에는 이러한 성질을 가지는 것이 없다. 정리 8.4에 따르면 $\phi(2p^t) = \phi(2)\phi(p^t) = \phi(p^t)$임을 알 수 있으며, 따라서 다음 합동식이 성립한다.

$$r^{\phi(2p^t)} \equiv 1 \pmod{p^t}$$

r이 홀수라면 다음과 같다.

$$r^{\phi(2p^t)} \equiv 1 \pmod{2}$$

그러므로 따름정리 5.9.1에 의해 $r^{\phi(2p^t)} \equiv 1 \pmod{2p^t}$임을 알 수 있다. r의 더 작은 거듭제곱 중 법 $2p^t$으로 1과 합동인 것은 없다. 그런 거듭제곱이 있다면 그것은 법 p^t으로도 1과 합동일 것이며, 이는 r이 p^t의 원시근이라는 가정에 모순된다. 따라서 r은 $2p^t$의 원시근임이 밝혀진다.

반면에 r이 짝수라면 $r + p^t$은 홀수이므로 다음과 같다.

$$(r + p^t)^{\phi(2p^t)} \equiv 1 \pmod{2}$$

그리고 $r + p^t \equiv r \pmod{p^t}$이기 때문에 다음 합동식을 얻는다.

$$(r + p^t)^{\phi(2p^t)} \equiv 1 \pmod{p^t}$$

따라서 $(r + p^t)^{\phi(2p^t)} \equiv 1 \pmod{2p^t}$가 성립하고, $r + p^t$의 더 작은 거듭제곱 중 법 $2p^t$으로 1과 합동인 것은 없다. 그러므로 $r + p^t$이 $2p^t$의 원시근임이 밝혀진다.

예제 10.16

예제 10.15에서 3이 모든 양의 정수 t에 대해 7^t의 원시근임을 보였다. 따라서 3이 홀수이기 때문에, 정리 10.15는 3이 모든 양의 정수 t에 대해 $2 \cdot 7^t$의 원시근임을 보여준다. 예를 들어 3은 14의 원시근이다.

마찬가지로 2가 모든 양의 정수 t에 대해 5^t의 원시근임을 알고 있다. 정리 10.15에 의해 $2+5^t$이 모든 양의 정수 $2 \cdot 5^t$의 원시근임을 알 수 있다. 예를 들어 27은 50의 원시근이다.

종합적인 결론 따름정리 10.8.1과 정리 10.10, 10.11, 10.13, 10.14, 10.15를 결합하여 어떤 양의 정수가 원시근을 가지는지 결론내릴 수 있다.

정리 10.16

1보다 큰 양의 정수 n은 다음과 같은 경우에만 원시근을 가진다.

$$n = 2, 4, p^t, 2p^t$$

여기서 p는 홀수 소수이고 t는 양의 정수이다.

10.3 연습문제

1. 4, 10, 16, 22, 28 중 어떤 정수들이 원시근을 가지는가?
2. 8, 9, 12, 26, 27, 31, 33 중 어떤 정수들이 원시근을 가지는가?
3. 다음에 주어진 각각의 정수의 원시근을 구하라.

   a) 3^2 b) 5^2 c) 23^2 d) 29^2
4. 다음에 주어진 각각의 정수의 원시근을 구하라.

   a) 11^2 b) 13^2 c) 17^2 d) 19^2
5. 다음에 주어진 각각의 정수의 원시근을 모든 k에 대해 구하라.

   a) 3^k b) 11^k c) 13^k d) 17^k
6. 다음에 주어진 각각의 정수의 원시근을 모든 k에 대해 구하라.

   a) 23^k b) 29^k c) 31^k d) 37^k
7. 다음에 주어진 각각의 정수의 원시근을 구하라.

   a) 10 b) 34 c) 38 d) 50
8. 다음에 주어진 각각의 정수의 원시근을 구하라.

a) 6 b) 18 c) 26 d) 338

9. 22의 원시근을 모두 구하라.

10. 25의 원시근을 모두 구하라.

11. 38의 원시근을 모두 구하라.

12. p가 홀수 소수이고 r이 p의 원시근이지만 p^2의 원시근이 아니면, $r + tp$ $(t = 1, 2, \ldots, p-1)$가 p^2의 원시근임을 보여라.

13. a) p가 홀수 소수이고 g가 p의 원시근이고 $g^{p-1} \not\equiv 1 \pmod{p^2}$이면, g는 p^2의 원시근이 됨을 보여라. 반면에 $g^{p-1} \equiv 1 \pmod{p^2}$이면, $g+p$가 p^2의 원시근임을 보여라.

    b) p의 원시근이 p^2의 원시근이 되는 비율을 구하라.

14. 5와 25의 원시근을 모두 구하라.

15. 7과 49의 원시근을 모두 구하라.

16. 홀수 소수 p와 양의 정수 t에 대해, $2p^t$의 원시근의 개수가 p^t의 원시근의 개수와 같음을 증명하라.

♦17. 정수 m이 원시근을 가질 필요충분조건은 이차합동식 $x^2 \equiv 1 \pmod{m}$의 유일한 해가 $x \equiv \pm 1 \pmod{m}$로 주어짐을 증명하라.

*18. 양의 정수 n이 원시근을 가진다고 하자. 이 원시근을 이용하여, n보다 작은 양의 정수 중 n과 서로소인 모든 정수의 곱이 법 n으로 -1과 합동임을 증명하라. [n이 소수일 때, 이 결과는 윌슨의 정리(정리 7.1)이다.]

*19. k가 3 이상의 정수일 때 2^k의 원시근은 존재하지 않지만, 모든 홀수 정수는 법 2^k으로 $(-1)^\alpha 5^\beta$ 중 정확히 하나와 합동임을 증명하라. 여기서 α는 0 또는 1이고, β는 $0 \le \beta \le 2^{k-2} - 1$을 만족하는 정수이다.

20. 홀수 소수 p의 원시근 r이 p^2의 원시근이 되지 않는 가장 작은 소수 p를 찾아라.

계산과 탐구

1. r이 소수 p의 원시근이지만 p^2의 원시근이 아닌 예를 가능한 많이 찾아라. 이러한 일이 얼마나 자주 발생하는지에 대해 어떤 추측을 할 수 있는가?

프로그래밍 프로젝트

1. 홀수 소수 거듭제곱의 원시근을 찾아라.

2. 홀수 소수 거듭제곱의 두 배의 원시근을 찾아라.

10.4 이산로그와 지표 산술

이 절에서는 원시근이 모듈러 산술에 어떻게 사용될 수 있는지를 보인다. 양의 정수 m이 원시근 r을 갖는다고 하자(그래서 m은 정리 10.16에서 설명된 형태이다). 정리 10.3에 따르면 다음 정수들은 법 m으로 축소된 잉여계를 형성한다는 것을 알고 있다.

$$r, r^2, r^3, \ldots, r^{\phi(m)}$$

이 사실을 이용하면 m과 서로소인 모든 정수 a에 대해 $1 \le x \le \phi(m)$을 만족하는 유일한 정수 x가 존재하여 다음이 성립함을 알 수 있다.

$$r^x \equiv a \pmod{m}$$

이는 다음 정의로 이어진다.

정의 10.3

m이 원시근 r을 갖는 양의 정수라 하고, a가 m과 서로소인 양의 정수라고 하자. $r^x \equiv a \pmod{m}$, $1 \le x \le \phi(m)$을 만족하는 유일한 정수 x를 **법 m으로 밑 r에 대한 a의 지표 또는 이산로그**라고 하며 $\text{ind}_r a$로 나타낸다. 여기서 m을 고정된 것으로 가정하므로 표기법에서 법 m을 나타내지 않는다.

정의에 따라 $r^{\text{ind}_r a} \equiv a \pmod{m}$임을 알 수 있다. 또한 m과 서로소인 정수 a, b에 대해 $a \equiv b \pmod{m}$일 필요충분조건은 $\text{ind}_r a = \text{ind}_r b$이다.

지수는 많은 면에서 로그의 속성을 공유하지만, 등식이 $\phi(m)$을 법으로 하는 합동식으로 대체된다는 점이 다르다(그래서 이들이 이산로그라고 불리는 것이다).

예제 10.17

$m = 7$로 하자. 3은 법 7의 원시근이고 $3^1 \equiv 3 \pmod{7}$, $3^2 \equiv 2 \pmod{7}$, $3^3 \equiv 6 \pmod{7}$, $3^4 \equiv 4 \pmod{7}$, $3^5 \equiv 5 \pmod{7}$, $3^6 \equiv 1 \pmod{7}$이다.

따라서 법 7로 다음이 성립한다.

$$\text{ind}_3 1 = 6, \quad \text{ind}_3 2 = 2, \quad \text{ind}_3 3 = 1$$
$$\text{ind}_3 4 = 4, \quad \text{ind}_3 5 = 5, \quad \text{ind}_3 6 = 3$$

7의 다른 원시근을 사용하면 다른 지표를 얻는다. 예를 들어 원시근 5에 대해 다음이 성립한다.

$$\text{ind}_5 1 = 6, \quad \text{ind}_5 2 = 4, \quad \text{ind}_5 3 = 5$$
$$\text{ind}_5 4 = 2, \quad \text{ind}_5 5 = 1, \quad \text{ind}_5 6 = 3$$

지표의 성질 이제 로그의 속성과 유사한 지표의 성질을 살펴볼 것이다. 하지만 등식 대신에 $\phi(m)$을 법으로 하는 합동식을 얻게 된다.

정리 10.17

m이 원시근 r을 갖는 양의 정수이고, a와 b가 m과 서로소인 정수라고 하자. 그러면 다음 합동식이 성립한다.

(i) $\text{ind}_r 1 \equiv 0 \pmod{\phi(m)}$

(ii) $\text{ind}_r(ab) \equiv \text{ind}_r a + \text{ind}_r b \pmod{\phi(m)}$

(iii) $\text{ind}_r a^k \equiv k \cdot \text{ind}_r a \pmod{\phi(m)}$ (단, k는 양의 정수)

증명 10.17

(i) 오일러 정리에 따르면, $r^{\phi(m)} \equiv 1 \pmod{m}$이 성립한다. r이 m의 원시근이기 때문에 r의 더 작은 양의 거듭제곱은 법 m으로 1과 합동이 되지 않는다. 따라서 $\text{ind}_r 1 = \phi(m) \equiv 0 \pmod{\phi(m)}$이 된다.

(ii) 먼저 지표의 정의를 이용하면 다음 두 합동식이 성립한다.

$$r^{\text{ind}_r(ab)} \equiv ab \pmod{m}$$
$$r^{\text{ind}_r a + \text{ind}_r b} \equiv r^{\text{ind}_r a} \cdot r^{\text{ind}_r b} \equiv ab \pmod{m}$$

따라서 다음과 같다.

$$r^{\text{ind}_r(ab)} \equiv r^{\text{ind}_r a + \text{ind}_r b} \pmod{m}$$

이제 정리 10.2를 사용하여 다음 결론을 내릴 수 있다.

$$\text{ind}_r(ab) \equiv \text{ind}_r a + \text{ind}_r b \pmod{\phi(m)}$$

(iii) 먼저 정의에 따라 다음 두 합동식을 얻는다.

$$r^{\text{ind}_r a^k} \equiv a^k \pmod{m}$$
$$r^{k \cdot \text{ind}_r a} \equiv (r^{\text{ind}_r a})^k \equiv a^k \pmod{m}$$

따라서 다음 식이 성립한다.

$$r^{\text{ind}_r a^k} \equiv r^{k \cdot \text{ind}_r a} \pmod{m}$$

이제 정리 10.2를 사용하여 원하는 합동식을 다음과 같이 얻을 수 있다.

$$\mathrm{ind}_r a^k \equiv k \cdot \mathrm{ind}_r a \pmod{\phi(m)}$$

예제 10.18

이전 예제들을 사용하여 법 7로 $\mathrm{ind}_5 2 = 4$이고 $\mathrm{ind}_5 3 = 5$임을 알 수 있다. $\phi(7) = 6$이기 때문에 정리 10.17(ii)에 따르면 다음을 얻는다.

$$\mathrm{ind}_5 6 = \mathrm{ind}_5(2 \cdot 3) = \mathrm{ind}_5 2 + \mathrm{ind}_5 3 = 4 + 5 = 9 \equiv 3 \pmod 6$$

이것은 이전에 찾은 $\mathrm{ind}_5 6$의 값과 일치함을 알 수 있다.
정리 10.17(iii)에 따르면 다음 식이 성립한다.

$$\mathrm{ind}_5 3^4 \equiv 4 \cdot \mathrm{ind}_5 3 \equiv 4 \cdot 5 = 20 \equiv 2 \pmod 6$$

직접 계산을 통해서도 같은 결과를 얻을 수 있다. 왜냐하면 다음과 같기 때문이다.

$$\mathrm{ind}_5\, 3^4 = \mathrm{ind}_5 81 = \mathrm{ind}_5 4 = 2$$

지표는 특정 유형의 합동식을 해결하는 데 유용하게 쓰인다. 다음 예제를 통해 이를 확인해 보자.

예제 10.19

지표를 사용하여 합동식 $6x^{12} \equiv 11 \pmod{17}$의 해를 구해보자. 우선 3이 17의 원시근임을 확인할 수 있다. 왜냐하면 $3^8 \equiv -1 \pmod{17}$이기 때문이다. 법 17로 밑 3에 대한 정수들의 지표를 구하면 표 10.1과 같다.
위에 주어진 합동식의 양변에 법 17로 밑 3에 대한 지표를 취하면 법 $\phi(17) = 16$으로 다음과 같은 합동식을 얻는다.

$$\mathrm{ind}_3(6x^{12}) \equiv \mathrm{ind}_3 11 = 7 \pmod{16}$$

이제 정리 10.17(ii), (iii)을 적용하면 다음 식을 얻는다.

$$\mathrm{ind}_3(6x^{12}) \equiv \mathrm{ind}_3 6 + \mathrm{ind}_3(x^{12}) \equiv 15 + 12 \cdot \mathrm{ind}_3 x \pmod{16}$$

따라서

$$15 + 12 \cdot \mathrm{ind}_3 x \equiv 7 \pmod{16}$$

표 10.1: 법 17로 밑 3에 대한 지표

a	1	2	3	4	5	6	7	8	9	10	11	12	13	14	15	16
$\text{ind}_3 a$	16	14	1	12	5	15	11	10	2	3	7	13	4	9	6	8

즉 다음 일차합동식이 얻어짐을 알 수 있다.

$$12 \cdot \text{ind}_3 x \equiv 8 \pmod{16}$$

이 일차합동식을 간단히 하면,

$$\text{ind}_3 x \equiv 2 \pmod{4}$$

이므로

$$\text{ind}_3\, x \equiv 2, 6, 10, 14 \pmod{16}$$

을 얻는다. 결론적으로 지표의 정의에 의해 또는 표 10.1로부터

$$x \equiv 9, 15, 8, 2 \pmod{17}$$

임을 알 수 있다. 위 계산에서 각 단계의 역과정이 모두 성립하므로 법 17로 4개의 서로 합동이 아닌 해가 존재하게 된다.

예제 10.20

합동식 $7^x \equiv 6 \pmod{17}$의 모든 해를 구해보자. 이를 위해 양변에 법 17로 밑 3에 대한 지표를 취해보면 다음을 얻는다.

$$\text{ind}_3(7^x) \equiv \text{ind}_3 6 = 15 \pmod{16}$$

이제 정리 10.17(iii)에 의해 다음이 성립한다.

$$\text{ind}_3(7^x) \equiv x \cdot \text{ind}_3 7 \equiv 11x \pmod{16}$$

그러므로 다음을 얻는다.

$$11x \equiv 15 \pmod{16}$$

법 16으로 11의 역수가 3이므로, 양변에 3을 곱하면 다음을 얻게 된다.

$$x \equiv 3 \cdot 15 = 45 \equiv 13 \pmod{16}$$

위 계산에서 각 단계의 역과정이 모두 성립하므로 합동식

$$7^x \equiv 6 \pmod{17}$$

의 해는

$$x \equiv 13 \pmod{16}$$

임을 알 수 있다.

10.4.1 이산로그 구하기

소수 p와 원시근 r이 주어졌을 때, 법 p로 밑 r에 대한 정수 a의 지표(이산로그)를 찾는 문제를 **이산로그문제**(discrete logarithm problem)라고 한다. 이 문제는 정수의 소인수분해 문제만큼 계산적으로 어렵다고 여겨진다. 이 이유로 인해, 이 문제는 여러 공개키 암호체계, 예를 들어 11.2절에서 다룬 엘가말 암호체계와 9.5절에서 다룬 디피-헬먼 키 합의 방식과 같은 프로토콜의 기초로 사용되었다. 이산로그문제의 중요성이 점점 커짐에 따라 이산로그를 계산하는 효율적인 알고리즘을 만들기 위해 많은 연구가 이루어졌다. 이산로그를 계산하는 데 알려진 가장 효율적인 알고리즘은 수체체 방법인데, 이는 소수 p로 이산로그를 찾는 데 필요한 비트연산 수가 p와 크기가 비슷한 합성수를 소인수분해하는 데 필요한 비트연산 수와 대략 동일하다. 소수 p로 이산로그문제를 해결하는 데 얼마나 걸리는지 알아보려면, p와 동일한 자릿수를 가진 정수를 소인수분해하는 데 얼마나 걸리는지를 보여주는 표 4.2를 참조하기 바란다. 이산로그문제에 대한 더 많은 정보와 이를 해결하기 위한 다양한 알고리즘 설명은 [Da13]과 [MevaVa97] 및 이 책들에 인용된 여러 참고문헌을 참조하라.

여기서는 이산로그를 계산하는 두 가지 방법을 설명한다. 간단하지만 느린 방법으로는 $j = 1, 2, \ldots, p-1$에 대해 $r^j \pmod{p}$의 값들을 연속적으로 계산하여 a를 얻을 때까지 시도하는 무차별 대입 알고리즘이 있다. 이 알고리즘은 p가 클 때 실용적이지 않은데, 이는 $O(p)$ 연산을 필요로 하기 때문이다. (연산이란 p보다 작은 두 양의 정수의 곱셈, 덧셈, 비교를 의미한다.)

예제 10.21

4409가 소수이며 3이 4409의 원시근이라는 것은 독자가 직접 확인해보기 바란다. 법 4409로 밑 3에 대한 3613의 이산로그인 $\text{ind}_3 3613$을 찾기 위해 3의 연속적인 거듭제곱을 4409로 나눈 나머지를 계산하여 3613이 될 때까지 시도한다.

$3^1 \equiv 3 \pmod{4409}$, $3^2 \equiv 9 \pmod{4409}$, $3^3 \equiv 27 \pmod{4409}$, $3^4 \equiv 81 \pmod{4409}$, $3^5 \equiv 243 \pmod{4409}$, $3^6 \equiv 729 \pmod{4409}$, $3^7 \equiv 2187 \pmod{4409}$, $3^8 \equiv 2152 \pmod{4409}$, $3^9 \equiv 2047 \pmod{4409}$, $3^{10} \equiv 1732 \pmod{4409}$, $3^{11} \equiv 787 \pmod{4409}$, $3^{12} \equiv 2361 \pmod{4409}$,

$3^{13} \equiv 2674 \pmod{4409}$, $3^{14} \equiv 3613 \pmod{4409}$와 같은 결과를 얻는다. 따라서 $\text{ind}_3 3613 = 14 \pmod{4409}$임을 알 수 있다.

3613을 단지 3의 14제곱만 계산한 후에 얻은 것은 매우 운이 좋았음을 주목하라. 예를 들어 3의 3578제곱을 계산해야 $\text{ind}_3 422 = 3578 \pmod{4409}$임을 발견할 수 있을 것이다.

이제 이산로그를 계산하기 위해 무차별 대입보다 훨씬 효율적인 알고리즘을 소개하고자 한다. 이 알고리즘은 **최단보폭-최장보폭 알고리즘**(baby-step giant-step algorithm)으로 알려져 있으며, 1971년 미국 수학자 다니엘 섕크스(Daniel Shanks)에 의해 제시되었다. [일부 보고서에 따르면, 이 알고리즘은 1962년 러시아 수학자 알렉산더 겔폰드(Alexander Gelfond)에 의해 이미 알려져 있었다고 한다.] $a \pmod p \neq 1$인 경우에, 이 알고리즘을 사용하여 법 p로 밑 r에 대한 a의 이산로그를 찾아보자. 먼저 $i = 0, 1, 2, \ldots, m-1$에 대해 $r^i \pmod p$를 계산한다. 여기서 $m = \lceil \sqrt{p-1} \rceil$이다. ($x$가 실수일 때 $\lceil x \rceil$는 x보다 작지 않은 최소의 정수임을 기억하자.) 나중에 사용할 수 있도록 이러한 값을 저장하고 $r^i \pmod p$의 값이 증가하는 순서대로 나열한다.

다음으로, $j = 0, 1, \ldots, m-1$에 대해 $ar^{-jm} \pmod p$를 계산하여 $r^i \pmod p$($0 \leq i \leq m-1$)와 일치하는지 확인한다. 만약 $ar^{-jm} \equiv r^i \pmod p$인 정수 j와 i가 있다면 $r^{jm+i} = a$가 된다. 이는 $\text{ind}_r a = jm + i$임을 의미한다. 이 과정은 항상 성공한다. 왜냐하면 $\text{ind}_r a = jm + i$가 되는 짝 (i, j)가 항상 존재하기 때문이다. 이는 $0 \leq \text{ind}_r a \leq p-1$이고 $p - 1 \leq m^2$임에 기인한다. 이 절차에서 j를 찾는 것을 **최장보폭**(giant step)이라 하고, i를 찾는 것을 **최단보폭**(baby step)이라 한다. (참고로 섕크스는 이 알고리즘을 "Mother May I"라는 어린이 게임의 이름을 따서 지었다. 이 게임에서는 각 차례마다 지정된 수의 최장보폭이나 최단보폭을 가라고 지시한다.)

다음은 소수 p로 밑 r에 대한 정수 a의 이산로그를 찾기 위해 최단보폭-최장보폭 알고리즘이 사용되는 단계를 요약한 것이다. 여기서 r은 p의 원시근이다.

1단계: $m = \lceil \sqrt{p-1} \rceil$을 구한다.

2단계: $0 \leq i \leq m-1$에 대해 $r^i \, \mathbf{mod} \, p$의 값을 찾아서 크기 순으로 표에 넣는다.

3단계: $0 \leq j \leq m-1$에 대해 ar^{-mj}을 계산한다. 그런 다음 $0 \leq i \leq m-1$인 어떤 i와 일치하는지 확인한다. 일치하는 값이 없으면 다음 j 값에 대해 이 단계를 반복한다.

3단계에서 일치하는 값을 찾으면 i와 j 값을 통해 $\text{ind}_r a = i + mj$임을 결론지을 수 있다.

예제 10.22

최단보폭-최장보폭 알고리즘을 사용하여 법 101로 밑 3에 대한 37의 이산로그를 찾아보자. 우선 $m = \lceil\sqrt{101-1}\rceil = \sqrt{100} = 10$이 된다. 이제 $0 \le j \le 9$에 대해 $3^j \ \mathbf{mod}\ 101$을 계산하면 $3^1 = 3\ \mathbf{mod}\ 101$, $3^2 = 9\ \mathbf{mod}\ 101$, $3^3 = 27\ \mathbf{mod}\ 101$, $3^4 = 81\ \mathbf{mod}\ 101$, $3^5 = 41\ \mathbf{mod}\ 101$, $3^6 = 22\ \mathbf{mod}\ 101$, $3^7 = 66\ \mathbf{mod}\ 101$, $3^8 = 97\ \mathbf{mod}\ 101$, $3^9 = 89\ \mathbf{mod}\ 101$이 된다.

이제 $j = 0, 1, 2, \ldots, m$에 대해 $37 \cdot 3^{-10j}\ \mathbf{mod}\ 101$ 값을 하나씩 찾아 $0 \le i \le 9$인 어떤 i에 대해 $3^i\ \mathbf{mod}\ 101$과 같은 값을 찾는다. $37 \cdot 3^{-10 \cdot 0}\ \mathbf{mod}\ 101 = 37$이 $0 \le j \le 9$인 어떤 j에 대해서도 $3^j\ \mathbf{mod}\ 101$과 일치하지 않음을 확인할 수 있다. 또한 $37 \cdot 3^{-10 \cdot 1}\ \mathbf{mod}\ 101 = 37 \cdot 14\ \mathbf{mod}\ 101 = 13$도 $0 \le j \le 9$인 모든 j에 대해 $3^j\ \mathbf{mod}\ 101$과 일치하지 않지만, $37 \cdot 3^{-10 \cdot 2}\ \mathbf{mod}\ 101 = 37 \cdot 95\ \mathbf{mod}\ 101 = 81$이 $3^4 = 81\ \mathbf{mod}\ 101$과 일치함을 확인할 수 있다. 따라서 $\mathrm{ind}_3 37 = 4 + 10 \cdot 2 = 24$임을 결론짓게 된다.

최단보폭-최장보폭 알고리즘은 법 p로 밑 r에 대한 정수 a의 이산로그를 $O(\sqrt{p}\log p)$ 산을 사용하여 찾는다. 이는 $O(p)$ 연산을 필요로 하는 무차별 대입법에 비해 개선된 것이다.

10.4.2 거듭차잉여

지표는 m이 원시근을 가지는 양의 정수이고 $(a, m) = 1$일 때, $x^k \equiv a \pmod{m}$ 형태의 합동식을 연구하는 데에도 도움이 된다. 이러한 합동식을 연구하기 전에 다음의 정의를 살펴보자.

정의 10.4

m과 k가 양의 정수이고 a가 m과 서로소인 정수일 때 합동식 $x^k \equiv a \pmod{m}$이 해를 가지면 a를 m의 k**차잉여**(kth power reside of m)라고 한다.

m이 원시근을 갖는 정수일 때, 다음 정리는 m과 서로소인 정수 a가 m의 k차잉여인지 여부를 판단하는 유용한 기준을 제공한다.

정리 10.18

m이 원시근을 갖는 양의 정수라고 하자. k가 양의 정수이고 a가 m과 서로소인 정수일 때, 합동식 $x^k \equiv a \pmod{m}$이 해를 가질 필요충분조건은 $a^{\phi(m)/d} \equiv 1 \pmod{m}$이다. 여기서 $d = (k, \phi(m))$이다. 더욱이 $x^k \equiv a \pmod{m}$의 해가 존재한다면 서로 합동이 아닌 해가 d개 존재한다.

증명 10.18

r을 m의 원시근이라고 하자. 합동식

$$x^k \equiv a \pmod{m}$$

이 해를 가질 필요충분조건은 일차합동식

$$k \cdot \text{ind}_r x \equiv \text{ind}_r a \pmod{\phi(m)} \tag{10.4}$$

이 해를 갖는 것이다. 이제 $d = (k, \phi(m))$이고 $y = \text{ind}_r x$라고 하자. 그러면 $x \equiv r^y \pmod{m}$이고, 식 (10.4)는 다음과 같다.

$$ky \equiv \text{ind}_r a \pmod{\phi(m)} \tag{10.5}$$

정리 5.12에 의해 일차합동식 (10.5)가 해를 가질 필요충분조건은 $d \mid \text{ind}_r a$이고, 이 경우 법 $\phi(m)$으로 서로 합동이 아닌 d개의 해 y가 존재한다. 따라서 (10.4)를 만족하는 법 m으로 서로 합동이 아닌 d개의 해 x가 존재한다. 한편 $d \mid \text{ind}_r a$일 필요충분조건은 합동식

$$(\phi(m)/d)\text{ind}_r a \equiv 0 \pmod{\phi(m)}$$

이 성립하는 것이며, 이 합동식은

$$a^{\phi(m)/d} \equiv 1 \pmod{m}$$

일 때 그리고 그때에만 성립하므로, 정리는 참이 됨을 알 수 있다.

정리 10.18은 소수 p, 양의 정수 k, p와 서로소인 정수 a에 대해 a가 p의 k차잉여가 될 필요충분조건은 $a^{(p-1)/d} \equiv 1 \pmod{p}$임을 말해준다. 여기서 $d = (k, p-1)$이다. 이 관찰은 다음 예제를 통해 설명한다.

예제 10.23

5가 17의 6차잉여인지, 즉 다음 합동식

$$x^6 \equiv 5 \pmod{17}$$

이 해를 가지는지 여부를 판단하기 위해

$$5^{16/(6,16)} = 5^8 \equiv -1 \pmod{17}$$

임을 확인한다. 따라서 5는 17의 6차잉여가 아니다.

100보다 작은 소수의 최소 원시근을 밑으로 하는 지표의 표가 부록 E의 표 E.4에 주어져 있으니 참고하기 바란다.

정리 7.10 증명하기 정리 7.10의 증명은 꽤 길고 복잡하지만, 이미 확립된 결과들에만 기초하고 있다. 이 증명을 통해 독자에게 초보적인 증명조차도 창작하기 어렵고 따라가기 힘들 수 있다는 것을 보여주고자 한다. 이 증명을 읽을 때 각 부분을 주의 깊게 따르고 각 개별 사례를 확인하기 바란다. 편의를 위해 정리 7.10을 다시 서술한다.

정리 7.10. 양의 홀수인 합성수 n에 대해 n은 최대 $(n-1)/4$개의 밑 $b(1 \le b \le n-1)$에 대한 밀러 판정법을 통과한다.

증명에서는 다음 도움정리가 필요하다.

도움정리 10.2

p가 홀수 소수이고 e와 q가 양의 정수일 때 합동식 $x^q \equiv 1 \pmod{p^e}$의 서로 합동이 아닌 해의 개수는 $(q, p^{e-1}(p-1))$이다.

증명

r을 p^e의 원시근이라고 하자. 밑 r에 대한 지표를 취하면 $x^q \equiv 1 \pmod{p^e}$은 $qy \equiv 0 \pmod{\phi(p^e)}$와 동치이며, 여기서 $y = \text{ind}_r x$이다. 정리 5.12를 사용하면 $qy \equiv 0 \pmod{\phi(p^e)}$의 서로 합동이 아닌 해가 정확히 $(q, \phi(p^e))$개 존재함을 알 수 있다. 따라서 $x^q \equiv 1 \pmod{p^e}$의 서로 합동이 아닌 해의 개수는 $(q, \phi(p^e)) = (q, p^{e-1}(p-1))$이다.

이제 정리 7.10의 증명으로 나아가자.

증명 7.10

$n-1 = 2^s t$라고 하자. 여기서 s는 양의 정수이고 t는 홀수 양의 정수이다. 정리 7.10의 n이 밑 b에 대한 강한 유사소수이려면 $b^t \equiv 1 \pmod{n}$이거나 $b^{2^j t} \equiv -1 \pmod{n}$이어야 한다. 여기서 j는 $0 \le j \le s-1$인 정수이다. 어느 경우든 $b^{n-1} \equiv 1 \pmod{n}$임을 알 수 있다.

n의 소인수분해가 $n = p_1^{e_1} p_2^{e_2} \cdots p_r^{e_r}$이라고 하자. 도움정리 10.2에 의해 $x^{n-1} \equiv 1 \pmod{p_j^{e_j}}$의 서로 다른 해의 개수는 $(n-1, p_j^{e_j}(p_j-1)) = (n-1, p_j-1)$임을 알 수 있다. 따라서 중국인의 나머지정리에 따라 $x^{n-1} \equiv 1 \pmod{n}$의 서로 다른 해의 개수는 정확히 $\prod_{j=1}^{r}(n-1, p_j-1)$이다.

이제 다음 두 가지 경우를 생각해보자.

경우 1: 먼저 n의 소인수분해에서 지수 $e_k \ge 2$를 갖는 소수의 거듭제곱 $p_k^{e_k}$이 있는 경우를 생각하자.

왜냐하면 다음 식과 같으므로($p_j = 3$ 및 $e_j = 2$일 때 가능한 가장 큰 값이 발생)

$$(p_k - 1)/p_k^{e_k} = \left(1/p_k^{e_k - 1}\right) - (1/p_k^{e_k}) \le 2/9$$

다음 부등식이 성립한다.

$$\begin{aligned}\prod_{j=1}^{r}(n-1, p_j - 1) &\le \prod_{j=1}^{r}(p_j - 1)\\ &\le \left(\prod_{\substack{j=1\\ j\neq k}}^{r} p_j\right)\left(\frac{2}{9}p_k^{e_k}\right)\\ &\le \frac{2}{9}n\end{aligned}$$

$n \ge 9$일 때 $\frac{2}{9}n \le \frac{1}{4}(n-1)$이므로 다음 부등식이 성립한다.

$$\prod_{j=1}^{r}(n-1, p_j - 1) \le (n-1)/4$$

따라서 최대 $(n-1)/4$개 정수 b에 대해 $1 \le b \le n$ 범위에서 n은 밑 b에 대한 강한 유사소수가 된다.

경우 2: 이제 $n = p_1 p_2 \cdots p_r$인 경우를 생각하자. 여기서 $p_1, p_2, \ldots, p_r$는 서로 다른 홀수 소수이다. $p_i - 1$을 다음과 같이 써보자.

$$p_i - 1 = 2^{s_i} t_i, \quad i = 1, 2, \ldots, r$$

여기서 s_i는 양의 정수이고 t_i는 홀수 양의 정수이다. 필요한 경우에 $p_1, p_2, \ldots, p_r$의 순서를 바꾸어서 $s_1 \le s_2 \le \cdots \le s_r$이 되도록 하자. 이제 다음이 성립함을 주목하자.

$$(n-1, p_i - 1) = 2^{\min(s, s_i)}(t, t_i)$$

$x^t \equiv 1 \pmod{p_i}$의 서로 합동이 아닌 해의 개수는 $T_i = (t, t_i)$이다. 연습문제 30에 따르면 $0 \le s_i - 1$일 때 $x^{2^j t} \equiv -1 (\text{mod } p_i)$의 서로 합동이 아닌 해의 개수는 $2^j T_i$이고, 그렇지 않을 때는 해가 없음을 알 수 있다. 이제 중국인의 나머지정리를 적용하면 $0 \le j \le s_1 - 1$일 때 $x^t \equiv 1 \pmod{n}$의 해의 개수는 $T_1 T_2 \cdots T_r$이고, $x^{2jt} \equiv -1 (\text{mod } n)$의 해의 개수는 $2^{jr} T_1 T_2 \cdots T_r$가 된다. 따라서 $1 \le b \le n-1$의 범위에서 n이 밑 b에 대한 강한 유사소수가 되는 정수 b의 총 개수는 다음과 같다.

$$T_1 T_2 \cdots T_r \left(1 + \sum_{j=0}^{s_1 - 1} 2^{jr}\right) = T_1 T_2 \cdots T_r \left(1 + \frac{2^{r s_1} - 1}{2^r - 1}\right)$$

이제 다음을 주목하자.

$$\phi(n) = (p_1 - 1)(p_2 - 1)\cdots(p_r - 1) = t_1 t_2 \cdots t_r 2^{s_1+s_2+\cdots+s_r}$$

다음 부등식이 성립함을 보일 것이며,

$$T_1 T_2 \cdots T_r \left(1 + \frac{2^{rs_1} - 1}{2^r - 1}\right) \le \phi(n)/4$$

이는 원하는 결과를 증명하게 된다. $T_1 T_2 \cdots T_r \le t_1 t_2 \cdots t_r$ 이므로 다음이 성립함을 보임으로써,

$$\left(1 + \frac{2^{rs_j} - 1}{2^r - 1}\right) \Big/ 2^{s_1+s_2+\cdots+s_r} \le \frac{1}{4} \tag{10.6}$$

목적을 달성할 수 있다. $s_1 \le \cdots \le s_r$ 이기 때문에 다음의 부등식을 보일 수 있다.

$$\begin{aligned}
\left(1 + \frac{2^{rs_j} - 1}{2^r - 1}\right) \Big/ 2^{s_1+s_2+\cdots+s_r} &\le \left(1 + \frac{2^{rs_j} - 1}{2^r - 1}\right) \Big/ 2^{rs_1} \\
&= \frac{1}{2^{rs_1}} + \frac{2^{rs_1} - 1}{2^{rs_1}(2^r - 1)} \\
&= \frac{1}{2^{rs_1}} + \frac{1}{2^r - 1} - \frac{1}{2^{rs_1}(2^r - 1)} \\
&= \frac{1}{2^r - 1} + \frac{2^r - 2}{2^{rs_1}(2^r - 1)} \\
&\le \frac{1}{2^{r-1}}
\end{aligned}$$

이 부등식을 이용하여 $r \ge 3$ 인 경우 식 (10.6)이 성립함을 결론지을 수 있다.

$r = 2$ 인 경우 $n = p_1 p_2$ 이며 $p_1 - 1 = 2^{s_1} t_1$ 이고 $p_2 - 1 = 2^{s_2} t_2$ 이며 $s_1 \le s_2$ 임을 알 수 있다. $s_1 < s_2$ 인 경우 식 (10.6)은 성립한다. 왜냐하면 다음과 같기 때문이다.

$$\begin{aligned}
\left(1 + \frac{2^{2s_1} - 1}{3}\right) \Big/ 2^{s_1+s_2} &= \left(1 + \frac{2^{2s_1} - 1}{3}\right) \Big/ (2^{2s_1} \cdot 2^{s_2 - s_1}) \\
&= \left(\frac{1}{3} + \frac{1}{3 \cdot 2^{2s_1 - 1}}\right) \Big/ 2^{s_2 - s_1} \\
&\le \frac{1}{4}
\end{aligned}$$

$s_1 = s_2$ 인 경우 $(n-1, p_1 - 1) = 2^s T_1$ 이고 $(n-1, p_2 - 1) = 2^s T_2$ 이다. $p_1 > p_2$ 라고 가정해보자. $T_1 \ne t_1$ 임을 주목하자. 왜냐하면 만약 $T_1 = t_1$ 인 경우 $(p_1 - 1) \mid (n-1)$ 이어서 $n = p_1 p_2 \equiv p_2 \equiv 1 \pmod{p_1 - 1}$ 이므로 $p_2 > p_1$ 이 되어 모순이 생기기 때문이다. $T_1 \ne t_1$ 이므로 $T_1 \le t_1/3$ 이 된다. 비슷하게 $p_1 < p_2$ 이면 $T_2 \ne t_2$ 가 되어 $T_2 \le t_2/3$ 가 성립한다. 따라서 $T_1 T_2 \le t_1 t_2/3$ 이며

> $\left(1+\frac{2^{2s_1}-1}{3}\right)/2^{2s_1} \le \frac{1}{2}$이기 때문에 다음과 같음을 알 수 있다.
>
> $$T_1T_2\left(1+\frac{2^{2s_1}-1}{3}\right) \le t_1t_2 2^{2s_1}/6 = \phi(n)/6$$
>
> 따라서 이 마지막 경우에 대한 정리가 증명된다. 왜냐하면 $\phi(n)/6 \le (n-1)/6 < (n-1)/4$이기 때문이다.

정리 7.10의 증명에서의 부등식들을 분석해보면 $1 \le b \le n-1$인 무작위로 선택된 밑 b에 대해 n이 강한 유사소수일 확률은 $n = p_1p_2$ ($p_1 = 1+2q_1$, $p_2 = 1+2q_2$, 여기서 q_1, q_2는 홀수 소수) 형태이거나 $n = p_1p_2p_3$ ($p_1 = 1+2q_1$, $p_2 = 1+2q_2$, $p_3 = 1+2q_3$, 여기서 q_1, q_2, q_3는 홀수 소수) 형태인 경우에만 $1/4$에 가까움을 알 수 있다(연습문제 31 참조).

10.4 연습문제

1. 23의 원시근 5에 대해, 법 23으로 밑 5에 대한 지표를 표로 작성하라.
2. 다음 합동식의 모든 해를 구하라.
   a) $3x^5 \equiv 1 \pmod{23}$ b) $3x^{14} \equiv 2 \pmod{23}$
3. 다음 합동식의 모든 해를 구하라.
   a) $4x^5 \equiv 7 \pmod{19}$ b) $11x^9 \equiv 1 \pmod{19}$
4. 다음 합동식의 모든 해를 구하라.
   a) $12^x \equiv 5 \pmod{17}$ b) $13^x \equiv 2 \pmod{17}$
5. 다음 합동식의 모든 해를 구하라.
   a) $3^x \equiv 2 \pmod{23}$ b) $13^x \equiv 5 \pmod{23}$
6. 어떤 양의 정수 a에 대해 합동식 $ax^4 \equiv 2 \pmod{13}$이 해를 가지는지 찾아라.
7. 어떤 양의 정수 b에 대해 합동식 $8x^7 \equiv b \pmod{29}$이 해를 가지는지 찾아라.
8. 법 13으로 밑 2에 대한 지표를 사용하여 $2^x \equiv x \pmod{13}$의 해를 구하라.
9. $x^x \equiv x \pmod{23}$의 모든 해를 구하라.
10. 만약 p가 홀수 소수이고 r이 p의 원시근이라면 $\mathrm{ind}_r(p-1) = (p-1)/2$임을 보여라.
11. p가 홀수 소수일 때 합동식 $x^4 \equiv -1 \pmod{p}$가 해를 가지는 것은 p가 어떤 정수 k에 대해 $8k+1$의 형태일 때뿐임을 보여라.

12. k가 정수일 때 $8k+1$ 형태의 소수가 무한히 많음을 증명하라. (힌트: $p_1, p_2, \ldots, p_n$이 이러한 형태의 유일한 소수라고 가정하고, $Q = (2p_1p_2 \cdots p_n)^k + 1$이라고 두자. Q가 반드시 $p_1, p_2, \ldots, p_n$과 다른 소인수를 가져야 하며, 연습문제 11에 의해 반드시 $8k+1$ 형태임을 보여라.)

13. a) p가 소수이고 a가 $1 \leq a \leq p$인 정수일 때, 법 p로 밑 r에 대한 a의 이산로그를 찾는 무차별 대입 알고리즘이 $O(p)$ 연산을 사용함을 보여라.

    b) p가 소수이고 a가 $1 \leq a \leq p$인 정수일 때, 법 p로 밑 r에 대한 a의 이산로그를 찾는 데 필요한 평균 연산 수를 구하라.

14. 소수 p, p의 원시근 r, $1 \leq a \leq p$인 정수 a에 대해 최단보폭-최장보폭 알고리즘을 사용하여 법 p로 밑 r에 대한 a의 이산로그를 계산하는 데 $O(\sqrt{p}\log p)$ 연산이 필요함을 보여라.

15. 무차별 대입 알고리즘을 사용하여 다음 이산로그를 구하라.

    a) 법 191로 $\text{ind}_{19}43$
    b) 법 313으로 $\text{ind}_{10}247$
    c) 법 911로 $\text{ind}_{17}519$
    d) 법 409로 $\text{ind}_{21}48$

16. 무차별 대입 알고리즘을 사용하여 다음 이산로그를 구하라.

    a) 법 311로 $\text{ind}_{17}260$
    b) 법 479로 $\text{ind}_{13}313$
    c) 법 709로 $\text{ind}_{2}630$
    d) 법 727로 $\text{ind}_{5}403$

17. 최장보폭-최단보폭 알고리즘을 사용하여 다음 이산로그를 구하라.

    a) 법 19로 $\text{ind}_{10}2$
    b) 법 29로 $\text{ind}_{3}2$
    c) 법 131로 $\text{ind}_{7}15$

18. 최장보폭-최단보폭 알고리즘을 사용하여 다음 이산로그를 구하라.

    a) 법 53으로 $\text{ind}_{5}20$
    b) 법 101로 $\text{ind}_{3}37$
    c) 법 997로 $\text{ind}_{11}50$

10.3절의 연습문제 19에 따라 만약 a가 홀수인 양의 정수라면 $\alpha = 0$ 또는 1이고 $0 \leq \beta \leq 2^{k-2} - 1$인 유일한 정수 α와 β가 존재하여 $a \equiv (-1)^\alpha 5^\beta \pmod{2^k}$가 성립한다. 법 2^k으로 a의 **지표계**(index system)를 (α, β)로 정의한다.

19. 법 16으로 7과 9의 지표계를 구하라.

20. 정리 10.17의 지표에 대한 규칙과 유사하게 곱과 거듭제곱의 법 2^k으로 지표계에 대한 규칙을 개발하라.

21. 법 32로의 지표계를 사용하여 $7x^9 \equiv 11 \pmod{32}$와 $3^x \equiv 17 \pmod{32}$의 모든 해를 찾아라.

$n = 2^{t_0}p_1^{t_1}p_2^{t_2}\cdots p_m^{t_m}$이 n의 소인수분해이고, a가 n과 서로소인 정수라고 하자. $r_1, r_2, \ldots, r_m$은 각각 $p_1^{t_1}, p_2^{t_2}, \ldots, p_m^{t_m}$의 원시근이라고 하자. $\gamma_1 = \text{ind}_{r_1}a \pmod{\phi(p_1^{t_1}))}$, $\gamma_2 = \text{ind}_{r_2}a \pmod{\phi(p_2^{t_2}))}$, $\ldots$, $\gamma_m = \text{ind}_{r_m}a \pmod{\phi(p_m^{t_m}))}$이라고 하자. 만약 $t_0 \leq 2$이면 r_0를 2^{t_0}의 원시근이라 하고, $\gamma_0 = \text{ind}_{r_0}a \pmod{\phi(2^{t_0}))}$이라고 하자. 만약 $t_0 \geq 3$이면 (α, β)를 법 2^k으로 a의 지표계라고 둘 때, $a \equiv (-1)^\alpha 5^\beta$

(mod 2^k)가 성립한다. 법 n으로 a의 **지표계**를 $t_0 \le 2$이면 $(\gamma_0, \gamma_1, \gamma_2, \ldots, \gamma_m)$으로 정의하고, $t_0 \ge 3$이면 $(\alpha, \beta, \gamma_1, \gamma_2, \ldots, \gamma_m)$으로 정의한다.

22. n이 양의 정수라면 모든 정수가 법 n으로 고유한 지표계를 가짐을 보여라.

23. 법 120으로 17과 41의 지표계를 찾아라(120의 소인수 5의 원시근으로 2를 사용하여 계산하라).

24. 지표에 대한 규칙과 유사하게 곱과 거듭제곱의 법 n으로의 지표계에 대한 규칙을 개발하라.

25. 법 60으로의 지표계를 사용하여 $11x^7 \equiv 43 \pmod{60}$의 해를 찾아라.

26. p가 소수이고 $p > 3$인 경우, $p \equiv 2 \pmod 3$이면 모든 3으로 나뉘지 않는 정수는 p의 삼차잉여임을 보여라. $p \equiv 1 \pmod 3$인 경우, 정수 a가 p의 삼차잉여일 필요충분조건은 $a^{(p-1)/3} \equiv 1 \pmod p$임을 보여라.

27. 정수 e가 $e \ge 2$인 경우 k가 홀수 양의 정수라면, 모든 홀수 정수 a는 2^e의 k차잉여임을 보여라.

*28. 정수 e가 $e \ge 2$인 경우 k가 짝수라면, 정수 a가 2^e의 k차잉여가 될 필요충분조건은 $a \equiv 1 \pmod{(4k, 2^e)}$임을 보여라.

*29. 정수 e가 $e \ge 2$인 경우 k가 양의 정수라면, 2^e의 서로 합동이 아닌 k차잉여의 개수는 $\frac{2^{e-1}}{(k,2)(k,2^{e-2})}$임을 보여라.

♦30. p가 홀수 소수이고 $N = 2^j u$ (j는 음이 아닌 정수, u는 홀수 양의 정수)이고 $p - 1 = 2^s t$ (s와 t는 양의 정수이며 t는 홀수)라고 가정하자. $0 \le j \le s-1$인 경우 $x^N \equiv -1 \pmod p$의 서로 합동이 아닌 해가 $2^j(t,u)$개 있고, 그렇지 않은 경우 해가 없음을 보여라.

*31. a) n이 1부터 $n-1$까지 무작위로 선택된 밑 b에 대한 강한 유사소수일 확률이 n이 $n = p_1p_2$ ($p_1 = 1+2q_1$, $p_2 = 1+4q_2$이며 q_1과 q_2는 소수) 또는 $n = p_1p_2p_3$ ($p_1 = 1+2q_1, p_2 = 1+2q_2$, $p_3 = 1+2q_3$이고 q_1, q_2, q_3는 서로 다른 홀수 소수)의 소인수분해를 가질 때만 1/4에 가깝다는 것을 보여라.

    b) $n = 49{,}939 \cdot 99{,}877$이 1부터 $n-1$까지 무작위로 선택된 밑 b에 대한 강한 유사소수일 확률을 구하라.

계산과 탐구

1. n이 1부터 $n-1$까지 무작위로 선택된 밑 b에 대한 강한 유사소수일 확률이 1/4에 가까운 정수 n을 찾아라.

프로그래밍 프로젝트

1. 특정 원시근에 대한 지표의 표를 작성하라.

2. 지표를 사용하여 합동식 $ax^b \equiv c \pmod m$의 해를 구하라. 여기서 a, b, c, m은 정수이고 $c > 0$, $m > 0$이고 m은 원시근을 가진다.

3. 원시근을 가지는 양의 정수 m의 k차잉여를 구하라. 여기서 k는 양의 정수이다.

4. 2의 거듭제곱을 법으로 하는 지표계를 찾아라. (연습문제 19 참조)

5. 임의의 양의 정수를 법으로 하는 지표계를 찾아라. (연습문제 22 참조)

10.5 정수의 위수와 원시근을 사용한 소수 판정법

7장에서 페르마의 작은 정리의 역이 성립하지 않는다는 것을 보았다. 페르마의 작은 정리는 p가 소수이고 a가 정수이며 $(a, p) = 1$일 때 $a^{p-1} \equiv 1 \pmod{p}$임을 말해준다. 양의 정수 a에 대해 $a^{n-1} \equiv 1 \pmod{n}$일지라도 n은 여전히 합성수일 수 있다. 페르마의 작은 정리의 역이 성립하지 않더라도 제한된 역을 세울 수 있을까? 즉 역에 가정을 추가하여 이를 참으로 만들 수 있을까?

이 절에서는 페르마의 작은 정리의 제한된 역을 증명하기 위해 이 장에서 개발된 개념을 사용할 것이다. 루카스가 1876년에 증명한 결과인 **페르마의 작은 정리의 루카스의 역**(Lucas's converse of Fermat's little theorem)으로 시작한다.

정리 10.19 페르마의 작은 정리의 루카스의 역

양의 정수 n과 정수 x에 대해 합동식

$$x^{n-1} \equiv 1 \pmod{n}$$

이 성립하고, $n-1$의 모든 소인수 q에 대해

$$x^{(n-1)/q} \not\equiv 1 \pmod{n}$$

이 성립하면 n은 소수이다.

증명 10.19

$x^{n-1} \equiv 1 (\mathrm{mod}\ n)$이므로 정리 10.1에 따라 $\mathrm{ord}_n x \mid (n-1)$이다. 이제 $\mathrm{ord}_n x = n-1$임을 보일 것이다. $\mathrm{ord}_n x \neq n-1$이라고 가정하자. $\mathrm{ord}_n x \mid (n-1)$이므로 $n-1 = k \cdot \mathrm{ord}_n x$인 정수 k가 있다. $\mathrm{ord}_n x \neq n-1$이므로 $k > 1$이다. k의 소인수 q를 하나 택하자. 그러면 다음이 성립한다.

$$x^{(n-1)/q} = x^{(k \cdot \mathrm{ord}_n x)/q)} = (x^{\mathrm{ord}_n x})^{(k/q)} \equiv 1 \pmod{n}$$

그러나 이는 정리의 가정에 모순되므로 $\mathrm{ord}_n x = n-1$이어야 한다. 이제 $\mathrm{ord}_n x \leq \phi(n)$이고

$\phi(n) \le n-1$이므로, $\phi(n) = n-1$이어야 한다. 그러므로 정리 8.2에 따라 n은 소수이어야 한다.

정리 10.19는 법 n으로 위수가 $n-1$인 정수가 존재하면 n이 소수라는 사실과 동치이다. 다음 예제는 정리 10.19의 사용을 예를 들어 설명한다.

예제 10.24

$n = 1009$라 하자. 그러면 $11^{1008} \equiv 1 \pmod{1009}$이다. 1008의 소인수는 2, 3, 7이다. $11^{1008/2} = 11^{504} \equiv -1 \pmod{1009}$, $11^{1008/3} = 11^{336} \equiv 374 \pmod{1009}$, $11^{1008/7} = 11^{144} \equiv 935 \pmod{1009}$이다. 따라서 정리 10.19에 따라 1009는 소수임을 알 수 있다.

다음에 나오는 정리 10.19의 따름정리는 조금 더 효율적인 소수 판정법을 제공해준다.

따름정리 10.19.1

양의 정수 n과 정수 x에 대해

$$x^{(n-1)/2} \equiv -1 \pmod{n}$$

이 성립하고, $n-1$의 모든 홀수 소인수 q에 대해

$$x^{(n-1)/q} \not\equiv 1 \pmod{n}$$

이면 n은 소수이다.

증명 10.19.1

$x^{(n-1)/2} \equiv -1 (\mathrm{mod}\ n)$이므로 다음 합동식이 성립한다.

$$x^{n-1} = (x^{(n-1)/2})^2 \equiv (-1)^2 \equiv 1 \pmod{n}$$

정리 10.19의 가정이 만족되므로 n이 소수임을 알 수 있다.

예제 10.25

$n = 2003$이라고 하자. $n-1 = 2002$의 홀수 소인수는 7, 11, 13이다. $5^{2002/2} = 5^{1001} \equiv -1 \pmod{2003}$이고 $5^{2002/7} = 5^{286} \equiv 874 \pmod{2003}$, $5^{2002/11} = 5^{183} \equiv 886 \pmod{2003}$, $5^{2002/13} = 5^{154} \equiv 633 \pmod{2003}$이므로 따름정리 10.19.1에 의해 2003은 소수임을 알 수 있다.

어떤 정수 n이 소수인지 판별하기 위해 정리 10.19 또는 따름정리 10.19.1을 사용하려면 $n-1$의 소인수분해를 알아야 한다. 앞서 언급했듯이 정수의 소인수분해는 시간이 많이 걸리는

과정이다. $n-1$의 소인수분해에 대한 사전 정보를 가지고 있을 때에만 이러한 소수 판정법이 실용적이라고 할 수 있다. 이러한 상황은 페르마 수에서 발생하며, 12장에서 이 절의 아이디어를 바탕으로 한 이러한 수에 대한 소수 판정법을 제시한다.

3장에서 어떤 정수 n이 소수임을 다항 시간 내에 증명할 수 있는 알고리즘의 최근 발견에 대해 논의했다. 따름정리 10.19.1을 사용하여 더 약한 결과를 증명할 수 있는데, 이는 특정 정보가 주어지면 다항 시간 내에 정수가 소수임을 증명할 수 있음을 보여준다.

정리 10.20

n이 소수라면 충분한 정보가 주어졌을 때 $O((\log_2 n)^4)$ 비트연산을 사용하여 소수임을 증명할 수 있다.

증명 10.20

이번 증명에서는 수학적 귀납법의 두 번째 원리를 사용할 것이다. 수학적 귀납법의 적용 대상은 정수 n이 소수임을 검증하는 데 필요한 총 곱셈 및 모듈러 거듭제곱 연산의 수인 $f(n)$에 대한 추정치이다. $f(n)$이 다음 부등식을 만족함을 보이자.

$$f(n) \leq 3(\log n/\log 2) - 2$$

먼저, $f(2)=1$임을 주목하자. $q<n$인 모든 소수 q에 대해 다음 부등식이 성립한다고 가정해보자.

$$f(q) \leq 3(\log n/\log 2) - 2$$

n이 소수임을 증명하기 위해 따름정리 10.19.1을 사용할 것이다. 정수 $2^a, q_1, \ldots, q_t$, x가 다음을 만족한다고 가정한다.

(i) $n-1 = 2^a q_1 q_2 \cdots q_t$

(ii) q_i는 $i=1,2,\ldots,t$에 대해 홀수 소수

(iii) $x^{(n-1)/2} \equiv -1 \pmod{n}$

(iv) $x^{(n-1)/q_j} \equiv 1 \pmod{n}$ $(i=1,2,\ldots,t)$

(i)을 확인하기 위해 t번의 곱셈, (iii)과 (iv)를 확인하기 위해 $t+1$번의 모듈러 거듭제곱 연산, (ii)에서 q_i가 소수임을 확인하기 위해 $i=1,2,\ldots,t$에 대해 $f(q_i)$번의 곱셈 및 모듈러 거듭제곱 연산이

필요하다. 따라서 다음 부등식이 성립함을 알 수 있다.

$$f(n) = t + (t+1) + \sum_{i=1}^{t} f(q_i)$$
$$\leq 2t + 1 + \sum_{i=1}^{t}((3\log q_i / \log 2) - 2)$$

각 곱셈은 $O((\log_2 n)^2)$ 비트연산이 필요하고, 각 모듈러 거듭제곱 연산은 $O((\log_2 n)^3)$ 비트연산이 필요하다. 필요한 곱셈 및 모듈러 거듭제곱 연산의 총 수는 $f(n) = O(\log_2 n)$이므로 필요한 총 비트연산 수는 $O((\log_2 n)(\log_2 n)^3) = O((\log_2 n)^4)$이 된다.

영국의 물리학자이자 수학자인 포클링톤(Henry Pocklington)은 1914년에 페르마의 작은 정리의 또 다른 제한된 역을 확립했다. 그는 n의 소수 여부를 $n-1$의 부분적인 소인수분해를 사용하여 확인할 수 있음을 보여주었다. $n-1 = FR$이라는 표기를 사용할 것이다. 여기서 F는 소수로 인수분해된 부분을 나타내고 R은 소수로 인수분해되지 않은 나머지 부분을 나타낸다.

정리 10.21 포클링톤 소수 판정법

양의 정수 n에 대해 $n-1 = FR$, $(F, R) = 1$, $F > R$을 만족하는 두 정수 F, R이 있다고 가정하자. 만약 F인 모든 소인수 q에 대해 $(a^{(n-1)/q} - 1, n) = 1$이고 $a^{n-1} \equiv 1 \pmod{n}$을 만족하는 정수 a가 존재하면, n은 소수이다.

증명 10.21

p가 n의 소인수이며 $p \leq \sqrt{n}$인 경우를 가정해보자. $a^{n-1} \equiv 1 \pmod{n}$이므로, 만약 $p \mid n$이면 $a^{n-1} \equiv 1 \pmod{p}$이다. 따라서 $\text{ord}_p a \mid (n-1)$이고 $n - 1 = t \cdot \text{ord}_p a$인 정수 t가 존재한다.

이제 q가 F를 나누는 소수이고 q^e가 F의 소인수분해에서 나타나는 q의 거듭제곱이라고 가정하자. $q \nmid t$임을 보일 것이다. 이를 증명하기 위해 $q \mid t$라면 다음과 같음을 주목하자.

$$a^{(n-1)/q} = a^{\text{ord}_p a \cdot (t/q)} \equiv 1 \pmod{p}$$

이는 $p \mid (a^{(n-1)/q} - 1, n)$을 의미한다. 왜냐하면 $p \mid (a^{(n-1)/q} - 1)$이고 $p \mid n$이기 때문이다. 이는 $(a^{(n-1)/q} - 1, n) = 1$이라는 가정에 모순이 된다. 따라서 $q \nmid t$이 된다. 결과적으로, $q^e \mid \text{ord}_p a$임을 알 수 있다. F를 나누는 모든 소수에 대해 이 소수의 거듭제곱인수분해가 $\text{ord}_p a$를 나누므로 $F \mid \text{ord}_p a$이다. $\text{ord}_p a \mid (p-1)$이므로 $F \mid (p-1)$이고, 이는 $F < p$를 의미한다.

$F > R$이고 $n - 1 = FR$이므로 $n - 1 < F^2$이다. $n - 1$과 F^2은 정수이므로 $n \leq F^2$이며, $p > F \geq \sqrt{n}$이 된다. 따라서 n은 소수임을 알 수 있다.

다음 예제는 $n-1$의 부분적인 소인수분해만을 사용하여 n이 소수임을 보이는 포클링톤 소수 판정법을 설명한다.

예제 10.26

포클링톤 소수 판정법을 사용하여 23801이 소수임을 보이자. $n = 23801$일 때 $n-1 = 23800 = FR$의 부분적인 소인수분해를 사용할 것이다. 여기서 $F = 200 = 2^3 5^2$이고 $R = 119$이며 $F > R$이다. $a = 3$을 사용하면 (계산 소프트웨어의 도움으로) 다음과 같은 결과를 얻는다.

$$3^{23800} \equiv 1 \pmod{23801}$$
$$3^{23800/2} \equiv -1 \pmod{23801}$$
$$3^{23800/5} \equiv 19672 \pmod{23801}$$

유클리드 알고리즘을 사용하여 $(3^{23800/2}-1, 23801) = (-2, 23801) = 1$이고 $(3^{23800/5}-1, 23801) = (19671, 23801) = 1$임을 알 수 있다. 이는 $n = 23801$이 소수임을 보여준다.

포클링톤 소수 판정법을 사용하여 특수한 형태의 수의 소수를 검사하는 데 유용한 또 다른 판정법을 개발할 수 있다. 이 판정법은 포클링톤 소수 판정법보다 실제로 먼저 나왔으며, 1878년에 프랑스 수학자 프로트(François Proth)에 의해 증명되었다.

정리 10.22 프로트 소수 판정법

양의 정수 n이 $n = k \cdot 2^m + 1$의 형태라고 하자. 여기서 k는 홀수이고 m은 $k < 2^m$인 정수이다. 만약 a라는 정수가 존재하여 다음 합동식을 만족하면 n은 소수이다.

$$a^{(n-1)/2} \equiv -1 \pmod{n}$$

증명 10.22

$s = 2^m$, $t = k$라고 하면 가정에 의해 $s > t$이다. 또는

$$a^{(n-1)/2} \equiv -1 \pmod{n} \tag{10.7}$$

이므로 $(a^{(n-1)/2}-1, n) = 1$임을 쉽게 증명할 수 있다. 이를 보이기 위해 만약 $d \mid (a^{(n-1)/2}-1)$이고 $d \mid n$이라면, 식 (10.7)에 의해 $d \mid (a^{(n-1)/2}+1)$이 된다. 이는 $(a^{(n-1)/2}-1)+(a^{(n-1)/2}+1) = 2$를 d가 나눈다는 것을 의미한다. n이 홀수이므로 $d = 1$임을 알 수 있다. 따라서 포클링톤 소수 판정법의 모든 가정을 만족하므로 n은 소수이다.

예제 10.27

프로트 소수 판정법을 사용하여 $n = 13 \cdot 2^8 + 1 = 3329$가 소수임을 증명하자. 먼저, $13 < 2^8 = 256$임을 확인하고 $a = 3$을 선택한다. 계산 소프트웨어의 도움을 받아 다음을 계산할 수 있다.

$$3^{(n-1)/2} = 3^{3328/2} = 3^{1664} \equiv -1 \pmod{3329}$$

따라서 프로트 소수 판정법에 의해 3329가 소수임을 알 수 있다.

프로트 소수 판정법은 $k \cdot 2^m + 1$ 형태의 큰 수의 소수를 증명하는 데 광범위하게 사용되어왔다. 이러한 소수는 종종 **프로트 소수**(Proth primes)라고 불린다. 2022년 중반 기준으로 알려진 가장 큰 열 개의 소수 중 하나가 프로트 소수 판정법을 사용하여 발견되었으며, 나머지는 메르센 소수이다. 몇 년 동안 알려진 가장 큰 소수는 메르센 소수가 아니었으며 $k \cdot 2^m + 1$ 형태였다. 프로트 소수에 대해 더 알고 싶거나 프로트 소수를 찾는 소프트웨어를 찾고 싶다면 PrimePages 웹사이트와 PrimeGrid 웹사이트를 방문해보라. 만약 새로 발견된 프로트 소수를 발견한다면, 약간의 명성을 얻을 수 있지만 새로운 메르센 소수를 발견했을 때만큼 유명해지지는 않을 것이다.

10.5 연습문제

1. 페르마의 작은 정리의 루카스의 역을 $x = 2$로 사용하여 101이 소수임을 보여라.

2. 페르마의 작은 정리의 루카스의 역을 $x = 2$로 사용하여 211이 소수임을 보여라.

3. 따름정리 10.19.1을 $x = 3$으로 사용하여 233이 소수임을 보여라.

4. 따름정리 10.19.1을 $x = 3$으로 사용하여 257이 소수임을 보여라.

5. 만약 어떤 정수 x가 존재하여 다음 두 조건이 성립하면,

$$x^{2^{2^n}} \equiv 1 \pmod{F_n}$$
$$x^{2^{(2^n-1)}} \not\equiv 1 \pmod{F_n}$$

   페르마 수 $F_n = 2^{2^n} + 1$이 소수임을 보여라.

6. 포클링톤 소수 판정법을 사용하여 7057이 소수임을 보여라. 이때 $F = 2^4 \cdot 3^2 = 144$와 $R = 49$로 $7057 - 1 = 7056 = FR$를 사용하라.

7. 포클링톤 소수 판정법을 사용하여 9929가 소수임을 보여라. 이때 $F = 136 = 2^3 \cdot 17$과 $R = 73$으로 $9929 - 1 = 9928 = FR$를 사용하라.

8. 프로트 소수 판정법을 사용하여 449가 소수임을 보여라.

9. 프로트 소수 판정법을 사용하여 3329가 소수임을 보여라.

*10. 다음 두 조건 (i), (ii)를 만족하는 정수 n이 소수임을 증명하라.

(i) $n - 1 = FR$이다. 여기서 $(F, R) = 1$이고, 정수 B가 존재하여 $FB > \sqrt{n}$이고 R은 B보다 작은 소인수를 갖지 않는다.

(ii) F의 각 소인수 q에 대해 $(a^{(n-1)/q} - 1, n) = 1$이고 $a^{n-1} \equiv 1 \pmod{n}$인 정수 a가 존재하며, $b^{n-1} \equiv 1 \pmod{n}$이고 $(b^F - 1, n) = 1$인 1보다 큰 정수 b가 존재한다.

*11. 다음 두 조건 (i), (ii)를 만족하는 정수 n이 소수임을 증명하라.

(i) $n = hq^k + 1$이다. 여기서 q는 소수이고 $q^k > h$이다.

(ii) $a^{n-1} \equiv 1 \pmod{n}$이고 $(a^{(n-1)/q} - 1, n) = 1$인 정수 a가 존재한다.

*12. **시에르핀스키 수**(Sierpiński number)는 양의 홀수 정수 k로 $n > 1$인 정수 n에 대해 $k2^n + 1$이 모두 합성수인 수이다. 1960년 시에르핀스키(Wacław Sierpiński)는 이러한 수가 무한히 많다는 것을 증명했다. 78557이 시에르핀스키 수임을 보여라.

*13. 양의 정수 n에 대해 $n - 1$의 소인수분해가 $p_1^{a_1} p_2^{a_2} \cdots p_t^{a_t}$라고 가정하자. 이때 $j = 1, 2, \ldots, t$에 대해 정수 x_j가 존재하여 다음 두 조건이 성립하면 n이 소수임을 증명하라.

$$x_j^{(n-1)/p_j} \not\equiv 1 \pmod{n}$$
$$x_j^{n-1} \equiv 1 \pmod{n}$$

*14. 양의 정수 n이 주어졌을 때 다음과 같다고 가정하자.

$$n - 1 = m \prod_{j=1}^{r} q_j^{a_j}$$

여기서 m, $a_1, a_2, \ldots, a_r$은 양의 정수이고 $q_1, q_2, \ldots, q_r$은 1보다 큰 서로소인 정수이다. 또한 $b_1, b_2, \ldots, b_r$은 양의 정수이며 $x_1, x_2, \ldots, x_r$라는 정수가 존재하여 다음 조건이 $j = 1, 2, \ldots, r$에 대해 성립하면,

$$x_j^{n-1} \equiv 1 \pmod{n}$$
$$(x_j^{(n-1)/q_j} - 1, n) = 1$$

모든 소인수 q_j는 b_j보다 크거나 같고 다음 조건이 성립하면,

$$n < \left(1 + \prod_{j=1}^{r} b_j^{a_j}\right)^2$$

n이 소수임을 증명하라.

계산과 탐구

1. 포클링톤 소수 판정법을 사용하여 10,998,989가 소수임을 보여라. 여기서 $n-1=FR$, $s=4004$, $t=2747$, $a=3$이다.

2. 포클링톤 소수 판정법을 사용하여 111,649,121이 소수임을 보여라.

3. 프로트 소수 판정법을 사용하여 $3\cdot 2^n+1$ 형태의 가능한 많은 소수를 찾아라.

4. 프로트 소수 판정법을 사용하여 $5\cdot 2^n+1$ 형태의 가능한 많은 소수를 찾아라.

5. 78557이 가장 작은 시에르핀스키 수라는 추측이 있다(연습문제 12를 참조). (시에르핀스키는 1960년에 무한히 많은 시에르핀스키 수가 존재함을 보였다.) Seventeen or Bust 분산 컴퓨팅 프로젝트는 이 추측에 대한 열일곱 가지 가능한 반례를 제거하는 것을 목표로 2002년에 설립되었다. 2016년에는 PrimeGrid가 이 프로젝트의 작업을 인수했다(최신 정보를 위해 `http://primegrid.com/forum_thread.php?id=1647`을 참조하라). 2021년 초 기준으로 이 프로젝트는 원래의 17가지 값 중 12가지를 제거했다. 이 프로젝트에 가입하고 사이트에서 소프트웨어를 다운로드하여 남은 다섯 개의 정수 21811, 22699, 24737, 55459, 67607 중 하나를 제거하라. k가 이러한 정수 중 하나일 때 PrimeGrid 소프트웨어를 사용하여 $k2^n+1$이 소수인 정수 n을 찾아라.

6. $F_4=2^{2^4}+1=65537$이 소수임을 확인하는 간결한 방법을 찾아라.

프로그래밍 프로젝트

다음 각각의 판정법을 이용하여 양의 정수 n이 소수임을 보여라.

1. 페르마의 작은 정리의 루카스의 역

2. 따름정리 10.19.1

3. 포클링톤 소수 판정법

4. 프로트 소수 판정법

10.6 보편지수

양의 정수 n의 소인수분해를 다음과 같다고 하자.

$$n=p_1^{t_1}p_2^{t_2}\cdots p_m^{t_m}$$

a가 n과 서로소인 정수라면, 오일러 정리에 의해 다음을 얻는다.

$$a^{\phi(p^t)}\equiv 1 \pmod{p^t}$$

여기서 p^t은 n의 소인수분해에서 나타나는 소수 거듭제곱 중 하나이다. 이제 다음과 같다고 하자.

$$U = [\phi(p_1^{t_1}), \phi(p_2^{t_2}), \ldots, \phi(p_m^{t_m})]$$

여기서 정수 $\phi(p_i^{t_i}), i = 1, 2, \ldots, m$의 최소공배수이다. 왜냐하면 $i = 1, 2, \ldots, m$에 대해 다음과 같기 때문이다.

$$\phi(p_i^{t_i}) \mid U$$

정리 10.1을 사용하면 다음과 같음을 알 수 있다.

$$a^U \equiv 1 \pmod{p_i^{t_i}}$$

따라서 4.3절의 연습문제 39에 의해 다음과 같다.

$$a^U \equiv 1 \pmod{n}$$

이것은 다음과 같은 정의로 이어진다.

정의 10.5

양의 정수 n의 **보편지수**(universal exponent)는 n과 서로소인 모든 정수 a에 대해

$$a^U \equiv 1 \pmod{n}$$

이 성립하는 양의 정수 U이다.

예제 10.28

600의 소인수분해가 $2^3 \cdot 3 \cdot 5^2$이므로 $U = [\phi(2^3), \phi(3), \phi(5^2)] = [4, 2, 20] = 20$이 600의 보편지수임을 알 수 있다.

오일러 정리에 따르면 $\phi(n)$은 보편지수임을 알 수 있다. 이미 보였듯이, 정수 $U = [\phi(p_1^{t_1}), \phi(p_2^{t_2}), \ldots, \phi(p_m^{t_m})]$도 $n = p_1^{t_1} p_2^{t_2} \cdots p_m^{t_m}$의 보편지수이다. 이제 n의 가장 작은 양의 보편지수를 찾는 문제를 생각해보자.

정의 10.6

양의 정수 n의 가장 작은 보편지수는 n의 **최소보편지수**(minimal universal exponent)라고 하며, $\lambda(n)$으로 표시된다.

이제 n의 소인수분해를 바탕으로 한 최소보편지수 $\lambda(n)$에 대한 공식을 찾을 것이다. 먼저, n에 원시근이 있으면 $\lambda(n) = \phi(n)$임을 주목하라. 홀수 소수의 거듭제곱은 원시근을 가지므로 다음과 같다.

$$\lambda(p^t) = \phi(p^t)$$

여기서 p는 홀수 소수이고, t는 양의 정수이다. 비슷하게 2와 4도 원시근을 가지므로 $\lambda(2) = \phi(2) = 1$과 $\lambda(4) = \phi(4) = 2$가 성립한다. 한편 $t \geq 3$이면 정리 10.11에 의해 모든 홀수 정수 a에 대해 다음 합동식이 성립한다.

$$a^{2^{t-2}} \equiv 1 \pmod{2^t}$$

정리 10.12에 따르면 $\text{ord}_{2^t}5 = 2^{t-2}$이다. 따라서 $t \geq 3$일 때 $\lambda(2^t) = 2^{t-2}$임을 결론지을 수 있다.

n이 소수의 거듭제곱일 때 $\lambda(n)$를 찾았으므로 임의의 양의 정수 n에 대해 살펴보자.

정리 10.23

양의 정수 n의 소인수분해가 다음과 같다고 하자.

$$n = 2^{t_0} p_1^{t_1} p_2^{t_2} \cdots p_m^{t_m}$$

그러면 n의 최소보편지수 $\lambda(n)$은 다음과 같이 주어진다.

$$\lambda(n) = [\lambda(2^{t_0}), \phi(p_1^{t_1}), \ldots, \phi(p_m^{t_m})]$$

더욱이 $\text{ord}_n a = \lambda(n)$이 되는 정수 a가 존재한다.

증명 10.23

b를 n과 서로소인 정수라고 하자. 편의를 위해 다음과 같다고 하자.

$$M = [\lambda(2^{t_0}), \phi(p_1^{t_1}), \phi(p_2^{t_2}), \ldots, \phi(p_m^{t_m})]$$

M이 $\lambda(2^{t_0})$, $\phi(p_1^{t_1}) = \lambda(p_1^{t_1})$, $\phi(p_2^{t_2}) = \lambda(p_2^{t_2})$, …, $\phi(p_m^{t_m}) = \lambda(p_m^{t_m})$의 공배수이기 때문에 $b^{\lambda(p^t)} \equiv 1 \pmod{p^t}$인 모든 소수 거듭제곱 p^t에 대해 다음과 같다.

$$b^M \equiv 1 \pmod{p^t}$$

여기서 p^t는 n의 소인수분해에서 나타나는 소수 거듭제곱이다.

따라서 따름정리 5.9.1에 의해 다음과 같이 결론지을 수 있다.

$$b^M \equiv 1 \pmod{n}$$

마지막 합동식은 M이 보편지수임을 증명한다. 이제 M이 최소보편지수임을 증명해야 한다. 이를 위해 법 n으로 a의 M보다 작은 양의 거듭제곱이 1과 합동이 되지 않도록 하는 정수 a를 찾자. r_i를 $p_i^{t_i}$의 원시근이라 하자.

다음 연립합동식을 고려해보자.

$$\begin{aligned} x &\equiv 5 \pmod{2^{t_0}} \\ x &\equiv r_1 \pmod{p_1^{t_1}} \\ x &\equiv r_2 \pmod{p_2^{t_2}} \\ &\vdots \\ x &\equiv r_m \pmod{p_m^{t_m}} \end{aligned}$$

중국인의 나머지정리에 의해 이 연립합동식의 해는 $n = 2^{t_0}p_1^{t_1}p_2^{t_2}\cdots p_m^{t_m}$을 법으로 유일한 해 a가 존재한다. 이제 $\text{ord}_n a = M$임을 증명하자. 이 주장을 증명하기 위해 양의 정수 N이 존재하여 다음과 같다고 하자.

$$a^N \equiv 1 \pmod{n}$$

그러면 p^t가 n의 소수 거듭제곱 인수이면 다음이 성립한다.

$$a^N \equiv 1 \pmod{p^t}$$

따라서 다음과 같다.

$$\text{ord}_{p^t} a \mid N$$

하지만 a가 $m+1$개의 합동식을 동시에 만족시키므로 각 소수 거듭제곱 인수에 대해 다음을 얻는다.

$$\text{ord}_{p^t} a = \lambda(p^t)$$

따라서 정리 10.1에 의해 다음과 같음을 알 수 있다.

$$\lambda(p^t) \mid N$$

이것은 n의 소수 거듭제곱 인수인 모든 p^t에 대해 성립한다. 따라서 따름정리 5.9.1에 의해 $M =$

$[\lambda(2^{t_0}), \lambda(p_1^{t_1}), \lambda(p_2^{t_2}), \ldots, \lambda(p_m^{t_m})] \mid N$임을 알 수 있다.

$a^M \equiv 1 \pmod n$이고 $a^N \equiv 1 \pmod n$일 때 $M \mid N$이므로 $a^x \equiv 1 \pmod n$인 가장 작은 양의 정수 x가 $x = M$임을 알 수 있다. 따라서 법 n으로 정수의 위수에 대한 정의에 따라 다음을 얻는다.

$$\text{ord}_n a = M$$

이로써 $M = \lambda(n)$임을 보였고, 동시에 $\text{ord}_n a = \lambda(n)$인 양의 정수 a를 찾았다.

예제 10.29

180의 소인수분해는 $2^2 \cdot 3^2 \cdot 5$이다. 따라서 정리 10.23에 따르면 다음과 같다.

$$\lambda(180) = [\lambda(2^2), \phi(3^2), \phi(5)] = 12$$

$\text{ord}_{180} a = 12$인 정수 a를 찾기 위해, 먼저 3^2와 5에 대한 원시근을 찾아야 한다. 예를 들어 2와 3을 각각 3^2와 5에 대한 원시근으로 선택할 수 있다. 그러면 중국인의 나머지정리를 사용하여 다음 연립합동식의 해를 찾을 수 있다.

$$a \equiv 3 \pmod 4$$
$$a \equiv 2 \pmod 9$$
$$a \equiv 3 \pmod 5$$

이로부터 $a \equiv 83 \pmod{180}$을 얻는다. 이제 정리 10.23의 증명을 사용하여 $\text{ord}_{180} 83 = 12$임을 알 수 있다.

예제 10.30

$n = 2^6 \cdot 3^2 \cdot 5 \cdot 7 \cdot 13 \cdot 17 \cdot 19 \cdot 37 \cdot 73$라고 하자. 그러면 다음과 같다.

$$\begin{aligned}
\lambda(n) &= [\lambda(2^6), \phi(3^2), \phi(5), \phi(7), \phi(13), \phi(17), \phi(19), \phi(37), \phi(73)] \\
&= [2^4, 2 \cdot 3, 2^2, 2 \cdot 3, 2^2 \cdot 3, 2^4, 2 \cdot 3^2, 2^2 3^2, 2^3 3^2] \\
&= 2^4 \cdot 3^2 \\
&= 144
\end{aligned}$$

따라서 a가 $2^6 \cdot 3^2 \cdot 5 \cdot 7 \cdot 13 \cdot 17 \cdot 19 \cdot 37 \cdot 73$과 서로소인 양의 정수일 때, $a^{144} \equiv 1 \pmod{2^6 \cdot 3^2 \cdot 5 \cdot 7 \cdot 13 \cdot 17 \cdot 19 \cdot 37 \cdot 73}$임을 알 수 있다.

카마이클 수에 대한 결과 이제 7.2절에서 논의한 카마이클 수로 돌아가자. 카마이클 수는 모든

$(b, n) = 1$인 양의 정수 b에 대해 $b^{n-1} \equiv 1 \pmod{n}$를 만족하는 합성수이다. 서로 다른 홀수 소수 $q_1, q_2, \ldots, q_k$에 대해 $n = q_1 q_2 \cdots q_k$일 때 모든 $j = 1, 2, \ldots, k$에 대해 $(q_j - 1) \mid (n - 1)$을 만족하면 n이 카마이클 수가 된다는 것을 증명했다. 여기서는 이 결과의 역을 증명한다.

정리 10.24

$n > 2$인 카마이클 수 n은 서로 다른 홀수 소수 q_j로 구성된 $n = q_1 q_2 \cdots q_k$이고, $j = 1, 2, \ldots, k$에 대해 $(q_j - 1) \mid (n - 1)$을 만족한다.

증명 10.24

n이 카마이클 수라면 n과 서로소인 모든 양의 정수 b에 대해 다음 식이 성립한다.

$$b^{n-1} \equiv 1 \pmod{n}$$

정리 10.23에 따르면 $\mathrm{ord}_n a = \lambda(n)$인 정수 a가 있다. 이때 $\lambda(n)$은 최소보편지수이다. 또한 $a^{n-1} \equiv 1 \pmod{n}$이므로 정리 10.1에 따르면 다음과 같다.

$$\lambda(n) \mid (n - 1)$$

따라서 n은 홀수여야 한다. 만약 n이 짝수라면 $n-1$은 홀수가 되지만, $\lambda(n)$은 짝수이므로(왜냐하면 $n > 2$), 이는 $\lambda(n) \mid (n - 1)$이라는 사실과 모순이 된다.

이제 n이 서로 다른 소수의 곱이어야 함을 보이자. n이 $t \geq 2$인 소수 거듭제곱 인수 p^t를 갖는다고 가정하자. 그러면 다음을 얻는다.

$$\lambda(p^t) = \phi(p^t) = p^{t-1}(p - 1) \mid \lambda(n) \mid n - 1$$

이는 $p \mid (n - 1)$을 의미하는데, $p \mid n$이기 때문에 불가능하다. 따라서 n은 서로 다른 홀수 소수의 곱이어야 한다. 즉 다음과 같다.

$$n = q_1 q_2 \cdots q_k$$

마지막으로 다음과 같으므로 증명이 완료된다.

$$\lambda(q_i) = \phi(q_i) = (q_i - 1) \mid \lambda(n) \mid n - 1$$

다음 정리가 설명하듯이 카마이클 수의 소인수분해에 대해 더 많은 것을 쉽게 증명할 수 있다.

정리 10.25

카마이클 수는 최소한 세 개의 서로 다른 홀수 소인수를 가져야 한다.

증명 10.25

n을 카마이클 수라고 하자. 그러면 n은 합성수이므로 하나의 소인수만 가질 수 없으며, 서로 다른 소수들의 곱이다. 그래서 $n = pq$라고 가정하자. 여기서 p와 q는 $p > q$인 홀수 소수이다. 그러면 다음이 성립한다.

$$n - 1 = pq - 1 = (p-1)q + (q-1) \equiv q - 1 \not\equiv 0 \pmod{p-1}$$

이는 $(p-1) \nmid (n-1)$을 보여준다. 따라서 n이 단 두 개의 서로 다른 소인수를 가질 경우 n은 카마이클 수가 될 수 없다.

10.6 연습문제

1. 다음 값들에 대해 n의 최소보편지수 $\lambda(n)$을 구하라.

   a) 100
   b) 144
   c) 222
   d) 884
   e) $2^4 \cdot 3^3 \cdot 5^2 \cdot 7$
   f) $2^5 \cdot 3^2 \cdot 5^2 \cdot 7^3 \cdot 11^2 \cdot 13 \cdot 17 \cdot 19$
   g) 10!
   h) 20!

2. 다음 각각 정수에 대해 $\lambda(n)$이 해당 정수와 같은 모든 양의 정수 n을 구하라.

   a) 1
   b) 2
   c) 3
   d) 4
   e) 5
   f) 6

3. $\lambda(n) = 12$인 가장 큰 정수 n을 구하라.

4. 다음에 주어진 법으로 가능한 가장 큰 위수를 가지는 정수를 구하라.

   a) 12
   b) 15
   c) 20
   d) 36
   e) 40
   f) 63

5. 양의 정수 m에 대해 $\lambda(m)$이 $\phi(m)$을 나눈다는 것을 보여라.

6. m과 n이 서로소인 양의 정수일 때 $\lambda(mn) = [\lambda(m), \lambda(n)]$임을 보여라.

7. n이 방정식 $\lambda(n) = a$를 만족하는 가장 큰 양의 정수라고 하자. 여기서 a는 고정된 양의 정수이다. 만약 m이 $\lambda(m) = a$의 다른 해라면 m이 n을 나눈다는 것을 보여라.

8. 법 n으로 최대 위수를 가지는 서로 합동이 아닌 정수들이 몇 개 있는지 구하라.

9. a와 m이 서로소인 정수일 때 합동식 $ax \equiv b \pmod{m}$의 해들이 $x \equiv a^{\lambda(m)-1}b \pmod{m}$인 정수라는 것을 보여라.

10. c가 1보다 큰 양의 정수일 때 정수 $1^c, 2^c, \ldots, (m-1)^c$이 법 m으로의 완전잉여계를 형성하기 위한 필요충분조건은 m이 제곱인수가 없고 $(c, \lambda(m)) = 1$임을 보여라.

*11. a) c와 m이 양의 정수이고 m이 홀수일 때 합동식 $x^c \equiv x \pmod{m}$의 서로 합동되지 않은 해들이 정확히 다음의 개수임을 보여라.

$$\prod_{j=1}^{r}(1 + (c-1, \phi(p_j^{a_j})))$$

여기서 m의 소인수분해는 $m = p_1^{a_1} p_2^{a_2} \cdots p_r^{a_r}$이다.

b) $(c-1, \phi(m)) = 2$일 때 $x^c \equiv x \pmod{m}$의 해가 정확히 3^r개임을 보여라.

12. 연습문제 11을 사용하여 RSA 암호로 암호화될 때 항상 변경되지 않는 평문 메시지가 적어도 9개 이상 있다는 것을 보여라.

*13. 561이 $3pq$ 형태의 유일한 카마이클 수임을 보여라. 여기서 p와 q는 소수이다.

*14. $5pq$ 형태의 모든 카마이클 수를 찾아라. 여기서 p와 q는 소수이다.

*15. $n = pqr$ 형태의 카마이클 수가 유한하다는 것을 보여라. 여기서 p는 고정된 소수이고 q와 r도 소수이다.

16. 암호화키 (e, n)를 사용하는 RSA 암호의 복호화 지수 d는 $\lambda(n)$을 법으로 하는 e의 역수로 취할 수 있음을 보여라.

n을 양의 정수라고 하자. $(a, n) = 1$일 때 **일반화된 페르마 몫**(generalized Fermat quotient) $q_n(a)$를 $q_n(a) \equiv \frac{a^{\lambda(n)}-1}{n} \pmod{n}$이고 $0 \leq q_n(a) < n$인 것으로 정의한다.

17. $(a, n) = (b, n) = 1$일 때 $q_n(ab) \equiv q_n(a) + q_n(b) \pmod{n}$임을 보여라.

18. $(a, n) = 1$일 때 $q_n(a + nc) \equiv q_n(a) + \lambda(n)c\bar{a} \pmod{n}$임을 보여라. 여기서 $\bar{a}$는 법 n으로 a의 역수이다.

계산과 탐구

1. 1000보다 작은 모든 정수의 보편지수를 찾아라.

2. 네 개 이상의 소인수를 가지는 카마이클 수를 찾아라.

프로그래밍 프로젝트

1. 양의 정수의 최소보편지수를 찾아라.
2. n의 최소보편지수를 법 n으로 위수로 갖는 양의 정수 n을 찾아라.
3. 주어진 양의 정수 M에 대해 최소보편지수가 M인 모든 양의 정수 n을 찾아라.
4. 연습문제 9의 방법을 사용하여 일차합동식을 풀어라.

제11장
정수의 위수의 응용

이 장에서는 정수의 위수와 원시근의 개념에 기반한 몇 가지 응용을 소개한다. 먼저, 난수 생성 문제를 생각해본다. 컴퓨터는 하드웨어나 소프트웨어로 만들어진 데이터를 사용하여 난수를 생성할 수 있지만, 이러한 방식으로는 길이가 긴 난수수열을 만들 수 없다. 컴퓨터 프로그램에서 긴 난수수열에 대한 요구를 충족시키기 위해, 무작위로 선택된 수들을 판정하기 위해 고안된 많은 통계적 테스트를 통과하는 수들을 생성하는 절차들이 개발되었다. 이러한 절차로 생성된 수를 유사난수라고 한다. 모듈러 산술과 정수의 위수 및 원시근의 개념에 기반하여 유사난수를 생성하는 여러 기법을 소개한다.

또한 원시근의 개념을 사용하여 정의된 엘가말 암호체계라는 공개키 암호체계를 소개한다. 이 암호체계의 보안은 소수에 대한 이산로그를 찾는 문제의 어려움에 기반한다. 엘가말 암호체계를 사용하여 메시지를 암호화하고 해독하는 방법, 이 암호체계에서 메시지에 서명하는 방법을 설명한다.

마지막으로, 정수의 위수와 원시근의 개념을 전화 케이블 접합에 응용하는 사례에 대해 논의한다.

11.1 유사난수

무작위로 선택된 수는 많은 응용 분야에서 유용하다. 핵 물리학, 운용과학, 데이터 네트워킹과 같은 분야에서 발생하는 현상을 연구하는 데 사용되는 컴퓨터 시뮬레이션에서 난수가 사용된다. 가능한 모든 경우를 검정하는 것이 불가능할 때, 시스템의 동작을 연구할 수 있도록 무작위 표본을 구성하는 데 사용할 수 있다. 난수는 컴퓨터 알고리즘의 성능을 테스트하고 실행 중에 무작위 선택을 하는 무작위 알고리즘을 실행하는 데 사용된다. 난수는 수치 해석에서도 광범위하게 사용된다. 예를 들어 난수는 미적분학에서 연구되는 리만합을 사용하여 적분을 추정하는 데 사용될 수 있다. 수론에서 난수는 확률론적 소수 검사에 사용된다. 또 난수는 암호학에서도 많이 응용되는데, 암호키 생성과 암호 프로토콜 실행 등에 사용된다.

난수(random number)에 대해 이야기할 때, 난수수열의 각 항은 다른 항에 의존하지 않아야 하고, 또 특정 확률로 특정 구간에 놓이지 않아야 한다. (47와 같은 특정 수가 무작위라고 말하는 것은 정말로 의미가 없다. 하지만 난수수열의 한 항은 될 수 있다.) 1940년 이전에, 난수를 필요로 하는 과학자들은 그것을 주사위 굴리기, 룰렛 바퀴 돌리기, 항아리에서 공 고르기, 카드 나누기, 인구 조사 보고서와 같은 표 데이터에서 무작위로 숫자 고르기 등의 방법으로 생성했다. 1940년대에는 난수를 생성하는 기계가 발명되었으며, 1950년대에는 난수를 생성하는 데 컴퓨터가 사용되었다. 그러나 기계적 과정에 의해 생성된 난수는 종종 컴퓨터 하드웨어의 오작동으로 인해 편향되었다. 또 다른 중요한 문제는 물리적 현상을 사용하여 생성된 난수는 재현할 수 없기 때문에 컴퓨터 프로그램의 결과를 확인할 수 없다는 점이다.

1946년 처음으로 기계적 방법 대신 컴퓨터 프로그램을 사용하여 난수를 생성하는 아이디어가 폰 노이만(John von Neumann)에 의해 제안되었다. 그가 제안한 방법은 **중간제곱법**(middle-square method)이라 불리고, 다음과 같이 작동한다. 네 자리 난수를 생성하기 위해 임의의 수로 시작한다. 예를 들어 6139로 시작한다. 이 수를 제곱하여 37,687,321을 얻고, 이 수에서 중간의 네 자리 수를 제거하여 얻는 6873을 두 번째 난수로 취한다. 이 절차를 계속 반복하여 난수수열을 얻는다. 즉 항상 이전 수를 제곱하고 중간 네 자리 수를 제거하여 새로운 난수를 얻는다. (네 자리 수의 제곱은 여덟 자리 이하의 수가 된다. 여덟 자리보다 적은 경우는 앞에 0을 추가하여 여덟 자리 수로 간주한다.)

중간제곱법에 의해 생성된 수열은 실제로 무작위로 선택된 것이 아니다. 처음 네 자리 숫자에 의해 전체 수열이 결정된다. 그러나 생성된 수열은 무작위처럼 보이며, 이 수들은 컴퓨터 시뮬레이션에 유용하다. 체계적인 방법으로 선택되었지만 무작위로 보이는 수열에 있는 정수들을 **유사난수**(pseudorandom number)라고 한다.

중간제곱법에는 몇 가지 약점이 있는 것으로 밝혀졌다. 이 방법의 가장 큰 단점은 많은 경우에 처음 선택하는 정수에 따라 몇 개의 수만 반복해서 생성된다는 것이다. 예를 들어 네 자리 정수 4100을 선택하여 중간제곱법을 적용하면 8100, 6100, 2100, 4100, 8100, 6100, 2100, ...와 같은 수열을 얻게 되며, 이 방법으로 네 개의 수만 반복적으로 생성된다.

11.1.1 선형합동생성기

가장 일반적으로 사용되는 유사난수 생성 방법인 **선형합동법**(linear congruential method)은 1949년 레머(D. H. Lehmer)에 의해 소개되었다. 이 방법은 다음과 같다. 먼저 정수 m, a, c, x_0를 $2 \le a < m$, $0 \le c < m$, $x_0 \ge 0$을 만족하도록 선택한다. 그런 후 $n = 0, 1, 2, 3, \ldots$일 때

다음과 같이 재귀적으로 유사난수의 수열을 정의한다.

$$x_{n+1} \equiv ax_n + c \pmod{m}, \quad 0 \le x_{n+1} < m$$

이때 이 유사난수생성기에서 m을 **법**(modulus), a를 **승수**(multiplier), c를 **증분**(increment), x_0를 **시드**(seed)라고 부른다. 다음 예제들은 선형합동법을 설명한다.

예제 11.1

선형합동생성기에서 $m = 12, a = 3, c = 4, x_0 = 5$를 선택하면 $x_1 \equiv 3 \cdot 5 + 4 \equiv 7 \pmod{12}$이므로 $x_1 = 7$이다. 마찬가지로 $x_2 \equiv 3 \cdot 7 + 4 \equiv 1 \pmod{12}$이기 때문에 $x_2 = 1$이 된다. 또한 $x_3 \equiv 3 \cdot 1 + 4 \equiv 7 \pmod{12}$이기 때문에 $x_3 = 7$이다. 따라서 이 생성기는 수들이 반복되기 시작하기 전까지 세 개의 서로 다른 정수를 생성한다. 생성된 유사난수의 수열은 $5, 7, 1, 7, 1, 7, 1, \ldots$ 이다.

예제 11.2

선형합동생성기에서 $m = 9, a = 7, c = 4, x_0 = 3$을 선택하면 수열 $3, 7, 8, 6, 1, 2, 0, 4, 5, 3, \ldots$를 얻는다(이는 독자가 검증하라). 이 수열은 수들의 반복이 시작되기 전까지 아홉 개의 서로 다른 정수를 생성한다.

비고. 컴퓨터 시뮬레이션에서는 0과 1 사이의 유사난수를 생성해야 하는 경우가 많다. 선형합동생성기를 사용하여 0과 m 사이의 유사난수 $x_i\,(i = 1, 2, 3, \ldots)$를 생성한 다음, 각 수를 m으로 나누어 수열 $x_i/m\,(i = 1, 2, 3, \ldots)$을 얻을 수 있다.

다음 정리는 선형합동법으로 생성된 유사난수의 수열의 각 항을 승수, 증분, 시드로부터 직접 구하는 방법을 알려준다.

정리 11.1

선형합동법으로 생성된 유사난수의 수열의 각 항은 다음과 같다.

$$x_k \equiv a^k x_0 + c(a^k - 1)/(a - 1) \pmod{m}, \quad 0 \le x_k < m$$

증명 11.1

이 결과는 수학적 귀납법을 사용하여 증명한다. $k = 1$인 경우 $x_1 \equiv ax_0 + c \pmod{m}$, $0 \le x_1 < m$이므로 공식이 자명하게 참이다. k번째 항에 대해 공식을 가정하면 다음 식이 성립한다.

$$x_k \equiv a^k x_0 + c(a^k - 1)/(a - 1) \pmod{m}, \quad 0 \le x_k < m$$

다음과 같기 때문에

$$x_{k+1} \equiv ax_k + c \pmod{m}, \quad 0 \le x_{k+1} < m$$

다음을 얻는다.

$$\begin{aligned} x_{k+1} &\equiv a(a^k x_0 + c(a^k - 1)/(a-1)) + c \\ &\equiv a^{k+1}x_0 + c(a(a^k - 1)/(a-1) + 1) \\ &\equiv a^{k+1}x_0 + c(a^{k+1} - 1)/(a-1) \pmod{m} \end{aligned}$$

즉 $k+1$번째 항에 대해 공식이 성립한다. 그러므로 모든 양의 정수 k에 대해 공식이 성립한다.

선형합동생성기의 **주기길이**(period length)는 생성된 수열에서 되풀이 되는 한 부분의 최소 길이를 말한다. 선형합동생성기의 가능한 최대 주기길이는 법 m이다. 다음 정리는 이 최대 길이가 언제 얻어지는지 알려준다.

정리 11.2

선형합동생성기의 주기길이가 m일 필요충분조건은 다음 조건이 성립하는 것이다.

(i) $(c, m) = 1$

(ii) m의 모든 소인수 p에 대해 $a \equiv 1 \pmod{p}$

(iii) $4 \mid m$인 경우 $a \equiv 1 \pmod{4}$

정리 11.2의 증명은 복잡하고 매우 길기 때문에 생략한다. 증명은 [Kn97]을 참조하라.

11.1.2 순곱셈합동법

선형합동생성기에서 상수 $c = 0$인 경우는 단순하기 때문에 특별히 관심을 받는다. 이 경우 이 방법을 **순곱셈합동법**(pure multiplicative congruential method)이라 부른다. 법 m, 승수 a, 시드 $x_0 \ge 0$를 선택하면 유사난수의 수열은 다음과 같이 재귀적으로 정의된다.

$$x_{n+1} \equiv ax_n \pmod{m}, \quad 0 \le x_{n+1} < m$$

일반적으로 이렇게 생성된 유사난수는 승수와 시드를 사용하여 다음과 같이 표현할 수 있다.

$$x_n \equiv a^n x_0 \pmod{m}, \quad 0 \le x_n < m$$

순곱셈생성기를 사용하여 얻은 수열의 주기길이가 l이면, l은 다음을 만족하는 가장 작은 양의 정수이다.

$$x_0 \equiv a^l x_0 \pmod{m}$$

만약 $(x_0, m) = 1$이면 따름정리 5.5.1에 의해 다음을 얻는다.

$$a^l \equiv 1 \pmod{m}$$

이 합동식으로부터 가능한 최대 주기길이는 법 m의 최소보편지수 $\lambda(m)$임을 알 수 있다.

많은 응용에서 순곱셈생성기는 법 m으로 메르센 소수 $M_{31} = 2^{31} - 1$을 사용한다. 법 m이 소수인 경우 최대 주기길이는 $m-1$이며, a가 m의 원시근일 때 이 값이 얻어진다. 7이 M_{31}의 원시근임을 증명해보자.

정리 11.3

7은 $M_{31} = 2^{31} - 1$의 원시근이다.

증명 11.3

7이 $M_{31} = 2^{31} - 1$의 원시근임을 보이기 위해 10.1절의 연습문제 19에 따르면 다음을 보여야 한다.

$$7^{(M_{31}-1)/q} \not\equiv 1 \pmod{M_{31}}$$

여기서 q는 $M_{31} - 1$의 모든 소인수이다. 이를 통해 $\text{ord}_{M_{31}} 7 = M_{31} - 1$임을 결론지을 수 있다. 다음과 같이 $M_{31} - 1$의 소인수분해를 찾을 수 있다.

$$\begin{aligned} M_{31} - 1 &= 2^{31} - 2 = 2(2^{30} - 1) = 2(2^{15} - 1)(2^{15} + 1) \\ &= 2(2^5 - 1)(2^{10} + 2^5 + 1)(2^5 + 1)(2^{10} - 2^5 + 1) \\ &= 2 \cdot 3^2 \cdot 7 \cdot 11 \cdot 31 \cdot 151 \cdot 331 \end{aligned}$$

소인수 $q = 2, 3, 7, 11, 31, 151, 331$에 대해 다음이 성립함을 보이면,

$$7^{(M_{31}-1)/q} \not\equiv 1 \pmod{M_{31}}$$

7이 $M_{31} = 2{,}147{,}483{,}647$의 원시근임을 알 수 있다. 실제로 다음과 같다.

$$\begin{aligned}
7^{(M_{31}-1)/2} &\equiv 2{,}147{,}483{,}646 \not\equiv 1 \pmod{M_{31}}\\
7^{(M_{31}-1)/3} &\equiv 1{,}513{,}477{,}735 \not\equiv 1 \pmod{M_{31}}\\
7^{(M_{31}-1)/7} &\equiv 120{,}536{,}285 \not\equiv 1 \pmod{M_{31}}\\
7^{(M_{31}-1)/11} &\equiv 1{,}969{,}212{,}174 \not\equiv 1 \pmod{M_{31}}\\
7^{(M_{31}-1)/31} &\equiv 512 \not\equiv 1 \pmod{M_{31}}\\
7^{(M_{31}-1)/151} &\equiv 535{,}044{,}134 \not\equiv 1 \pmod{M_{31}}\\
7^{(M_{31}-1)/331} &\equiv 1{,}761{,}885{,}083 \not\equiv 1 \pmod{M_{31}}
\end{aligned}$$

따라서 7이 M_{31}의 원시근임을 알 수 있다.

실제로는 7을 승수로 사용하지 않는다. 이는 처음 생성되는 몇 개의 정수의 크기가 작기 때문이다. 대신 따름정리 10.4.1을 사용하여 더 큰 원시근을 찾는다. 즉 $(k, M_{31}-1) = 1$을 만족하는 정수 k에 대해 7^k를 사용한다. 예를 들어 $(5, M_{31}-1) = 1$이기 때문에 $7^5 = 16{,}807$이 원시근이다. 또한 $(13, M_{31}-1) = 1$이므로 $7^{13} \equiv 252{,}246{,}292 \pmod{M_{31}}$을 승수로 사용할 수 있다.

11.1.3 제곱유사난수생성기

또 다른 유사난수생성기의 예로 **제곱유사난수생성기**(square pseudorandom number generator)가 있다. 주어진 법 n과 시드 x_0에 대해 이 생성기는 다음 합동식을 사용하여 유사난수의 수열을 생성한다.

$$x_{i+1} \equiv x_i^2 \pmod{n}, \quad 0 \le x_{i+1} < n$$

이 정의로부터 다음을 쉽게 알 수 있다.

$$x_i \equiv x_0^{2^i} \pmod{n}, \quad 0 \le x_i < n$$

예제 11.3

법 $n = 209$와 시드 $x_0 = 6$인 제곱유사난수생성기를 생각해보자. 이 생성기가 생성하는 수열은 다음과 같다.

$$6, 36, 42, 92, 104, 157, 196, 169, 137, 168, 9, 81, 82, 36, 42, \ldots$$

이 수열은 길이가 12인 주기를 가진다. 첫 번째 항은 주기의 일부가 아니다.

제곱유사난수생성기의 주기길이는 다음 정리가 보여주는 것처럼 법 n에 대한 위수를 사용하여 결정할 수 있다.

정리 11.4

법 n과 시드 x_0인 제곱유사난수생성기에 의해 생성된 수열의 주기길이는 $\text{ord}_s 2$이다. 여기서 정수 s는 $\text{ord}_n x_0 = 2^t s$인 홀수 양의 정수이고, t는 음이 아닌 정수이다.

증명 11.4

먼저 $\text{ord}_s 2$가 이 생성기의 주기길이 ℓ을 나눈다는 것을 보이자. 어떤 정수 j에 대해 $x_j = x_{j+\ell}$이라고 가정하자. 그러면 다음과 같다.

$$x_0^{2^j} \equiv x_0^{2^{j+\ell}} \pmod{n}$$

이것은 다음 식을 의미한다.

$$x_0^{2^{j+\ell}-2^j} \equiv 1 \pmod{n}$$

정수 n에 대한 위수의 정의를 사용하면 다음과 같다.

$$\text{ord}_n x_0 \mid (2^{j+\ell} - 2^j)$$

또는 동등하게 다음과 같다.

$$2^{j+\ell} \equiv 2^j \pmod{2^t s} \tag{11.1}$$

$2^t \mid (2^{j+\ell} - 2^j)$이고 $2^{j+\ell} - 2^j = 2^j(2^\ell - 1)$이므로, $j \geq t$임을 알 수 있다. 합동식 (11.1)과 정리 5.5에 따르면 다음을 얻는다.

$$2^{j+\ell-t} \equiv 2^{j-t} \pmod{s}$$

정리 10.2를 사용하면 $j + \ell - t \equiv j - t \pmod{\text{ord}_s 2}$이므로, $\ell \equiv 0 \pmod{\text{ord}_s 2}$이다. 즉 $\text{ord}_s 2$는 주기길이 ℓ을 나눈다.

이제 주기길이 ℓ이 $\text{ord}_s 2$를 나눈다는 것을 보이자. $\text{ord}_s 2$가 ℓ의 배수임을 보이기 위해 $x_j = x_k$이고 $j \equiv k \pmod{\text{ord}_s 2}$를 만족하는 j, k가 존재함을 보이면 된다. 이를 위해 $j \equiv k \pmod{\text{ord}_s 2}$이고 $k \geq j \geq t$라고 가정하자. 정리 10.2에 따르면 다음과 같다.

$$2^j \equiv 2^k \pmod{s}$$

또한 $j \geq t$이므로 다음과 같다.

$$2^j \equiv 2^k \pmod{2^t}$$

여기서는 $2^k - 2^j = 2^j(2^{k-j} - 1)$이기 때문이다. 따름정리 5.9.1과 $(2^t, s) = 1$임을 이용하면 다음과

같다.

$$2^j \equiv 2^k \pmod{2^t s}$$

$\mathrm{ord}_n\, x_0 = 2^t s$이므로 다음을 알 수 있다.

$$\mathrm{ord}_n\, x_0 \mid (2^k - 2^j)$$

이것은 다음 식을 의미하며,

$$x_0^{2^k - 2^j} \equiv 1 \pmod{n}$$

따라서 다음과 같다.

$$x_0^{2^k} \equiv x_0^{2^j} \pmod{n}$$

이것은 $x_k = x_j$를 의미한다. 따라서 $\mathrm{ord}_s\, 2$는 ℓ의 배수임을 결론지을 수 있으며, 증명이 완료된다.

예제 11.4

예제 11.3의 제곱유사난수생성기에서는 법 $n = 209$와 시드 $x_0 = 6$을 사용했다. 한편 $\mathrm{ord}_{209}\, 6 = 90$임을 확인할 수 있다. $90 = 2 \cdot 45$이므로 정리 11.4에 따라 이 생성기의 주기길이는 $\mathrm{ord}_{45}\, 2 = 12$이다. 이는 이 생성기로 생성된 수열에서 관찰된 길이와 일치한다.

유사난수의 수열이 컴퓨터 시뮬레이션 및 기타 응용 프로그램에 유용한지 여부를 어떻게 알 수 있을까? 한 가지 방법은 이러한 수들이 실제 무작위 수열이 가질 가능성이 높은 성질을 띠는 수열을 확인하기 위해 고안된 통계적 테스트를 통과하는지를 보는 것이다. 유사난수생성기를 평가하는 여러 테스트는 숫자의 빈도, 숫자 쌍의 빈도, 부분 수열의 빈도, 다양한 길이의 동일한 숫자의 빈도 등을 조사하고 이 빈도를 무작위 수열의 빈도와 비교한다. 자기상관성 테스트는 수열과 그것의 이동된 수열 간의 상관관계를 확인한다. 이러한 테스트와 기타 테스트에 대한 자세한 내용은 [Kn97]과 [MevaVa97]에서 확인할 수 있다.

암호학적 응용을 위해 유사난수생성기는 예측 가능하지 않아야 한다. 예를 들어 선형합동생성기는 암호학적 응용에 적합하지 않다. 이는 이러한 방식으로 생성된 수열에서 연속적인 몇 개의 항을 알면 다른 항들을 쉽게 찾아낼 수 있기 때문이다. 대신 **암호학적으로 안전한**(cryptographically secure) 유사난수생성기를 사용해야 한다. 이러한 생성기는 제한된 계산 능력으로는 그것이 생성하는 수열의 항들을 예측할 수 없도록 설계되어 있다. 이러한 개념은 [MevaVa97]과 [La90]에서 더 자세히 다룬다.

지금까지 유사난수에 대해 간략하게 다루었다. 유사난수에 대한 자세한 논의는 [Kn97]을 참조하고, 유사난수생성기와 암호학 간의 관계에 대한 개요는 라가리아스(Lagarias)가 저술한 [Po90]을 참조하라.

11.1 연습문제

1. 중간제곱법을 사용하여 69를 시드로 한 두 자리 유사난수의 수열을 찾아라.

2. $x_0 = 6$이고 $x_{n+1} \equiv 5x_n + 2 \pmod{19}$인 선형합동법에 의해 생성된 유사난수의 수열의 처음 10개 항을 찾아라. 이 생성기의 주기길이는 얼마인가?

3. $x_0 = 2$이고 $x_{n+1} \equiv 4x_n + 7 \pmod{25}$인 선형합동법에 의해 생성된 유사난수의 수열의 주기길이를 찾아라.

4. 선형합동법에서 승수로 $a = 0$ 또는 $a = 1$을 택하는 것이 유사난수의 수열을 생성하기 위한 좋은 선택이 되지 못함을 보여라.

5. 정리 11.2를 사용하여 다음 법 m에 대해 선형합동생성기 $x_{n+1} \equiv ax_n + c \pmod{m}$의 주기길이가 m이 되는 정수 a를 각각 찾아라. 여기서 $(c, m) = 1$이다.

   a) $m = 1000$ b) $m = 30030$ c) $m = 10^6 - 1$ d) $m = 2^{25} - 1$

*6. 모든 선형합동생성기가 증분 $c = 1$과 시드 $x_0 = 0$인 선형합동생성기로 표현될 수 있음을 보여라. 이를 위해서 시드 x_0인 선형합동생성기 $x_{n+1} \equiv ax_n + c \pmod{m}$에 의해 생성된 항들이 $x_n \equiv b \cdot y_n + x_0 \pmod{m}$로 생성됨을 보여라. 여기서 $b \equiv (a-1)x_0 + c \pmod{m}$, $y_0 = 0$, $y_{n+1} \equiv ay_n + 1 \pmod{m}$이다.

7. 다음 승수 c에 대해 순곱셈생성기 $x_n \equiv cx_{n-1} \pmod{2^{31} - 1}$의 주기길이를 각각 찾아라.

   a) 2 c) 4 e) 13
   b) 3 d) 5 f) 17

8. 형태가 $x_{n+1} \equiv ax_n \pmod{2^e}$, $e \geq 3$인 순곱셈생성기의 가능한 최대 주기길이가 2^{e-2}임을 보여라. 또 $a \equiv \pm 3 \pmod{8}$일 때 최대가 됨을 보여라.

9. 법 77과 시드 8을 사용한 제곱유사난수생성기에서 생성된 유사난수의 수열을 찾아라.

10. 법 1001과 시드 5를 사용한 제곱유사난수생성기에서 생성된 유사난수의 수열을 찾아라.

11. 연습문제 9의 유사난수의 수열의 주기길이를 정리 11.4를 사용하여 찾아라.

12. 연습문제 10의 유사난수의 수열의 주기길이를 정리 11.4를 사용하여 찾아라.

13. 법 77을 사용한 제곱유사난수생성기로 생성된 수열은 시드를 어떻게 택하여도 가능한 최대 주기길이는 4임을 보여라.

14. 법 989를 사용한 제곱유사난수생성기로 생성된 수열은의 가능한 최대 주기길이는 얼마인가?

유사난수를 생성하는 또 다른 방법은 **피보나치 생성기**(Fibonacci generator)를 사용하는 것이다. m을 양의 정수로 두고, 두 초기 정수 x_0, x_1을 m보다 작은 값으로 지정한다. 나머지 수열은 합동식 $x_{n+1} \equiv x_n + x_{n-1} \pmod{m}$, $0 \leq x_{n+1} < m$에 의해 재귀적으로 생성된다.

15. 법 $m = 31$과 초깃값 $x_0 = 1$, $x_1 = 24$를 사용한 피보나치 생성기로 생성된 처음 여덟 개의 유사난수를 찾아라.

16. 순곱셈생성기 $x_{n+1} \equiv ax_n \pmod{101}$에서 승수 a로의 좋은 선택을 찾아라. (힌트: 101의 너무 작지 않은 원시근을 찾아라.)

17. 순곱셈생성기 $x_{n+1} \equiv ax_n \pmod{2^{25}-1}$에서 승수 a로의 좋은 선택을 찾아라. (힌트: $2^{25}-1$의 원시근을 찾고 이 근의 적절한 거듭제곱을 취하라.)

18. $x_0 = 1$, $x_2 = 402$, $x_3 = 361$일 때 선형합동생성기 $x_{n+1} \equiv ax_n + c \pmod{1003}$, $0 \le x_{n+1} < 1003$의 승수 a와 증분 c를 각각 찾아라.

19. 313과 145가 연속된 두 항일 때 순곱셈생성기 $x_{n+1} \equiv ax_n \pmod{1000}$, $0 \le x_{n+1} < 1000$의 승수 a를 찾아라.

20. **이산지수생성기**(discrete exponential generator)는 양의 정수 x_0를 시드로 사용하고 재귀적인 정의 $x_{n+1} \equiv g^{x_n} \pmod{p}, 0 < x_{n+1} < p$, $n = 0, 1, 2, \ldots$를 이용하여 유사난수 $x_1, x_2, x_3, \ldots$를 생성한다. 여기서 p는 홀수 소수이고 g는 법 p에 대한 원시근이다.

    a) $p = 17, g = 3, x_0 = 2$일 때 이산지수생성기를 사용하여 생성된 유사난수의 수열을 찾아라.
    b) $p = 47, g = 5, x_0 = 3$일 때 이산지수생성기를 사용하여 생성된 유사난수의 수열을 찾아라.
    c) 이산지수생성기를 사용하여 생성된 유사난수의 수열의 한 항이 주어졌을 때 소수 p와 원시근 g를 알고 있으면 이전 항을 쉽게 찾을 수 있는가?

21. 유사난수를 생성하는 또 다른 방법으로 매개변수 m과 d에 대한 **멱생성기**(power generator)가 있다. 여기서 m은 양의 정수이고 d는 $\phi(m)$과 서로소인 양의 정수이다. 생성기는 양의 정수 x_0를 시드로 사용하고 재귀적 정의 $x_{n+1} \equiv x_n^d \pmod{m}$, $0 \le x_{n+1} < m$, $n = 0, 1, 2, \ldots$를 사용하여 유사난수 $x_1, x_2, x_3, \ldots$를 생성한다.

    a) $m = 15, d = 3, x_0 = 2$일 때 멱생성기를 사용하여 생성된 유사난수의 수열을 찾아라.
    b) $m = 23, d = 3, x_0 = 3$일 때 멱생성기를 사용하여 생성된 유사난수의 수열을 찾아라.

계산과 탐구

1. 서로 다른 첫째 항을 선택하여 중간제곱법으로 생성된 다섯 자리 유사난수의 수열의 행동을 분석하라.

2. 여러 개의 선형합동생성기를 택하고, 주기길이를 각각 찾아라.

3. $a = 65{,}539$, $c = 0$, $m = 2^{31}$인 선형합동생성기의 주기길이는 얼마인가?

4. $a = 69{,}069$, $c = 1$, $m = 2^{32}$인 선형합동생성기의 주기길이는 얼마인가?

5. 법이 2867인 제곱유사난수생성기의 가능한 최대 주기길이를 생성하는 시드를 찾아라.

6. 법이 9,992,503이고 시드가 564인 제곱유사난수생성기가 주기길이 924를 가짐을 보여라.

7. **이차합동생성기**(quadratic congruential generator)는 정수 a, b, c에 대해 귀납적인 정의 $x_{n+1} \equiv (ax_n^2 + bx_n + c) \pmod{m}$, $0 \le x_{n+1} < m$, $n = 0, 1, 2, \ldots$를 이용하여 유사난수 $x_1, x_2, x_3, \ldots$를 생성한다. 여러 개의 이차합동생성기를 택하고 주기길이를 각각 찾아라. 이 생성기의 주기가 m이 되도록 보장하는 조건을 찾을 수 있는가?

8. 연습문제 15에서 설명된 피보나치 생성기의 주기길이를 여러 개의 법 m에 대해 결정하라. 이것이 좋은 유사난수생성기라고 생각하는가?

9. 유사난수생성기의 무작위성을 측정하기 위한 다양한 경험적 테스트가 있다. 이러한 테스트 중 10개가 [Kn97]에 설명되어 있다. 이 테스트를 찾아서 다양한 유사난수생성기에 적용하라.

프로그래밍 프로젝트

1. 중간제곱생성기
2. 선형합동생성기
3. 순곱셈생성기
4. 제곱생성기
5. 피보나치 생성기(연습문제 15 참조)
6. 이산지수생성기(연습문제 20 참조)
7. 멱생성기(연습문제 21 참조)

11.2 엘가말 암호체계

9장에서 RSA 공개키 암호체계를 소개했다. RSA 암호체계의 보안성은 정수의 인수분해가 어렵다는 점에 기반을 두고 있다. 이제 1985년 이집트 암호학자인 엘가말(Taher Elgamal)이 발명한 또 다른 공개키 암호체계인 엘가말 암호체계를 소개한다. 이 체계의 보안성은 큰 소수에 대한 이산로그를 찾는 것이 어렵다는 점에 기반을 두고 있다. (소수 p의 원시근 r에 대해 정수 a의 이산로그는 $r^x \equiv a \pmod{p}$를 만족하는 최소 양의 지수 x이다.)

엘가말 암호체계에서 각 사람은 소수 p, 소수 p의 원시근 r, $0 \le a \le p-1$인 정수 a를 선택한다. 이때 지수 a가 비밀키이다. 즉 그 사람이 비밀로 유지하는 정보이다. 해당하는 공개키는 (p, r, b)이고, b는 다음을 만족하는 정수이다.

$$b \equiv r^a \pmod{p}, \ 0 \le b \le p-1$$

다음 예제에서는 엘가말 암호체계를 위한 키를 선택하는 방법을 설명한다.

예제 11.5

엘가말 암호체계를 위한 공개키와 비밀키를 생성하기 위해 먼저 소수 p를 선택한다. 여기서는 $p = 2539$를 선택하자. (이 네 자리 소수는 암호체계의 작동 방식을 설명하기 위해 선택되었다. 실제로는 몇 백 자리의 소수를 사용한다.) 다음으로 이 소수 p의 원시근 r을 선택해야 한다. 2가 원시근이므로 $r = 2$를 선택하자(독자가 검증하라). 다음으로 $0 \leq a \leq 2538$인 정수 a를 선택한다. $a = 14$를 선택하자. 이 지수 a는 비밀키이다.

$$b \equiv 2^{14} \equiv 1150 \pmod{2539}$$

이기 때문에 공개키는

$$(p, r, b) = (2539, 2, 1150)$$

이다.

메시지를 엘가말 암호체계를 사용하여 암호화하기 전에, 문자들을 숫자로 변환하고 그 숫자를 가능한 가장 큰 크기의 블록(짝수 자릿수)으로 분할한다. (이는 문자를 정수로 변환하는 여러 가지 방법 중 하나이다.) 공개키 (p, r, b)를 가진 사람에게 보낼 메시지를 암호화하려면, 먼저 $1 \leq k \leq p-2$인 임의의 숫자 k를 선택한다. 각 평문 블록 P에 대해 다음과 같은 정수 γ, δ를 계산한다.

$$\gamma \equiv r^k \pmod{p}, \quad 0 \leq \gamma \leq p-1$$
$$\delta \equiv P \cdot b^k \pmod{p}, \quad 0 \leq \delta \leq p-1$$

평문 블록 P에 해당하는 암호문은 정렬된 쌍 $E(P) = (\gamma, \delta)$이다. 평문 메시지 P는 b^k로 곱하여 δ를 얻는 과정에서 숨겨진다. 이 숨겨진 메시지는 γ와 함께 전송된다. 이제 비밀키 a를 가진 사람만이 b^k와 γ를 계산할 수 있고, 이를 사용하여 원래 메시지를 복원할 수 있음을 보이자.

메시지가 엘가말 암호체계를 사용하여 암호화될 때, 평문 블록에 해당하는 암호문은 원래 평문 블록의 두 배 길이다. 이때, 이 암호화 방법이 **메시지확장인수**(message expansion factor) 2를 갖는다고 말한다. 무작위 숫자 k는 보안을 높이기 위해 암호화 절차에 포함되는데, 이 절의 뒷부분에서 보안을 높이기 위한 여러 가지 방식을 설명한다.

엘가말 암호체계를 사용하여 암호화된 메시지를 복호화하려면 비밀키 a를 알아야 한다. 암호문 쌍 $C = (\gamma, \delta)$의 복호화의 첫 번째 단계는 $\overline{\gamma^a}$를 계산하는 것이다. 이는 γ^{p-1-a}를 법 p로 계산하여 수행된다. 그런 다음 C는 다음 식을 계산하여 복호화된다.

$$D(C) = \overline{\gamma^a}\delta$$

평문 메시지를 복원함을 확인하기 위해 다음 계산을 참고하라.

$$\begin{aligned} D(C) &\equiv \overline{\gamma^a}\delta \pmod p \\ &\equiv \overline{r^{ka}} \cdot Pb^k \pmod p \\ &\equiv \overline{(r^a)}^k Pb^k \pmod p \\ &\equiv \overline{b^k} Pb^k \pmod p \\ &\equiv \overline{b^k} b^k P \pmod p \\ &\equiv P \pmod p \end{aligned}$$

다음 예제에서는 엘가말 암호체계를 사용한 암호화 및 복호화를 설명한다.

예제 11.6

엘가말 암호체계를 사용하여 다음 메시지를 암호화하자.

PUBLIC KEY CRYPTOGRAPHY

이 메시지는 예제 11.5에서 생성한 공개키를 사용하여 암호화한다. 예제 9.16에서 이 동일한 메시지를 RSA 암호체계를 사용하여 암호화했으며, 그때 문자를 숫자로 변환한 후 숫자를 네 자리 십진수 블록으로 그룹화했다. 여기서도 같은 그룹화를 사용할 수 있다. 왜냐하면 가능한 가장 큰 블록이 2525이기 때문이다. 이렇게 하여 얻은 블록은 다음과 같다.

1520 0111 0802 1004
2402 1724 1519 1406
1700 1507 2423

여기서 마지막 블록을 채우기 위해 더미 문자 $X = 23$를 넣었다.

이 블록들을 암호화하기 위해 먼저 $1 \le k \le 2537$ 범위 내에서 무작위 수 k를 선택한다. 여기서는 각 블록에 동일한 k를 사용하지만, 실제로는 각 블록마다 다른 수 k를 선택하여 보안 수준을 높인다. $k = 1443$을 택하면 다음과 같으므로 각 평문 블록 P는 암호화 관계식 $E(P) = (\gamma, \delta)$에 따라 암호문 블록으로 암호화된다.

$$\gamma \equiv 2^{1443} \equiv 2141 \pmod{2539},$$
$$\delta \equiv P \cdot 1150^{1443} \pmod{2539}, \quad 0 \le \delta \le 2538$$

예를 들어 첫 번째 블록은 $(2141, 216)$으로 암호화되는데, 그 이유는 다음과 같다.

$$\begin{aligned}\gamma \equiv 2^{1443} \equiv &\quad 2141 \pmod{2539}\\ \delta \equiv 1520 \cdot 1150^{1443} \equiv &\quad 216 \pmod{2539}\end{aligned}$$

각 블록을 암호화하면 다음과 같은 암호문 메시지를 얻게 된다.

$$\begin{array}{llll}(2141, 0216) & (2141, 1312) & (2141, 1771) & (2141, 1185)\\ (2141, 2132) & (2141, 1177) & (2141, 1938) & (2141, 2231)\\ (2141, 1177) & (2141, 1938) & (2141, 1694) & \end{array}$$

암호문 블록을 복호화하려면 다음과 같이 계산한다.

$$D(C) \equiv \overline{\gamma^{14}}\delta \pmod{2539}$$

예를 들어 두 번째 암호문 블록 $(2141, 1312)$를 복호화하려면 다음과 같이 계산한다.

$$\begin{aligned}D((2141, 1312)) &\equiv \overline{2141^{14}} \cdot 1312\\ &\equiv \overline{1430} \cdot 1312\\ &\equiv 2452 \cdot 1312\\ &\equiv 111 \pmod{2539}\end{aligned}$$

여기서 2452는 법 2539로 1430의 역수라는 사실을 사용했다. 이 역수를 찾기 위해서는 확장된 유클리드 알고리즘을 사용하면 된다. 독자가 직접 확인해보기를 권장한다. (또한 $2141^{14} \equiv 1430 \pmod{2539}$이라는 사실을 사용했다.)

앞에서 언급한 바와 같이, 엘가말 암호체계의 보안은 공개키 (p, r, b)로부터 비밀키 a를 결정하는 것이 어려운 것에 기반한다. 이는 10.4절에서 설명된 계산적으로 어려운 문제인 이산로그 문제의 한 예이다. 엘가말 암호화 방식을 깨려면 비밀키 a를 모르는 상태에서 공개키 (p, r, b)와 암호문 (γ, δ)가 주어졌을 때 메시지 P를 복구해야 한다. 이산로그문제를 해결하는 것 외에 다른 방법이 있을 수도 있지만, 이는 계산적으로 어려운 문제로 널리 알려져 있다.

11.2.1 엘가말 서명체계

다음으로 1985년 엘가말이 개발한 엘가말 암호체계를 이용하여 메시지에 서명하는 절차를 설명한다. 개인의 공개키가 (p, r, b)이고, 그의 비밀키는 a로 주어진다고 가정하자. 이때 $b \equiv r^a \pmod{p}$이다. 메시지 P에 대한 서명을 생성하기 위해 비밀키 a를 가진 사람은 다음과 같은 과정을 수행한다. 먼저, $(k, p-1) = 1$을 만족하는 정수 k를 선택한다. 그 다음 γ와 s를 계산하는 데, 이는 다음과 같이 정의된다.

$$\gamma \equiv r^k \pmod{p}, \quad 0 \leq \gamma \leq p-1$$
$$s \equiv (P - a\gamma)\bar{k} \pmod{p-1}, \quad 0 \leq s \leq p-2$$

메시지 P에 대한 서명은 순서쌍 (γ, s)이다. 이 서명은 무작위 정수 k의 값에 의존하며 비밀키 a를 알지 않고는 계산할 수 없다.

이 방법이 유효한 서명체계임을 확인하기 위해 공개키 (p, r, b)를 가지고 메시지가 해당하는 사람에 의해 전송된 것임을 검증할 수 있어야 한다. 이를 위해 다음을 계산한다.

$$V_1 \equiv \gamma^s b^\gamma \pmod{p}, \quad 0 \leq V_1 \leq p-1$$
$$V_2 \equiv r^P \pmod{p}, \quad 0 \leq V_2 \leq p-1$$

이 서명이 유효하려면 $V_1 = V_2$이어야 한다. 이는 다음과 같은 이유로 성립한다.

$$\begin{aligned} V_1 &\equiv \gamma^s b^\gamma \pmod{p} \\ &\equiv \gamma^{(P-a\gamma)\bar{k}} b^\gamma \pmod{p} \\ &\equiv (\gamma^{\bar{k}})^{P-a\gamma} b^\gamma \pmod{p} \\ &\equiv r^{(P-a\gamma)} b^\gamma \pmod{p} \\ &\equiv r^P \overline{r^{a\gamma}} b^\gamma \pmod{p} \\ &\equiv r^P \overline{b^\gamma} b^\gamma \pmod{p} \\ &\equiv r^P \pmod{p} \\ &= V_2 \end{aligned}$$

엘가말 서명체계에서 각 메시지마다 다른 정수 k를 선택해야 한다. 동일한 정수 k가 두 서명에 사용되면 이를 통해 비밀키 a를 계산할 수 있으며, 이는 보안상 위험하다(연습문제 8 참조). 또 다른 고려 사항은 누군가가 메시지 P에 대한 서명을 위조할 수 있는지 여부이다. 이를 위해 공개키 (p, r, b)를 사용하여 $\gamma \equiv r^k \pmod{p}$을 계산한 후, $s = (P - a\gamma)\bar{k} \pmod{p-1}$를 계산해야 한다. 그러나 이 사람은 a를 쉽게 알 수 없다. 왜냐하면 b로부터 r에 대한 이산로그를 찾아야 하기 때문이다. a를 모르는 상태에서 이를 찾기는 매우 어렵다. 이 사람은 무작위로 s의 값을 선택할 수 있지만, 이것이 작동할 확률은 $1/p$에 불과하다. 이는 p가 큰 경우 거의 0에 가깝다.

다음 예제는 엘가말 서명체계를 사용하여 메시지를 서명하는 방법을 보여준다.

예제 11.7

어떤 사람이 엘가말 공개키 $(p, r, b) = (2539, 2, 1150)$와 해당하는 비밀키 $a = 14$를 가지고 있다고 가정하자. 평문 메시지 $P = 111$에 대해 먼저 $1 \leq k \leq 2538$ 범위에서 무작위로 선택된 정수 $k = 457$을 선택한다. 이때 $(k, 2538) = 1$이고 $\overline{457} = 2227 \pmod{2538}$이다.

이 평문 메시지 111의 서명은 다음과 같이 계산된다.

$$\gamma \equiv 2^{457} \equiv 1079 \pmod{2539}$$

$$s \equiv (111 - 14 \cdot 1079) \cdot 2227 \equiv 1139 \pmod{2538}$$

서명 (1079, 1139)을 가진 사람은 이것과 메시지 111을 가지고 서명이 유효한지 확인할 수 있다. 이는 다음을 계산함으로써 검증된다.

$$1079^{1139} 1150^{1079} \equiv 1158 \pmod{2539}$$

$$2^{111} \equiv 1158 \pmod{2539}$$

엘가말 서명체계를 수정하여 현재 널리 사용되고 있는 서명체계인 **디지털 서명 알고리즘**(Digital Signature Algorithm, DSA)이 만들어졌다. DSA는 1994년 미국 정부 표준인 FIPS(연방정보처리표준) 186으로 통합되었으며, 일반적으로 **디지털 서명 표준**(Digital Signature Standard)으로 알려져 있다. 엘가말 서명체계가 DSA로 어떻게 수정되었는지에 대한 자세한 내용은 [StPa19] 및 [MevaVa97]을 참조하라.

11.2 연습문제

1. 엘가말 암호체계를 사용하여 공개키 $(p, r, b) = (2551, 6, 33)$로 메시지 HAPPY BIRTHDAY를 암호화하라. 비밀키 $a = 13$을 사용하여 생성된 암호문을 복호화하는 방법을 보여라.
2. 엘가말 암호체계를 사용하여 공개키 (2591, 7, 591)로 메시지 DO NOT PASS GO를 암호화하라. 비밀키 $a = 99$을 사용하여 생성된 암호문을 복호화하는 방법을 보여라.
3. 공개키 (2713, 5, 193)와 대응하는 비밀키 17을 사용하여 엘가말 암호체계로 암호화된 메시지 (2161, 660), (2161, 1284), (2161, 1467)를 복호화하라.
4. 공개키 (2677, 2, 1410)와 대응하는 비밀키 133을 사용하여 엘가말 암호체계로 암호화된 메시지 (1061, 2185), (1061, 733), (1061, 1096)를 복호화하라.
5. 엘가말 서명체계에서 공개키는 $(p, r, b) = (2657, 3, 801)$이고 비밀키는 $a = 211$이며 서명을 생성하기 위해 선택된 정수는 $k = 101$일 때 평문 메시지 $P = 823$의 서명을 구하라. 이 서명이 유효한지를 검증하라.

6. 엘가말 서명체계에서 공개키는 $(p, r, b) = (2543, 5, 1615)$이고 비밀키는 $a = 99$이며 서명을 생성하기 위해 선택된 정수는 $k = 257$일 때 평문 메시지 $P = 2525$의 서명을 구하라. 이 서명이 유효한지 검증하라.

7. 동일한 수 k를 사용하여 두 개의 평문 메시지 P_1, P_2를 엘가말 암호체계를 통해 암호화한 경우 평문 메시지 P_1을 알고 있을 때 P_2를 찾을 수 있음을 보여라.

8. 엘가말 서명체계를 사용하여 두 개의 다른 메시지를 서명할 때 동일한 정수 k가 사용된 경우 $s_1 \not\equiv s_2 \pmod{p-1}$인 서명 (γ_1, s_1)과 (γ_2, s_2)를 통해 정수 k를 찾을 수 있음을 보여라. k를 찾으면 비밀키 a를 쉽게 찾을 수 있음을 보여라.

9. 엘가말 암호체계가 곱셈적으로 동형임을 보여라(9.5절에서 논의됨).

계산과 탐구

1. 엘가말 암호체계를 사용하여 반 친구들에 대한 비밀키와 공개키 쌍을 만들어라. 만들어진 공개키로 디렉토리를 만들라.

2. 반 친구에 대해 디렉토리에 게시된 공개키를 사용하여 엘가말 암호체계를 이용해 메시지를 암호화하라.

3. 엘가말 공개키를 사용하여 동급생이 보낸 암호화된 메시지를 해독하라.

프로그래밍 프로젝트

1. 엘가말 암호체계를 사용하여 메시지를 암호화하라.

2. 엘가말 암호체계를 사용하여 암호화된 메시지를 복호화하라.

3. 엘가말 서명체계를 사용하여 메시지에 서명하라.

11.3 전화 케이블 접합에 대한 응용

앞선 내용을 적용한 흥미로운 응용 중의 하나는 전화 케이블의 접합이다. 이 논의는 [Or88]에서 설명한 내용을 바탕으로 하는데, 그것은 사우스웨스턴 벨 전화회사를 위해 수행된 작업을 보고한 로우더(Lawther) [La35]의 기사와 관련된 내용을 다루고 있다.

이 응용을 위해 먼저 다음 정의를 살펴보자.

정의 11.1

양의 정수 m과 m과 서로소인 정수 a에 대해 **법 m의 ± 1-지수**(± 1-exponent of a modulo m)는

다음을 만족하는 가장 작은 양의 정수 x이다.

$$a^x \equiv \pm 1 \pmod{m}$$

이때 법 m의 가능한 가장 큰 ± 1-지수를 결정하는 데 관심이 있고, 이를 $\lambda_0(m)$으로 나타낸다. 다음 두 정리는 최대 ± 1-지수 $\lambda_0(m)$의 값을 법 m의 최소보편지수 $\lambda(m)$과 관련시킨다.

먼저, 원시근을 가진 양의 정수 m을 생각하자.

정리 11.5

원시근을 가진 양의 정수 $m > 2$에 대해 최대 ± 1-지수 $\lambda_0(m)$는 $\phi(m)/2 = \lambda(m)/2$과 같다.

증명 11.5

먼저 m이 원시근을 가지면 $\lambda(m) = \phi(m)$임에 주목하자. 정리 8.6에 의해 $\phi(m)$은 짝수이므로, $m > 2$일 때 $\phi(m)/2$는 정수이다. 오일러의 정리에 의해 m과 서로소인 모든 정수 a에 대해 다음이 성립한다.

$$a^{\phi(m)} = (a^{\phi(m)/2})^2 \equiv 1 \pmod{m}$$

10.3절의 연습문제 17에 따르면 m이 원시근을 가질 때 $x^2 \equiv 1 \pmod{m}$의 유일한 해는 $x \equiv \pm 1 \pmod{m}$이다. 따라서 다음이 성립한다.

$$a^{\phi(m)/2} \equiv \pm 1 \pmod{m}$$

이는 다음을 의미한다.

$$\lambda_0(m) \leq \phi(m)/2$$

이제 r이 ± 1-지수 e를 가진 법 m의 원시근이라고 하자. 그러면 다음과 같다.

$$r^e \equiv \pm 1 \pmod{m}$$

따라서 다음을 얻는다.

$$r^{2e} \equiv 1 \pmod{m}$$

$\text{ord}_m r = \phi(m)$이므로 정리 10.1에 의해 $\phi(m) \mid 2e$ 또는 동등하게 $(\phi(m)/2) \mid e$가 성립한다. 따라서 최대 ± 1-지수 $\lambda_0(m)$는 적어도 $\phi(m)/2$이다. 그러나 $\lambda(m) \leq \phi(m)/2$임을 알고 있으므로, 결과적으로 $\lambda_0(m) = \phi(m)/2 = \lambda(m)/2$이다.

이제 원시근이 없는 정수들의 최대 ± 1-지수를 찾아보자.

정리 11.6

원시근을 가지지 않는 양의 정수 m에 대해 최대 ± 1-지수 $\lambda_0(m)$은 m의 최소보편지수 $\lambda(m)$과 같다.

증명 11.6

먼저, a가 법 m으로 위수 $\lambda(m)$인 정수이고 ± 1-지수는 e이다. 다음 식이 성립하면

$$a^{\lambda(m)/2} \not\equiv -1 \pmod{m}$$

$e = \lambda(m)$임을 보이자. 결론적으로 이러한 정수 a를 찾으면 $\lambda_0(m) = \lambda(m)$임을 증명한 것이다.

a가 법 m으로 위수 $\lambda(m)$인 정수이고 ± 1-지수는 e이며 다음 식이 성립한다고 가정하자.

$$a^{\lambda(m)/2} \not\equiv -1 \pmod{m}.$$

$a^e \equiv \pm 1 \pmod{m}$이므로 $a^{2e} \equiv 1 (\mathrm{mod}\ m)$이다. 정리 10.1에 의해 $\lambda(m) \mid 2e$이다. $\lambda(m) \mid 2e$이고 $e \leq \lambda(m)$이므로 $e = \lambda(m)/2$ 또는 $e = \lambda(m)$이다. $\mathrm{ord}_m a = \lambda(m)$이므로 $a^{\lambda(m)/2} \not\equiv 1 \pmod{m}$이고, 가정에 의해 $a^{\lambda(m)/2} \not\equiv -1 \pmod{m}$이다. 한편 $a^e \equiv \pm 1 \pmod{m}$이므로 $e \neq \lambda(m)/2$이다. 그러므로 $\mathrm{ord}_m a = \lambda(m)$이고, a는 ± 1-지수 e를 가지며 $a^{\lambda(m)/2} \not\equiv -1 \pmod{m}$이면 $e = \lambda(m)$이 성립한다.

이제 이러한 성질을 갖는 정수 a를 찾아보자. m의 소인수분해가 $m = 2^{t_0} p_1^{t_1} p_2^{t_2} \cdots p_s^{t_s}$이라 하고 여러 경우로 나누어 살펴보자.

먼저, 적어도 두 개의 홀수 소인수를 가지는 m을 생각해보자. m의 홀수 소인수의 거듭제곱 중에서 $\phi(p_j^{t_j})$를 나누는 2의 거듭제곱의 지수가 최소가 되도록 $p_j^{t_j}$를 택하자. $i = 1, 2, \ldots, s$에 대해 r_i를 $p_i^{t_i}$의 원시근이라 하고, a가 다음 연립합동식을 만족하는 정수라고 하자.

$$\begin{aligned} &a \equiv 3 \pmod{2^{t_0}} \\ &a \equiv r_i \pmod{p_i^{t_i}} \quad (i = 1, 2, \ldots, n,\ i \neq j) \\ &a \equiv r_j^2 \pmod{p_j^{t_j}} \end{aligned}$$

중국인의 나머지정리에 의해 이러한 정수 a가 존재한다. 이때 다음과 같고,

$$\mathrm{ord}_m a = [\lambda(2^{t_0}), \phi(p_1^{t_1}), \ldots, \phi(p_j^{t_j})/2, \ldots, \phi(p_s^{t_s})]$$

$p_j^{t_j}$ 선택에 의해 이 최소공배수는 $\lambda(m)$과 같다. $a \equiv r_j^2 \pmod{p_j^{t_j}}$이므로 $a^{\phi(p_j^{t_j})/2} \equiv r_j^{\phi(p_j^{t_j})} \equiv 1$

(mod $p_j^{t_j}$)이다. 또한 $\phi(p_j^{t_j})/2 \mid \lambda(m)/2$이므로 다음을 얻는다.

$$a^{\lambda(m)/2} \equiv 1 \pmod{p_j^{t_j}}$$

따라서 다음과 같다.

$$a^{\lambda(m)/2} \not\equiv -1 \pmod{m}$$

결과적으로 a의 ± 1-지수는 $\lambda(m)$이다.

다음으로 $m = 2^{t_0}p^{t_1}$ 꼴의 정수를 생각해보자. 여기서 p는 홀수 소수이고, $t_1 \geq 1$이다. m은 원시근을 가지지 않기 때문에 $t_0 \geq 2$이다. $t_0 = 2$ 또는 3인 경우에는 다음을 얻는다.

$$\lambda(m) = [2, \phi(p^{t_1})] = \phi(p^{t_1})$$

다음 연립합동식을 만족하는 해 a를 찾자.

$$a \equiv 1 \pmod{4}$$
$$a \equiv r \pmod{p_t^{t_1}}$$

여기서 r은 p^{t_1}의 원시근이다. 이때 $\mathrm{ord}_m a = \lambda(m)$이다. 한편 다음과 같다.

$$a^{\lambda(m)/2} \equiv 1 \pmod{4}$$

그러므로 다음을 얻는다.

$$a^{\lambda(m)/2} \not\equiv -1 \pmod{m}$$

결과적으로 a의 ± 1-지수는 $\lambda(m)$이다.

$t_0 \geq 4$인 경우 다음 연립합동식을 만족하는 해 a를 찾자.

$$a \equiv 3 \pmod{2^{t_0}}$$
$$a \equiv r \pmod{p_t^{t_1}}$$

중국인의 나머지정리에 의해 이러한 정수가 존재한다. 이때 $\mathrm{ord}_m a = \lambda(m)$이다. $4 \mid \lambda(2^{t_0})$이므로 $4 \mid \lambda(m)$이다. 따라서 다음과 같다.

$$a^{\lambda(m)/2} \equiv 3^{\lambda(m)/2} \equiv (3^2)^{\lambda(m)/4} \equiv 1 \pmod{8}$$

그래서 다음을 얻는다.

$$a^{\lambda(m)/2} \not\equiv -1 \pmod{m}$$

결과적으로 a의 ± 1-지수는 $\lambda(m)$이다.

마지막으로 $m = 2^{t_0}$이고 $t_0 \geq 3$인 경우 정리 10.12에 의해 $\text{ord}_m 5 = \lambda(m)$임을 알고 있다. 하지만 다음과 같다.

$$5^{\lambda(m)/2} \equiv (5^2)^{\lambda(m)/4} \equiv 1 \pmod 8$$

그러므로 다음을 얻는다.

$$5^{\lambda(m)/2} \not\equiv -1 \pmod m$$

결과적으로 5의 ± 1-지수는 $\lambda(m)$이다.

이로써 m이 원시근을 가지지 않는 모든 경우를 다루었기 때문에 증명이 끝난다.

이제 전화 케이블을 접합하는 시스템을 알아보자. 전화 케이블은 그림 11.1과 같이 절연된 구리선의 동심층으로 구성되어 있으며, 일정한 길이의 구간으로 나누어 생산된다.

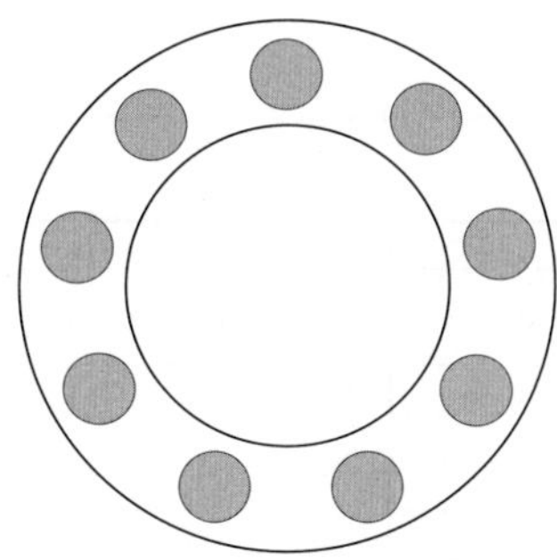

그림 11.1: 전화 케이블의 한 층의 단면

전화선은 케이블의 구간들을 서로 접합하여 만든다. 케이블의 동일한 층에 있는 두 개의 선이 여러 구간에서 계속 인접한 위치에 있게 되면 종종 간섭과 혼선 문제가 발생한다. 따라서 한 구간의 동일한 층에서 인접한 두 선은 다음 구간에서는 인접하지 않도록 해야 한다. 실용적인 측면에서 접합시스템은 단순해야 하므로 다음 규칙을 사용하여 시스템을 구성한다. 한 동심층에 있는 선들은 다음 구간의 해당 층의 선들에 연결하며, 각 연결에서 동일한 방법으로 접합한다. m개의 선이 있는 층에서는 한 구간의 위치 $j(1 \leq j \leq m)$에 있는 선을 다음 구간의 위치 $S(j)$에 있는 선과 연결하는데, 이때 $S(j)$는 $1 + (j-1)s$를 m으로 나눈 나머지, 즉 최소양잉여이다. 여기서 s는 접합시스템의 **스프레드**(spread)라고 불린다.

인접한 구간의 선들 사이에 일대일 대응을 유지하기 위해 스프레드 s는 선의 개수 m과 서로소여야 한다. 만약 위치 j, k에 있는 두 선이 다음 구간에서 같은 선으로 연결된다면 $S(j) = S(k)$

가 되어야 하며 다음과 같다.

$$1+(j-1)s \equiv 1+(k-1)s \pmod{m}$$

즉 $js \equiv ks \pmod{m}$가 되어야 함을 의미한다. m과 s가 서로소이므로 따름정리 5.5.1에 따라 $j \equiv k \pmod{m}$가 되어야 하지만, 이는 불가능하다.

예제 11.8

아홉 개의 선을 스프레드 2로 연결해보자. 이는 다음과 같은 대응을 갖는다.

$$1 \to 1 \quad 2 \to 3 \quad 3 \to 5$$

$$4 \to 7 \quad 5 \to 9 \quad 6 \to 2$$

$$7 \to 4 \quad 8 \to 6 \quad 9 \to 8$$

이 대응은 그림 11.2에 나와 있다.

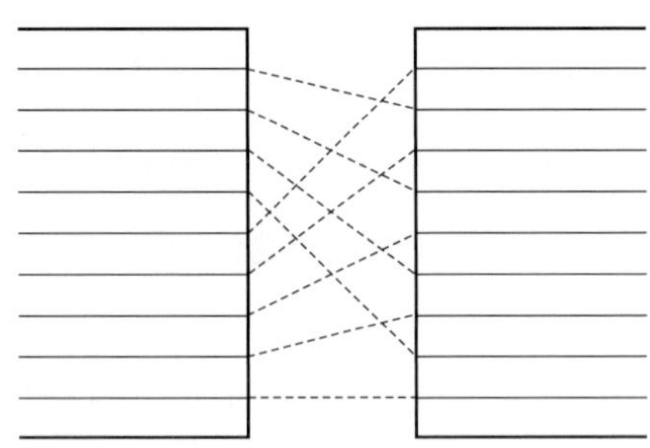

그림 11.2: 스프레드 2로 아홉 개의 선을 접합

다음 결과는 처음 구간의 선들이 n번째 구간의 선들과 어떻게 대응하는지를 알려준다.

정리 11.7

$S_n(j)$가 첫 번째 구간의 j번째 선과 연결된 n번째 구간의 선의 위치를 나타낼 때 다음 식이 성립한다.

$$S_n(j) \equiv 1+(j-1)s^{n-1} \pmod{m}$$

증명 11.7

$n = 2$일 때 접합시스템의 규칙에 따라 다음을 얻는다.

$$S_2(j) \equiv 1 + (j-1)s \pmod{m}$$

따라서 이 명제는 $n = 2$일 때 참이다. 이제 $n \geq 2$에 대해 다음 식이 참이라고 가정하자.

$$S_n(j) \equiv 1 + (j-1)s^{n-1} \pmod{m}$$

그러면 위치 $S_n(j)$에 있는 선은 다음과 같은 구간에서 위치에 있는 선과 연결된다.

$$\begin{aligned} S_{n+1}(j) &\equiv 1 + (S_n(j) - 1)s \\ &\equiv 1 + ((j-1)s^{n-1})s \\ &\equiv 1 + (j-1)s^n \pmod{m} \end{aligned}$$

이는 이 명제가 참임을 보여준다.

이 접합시스템에서 어떻게 하면 한 구간에서 인접한 선들이 이후 구간에서도 최대한 인접하지 않도록 할 수 있을지 생각해보자. 정리 11.7은 n번 접합 후 j번째와 $(j+1)$번째 위치에 있는 인접한 두 선이 각각 $S_n(j) \equiv 1 + (j-1)s^n \pmod{m}$과 $S_n(j+1) \equiv 1 + js^n \pmod{m}$ 위치에 있는 선들에 연결됨을 알려준다. 이 선들은 $S_n(j) - S_n(j+1) \equiv \pm 1 \pmod{m}$인 경우에만 인접해 있다. 이는 다음과 동등하다.

$$\begin{aligned} (1 + (j-1)s^n) - (1 + js^n) &\equiv \pm 1 \pmod{m} \\ s^n &\equiv \pm 1 \pmod{m} \end{aligned}$$

이제 이 절의 시작 부분의 내용을 적용할 수 있다. 첫 번째 구간에서 인접한 선들이 이후 구간에서도 최대한 인접하지 않도록 하기 위해 스프레드 s를 m의 ± 1-지수 $\lambda_0(m)$가 최대인 정수로 선택하면 된다.

예제 11.9

100개의 선이 있을 때 스프레드 s를 ± 1-지수 $\lambda_0(100) = \lambda(100) = 20$인 정수로 선택해야 한다. 적절한 계산에 따르면 $s = 3$이 이러한 스프레드이다.

11.3 연습문제

1. 다음 양의 정수의 최대 ± 1-지수를 각각 구하라.

   a) 17　　c) 24　　e) 99

   b) 22　　d) 36　　f) 100

2. 다음 양의 정수의 최대 ± 1 지수를 갖는 정수를 각각 찾아라.

   a) 13　　c) 15　　e) 36

   b) 14　　d) 25　　f) 60

3. 다음 전선 개수를 포함하는 전화 케이블의 접합시스템을 고안하라.

   a) 50개 전선　　b) 76개 전선　　c) 125개 전선

*4. m개의 전선이 동심층으로 배열된 전화 케이블에 어떤 접합시스템을 사용하더라도 한 구간에서 인접한 두 전선을 서로 다른 구간에서 최대 $[(m-1)/2]$번까지 인접하지 않게 할 수 있음을 보여라. m이 소수일 때 이 상한이 본문에서 기술한 시스템을 사용하여 달성됨을 증명하라.

계산과 탐구

1. 1000보다 작은 양의 정수의 최대 ± 1-지수를 각각 구하라.

프로그래밍 프로젝트

1. 주어진 정수 m에 대해 m의 최대 ± 1-지수를 구하는 프로그램을 작성하라.
2. 본문에서 설명된 대로 전화 케이블을 접합하는 방식을 고안하라.

제12장 이차잉여

p가 소수일 때 어떻게 정수 a가 법 p로 제곱수가 될 수 있을까? 이 질문과 관련된 문제들에 대한 오일러, 르장드르, 가우스와 같은 위대한 수학자들의 연구는 현대 수론의 많은 부분을 발전시키는 계기가 되었다. 이 장에서는 이러한 질문에 대한 연구를 통해 만들어진 오래된 결과와 새로운 결과들을 살펴본다. 먼저, 법 p로 정수 a가 제곱수인 경우를 정의하고, 이들의 기본 성질을 확립한다. 르장드르 기호라는 정수가 법 p로 제곱수인지 아닌지를 나타내는 표기법을 소개하고, 그 기본 성질들을 개발한다. 오일러와 가우스가 발견한 a가 법 p로 제곱수인지 여부를 판별하는 두 가지 중요한 판정법을 제시하고 증명하며, 이 판정법을 이용해 -1과 2가 법 p로 제곱수인지 여부를 판단한다.

또한 p와 q가 서로 다른 소수일 때 법 pq로 제곱인 수가 법 pq로 서로 합동이 아닌 네 개의 제곱근을 갖는다는 것을 보일 수 있다. 모듈러 제곱근은 암호학에서 광범위하게 사용되는데, 이는 공정하게 무작위 비트를 선택하는 프로토콜(전자적으로 동전 던지기)을 예로 들 수 있다. 이 장의 마지막 부분에서는 모듈러 제곱근이 어떻게 어떤 사람이 비밀정보를 가지고 있다는 것을 그 정보를 공개하지 않고 증명하는 대화형 프로토콜에 사용될 수 있는지 보인다.

p와 q가 서로 다른 홀수 소수라고 가정하자. p가 법 q로 제곱수인지, q가 법 p로 제곱수인지 물을 수 있다. 이 두 질문의 답 사이에 어떤 관계가 있을까? 이 장에서는 이 답들이 유명한 이론인 이차상호법칙에 의해 밀접하게 관련되어 있음을 보인다. 이 법칙은 오일러와 르장드르가 관찰했으며, 궁극적으로 18세기 말 가우스가 증명했다. 이 유명한 정리의 여러 증명 중에 이해하기 가장 쉬운 증명을 하나 선택해 소개한다. 이차상호법칙은 이론 및 실용적인 측면에서 중요하다. 이 법칙이 계산에서 어떻게 사용될 수 있는지, 페르마 수가 소수인지 여부를 판단하는 페팽 판정법과 같은 유용한 결과를 증명하는 데 어떻게 사용될 수 있는지를 보일 수 있다.

정수가 법 p로 제곱수인지 아닌지를 나타내는 르장드르 기호는 야코비 기호로 일반화될 수 있다. 야코비 기호의 기본 성질을 확립하고, 이들이 이차상호법칙의 결과인 상호법칙을 만족한다는 것을 보일 것이다. 야코비 기호가 르장드르 기호의 계산을 단순화하는 데 어떻게 사용될 수 있는지도 보이도록 한다. 또한 오일러 유사소수로 알려진 특정 유형의 유사소수를 소개하기 위해 야코비 기호를 사용할 것이다. 오일러 유사소수는 이차잉여에 대한 오일러 판정법을 만족함으로써 소수로 위장하는 정수이다. 이 개념을 사용하여 확률적 소수 판정법을 개발할 것이다.

12.1 이차잉여와 이차비잉여

p를 홀수 소수라고 하고 a를 p와 서로소인 정수라고 하자. 이 장에서는 a가 법 p로 제곱수인지 여부에 대한 질문에 주목한다. 먼저 다음 정의를 살펴보자.

정의 12.1

양의 정수 m과 정수 a에 대해 합동식 $x^2 \equiv a \pmod{m}$이 해를 가지면 a를 m의 **이차잉여**(quadratic reside)라고 한다. 합동식 $x^2 \equiv a \pmod{m}$이 해를 가지지 않으면 a를 m의 **이차비잉여**(quadratic nonresidue)라고 한다.

예제 12.1

11의 이차잉여가 되는 정수들을 구하기 위해 1, 2, 3, ..., 10의 제곱을 계산해보자. $1^2 \equiv 10^2 \equiv 1 \pmod{11}$, $2^2 \equiv 9^2 \equiv 4 \pmod{11}$, $3^2 \equiv 8^2 \equiv 9 \pmod{11}$, $4^2 \equiv 7^2 \equiv 5 \pmod{11}$, $5^2 \equiv 6^2 \equiv 3 \pmod{11}$이므로 11의 이차잉여는 1, 3, 4, 5, 9이고 11의 이차비잉여는 2, 6, 7, 8, 10이다.

양의 정수 m의 이차잉여는 10.4절에서 정의한 $k = 2$일 때의 이차잉여와 같다. 홀수 소수 p에 대해, $1, 2, ..., p-1$ 중 정확히 같은 수의 이차잉여와 이차비잉여가 존재함을 보이자. 이를 증명하기 위해 다음 도움정리가 필요하다.

도움정리 12.1

홀수 소수 p와 p로 나뉘지 않는 정수 a에 대해 합동식

$$x^2 \equiv a \pmod{p}$$

는 해가 없거나, 정확히 두 개의 서로 합동이 아닌 해를 가진다.

증명

$x^2 \equiv a \pmod p$가 해 $x = x_0$를 가진다고 가정하자. 그러면 $(-x_0)^2 = x_0^2 \equiv a \pmod p$이므로 $-x_0$도 해이다. $x_0 \not\equiv -x_0 \pmod p$임을 주목하자. 만약 $x_0 \equiv -x_0 \pmod p$라면 $2x_0 \equiv 0 \pmod p$가 된다. 그러나 이는 p가 홀수이고 $p \nmid x_0$이므로 불가능하다. ($x_0^2 \equiv a \pmod p$이고 $p \nmid a$이므로 $p \nmid x_0$임을 알 수 있다.)

해가 두 개 이상일 수 없음을 보이기 위해 $x = x_0$과 $x = x_1$이 $x^2 \equiv a \pmod p$의 해라고 가정하자. 그러면

$$x_0^2 \equiv x_1^2 \equiv a \pmod p$$

이므로 $x_0^2 - x_1^2 = (x_0 + x_1)(x_0 - x_1) \equiv 0 \pmod p$가 된다. 따라서 $p \mid (x_0 + x_1)$이거나 $p \mid (x_0 - x_1)$이므로 $x_1 \equiv -x_0 \pmod p$이거나 $x_1 \equiv x_0 \pmod p$이다. 따라서 $x^2 \equiv a \pmod p$가 해를 가진다면 정확히 두 개의 서로 합동이 아닌 해가 존재한다.

이로부터 다음 정리를 얻는다.

정리 12.1

홀수 소수 p에 대해 $1, 2, ..., p-1$ 중 정확히 $(p-1)/2$개의 이차잉여와 $(p-1)/2$개의 이차비잉여가 존재한다.

증명 12.1

p 이하의 양의 정수 $1, 2, ..., p-1$ 중 p의 이차잉여를 모두 찾기 위해 $1, 2, ..., p-1$의 제곱의 최소양잉여를 구한다. 고려해야 할 제곱의 개수는 $p-1$개이고, 각 합동식 $x^2 \equiv a \pmod p$는 해가 없거나 두 개의 해를 가지므로 $1, 2, ..., p-1$ 중 정확히 $(p-1)/2$개의 이차잉여가 존재해야 한다. 나머지 $p - 1 - (p-1)/2 = (p-1)/2$개의 정수는 p의 이차비잉여가 된다.

10장에서 공부한 원시근과 지표는 이차잉여에 관한 결과를 증명하는 또 다른 방법을 제공한다.

정리 12.2

p가 소수이고 r이 p의 원시근이라고 하자. a가 p로 나뉘지 않는 정수라면 a는 $\mathrm{ind}_r a$가 짝수일 때 p의 이차잉여이고, $\mathrm{ind}_r a$가 홀수일 때 p의 이차비잉여이다.

증명 12.2

$\text{ind}_r a$가 짝수라고 가정하자. 그러면 $(r^{\text{ind}_r a/2})^2 \equiv a \pmod{p}$이므로 a는 p의 이차잉여이다. 역으로 a가 p의 이차잉여라고 가정하자. 그러면 정수 x가 존재하여 $x^2 \equiv a \pmod{p}$가 된다. 따라서 $\text{ind}_r x^2 = \text{ind}_r a$가 된다. 정리 10.17(iii)에 따르면 $2 \cdot \text{ind}_r x \equiv \text{ind}_r a \pmod{\phi(p)}$가 되어 $\text{ind}_r a$가 짝수임을 알 수 있다. 이상에서 a가 p의 이차잉여일 필요충분조건이 $\text{ind}_r a$가 짝수라는 것을 보였다. 따라서 a가 p의 이차비잉여일 필요충분조건은 $\text{ind}_r a$가 홀수라는 결론이 나온다.

정리 12.2에 따르면 홀수 소수 p의 모든 원시근은 p의 이차비잉여이다. 원시근, 지수, 이차잉여 간의 관계를 이용하여 이차잉여에 대한 결과를 증명하는 방법을 정리 12.1의 다른 증명을 통해 설명한다.

증명 12.1′

p가 원시근 r을 갖는 홀수 소수라고 하자. 정리 12.2에 따르면 집합 $\{1, 2, \ldots, p-1\}$ 중에서 p의 이차잉여는 밑 r에 대한 지표가 짝수인 정수들이다. 따라서 이 집합 안에 있는 p의 이차잉여는 짝수 $k(1 \le k \le p-1)$에 대해 r^k의 최소양잉여이다. 이러한 정수는 정확히 $(p-1)/2$개 있으므로 정리 12.1의 증명이 완료된다.

다음 정의에서는 이차잉여와 관련된 특별한 기호를 소개한다.

정의 12.2

홀수 소수 p와 p로 나눠지지 않는 정수 a에 대해 **르장드르 기호**(Legendre symbol) $\left(\frac{a}{p}\right)$는 다음과 같이 정의된다.

$$\left(\frac{a}{p}\right) = \begin{cases} 1, & a\text{가 } p\text{의 이차잉여일 때} \\ -1, & a\text{가 } p\text{의 이차비잉여일 때} \end{cases}$$

이 기호는 이를 도입한 프랑스 수학자 르장드르(Adrien-Marie Legendre)의 이름을 따서 명명되었다.

예제 12.2

예제 12.1에서 르장드르 기호 $\left(\frac{a}{11}\right)$, $a = 1, 2, \ldots, 10$의 값이 다음과 같음을 보여준다.

$$\left(\frac{1}{11}\right) = \left(\frac{3}{11}\right) = \left(\frac{4}{11}\right) = \left(\frac{5}{11}\right) = \left(\frac{9}{11}\right) = 1$$
$$\left(\frac{2}{11}\right) = \left(\frac{6}{11}\right) = \left(\frac{7}{11}\right) = \left(\frac{8}{11}\right) = \left(\frac{10}{11}\right) = -1$$

이제 어떤 정수가 소수의 이차잉여인지 여부를 결정하는 판정법을 제시하려 한다. 이 판정법은 르장드르 기호의 속성을 증명하는 데 유용하다.

정리 12.3 오일러 판정법

홀수 소수 p와 p로 나뉘지 않는 정수 a에 대해 다음이 성립한다.

$$\left(\frac{a}{p}\right) \equiv a^{(p-1)/2} \pmod{p}$$

증명 12.3

먼저 $\left(\frac{a}{p}\right) = 1$이라고 가정하자. 그러면 합동식 $x^2 \equiv a \pmod{p}$는 해를 가진다. 이를 $x = x_0$라고 하자. 페르마의 작은 정리를 사용하면 다음과 같다.

$$a^{(p-1)/2} \equiv \left(x_0^2\right)^{(p-1/2)} = x_0^{p-1} \equiv 1 \pmod{p}$$

따라서 $\left(\frac{a}{p}\right) = 1$이라면 $\left(\frac{a}{p}\right) \equiv a^{(p-1)/2} \pmod{p}$이다.

이제 $\left(\frac{a}{p}\right) = -1$인 경우를 고려하자. 그러면 합동식 $x^2 \equiv a \pmod{p}$는 해를 가지지 않는다. 따름정리 5.12.1에 따라 $(i, p) = 1$인 각 정수 i에 대해 $ij \equiv a \pmod{p}$인 정수 j가 존재한다. 게다가 합동식 $x^2 \equiv a \pmod{p}$는 해를 가지지 않으므로 $i \neq j$이다. 따라서 정수 $1, 2, \ldots, p-1$을 각 곱이 a와 합동인 $(p-1)/2$ 쌍으로 묶을 수 있다. 이 쌍들을 모두 곱하면 다음과 같다.

$$(p-1)! \equiv a^{(p-1)/2} \pmod{p}$$

윌슨의 정리에 따르면 $(p-1)! \equiv -1 \pmod{p}$이므로 다음을 얻는다.

$$-1 \equiv a^{(p-1)/2} \pmod{p}$$

이 경우에도 $\left(\frac{a}{p}\right) \equiv a^{(p-1)/2} \pmod{p}$가 성립한다.

예제 12.3

$p = 23$이고 $a = 5$인 경우를 보자. $5^{11} \equiv -1 \pmod{23}$이므로, 오일러 판정법에 따르면 $\left(\frac{5}{23}\right) = -1$이다. 따라서 5는 23의 이차비잉여이다.

르장드르 기호의 몇 가지 성질을 증명한다.

정리 12.4

홀수 소수 p와 p로 나눠지 않는 정수 a, b에 대해 다음이 성립한다.

(i) $a \equiv b \pmod{p}$라면 $\left(\frac{a}{p}\right) = \left(\frac{b}{p}\right)$이다.

(ii) $\left(\frac{a}{p}\right)\left(\frac{b}{p}\right) = \left(\frac{ab}{p}\right)$이다.

(iii) $\left(\frac{a^2}{p}\right) = 1$이다.

증명 12.4

(i) $a \equiv b \pmod{p}$라면 $x^2 \equiv a \pmod{p}$가 해를 가질 필요충분조건은 $x^2 \equiv b \pmod{p}$가 해를 가지는 것이다. 따라서 $\left(\frac{a}{p}\right) = \left(\frac{b}{p}\right)$ 임을 알 수 있다.

(ii) 오일러 판정법에 따라 다음을 얻는다.

$$\left(\frac{a}{p}\right) \equiv a^{(p-1)/2} \pmod{p}, \quad \left(\frac{b}{p}\right) \equiv b^{(p-1)/2} \pmod{p}$$

$$\left(\frac{ab}{p}\right) \equiv (ab)^{(p-1)/2} \pmod{p}$$

그러므로 다음과 같다.

$$\left(\frac{a}{p}\right)\left(\frac{b}{p}\right) \equiv a^{(p-1)/2}b^{(p-1)/2} = (ab)^{(p-1)/2} \equiv \left(\frac{ab}{p}\right) \pmod{p}$$

르장드르 기호의 가능한 값이 ± 1뿐이므로 다음과 같아야 한다.

$$\left(\frac{a}{p}\right)\left(\frac{b}{p}\right) = \left(\frac{ab}{p}\right)$$

(iii) $\left(\frac{a}{p}\right) = \pm 1$이므로 (ii)번에서 다음과 같음을 알 수 있다.

$$\left(\frac{a^2}{p}\right) = \left(\frac{a}{p}\right)\left(\frac{a}{p}\right) = 1$$

정리 12.4(ii)는 흥미로운 결과를 내포하고 있다. 소수의 두 이차잉여의 곱이나 두 이차비잉여의 곱은 해당 소수의 이차잉여이며, 이차잉여와 이차비잉여의 곱은 이차비잉여가 된다.

원시근과 지수를 사용하면 정리 12.2와 함께 정리 12.3과 12.4의 증명을 비교적 간단하게 할 수 있다. (이 절의 연습문제 30과 31을 참고하기 바란다.)

12.1.1 언제 -1이 홀수 소수 p의 이차잉여인가

20 이하의 홀수 소수 중에서 -1이 이차잉여가 되는 경우는 언제일까? $2^2 \equiv -1 \pmod 5$, $5^2 \equiv -1 \pmod{13}$, $4^2 \equiv -1 \pmod{17}$이므로 -1은 5, 13, 17의 이차잉여임을 알 수 있다. 하지만 $p = 3, 7, 11, 19$일 때 $x^2 \equiv -1 \pmod p$가 해를 가지지 않는 것을 쉽게 확인할 수 있다. 이러한 증거를 통해 -1이 소수 p의 이차잉여가 되는 경우는 $p \equiv 1 \pmod 4$일 때뿐이라는 추측이 나온다. 오일러 판정법을 사용하여 이 추측을 증명할 수 있다.

정리 12.5

홀수 소수 p에 대해 다음이 성립한다.

$$\left(\frac{-1}{p}\right) = \begin{cases} 1, & p \equiv 1 \pmod 4\text{일 때} \\ -1, & p \equiv -1 \pmod 4\text{일 때} \end{cases}$$

증명 12.5

오일러 판정법에 따르면 다음 합동식이 성립한다.

$$\left(\frac{-1}{p}\right) \equiv (-1)^{(p-1)/2} \pmod p$$

만약 $p \equiv 1 \pmod 4$이면 $p = 4k+1$인 양의 정수 k가 존재하므로 다음과 같다.

$$(-1)^{(p-1)/2} = (-1)^{2k} = 1$$

따라서 $\left(\frac{-1}{p}\right) = 1$을 얻는다. 만약 $p \equiv 3 \pmod 4$이면 $p = 4k+3$인 양의 정수 k가 존재한다. 따라서 다음과 같다.

$$(-1)^{(p-1)/2} = (-1)^{2k+1} = -1$$

그러므로 $\left(\frac{-1}{p}\right) = -1$을 얻게 된다.

12.1.2 가우스의 도움정리

가우스의 다음과 같은 우아한 결과는 정수 a가 소수 p의 이차잉여인지 여부를 결정하는 또 다른 판정법을 제공한다.

도움정리 12.2 가우스의 도움정리

홀수 소수 p와 p로 나눠지 않는 정수 a에 대해 s를 정수 $a, 2a, 3a, \ldots, ((p-1)/2)a$의 최소양잉여 중 $p/2$보다 큰 것의 개수라 하면 $\left(\frac{a}{p}\right) = (-1)^s$이다.

증명

정수 $a, 2a, \ldots, ((p-1)/2)a$의 최소양잉여 중에서 $u_1, u_2, \ldots, u_s$를 $p/2$보다 큰 것이라 하고, $v_1, v_2, \ldots, v_t$를 $p/2$보다 작은 것이라 하자. $(ja, p) = 1$이 $1 \le j \le (p-1)/2$인 모든 j에 대해 성립하므로, 이 최소양잉여는 집합 $\{1, 2, \ldots, p-1\}$에 속한다.

이제 정수 $p - u_1, p - u_2, \ldots, p - u_s$, $v_1, v_2, \ldots, v_t$가 적당한 순서로 집합 $\{1, 2, \ldots, (p-1)/2\}$를 구성함을 보이자. 이를 위해서는 이 정수들이 법 p로 서로 합동이 아님을 보이면 충분하다. 왜냐하면 집합에는 정확히 $(p-1)/2$개의 숫자가 있고 모두 $(p-1)/2$를 초과하지 않는 양의 정수이기 때문이다.

분명히 u_i 중 두 개가 법 p로 서로 합동이 아니고, v_j 중 두 개도 법 p로 합동이 아니다. 이런 합동이 성립한다면 $(p-1)/2$ 이하의 두 양의 정수 m과 n에 대해 $ma \equiv na \pmod{p}$이어야 한다. $p \nmid a$이므로 $m \equiv n \pmod{p}$이 성립하는데, 이는 불가능하다.

또한 $p - u_i$ 중 하나가 v_j와 합동일 수 없다. 이런 합동이 성립한다면 $ma \equiv p - na \pmod{p}$이어야 하므로, $ma \equiv -na \pmod{p}$이어야 한다. $p \nmid a$이므로 $m \equiv -n \pmod{p}$이 성립하는데, 이는 m과 n 모두 집합 $\{1, 2, \ldots, (p-1)/2\}$에 속하므로 불가능하다.

이제 $p - u_1, p - u_2, \ldots, p - u_s$, $v_1, v_2, \ldots, v_t$가 적당한 순서로 $1, 2, \ldots, (p-1)/2$과 같으므로 다음이 성립한다.

$$(p-u_1)(p-u_2)\cdots(p-u_s)v_1v_2\cdots v_t = \left(\frac{p-1}{2}\right)!$$

이는 다음을 의미한다.

$$(-1)^s u_1u_2\cdots u_s v_1v_2\cdots v_t \equiv \left(\frac{p-1}{2}\right)! \pmod{p} \tag{12.1}$$

한편 $u_1, u_2, \ldots, u_s$, $v_1, v_2, \ldots, v_t$가 $a, 2a, \ldots, \left(\frac{p-1}{2}\right)a$의 최소양잉여인 것을 고려할 때 다음이 성립한다.

$$\begin{aligned} u_1u_2\cdots u_s v_1v_2\cdots v_t &\equiv a \cdot 2a \cdots \left(\frac{p-1}{2}\right)a \pmod{p} \\ &= a^{\frac{p-1}{2}} \left(\frac{p-1}{2}\right)! \pmod{p} \qquad (12.2) \end{aligned}$$

따라서 식 (12.1)과 (12.2)로부터 다음 합동식을 얻는다.

$$(-1)^s a^{\frac{p-1}{2}} ((p-1)/2)! \equiv ((p-1)/2)! \pmod{p}$$

p와 $(\frac{p-1}{2})!$가 서로소이므로 다음이 성립한다.

$$(-1)^s a^{\frac{p-1}{2}} \equiv 1 \pmod{p}$$

양변에 $(-1)^s$를 곱하면 다음을 얻는다.

$$a^{\frac{p-1}{2}} \equiv (-1)^s \pmod{p}$$

오일러 판정법에 따르면 $a^{\frac{p-1}{2}} \equiv \left(\frac{a}{p}\right) \pmod{p}$이므로 다음이 성립한다.

$$\left(\frac{a}{p}\right) \equiv (-1)^s \pmod{p}$$

이로써 가우스의 도움정리가 증명된다.

예제 12.4

$a = 5$이고 $p = 11$일 때, 가우스의 도움정리에 의해 $\left(\frac{5}{11}\right)$을 찾기 위해 $1 \cdot 5, 2 \cdot 5, 3 \cdot 5, 4 \cdot 5, 5 \cdot 5$의 최소양잉여를 계산해보자. 이는 각각 $5, 10, 4, 9, 3$이다. 이 중 정확히 두 개가 $11/2$보다 크기 때문에, 가우스의 도움정리에 따라 $\left(\frac{5}{11}\right) = (-1)^2 = 1$이다.

12.1.3 언제 2는 홀수 소수 p의 이차잉여인가

50 이하의 어떤 홀수 소수에 대해 2가 이차잉여가 될까? $3^2 \equiv 2 \pmod{7}$, $6^2 \equiv 2 \pmod{17}$, $5^2 \equiv 2 \pmod{23}$, $8^2 \equiv 2 \pmod{31}$, $17^2 \equiv 2 \pmod{41}$, $7^2 \equiv 2 \pmod{47}$이므로 2는 $7, 17, 23, 31, 41, 47$의 이차잉여이다. 그러나 $x^2 \equiv 2 \pmod{p}$는 $p = 3, 5, 11, 13, 19, 29, 37, 43$일 때는 해를 가지지 않는다(이는 독자가 확인해보기 바란다). 2가 이차잉여인 소수 p에 어떤 패턴이 있을까? 이 소수들을 살펴보면 2가 소수 p에 대해 이차잉여인지 여부가 p를 8로 나눈 나머지에 따라 달라지는 것처럼 보인다. 이를 바탕으로 2가 홀수 소수 p에 대해 이차잉여일 필요충분조건이 $p \equiv \pm 1 \pmod{8}$이라는 추측을 세울 수 있다. 가우스의 도움정리를 사용하여 이 추측을 증명해보자.

정리 12.6

홀수 소수 p에 대해 다음 식이 성립한다.

$$\left(\frac{2}{p}\right) = (-1)^{(p^2-1)/8}$$

따라서 2는 $p \equiv \pm 1 \pmod 8$인 모든 소수의 이차잉여이고, $p \equiv \pm 3 \pmod 8$인 모든 소수의 이차비잉여이다.

증명 12.6

가우스의 도움정리에 따라 만약 s가 다음 수들의 최소양잉여 중에서 $p/2$보다 큰 수들의 개수라면,

$$1 \cdot 2,\ 2 \cdot 2,\ 3 \cdot 2, \ldots, ((p-1)/2) \cdot 2$$

$\left(\frac{2}{p}\right) = (-1)^s$이다. 이 수들은 모두 p보다 작으므로 $p/2$보다 큰 수들을 세기만 하면 된다.

$2j$가 $1 \le j \le \frac{p-1}{2}$일 때 $p/2$보다 작으려면, $j \le p/4$이어야 한다. 따라서 이 집합에는 $[p/4]$개의 $p/2$보다 작은 수가 있다. 따라서 $s = \frac{p-1}{2} - [p/4]$가 $p/2$보다 큰 수들의 개수이다. 따라서 가우스의 도움정리에 따르면 다음이 성립한다.

$$\left(\frac{2}{p}\right) = (-1)^{\frac{p-1}{2} - [p/4]}$$

이 정리를 증명하려면 모든 홀수 p에 대해 다음을 보여야 한다.

$$\frac{p-1}{2} - [p/4] \equiv \frac{p^2-1}{8} \pmod 2 \tag{12.3}$$

양의 정수 p에 대해 식 (12.3)이 성립하면 $p+8$에 대해서도 성립한다. 이는 다음과 같다.

$$\frac{(p+8)-1}{2} - [(p+8)/4] = \left(\frac{p-1}{2} + 4\right) - ([p/4]+2) \equiv \frac{p-1}{2} - [p/4] \pmod 2$$
$$\frac{(p+8)^2-1}{8} = \frac{p^2-1}{8} + 2p + 8 \equiv \frac{p^2-1}{8} \pmod 2$$

따라서 식 (12.3)이 $p = \pm 1$과 ± 3일 때 성립하면, 모든 홀수 n에 대해 성립한다고 결론지을 수 있다. 독자에게 이 네 가지 값에 대해 식 (12.3)이 성립함을 검증하는 것을 남긴다.

따라서 모든 홀수 소수 p에 대해 $\left(\frac{2}{p}\right) = (-1)^{(p^2-1)/8}$임을 알 수 있다.

$(p^2-1)/8 \pmod 2$의 계산에 따르면 $p \equiv \pm 1 \pmod 8$인 경우 $\left(\frac{2}{p}\right) = 1$이고, $p \equiv \pm 3 \pmod 8$인 경우 $\left(\frac{2}{p}\right) = -1$이다.

예제 12.5

정리 12.6에 의해 다음과 같다.

$$\left(\frac{2}{7}\right) = \left(\frac{2}{17}\right) = \left(\frac{2}{23}\right) = \left(\frac{2}{31}\right) = 1$$

반면에 다음을 얻는다.

$$\left(\frac{2}{3}\right)=\left(\frac{2}{5}\right)=\left(\frac{2}{11}\right)=\left(\frac{2}{13}\right)=\left(\frac{2}{19}\right)=\left(\frac{2}{29}\right)=-1$$

이제 다음 예제를 통해 몇 가지 르장드르 기호를 구하는 방법을 소개하고자 한다.

예제 12.6

$(\frac{317}{11})$을 구하기 위해 정리 12.4(i), (ii), (iii)을 사용하면 다음을 얻는다.

$$\left(\frac{317}{11}\right)=\left(\frac{9}{11}\right)=\left(\frac{3}{11}\right)^2=1$$

왜냐하면 $317 \equiv 9 \pmod{11}$이기 때문이다.

$(\frac{89}{13})$를 구하기 위해 $89 \equiv -2 \pmod{13}$임을 착안하면 다음을 얻는다.

$$\left(\frac{89}{13}\right)=\left(\frac{-2}{13}\right)=\left(\frac{-1}{13}\right)\left(\frac{2}{13}\right)$$

$13 \equiv 1 \pmod 4$ 이기 때문에 정리 12.5에 의해 $(\frac{-1}{13}) = 1$이고, $13 \equiv -3 \pmod 8$이기 때문에 정리 12.6에 의해 $(\frac{2}{13}) = -1$ 임을 알 수 있다. 따라서 $(\frac{89}{13}) = -1$ 이 된다.

다음 절에서는 기초 정수론의 가장 흥미로운 결과 중 하나인 이차상호법칙을 소개하고 증명한다. 이 정리는 $\left(\frac{p}{q}\right)$와 $\left(\frac{q}{p}\right)$의 값을 관련짓는다. 여기서 p와 q는 서로 다른 홀수 소수이다. 이차상호법칙은 이 장 전체에서 볼 수 있듯이 이론 및 실용적인 측면에서 중요하다. 계산 관점에서 이차상호법칙은 르장드르 기호를 구하는 데 도움을 줄 수 있다.

12.1.4 모듈러 제곱근

서로 다른 홀수 소수 p, q에 대해 $n = pq$라고 하자. 그리고 합동식 $x^2 \equiv a \pmod n$ $(0 < a < n$이고 $(a, n) = 1)$이 $x = x_0$라는 해를 가지고 있다고 가정하자. 이제 이 합동식이 정확히 네 개의 서로 합동이 아닌 해를 가지는 것을 보일 것이다. 즉 a는 법 n으로 네 개의 서로 합동이 아닌 **모듈러 제곱근**(modular square root)을 가진다. 이를 보기 위해 $x_0 \equiv x_1 \pmod p$, $0 < x_1 < p$ 그리고 $x_0 \equiv x_2 \pmod q$, $0 < x_2 < q$라고 가정하자. 그러면 합동식 $x^2 \equiv a \pmod p$는 법 p로 정확히 두 개의 서로 합동이 아닌 해를 가지게 된다. 즉 $x \equiv x_1 \pmod p$와 $x \equiv p - x_1 \pmod p$이다. 마찬가지로 합동식 $x^2 \equiv a \pmod q$는 법 q로 정확히 두 개의 서로 합동이 아닌 해를 가지게 된다. 즉 $x \equiv x_2 \pmod q$와 $x \equiv q - x_2 \pmod q$이다.

중국인의 나머지정리에 따르면 합동식 $x^2 \equiv a \pmod n$의 서로 합동이 아닌 해는 정확히 네 개 존재하며, 이 네 개의 해는 다음과 같은 네 가지 연립합동식의 유일한 해이다.

(i) $x \equiv x_1 \pmod{p}$
$x \equiv x_2 \pmod{q}$

(ii) $x \equiv x_1 \pmod{p}$
$x \equiv q - x_2 \pmod{q}$

(iii) $x \equiv p - x_1 \pmod{p}$
$x \equiv x_2 \pmod{q}$

(iv) $x \equiv p - x_1 \pmod{p}$
$x \equiv q - x_2 \pmod{q}$

(i)와 (ii)의 해를 각각 x와 y라고 하자. (iii)와 (iv)의 해는 쉽게 $n-y$와 $n-x$임을 알 수 있다.

또한 $p \equiv q \equiv 3 \pmod{4}$인 경우 $x^2 \equiv a \pmod{p}$와 $x^2 \equiv a \pmod{q}$의 해는 각각 $x \equiv \pm a^{(p+1)/4} \pmod{p}$와 $x \equiv \pm a^{(q+1)/4} \pmod{q}$임을 알 수 있다. 오일러 판정법에 따르면 $a^{(p-1)/2} \equiv \left(\frac{a}{p}\right) = 1 \pmod{p}$이고 $a^{(q-1)/2} \equiv \left(\frac{a}{q}\right) = 1 \pmod{q}$이다(여기서 $x^2 \equiv a \pmod{pq}$가 해를 가진다고 가정하고 있으므로 a는 p와 q 모두에 대한 이차잉여이다). 따라서 다음과 같다.

$$(a^{(p+1)/4})^2 = a^{(p+1)/2} = a^{(p-1)/2} \cdot a \equiv a \pmod{p}$$
$$(a^{(q+1)/4})^2 = a^{(q+1)/2} = a^{(q-1)/2} \cdot a \equiv a \pmod{q}$$

중국인의 나머지정리를 사용하여 앞에서 구성한 구체적인 해를 통해 $x^2 \equiv a \pmod{n}$의 네 개의 서로 합동이 아닌 해를 쉽게 찾을 수 있다. 다음 예제는 이 과정을 설명하고 있다.

예제 12.7

다음 합동식이 해를 가지는 것을 미리 알고 있다고 가정하자.

$$x^2 \equiv 860 \pmod{11{,}021}$$

$11{,}021 = 103 \cdot 107$이므로 네 개의 서로 합동이 아닌 해를 찾기 위해 다음 두 합동식을 풀어보자.

$$x^2 \equiv 860 \equiv 36 \pmod{103}$$
$$x^2 \equiv 860 \equiv 4 \pmod{107}$$

이 합동식의 해는 각각 다음과 같다.

$$x \equiv \pm 36^{(103+1)/4} \equiv \pm 36^{26} \equiv \pm 6 \pmod{103}$$
$$x \equiv \pm 4^{(107+1)/4} \equiv \pm 4^{27} \equiv \pm 2 \pmod{107}$$

중국인의 나머지정리를 사용하여 $x \equiv \pm 212, \pm 109 \pmod{11{,}021}$을 네 개의 연립합동식의 해로 얻을 수 있다. 여기서 네 개의 연립합동식은 $x \equiv \pm 6 \pmod{103}, x \equiv \pm 2 \pmod{107}$의 부호 선택에 따른 네 가지 경우이다.

12.1.5 전자적 동전 던지기

이차잉여의 성질을 이용한 흥미롭고 유용한 응용 중 하나는 블럼(Lenore Blum)이 발명한 전자적 동전 던지기 방법이다([Bl82] 참조). 이 방법은 소수를 찾는 데 걸리는 시간과 두 소수의 곱인 정수를 인수분해하는 데 걸리는 시간의 차이를 이용하며, 이는 9장에서 논의된 RSA 암호의 기반이기도 하다.

이제 전자적으로 동전을 던지는 방법을 설명한다. Bob과 Alice가 전자적으로 통신하고 있다고 가정하자. Alice는 $p \equiv q \equiv 3 \pmod 4$인 두 개의 큰 소수 p와 q를 고른다. Alice는 Bob에게 정수 $n = pq$를 보낸다. Bob은 n보다 작은 임의의 양의 정수 x를 골라 Alice에게 $x^2 \equiv a \pmod n$, $0 < a < n$인 정수 a를 보낸다. Alice는 $x^2 \equiv a \pmod n$의 네 가지 해, 즉 $x, y, n-x, n-y$를 찾는다. Alice는 이 네 가지 해 중 하나를 선택하여 Bob에게 보낸다. $x + y \equiv 2x_1 \not\equiv 0 \pmod p$이고 $x + y \equiv 0 \pmod q$이므로 $(x+y, n) = q$이고, 마찬가지로 $(x + (n-y), n) = p$이다. 따라서 Bob이 y나 $n-y$ 중 하나를 받으면 유클리드 알고리즘을 사용해 n의 소인수 중 하나를 신속하게 찾을 수 있다. 반면에 Bob이 x나 $n-x$를 받으면 n을 합리적인 시간 안에 인수분해할 방법이 없다.

결국 Bob이 n을 인수분해할 수 있으면 동전 던지기에서 Bob이 이기고, 그렇지 않으면 Alice가 이긴다. 앞서 언급한 바와 같이 Bob이 $x^2 \equiv a \pmod n$의 해 중 하나를 받아 n을 신속하게 인수분해할 확률과 그렇지 않은 해를 받을 확률은 동일하다. 따라서 동전 던지기는 공정하다.

12.1 연습문제

1. 다음 정수 각각의 이차잉여를 모두 구하라.
   - a) 3
   - b) 5
   - c) 13
   - d) 19
2. 다음 정수 각각의 이차잉여를 모두 구하라.
   - a) 7
   - b) 8
   - c) 15
   - d) 18
3. $j = 1, 2, 3, 4$에 대해 르장드르 기호 $\left(\frac{j}{5}\right)$의 값을 구하라.
4. $j = 1, 2, 3, 4, 5, 6$에 대해 르장드르 기호 $\left(\frac{j}{7}\right)$의 값을 구하라.

5. 다음 각각의 방법을 사용하여 르장드르 기호 $\left(\frac{7}{11}\right)$의 값을 구하라.

a) 오일러 판정법

b) 가우스의 도움정리

6. 홀수 소수 p로 나뉘지 않는 정수 a와 b가 있다고 하자. 이때 a, b, ab 중 하나 또는 모두가 p의 이차잉여임을 증명하라.

7. p가 홀수 소수일 때 다음을 증명하라.

$$\left(\frac{-2}{p}\right) = \begin{cases} 1, & p \equiv 1, 3 \pmod 8 \text{일 때} \\ -1, & p \equiv -1, -3 \pmod 8 \text{일 때} \end{cases}$$

8. n의 소인수분해가 다음과 같고,

$$n = p_1^{2t_1+1} p_2^{2t_2+1} \cdots p_k^{2t_k+1} p_{k+1}^{2t_{k+1}} \cdots p_m^{2t_m}$$

q가 n을 나누지 않는 소수일 때 다음을 증명하라.

$$\left(\frac{n}{q}\right) = \left(\frac{p_1}{q}\right)\left(\frac{p_2}{q}\right) \cdots \left(\frac{p_k}{q}\right)$$

9. p가 소수이고 $p \equiv 3 \pmod 4$일 때 $[(p-1)/2]! \equiv (-1)^t \pmod p$임을 보여라. 여기서 t는 $p/2$보다 작은 양의 정수 중 p의 이차비잉여인 수들의 개수이다.

10. b가 양의 정수이고 소수 p로 나누어떨어지지 않는다면 다음을 보여라.

$$\left(\frac{b}{p}\right) + \left(\frac{2b}{p}\right) + \left(\frac{3b}{p}\right) + \cdots + \left(\frac{(p-1)b}{p}\right) = 0$$

11. p가 소수이고 a가 p의 이차잉여일 때 만약 $p \equiv 1 \pmod 4$라면 $-a$도 p의 이차잉여이고, $p \equiv 3 \pmod 4$라면 $-a$는 p의 이차비잉여임을 보여라.

12. 소수 p에 대한 이차합동식 $ax^2 + bx + c \equiv 0 \pmod p$를 고려하자. 여기서 a, b, c는 정수이고 p는 a를 나누지 않는다.

a) $p = 2$일 때 어떤 이차합동식이 해를 가지는지 구하라.

b) p가 홀수 소수이고 $d = b^2 - 4ac$일 때, 합동식 $ax^2 + bx + c \equiv 0 \pmod p$가 합동식 $y^2 \equiv d \pmod p$와 동치임을 보여라. 여기서 $y = 2ax + b$이다. $d \equiv 0 \pmod p$이면 법 p로 정확히 하나의 해가 있으며, d가 p의 이차잉여인 경우 서로 합동이 아닌 두 해가 있고, d가 p의 이차비잉여인 경우 해가 없음을 보여라.

13. 연습문제 12를 이용하여 다음 이차합동식의 모든 해를 구하라.

a) $x^2 + x + 1 \equiv 0 \pmod 7$

b) $x^2 + 5x + 1 \equiv 0 \pmod 7$

c) $x^2 + 3x + 1 \equiv 0 \pmod 7$

14. 소수 p가 $p \geq 7$일 때 항상 두 개의 연속된 p의 이차잉여가 존재함을 보여라. (힌트: 2, 5, 10 중 적어도 하나는 p의 이차잉여임을 먼저 보여라.)

*15. 소수 p가 $p \geq 7$일 때 p의 이차잉여 중 2만큼 차이나는 두 이차잉여가 항상 존재함을 보여라.

16. 소수 p가 $p \geq 7$일 때 p의 이차잉여 중 3만큼 차이나는 두 이차잉여가 항상 존재함을 보여라.

17. a가 소수 p의 이차잉여일 때 $x^2 \equiv a \pmod p$의 해는 다음과 같음을 보여라.

a) $p = 4n + 3$일 때 $x \equiv \pm a^{n+1} \pmod p$이다.

b) $p = 8n + 5$일 때 $x \equiv \pm a^{n+1}$ 또는 $\pm 2^{2n+1} a^{n+1} \pmod p$이다.

*18. p가 소수이고 $p = 8n + 1$일 때 r이 p의 원시근이라면, 합동식 $x^2 \equiv \pm 2 \pmod p$의 해가 다음과 같음을 보여라.

$$x \equiv \pm(r^{7n} \pm r^n) \pmod p$$

여기서 첫 번째 합동식의 $\pm$ 부호는 두 번째 합동식의 괄호 안에 있는 $\pm$ 부호와 일치한다.

19. 합동식 $x^2 \equiv 1 \pmod{15}$의 모든 해를 구하라.

20. 합동식 $x^2 \equiv 58 \pmod{77}$의 모든 해를 구하라.

21. 합동식 $x^2 \equiv 207 \pmod{1001}$의 모든 해를 구하라.

22. p가 홀수 소수이고 e가 양의 정수이며 a가 p와 서로소인 정수일 때, 합동식 $x^2 \equiv a \pmod{p^e}$는 해가 없거나 정확히 두 개의 서로 합동이 아닌 해를 가진다는 것을 보여라.

*23. p가 홀수 소수이고 e가 양의 정수이며 a가 p와 서로소인 정수일 때, 합동식 $x^2 \equiv a \pmod{p^{e+1}}$의 해가 존재하기 위한 필요충분조건이 합동식 $x^2 \equiv a \pmod{p^e}$의 해가 존재하는 것임을 보여라. 연습문제 22를 사용하여 만약 a가 p의 이차비잉여라면 합동식 $x^2 \equiv a \pmod{p^e}$는 해가 없고, 만약 a가 p의 이차잉여라면 정확히 두 개의 서로 합동이 아닌 해를 가지게 됨을 보여라.

24. n이 홀수일 때 합동식 $x^2 \equiv a \pmod n$의 서로 합동이 아닌 해의 개수를 n의 소인수분해 $n = p_1^{t_1} p_2^{t_2} \cdots p_m^{t_m}$에 대해 구하라. 이를 르장드르 기호 $\left(\frac{a}{p_1}\right), \ldots, \left(\frac{a}{p_m}\right)$를 사용하여 표현하라. (힌트: 연습문제 23을 사용하라.)

25. 다음 합동식의 서로 합동이 아닌 해의 개수를 구하라.

a) $x^2 \equiv 31 \pmod{75}$

b) $x^2 \equiv 16 \pmod{105}$

c) $x^2 \equiv 46 \pmod{231}$

d) $x^2 \equiv 1156 \pmod{3^2 5^3 7^5 11^6}$

*26. $e \geq 3$인 정수 e에 대해 합동식 $x^2 \equiv a \pmod{2^e}$이 해가 없거나 정확히 네 개의 서로 합동이 아닌 해를 가진다는 것을 보여라. (힌트: $(\pm x)^2 \equiv (2^{e-1} \pm x)^2 \pmod{2^e}$이라는 사실을 사용하라.)

27. 양의 정수 k에 대해 $4k+1$ 형태의 소수가 무한히 많다는 것을 보여라. (힌트: $p_1, p_2, \ldots, p_n$이 유일한 그런 소수들이라고 가정하라. $N = 4(p_1p_2\cdots p_n)^2 + 1$을 구성하고 정리 12.5를 사용하여 N이 $p_1, p_2, \ldots, p_n$ 중 하나가 아닌 $4k+1$ 형태의 소인수를 가진다는 것을 보여라.)

*28. k가 정수일 때 다음 형태의 소수가 무한히 많다는 것을 보여라.

a) $8k+3$ b) $8k+5$ c) $8k+7$

(힌트: 각 경우에 대해 특정 형태의 소수 $p_1, p_2, \ldots, p_n$만 있다고 가정하라. (a)의 경우 $(p_1p_2\cdots p_n)^2 + 2$, (b)의 경우 $(p_1p_2\cdots p_n)^2 + 4$, (c)의 경우 $(4p_1p_2\cdots p_n)^2 - 2$를 살펴라. 각 경우에 이 정수가 $p_1, p_2, \ldots, p_n$에 포함되지 않는 필요한 형태의 소인수를 가진다는 것을 보여라. 정리 12.5와 12.6을 사용하라.)

29. p와 q가 $p \equiv q \equiv 3 \pmod 4$인 홀수 소수들이고 a가 $n = pq$의 이차잉여일 때 a의 네 개의 서로 합동이 아닌 제곱근 중 정확히 하나가 n의 이차잉여임을 보여라.

30. 원시근과 지표를 사용하여 정리 12.3을 증명하라.

31. 원시근과 지표를 사용하여 정리 12.4를 증명하라.

32. p가 홀수 소수일 때 p의 원시근이 아닌 이차비잉여의 개수가 $(p-1)/2 - \phi(p-1)$개임을 보여라.

*33. p와 $q = 2p+1$이 모두 홀수 소수일 때 q의 $p-1$개의 원시근이 q의 이차비잉여이며 그 중 이차비잉여 $2p$를 제외한 것들임을 보여라.

*34. p와 $q = 4p+1$이 모두 소수일 때 a가 q의 이차비잉여이면서 $\mathrm{ord}_q a \neq 4$이면, a가 q의 원시근임을 보여라.

*35. 소수 p가 페르마 소수일 필요충분조건은 p의 모든 이차비잉여가 p의 원시근이라는 것을 보여라.

*36. 페르마 수 $F_n = 2^{2^n} + 1$의 소인수 p가 $2^{n+2}k + 1$ 형태임을 보여라. (힌트: $\mathrm{ord}_p 2 = 2^{n+1}$임을 보여라. 그런 다음 정리 12.6을 사용하여 $2^{(p-1)/2} \equiv 1 \pmod p$임을 보여라. 2^{n+1}이 $(p-1)/2$을 나눈다는 것을 결론지어라.)

*37. a) 만약 p가 $4k+3$ 형태의 소수이고 $q = 2p+1$이 소수라면, q가 메르센 수 $M_p = 2^p - 1$을 나눈다는 것을 증명하라. (힌트: 르장드르 기호 $\left(\frac{2}{q}\right)$를 고려하라.)

b) (a)로부터 $23 \mid M_{11}$, $47 \mid M_{23}$, $503 \mid M_{251}$임을 증명하라.

*38. n이 양의 정수이고 $2n+1$이 소수이며 $n \equiv 0$ 또는 $3 \pmod 4$일 때 $2n+1$이 메르센 수 $M_n = 2^n - 1$을 나누고, $n \equiv 1$ 또는 $2 \pmod 4$일 때 $2n+1$이 $M_n + 2 = 2^n + 1$을 나눈다는 것을 증명하라. (힌트: 르장드르 기호 $\left(\frac{2}{2n+1}\right)$를 고려하고 정리 12.5를 사용하라.)

39. 홀수 소수 p에 대해 메르센 수 M_p의 모든 소수 약수 q가 $q = 8k \pm 1$ 형태여야 한다는 것을 증명하라. (힌트: 연습문제 38을 사용하라.)

40. 연습문제 39와 정리 8.13이 M_{17}이 소수임을 증명하는 데 어떻게 사용될 수 있는지 보여라.

*41. p가 홀수 소수일 때 다음을 증명하라.

$$\sum_{j=1}^{p-2}\left(\frac{j(j+1)}{p}\right)=-1$$

(힌트: 먼저 $\left(\frac{j(j+1)}{p}\right)=\left(\frac{\bar{j}+1}{p}\right)$임을 증명하라. 여기서 $\bar{j}$는 법 p로 j의 역수이다.)

*42. p가 홀수 소수일 때, p보다 작은 연속하는 양의 정수 쌍 중에서 (**RR**), (**RN**), (**NR**), (**NN**)은 각각 두 이차잉여의 쌍, 이차잉여와 이차비잉여의 쌍, 이차비잉여와 이차잉여의 쌍, 두 이차비잉여의 쌍의 개수를 나타낸다.

a) 다음을 증명하라.

$$\begin{aligned}(\mathbf{RR})+(\mathbf{RN})&=\frac{1}{2}(p-2-(-1)^{(p-1)/2})\\(\mathbf{NR})+(\mathbf{NN})&=\frac{1}{2}(p-2+(-1)^{(p-1)/2})\\(\mathbf{RR})+(\mathbf{NR})&=\frac{1}{2}(p-1)-1\\(\mathbf{RN})+(\mathbf{NN})&=\frac{1}{2}(p-1)\end{aligned}$$

b) 연습문제 41을 사용하여 다음을 증명하라.

$$\sum_{j=1}^{p-2}\left(\frac{j(j+1)}{p}\right)=(\mathbf{RR})+(\mathbf{NN})-(\mathbf{RN})-(\mathbf{NR})=-1$$

c) (a)와 (b)를 사용하여 (**RR**), (**RN**), (**NR**), (**NN**)를 구하라.

43. 정리 10.17을 사용하여 정리 12.1을 증명하라.

*44. p와 q가 홀수 소수일 때 $q=4p+1$이면 2가 q의 원시근임을 증명하라.

*45. p와 q가 홀수 소수일 때 p가 $4k+1$ 형태이고 k가 양의 정수이며 $q=2p+1$이면, 2가 q의 원시근임을 증명하라.

*46. p와 q가 홀수 소수일 때 p가 양의 정수 k에 대해 $4k-1$의 형태이고 $q=2p+1$이면 -2가 q의 원시근임을 보여라.

*47. p와 q가 홀수 소수일 때 $q=2p+1$이면, -4가 q의 원시근임을 보여라.

48. $x^2\equiv 482 \pmod{2773}$의 해를 구하라($2773=47*59$를 참조하라).

*49. 이 문제에서는 9.4절에서 소개된 라빈 암호를 사용하여 암호화된 메시지를 복호화하는 방법을 개발한다. 라빈 암호에서 암호문 블록 C와 해당 평문 블록 P 사이의 관계는 $C\equiv P(P+\bar{2}b)$ (mod

n)이다. 여기서 $n = pq$, p와 q는 서로 다른 홀수 소수이고, b는 n보다 작은 양의 정수이다.

a) $C + a \equiv (P + \overline{2}b)^2 \pmod{n}$임을 보여라. 여기서 $a \equiv (\overline{2}b)^2 \pmod{n}$이고, $\overline{2}$는 법 n으로 2의 역수이다.

b) 본문에서 설명한 알고리즘을 사용하여 $x^2 \equiv a \pmod{n}$ 유형의 합동식을 해결하고, (a)를 사용하여 암호문 블록 C에서 평문 블록 P를 찾는 방법을 보여라. 왜 네 가지 가능한 평문 메시지가 있는지 설명하라. (이 모호성은 라빈 암호의 단점이다.)

c) 라빈 암호체계를 사용하여 $b = 3$이고 $n = 47 \cdot 59 = 2773$인 경우 암호문 메시지 1819 0459 0803을 복호화하라.

50. p가 홀수 소수이고 평문 P에서 지수 e와 법 p를 사용하여 암호화된 암호문 C가 주어졌을 때, 즉 $C \equiv P^e \pmod{p}$, $0 < C < p$이고 $(e, p-1) = 1$일 때 C가 p의 이차잉여인 경우와 P가 p의 이차잉여인 경우가 서로 동치임을 보여라.

*51. a) 전자 포커 게임(9.5절 참조)에서 두 번째 플레이어는 카드의 숫자가 소수 p의 이차잉여인지 여부를 알아차림으로써 유리한 위치를 차지할 수 있음을 보여라. (힌트: 연습문제 50을 사용하라.)

b) (a)에서 언급된 두 번째 플레이어의 이점을 이차비잉여인 카드 숫자 값에 이차비잉여 하나를 전부 곱하면 없앨 수 있음을 보여라.

*52. 해싱 방식(6.4절 참조)에서 충돌 해결을 위해 조사수열이 $h_j(K) \equiv h(K) + aj + bj^2 \pmod{m}$인 경우, 여기서 $h(K)$는 해싱 함수이고, m은 양의 정수이며, a와 b는 $(b, m) = 1$인 정수일 때 가능한 파일 위치의 절반만이 조사됨을 보여라. 이는 **이차 탐색**(quadratic search)이라고 한다.

법 p로 $x, y, x+y$가 모두 이차잉여인 경우 이를 **이차잉여사슬**(chain of quadratic residues)이라고 한다.

52. 법 11로 이차잉여사슬 $x, y, x+y$를 구하라.

53. 법 7로 이차잉여사슬이 있는지 결정하고, 답을 설명하라.

암호론의 많은 응용 프로그램에서는 유사난수 비트수열을 생성하는 방법이 필요하다. 가장 널리 사용되는 방법 중 하나는 Lenore Blum, Michael Blum, Michael Shub에 의해 개발된 BBS(Blum Blum Shub) 유사난수 비트 생성기를 사용하는 것이다. 이 생성기를 구현하기 위해 모두 4로 나눈 나머지가 3인 두 개의 큰 소수 p, q와 0이나 1이 아니고 $M = pq$와 서로소인 시드 s가 선택된다. M과 s를 사용하여 $j = 0, 1, \ldots$에 대해 잉여의 수열 x_j를 생성한다. 여기서 $x_0 = s^2 \pmod{M}$이고 $x_{n+1} = x_n^2 \pmod{M}$이다. 유사난수 비트수열은 각 x_j의 최하위 비트로 구성된다. (짝수의 최하위 비트는 0이고 홀수의 최하위 비트는 1이다.)

54. $p = 43$과 $q = 79$, 즉 $M = 3397$이며 $s = 818$일 때, BBS 생성기를 사용하여 생성된 처음 10개의 유사난수 비트수열을 구하라.

55. BBS 생성기에 의해 생성된 수열 x_j의 항들은 다음 합동식을 사용하여 직접 구할 수 있음을 보여라.

$$x_{j-1} = (s^{2^j \bmod \lambda} M) \bmod M$$

여기서 $j = 1, 2, \ldots$이며 $\lambda(M) = \lambda(pq) = [p-1, q-1]$이다.

계산과 탐구

1. 르장드르 기호 $\left(\frac{1521}{451,879}\right)$, $\left(\frac{222,344}{21,155,500,207}\right)$, $\left(\frac{6,818,811}{15,454,356,666,611}\right)$의 값을 구하라.
2. 소수 $p = 30{,}059{,}924{,}764{,}123$과 $2 \le q \le 181$인 모든 소수 q에 대해 $\left(\frac{q}{p}\right) = -1$임을 보여라.
3. 양의 정수들로 이루어진 집합 $\{x_1, x_2, \ldots, x_n\}$에서 모든 연속한 수로 이루어진 부분집합의 합이 이차잉여인 경우 이 집합을 **이차잉여사슬**이라고 한다. 집합 $\{1, 4, 45, 94, 261, 310, 344, 387, 393, 394, 456\}$이 법 631로 이차잉여사슬을 이룸을 보여라. (참고로 확인할 값은 66개이다.)
4. 1000보다 작은 각 소수의 최소 이차비잉여를 구하라.
5. 100,000과 1,000,000 사이의 무작위로 선택된 100개의 소수와 100,000,000과 1,000,000,000 사이의 무작위로 선택된 100개의 소수의 최소 이차비잉여를 구하라. 이 증거를 바탕으로 어떤 추측을 할 수 있는가?
6. 수치적 증거를 사용하여 어떤 홀수 소수 p에 대해 $1 \le a \le (p-1)/2$인 이차잉여 a가 $(p+1)/2 \le a \le p-1$인 이차잉여보다 더 많은지 확인하라.
7. $p \equiv 3 \pmod 4$인 소수를 p라고 하자. R이 p의 연속된 이차잉여의 최대 수이고 N이 p의 연속된 이차비잉여의 최대 수인 경우 $R = N < \sqrt{p}$가 성립함이 증명되었다. 1000보다 작은 이 타입의 모든 소수에 대해 이 결과를 검증하라.
8. $p \equiv 1 \pmod 4$인 소수를 p라고 하자. N이 p의 연속된 이차비잉여의 최대 수인 경우, $N < \sqrt{p}$가 충분히 큰 p에 대해 성립한다고 추측되고 있다. 이 추측에 대한 증거를 찾아라. 어떤 작은 소수에 대해 이 부등식이 실패하는가?
9. 4,609,126의 4개의 모듈러 제곱근을 법이 $14{,}438{,}821 = 4003 \cdot 3607$인 경우에 찾아라.
10. 11,535의 모듈러 제곱근을 법이 142,661인 경우에 찾아라. 어떤 것이 142,661의 이차잉여인가?
11. $p = 7727$과 $q = 6983$, 즉 $M = 53{,}957{,}641$이고 $s = 899{,}251$일 때, BBS 생성기를 사용하여 생성된 첫 10개의 유사난수 비트를 찾아라.
12. $p = 2{,}714{,}311$과 $q = 14{,}200{,}871$, 즉 $M = 38{,}545{,}580{,}364{,}881$이고 $s = 34{,}556{,}789$일 때, BBS 생성기를 사용하여 생성된 첫 50개의 유사난수 비트를 찾아라.

프로그래밍 프로젝트

1. 오일러 판정법을 사용하여 르장드르 기호의 값을 구하라.
2. 가우스의 보조정리를 사용하여 르장드르 기호의 값을 구하라.
3. 두 소수의 곱인 양의 정수 n이 주어졌을 때, 이 두 소수가 모두 4로 나눈 나머지가 3인 경우 x^2의 최소양잉여에 대한 4개의 제곱근을 찾아라. 여기서 x는 n과 서로소인 정수이다.

*4. 이 절에서 설명된 절차를 사용하여 전자적으로 동전을 던져라.

**5. 라빈 암호체계를 사용하여 암호화된 메시지를 해독하라(연습문제 49 참조).

12.2 이차상호법칙

p와 q가 서로 다른 홀수 소수라고 가정하자. 또한 q가 p의 이차잉여인지 아닌지를 알고 있다고 하자. 그렇다면 p가 q의 이차잉여인지 아닌지도 알 수 있을까? 이 질문에 대한 답은 1700년대 중반에 오일러에 의해 발견되었다. 오일러는 숫자를 조사하여 답을 찾았지만, 그의 답이 옳다는 것을 증명하지는 않았다. 이후 1785년에 르장드르는 오일러의 답을 현대적이고 우아한 형태로 재구성하여, **이차상호법칙**(The Law of Quadratic Reciprocity)으로 알려진 정리에서 이를 발표했다. 이 정리는 $x^2 \equiv q \pmod{p}$의 합동식이 해를 가지는지 여부를, $x^2 \equiv p \pmod{q}$의 해가 있는지 여부를 통해 알 수 있게 해준다.

정리 12.7 이차상호법칙

p와 q가 서로 다른 홀수 소수라고 하자. 그렇다면 다음 식이 성립한다.

$$\left(\frac{p}{q}\right)\left(\frac{q}{p}\right) = (-1)^{\frac{p-1}{2}\cdot\frac{q-1}{2}}$$

르장드르는 이 정리를 여러번 증명하려 했으나, 그의 모든 증명에는 심각한 결함이 있었다. 최초의 올바른 증명은 가우스에 의해 발견되었으며, 가우스는 이 결과를 18세에 재발견했다고 주장했다. 가우스는 이 정리를 증명하는 데 많은 시간을 할애했으며, 그는 "이 정리는 나를 한 해 동안 괴롭히며 나의 최대 노력을 소모시켰고, 마침내 나는 증명을 얻었다"라고 썼다.

가우스가 1796년에 첫 번째 증명을 찾은 이후에도, 그는 추가적인 증명을 찾기 위해 계속 노력했다. 그는 이차상호법칙에 대한 최소한 여섯 가지 다른 증명을 찾았다. 가우스가 더 많은 증명을 찾으려는 목표는 이를 고차 거듭제곱으로 일반화할 수 있는 접근법을 찾기 위해서였다. 특히 그는 소수 p와 p로 나눌 수 없는 정수 a에 대해 합동식 $x^3 \equiv a \pmod{p}$와 $x^4 \equiv a \pmod{p}$의 해를 구할 수 있는지에 관심이 있었다. 여섯 번째 증명을 통해 가우스는 마침내 그의 목표를 달성했는데, 이 증명은 고차잉여로 일반화될 수 있었다. (가우스의 증명과 고차잉여로의 일반화에 대한 더 많은 정보는 [IrRo95], [Go98], [Le00]을 참조하라.)

가우스에서 끝나지 않고 새로운 접근법을 찾는 일은 계속되었다. 이차상호법칙에 대한 독창적인 증명을 발표한 잘 알려진 수학자들로는 코시(Cauchy), 데데킨트(Dedekind), 디리클레(Dirichlet), 크로네커(Kronecker), 아이젠슈타인(Eisenstein)이 있다. 1921년 한 번의 집계에 따르면 이차상호법칙에 대한 56가지 다른 증명이 있었고, 1963년 M.거스텐하버(M.Gerstenhaber)가 발표한 논문 [Ge63]에서는 이차상호법칙에 대한 152번째 증명을 제공했다. 2000년에 프란츠 렘머마이어(Franz Lemmermeyer)는 이차상호법칙에 대한 192개의 증명을 포괄적으로 정리한 목록을 작성하며, 각 증명의 연도, 증명자, 증명 방법을 기록했다. 렘머마이어는 이 목록을 `https://www.mathi.uni-heidelberg.de/~flemmermeyer/qrg_proofs.html`에서 현재까지도 유지하고 있다. 2022년 중반 기준으로 332개의 다른 증명이 목록에 포함되었다. 그는 새로운 증명을 이 목록에 추가할 뿐만 아니라, 간과된 오래된 증명도 추가했다. 그의 집계에 따르면 거스텐하버의 증명은 220번째이며, 지난 10년 동안 15개의 증명이 완료되었다. 매년 한 개의 새로운 증명이 계속해서 발견될지 지켜보는 것도 흥미로울 것이다. (목록에서 295번째 증명에 대한 개요는 연습문제 17을 참조하라.) 이차상호법칙의 많은 다른 증명 중 상당수는 유사하지만, 놀라운 다양한 접근법을 포괄하고 있다. 다양한 접근법에서 나온 아이디어는 유용한 결과를 가져올 수 있다. 예를 들어 가우스의 첫 번째 증명의 배후에 있는 아이디어는 175년 이상 수학자들에게 거의 관심을 받지 못했으나, 1970년대에 K-이론(K-theory)이라는 고급 대수학 분야의 계산에 사용되었다.

정리 12.7로 진술된 법칙과 그 증명은 오일러가 처음에 추측한 버전과 다르다. 오일러는 많은 특수한 경우의 계산을 기반으로 이 버전을 공식화했다. 이 버전은 다음과 같이 진술된다.

정리 12.8

홀수 소수 p와 p로 나눠지지 않는 정수 a에 대해 q가 $p \equiv \pm q \pmod{4a}$인 소수라면 $\left(\frac{a}{p}\right) = \left(\frac{a}{q}\right)$이다.

이 버전의 이차상호법칙은 르장드르 기호 $\left(\frac{a}{p}\right)$의 값이 법 $4a$로 p의 잉여류에만 의존하며, $\left(\frac{a}{p}\right)$의 값이 $4a$로 나눈 나머지가 r 또는 $4a - r$인 모든 소수 p에 대해 동일한 값을 갖는다는 것을 보여준다.

연습문제 10과 11에서 이 형태의 이차상호법칙이 정리 12.7의 형태와 동등함을 독자가 직접 보이도록 남겨둔다. 또한 연습문제 12에서는 가우스의 도움정리를 사용하여 이 형태의 이차상호법칙을 직접 증명하도록 요구한다.

이차상호법칙을 증명하기 전에, 그 결과와 르장드르 기호의 값을 구하는 방법에 대해 논의하자. 먼저 $(p-1)/2$는 $p \equiv 1 \pmod 4$일 때 짝수이고, $p \equiv 3 \pmod 4$일 때 홀수라는 것을 주목하자.

따라서 $\frac{p-1}{2}\cdot\frac{q-1}{2}$는 $p \equiv 1 \pmod 4$ 또는 $q \equiv 1 \pmod 4$일 때 짝수이고, $p \equiv q \equiv 3 \pmod 4$일 때 홀수이다. 따라서 다음을 얻는다.

$$\left(\frac{p}{q}\right)\left(\frac{q}{p}\right) = \begin{cases} 1, & p \equiv 1 \pmod 4 \text{ 또는 } q \equiv 1 \pmod 4\text{일 때} \\ -1, & p \equiv q \equiv 3 \pmod 4\text{일 때} \end{cases}$$

르장드르 기호 $\left(\frac{p}{q}\right)$와 $\left(\frac{q}{p}\right)$의 가능한 값은 ± 1뿐이므로 다음을 알 수 있다.

$$\left(\frac{p}{q}\right) = \begin{cases} \left(\frac{q}{p}\right), & p \equiv 1 \pmod 4 \text{ 또는 } q \equiv 1 \pmod 4\text{일 때} \\ -\left(\frac{q}{p}\right), & p \equiv q \equiv 3 \pmod 4\text{일 때} \end{cases}$$

즉 p와 q가 홀수 소수일 경우, p와 q가 둘 다 4로 나눈 나머지가 3인 경우를 제외하고는 $\left(\frac{p}{q}\right) = \left(\frac{q}{p}\right)$이다. 둘 다 4로 나눈 나머지가 3인 경우에는 $\left(\frac{p}{q}\right) = -\left(\frac{q}{p}\right)$가 된다.

예제 12.8

$p = 13$과 $q = 17$로 두자. $p \equiv q \equiv 1 \pmod 4$이므로 이차상호법칙에 따르면 $\left(\frac{13}{17}\right) = \left(\frac{17}{13}\right)$이다. 정리 12.4(i)에 따라 $\left(\frac{17}{13}\right) = \left(\frac{4}{13}\right)$임을 알 수 있고, 정리 12.4(iii)에 따르면 $\left(\frac{4}{13}\right) = \left(\frac{2^2}{13}\right) = 1$이다. 이 등식들을 결합하면 $\left(\frac{13}{17}\right) = 1$임을 결론지을 수 있다.

예제 12.9

$p = 7$과 $q = 19$로 두자. $p \equiv q \equiv 3 \pmod 4$이므로 이차상호법칙에 따라 $\left(\frac{7}{19}\right) = -\left(\frac{19}{7}\right)$임을 알 수 있다. 정리 12.4(i)에 따르면 $\left(\frac{19}{7}\right) = \left(\frac{5}{7}\right)$이다. 다시 이차상호법칙을 사용하면 $5 \equiv 1 \pmod 4$이고 $7 \equiv 3 \pmod 4$이므로, $\left(\frac{5}{7}\right) = \left(\frac{7}{5}\right)$이다. 정리 12.4(i)과 정리 12.6에 따르면 $\left(\frac{7}{5}\right) = \left(\frac{2}{5}\right) = -1$이다. 따라서 $\left(\frac{7}{19}\right) = 1$임을 알 수 있다.

이차상호법칙과 정리 12.4와 12.6을 사용하여 르장드르 기호의 값을 구할 수 있다. 불행히도 이를 위해 숫자를 자주 인수분해해야 한다.

예제 12.10

$\left(\frac{713}{1009}\right)$을 계산해보자(참고로 1009는 소수이다). $713 = 23 \cdot 31$로 인수분해되므로 정리 12.4(ii)에 따라 다음이 성립한다.

$$\left(\frac{713}{1009}\right) = \left(\frac{23\cdot 31}{1009}\right) = \left(\frac{23}{1009}\right)\left(\frac{31}{1009}\right)$$

우변의 두 르장드르 기호의 값을 구하기 위해 이차상호법칙을 사용하자. $1009 \equiv 1 \pmod 4$이므로,

$$\left(\frac{23}{1009}\right) = \left(\frac{1009}{23}\right), \quad \left(\frac{31}{1009}\right) = \left(\frac{1009}{31}\right)$$

임을 알 수 있다. 정리 12.4(i)을 사용하면,

$$\left(\frac{1009}{23}\right) = \left(\frac{20}{23}\right), \quad \left(\frac{1009}{31}\right) = \left(\frac{17}{31}\right)$$

이 되고, 정리 12.4(ii) 및 (iii)에 따르면,

$$\left(\frac{20}{23}\right) = \left(\frac{2^2 \cdot 5}{23}\right) = \left(\frac{2^2}{23}\right)\left(\frac{5}{23}\right) = \left(\frac{5}{23}\right)$$

임을 알 수 있다. 이차상호법칙, 정리 12.4(i), 정리 12.6에 따르면 다음과 같다.

$$\left(\frac{5}{23}\right) = \left(\frac{23}{5}\right) = \left(\frac{3}{5}\right) = \left(\frac{5}{3}\right) = \left(\frac{2}{3}\right) = -1$$

그러므로 $\left(\frac{23}{1009}\right) = -1$이 된다. 마찬가지로 이차상호법칙, 정리 12.4, 정리 12.6을 사용하여 다음을 계산할 수 있다.

$$\begin{aligned}\left(\frac{17}{31}\right) &= \left(\frac{31}{17}\right) = \left(\frac{14}{17}\right) = \left(\frac{2}{17}\right)\left(\frac{7}{17}\right) = \left(\frac{7}{17}\right) = \left(\frac{17}{7}\right) = \left(\frac{3}{7}\right)\\ &= -\left(\frac{7}{3}\right) = -\left(\frac{4}{3}\right) = -\left(\frac{2^2}{3}\right) = -1\end{aligned}$$

따라서 $\left(\frac{31}{1009}\right) = -1$이다.

결론적으로 $\left(\frac{713}{1009}\right) = (-1)(-1) = 1$이다.

12.2.1 이차상호법칙의 증명

다음은 아이젠슈타인(Max Eisenstein)이 처음 제시한 이차상호법칙에 대한 증명이다. 이 증명은 가우스가 제시한 세 번째 증명의 단순화된 버전이다. 아이젠슈타인의 다음과 같은 도움정리를 통해 이차상호법칙의 증명을 삼각형 내부의 격자점을 세는 문제로 간단히 줄일 수 있다.

도움정리 12.3

홀수 소수 p와 p로 나뉘지 않는 홀수 정수 a에 대해 다음 식이 성립한다.

$$\left(\frac{a}{p}\right) = (-1)^{T(a,p)}$$

여기서 $T(a,p)$는 다음과 같다.

$$T(a,p) = \sum_{j=1}^{(p-1)/2} [ja/p]$$

증명

양수 $a, 2a, \ldots, ((p-1)/2)a$의 최소양잉여를 고려하자. 이 중 $p/2$보다 큰 것들을 $u_1, u_2, \ldots, u_s$라 하고, $p/2$보다 작은 것들을 $v_1, v_2, \ldots, v_t$라고 하자. 나눗셈 알고리즘에 따르면 다음이 성립한다.

$$ja = p[ja/p] + \text{ 나머지}$$

여기서 나머지는 u_j 또는 v_j 중 하나이다. 이러한 형태의 등식을 $(\frac{p-1}{2})$개 더하면 다음을 얻게 된다.

$$\sum_{j=1}^{(p-1)/2} ja = \sum_{j=1}^{(p-1)/2} p[ja/p] + \sum_{j=1}^{s} u_j + \sum_{j=1}^{t} v_j \tag{12.4}$$

가우스의 도움정리의 증명에서 보인 바와 같이 정수 $p-u_1, \ldots, p-u_s, v_1, \ldots, v_t$는 정확한 순서로 정수 $1, 2, \ldots, (p-1)/2$과 같다. 따라서 이 모든 정수들을 더하면 다음을 얻게 된다.

$$\sum_{j=1}^{(p-1)/2} j = \sum_{j=1}^{s}(p-u_j) + \sum_{j=1}^{t} v_j = ps - \sum_{j=1}^{s} u_j + \sum_{j=1}^{t} v_j \tag{12.5}$$

식 (12.5)를 식 (12.4)에서 빼면 다음과 같다.

$$\sum_{j=1}^{(p-1)/2} ja - \sum_{j=1}^{(p-1)/2} j = \sum_{j=1}^{(p-1)/2} p[ja/p] - ps + 2\sum_{j=1}^{s} u_j$$

또는 동등하게 $T(a,p) = \displaystyle\sum_{j=1}^{(p-1)/2} [ja/p]$이므로 다음 식을 얻는다.

$$(a-1)\sum_{j=1}^{(p-1)/2} j = pT(a,p) - ps + 2\sum_{j=1}^{s} u_j$$

마지막 식을 법 2로 축소시키면 a와 p가 홀수이므로 다음 식을 얻는다.

$$0 \equiv T(a,p) - s \pmod 2$$

따라서 다음이 성립한다.

$$T(a,p) \equiv s \pmod 2$$

증명을 마치기 위해 가우스의 도움정리를 적용하면 다음과 같다.

$$\left(\frac{a}{p}\right) = (-1)^s$$

$(-1)^s = (-1)^{T(a,p)}$ 이므로 다음을 알 수 있다.

$$\left(\frac{a}{p}\right) = (-1)^{T(a,p)}$$

도움정리 12.3은 주로 이차상호법칙의 증명 도구로 사용되지만, 르장드르 기호의 값을 구하는 데도 사용할 수 있다.

예제 12.11

도움정리 12.3을 사용하여 $\left(\frac{7}{11}\right)$의 값을 구하기 위해 다음 합을 계산해보자.

$$\sum_{j=1}^{5}[7j/11] = [7/11] + [14/11] + [21/11] + [28/11] + [35/11]$$
$$= 0 + 1 + 1 + 2 + 3 = 7$$

따라서 $\left(\frac{7}{11}\right) = (-1)^7 = -1$이다.

마찬가지로 $\left(\frac{11}{7}\right)$을 구하기 위해 다음 합을 계산해보자.

$$\sum_{j=1}^{3}[11j/7] = [11/7] + [22/7] + [33/7] = 1 + 3 + 4 = 8$$

따라서 $\left(\frac{11}{7}\right) = (-1)^8 = 1$이다.

이차상호법칙의 증명을 제시하기 전에 다음 예제를 사용하여 증명 방법을 설명한다. $p = 7$과 $q = 11$인 경우에 $1 \le x \le (7-1)/2 = 3$ 및 $1 \le y \le (11-1)/2 = 5$를 만족하는 정수 쌍 (x, y)을 고려하자. 그러한 쌍은 총 15개가 있다. 이러한 쌍 중 어느 것도 $11x = 7y$를 만족하지 않는다. 왜냐하면 $11x = 7y$라는 등식은 $11 \mid 7y$를 의미하고, 이는 $11 \mid 7$이거나 $11 \mid y$이어야 하지만, 전자는 불합리하고 후자는 $1 \le y \le 5$이므로 불가능하다.

이 15개의 쌍을 $11x$와 $7y$의 상대적 크기에 따라 두 그룹으로 나눈다. 이는 그림 12.1에 나와 있다.

$1 \le x \le 3$, $1 \le y \le 5$, $11x > 7y$를 만족하고 정수 쌍은 정확히 $1 \le x \le 3$과 $1 \le y \le 11x/7$을 만족하는 쌍이다. $1 \le x \le 3$인 고정된 정수 x에 대해 y의 허용 가능한 값은 $[11x/7]$개이다. 따라서 $1 \le x \le 3$, $1 \le y \le 5$, $11x > 7y$를 만족하는 쌍의 총 개수는 다음과 같다.

$$\sum_{j=1}^{3}[11j/7] = [11/7] + [22/7] + [33/7] = 1 + 3 + 4 = 8$$

여기서 이 8개의 쌍은 $(1,1), (2,1), (2,2), (2,3), (3,1), (3,2), (3,3), (3,4)$이다.

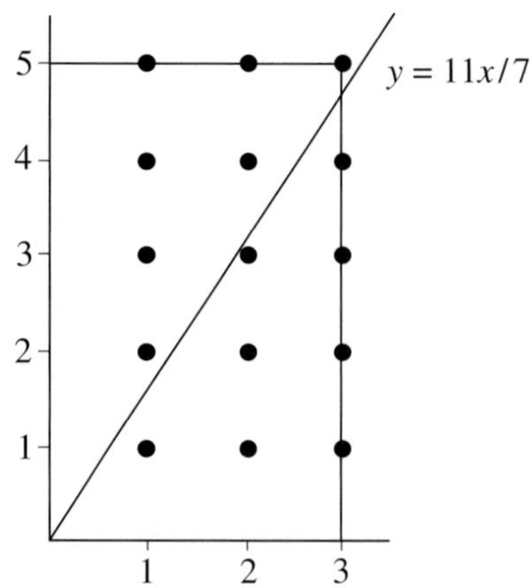

그림 12.1: $\left(\frac{7}{11}\right)\left(\frac{11}{7}\right)$을 결정하기 위한 격자점 세기

정수 쌍 (x, y)로 $1 \le x \le 3$, $1 \le y \le 5$, $11x < 7y$를 만족하는 쌍들은 $1 \le y \le 5$와 $1 \le x \le \frac{7y}{11}$를 만족하는 쌍들이다. 각 정수 $y(1 \le y \le 5)$에 대해 x의 가능한 값은 총 $\left[\frac{7y}{11}\right]$개가 있다. 따라서 $1 \le x \le 3$, $1 \le y \le 5$, $11x < 7y$를 만족하는 쌍들의 총 수는 다음과 같다.

$$\begin{aligned}\sum_{j=1}^{5}\left[\frac{7j}{11}\right] &= \left[\frac{7}{11}\right] + \left[\frac{14}{11}\right] + \left[\frac{21}{11}\right] + \left[\frac{28}{11}\right] + \left[\frac{35}{11}\right] \\ &= 0 + 1 + 1 + 2 + 3 = 7\end{aligned}$$

이 일곱 쌍은 $(1,2), (1,3), (1,4), (1,5), (2,4), (2,5), (3,5)$이다.

결과적으로 다음을 알 수 있다.

$$\frac{11-1}{2} \cdot \frac{7-1}{2} = 5 \cdot 3 = 15 = \sum_{j=1}^{3}[11j/7] + \sum_{j=1}^{5}[7j/11] = 8 + 7$$

따라서 다음과 같다.

$$\begin{aligned}(-1)^{\frac{11-1}{2}\cdot\frac{7-1}{2}} &= (-1)^{\sum_{j=1}^{3}\left[\frac{11j}{7}\right] + \sum_{j=1}^{5}\left[\frac{7j}{11}\right]} \\ &= (-1)^{\sum_{j=1}^{3}\left[\frac{11j}{7}\right]}(-1)^{\sum_{j=1}^{5}\left[\frac{7j}{11}\right]}\end{aligned}$$

도움정리 12.3에 따르면 $\left(\frac{11}{7}\right) = (-1)^{\sum_{j=1}^{3}\left[\frac{11j}{7}\right]}$이고 $\left(\frac{7}{11}\right) = (-1)^{\sum_{j=1}^{5}\left[\frac{7j}{11}\right]}$이므로 $\left(\frac{7}{11}\right)\left(\frac{11}{7}\right) = (-1)^{\frac{7-1}{2}\cdot\frac{11-1}{2}}$이 된다.

이는 $p = 7$, $q = 11$에 대해 이차상호법칙이 성립함을 보인다. 이제 예제에서 설명한 아이디어를 사용하여 이차상호법칙을 증명하자.

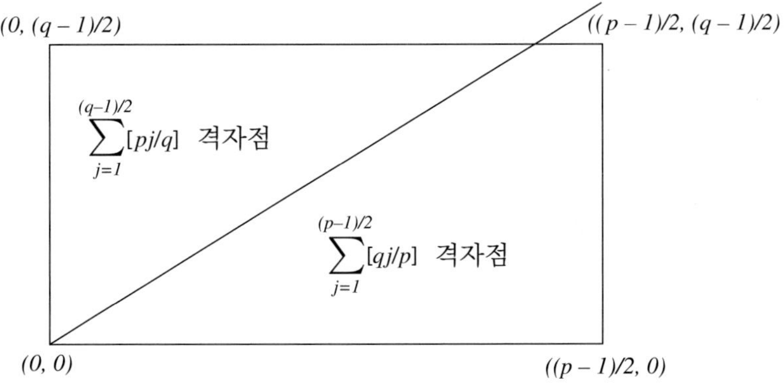

그림 12.2: $\left(\frac{p}{q}\right)\left(\frac{q}{p}\right)$를 결정하기 위한 격자점 세기

증명 12.7

$1 \leq x \leq (p-1)/2$, $1 \leq y \leq (q-1)/2$을 만족하는 정수 쌍 (x, y)를 고려하자. 이러한 쌍은 $\frac{p-1}{2} \cdot \frac{q-1}{2}$개 있다. 이 쌍들을 그림 12.2에 있는 것처럼 qx와 py의 상대적인 크기에 따라 두 그룹으로 나누자.

먼저, 이 쌍들에 대해 $qx \neq py$인 것을 알 수 있다. 만약 $qx = py$라면 $q \mid py$가 되어 $q \mid p$ 또는 $q \mid y$가 되어야 한다. 그러나 q와 p는 서로 다른 소수이므로 $q \nmid p$이고, $1 \leq y \leq (q-1)/2$이므로 $q \nmid y$임을 알 수 있다.

우선 $1 \leq x \leq (p-1)/2$, $1 \leq y \leq (q-1)/2$, $qx > py$를 만족하는 정수 쌍 (x, y)를 세기 위해 이러한 쌍들은 $1 \leq x \leq (p-1)/2$, $1 \leq y \leq \frac{qx}{p}$를 만족하는 정수 쌍들과 같음을 주목하자. 각 정수 $x(1 \leq x \leq (p-1)/2)$에 대해 $1 \leq y \leq \frac{qx}{p}$를 만족하는 정수는 $[\frac{qx}{p}]$개 있다. 따라서 $1 \leq x \leq (p-1)/2$, $1 \leq y \leq (q-1)/2$, $qx > py$를 만족하는 정수 쌍의 총 개수는 $\sum_{j=1}^{(p-1)/2}\left[\frac{qj}{p}\right]$와 같다.

다음으로 $1 \leq x \leq (p-1)/2$, $1 \leq y \leq (q-1)/2$, $qx < py$를 만족하는 정수 쌍 (x, y)는 정확히 $1 \leq y \leq (q-1)/2$, $1 \leq x \leq py/q$를 만족하는 정수 쌍 (x, y)와 일치한다. 따라서 각 정수 $y(1 \leq y \leq (q-1)/2)$에 대해 $1 \leq x \leq py/q$를 만족하는 정수 x는 정확히 $[py/q]$개가 있다. 이는 $1 \leq x \leq (p-1)/2$, $1 \leq y \leq (q-1)/2$, $qx < py$를 만족하는 정수 쌍 (x, y)의 총 개수가 $\sum_{j=1}^{(q-1)/2}[pj/q]$임을 보여준다.

위에서 계산한 두 부류의 정수 쌍들의 개수를 더하고, 그러한 쌍들의 총 개수가 $\frac{p-1}{2} \cdot \frac{q-1}{2}$임을 기억하면 다음이 성립함을 알 수 있다.

$$\sum_{j=1}^{(p-1)/2}[qj/p] + \sum_{j=1}^{(q-1)/2}[pj/q] = \frac{p-1}{2}\cdot\frac{q-1}{2}$$

또는 도움정리 12.3의 표기를 사용하면 다음을 얻는다.

$$T(q,p) + T(p,q) = \frac{p-1}{2}\cdot\frac{q-1}{2}$$

따라서 다음 식이 성립한다.

$$(-1)^{T(q,p)+T(p,q)} = (-1)^{T(q,p)}(-1)^{T(p,q)} = (-1)^{\frac{p-1}{2}\cdot\frac{q-1}{2}}$$

도움정리 12.3은 $(-1)^{T(q,p)} = \left(\frac{q}{p}\right)$와 $(-1)^{T(p,q)} = \left(\frac{p}{q}\right)$임을 말해준다. 따라서 다음이 성립한다.

$$\left(\frac{p}{q}\right)\left(\frac{q}{p}\right) = (-1)^{\frac{p-1}{2}\cdot\frac{q-1}{2}}$$

이것으로서 이차상호법칙의 증명이 완료된다.

이차상호법칙은 많은 응용이 있다. 한 가지 용도는 다음과 같은 페르마수의 소수 판정법의 유효성을 증명하는 것이다.

정리 12.9 페펭 판정법

페르마수 $F_m = 2^{2^m} + 1$가 소수일 필요충분조건은 다음과 같다.

$$3^{(F_m-1)/2} \equiv -1 \pmod{F_m}$$

증명 12.9

먼저 정리의 조건에 나와 있는 합동식이 성립하면 F_m이 소수임을 보이자. 다음 식을 가정하자.

$$3^{(F_m-1)/2} \equiv -1 \pmod{F_m}$$

이 양변을 제곱하면 다음을 얻는다.

$$3^{F_m-1} \equiv 1 \pmod{F_m}$$

이 합동식을 이용하여 p가 F_m을 나누는 소수라면 다음이 성립한다.

$$3^{F_m-1} \equiv 1 \pmod{p}$$

그러므로 다음을 알 수 있다.

$$\mathrm{ord}_p 3 \mid (F_m - 1) = 2^{2^m}$$

결과적으로 $\mathrm{ord}_p 3$는 2의 거듭제곱이어야 한다. 하지만 다음 식이 성립한다.

$$\mathrm{ord}_p 3 \nmid 2^{2^m-1} = (F_m - 1)/2$$

왜냐하면 $3^{(F_m-1)/2} \equiv -1 \pmod{F_m}$이기 때문이다. 따라서 유일한 가능성은 $\mathrm{ord}_p 3 = 2^{2^m} = F_m - 1$이다. 왜냐하면 $\mathrm{ord}_p 3 = F_m - 1 \le p - 1$이고 $p \mid F_m$이기 때문이다. 따라서 $p = F_m$이고, 결과적으로 F_m은 소수여야 한다.

역으로 양의 정수 m에 대해 $F_m = 2^{2^m} + 1$이 소수라면 이차상호법칙에 의해 다음을 얻는다.

$$\left(\frac{3}{F_m}\right) = \left(\frac{F_m}{3}\right) = \left(\frac{2}{3}\right) = -1 \tag{12.6}$$

왜냐하면 $F_m \equiv 1 \pmod{4}$이고 $F_m \equiv 2 \pmod{3}$이기 때문이다.

이제 오일러 판정법에 의해 다음이 성립한다.

$$\left(\frac{3}{F_m}\right) \equiv 3^{(F_m-1)/2} \pmod{F_m} \tag{12.7}$$

$\left(\frac{3}{F_m}\right)$를 포함한 두 개의 방정식, 식 (12.6)과 (12.7)에 의해 다음과 같이 결론지을 수 있다.

$$3^{(F_m-1)/2} \equiv -1 \pmod{F_m}$$

이것으로 증명이 끝난다.

예제 12.12

$m = 2$라고 하면 $F_2 = 2^{2^2} + 1 = 17$이고 다음과 같다.

$$3^{(F_2-1)/2} = 3^8 \equiv -1 \pmod{17}$$

페팽 판정법에 의해 $F_2 = 17$이 소수임을 알 수 있다.

$m = 5$라고 하면 $F_5 = 2^{2^5} + 1 = 2^{32} + 1 = 4{,}294{,}967{,}297$이고 다음과 같음에 주목하자.

$$3^{(F_5-1)/2} = 3^{2^{31}} = 3^{2{,}146{,}483{,}648} \equiv 10{,}324{,}303 \not\equiv -1 \pmod{4{,}294{,}967{,}297}$$

따라서 페팽 판정법에 의해 F_5는 합성수임을 알 수 있다.

12.2 연습문제

1. 다음 르장드르 기호의 값을 구하라.

   a) $\left(\frac{3}{53}\right)$　　c) $\left(\frac{15}{101}\right)$　　e) $\left(\frac{111}{991}\right)$

   b) $\left(\frac{7}{79}\right)$　　d) $\left(\frac{31}{641}\right)$　　f) $\left(\frac{105}{1009}\right)$

2. 이차상호법칙을 사용하여 p가 홀수 소수일 때 다음이 성립함을 보여라.

$$\left(\frac{3}{p}\right) = \begin{cases} 1, & p \equiv \pm 1 \pmod{12}\text{일 때} \\ -1, & p \equiv \pm 5 \pmod{12}\text{일 때} \end{cases}$$

3. 이차상호법칙을 사용하여 p가 홀수 소수일 때 다음이 성립함을 보여라.

$$\left(\frac{-3}{p}\right) = \begin{cases} 1, & p \equiv 1 \pmod{6}\text{일 때} \\ -1, & p \equiv -1 \pmod{6}\text{일 때} \end{cases}$$

4. 5가 이차잉여인 모든 소수를 결정하는 합동식을 찾아라.

5. 7이 이차잉여인 모든 소수를 결정하는 합동식을 찾아라.

6. k가 양의 정수일 때 $5k+4$의 형태를 갖는 소수가 무한히 많음을 보여라. (힌트: n을 양의 정수로 두고 $Q = 5(n!)^2 - 1$로 두자. Q는 n보다 큰 $5k+4$ 형태의 소인수를 갖는다는 것을 보여라. p가 Q를 나누는 소수라면 이차상호법칙을 사용하여 $\left(\frac{p}{5}\right) = 1$임을 보여라.)

7. 페팽 판정법을 사용하여 다음 페르마수들이 소수임을 보여라.

   a) $F_1 = 5$　　b) $F_3 = 257$　　c) $F_4 = 65{,}537$

*8. 페팽 판정법을 사용하여 3이 모든 페르마 소수의 원시근임을 결론지어라.

*9. 이 연습문제에서는 이차상호법칙에 대한 또 다른 증명을 제공한다. p와 q를 서로 다른 홀수 소수로 두자. 그림에 있는 것과 같이 $\mathbf{R}$은 꼭짓점 $\mathbf{O} = (0,0)$, $\mathbf{A} = (p/2, 0)$, $\mathbf{B} = (q/2, 0)$, $\mathbf{C} = (p/2, q/2)$를 갖는 직사각형의 내부로 하자.

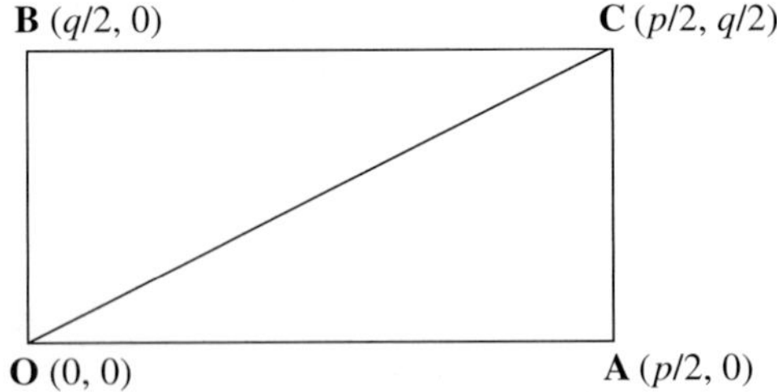

   a) 직사각형 $\mathbf{R}$ 내부의 격자점의 개수가 $\frac{p-1}{2} \cdot \frac{q-1}{2}$임을 보여라.

   b) $\mathbf{O}$와 $\mathbf{C}$를 연결하는 대각선 상에는 격자점이 없음을 보여라.

   c) 꼭짓점 $\mathbf{O}$, $\mathbf{A}$, $\mathbf{C}$를 갖는 삼각형 내의 격자점의 개수가 $\sum_{j=1}^{(p-1)/2} \left[\frac{jq}{p}\right]$임을 보여라.

d) 꼭짓점 **O**, **B**, **C**를 갖는 삼각형 내의 격자점의 개수가 $\sum_{j=1}^{(q-1)/2} \left[\frac{jp}{q}\right]$임을 보여라.

e) (a), (b), (c), (d)로부터 다음을 결론지어라.

$$\sum_{j=1}^{(p-1)/2} [jq/p] + \sum_{j=1}^{(q-1)/2} [jp/q] = \frac{p-1}{2} \cdot \frac{q-1}{2}$$

이 등식과 도움정리 12.3을 사용하여 이차상호법칙을 유도하라.

연습문제 10과 11은 오일러의 이차상호법칙(정리 12.8)과 정리 12.7에서 주어진 형태가 동등함을 보이는 문제이다.

10. 오일러의 이차상호법칙(정리 12.8)이 정리 12.7에서 명시된 이차상호법칙을 함의함을 보여라. (힌트: $p \equiv q \pmod 4$인 경우와 $p \not\equiv q \pmod 4$인 경우를 각각 고려하라.)

11. 정리 12.7에서 명시된 이차상호법칙이 오일러의 이차상호법칙(정리 12.8)을 함의함을 보여라. (힌트: 먼저 $a = 2$인 경우와 a가 홀수 소수인 경우를 고려하라. 그런 다음 a가 합성수인 경우를 고려하라.)

12. 가우스의 도움정리를 사용하여 오일러의 이차상호법칙(정리 12.8)을 증명하라. (힌트: $\left(\frac{a}{p}\right)$의 값을 구하기 위해 $t = 1, 2, \ldots, 2u-1$에 대해 $(2t-1)\frac{p}{2a} \leq k \leq t\frac{p}{a}$를 만족하는 정수 k의 개수의 홀짝성만 찾으면 된다는 것을 보여라. 여기서 a가 짝수이면 $u = \frac{a}{2}$이고 a가 홀수이면 $u = \frac{a-1}{2}$이다. 그런 다음 $p = 4am + r$이고 $0 < r < 4a$인 경우를 고려하여, 나열된 부등식 중 하나를 만족하는 정수 k의 개수를 찾는 것이 $(2t-1)\frac{r}{2a} \leq k \leq t\frac{r}{a}$를 만족하는 정수의 개수를 찾는 것과 같다는 것을 보여라. 이 개수는 r에만 의존한다. 그런 다음 r을 $4a - r$로 대체하여 마지막 단계를 반복하라.)

연습문제 13에서는 아이젠슈타인에 의해 개발된 이차상호법칙의 증명을 완성할 것이다. 이 증명은 복소수에 대한 친숙함을 필요로 한다.

13. 양의 정수 n에 대해 복소수 ζ가 $\zeta^n = 1$을 만족하면 단위원의 n제곱근이라고 부르고, $\zeta^n = 1$인 가장 작은 양의 정수가 n인 경우 ζ를 단위원의 원시 n제곱근이라고 부른다. 이때 $e^{2\pi i} = 1$임을 기억하자.

    a) 모든 정수 $k(0 \leq k \leq n-1)$에 대해 $e^{(2\pi i/n)k}$가 단위원의 n제곱근임을 보이고, 그것이 단위원의 원시 n제곱근일 필요충분조건은 $(k, n) = 1$임을 보여라.

    b) ζ가 단위원의 n제곱근이고 $m \equiv \ell \pmod n$이면 $\zeta^m = \zeta^\ell$임을 보여라. 더 나아가 ζ가 단위원의 원시 n제곱근이고 $\zeta^m = \zeta^\ell$이면 $m \equiv \ell \pmod n$임을 보여라.

    c) $f(z) = e^{2\pi iz} - e^{-2\pi iz} = 2i\sin(2\pi z)$로 정의하자. $f(z+1) = f(z)$와 $f(-z) = -f(z)$이며 $f(z)$의 유일한 실근은 정수 $n/2$임을 보여라.

    d) 양의 정수 n에 대해 $x^n - y^n = \prod_{k=0}^{n-1}(\zeta^k x - \zeta^{-k} y)$임을 보여라. 여기서 $\zeta = e^{2\pi i/n}$이다.

e) n이 홀수이고 $f(z)$가 (c)에서 정의된 것과 같다면 다음과 같음을 보여라.

$$\frac{f(nz)}{f(z)} = \prod_{k=1}^{(n-1)/2} f\left(z + \frac{k}{n}\right) f\left(z - \frac{k}{n}\right)$$

f) p가 홀수 소수이고 a가 p와 서로소인 정수라면 다음과 같음을 보여라.

$$\prod_{\ell=1}^{(p-1)/2} f\left(\frac{\ell a}{p}\right) = \left(\frac{a}{p}\right) \prod_{\ell=1}^{(p-1)/2} f\left(\frac{\ell}{p}\right)$$

g) 다음 식을 보이는 것으로 시작하고,

$$\prod_{\ell=1}^{(p-1)/2} f\left(\frac{\ell q}{p}\right) = \left(\frac{q}{p}\right) \prod_{\ell=1}^{(p-1)/2} f\left(\frac{\ell}{p}\right)$$

(e)와 (f)를 사용하여 이차상호법칙을 증명하라. (힌트: $f\left(\frac{\ell q}{p}\right)/f\left(\frac{\ell}{p}\right)$에 대한 공식을 얻기 위해 (e)를 사용하라.)

14. p가 $\left(\frac{n}{p}\right) = -1$인 홀수 소수이고, $n = k2^m + 1$이며 $k < 2^m$인 정수 k와 m이 있다고 가정하자. n이 소수일 필요충분조건이 $p^{(n-1)/2} \equiv -1 \pmod{n}$임을 보여라. (힌트: 필요조건을 보이기 위해 10.5절의 프로트 정리를 사용하고, 충분조건을 보이기 위해 오일러 판정법과 이차상호법칙을 사용하라.)

15. 정수 $p = 1 + 8 \cdot 3 \cdot 5 \cdot 7 \cdot 11 \cdot 13 \cdot 17 \cdot 19 \cdot 23 = 892{,}371{,}481$은 소수이다(독자는 계산 소프트웨어를 사용하여 이를 검증할 수 있다). 23 이하의 모든 소수 q에 대해 $\left(\frac{q}{p}\right) = 1$임을 보여라. 29 미만의 이차비잉여가 없으며, 29 미만의 p의 원시근이 없음을 결론지어라. (이 사실은 다음 연습문제에서 확립된 결과의 특수한 경우이다.)

16. 이 연습문제에서는 주어진 정수 M에 대해 $M < r_p < p - M$인 무한히 많은 소수 p가 존재함을 보일 것이다. 여기서 r_p는 p의 최소 원시근이다.

a) $q_1 = 2, q_2 = 3, q_3 = 5, \ldots, q_n$을 M을 초과하지 않는 모든 소수라고 놓자. 등차수열에서 소수에 관한 디리클레 정리를 사용하여 r이 양의 정수일 때 $p = 1 + 8q_1q_2\cdots q_nr$인 소수가 있음을 보여라. 또한 $\left(\frac{-1}{p}\right) = 1$, $\left(\frac{2}{p}\right) = 1$, $\left(\frac{q_i}{p}\right) = 1$이 $i = 2, 3, \ldots, n$에 대해 성립함을 보여라.

b) 임의의 정수 t에 대해 $-M \le t + kp \le M$인 모든 정수 $t + kp$는 p의 이차잉여이다. 따라서 p의 원시근이 아님을 도출하라. 이것으로부터 주어진 정수 M에 대해 $M < r_p < p - M$인 무한히 많은 소수 p가 존재함을 보여라.

*17. 새로운 이차상호법칙의 증명은 놀랍도록 자주 발견된다. 이번 연습문제에서는 Kim의 [Ki04]에 의해 발견된 이차상호법칙의 증명 단계를 채워넣을 것이다. 이 증명은 2022년 중반 기준으로 Franz

Lemmermeyer에 의해 295번째 이차상호법칙의 증명으로 기록되었다. 증명을 설정하기 위해 p와 q를 서로 다른 홀수 소수로 하고, R을 $1 \le a \le \frac{pq-1}{2}$이며 $(a, pq) = 1$인 정수 a의 집합으로, S를 $1 \le a \le \frac{pq-1}{2}$이며 $(a, p) = 1$인 정수 a의 집합으로, T를 $q \cdot 1, q \cdot 2, \ldots, q \cdot \frac{p-1}{2}$로 이루어진 집합으로 놓자. 마지막으로 $A = \prod_{a \in R} a$라고 두자.

a) T가 S의 부분집합이고 $R = S - T$임을 보여라.

b) (a)와 오일러 판정법을 사용하여 $A \equiv (-1)^{\frac{q-1}{2}} \left(\frac{q}{p}\right) \pmod p$임을 보여라.

c) (a)와 (b)에서 p와 q의 역할을 바꾸어 $A \equiv (-1)^{\frac{p-1}{2}} \left(\frac{p}{q}\right) \pmod q$임을 보여라.

d) (b)와 (c)를 사용하여 $A \equiv \pm 1 \pmod{pq}$일 필요충분조건은 $(-1)^{\frac{q-1}{2}} \left(\frac{q}{p}\right) = (-1)^{\frac{p-1}{2}} \left(\frac{p}{q}\right)$임을 보여라.

e) $A \equiv 1$ 또는 $-1 \pmod{pq}$일 필요충분조건은 $p \equiv q \equiv 1 \pmod 4$임을 보여라. (힌트: 먼저 $A \equiv \pm \prod_{a \in U} a \pmod{pq}$를 보여라. 여기서 $U = \{a \in R \mid a^2 \equiv \pm 1 \pmod{pq}\}$이다. R의 원소들을 짝지어 그들의 곱이 1 또는 -1인 것을 고려하라. 그런 다음 각 합동식 $a^2 \equiv 1 \pmod{pq}$와 $a^2 \equiv -1 \pmod{pq}$의 해를 고려하라.)

f) (d)와 (e)로부터 $(-1)^{\frac{q-1}{2}} \left(\frac{q}{p}\right) = (-1)^{\frac{p-1}{2}} \left(\frac{p}{q}\right)$임을 결론지어라. 이 합동식으로부터 이차상호법칙을 도출하라.

계산과 탐구

1. 페팽 판벙법을 사용하여 페르마수 F_6, F_7, F_8이 모두 합성수임을 보여라. 더 나아갈 수 있는가?

프로그래밍 프로젝트

1. 이차상호법칙을 사용하여 르장드르 기호의 값을 구하라.
2. 양의 정수 n이 주어졌을 때 페팽 판정법을 사용하여 n번째 페르마수 F_n이 소수인지 여부를 결정하라.

12.3 야코비 기호

이 절에서는 독일 수학자 야코비(Carl Jacobi)의 이름을 따서 명명된 야코비 기호를 정의한다. 야코비 기호는 이전 두 절에서 연구한 르장드르 기호의 일반화이다. 야코비 기호는 모든 서로소인 홀수 정수 쌍에 대해 동일한 상호법칙을 가지며, 이 상호법칙은 서로 다른 홀수 소수 쌍에 대해 이차상호법칙으로 환원된다. 또한 야코비 기호에 대한 상호법칙이 이차상호법칙과 달리 르장드르 기호의 값을 효율적으로 구하는 데 어떻게 사용될 수 있는지 보인다. 야코비 기호는 또 다른 유형의 유사소수인 오일러 유사소수를 정의하는 데 사용된다.

정의 12.3

홀수 양의 정수 n의 소인수분해가 $n = p_1^{t_1} p_2^{t_2} \cdots p_m^{t_m}$이고 a가 정수일 때, **야코비 기호**(Jacobi symbol) $\left(\frac{a}{n}\right)$는 다음과 같이 정의된다.

$$\left(\frac{a}{n}\right) = \left(\frac{a}{p_1^{t_1} p_2^{t_2} \cdots p_m^{t_m}}\right) = \left(\frac{a}{p_1}\right)^{t_1} \left(\frac{a}{p_2}\right)^{t_2} \cdots \left(\frac{a}{p_m}\right)^{t_m}$$

여기서 등식의 오른쪽에 있는 기호는 르장드르 기호이다.

$(a, n) = 1$일 때 야코비 기호 $\left(\frac{a}{n}\right) = \pm 1$이다. 이는 정의에 사용된 모든 르장드르 기호가 ± 1이기 때문이다. 그러나 $(a, n) \neq 1$일 때 $\left(\frac{a}{n}\right) = 0$이다. 이를 증명하기 위해서는 $(a, n) \neq 1$이면 a와 n 둘 다 나누는 소수 p가 존재해야 한다는 점을 생각해보자. 이는 르장드르 기호 $\left(\frac{a}{p}\right)$가 정의상 0이 됨을 의미하며, 이는 $\left(\frac{a}{n}\right)$의 정의에 포함된다.

예제 12.13

야코비 기호의 정의에서 다음을 확인할 수 있다.

$$\begin{aligned}
\left(\frac{2}{45}\right) &= \left(\frac{2}{3^2 \cdot 5}\right) = \left(\frac{2}{3}\right)^2 \left(\frac{2}{5}\right) = (-1)^2(-1) = -1 \\
\left(\frac{109}{385}\right) &= \left(\frac{109}{5 \cdot 7 \cdot 11}\right) = \left(\frac{109}{5}\right)\left(\frac{109}{7}\right)\left(\frac{109}{11}\right) = \left(\frac{4}{5}\right)\left(\frac{4}{7}\right)\left(\frac{10}{11}\right) \\
&= \left(\frac{2}{5}\right)^2 \left(\frac{2}{7}\right)^2 \left(\frac{-1}{11}\right) = (-1)^2 1^2 (-1) = -1
\end{aligned}$$

n이 소수일 때 야코비 기호는 르장드르 기호와 동일하다. 그러나 n이 합성수일 때 야코비 기호 $\left(\frac{a}{n}\right)$의 값은 $x^2 \equiv a \pmod{n}$의 해의 존재 여부를 알려주지 않는다. 하지만 만약 $x^2 \equiv a \pmod{n}$에 해가 존재한다면 $\left(\frac{a}{n}\right) = 1$이 성립한다. 이를 증명하기 위해 p가 n의 소인수일 때 $x^2 \equiv a \pmod{n}$의 해가 존재하면, $x^2 \equiv a \pmod{p}$도 해가 존재한다는 점을 생각해보자. 따라서 $\left(\frac{a}{p}\right) = 1$이다. 결과적으로 $\left(\frac{a}{n}\right) = \prod_{j=1}^{m} \left(\frac{a}{p_j}\right)^{t_j} = 1$이 된다. 여기서 n의 소인수분해는 $n = p_1^{t_1} p_2^{t_2} \cdots p_m^{t_m}$이다.

$\left(\frac{a}{n}\right) = 1$이면서 $x^2 \equiv a \pmod{n}$에 해가 존재하지 않는 경우가 가능한지를 알아보자. 예를 들어 $a = 2$이고 $n = 15$인 경우를 생각해보자. $\left(\frac{2}{15}\right) = \left(\frac{2}{3}\right)\left(\frac{2}{5}\right) = (-1)(-1) = 1$이다. 그러나 $x^2 \equiv 2 \pmod{15}$의 해는 존재하지 않는다. 이는 $x^2 \equiv 2 \pmod{3}$과 $x^2 \equiv 2 \pmod{5}$의 해가 존재하지 않기 때문이다.

12.3.1 야코비 기호의 성질

이제 야코비 기호가 르장드르 기호와 유사한 몇 가지 성질을 가지고 있음을 보이자.

정리 12.10

n이 홀수 양의 정수이고 a와 b가 n과 서로소인 정수일 때, 다음이 성립한다.

(i) $a \equiv b \pmod{n}$이면 $\left(\frac{a}{n}\right) = \left(\frac{b}{n}\right)$이다.

(ii) $\left(\frac{ab}{n}\right) = \left(\frac{a}{n}\right)\left(\frac{b}{n}\right)$

(iii) $\left(\frac{-1}{n}\right) = (-1)^{(n-1)/2}$

(iv) $\left(\frac{2}{n}\right) = (-1)^{(n^2-1)/8}$

증명 12.10

(i) n의 소인수분해가 $n = p_1^{t_1} p_2^{t_2} \cdots p_m^{t_m}$라고 하자. 만약 p가 n을 나누는 소수라면 $a \equiv b \pmod{p}$이다. 따라서 정리 12.4(i)에 의해 $\left(\frac{a}{p}\right) = \left(\frac{b}{p}\right)$이다. 그 결과 다음과 같음을 알 수 있다.

$$\left(\frac{a}{n}\right) = \left(\frac{a}{p_1}\right)^{t_1}\left(\frac{a}{p_2}\right)^{t_2}\cdots\left(\frac{a}{p_m}\right)^{t_m} = \left(\frac{b}{p_1}\right)^{t_1}\left(\frac{b}{p_2}\right)^{t_2}\cdots\left(\frac{b}{p_m}\right)^{t_m} = \left(\frac{b}{n}\right)$$

(ii) 정리 12.4(ii)에 의해 $\left(\frac{ab}{p_i}\right) = \left(\frac{a}{p_i}\right)\left(\frac{b}{p_i}\right)$이 $i = 1, 2, \ldots, m$에 대해 성립함을 안다. 따라서 다음과 같음을 알 수 있다.

$$\begin{aligned}\left(\frac{ab}{n}\right) &= \left(\frac{ab}{p_1}\right)^{t_1}\left(\frac{ab}{p_2}\right)^{t_2}\cdots\left(\frac{ab}{p_m}\right)^{t_m}\\ &= \left(\frac{a}{p_1}\right)^{t_1}\left(\frac{b}{p_1}\right)^{t_1}\left(\frac{a}{p_2}\right)^{t_2}\left(\frac{b}{p_2}\right)^{t_2}\cdots\left(\frac{a}{p_m}\right)^{t_m}\left(\frac{b}{p_m}\right)^{t_m}\\ &= \left(\frac{a}{n}\right)\left(\frac{b}{n}\right)\end{aligned}$$

(iii) 정리 12.5는 p가 홀수 소수일 경우 $\left(\frac{-1}{p}\right) = (-1)^{(p-1)/2}$임을 말해준다. 따라서 다음과 같다.

$$\begin{aligned}\left(\frac{-1}{n}\right) &= \left(\frac{-1}{p_1}\right)^{t_1}\left(\frac{-1}{p_2}\right)^{t_2}\cdots\left(\frac{-1}{p_m}\right)^{t_m}\\ &= (-1)^{t_1(p_1-1)/2+t_2(p_2-1)/2+\cdots+t_m(p_m-1)/2}\end{aligned}$$

n의 소인수분해를 사용하면 다음 식이 성립한다.

$$n = (1+(p_1-1))^{t_1}(1+(p_2-1))^{t_2}\cdots(1+(p_m-1))^{t_m}$$

$p_i - 1$은 짝수이기 때문에 다음을 얻는다.

$$(1+(p_i-1))^{t_i} \equiv 1 + t_i(p_i-1) \pmod 4$$
$$(1+t_i(p_i-1))(1+t_j(p_j-1)) \equiv 1 + t_i(p_i-1) + t_j(p_j-1) \pmod 4$$

따라서 다음과 같다.

$$n \equiv 1 + t_1(p_1-1) + t_2(p_2-1) + \cdots + t_m(p_m-1) \pmod 4$$
$$(n-1)/2 \equiv t_1(p_1-1)/2 + t_2(p_2-1)/2 + \cdots + t_m(p_m-1)/2 \pmod 2$$

$(n-1)/2$에 대한 이 합동식을 $\left(\frac{-1}{n}\right)$의 표현과 결합하면 $\left(\frac{-1}{n}\right) = (-1)^{(n-1)/2}$임을 알 수 있다.

(iv) 정리 12.6에 따르면 p가 홀수 소수일 때 $\left(\frac{2}{p}\right) = (-1)^{(p^2-1)/8}$이다. 따라서 다음이 성립한다.

$$\left(\frac{2}{n}\right) = \left(\frac{2}{p_1}\right)^{t_1}\left(\frac{2}{p_2}\right)^{t_2}\cdots\left(\frac{2}{p_m}\right)^{t_m} = (-1)^{t_1(p_1^2-1)/8+t_2(p_2^2-1)/8+\cdots+t_m(p_m^2-1)/8}$$

(iii)의 증명에서처럼 다음과 같음을 주목하자.

$$n^2 = (1+(p_1^2-1))^{t_1}(1+(p_2^2-1))^{t_2}\cdots(1+(p_m^2-1))^{t_m}$$

$p_i^2 - 1 \equiv 0 \pmod 8$, $i = 1, 2, \ldots, m$이기 때문에 다음을 얻는다.

$$(1+(p_i^2-1))^{t_i} \equiv 1 + t_i(p_i^2-1) \pmod{64}$$
$$(1+t_i(p_i^2-1))(1+t_j(p_j^2-1)) \equiv 1 + t_i(p_i^2-1) + t_j(p_j^2-1) \pmod{64}$$

따라서 다음과 같다.

$$n^2 \equiv 1 + t_1(p_1^2-1) + t_2(p_2^2-1) + \cdots + t_m(p_m^2-1) \pmod{64}$$
$$(n^2-1)/8 \equiv t_1(p_1^2-1)/8 + t_2(p_2^2-1)/8 + \cdots + t_m(p_m^2-1)/8 \pmod 8$$

$(n^2-1)/8$에 대한 이 합동식을 $\left(\frac{2}{n}\right)$의 표현과 결합하면 $\left(\frac{2}{n}\right) = (-1)^{(n^2-1)/8}$임이 증명된다.

12.3.2 야코비 기호의 상호법칙

야코비 기호에서도 르장드르 기호처럼 상호법칙이 성립함을 보이겠다.

정리 12.11 야코비 기호의 상호법칙

1보다 큰 서로소인 홀수 양의 정수 n, m에 대해 다음이 성립한다.

$$\left(\frac{n}{m}\right)\left(\frac{m}{n}\right) = (-1)^{\frac{m-1}{2}\cdot\frac{n-1}{2}}$$

증명 12.11

m과 n의 소인수분해를 각각 $m = p_1^{a_1}p_2^{a_2}\cdots p_s^{a_s}$과 $n = q_1^{b_1}q_2^{b_2}\cdots q_r^{b_r}$이라고 하면 다음을 얻는다.

$$\left(\frac{m}{n}\right) = \prod_{i=1}^{r}\left(\frac{m}{q_i}\right)^{b_i} = \prod_{i=1}^{r}\prod_{j=1}^{s}\left(\frac{p_j}{q_i}\right)^{b_i a_j}$$

$$\left(\frac{n}{m}\right) = \prod_{j=1}^{s}\left(\frac{n}{p_j}\right)^{a_j} = \prod_{j=1}^{s}\prod_{i=1}^{r}\left(\frac{q_i}{p_j}\right)^{a_j b_i}$$

그러므로 다음과 같다.

$$\left(\frac{m}{n}\right)\left(\frac{n}{m}\right) = \prod_{i=1}^{r}\prod_{j=1}^{s}\left[\left(\frac{p_j}{q_i}\right)\left(\frac{q_i}{p_j}\right)\right]^{a_j b_i}$$

이차상호법칙에 의해 다음을 얻는다.

$$\left(\frac{p_j}{q_i}\right)\left(\frac{q_i}{p_j}\right) = (-1)^{\left(\frac{p_j-1}{2}\right)\left(\frac{q_i-1}{2}\right)}$$

따라서 다음과 같다.

$$\begin{aligned}\left(\frac{m}{n}\right)\left(\frac{n}{m}\right) &= \prod_{i=1}^{r}\prod_{j=1}^{s}(-1)^{a_j\left(\frac{p_j-1}{2}\right)b_i\left(\frac{q_i-1}{2}\right)} \\ &= (-1)^{\sum_{i=1}^{r}\sum_{j=1}^{s}a_j\left(\frac{p_j-1}{2}\right)b_i\left(\frac{q_i-1}{2}\right)}\end{aligned} \tag{12.8}$$

다음과 같음을 주목하자.

$$\sum_{i=1}^{r}\sum_{j=1}^{s}a_j\left(\frac{p_j-1}{2}\right)b_i\left(\frac{q_i-1}{2}\right) = \sum_{j=1}^{s}a_j\left(\frac{p_j-1}{2}\right)\sum_{i=1}^{r}b_i\left(\frac{q_i-1}{2}\right)$$

정리 12.10(iii)의 증명에서 보인 것처럼 다음과 같다.

$$\sum_{j=1}^{s} a_j \left(\frac{p_j - 1}{2}\right) \equiv \frac{m-1}{2} \pmod 2$$

$$\sum_{i=1}^{r} b_i \left(\frac{q_i - 1}{2}\right) \equiv \frac{n-1}{2} \pmod 2$$

그러므로 다음과 같다.

$$\sum_{i=1}^{r}\sum_{j=1}^{s} a_j \left(\frac{p_j - 1}{2}\right) b_i \left(\frac{q_i - 1}{2}\right) \equiv \frac{m-1}{2} \cdot \frac{n-1}{2} \pmod 2 \tag{12.9}$$

따라서 식 (12.8)과 (12.9)에 의해 다음을 알 수 있다.

$$\left(\frac{m}{n}\right)\left(\frac{n}{m}\right) = (-1)^{\frac{m-1}{2}\cdot\frac{n-1}{2}}$$

12.3.3 르장드르 기호와 야코비 기호의 계산

이차상호법칙을 사용해 르장드르 기호의 값을 구할 때, 분모와 분자를 교환하기 전에 하나 이상의 르장드르 기호를 인수분해해야 하는 경우가 종종 발생한다. 예제 12.10에서 $\left(\frac{713}{1009}\right)$을 계산할 때가 그러한 경우이다. 정수를 인수분해하는 효율적인 알고리즘이 알려져 있지 않기 때문에, 이차상호법칙을 연속적으로 사용하여 르장드르 기호의 값을 구하는 것은 효율적이지 않다. 야코비는 야코비 기호와 그 상호법칙을 사용하면 르장드르 기호의 값을 계산할 때 이러한 문제를 피할 수 있음을 깨달았다. 다음 예제를 예제 12.10과 비교하여 차이를 확인하라. (또한 연습문제 15와 16은 야코비 기호를 사용하여 르장드르 기호의 값을 구하는 가치에 대한 추가적인 예를 제공한다.)

예제 12.14

연속적으로 야코비 기호에 대한 상호법칙(정리 12.11)을 사용하고, 정리 12.10에서 야코비 기호의 속성을 사용하여 다음에 주어진 야코비 기호의 값을 구할 수 있다.

$$\begin{aligned}
\left(\frac{713}{1009}\right) &= \left(\frac{1009}{713}\right) = \left(\frac{296}{713}\right) \\
&= \left(\frac{2^3}{713}\right)\left(\frac{37}{713}\right) = \left(\frac{713}{37}\right) \\
&= \left(\frac{10}{37}\right) = \left(\frac{2}{37}\right)\left(\frac{5}{37}\right) \\
&= -\left(\frac{37}{5}\right) = -\left(\frac{2}{5}\right) = 1
\end{aligned}$$

첫 번째, 네 번째, 일곱 번째 등식에서 야코비 기호에 대한 상호법칙을 사용했다. 두 번째와 다섯 번째와 여덟 번째 등식은 정리 12.10(i)을 사용했고, 세 번째와 여섯 번째 등식은 정리 12.10(ii)를 사용했으며, 네 번째와 여섯 번째와 아홉 번째 등식은 정리 12.10(iv)를 사용했다.

이제 정리 12.10과 야코비 기호에 대한 상호법칙을 사용하여 야코비 기호와 결과적으로 르장드르 기호를 계산하는 효율적인 알고리즘을 개발해보자. a와 b가 서로소인 양의 정수이고 $a > b$라고 하자. $R_0 = a$이고 $R_1 = b$라고 하자. 나눗셈 알고리즘을 사용하고 나머지를 나누는 가장 높은 2의 거듭제곱을 분리하면 다음과 같이 쓸 수 있다.

$$R_0 = R_1 q_1 + 2^{s_1} R_2$$

여기서 s_1은 음이 아닌 정수이고 R_2는 R_1보다 작은 양의 홀수이다. 나눗셈 알고리즘을 연속적으로 사용하고 나머지를 나누는 가장 높은 2의 거듭제곱을 분리하면 다음을 얻는다.

$$\begin{aligned} R_1 &= R_2 q_2 + 2^{s_2} R_3 \\ R_2 &= R_3 q_3 + 2^{s_3} R_4 \\ &\vdots \\ R_{n-3} &= R_{n-2} q_{n-2} + 2^{s_{n-2}} R_{n-1} \\ R_{n-2} &= R_{n-1} q_{n-1} + 2^{s_{n-1}} \cdot 1 \end{aligned}$$

여기서 s_j는 음이 아닌 정수이고 R_j는 $j = 2, 3, \ldots, n-1$에 대해 R_{j-1}보다 작은 양의 홀수이다. 최종 등식에 도달하는 데 필요한 나눗셈의 수는 유클리드 알고리즘을 사용하여 a와 b의 최대공약수를 찾는 데 필요한 나눗셈의 수를 초과하지 않는다.

다음 예제를 통해 이러한 등식의 수열을 살펴보자.

예제 12.15

$a = 401$이고 $b = 111$이라고 하자. 그러면 다음과 같이 쓸 수 있다.

$$\begin{aligned} 401 &= 111 \cdot 3 + 2^2 \cdot 17 \\ 111 &= 17 \cdot 6 + 2^0 \cdot 9 \\ 17 &= 9 \cdot 1 + 2^3 \cdot 1 \end{aligned}$$

설명한 등식의 수열과 야코비 기호의 성질을 사용하여 야코비 기호의 값을 구하는 알고리즘을 제공하는 다음 정리를 살펴보자.

정리 12.12

양의 정수 $a, b(a > b)$에 대해 야코비 기호 $\left(\frac{a}{b}\right)$의 값은 다음과 같다.

$$\left(\frac{a}{b}\right) = (-1)^{s_1 \frac{R_1^2-1}{8} + \cdots + s_{n-1} \frac{R_{n-1}^2-1}{8} + \frac{R_1-1}{2}\cdot\frac{R_2-1}{2} + \cdots + \frac{R_{n-2}-1}{2}\cdot\frac{R_{n-1}-1}{2}}$$

여기서 정수 R_j와 s_j $(j = 1, 2, \ldots, n-1)$은 앞에서 설명한 바와 같다.

증명 12.12

첫 번째 등식에 정리 12.10(i), (ii), (iv)를 적용하면 다음을 얻는다.

$$\left(\frac{a}{b}\right) = \left(\frac{R_0}{R_1}\right) = \left(\frac{2^{s_1}R_2}{R_1}\right) = \left(\frac{2}{R_1}\right)^{s_1}\left(\frac{R_2}{R_1}\right) = (-1)^{s_1 \frac{R_1^2-1}{8}}\left(\frac{R_2}{R_1}\right)$$

정리 12.11에 있는 야코비 기호에 대한 상호법칙을 사용하면 다음과 같다.

$$\left(\frac{R_2}{R_1}\right) = (-1)^{\frac{R_1-1}{2}\cdot\frac{R_2-1}{2}}\left(\frac{R_1}{R_2}\right)$$

그러므로 다음을 얻게 된다.

$$\left(\frac{a}{b}\right) = (-1)^{\frac{R_1-1}{2}\cdot\frac{R_2-1}{2} + s_1 \frac{R_1^2-1}{8}}\left(\frac{R_1}{R_2}\right)$$

마찬가지로 후속 나눗셈을 사용하면 다음 식을 $j = 2, 3, \ldots, n-1$에 대해 얻을 수 있다.

$$\left(\frac{R_{j-1}}{R_j}\right) = (-1)^{\frac{R_j-1}{2}\cdot\frac{R_{j+1}-1}{2} + s_1\cdot\frac{R_j^2-1}{8}}\left(\frac{R_j}{R_{j+1}}\right)$$

모든 등식을 결합하면 $\left(\frac{a}{b}\right)$에 대한 원하는 표현을 얻는다.

다음 예제는 정리 12.12의 사용을 설명한다.

예제 12.16

$\left(\frac{401}{111}\right)$의 값을 구하기 위해 예제 12.15와 정리 12.12의 나눗셈을 사용하자. 이로부터 다음을 얻는다.

$$\left(\frac{401}{111}\right) = (-1)^{2\cdot\frac{111^2-1}{8} + 0\cdot\frac{17^2-1}{8} + 3\cdot\frac{9^2-1}{8} + \frac{111-1}{2}\cdot\frac{17-1}{2} + \frac{17-1}{2}\cdot\frac{9-1}{2}} = 1$$

다음 따름정리는 정리 12.12에서 제공한 야코비 기호의 값을 구하기 위한 알고리즘의 계산적 복잡도를 설명한다.

따름정리 12.12.1

서로소인 양의 정수 $a, b(a > b)$에 대해 야코비 기호 $\left(\frac{a}{b}\right)$의 값은 $O((\log_2 b)^3)$ 비트연산을 사용하여 계산될 수 있다.

증명 12.12.1

정리 12.12를 사용하여 $\left(\frac{a}{b}\right)$의 값을 구하기 위해 $O(\log_2 b)$번의 나눗셈이 필요하다. 이를 이해하기 위해, 필요한 나눗셈의 수가 유클리드 알고리즘을 사용하여 (a, b)를 찾는 데 필요한 나눗셈의 수를 초과하지 않는다는 것을 참고하자. 따라서 라메 정리에 따르면 $O(\log_2 b)$번의 나눗셈이 필요하다. 각 나눗셈은 $O((\log_2 b)^2)$ 비트연산을 사용하여 수행될 수 있다. 각 정수 R_j와 s_j는 적절한 나눗셈이 수행된 후 $O(\log_2 b)$ 비트연산을 사용하여 찾을 수 있다.

결과적으로 $O((\log_2 b)^3)$ 비트연산이 a와 b로부터 정수 R_j, s_j $(j = 1, 2, \ldots, n-1)$을 찾는 데 필요하다. 마지막으로 정리 12.12에서 $\left(\frac{a}{b}\right)$의 표현에 -1의 지수를 구하기 위해 $R_j(j = 1, 2, \ldots, n-1)$의 이진전개에서 마지막 세 비트와 s_j, $(j = 1, 2, \ldots, n-1)$의 이진전개에서 마지막 비트를 사용한다. 따라서 $\left(\frac{a}{b}\right)$의 값을 구하기 위해 추가로 $O(\log_2 b)$ 비트연산을 사용한다. $O((\log_2 b)^3) + O(\log_2 b) = O((\log_2 b)^3)$이므로, 이 따름정리가 성립한다.

나눗셈에 사용되는 비트연산 수를 좀 더 신중하게 추정하면 이 따름정리를 개선할 수 있다. 특히 $\left(\frac{a}{b}\right)$의 값을 구하는 데 $O((\log_2 b)^2)$ 비트연산으로 충분함을 보일 수 있다. 이는 연습문제로 남겨두겠다.

12.3 연습문제

1. 다음 야코비 기호의 값을 각각 구하라.

   a) $\left(\frac{5}{21}\right)$　　c) $\left(\frac{111}{1001}\right)$　　e) $\left(\frac{2663}{3299}\right)$

   b) $\left(\frac{27}{101}\right)$　　d) $\left(\frac{1009}{2307}\right)$　　f) $\left(\frac{10,001}{20,003}\right)$

2. 다음 야코비 기호의 값을 각각 구하라.

   a) $\left(\frac{7}{33}\right)$　　c) $\left(\frac{116}{1003}\right)$　　e) $\left(\frac{1313}{4197}\right)$

   b) $\left(\frac{125}{517}\right)$　　d) $\left(\frac{1903}{7807}\right)$　　f) $\left(\frac{111,663}{48,277}\right)$

3. 21과 서로소인 어떤 양의 정수 n에 대해 야코비 기호 $\left(\frac{21}{n}\right)$의 값이 -1이 되는가?

4. 15와 서로소인 어떤 양의 정수 n에 대해 야코비 기호 $\left(\frac{15}{n}\right)$의 값이 1이 되는가?

5. 30과 서로소인 어떤 양의 정수 n에 대해 야코비 기호 $\left(\frac{30}{n}\right)$의 값이 1이 되는가?

두 소수 p와 q에 대해 $n = pq$라고 하자. 정수 a가 n의 이차비잉여이지만 $\left(\frac{a}{n}\right) = 1$인 경우 a를 **법 n으로의 유사제곱수**(pseudo-square modulo n)라고 부른다.

6. a가 법 n으로의 유사제곱수이면 $\left(\frac{a}{p}\right) = \left(\frac{a}{q}\right) = -1$임을 보여라.

7. 법 21로의 유사제곱수를 모두 구하라.

8. 법 35로의 유사제곱수를 모두 구하라.

9. 법 143으로의 유사제곱수를 모두 구하라.

10. a와 b는 서로소이고, b는 양의 홀수이고, $a = (-1)^s 2^t q$라고 가정하자. 여기서 q는 홀수이다. 이때 다음과 같음을 보여라.
$$\left(\frac{a}{b}\right) = (-1)^{\frac{b-1}{2}\cdot s+\frac{b^2-1}{8}\cdot t}\left(\frac{q}{b}\right)$$

11. n이 제곱인수가 없는 양의 홀수라고 가정하자. 이때 $(a, n) = 1$이고 $\left(\frac{a}{n}\right) = -1$인 정수 a가 존재함을 보여라.

12. n이 제곱인수가 없는 양의 홀수라고 가정하자.
    a) $\sum \left(\frac{k}{n}\right) = 0$임을 보여라. 여기서 합은 법 n으로의 기약잉여계에 속한 모든 원소 k에 대해 행해진다. (힌트: 연습문제 11을 사용하라.)
    b) (a)로부터 법 n으로의 기약잉여계에 속한 원소 중에서 $\left(\frac{k}{n}\right) = 1$인 원소의 개수가 $\left(\frac{k}{n}\right) = -1$인 원소의 개수와 같음을 보여라.

*13. a와 $b = r_0$가 서로소인 양의 홀수일 때 다음과 같은 식이 주어진다고 하자.

$$a = r_0 q_1 + \varepsilon_1 r_1$$
$$r_0 = r_1 q_2 + \varepsilon_2 r_2$$
$$\vdots$$
$$r_{n-2} = r_{n-1} q_n + \varepsilon_n r_n$$

여기서 q_i는 0 이상의 짝수, $\varepsilon i = \pm 1$, r_i는 $r_i < ri - 1$인 양의 정수이며 $r_n = 1$이다. 이 방정식들은 1.5절의 연습문제 26에서 주어진 수정된 나눗셈 알고리즘을 사용하여 연속적으로 얻어진다.

a) 야코비 기호 $\left(\frac{a}{b}\right)$가 다음과 같이 주어짐을 보여라.
$$\left(\frac{a}{b}\right) = (-1)^{\left(\frac{r_0-1}{2}\cdot\frac{\varepsilon_1 r_1-1}{2}+\frac{r_1-1}{2}\cdot\frac{\varepsilon_2 r_2-1}{2}+\cdots+\frac{r_{n-1}-1}{2}\cdot\frac{\varepsilon_n r_n-1}{2}\right)}$$

b) 야코비 기호 $\left(\frac{a}{b}\right)$가 다음과 같이 주어짐을 보여라.
$$\left(\frac{a}{b}\right) = (-1)^T$$

여기서 T는 $1 \le i \le n$인 정수 i 중 $r_{i-1} \equiv \varepsilon_i r_i \equiv 3 \pmod 4$인 정수의 개수이다.

*14. a와 b가 홀수이고 $(a,b)=1$일 때 야코비 기호에 대한 다음의 상호법칙이 성립함을 보여라.

$$\left(\frac{a}{|\,b\,|}\right)\left(\frac{b}{|\,a\,|}\right) = \begin{cases} -(-1)^{\frac{a-1}{2}\frac{b-1}{2}}, & a<0 \text{ 이고 } b<0 \text{인 경우} \\ (-1)^{\frac{a-1}{2}\frac{b-1}{2}}, & \text{나머지 경우} \end{cases}$$

15. 르장드르 기호 $\left(\frac{1783}{7523}\right)$의 값을 구하고, 다음 각 단계를 정당화하라.

a) 야코비 기호의 성질을 사용하지 않고, 르장드르 기호의 성질만을 사용하여 구하라.

b) 르장드르 기호의 성질과 야코비 기호의 성질을 모두 사용하여 구하라.

16. 르장드르 기호 $\left(\frac{756{,}479}{1{,}298{,}351}\right)$의 값이 야코비 기호의 성질을 사용하여 더 효율적으로 구해질 수 있음을 보여라.

다음 연습문제 17~23에서는 기호$\left(\frac{a}{n}\right)$에서 정수 n이 짝수일 때도 정의되는 야코비 기호의 일반화인 **크로네커 기호**(Kronecker symbol, 크로네커의 이름에서 유래됨)를 다룬다. a가 양의 정수로서 제곱수가 아니고 $a \equiv 0$ 또는 $1 \pmod 4$일 때 크로네커 기호를 다음과 같이 정의한다.

$$\left(\frac{a}{2}\right) = \begin{cases} 1, & a \equiv 1 \pmod 8 \text{일 때} \\ -1, & a \equiv 5 \pmod 8 \text{일 때} \end{cases}$$

$$\left(\frac{a}{p}\right) = \text{르장드르 기호 } \left(\frac{a}{p}\right) \text{ (단, } p\text{가 } a\text{를 나누지 않는 홀수 소수인 경우)}$$

$$\left(\frac{a}{n}\right) = \prod_{j=1}^{r}\left(\frac{a}{p_j}\right)^{t_j} \text{ (단, } (a,n)=1 \text{이고 } n=\prod_{j=1}^{r} p_j^{t_j} \text{ 가 } n\text{의 소인수분해인 경우)}$$

17. 다음 크로네커 기호의 값을 각각 구하라.

a) $\left(\frac{5}{12}\right)$ b) $\left(\frac{13}{20}\right)$ c) $\left(\frac{101}{200}\right)$

연습문제 18~23에서는 a가 양의 정수로서 제곱수가 아니고 $a \equiv 0$ 또는 $1 \pmod 4$일 때를 가정한다.

18. $\left(\frac{a}{2}\right) = \left(\frac{2}{|a|}\right)$임을 $2 \nmid a$일 때 증명하라. 여기서 오른쪽의 기호는 야코비 기호이다.

19. n_1과 n_2가 양의 정수이고 $(a_1, n_1, n_2)=1$일 때 $\left(\frac{a}{n_1 n_2}\right) = \left(\frac{a}{n_1}\right)\cdot\left(\frac{a}{n_2}\right)$임을 증명하라.

*20. n이 a와 서로소인 양의 정수이고 a가 홀수일 때 $\left(\frac{a}{n}\right) = \left(\frac{n}{|a|}\right)$임을 증명하라. 반면에 a가 짝수이고 $a = 2^s t$ (여기서 t는 홀수)일 때 다음과 같음을 증명하라.

$$\left(\frac{a}{n}\right) = \left(\frac{2}{n}\right)^{s} (-1)^{\frac{t-1}{2}\cdot\frac{n-1}{2}} \left(\frac{n}{|\,t\,|}\right)$$

∗21. n_1과 n_2가 1보다 큰 양의 정수로서 a와 서로소이고 $n_1 \equiv n_2 \pmod{|a|}$일 때 $\left(\frac{a}{n_1}\right) = \left(\frac{a}{n_2}\right)$임을 증명하라.

∗22. $|a| \geq 3$이면 $\left(\frac{a}{n}\right) = -1$인 양의 정수 n이 존재함을 증명하라.

∗23. $a \neq 0$이면 다음과 같음을 증명하라.

$$\left(\frac{a}{|a|-1}\right) = \begin{cases} 1, & a > 0\text{일 때} \\ -1, & a < 0\text{일 때} \end{cases}$$

24. a와 b가 서로소인 정수이고 $a < b$일 때 야코비 기호 $\left(\frac{a}{b}\right)$는 $O((\log_2 b)^2)$ 비트연산을 사용하여 계산할 수 있음을 증명하라.

계산과 탐구

1. 르장드르 기호 $\left(\frac{1,656,169}{2,355,151}\right)$의 값을 구하라.
2. 다음 야코비 기호$\left(\frac{9,343}{65,518,791}\right)$, $\left(\frac{54,371}{5,400,207,333}\right)$, $\left(\frac{320,001}{11,111,111,111,111}\right)$의 값을 구하라.

프로그래밍 프로젝트

1. 정리 12.12의 방법을 사용하여 야코비 기호의 값을 계산하라.
2. 연습문제 10과 13을 사용하여 야코비 기호의 값을 계산하라.
3. 연습문제 17에서 정의된 대로 크로네커 기호의 값을 계산하라.

12.4 오일러 유사소수

7장에서 유사소수의 개념을 소개했다. 유사소수는 소수가 가진 특성을 공유하지만 합성수인 정수이다. 페르마의 작은 정리(정리 7.3)를 상기하기 바란다. 이 정리에 따르면 p가 소수이고 $p \nmid a$일 때 $a^{p-1} \equiv 1 \pmod{p}$이다. 주어진 양의 정수 n에 대해 $2^{n-1} \not\equiv 1 \pmod{n}$임을 발견하면, n이 합성수임을 알 수 있다. 그러나 예제 7.9에서 보았듯이 $341 = 11 \cdot 31$은 소수가 아니지만 $2^{340} \equiv 1 \pmod{341}$이다. 341은 소수가 가진 특성을 공유하기 때문에 유사소수라고 부른다. [때로는 다른 유형의 유사소수와 구별하기 위해 **페르마 유사소수**(Fermat pseudoprime)라고도 부른다.]

이번 절에서는 오일러 유사소수를 소개한다. 오일러 유사소수는 오일러 판정법이 적용되는 합성수이다. 정확한 정의를 내리기 위해 오일러 판정법과 양의 정수가 합성수임을 결정하는 방법을 복습해보자.

p가 홀수 소수이고 b가 p로 나눠지 않는 정수라고 하자. 오일러 판정법에 따르면 다음 합동식이 성립한다.

$$b^{(p-1)/2} \equiv \left(\frac{b}{p}\right) \pmod{p}$$

따라서 홀수 양의 정수 n의 소수 여부를 판정하고자 할 때 $(b, n) = 1$인 정수 b를 선택하고 다음을 확인한다.

$$b^{(n-1)/2} \equiv \left(\frac{b}{n}\right) \pmod{n}$$

여기서 합동식의 오른쪽에 있는 기호는 야코비 기호이다. 이 합동식이 성립하지 않는다는 것을 발견하면, n이 합성수임을 알 수 있다.

예제 12.17

$n = 341$이고 $b = 2$인 경우를 살펴보자. $2^{170} \equiv 1 \pmod{341}$임을 계산할 수 있다. 341이 법 8로 -3과 합동이므로, 정리 12.10(iv)를 사용하여 $\left(\frac{2}{341}\right) = -1$임을 알 수 있다. 따라서 $2^{170} \not\equiv \left(\frac{2}{341}\right) \pmod{341}$이므로, 이것은 341이 소수가 아님을 보여준다.

따라서 오일러 판정법을 기반으로 한 유사소수를 다음과 같이 정의할 수 있다.

정의 12.4

양의 홀수 합성수 n과 양의 정수 b에 대해 다음 합동식이 성립한다고 가정하자.

$$b^{(n-1)/2} \equiv \left(\frac{b}{n}\right) \pmod{n}$$

이때 n을 **밑 b에 대한 오일러 유사소수**(Euler pseudoprime to the base b)라고 부른다.

밑 b에 대한 오일러 유사소수는 정의에 주어진 합동식을 만족하여 소수처럼 보이는 합성수이다.

예제 12.18

$n = 1105$이고 $b = 2$인 경우를 살펴보자. $2^{552} \equiv 1 \pmod{1105}$임을 계산할 수 있다. 1105가 법 8로 1과 합동이므로 $\left(\frac{2}{1105}\right) = 1$임을 알 수 있다. 따라서 $2^{552} \equiv \left(\frac{2}{1105}\right) \pmod{1105}$이고 1105가 합성수이므로, 1105는 밑 2에 대한 오일러 유사소수이다.

다음 정리는 밑 b에 대한 모든 오일러 유사소수가 이 밑에 대한 유사소수임을 보여준다.

정리 12.13

n이 밑 b에 대한 오일러 유사소수이면, n은 밑 b에 대한 유사소수이다.

증명 12.13

n이 밑 b에 대한 오일러 유사소수라고 가정하자. 그러면 다음 식이 성립한다.

$$b^{(n-1)/2} \equiv \left(\frac{b}{n}\right) \pmod n$$

따라서 이 합동식의 양변을 제곱하면 다음과 같다.

$$(b^{(n-1)/2})^2 \equiv \left(\frac{b}{n}\right)^2 \pmod n$$

$\left(\frac{b}{n}\right)$가 ± 1이므로 $b^{n-1} \equiv 1 \pmod n$임을 알 수 있다. 이는 n이 밑 b에 대한 유사소수임을 의미한다.

모든 유사소수가 오일러 유사소수인 것은 아니다. 예를 들어 정수 341은 이미 보았듯이 밑 2에 대한 오일러 유사소수가 아니지만, 이 밑에 대한 유사소수이다.

모든 오일러 유사소수가 유사소수임을 알고 있다. 다음으로, 모든 강한 유사소수가 오일러 유사소수임을 보이자. (강한 유사소수의 정의는 7.2절을 참고하기 바란다.)

정리 12.14

n이 밑 b에 대한 강한 유사소수이면, n은 이 밑에 대한 오일러 유사소수이다.

증명 12.14

n이 밑 b에 대한 강한 유사소수라고 가정하자. 만약 $n-1 = 2^s t$(t는 홀수)이면 $b^t \equiv 1 \pmod n$이거나 $b^{2^r t} \equiv -1 \pmod n$이다. 여기서 $0 \le r \le s-1$이다. $n = \prod_{i=1}^{m} p_i^{a_i}$가 n의 소인수분해라고 하자.

우선 $b^t \equiv 1 \pmod n$인 경우를 고려하자. p가 n의 소인수라고 하자. $b^t \equiv 1 \pmod p$이므로 $\mathrm{ord}_p b \mid t$임을 알 수 있다. t가 홀수이므로 $\mathrm{ord}_p b$도 홀수임을 알 수 있다. 따라서 $\mathrm{ord}_p b \mid (p-1)/2$이다. 왜냐하면 $\mathrm{ord}_p b$는 짝수인 $\phi(p) = p-1$의 홀수 약수이기 때문이다. 따라서 다음과 같다.

$$b^{(p-1)/2} \equiv 1 \pmod p$$

그러므로 오일러 판정법에 의해 $\left(\frac{b}{p}\right) = 1$이다.

이제 야코비 기호 $\left(\frac{b}{n}\right)$를 계산해보자. n을 나누는 모든 소수 p에 대해 $\left(\frac{b}{p}\right) = 1$임을 알 수 있다. 따라서 다음과 같다.

$$\left(\frac{b}{n}\right) = \left(\frac{b}{\prod_{i=1}^{m} p_i^{a_i}}\right) = \prod_{i=1}^{m}\left(\frac{b}{p_i}\right)^{a_i} = 1$$

$b^t \equiv 1 \pmod{n}$이므로 $b^{(n-1)/2} = (b^t)^{2^{s-1}} \equiv 1 \pmod{n}$임을 알 수 있다. 따라서 다음을 얻는다.

$$b^{(n-1)/2} \equiv \left(\frac{b}{n}\right) \equiv 1 \pmod{n}$$

결론적으로 n은 밑 b에 대한 오일러 유사소수임을 알 수 있다.

다음으로, $b^{2^r t} \equiv -1 \pmod{n}$인 경우를 고려하자. p가 n의 소인수라면 다음과 같고,

$$b^{2^r t} \equiv -1 \pmod{p}$$

양변을 제곱하면 다음과 같다.

$$b^{2^{r+1} t} \equiv 1 \pmod{p}$$

그러므로 $\text{ord}_p b \mid 2^{r+1} t$이며, 이전 합동식에서 $\text{ord}_p b \nmid 2^r t$임을 알 수 있다. 따라서 다음을 얻는다.

$$\text{ord}_p b = 2^{r+1} c$$

여기서 c는 홀수이다. $\text{ord}_p b \mid (p-1)$이며 $2^{r+1} \mid \text{ord}_p b$이므로, $2^{r+1} \mid (p-1)$임을 알 수 있다. 따라서 $p = 2^{r+1} d + 1$이고 d는 정수이다. 이제 다음과 같다.

$$b^{(\text{ord}_p b)/2} \equiv -1 \pmod{p}$$

그러므로 다음과 같음을 알 수 있다.

$$\begin{aligned}\left(\frac{b}{p}\right) &\equiv b^{(p-1)/2} = b^{(\text{ord}_p b/2)((p-1)/\text{ord}_p b)} \\ &\equiv (-1)^{(p-1)/\text{ord}_p b} = (-1)^{(p-1)/(2^{r+1} c)} \pmod{p}\end{aligned}$$

c가 홀수이므로 $(-1)^c = -1$이다. 따라서 다음을 얻는다.

$$\left(\frac{b}{p}\right) = (-1)^{(p-1)/2^{r+1}} = (-1)^d \tag{12.10}$$

이제 $d = (p-1)/2^{r+1}$임을 상기하자. n을 나누는 각각의 소수 p_i가 $p_i = 2^{r+1} d_i + 1$꼴이므로 다음

식이 성립한다.

$$\begin{aligned} n = \prod_{i=1}^{m} p_i^{a_i} &= \prod_{i=1}^{m}(2^{r+1}d_i + 1)^{a_i} \\ &\equiv \prod_{i=1}^{m}(1 + 2^{r+1}a_i d_i) \\ &\equiv 1 + 2^{r+1}\sum_{i=1}^{m} a_i d_i \pmod{2^{2r+2}} \end{aligned}$$

따라서 다음을 얻게 되고,

$$\begin{aligned} t2^{s-1} &= (n-1)/2 \\ &\equiv 2^r \sum_{i=1}^{m} a_i d_i \pmod{2^{r+1}} \end{aligned}$$

이 합동식은 다음과 같음을 알 수 있다.

$$t2^{s-1-r} \equiv \sum_{i=1}^{m} a_i d_i \pmod 2$$

$$b^{(n-1)/2} = (b^{2^r t})^{2^{s-1-r}} \equiv (-1)^{2^{s-1-r}} = (-1)^{\sum_{i=1}^{m} a_i d_i} \pmod n \qquad (12.11)$$

한편 식 (12.10)에서 다음을 얻는다.

$$\left(\frac{b}{n}\right) = \prod_{i=1}^{m}\left(\frac{b}{p_i}\right)^{a_i} = \prod_{i=1}^{m}((-1)^{d_i})^{a_i} = \prod_{i=1}^{m}(-1)^{a_i d_i} = (-1)^{\sum_{i=1}^{m} a_i d_i}$$

그러므로 앞의 식을 (12.11)과 결합하면 다음을 얻게 된다.

$$b^{(n-1)/2} \equiv \left(\frac{b}{n}\right) \pmod n$$

결론적으로 n은 밑 b에 대한 오일러 유사소수임을 알 수 있다.

비록 어떤 수가 밑 b에 대한 강한 유사소수라면 이 수는 밑 b에 대한 오일러 유사소수이지만, 모든 밑 b에 대한 오일러 유사소수가 반드시 밑 b에 대한 강한 유사소수인 것은 아니다. 다음 예제가 그 경우를 보여준다.

예제 12.19

예제 12.18에서 정수 1105가 밑 2에 대한 오일러 유사소수임을 보였다. 그러나 1105는 밑 2에 대한 강한 유사소수는 아니다. 왜냐하면

$$2^{(1105-1)/2} = 2^{552} \equiv 1 \pmod{1105}$$

이지만, 다음과 같기 때문이다.

$$2^{(1105-1)/2^2} = 2^{276} \equiv 781 \not\equiv \pm 1 \pmod{1105}$$

비록 밑 b에 대한 오일러 유사소수가 항상 이 밑에 대한 강한 유사소수는 아닐지라도, 특정 추가 조건이 충족되면 밑 b에 대한 오일러 유사소수가 밑 b에 대한 강한 유사소수가 된다. 다음 두 정리는 이러한 유형의 결과를 제시한다.

정리 12.15

$n \equiv 3 \pmod 4$일 때 n이 밑 b에 대한 오일러 유사소수이면, n은 밑 b에 대한 강한 유사소수이다.

증명 12.15

$n \equiv 3 \pmod 4$인 합동식에서 $n-1 = 2t$이며, 여기서 $t = (n-1)/2$는 홀수라는 것을 알 수 있다. n이 밑 b에 대한 오일러 유사소수이므로 다음이 성립한다.

$$b^t = b^{(n-1)/2} \equiv \left(\frac{b}{n}\right) \pmod n$$

$\left(\frac{b}{n}\right) = \pm 1$이므로 $b^t \equiv 1 \pmod n$ 또는 $b^t \equiv -1 \pmod n$ 중 하나가 성립한다.
따라서 밑 b에 대한 강한 유사소수의 정의에 나오는 합동식 중 하나가 성립하게 된다. 결과적으로 n은 밑 b에 대한 강한 유사소수이다.

정리 12.16

n이 밑 b에 대한 오일러 유사소수이고 $\left(\frac{b}{n}\right) = -1$이라면, n은 밑 b에 대한 강한 유사소수이다.

증명 12.16

$n-1 = 2^s t$로 쓸 수 있고, 여기서 t는 홀수이며 s는 양의 정수이다. n이 밑 b에 대한 오일러 유사소수이므로 다음이 성립한다.

$$b^{2^{s-1}t} = b^{(n-1)/2} \equiv \left(\frac{b}{n}\right) \pmod n$$

그러나 $\left(\frac{b}{n}\right) = -1$이므로 다음과 같다.

$$b^{t2^{s-1}} \equiv -1 \pmod{n}$$

이것은 밑 b에 대한 강한 유사소수의 정의에서 요구하는 합동식 중 하나이다. n이 합성수이므로, 밑 b에 대한 강한 유사소수이다.

오일러 유사소수의 개념을 이용한 확률적 소수 판정법이 있다. 이 판정법은 1977년에 미국 수학자 솔로베이(Robert M. Solovay)와 독일 수학자 슈트라센(Volker Strassen)에 의해 처음 제안되었다([SoSt77] 참조).

판정법을 제시하기 전에 몇 가지 도움이 되는 도움정리가 필요하다.

도움정리 12.4

n이 제곱수가 아닌 홀수 양의 정수일 때 $(b, n) = 1$이면서 $\left(\frac{b}{n}\right) = -1$인 적어도 하나의 정수 $b(1 < b < n)$가 존재한다. 여기서 $\left(\frac{b}{n}\right)$는 야코비 기호이다.

증명

n이 소수라면 그러한 정수 b의 존재는 정리 12.1에 의해 보장된다. n이 합성수라면 n이 제곱수가 아니기 때문에 $n = rs$로 쓸 수 있고, 여기서 $(r, s) = 1$이며 $r = p^e$이고 p는 홀수 소수이고 e는 홀수 양의 정수이다.

이제 t를 소수 p의 이차비잉여라고 하자. 이러한 t는 정리 12.1에 의해 존재한다. 중국인의 나머지정리에 의해 다음 연립합동식을 만족하는 n과 서로소인 정수 $b(1 < b < n)$가 존재한다.

$$b \equiv t \pmod{r}$$
$$b \equiv 1 \pmod{s}$$

그렇다면 다음과 같다.

$$\left(\frac{b}{r}\right) = \left(\frac{b}{p^e}\right) = \left(\frac{b}{p}\right)^e = (-1)^e = -1$$

$\left(\frac{b}{s}\right) = 1$이므로 $\left(\frac{b}{n}\right) = \left(\frac{b}{r}\right)\left(\frac{b}{s}\right)$가 되어서 $\left(\frac{b}{n}\right) = -1$임이 성립한다.

도움정리 12.5

홀수 합성수 n에 대해 $(b, n) = 1$이고

$$b^{(n-1)/2} \not\equiv \left(\frac{b}{n}\right) \pmod{n}$$

을 만족하는 정수 $b(1 < b < n)$가 적어도 하나 존재한다.

증명

n과 서로소이고 n보다 작은 모든 양의 정수 b에 대해 다음과 같다고 가정해보자.

$$b^{(n-1)/2} \equiv \left(\frac{b}{n}\right) \pmod{n} \tag{12.12}$$

이 합동식의 양변을 제곱하면 다음과 같다.

$$b^{n-1} \equiv \left(\frac{b}{n}\right)^2 \equiv (\pm 1)^2 = 1 \pmod{n}$$

따라서 n은 카마이클 수이어야 한다. 그러므로 정리 10.25에 의해 n은 서로 다른 홀수 소수 $q_1, q_2, \ldots, q_r$의 곱, 즉 $n = q_1 q_2 \cdots q_r$로 표현될 수 있음을 안다.

이제 $(b, n) = 1$인 모든 정수 $b(1 \le b \le n)$에 대해 경우 다음이 성립함을 보이자.

$$b^{(n-1)/2} \equiv 1 \pmod{n}$$

$b^{(n-1)/2} \equiv -1 (\bmod n)$를 만족하는 정수 b가 있다고 가정하자. 중국인의 나머지정리를 이용하여 다음 연립합동식을 만족하는 n과 서로소인 정수 $a(1 < a < n)$를 찾을 수 있다.

$$a \equiv b \pmod{q_1}$$
$$a \equiv 1 \pmod{q_2 q_3 \cdots q_r}$$

그러면 다음을 관찰할 수 있다.

$$a^{(n-1)/2} \equiv b^{(n-1)/2} \equiv -1 \pmod{q_1} \tag{12.13}$$

반면에 다음을 주목하자.

$$a^{(n-1)/2} \equiv 1 \pmod{q_2 q_3 \cdots q_r} \tag{12.14}$$

합동식 (12.13)과 (12.14)에서 보듯이 다음을 얻는다.

$$a^{(n-1)/2} \not\equiv \pm 1 \pmod{n}$$

이는 합동식 (12.12)에 모순된다. 따라서 n과 서로소인 모든 정수 $b(1 \le b \le n)$에 대해 다음이 성립해야 함을 알 수 있다.

$$b^{(n-1)/2} \equiv 1 \pmod{n}$$

결론적으로 가정한 식 (12.12)로부터 다음과 같음을 알 수 있다.

$$\left(\frac{b}{n}\right) \equiv b^{(n-1)/2} \equiv 1 \pmod{n}$$

이것은 n과 서로소인 모든 $b(1 \le b \le n)$에 대해 $(b, n) = 1$이 성립함을 의미한다. 그러나 도움정리 12.4에 따르면 이것은 불가능하다. 따라서 원래 가정이 틀렸음을 알 수 있다. 즉 n과 서로소인 정수 $b(1 < b < n)$가 반드시 존재하여 다음을 만족함을 알 수 있다.

$$b^{(n-1)/2} \not\equiv \left(\frac{b}{n}\right) \pmod{n}$$

다음과 같이 확률적 소수 판정법의 근거가 되는 정리를 기술하고 증명할 수 있다.

정리 12.17

홀수 합성수 n에 대해 n보다 작고 n과 서로소인 양의 정수 b 중에서 n이 밑 b에 대한 오일러 유사소수가 되도록 하는 n의 개수는 $\phi(n)/2$을 초과하지 않는다.

증명 12.17

도움정리 12.5에 따르면 $1 < b < n$, $(b, n) = 1$이면서 다음 조건을 만족하는 정수 b가 존재한다.

$$b^{(n-1)/2} \not\equiv \left(\frac{b}{n}\right) \pmod{n} \tag{12.15}$$

이제 $a_1, a_2, \ldots, a_m$을 $1 \le j \le m$에 대해 $1 \le a_j \le n$, $(a_j, n) = 1$이면서 다음 조건을 만족하는 정수라고 놓자.

$$a_j^{(n-1)/2} \equiv \left(\frac{a_j}{n}\right) \pmod{n} \tag{12.16}$$

$r_1, r_2, \ldots, r_m$을 법 n으로 $ba_1, ba_2, \ldots, ba_m$의 최소양잉여라고 하자. 이때 r_j들은 서로 다르며,

$j = 1, 2, \ldots, m$에 대해 $(r_j, n) = 1$이다. 게다가 다음과 같아야 한다.

$$r_j^{(n-1)/2} \not\equiv \left(\frac{r_j}{n}\right) \pmod{n} \tag{12.17}$$

만약 다음 식이 성립한다고 하면,

$$r_j^{(n-1)/2} \equiv \left(\frac{r_j}{n}\right) \pmod{n}$$

다음을 얻는다.

$$(ba_j)^{(n-1)/2} \equiv \left(\frac{ba_j}{n}\right) \pmod{n}$$

이는 다음을 의미한다.

$$b^{(n-1)/2} a_j^{(n-1)/2} \equiv \left(\frac{b}{n}\right)\left(\frac{a_j}{n}\right) \pmod{n}$$

그런데 식 (12.16)이 성립하므로 다음을 얻는다.

$$b^{(n-1)/2} \equiv \left(\frac{b}{n}\right) \pmod{n}$$

이는 식 (12.15)에 위배된다.

a_j $(j = 1, 2, \ldots, m)$는 합동식 (12.16)을 만족하지만, r_j $(j = 1, 2, \ldots, m)$는 식 (12.17)이 보여주는 바와 같이 그렇지 않으므로, 이 두 집합은 공통된 원소를 갖지 않는다. 따라서 이 두 집합을 합치면 n보다 작고 n과 서로소인 $2m$개의 서로 다른 양의 정수를 얻는다. n보다 작고 n과 서로소인 정수는 $\phi(n)$개이므로 $2m \le \phi(n)$임을 알 수 있고, 따라서 $m \le \phi(n)/2$임을 결론지을 수 있다. 이로써 정리가 증명되었다.

정리 12.17에 따라 n이 홀수 합성수일 때 정수 b를 $1, 2, \ldots, n-1$에서 무작위로 선택하면 n이 밑 b에 대한 오일러 유사소수일 확률은 1/2보다 작다. 이것은 다음 정리와 같은 확률적 소수 판정법으로 이어진다.

정리 12.18 솔로베이-슈트라센 확률적 소수 판정법

n을 양의 정수라고 하자. 무작위로 k개의 정수 $b_1, b_2, \ldots, b_k$를 $1, 2, \ldots, n-1$에서 선택한다. 이 정수들 $b_j, j = 1, 2, \ldots, k$, 각각에 대해 다음을 확인한다.

$$b_j^{(n-1)/2} \equiv \left(\frac{b_j}{n}\right) \pmod{n}$$

이 합동식들 중 하나라도 성립하지 않으면 n은 합성수이다. 만약 n이 소수라면 이 모든 합동식은 성립한다. n이 합성수인 경우 모든 k개의 합동식이 성립할 확률은 $1/2^k$보다 작다. 따라서 n이 이 판정법을 통과하고 k가 크다면 n은 "거의 확실히 소수"이다.

밑 b에 대한 모든 강한 유사소수는 이 밑에 대한 오일러 유사소수이므로, 솔로베이-슈트라센 확률적 소수 판정법을 통과하는 합성수는 라빈 확률적 소수 판정법보다 많지만, 둘 다 $O(k(\log_2 n)^3)$ 비트연산이 필요하다.

12.4 연습문제

1. 561이 밑 2에 대한 오일러 유사소수임을 보여라.

2. 15,841이 밑 2에 대한 오일러 유사소수이고, 밑 2에 대한 강한 유사소수이며, 카마이클 수임을 보여라.

3. n이 밑 a와 b에 대한 오일러 유사소수라면 n은 밑 ab에 대한 오일러 유사소수임을 보여라.

4. n이 밑 b에 대한 오일러 유사소수라면 n은 밑 $n-b$에 대한 오일러 유사소수임을 보여라.

5. $n \equiv 5 \pmod 8$이고 n이 밑 2에 대한 오일러 유사소수라면 n은 밑 2에 대한 강한 유사소수임을 보여라.

6. $n \equiv 5 \pmod{12}$이고 n이 밑 3에 대한 오일러 유사소수라면 n은 밑 3에 대한 강한 유사소수임을 보여라.

7. 밑 5에 대한 오일러 유사소수 n에 대해 n이 밑 5에 대한 강한 유사소수임을 보장하는 합동 조건을 찾아라.

*8. 합성수인 양의 정수 n의 소인수분해가 $n = p_1^{a_1} p_2^{a_2} \cdots p_m^{a_m}$이라고 하자. 여기서 $j = 1, 2, \ldots, m$에 대해 $p_j = 1 + 2^{k_j} q_j$이고 $k_1 \le k_2 \le \cdots \le k_m$이며 $n = 1 + 2^k q$라고 가정하자. n이 다음과 같은 수의 서로 다른 밑 b에 대해 $1 \le b < n$ 조건에서 오일러 유사소수임을 보여라.

$$\delta_n \prod_{j=1}^{m} ((n-1)/2, p_j - 1)$$

여기서

$$\delta_n = \begin{cases} 2, & k_1 = k\text{인 경우} \\ 1/2, & k_j < k\text{이고 어떤 } j\text{에 대해 } a_j\text{가 홀수인 경우} \\ 1, & \text{그 외의 경우} \end{cases}$$

9. $1 \le b < 561$인 정수 b 중에서 561이 밑 b에 대한 오일러 유사소수인 경우의 수는 몇 개인가?

10. $1 \le b < 1729$인 정수 b 중에서 1729가 밑 b에 대한 오일러 유사소수인 경우의 수는 몇 개인가?

계산과 탐구

1. 1,000,000보다 작은 수 중에서 밑 2에 대한 오일러 유사소수를 모두 찾아라. 밑 $3, 5, 7, 11$에 대해서도 동일하게 하라. 이 결과를 기반으로 소수 판정법을 제시하라.
2. 자릿수가 50에서 60 사이인 정수 중에 솔로베이-슈트라센 확률적 소수 판정법을 20번 이상 통과하는 거의 소수 10개를 찾아라.
3. $b \le 50$인 모든 양의 정수 b에 대해, 밑 b에 대한 최소 오일러 유사소수를 찾아라.

카탈란 수(Catalan number) $C_0, C_1, C_2, \ldots$는 $C_0 = 1$이고, $C_{n+1} = C_0C_n + C_1C_{n-1} + \cdots + C_{n-1}C_1 + C_nC_0$으로 재귀적으로 정의된다. 2008년 스위스 수학자 에이비(Christian Aebi)와 호주 수학자 케언스(Grant Cairns)는 p가 홀수 소수일 때 $(-1)^{(p-1)/2}C_{(p-1)/2} \equiv 2 \pmod p$임을 보였다. **카탈란 유사소수**(Catalan pseudoprime)는 $(-1)^{(n-1)/2}C_{(n-1)/2} \equiv 2 \pmod n$을 만족하는 합성수이다.

4. 5907이 카탈란 유사소수임을 보여라.
5. 5907보다 큰 카탈란 유사소수를 추가로 찾아라.

프로그래밍 프로젝트

1. 정수 n과 $b > 1$인 양의 정수 b가 주어졌을 때 n이 밑 b에 대한 오일러 유사소수인지 여부를 판정하라.
2. 정수 n이 주어졌을 때 솔로베이-슈트라센 확률적 소수 판정법을 수행하라.

12.5 영지식 증명

어떤 중요한 비공개정보를 가지고 있음을 다른 사람에게 증명하고자 할 때, 그 정보를 노출하지 않고 설득하려 한다고 가정하자. 예를 들어 200자리 양의 정수의 소인수분해를 알고 있음을 누군가에게 증명하고자 할 때, 소인수분해를 알려주지 않고 이를 증명하고자 할 수 있다. 또는 중요한 정리의 증명을 가지고 있음을 수학계에 알리고 싶지만, 그 증명을 공개하지 않고 이를 입증하고자 할 수도 있다. 이 절에서는 그러한 경우에 사용할 수 있는 방법들, 흔히 **영지식**(zero-knowledge) 또는 **최소-공개 증명**(minimum-disclosure proofs)으로 알려진 방법들을 다룬다. 영지식 증명은 1980년대 중반에 발명되었다.

영지식 증명에서는 **증명자**(prover)라는 비밀정보를 가지고 있는 사람과 그 증명자가 비밀정보를 가지고 있음을 확신하고자 하는 **검증자**(verifier)라는 두 당사자가 있다. 영지식 증명이 사용될 때 비밀정보를 가지지 않은 사람이 증명자로 위장해 검증자를 속일 가능성은 매우 낮다. 더욱이, 검증자는 증명자가 그 정보를 가지고 있다는 사실 이외에는 거의 아무것도 알아낼 수 없다. 특히 검증자는 다른 사람에게 그 정보를 알고 있다는 것을 확신시킬 수 없다.

비고. 영지식 증명은 검증자에게 아주 적은 양의 정보만을 제공하기 때문에, 영지식 증명은 더 정확하게는 최소-공개 증명이라고 불려야 한다. 그럼에도 불구하고 이러한 증명에 대해 원래의 용어를 사용한다.

두 소수의 곱을 법으로 하는 제곱근을 찾을 때 두 소수를 아는 것이 두 소수를 모르는 경우에 비해 얼마나 쉬운지에 기반한 몇 가지 예를 설명함으로써 영지식 증명의 사용을 설명하려고 한다. (이 주제에 대한 논의는 12.1절 끝부분을 참고하라.)

첫 번째 예는 영지식 증명을 위해 제안된 방식인데, 결함이 있어 이 용도로는 부적합한 것으로 밝혀진 것이다. 그럼에도 불구하고, 이 방식은 영지식 증명 개념을 설명하는 데 유용하고 상대적으로 간단하기 때문에 첫 번째 예제로 소개한다. 또한 이 방식이 유효한 영지식 증명 방식이 되지 못하는 이유를 이해하는 것은 귀중한 통찰력을 제공한다(연습문제 11 참조). 이 방식에서 증명자인 Paula는 n이 두 개의 큰 소수 p와 q의 곱이라는 것을 알고 있지만, 이를 검증자 Vince에게 알리지 않고, 이 두 소수를 Vince가 찾을 수 없게 하면서 n의 소인수를 알고 있다는 것을 Vince에게 설득하려고 한다.

이 방식이 처음 고안되었을 때 p와 q를 알지 못하는 사람이 법 n으로 y의 제곱근을 합리적인 시간 내에 찾을 수 없다고 생각되었다. 반면에 Paula는 이 소수들을 알고 있기 때문에 쉽게 찾을 수 있었다. 그러나 이것이 사실이 아니라는 것이 연습문제 11에서 설명된다.

제안된 방식은 다음 절차를 반복하는 것에 기반한다.

(i) n은 알고 있지만 p와 q는 모르는 Vince는 임의로 정수 x를 선택한다. 그는 법 n으로 x^4의 최소비음잉여 y를 계산하고 이를 Paula에게 보낸다.

(ii) Paula는 y를 받으면 법 n으로 y의 제곱근을 계산한다. (이 절차의 단계를 설명한 후에 Paula가 어떻게 이 계산을 할 수 있는지 설명한다.) 이 제곱근은 법 n으로 x^2의 최소양잉여이다. Paula는 이 정수를 Vince에게 보낸다.

(iii) Vince는 x^2를 n으로 나눈 나머지를 찾아 Paula의 답을 확인한다.

Paula가 (ii)에서 법 n으로 x^2의 최소양잉여를 찾을 수 있는 이유를 설명하기 위해, Paula가 p와 q를 알고 있기 때문에 법 n으로 x^4의 4개의 제곱근을 쉽게 찾을 수 있다는 점을 주목하라. 다음으로, 법 n으로 x^4의 4개의 제곱근 중 오직 하나만이 법 n으로 이차잉여라는 점을 주목하라(연습문제 3 참조). 따라서 Paula는 p와 q를 모르는 사람은 합리적인 시간 내에 법 n으로 y의 제곱근을 찾을 수 없지만, Paula는 이 소수들을 알고 있기 때문에 찾을 수 있다.

다음 예제를 통해 이 절차를 설명한다.

예제 12.20

예를 들어 Paula의 개인 정보가 $n = 103 \cdot 239 = 24{,}617$의 소인수분해라고 하자. Paula는 방금 설명한 절차를 사용하여 $p = 103$과 $q = 239$를 알고 있다는 것을 Vince에게 증명할 수 있다. 이때 Paula는 이 소수들을 Vince에게 공개하지 않는다.(실제로는 여기서 사용된 작은 소수 대신 수백 자리의 소수를 사용한다.)

절차를 설명하기 위해 Vince가 (i)에서 임의의 정수 9134를 선택했다고 가정하자. Vince는 법 24,617로 9134의 최소양잉여를 계산하고, 그 값은 20,682가 된다. Vince는 이 정수 20,682를 Paula에게 보낸다.

(ii)에서 Paula는 다음 합동식을 사용하여 정수 x^2를 계산한다.

$$x^2 \equiv \pm 20{,}682^{(103+1)/4} = \pm 20{,}682^{26} \equiv \pm 59 \pmod{103}$$
$$x^2 \equiv \pm 20{,}682^{(239+1)/4} = \pm 20{,}682^{60} \equiv \pm 75 \pmod{239}$$

[참고로 $p \equiv q \equiv 3 \pmod 4$일 때 합동식 $x^2 \equiv a \pmod p$와 $x^2 \equiv a \pmod q$의 해는 각각 $x^2 \equiv \pm a^{(p+1)/4} \pmod p$와 $x^2 \equiv \pm a^{(q+1)/4} \pmod q$가 된다.]

x^2이 $24{,}627 = 103 \cdot 239$에 대한 이차잉여이므로 103과 239에 대해서도 이차잉여가 된다. 르장드르 기호를 계산해보면 $\left(\frac{59}{103}\right) = 1$, $\left(\frac{-59}{103}\right) = -1$, $\left(\frac{75}{239}\right) = 1$, $\left(\frac{-75}{239}\right) = -1$이다. 따라서 Paula는 연립합동식 $x^2 \equiv 59 \pmod{103}$과 $x^2 \equiv 75 \pmod{239}$를 풀어 $x^2 \equiv 2943 \pmod{24{,}617}$을 얻는다.

(iii)에서 Vince는 $x^2 = 9134^2 \equiv 2943 \pmod{24{,}617}$을 확인하여 Paula의 답을 검증한다.

이제 1985년에 이스라엘의 암호학자 샤미르(Adi Shamir)가 발명한 영지식 기술에 기반한 증명자의 신원을 확인하는 방법을 설명한다. 다시 $n = pq$라고 가정하며, 여기서 p와 q는 둘 다 4로 나눈 나머지가 3인 큰 소수이다. I는 개인식별번호와 같은 특정 정보를 나타내는 양의 정수라고 하자. 증명자는 작은 양의 정수 c를 선택하고, 이때 I와 c를 연결하여 얻은 정수 v가 n의 이차잉여가 된다. (이때 c는 거의 1/2의 확률로 시도해보면 찾을 수 있다.) 증명자는 법 n으로 v의 제곱근 u를 쉽게 찾을 수 있다.

증명자는 다음 대화형 증명을 사용하여 p와 q를 알고 있음을 검증자에게 증명한다. 이 증명의 각 주기는 다음 단계들에 기반한다.

(i) 증명자인 Paula는 임의의 수 r를 선택하고, 다음 두 개의 값을 포함하는 메시지를 검증자에게 보낸다. 즉 x ($x \equiv r^2 \pmod n$, $0 \le x < n$) 그리고 y ($y \equiv v\bar{x} \pmod n$, $0 \le y < n$), 여기서 $\bar{x}$는 법 n으로 x의 역수이다.

(ii) 검증자인 Vince는 $xy \equiv v \pmod n$이 성립하는지 확인한 후, 무작위로 비트 b를 선택하여 증명자에게 보낸다.

(iii) Vince가 보낸 비트 b가 0이면 Paula는 r를 Vince에게 보낸다. 반면 b가 1이면 Paula는

s를 Vince에게 보내는데, 여기서 s는 법 n으로 $u\overline{r}$의 최소양잉여이고, $\overline{r}$는 법 n으로 r의 역수이다.

(iv) Vince는 Paula가 보낸 값의 제곱을 계산한다. 만약 Vince가 0을 보냈다면 이 제곱이 x와 같은지 확인한다. 즉 $r^2 \equiv x \pmod{n}$이다. 만약 Vince가 1을 보냈다면 이 제곱이 y와 같은지 확인한다. 즉 $s^2 \equiv y \pmod{n}$이다.

이 절차는 증명자가 법 n으로 v의 제곱근 u를 찾을 수 있는 반면 p와 q를 모르는 사람은 합리적인 시간 내에 법 n으로 제곱근을 계산할 수 없다는 사실에도 기반한다. 이 절차의 네 단계는 하나의 주기를 이룬다.

주기가 높은 보안 수준을 보장하기 위해 충분히 자주 반복될 수 있다.

이러한 유형의 영지식 증명을 다음 예제를 통해 설명한다.

예제 12.21

Paula가 $n = 31 \cdot 61 = 1891$의 소인수를 알고 있음을 Vince에게 증명함으로써 자신의 신원을 확인시키고 싶다고 가정하자. 그녀의 식별번호는 $I = 391$이다. 391은 31과 61 모두의 이차잉여이므로 1891의 이차잉여이다. 따라서 Paula는 $v = 391$을 사용할 수 있다(이 경우 Paula는 I에 c를 연결할 필요가 없다). Paula는 239가 법 1891로 391의 제곱근임을 발견한다. 그녀는 31과 61의 소수를 알고 있기 때문에 이 계산을 쉽게 수행할 수 있다. (참고로 이 예에서는 작은 소수 p와 q를 사용하여 절차를 설명했다. 실제로는 수백 자리의 소수를 사용해야 한다.)

이 절차의 한 주기를 예로 들어 설명한다. (i)에서 Paula는 임의의 수, 즉 $r = 998$을 선택한다고 가정하자. 그녀는 Vince에게 두 개의 숫자를 보낸다. $x \equiv r^2 \equiv 998^2 \equiv 1338 \pmod{1891}$과 $y \equiv v\overline{x} \equiv 391 \cdot 1296 \equiv 1839 \pmod{1891}$이다.

(ii)에서 Vince는 $xy \equiv 1338 \cdot 1839 \equiv 391 \pmod{1891}$을 확인하고 임의로 비트 b, 예를 들어 $b = 1$을 선택하여 Paula에게 보낸다.

(iii)에서 Paula는 $s \equiv u\overline{r} = 239 \cdot 1855 \equiv 851 \pmod{1891}$을 Vince에게 보낸다. 마지막으로 (iv)에서 Vince는 $s^2 \equiv 851^2 \equiv 1839 \equiv y \pmod{1891}$을 확인한다.

증명자가 검증자에게 r과 s를 둘 다 보낸다면 검증자는 증명자가 가진 비밀정보인 $u = rs$를 알게 된다. 충분히 많은 주기를 반복하여 시험을 통과함으로써 증명자는 요청시 r 또는 s 중 하나를 생성할 수 있음을 보여준다. 따라서 Paula는 u를 알고 있음이 된다. 왜냐하면 각 주기에서 Paula는 r과 s를 둘 다 알고 있기 때문이다. 검증자의 임의 비트 선택은 절차가 조작된 숫자를 사용해 시험을 통과할 수 없게 만든다. 예를 들어 어떤 사람은 알려진 숫자 r의 제곱을 계산하고 $x = r^2$을 보내는 대신 임의의 숫자를 선택할 수 있다. 마찬가지로 어떤 사람은 $v\overline{x}$가 알려진 제곱인 숫자 x를 선택할 수 있다. 그러나 x와 y를 모두 알려진 숫자의 제곱으로 만들기 위한 사전 계산은 u를 모르면 불가능하다.

검증자가 선택한 비트가 무작위로 선택되므로 0일 확률은 1/2이고, 1일 확률도 1/2이다. 만약 누군가가 v의 제곱근인 u를 모른다면 그들이 이 테스트의 한 주기를 통과할 확률은 거의 정확히 1/2이다. 따라서 증명자를 사칭하는 누군가가 30번의 주기를 통과할 확률은 대략 $1/2^{30}$, 즉 10억 분의 1 이하이다.

피아트-샤미르 방법(Fiat-Shamir method)으로 알려진 이 절차의 변형은 스마트 카드에서 개인식별번호를 확인하는 것과 같은 검증 절차의 기초가 된다.

다음으로, 누군가가 특정 정보를 가지고 있음을 영지식 증명을 사용하여 증명할 수 있는 방법을 설명한다. 증명자 Paula가 $v_1, v_2, \ldots, v_m$으로 표현되는 정보를 가지고 있다고 가정하자. 여기서 $1 \leq v_j < n$이며, $j = 1, 2, \ldots, m$이다. 앞서 설명한 것처럼 n은 p와 q라는 두 소수의 곱이며, 이 두 소수는 4로 나눈 나머지가 3이다. Paula는 $s_1, s_2, \ldots, s_m$으로 이루어진 정수수열을 공개하는데, 여기서 $s_j \equiv \overline{v}_j^2 \pmod{n}$이며 $1 \leq s_j < n$이다. Paula는 이 정보를 공개하지 않고서도 자신이 $v_1, v_2, \ldots, v_m$이라는 비공개정보를 알고 있음을 검증자 Vince에게 입증하고 싶어 한다. Vince가 아는 것은 Paula의 공개된 법 n과 공개된 정보 $s_1, s_2, \ldots, s_m$이다.

다음 절차는 Vince에게 Paula가 이 정보를 알고 있음을 입증하는 데 사용할 수 있다. 절차의 각 주기는 다음 단계들로 구성된다.

(i) Paula는 임의의 수 r를 선택하고 $x = r^2$을 n으로 나눈 나머지를 계산하여 이를 Vince에게 보낸다.

(ii) Vince는 집합 $1, 2, \ldots, m$의 부분집합 S를 선택하여 이를 Paula에게 보낸다.

(iii) r과 S에 포함된 v_j를 곱한 후에 이를 n으로 나눈 나머지를 y로 놓자. 즉 $y \equiv r \prod_{j \in S} v_j \pmod{n}$이고 $0 \leq y < n$이다. Paula는 y를 Vince에게 보낸다.

(iv) Vince는 $x \equiv y^2 z \pmod{n}$임을 확인하는데, 여기서 z는 S에 포함된 s_j의 곱이며 $z \equiv \prod_{j \in S} s_j \pmod{n}$이고 $0 \leq z < n$이다.

(iv)에서의 합동 관계는 다음과 같이 성립한다는 점에 유의하라.

$$
\begin{aligned}
y^2 z &\equiv r^2 \prod_{j \in S} v_j^2 \prod_{j \in S} s_j \pmod{n} \\
&\equiv r^2 \prod_{j \in S} v_j^2 \overline{v}_j^2 \pmod{n} \\
&\equiv r^2 \pmod{n}
\end{aligned}
$$

여기서 임의의 수 r을 사용하는 이유는 검증자가 집합 $S = \{j\}$를 선택하여 비밀정보의 일부인 정수 v_j의 값을 결정할 수 없도록 하기 위함이다. 이 절차가 실행될 때 검증자는 비공개정보

$v_1, \ldots, v_m$ 을 파악하는 데 도움이 되는 새로운 정보를 제공받지 못한다.

다음 예제를 통해 이 영지식 증명의 한 주기를 설명한다.

예제 12.22

Paula가 가진 비밀정보는 정수 $v_1 = 1144$, $v_2 = 877$, $v_3 = 2001$, $v_4 = 1221$, $v_5 = 101$로 표현된다는 것을 Vince에게 입증하고 싶어 한다고 가정하자. 그녀의 비공개 법은 $n = 47 \cdot 53 = 2491$이다. (실제로는 이 예에서 사용된 작은 소수 대신 수백 자릿수의 소수를 사용한다.)

그녀의 공개정보는 정수 s_j로 이루어지며 $s_j \equiv \overline{v}_j^2 \pmod{2491}$, $0 < s_j < 2491$, $j = 1, 2, 3, 4, 5$이다. 일반적인 계산을 통해 그녀의 공개정보는 $s_1 = 197$, $s_2 = 2453$, $s_3 = 1553$, $s_4 = 941$, $s_5 = 494$로 이루어진다는 것을 알 수 있다.

Paula는 본문에서 설명된 절차를 사용하여 그녀가 비밀정보를 가지고 있음을 Vince에게 입증할 수 있다. 절차의 한 주기를 설명한다. (i)에서 Paula는 임의의 수, 예를 들어 $r = 1253$을 선택한다. 다음으로 그녀는 r^2을 2491로 나눈 나머지인 $x = 679$를 Vince에게 보낸다.

(ii)에서 Vince는 집합 $\{1, 2, 3, 4, 5\}$의 부분집합을 선택하여, 예를 들어 $S = \{1, 3, 4, 5\}$라고 하여 이를 Paula에게 알린다.

(iii)에서 Paula는 $0 \leq y < 2491$이고 다음 값을 계산한다.

$$\begin{aligned} y &\equiv r v_1 v_3 v_4 v_5 \pmod{2491} \\ &\equiv 1253 \cdot 1144 \cdot 2001 \cdot 1221 \cdot 101 \pmod{2491} \\ &\equiv 68 \pmod{2491} \end{aligned}$$

결과적으로 그녀는 $y = 68$을 Vince에게 보낸다.

마지막으로 (iv)에서 Vince는 $x \equiv y^2 s_1 s_3 s_4 s_5 \pmod{2491}$임을 확인한다. 즉 $x = 679 \equiv 68^2 \cdot 197 \cdot 1553 \cdot 941 \cdot 494 \pmod{2491}$임을 확인한다.

Vince는 Paula가 비밀정보를 가지고 있음을 확인하기 위해 이 절차를 여러 번 반복할 것을 요청할 수 있다. 그는 Paula가 속이고 있을 확률이 자신의 요구를 만족할 만큼 충분히 작다고 느낄 때 멈춘다.

증명자가 영지식 정보 증명에 대한 이 상호 절차에서 어떻게 속일 수 있을까? 즉 증명자가 실제로 비공개정보 $v_1, \ldots, v_m$을 알고 있지 않으면서 검증자가 알고 있다고 생각하게끔 속이는 방법은 무엇일까? 증명자가 검증자가 이를 제공하기 전에 집합 S를 추측하고, (i)에서 $x = r^2 \prod_{j \in S} \overline{v}_j^2$을 사용하며, (iii)에서 $y = r$로 설정하는 것이 유일한 명확한 방법이다. $\{1, 2, \ldots, m\}$의 부분집합은 2^m개가 존재하므로 비밀정보를 알지 못하는 사람이 이 기술을 사용하여 검증자를 속일 확률은 $1/2^m$이다. 더 나아가 이 주기가 T번 반복될 때, 그 확률은 $1/2^{mT}$로 감소한다. 예를 들어 $m = 10$이고 $T = 3$일 경우 검증자가 속을 확률은 10억분의 1보다 작다.

이 절에서 영지식 증명에 대해 간략하게만 다루었다. 이 주제에 대해 더 알고 싶다면 [Po90]

에 있는 Goldwasser의 장과 그 장에서 제공된 참고문헌을 참조하기 바란다.

12.5 연습문제

1. $n = 3149 = 47 \cdot 67$이고 $x^4 \equiv 2070 \pmod{3149}$일 때 x^2을 3149로 나눈 나머지를 구하라.

2. $n = 11{,}021 = 103 \cdot 107$이고 $x^4 \equiv 1686 \pmod{11{,}021}$일 때 x^2을 11,021로 나눈 나머지를 구하라.

3. $n = pq$이고, 여기서 p와 q는 모두 4로 나눈 나머지가 3인 소수이며 x는 n과 서로소인 정수라고 하자. x^4의 4개의 제곱근 중에서 오직 하나만이 어떤 정수의 제곱의 최소비음잉여임을 증명하라.

4. Paula의 식별번호가 1760이고 $1961 = 37 \cdot 53$일 때 Paula가 무작위 수 1101을 선택하고 Vince가 1을 그의 무작위 비트로 선택한 경우 샤미르 절차의 한 주기에서 Paula가 자신의 신원을 Vince에게 어떻게 확인하는지 보여라.

5. Paula의 식별번호가 7이고 $1411 = 17 \cdot 83$일 때, Paula가 무작위 수 822를 선택하고 Vince가 1을 그의 무작위 비트로 선택한 경우 샤미르 절차의 한 주기에서 Paula가 자신의 신원을 Vince에게 어떻게 확인하는지 보여라.

6. 예제 12.22에서 증명자가 (i)에서 무작위 수 $r = 888$을 선택하고 검증자가 $\{1, 2, 3, 4, 5\}$의 부분집합 $\{2, 3, 5\}$를 선택했을 때, 증명자가 비밀정보를 가지고 있다는 것을 검증하는 데 사용되는 단계를 실행하라.

7. 증명자가 (i)에서 무작위 수 $r = 1403$을 선택하고 검증자가 $\{1, 2, 3, 4, 5\}$의 부분집합 $\{1, 5\}$를 선택했을 때, 증명자가 비밀정보를 가지고 있다는 것을 검증하는 데 사용되는 단계를 실행하라.

8. $n = 2491 = 47 \cdot 53$일 때 Paula의 식별정보는 여섯 개의 숫자 $v_1 = 881, v_2 = 1199, v_3 = 2144, v_4 = 110, v_5 = 557, v_6 = 2200$으로 구성되어 있다.

   a) Paula의 공개식별정보 $s_1, s_2, s_3, s_4, s_5, s_6$을 구하라.

   b) Paula가 무작위로 $r = 1091$을 선택하고 Vince가 부분집합 $S = \{2, 3, 5, 6\}$을 선택하여 Paula에게 보냈다고 하자. Paula가 계산하여 Vince에게 다시 보내는 숫자를 구하라.

   c) Paula의 비밀정보를 Vince가 확인하기 위해 수행하는 계산은 무엇인가?

9. $n = 3953 = 59 \cdot 67$일 때 Paula의 식별정보는 여섯 개의 숫자 $v_1 = 1001, v_2 = 21, v_3 = 3097, v_4 = 989, v_5 = 157, v_6 = 1039$로 구성되어 있다.

   a) Paula의 공개식별정보 $s_1, s_2, s_3, s_4, s_5, s_6$을 구하라.

   b) Paula가 무작위로 $r = 403$을 선택하고 Vince가 부분집합 $S = \{1, 2, 4, 6\}$을 선택하여 Paula에게 보냈다고 하자. Paula가 계산하여 Vince에게 다시 보내는 숫자를 구하라.

   c) Paula의 비밀정보를 Vince가 확인하기 위해 수행하는 계산은 무엇인가?

10. $n = pq$이고, 여기서 p와 q는 큰 홀수 소수라고 가정하자. p와 q를 알지 않고 n을 법으로 하는 제곱근을 효율적으로 추출할 수 있다고 가정할 때, p와 q의 소인수를 확률이 1에 가깝게 찾아낼 수 있음을 보여라. (힌트: 다음 절차를 기반으로 알고리즘을 설계하라. 정수 x를 선택하라. x^2을 n으로 나눈 나머지의 제곱근을 추출하라. 이 제곱근이 법 n으로 $\pm x$와 합동이 아닌 제곱근일 확률이 1/2임을 보여야 한다.)

11. 예제 12.20 앞에서 제시된 영지식 증명의 제안된 방식에 결함이 있음을 이 연습문제에서 드러내 보이고자 한다. Vince가 야코비 기호 $\left(\frac{w}{n}\right)$가 -1인 값을 찾을 때까지 무작위로 w를 선택하고, w^2을 n으로 나눈 나머지인 z를 Paula에게 보낸다고 하자. Paula가 계산한 z의 제곱근을 그녀가 돌려보내면, Vince는 n을 소인수분해할 수 있음을 보여라.

계산과 탐구

1. 정수 n이 주어지고, 여기서 $n = pq$이며 p와 q는 모두 4로 나눈 나머지가 3인 소수이며 50자리 이상의 소수라고 가정하자. 영지식 증명을 사용하여 당신이 p와 q를 모두 알고 있음을 동료에게 설득하라.

2. 10,000보다 작은 10개의 양의 정수로 이루어진 수열의 비밀을 알고 있음을 영지식 증명을 사용하여 동료에게 설득하라.

프로그래밍 프로젝트

1. n이 4로 나눈 나머지가 3인 두 소수의 곱이고 x가 n과 서로소인 정수일 때, x^4를 n으로 나눈 나머지가 주어진 경우에 x^2을 n으로 나눈 나머지를 구하라.

제13장
십진 소수와 연분수

이 장에서는 유리수와 무리수를 소수와 연분수로 나타내는 방법을 다룬다. 모든 유리수는 유한 소수 또는 순환 소수로 표현될 수 있음을 보여주고, 유리수의 소수표현에서 순환마디의 길이에 대해 살펴본다. 또한 소수를 이용하여 무리수를 만들어내는 방법과 소수를 사용해 초월수를 표현하거나 실수 집합이 셀 수 없는 무한 집합임을 증명할 수 있는 방법을 보인다.

연분수는 수를 표현하는 유용한 방법을 제공한다. 모든 유리수는 유한연분수로, 모든 무리수는 무한연분수로 표현됨을 보이고, 연분수를 사용하여 실수를 주어진 양의 정수보다 작은 분모를 가진 가장 가까운 유리수로 근사할 수 있음을 증명한다. 특히 이차무리수의 집합과 순환 연분수를 가지는 무리수의 집합이 같다는 중요한 결과를 다룬다. 마지막으로 정수를 인수분해하는 데 연분수를 어떻게 사용할 수 있는지 설명한다.

13.1 십진 소수

이 절에서는 유리수와 무리수를 소수로 표현하는 방법을 다룬다. 먼저 b가 1보다 큰 양의 정수일 때, 실수의 b진전개를 고려한다. α를 양의 실수라 하고, $a = [\alpha]$를 α의 정수부분이라고 하면 $\gamma = \alpha - [\alpha]$는 α의 소수부분이 되어 $\alpha = a + \gamma$이며 $0 \leq \gamma < 1$이다. 정리 2.1에 의해 정수 a는 고유한 b진전개를 가진다. 다음과 같이 소수부분 γ 또한 고유한 b진전개를 가진다.

정리 13.1

γ가 $0 \leq \gamma < 1$인 실수이고 b는 1보다 큰 양의 정수일 때, γ는 다음과 같이 유일하게 표현될 수 있다.

$$\gamma = \sum_{j=1}^{\infty} c_j / b^j$$

여기서 각 $j = 1, 2, \ldots$에 대해 계수 c_j는 $0 \leq c_j \leq b-1$인 정수이며, 모든 양의 정수 N에 대해 $n \geq N$이고 $c_n \neq b-1$인 정수 n이 존재한다는 제약이 있다.

정리 13.1의 증명에서 무한 급수를 다룬다. 정리 13.2의 무한 등비급수의 합공식이 증명에 사용된다.

정리 13.2

a와 r이 실수이고 $|r| < 1$이면 다음 식이 성립한다.

$$\sum_{j=0}^{\infty} ar^j = a/(1-r)$$

대부분의 미적분학 또는 해석학 책에서 정리 13.2의 증명을 찾을 수 있다(예를 들어 [Ru64]를 참조).

주의할 점은 모든 유한 b진전개는 $(.c_1c_2\ldots c_m)_b = (.c_1c_2\ldots c_m - 1\ b-1\ b-1\ldots)_b$와 같이 끝자리 숫자가 모두 $b-1$로 구성된 무한 b진전개로 표현될 수 있다는 것이다. 예를 들어 $(.12)_{10} = (.11999\ldots)_{10}$이다. 이때문에 정리 13.1에서 모든 정수 N에 대해 $n \geq N$이고 $c_n \neq b-1$인 정수 n이 존재해야 한다는 제약 조건이 필요하다. 이 조건이 없으면 b진전개는 유일하지 않게 된다.

이제 정리 13.1을 증명하자.

증명 13.1

먼저 다음과 같다고 하자.

$$c_1 = [b\gamma]$$

그러면 $0 \leq b\gamma < b$이므로 $0 \leq c_1 \leq b-1$이다. 추가로 다음과 같다고 하자.

$$\gamma_1 = b\gamma - c_1 = b\gamma - [b\gamma]$$

그러면 $0 \leq \gamma_1 < 1$이고 다음과 같다.

$$\gamma = \frac{c_1}{b} + \frac{\gamma_1}{b}$$

각 $k = 2, 3, \ldots$에 대해 c_k와 γ_k를 다음과 같이 재귀적으로 정의한다.

$$c_k = [b\gamma_{k-1}]$$

$$\gamma_k = b\gamma_{k-1} - c_k$$

그러면 $0 \le b\gamma_{k-1} < b$이고 $0 \le \gamma_k < 1$이므로 $0 \le c_k \le b-1$이다. 따라서 다음이 성립한다.

$$\gamma = \frac{c_1}{b} + \frac{c_2}{b^2} + \cdots + \frac{c_n}{b^n} + \frac{\gamma_n}{b^n}$$

그런데 $0 \le \gamma_n < 1$이므로 $0 \le \gamma_n/b^n < 1/b^n$임을 알 수 있다. 그러므로 다음과 같다.

$$\lim_{n\to\infty} \gamma_n/b^n = 0$$

이로부터 원하는 전개를 얻을 수 있다.

$$\begin{aligned}\gamma &= \lim_{n\to\infty} \left(\frac{c_1}{b} + \frac{c_2}{b^2} + \cdots + \frac{c_n}{b^n}\right) \\ &= \sum_{j=1}^{\infty} c_j/b^j\end{aligned}$$

이 전개가 유일함을 보이기 위해 다음과 같이 가정하자.

$$\gamma = \sum_{j=1}^{\infty} c_j/b^j = \sum_{j=1}^{\infty} d_j/b^j$$

여기서 $0 \le c_j \le b-1$이고 $0 \le d_j \le b-1$이며, 모든 양의 정수 N에 대해 $n \ge N$이고 $c_n \ne b-1$인 정수 n과 $m \ge N$이고 $d_m \ne b-1$인 정수 m이 존재한다. 양의 정수 k가 $c_k \ne d_k$를 만족하는 가장 작은 지표라고 두면 일반성을 잃지 않고 $c_k > d_k$라고 가정할 수 있다 ($c_k < d_k$인 경우에는 두 전개의 역할을 바꿔서 진행한다). 그렇다면 다음과 같다.

$$0 = \sum_{j=1}^{\infty}(c_j - d_j)/b^j = (c_k - d_k)/b^k + \sum_{j=k+1}^{\infty}(c_j - d_j)/b^j$$

그러므로 다음과 같이 쓸 수 있다.

$$(c_k - d_k)/b^k = \sum_{j=k+1}^{\infty}(c_j - d_j)/b^j \tag{13.1}$$

그런데 $c_k > d_k$이므로 다음 부등식을 가진다.

$$(c_k - d_k)/b^k \ge 1/b^k \tag{13.2}$$

반면에 정리 13.2을 사용하여 다음을 얻을 수 있다.

$$\begin{aligned}\sum_{j=k+1}^{\infty} \frac{d_j - c_j}{b^j} &\leq \sum_{j=k+1}^{\infty} (b-1)/b^j \\ &= (b-1)\frac{1/b^{k+1}}{1-1/b} \\ &= 1/b^k\end{aligned} \tag{13.3}$$

여기서 부등식 (13.3)에서 등호는 $j \geq k+1$인 모든 j에 대해 $d_j - c_j = b-1$인 경우에만 성립하며, 이는 $j \geq k+1$인 경우 $d_j = b-1$이고 $c_j = 0$일 때만 발생한다. 그러나 이러한 경우는 정리의 가정에 의해 일어날 수 없으므로 부등식 (13.3)에서 등호는 성립할 수 없다. 따라서 식 (13.2)와 (13.3)은 식 (13.1)과 모순이다. 이로써 b진전개의 유일성이 증명되었다.

음이 아닌 1 미만의 실수를 $\sum_{j=1}^{\infty} c_j/b^j$ 형태로 나타내는 유일한 전개를 이 수의 b**진전개**(base b expansion)라고 하며, 이를 $(.c_1c_2c_3\ldots)_b$로 표기한다.

실수 γ의 b진전개 $(.c_1c_2c_3\ldots)_b$를 찾기 위해서는 정리 13.1의 증명에서 사용된 자리의 수에 대한 재귀 공식을 사용할 수 있다. 즉 다음과 같다.

$$c_k = [b\gamma_{k-1}], \quad \gamma_k = b\gamma_{k-1} - [b\gamma_{k-1}]$$

여기서 $\gamma_0 = \gamma$이고, $k = 1, 2, 3, \ldots$이다. (이 자리의 수에 대한 닫힌 공식도 존재한다. 연습문제 27 참조)

예제 13.1

$1/6$의 8진전개가 $(.c_1c_2c_3\ldots)_b$라 하자. 그러면 다음과 같다.

$$\begin{aligned}
c_1 &= [8 \cdot \tfrac{1}{6}] = 1, \quad \gamma_1 = 8 \cdot \tfrac{1}{6} - 1 = \tfrac{1}{3} \\
c_2 &= [8 \cdot \tfrac{1}{3}] = 2, \quad \gamma_2 = 8 \cdot \tfrac{1}{3} - 2 = \tfrac{2}{3} \\
c_3 &= [8 \cdot \tfrac{2}{3}] = 5, \quad \gamma_3 = 8 \cdot \tfrac{2}{3} - 5 = \tfrac{1}{3} \\
c_4 &= [8 \cdot \tfrac{1}{3}] = 2, \quad \gamma_4 = 8 \cdot \tfrac{1}{3} - 2 = \tfrac{2}{3} \\
c_5 &= [8 \cdot \tfrac{2}{3}] = 5, \quad \gamma_5 = 8 \cdot \tfrac{2}{3} - 5 = \tfrac{1}{3}
\end{aligned}$$

이러한 전개가 반복됨을 알 수 있으므로 다음이 성립한다.

$$1/6 = (.1252525\ldots)_8$$

지금부터 유리수의 b진전개에 대해 알아본다. 어떤 수가 유리수일 필요충분조건은 그 수의 b진전개가 주기적이거나 유한임을 보인다.

정의 13.1

b진전개 $(.c_1c_2c_3\ldots)_b$가 어떤 양의 정수 n에 대해 $c_n = c_{n+1} = c_{n+2} = \cdots = 0$을 만족하면 **유한하다**(terminate)고 말한다.

예제 13.2

소수 $1/8$의 십진전개 $(.125000\ldots)_{10} = (.125)_{10}$는 유한하다. 또한 $4/9$의 6진전개 $(.24000\ldots)_6 = (.24)_6$ 역시 유한하다.

다음 정리에서 유한 b진전개를 가지는 실수를 살펴본다.

정리 13.2

$0 \le \alpha < 1$인 실수 α가 유한 b진전개를 가질 필요충분조건은 α가 유리수이고 $0 \le r < s$이며 s의 모든 소인수가 b를 나누는 어떤 r과 s에 대해 $\alpha = r/s$로 쓸 수 있다는 것이다.

증명 13.2

먼저, α가 유한 b진전개를 가진다고 하자.

$$\alpha = (.c_1c_2\ldots c_n)_b$$

그러면 다음과 같이 쓸 수 있다.

$$\begin{aligned}\alpha &= \frac{c_1}{b} + \frac{c_2}{b^2} + \cdots + \frac{c_n}{b^n}\\ &= \frac{c_1b^{n-1} + c_2b^{n-2} + \cdots + c_n}{b^n}\end{aligned}$$

그러므로 α는 유리수이고, b를 나누는 소수들로만 나눠는 분모를 가진다.

역으로 $0 \le \alpha < 1$이고 $\alpha = r/s$라 두자. 여기서 s를 나누는 모든 소인수는 b도 나눈다. 따라서 b의 거듭제곱 중 s로 나눠는 것이 존재한다. 이를 b^N이라 하자(예를 들어 N을 s의 소인수분해에서 가장 큰 지수로 취하면 된다). 이때 $sa = b^N$이라 두면 다음과 같다.

$$b^N\alpha = b^N r/s = ar$$

여기서 $s|b^N$ 이므로 a 는 양의 정수이다. 이제 $(a_m a_{m-1} \dots a_1 a_0)_b$ 을 ar 의 b진전개라 하면 다음이 성립한다.

$$\begin{aligned}\alpha = ar/b^N &= \frac{a_m b^m + a_{m-1} b^{m-1} + \cdots + a_1 b + a_0}{b^N} \\ &= a_m b^{m-N} + a_{m-1} b^{m-1-N} + \cdots + a_1 b^{1-N} + a_0 b^{-N} \\ &= (.00 \dots a_m a_{m-1} \dots a_1 a_0)_b\end{aligned}$$

그러므로 α는 유한 b진전개를 가진다.

b진전개가 유한하지 않을 경우 **주기적**일 수 있다. 예를 들어 다음과 같다.

$$\begin{aligned}1/3 &= (.333\dots)_{10} \\ 1/6 &= (.1666\dots)_{10} \\ 1/7 &= (.142857142857142857\dots)_{10}\end{aligned}$$

정의 13.2

b진전개 $(.c_1 c_2 c_3 \dots)_b$ 가 어떤 양의 정수 N과 k에 대해 $n \geq N$ 일 때 $c_{n+k} = c_n$ 을 만족하면 **주기적**이라고 말한다.

주기적인 b진전개를 $(.c_1 c_2 \dots c_{N-1} \overline{c_N \dots c_{N+k-1}})_b$ 로 표기하며, 이는 다음을 의미한다.

$$(.c_1 c_2 \dots c_{N-1} c_N \dots c_{N+k-1} c_N \dots c_{N+k-1} c_N \dots)_b$$

예를 들어 다음과 같이 표기한다.

$$\begin{aligned}1/3 &= (.\overline{3})_{10} \\ 1/6 &= (.1\overline{6})_{10} \\ 1/7 &= (.\overline{142857})_{10}\end{aligned}$$

이제 $1/3$과 $1/7$의 소수전개에서는 반복되는 부분이 바로 시작되는 반면에 $1/6$의 소수전개에서는 반복되는 부분이 시작되기 전에 숫자 1이 나타남에 주목하자. 주기적인 b진전개의 주기 부분 앞에 오는 부분을 **전주기**(pre-period)라고 부르고, 주기 부분을 **순환마디**(repetend)라고 한다. 이때 순환마디는 가능한 최소 길이를 가진다. 순환마디의 수의 개수를 **주기**(period)라고 한다.

예제 13.3

$2/45$의 3진전개는 $(.00\overline{1012})_3$이다. 전주기는 $(00)_3$, 순환마디는 $(1012)_3$, 주기는 4이다.

다음 정리로부터 유리수는 주기적이거나 유한한 b진전개를 가지는 실수임을 알 수 있다. 또한 유리수의 b진전개의 전주기의 길이와 주기를 구할 수 있다.

정리 13.3

b가 $b > 1$인 양의 정수라고 하자. 주기적인 b진전개는 유리수를 나타낸다. 역으로 유리수의 b진전개는 유한하거나 주기적이다. 만약 $0 < \alpha < 1$이고 $\alpha = r/s$이며 r과 s가 서로소인 양의 정수이고, $s = TU$이며 T의 모든 소인수는 b를 나누고 $(U, b) = 1$이라면, α의 b진전개의 주기는 $\text{ord}_U b$이고[$\text{ord}_U b$란 $b^x \equiv 1 \pmod{U}$를 만족하는 가장 작은 양의 정수 x임을 상기하자], 전주기의 길이는 N이다. 여기서 N은 $T \mid b^N$를 만족하는 가장 작은 양의 정수이다.

정리 13.4를 증명하기 전에 이 정리를 어떻게 사용할 수 있는지 살펴보자. 예를 들어 $\alpha = r/s$, $0 < \alpha < 1$, $s = 2^{s_1}5^{s_2}t$에서 $(t, 10) = 1$인 경우 정리 13.4에 의해 전주기의 길이는 $\max(s_1, s_2)$이고 주기는 $\text{ord}_t 10$이다.

예제 13.4

$\alpha = 5/28$이라고 하자. $28 = 2^2 \cdot 7$이므로 정리 13.4에 따르면 십진전개의 전주기의 길이는 2이고, 주기는 $\text{ord}_7 10 = 6$이다. 실제로 $5/28 = (.17\overline{857142})_{10}$이므로 이를 직접 확인할 수 있다.

이제 정리 13.4를 증명하자.

증명 13.3

먼저, α의 b진전개가 주기적이라고 가정하자. 정리 13.2에 의해 다음과 같이 나타낼 수 있다.

$$\sum_{j=0}^{\infty} \frac{1}{b^{jk}} = \frac{1}{1 - \frac{1}{b^k}} = \frac{b^k}{b^k - 1}$$

따라서 다음 식이 성립한다.

$$\begin{aligned}
\alpha &= (.c_1 c_2 \ldots c_N \overline{c_{N+1} \ldots c_{N+k}})_b \\
&= \frac{c_1}{b} + \frac{c_2}{b^2} + \cdots + \frac{c_N}{b^N} + \left(\sum_{j=0}^{\infty} \frac{1}{b^{jk}}\right)\left(\frac{c_{N+1}}{b^{N+1}} + \cdots + \frac{c_{N+k}}{b^{N+k}}\right) \\
&= \frac{c_1}{b} + \frac{c_2}{b^2} + \cdots + \frac{c_N}{b^N} + \left(\frac{b^k}{b^k - 1}\right)\left(\frac{c_{N+1}}{b^{N+1}} + \cdots + \frac{c_{N+k}}{b^{N+k}}\right)
\end{aligned}$$

즉 α가 유리수의 합이므로 유리수이다.

역으로 $0 < \alpha < 1$이고, $\alpha = r/s$이며 r과 s가 서로소인 양의 정수라고 가정하자. 또한 $s = TU$인데, T의 모든 소인수는 b를 나누고 $(U, b) = 1$이며 N은 $T \mid b^N$를 만족하는 가장 작은 정수이다.

그런데 $T \mid b^N$이므로 $aT = b^N$를 만족하는 어떤 양의 정수 a가 존재한다. 따라서 다음과 같다.

$$b^N \alpha = b^N \frac{r}{TU} = \frac{ar}{U} \tag{13.4}$$

또한 다음을 얻고,

$$\frac{ar}{U} = A + \frac{C}{U} \tag{13.5}$$

여기서 만족하는 정수 A와 C가 존재한다.

$$0 \le A < b^N, \quad 0 < C < U$$

그리고 $(C, U) = 1$를 만족한다. (A에 관한 부등식은 $0 < b^N \alpha = \frac{ar}{U} < b^N$로부터 유도된다. 이는 부등식 $0 < \alpha < 1$의 양변에 b^N을 곱하여 얻는다. $(C, U) = 1$임은 $(r, s) = 1$로부터 쉽게 알 수 있다.) 정리 2.1에 의해 A는 b진전개 $A = (a_n a_{n-1} \ldots a_1 a_0)_b$를 가진다.

만약 $U = 1$이면 α의 b진전개는 유한하다. $U \neq 1$이면 $v = \mathrm{ord}_U b$일 때 $b^v \equiv 1 \pmod{U}$이므로 어떤 정수 t가 존재해서 다음이 성립한다.

$$b^v \frac{C}{U} = \frac{(tU + 1)C}{U} = tC + \frac{C}{U} \tag{13.6}$$

한편 $(.c_1 c_2 c_3 \ldots)_b$가 $\frac{C}{U}$의 b진전개라면 다음을 얻는다.

$$b^v \frac{C}{U} = b^v \left(\frac{c_1}{b} + \frac{c_2}{b^2} + \cdots + \frac{c_v}{b^v} + \frac{\gamma_v}{b^v} \right) \tag{13.7}$$

그러므로 각 $k = 1, 2, 3, \ldots$.에 대해 다음이 성립하고,

$$c_k = [b\gamma_{k-1}], \quad \gamma_k = b\gamma_{k-1} - [b\gamma_{k-1}]$$

$\gamma_0 = \frac{C}{U}$이다. 식 (13.7)에 의해 다음과 같음을 알 수 있다.

$$b^v \frac{C}{U} = \left(c_1 b^{v-1} + c_2 b^{v-2} + \cdots + c_v \right) + \gamma_v \tag{13.8}$$

식 (13.6)과 (13.8)의 소수부분을 비교하고 $0 \le \gamma_v < 1$임을 고려하면 다음과 같다.

$$\gamma_v = \frac{C}{U}$$

따라서 다음을 얻는다.

$$\gamma_v = \gamma_0 = \frac{C}{U}$$

이와 함께 $c_1, c_2, \ldots,$의 재귀적 정의를 사용하여 각 $k = 1, 2, 3, \ldots$. 에 대해 $c_{k+v} = c_k$가 성립함을 알 수 있다. 그러므로 다음과 같이 $\frac{C}{U}$는 주기적인 b진전개를 가진다.

$$\frac{C}{U} = (.\overline{c_1 c_2 \ldots c_v})_b$$

식 (13.4)와 (13.5)에 A와 $\frac{C}{U}$의 b진전개를 대입하면 다음을 얻는다.

$$b^N \alpha = (a_n a_{n-1} \ldots a_1 a_0 \ .\overline{c_1 c_2 \ldots c_v})_b \tag{13.9}$$

식 (13.9)의 양변을 b^N으로 나누면 다음을 얻는다.

$$\alpha = (.00 \ldots a_n a_{n-1} \ldots a_1 a_0 \overline{c_1 c_2 \ldots c_v})_b$$

(여기서는 $b^N \alpha$의 b진전개에서 소수점을 N자리 왼쪽으로 이동하여 α의 b진전개를 얻는다.) 이 α의 b진전개에서 전주기 $(.00 \ldots a_n a_{n-1} \ldots a_1 a_0)_b$의 길이는 N이고, $N - (n+1)$개의 0으로 시작하며, 주기는 v이다.

지금까지 전주기 길이 N과 주기 v를 가진 α의 b진전개가 존재함을 보였다. 증명을 완성하기 위해 α의 b진전개 전주기가 N보다 짧거나 주기가 v보다 짧게 되도록 재구성할 수 없음을 보여야 한다. 이를 위해 다음을 가정하자.

$$\begin{aligned}
\alpha &= (.c_1 c_2 \ldots c_M \overline{c_{M+1} \ldots c_{M+k}})_b \\
&= \frac{c_1}{b} + \frac{c_2}{b^2} + \cdots + \frac{c_M}{b^M} + \left(\frac{b^k}{b^k - 1}\right)\left(\frac{c_{M+1}}{b^{M+1}} + \cdots + \frac{c_{M+k}}{b^{M+k}}\right) \\
&= \frac{(c_1 b^{M-1} + c_2 b^{M-2} + \cdots + c_M)(b^k - 1) + (c_{M+1} b^{k-1} + \cdots + c_{M+k})}{b^M (b^k - 1)}
\end{aligned}$$

이때 $\alpha = r/s$이고 $(r, s) = 1$이므로 $s \mid b^M (b^k - 1)$임을 알 수 있다. 따라서 $T \mid b^M$이고 $U \mid (b^k - 1)$이다. 이는 $M \geq N$이며 $v \mid k$임을 의미한다(정리 10.1에 의해 $b^k \equiv 1 \pmod{U}$이고 $v = \text{ord}_U b$이기 때문이다). 그러므로 전주기의 길이는 N보다 짧을 수 없고, 주기는 v보다 짧을 수 없다.

주목할 점은 기약분수 r/s의 전주기의 길이와 주기는 분자 r이 아니라 분모 s에만 의존한다는 것이다.

정리 13.4를 통해 유한하지도 주기적이지도 않은 b진전개는 무리수를 나타낸다는 것을 알 수 있다.

예제 13.5

다음과 같은 소수전개를 가지는 수

$$\alpha = .10100100010000\ldots$$

즉 소수점 뒤에 1한 개와 0 한 개, 그 다음에 1 한 개와 0 두 개, 그 다음에는 1한 개와 0 세 개, 이렇게 계속해서 이어지는 형태로 구성된 소수전개를 가지는 수는 이 소수전개가 유한하지 않고 주기적이지 않으므로 무리수이다.

위 예제에서 숫자 α는 10진전개가 주기적이지 않다는 것이 명확하도록 인위적으로 만들어진 것이다. 그러나 자연적으로 발생하는 e와 π와 같은 숫자가 무리수라는 것을 보여주기 위해 정리 13.4를 사용할 수 없다. 왜냐하면 이러한 수의 소수 자릿수에 대한 닫힌 공식이 없기 때문이다. 이 수들의 소수전개에서 아무리 많은 자릿수를 계산해도 계산한 자릿수보다 주기가 길 수도 있기 때문에 계산 결과에만 근거해서 무리수라고 결론지을 수 없다.

13.1.1 초월수

프랑스 수학자 리우빌(Liouville)은 특정 숫자가 초월수임을 최초로 증명한 사람이다. (초월수는 정수계수를 가진 다항식의 근이 아닌 수를 의미한다는 것을 1.1절에서 다루었다.) 리우빌이 초월수라고 증명한 수는 다음과 같다.

$$\alpha = \sum_{i=1}^{\infty} \frac{1}{10^{i!}} = 0.110001000000000000000000100\ldots$$

이 숫자의 소수전개에는 양의 정수 n마다 $n!$번째 자리에 1이 있고, 그 외의 자리에는 0이 있다. 이 수가 초월수임을 보이기 위해 리우빌은 대수적 수는 유리수로 잘 근사될 수 없다는 아래 정리를 증명했다. 특히 이 정리는 차수 n인 대수적 수가 유리수로 얼마나 잘 근사될 수 있는지에 대한 하한을 제공한다. 여기서 **n차 대수적 수**(algebraic number of degree n)란 정수계수를 가진 차수 n의 다항식의 근이면서 차수가 n보다 작은 정수계수 다항식의 근이 아닌 실수를 말한다.

정리 13.4

n이 1보다 큰 양의 정수일 때 α가 n차 대수적 수이면, 모든 유리수 p/q에 대해 다음 부등식을 만족하는 양의 실수 C가 존재한다.

$$\left|\alpha - \frac{p}{q}\right| > C/q^n$$

정리 13.5의 증명은 어렵지 않으나 미적분학에 의존하므로, 여기서는 증명을 제공하지 않는다. 증명은 [HaWr08] 등을 참고하기 바란다. 이 정리를 사용하여 리우빌의 수가 초월수임을 보이는 것으로 만족하자.

따름정리 13.4.1

$\alpha = \sum_{i=1}^{\infty} 1/10^{i!}$ 는 초월수이다.

증명 13.4.1

먼저, α의 소수전개가 유한하지 않고 주기적이지도 않기 때문에 유리수가 아니다. 주기적이지 않다는 것은 소수전개에서 연속적인 1 사이의 0의 개수가 점점 증가한다는 사실로부터 알 수 있다.

α를 정의하는 급수의 첫 k항의 합을 p_k/q_k라고 나타내면 $q_k = 10^{k!}$이다. $i > k+1$일 때 $10^{i!} \geq 10^{(k+1)!i}$이므로 다음이 성립한다.

$$\left|\alpha - \frac{p_k}{q_k}\right| = \frac{1}{10^{(k+1)!}} + \sum_{i=k+2}^{\infty} \frac{1}{(10^{(k+1)!})^i}.$$

또한 다음과 같음을 알 수 있다.

$$\sum_{i=k+2}^{\infty} \frac{1}{10^{(k+1)^i}} \leq \frac{1}{10^{(k+1)!}}$$
$$\left|\alpha - \frac{p_k}{q_k}\right| < \frac{2}{10^{(k+1)!}}$$

따라서 α는 대수적 수가 될 수 없다. 왜냐하면 α가 n차 대수적 수일 때 정리 13.5에 의해 양의 실수 C가 존재하여 $|\alpha - p_k/q_k| > C/q_k^n$를 만족해야 한다. 그러나 $|\alpha - p_k/q_k| < 2/q_k^{k+1}$이므로 k가 n보다 충분히 큰 경우에 모순이 발생한다. 따라서 α는 초월수이다.

실수의 소수전개 개념을 사용하여 실수의 집합이 **가산**이 아님을 보일 수 있다. 1.1절에서 **가산집합**은 양의 정수 집합과 일대일 대응이 가능한 집합이라고 정의한 것을 기억하자. 다르게 말하자면, 가산집합의 원소들은 수열의 항으로 나열할 수 있다. 정수 1에 해당하는 원소를 첫 번째로 항으로, 정수 2에 해당하는 원소를 두 번째로 항으로 나열하는 식이다. 1.1절의 정리 1.4에서 양의 유리수 집합이 가산집합임을 증명했다. 양의 유리수 집합이 가산집합임을 증명하는 방법은 여러 가지가 있다(연습문제 30~33에서 예를 찾을 수 있다).

독일 수학자 칸토어(Georg Cantor)가 개발한 **대각선 논법**(diagonal argument)을 사용하여 실수의 집합이 비가산집합임을 증명하자.

정리 13.5

실수의 집합은 비가산집합이다.

증명 13.5

실수의 집합이 가산집합이라고 가정하자. 그렇다면 가산집합의 부분집합도 가산집합이기 때문에 (독자가 직접 확인해보자.) 1보다 작은 음 아닌 실수들의 부분집합도 가산이다. 이 가정에 따르면 0과 1 사이의 실수를 수열 $r_1, r_2, r_3, \ldots$로 나열할 수 있다. 이 실수의 십진전개를 다음과 같이 나타내자.

$$\begin{aligned} r_1 &= 0.d_{11}d_{12}d_{13}d_{14}\ldots \\ r_2 &= 0.d_{21}d_{22}d_{23}d_{24}\ldots \\ r_3 &= 0.d_{31}d_{32}d_{33}d_{34}\ldots \\ r_4 &= 0.d_{41}d_{42}d_{43}d_{44}\ldots \\ &\vdots \end{aligned}$$

이제 $d_{ii} \neq 4$이면 $d_i = 4$로 $d_{ii} = 4$이면 $d_i = 5$라 하고 $0.d_1d_2d_3d_4\ldots$을 소수전개로 가지는 새로운 실수 r을 고려하자.

모든 실수는 유일한 소수전개를 가지므로(소수부분이 9로만 이루어진 꼬리를 가지는 경우는 제외), r은 $r_1, r_2, r_3, \ldots$ 중 어느 것과도 같지 않다. r이 0과 1 사이에 있으며 위 목록에 포함되지 않았으므로, 0과 1 사이의 모든 실수가 나열될 수 있다는 가정은 잘못된 것이다. 따라서 0과 1 사이의 실수들의 집합, 나아가 모든 실수의 집합은 셀 수 없다.

13.1 연습문제

1. 다음 숫자의 소수전개를 구하라.

   a) 2/5   b) 5/12   c) 12/13   d) 8/15   e) 1/111   f) 1/1001

2. 다음(십진법으로 주어진) 숫자의 8진전개를 구하라.

   a) 1/3   b) 1/4   c) 3/5   d) 1/6   e) 1/12   f) 7/22

3. 다음 소수전개로 표현된 분수를 기약분수로 나타내라.

a) $.12$ b) $.1\overline{2}$ c) $.\overline{12}$

4. 다음 소수전개로 표현된 분수를 기약분수로 나타내라.

a) $(.123)_7$ b) $(.0\overline{13})_6$ c) $(.\overline{17})_{11}$ d) $(.\overline{ABC})_{16}$

5. 어떤 양의 정수 b에 대해 $11/210$의 b진전개가 유한한가?

6. 다음 유리수의 소수전개의 전주기, 순환마디, 주기를 구하라.

a) $7/12$
b) $11/30$
c) $1/75$
d) $10/23$
e) $13/56$
f) $1/61$

7. 다음(십진법으로 주어진) 유리수의 12진전개의 전주기, 순환마디, 주기를 구하라.

a) $1/4$
b) $1/8$
c) $7/10$
d) $5/24$
e) $17/132$
f) $7/360$

8. b가 $b > 1$인 양의 정수일 때 $1/m$의 b진전개의 주기가 $m-1$이 되기 위한 필요충분조건은 m이 소수이고, b가 m의 원시근이라는 것을 보여라. (10.1절에서 a와 n이 서로소인 양의 정수이고 $\text{ord}_n a = \phi(n)$일 때 a가 n의 원시근임을 보였다.)

9. 어떤 소수 p에 대해 $1/p$의 소수전개의 주기가 다음의 각 정수와 같은가?

a) 1
b) 2
c) 3
d) 4
e) 5
f) 6

10. 다음 숫자의 b진전개를 구하라.

a) $1/(b-1)$ b) $1/(b+1)$

11. $b > 2$인 정수 b에 대해 $1/(b-1)^2$의 b진전개가 다음과 같음을 보여라.

$$\left(.\overline{0123\ldots b-3\ b-1}\right)_b$$

12. 정수의 b진전개를 순차적으로 나열하여 만든 다음의 b진전개를 가지는 실수는 무리수임을 보여라.

$$(.0123\ldots b-1\ 101112\ldots)_b$$

13. b가 1보다 큰 양의 정수일 때 다음은 무리수임을 보여라.

$$\frac{1}{b}+\frac{1}{b^4}+\frac{1}{b^9}+\frac{1}{b^{16}}+\frac{1}{b^{25}}+\cdots$$

14. $b_1, b_2, b_3, \ldots$가 1보다 큰 양의 정수로 이루어진 무한 수열이라 하자. 모든 실수는 각 $k = 1, 2, 3, \ldots$에 대해 $0 \le c_k < k$를 만족하는 정수 $c_0, c_1, c_2, c_3, \ldots$가 존재해서 다음과 같이 나타낼 수 있음을

보여라.

$$c_0 + \frac{c_1}{b_1} + \frac{c_2}{b_1 b_2} + \frac{c_3}{b_1 b_2 b_3} + \cdots$$

15. 모든 실수는 각 $k = 1, 2, 3, \ldots$에 대해 $0 \le c_k < k$를 만족하는 정수 $c_0, c_1, c_2, c_3, \ldots$가 존재해서 다음과 같이 나타낼 수 있음을 보여라.

$$c_0 + \frac{c_1}{1!} + \frac{c_2}{2!} + \frac{c_3}{3!} + \cdots$$

16. 모든 유리수는 연습문제 15에서 설명된 형태의 유한전개로 표현될 수 있음을 증명하라.

*17. e가 무리수임을 증명하라. (힌트: 등식 $e = \sum_{n=0}^{\infty} \frac{1}{n!}$를 사용하여 e가 어떤 양의 정수 a와 b에 대해 $e = a/b$인 유리수라면, $x = b!(e - \sum_{n=0}^{b} \frac{1}{n!})$일 때 x가 $0 < x < 1$인 정수라는 모순을 유도하라.)

18. 소수부분이 0과 1로만 구성된 모든 실수의 집합이 가산집합인지 판별하라.

*19. p가 2나 5가 아닌 소수이고 a는 p보다 작은 양의 정수라 하자. $a/p = (.\overline{c_1 c_2 \ldots c_m})_{10}$이 주기가 $m = 2n$인 a/p의 십진전개이면, $(c_1 c_2 \ldots c_n)_{10} + (c_{n+1} c_{n+2} \ldots c_m)_{10} = 10^{n+1} - 1 = (99\ldots99)_{10}$이 성립함을 증명하라. (예를 들어 $1/7 = (.\overline{142857})_{10}$이고, $(142)_{10} + (857)_{10} = (999)_{10}$이 성립한다.) 이 결과는 1836년에 프랑스 수학자 에티엔 미디(Étienne Midy)가 발표하여 **미디의 정리**(Midy's theorem)로 알려져 있다.

*20. 연습문제 19에 주어진 미디의 정리를 b가 2이상인 정수일 때 b진전개의 경우로 일반화하고 증명하라.

21. b가 1보다 큰 양의 정수이고 $a_1, a_2, \ldots$가 모든 양의 정수 i에 대해 $0 \le a_i \le b-1$를 만족하는 정수 수열이라고 하자. 무한히 많은 k에 대해 $a_k \ne 0$이 성립하면 $x = \sum_{k=1}^{\infty} \frac{a_k}{b^{k!}}$가 초월수임을 증명하라. [이러한 수 x를 **리우빌 수**(Liouville number)라 한다.]

*22. r이 유리수일 때 $0 < |r - p/q| < 1/q^n$를 만족하고 $q > 1$인 정수 쌍 (p, q)가 생기는 경우가 없도록 하는 정수 n이 존재함을 보여라.

*23. p가 소수이고 $1/p$의 b진전개가 $(.\overline{c_1 c_2 \ldots c_{p-1}})_b$라 하자. 이때 주기는 $p-1$이다. m이 $1 \le m < p$인 양의 정수라면 다음 식이 성립함을 보여라.

$$m/p = (.\overline{c_{k+1} \ldots c_{p-1} c_1 c_2 \ldots c_{k-1} c_k})_b$$

여기서 k는 $\text{ind}_b m$을 p로 나눈 나머지 중에서 가장 작은 양수이다. (법 p로 $\text{ind}_b m$은 $1 \le x \le p-1$이고 $b^x \equiv m \pmod{p}$인 유일한 정수 x이다.)

*24. p가 소수이고 $1/p = (.\overline{c_1 c_2 \ldots c_k})_b$의 주기가 짝수 $k = 2t$라면, 각 $j = 1, 2, \ldots, t$에 대해 $c_j + c_{j+t} = b - 1$임을 보여라.

25. 어느 양의 정수 n에 대해 $1/n$의 이진전개의 주기가 $n-1$과 같은가?

26. 어느 양의 정수 n에 대해 $1/n$의 십진전개가 $n-1$과 같은가?

27. $0 \le \gamma < 1$ 인 실수 γ의 b진전개 $\gamma = \sum_{j=1}^{\infty} c_j/b^j$ 에서 계수 c_j는 각 $j = 1, 2, \ldots$에 대해 공식 $c_j = [\gamma b^j] - b[\gamma b^{j-1}]$을 통해 주어짐을 증명하라. (힌트: 먼저 $0 \le [\gamma b^j] - b[\gamma b^{j-1}] \le b-1$임을 보이고, 다음으로 $\sum_{j=1}^{N}([\gamma b^j] - b[\gamma b^{j-1}])/b^j = \gamma - (\gamma b^N [\gamma b^N]/b^N)$임을 보인 후, $N \to \infty$일 때 극한을 구하라.)

28. 연습문제 27의 공식을 사용하여 1/6의 14진전개를 구하라.

29. 임의의 양의 정수 수열 $a_1, a_2, \ldots$에 대해 $\sum_{i=1}^{\infty}(-1)^{a_i}/10^{i!}$ 이 초월수임을 보여라.

30. a) 집합 S로부터 양의 정수의 집합으로의 단사함수가 존재하면, S는 가산집합임을 보여라.
    b) (a)를 이용하여 p와 q가 서로소인 양의 정수일 때 함수 $f(p/q) = 2^p 3^q$가 단사함수임을 보임으로써 양의 유리수의 집합이 가산집합임을 보여라.

31. a) 각각의 집합 $S_1, S_2, \ldots, S_k, \ldots$가 가산집합이면, $\bigcup_{j=1}^{\infty} S_j$도 가산집합임을 보여라.
    b) S_k를 분모가 k인 양의 유리수의 집합으로 정의하고 (a)를 이용하여 양의 유리수의 집합이 가산집합임을 보여라.

32. 분수를 분자와 분모의 합의 크기 순서에 따라 나열하여 양의 유리수 집합이 가산집합임을 보여라.

33. 양의 유리수 집합이 가산집합임을 이용하여 모든 유리수의 집합이 가산집합임을 보여라.

34. 유사난수는 P가 m과 서로소인 양의 정수일 때 m진전개 $1/P = (.c_1c_2c_3\ldots)_m$을 사용하여 생성할 수 있다. 양의 정수 j가 시드의 위치일 때 $x_n = c_{j+n}$으로 정의하고 이를 $1/P$ **생성기**라고 한다. 주어진 각 매개변수에 대해 유사난수생성기의 첫 10개의 항을 구하라.

    a) $m = 7$, $P = 19$, $j = 6$
    b) $m = 8$, $P = 21$, $j = 5$

계산과 탐구

1. 유리수 212/31597, 1053/4437189, 81327/16666699의 소수전개의 전주기와 주기를 구하라.

2. $1/n$의 소수전개의 주기가 $n-1$인 가능한 많은 양의 정수 n을 찾아라.

3. π의 소수전개의 첫 10,000항을 계산하라. 어떤 규칙을 찾을 수 있는가? 이 자릿수를 바탕으로 숫자 $0, 1, 2, \ldots, 9$의 분포나 다른 규칙에 대해 추측하라.

4. $(e-1)/(e+1)$의 소수전개의 첫 10,000항을 계산하라. 이 자릿수를 바탕으로 숫자 $0, 1, 2, \ldots, 9$의 분포나 다른 규칙에 대해 추측하라.

프로그래밍 프로젝트

1. b가 1보다 큰 양의 정수일 때 유리수 r/s의 b진전개를 구하라.
2. b가 1보다 큰 양의 정수일 때 유리수 r/s의 b진전개를 이용하여 기약분수로서의 분자와 분모를 구하라.
3. b가 1보다 큰 양의 정수일 때 유리수의 b진전개의 전주기, 순환마디, 주기를 구하라.
4. P와 m이 1보다 큰 서로소인 양의 정수이고 j는 양의 정수일 때 법 m, 시드 위치 j를 (연습문제 34에서 소개된) $1/P$생성기에 사용하여 유사난수를 생성하라.

13.2 유한연분수

이 장의 나머지 부분에서는 연분수에 대해 다룬다. 특히 이 절에서는 유한연분수를 정의하고, 모든 유리수가 유한연분수로 표현될 수 있음을 보인다. 이후의 절에서는 무한연분수를 다룬다.

유클리드 알고리즘을 사용하여 유리수를 **연분수**로 표현할 수 있다. 예를 들어 유클리드 알고리즘은 다음과 같은 일련의 등식을 생성한다.

$$62 = 2 \cdot 23 + 16$$
$$23 = 1 \cdot 16 + 7$$
$$16 = 2 \cdot 7 + 2$$
$$7 = 3 \cdot 2 + 1$$

각 등식의 양변을 그 등식의 제수로 나누면 다음과 같은 식을 얻는다.

$$\begin{aligned}
\frac{62}{23} &= 2 + \frac{16}{23} = 2 + \frac{1}{23/16} \\
\frac{23}{16} &= 1 + \frac{7}{16} = 1 + \frac{1}{16/7} \\
\frac{16}{7} &= 2 + \frac{2}{7} = 2 + \frac{1}{7/2} \\
\frac{7}{2} &= 3 + \frac{1}{2}
\end{aligned}$$

이 등식들을 모두 사용하면 다음 계산을 얻는다.

$$\begin{aligned}\frac{62}{23} &= 2 + \cfrac{1}{23/16}\\ &= 2 + \cfrac{1}{1 + \cfrac{1}{16/7}}\\ &= 2 + \cfrac{1}{1 + \cfrac{1}{2 + \cfrac{1}{7/2}}}\\ &= 2 + \cfrac{1}{1 + \cfrac{1}{2 + \cfrac{1}{3 + \cfrac{1}{2}}}}\end{aligned}$$

위 식에서 마지막 표현이 $62/23$의 연분수전개이다.

이제 연분수를 정의하자.

정의 13.3

유한연분수(finite continued fraction)는 $a_0, a_1, a_2, \ldots, a_n$ 이 실수이고 $a_1, a_2, a_3, \ldots, a_n$ 은 양수일 때 다음과 같은 형태의 표현식이다.

$$a_0 + \cfrac{1}{a_1 + \cfrac{1}{a_2 + \genfrac{}{}{0pt}{}{}{\ddots + \cfrac{1}{a_{n-1} + \cfrac{1}{a_n}}}}}$$

실수 $a_1, a_2, \ldots, a_n$ 을 연분수의 **부분몫**(partial quotient)이라 한다. 실수 $a_0, a_1, \ldots, a_n$ 이 모두 정수인 경우 이를 **단순연분수**(simple continued fraction)라 부른다.

연분수를 모두 풀어서 쓰는 것은 번거로우므로 유한연분수의 정의에서 나온 연분수를 나타내기 위해 $[a_0; a_1, a_2, \ldots, a_n]$ 라는 표기법을 사용한다.

이제 모든 유한단순연분수가 유리수를 나타낸다는 것을 보이자. 그 다음에 모든 유리수가 유한단순연분수로 표현될 수 있음을 증명한다.

정리 13.6

모든 유한단순연분수는 유리수를 나타낸다.

증명 13.6

이 정리를 수학적 귀납법을 사용하여 증명해보자. $n = 1$인 경우는 다음과 같으므로 유리수이다.

$$[a_0; a_1] = a_0 + \frac{1}{a_1} = \frac{a_0 a_1 + 1}{a_0}$$

이제 양의 정수 k에 대해 단순연분수 $[a_0; a_1, a_2, \ldots, a_k]$는 $a_0, a_1, \ldots, a_k$가 정수이고 $a_1, \ldots, a_k$가 양수일 때 유리수라고 가정하자. $a_0, a_1, \ldots, a_{k+1}$이 정수이고 $a_1, \ldots, a_{k+1}$이 양수일 때 다음과 같다.

$$[a_0; a_1, \ldots, a_{k+1}] = a_0 + \frac{1}{[a_1; a_2, \ldots, a_k, a_{k+1}]}$$

그러므로 귀납적 가정에 의해 $[a_1; a_2, \ldots, a_k, a_{k+1}]$은 유리수이다. 어떤 정수 r과 0 아닌 정수 s에 대해 이 연분수는 r/s과 같다. 따라서 다음과 같다.

$$[a_0; a_1, \ldots, a_k, a_{k+1}] = a_0 + \frac{1}{r/s} = \frac{a_0 r + s}{r}$$

이는 다시 유리수이다.

이제 유클리드 알고리즘을 사용하여 모든 유리수가 유한단순연분수로 표현될 수 있음을 보이자.

정리 13.7

모든 유리수는 유한단순연분수로 표현될 수 있다.

증명 13.7

a와 b가 정수이고 $b > 0$일 때 $x = a/b$라고 하자. 또한 $r_0 = a$, $r_1 = b$라고 두자. 먼저 유클리드

알고리즘으로 다음 방정식을 생성하자.

$$
\begin{aligned}
r_0 &= r_1 q_1 + r_2 && 0 < r_2 < r_1 \\
r_1 &= r_2 q_2 + r_3 && 0 < r_3 < r_2 \\
r_2 &= r_3 q_3 + r_4 && 0 < r_4 < r_3 \\
& && \vdots \\
r_{n-3} &= r_{n-2} q_{n-2} + r_{n-1} && 0 < r_{n-1} < r_{n-2} \\
r_{n-2} &= r_{n-1} q_{n-1} + r_n && 0 < r_n < r_{n-1} \\
r_{n-1} &= r_n q_n
\end{aligned}
$$

이 방정식에서 $q_2, q_3, \ldots, q_n$은 양의 정수이다. 이 방정식들을 분수 형태로 쓰면 다음과 같다.

$$
\begin{aligned}
\frac{a}{b} = \frac{r_0}{r_1} &= q_1 + \frac{r_2}{r_1} = q_1 + \frac{1}{r_1/r_2} \\
\frac{r_1}{r_2} &= q_2 + \frac{r_3}{r_2} = q_2 + \frac{1}{r_2/r_3} \\
\frac{r_2}{r_3} &= q_3 + \frac{r_4}{r_3} = q_3 + \frac{1}{r_3/r_4} \\
&\vdots \\
\frac{r_{n-3}}{r_{n-2}} &= q_{n-2} + \frac{r_{n-1}}{r_{n-2}} = q_{n-2} + \frac{1}{r_{n-2}/r_{n-1}} \\
\frac{r_{n-2}}{r_{n-1}} &= q_{n-1} + \frac{r_n}{r_{n-1}} = q_{n-1} + \frac{1}{r_{n-1}/r_n} \\
\frac{r_{n-1}}{r_n} &= q_n
\end{aligned}
$$

두 번째 방정식의 r_1/r_2의 값을 첫 번째 방정식에 대입하면 다음을 얻는다.

$$
\frac{a}{b} = q_1 + \cfrac{1}{q_2 + \cfrac{1}{r_2/r_3}} \tag{13.10}
$$

마찬가지로 세 번째 방정식의 r_2/r_3의 값을 식 (13.10)에 대입하면 다음을 얻는다.

$$
\frac{a}{b} = q_1 + \cfrac{1}{q_2 + \cfrac{1}{q_3 + \cfrac{1}{r_3/r_4}}}
$$

같은 방법을 계속 적용하여 다음 식을 얻을 수 있다.

$$\frac{a}{b} = q_1 + \cfrac{1}{q_2 + \cfrac{1}{q_3 + \cfrac{\ddots}{+ q_{n-1} + \cfrac{1}{q_n}}}}$$

즉 $\frac{a}{b} = [q_1; q_2, \ldots, q_n]$이다. 이는 모든 유리수가 유한단순연분수로 표현될 수 있음을 보여준다.

유리수의 연분수표현은 유일하지 않다. 다음과 같은 등식으로 인해

$$a_n = (a_n - 1) + \frac{1}{1}$$

$a_n > 1$일 때 다음이 성립함을 알 수 있다.

$$[a_0; a_1, a_2, \ldots, a_{n-1}, a_n] = [a_0; a_1, a_2, \ldots, a_{n-1}, a_n - 1, 1]$$

예제 13.6

$$\frac{7}{11} = [0; 1, 1, 1, 3] = [0; 1, 1, 1, 2, 1]$$

사실 모든 유리수는 정확히 두 가지 방법으로 유한단순연분수로 표현될 수 있다. 하나는 홀수 개의 항으로, 다른 하나는 짝수 개의 항으로 표현된다(연습문제 14 참고).

이제 유한연분수를 다양한 단계에서 끊어낸 표현식으로부터 얻어지는 수에 대해 논의해보자.

정의 13.4

k가 n이하의 음 아닌 정수일 때 연분수 $[a_0; a_1, a_2, \ldots, a_k]$를 연분수 $[a_0; a_1, a_2, \ldots, a_n]$의 k**번째 부분수렴**(kth convergent)이라고 한다. k번째 부분수렴을 C_k로 표기한다.

앞으로 필요하게 될 연분수의 부분수렴의 성질을 살펴보자. 먼저 부분수렴에 대한 공식을 알아보자.

정리 13.8

$a_0, a_1, a_2, \ldots, a_n$이 실수이고 $a_1, a_2, \ldots, a_n$이 양수일 때 수열 $p_0, p_1, \ldots, p_n$과 $q_0, q_1, \ldots, q_n$을

다음과 같이 재귀적으로 정의하자.

$$p_0 = a_0, \qquad q_0 = 1$$
$$p_1 = a_0 a_1 + 1, \qquad q_1 = a_1$$
$$p_k = a_k p_{k-1} + p_{k-2}, \qquad q_k = a_k q_{k-1} + q_{k-2}, \qquad k = 2, 3, \ldots, n$$

이 경우 연분수 $[a_0; a_1, a_2, \ldots, a_n]$의 k번째 부분수렴 $C_k = [a_0; a_1, \ldots, a_k]$는 다음과 같다.

$$C_k = p_k / q_k$$

증명 13.8

수학적 귀납법을 사용하여 정리를 증명하자. 먼저 첫 세 개의 부분수렴을 구하면 다음과 같다.

$$\begin{aligned} C_0 &= [a_0] = a_0/1 = p_0/q_0 \\ C_1 &= [a_0; a_1] = a_0 + \frac{1}{a_1} = \frac{a_0 a_1 + 1}{a_1} = \frac{p_1}{q_1} \\ C_2 &= [a_0; a_1, a_2] = a_0 + \frac{1}{a_1 + \frac{1}{a_2}} = \frac{a_2(a_1 a_0 + 1) + a_0}{a_2 a_1 + 1} = \frac{p_2}{q_2} \end{aligned}$$

따라서 이 정리는 $k = 0, 1, 2$일 때 성립한다.

이제 $2 \le k < n$인 양의 정수 k에 대해 이 정리가 성립한다고 가정하자. 즉 다음과 같다.

$$C_k = [a_0; a_1, \ldots, a_k] = \frac{p_k}{q_k} = \frac{a_k p_{k-1} + p_{k-2}}{a_k q_{k-1} + q_{k-2}} \tag{13.11}$$

그러면 다음이 성립한다.

$$\begin{aligned} C_{k+1} = [a_0; a_1, \ldots, a_k, a_{k+1}] &= \left[a_0; a_1, \ldots, a_{k-1}, a_k + \frac{1}{a_{k+1}}\right] \\ &= \frac{\left(a_k + \frac{1}{a_{k+1}}\right) p_{k-1} + p_{k-2}}{\left(a_k + \frac{1}{a_{k+1}}\right) q_{k-1} + q_{k-2}} \\ &= \frac{a_{k+1}(a_k p_{k-1} + p_{k-2}) + p_{k-1}}{a_{k+1}(a_k q_{k-1} + q_{k-2}) + q_{k-1}} \\ &= \frac{a_{k+1} p_k + p_{k-1}}{a_{k+1} q_k + q_{k-1}} \\ &= \frac{p_{k+1}}{q_{k+1}} \end{aligned}$$

이로써 증명이 완성된다.

예제를 통해 정리 13.9를 어떻게 사용하는지 살펴보자.

예제 13.7

$173/55 = [3; 6, 1, 7]$의 부분수렴을 구해보자. 각 $j = 0, 1, 2, 3$에 대해 수열 p_j와 q_j는 다음과 같다.

$$\begin{aligned} p_0 &= 3, & q_0 &= 1 \\ p_1 &= 3 \cdot 6 + 1 = 19, & q_1 &= 6 \\ p_2 &= 1 \cdot 19 + 3 = 22, & q_2 &= 1 \cdot 6 + 1 = 7 \\ p_3 &= 7 \cdot 22 + 19 = 173, & q_3 &= 7 \cdot 7 + 6 = 55 \end{aligned}$$

따라서 부분수렴들은 다음과 같다.

$$\begin{aligned} C_0 &= \frac{p_0}{q_0} = \frac{3}{1} = 3 \\ C_1 &= \frac{p_1}{q_1} = \frac{19}{6} \\ C_2 &= \frac{p_2}{q_2} = \frac{22}{7} \\ C_3 &= \frac{p_3}{q_3} = \frac{173}{55} \end{aligned}$$

다음 정리는 연분수의 $(k-1)$번째 부분수렴와 k번째 부분수렴 간의 관계를 보여준다.

정리 13.9

$1 \le k \le n$를 만족하는 정수 k에 대해 $C_k = p_k/q_k$가 연분수 $[a_0; a_1, \ldots, a_n]$의 k번째 부분수렴이라고 하자. 각 p_k가 정리 13.9에서와 같이 정의된다면 다음이 성립한다.

$$p_k q_{k-1} - p_{k-1} q_k = (-1)^{k-1}$$

증명 13.9

수학적 귀납법을 사용하여 증명하자. $k = 1$일 때 다음과 같다.

$$p_1 q_0 - p_0 q_1 = (a_0 a_1 + 1) \cdot 1 - a_0 a_1 = 1$$

그러므로 정리가 성립한다. 이제 $1 \le k < n$인 정수 k에 대해 다음과 같은 정리가 성립한다고 가정하자.

$$p_k q_{k-1} - p_{k-1} q_k = (-1)^{k-1}$$

그러면 다음을 얻는다.

$$\begin{aligned} p_{k+1}q_k - p_k q_{k+1} &= (a_{k+1}p_k + p_{k-1})q_k - p_k(a_{k+1}q_k + q_{k-1}) \\ &= p_{k-1}q_k - p_k q_{k-1} = -(-1)^{k-1} = (-1)^k \end{aligned}$$

이로써 $k+1$에 대해 정리가 성립한다. 따라서 귀납적 증명이 완성된다.

이제 정리 13.9를 설명하기 위해 사용한 예제에 이 정리를 적용해본다.

예제 13.8

연분수 $[3; 6, 1, 7]$에 대해 다음을 확인할 수 있다.

$$p_0q_1 - p_1q_0 = 3 \cdot 6 - 19 \cdot 1 = -1$$

$$p_1q_2 - p_2q_1 = 19 \cdot 7 - 22 \cdot 6 = 1$$

$$p_2q_3 - p_3q_2 = 22 \cdot 55 - 173 \cdot 7 = -1$$

정리 13.10의 결과로 단순연분수의 부분수렴 p_k/q_k는 모든 $k = 1, 2, \ldots$에 대해 항상 기약분수임을 알 수 있다. 이를 따름정리 13.10.1에서 증명한다.

따름정리 13.9.1

$C_k = p_k/q_k$가 단순연분수 $[a_0; a_1, \ldots, a_n]$의 k번째 부분수렴이고, p_k와 q_k가 정리 13.9에서 정의된 정수라면. p_k와 q_k는 서로소이다.

증명 13.9.1

k가 양의 정수일 때 $d = (p_k, q_k)$라고 하자. 정리 13.10에 따르면 다음을 얻는다.

$$p_k q_{k-1} - p_{k-1} q_k = (-1)^{k-1}$$

그러므로 $d \mid (-1)^{k-1}$이다. d는 양의 정수이고 $(-1)^{k-1}$를 나누므로 $d = 1$이어야 한다.

정리 13.10의 다른 따름정리도 유용하다.

따름정리 13.9.2

$C_k = p_k/q_k$가 단순연분수 $[a_0; a_1, \ldots, a_n]$의 k번째 부분수렴이고 각 $k = 0, 1, \ldots, n$에 대해 p_k와 q_k가 정리 13.9에서 정의된 정수라면 다음이 성립한다.

$$C_k - C_{k-1} = \frac{(-1)^{k-1}}{q_k q_{k-1}}$$

또한 $2 \le k \le n$인 모든 정수 k에 대해 다음이 성립한다.

$$C_k - C_{k-2} = \frac{a_k(-1)^k}{q_k q_{k-2}}$$

증명 13.9.2

분수의 차를 계산하고 정리 13.10을 적용하면 다음을 얻는다.

$$\begin{aligned} C_k - C_{k-1} &= \frac{p_k}{q_k} - \frac{p_{k-1}}{q_{k-1}} \\ &= \frac{p_k q_{k-1} - p_{k-1} q_k}{q_k q_{k-1}} = \frac{(-1)^{k-1}}{q_k q_{k-1}} \end{aligned}$$

두 번째 식을 얻기 위해 다음 식을 고려해보자.

$$\begin{aligned} C_k - C_{k-2} &= \frac{p_k}{q_k} - \frac{p_{k-2}}{q_{k-2}} \\ &= \frac{p_k q_{k-2} - p_{k-2} q_k}{q_k q_{k-2}} \end{aligned}$$

그런데 $p_k = a_k p_{k-1} + p_{k-2}$이고 $q_k = a_k q_{k-1} + q_{k-2}$이므로 우변의 분자는 다음과 같다.

$$\begin{aligned} p_k q_{k-2} - p_{k-2} q_k &= (a_k p_{k-1} + p_{k-2}) q_{k-2} - p_{k-2}(a_k q_{k-1} + q_{k-2}) \\ &= a_k(p_{k-1} q_{k-2} - p_{k-2} q_{k-1}) \\ &= a_k(-1)^{k-2} \end{aligned}$$

위의 마지막 등식은 정리 13.10에 따라 $p_{k-1}q_{k-2} - p_{k-2}q_{k-1} = (-1)^{k-2}$이기 때문에 성립한다. 그러므로 다음을 얻는다.

$$C_k - C_{k-2} = \frac{a_k(-1)^k}{q_k q_{k-2}}$$

따름정리 13.10.2를 이용하여 무한연분수에 대한 다음의 유용한 정리를 증명할 수 있다.

정리 13.10

C_k가 유한단순연분수 $[a_0; a_1, a_2, \ldots, a_n]$의 k번째 부분수렴이면 다음이 성립한다.

$$C_1 > C_3 > C_5 > \cdots,$$
$$C_0 < C_2 < C_4 < \cdots$$

또한 임의의 홀수 번째 부분수렴 C_{2j-1} $(j = 1, 2, \ldots)$은 임의의 짝수 번째 부분수렴 C_{2k}보다 크다 $(k = 0, 1, 2, \ldots)$.

증명 13.10

따름정리 13.10.2에 따르면 각 $k = 2, 3, \ldots, n$에 대해 다음과 같다.

$$C_k - C_{k-2} = \frac{a_k(-1)^k}{q_k q_{k-2}}$$

그러므로 k가 홀수일 때 $C_k < C_{k-2}$이고, k가 짝수일 때 $C_k > C_{k-2}$임을 알 수 있다. 따라서 다음이 성립한다.

$$C_1 > C_3 > C_5 > \cdots \text{과 } C_0 < C_2 < C_4 < \cdots$$

임의의 홀수 번째 부분수렴이 임의의 짝수 번째 부분수렴보다 크다는 것을 보이기 위해 따름정리 13.10.2의 다음 식을 얻는다.

$$C_{2m} - C_{2m-1} = \frac{(-1)^{2m-1}}{q_{2m} q_{2m-1}} < 0$$

따라서

$$C_{2m-1} > C_{2m}$$

임에 주목하자. 이제 임의의 C_{2k}와 C_{2j-1}를 비교하면 다음을 얻는다.

$$C_{2j-1} > C_{2j+2k-1} > C_{2j+2k} > C_{2k}$$

따라서 임의의 홀수 번째 부분수렴이 임의의 짝수 번째 부분수렴보다 크다.

예제 13.9

유한단순연분수 $[2; 3, 1, 1, 2, 4]$의 부분수렴은 다음과 같다.

$$C_0 = 2/1 = 2$$
$$C_1 = 7/3 = 2.3333\ldots$$
$$C_2 = 9/4 = 2.25$$
$$C_3 = 16/7 = 2.2857\ldots$$
$$C_4 = 41/18 = 2.2777\ldots$$
$$C_5 = 180/79 = 2.2784\ldots$$

이들 부분수렴 사이의 크기 관계를 확인할 수 있다.

$$C_0 = 2 < C_2 = 2.25 < C_4 = 2.2777\ldots < C_5 = 2.2784\ldots < C_3 = 2.2857\ldots < C_1 = 2.3333\ldots$$

13.2 연습문제

1. 다음 단순연분수가 나타내는 유리수를 기약분수로 나타내라.

   a) $[2; 7]$ b) $[1; 2, 3]$ c) $[0; 5, 6]$ d) $[3; 7, 15, 1]$ e) $[1; 1]$ f) $[1; 1, 1]$ g) $[1; 1, 1, 1]$ h) $[1; 1, 1, 1, 1]$

2. 다음 단순연분수가 나타내는 유리수를 기약분수로 나타내라.

   a) $[10; 3]$ b) $[3; 2, 1]$ c) $[0; 1, 2, 3]$ d) $[2; 1, 2, 1]$ e) $[2; 1, 2, 1, 1, 4]$ f) $[1; 2, 1, 2]$ g) $[1; 2, 1, 2, 1]$ h) $[1; 2, 1, 2, 1, 2]$

3. 다음 유리수에 대해 부분몫이 1로 끝나지 않는 단순연분수전개를 구하라.

   a) $18/13$ b) $32/17$ c) $19/9$ d) $310/99$ e) $-931/1005$ f) $831/8110$

4. 다음 유리수에 대해 부분몫이 1로 끝나지 않는 단순연분수전개를 구하라.

   a) $6/5$ b) $22/7$ c) $19/29$ d) $5/999$ e) $-943/1001$ f) $873/4867$

5. 연습문제 3에서 찾은 연분수의 부분수렴들을 구하라.

6. 연습문제 4에서 찾은 연분수의 부분수렴들을 구하라.

7. 연습문제 5에서 찾은 부분수렴들이 정리 13.11을 만족함을 보여라.

8. 연습문제 6에서 찾은 부분수렴들이 정리 13.11을 만족함을 보여라.

9. a) $3 \le n \le 10$을 만족하는 모든 양의 정수 n에 대해 $(1+1/n)^2$의 연분수를 구하라.
   b) (a)에서의 답을 바탕으로 $n \ge 3$인 양의 정수 n에 대해 $(1+1/n)^2$의 연분수에 대한 가정을 세우고 증명하라. (힌트: 홀수 양의 정수와 짝수 양의 정수를 각각 따로 고려하라.)

10. f_k를 k번째 피보나치 수라고 하자. k가 양의 정수일 때 부분몫이 1로 끝나는 f_{k+1}/f_k의 단순연분수를 구하라.

11. 유리수 $\alpha(\alpha > 1)$의 단순연분수가 $[a_0; a_1, \ldots, a_n]$일 때 $1/\alpha$의 단순연분수는 $[0; a_1, \ldots, a_n]$임을 보여라.

♦12. 연분수 $[a_0; a_1, \ldots, a_n]$에 대해 $C_{k-1} = p_{k-1}/q_{k-1}$과 $C_k = p_k/q_k (k \ge 1)$이 연속인 부분수렴이고, $a_0 > 0$일 때 다음을 증명하라.

$$p_k/p_{k-1} = [a_k; a_{k-1}, \ldots, a_1, a_0]$$
$$q_k/q_{k-1} = [a_k; a_{k-1}, \ldots, a_2, a_1]$$

(힌트: $p_k = a_k p_{k-1} + p_{k-2}$를 이용하여 $p_k/p_{k-1} = a_k + 1/(p_{k-1}/p_{k-2})$임을 보여라.)

♦13. $C_k = p_k/q_k$가 단순연분수 $[a_0; a_1, \ldots, a_n]$의 k번째 부분수렴이고, f_k는 k번째 피보나치 수일 때 각 $k = 1, 2, \ldots$에 대해 $q_k \ge f_k$ 임을 보여라.

14. 모든 0 아닌 유리수는 정확히 두 가지 형태의 유한단순연분수전개를 가짐을 증명하라. (힌트: 예제 13.6 참조)

*15. 연분수 $[a_0; a_1, a_2, \ldots, a_n]$이 r/s의 단순연분수전개라고 하자. 여기서 $(r, s) = 1$이고, $r \ge 1$이다. 이 연분수가 대칭적, 즉 $a_0 = a_n, a_1 = a_{n-1}, a_2 = a_{n-2}, \ldots$이기 위한 필요충분조건은 n이 홀수이면 $r|(s^2+1)$이고, n이 짝수이면 $r|(s^2-1)$인 것임을 보여라. (힌트: 연습문제 12와 정리 13.10 이용)

*16. 양수와 음수 기호를 모두 허용하여 유리수의 유한연분수를 어떻게 생성할 수 있는지 1.5절의 연습문제 25에서 제시된 나눗셈 알고리즘을 사용하여 설명하라.

17. $a_0, a_1, a_2, \ldots, a_n$이 실수이고 $a_1, a_2, \ldots$은 양수이며 x는 양의 실수일 때 n 이 홀수이면 $[a_0; a_1, \ldots, a_n] < [a_0; a_1, \ldots, a_n + x]$이고, n이 짝수이면 $[a_0; a_1, \ldots, a_n] > [a_0; a_1, \ldots, a_n + x]$임을 보여라.

18. 다음의 각 n을 a/b의 유한단순연분수의 모든 부분몫이 1 또는 2인 양의 정수 a와 b의 합으로 표현할 수 있는지 판별하라.

a) 13 c) 19 e) 27

b) 17 d) 23 f) 29

계산과 탐구

1. $1001/3000$, $10,001/30,000$, $100,001/300,000$의 단순연분수를 구하라.
2. 10개의 서로 다른 유리수 x에 대해 x와 $2x$의 유한연분수를 구하라. x의 유한단순연분수로부터 $2x$의 유한단순연분수를 구하는 규칙을 찾을 수 있는가?
3. $n \leq 1000$인 각 정수 n에 대해 $n = a + b$이고 유리수 a/b의 연분수의 모든 부분몫이 1 또는 2인 정수 a와 b가 존재하는지 판별하라. 이 문제로부터 어떤 가설을 세울수 있는가?

프로그래밍 프로젝트

1. 주어진 유리수의 단순연분수전개를 구하라.
2. 주어진 유한단순연분수의 부분수렴들과 그 연분수가 나타내는 유리수를 구하라.
3. x의 유한연분수가 주어졌을 때 $2x$의 유한연분수를 구하라. (계산과 탐구 2번 참조)

13.3 무한연분수

이 절에서는 무한연분수를 정의한다. 실수를 무한연분수를 사용하여 표현하는 방법과 이 연분수를 이용하여 실수의 좋은 근사값인 유리수를 생성하는 방법을 보인다. 또한 연분수를 활용하여 RSA 암호체계에 대한 특정 유형의 공격을 설명한다. 다음 절에서는 이차무리수의 연분수에 대해 다룬다.

먼저, 양의 정수로 이루어진 무한 수열 $a_0, a_1, a_2, \ldots$가 있다고 하자. 무한연분수 $[a_0; a_1, a_2, \ldots]$를 어떻게 정의할 수 있을까? 무한연분수를 이해하기 위해 필요한 해석학의 결과를 정리로 제시한다. 그 증명은 [Ru64]와 같은 해석학 책을 참조하기 바란다.

정리 13.11

$x_0, x_1, x_2, \ldots$가 실수 수열이고, 이 수열이 어떤 실수 U에 대해 $x_0 < x_1 < x_2 < \ldots < x_k < \ldots < U$를 만족하거나 어떤 실수 L에 대해 $x_0 > x_1 > x_2 > \ldots > x_k > \ldots > L$를 만족한다고 가정하자 $(k = 0, 1, 2, \ldots)$. 그렇다면 수열 $x_0, x_1, x_2, \ldots$의 항은 극한 x에 수렴한다. 즉 다음 식이 성립한다.

$$\lim_{k \to \infty} x_k = x$$

이제 다음 정리에서 보여주듯이 무한연분수를 유한연분수의 극한으로 정의할 수 있다.

정리 13.12

$a_0, a_1, a_2, \ldots$가 양의 정수로 이루어진 무한 수열이고 $C_k = [a_0; a_1, a_2, \ldots, a_k]$라 하면, 부분수렴 C_k는 수렴한다. 즉 어떤 α에 대해 다음 식이 성립한다.

$$\lim_{k \to \infty} C_k = \alpha$$

정리 13.13을 증명하기 전에 무한연분수의 정의가 필요하다. 정리에서 제시된 극한 α를 **무한단순연분수**(infinite simple continued fraction) $[a_0; a_1, a_2, \ldots]$의 **값**(value)이라고 한다.

정리 13.13을 증명하기 위해 먼저 짝수 번째 부분수렴의 무한 수열이 증가하며 상한을 가지는 것과 홀수 번째 부분수렴의 무한 수열이 감소하며 하한을 가지는 것을 보인 후, 정리 13.12에 의해 존재가 보장된 이 두 수열의 극한이 실제로 같다는 것을 보이고자 한다.

증명 13.12

정리 13.11에 따르면 m이 짝수인 양의 정수일 때 다음이 성립한다.

$$\begin{aligned} &C_1 > C_3 > C_5 > \cdots > C_{m-1}, \\ &C_0 < C_2 < C_4 < \cdots < C_m \end{aligned}$$

또한 $2k \leq m$이고 $2j-1 < m$일 때 항상 $C_{2k} < C_{2j+1}$이다. 모든 가능한 m값을 고려하면 다음과 같다.

$$C_0 < C_2 < C_4 < \cdots < C_{2k-2} < C_{2k} < \cdots < C_{2j+1} < C_5 < C_3 < C_1$$

그리고 모든 양의 정수 j와 k에 대해 $C_{2j} < C_{2k+1}$임을 확인할 수 있다. 따라서 정리 13.12의 가정이 두 수열 $C_1, C_3, C_5, \ldots$과 $C_0, C_2, C_4, \ldots$ 각각에 대해 성립하므로, 수열 $C_1, C_3, C_5, \ldots$는 극한 α_1에 수렴하고 수열 $C_0, C_2, C_4, \ldots$는 극한 α_2에 수렴한다. 즉 다음과 같다.

$$\begin{aligned} \lim_{n \to \infty} C_{2n+1} &= \alpha_1 \\ \lim_{n \to \infty} C_{2n} &= \alpha_2 \end{aligned}$$

이제 이 두 극한 α_1과 α_2가 같음을 보이자. 따름정리 13.10.2로부터 다음을 얻는다.

$$C_{2n+1} - C_{2n} = \frac{p_{2n+1}}{q_{2n+1}} - \frac{p_{2n}}{q_{2n}} = \frac{(-1)^{(2n+1)-1}}{q_{2n+1}q_{2n}} = \frac{1}{q_{2n+1}q_{2n}}$$

모든 양의 정수 k에 대해(13.2절 연습문제 13 참조) 다음 부등식이 성립하므로,

$$\frac{1}{q_{2n+1}q_{2n}} < \frac{1}{(2n+1)(2n)}$$

다음 식은 0으로 수렴한다.

$$C_{2n+1} - C_{2n} = \frac{1}{q_{2n+1}q_{2n}}$$

즉 다음을 얻는다.

$$\lim_{n\to\infty}(C_{2n+1} - C_{2n}) = 0$$

따라서 다음과 같다.

$$\lim_{n\to\infty} C_{2n+1} - \lim_{n\to\infty} C_{2n} = \lim_{n\to\infty}(C_{2n+1} - C_{2n}) = 0$$

그러므로 수열 $C_1, C_3, C_5, \ldots$과 $C_0, C_2, C_4, \ldots$는 같은 극한을 가진다. 즉 $\alpha_1 = \alpha_2$이고, 모든 부분수렴이 극한 $\alpha = \alpha_1 = \alpha_2$로 수렴함을 알 수 있다.

앞에서 유리수가 유한단순연분수를 가진다는 것을 보였다. 이제 모든 무한단순연분수의 값이 무리수임을 보이자.

정리 13.13

$a_0, a_1, a_2, \ldots$이 정수이고 $a_1, a_2, \ldots$은 양수일 때 $[a_0; a_1, a_2, \ldots]$은 무리수이다.

증명 13.13

$\alpha = [a_0; a_1, a_2, \ldots]$라 하고 다음 식을 α의 k번째 부분수렴이라 하자.

$$C_k = p_k/q_k = [a_0; a_1, a_2, \ldots, a_k]$$

n이 양의 정수이면 정리 13.13에 따라 $C_{2n} < \alpha < C_{2n+1}$이므로 다음 식이 성립한다.

$$0 < \alpha - C_{2n} < C_{2n+1} - C_{2n}$$

그러나 따름정리 13.10.2에 의해 다음을 얻는다.

$$C_{2n+1} - C_{2n} = \frac{1}{q_{2n+1}q_{2n}}$$

그러므로 다음과 같다.

$$0 < \alpha - C_{2n} = \alpha - \frac{p_{2n}}{q_{2n}} < \frac{1}{q_{2n+1}q_{2n}}$$

따라서 다음 식이 성립한다.

$$0 < \alpha q_{2n} - p_{2n} < \frac{1}{q_{2n+1}}$$

만약 α가 유리수라면 $b \neq 0$인 정수 a와 b가 존재해서 $\alpha = a/b$가 되고, 위의 부등식은 다음과 같다.

$$0 < \frac{aq_{2n}}{b} - p_{2n} < \frac{1}{q_{2n+1}}$$

이 부등식의 양변에 b를 곱하면 다음을 얻는다.

$$0 < aq_{2n} - bp_{2n} < \frac{b}{q_{2n+1}}$$

이제 모든 양의 정수 n에 대해 $aq_{2n} - bp_{2n}$은 정수임에 주목하자. 그런데 $q_{2n+1} > 2n+1$이므로 각 n에 대해 $q_{2n_0+1} > b$를 만족하는 n_0가 존재하여 $b/q_{2n_0+1} < 1$이 된다. 그러나 정수 $aq_{2n_0} - bp_{2n_0}$가 0과 1 사이에 있을 수 없기 때문에, 이는 모순이다. 따라서 α는 무리수이다.

지금까지 모든 무한단순연분수가 무리수를 나타냄을 보였다. 이제 모든 무리수가 무한단순연분수로 유일하게 표현될 수 있음을 보이자. 이를 위해 먼저 그러한 연분수를 구성한 다음, 그 표현이 유일함을 증명할 것이다.

정리 13.14

$\alpha = \alpha_0$를 무리수라 하고 수열 $a_0, a_1, a_2, \ldots$를 각 $k = 0, 1, 2, \ldots$에 대해 다음과 같이 재귀적으로 정의한다면,

$$a_k = [\alpha_k], \quad \alpha_{k+1} = 1/(\alpha_k - a_k)$$

α는 무한단순연분수 $[a_0; a_1, a_2, \ldots]$의 값과 같다.

증명 13.14

a_k의 정의로부터 a_k가 모든 k에 대해 정수임을 알 수 있다. 또한 수학적 귀납법을 사용하여 모든 음 아닌 정수 k에 대해 α_k가 무리수이고, 그 결과로 α_{k+1}이 존재함을 보일 수 있다. $k = 0$일 경우 $\alpha_0 = \alpha$가 무리수이므로, $\alpha_0 \neq a_0 = [\alpha_0]$이고 $\alpha_1 = 1/(\alpha_0 - a_0)$이 존재한다.

다음으로, α_k가 무리수라고 가정하면 α_{k+1}이 존재한다. 또한 관계식 $\alpha_{k+1} = 1/(\alpha_k - a_k)$은 다음 식을 의미한다.

$$\alpha_k = a_k + \frac{1}{\alpha_{k+1}} \tag{13.12}$$

그리고 α_{k+1} 이 유리수라면 α_k 역시 유리수여야하기 때문에, α_{k+1} 가 무리수임을 쉽게 알 수 있다. 이제 α_k 는 무리수이고 a_k 는 정수이므로 $\alpha_k \neq a_k$ 이고, 부등식

$$a_k < \alpha_k < a_k + 1$$

으로부터 다음 관계를 얻을 수 있다.

$$0 < \alpha_k - a_k < 1$$

따라서 다음과 같다.

$$\alpha_{k+1} = 1/(\alpha_k - a_k) > 1$$

결과적으로 각 $k = 0, 1, 2, \ldots$ 에 대해 다음을 얻는다.

$$a_{k+1} = [\alpha_{k+1}] \geq 1$$

이는 모든 정수 $a_1, a_2, \ldots$ 가 양수임을 의미한다.

식 (13.12)를 반복적으로 사용하면 α 의 연분수표현을 다음과 같이 구할 수 있다.

$$\begin{aligned}
\alpha = \alpha_0 &= a_0 + \frac{1}{\alpha_1} = [a_0; \alpha_1] \\
&= a_0 + \cfrac{1}{a_1 + \cfrac{1}{\alpha_2}} = [a_0; a_1, \alpha_2] \\
&\;\vdots \\
&a_0 + \cfrac{1}{a_1 + \cfrac{1}{a_2 + \cfrac{\ddots}{+ \cfrac{1}{a_k + \cfrac{1}{a_{k+1}}}}}} = [a_0; a_1, a_2, \ldots, a_k, \alpha_{k+1}]
\end{aligned}$$

이제 k 가 무한대로 갈 때 $[a_0; a_1, a_2, \ldots, a_k, \alpha_{k+1}]$ 의 값이 α 에 수렴함을 보여야 한다. 정리 13.9에 의해 다음을 얻는다.

$$\alpha = [a_0; a_1, \ldots, a_k, \alpha_{k+1}] = \frac{\alpha_{k+1} p_k + p_{k-1}}{\alpha_{k+1} q_k + q_{k-1}}$$

여기서 $C_j = p_j/q_j$는 $[a_0; a_1, a_2, \ldots]$의 j번째 부분수렴이다. 따라서 다음 식이 성립한다.

$$\begin{aligned}\alpha - C_k &= \frac{\alpha_{k+1}p_k + p_{k-1}}{\alpha_{k+1}q_k + q_{k-1}} - \frac{p_k}{q_k} \\ &= \frac{-(p_k q_{k-1} - p_{k-1}q_k)}{(\alpha_{k+1}q_k + q_{k-1})q_k} \\ &= \frac{-(-1)^{k-1}}{(\alpha_{k+1}q_k + q_{k-1})q_k}\end{aligned}$$

두 번째 등식의 우변의 분자를 간단히 하기 위해 정리 13.10을 사용했다. 또한 다음과 같으므로

$$\alpha_{k+1}q_k + q_{k-1} > a_{k+1}q_k + q_{k-1} = q_{k+1}$$

다음 관계가 성립한다.

$$|\alpha - C_k| < \frac{1}{q_k q_{k+1}}$$

13.2절의 연습문제 13에 의해 $q_k > k$이므로 $1/(q_k q_{k+1})$는 k가 무한대로 갈 때 0으로 수렴한다. 그러므로 C_k는 k가 무한대로 갈 때 α로 수렴한다. 즉 무한단순연분수 $[a_0; a_1, a_2, \ldots]$의 값은 α이다.

무리수를 나타내는 무한단순연분수가 유일함을 보이기 위해 다음 정리를 증명한다.

정리 13.15

두 무한단순연분수 $[a_0; a_1, a_2, \ldots]$와 $[b_0; b_1, b_2, \ldots]$가 같은 무리수를 나타낸다면 모든 $k = 0, 1, 2, \ldots$에 대해 $a_k = b_k$이다.

증명 13.15

$\alpha = [a_0; a_1, a_2, \ldots]$라 가정하면,

$$C_0 = a_0 \text{이고 } C_1 = a_0 + 1/a_1$$

이므로 정리 13.11에 의해 다음 식이 성립한다.

$$a_0 < \alpha < a_0 + 1/a_1$$

따라서 $a_0 = [\alpha]$임을 알 수 있다. 또한

$$\begin{aligned}\alpha = [a_0; a_1, a_2, \ldots] &= \lim_{k\to\infty}[a_0; a_1, a_2, \ldots, a_k] \\ &= \lim_{k\to\infty}\left(a_0 + \frac{1}{[a_1; a_2, a_3, \ldots, a_k]}\right) \\ &= a_0 + \frac{1}{\lim_{k\to\infty}[a_1; a_2, \ldots, a_k]} \\ &= a_0 + \frac{1}{[a_1; a_2, a_3, \ldots]}\end{aligned}$$

이므로 다음이 성립한다.

$$[a_0; a_1, a_2, \ldots] = a_0 + \frac{1}{[a_1; a_2, a_3, \ldots]}$$

이제

$$[a_0; a_1, a_2, \ldots] = [b_0; b_1, b_2, \ldots]$$

이라고 가정하면, 위의 내용에 따라

$$a_0 = b_0 = [\alpha]$$

이고,

$$a_0 + \frac{1}{[a_1; a_2, \ldots]} = b_0 + \frac{1}{[b_1; b_2, \ldots]}$$

임을 알 수 있다. 따라서 다음과 같다.

$$[a_1; a_2, \ldots] = [b_1; b_2, \ldots]$$

다음으로 $a_k = b_k$이고 $[a_{k+1}; a_{k+2}, \ldots] = [b_{k+1}; b_{k+2}, \ldots]$라고 가정해보자. 같은 방법으로 $a_{k+1} = b_{k+1}$과 다음 식을 얻고

$$a_{k+1} + \frac{1}{[a_{k+2}; a_{k+3}, \ldots]} = b_{k+1} + \frac{1}{[b_{k+1}; b_{k+3}, \ldots]}$$

이로부터 다음을 알 수 있다.

$$[a_{k+2}; a_{k+3} \ldots] = [b_{k+2}; b_{k+3}, \ldots]$$

그러므로 수학적 귀납법에 따라 각 $k = 0, 1, 2, \ldots$에 대해 등식 $a_k = b_k$가 성립한다.

다음 예제에서 정리 13.15에서 제시된 알고리즘을 사용하여 실수의 단순연분수전개를 구하는 절차를 살펴보자.

예제 13.10

$\alpha = \sqrt{6}$일 때 다음을 구할 수 있다.

$$a_0 = [\sqrt{6}] = 2, \quad \alpha_1 = \frac{1}{\sqrt{6}-2} = \frac{\sqrt{6}+2}{2}$$
$$a_1 = \left[\frac{\sqrt{6}+2}{2}\right] = 2, \quad \alpha_2 = \frac{1}{\left(\frac{\sqrt{6}+2}{2}\right)-2} = \sqrt{6}+2$$
$$a_2 = [\sqrt{6}+2] = 4, \quad \alpha_3 = \frac{1}{(\sqrt{6}+2)-4} = \frac{\sqrt{6}+2}{2} = \alpha_1$$

$\alpha_3 = \alpha_1$ 이므로 $a_3 = a_1, a_4 = a_2, \ldots$로 반복된다. 따라서 다음과 같다.

$$\sqrt{6} = [2; 2, 4, 2, 4, 2, 4, \ldots]$$

$\sqrt{6}$의 단순연분수전개는 주기적이다. 주기적인 단순연분수에 대해서는 다음 절에서 다룬다.

다음 예제에서는 다른 무리수의 단순연분수를 살펴보자.

예제 13.11

$\sqrt[3]{2} = 1.25992104989\ldots$의 단순연분수는 $[1; 3, 1, 5, 1, 1, 4, 1, 1, 8, 1, 14, 1, 10, 2, 1, \ldots]$이고, 그 첫 17 개의 부분수렴은 다음과 같다.

$$4/3, 5/4, 29/23, 34/27, 63/50, 286/277, 349/277, 635/504, 5429/4309,$$
$$6064/4813, 90325/71691, 96389/76504, 1054215/836731, 2204819/1749966,$$
$$3259034/2586697, 15240955/12096754, \text{ and } 186150494/147747745$$

10번째 부분수렴 $p_{10}/q_{10} = 6064/4813 = 1.25992104716$를 사용하면 $\sqrt[3]{2} - p_{10}/q_{10}$의 값이 $|1.25992104989 - 1.25992104716| = 0.00000000273$이다. 이 근사는 디오판토스 근사에 관한 디리클레 정리의 증명에서 알 수 있는 결과와 일치하는데, 이 정리는 $|\sqrt[3]{2} - p_{10}/q_{10}| < 1/(q_{10}q_{11}) = 1/(4813)(71691) = 0.00000000289$임을 알려준다.

무리수의 무한단순연분수의 부분수렴은 α에 대한 좋은 근사값을 제공한다. 이는 1.1절의 연습문제 34에서 소개한 다음 정리로 이어진다.

정리 13.16 디오판토스 근사에 관한 디리클레의 정리

α가 무리수이면 다음 식을 만족하는 무한히 많은 유리수 p/q가 존재한다.

$$|\alpha - p/q| < 1/q^2$$

증명 13.16

p_k/q_k가 α의 k번째 부분수렴이라고 하면 정리 13.15의 증명에 의해 다음을 알 수 있다.

$$\mid \alpha - p_k/q_k \mid < 1/(q_k q_{k+1})$$

그런데 $q_k < q_{k+1}$이므로 다음과 같다.

$$\mid \alpha - p_k/q_k \mid < 1/q_k^2$$

따라서 α의 부분수렴 $p_k/q_k(k = 1, 2, \ldots)$는 이 정리의 조건을 만족하는 무한히 많은 유리수이다.

다음 정리와 따름정리는 p_k/q_k가 분모가 q_k보다 작은 다른 모든 유리수보다 α에 더 가깝다는 점에서 α의 단순연분수의 부분수렴들이 α에 대한 **최적유리근사**(best rational approximation)임을 보여준다. (모든 분모에 대한 실수의 최적유리근사에 대해서는 연습문제 17 참조)

정리 13.17

α가 무리수이고 $p_j/q_j(j = 1, 2, \ldots)$가 α의 무한단순연분수의 부분수렴이라고 하자. r과 s가 $s > 0$를 만족하는 정수이고 k가 다음 식을 만족하는 양의 정수라면 $s \geq q_{k+1}$이다.

$$|s\alpha - r| < |q_k\alpha - p_k|$$

증명 13.17

$|s\alpha - r| < |q_k\alpha - p_k|$이지만, $1 \leq s < q_{k+1}$이라고 가정하면 모순이 생김을 보이자. 다음 연립방정식을 고려한다.

$$p_k x + p_{k+1} y = r$$
$$q_k x + q_{k+1} y = s$$

첫 번째 방정식의 양변에 q_k를 곱하고, 두 번째 방정식의 양변에 p_k를 곱한 다음, 차를 구하면 다음과 같다.

$$(p_{k+1}q_k - p_k q_{k+1})y = rq_k - sp_k$$

정리 13.10에 의해 $p_{k+1}q_k - p_k q_{k+1} = (-1)^k$이므로 다음과 같다.

$$y = (-1)^k(rq_k - sp_k)$$

마찬가지로 첫 번째 방정식에 q_{k+1}를, 두 번째 방정식에 p_{k+1}를 곱해 방정식을 풀면 다음을 얻는다.

$$x = (-1)^k (sp_{k+1} - rq_{k+1})$$

이제 $x \neq 0$이고 $y \neq 0$임을 보이자. 만약 $x = 0$이라면 $sp_{k+1} = rq_{k+1}$이 된다. $(p_{k+1}, q_{k+1}) = 1$이므로 도움정리 4.2에 따라 $q_{k+1} | s$이고, 이는 $q_{k+1} \leq s$임을 의미하여 가정에 모순이 된다. 만약 $y = 0$이라면 $r = p_k x$이고 $s = q_k x$가 되어 다음과 같다.

$$|s\alpha - r| = |x|\,|q_k\alpha - p_k| \geq |q_k\alpha - p_k|$$

그러므로 $|x| \geq 1$를 의미하게 되어 이 역시 가정에 모순이 된다.

다음으로, x와 y가 서로 다른 부호를 갖는다는 것을 보이자. 먼저 $y < 0$이라고 가정하면, $q_k x = s - q_{k+1} y$이므로 $q_k x > 0$인데, $q_k > 0$이므로 $x > 0$임을 알 수 있다. 반대로 $y > 0$이면 부등식 $q_{k+1} y \geq q_{k+1} > s$이므로 $q_k x = s - q_{k+1} y < 0$가 성립하여 $x < 0$임을 알 수 있다.

정리 13.11에 따르면 $p_k/q_k < \alpha < p_{k+1}/q_{k+1}$이거나 $p_{k+1}/q_{k+1} < \alpha < p_k/q_k$이다. 어느 경우든 $q_k\alpha - p_k$와 $q_{k+1}\alpha - p_{k+1}$가 서로 다른 부호를 가진다는 것을 쉽게 알 수 있다.

증명의 시작에서 고려한 연립 방정식으로부터 다음을 알 수 있다.

$$\begin{aligned} |s\alpha - r| &= |(q_k x + q_{k+1} y)\alpha - (p_k x + p_{k+1} y)| \\ &= |x(q_k\alpha - p_k) + y(q_{k+1}\alpha - p_{k+1})| \end{aligned}$$

지금까지 얻은 결론들을 종합하면 $x(q_k\alpha - p_k)$와 $y(q_{k+1}\alpha - p_{k+1})$은 같은 부호를 가지고 $|x| \geq 1$이므로 다음이 성립한다.

$$\begin{aligned} |s\alpha - r| &= |x|\,|q_k\alpha - p_k| + |y|\,|q_{k+1}\alpha - p_{k+1}| \\ &\geq |x|\,|q_k\alpha - p_k| \\ &\geq |q_k\alpha - p_k| \end{aligned}$$

주어진 정리의 조건에 모순이 된다. 그러므로 증명의 시작에서 세운 가정은 거짓이고, 그 결과로 증명이 완료된다.

따름정리 13.17.1

α가 무리수이고, $p_j/q_j(j=1,2,\ldots)$가 α의 무한단순연분수의 부분수렴이라고 하자. 유리수 r/s에 대해 r과 s가 $s>0$를 만족하는 정수이고 k가 다음을 만족하는 양의 정수라면 $s>q_k$이다.

$$|\alpha - r/s| < |\alpha - p_k/q_k|$$

증명 13.17.1

$s \leq q_k$이고 다음과 같다고 가정하자.

$$|\alpha - r/s| < |\alpha - p_k/q_k|$$

이 두 부등식을 곱하면 다음 식을 얻는다.

$$|s\alpha - r| = s|\alpha - r/s| < q_k|\alpha - p_k/q_k| = |q_k\alpha - p_k|$$

그렇지만 이 결과는 정리 13.18에 위배된다.

예제 13.12

실수 π의 단순연분수전개는 $\pi = [3; 7, 15, 1, 292, 1, 1, 1, 2, 1, 3, \ldots]$로 시작한다. ($\pi$는 1500억 자리 이상 계산되었기 때문에, π의 연분수전개의 부분몫을 더 계산하는 것은 어렵지 않다.) 이 부분몫으로 이루어진 수열에는 뚜렷한 규칙이 없다. 이 연분수의 부분수렴은 π의 최적근사분수이다. 예를 들어 처음 다섯 개의 부분수렴은 3, 22/7, 333/106, 355/113, 103,993/33,102이고 따름정리 13.18.1에 의해 333/106이 분모가 112 이하인 π의 최적근사분수임을 알 수 있다.

다음으로, 어떤 무리수에 대해 충분히 가까운 유리수 근사값은 반드시 이 무리수의 무한단순연분수전개의 부분수렴 중 하나임을 보인다.

정리 13.18

α가 무리수이고 r과 s가 $s>0$인 정수일 때 유리수 r/s에 대해 다음 식이 성립하면,

$$|\alpha - r/s| < 1/(2s^2)$$

r/s는 α의 단순연분수전개의 부분수렴 중 하나이다.

증명 13.18

r/s이 α의 단순연분수전개의 부분수렴이 아니라고 가정하자. 그러면 $q_k \le s < q_{k+1}$을 만족하는 연속인 부분수렴 p_k/q_k와 p_{k+1}/q_{k+1}이 존재한다. 정리 13.18에 따라 다음 식이 성립하고,

$$|q_k\alpha - p_k| \le |s\alpha - r| = s|\alpha - r/s| < 1/(2s)$$

양변을 q_k로 나누면 다음을 얻는다.

$$|\alpha - p_k/q_k| < 1/(2sq_k)$$

그런데 $|sp_k - rq_k| \ge 1$(실제로 $r/s \ne p_k/q_k$이며 $sp_k - rq_k$는 0 아닌 정수)이므로 다음이 성립한다.

$$\begin{aligned} \frac{1}{sq_k} &\le \frac{|sp_k - rq_k|}{sq_k} \\ &= \left|\frac{p_k}{q_k} - \frac{r}{s}\right| \\ &\le \left|\alpha - \frac{p_k}{q_k}\right| + \left|\alpha - \frac{r}{s}\right| \\ &< \frac{1}{2sq_k} + \frac{1}{2s^2} \end{aligned}$$

위의 두 번째 부등식은 삼각 부등식에 의한 것이다. 따라서 다음이 성립한다.

$$\frac{1}{2sq_k} < \frac{1}{2s^2}$$

결과적으로 다음과 같다.

$$2sq_k > 2s^2$$

그러므로 $q_k > s$라는 모순에 이른다.

단순연분수를 이용한 RSA 암호체계 공격 이 절의 연습문제 21(유리수에 대한 정리 13.19)을 사용하여 특정 RSA 암호 구현에 대한 공격이 왜 효과적인지 설명한다.

정리 13.19 RSA에 대한 위너의 낮은 복호화 지수 공격

p와 q가 $q < p < 2q$인 홀수 소수일 때 $n = pq$이고, 복호화 키 d가 $d < n^{1/4}/3$를 만족한다고 가정하자. RSA 암호화키 (e, n)이 주어졌을 때 $O((\log n)^3)$ 비트연산에서 복호화 키 d를 찾을 수 있다.

증명 13.19

연분수를 사용한 유리수 근사에 기초하여 증명한다. 먼저, $de \equiv 1 \pmod{\phi(n)}$이므로 어떤 정수 k에 대해 $de - 1 = k\phi(n)$가 성립하는데, 이 등식의 양변을 $d\phi(n)$로 나누어 다음을 얻는다.

$$\frac{e}{\phi(n)} - \frac{1}{d\phi(n)} = \frac{k}{d}$$

즉 다음과 같다.

$$\frac{e}{\phi(n)} - \frac{k}{d} = \frac{1}{d\phi(n)}$$

이는 k/d가 $e/\phi(n)$의 좋은 근사임을 보여준다. 또한 $ed - k\phi(n) = 1$이므로 정리 3.3에 따라 $(d, k) = 1$이 되어 k/d는 기약분수임을 알 수 있다.

이제 가정에 의해 $q < p$이고 $n = pq$이므로 $q < \sqrt{n}$임에 주목하자. 가정에 따라 $q < p$를 이용하여 다음을 얻는다.

$$p + q - 1 \leq 2q + q - 1 = 3q - 1 < 3\sqrt{n}$$

그런데 $\phi(n) = n - p - q + 1$이므로 다음과 같음을 알 수 있다.

$$n - \phi(n) = n - (n - p - q + 1) = p + q - 1 < 3\sqrt{n}$$

이 마지막 부등식을 사용하여 k/d가 e/n의 매우 좋은 근사임을 다음과 같이 보일 수 있다.

$$\begin{aligned}\left|\frac{e}{n} - \frac{k}{d}\right| &= \left|\frac{de - kn}{nd}\right| \\ &= \left|\frac{(de - k\phi(n)) - (kn + k\phi(n))}{nd}\right| \\ &= \left|\frac{1 - k(n - \phi(n))}{nd}\right| \leq \frac{3k\sqrt{n}}{nd} = \frac{3k}{d\sqrt{n}}\end{aligned}$$

한편 $e < \phi(n)$이므로 $ke < k\phi(n) = de - 1 < de$가 성립하고, 이로부터 $k < d$임을 알 수 있다. 이제 가정의 $d < n^{1/4}/3$를 이용하면 $k < n^{1/4}/3$를 얻는다.

따라서 다음이 성립한다.

$$\left|\frac{e}{n} - \frac{k}{d}\right| \leq \frac{3k\sqrt{n}}{nd} \leq \frac{3(n^{1/4}/3)\sqrt{n}}{nd} = \frac{1}{dn^{1/4}} < \frac{1}{2d^2}$$

이제 연습문제 21의 결과에 따라 k/d는 e/n의 연분수전개의 부분수렴 중 하나이고, e와 n는 모두 공개되어 있는 정보이므로 k/d를 찾기 위해서는 e/n의 부분수렴만 찾아보면 된다. k/d가 기약분수이기 때문에, 각 부분수렴의 분자가 k와 같고 분모가 d와 같은지 확인한 다음, 이러한 값을 $\phi(n) = (de - 1)/k$에 사용하여 $\phi(n)$을 계산한다. 이렇게 추정된 $\phi(n)$값과 n값을 사용하여 n을 소인수분해할 수 있다(자세한 방법은 9.4절 참조). 분모가 n인 유리수의 연분수전개의 모든 부분수렴을 계산하는 데 $O((\log n)^3)$ 비트연산을 사용하기 때문에, d를 $O((\log n)^3)$ 비트연산을 사용하면 찾을 수 있다.

RSA 복호화 성능은 복호화 지수 d가 작을 때 좋지만, 위너의 낮은 복호화 지수 공격에 따르면 복호화 지수가 작으면 메시지가 취약해 질 수 있다. 따라서 선택된 공개키 쌍 (e, n)에 해당하는 복호화 키 d가 부등식 $d < n^{1/4}/3$를 만족하지 않도록 주의해야 한다. 위너는 [Wi90]에서 이 부등식을 피하는 여러 접근법을 제공한다.

비고. 위너의 낮은 복호화 지수 공격은 암호학자 위너(Michael J. Wiener)의 이름에서 명명되었다. 위너는 암호체계에 대한 다양한 공격과 소프트웨어 보호에 많은 기여를 했다. 위너는 칼턴대학과 같은 기관과 어데토(Irdeto) 및 인트러스트(Entrust Technologies)와 같은 회사에서 근무했다.

13.3 연습문제

1. 다음 각 실수의 단순연분수를 구하라.

   a) $\sqrt{2}$ b) $\sqrt{3}$ c) $\sqrt{5}$ d) $(1+\sqrt{5})/2$

2. 다음 각 실수의 단순연분수전개에서 첫 다섯 개의 부분몫을 구하라.

   a) $\sqrt[3]{2}$ b) 2π c) $(e-1)/(e+1)$ d) $(e^2-1)/(e^2+1)$

3. 분모가 100,000 이하인 π 의 최적유리근사를 구하라.

4. 예제 13.12의 경우처럼 e의 무한단순연분수전개는 다음과 같이 시작한다.

$$e = [2; 1, 2, 1, 1, 4, 1, 1, 6, 1, 1, \ldots]$$

   a) e의 연분수에서 첫 여덟 개의 부분수렴을 구하라.

   b) 분모가 536 이하인 e에 대한 최적유리근사를 구하라.

♦5. α를 $\alpha > 1$인 무리수하고 하자. $1/\alpha$의 단순연분수의 k번째 부분수렴이 α의 단순연분수의 $(k-1)$번째 부분수렴의 역수임을 보여라.

*6. α를 무리수라고 하고 p_k/q_k를 α의 단순연분수의 k번째 부분수렴이라 하자. 세 개의 연속된 부분수렴 중에 적어도 하나는 다음 부등식을 만족함을 보여라.

$$|\alpha - p_k/q_k| < 1/(\sqrt{5}q_k^2)$$

이로부터 p와 q가 $q \neq 0$인 정수일 때 다음 부등식을 만족하는 유리수 p/q가 무한히 많다는 결론을 유도하라.

$$|\alpha - p/q| < 1/(\sqrt{5}q^2)$$

*7. α는 무리수이고 단순연분수전개 $\alpha = [a_0; a_1, a_2, \ldots]$를 가진다고 하자. $-\alpha$의 단순연분수는 $a_1 > 1$일 때 $[-a_0 - 1; 1, a_1 - 1, a_2, a_3, \ldots]$이고, $a_1 = 1$일 때 $[-a_0 - 1; a_2 + 1, a_3, \ldots]$임을 보여라.

*8. 무리수 α의 단순연분수의 연속하는 부분수렴 p_k/q_k와 p_{k+1}/q_{k+1}은 다음 부등식 중 하나를 만족함을 보여라.

$$|\alpha - p_k/q_k| < 1/(2q_k^2)$$

$$|\alpha - p_{k+1}/q_{k+1}| < 1/(2q_{k+1}^2)$$

(힌트: 먼저 $|\alpha - p_{k+1}/q_{k+1}| + |\alpha - p_k/q_k| = |p_{k+1}/q_{k+1} - p_k/q_k| = 1/(q_k q_{k+1})$임을 증명하라.)

*9. $\alpha = (1 + \sqrt{5})/2$이고 $c > \sqrt{5}$일 때 p와 q가 $q \neq 0$인 정수이면서 다음 부등식을 만족하는 유리수 p/q가 유한 개임을 보여라.

$$|\alpha - p/q| < 1/(cq^2)$$

(힌트: $\sqrt{5}$의 단순연분수전개의 부분수렴을 구하라.)

α와 β가 두 실수일 때 어떤 정수 a, b, c, d에 대해 $ad - bc = \pm 1$와 $\beta = \frac{a\alpha + b}{c\alpha + d}$를 만족하면 β가 α와 **동치**(equivalent)라고 한다.

10. 실수 α는 자기 자신과 동치임을 보여라.

11. α와 β가 실수이고 β가 α와 동치라면 α가 β와 동치임을 보여라. 따라서 두 수 α와 β가 동치라고 말할 수 있다.

12. α, β, γ가 실수일 때 α와 β가 동치이고 β와 γ가 동치이면, α와 γ가 동치임을 보여라.

13. 임의의 두 유리수는 동치임을 보여라.

*14. 두 무리수 α와 β가 동치일 필요충분조건은 두 수의 단순연분수전개의 꼬리 부분이 일치하는 것임을 보여라. 즉 $\alpha = [a_0; a_1, a_2, \ldots, a_j, c_1, c_2, c_3, \ldots]$이고 $\beta = [b_0; b_1, b_2, \ldots, b_k, c_1, c_2, c_3, \ldots]$의 형태가 되는 것이다. 여기서 $a_i (i = 0, 1, 2, \ldots, j)$, $b_i (i = 0, 1, 2, \ldots, k)$, $c_i (i = 1, 2, 3, \ldots)$는 모두 정수이고, a_0와 b_0 외의 모든 값은 양수이다.

α를 무리수라 하고 α의 단순연분수전개가 $\alpha = [a_0; a_1, a_2, \ldots]$이며, 이 연분수의 k번째 부분수렴을 p_k/q_k라고 하자. k가 $k \geq 2$인 양의 정수이고 t는 $0 < t < a_k$인 정수일 때, **유사부분수렴**(pseudoconvergent)을 다음과 같이 정의한다.

$$p_{k,t}/q_{k,t} = (tp_{k-1} + p_{k-2})/(tq_{k-1} + q_{k-2})$$

15. 모든 유사부분수렴이 기약분수임을 보여라.

*16. 유리수의 수열 $p_{k,2}/q_{k,2}, \ldots, p_{k,a_{k-1}}/q_{k,a_{k-1}}, p_{k.a_k}/q_{k,a_k}$가 k가 짝수일 때는 증가하고, k가 홀수일 때는 감소함을 보여라.

*17. $s > 0$인 정수 r과 s가 k는 $k \geq 2$인 양의 정수이고 $0 < t < a_k$일 때 다음 부등식을 만족하면,

$$|\alpha - r/s| \leq |\alpha - p_{k,t}/q_{k,t}|$$

$s > q_{k,t}$이거나 $r/s = p_{k-1}/q_{k-1}$이 성립함을 보여라. 이는 실수에 대한 가장 가까운 유리근사가 그 수의 단순연분수전개의 부분수렴 또는 유사부분수렴임을 보여준다.

18. π의 단순연분수전개에서 $k = 2$일 때 유사부분수렴을 구하라.

19. 22/7보다 π에 더 가까우면서 분모 s가 106보다 작은 유리수 r/s를 구하라. (힌트: 연습문제 17 참조)

20. 분모 s가 100보다 작으면서 e에 가장 가까운 유리수 r/s를 구하라.

21. 정리 13.19의 유리수에 대한 버전이 유효함을 보여라. 즉 a, b, c, d가 모두 정수이고 b와 d가 0이 아니며 $(a, b) = (c, d) = 1$이고 다음을 만족하면,

$$\left|\frac{a}{b} - \frac{c}{d}\right| < \frac{1}{2d^2}$$

c/d가 a/b의 부분수렴임을 보여라.

22. 분모가 n인 유리수의 모든 부분수렴을 계산하는 데 $O((\log n)^3)$ 비트연산이 사용됨을 보여라.

23. 위너의 낮은 복호화 지수 공격을 사용하여 법 $n = 64{,}741$을 인수분해하고, 암호화 지수 $e = 42{,}667$과 법 n을 가지는 공개키 (e, n)에 대한 복호화 지수 d를 구하라.

24. 위너의 낮은 복호화 지수 공격을 사용하여 법 $n = 90{,}581$을 인수분해하고, 암호화 지수 $e = 17{,}993$과 법 n을 가지는 공개키 (e, n)에 대한 복호화 지수 d를 구하라.

계산과 탐구

1. $\sqrt{2}$와 $\frac{3}{2}$의 첫 100개의 부분수렴을 계산하라. 그 결과를 사용하여 이 단순연분수들의 부분몫에 대한 규칙을 찾을 수 있는지 확인하라.

2. e와 e^2의 단순연분수의 첫 100개의 부분수렴을 계산하라. 그 결과를 사용하여, 이 단순연분수들의 부분몫에 대한 규칙을 찾을 수 있는지 확인하라.

3. π와 π^2의 단순연분수의 첫 1000개의 부분수렴을 계산하라. 각 경우에서 나타나는 가장 큰 부분몫은 무엇인가? 각 경우에서 부분몫으로서 정수 1이 몇 번 나타나는가? 그 결과를 사용하여, 이 단순연분수들의 부분몫에 대한 규칙을 찾을 수 있는지 확인하라.

4. 위너의 낮은 복호화 지수 공격을 사용하여 주어진 각 공개키 (e, n)에 대해 먼저 공격의 조건이 적용되는지 확인한 후, n을 인수분해하고 (e, n)의 복호화 지수 d를 구하라.

a) $e = 35958979,\ n = 37969069$

b) $e = 37474211,\ n = 51541817$

c) $e = 21248061,\ n = 55791517$

d) $e = 60728973,\ n = 160523347$

프로그래밍 프로젝트

1. 실수 x가 주어졌을 때 x의 단순연분수를 구하라.
2. 무리수 x와 양의 정수 n이 주어졌을 때 분모가 n을 초과하지 않는 x에 대한 최적유리근사를 구하라.

13.4 주기적인 연분수

이 절에서는 주기적인 무한연분수를 살펴본다. 무한연분수가 주기적일 필요충분조건은 그것이 표현하는 실수가 이차무리수라는 것을 보이자. 먼저 주기적인 연분수를 정의하자.

정의 13.5 무한단순연분수

$[a_0; a_1, a_2, \ldots]$가 **주기적**(periodic)이라는 것은 양의 정수 N과 k가 존재하여 $n \geq N$인 모든 양의 정수 n에 대해 $a_n = a_{n+k}$가 성립한다는 것을 말한다. 주기적인 무한단순연분수

$$[a_0; a_1, a_2, \ldots, a_{N-1}, a_N, a_{N+1}, \ldots, a_{N+k-1}, a_N, a_{N+1}, \ldots]$$

를

$$[a_0; a_1, a_2, \ldots, a_{N-1}, \overline{a_N, a_{N+1}, \ldots, a_{N+k-1}}]$$

와 같이 표기한다.

예를 들어 $[1; 2, \overline{3, 4}]$는 무한 단수 연분수 $[1; 2, 3, 4, 3, 4, 3, 4, \ldots]$를 나타낸다. (이 절에서 나중에 다룰 방법을 사용하면 $[1; 2, \overline{3, 4}] = \frac{4+\sqrt{3}}{4}$임을 쉽게 보일 수 있다.)

13.1절에서 어떤 수의 b진전개가 주기적인 것과 그 수가 유리수라는 것이 필요충분조건임을 증명했다. 주기적인 무한단순연분수전개를 가지는 무리수를 규명하기 위해 다음 정의가 필요하다.

정의 13.6 이차무리수

실수 α가 **이차무리수**(quadratic irrationality)라는 것은 α가 무리수이고, 정수계수를 가지는 이차 다항식의 근이라는 것이다. 즉 $A \neq 0$인 어떤 정수 A, B, C에 대해 다음 식이 성립한다.

$$A\alpha^2 + B\alpha + C = 0$$

예제 13.13

$\alpha = 2 + \sqrt{3}$이 이차무리수인 걸 보이려면 α가 무리수임을 확인하고(직접 확인하자.) 정수계수 이차 다항식의 근임을 증명한다. 먼저 $\alpha - 2 = \sqrt{3}$이므로 양변을 제곱해서 $\alpha^2 - 4\alpha + 4 = 3$를 얻는다. 이 등식의 양변에서 3을 빼면 $\alpha^2 - 4\alpha + 1 = 0$이므로 원하는 정수계수 이차 다항식을 찾는다. 따라서 α는 이차무리수이다.

무리수의 무한단순연분수가 주기적일 필요충분조건이 그 수가 이차무리수라는 것을 보인다. 이를 증명하기 전에, 이차무리수에 관한 몇 가지 유용한 결과를 살펴본다.

도움정리 13.1

실수 α가 이차무리수일 필요충분조건은 $b > 0$이고 제곱수가 아니며 $c \neq 0$인 정수 a, b, c에 대해 다음 식이 성립하는 것이다.

$$\alpha = (a + \sqrt{b})/c$$

증명

α가 이차무리수라면, α는 무리수이고 $A\alpha^2 + B\alpha + C = 0$를 만족하는 $A \neq 0$인 정수 A, B, C가 존재한다. 이차방정식의 근의 공식에 의해 다음 식이 성립한다.

$$\alpha = \frac{-B \pm \sqrt{B^2 - 4AC}}{2A}$$

α는 실수이므로 $B^2 - 4AC > 0$이고, α는 무리수이므로 $B^2 - 4AC$는 제곱수가 아니다. 그러므로 $a = -B, b = B^2 - 4AC$, $c = 2A$로 택하거나 $a = B, b = B^2 - 4AC$, $c = -2A$로 택하면 원하는 α의 표현을 얻는다.

역으로 $b > 0$이고 제곱수가 아니며 $c \neq 0$인 정수 a, b, c에 대해 다음과 같다면,

$$\alpha = (a + \sqrt{b})/c$$

1.1절의 연습문제 3과 정리 4.9에 따라 α가 무리수임을 쉽게 알 수 있다. 또한 다음을 만족한다.

$$c^2\alpha^2 - 2ac\alpha + (a^2 - b) = 0$$

따라서 α는 이차무리수이다.

다음 도움정리는 주기적인 단순연분수가 이차무리수를 나타낸다는 것을 보여주는 데 유용하다.

도움정리 13.2

α가 이차무리수이고 r, s, t, u가 정수이면 $(r\alpha + s)/(t\alpha + u)$는 유리수이거나 이차무리수이다.

증명

도움정리 13.1에 의해 $b > 0$이고 제곱수가 아니며 $c \neq 0$인 정수 a, b, c가 존재하여 다음과 같다.

$$\alpha = (a + \sqrt{b})/c$$

따라서 다음이 성립한다.

$$\begin{aligned}
\frac{r\alpha + s}{t\alpha + u} &= \left[\frac{r(a + \sqrt{b})}{c} + s\right] \Big/ \left[\frac{t(a + \sqrt{b})}{c} + u\right] \\
&= \frac{(ar + cs) + r\sqrt{b}}{(at + cu) + t\sqrt{b}} \\
&= \frac{[(ar + cs) + r\sqrt{b}][(at + cu) - t\sqrt{b}]}{[(at + cu) + t\sqrt{b}][(at + cu) - t\sqrt{b}]} \\
&= \frac{[(ar + cs)(at + cu) - rtb] + [r(at + cu) - t(ar + cs)]\sqrt{b}}{(at + cu)^2 - t^2 b}
\end{aligned}$$

그러므로 $\sqrt{b}$의 계수가 0이 아니면 도움정리 13.1에 의해 $(r\alpha + s)/(t\alpha + u)$는 이차무리수이고, $\sqrt{b}$의 계수가 0이면 유리수이다.

이차무리수의 단순연분수에 대한 이후 논의에서 이차무리수의 켤레 개념을 사용한다.

정의 13.7

$\alpha = (a + \sqrt{b})/c$가 이차무리수일 때 α의 **켤레**(conjugate)는 α'으로 나타내며 $\alpha' = (a - \sqrt{b})/c$로 정의된다.

도움정리 13.3

이차무리수 α가 다항식 $Ax^2 + Bx + C$의 근이라면 이 다항식의 다른 근은 α의 켤레인 α'이다.

증명

이차방정식의 근의 공식을 사용하면 $Ax^2 + Bx + C = 0$의 두 근은 다음과 같다.

$$\frac{-B \pm \sqrt{B^2 - 4AC}}{2A}$$

α가 이 근들 중 하나라면, α에서 $\sqrt{B^2 - 4AC}$의 부호를 바꾸면 α'이 되므로 α'은 다른 근이다. 이는 이차무리수의 켤레 관계가 기본적인 연산에 의해 보존된다는 것을 의미한다.

다음 도움정리는 이차무리수와 켤레가 관련된 연산에 대해 알려준다.

도움정리 13.4

$\alpha_1 = (a_1 + b_1\sqrt{d})/c_1$이고 $\alpha_2 = (a_2 + b_2\sqrt{d})/c_2$가 유리수 또는 이차무리수이면 다음이 성립한다.

(i) $(\alpha_1 + \alpha_2)' = \alpha_1' + \alpha_2'$

(ii) $(\alpha_1 - \alpha_2)' = \alpha_1' - \alpha_2'$

(iii) $(\alpha_1\alpha_2)' = \alpha_1'\alpha_2'$

(iv) $(\alpha_1/\alpha_2)' = \alpha_1'/\alpha_2'$

여기서는 (iv)만 증명하고, 나머지 증명은 연습문제 14로 남긴다.

증명

(iv)의 증명:

$$\begin{aligned}
\alpha_1/\alpha_2 &= \frac{(a_1 + b_1\sqrt{d})/c_1}{(a_2 + b_2\sqrt{d})/c_2} \\
&= \frac{c_2(a_1 + b_1\sqrt{d})(a_2 - b_2\sqrt{d})}{c_1(a_2 + b_2\sqrt{d})(a_2 - b_2\sqrt{d})} \\
&= \frac{(c_2a_1a_2 - c_2b_1b_2d) + (c_2a_2b_1 - c_2a_1b_2)\sqrt{d}}{c_1(a_2^2 - b_2^2d)}
\end{aligned}$$

반면에 다음과 같다.

$$\begin{aligned}\alpha_1'/\alpha_2' &= \frac{(a_1 - b_1\sqrt{d})/c_1}{(a_2 - b_2\sqrt{d})/c_2} \\ &= \frac{c_2(a_1 - b_1\sqrt{d})(a_2 + b_2\sqrt{d})}{c_1(a_2 - b_2\sqrt{d})(a_2 + b_2\sqrt{d})} \\ &= \frac{(c_2a_1a_2 - c_2b_1b_2d) - (c_2a_2b_1 - c_2a_1b_2)\sqrt{d}}{c_1(a_2^2 - b_2^2 d)}\end{aligned}$$

따라서 $(\alpha_1/\alpha_2)' = \alpha_1'/\alpha_2'$이다.

주기적인 단순연분수에 대한 기본 결과는 라그랑주 정리라고 불리는데, 이 정리의 일부는 오일러에 의해 먼저 증명되었다. 오일러는 1737년에 주기적인 무한단순연분수가 이차무리수를 나타낸다는 것을 증명했으며, 라그랑주는 1770년에 모든 이차무리수가 주기적인 연분수로 표현된다는 것을 보였다.

비고. 이 정리는 10장에서 논의한 다항합동식에 관한 라그랑주 정리와는 다르다. 이 장에서는 10장의 결과는 다루지 않는다.

정리 13.20 연분수에 관한 라그랑주 정리

무리수의 무한단순연분수가 주기적이기 위한 필요충분조건은 그 수가 이차무리수인 것이다.

먼저 주기적인 단순연분수가 이차무리수를 나타낸다는 것을 증명하고, 이차무리수의 단순연분수가 주기적이라는 것은 이차무리수의 연분수를 구하는 특별한 알고리즘을 소개한 후에 증명한다.

증명 13.20

(충분조건의 증명) α의 단순연분수가 주기적이라고 하면 다음과 같이 쓸 수 있다.

$$\alpha = [a_0; a_1, a_2, \ldots a_{N-1}, \overline{a_N, a_{N+1}, \ldots, a_{N+k}}]$$

이제 다음과 같다고 하자.

$$\beta = [\overline{a_N; a_{N+1}, \ldots, a_{N+k}}]$$

그러면 다음과 같다.

$$\beta = [a_N; a_{N+1}, \ldots, a_{N+k}, \beta]$$

그러므로 정리 13.9에 따라 p_k/q_k와 p_{k-1}/q_{k-1}이 $[a_N; a_{N+1}, \ldots, a_{N+k}]$의 부분수렴일 때 다음이

성립한다.

$$\beta = \frac{\beta p_k + p_{k-1}}{\beta q_k + q_{k-1}} \tag{13.13}$$

그런데 β의 단순연분수가 무한이므로, β는 무리수이고 식 (13.13)에 의해 다음 식이 성립한다.

$$q_k\beta^2 + (q_{k-1} - p_k)\beta - p_{k-1} = 0$$

따라서 β는 이차무리수이다. 이제 다음과 같다고 하자.

$$\alpha = [a_0; a_1, a_2, \ldots, a_{N-1}, \beta]$$

그러면 정리 13.9에 의해 p_{N-1}/q_{N-1}과 p_{N-2}/q_{N-2}가 $[a_0; a_1, a_2, \ldots, a_{N-1}]$의 부분수렴일 때 다음을 얻는다.

$$\alpha = \frac{\beta p_{N-1} + p_{N-2}}{\beta q_{N-1} + q_{N-2}}$$

여기서 β가 이차무리수이므로 도움정리 13.2에 의해 α도 이차무리수이다. (α가 무한단순연분수전개를 가지기 때문에 무리수임을 이미 알고 있다.)

정리의 "필요조건"의 증명은 추가적인 준비 작업을 마친 후 이 절에서 나중에 증명한다.

다음 예제는 정리 13.21을 사용하여 주기적인 단순연분수가 나타내는 이차무리수를 찾는 방법을 보여준다.

예제 13.14

$x = [3; \overline{1, 2}]$일 때 정리 13.21에 따라 x가 이차무리수임을 알 수 있다. x의 값을 찾기 위해 정리 13.21의 증명에서와 같이 $y = [\overline{1; 2}]$이라 두고 $x = [3; y]$라고 하자. $y = [1; 2, y]$이므로 다음이 성립한다.

$$y = 1 + \frac{1}{2 + \frac{1}{y}} = \frac{3y + 1}{2y + 1}$$

이로부터 $2y^2 - 2y - 1 = 0$을 얻고, 이차방정식의 근의 공식을 사용하면 y가 양수이므로 $y = \frac{1+\sqrt{3}}{2}$임을 알 수 있다. $x = 3 + \frac{1}{y}$이므로 x의 값은 다음과 같다.

$$x = 3 + \frac{2}{1 + \sqrt{3}} = 3 + \frac{2 - \sqrt{3}}{-2} = \frac{4 + \sqrt{3}}{2}$$

이차무리수의 단순연분수를 찾기 위한 알고리즘을 개발하기 위해 다음 도움정리가 필요하다.

도움정리 13.5

α가 이차 유리수이면 $Q \neq 0$인 정수 P, Q와 제곱수가 아닌 양의 정수 d가 존재해서 α를 다음과 같이 쓸 수 있다.

$$\alpha = (P + \sqrt{d})/Q$$

그리고 $Q|(d - P^2)$이다.

증명

α가 이차무리수이므로, 도움정리 13.1에 의해 $b > 0$이고 제곱수가 아니며 $c \neq 0$인 정수 a, b, c가 존재하여 다음이 성립한다.

$$\alpha = (a + \sqrt{b})/c$$

α의 이 표현에서 분자와 분모에 모두 $|c|$를 곱하면 $|c| = \sqrt{c^2}$이기 때문에 다음을 얻는다.

$$\alpha = \frac{a|c| + \sqrt{bc^2}}{c|c|}$$

이제 $P = a|c|, Q = c|c|$, $d = bc^2$로 두면 P, Q, d는 정수이고, $c \neq 0$이기 때문에 $Q \neq 0$이며, $b > 0$이므로 $d > 0$이다. 또한 b가 제곱수가 아니기 때문에 d도 제곱수가 아니다. 마지막으로 $d - P^2 = bc^2 - a^2c^2 = c^2(b - a^2) = \pm Q(b - a^2)$으로부터 $Q|(d - P^2)$임을 알 수 있다.

다음 정리는 이차무리수의 단순연분수를 찾기 위한 알고리즘의 기초가 된다.

정리 13.21

α를 이차무리수라고 하면, 도움정리 13.5에 의해 제곱수가 아닌 양의 정수 d와 $Q_0 \neq 0$이고 $Q_0|(d - P_0^2)$인 정수 P_0, Q_0가 존재하여 다음과 같다.

$$\alpha = (P_0 + \sqrt{d})/Q_0$$

$k = 0, 1, 2, \ldots$에 대해 다음과 같이 재귀적으로 정의하면,

$$\alpha_k = (P_k + \sqrt{d})/Q_k$$
$$a_k = [\alpha_k]$$
$$P_{k+1} = a_kQ_k - P_k$$
$$Q_{k+1} = (d - P_{k+1}^2)/Q_k$$

$\alpha = [a_0; a_1, a_2, \ldots]$이다.

증명 13.21

먼저, 수학적 귀납법을 사용하여 각 $k = 0, 1, 2, \ldots$에 대해 P_k와 Q_k가 정수이며 $Q_k \neq 0$이고 $Q_k | (d - P_k^2)$임을 증명하자. 정리의 가정으로부터 $k = 0$일 때 이 명제는 참이다. 이제 P_k와 Q_k가 정수이고 $Q_k \neq 0$이며 $Q_k | (d - P_k^2)$라고 가정하자. 그러면 다음 식도 정수이다.

$$P_{k+1} = a_k Q_k - P_k$$

또한 다음을 얻는다.

$$\begin{aligned} Q_{k+1} &= (d - P_{k+1}^2)/Q_k \\ &= [d - (a_k Q_k - P_k)^2]/Q_k \\ &= (d - P_k^2)/Q_k + (2a_k P_k - a_k^2 Q_k) \end{aligned}$$

귀납적 가정에 의해 $Q_k | (d - P_k^2)$이므로 Q_{k+1}도 정수임을 알 수 있다. 나아가 d가 제곱수가 아니기 때문에 $d \neq P_{k+1}^2$이며, 따라서

$$Q_{k+1} = (d - P_{k+1}^2)/Q_k \neq 0$$

이다. 또한 다음과 같다.

$$Q_k = (d - P_{k+1}^2)/Q_{k+1}$$

그러므로

$$Q_{k+1} | (d - P_{k+1}^2)$$

임을 알 수 있다. 이것으로 명제가 참임을 수학적 귀납법으로 증명했다.

이제 정수 $a_0, a_1, a_2, \ldots$가 α의 단순연분수의 부분몫임을 증명하기 위해 정리 13.15를 사용하자. $\alpha = [a_0; a_1, a_2, \ldots]$임을 보이기 위해 각 $k = 0, 1, 2, \ldots$에 대해 다음 식을 보이면 된다.

$$\alpha_{k+1} = 1/(\alpha_k - a_k)$$

계산을 해보면 다음과 같이 원하는 결과를 얻는다.

$$\begin{aligned}\alpha_k - a_k &= \frac{P_k + \sqrt{d}}{Q_k} - a_k \\ &= [\sqrt{d} - (a_k Q_k - P_k)]/Q_k \\ &= (\sqrt{d} - P_{k+1})/Q_k \\ &= (\sqrt{d} - P_{k+1})(\sqrt{d} + P_{k+1})/Q_k(\sqrt{d} + P_{k+1}) \\ &= (d - P_{k+1}^2)/(Q_k(\sqrt{d} + P_{k+1})) \\ &= Q_k Q_{k+1}/(Q_k(\sqrt{d} + P_{k+1})) \\ &= Q_{k+1}/(\sqrt{d} + P_{k+1}) \\ &= 1/\alpha_{k+1}\end{aligned}$$

위에서 Q_{k+1}의 정의를 사용하여 $d - P_{k+1}^2$를 $Q_k Q_{k+1}$로 대체했다. 따라서 $\alpha = [a_0; a_1, a_2, \ldots]$임을 결론지을 수 있다.

정리 13.22에서 제시된 알고리즘을 다음 예제에서 활용해본다.

예제 13.15

$\alpha = (3 + \sqrt{7})/2$일 때 도움정리 13.5에 따르면 다음과 같이 쓸 수 있다.

$$\alpha = (6 + \sqrt{28})/4$$

$P_0 = 6, Q_0 = 4$, $d = 28$로 두면 $a_0 = [\alpha] = 2$이므로 다음과 같이 계산된다.

$$\begin{aligned} P_1 &= 2 \cdot 4 - 6 = 2, & \alpha_1 &= (2 + \sqrt{28})/6 \\ Q_1 &= (28 - 2^2)/4 = 6, & a_1 &= \left[(2 + \sqrt{28})/6\right] = 1 \\[1em] P_2 &= 1 \cdot 6 - 2 = 4, & \alpha_2 &= (4 + \sqrt{28})/2 \\ Q_2 &= (28 - 4^2)6 = 2, & a_2 &= \left[(4 + \sqrt{28})/2\right] = 4 \\[1em] P_3 &= 4 \cdot 2 - 4 = 4, & \alpha_3 &= (4 + \sqrt{28})/6 \\ Q_3 &= (28 - 4^2)/2 = 6, & a_3 &= \left[(4 + \sqrt{28})/6\right] = 1 \\[1em] P_4 &= 1 \cdot 6 - 4 = 2, & \alpha_4 &= \left(2 + \sqrt{28})/4\right) \\ Q_4 &= (28 - 2^2)/6 = 4, & a_4 &= \left[(2 + \sqrt{28})/4\right] = 1 \\[1em] P_5 &= 1 \cdot 4 - 2 = 2, & \alpha_5 &= (2 + \sqrt{28})6 \\ Q_5 &= \tfrac{28 - 2^2}{4} = 6, & a_5 &= \left[(2 + \sqrt{28})/6\right] = 1 \end{aligned}$$

$P_1 = P_5$ 이고 $Q_1 = Q_5$ 이므로, 반복이 발생한다. 따라서 다음이 성립함을 알 수 있다.

$$\begin{aligned}(3+\sqrt{7})/2 &= [2; 1, 4, 1, 1, 1, 4, 1, 1, \ldots] \\ &= [2; \overline{1, 4, 1, 1}]\end{aligned}$$

이제 이차무리수의 단순연분수전개가 주기적임을 보임으로써 라그랑주 정리의 증명을 마친다.

증명　정리 13.21의 증명 완성

α가 이차무리수라고 하자. 도움정리 13.5에 의해 α를 다음과 같이 쓸 수 있다.

$$\alpha = (P_0 + \sqrt{d})/Q_0$$

정리 13.22에 따르면 $\alpha = [a_0; a_1, a_2, \ldots]$이고 각 $k = 0, 1, 2, \ldots$에 대해 다음과 같다.

$$\begin{aligned}\alpha_k &= (P_k + \sqrt{d})/Q_k \\ a_k &= [\alpha_k] \\ P_{k+1} &= a_k Q_k - P_k \\ Q_{k+1} &= (d - P_{k+1}^2)/Q_k\end{aligned}$$

$\alpha = [a_0; a_1, a_2, \ldots, \alpha_k]$이므로 정리 13.11에 의해 다음이 성립한다.

$$\alpha = (p_{k-1}\alpha_k + p_{k-2})/(q_{k-1}\alpha_k + q_{k-2})$$

이 식의 양변에 켤레를 취하고 도움정리 13.4를 이용하면 다음을 얻는다.

$$\alpha' = (p_{k-1}\alpha_k' + p_{k-2})/(q_{k-1}\alpha_k' + q_{k-2}) \tag{13.14}$$

식 (13.14)를 α_k'에 대해 풀면 다음과 같다.

$$\alpha_k' = \frac{-q_{k-2}}{q_{k-1}} \left(\frac{\alpha' - \frac{p_{k-2}}{q_{k-2}}}{\alpha' - \frac{p_{k-1}}{q_{k-1}}} \right)$$

부분수렴 p_{k-2}/q_{k-2}와 p_{k-1}/q_{k-1}은 k가 무한대로 갈 때 α에 수렴하므로 다음은 1로 수렴한다.

$$\left(\alpha' - \frac{p_{k-2}}{q_{k-2}}\right) \Big/ \left(\alpha' - \frac{p_{k-1}}{q_{k-1}}\right)$$

따라서 $k \geq N$인 모든 k에 대해 $\alpha_k' < 0$이 되는 정수 N이 존재한다. $k > 1$일 때 $\alpha_k > 0$이므로

다음을 얻는다.

$$\alpha_k - \alpha_k' = \frac{P_k + \sqrt{d}}{Q_k} - \frac{P_k - \sqrt{d}}{Q_k} = \frac{2\sqrt{d}}{Q_k} > 0$$

따라서 $k \geq N$일 때 $Q_k > 0$이다.

한편 $Q_k Q_{k+1} = d - P_{k+1}^2$이므로 $k \geq N$일 때 다음과 같다.

$$Q_k \leq Q_k Q_{k+1} = d - P_{k+1}^2 \leq d$$

또한 $k \geq N$일 때 $Q_k Q_{k+1} = d - P_{k+1}^2 > 0$이므로 다음이 성립한다.

$$-\sqrt{d} < P_{k+1} < \sqrt{d}$$

따라서 $k \geq N$일 때 $0 \leq Q_k \leq d$와 $-\sqrt{d} < P_{k+1} < \sqrt{d}$이므로 $k \geq N$에 대해 정수 쌍 P_k, Q_k의 가능한 값이 유한하다는 것을 알 수 있다. 그러나 $k > N$인 정수 k는 무한히 많으므로 $P_i = P_j$ 및 $Q_i = Q_j$를 만족하는 $i < j$인 정수 i와 j가 존재하고, α_k의 정의에 의해 $\alpha_i = \alpha_j$이다. 결과적으로 $a_i = a_j, a_{i+1} = a_{j+1}, a_{i+2} = a_{j+2}, \ldots$가 성립한다. 따라서 다음과 같다.

$$\begin{aligned}\alpha &= [a_0; a_1, a_2, \ldots, a_{i-1}, a_i, a_{i+1}, \ldots, a_{j-1}, a_i, a_{i+1}, \ldots, a_{j-1}, \ldots] \\ &= [a_0; a_1, a_2, \ldots, a_{i-1}, \overline{a_i, a_{i+1}, \ldots, a_{j-1}}]\end{aligned}$$

이로써 α가 주기적인 단순연분수로 표현됨을 증명했다.

순주기적 연분수 다음으로, **순주기적 단순연분수**(purely periodic continued fraction), 즉 전주기가 없는 연분수를 살펴본다.

정의 13.8

연분수 $[a_0; a_1, a_2, \ldots]$가 어떤 정수 n에 대해 $a_k = a_{n+k}$ $(k = 0, 1, 2, \ldots)$를 만족하면 **순주기적**(purely periodic)이라 한다. 즉 다음과 같다.

$$[a_0; a_1, a_2, \ldots] = [\overline{a_0; a_1, a_2, a_3, \ldots, a_{n-1}}]$$

예제 13.16

연분수 $[\overline{2;3}] = (1+\sqrt{3})/2$은 순주기적이고, $[2; \overline{2,4}] = \sqrt{6}$은 순주기적이 아니다.

다음 정의와 정리는 순주기적 단순연분수를 가지는 이차무리수에 대한 설명이다.

정의 13.9

이차무리수 α가 **축소되었다**(reduced)는 것은 α'이 α의 켤레일 때 $\alpha > 1$이고 $-1 < \alpha' < 0$를 만족한다는 것이다.

예제 13.17

이차무리수 $1+\sqrt{5}$는 축소되지 않았다. $1+\sqrt{5} > 1$이지만, $\sqrt{5} = 2.22360\ldots$이므로 $(1+\sqrt{5})' = 1-\sqrt{5} < -1$이기 때문이다. 반면에 $2+\sqrt{7}$은 축소되었다. $2+\sqrt{7} > 1$이고 $\sqrt{7} = 2.64575\ldots$이므로 $-1 < (2+\sqrt{7})' = 2-\sqrt{7} < 0$이기 때문이다.

정리 13.22

이차무리수 α의 단순연분수가 순주기적일 필요충분조건은 α가 축소되었다는 것이다. 또한 α가 축소되었고 $\alpha = \overline{[a_0; a_1, a_2, \ldots, a_n]}$이면 $-1/\alpha'$의 연분수는 $\overline{[a_n; a_{n-1}, \ldots, a_0]}$이다.

증명 13.22

먼저, α가 축소된 이차무리수라고 가정하자. 정리 13.15에 따라 α의 단순연분수의 부분분수는 각 $k = 0, 1, 2, \ldots$에 대해 다음과 같이 주어진다.

$$a_k = [\alpha_k], \quad \alpha_{k+1} = 1/(\alpha_k - a_k)$$

그러므로 다음 식이 성립한다.

$$1/\alpha_{k+1} = \alpha_k - a_k$$

여기서 $\alpha_0 = \alpha$이다. 양변에 켤레를 취하고 도움정리 13.4를 이용하면 다음을 얻을 수 있다.

$$1/\alpha'_{k+1} = \alpha'_k - a_k \tag{13.15}$$

수학적 귀납법을 사용하여 각 $k = 0, 1, 2, \ldots$에 대해 $-1 < \alpha'_k < 0$이 성립함을 증명하자. 먼저, $\alpha_0 = \alpha$가 축소된 이차무리수이므로 $-1 < \alpha'_0 < 0$이다. 이제 $-1 < \alpha'_k < 0$이라 가정하면 각 $k = 0, 1, 2, \ldots$에 대해 $a_k \geq 1$이므로 (특히 $\alpha > 1$이므로 $a_0 \geq 1$임) 식 (13.15)로부터 다음을 얻는다.

$$1/\alpha'_{k+1} < -1$$

이로부터 $-1 < \alpha'_{k+1} < 0$임을 알 수 있다. 따라서 각 $k = 0, 1, 2, \ldots$에 대해 $-1 < \alpha'_k < 0$가 성립한다.

다음으로 식 (13.15)로부터 다음이 성립한다.

$$\alpha_k' = a_k + 1/\alpha_{k+1}'$$

$-1 < \alpha_k' < 0$이므로 다음을 얻는다.

$$-1 < a_k + 1/\alpha_{k+1}' < 0$$

따라서 다음과 같다.

$$-1 - 1/\alpha_{k+1}' < a_k < -1/\alpha_{k+1}'$$

이로부터 다음을 알 수 있다.

$$a_k = [-1/\alpha_{k+1}']$$

α는 이차무리수이므로 라그랑주 정리의 증명에 따르면 $0 \leq i < j$인 어떤 정수 i와 j에 대해 $\alpha_i = \alpha_j$이고, 따라서 $-1/\alpha_i' = -1/\alpha_j'$이다. $a_{i-1} = [-1/\alpha_i']$이고 $a_{j-1} = [-1/\alpha_j']$이므로 $a_{i-1} = a_{j-1}$이다. 또한 $\alpha_{i-1} = a_{i-1} + 1/\alpha_i$이고 $\alpha_{j-1} = a_{j-1} + 1/\alpha_j$이므로 $\alpha_{i-1} = \alpha_{j-1}$이다. 이 과정을 계속 반복하면 $\alpha_{i-2} = \alpha_{j-2}, \alpha_{j-3} = \alpha_{j-3}, \ldots$이고, 결국 $\alpha_0 = \alpha_{j-1}$임을 알 수 있다. 따라서 다음과 같다.

$$\begin{aligned}\alpha_0 = \alpha &= [a_0; a_1, \ldots, a_{j-i-1}, \alpha_{j-1}] \\ &= [a_0; a_1, \ldots, a_{j-i-1}, \alpha_0] \\ &= [\overline{a_0; a_1, \ldots, a_{j-i-1}}]\end{aligned}$$

그러므로 α의 단순연분수가 순주기적임을 알 수 있다.

역을 증명하기 위해 α를 $\alpha = [\overline{a_0; a_1, a_2, \ldots, a_k}]$와 같이 순주기적 연분수를 가지는 이차무리수라고 가정하자. $\alpha = [a_0; a_1, a_2, \ldots, a_k, \alpha]$이므로 정리 13.9에 따라 p_{k-1}/q_{k-1}과 p_k/q_k가 각각 α의 연분수전개의 $(k-1)$번째와 k번째 부분수렴일 때 다음이 성립한다.

$$\alpha = \frac{\alpha p_k + p_{k-1}}{\alpha q_k + q_{k-1}} \tag{13.16}$$

식 (13.16)으로부터 다음 식이 성립함을 알 수 있다.

$$q_k \alpha^2 + (q_{k-1} - p_k)\alpha - p_{k-1} = 0 \tag{13.17}$$

이제 β를 $\beta = [\overline{a_k; a_{k-1}, \ldots, a_1, a_0}]$와 같이 α의 단순연분수의 주기가 반전된 연분수전개를 가지는 이차무리수라고 하면, 정리 13.9에 의해 p_{k-1}'/q_{k-1}'과 p_k'/q_k'이 각각 β의 연분수전개의 $(k-1)$

번째와 k번째 부분수렴일 때 다음이 성립한다.

$$\beta = \frac{\beta p'_k + p'_{k-1}}{\beta q'_k + q'_{k-1}} \tag{13.18}$$

그런데 13.2절의 연습문제 12에 따르면 다음과 같다.

$$\begin{aligned} p_k/p_{k-1} =& [a_k; a_{k-1}, \ldots, a_1, a_0] = p'_k/q'_k \\ q_k/q_{k-1} =& [a_k; a_{k-1}, \ldots, a_2, a_1] = p'_{k-1}/q'_{k-1} \end{aligned}$$

p'_{k-1}/q'_{k-1}과 p'_k/q'_k은 부분수렴이므로 기약분수이다. 또한 정리 13.10에 의해 $p_k q_{k-1} - p_{k-1} q_k = (-1)^{k-1}$이므로 p_k/p_{k-1}과 q_k/q_{k-1}도 기약분수이다. 따라서 다음과 같음을 알 수 있다.

$$\begin{aligned} p'_k =& p_k, \quad q'_k = p_{k-1} \\ p'_{k-1} =& q_k, \quad q'_{k-1} = q_{k-1} \end{aligned}$$

이 값을 식 (13.18)에 대입하면 다음을 얻는다.

$$\beta = \frac{\beta p_k + q_k}{\beta p_{k-1} + q_{k-1}}$$

따라서 다음 식이 성립하고,

$$p_{k-1}\beta^2 + (q_{k-1} - p_k)\beta - q_k = 0$$

이로부터 다음 식을 얻는다.

$$q_k(-1/\beta)^2 + (q_{k-1} - p_k)(-1/\beta) - p_{k-1} = 0 \tag{13.19}$$

식 (13.17)과 (13.19)에 의해 다음과 같은 이차방정식의 두 근이 α와 $-1/\beta$임을 알 수 있다.

$$q_k x^2 + (q_{k-1} - p_k)x - p_{k-1} = 0$$

이차방정식의 근의 공식에 따라 $\alpha' = -1/\beta$이다. $\beta = [\overline{a_n; a_{n-1}, \ldots, a_1, a_0}]$이므로 $\beta > 1$이다. 따라서 $-1 < \alpha' = -1/\beta < 0$이다. 그러므로 α는 축소된 이차무리수이다.

또한 $\beta = -1/\alpha'$이므로 다음이 성립한다.

$$-1/\alpha' = [\overline{a_n; a_{n-1}, \ldots, a_1, a_0}]$$

이제 D가 제곱수가 아닌 양의 정수일 때, $\sqrt{D}$의 주기적인 단순연분수 형태를 알아본다. $\sqrt{D}$

는 그 켤레인 $-\sqrt{D}$가 -1과 0 사이에 있지 않으므로 축소된 이차무리수가 아니다. 그러나 $[\sqrt{D}]+\sqrt{D}$는 그 켤레인 $[\sqrt{D}]-\sqrt{D}$가 -1과 0 사이에 있으므로 축소된 이차무리수이다. 그러므로 정리 13.23에 의해 $[\sqrt{D}]+\sqrt{D}$의 연분수는 순주기적임을 알 수 있다. $[\sqrt{D}]+\sqrt{D}$의 단순연분수의 첫 번째 부분몫이 $[[\sqrt{D}]+\sqrt{D}]=2[\sqrt{D}]=2a_0$, $a_0=[\sqrt{D}]$이므로 다음과 같이 쓸 수 있다.

$$\begin{aligned}[\sqrt{D}]+\sqrt{D} &= [\overline{2a_0; a_1, a_2, \ldots, a_n}] \\ &= [2a_0; a_1, a_2, \ldots, a_n, 2a_0, a_1, \ldots, a_n, \ldots]\end{aligned}$$

이 등식의 양변에서 $a_0=[\sqrt{D}]$를 빼면 다음 식이 성립한다.

$$\begin{aligned}\sqrt{D} &= [a_0; a_1, a_2, \ldots, 2a_0, a_1, a_2, \ldots 2a_0, \ldots] \\ &= [a_0; \overline{a_1, a_2, \ldots, a_n, 2a_0}]\end{aligned}$$

$\sqrt{D}$의 연분수의 부분몫에 대한 더 많은 정보를 얻기 위해 정리 13.23을 사용하여 $[\sqrt{D}]+\sqrt{D}$의 단순연분수전개에서 주기를 반전시켜 $-1/([\sqrt{D}]-\sqrt{D})$의 단순연분수전개를 다음과 같이 얻을 수 있다.

$$1/(\sqrt{D}-[\sqrt{D}]) = [\overline{a_n; a_{n-1}, \ldots, a_1, 2a_0}]$$

그런데 다음과 같으므로

$$\sqrt{D}-[\sqrt{D}] = [0; \overline{a_1, a_2, \ldots, a_n, 2a_0}]$$

양변의 역수를 취하면 다음을 얻는다.

$$1/(\sqrt{D}-[\sqrt{D}]) = [\overline{a_1; a_2, \ldots, a_n, 2a_0}]$$

이제 $1/(\sqrt{D}-([\sqrt{D}]))$의 단순연분수에 대한 이 두 표현을 비교하면 다음이 성립한다.

$$a_1 = a_n, a_2 = a_{n-1}, \ldots, a_n = a_1$$

$\sqrt{D}$의 연분수의 주기적인 부분은 첫 번째 항부터 마지막 항까지 대칭적이다.

결론적으로 $\sqrt{D}$의 단순연분수는 다음과 같은 형태를 가진다.

$$\sqrt{D} = [a_0; \overline{a_1, a_2, \ldots, a_2, a_1, 2a_0}]$$

예제를 통해 몇 가지 예를 들어보자.

예제 13.18

다음의 주기적인 연분수를 살펴보자.

$$\sqrt{23} = [4; \overline{1,3,1,8}]$$
$$\sqrt{31} = [5; \overline{1,1,3,5,3,1,1,10}]$$
$$\sqrt{46} = [6; \overline{1,2,1,1,2,6,2,1,1,2,1,12}]$$
$$\sqrt{76} = [8; \overline{1,2,1,1,5,4,5,1,1,2,1,16}]$$
$$\sqrt{97} = [9; \overline{1,5,1,1,1,1,1,1,5,1,18}]$$

각각의 연분수는 길이 1의 전주기를 가지고, 주기는 첫 번째 부분몫의 두 배로 끝난다. (여기서 **주기**는 반복되는 부분몫의 블록을 의미하고, **전주기**는 주기 앞에 있는 비주기적인 부분몫의 블록을 의미한다.) 이 연분수들의 주기는 첫 번째 항부터 마지막에서 두 번째 항까지 대칭적이다.

제곱수가 아닌 양의 정수 d에 대해 $d < 100$인 경우 $\sqrt{d}$의 단순연분수전개는 부록 E의 표 E.5에서 확인할 수 있다.

13.4 연습문제

1. 부록 E를 사용하지 않고 다음 숫자의 단순연분수를 구하라. (계산 완료 후, 부록 E를 참조하여 답을 확인하라.)

   a) $\sqrt{7}$ b) $\sqrt{11}$ c) $\sqrt{23}$ d) $\sqrt{47}$ e) $\sqrt{59}$ f) $\sqrt{94}$

2. 다음 숫자의 단순연분수를 구하라.

   a) $\sqrt{101}$ b) $\sqrt{103}$ c) $\sqrt{107}$ d) $\sqrt{201}$ e) $\sqrt{203}$ f) $\sqrt{209}$

3. 다음 숫자의 단순연분수를 구하라.

   a) $1+\sqrt{2}$ b) $\left(2+\sqrt{5}\right)/3$ c) $\left(5-\sqrt{7}\right)/4$

4. 다음 숫자의 단순연분수를 구하라.

   a) $\left(1+\sqrt{3}\right)/2$ b) $\left(14+\sqrt{37}\right)/3$ c) $\left(13-\sqrt{2}\right)/7$

5. 다음 단순연분수전개에 해당하는 이차무리수를 찾아라.

a) $[2;1,\overline{5}]$　　b) $[2;\overline{1,5}]$　　c) $[\overline{2;1,5}]$

6. 다음 단순연분수전개에 해당하는 이차무리수를 찾아라.

   a) $[1;2,\overline{3}]$　　b) $[1;\overline{2,3}]$　　c) $[\overline{1;2,3}]$　　d) $[1;2,\overline{3,4}]$

7. 다음 단순연분수전개에 해당하는 이차무리수를 찾아라.

   a) $[3;\overline{6}]$　　b) $[4;\overline{8}]$　　c) $[5;\overline{10}]$　　d) $[6;\overline{12}]$

8. a) d가 양의 정수일 때 $\sqrt{d^2+1}$의 단순연분수가 $[d;\overline{2d}]$임을 보여라.

   b) (a)를 이용하여 $\sqrt{101}$, $\sqrt{290}$, $\sqrt{2210}$의 단순연분수를 구하라.

9. d는 $d \geq 2$인 정수이다.

   a) $\sqrt{d^2-1}$의 단순연분수가 $[d-1;\overline{1,2d-2}]$임을 보여라.

   b) $\sqrt{d^2-d}$의 단순연분수가 $[d-1;\overline{2,2d-2}]$임을 보여라.

   c) (a)와 (b)를 이용하여 $\sqrt{99}$, $\sqrt{110}$, $\sqrt{272}$, $\sqrt{600}$의 단순연분수를 구하라.

10. a) d가 $d \geq 3$인 정수일 때 $\sqrt{d^2-2}$의 단순연분수가 다음과 같음을 보여라.

$$[d-1;\overline{1,d-2,1,2d-2}]$$

   b) d가 양의 정수일 때 $\sqrt{d^2+2}$의 단순연분수가 다음과 같음을 보여라.

$$[d;\overline{d,2d}]$$

   c) $\sqrt{47}$, $\sqrt{51}$, $\sqrt{287}$의 단순연분수전개를 구하라.

11. d는 홀수인 양의 정수이다.

   a) $d > 1$일 때 $\sqrt{d^2+4}$의 단순연분수가 다음과 같음을 보여라.

$$[d;\overline{(d-1)/2,1,1,(d-1)/2,2d}]$$

   b) $d > 3$일 때 $\sqrt{d^2-4}$의 단순연분수가 다음과 같음을 보여라,

$$[d-1;\overline{1,(d-3)/2,2,(d-3)/2,1,2d-2}]$$

12. d가 양의 정수일 때 $\sqrt{d}$의 단순연분수의 주기 길이가 1이 되기 위한 필요충분조건은 어떤 음이 아닌 정수 a에 대해 $d = a^2+1$임을 보여라.

13. d가 양의 정수일 때 $\sqrt{d}$의 단순연분수의 주기 길이가 2가 되기 위한 필요충분조건은 $b > 1$이고 $b|2a$을 만족하는 정수 a와 b에 대해 $d = a^2+b$임을 보여라.

14. 다음을 보임으로써 도움정리 13.4를 증명하라.

$\alpha_1 = (a_1 + b_1\sqrt{d})/c_1$과 $\alpha_2 = (a_2 + b_2\sqrt{d})/c_2$가 이차무리수이면, 다음 등식이 성립한다.

a) $(\alpha_1 + \alpha_2)' = \alpha_1' + \alpha_2'$　b) $(\alpha_1 - \alpha_2)' = \alpha_1' - \alpha_2'$　c) $(\alpha_1\alpha_2)' = \alpha_1' \cdot \alpha_2'$

15. 다음 이차무리수 중 순주기적인 연분수를 가지는 것을 판별하라.

a) $1 + \sqrt{5}$
b) $2 + \sqrt{8}$
c) $4 + \sqrt{17}$
d) $(11 - \sqrt{10})/9$
e) $(3 + \sqrt{23})/2$
f) $(17 + \sqrt{188})/3$

16. a, b, c는 $b > 0$인 정수이고 b는 제곱수가 아니며 $\alpha = (a + \sqrt{b})/c$이다. α가 축소된 이차무리수일 필요충분조건은 $0 < a < \sqrt{b}$이고 $\sqrt{b} - a < c < \sqrt{b} + a < 2\sqrt{b}$임을 보여라.

17. α가 축소된 이차무리수이면 $-1/\alpha'$도 축소된 이차무리수임을 보여라.

*18. k는 양의 정수이다. $\sqrt{D}$의 단순연분수전개가 주기 길이 k인 양의 정수 D가 무한히 많지 않음을 보여라. (힌트: $a_1 = 2, a_2 = 5$이고, $k \geq 3$일 때, $a_k = 2a_{k-1} + a_{k-2}$이라 둔다. 음 아닌 정수 t에 대해 $D = (ta_k + 1)^2 + 2ta_{k-1} + 1$이면 $\sqrt{D}$의 주기 길이가 $k + 1$임을 증명한다.)

*19. k는 양의 정수이고 $D_k = (3^k + 1)^2 + 3$이다. $\sqrt{D_k}$의 단순연분수의 주기의 길이는 $6k$임을 보여라.

계산과 탐구

1. $\sqrt{100{,}007}, \sqrt{1{,}000{,}007}, \sqrt{10{,}000{,}007}$의 단순연분수를 구하라.

2. $\sqrt{D}$의 단순연분수의 주기 길이가 10, 100, 1000, 10,000인 가장 작은 양의 정수 D를 구하라.

3. D가 1000 미만, 10,000 미만, 100,000 미만의 양의 정수일 때 $\sqrt{D}$의 단순연분수의 주기 길이 중 가장 큰 길이를 구하라. 어떤 추측을 할 수 있는가?

4. 양의 정수 D에 대한 $\sqrt{D}$의 연분수를 사용하여 다양한 함수 $f(d)$ (d는 양의 정수)에 대해 $\sqrt{f(d)}$의 연분수에 대한 닫힌 공식을 추측하라. 함수 $f(d)$는 정수계수를 가지는 다항식, 지수함수 또는 이 함수들의 조합으로 본문이나 연습문제에서 다루지 않은 것을 말한다.

프로그래밍 프로젝트

*1. 주기적인 단순연분수의 값이 되는 이차무리수를 찾아라.

2. 이차무리수의 주기적인 단순연분수전개를 구하라.

13.5 연분수를 이용한 인수분해

주어진 양의 정수 n에 대해 $x^2 - y^2 = n$이고 $x - y \neq 1$을 만족하는 양의 정수 x와 y를 찾을 수 있다면 n을 인수분해할 수 있다. 이것이 4.4절에서 논의된 페르마 인수분해방법의 기초이다.

그러나 n을 인수분해하기 위해 이보다 약한 조건인 다음 식을 만족하는 양의 정수 x와 y를 찾는 것으로 충분하다.

$$x^2 \equiv y^2 \pmod{n}, \quad 0 < y < x < n, x + y \neq n \tag{13.20}$$

왜냐하면 식 (13.20)이 성립하면 n이 $x^2 - y^2 = (x+y)(x-y)$를 나누지만, n은 $x-y$도 $x+y$도 나눌 수 없기 때문에, $(n, x-y)$과 $(n, x+y)$은 1과 n이 아닌 n의 약수이다. 이러한 인수들은 유클리드 알고리즘을 사용하여 빠르게 찾을 수 있다.

예제 13.19

$n = 69$를 인수분해하자. $29^2 - 17^2 = 841 - 289 = 552 \equiv 0 \pmod{69}$인데, $29^2 - 17^2 = (29-17)(29+17) \equiv 0 \pmod{69}$이므로 $(29-17, 69) = (12, 69)$와 $(29+17, 69) = (46, 69)$ 모두 1도 69도 아닌 69의 약수이다. 유클리드 알고리즘을 사용하여 이 약수들이 $(12, 69) = 3$과 $(46, 69) = 23$임을 알 수 있다.

$\sqrt{n}$의 연분수전개는 합동식 $x^2 \equiv y^2 \pmod{n}$의 해를 찾는 데 사용할 수 있다. 다음 정리는 이 방법의 기초를 제공한다.

정리 13.23

양의 정수 n이 제곱수가 아닐 때 각 $k = 0, 1, 2, \ldots$에 대해 $\alpha_k = (P_k + \sqrt{n})/Q_k$, $a_k = [\alpha_k]$, $P_{k+1} = a_k Q_k - P_k$, $Q_{k+1} = (n - P_{k+1}^2)/Q_k$로 정의하자($\alpha_0 = \sqrt{n}$). 또한 p_k/q_k를 $\sqrt{n}$의 단순연분수전개의 k번째 부분수렴이라고 하면 다음이 성립한다.

$$p_k^2 - nq_k^2 = (-1)^{k-1} Q_{k+1}$$

정리 13.24의 증명에 다음 도움정리가 필요하다.

도움정리 13.6

r, s, t, u가 유리수이고 n은 제곱수가 아닌 양의 정수이다. 이때 $r + s\sqrt{n} = t + u\sqrt{n}$이면 $r = t$이고 $s = u$이다.

증명

$r + s\sqrt{n} = t + u\sqrt{n}$이므로 $s \neq u$라면 다음 식이 성립한다.

$$\sqrt{n} = \frac{r-t}{u-s}$$

$(r-t)/(u-s)$는 유리수이고 $\sqrt{n}$은 무리수이기 때문에 모순이 생겨 $s=u$가 되어야 하고, 결과적으로 $r=t$가 된다.

이제 정리 13.24를 증명한다.

증명 13.23

$\sqrt{n}=\alpha_0=[a_0;a_1,a_2,\ldots,a_k,\alpha_{k+1}]$이므로 정리 13.9에 따라 다음과 같다.

$$\sqrt{n}=\frac{\alpha_{k+1}p_k+p_{k-1}}{\alpha_{k+1}q_k+q_{k-1}}$$

$\alpha_{k+1}=\left(P_{k+1}+\sqrt{n}\right)/Q_{k+1}$ 이므로 정리하면 다음을 얻는다.

$$\sqrt{n}=\frac{\left(P_{k+1}+\sqrt{n}\right)p_k+Q_{k+1}p_{k-1}}{\left(P_{k+1}+\sqrt{n}\right)q_k+Q_{k+1}q_{k-1}}$$

따라서 다음이 성립한다.

$$nq_k+(P_{k+1}q_k+Q_{k+1}q_{k-1})\sqrt{n}=(P_{k+1}p_k+Q_{k+1}p_{k-1})+p_k\sqrt{n}$$

도움정리 13.6에 의해

$$nq_k=P_{k+1}p_k+Q_{k+1}p_{k-1}\text{이고 }P_{k+1}q_k+Q_{k+1}q_{k-1}=p_k$$

이다. 이 두 식 중 첫 번째 식을 q_k로, 두 번째 식을 p_k로 곱한 후에 두 번째 식에서 첫 번째 식을 빼고 정리하여 정리 13.10을 이용하면 다음과 같이 원하는 식을 얻는다.

$$p_k^2-nq_k^2=(p_kq_{k-1}-p_{k-1}q_k)Q_{k+1}=(-1)^{k-1}Q_{k+1}$$

지금부터 1931년에 레머(D. H. Lehmer)와 파워스(R. E. Powers)가 제안하고, 1975년에 브릴하트(J. Brillhart)와 모리슨(M. A. Morrison)이 더욱 발전시킨 정수 n을 인수분해하는 기법인 **연분수 알고리즘**(continued fraction algorithm)을 알아본다(자세한 내용은 [LePo31] 및 [MoBr75] 참조). 정리 13.24에 따라 모든 음이 아닌 정수 k에 대해 다음이 성립한다.

$$p_k^2\equiv(-1)^{k-1}Q_{k+1}\pmod{n}$$

여기서 p_k와 Q_{k+1}는 정리에서 정의된 대로이다. 이제 k가 홀수이고 Q_{k+1}이 제곱수라고 가정하자. 즉 어떤 양의 정수 s에 대해 $Q_{k+1}=s^2$이다. 그러면 $p_k^2\equiv s^2\pmod{n}$이 성립하며 이 두 제곱수의 합동식을 사용하여 n의 약수를 찾을 수 있다. 요약하면 n을 인수분해하기 위해 정리 13.15에 제시된 알고리즘을 수행하여 $\sqrt{n}$의 연분수전개를 찾는다. 수열 $\{Q_k\}$에서 짝수 지표를 가지는 항목 중에 제곱수를 찾는다. 이러한 항목 중 각 항목은 n의 자명하지 않은 인수 (또는 단순히 $n = 1 \cdot n$이라는 자명한 인수분해)로 이어질 수 있다. 예제를 통해 이 기법을 살펴보자.

예제 13.20

연분수 알고리즘을 이용하여 1037을 인수분해한다. $\alpha = \sqrt{1037} = (0 + \sqrt{1037})/1$일 때 $P_0 = 0$, $Q_0 = 1$이라 두고 P_k, Q_k, α_k, a_k를 생성한다. 수열 $\{Q_k\}$에서 짝수 지표를 가진 항 중 제곱수를 찾는다. $Q_1 = 13$과 $Q_2 = 49$를 계산할 수 있고, $49 = 7^2$는 제곱수이며 Q_2의 지표는 짝수이므로 합동식 $p_1^2 \equiv (-1)^2 Q_2 \pmod{1037}$을 고려한다. 수열 $\{p_k\}$의 항을 계산하면 $p_1 = 129$임을 알 수 있다. 이는 합동식 $129^2 \equiv 49 \pmod{1037}$을 제공한다. 따라서 $129^2 - 7^2 = (129-7)(129+7) \equiv 0 \pmod{1037}$이 된다. 이로부터 1037의 인수인 $(129 - 7, 1037) = (122, 1037) = 61$과 $(129 + 7, 1037) = (136, 1037) = 17$을 얻을 수 있다.

예제 13.21

연분수 알고리즘을 사용하여 1,000,009의 인수를 찾아보자([Ri85]의 계산 참조). $Q_1 = 9$, $Q_2 = 445$, $Q_3 = 873$, $Q_4 = 81$을 구하고 $81 = 9^2$이 제곱수이므로 합동식 $p_3^2 \equiv (-1)^4 Q_4 \pmod{1{,}000{,}009}$을 고려해본다. 그러나 $p_3 = 2{,}000{,}009 \equiv -9 \pmod{1{,}000{,}009}$이므로 $p_3 + 9$가 1,000,009로 나누어진다. 따라서 이 합동식으로는 1,000,009의 자명하지 않은 인수를 얻을 수 없다.

그러므로 수열 $\{Q_k\}$에서 짝수 지표를 가지는 다른 제곱수를 찾을 때까지 계속 진행한다. $k = 18$일 때 $Q_{18} = 16$이고, p_{17}을 계산하면 $p_{17} = 494{,}881$이다. 합동식 $p_{17}^2 \equiv (-1)^{18} Q_{18} \pmod{1{,}000{,}009}$에서 $494{,}881^2 \equiv 4^2 \pmod{1{,}000{,}009}$이므로 $(494{,}881 - 4, 1{,}000{,}009) = (494{,}877, 1{,}000{,}009) = 293$과 $(494{,}881 + 4, 1{,}000{,}009) = (494{,}885, 1{,}000{,}009) = 3413$이 1,000,009의 인수이다.

연분수전개를 기반으로 한 더 강력한 기법들이 알려져 있다. 이러한 기법들은 [Di84], [Gu75], [WaSm87]에 설명되어 있다. 이 책에서는 연습문제 6에서 이러한 일반화 중 하나를 소개한다.

13.5 연습문제

1. 합동식 $19^2 \equiv 2^2 \pmod{119}$를 사용하여 119의 인수를 찾아라.

2. 연분수 알고리즘을 사용하여 1537을 인수분해하라.

3. 연분수 알고리즘을 사용하여 3053을 인수분해하라.

4. n은 양의 정수이고 $p_1, p_2, \ldots, p_m$은 소수이다. 다음과 같을 때

$$\begin{aligned} e_{01} + e_{02} + \cdots + e_{0r} &= 2e_0 \\ e_{11} + e_{12} + \cdots + e_{1r} &= 2e_1 \\ &\vdots \\ e_{m1} + e_{m2} + \cdots + e_{mr} &= 2e_m \end{aligned}$$

정수 $x_1, x_2, \ldots, x_r$이 다음을 만족한다고 하자.

$$\begin{aligned} x_1^2 &\equiv (-1)^{e_{01}} p_1^{e_{11}} \cdots p_m^{e_{m1}} \pmod{n} \\ x_2^2 &\equiv (-1)^{e_{02}} p_1^{e_{12}} \cdots p_m^{e_{m2}} \pmod{n} \\ &\vdots \\ x_r^2 &\equiv (-1)^{e_{0r}} p_1^{e_{1r}} \cdots p_m^{e_{mr}} \pmod{n} \end{aligned}$$

$x = x_1 x_2 \cdots x_r$이고 $y = (-1)^{e_0} p_1^{e_1} \cdots p_m^{e_m}$일 때, $x^2 \equiv y^2 \pmod{n}$이 성립함을 보여라. 이 정보로 n을 인수분해하는 방법을 제시하라. 이때 소수 $p_1, \ldots, p_m$과 -1을 **인수 밑**(factor base)이라고 부른다.

5. $x_1 = 17$, $x_2 = 19$로 두고 인수 밑을 $\{3, 5\}$로 취하면 143을 인수분해할 수 있음을 보여라.

6. n은 양의 정수이고 $p_1, p_2, \ldots, p_r$은 소수이다. Q_j가 $\sqrt{n}$의 연분수와 관련한 통상적인 의미를 갖는 정수이고, 각 $i = 1, \ldots, t$에 대해 $Q_{k_i} = \prod_{j=1}^{r} p_j^{k_{ij}}$가 성립한다고 하자. $\sum_{i=1}^{t} k_i$가 짝수이고 $\sum_{i=1}^{t} k_{ij}$ $(j = 1, 2, \ldots, r)$이 짝수일 때 n을 인수분해하는 방법을 제시하라.

7. $\sqrt{12{,}007{,}001}$의 연분수전개와 인수 밑 $-1, 2, 31, 71, 97$를 사용하여 12,007,001을 인수분해할 수 있음을 보여라. (힌트: $Q_1 = 2^3 \cdot 97$, $Q_{12} = 2^4 \cdot 71$, $Q_{28} = 2^{11}$, $Q_{34} = 31 \cdot 97$, $Q_{41} = 31 \cdot 71$의 인수분해를 사용하고 $p_0 p_{11} p_{27} p_{33} p_{40} = 9{,}815{,}310$임을 보여라.)

8. $\sqrt{197{,}209}$의 연분수전개와 인수 밑 $\{2, 3, 5\}$를 사용하여 197,209를 인수분해하라.

계산과 탐구

1. 연분수 알고리즘을 사용하여 정수 13,290,059를 인수분해하라. (힌트: $\sqrt{13{,}290{,}059}$의 연분수에 관련된 정수 Q_k를 생성하기 위한 컴퓨터 프로그램을 사용하라. 50개 이상의 항이 필요할 수 있다.)

2. 연분수 알고리즘을 사용하여 페르마 수 $F_7 = 2^{2^7} + 1$를 인수분해하라. (페르마수는 4.4절에서 다룬다.)

*3. N_j를 다음과 같이 정의된 수열의 j번째 항이라고 하자. $N_1 = 2$이고 p_j가 N_j의 가장 큰 소인수일 때, $N_{j+1} = p_1 p_2 \ldots p_j + 1$이라 정의한다. (예를 들어 $N_2 = 3, N_3 = 7, N_4 = 43, N_5 = 1807$ 등등) 연분수 알고리즘을 사용하여 N_{11}의 소인수분해를 찾아라.

프로그래밍 프로젝트

*1. 연분수 알고리즘을 사용하여 양의 정수를 인수분해하라.

**2. 인수 밑과 연분수전개를 사용하여 양의 정수를 인수분해하라(연습문제 6 참조).

제14장
비선형 디오판토스 방정식과 타원곡선

디오판토스 방정식은 정수(또는 때로는 유리수) 해만을 구하는 방정식이다. 앞에서 이미 가장 간단한 형태의 디오판토스 방정식, 즉 선형 디오판토스 방정식을 공부한 적이 있다. 3.3절에서 선형 디오판토스 방정식의 모든 정수해를 찾는 방법에 대해 배웠다. 하지만 비선형 디오판토스 방정식은 어떻게 풀까?

비선형 디오판토스 방정식을 푸는 일반적인 방법은 없다는 매우 깊이 있는 이론이 있지만, 소개하기에는 이 책의 범위를 벗어난다. 특히 1900년에 힐베르트는 그의 유명한 미해결 문제 목록에 **힐베르트의 열 번째 문제**(Hilbert's tenth problem), 즉 정수계수를 갖는 다항 방정식이 주어졌을 때 그 방정식이 정수해를 가지는지 여부를 결정할 수 있는 일반적인 알고리즘이 있는지를 묻는 문제를 포함시켰다. 이 문제는 1970년에 러시아 수학자이자 컴퓨터 과학자인 유리 마티야세비치(Yuri Matiyasevich)에 의해 해결되었다. 그는 여러 수학자의 중요한 기여를 바탕으로 그러한 일반적인 알고리즘이 존재하지 않는다는 것을 증명했다.

그럼에도 불구하고, 특정 비선형 디오판토스 방정식과 특수한 유형의 비선형 디오판토스 방정식에 대한 많은 결과가 확립되었다. 이 장에서는 여러 유형의 비선형 디오판토스 방정식에 대해 다룬다. 우선 피타고라스 삼각형의 변의 길이가 만족하는 디오판토스 방정식 $x^2+y^2=z^2$을 다룬다. 이 방정식을 만족하는 정수 세 쌍 (x,y,z)를 피타고라스 세 수라고 한다. 피타고라스 세 수에 대한 공식을 찾은 후, 기하학적 추론을 사용하여 단위원의 유리수 좌표를 갖는 모든 점 (x,y)를 찾음으로써 이 공식이 발견될 수 있음을 보인다.

그 후에 유명한 디오판토스 방정식 $x^n+y^n=z^n$을 다룬다. 여기서 n은 2보다 큰 정수이다. 즉 두 정수의 n제곱의 합이 또한 정수의 n제곱이 될 수 있는지에 대해 관심을 갖는다. 이때 이 세 정수 중 어느 것도 0이 아닌 경우만 고려한다. 페르마는 $n>2$일 때 이 디오판토스 방정식의 해가 없다고 주장했다. 이를 페르마의 마지막 정리라고 한다. 그러나 350년이 넘는 시간 동안 아무도 증명할 수 없었다. 1995년 앤드루 와일즈(Andrew Wiles)가 이 정리를 처음으로 증명하여 수학의 가장 큰 도전 중 하나를 해결했다. 페르마의 마지막 정리의 증명은 이 책의 범위를 훨씬 벗어나지만, $n = 4$인 경우는 증명할 수 있다.

다음으로, 정수를 제곱수의 합으로 표현하는 문제를 살펴본다. 어떤 정수가 두 제곱수의 합으로 표현될 수 있는지 결정할 것이며 더 나아가 모든 양의 정수가 네 제곱수의 합으로 표현될 수 있음을 증명한다.

또한 펠 방정식으로 알려진 $x^2 - dy^2 = 1$이라는 디오판토스 방정식을 살펴본다. 이 방정식의 해가 $\sqrt{d}$의 단순연분수를 사용하여 찾을 수 있음을 보일 것이며, 이는 연분수의 또 다른 응용을 제공한다.

유명한 **합동수 문제**(congruent number problem)도 연구한다. 이 문제는 어떤 정수가 변의 길이가 정수인 삼각형의 넓이가 되는지를 묻는다. 최근 몇 년 동안 삼차 디오판토스 방정식에 의해 정의되는 타원곡선을 사용하여 이 고대 문제에 대한 진전이 이루어졌다. 특정 타원곡선에서 유리점을 찾는 방법을 사용하여 합동수 문제를 연구하는 방법을 보인다.

홀수 소수 p에 대한 법 p로 타원곡선의 개념을 도입한다. 이러한 곡선의 구조에 대한 유용한 결과를 확립한다. 이러한 곡선 위의 점의 개수를 탐구하고 법 p로 타원곡선에서 이산로그를 찾는 문제를 논의한다. 타원곡선에서 이산로그를 찾는 어려움은 타원곡선 암호체계의 보안의 기반이 된다.

마지막으로, 홀수 소수 p에 대한 법 p로 타원곡선의 응용을 논의한다. 헨드릭 렌스트라가 발명한 타원곡선 인수분해방법을 설명한다. 또한 타원곡선 암호체계를 소개한다. 특히 엘가말 타원곡선 암호체계, 타원곡선 디피-헬먼 키 교환, 타원곡선 디지털 서명 알고리즘을 다룬다.

14.1 피타고라스 세 수

피타고라스 정리에 따르면 직각삼각형의 빗변의 길이의 제곱은 다른 두 변의 길이의 제곱의 합과 같다고 한다. 반대로 가장 긴 변의 길이의 제곱이 다른 두 변의 길이의 제곱의 합과 같은 삼각형은 직각삼각형이다. 따라서 변의 길이가 정수인 모든 직각삼각형을 찾으려면 양의 정수 (x, y, z)가 다음 디오판토스 방정식을 만족하는 모든 경우를 찾아야 한다.

$$x^2 + y^2 = z^2 \tag{14.1}$$

이 방정식을 만족하는 양의 정수의 세 쌍을 **피타고라스 세 수**(Pythagorean triples)라고 하며, 고대 그리스의 수학자 피타고라스(Pythagoras)의 이름을 따라 명명되었다. 마찬가지로 변의 길이가 정수인 직각삼각형을 **피타고라스 삼각형**(Pythagorean triangle)이라고 한다.

예제 14.1

$(3,4,5)$, $(6,8,10)$, $(5,12,13)$는 모두 피타고라스 세 수이다. 왜냐하면 $3^2+4^2=5^2$, $6^2+8^2=10^2$, $5^2+12^2=13^2$이기 때문이다.

정의 14.1

피타고라스 세 수 (x,y,z)는 x, y, z가 서로소일 때, 즉 $(x,y,z)=1$일 때, **원시**(primitive)라고 한다. 한 삼각형의 변의 길이가 원시 피타고라스 세 수를 이룰 때, 그 삼각형을 **원시직각삼각형**(primitive right triangle)이라고 한다.

비고. 안타깝게도 (x,y,z)라는 표기는 숫자 x, y, z의 세 쌍을 의미할 수도 있고, x, y, z의 최대공약수를 의미할 수도 있다. 다행히도 이 표기가 사용되는 문맥에서 어떤 의미인지 항상 명확하게 알 수 있다.

예제 14.2

$(3,4,5)$와 $(5,12,13)$은 원시 피타고라스 세 수이다. 반면에 $(6,8,10)$은 그렇지 않다.

만약 (x,y,z)가 피타고라스 세 수이고, $(x,y,z)=d$라고 하자. 그러면 정수 x_1, y_1, z_1이 있어서 $x=dx_1$, $y=dy_1$, $z=dz_1$이 된다. 또한 $(x_1,y_1,z_1)=1$이다. 더구나 다음 식이 있으므로

$$x^2+y^2=z^2$$

다음을 얻는다.

$$(x/d)^2+(y/d)^2=(z/d)^2$$

따라서 다음과 같다.

$$x_1^2+y_1^2=z_1^2$$

따라서 (x_1,y_1,z_1)은 원시 피타고라스 세 수가 되고, 원래의 세 수 (x,y,z)는 이 원시 피타고라스 세 수의 정수배이다.

또한 원시 피타고라스 세 수(혹은 사실상 어떤 피타고라스 세 수든지)의 정수배는 다시 피타고라스 세 수가 됨을 알 수 있다. 만약 (x_1,y_1,z_1)이 원시 피타고라스 세 수라면 다음을 얻는다.

$$x_1^2+y_1^2=z_1^2$$

그러므로 다음과 같다.

$$(dx_1)^2+(dy_1)^2=(dz_1)^2$$

따라서 (dx_1, dy_1, dz_1)은 피타고라스 세 수가 된다.

결과적으로 모든 피타고라스 세 수는 원시 피타고라스 세 수의 정수배를 하여 찾을 수 있다. 모든 원시 피타고라스 세 수를 찾기 위해서는 몇 가지 도움정리가 필요하다. 첫 번째 도움정리는 원시 피타고라스 세 수 중 어떤 두 정수도 서로소임을 알려준다.

도움정리 14.1

만약 (x, y, z)가 원시 피타고라스 세 수이면 $(x, y) = (x, z) = (y, z) = 1$이다.

증명

(x, y, z)가 원시 피타고라스 세 수이고 $(x, y) > 1$이라고 가정하자. 그러면 $p \mid (x, y)$인 소수 p가 존재하므로 $p \mid x$, $p \mid y$이다. 따라서 $p \mid (x^2 + y^2) = z^2$이다. $p \mid z^2$이므로 $p \mid z$이다. 그러나 이는 $(x, y, z) = 1$이라는 가정에 모순이 된다. 따라서 $(x, y) = 1$이다. 유사한 방식으로 $(x, z) = (y, z) = 1$임을 쉽게 증명할 수 있다.

다음은 원시 피타고라스 세 수의 홀짝성에 관한 도움정리이다.

도움정리 14.2

만약 (x, y, z)가 원시 피타고라스 세 수이면 x는 짝수이고 y는 홀수 또는 x는 홀수이고 y는 짝수이다.

증명

(x, y, z)가 원시 피타고라스 세 수라고 하자. 도움정리 14.1에 따라 $(x, y) = 1$이므로 x, y는 둘 다 짝수일 수 없다. 또한 x, y가 둘 다 홀수일 수도 없다. 왜냐하면 x, y가 둘 다 홀수이면 다음을 얻는다.

$$x^2 \equiv y^2 \equiv 1 \pmod 4$$

따라서 다음과 같다.

$$z^2 = x^2 + y^2 \equiv 2 \pmod 4$$

이는 불가능하다. 따라서 x는 짝수이고 y는 홀수이거나 그 반대이다.

필요한 마지막 도움정리는 산술의 기본정리의 결과로서 서로소인 두 정수를 곱하여 제곱이 되는 경우로 두 정수 모두 제곱이어야 한다는 것이다.

도움정리 14.3

만약 $r,\ s,\ t$가 $(r, s) = 1$, $rs = t^2$인 양의 정수라면 $r = m^2$, $s = n^2$인 정수 $m,\ n$이 존재한다.

증명

$r = 1$이거나 $s = 1$인 경우에 도움정리는 자명하게 참이므로 $r > 1$, $s > 1$이라고 가정할 수 있다. $r,\ s,\ t$의 소인수분해가 다음과 같다고 하자.

$$r = p_1^{a_1} p_2^{a_2} \cdots p_u^{a_u}$$
$$s = p_{u+1}^{a_{u+1}} p_{u+2}^{a_{u+2}} \cdots p_v^{a_v}$$
$$t = q_1^{b_1} q_2^{b_2} \cdots q_k^{b_k}$$

$(r, s) = 1$이기 때문에 r과 s의 소인수분해에 나타나는 소수는 서로 다르다. $rs = t^2$이므로 다음을 얻는다.

$$p_1^{a_1} p_2^{a_2} \cdots p_u^{a_u} p_{u+1}^{a_{u+1}} p_{u+2}^{a_{u+2}} \cdots p_v^{a_v} = q_1^{2b_1} q_2^{2b_2} \cdots q_k^{2b_k}$$

산술의 기본정리에 따라 위의 등식의 양변에 나타나는 소인수는 동일하다. 따라서 각 p_i는 어떤 j에 대해 q_j와 같아야 하고, 지수도 일치해야 하므로 $a_i = 2b_j$가 된다. 결과적으로 모든 지수 a_i는 짝수이고, 따라서 $i = 1, 2, \ldots, v$에 대해 $a_i/2$는 정수이다. 따라서 $m,\ n$이 다음과 같은 정수임을 알 수 있다.

$$m = p_1^{a_1/2} p_2^{a_2/2} \cdots p_u^{a_u/2}$$
$$n = p_{u+1}^{a_{u+1}/2} p_{u+2}^{a_{u+2}/2} \cdots p_v^{a_v/2}$$

이제 모든 원시 피타고라스 세 수를 생성하는 공식을 증명할 수 있다.

정리 14.1

양의 정수의 세 쌍 (x, y, z)가 y가 짝수인 원시 피타고라스 세 수일 필요충분조건은 다음을 만족하는 서로소이고 홀짝성이 다른 두 양의 정수 $m,\ n$ $(m > n)$이 존재하는 것이다.

$$x = m^2 - n^2, \qquad y = 2mn, \qquad z = m^2 + n^2$$

증명 14.1

(x, y, z)가 원시 피타고라스 세 수라고 가정하고, 정리에 명시된 조건을 만족하는 정수 m, n이 존재함을 보이자. 도움정리 14.2는 x가 홀수이고 y는 짝수이거나 그 반대임을 알려준다. y가 짝수라고 가정했기 때문에 x, z는 모두 홀수이다. 따라서 $z+x$, $z-x$는 모두 짝수이므로 $r=(z+x)/2$, $s=(z-x)/2$인 양의 정수 r, s가 존재한다.

$x^2+y^2=z^2$이므로 $y^2=z^2-x^2=(z+x)(z-x)$이다. 따라서 다음과 같다.

$$\left(\frac{y}{2}\right)^2=\left(\frac{z+x}{2}\right)\left(\frac{z-x}{2}\right)=rs$$

이때 $(r,s)=1$이다. 이를 확인하기 위해 $(r,s)=d$라고 가정하자. $d \mid r$와 $d \mid s$이므로 $d \mid (r+s)=z$와 $d \mid (r-s)=x$이다. 이것은 $d \mid (x,z)=1$을 의미하므로 $d=1$이다.

도움정리 14.3을 사용하여 $r=m^2$, $s=n^2$인 정수 m, n이 존재함을 알 수 있다. m, n을 사용하여 x, y, z를 다음과 같이 표현할 수 있다.

$$\begin{aligned} x &= r-s=m^2-n^2 \\ y &= \sqrt{4rs}=\sqrt{4m^2n^2}=2mn \\ z &= r+s=m^2+n^2 \end{aligned}$$

이때 $(m,n)=1$임을 또한 알 수 있다. 왜냐하면 m, n의 공약수는 $x=m^2-n^2$, $y=2mn$, $z=m^2+n^2$을 나누어야 하지만 $(x,y,z)=1$임을 알고 있기 때문이다. 또한 m, n이 둘 다 홀수일 수는 없다. 왜냐하면 둘 다 홀수라면 x, y, z가 모두 짝수가 되어 $(x,y,z)=1$이라는 조건에 모순이 되기 때문이다. $(m,n)=1$이고 m, n이 둘 다 홀수가 아니므로, m이 짝수이고 n이 홀수이거나 그 반대이다. 따라서 m, n은 정리에 명시된 조건을 모두 만족한다.

증명을 완료하기 위해 m, n이 양의 정수이고 $m>n$, $(m,n)=1$, $m \not\equiv n \pmod 2$인 경우 (x,y,z)가 원시 피타고라스 세 수임을 보여야 한다. 먼저 $x=m^2-n^2, y=2mn, z=m^2+n^2$이 피타고라스 세 수를 형성한다는 점을 주목하라. 왜냐하면 다음과 같기 때문이다.

$$\begin{aligned} x^2+y^2 &= (m^2-n^2)^2+(2mn)^2 \\ &= (m^4-2m^2n^2+n^4)+4m^2n^2 \\ &= m^4+2m^2n^2+n^4 \\ &= (m^2+n^2)^2=z^2 \end{aligned}$$

이 세 수가 원시 피타고라스 세 수를 형성하는지 확인하려면 x, y, z의 값들이 서로소임을 보여야 한다. $(x,y,z)=d>1$이라고 가정하고 모순을 유도하자. 그러면 $p \mid (x,y,z)$인 소수 p가 존재한다. $x=m^2-n^2$에서 m^2, n^2은 서로 반대의 홀짝성을 가지기 때문에 x는 홀수이므로 $p \neq 2$이다. 또한

$p \mid x$, $p \mid z$이므로 $p \mid (z+x) = 2m^2$, $p \mid (z-x) = 2n^2$이 된다. 따라서 $p \mid m$, $p \mid n$이 되어 $(m,n) = 1$에 모순이 생긴다. 따라서 $(x,y,z) = 1$이므로 (x,y,z)는 원시 피타고라스 세 수이다. 이로써 증명이 끝난다.

다음 예제는 정리 14.1을 사용하여 피타고라스 세 수를 생성하는 방법을 설명한다.

예제 14.3

$m = 5$, $n = 2$라고 하자. 이 경우 $(m,n) = 1$, $m \not\equiv n \pmod 2$, $m > n$이다. 따라서 정리 14.1에 따르면 (x,y,z)는 다음과 같다.

$$x = m^2 - n^2 = 5^2 - 2^2 = 21$$
$$y = 2mn = 2 \cdot 5 \cdot 2 = 20$$
$$z = m^2 + n^2 = 5^2 + 2^2 = 29$$

이는 원시 피타고라스 세 수이다.

$m \leq 6$인 경우 정리 14.1을 사용하여 생성된 원시 피타고라스 세 수를 표 14.1에 나열한다.

표 14.1: 원시 피타고라스 세 수

m	n	$x = m^2 - n^2$	$y = 2mn$	$z = m^2 + n^2$
2	1	3	4	5
3	2	5	12	13
4	1	15	8	17
4	3	7	24	25
5	2	21	20	29
5	4	9	40	41
6	1	35	12	37
6	5	11	60	61

14.1.1 단위원 위의 유리점

이제 주어진 대수 곡선 위에서 좌표가 정수나 유리수로 이루어진 점들을 찾는 문제를 다루는 **디오판토스 기하학**(diophantine geometry)에 대해 알아보자. 곡선 위에서 좌표가 유리수로 이루어진 점들을 이 곡선의 **유리점**(rational point)이라고 부른다. 기하학적 추론을 사용하여 단위원 $x^2 + y^2 = 1$ 위의 모든 유리점을 찾아보자.

단위원 위의 모든 유리점을 찾는 것으로부터 바로 얻을 수 있는 이점은 이것으로부터 피타고라스의 세 수를 모두 찾을 수 있다는 점이다. 단위원 위의 유리점과 피타고라스 세 수 사이의 관계를 이해하려면, 먼저 a, b, $c \neq 0$이 정수이고 $a^2 + b^2 = c^2$이라고 가정해보자(이때 a, b, c가 모두 양수라면 (a, b, c)는 피타고라스 세 수이다). 양변을 c^2로 나누면 다음을 얻는다.

$$(a/c)^2 + (b/c)^2 = 1$$

그러므로 점 $(a/c, b/c)$은 단위원 $x^2 + y^2 = 1$ 위의 유리점이 된다. 따라서 모든 피타고라스 세 수는 단위원 위에 대응하는 유리점을 가지고 있다.

반대로 점 (x, y)가 단위원 위의 유리점이라고 가정해보자. 즉 $x^2 + y^2 = 1$이고 x, y는 유리수이다. x, y가 모두 유리수이므로 각각을 분모가 0이 아닌 두 정수의 분수로 표현할 수 있다. 이 유리수들의 최소 공통 분모를 선택하여 $x = a/c$, $y = b/c$로 쓸 수 있다. 여기서 a, b, $c \neq 0$는 정수이고 다음과 같다.

$$(a/c)^2 + (b/c)^2 = 1$$

양변에 c^2을 곱하면 $a^2 + b^2 = c^2$이 된다. 따라서 a, b가 모두 양수라면 (a, b, c)는 피타고라스 세 수가 된다.

이제 기하학의 간단한 아이디어를 사용하여 단위원 위의 유리점을 찾아보자. 우선 이 원 위의 자명한 유리점으로 $(0, 1)$, $(0, -1)$, $(1, 0)$, $(-1, 0)$이 있음에 주목하자. 이 네 점 중에서 $(-1, 0)$을 선택한다. 다음으로, 좌표평면에서 (x, y)가 유리점이라면, 두 점 (x, y)와 $(-1, 0)$을 지나는 직선의 기울기 $t = y/(x+1)$도 유리수임을 알 수 있다. 역으로 t가 유리수라고 가정하고 $(-1, 0)$을 지나는 직선 $y = t(x + 1)$을 고려하자. 이 직선이 단위원과 또 다른 유리점에서 만남을 보일 수 있다(그림 14.1 참조). 이것은 t라는 유리수를 이용하여 $(-1, 0)$을 제외한 단위원의 모든 유리점을 매개변수화할 수 있게 해준다. 일반적으로 곡선의 **매개변수화**(parameterization)는 곡선 위의 점들을 하나 이상의 변수로 명시적으로 나타내는 것이다.

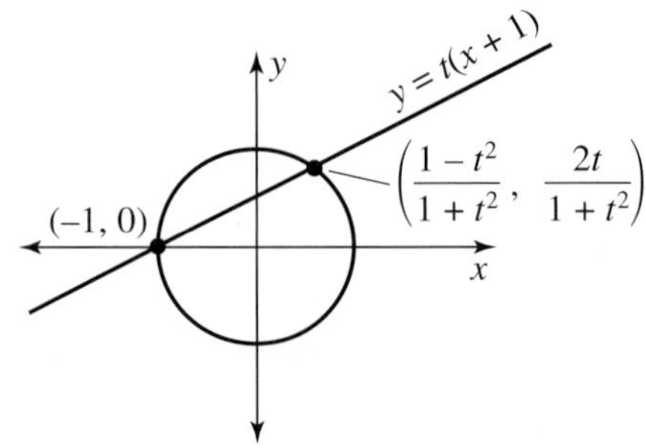

그림 14.1: 단위원의 유리점의 매개변수화

직선 $y = t(x+1)$과 단위원 $x^2+y^2=1$의 교점을 찾기 위해 단위원의 방정식에서 y에 $t(x+1)$을 대입하면 다음을 얻는다.

$$x^2 + t^2(x+1)^2 = 1$$

다음으로 양변에서 1을 빼고 x^2-1을 인수분해하여 다음을 얻는다.

$$(x^2-1) + t^2(x+1)^2 = (x+1)(x-1) + t^2(x+1)^2 = 0$$

$x+1$을 묶어내면 다음과 같다.

$$(x+1)[(x-1) + t^2(x+1)] = 0$$

이때 $(-1, 0)$이 직선 위에 있기 때문에 $x=-1$이 해가 됨을 알 수 있다. 다른 해는 다음 식을 풀어 x를 구하면 된다.

$$(x-1) + t^2(x+1) = 0$$

해는 $x = (1-t^2)/(1+t^2)$이다. 대응하는 y의 값은 직선의 방정식 $y = t(x+1)$을 사용하여 구한다. 그러면 다음과 같다.

$$y = t(x+1) = t\left(\frac{1-t^2}{1+t^2} + 1\right) = t\left(\frac{1-t^2}{1+t^2} + \frac{1+t^2}{1+t^2}\right) = \frac{2t}{1+t^2}$$

따라서 직선 $y=t(x+1)$과 단위원의 두 번째 교점은 $\left(\frac{1-t^2}{1+t^2}, \frac{2t}{1+t^2}\right)$이다. t가 유리수일 때, 이는 유리점이다.

결과적으로 단위원 위의 모든 유리점을 찾았다. 즉 $(-1, 0)$과 모든 유리수 t에 대해 점 $\left(\frac{1-t^2}{1+t^2}, \frac{2t}{1+t^2}\right)$이다.

이렇게 찾은 단위원 위의 유리점에 대한 매개변수화에서 $t = m/n$(m, n은 양의 정수)을 대입하면 모든 피타고라스 세 수에 대한 공식을 얻을 수 있다. 즉 주어진 양의 정수 m, n에 대해 단위원 위의 유리점 $\left(\frac{m^2-n^2}{m^2+n^2}, \frac{2mn}{m^2+n^2}\right)$을 얻고, 앞에서 언급한 내용으로부터 피타고라스 세 수 $(m^2-n^2, 2mn, m^2+n^2)$을 얻는다.

단위원 $x^2+y^2-1=0$ 위의 유리점을 찾을 때 정수계수를 가진 다항식 $f(x,y)=0$ 형태의 대수 곡선 위의 유리점을 찾았다는 점에 주목하자. 이는 중요한 형태의 디오판토스 문제이다. 유리수 t로 유리점을 표현함으로써 이 곡선의 유리 매개변수화를 얻었다. 추가적인 대수 곡선의 유리 매개변수화 예제는 연습문제 21~24를 참조하라. 이는 많은 종류의 디오판토스 방정식을 연구하는 중요한 기법이다.

14.1 연습문제

1. a) $z \le 40$인 모든 원시 피타고라스 세 수 (x, y, z)를 찾아라.
   b) $z \le 40$인 모든 피타고라스 세 수 (x, y, z)를 찾아라.

2. 원시 피타고라스 세 수 (x, y, z)에 대해 x, y 중 하나는 3으로 나뉨을 증명하라.

3. 원시 피타고라스 세 수 (x, y, z)에 대해 x, y, z 중 정확히 하나는 5로 나뉨을 증명하라.

4. 원시 피타고라스 세 수 (x, y, z)에 대해 x, y, z 중 적어도 하나는 4로 나뉨을 증명하라.

5. 2보다 큰 모든 양의 정수는 적어도 하나의 피타고라스 세 수에 포함됨을 증명하라.

6. $x_1 = 3, y_1 = 4, z_1 = 5$이고 $n = 2, 3, 4, \ldots$에 대해 x_n, y_n, z_n이 다음과 같이 재귀적으로 정의된다고 하자. (x_n, y_n, z_n)이 피타고라스 세 수임을 증명하라.

$$x_n = 3x_{n-1} + 2z_{n-1} + 1$$
$$y_n = 3x_{n-1} + 2z_{n-1} + 2$$
$$z_n = 4x_{n-1} + 3z_{n-1} + 2$$

7. (x, y, z)가 $y = x + 1$을 만족하는 피타고라스 세 수라면 (x, y, z)가 연습문제 6번에서 주어진 피타고라스 세 수 중 하나임을 증명하라.

*8. 디오판토스 방정식 $x^2 + 2y^2 = z^2$의 양의 정수해를 모두 찾아라. (힌트: 정리 14.1의 증명을 참고하라.)

*9. 디오판토스 방정식 $x^2 + 3y^2 = z^2$의 양의 정수해를 모두 찾아라. (힌트: 정리 14.1의 증명을 참고하라.)

*10. 디오판토스 방정식 $w^2 + x^2 + y^2 = z^2$의 양의 정수해를 모두 찾아라.

11. 정수 12를 포함하는 모든 피타고라스 세 수를 찾아라.

12. $z = y + 1$을 만족하는 모든 피타고라스 세 수 (x, y, z)의 공식을 찾아라.

13. $z = y + 2$를 만족하는 모든 피타고라스 세 수 (x, y, z)의 공식을 찾아라.

*14. 주어진 양의 정수 x에 대해 피타고라스 세 수 (x, y, z)의 개수는 x가 홀수일 때 $(\tau(x^2) - 1)/2$이고, x가 짝수일 때 $(\tau(x^2/4) - 1)/2$임을 증명하라. 여기서 $\tau(n)$은 양의 정수 n의 양의 약수의 개수이다.

*15. 소수 p에 대해 디오판토스 방정식 $x^2 + py^2 = z^2$의 양의 정수해를 모두 찾아라.

16. 디오판토스 방정식 $1/x^2 + 1/y^2 = 1/z^2$의 양의 정수해를 모두 찾아라.

17. k번째 피보나치 수를 f_k라고 할 때 $(f_n f_{n+3}, 2f_{n+1}f_{n+2}, f_{n+1}^2 + f_{n+2}^2)$이 피타고라스 세 수임을 증명하라.

18. 변의 길이가 정수이고 넓이가 둘레의 길이와 같은 모든 직각삼각형의 변의 길이를 찾아라.

19. 점 $(1,0)$을 지나고 기울기 t 가 유리수인 직선과 단위원과의 교점을 구하여 단위원 $x^2 + y^2 = 1$ 위의 모든 유리점을 찾아라.

20. 점 $(0,1)$을 지나고 기울기 t가 유리수인 직선과 단위원과의 교점을 구하여 단위원 $x^2 + y^2 = 1$ 위의 모든 유리점을 찾아라.

21. 점 $(1,1)$을 지나고 기울기 t가 유리수인 직선과 원 $x^2 + y^2 = 2$와의 교점을 구하여 이 원 위의 모든 유리점을 찾아라.

22. 점 $(1,1)$을 지나고 기울기 t가 유리수인 직선과 타원 $x^2 + 3y^2 = 4$와의 교점을 구하여 이 타원 위의 모든 유리점을 찾아라.

23. 점 $(-1,0)$을 지나고 기울기 t가 유리수인 직선과 타원 $x^2 + xy + y^2 = 1$과의 교점을 구하여 이 타원 위의 모든 유리점을 찾아라.

24. 양의 정수 d에 대해 점 $(-1,0)$을 지나고 기울기 t가 유리수인 직선과 타원 $x^2 - dy^2 = 1$과의 교점을 구하여 이 타원 위의 모든 유리점을 찾아라.

25. 원 $x^2 + y^2 = 3$ 위에 유리점이 없음을 증명하라.

26. 원 $x^2 + y^2 = 15$ 위에 유리점이 없음을 증명하라.

*27. 단위구면 $x^2 + y^2 + z^2 = 1$ 위의 모든 유리점을 찾아라. (힌트:단위구면을 평면 $z = 0$으로의 평사도법을 사용하라. 이 사영은 구면 위의 점 (x, y, z)를 이 점과 구의 북극 $(0, 0, 1)$을 지나는 직선이 평면 $z = 0$와 만나는 점 $(u, v, 0)$에 사상한다. 단위구면 위의 유리점을 이 교점에 대응하는 두 개의 유리 매개변수 u, v를 사용하여 매개변수화하라.)

계산과 탐구

1. 각 x, y, z가 정수의 제곱에서 1을 뺀 값이 되는 피타고라스 세 수 (x, y, z)를 가능한 많이 찾아라. 이러한 세 수가 무한히 많다고 생각하는가?

2. $\Delta(n)$이 빗변의 길이가 n보다 작은 원시 피타고라스 세 수의 개수를 나타낸다고 하자. $1 \leq i \leq 6$에 대해 $\Delta(10^i)$을 구하라. 이 값들에 대해 $\Delta(10^i)/10^i$을 조사하여 n이 무한히 커질 때 $\Delta(n)/n$이 접근하는 값을 추측하라.

프로그래밍 프로젝트

1. 주어진 양의 정수 n에 대해 n을 포함하는 피타고라스 세 수를 모두 찾아라.

2. 주어진 양의 정수 n에 대해 빗변이 n보다 작은 피타고라스 세 수를 모두 찾아라.

3. 주어진 양의 정수 n에 대해 빗변이 n보다 작은 원시 피타고라스 세 수의 개수를 구하라.

14.2 페르마의 마지막 정리

14.1절에서는 디오판토스 방정식 $x^2 + y^2 = z^2$이 모든 x, y, z가 0이 아닌 정수해 (x, y, z)를 무한히 많이 가짐을 보였다. 이 방정식에서 지수 2를 2보다 큰 정수로 바꾸면 어떻게 될까? 디오판토스의 책을 읽던 페르마는 책 여백에 다음과 같이 적었다.

> 그러나 세제곱수를 두 개의 세제곱수의 합으로, 네제곱수를 두 개의 네제곱수의 합으로, 일반적으로 어떤 거듭제곱수도 같은 지수를 갖는 두 거듭제곱수의 합으로 나타내는 것은 불가능하다. 이를 위한 정말로 멋진 증명을 발견했지만, 여백이 너무 좁아 그것을 담을 수 없다.

페르마는 $n = 4$의 특별한 경우에 대한 이 정리의 증명을 가지고 있었다. 이 절 후반부에서 그의 기본적인 방법을 사용하여 이 경우에 대한 증명을 제시할 것이다. 페르마가 모든 정수 $n > 2$에 대해 이 결과를 증명했는지는 확실하지 않지만, 수학자들은 그가 그렇게 했을 가능성은 매우 낮다고 믿고 있다. 1800년까지, 페르마가 디오판토스 책의 여백에 남긴 다른 모든 진술은 해결되었는데, 그 중 일부는 증명되었으며 다른 일부는 거짓으로 판명되었다. 그럼에도 불구하고, 다음 정리는 **페르마의 마지막 정리**(Fermat's Last Theorem)로 불린다.

정리 14.2 페르마의 마지막 정리

양의 정수 $n \geq 3$에 대해 디오판토스 방정식

$$x^n + y^n = z^n$$

은 모든 x, y, z가 0이 아닌 정수해를 갖지 않는다.

$x^4 + y^4 = z^4$이 모든 x, y, z가 0이 아닌 정수해를 갖지 않고, 또한 모든 소수 p에 대해

$$x^p + y^p = z^p$$

이 모든 x, y, z가 0이 아닌 정수해를 갖지 않음을 증명할 수 있다면, 페르마의 마지막 정리가 참이라는 것을 알 수 있다(이 검증은 연습문제 2로 남겨둔다).

350년 이상 수학자들은 페르마의 마지막 정리에 대한 증명을 찾기 위해 도전했다. 많은 위대한 수학자가 이 문제를 해결하려고 노력했지만, 궁극적인 성공을 거두지는 못했다. 그러나 흥미

로운 부분의 결과가 많이 도출되었고, 수학자들이 이 문제를 해결하려고 시도하는 동안 새로운 수론 분야가 태어났다. 최초의 주요 발전은 오일러가 1770년 그의 저서 《대수학(Algebra)》에서 $n = 3$의 경우에 대한 페르마의 마지막 정리를 증명한 것이었다. 즉 그는 $x^3 + y^3 = z^3$이 모든 x, y, z가 0이 아닌 정수해를 갖지 않음을 증명했다. 오일러의 증명에는 오일러 자신도 모르는 중요한 오류가 있었지만, 르장드르가 곧 그 틈을 메웠다.

1805년, 프랑스 수학자 소피 제르맹(Sophie Germain)은 특정 지수 n값에 대한 증명과는 달리 페르마의 마지막 정리에 대한 일반적인 결과를 증명했다. 소피는 p와 $2p+1$이 모두 소수일 때 $x^p + y^p = z^p$은 $p \nmid xyz$를 만족하는 정수해를 갖지 않음을 증명했다. 특별한 경우로, 소피는 $x^5 + y^5 = z^5$일 때 정수 x, y, z 중 하나는 5로 나누어 떨어져야 함을 증명했다. 1825년에, 디리클레와 르장드르는 독립적으로 $n = 5$일 때의 증명을 완성했으며, 이는 페르마가 $n = 4$ 경우를 증명하기 위해 사용한 무한강하법을 사용했다(이 방법을 이 절 후반부에서 설명한다). 14년 후, 라메는 또한 무한강하법을 사용하여 $n = 7$의 경우를 해결했다.

19세기 중반, 수학자들은 모든 지수 n에 대해 페르마의 마지막 정리를 증명하려는 시도에서 새로운 접근법을 택했다. 이러한 방향에서 가장 큰 성공을 거둔 사람은 독일 수학자 에른스트 쿠머(Ernst Kummer)였다. 그는 특정 대수적 정수의 집합에서 그 수들의 소인수분해가 유일하다는 가정에 기반을 둔 유망한 접근법이 실패한다는 것을 깨달았다. 이 어려움을 극복하기 위해 쿠머는 소수로의 유일인수분해를 지원하는 새로운 이론을 개발했다. 그의 기본적인 아이디어는 **아이디얼수**(ideal numbers)라는 개념이었다. 이 개념을 사용하여 쿠머는 지수가 **정규소수**(regular prime)라고 불리는 소수인 경우에 대해 페르마의 마지막 정리를 증명할 수 있었다. 비록 비정규소수인 소수들이 아마도 무한히 많은 소수이 존재하지만, 쿠머의 작업은 굉장히 많은 값의 n에 대해 페르마의 마지막 정리가 참임을 보여주었다. 특히 쿠머의 작업은 100 미만의 유일한 비정규소수인 37, 59, 67을 제외한 100 미만의 모든 소수 지수에 대해 페르마의 마지막 정리가 참임을 보여주었다. 쿠머가 "아이디얼수"를 도입함으로써 대수적 수론이 탄생했고, 이는 주요 연구 분야로 발전했으며 추상대수학의 한 분야인 환론도 탄생했다. 쿠머의 작업이 다루지 않은 지수들, 즉 37, 59, 67를 포함한 비정규소수들은 이후 몇 년 동안 더 강력한 기법을 사용하여 해결되었다.

1983년, 독일 수학자 게르트 팔팅스(Gerd Faltings)는 각 양의 정수 $n \geq 3$에 대해 $x^n + y^n = z^n$이 영이 아닌 정수해를 유한 개만 가질 수 있음을 증명했다. 물론 모든 정수 $n \geq 3$에 대해 이 유한 개의 수가 실제로는 0임을 증명할 수 있었다면 페르마의 마지막 정리는 증명될 수 있었을 것이다. 페르마의 마지막 정리에 대한 궁극적인 증명으로 가는 길은 1986년 독일 수학자 게르하르트 프라이(Gerhard Frey)가 페르마의 마지막 정리를 타원곡선 주제와 처음으로 연결하면서 시작되었다. 그의 놀라운 작업은 두 개의 겉보기에는 관련이 없는 영역을 연결하여 수학자들을 놀라게 했다.

컴퓨터는 페르마의 마지막 정리가 특정 n값에 대해 참인지 확인할 수 있는 여러 가지 수치적인 테스트를 실행하는 데 사용되었다. 1977년까지 샘 와그스태프(Sam Wagstaff)는 이러한 테스트를 사용하여 페르마의 마지막 정리가 $n \leq 125{,}000$인 모든 지수 n에 대해 성립함을 확인했다. 1993년까지 이러한 테스트는 페르마의 마지막 정리가 $n < 4 \cdot 10^6$인 모든 지수 n에 대해 참이라는 것을 확인하는 데 사용되었다. 그러나 그 당시까지는 페르마의 마지막 정리에 대한 증명이 나타날 것으로 기대하지 않았다.

그러나 1993년 프린스턴 대학교의 교수인 앤드루 와일스(Andrew Wiles)는 페르마의 마지막 정리를 증명할 수 있음을 보여 수학계를 충격에 빠뜨렸다. 그는 이것을 영국 케임브리지에서 일련의 강의를 통해 보여주었는데, 처음에 그는 자신의 강의 주제가 이 악명 높은 정리의 증명이라는 힌트를 전혀 주지 않았다. 그가 제시한 증명은 7년간의 고독한 작업의 결실이었으며, 타원곡선 이론과 관련된 방대하고 고도의 정교한 방법들을 사용했다. 학식 있는 수학자들은 와일스의 논증에 깊은 인상을 받았고, 페르마의 마지막 정리가 마침내 증명되었다는 소문이 퍼지기 시작했다. 그러나 와일스의 200페이지에 달하는 원고를 면밀히 검토한 결과, 심각한 문제가 발견되었다. 증명의 간극을 메우는 것이 불가능할 것처럼 보였으나, 1년이 넘는 시간이 지난 후 와일스는 (리차드 테일러의 도움을 받아) 증명의 나머지 부분을 메우는 데 성공했다. 1995년, 와일스는 페르마의 마지막 정리에 대한 수정된 증명을 출판했으며, 그 논문은 125페이지에 불과했다. 그의 논문은 면밀한 검토를 통과했으며, 와일스의 1995년 증명은 페르마의 마지막 정리에 대한 350년 이상의 증명 탐구에 종지부를 찍었다.

와일스의 페르마의 마지막 정리에 대한 증명은 대중매체에서 다뤄진 드문 수학적 발견 중 하나다. 미국의 공영방송인 PBS에 의해 제작된 과학 다큐멘터리 시리즈인 NOVA 에피소드에서 이 발견에 관하여 다루었고, 이 쇼에 대한 정보는 PBS 웹사이트에서 찾을 수 있다. 증명에 대한 일반 정보의 또 다른 출처는 사이먼 싱의 《페르마의 마지막 정리(Fermat's Enigma: The Epic Quest to Solve the World's Greatest Mathematical Problem)》 ([Si97] 참조)이다. 증명에 사용된 타원곡선 이론을 포함한 수학이론과 그 증명은 《보형 형식과 페르마의 마지막 정리(Modular Forms and Fermat's Last Theorem)》 ([CoSiSt97] 참조)에서 찾을 수 있다. 와일스의 원래 증명은 1995년에 저명한 수학 저널인 《수학연보(Annals of Mathematics)》에 출판되었다([Wi95] 참조).

페르마의 마지막 정리의 역사와 이 추측과 관련된 탐구들이 어떻게 대수적 수론의 탄생으로 이어졌는지에 대해 더 알고자 하는 독자는 [Ed96], [Ri79], [Va96]을 참조하기를 권장한다.

와일스의 7년간의 탐구

1986년에 와일스는 독일 수학자 게르하르트 프레이와 미국 수학자 켄 리벳(Ken Ribet)

의 연구를 알게 되었다. 이 연구는 페르마의 마지막 정리가 타원곡선 이론의 추측, 즉 시무라-타니야마 추측에서 유도된다는 것을 보여주었다. 이 결과가 정리를 증명할 수 있는 전략으로 이어질 가능성을 깨달은 그는 현재 진행 중이던 연구를 포기하고 페르마의 마지막 정리에 전념했다.

이 작업의 초반 몇 년 동안, 그는 동료들과 자신의 진행 상황에 대해 이야기했다. 그러나 그는 다른 사람과의 대화가 지나치게 많은 관심을 끌고 방해가 된다고 생각하여, 그의 대부분의 시간을 연구에 집중하고 가족과 함께하는 것만으로 채우기로 결정했다. 연구에서 벗어난 시간을 가장 잘 활용하는 방법은 어린 자녀들과 시간을 보내는 것이었다.

1993년, 와일스는 몇몇 동료에게 페르마의 마지막 정리에 대한 증명에 가까워졌다고 밝혔다. 그가 생각하기에 남은 간극을 채운 후, 그는 케임브리지에서 자신의 증명 개요를 발표했다. 과거에 페르마의 마지막 정리를 증명했다고 하는 많은 허위 주장이 있어 왔지만, 수학자들은 전반적으로 와일스의 증명이 옳다고 믿었다. 그러나 결과를 출판하기 위해 논문을 작성할 때, 미묘하지만 심각한 논리적 오류가 발견되었다. 와일스는 그의 지도 학생이었던 리차드 테일러의 도움을 받아 1년 이상 열심히 작업했으며, 거의 포기할 뻔 했지만, 마침내 그 간극을 채우는 방법을 찾았다.

와일스의 성공은 그에게 수많은 상과 찬사를 가져다주었고, 또한 마음의 평화를 가져다주었다. 그는 "이 문제를 해결한 후에는 확실히 상실감이 있지만, 동시에 엄청난 자유감이 있습니다. 나는 이 문제에 너무 집착해서 8년 동안 아침에 일어나서 밤에 잠자리에 들 때까지 항상 그것을 생각했습니다. 그 특별한 오디세이가 이제 끝났습니다. 제 마음은 이제 편안합니다."라고 말했다.

볼프스켈 상

페르마의 마지막 정리를 증명하는 것에는 명성 외에도 추가적인 인센티브가 있었다. 1908년에 독일 사업가인 파울 볼프스켈(Paul Wolfskehl)은 괴팅겐 과학원에 10만 마르크의 상금을 남기며, 이 상금을 페르마의 마지막 정리를 증명한 최초의 사람에게 수여한다고 했다. 이 상금을 획득하기 위한 수천 개의 잘못된 증명이 무위로 끝났으며, 1908년과 1912년 사이에만 1,000개가 넘는 증명이 출판되었는데, 대개는 개인적으로 인쇄된 소책자 형태였다. (많은 사람이 정식 수학교육을 받지 않았거나 올바른 증명이 무엇인지 명확히 알지 못하는 경우에도 이와 같은 유명한 문제를 해결하려고 시도했다.) 와일즈의 증명이 올바르다고 인정받았음에도 불구하고, 괴팅겐 과학원이 와일스에게 볼프스켈 상을 수여할 때까지 2년이 걸렸으며, 이는 증명이 정말로 정확한지 확신하고 싶었기 때문이다.

상금이 인플레이션으로 인해 거의 무가치해졌다는 소문과는 달리, 와일스는 약 5만 달러를 받았다. 10만 마르크의 상금은 원래 약 150만 달러의 가치가 있었지만, 제1차 세계대전 후 독일의 하이퍼인플레이션으로 인해 약 50만 달러로 줄어들었고, 제2차 세계대전 후 새로운 마르크 도입으로 그 가치는 더 감소했다. 많은 사람이 볼프스켈이 페르마의 마지막 정리에 대한 증명에 이렇게 큰 상금을 남겼는지에 대해 추측해왔다. 낭만적인 시각을 가진 사람들은 그가 진정으로 사랑했던 사람에게 배신당한 후 자살할 뻔했지만, 페르마의 마지막 정리를 알게 된 후 다시 살고 싶어 했다는 소문을 즐겼다. 그러나 더 현실적인 전기 연구에 따르면, 그는 가족에 의해 강제로 결혼한 아내 마리를 괴롭히기 위한 방법으로 돈을 기부한 것으로 보인다. 그는 자신의 재산이 죽은 후 그녀에게 가지기를 원하지 않았기 때문에, 대신 페르마의 마지막 정리를 증명하는 첫 번째 사람에게 상금을 주기로 했다.

14.2.1 $n = 4$에 대한 증명

이제 $n = 4$의 경우에 대한 페르마의 마지막 정리를 증명하자. 이 증명은 14.1절에서 다룬 피타고라스 세 수의 특징을 사용한다. $n = 4$의 경우에 대한 증명은 페르마가 고안한 **무한강하법**(method of infinite descent)을 사용한다. 이 방법은 부록 A와 1.1절에서 소개된 정렬성질에서 파생된 것으로 볼 수 있으며, 모든 해에 대해 '더 작은' 해가 존재함을 보여 정렬성질과 모순을 일으키게 함으로써 디오판토스 방정식에 해가 없음을 입증하는 방법이다. 여기서 제시할 페르마의 증명은 비교적 간단하다. $n = 3$의 경우도 무한강하법을 사용하여 증명할 수 있지만, 다소 더 복잡하다. $n = 3$의 경우에 대한 증명은 [Ed96] 또는 [Ri00]에서 찾을 수 있다.

무한강하법을 사용하여 디오판토스 방정식 $x^4 + y^4 = z^2$이 모든 x, y, z가 0이 아닌 정수해를 갖지 않음을 보이자. 이는 $n = 4$의 경우에 대한 페르마의 마지막 정리가 참임을 보이는 것보다 강력하다. 왜냐하면 $x^4 + y^4 = z^4 = (z^2)^2$은 $x^4 + y^4 = z^2$의 해를 주기 때문이다.

정리 14.3

디오판토스 방정식

$$x^4 + y^4 = z^2$$

은 모든 x, y, z가 0이 아닌 정수해를 갖지 않는다.

증명 14.3

이 방정식이 모든 x, y, z가 0이 아닌 정수해를 갖는다고 가정하자. 변수를 그것의 음으로 대체해도 방정식이 참인 것은 변하지 않으므로 해 x, y, z가 모두 양의 정수라고 가정할 수 있다.

또한 $(x, y) = 1$이라고 가정할 수 있다. 이를 보기 위해 $(x, y) = d$라고 하자. 그러면 적당한 양의 정수 x_1, y_1에 대해 $x = dx_1, y = dy_1$이고 $(x_1, y_1) = 1$이다. $x^4 + y^4 = z^2$이므로 다음과 같다.

$$(dx_1)^4 + (dy_1)^4 = z^2$$
$$d^4(x_1^4 + y_1^4) = z^2$$

따라서 $d^4 \mid z^2$이고 4.3절의 연습문제 43에 따라 $d^2 \mid z$임을 알 수 있다. 따라서 적당한 양의 정수 z_1에 대해 $z = d^2 z_1$이다. 따라서 다음과 같다.

$$d^4(x_1^4 + y_1^4) = (d^2 z_1)^2 = d^4 z_1^2$$
$$x_1^4 + y_1^4 = z_1^2$$

이로써 $(x_1, y_1) = 1$을 만족하는 $x^4 + y^4 = z^2$의 양의 정수해 $x = x_1, y = y_1, z = z_1$을 얻는다.

이제 $(x_0, y_0) = 1$을 만족하는 $x^4 + y^4 = z^2$의 양의 정수해 $x = x_0, y = y_0, z = z_0$가 존재한다고 가정하자. $(x_1, y_1) = 1$을 만족하는 $x^4 + y^4 = z^2$의 양의 정수해 $x = x_1, y = y_1, z = z_1 (z_1 < z_0)$가 존재함으로 보이자.

$x_0^4 + y_0^4 = z_0^2$이므로 다음을 얻는다.

$$(x_0^2)^2 + (y_0^2)^2 = z_0^2$$

따라서 x_0^2, y_0^2, z_0은 피타고라스 세 수이다. 또한 $(x_0^2, y_0^2) = 1$이다. 왜냐하면 p가 x_0^2, y_0^2을 동시에 나누는 소수라면, p는 x_0, y_0을 모두 나누게 되어 $(x_0, y_0) = 1$과 모순되기 때문이다. 따라서 x_0^2, y_0^2, z_0는 원시 피타고라스 세 수이며 14.1절의 정리에 의해 다음을 만족하는 서로소이고 홀짝성이 다른 두 양의 정수 m, $n (m > n)$이 존재한다.

$$x_0^2 = m^2 - n^2$$
$$y_0^2 = 2mn$$
$$z_0 = m^2 + n^2$$

여기서 필요하다면 x_0^2과 y_0^2을 교환하여 y_0^2을 짝수로 만든다.

x_0^2에 대한 등식에서 다음을 얻는다.

$$x_0^2 + n^2 = m^2$$

$(m,n)=1$이므로 x_0, n, m은 원시 피타고라스 세 수이며, m은 홀수이고 n은 짝수이다. 다시 14.1절의 정리에 의해 다음을 만족하는 서로소이고 홀짝성이 다른 두 양의 정수 $r, s (r > s)$가 존재한다.

$$x_0 = r^2 - s^2$$
$$n = 2rs$$
$$m = r^2 + s^2$$

m이 홀수이고 $(m,n)=1$이기 때문에 $(m, 2n)=1$임을 알 수 있다. $y_0^2 = (2n)m$이므로 도움정리 14.3에 의해 $m = z_1^2$, $2n = w^2$을 만족하는 양의 정수 z_1, w가 존재한다. w가 짝수이므로 $w = 2v$인 양의 정수 v가 존재한다. 따라서 다음과 같다.

$$v^2 = n/2 = rs$$

$(r,s) = 1$이기 때문에, 도움정리 14.3에 의해 $r = x_1^2$, $s = y_1^2$인 양의 정수 x_1, y_1이 존재한다. $(r,s)=1$이기 때문에 $(x_1, y_1) = 1$임을 쉽게 알 수 있다. 따라서 다음과 같다.

$$x_1^4 + y_1^4 = r^2 + s^2 = m = z_1^2$$

여기서 x_1, y_1, z_1은 $(x_1, y_1) = 1$인 양의 정수이다. 게다가 다음 식을 얻었기 때문에 $z_1 < z_0$이다.

$$z_1 \le z_1^4 = m^2 < m^2 + n^2 = z_0$$

증명을 완성하기 위해 $x^4 + y^4 = z^2$이 적어도 하나의 양의 정수해를 갖는다고 가정하자. 정렬성질에 따라 z의 값이 가장 작은 양의 정수해가 존재한다. 하지만 이 해로부터 변수 z의 값이 더 작은 또 다른 해를 찾을 수 있음을 보였으므로 이는 모순을 일으킨다. 따라서 무한강하법에 의한 증명이 완성된다.

페르마의 마지막 정리를 증명하려는 노력은 많은 경우 특수한 꼴에 대한 증명으로 시작되었고, 이어서 성공하지는 못했지만 일반적인 경우를 해결고자 하는 유망한 몇 가지 접근 방법이 뒤따랐으며, 마침내 타원곡선 이론을 사용한 접근 방법으로 이어졌다. 초기 역사에 대해 더 알고 싶다면 [Ed96]을 참고하라.

앞에서 $n = 4$에 대해 페르마의 마지막 정리를 증명했고, $n = 3$의 경우에 대한 증명도 18세기에 오일러에 의해 발견되었다는 사실을 언급했다(오일러의 원래 증명에 있던 오류는 그의 후속 작업에서 수정되었다). 19세기에는 많은 다른 특수한 경우가 증명되었으며, 여기에는 르장드르와 디리클레에 의해 독립적으로 증명된 $n = 5$의 경우, 라메에 의해 증명된 $n = 7$의 경우, $n = 6, 10, 14$의 경우가 포함된다. 이 모든 증명은 페르마의 무한강하법을 사용했지만 n

이 증가함에 따라 점점 더 복잡해졌다.

19세기에는 소피 제르맹과 에른스트 쿠머에 의해 더 일반적인 접근 방법들도 개발되었다. 이 접근 방법들은 페르마의 마지막 정리를 증명하는 데 유망해보였지만, 일반 정리를 증명하는 데는 불충분했다. 20세기 후반에 페르마의 마지막 정리와 타원곡선 사이의 연관성이 발견되었고, 결국 1993년에 발표되고 1994년에 수정된 와일스의 증명으로 이어졌다.

14.2.2 일부 디오판토스 방정식에 관한 추측

수학에서 오랫동안 풀리지 않은 추측이 해결되면 종종 새로운 추측이 등장하고 이는 페르마의 마지막 정리에 대해서도 마찬가지이다. 예를 들어 은행가이자 아마추어 수학자인 앤드루 빌(Andrew Beal)은 페르마의 마지막 정리의 일반화된 버전, 즉 방정식 $x^n + y^n = z^n$에서 세 항의 지수가 서로 다른 경우도 참이라고 추측했다.

빌의 추측 방정식 $x^a + y^b = z^c$은 $a \geq 3$, $b \geq 3$, $c \geq 3$인 경우 $(x, y) = (y, z) = (x, z) = 1$이고 모든 x, y, z가 영이 아닌 정수해를 갖지 않는다.

빌의 추측은 아직 해결되지 않았다. 이 추측에 대한 관심을 불러일으키기 위해 빌은 증명이나 반례에 대해 1,000,000달러의 상금을 제공했다. 빌의 추측은 티데만-자기에 추측(Tijdeman-Zagier conjecture), 일반화된 페르마 방정식 추측 등으로도 알려져 있다.

1990년대에 페르마의 마지막 정리에 대한 증명은 디오판토스 방정식과 관련된 가장 잘 알려진 추측의 해결이었다. 놀랍게도 2002년에 또 다른 잘 알려져 있지만 오랫동안 해결되지 않았던 디오판토스 방정식에 관한 추측이 해결되었다. 1844년 벨기에 수학자인 외젠 카탈랑(Eugène Catalan)은 정수의 제곱수, 세제곱수, 더 높은 거듭제곱수의 연속된 양의 정수는 $8 = 2^3$과 $9 = 3^2$뿐이라고 추측했다. 다르게 말하자면, 카탈랑의 추측은 다음과 같다.

카탈랑의 추측 방정식

$$x^m - y^n = 1$$

은 $m = 2$, $n = 3$일 때의 해 $x = 3$, $y = 2$ 외에는 $m \geq 2$, $n \geq 2$인 경우에 대한 양의 정수해가 없다.

카탈랑 추측의 특별한 경우는 14세기에 레비 벤 게르손(Levi ben Gerson)이 8과 9가 2와 3의 거듭제곱의 유일한 연속된 정수라는 것을 증명하면서 해결되었다. 즉 그는 2 이상의 양의 정수 m, n에 대해 $3^n - 2^m = \pm 1$을 만족하는 유일한 경우가 $m = 3$, $n = 2$임을 증명했다. 18세기에는 오일러가 무한강하법을 사용하여 8과 9가 제곱수 또는 세제곱수의 유일한 연속된 정수라는 것을 증명했다. 즉 그는 디오판토스 방정식 $x^3 - y^2 = \pm 1$의 유일한 해가 $x = 2$, $y = 3$임을 증명했다. 19세기와 20세기 초반 동안 추가적인 진전이 이루어졌고, 1976년 네덜란드 수학자 로버트 티데만(Robert Tijdeman)은 카탈랑 방정식이 유한개의 정수해만을 가진다는 것을 보였다. 2002년 루마니아 수학자 프레다 미하일레스쿠(Preda Mihăilescu)가 마침내 이 추측이 맞다는 것을 증명하면서 카탈랑 추측이 해결되었다. 증명된 이 추측은 이제 미하일레스쿠의 정리로 알려져 있다.

페르마의 마지막 정리와 카탈랑 추측을 증명한 미하일레스쿠의 정리를 통합하는 새로운 추측이 만들어졌다.

페르마-카탈랑 추측 만약 $(x, y) = (y, z) = (x, z) = 1$이고 $\frac{1}{a} + \frac{1}{b} + \frac{1}{c} < 1$이면 디오판토스 방정식 $x^a + y^b = z^c$는 유한 개의 해만을 가진다.

페르마-카탈랑 추측은 여전히 미해결 상태이다. 현재 이 디오판토스 방정식을 만족하는 열 개의 해가 알려져 있다. 그 해들은 다음과 같다.

$$\begin{aligned}
1 + 2^3 &= 3^2 \\
2^5 + 7^2 &= 3^4 \\
7^3 + 13^2 &= 2^9 \\
2^7 + 17^3 &= 71^2 \\
3^5 + 11^4 &= 122^2 \\
17^7 + 76271^3 &= 21063928^2 \\
1414^3 + 2213459^2 &= 65^7 \\
9262^3 + 15312283^2 &= 113^7 \\
43^8 + 96222^3 &= 30042907^2 \\
33^8 + 1549034^2 &= 15613^3
\end{aligned}$$

이 방정식들 각각에서 하나의 지수가 2임에 주목하라. 따라서 이들 중 어느 것도 빌의 추측에 대한 반례가 아니다.

14.2.3 abc 추측

1985년에 프랑스 수학자 조셉 오에스터레(Joseph Oesterlé)와 영국 수학자 데이비드 매서(David Masser)가 많은 수학자를 매료시키는 추측을 제기했다. 이 추측이 참이라면 잘 알려진 많은 디오판토스 방정식에 대한 질문들을 해결하는 데 사용할 수 있다. 추측을 제시하기 전에 몇 가지 기호를 소개할 필요가 있다.

정의 14.2

양의 정수 n에 대해 n의 서로 다른 소인수들의 곱을 $\mathrm{rad}(n)$이라고 한다. $\mathrm{rad}(n)$은 또한 n의 **제곱인수가 없는**(square-free) 부분이라고도 불리는데, 이는 n의 소인수분해에서 제곱을 만드는 모든 인수를 제거함으로써 얻을 수 있기 때문이다.

예제 14.4

$n = 2^4 \cdot 3^2 \cdot 5^3 \cdot 7^2 \cdot 11$이면, $\mathrm{rad}(n) = 2 \cdot 3 \cdot 5 \cdot 7 \cdot 11 = 2310$이다. 한편 $n = 5 \cdot 11 \cdot 13$이면 n은 제곱인수를 갖지 않으므로 $\mathrm{rad}(n) = n$이다.

이제 추측을 제시할 수 있다.

abc 추측 임의의 양의 실수 $\epsilon > 0$에 대해 양의 상수 $K(\epsilon)$가 존재하여 $a + b = c$를 만족하는 서로소인 모든 정수 a, b, c에 대해 다음 식이 성립한다.

$$\max(|a|, |b|, |c|) < K(\epsilon)(\mathrm{rad}(abc))^{1+\epsilon}$$

많은 깊이 있는 결과들이 이 추측으로부터 유도된다. 이 추측의 배경과 동기를 전개하는 것은 너무 멀리 나아가게 하므로 abc 추측의 기원과 그 결과들을 알기 원한다면 [GrTu02]와 [Ma00]을 참조하라.

많은 수학자가 abc 추측을 사실이라고 믿고 있지만, 아직 누구도 설득력 있는 증명을 발견하지 못했다. 지난 몇 십 년 동안 많은 수학자가 abc 추측을 증명했다고 주장했지만, 어떤 증명도 정확하다고 받아들여지지 않았다. 이러한 증명 중 가장 논란이 많은 것은 저명한 일본 수학자인 신이치 모치즈키(Shinichi Mochizuki)의 증명이다. 그는 2012년에 네 편의 논문을 온라인에 게시했는데, 이 논문들은 모두 합쳐서 500페이지가 넘는다. 많은 수학자가 읽기 어려운 스타일로 작성되었으며, 또한 이 논문들은 모치즈키의 방대한 이전 연구에 의존하고 있다. 많은 수학자가 모치즈키의 증명을 열심히 연구했지만, 공정한 심사자 중 그 증명이 완전하고 정확하다고 확인한 사람은 없다. 그러나 최근까지도 이러한 심사자들 중 누구도 모치즈키의 증명에서 특정한 오류나 간극을 발견하지 못했다. 2018년 말, 필즈 메달 수상자인 독일 수학자 피터 숄체(Peter Scholze)와 그와 같은 연구 분야의 전문가인 야코프 스틱스(Jakob Stix)가 모치즈키의 연구에서 오류를 지적한 보고서를 온라인에 게시했다. 하지만 모치즈키는 자신의 웹사이트에 그들의 보고서에 대한 반박을 게시했다. 모치즈키의 abc 추측에 대한 증명은 일본 교토의 교토대학 《수학연구소 출판물(Publications of the Research Institute for Mathematics)》에 600페이지의 논문으로 출판되었다. 수학자을 숄체와 스틱스가 옳은지, 아니면 모치즈키가 옳은지를 결정하는 데 오랜 시간이 걸리지 않을 것이다. 그러나 현재로서는 abc 추측이 미해결 문제로 간주되고 있다.

다음 예제에서는 abc 추측이 페르마의 마지막 정리와 관련된 결과를 증명하는 데 어떻게 사용될 수 있는지 보여준다.

예제 14.5

abc 추측이 참이라고 가정하면, 페르마의 마지막 정리에 대한 부분적인 해결책을 얻을 수 있다. 즉 $n \geq 3$인 양의 정수 n에 대해 $x^n + y^n = z^n$의 정수해가 유한하다는 것이다. 여기서는 그랜빌(Granville)과 터커(Tucker)의 논증을 따른다([GrTu02] 참조). 서로소인 정수 x, y, z가 다음 식을 만족한다고 가정하자.

$$x^n + y^n = z^n$$

그리고 $a = x^n$, $b = y^n$, $c = z^n$으로 두자. 그러면 $\text{rad}(abc) = \text{rad}(x^n y^n z^n)$을 다음과 같이 추정할 수 있다.

$$\text{rad}(x^n y^n z^n) = \text{rad}(xyz) \leq xyz < z^3$$

$x^n y^n z^n$을 나누는 소수는 xyz를 나누는 소수와 동일하므로 $\text{rad}(x^n y^n z^n) = \text{rad}(xyz)$이다. 또한 모든 양의 정수 m에 대해 $\text{rad}(m) \leq m$이 성립하기 때문에 위의 첫 번째 부등식이 성립하며, 마지막 부등식은 x, y가 양수이므로 $x < z$, $y < z$이기 때문에 성립한다.

이제 abc 추측을 적용하고 $\max(|a|, |b|, |c|) = z^n$임을 고려하면, 모든 $\epsilon > 0$에 대해 상수 $K(\epsilon) > 0$가 존재하여 다음과 같다.

$$z^n \leq K(\epsilon)(z^3)^{1+\epsilon}$$

$\epsilon = 1/6$로 택하고 $n \geq 4$라고 하면 $n - 3(1 + \epsilon) \geq n/8$임을 쉽게 알 수 있다. 따라서 다음과 같다.

$$z^n \leq K(1/6)^8$$

여기서 $K(1/6)$은 $\epsilon = 1/6$인 경우의 상수 $K(\epsilon)$의 값이다. 그러므로 $z \leq K(1/6)^{8/n}$이다. 결과적으로 $n \geq 4$에 대해 방정식 $x^n + y^n = z^n$은 모든 x, y, z가 특정한 값보다 작은 범위 내에서만 해를 가질 수 있으므로 그러한 해는 유한하다.

14.2 연습문제

1. 만약 (x, y, z)가 피타고라스 세 수이고 n이 $n > 2$인 정수이면 $x^n + y^n \neq z^n$임을 보여라.

2. 정리 14.2의 페르마의 마지막 정리가 정리 14.3과 모든 홀수 소수 p에 대해 방정식 $x^p + y^p = z^p$이 모든 x, y, z가 0이 아닌 정수해를 갖지 않는다는 주장에 의해 유도될 수 있음을 보여라.

3. 페르마의 작은 정리(정리 7.3)를 사용하여 소수 p에 대해 다음이 성립함을 각각 보여라.

a) $x^{p-1} + y^{p-1} = z^{p-1}$이면 $p \mid xyz$이다.   b) $x^p + y^p = z^p$이면 $p \mid (x + y - z)$이다.

♦4. 무한강하법을 사용하여 디오판토스 방정식 $x^4 - y^4 = z^2$이 모든 x, y, z가 0이 아닌 정수해를 가지지 않음을 보여라.

5. 연습문제 4를 사용하여 변의 길이가 정수인 직각삼각형의 넓이는 제곱수가 될 수 없음을 보여라.

*6. 디오판토스 방정식 $x^4 + 4y^4 = z^2$은 모든 x, y, z가 0이 아닌 정수해를 갖지 않음을 보여라.

*7. 디오판토스 방정식 $x^4 + 8y^4 = z^2$은 모든 x, y, z가 0이 아닌 정수해를 갖지 않음을 보여라.

8. 디오판토스 방정식 $x^4 + 3y^4 = z^2$가 무한히 많은 해를 가짐을 보여라.

9. 디오판토스 방정식 $y^2 = x^4 + 1$의 유리수해를 모두 찾아라.

정수 k에 대해 $y^2 = x^3 + k$ 형태의 디오판토스 방정식은 17세기 초 프랑스 수학자인 클로드 바셰(Claude Bachet)의 이름을 따라 **바셰 방정식**(Bachet equation)이라고 불린다. 이 방정식은 또한 20세기 중반에 이 방정식을 연구한 영국 수학자인 루이스 모델(Louis Mordell)의 이름을 따서 **모델 방정식**(Mordell equation)이라고도 불린다.

10. 바셰 방정식 $y^2 = x^3 - 5$가 정수해를 갖지 않음을 보이거나 정수해를 모두 찾아라.

11. 바셰 방정식 $y^2 = x^3 + 16$이 정수해를 갖지 않음을 보이거나 정수해를 모두 찾아라.

12. 바셰 방정식 $y^2 = x^3 + 7$이 정수해를 갖지 않음을 보여라. (힌트: 먼저 방정식의 양변에 1을 더하고 법 4로 합동식을 생각하라.)

*13. 바셰 방정식 $y^2 = x^3 + 23$이 정수해를 갖지 않음을 보여라. (힌트: 이 방정식의 법 4로 합동식을 생각하라.)

*14. 바셰 방정식 $y^2 = x^3 + 45$가 정수해를 갖지 않음을 보여라. (힌트: 이 방정식의 법 8로 합동식을 생각하라.)

15. 피타고라스 세 수에서 제곱수는 많아야 하나뿐임을 보여라.

16. 모든 양의 정수 k에 대해 $x = 3k^2 - 1, y = k(k^2 - 3), z = k^2 + 1$이 디오판토스 방정식 $x^2 + y^2 = z^3$ 해가 됨을 보임으로써 이 디오판토스 방정식이 무한히 많은 정수해를 가짐을 보여라.

17. 이 연습문제는 소피 제르맹이 1805년에 증명한 정리의 증명에 관한 것이다. p, q가 홀수 소수이고 $x^q + y^q + z^q \equiv 0 \pmod{p}$를 만족하는 임의의 정수 x, y, z에 대해 $p \mid xyz$를 만족한다고 가정하자. 또한 합동식 $w^q \equiv q \pmod{p}$의 해가 없다고 가정하자. $x^q + y^q + z^q = 0$을 만족하는 정수 x, y, z에 대해 $q \mid xyz$임을 보여라.

18. 디오판토스 방정식 $w^3 + x^3 + y^3 = z^3$이 무한히 많은 비자명한 정수해를 가짐을 보여라. (힌트: 0이 아닌 정수 z, k에 대해 $w = 9zk^4$, $x = z(1 - 9k^3)$, $y = 3zk(1 - 3k^3)$으로 두라.)

19. 세 정수들의 세제곱의 합이 네 번째 정수의 세제곱이 되는 네 개의 연속된 양의 정수를 찾을 수 있는가?

20. 디오판토스 방정식 $w^4 + x^4 = y^4 + z^4$이 무한히 많은 비자명한 정수해를 가짐을 증명하라. (힌트: 오일러가 했던 것처럼 양의 정수 m, n에 대해 $w = m^7 + m^5n^2 - 2m^3n^4 + 3m^2n^5 + mn^6$, $x = m^6n - 3m^5n^2 - 2m^4n^3 + m^2n^5 + n^7$, $y = m^7 + m^5n^2 - 2m^3n^4 - 3m^2n^5 + mn^6$, $z = m^6n + 3m^5n^2 - 2m^4n^3 + m^2n^5 + n^7$으로 두라. 컴퓨터 대수 시스템을 사용할 수 있다면 도움이 될 것이다.)

21. 디오판토스 방정식 $3^n - 2^m = -1$의 양의 정수해가 $m = 2$, $n = 1$뿐임을 보여라.

22. 디오판토스 방정식 $3^n - 2^m = 1$의 양의 정수해가 $m = 3$, $n = 2$뿐임을 보여라.

23. 디오판토스 방정식 $x^2+y^2+z^2 = 3xyz$는 러시아 수학자 마르코프(Andrey Andreyevich Markov)의 이름을 따라 **마르코프 방정식**(Markov's equation)이라고 불린다.

    a) 만약 $x = a$, $y = b$, $z = c$가 마르코프 방정식의 해라면 $x = a$, $y = b$, $z = 3ab - c$도 마르코프 방정식의 해임을 보여라.

    *b) 마르코프 방정식의 양의 정수해는 $x = 1$, $y = 1$, $z = 1$에서 시작하여 (a)의 방식을 연속적으로 사용하여 생성됨을 보여라.

**24. 2 이상의 정수 m, n에 대해 카탈랑 방정식 $x^m - y^n = 1$에 abc 추측을 적용하여 카탈랑 추측의 부분적인 결과를 도출하라.

**25. abc 추측을 적용하여 지수가 충분히 클 때 빌의 추측에 대한 해가 없음을 보여라.

*26. abc 추측을 적용하여 연속된 강력수의 세 쌍이 유한개뿐임을 보여라. (강력수는 소수 p가 n을 나누면 p^2도 n을 나누는 성질을 가진 양의 정수 n이다.)

*27. abc 추측을 적용하여 $n^3 + 1$이 강력수가 되는 양의 정수 n이 유한개뿐임을 보여라. (강력한 수는 소수 p가 n을 나누면 p^2도 n을 나누는 성질을 가진 양의 정수 n이다.)

계산과 탐구

1. 오일러는 n개보다 적은 0이 아닌 n제곱수의 합은 n제곱수가 되지 않는다고 추측했다. 1966년 레온 랜더(Leon R. Lander)와 토마스 파킨(Thomas R. Parkin)이 보인 바와 같이 네 개의 다섯제곱수의 합이 다섯제곱수인 예를 찾아 오일러의 추측이 틀렸음을 보여라. 오일러의 주장에 대한 다른 반례를 찾을 수 있는가?

2. 주어진 양의 정수 n에 대해 두 n제곱수의 합이 같은 쌍을 가능한 많이 찾아라. 예를 들어 $n = 3$인 경우 $1^3 + 12^3 = 1729 = 9^3 + 10^3$이다.

프로그래밍 프로젝트

1. 주어진 3 이상의 양의 정수 a, b, c에 대해 $x^a + y^b = z^c$을 만족하는 쌍별로 서로소인 양의 정수 x, y, z를 찾아라.
2. 디오판토스 방정식 $x^2 + y^2 = z^3$의 해를 생성하라(연습문제 16 참조).
3. 디오판토스 방정식 $w^3 + x^3 + y^3 = z^3$의 해를 생성하라(연습문제 18 참조).
4. 주어진 양의 정수 k에 대해 바셰 방정식 $y^2 = x^3 + k$의 정수해를 찾아라.
5. 연습문제 23에서 정의된 마르코프 방정식의 해를 생성하라.

14.3 제곱수의 합

역사적으로 수학자들은 정수를 제곱수의 합으로 표현하는 문제에 관심을 가져왔다. 디오판토스, 페르마, 오일러, 라그랑주는 이러한 문제의 해결에 중요한 기여를 한 수학자들이다. 이 절에서는 다음과 같은 두 가지 질문을 다룬다. 어떤 정수들이 두 제곱수의 합인가? 모든 양의 정수를 n개의 제곱수의 합으로 표현할 수 있는 최소 양의 정수 n은 무엇인가?

첫 번째 질문을 먼저 생각해보자. 모든 양의 정수가 두 제곱수의 합이 되는 것은 아니다. 사실 n이 $4k + 3$꼴이라면 두 제곱수의 합이 되지 않는다. 이를 이해하기 위해 6장에서 이미 보인 바와 같이 모든 정수 a에 대해 $a^2 \equiv 0$ 또는 $1 \pmod 4$이므로 $x^2 + y^2 \equiv 0, 1, 2 \pmod 4$임을 주목하면 된다.

어떤 정수들이 두 제곱수의 합인지를 추측하기 위해 몇몇 작은 양의 정수를 살펴보자.

예제 14.6

처음 20개의 양의 정수에 대해 다음을 관찰해보자.

$1 = 0^2 + 1^2$	11은 두 제곱수의 합이 아니다.
$2 = 1^2 + 1^2$	12는 두 제곱수의 합이 아니다.
3은 두 제곱수의 합이 아니다.	$13 = 3^2 + 2^2$
$4 = 2^2 + 0^2$	14는 두 제곱수의 합이 아니다.
$5 = 1^2 + 2^2$	15는 두 제곱수의 합이 아니다.
6은 두 제곱수의 합이 아니다.	$16 = 4^2 + 0^2$
7은 두 제곱수의 합이 아니다.	$17 = 4^2 + 1^2$
$8 = 2^2 + 2^2$	$18 = 3^2 + 3^2$
$9 = 3^2 + 0^2$	19는 두 제곱수의 합이 아니다.
$10 = 3^2 + 1^2$	$20 = 2^2 + 4^2$

예제 14.6에서 제시된 증거만으로는 일반적으로 어떤 정수들이 두 제곱수의 합으로 나타나는지 즉시 알기 어렵다. (두 제곱수의 합으로 나타낼 수 없는 양의 정수들 사이에 공통점이 있는지 보이는가?)

이제 정수의 소인수분해를 사용하여 어떤 정수가 두 제곱수의 합인지 여부를 결정하는 과정을 살펴보자. 이 문제를 해결하는 데 정수의 소인수분해가 사용되는 두 가지 이유가 있다. 첫 번째는 두 제곱수의 합의 곱이 다시 두 제곱수의 합이 된다는 것이고, 두 번째는 소수를 두 제곱수의 합으로 나타낼 수 있는 필요충분조건이 그 소수가 $4k+3$꼴이 아니라는 것이다. 이 두 결과를 증명한 후, 어떤 정수가 두 제곱수의 합인지 명시하는 정리를 진술하고 증명한다.

두 제곱수의 합의 곱이 다시 두 제곱수의 합이 된다는 증명은 이 절에서 여러 번 사용하는 중요한 대수적 항등식으로부터 얻어진다.

정리 14.4

m, n이 각각 두 제곱수의 합이면 mn도 두 제곱수의 합이다.

증명 14.4

$m = a^2 + b^2$, $n = c^2 + d^2$이라고 하자. 그러면 다음과 같다.

$$mn = (a^2 + b^2)(c^2 + d^2) = (ac + bd)^2 + (ad - bc)^2 \tag{14.2}$$

이 항등식은 모든 항을 전개해보면 쉽게 검증할 수 있다.

비고. 이 정리는 복소수를 사용하여 증명할 수도 있다. $m = a^2 + b^2$이면 $m = (a+bi)(a-bi)$이고, $n = c^2+d^2$이면, $n = (c+di)(c-di)$이다. 따라서 $mn = (a+bi)(c+di)(a-bi)(c-di) = ((ac-bd)+(ad+bc)i)((ad-bc)-(ac+bd)i) = (ac+bd)^2 + (ad-bc)^2$이다.

예제 14.7

$5 = 2^2 + 1^2$, $13 = 3^2 + 2^2$이므로 식 (14.2)에 의해 다음과 같다.

$$\begin{aligned} 65 = 5 \cdot 13 &= (2^2 + 1^2)(3^2 + 2^2) \\ &= (2 \cdot 3 + 1 \cdot 2)^2 + (2 \cdot 2 - 1 \cdot 3)^2 = 8^2 + 1^2 \end{aligned}$$

중요한 결과 중 하나는 $4k+1$꼴의 모든 소수는 두 제곱수의 합이라는 것이다. 이 결과를 증명하기 위해서는 다음 도움정리가 필요하다.

도움정리 14.4

$4m+1$꼴의 소수 p에 대해 $x^2+y^2=kp$을 만족하는 정수 x, y와 양의 정수 $k<p$가 존재한다.

증명

정리 12.5에 의해 -1은 p의 이차잉여이므로 $a^2 \equiv -1 \pmod{p}$인 p보다 작은 정수 a가 존재한다. 따라서 $a^2+1=kp$인 양의 정수 k가 존재하고, $x=a$, $y=1$이라고 하면 $x^2+y^2=kp$이다. 부등식 $kp=x^2+y^2 \le (p-1)^2+1<p^2$으로부터 $k<p$임을 알 수 있다.

이제 $4k+3$꼴이 아닌 모든 소수가 두 제곱수의 합이라는 것을 알려주는 다음 정리를 증명할 수 있다.

정리 14.5

$4k+3$꼴이 아닌 소수 p에 대해 $x^2+y^2=p$를 만족하는 정수 x, y가 존재한다.

증명 14.5

$1^2+1^2=2$이기 때문에 2는 두 제곱수의 합이다. 이제 p가 $4k+1$꼴의 소수라고 가정하자. 도움정리 14.4에 의해 $x^2+y^2=mp$를 만족하는 정수 x, y와 양의 정수 $m<p$가 존재한다. 이때 m을 그런 성질을 만족하는 최소 정수라고 가정하자. 이제 $m=1$임을 증명한다.

$m>1$이라고 가정하고 a, b를 다음과 같이 정의하자.

$$a \equiv x \pmod{m}, \quad b \equiv y \pmod{m}$$
$$-m/2 < a \le m/2, \quad -m/2 < b \le m/2$$

따라서 $a^2+b^2 \equiv x^2+y^2 = mp \equiv 0 \pmod{m}$이고, 다음을 만족하는 정수 k가 존재한다.

$$a^2+b^2=km$$

따라서 다음을 얻는다.

$$(a^2+b^2)(x^2+y^2)=(km)(mp)=km^2p$$

그러므로 방정식 (14.2)에 의해 다음 식이 성립한다.

$$(a^2+b^2)(x^2+y^2)=(ax+by)^2+(ay-bx)^2$$

더욱이 $a \equiv x \pmod{m}$, $b \equiv y \pmod{m}$이므로 다음을 얻는다.

$$ax + by \equiv x^2 + y^2 \equiv 0 \pmod{m}$$
$$ay - bx \equiv xy - yx \equiv 0 \pmod{m}$$

따라서 $(ax + by)/m$와 $(ay - bx)/m$는 정수이므로 다음 식은 두 제곱수의 합이다.

$$\left(\frac{ax + by}{m}\right)^2 + \left(\frac{ax - by}{m}\right)^2 = km^2p/m^2 = kp$$

만약 $0 < k < m$임을 보일 수 있으면, 이는 $x^2 + y^2 = mp$를 만족하는 m의 최소성에 모순이 되어 정리가 성립한다. $a^2 + b^2 = km$, $-m/2 < a \le m/2$, $-m/2 < b \le m/2$이므로 $a^2 \le m^2/4$, $b^2 \le m^2/4$이다. 따라서 다음과 같다.

$$0 \le km = a^2 + b^2 \le 2(m^2/4) = m^2/2$$

결과적으로 $0 \le k \le m/2$이므로 $k < m$이다. 이제 $k \ne 0$임을 증명하는 것만 남았다. 만약 $k = 0$이라면 $a^2 + b^2 = 0$이고, $a = b = 0$이므로 $x \equiv y \equiv 0 \pmod{m}$이다. 따라서 $m \mid x$, $m \mid y$이므로 $x^2 + y^2 = mp$에서 $m^2 \mid mp$이다. 따라서 $m \mid p$이다. $m < p$이므로 $m = 1$이고, 이것은 가정 $m > 1$에 모순이므로 $k = 0$이다. 결론적으로 $m = 1$이므로 $x^2 + y^2 = p$이다.

이제 지금까지의 결과를 모두 합쳐서 두 제곱수의 합으로 표현되는 양의 정수를 분류하는 근본적인 결과를 증명할 수 있다. 15.3절에서 이 주제를 다시 다루며 양의 정수 n을 두 제곱수의 합으로 표현하는 방법의 수를 결정한다. 이는 15장에서 다룰 가우스 정수를 사용하여 수행된다.

정리 14.6

양의 정수 n이 두 제곱수의 합으로 표현될 필요충분조건은 n의 소인수분해에서 모든 $4k + 3$꼴의 소인수의 거듭제곱 지수가 짝수인 것이다.

증명 14.6

n의 소인수분해에서 모든 $4k + 3$꼴의 소인수의 거듭제곱 지수가 짝수라고 가정하자. 그러면 정수 t와 $4k + 3$꼴의 소수가 아닌 소수들의 곱 u가 존재하여 $n = t^2u$꼴로 쓸 수 있다. 정리 14.5에 의해 u의 각 소수는 두 제곱수의 합으로 나타낼 수 있으므로 정리 14.4를 반복하여 적용하면 u도 두 제곱수의 합으로 나타낼 수 있음을 알 수 있다. 즉 다음과 같다.

$$u = x^2 + y^2$$

따라서 n도 두 제곱수의 합으로 나타낼 수 있다. 즉 다음과 같다.

$$n = (tx)^2 + (ty)^2$$

역으로 n이 두 제곱수의 합이라고 가정하자. 즉 다음을 얻는다.

$$n = x^2 + y^2$$

결론을 부정하여 n의 소인수분해에서 거듭제곱 지수가 홀수인 $4k+3$꼴의 소인수 p가 존재한다고 가정하자. 즉 지수가 $(2j+1)$이라고 하자. 이때 $(x, y) = d$, $a = x/d$, $b = y/d$, $m = n/d^2$이라고 두자. 그러면 $(a, b) = 1$이고 다음과 같다.

$$a^2 + b^2 = m$$

만약 p^k가 d를 나누는 가장 큰 거듭제곱이라고 하면 m은 $p^{2j-2k+1}$로 나뉘고, $2j-2k+1$은 적어도 1이므로 $p \mid m$이다. 만약 $p \mid a$이면 $p \mid m$이고 $b^2 = m - a^2$이므로 $p \mid b$가 되어 $(a, b) = 1$에 모순이 발생하므로 $p \nmid a$이다.

따라서 $az \equiv b \pmod{p}$를 만족하는 정수 z가 존재한다. 그러면 다음과 같다.

$$a^2 + b^2 \equiv a^2 + (az)^2 = a^2(1 + z^2) \pmod{p}$$

$a^2 + b^2 = m$이고 $p \mid m$이므로 다음이 성립한다.

$$a^2(1 + z^2) \equiv 0 \pmod{p}$$

또한 $(a, p) = 1$이므로 $1 + z^2 \equiv 0 \pmod{p}$이다. 즉 $z^2 \equiv -1 \pmod{p}$이다. 따라서 -1이 p의 이차잉여이므로 p는 $4k+1$꼴의 소수가 되어 모순이 발생한다. 그러므로 n의 소인수분해에서 모든 $4k+3$꼴의 소인수의 거듭제곱 지수는 짝수이다.

두 제곱수의 합으로 모든 양의 정수를 나타낼 수는 없기 때문에, 세 제곱수의 합으로 모든 양의 정수를 나타낼 수 있는지 물을 수 있다. 그 답은 아니오이다. 왜냐하면 7을 세 제곱수의 합으로 나타낼 수 없기 때문이다(독자가 직접 확인해보라). 세 제곱수로는 충분하지 않기 때문에, 네 제곱수로는 충분한지 물을 수 있다. 이에 대한 답은 예이고, 앞으로 이를 증명할 것이다. 페르마는 이 사실에 대한 증명을 가지고 있다고 썼지만, 그는 이를 출판하지 않았다(그리고 대부분의 수학 역사학자들은 그가 실제로 그런 증명을 가지고 있었다고 믿는다). 오일러는 증명을 찾지 못했지만 해결책을 향한 상당한 진전을 이루었고, 1770년 라그랑주가 최초로 그 증명을 제시했다.

모든 양의 정수가 네 제곱수의 합이라는 증명은 네 제곱수의 합인 두 수의 곱도 또한 네 제곱수의 합임을 보여주는 다음 정리에 의존한다. 두 제곱수에 대한 유사한 결과와 마찬가지로, 이 증명에도 중요한 대수적 항등식이 사용된다.

정리 14.7

m, n이 각각 네 제곱수의 합이면 mn도 네 제곱수의 합이다.

증명 14.7

$m = a^2 + b^2 + c^2 + d^2$과 $n = e^2 + f^2 + g^2 + h^2$이라고 하자. mn도 네 제곱수의 합으로 나타낼 수 있다는 사실은 다음의 대수적 항등식으로부터 얻을 수 있다.

$$\begin{aligned} mn &= (a^2 + b^2 + c^2 + d^2)(e^2 + f^2 + g^2 + h^2) \\ &= (ae + bf + cg + dh)^2 + (af - be + ch - dg)^2 \\ &\quad + (ag - bh - ce + df)^2 + (ah + bg - cf - de)^2 \end{aligned} \tag{14.3}$$

이것은 모든 항을 곱하여 쉽게 확인할 수 있다.

비고. 정리 14.7은 **정수계수 사원수**(integer quaternions)를 사용하여 증명할 수 있다. 이것은 $q = x + yi + zj + wk$꼴로 표현되는데, x, y, z, w는 정수이고 덧셈은 성분별로 더하며 곱셈은 규칙 $i^2 = j^2 = k^2 = -1$을 이용하여 곱한다. 사원수의 곱셈에 대해 결합법칙은 성립하지만 교환법칙은 성립하지 않는다. q의 켤레인 $\overline{q}$를 $\overline{q} = x - yi - zj - wk$로 정의한다. p, q가 사원수일 때 $\overline{pq} = \overline{qp}$임을 보이는 것은 간단하다. 사원수 $q = x + yi + zj + wk$의 노름은 $N(q) = q\overline{q} = x^2+y^2+z^2+w^2$으로 정의한다. 켤레에 대한 곱셈 공식으로부터 $N(pq) = N(qp)$가 성립함을 알 수 있다. 또한 이러한 사실을 이용하면 $N(pq) = N(p)N(q)$가 성립함을 쉽게 보일 수 있다. 노름의 정의로부터 어떤 정수가 네 제곱수의 합일 필요충분조건은 그 정수가 정수계수 사원수의 노름임을 알 수 있다. 이로부터 정수 p, q가 각각 네 제곱수의 합이라면, 그들의 곱도 네 제곱수의 합이라는 것을 알 수 있다.

정리 14.7을 사용하는 예제를 살펴보자.

예제 14.8

$7 = 2^2 + 1^2 + 1^2 + 1^2$, $10 = 3^2 + 1^2 + 0^2 + 0^2$이기 때문에 식 (14.3)으로부터 다음이 성립함을 알

수 있다.

$$\begin{aligned}70 = 7 \cdot 10 &= (2^2+1^2+1^2+1^2)(3^2+1^2+0^2+0^2)\\ &= (2\cdot 3+1\cdot 1+1\cdot 0+1\cdot 0)^2+(2\cdot 1-1\cdot 3+1\cdot 0-1\cdot 0)^2\\ &\quad +(2\cdot 0-1\cdot 0-1\cdot 3+1\cdot 1)^2+(2\cdot 0+1\cdot 0-1\cdot 1-1\cdot 3)^2\\ &= 7^2+1^2+2^2+4^2\end{aligned}$$

이제 모든 소수가 네 제곱수의 합이라는 것을 증명해보자. 이를 한 도움정리로부터 시작한다.

도움정리 14.5

홀수 소수 p에 대해 $kp = x^2+y^2+z^2+w^2$을 만족하는 정수 x, y, z, w, $k(k<p)$가 존재한다.

증명

먼저 다음을 만족하는 정수 x, $y(0 \le x < p/2$와 $0 \le y < p/2)$가 존재함을 보이자.

$$x^2+y^2+1 \equiv 0 \pmod p$$

다음과 같이 정의하자.

$$S = \left\{0^2, 1^2, \ldots, \left(\frac{p-1}{2}\right)^2\right\}$$

$$T = \left\{-1-0^2, -1-1^2, \ldots, -1-\left(\frac{p-1}{2}\right)^2\right\}$$

$x^2 \equiv y^2 \pmod p$이면 $x \equiv \pm y \pmod p$이므로 S의 두 원소는 법 p로 합동이 아니다. 마찬가지로 T의 두 원소도 법 p로 합동이 아니다. $S \cup T$ 집합에는 $p+1$개의 서로 다른 정수가 포함되어 있으므로, 비둘기집 원리에 의해 이 합집합에는 법 p로 합동인 두 정수가 존재한다. 따라서 $0 \le x \le (p-1)/2$, $0 \le y \le (p-1)/2$인 정수 x, y가 존재하여 $x^2 \equiv -1-y^2 \pmod p$를 만족한다. 즉 다음을 얻는다.

$$x^2+y^2+1 \equiv 0 \pmod p$$

그러므로 $x^2+y^2+1^2+0^2 = kp$가 되는 정수 k가 존재한다. 한편 $x^2+y^2+1 \le 2((p-1)/2)^2+1 < p^2$이므로 $k<p$이다.

이제 모든 소수가 네 제곱수의 합임을 증명할 수 있다.

비고. 독자는 정리 14.8의 증명의 구조를 정리 14.5의 증명의 구조와 비교해본다.

정리 14.8

소수 p에 대해 $x^2+y^2+z^2+w^2=p$를 만족하는 정수 x, y, z, w가 존재한다.

증명 14.8

$2=1^2+1^2+0^2+0^2$이므로 $p=2$일 때 결과가 성립한다. 이제 p가 홀수 소수라고 가정하자. 방정식 $x^2+y^2+z^2+w^2=mp$이 정수해 x,y,z,w를 갖는 가장 작은 정수를 m이라고 하자. (도움정리 14.5에 의해 이러한 음이 아닌 정수가 존재하고, 정렬성질에 의해 최소 정수가 존재한다.) 만약 $m=1$임을 보일 수 있다면 정리가 성립한다. 이를 위해 $m>1$이라 가정하고 같은 성질을 갖는 더 작은 정수를 찾는다.

m이 짝수라면 x,y,z,w는 모두 홀수이거나 모두 짝수, 두 개는 홀수이거나 두 개는 짝수일 것이다. 이 모든 경우에 (필요하면) 이 정수들을 재배열하여 $x\equiv y \pmod 2$, $z\equiv w \pmod 2$가 되도록 할 수 있다. 그러면 $(x-y)/2$, $(x+y)/2$, $(z-w)/2$, $(z+w)/2$는 정수이고 다음 식이 성립한다.

$$\left(\frac{x-y}{2}\right)^2+\left(\frac{x+y}{2}\right)^2+\left(\frac{z-w}{2}\right)^2+\left(\frac{z+w}{2}\right)^2=(m/2)p$$

이것은 m의 최소성에 모순이다.

이제 m이 홀수이고 $m>1$이라고 가정하자. 다음을 만족하는 정수 a,b,c,d를 택하자.

$$a\equiv x \pmod m,\quad b\equiv y \pmod m,\quad c\equiv z \pmod m,\quad d\equiv w \pmod m$$
$$-m/2<a<m/2,\quad -m/2<b<m/2,\quad -m/2<c<m/2,\quad -m/2<d<m/2$$

그러면 다음 식이 성립한다.

$$a^2+b^2+c^2+d^2\equiv x^2+y^2+z^2+w^2 \pmod m$$

그래서 다음 식을 만족하는 정수 k가 존재하고,

$$a^2+b^2+c^2+d^2=km$$

다음 식이 성립한다.

$$0\le a^2+b^2+c^2+d^2<4(m/2)^2=m^2$$

결과적으로 $0\le k<m$이다. 만약 $k=0$이라면 $a=b=c=d=0$이 되어 $x\equiv y\equiv z\equiv w\equiv 0 \pmod m$이 된다. 이로부터 $m^2\mid mp$가 되어야 하지만, 이는 $1<m<p$이므로 불가능하다. 따라서 $k>0$이어야 한다.

한편 다음을 얻는다.

$$(x^2 + y^2 + z^2 + w^2)(a^2 + b^2 + c^2 + d^2) = mp \cdot km = m^2kp$$

그러나 정리 14.7의 증명에서 사용된 항등식에 의해 다음을 얻는다.

$$\begin{aligned}&(ax + by + cz + dw)^2 + (bx - ay + dz - cw)^2\\&\quad + (cx - dy - az + bw)^2 + (dx + cy - bz - aw)^2 = m^2kp\end{aligned}$$

여기서 제곱된 네 항 각각은 m으로 나누어 떨어진다. 왜냐하면 다음과 같기 때문이다.

$$\begin{aligned}ax + by + cz + dw &\equiv x^2 + y^2 + z^2 + w^2 \equiv 0 \pmod{m}\\bx - ay + dz - cw &\equiv yx - xy + wz - zw \equiv 0 \pmod{m}\\cx - dy - az + bw &\equiv zx - wy - xz + yw \equiv 0 \pmod{m}\\dx + cy - bz - aw &\equiv wx + zy - yz - xw \equiv 0 \pmod{m}\end{aligned}$$

X, Y, Z, W는 이러한 값들을 m으로 나눈 정수라고 하자. 즉 다음과 같다.

$$\begin{aligned}X &= (ax + by + cz + dw)/m\\Y &= (bx - ay + dz - cw)/m\\Z &= (cx - dy - az + bw)/m\\W &= (dx + cy - bz - aw)/m\end{aligned}$$

그러면 다음과 같다.

$$X^2 + Y^2 + Z^2 + W^2 = m^2kp/m^2 = kp$$

하지만 이는 m의 최소성에 모순이다. 따라서 m은 1이어야 한다.

이제 모든 양의 정수를 네 제곱수의 합으로 나타낼 수 있다는 기본정리를 서술하고 증명할 수 있다.

정리 14.9

모든 양의 정수는 네 제곱수의 합으로 나타낼 수 있다.

증명 14.9

n을 양의 정수라고 하자. 그러면 산술의 기본정리에 의해 n은 소수들의 곱이다. 정리 14.8에 의해 이러한 각 소인수는 네 제곱수의 합으로 나타낼 수 있다. 정리 14.7을 반복적으로 적용하면 n 또한 네 제곱수의 합으로 나타낼 수 있다.

지금까지 모든 양의 정수가 네 제곱수의 합으로 나타낼 수 있음을 보였다. 앞에서 언급했듯이 이 정리는 1770년 라그랑주에 의해 처음 증명되었다. 비슷한 시기에 영국의 수학자 에드워드 워링(Edward Waring)은 이 문제를 일반화했다. 그는 모든 양의 정수가 아홉 개의 세제곱수 합, 19개의 네제곱수 합, 이와 같이 계속해서 몇 개의 거듭제곱수의 합으로 나타낼 수 있다고 주장했으나 증명하지는 않았다. 이 추측을 다음과 같은 방식으로 표현할 수 있다.

워링의 문제. 양의 정수 k에 대해 모든 양의 정수를 $g(k)$개의 k제곱수의 합으로 나타낼 수 있지만, 그보다 적은 수의 k제곱수의 합으로는 나타낼 수 없는 정수 $g(k)$가 존재하는가?

라그랑주의 정리는 $g(2) = 4$로 정할 수 있음을 보여준다(왜냐하면 세 제곱수의 합으로 나타낼 수 없는 정수가 있기 때문이다). 19세기에 수학자들은 $3 \leq k \leq 8$와 $k = 10$에 대해 이러한 정수 $g(k)$가 존재함을 증명했다. 그러나 1906년에 이르러서야 힐베르트는 임의의 양의 정수 k에 대해 모든 양의 정수가 $g(k)$개의 k제곱수의 합으로 표현될 수 있는 정수 $g(k)$가 존재함을 증명했다. 힐베르트의 증명은 매우 복잡하고 구성적이지 않았으며 $g(k)$에 대한 공식을 제공하지 않았다. 현재 알려진 바에 따르면 $g(3) = 9, g(4) = 19, g(5) = 37$이고, $6 \leq k \leq 471{,}600{,}000$인 경우는 다음과 같다.

$$g(k) = [(3/2)^k] + 2^k - 2$$

이러한 공식들의 증명은 해석적 수론의 복잡한 결과들에 의존한다. $g(k)$ 값에 대한 많은 미해결 문제가 여전히 존재한다.

모든 양의 정수가 아홉 개의 세제곱수의 합으로 나타낼 수 있으나 여덟 개의 세제곱수의 합으로 나타낼 수는 없는데, 나타낼 수 없는 유일한 양의 정수는 23과 239이다. 2010년에 켄트 보클란(Kent D. Boklan)과 노암 엘키스(Noam D. Elkies)가 454보다 큰 모든 정수는 많아야 일곱 개의 세제곱수의 합으로 나타낼 수 있음을 증명했다. 이러한 관찰은 $G(k)$ 함수의 정의로 이어졌다. $G(k)$는 충분히 큰 모든 양의 정수를 많아야 $G(k)$개의 k제곱수의 합으로 나타낼 수 있는 최소의 양의 정수를 의미한다. 앞서 언급한 내용은 $G(3) \leq 7$임을 시사한다. 또한 $n \equiv \pm 4 \pmod 9$인 양의 정수 n은 세 세제곱수의 합으로 나타낼 수 없기 때문에 $G(3) \geq 4$임을 쉽게 알 수 있다(연습문제 22 참조). 따라서 $4 \leq G(3) \leq 7$이다. 놀랍게도 $G(3) = 4, 5, 6, 7$인지의 여부는 여전히 밝혀지지 않았다. $G(k)$의 값은 결정하기 매우 어려우며, 현재 알려진 $G(k)$의 값은 $G(2) = 4$와 $G(4) = 16$뿐이다. $G(k)$에 대한 현재까지의 최선의 부등식은 $k = 5, 6, 7, 8$에 대해 각각 $6 \le G(5) \le 17$, $9 \le G(6) \le 24$, $8 \le G(7) \le 33$, $32 \le G(8) \le 42$이다.

관심 있는 독자는 [Le74]에 설명된 이 문제에 관한 수많은 논문을 참고하여 워링의 문제에 관한 최신 결과를 배울 수 있다. 분덜리히(M.C. Wunderlich)와 쿠비나(J.M. Kubina)의 논문([WuKu90] 참조)은 앞서 제시된 $g(k)$의 공식이 성립하는 확인된 범위의 상한을 검증했다.

14.3.1 세 세제곱수의 합

9로 나누어 나머지가 4 또는 5인 양의 정수 n은 세 세제곱수의 합으로 나타낼 수 없다(연습문제 22 참조). 그러나 다른 모든 정수가 세 세제곱수의 합으로 나타낼 수 있는지는 아직 미해결 문제로 남아 있다(워링 문제와 달리 음의 정수의 세제곱도 허용됨). 예를 들어 3의 두 가지 표현은 오래전부터 알려져 있다. 즉 $3 = 1^3 + 1^3 + 1^3 = 4^3 + 4^3 + (-5)^3$이다. 지난 20년 동안 1000보다 작은 정수를 세 세제곱수의 합으로 나타내는 방법을 찾기 위해 엄청난 노력과 컴퓨터 시간이 소모되었다. 현재 1000보다 작고 9로 나누어 나머지가 4 또는 5가 아닌 양의 정수 중에서 세 세제곱수의 합인지 아닌지 알 수 없는 수는 114, 390, 627, 633, 732, 921, 975이다. 2019년에는 엄청난 양의 컴퓨터 계산을 통해 33과 42에 대한 세 세제곱수의 합 표현이 발견되어 그동안 세 세제곱수의 합으로 판정되지 않은 수 목록으로부터 두 수가 빠지게 되었다. 이 표현은 영국 수학자 앤드류 부커(Andrew Booker)가 발견한 다음 식이 있고,

$$33 = 8866128975287528^3 + (-8778405442862239)^3 + (-2736111468807040)^3$$

그와 미국 수학자 앤드류 서덜랜드(Andrew Sutherland)가 함께 발견한 다음 식이 있다.

$$42 = (-80538738812075974)^3 + 80435758145817515^3 + 12602123297335631^3$$

이 42의 표현을 찾기 위해 백만 시간 이상의 컴퓨터 시간이 필요했다. 이 수치적 발견은 유튜브 채널 넘버파일(Numberphile)과 여러 대중 과학 잡지에서 집중적으로 조명되었다.

부커와 서덜랜드는 또 다시 엄청난 양의 컴퓨터 계산을 통해 세 세제곱의 합으로 나타나는 3의 세 번째 표현도 발견했다. 즉 다음 식과 같다.

$$3 = 569936821221962380720^3 + (-569936821113563493509)^3 + (-472715493453327032)^3$$

3을 세 세제곱수의 합으로 나타내는 세 번째 표현의 존재는 1953년 미국 태생의 영국 수학자

루이스 모델(Louis Mordell)이 제기한 질문에 대한 답이었다.

목록에서 더 많은 숫자를 제거하려면 엄청난 컴퓨터 시간과 체계적인 검색을 위한 현명한 전략이 필요하다.

14.3 연습문제

1. 등식 $13 = 3^2 + 2^2$, $29 = 5^2 + 2^2$, $50 = 7^2 + 1^2$을 이용하여 다음 정수를 두 제곱수의 합으로 각각 표현하라.

   a) $377 = 13 \cdot 29$

   b) $650 = 13 \cdot 50$

   c) $1450 = 29 \cdot 50$

   d) $18,850 = 13 \cdot 29 \cdot 50$

2. 다음 정수가 두 제곱수의 합으로 표현될 수 있는지 각각 판단하라.

   a) 19

   b) 25

   c) 29

   d) 45

   e) 65

   f) 80

   g) 99

   h) 999

   i) 1000

3. 다음 정수를 두 제곱수의 합으로 각각 표현하라.

   a) 34

   b) 90

   c) 101

   d) 490

   e) 21,658

   f) 324,608

4. 양의 정수 n이 두 제곱수의 차로 표현될 필요충분조건은 n이 음이 아닌 정수 k에 대해 $4k+2$꼴이 아님을 보여라.

5. 다음 정수가 세 제곱수의 합으로 표현될 수 있으면 그 표현을 각각 구하라.

   a) 3

   b) 90

   c) 11

   d) 18

   e) 23

   f) 28

6. 음이 아닌 정수 k에 대해 $8k+7$꼴의 양의 정수 n은 세 제곱수의 합으로 표현될 수 없음을 보여라.

7. 음이 아닌 정수 k, m에 대해 $4^m(8k+7)$꼴의 양의 정수 n은 세 제곱수의 합으로 표현될 수 없음을 보여라.

8. 두 정수가 모두 세 제곱수의 합으로 표현될 수 있다면, 그 두 정수의 곱 역시 세 제곱수의 합으로 표현될 수 있는지를 증명하거나 반증하라.

9. 등식 $7 = 2^2 + 1^2 + 1^2 + 1^2$, $15 = 3^2 + 2^2 + 1^2 + 1^2$, $34 = 4^2 + 4^2 + 1^2 + 1^2$을 이용하여 다음 정수를 네 제곱수의 합으로 각각 표현하라.

a) $105 = 7 \cdot 15$

b) $510 = 15 \cdot 34$

c) $238 = 7 \cdot 34$

d) $3570 = 7 \cdot 15 \cdot 34$

10. 다음 양의 정수를 네 제곱수의 합으로 각각 표현하라.

a) 6

b) 12

c) 21

d) 89

e) 99

f) 555

11. 모든 정수 $n(n \geq 170)$이 다섯 개의 양의 제곱수의 합으로 표현될 수 있음을 보여라. (힌트: $m = n - 169$를 네 양의 제곱수의 합으로 표현하고 $169 = 13^2 = 12^2 + 5^2 = 12^2 + 4^2 + 3^2 = 10^2 + 8^2 + 2^2 + 1^2$임을 사용하라.)

12. 다섯 개의 양의 제곱수의 합으로 표현될 수 없는 양의 정수는 $1, 2, 3, 4, 6, 7, 9, 10, 12, 15, 18, 33$뿐임을 보여라. (힌트: 연습문제 11을 적용한 후, 이 정수들이 표현될 수 없음을 보이고, 170보다 작은 다른 모든 양의 정수는 표현될 수 있음을 보여라.)

*13. 임의의 양의 정수 k에 대해 네 개의 양의 제곱수의 합으로 표현되지 않는 정수 $n > k$이 존재함을 보여라.

연습문제 14와 15에서 정리 14.5의 두 번째 증명을 위한 개요를 제공한다.

*14. 소수 p와 p로 나눠지 않는 정수 a에 대해 $ax \equiv y \pmod p$, $0 <| x |< \sqrt{p}$, $0 <| y |< \sqrt{p}$를 만족하는 정수 x, y가 존재함을 보여라. 이 결과는 노르웨이 수학자 악셀 투에(Axel Thue)의 이름을 따라 **투에의 도움정리**(Thue's lemma)라고 불린다. (힌트: 비둘기집 원리를 사용하여 $au - v(0 \leq u \leq [\sqrt{p}],\ 0 \leq v \leq [\sqrt{p}])$꼴의 두 정수가 법 p로 서로 합동임을 보여라. 두 개의 u의 값과 두 개의 v의 값으로부터 x, y를 구성하라.)

15. 연습문제 14를 사용하여 정리 14.5를 증명하라. (힌트: $a^2 \equiv -1 \pmod p$인 정수 a가 존재함을 보여라. 그런 다음 이 a에 투에의 도움정리를 적용하라.)

16. 23은 아홉 개의 음이 아닌 세제곱수의 합이지만 여덟 개의 음이 아닌 세제곱수의 합은 될 수 없음을 보여라.

연습문제 17~21은 $g(4) \leq 50$임을 증명하는 기초적인 방법을 제시한다.

17. 모든 실수 x_1, x_2, x_3, x_4에 대해 다음 식이 성립함을 보여라.

$$\sum_{1 \leq i < j \leq 4} \left((x_i + x_j)^4 + (x_i - x_j)^4 \right) = 6 \left(\sum_{k=1}^{4} x_k^2 \right)^2$$

(힌트: 항등식 $(x_i + x_j)^4 + (x_i - x_j)^4 = 2x_i^4 + 12x_i^2 x_j^2 + 2x_j^4$을 증명하는 것부터 시작하라.)

18. 연습문제 17을 이용하여 양의 정수 n에 대해 $6n^2$꼴의 모든 정수는 12개의 네제곱수의 합임을 보여라.

19. 연습문제 18과 모든 양의 정수가 네 제곱수의 합임을 사용하여 양의 정수 m에 대해 $6m$꼴의 모든 양의 정수가 48개의 네제곱수의 합으로 표현될 수 있음을 보여라.

20. 정수 $0, 1, 2, 81, 16, 17$이 법 6으로 완전잉여계를 이루며, 각각이 많아야 두 개의 네제곱수의 합임을 보여라. 이로부터 $n > 81$인 모든 정수 n이 $6m + k$꼴로 표현될 수 있음을 보여라. 여기서 m은 양의 정수이고 k는 이 완전잉여계에 속하는 수이다. 또한 이로부터 $n > 81$인 모든 정수 n이 50개의 네제곱수의 합임을 결론지어라.

21. $n \leq 81$인 모든 양의 정수 n이 많아야 50개의 네제곱수의 합임을 보여라. (힌트: $51 \leq n \leq 81$인 경우 세 개의 2^4을 사용하라.) 이 연습문제와 연습문제 20으로부터 $g(4) \leq 50$임을 결론지어라.

22. $n \equiv \pm 4 \pmod 9$인 양의 정수 n은 세 세제곱수의 합이 될 수 없음을 보여라.

23. 세 세제곱수의 합으로서 0을 나타내는 모든 표현은 정수 x에 대해 $x^3 + (-x)^3 + 0^3 = 0$꼴임을 보여라.

24. a) 1936년 독일 수학자 쿠르트 말러(Kurt Mahler)가 처음 증명한 항등식 $(9b^4)^3 + (3b - 9b^4)^3 + (1 - 9b^3)^3 = 1$을 증명함으로써 1을 세 세제곱수의 합으로 나타내는 무한히 많은 표현이 있음을 보여라.

    b) 1908년 베레브루소프(A. S. Verebrusov)가 처음 증명한 항등식 $(1 + 6c^3)^3 + (1 - 6c^3)^3 + (-6c^2)^3 = 2$를 증명함으로써 2를 세 세제곱수의 합으로 나타내는 무한히 많은 표현이 있음을 보여라.

25. $n \equiv 15 \pmod{16}$을 만족하는 양의 정수 n은 15개 미만의 네제곱수의 합으로 표현될 수 없음을 보여라. 이를 통해 $G(4) \geq 15$임을 보여라.

26. 31이 15개의 네제곱수의 합이 아니라는 사실과 무한강하법을 사용하여 $31 \cdot 16^m$꼴의 양의 정수는 15개의 네제곱수의 합이 될 수 없음을 보여라. (힌트: $\sum_{i=1}^{15} x_i^4 = 31 \cdot 16^m$이라고 가정하라. 각 x_i가 짝수임을 보여 $\sum_{i=1}^{15} (x_i/2)^4 = 31 \cdot 16^{m-1}$임을 증명하라.)

계산과 탐구

1. 100보다 작은 정수를 두 제곱수의 합으로 표현하는 방법의 수를 각각 구하라. (합 $(\pm x)^2 + (\pm y)^2$을 각각의 부호 선택에 대해 한 번씩, 총 네 번 세어라.) 찾은 결과를 바탕으로 추측을 만들어라.

2. 수치적 증거를 사용하여 양의 정수가 세 제곱수의 합으로 표현될 수 있는 경우에 대한 추측을 만들어라. (연습문제 7을 꼭 참조하라.)

3. 각 $n = 2, 3, 4, 5$에 대해 양의 정수가 n개의 음이 아닌 정수의 세제곱의 합으로 표현될 수 있는 경우를 탐구하라.

4. 연습문제 24(b)에서 제시된 형태가 아닌 세 세제곱수의 합으로 2를 표현하는 방법을 찾아라.

보통 Ta(n)로 표기하는 n번째 **택시캡 수**(taxicab number)는 종종 n번째 하디-라마누잔 수로 불리는데, 이 수는 두 양의 세제곱수의 합으로 나타내는 방법이 n가지인 정수들 중 가장 작은 수이다. Ta(1) = 2인 이유는 $1^3 + 1^3 = 2$이기 때문이다.

5. 하디에게 Ta(2) = 1729이라고 말한 라마누잔의 진술이 옳음을 보여라. (라마누잔을 병문안했을 때 하디는 1729번 택시를 타고 왔다고 말했으며, 그 번호는 그에게 평범한 숫자로 보였다고 말했다. 라마누잔은 1729가 두 양의 세제곱수의 합으로 나타내는 방법이 두 가지인 정수들 중 가장 작은 수이기 때문에 평범하지 않다고 대답했다.)

6. Ta(3)을 찾아라.

프로그래밍 프로젝트

*1. 주어진 양의 정수 n이 두 제곱수의 합으로 표현될 수 있는지 여부를 결정하고, 표현될 수 있는 경우 그 표현을 찾아라.

*2. 주어진 양의 정수 n을 네 제곱수의 합으로 표현하라.

14.4 펠 방정식

이 절에서는 다음 형태의 디오판토스 방정식을 연구한다.

$$x^2 - dy^2 = n \tag{14.4}$$

여기서 d와 n은 고정된 정수이다. 먼저 몇 가지 자명한 경우를 살펴보자. $d < 0$이고 $n < 0$일 때 방정식 (14.4)의 해는 존재하지 않는다. $d < 0$이고 $n > 0$일 때 방정식 $x^2 - dy^2 = n$은 $|x| \leq \sqrt{n}$ 및 $|y| \leq \sqrt{n/|d|}$을 의미하기 때문에 해의 개수는 많아야 유한 개이다.

또한 d가 제곱수인 경우, 즉 $d = D^2$라고 하면 다음과 같다.

$$x^2 - dy^2 = x^2 - D^2y^2 = (x + Dy)(x - Dy) = n$$

따라서 d가 제곱수일 때 방정식 (14.4)의 해는 다음 두 방정식을 동시에 만족하는 해와 대응된다.

$$x + Dy = a$$
$$x - Dy = b$$

여기서 a와 b는 $n = ab$를 만족하는 정수이다. 이 경우 각 $n = ab$의 인수분해에 대해 정수해가 많아야 하나이므로, 해는 유한 개뿐이다.

이 절의 나머지 부분에서는 d와 n이 정수이고 d가 제곱수가 아닌 양의 정수일 때의 디오판토스 방정식 $x^2 - dy^2 = n$에 관심을 둔다. 다음 정리가 보여주듯이 $\sqrt{d}$의 단순연분수는 이 방정식을 연구하는 데 유용하다. (연분수에 대한 유용한 배경 지식은 13장을 참고하기 바란다.)

정리 14.10

d와 n이 정수이고 $d > 0$, d는 제곱수가 아니며 $|n| < \sqrt{d}$라고 하자. $x^2 - dy^2 = n$에서 x와 y가 양의 정수일 때 x/y는 $\sqrt{d}$의 주기적인 단순연분수의 수렴이다.

증명 14.10

먼저 $n > 0$인 경우를 고려하자. 양의 정수 x와 y를 만족하는 해만을 고려하면 충분하다. $x^2 - dy^2 = n$이므로 다음이 성립한다.

$$(x + y\sqrt{d})(x - y\sqrt{d}) = n \tag{14.5}$$

식 (14.5)로부터, $x - y\sqrt{d} > 0$이므로 $x > y\sqrt{d}$이다. 따라서 다음 부등식을 얻고,

$$\frac{x}{y} - \sqrt{d} > 0$$

$0 < n < \sqrt{d}$이므로 다음 부등식을 얻게 된다.

$$\begin{aligned} \frac{x}{y} - \sqrt{d} &= \frac{(x - \sqrt{d}\,y)}{y} \\ &= \frac{x^2 - dy^2}{y(x + y\sqrt{d})} \\ &< \frac{|n|}{y(2y\sqrt{d})} \\ &< \frac{\sqrt{d}}{2y^2\sqrt{d}} \\ &= \frac{1}{2y^2} \end{aligned}$$

$0 < \frac{x}{y} - \sqrt{d} < \frac{1}{2y^2}$ 이므로 정리 13.19는 x/y가 $\sqrt{d}$의 단순연분수의 수렴임을 말해준다.
$n < 0$일 때 $x^2 - dy^2 = n$ 양변을 $-d$로 나누면 다음 식을 얻는다.

$$y^2 - (1/d)x^2 = -n/d$$

$n > 0$일 때 주어진 것과 유사한 논증에 따라 y/x가 $1/\sqrt{d}$의 단순연분수의 수렴임을 알 수 있다. 그러므로 13.3절의 연습문제 5로부터 $x/y = 1/(y/x)$는 $\sqrt{d} = 1/(1/\sqrt{d})$의 단순연분수의 수렴이어야 함을 알 수 있다.

특수한 경우인 $n = 1$을 가지는 **디오판토스 방정식** $x^2 - dy^2 = n$은 **펠 방정식**(Pell's equation)이라 불리며, 이는 존 펠(John Pell)의 이름을 따서 명명되었다. 펠은 그의 시대의 수학 공동체에서 중요한 역할을 했지만, 그의 이름을 딴 방정식을 푸는 데는 작은 역할만 했다. 이 방정식의 해를 찾는 문제는 긴 역사를 가지고 있다. 펠 방정식의 특수한 경우들은 아르키메데스와 디오판토스의 고대 작품에서 논의되었다. 또한 12세기 인도 수학자인 바스카라(Bhaskara)는 펠 방정식의 해를 찾는 방법을 설명했다. 보다 최근인 1657년에 페르마는 편지를 통해 d가 제곱수가 아닌 양의 정수일 때 $x^2 - dy^2 = 1$이 무한히 많은 정수해를 갖는다는 것을 증명하라는 문제를 "유럽의 수학자들"에게 제시했다. 그후 곧, 영국의 수학자 월리스와 브라운커는 이 해를 찾는 방법을 개발했지만 그들의 방법이 작동하는지에 대한 증거를 제공하지 않았다. 오일러는 1767년에 발표된 논문에서 증거에 필요한 모든 이론을 제공했고, 라그랑주는 1768년에 이러한 증거를 발표했다. 월리스, 브라운커, 오일러, 라그랑주의 방법은 모두 $\sqrt{d}$의 연분수 사용과 관련이 있다. 앞으로 이 연분수가 펠 방정식의 해를 찾는 데 어떻게 사용될 수 있는지를 보일 것이다. 특히 정리 14.10과 13.24를 사용하여 펠 방정식과 관련된 $x^2 - dy^2 = -1$ 방정식의 모든 해를 찾는다. 펠 방정식에 대한 더 많은 정보는 [Ba03]에서 찾을 수 있는데, 이 책은 이 방정식에 전적으로 할애된 책이다.

$|n| < \sqrt{d}$일 때 디오판토스 방정식 $x^2 - dy^2 = n$의 해가 $\sqrt{d}$의 단순연분수의 수렴에 의해 주어진다는 것을 보였다. 이 단순연분수 수렴을 사용하여 이 디오판토스 방정식의 해를 찾는 데 도움이 되기 때문에, 정리 13.24를 여기서 다시 서술한다. 여기서는 n을 d로 대체한다.

정리 13.24. d가 제곱수가 아닌 양의 정수라고 하자. $\alpha_k = (P_k + \sqrt{d})/Q_k$, $a_k = [\alpha_k]$, $P_{k+1} = a_k Q_k - P_k$, $Q_{k+1} = (d - P_{k+1}^2)/Q_k$로 정의하자. 여기서 $k = 0, 1, 2, \ldots$이고 $\alpha_0 = \sqrt{d}$이다. 또한 p_k/q_k를 $\sqrt{d}$의 단순연분수전개의 k번째 수렴이라고 하자. 그러면 다음 식이 성립한다.

$$p_k^2 - dq_k^2 = (-1)^{k-1} Q_{k+1}$$

정리 14.11

d가 제곱수가 아닌 양의 정수라고 하고 p_k/q_k를 $\sqrt{d}$의 단순연분수의 k번째 수렴이라고 하자. 여기서 $k = 1, 2, 3, \ldots$이다. n을 이 연분수의 주기 길이라고 하면 n이 짝수일 때 디오판토스 방정식 $x^2 - dy^2 = 1$의 양의 해는 $x = p_{jn-1}$, $y = q_{jn-1}$($j = 1, 2, 3, \ldots$)이고, 디오판토스 방정식 $x^2 - dy^2 = -1$은 해가 없다. n이 홀수일 때 $x^2 - dy^2 = 1$의 양의 해는 $x = p_{2jn-1}$, $y = q_{2jn-1}$($j = 1, 2, 3, \ldots$)이고, $x^2 - dy^2 = -1$의 해는 $x = p_{(2j-1)n-1}$, $y = q_{(2j-1)n-1}$($j = 1, 2, 3, \ldots$)이다.

증명 14.11

정리 14.10은 만약 x_0, y_0가 $x^2 - dy^2 = \pm 1$의 양의 해라면 p_k/q_k가 $\sqrt{d}$의 단순연분수의 수렴인 경우 $x_0 = p_k, y_0 = q_k$임을 말해준다. 한편 정리 13.24에 따르면 다음이 성립한다.

$$p_k^2 - dq_k^2 = (-1)^{k-1}Q_{k+1}$$

여기서 Q_{k+1}은 정리 13.24의 내용에 따라 정의된 것이다.

$\sqrt{d}$의 연분수전개의 주기가 n이기 때문에 $j = 1, 2, 3, \ldots$에 대해 $Q_{jn} = Q_0 = 1$임을 알 수 있다. 이는 $\sqrt{d} = \frac{P_0 + \sqrt{d}}{Q_0}$이기 때문이다. 따라서 다음 식을 얻는다.

$$p_{jn-1}^2 - dq_{jn-1}^2 = (-1)^{jn}Q_{nj} = (-1)^{jn}$$

이 방정식은 n이 짝수일 때 p_{jn-1}, q_{jn-1}이 $j = 1, 2, 3, \ldots$에 대해 $x^2 - dy^2 = 1$의 해임을 보여주고, n이 홀수일 때 p_{2jn-1}, q_{2jn-1}이 $x^2 - dy^2 = 1$의 해이고 $p_{2(j-1)n-1}, q_{2(j-1)n-1}$이 $j = 1, 2, 3, \ldots$에 대해 $x^2 - dy^2 = -1$의 해임을 보여준다.

$x^2 - dy^2 = 1$과 $x^2 - dy^2 = -1$의 해가 이미 발견된 것 외에 다른 해가 없음을 보이기 위해 $Q_{k+1} = 1$이 $n \mid k$를 의미하고, $Q_j \neq -1 (j = 1, 2, 3, \ldots)$임을 보이자.

먼저 $Q_{k+1} = 1$이라면 다음 식이 성립한다.

$$\alpha_{k+1} = P_{k+1} + \sqrt{d}$$

$\alpha_{k+1} = [a_{k+1}; a_{k+2}, \ldots]$이기 때문에, α_{k+1}의 연분수전개는 순주기적이다. 따라서 정리 13.23은 $-1 < \alpha_{k+1} = P_{k+1} - \sqrt{d} < 0$임을 말해준다. 이는 $P_{k+1} = [\sqrt{d}]$를 의미하며 $n \mid k$가 성립한다.

$Q_j \neq -1$인 $j = 1, 2, 3, \ldots$임을 보이기 위해 $Q_j = -1$이 $\alpha_j = -P_j - \sqrt{d}$를 의미함을 주목하자. α_j는 순주기적 단순연분수전개를 가지고 있기 때문에 다음과 같다.

$$-1 < \alpha_j' = -P_j + \sqrt{d} < 0$$

$$\alpha_j = -P_j - \sqrt{d} > 1$$

이 첫 번째 부등식에서 $P_j > -\sqrt{d}$, 두 번째 부등식에서 $P_j < -1 - \sqrt{d}$를 얻는다. 이 두 부등식이 서로 모순되기 때문에 $Q_j \neq -1$임을 알 수 있다.

x와 y가 양의 정수일 때 $x^2 - dy^2 = 1$과 $x^2 - dy^2 = -1$의 모든 해를 찾았으므로 증명이 완료된다.

정리 14.11의 결과로 그 방정식의 최소 양의 해를 찾는 것으로 충분하다. 이 해는 다른 모든 해를 생성한다. 정리 14.11을 어떻게 사용하는지 다음 예제를 통해 설명한다.

예제 14.9

$\sqrt{13}$의 단순연분수는 $[3;\overline{1,1,1,1,6}]$이기 때문에 디오판토스 방정식 $x^2 - 13y^2 = 1$의 양의 해는 $p_{10j-1}, q_{10j-1}, j = 1, 2, 3, \ldots$이며, 여기서 p_{10j-1}/q_{10j-1}는 $\sqrt{13}$의 단순연분수전개의 $(10j-1)$번째 수렴이다. 최소 양의 해는 $p_9 = 649, q_9 = 180$이다. 디오판토스 방정식 $x^2 - 13y^2 = -1$의 양의 해는 $p_{10j-6}, q_{10j-6}, j = 1, 2, 3, \ldots$이고, 최소 양의 해는 $p_4 = 18, q_4 = 5$이다.

예제 14.10

$\sqrt{14}$의 연분수는 $[3;\overline{1,2,1,6}]$이기 때문에 $x^2 - 14y^2 = 1$의 양의 해는 $p_{4j-1}, q_{4j-1}, j = 1, 2, 3, \ldots$이며, 여기서 p_{4j-1}/q_{4j-1}은 $\sqrt{14}$의 단순연분수전개의 $(4j-1)$번째 수렴이다. 최소 양의 해는 $p_3 = 15, q_3 = 4$이다. 디오판토스 방정식 $x^2 - 14y^2 = -1$은 연분수전개의 주기가 짝수이기 때문에 해가 없다.

$\sqrt{d}$의 연분수전개의 이후 수렴을 찾지 않고, 최소 양의 해로부터 펠 방정식 $x^2 - dy^2 = 1$의 모든 양의 해를 찾는 방법을 보여주는 다음의 정리로 이 절을 마무리한다.

정리 14.12

d가 제곱수가 아닌 양의 정수일 때 디오판토스 방정식 $x^2 - dy^2 = 1$의 최소 양의 해를 x_1, y_1이라고 하자. 그러면 모든 양의 해 x_k, y_k는 다음과 같이 주어진다.

$$x_k + y_k\sqrt{d} = (x_1 + y_1\sqrt{d})^k \ (k = 1, 2, 3, \ldots)$$

여기서 x_k와 y_k는 도움정리 13.4를 사용하여 결정된다.

증명 14.12

$k = 1, 2, 3, \ldots$에 대해 x_k, y_k가 해라는 것을 보여야 하고 모든 해가 이 형태임을 보여야 한다.

x_k, y_k가 해임을 보이기 위해 우선 켤레를 취하면 $x_k - y_k\sqrt{d} = (x_1 - y_1\sqrt{d})^k$가 됨을 알 수 있다. 이는 도움정리 13.4로부터 켤레의 거듭제곱은 거듭제곱의 켤레이기 때문이다. 이제 다음 식을 주목하자.

$$\begin{aligned}
x_k^2 - dy_k^2 &= (x_k + y_k\sqrt{d})(x_k - y_k\sqrt{d}) \\
&= (x_1 + y_1\sqrt{d})^k(x_1 - y_1\sqrt{d})^k \\
&= (x_1^2 - dy_1^2)^k \\
&= 1
\end{aligned}$$

따라서 x_k, y_k는 $k=1,2,3,\ldots$에 대해 해가 됨을 알 수 있다.

모든 양의 해가 어떤 양의 정수 k에 대해 x_k, y_k와 같다는 것을 보이기 위해 다른 양의 해 X, Y가 있다고 가정하자. 그러면 다음과 같은 정수 n이 존재한다.

$$(x_1+y_1\sqrt{d})^n < X+Y\sqrt{d} < (x_1+y_1\sqrt{d})^{n+1}$$

이 부등식에 $(x_1+y_1\sqrt{d})^{-n}$을 곱하면 다음과 같다.

$$1<(x_1-y_1\sqrt{d})^n(X+Y\sqrt{d})<x_1+y_1\sqrt{d}$$

왜냐하면 $x_1^2-dy_1^2=1$이므로 $x_1-y_1\sqrt{d}=(x_1+y_1\sqrt{d})^{-1}$이기 때문이다.

이제 다음과 같다고 하자.

$$s+t\sqrt{d}=(x_1-y_1\sqrt{d})^n(X+Y\sqrt{d})$$

그리고 다음과 같음에 주목하자.

$$\begin{aligned}
s^2-dt^2 &= (s-t\sqrt{d})(s+t\sqrt{d}) \\
&= (x_1+y_1\sqrt{d})^n(X-Y\sqrt{d})(x_1-y_1\sqrt{d})^n(X+Y\sqrt{d}) \\
&= (x_1^2-dy_1^2)^n(X^2-dY^2) \\
&= 1
\end{aligned}$$

s, t가 $x^2-dy^2=1$의 해임을 알 수 있으며, 더불어 $1<s+t\sqrt{d}<x_1+y_1\sqrt{d}$임을 안다. 게다가 $s+t\sqrt{d}>1$임을 알기 때문에 $0<(s+t\sqrt{d})^{-1}<1$임을 알 수 있다. 따라서 다음과 같다.

$$\begin{aligned}
s &= \frac{1}{2}\left[(s+t\sqrt{d})+(s-t\sqrt{d})\right]>0 \\
t &= \frac{1}{2\sqrt{d}}\left[(s+t\sqrt{d})-(s-t\sqrt{d})\right]>0
\end{aligned}$$

이는 s, t가 양의 해임을 의미하며, 따라서 $s \geq x_1$, $t \geq y_1$이 성립한다. 왜냐하면 x_1, y_1이 최소 양의 해이기 때문이다. 그러나 이는 $s+t\sqrt{d}<x_1+y_1\sqrt{d}$이라는 부등식과 모순된다. 그러므로 X, Y는 어떤 k에 대해 반드시 x_k, y_k여야 한다.

다음 예제는 정리 14.11을 어떻게 사용하는지 설명해준다.

예제 14.11

예제 14.9에서 디오판토스 방정식 $x^2 - 13y^2 = 1$의 최소 양의 해가 $x_1 = 649$, $y = 180$임을 알고 있다. 따라서 모든 양의 해는 다음 식을 만족하는 x_k, y_k로 주어진다.

$$x_k + y_k\sqrt{13} = (649 + 180\sqrt{13})^k$$

예를 들어 다음을 얻는다.

$$x_2 + y_2\sqrt{13} = 842{,}401 + 233{,}640\sqrt{13}$$

따라서 $x_2 = 842{,}401, y_2 = 233{,}640$은 $x_1 = 649, y_1 = 180$ 외의 $x^2 - 13y^2 = 1$의 최소 양의 해이다.

14.4 연습문제

1. x와 y가 정수일 때 다음 방정식의 모든 해를 구하라.

   a) $x^2 + 3y^2 = 4$ b) $x^2 + 5y^2 = 7$ c) $2x^2 + 7y^2 = 30$

2. x와 y가 정수일 때 다음 방정식의 모든 해를 구하라.

   a) $x^2 - y^2 = 8$ b) $x^2 + 4y^2 = 40$ c) $4x^2 + 9y^2 = 100$

3. 다음 중 어떤 값의 경우 디오판토스 방정식 $x^2 - 31y^2 = n$이 해를 가지는가?

   a) 1 b) -1 c) 2 d) -3 e) 4 f) -45

4. 다음 디오판토스 방정식의 최소 양의 해를 구하라.

   a) $x^2 - 29y^2 = -1$ b) $x^2 - 29y^2 = 1$

5. 디오판토스 방정식 $x^2 - 37y^2 = 1$의 세 개의 가장 작은 양의 해를 구하라.

6. 다음에 주어진 각각의 d 값에 대해 디오판토스 방정식 $x^2 - dy^2 = -1$이 정수해를 가지는지 확인하라.

   a) 2 b) 3 c) 6 d) 13 e) 17 f) 31 g) 41 h) 50

7. 디오판토스 방정식 $x^2 - 61y^2 = 1$의 최소 양의 해는 $x_1 = 1{,}766{,}319{,}049$, $y_1 = 226{,}153{,}980$이다. x_1, y_1 이외의 최소 양의 해를 구하라.

*8. 만약 p_k/q_k가 $\sqrt{d}$의 단순연분수전개의 수렴이라면 $|\, p_k^2 - dq_k^2 \,| < 1 + 2\sqrt{d}$임을 보여라.

9. k가 0 이상의 정수인 $4k+3$ 형태의 소수가 양의 정수 d를 나눌 경우 디오판토스 방정식 $x^2-dy^2=-1$이 해를 가지지 않는다는 것을 보여라.

10. d와 n이 양의 정수라고 가정하자.

    a) 만약 r,s가 디오판토스 방정식 $x^2-dy^2=1$의 해이고 X,Y가 디오판토스 방정식 $x^2-dy^2=n$의 해라면, $Xr \pm dYs$, $Xs \pm Yr$도 $x^2-dy^2=n$의 해임을 보여라.

    b) 디오판토스 방정식 $x^2-dy^2=n$이 해가 없거나 무한히 많은 해를 가진다는 것을 보여라.

11. 밑변과 높이의 길이가 연속된 정수이고 빗변의 길이가 정수인 직각삼각형을 찾아라. (힌트: 정리 14.1을 사용하여 밑변과 높이의 길이를 $x=s^2-t^2$ 및 $y=2st$로 나타내라. 여기서 s와 t는 $(s,t)=,s>t$인 양의 정수이며, s와 t는 홀짝성이 다르다. 그러면 $x-y=\pm1$이 $(s-t)^2-2t^2=\pm1$임을 의미한다.)

12. 디오판토스 방정식 $x^4-2y^4=1$이 $x \neq \pm1$인 해를 가지지 않음을 보여라.

13. 디오판토스 방정식 $x^4-2y^2=-1$이 $x=\pm1$ 및 $y=\pm1$ 외의 해를 가지지 않음을 보여라.

14. 만약 t_n이 n번째 삼각수이고 m번째 제곱수와 같다면, 즉 $n(n+1)/2=m^2$이라면, $x=2n+1$ 및 $y=m$이 디오판토스 방정식 $x^2-8y^2=1$의 해임을 보여라. 이 디오판토스 방정식의 첫 다섯 개의 해를 양의 정수 x의 증가하는 값에 따라 찾고, 해당하는 삼각수 및 제곱수 쌍을 구하라.

계산과 탐구

1. 디오판토스 방정식 $x^2-109y^2=1$의 최소 양의 해를 구하라. (페르마는 $x^2-Ny^2=1$에 대해 $N<150$인 모든 양의 정수 N에 대해 최소 해를 찾았고, 1657년에 영국 수학자들에게 $N=151$ 또는 $N=313$인 경우의 최소 해를 찾으라고 도전했다. 존 윌리엄 브라운커와 존 월리스는 이 문제를 해결할 수 있었다.)

2. 디오판토스 방정식 $x^2-991y^2=1$의 최소 양의 해를 구하라.

3. 디오판토스 방정식 $x^2-1{,}000{,}099y^2=1$의 최소 양의 해를 구하라.

프로그래밍 프로젝트

1. 디오판토스 방정식 $x^2-dy^2=n$이 해를 가지지 않는 $|\,n\,|<\sqrt{d}$인 정수 n을 찾아라.

2. 디오판토스 방정식 $x^2-dy^2=1$과 $x^2-dy^2=-1$의 최소 양의 해를 찾아라.

3. 최소 양의 해로부터 펠 방정식의 해를 구하라(정리 14.12 참조).

14.5 합동수와 타원곡선

14.1절에서 모든 피타고라스 수를 찾는 방법이 단위원 위의 유리점을 찾는 것이라고 보여주었다. 모든 피타고라스 수를 찾는 것은 대수 곡선 위의 유리점을 찾음으로써 연구할 수 있는 수론 문제들 중 하나일 뿐이다. 이 절에서는 또 다른 그러한 문제를 연구한다.

양의 정수 N은 N을 넓이로 가지는 유리직각삼각형이 있을 때 **합동수**(congruent number)라고 불린다. 여기서 **유리직각삼각형**(rational right triangle)이란 세 변의 길이가 모두 유리수인 직각삼각형을 말한다. 마찬가지로 **정수직각삼각형**(integer right triangle)이란 세 변의 길이가 모두 정수인 직각삼각형을 의미한다. 만약 x, y가 직각삼각형의 밑변과 높이의 길이이고 z가 빗변의 길이라면 $x^2 + y^2 = z^2$이며, 삼각형의 넓이는 $xy/2$이다. 따라서 양의 유리수 N이 합동수일 필요충분조건은 $x^2 + y^2 = z^2$이고 $xy/2 = N$인 유리수 x, y, z가 존재하는 것이다.

예제 14.12

6은 변의 길이가 3, 4, 5인 정수직각삼각형의 넓이이므로 합동수이다.

어떤 양의 정수가 합동수인지 결정하는 문제를 **합동수 문제**(congruent number problem)라고 한다. 이 문제에 대한 최초의 논의는 972년에 작성된 익명의 아라비아어 필사본에서 발견된다. 이 필사본은 초기 아랍 수학자들이 30개의 다른 합동수를 알고 있었다는 것을 알려준다. 그 중 가장 작은 수는 5, 6, 14, 15, 21, 30, 34, 65, 70이며 가장 큰 수는 10,374이다. 13세기에는 피보나치가 7이 합동수임을 증명했다. 또한 그는 어떠한 제곱수도 합동수가 될 수 없다고 주장했으나, 이를 증명하지는 않았다. 17세기에는 페르마가 1, 2, 3 각각이 합동수가 아니라는 것을 증명했다. 그가 1이 합동수가 아님을 증명한 것은 곧 제곱수가 합동수가 될 수 없음을 입증한 것이다.

"합동수"라는 용어는 18세기에 오일러에 의해 도입되었다. ("합동수"라는 용어의 이유에 대해서는 뒤에서 논의한다. 이 용어에서 사용된 "합동"이라는 단어는 합동 정수나 합동 삼각형과 직접적으로 관련된 것은 아님을 주의해야 한다.) 합동수 문제의 역사는 상당히 광범위하며, 이에 대한 더 많은 내용은 [Gu94] 및 [Di05]에서 찾을 수 있다. 이 절의 후반부에서는 합동수 문제가 특정 곡선 위의 유리수 점을 찾는 것과 어떻게 관련이 있는지 설명할 것이다. 합동수 문제의 최근 발전에 대해 더 알고 싶다면 [Ch98], [Ch06], [Co08], [Ko96], [SaSa07]을 참조하기 바란다. 이 절에서의 일부 설명은 [Co08]과 [SaSa07]의 자료를 바탕으로 하고 있다.

14.5.1 피타고라스 수와 합동수

합동수 연구를 시작하기 위해 합동수를 찾을 때 제곱인수가 없는 정수만을 고려해야 한다는 점을 먼저 관찰하자. 그 이유는 정수가 합동수일 때, 그리고 오직 그때, 그 정수의 제곱인수가 없는 부분이 합동수이기 때문이다. (4.3절의 연습문제 8에서 N이 양의 정수라면 $N = u^2 v$로 쓸 수 있다고 했음을 상기하자. 여기서 u와 v는 양의 정수이며, v는 N의 제곱인수가 없는 부분이다.) 이를 이해하기 위해 N이 합동수라면 넓이를 N으로 가지는 유리직각삼각형이 존재함을 주목하자. 이 유리직각삼각형을 u의 비율로 축소하면 새로운 삼각형의 변 길이는 원래 삼각형의 변 길이를 u로 나눈 것과 같아지며, 넓이가 v인 유리직각삼각형이 된다. 마찬가지로 넓이가 v인 유리직각삼각형을 u의 비율로 확대하면 넓이가 N인 유리직각삼각형이 된다.

14.1절에서 b가 짝수인 정수 순서쌍 (a, b, c)가 원시 피타고라스 수일 필요충분조건은 홀짝성이 다르고 $m > n$인 서로소인 양의 정수 m과 n이 존재하여 $a = m^2 - n^2$, $b = 2mn$, $c = m^2 + n^2$이 되는 것임을 상기하자. 이 삼각형의 넓이는 $ab/2 = (m^2 - n^2)mn$으로, 이는 양의 정수이다. 피타고라스 수와 합동수 사이의 연결은 다음 정리를 통해 명확해지며, 이 정리는 모든 합동수가 피타고라스 수에서 유래함을 보여준다.

정리 14.13

N이 제곱인수가 없는 양의 정수라면, N이 합동수일 필요충분조건은 $s^2 N$이 원시 직각삼각형의 넓이가 되는 양의 정수 s가 존재하는 것이다. 따라서 제곱인수가 없는 정수 N이 합동수일 필요충분조건은 $s^2 N = mn(m+n)(m-n)$이 성립하는 서로소이고 홀짝성이 다른 정수 m과 n 그리고 양의 정수 s가 존재하는 것이다.

증명 14.13

N이 제곱인수가 없는 합동수라고 가정하자. 그러면 N은 변의 길이가 A, B, C인 유리직각삼각형의 넓이가다. s를 유리수 A, B, C의 분모의 최소공배수로 놓자. 그러면 (sA, sB, sC)는 피타고라스 수가 되고, 이 변 길이를 갖는 직각삼각형의 넓이는 $s^2 N$이 된다.

이제 (sA, sB, sC)가 원시 피타고라스 수임을 보여야 한다. 이를 위해 $M \mid sA$, $M \mid sB$, $M \mid sC$가 성립한다고 가정하자. 여기서 M은 양의 정수이다. 다음으로 $M = 1$임을 보일 것이다. $(sA/M, sB/M, sC/M)$는 피타고라스 수가 되며, 해당 직각삼각형의 넓이는 $s^2 N/M^2$이 된다. 이 넓이가 정수이므로 $M^2 \mid s^2 N$이 성립한다. N이 제곱인수가 없으므로 $M^2 \mid s^2$가 성립하며, 4.3절의 연습문제 64에 의해 $M \mid s$임이 성립한다. 따라서 $s = Mt$가 되는 정수 t가 존재하고 tA, tB, tC는 양의 정수가 된다. s가 A, B, C의 분모의 최소공배수이므로 t는 이 분모들의 배수이어야 하며 $t \leq s$여야 한다. 이는 $s = t$와 $M = 1$을 의미한다.

이전 논의에서 역이 성립함을 이미 증명했다. 즉 $s^2 N$이 변의 길이 a, b, c인 원시 직각삼각형의 넓이가 되는 양의 정수 s가 존재한다면, N은 변의 길이가 a/s, b/s, c/s인 유리직각삼각형의 넓이가 된다.

증명을 마치기 위해 원시 직각삼각형의 변의 길이가 $m^2 - n^2$, $2mn$, $m^2 + n^2$임을 상기하자.

여기서 m과 n은 서로소이고 홀짝성이 다르며 $m > n$인 양의 정수이다. 이 삼각형의 넓이는 $(1/2)(m^2 - n^2)(2mn) = mn(m+n)(m-n)$이다.

정리 14.13은 합동수를 찾는 방법을 제공한다. 더 구체적으로 m과 n이 서로소이고 홀짝성이 다르며 $m > n$인 정수 쌍을 탐색하여 $(m^2 - n^2)mn$의 제곱인수가 없는 부분을 찾아 합동수를 생성한다. 이 과정은 표 14.1의 원시 피타고라스 수에 관한 표를 확장하여 넓이와 이 넓이의 제곱인수가 없는 부분을 포함하는 표 14.2에서 시작된다. 정리 14.13은 N이 합동수라면, 이 표를 충분히 확장하면 마지막 열에 나타나게 된다고 말한다. 그러나 특정 제곱인수가 없는 합동수가 나타나기까지 오랜 시간이 걸릴 수 있으며 얼마나 기다려야 할지 미리 알 수 없다. 또한 210이 표 14.2의 마지막 열에 두 번 나타나는 것을 주목하자. 이는 두 개의 다른 피타고라스 수에 대응하는 삼각형의 넓이의 제곱인수가 없는 부분이기 때문이다. 이 관찰에 대해서는 이 절의 후반부에서 다시 논의한다.

표 14.2: 몇몇 원시 피타고라스 수와 그들이 만들어내는 합동수

m	n	$x = m^2 - n^2$	$y = 2mn$	$z = m^2 + n^2$	$(m^2 - n^2)mn$	제곱인수가 없는 부분
2	1	3	4	5	6	6
3	2	5	12	13	30	30
4	1	15	8	17	60	15
4	3	7	24	25	84	21
5	2	21	20	29	210	210
5	4	9	40	41	180	5
6	1	35	12	37	210	210
6	5	11	60	61	330	330

다음 예제는 어떤 양의 정수가 합동수임을 보이는 데 있어 이 접근법의 어려움을 보여준다.

예제 14.13

여기서 5, 7, 53이 모두 합동수임을 보일 것이다. 표 14.2를 보면 5는 원시 직각삼각형의 넓이의 제곱인수가 없는 부분이므로 합동수임을 알 수 있다. 이 삼각형의 변의 길이는 9, 40, 41이며 넓이는 $180 = 6^2 \cdot 5$이다. 이 삼각형을 각 변의 길이를 6으로 나누어 축소하면 변의 길이가 $9/6 = 3/2$, $40/6 = 20/3$, $41/6$이고 넓이가 5인 직각삼각형이 된다.

표 14.2에 마지막 열에 7이 나타나기에는 충분히 많은 행이 포함되어 있지 않다. 그러나 표를 $m = 16$, $n = 9$의 값을 포함하도록 충분히 확장하면 7이 나타날 것이다. 이 값들은 변의 길이가 175, 288, 337

인 원시 직각삼각형을 만들어낸다. 이 삼각형의 넓이는 $25{,}200 = 60^2 \cdot 7$이다. 따라서 7은 합동수이며, 축소하면 변의 길이가 $175/60 = 35/12$, $288/60 = 24/5$, $337/60$이고 넓이가 7인 직각삼각형이 된다.

표 14.2의 마지막 열에 53도 나타나지 않는다. 이 표를 확장하여 53이 합동수임을 보여주는 것은 매우 큰 표가 필요하다. 53이 처음으로 제곱인수가 없는 부분으로 등장하는 것은 $m = 1{,}873{,}180{,}325$와 $n = 1{,}158{,}313{,}156$의 경우이다. 연관된 삼각형의 넓이는 $(297{,}855{,}654{,}284{,}978{,}790)^2 \cdot 53$이다.

다음 정리는 피보나치가 증명했으며 합동수를 찾는 데 도움을 줄 수 있다. 이 정리는 많은 증명에서도 유용한 도구이다.

정리 14.14

a와 b가 서로소인 양의 정수이고 홀짝성이 다르며 $a > b$라고 가정하자. a, b, $a+b$, $a-b$ 중 세 개가 제곱수일 때 나머지 하나의 수는 s^2N과 같으며, 여기서 N은 합동수이고 s는 정수이다.

증명 14.14

a와 b가 서로소인 양의 정수이고 홀짝성이 다르며 $a > b$인 경우 $(a^2 - b^2, 2ab, a^2 + b^2)$은 원시 피타고라스 수이다. 이에 대응하는 직각삼각형의 넓이는 $(a^2 - b^2)ab = (a+b)(a-b)ab$가 된다. 네 가지 경우 중 a, b, $a+b$가 제곱수인 경우만을 고려하며, 나머지 세 가지 경우는 연습문제 8로 남겨둔다.

a, b, $a+b$가 제곱수일 때 $(a+b)ab$가 제곱수가 된다. 따라서 $M = \sqrt{(a+b)ab}$는 양의 정수가 되며, 원시 피타고라스 수에 대응하는 직각삼각형의 넓이는 $M^2(a-b)$이다. 이는 밑변과 높이의 길이가 $(a^2 - b^2)/M$과 $2ab/M$인 유리직각삼각형의 넓이가 $a - b$임을 의미한다. 이제 s를 이 두 변의 길이에서 분모의 최소공배수라고 하면 $a - b = s^2N$이 되고, 여기서 N은 합동수이다. 이로써 이 경우의 증명이 완료된다.

다음으로 정리 14.14를 이용하여 원시 피타고라스 수를 시작으로 합동수를 찾는 방법을 설명한다. (x, y, z)가 원시 피타고라스 수라고 가정하면 x와 y는 홀짝성이 다른 서로소인 양의 정수이다. 독자가 확인할 수 있듯이 이는 x^2과 y^2이 홀짝성이 다른 서로소인 정수임을 의미한다. 또한 x^2, y^2, $x^2 + y^2 = z^2$은 모두 제곱수이다. 정리 14.14에 따르면 $x^2 > y^2$일 경우 $x^2 - y^2 = s^2N$이 되고 여기서 N은 합동수가 되며, 반대로 $x^2 < y^2$일 경우 $y^2 - x^2 = s^2N$이 되어 N이 합동수가 된다. 다음 예제는 이 과정을 설명한다.

예제 14.14

피타고라스 수 $(x, y, z) = (3, 4, 5)$를 시작으로 앞서 설명한 과정을 사용해 합동수를 찾을 수 있다. $x^2 = 9$, $y^2 = 16$, $x^2 + y^2 = 25$, $y^2 - x^2 = 7$이므로 7이 제곱인수를 가지지 않으므로 합동수이다. 마찬가지로 피타고라스 삼각수 $(x, y, z) = (5, 12, 13)$을 사용하면 $x^2 = 25$, $y^2 = 144$, $x^2 + y^2 = 169$, $y^2 - x^2 = 119$가 되어 119는 제곱인수를 가지지 않으므로 합동수가 된다.

14.5.2 가장 작은 합동수 결정하기

예제 14.12와 14.13에서 5, 6, 7이 합동수라는 것을 보여주었다. 앞서 언급했듯이 페르마는 1, 2, 3 중 어느 것도 합동수가 아님을 증명했다. 또한 4도 합동수가 아님을 알고 있다. 왜냐하면 4가 합동수라면 $(1/2)^2 4 = 1$도 합동수가 되어야 하기 때문이다. 따라서 5는 가장 작은 합동수이다.

이제 제곱수가 합동수가 될 수 없다는 것을 보인다. 물론 이것은 1이 합동수가 될 수 없음을 보이는 것이다. 이 절의 마지막에서 2와 3이 합동수가 아님을 증명하는 연습문제를 남겨둔다.

정리 14.15

유리직각삼각형의 넓이는 제곱수가 될 수 없다.

증명 14.15

귀류법에 의한 증명을 하자. 우선 넓이가 제곱수인 유리직각삼각형이 존재한다고 가정해보자. 각 변을 그 변의 분모의 최소공배수로 곱하면, 넓이가 제곱수인 정수직각삼각형을 얻을 수 있다. 이 정수직각삼각형의 세 변의 최대공약수로 각 변을 나누면 유리직각삼각형을 얻을 수 있다. 따라서 넓이가 제곱수인 유리직각삼각형의 집합 S는 공집합이 아니다. S의 원소들의 빗변 길이의 제곱에 대해 정렬된 성질을 적용하면 S에서 가장 짧은 빗변을 가진 삼각형이 존재한다.

이제 이 삼각형에 해당하는 원시 피타고라스 수가 $(m^2 - n^2, 2mn, m^2 + n^2)$이라고 가정해보자. 여기서 m과 n은 서로소인 양의 정수이고 홀짝성이 다르며 $m > n$이다. 이 삼각형의 넓이는 다음과 같다.

$$(m^2 - n^2)mn = (m + n)(m - n)mn$$

m과 n이 서로소이므로 $m + n$, $m - n$, m, n도 서로소이다. 따라서 $(m + n)(m - n)mn$이 제곱수이므로 네 개의 인자 각각이 제곱수가 된다. $m + n = a^2$, $m - n = b^2$, $m = c^2$, $n = d^2$라고 놓자. 여기서 a, b, c, d는 모두 정수이다. 또한 a와 b는 서로소인 홀수 정수이다(왜냐하면 m과 n이 홀짝성이 다르기 때문이다). 이 삼각형의 빗변의 길이는 $m^2 + n^2 = c^4 + d^4$이다.

이제 다음과 같음을 관찰해보자.

$$2d^2 = a^2 - b^2 = (a - b)(a + b)$$

여기서 $a-b$와 $a+b$가 모두 짝수임을 주목하자(왜냐하면 a와 b는 모두 홀수이기 때문이다). 이 둘의 공약수는 $2a$와 $2b$를 나눌 수 있다. 따라서 $(a-b, a+b) \mid 2(a,b) = 2$이고 $(a-b, a+b) = 2$이다. 이와 위의 방정식 $2d^2 = (a-b)(a+b)$를 통해 두 정수 $a-b$와 $a+b$ 중 하나는 $2u^2$ 형태이고 다른 하나는 v^2 형태임을 알 수 있다. 여기서 $(u,v) = 1$이다. 다음과 같기 때문에 v^2이 짝수임을 알 수 있다.

$$(a+b) + (a-b) = 2a = 2u^2 + v^2$$

따라서 v는 짝수이며 $v = 2w$로 표현할 수 있다. 따라서 $v^2 = 4w^2$이고 $a = u^2 + 2w^2$이다. 마찬가지로 $b = \pm(u^2 - 2w^2)$이고 $d = 2uw$이다. 따라서 다음 식이 성립한다.

$$m = (a^2+b^2)/2 = ((u^2+2w^2)^2 + (u^2-2w^2)^2)/2 = u^4 + 4w^4$$

이는 $(u^2, 2w^2, c)$가 원시 피타고라스 수이며, 여기에 대응하는 삼각형의 넓이는 $(u^2 \cdot 2w^2)/2 = (uw)^2$이고 빗변의 길이는 c임을 의미한다. $c < c^4 + d^4$임을 주목하자(왜냐하면 c는 양의 정수이기 때문이다). 이는 앞에서 가장 짧은 빗변이라고 했던 것보다 더 짧은 빗변을 가진 넓이가 제곱수인 또 다른 원시 직각삼각형을 만들어낸다. 이로써 귀류법에 의한 증명이 완료된다.

14.5.3 세 제곱수의 등차수열과 합동수

이제 합동수 문제와 동등한 문제를 공부할 것이다. 처음에는 이 문제가 합동수 문제와 관련이 없어 보일 수 있다. 이 문제는 세 정수의 제곱으로 이루어진 등차수열의 공차가 되는 양의 정수는 무엇인지 묻는다. 예를 들어 다음 제곱수열을 살펴보자.

$$1, 4, 9, 16, 25, 36, 49, 64, 81, 100, 121, 144, \ldots$$

그러면 $1, 25, 49$가 공차 24인 세 제곱수의 등차수열임을 알 수 있다. 피보나치는 1225년에 쓴 그의 책 《Liber Quadratorum》에서 $x^2 \pm N$이 둘 다 제곱수가 되는 정수 x가 존재한다면 정수 N을 *congruum* (복수형: *congrua*)이라고 불렀다. 따라서 정수 N이 congruum이 되려면 정수 x가 존재하여 $x^2 - N$, x^2, $x^2 + N$이 공차 N인 세 제곱수의 등차수열이 되어야 한다는 것이다. (동등하게 N이 *congruum*이 되려면 두 개의 디오판토스 방정식 $q^2 - p^2 = N$과 $r^2 - q^2 = N$을 동시에 만족하는 정수해 p, q, r이 존재해야 한다.) *congruum*이라는 단어는 세 제곱수가 등차수열에서 만나는 것처럼 서로 일치하는 것을 의미하는 라틴어 단어 *congruere*에서 유래했다.

피보나치는 0이 아닌 정수의 세 제곱수로 이루어진 등차수열에 대해 관심을 가졌다. 만약 세 유리수로 이루어진 등차수열로 연구 범위를 넓히면 어떻게 될까? a^2, b^2, c^2은 공차 N인 유리수 제곱수의 등차수열이고, 이는 s가 정수일 때 s^2N을 공차로 하는 세 유리수 제곱수의 수열 $(sa)^2$, $(sb)^2$, $(sc)^2$을 얻을 수 있다는 것과 동치이다. 따라서 N이 제곱인수가 없는 수일 때 s^2N을 공차로 하는 세 제곱수의 등차수열을 찾으면 각 항을 s^2으로 나누어 공차가 N인 세 유리수 제곱수의 등차수열을 얻을 수 있다.

이제 양의 정수 N이 합동수인지 묻는 것이 세 제곱수의 등차수열의 공차인지 묻는 것과 동치임을 보이자. 먼저 양의 정수 N이 합동수라고 가정하자. 그러면 $a^2 + b^2 = c^2$이고 $ab/2 = N$인 양의 정수 a, b, c가 존재한다. $(a+b)^2 = a^2 + 2ab + b^2 = (a^2 + b^2) + 2ab = c^2 + 2ab$이고 $(a-b)^2 = a^2 - 2ab + b^2 = (a^2+b^2) - 2ab = c^2 - 2ab$임을 주목하자. 따라서 $(a-b)^2, c^2, (a+b)^2$은 공차가 $2ab = 4(ab/2) = 4N$인 세 제곱수의 등차수열이다. 이 등차수열의 모든 항을 4로 나누면 공차가 N인 유리수 제곱수 세 개의 등차수열 $((a-b)/2)^2, (c/2)^2, ((a+b)/2)^2$을 얻는다. 이 과정을 다음 예제를 통해 설명한다.

예제 14.15

예제 14.13에서 $a = 3/2$, $b = 20/3$, $c = 41/6$인 직각삼각형의 넓이가 5임을 보여서 5가 합동수라는 것을 확인한 바 있다. 따라서 $((3/2) - (20/3)/2)^2 = (31/12)^2$, $((41/6)/2)^2 = (41/12)^2$, $((3/2) + (20/3))^2 = (49/12)^2$은 공차가 5인 세 제곱수의 등차수열이다.

이제 공차가 N인 유리수 제곱수 $x^2 - N$, x^2, $x^2 + N$의 등차수열이 주어졌다고 가정해보자. 어떻게 넓이가 N인 유리직각삼각형을 구성할 수 있을까? $a = \sqrt{x^2+N} - \sqrt{x^2-N}$, $b = \sqrt{x^2+N} + \sqrt{x^2-N}$, $c = 2x$라고 하면, a, b, c는 유리수가 되며 $a^2 + b^2 = (\sqrt{x^2+N} - \sqrt{x^2-N})^2 + (\sqrt{x^2+N} + \sqrt{x^2-N})^2 = 4x^2 = c^2$이고 $ab/2 = (\sqrt{x^2+N} - \sqrt{x^2-N})(\sqrt{x^2+N} + \sqrt{x^2-N})/2 = ((x^2+N) - (x^2-N))/2 = N$임을 알 수 있다. (이 공식들은 앞 단락에서 사용한 공식들을 역으로 풀어서 얻은 것이다.) 따라서 N은 합동수이다. 이 과정을 다음 예제를 통해 설명한다.

예제 14.16

$1, 25, 49$가 공차 $24 = 2^2 \cdot 6$인 세 제곱수의 등차수열임을 관찰했다. 이 등차수열의 각 항을 $2^2 = 4$로 나누어 공차가 $N = 6$인 유리수 제곱수 세 개의 등차수열 $1/4, 25/4, 49/4$를 얻는다. 이 N은 제곱인 수가 없는 수이다. 길이가 a, b, c이고 넓이가 6인 유리직각삼각형을 찾기 위해 $x^2 = 25/4$를 공식에 대입한다. 그러면 변의 길이가 $a = \sqrt{(5/2)^2+6} - \sqrt{(5/2)^2-6} = \sqrt{49/4} - \sqrt{1/4} = 7/2 - 1/2 = 3$, $b = \sqrt{(5/2)^2+6} + \sqrt{(5/2)^2-6} = \sqrt{49/4} + \sqrt{1/4} = 7/2 + 1/2 = 4$, $c = 2x = 2(5/2) = 5$인 직각삼각형을 얻는다.

다음 정리에서 지금까지의 관찰을 요약한다.

정리 14.16

양의 정수 N이 합동수일 필요충분조건은 N이 유리수 제곱수 세 개로 이루어진 등차수열의 공차라는 것이다.

합동수 문제가 어떤 양의 정수가 *congrua*인지 결정하는 것과 동등하다는 것을 보았다. 이 동등성은 "합동수"라는 용어의 사용 배경에 있다. "*congruent*"라는 단어 역시 라틴어 단어 *congruere*에서 유래했다.

14.5.4 합동수와 타원곡선

정의에 따르면 양의 정수 N이 양의 유리수 (a, b, c)에 대한 두 개의 디오판토스 방정식 $a^2+b^2 = c^2$ 및 $ab/2 = N$의 해를 가질 때 N을 합동수라고 한다. 또한 N이 유리수 (r, s, t)에 대한 두 개의 디오판토스 방정식 $s^2-r^2 = N$ 및 $t^2-s^2 = N$의 해를 가질 때 N이 합동수임을 확인했다. 그러나 합동수를 단일 디오판토스 방정식의 유리수 해와 관련지어 특성화하는 세 번째 조건도 존재한다.

N이 합동수라 가정하고, 양의 유리수 a, b, c가 $a^2 + b^2 = c^2$와 $ab/2 = N$을 만족한다고 가정하자. 순서쌍 (a, b, c)가 특정 곡선 위의 유리점에 대응된다는 것을 보이자. 이 곡선을 찾고 대응을 설정하기 위해 먼저 $u = c - a$로 두어 $c = a + u$임을 설정하자. $u > 0$임을 유의해야 하는데, 이는 $c > a$이기 때문이다. 이제 $a + u$를 방정식 $a^2 + b^2 = c^2$에서 c 대신 대입하면 $a^2 + b^2 = a^2 + 2au + u^2$을 얻게 된다. 이를 단순화하고 항을 재배열하면 $2au = b^2 - u^2$이 된다. 다음으로 방정식 $ab/2 = N$의 양변을 b로 나누면 (이때 $ab = 2N$이므로 $b \neq 0$임을 유의) $a = 2N/b$가 된다. 이 값을 $2au = b^2 - u^2$에 대입하면 다음을 얻게 된다.

$$4Nu/b = b^2 - u^2$$

이 마지막 방정식의 양변에 b/u^3을 곱하면(이때 $u \neq 0$임을 유의한다. $u = 0$이면 $a = c$가 되어 $b = 0$이 됨) 다음을 얻게 된다.

$$4N/u^2 = (b/u)^3 - (b/u)$$

다음으로 양변에 N^3을 곱하면 다음을 얻게 된다.

$$(2N^2/u)^2 = (Nb/u)^3 - N^2(Nb/u)$$

이제 점 (x, y)가 $x = Nb/u = Nb/(c - a)$, $y = 2N^2/u = 2N^2/(c - a)$인 경우 이 점이 다음

식의 곡선 위에 위치함을 결론지을 수 있다.

$$y^2 = x^3 - N^2x$$

이때 $c - a > 0$이므로 x와 y는 모두 양수이다.

이제 (x, y)가 곡선 $y^2 = x^3 - N^2x$ 위의 유리점이라 가정하고 $a^2 + b^2 = c^2$과 $ab/2 = N$을 동시에 만족하는 유리수 순서쌍 (a, b, c)를 찾아보자. 만약 a, b, c가 유리수이고 $x = Nb/(c-a)$ 및 $y = 2N^2/(c - a)$라면 다음과 같다.

$$x/y = (Nb/(c-a))/(2N^2/(c-a)) = b/2N$$

따라서 $b = 2Nx/y$로 설정하자. $ab/2 = N$이 되기를 원하므로 $a = 2N/b$이 된다. 이는 다음과 같음을 의미한다.

$$a = 2N/(2Nx/y) = y/2x = y^2/2xy = (x^3 - N^2x)/2xy = (x^2 - N^2)/y$$

그러므로 다음과 같음을 확인할 수 있다.

$$a^2 + b^2 = ((x^2 - N^2)/y)^2 + (2Nx/y)^2 = (x^2 + N^2)^2/y^2$$

양의 제곱근을 취하면 $c = (x^2 + N^2)/y$으로 설정해야 함을 알 수 있다.

지금까지 보인 내용을 정리로 요약하면 다음과 같다.

정리 14.17

N이 합동수라고 가정하면 $a^2 + b^2 = c^2$ 및 $ab/2 = N$을 만족하는 양의 유리수 순서쌍 (a, b, c)의 집합과 곡선 $y^2 = x^3 - N^2x$ 위에서 x와 y가 모두 양수인 유리점 (x, y)의 집합 사이에 전단사함수가 존재한다. 이 전단사함수에서 순서쌍 (a, b, c)는 점 (x, y)로 보내지며, 여기서는 다음과 같다.

$$x = \frac{Nb}{c-a},\ y = \frac{2N^2}{c-a}$$

또한 곡선 $y^2 = x^3 - N^2x$ 위의 점 (x, y)는 순서쌍 (a, b, c)로 보내지며, 여기서는 다음과 같다.

$$a = \frac{x^2 - N^2}{y},\ b = \frac{2Nx}{y},\ c = \frac{x^2 + N^2}{y}$$

다음 정리는 정리 14.17의 즉각적인 결과이다.

정리 14.18

양의 정수 N은 곡선 $y^2 = x^3 - N^2x$ 위에서 x와 y가 모두 양수인 유리점 (x, y)이 존재할 때, 그리고 그 경우에만 합동수이다.

다음 두 예제는 정리 14.17을 사용하는 방법을 보여준다.

예제 14.17

변의 길이가 $3, 4, 5$인 원시 직각삼각형의 넓이는 $N = 6$이다. 정리 14.17의 대응에 따라 순서쌍 $(3, 4, 5)$는 곡선 $y^2 = x^3 - 6^2x = x^3 - 36x$ 위의 점 $(x, y) = ((6 \cdot 4)/(5-3), (2 \cdot 6^2)/(5-3)) = (12, 36)$에 대응된다.

예제 14.18

표 14.2는 변의 길이가 21, 20, 29인 직각삼각형과 변의 길이가 35, 12, 37인 직각삼각형의 넓이가 각각 210임을 보여준다. 정리 14.17에 따르면 두 유리직각삼각형은 각각 곡선 $y^2 = x^3 - 210^2x$ 위의 유리점에 대응된다. 이 정리의 대응에 따라 $(21, 20, 29)$는 점 $(x, y) = ((210 \cdot 20)/(29-21), (2 \cdot 210^2)/(29-21)) = (525, 11025)$에, $(35, 12, 37)$은 점 $(x, y) = ((210 \cdot 12)/(37-35), (2 \cdot 210^2)/(37-35)) = (1260, 44100)$에 대응된다.

실수 범위에서 합동수에 대한 연구에서 나타난 $y^2 = x^3 - N^2x$ 형태의 곡선은 타원곡선의 예이다. 더 일반적으로 **타원곡선**(elliptic curve)은 $y^2 = x^3 + ax + b$를 만족하는 실수 (x, y)의 집합이다. 여기서 a와 b는 실수이며 $4a^3 + 27a^2 \neq 0$을 만족한다.

홀수 소수 p에 대해 법 p로 타원곡선은 이 장의 뒷부분에서 다룰 것이다. 타원곡선은 페르마의 마지막 정리의 증명에서 중요한 역할을 했다. 타원곡선은 강력한 소인수분해방법의 기초가 되며 중요한 공개키 암호체계의 기초이기도 하다. 타원곡선에 대한 연구는 매력적이며 중요한 결과를 가져오는 많은 해결되지 않은 추측으로 이어진다. 관심 있는 독자는 [Wa08]을 참조하여 타원곡선에 대해 더 많은 정보를 얻을 수 있다.

타원곡선에서의 덧셈 타원곡선의 중요한 특징 중 하나는 이미 알고 있는 점들을 사용하여 대수적 기법으로 새로운 점을 구성할 수 있다는 것이다. 특히 타원곡선 C 위의 두 점이 주어졌을 때, 이들의 **합**(sum)을 계산하여 C 위의 새로운 점을 찾을 수 있다. 여기서 이 합은 곡선의 기하학을 사용하여 정의되며 두 점의 각 좌표의 합으로 이루어진 점과는 다르다. 이 합을 어떻게 정의하는지 살펴보기 위해 $P_1 = (x_1, y_1)$과 $P_2 = (x_2, y_2)$가 $x_1 \neq x_2$를 만족하는 타원곡선 $y^2 = x^3 + ax + b$ 위의 두 점이라고 가정해보자. 이들의 합 $P_1 + P_2$를 기하학적으로 정의하기 위해 P_1과 P_2을 연결하는 직선 ℓ을 그린다. 이 직선이 C와 세 번째 점 P_3'에서 교차한다는 것을 보여준 후 $P_1 + P_2$의 합은 P_3으로 정의되며, P_3'의 y좌표의 부호를 바꾸어 얻을 수 있다.

기하학적으로 이것은 P_3'을 x축을 기준으로 반사하는 것을 의미한다. (이렇게 합을 정의하는 중요한 이유 중 하나는 이를 결합법칙이 성립하도록 만드는 것이다; [Wa08]을 참조하기 바란다.) 이 절차를 그림 14.2에 나타내었다.

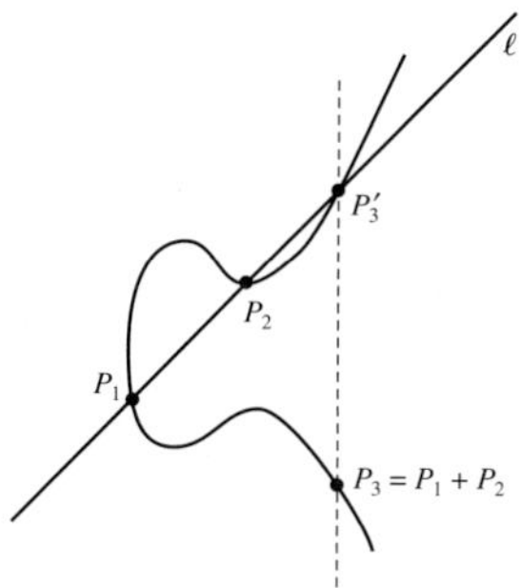

그림 14.2: 타원곡선 위의 x좌표가 다른 두 점의 덧셈

$P_3 = P_1 + P_2$의 대수적 공식을 도출하기 위해 먼저 P_1과 P_2를 지나는 직선 ℓ의 기울기가 $m = (y_2 - y_1)/(x_2 - x_1)$이며, ℓ의 방정식이 $y = m(x - x_1) + y_1$이라는 점을 유념하자. ℓ과 $\mathcal{C}$의 세 번째 교점을 결정하기 위해 ℓ의 방정식에서 주어진 y값을 $\mathcal{C}$의 방정식에 대입한다. 그러면 다음 식을 얻게 된다.

$$(m(x - x_1) + y_1)^2 = x^3 + ax + b$$

이 방정식에서 알 수 있듯이, 만약 (x, y) 점이 ℓ과 $\mathcal{C}$의 교점이라면 x는 방금 표시된 방정식의 좌변에서 우변을 뺀 결과로 얻어진 3차 방정식의 근이 된다. 따라서 이 3차 방정식에서 x^2의 계수는 $-m^2$이다. 이제 만약 r_1, r_2, r_3이 3차 다항식 $x^3 + a_2x^2 + a_1x + a_0$의 근이라면 $r_1 + r_2 + r_3 = -a_2$라는 사실을 기억하자. ℓ과 $\mathcal{C}$의 세 번째 교점은 $P_3' = (-x_3, y_3)$이다. 따라서 $x_1 + x_2 + x_3 = m^2$이므로 $x_3 = m^2 - x_1 - x_2$가 된다. 그러므로 $y_3 = m(x_1 - x_3) - y_1$이 된다.

이제 $P_1 = P_2$일 때의 경우를 고려해보자. $\mathcal{C}$ 위에서 P_2가 P_1에 접근할 때 P_2와 P_1을 연결하는 직선은 P_1에서 $\mathcal{C}$에 접하는 접선에 접근하게 된다. $P_1 + P_2 = 2P_1$을 정의하기 위해 먼저 P_1에서 $\mathcal{C}$에 대한 접선 ℓ을 그린다. 이 직선은 곡선과 한 점 P'에서 교차한다. y좌표의 부호를 바꾸어 점 P_3을 얻는다. (암묵적 미분을 사용하여 P_1에서 $\mathcal{C}$의 기울기를 찾을 수 있다.) 이 경우의 세부 사항을 완성하는 것은 독자에게 맡긴다(이 절의 끝에 있는 연습문제 24를 참조하기 바란다). 결과적인 대수적 공식은 다음 정의에 주어진다.

모든 가능한 경우를 포함하는 타원곡선 위의 두 점 P_1과 P_2의 합에 대한 공식을 제시하기 전에 무한 원점으로 불리는 점 ∞를 소개해야 한다. 이 점은 y축의 위쪽과 아래쪽 모두에 있는 점으로 생각할 수 있다. 예를 들어 $x_1 = x_2$이고 $y_1 \neq y_2$일 때 ℓ은 타원곡선과 ∞에서 교차하는 것으로 간주된다. 이 점을 x축을 기준으로 반사하면 동일한 점 ∞를 얻게 된다.

타원곡선 위의 두 점의 합을 이 점들의 모든 가능한 값에 대해 정의할 수 있다.

정의 14.3 타원곡선의 덧셈 공식

$P_1 = (x_1, y_1)$과 $P_2 = (x_2, y_2)$이 타원곡선 $y^2 = x^3 + ax + b$ 위의 점이라고 가정하자. 다음 규칙들에 의해서 P_1과 P_2의 합 $P_3 = (x_3, y_3)$이 결정된다.

(i) $P_1 \neq P_2$이고 둘 다 무한 원점이 아닐 때 $x_1 \neq x_2$이면 다음과 같이 정의한다.

$$P_3 = P_1 + P_2 = (m^2 - x_1 - x_2, m(x_1 - x_3) - y_1)$$

여기서 $m = (y_2 - y_1)/(x_2 - x_1)$이다. 만약 $x_1 = x_2$이지만 $y_1 \neq y_2$이면 다음과 같이 정의한다.

$$P_3 = P_1 + P_2 = \infty$$

(ii) $P_1 = P_2$이고 무한 원점이 아닐 때 $y_1 = y_2 \neq 0$이면 다음과 같이 정의한다.

$$P_1 + P_2 = 2P_1 = (m^2 - 2x_1, m(x_1 - x_3) - y_1)$$

여기서 $m = (3x_1^2 + a)/2y_1$이다. 만약 $y_1 = y_2 = 0$이면 다음과 같이 정의한다.

$$P_1 + P_2 = \infty$$

(iii) 마지막으로, 모든 점 P에 대해 다음으로 정의한다.

$$P + \infty = P$$

정의한 타원곡선 위의 점들의 덧셈은 교환법칙(즉 모든 점 P_1과 P_2에 대해 $P_1 + P_2 = P_2 + P_1$)을 만족하고, 항등원의 존재(즉 모든 점 P에 대해 $P + \infty = P$)를 만족하며, 역원의 존재(즉 모든 점 P에 대해 $P + P' = \infty$)를 만족하고, 결합법칙(즉 모든 점 P_1, P_2, P_3에 대해 $(P_1 + P_2) + P_3 = P_1 + (P_2 + P_3)$)을 만족한다. (이 속성들의 증명은 [Wa08]을 참조하기 바란다. 결합 법칙의 증명은 다른 속성들의 증명보다 놀랍게도 더 어렵다.)

비고. 점 $P = (x, y)$의 음수(negative)는 x축에 대한 반사이며, 즉 $-P = (x, -y)$이다. $P = (x, y)$가 법 p로의 타원곡선에 속하는 경우에 $-P = (x, -y)$도 이 곡선에 속한다는 점을 주목하라.

비고. P_1과 P_2가 타원곡선 위의 점일 때 $P_1 + P_2 = P_3$을 구하려면 먼저 P_3의 x 좌표 x_3을

구한 다음에 P_3의 y 좌표 y_3을 구해야 한다는 점에 유의하라. $P_1 \neq P_2$인 경우와 $P_1 = P_2$인 경우 모두에 해당한다.

두 개의 서로 다른 유리점 P_1과 P_2가 타원곡선 위에 주어지면, 그들의 합은 다시 유리점이 된다는 점을 정의로부터 확인해야 한다. 마찬가지로 타원곡선 위의 유리점 P가 주어지면 그 점의 **대수적 이중점**(algebraic double) $2P$와 k가 양의 정수일 때의 모든 점 kP도 이 곡선 위의 유리점이 된다. 따라서 $y^2 = x^3 - N^2x$라는 타원곡선 위에 하나 이상의 유리점이 있을 때 덧셈을 사용하여 다른 유리점을 구성할 수 있다. 각 유리점은 넓이가 N인 유리직각삼각형에 해당한다.

다음 예제는 대수적 이중점을 사용하여 주어진 넓이를 가진 추가적인 직각삼각형을 찾는 방법을 보여준다.

예제 14.19

예제 14.17에서 넓이가 6인 유리직각삼각형에 해당하는 $y^2 = x^3 - 36x$라는 타원곡선 위의 유리점 $P = (x, y) = (12, 36)$을 찾았다. 이 타원곡선 위에서 $(12, 36)$의 대수적 이중점인 $2P$를 찾아 넓이가 6인 다른 유리직각삼각형을 찾을 수 있다.

$2P$를 계산하기 위해 먼저 $(12, 36)$에서 곡선에 대한 접선 ℓ의 기울기를 구한다. 이 기울기는 $m = (3 \cdot 12^2 - 36)/(2 \cdot 36) = 11/2$이다. 기울기의 값을 사용하여 $x_3 = m^2 - 2x_1 = (11/2)^2 - 2 \cdot 12 = 25/4$를 구한다. 다음으로 x_3의 값을 사용하여 $y_3 = m(x_1 - x_3) - y_1 = 11/2(12 - 25/4) - 36 = 11/2 \cdot 23/4 - 36 = 253/8 - 288/8 = -35/8$를 구한다. 따라서 $2P = (25/4, -35/8)$이다.

정리 14.17의 대응 관계를 사용하려면 양수인 y좌표를 가진 점이 필요하다. y좌표의 부호를 변경하여 곡선 위의 점 $(25/4, 35/8)$를 얻을 수 있다. 정리 14.17에 따르면 $(25/4, 35/8)$에 해당하는 순서쌍 (a, b, c)에서 $a = ((25/4)^2 - 36)/(35/8) = 7/10$, $b = (2 \cdot 6 \cdot 25/4)/(35/8) = 120/7$, $c = ((25/4)^2 + (35/8)^2)/(35/8) = 1201/70$이다. 따라서 변의 길이가 7/10, 120/7, 1201/70인 유리직각삼각형도 넓이가 6이다. 이 절차를 반복하여 넓이가 6인 추가적인 유리직각삼각형을 찾을 수 있다 (이 절의 끝에 있는 계산과 탐구 6을 참조하라).

예제 14.19에서 보여준 배수 공식을 사용하여 N이 합동수가 되는 경우에 넓이가 N인 서로 다른 유리직각삼각형이 무수히 많다는 것을 증명할 수 있다. 이 결과에 대한 증명은 이 책의 범위를 벗어나는 타원곡선의 유리점 성질을 사용한다. [Ch06]에서 이 결과에 대한 증명을 찾을 수 있다.

다음 예제는 넓이가 N인 두 개의 유리직각삼각형을 사용하여 동일한 넓이를 가진 추가적인 유리직각삼각형을 찾는 방법을 보여준다.

예제 14.20

예제 14.18에서 $y^2 = x^3 - 210^2x$라는 타원곡선 위의 두 개의 유리점을 찾았다. 이 점들은 변의 길이가 21, 20, 29인 유리직각삼각형에 해당하는 $P_1 = (525, 11025)$과 변의 길이가 35, 12, 37인 유리직각삼각형에 해당하는 $P_2 = (1260, 44100)$이다. $P_1 + P_2$를 계산하여 넓이가 210인 다른 유리직각삼각형을 찾을 수 있다. 이 합을 구하려면 먼저 $m = (44100 - 11025)/(1260 - 525) = 45$임을 주목하라. 따라서 $x_3 = m^2 - x_1 - x_2 = 45^2 - 525 - 1260 = 240$이고 $y_3 = m(x_1 - x_3) - y_1 = 45(525 - 240) - 11025 = 1800$이다. 따라서 $P_1 + P_2 = (240, 1800)$이다.

정리 14.17에 따르면 $(240, 1800)$은 $a = (240^2 - 210^2)/1800 = (57600 - 44100)/1800 = 15/2$, $b = 2 \cdot 210 \cdot 240/1800 = 56$, $c = (240^2 + 210^2)/1800 = 113/2$인 순서쌍 (a, b, c)에 해당한다. 이는 변의 길이가 15/2, 56, 113/2인 유리직각삼각형도 넓이가 210임을 의미한다.

합동수에 대한 알고리즘 이 절을 끝으로 양의 정수가 합동수인지 여부를 결정하는 효율적인 알고리즘을 소개한다. 불행히도, 이 알고리즘이 항상 올바른 답을 제공하는지는 아직 알려지지 않다. 이 알고리즘은 1983년에 미국 수학자 제럴드 터넬(Jerrold Tnnell)이 증명한 정리에 기반하고 있다. 이 정리의 증명은 타원곡선과 보형 형식에 관한 깊은 결과를 바탕으로 하며, 이 책의 범위를 벗어난다([Ko96]에 있는 증명을 참조하라).

정리 14.19 터넬의 정리

양의 정수 n이 주어졌을 때 A_n, B_n, C_n, D_n을 각각 $n = 2x^2 + y^2 + 32z^2$, $n = 2x^2 + y^2 + 8z^2$, $n = 8x^2 + 2y^2 + 64z^2$, $n = 8x^2 + 2y^2 + 16z^2$의 정수해 x, y, z의 개수로 정의하자. n이 합동수라면 n이 홀수인 경우 $A_n = B_n/2$이며, n이 짝수인 경우 $C_n = D_n/2$이다. 반대로 버치-스위너턴 다이어 추측이 참이라는 가정하에 n이 홀수이고 $A_n = B_n/2$인 경우 또는 n이 짝수이고 $C_n = D_n/2$인 경우 n은 합동수이다.

터넬의 정리를 사용하여 양의 정수가 합동수인지 여부를 결정하려면 A_n, B_n, C_n, D_n을 찾아 적절한 등식을 확인해야 한다. 이러한 양은 빠르게 계산할 수 있기 때문에 이 작업은 효율적으로 수행할 수 있다. 터넬의 정리는 정수가 합동수가 아니라는 것을 알려줄 수 있지만, 정수가 합동수인지 확실하게 알려줄 수는 없다. 물론 버치-스위너턴 다이어 추측이 증명된다면 이러한 불확실성은 사라질 것이다. 다음 예제는 터넬의 정리를 어떻게 사용하는지를 설명한다.

예제 14.21

터넬의 정리를 사용하여 3이 합동수가 아니라는 페르마의 결과를 확인할 수 있다. $A_3 = 4$이고 $B_3 = 4$임을 주목하라. $3 = 2x^2 + y^2 + 32z^2$과 $3 = 2x^2 + y^2 + 8z^2$의 정수해는 각각 $x = \pm 1$, $y = \pm 1$, $z = 0$이다. $A_3 \neq B_3/2$이므로 3은 합동수가 아니다.

터넬의 정리의 추측 부분은 34가 합동수라고 예측한다. 이를 확인하려면 $C_{34} = 4$임을 주목하라.

$34 = 8x^2+2y^2+64z^2$의 정수해는 $x = \pm 2,\ y = \pm 1,\ z = 0$이며 $D_{34} = 8$이다. $34 = 8x^2+2y^2+16z^2$의 정수해는 $x = \pm 2,\ y = \pm 1,\ z = 0$과 $x = \pm 0,\ y = \pm 3,\ z = \pm 1$이다. 따라서 $C_{34} = D_{34}/2$이다. 버치-스위너턴 다이어 추측이 참이라는 가정하에 34는 합동수이다. 넓이가 34인 유리직각삼각형을 찾아 이 사실을 확인하라(계산과 탐구 2 참조).

비고. **버치-스위너턴 다이어 추측**(Birch-Swinnerton Dyer conjecture)은 2000년 클레이 수학 연구소가 중요하고 도전적인 미해결 수학 문제로 선정한 일곱 가지 밀레니엄 문제 중 하나이다. 클레이 수학연구소는 이 문제들 각각에 대한 해결책에 대해 백만 달러의 상금을 제공한다. 이 추측이 참이라면 실수 범위에서 타원곡선 위의 유리점이 유한한지 무한한지를 결정하는 간단한 방법을 제공한다. 영국 수학자 브라이언 버치(Bryan Birch)와 피터 스위너턴-다이어(Peter Swinnerton-Dyer)는 1960년대 초에 케임브리지 대학의 초기 컴퓨터를 사용하여 생성한 수치적 증거를 바탕으로 이 추측을 제시했다.

14.5 연습문제

1. 원시 피타고라스 삼각형의 넓이가 짝수임을 보여라.
2. $m = 7$이고 $n = 2, 4, 6$에 해당하는 행을 포함한 표 14.2의 확장된 버전에서 마지막 열에 나타나는 합동수를 구하라.
3. $m = 8$이고 $n = 1, 3, 5, 7$에 해당하는 행을 포함한 표 14.2의 확장된 버전에서 마지막 열에 나타나는 합동수를 구하라.
4. $m = 9$이고 $n = 2, 4, 8$에 해당하는 행을 포함한 표 14.2의 확장된 버전에서 마지막 열에 나타나는 합동수를 구하라.
5. 다음 피타고라스 수에 해당하는 원시 직각삼각형의 넓이와 관련된 제곱수가 아닌 합동수를 구하라.

   a) $(15, 8, 17)$　b) $(7, 24, 25)$　c) $(21, 20, 29)$　d) $(9, 40, 41)$
6. 다음 피타고라스 수에 해당하는 원시 직각삼각형의 넓이와 관련된 제곱수가 아닌 합동수를 구하라.

   a) $(35, 12, 37)$　b) $(11, 60, 61)$　c) $(45, 28, 53)$　d) $(33, 56, 65)$
7. 서로 다른 합동수가 무한히 많음을 보여라.
8. 책에서 다루지 않은 세 가지 경우를 다루어 정리 14.14의 증명을 완성하라.
9. 1이 합동수가 아니라는 사실을 이용하여 $\sqrt{2}$가 유리수가 아님을 보여라. (힌트: 두 변의 길이가 $\sqrt{2}$인 직각삼각형을 고려하라.)

10. 2가 합동수가 아니라는 사실을 이용하여 $\sqrt{2}$가 유리수가 아님을 보여라. (힌트: 두 변의 길이가 2인 직각삼각형을 고려하라.)

*11. 무한강하법을 사용하여 제곱수의 두 배인 정수가 합동수가 아님을 보여라.

**12. 정리 14.14를 사용하여 3이 합동수가 아님을 증명하라. (힌트: 네 가지 경우 중 세 가지는 간단하지만, 네 번째는 상당히 복잡하다.)

13. 다음 정수가 세 개의 유리수 제곱수로 이루어진 등차수열의 공차가 될 수 없는 이유를 설명하라.

a) 1 b) 8 c) 25 d) 48

14. 다음 정수가 세 개의 유리수 제곱수로 이루어진 등차수열의 공차가 될 수 없는 이유를 설명하라.

a) 2 b) 9 c) 32 d) 300

15. $r^2 \pm 7$이 모두 유리수 제곱이 되는 유리수 r을 찾아라.

16. $r^2 \pm 15$이 모두 유리수 제곱이 되는 유리수 r을 찾아라.

17. 공차가 336인 세 개의 제곱수로 이루어진 등차수열 289, 625, 961로 시작하여 넓이가 21인 유리수 변을 가진 직각삼각형을 구성하라.

18. 공차가 840인 세 개의 제곱수로 이루어진 등차수열 529, 1369, 2209로 시작하여 넓이가 210인 유리수 변을 가진 직각삼각형을 구성하라.

19. 이번 연습문제에서는 세 개의 유리수 제곱수로 이루어진 모든 등차수열을 찾는 것이 원 $x^2 + y^2 = 2$의 유리점을 찾는 것과 동등함을 보일 것이다. (14.1절의 연습문제 21에서 이 점들의 매개변수를 구하는 방법을 참고하라.)

a) 만약 a^2, b^2, c^2이 양의 정수로 이루어진 등차수열이라면 $(a/b, c/b)$가 원 $x^2 + y^2 = 2$의 유리점임을 보여라.

b) 만약 $x^2 + y^2 = 2$이고 x와 y가 유리수이며 t가 0이 아닌 정수라면 $(tx)^2$, t^2, $(ty)^2$이 세 개의 유리수 제곱수로 이루어진 등차수열임을 보여라.

20. 정리 14.17에서 사용된 매핑을 이용하여 변의 길이가 각각 3/2, 20/3, 41/6인 유리직각삼각형에 해당하는 타원곡선 $y^2 = x^3 - 25x$ 위의 유리점을 찾아라.

21. 정리 14.17에서 사용된 매핑을 이용하여 변의 길이가 각각 35/12, 24/5, 337/60인 유리직각삼각형에 해당하는 타원곡선 $y^2 = x^3 - 49x$ 위의 유리점을 찾아라.

22. 타원곡선 $y^2 = x^3 - x$ 위에 x와 y가 양수인 유리점 (x, y)가 없음을 보여라. (힌트: 이를 합동수에 관한 문제로 줄여라.)

23. 타원곡선 $y^2 = x^3 - 4x$ 위에 x와 y가 양수인 유리점 (x, y)가 없음을 보여라. (힌트: 이를 합동수에 관한 문제로 줄여라.)

24. 타원곡선 위의 점에 대한 대수적 이중점 공식을 유도하는 것을 완성하라.

25. 연습문제 20에서 찾은 타원곡선 $y^2 = x^3 - 25x$ 위의 점에서 시작해서 대수적 이중점 공식을 사용하여 변의 길이가 3/2, 20/3, 41/6인 것과 다른 넓이가 5인 유리직각삼각형을 찾아라.

26. 연습문제 21에서 찾은 타원곡선 $y^2 = x^3 - 49x$ 위의 점에서 시작해서 대수적 이중점 공식을 사용하여 변의 길이가 35/12, 24/5, 337/60인 것과 다른 넓이가 7인 유리직각삼각형을 찾아라.

27. 타원곡선 $y^2 = x^3 - 36x$ 위의 두 점 $(12, 36)$과 $(25/4, -35/8)$를 더하고, 정리 14.17을 사용하여 변의 길이가 3, 4, 5인 삼각형과 7/10, 120/7, 1201/70인 삼각형과 다른 넓이가 6인 유리직각삼각형을 찾아라.

28. 타원곡선 $y^2 = x^3 - 210^2x$ 위의 두 점 $(240, 1800)$과 $(1260, 44100)$을 더하고, 정리 14.17을 사용하여 예제 14.20에서 언급된 세 삼각형과 다른 넓이가 210인 유리직각삼각형을 찾아라.

29. 공차가 6인 세 개의 유리수 제곱수들로 이루어진 두 개의 다른 등차수열을 찾아라. $(1/2)^2$, $(5/2)^2$, $(7/2)^2$ 말고 다른 것을 찾아라.

30. 공차가 21인 세 개의 유리수 제곱수들로 이루어진 두 개의 다른 등차수열을 찾아라.

31. 터넬의 정리를 사용해서 다음 숫자들이 합동수가 아님을 보여라.

    a) 1 b) 10 c) 17

32. 터넬의 정리를 사용해서 다음 숫자들이 합동수가 아님을 보여라.

    a) 2 b) 10 c) 126

33. 버치와 스위너턴-다이어 추측을 가정하고, 터넬의 정리를 사용해서 41이 합동수임을 보여라.

34. 버치와 스위너턴-다이어 추측을 가정하고, 터넬의 정리를 사용해서 157이 합동수임을 보여라.

35. 오일러는 n이 제곱인수가 없는 양의 정수이고 $n \equiv 5, 6, 7 \pmod 8$이라면 n이 합동수일 것이라고 추측했으나 증명하지는 못했다. 버치와 스위너턴-다이어 추측을 가정하고, 터넬의 정리를 사용해 이 추측을 증명하라.

삼각형의 변의 길이와 넓이가 모두 유리수일 때, 그 삼각형을 **헤론 삼각형**(Heron triangle)이라고 부른다. 이 삼각형들은 알렉산드리아의 헤론(Heron)의 이름을 따서 지어졌으며, 헤론은 변의 길이가 a, b, c인 삼각형의 넓이가 $\sqrt{s(s-a)(s-b)(s-c)}$로 주어진다는 것을 보여주었다. 여기서 s는 $(a+b+c)/2$이다. 또한 a와 b를 길이로 갖는 두 변이 이루는 각이 θ일 때 넓이는 $(ab\sin(\theta))/2$로 표현되며, 코사인 법칙에 따르면 $c^2 = a^2 + b^2 - 2ab\cos\theta$이다.

36. 어떤 삼각형의 변의 길이가 13, 14, 15라면, 이 삼각형이 헤론 삼각형임을 보여라.

*37. n이 양의 정수라면, 넓이가 n인 헤론 삼각형이 존재함을 보여라. (힌트: 변의 길이가 2, $|r-(1/r)|$, $|s-(1/s)|$인 두 개의 삼각형을 붙여서 만들어라. 여기서 $r = 2n/(n-2)$, $s = (n-2)/4$이며, 삼각형을 적절하게 확대하라.)

38. 헤론 삼각형의 변의 길이가 x, y, z이고 길이 x와 y인 변 사이의 각이 θ라면 $\cos\theta$와 $\sin\theta$는 유리수이며, 점 $(\sin\theta, \cos\theta)$의 좌표가 $\sin\theta = \frac{2t}{t^2+1}$, $\cos\theta = \frac{t^2-1}{t^2+1}$로 되는 유리수 t가 존재함을 보여라.

정수 n이 유리수 a, b, c, t에 대해 $ab\left(\frac{2t}{t^2+1}\right) = 2n$이고 $a^2 + b^2 - 2ab\left(\frac{t^2-1}{t^2+1}\right) = c^2$을 만족하면, 그 정수 n을 t**합동수**(t-congruent number)라고 부른다. (여기서 $t = 1$일 때 t합동수는 일반적인 합동수와 같다.)

39. a) t가 유리수일 때 양의 정수 n이 t합동수일 필요충분조건은 n/t과 $t^2 + 1$이 모두 0이 아닌 유리수 제곱수이거나 곡선 $y^2 = x(x - \frac{n}{t})(x + nt)$ 위에 $y \neq 0$인 유리점 (x, y)가 존재하는 것이다. 즉 n이 t합동수일 필요충분조건은 넓이가 n인 헤론 삼각형이 존재하는 것이다. (힌트: a, b, c가 정의에 있는 방정식을 만족하고 $b \neq c$라면 $(a^2/4, (ab^2 - ac^2)/8)$이 이 곡선 위에 놓인다. (x, y)가 곡선 위에 있고 $y \neq 0$일 때 $a = |(x^2 + y^2)/y|$, $b = |(x - (n/t))(x + nt)/y|$로 설정하라. 그리고 $y = 0$일 때 $a = 2\sqrt{n/t}$, $b = c = \sqrt{n(t^2 + 1)/t}$로 설정하라.)

b) $n = 12$이고 $t = 4/3$일 때 곡선 $y^2 = x(x - \frac{n}{t})(x + nt)$ 위에 점 $(-6, 30)$이 놓임을 보여라.

c) (a)의 결과를 사용하여 12가 4/3합동수임을 보여주고, 변의 길이가 유리수이고 넓이가 12인 삼각형의 변의 길이를 구하라.

d) 만약 n이 양의 정수라면 n이 t합동수인 유리수 t가 존재한다는 것을 연습문제 37과 38을 통해 결론지어라.

40. 이번 연습문제에서는 타원곡선 위의 유리점을 찾아 해결할 수 있는 또 다른 문제를 소개한다. x개의 정사각형 층으로 이루어진 정사각형 피라미드에 공들이 배열되어 있다고 가정해보자. 맨 위 층에는 하나의 공이 있고, 그 아래 층에는 네 개, 그 아래 층에는 점점 더 많은 공이 있고, 맨 아래 층에는 x^2개의 공이 있다.

a) 이 피라미드의 공을 변의 길이를 y로 갖는 단일 정사각형으로 재배치하기 위한 필요충분조건은 $y^2 = x(x + 1)(2x + 1)/6$이 양의 정수해 (x, y)를 가질 때임을 보여라.

b) $1 \leq x \leq 10$일 때 정사각형 피라미드를 정사각형으로 재배치할 수 있는 경우는 $x = 1$일 때뿐임을 보여라.

c) 곡선 $y^2 = x(x + 1)(2x + 1)/6$ 위에 $(0, 0)$과 $(1, 1)$이 놓여 있음을 보이고, 이 곡선 위에서 $(0, 0)$과 $(1, 1)$의 합을 구하라.

d) (c)에서 구한 점과 $(1, 1)$의 합을 구하라. 이 합이 양의 정수해로 이어짐을 보여라.

계산과 탐구

1. 표 14.2를 확장하여 $m < n \leq 50$인 홀짝성이 다른 정수 m과 n의 모든 쌍에 대해 행을 추가하라.

2. 피타고라스 수에 대응하는 삼각형의 넓이의 제곱인수가 없는 부분이 34인 경우를 찾아 34가 합동수임을 보여라.

3. 피타고라스 수에 대응하는 삼각형의 넓이의 제곱인수가 없는 부분이 39인 경우를 찾아 39가 합동수임을 보여라.

4. 타원곡선 $y^2 = x^3 - 53^2x$에서 $m = 1{,}873{,}180{,}325$이고 $n = 1{,}158{,}313{,}156$일 때 피타고라스 수 $(a = m^2 - n^2, b = 2mn, c = m^2 + n^2)$에 대응하는 유리점을 찾아라.

5. 정수들의 제곱수들의 수열을 관찰하여 가능한 많은 세 제곱수의 등차수열을 찾아라.

6. 타원곡선 $y^2 = x^3 - 36x$ 위의 점의 대수적 이중점을 연속적으로 구하여 넓이가 6인 가능한 많은 유리직각삼각형을 찾아라.

7. 타원곡선 $y^2 = x^3 - 210^2x$ 위의 점의 대수적 이중점을 연속적으로 구하여 넓이가 210인 가능한 많은 유리직각삼각형을 찾아라.

8. $(111, 6160, 6161)$, $(231, 2960, 2969)$, $(518, 1320, 1418)$, $(280, 2442, 2458)$이 각각 넓이 $341{,}880 = 2^2 \cdot 170{,}940$인 직각삼각형에 해당하는 네 개의 피타고라스 수임을 이용하여 타원곡선 $y^2 = x^3 - 170{,}940^2x$ 위의 네 개의 서로 다른 유리점을 찾아라. 이 점들 중 두 개를 더하여 넓이가 170,940인 추가적인 유리직각삼각형을 찾아라.

프로그래밍 프로젝트

1. 표 14.2를 확장하여 주어진 양의 정수 U에 대해 $n < m \le U$인 홀짝성이 다른 정수 m과 n의 모든 쌍에 대해 행을 추가하라.

2. 주어진 타원곡선 $y^2 = x^3 + ax + b$ 위의 두 점에 대해 이 두 점의 합을 찾아라.

3. 넓이가 N인 유리직각삼각형의 변의 길이가 주어졌을 때, 이에 대응하는 타원곡선 $y^2 = x^3 - N^2x$ 위의 점을 찾아라. 그런 다음, 대수적 이중점을 이용하여 이에 대응하는 넓이가 N인 유리직각삼각형을 찾아라.

14.6 소수 법 타원곡선

타원곡선은 수론의 많은 문제를 해결하는 데 중요한 역할을 하며 다양한 응용 분야에서도 활용된다. 14.5절에서 실수 집합 위의 타원곡선을 소개하고, 이들이 합동수 문제를 연구하는 데 어떻게 사용될 수 있는지를 배웠다. 실수 집합 위의 타원곡선 E는 a와 b가 $4a^3 + 27a^2 \neq 0$인 실수일 때 방정식 $y^2 = x^3 + ax + b$을 만족하는 점 (x, y)의 집합이다. 또한 유리수 집합 위에서 정의된 타원곡선도 연구할 수 있다. 이 경우에 a와 b는 $4a^3 + 27a^2 \neq 0$인 유리수이고, 방정식 $y^2 = x^3 + ax + b$을 만족하는 유리점 (x, y)에 주목한다. 이 절에서는 p가 홀수 소수일 때 법 p로 정수 집합 위의 타원곡선을 살펴본다. 이러한 타원곡선 위의 점의 덧셈은 실수 집합 위의 타원곡선에서의 점의 덧셈을 기반으로 하며 모든 연산은 법 p로 계산된다.

14.6.1 유한 타원곡선

먼저 p가 홀수 소수일 때 법 p로의 타원곡선부터 정의한다.

정의 14.4

양의 정수 a와 b가 1보다 크고 홀수 소수 p가 $(4a^2 + 27b^2, p) = 1$을 만족할 때, **법 p로의 타원곡선** (elliptic curve modulo p) $E_p(a, b)$는 $y^2 \equiv x^3 + ax + b \pmod{p}$를 만족하는 정수 x와 y의 점 (x, y)와 무한원점 ∞로 이루어진 집합이다.

법 p로의 타원곡선은 실수 위의 타원곡선과 달리 이산적인 점들의 집합이다. 법 p로의 타원곡선 위의 점을 찾는 방법을 알아보자. 먼저, 타원곡선 $E_p(a, b)$ 위에 첫 번째 좌표가 x인 점이 존재하려면 법 p로 $x^3 + ax + b$가 이차잉여일 때만 가능하다는 점에 주목한다.

예제 14.22

$E_5(1, 2)$ 위의 점을 찾기 위해서는 각 $i \in \{0, 1, 2, 3, 4\}$에 대해 $x = i$일 때 $y^2 \equiv x^3 + x + 2 \pmod{5}$를 만족하는 y를 구해야 한다.

먼저, $x = 0$인 점은 이 곡선 위에 존재하지 않는다. 왜냐하면 $y^2 \equiv 2 \pmod{5}$의 해가 없기 때문이다. $x = 1$인 경우는 $y^2 \equiv 1^3 + 1 + 2 = 4 \pmod{5}$를 만족하는 해 $y \equiv 2 \pmod{5}$와 $y \equiv 3 \pmod{5}$이 존재한다. $x = 2$ 또는 $x = 3$일 때는 y가 $y^2 \equiv 2 \pmod{5}$를 만족해야 하는데, 이 방정식의 해가 없기 때문에 $x = 2$ 또는 $x = 3$인 점은 곡선 위에 존재하지 않는다는 것을 알 수 있다. 마지막으로, $x = 4$일 때는 $y^2 \equiv 4^3 + 4 + 2 \equiv 0 \pmod{5}$의 해를 찾아야 하고, 이 방정식은 유일한 해 $y \equiv 0 \pmod{5}$를 가진다.

따라서 타원곡선 $E_5(1, 2)$ 위의 점들은 $y^2 \equiv x^3 + x + 2 \pmod{5}$를 만족하는 세 점 $(1, 2)$, $(1, 3)$, $(4, 0)$과 무한원점 ∞로 이루어져 있다. 모두 네 개의 점이 이 타원곡선 위에 존재한다.

예제 14.23

$E_7(3, 4)$ 위의 점을 찾기 위해서는 각 $x = 0, 1, 2, 3, 4, 5, 6$에 대해 $y^2 \equiv x^3 + 3x + 4 \pmod{7}$를 만족하는 해 y를 구한다. 이를 위해 먼저 각 x값에 대해 $x^3 + 3x + 4 \pmod{7}$을 계산한다. 그 다음 $y^2 \pmod{7}$이 각 $x^3 + 3x + 4 \pmod{7}$의 값을 가지는 y를 찾는다.

$x = 0$일 때 $y^2 \equiv 4 \pmod{7}$, $x = 1$일 때 $y^2 \equiv 1 \pmod{7}$, $x = 2$일 때 $y^2 \equiv 4 \pmod{7}$, $x = 3$일 때 $y^2 \equiv 5 \pmod{7}$, $x = 4$일 때 $y^2 \equiv 3 \pmod{7}$, $x = 5$일 때 $y^2 \equiv 4 \pmod{7}$, $x = 6$일 때 $y^2 \equiv 0 \pmod{7}$임을 확인한다.

$y^2 \equiv 4 \pmod{7}$의 해는 $y = 2$와 $y = 5$이고, $y^2 \equiv 1$의 해는 $y = 1$과 $y = 6$이다. $y^2 \equiv 3 \pmod{7}$ 또는 $y^2 \equiv 5 \pmod{7}$의 해는 존재하지 않고, $y^2 \equiv 0 \pmod{7}$은 유일한 해 $y = 0$를 가진다.

따라서 $E_7(3, 4)$ 위의 열 개의 점은 $(0, 2)$, $(0, 5)$, $(1, 1)$, $(1, 6)$, $(2, 2)$, $(2, 5)$, $(5, 2)$, $(5, 5)$, $(6, 0)$과 무한원점 ∞이다.

예제 14.22와 14.23은 홀수 소수 p와 정수 a, b가 주어졌을 때 c가 법 p로 0이 아닌 이차잉여인 경우는 $y^2 \equiv c \pmod{p}$를 만족하는 두 개의 y값이 존재하고, c가 법 p로 이차비잉여인 경우는, $y^2 \equiv c \pmod{p}$의 해가 존재하지 않으며, $c = 0$일 때는 $y^2 \equiv c \pmod{p}$가 유일한 해를 가진다는 점을 통해 타원곡선 $E_p(a, b)$ 위의 점을 셀 수 있음을 보여준다.

0이 아닌 정수 중에 $p - 1$ 이하의 수 중 절반이 제곱수이기 때문에, a와 b가 0이 아닌 정수일 때 $x^3 + ax + b$가 $p - 1$이하의 양의 정수의 약 절반에 대해 법 p로 제곱수일 것이라고 가정하는 것이 합리적이다. 무한원점을 고려하면 타원곡선 $E_p(a, b)$ 위에 약 $p + 1$개의 점이 있을 것으로 예상된다. 1933년 독일의 수학자인 헬무트 하세(Helmut Hasse)는 $p + 1$과 $|E_p(a, b)|$의 차이가 $2\sqrt{p}$를 초과할 수 없다는 것을 보임으로써, $|E_p(a, b)|$에 대한 유용한 상계를 증명했다 (이 상계는 에밀 아르틴(Emil Artin)이 박사논문에서 처음으로 추측했다). 하세의 정리의 증명은 [Wa08]를 참조하기 바란다.

정리 14.20 하세의 정리

홀수 소수 p와 정수 a와 b에 대해 $E_p(a, b)$가 법 p로의 타원곡선이라면 다음이 성립한다.

$$\big|p + 1 - |E_p(a, b)|\big| \le 2\sqrt{p}$$

비고. 하세의 정리는 p가 홀수 소수이고 a와 b가 음 아닌 정수일 때 타원곡선 $E_p(a, b)$ 위의 점의 개수의 상계를 제공한다. 자연스럽게 떠오르는 질문은 $|p+1-n| \le 2\sqrt{p}$을 만족하는 모든 정수 n에 대해 n개의 점을 가지는 타원곡선 $E_p(a, b)$가 존재하는가 하는 것이다. 이 타원곡선의 존재성은 1941년 독일 수학자 도이링(Max Deuring)에 의해 증명되었다.

실수 위의 타원곡선의 점을 더하거나 배수를 구할 때 사용하는 동일한 공식을 사용하여 법 p로의 타원곡선 위의 점을 더하거나 배수를 구할 수 있다. 실수의 나눗셈은 법 p로 정수의 역수와의 곱셈으로 대체한다. 즉 (이런 변경을 참고할 때) 동일한 대수적 규칙을 따른다는 것이다. 그러나 이 규칙에 대해 제시했던 기하학적 해석은 법 p로의 타원곡선에서는 적용되지 않는다.

정의 14.5 법 p로의 타원곡선의 덧셈 공식(p는 홀수 소수)

$P_1 = (x_1, y_1)$과 $P_2 = (x_2, y_2)$가 법 p로의 타원곡선 $y^2 = x^3 + ax + b$ 위의 점이라고 하자. $P_3 = P_1 + P_2 = (x_3, y_3)$를 다음과 같이 정의한다.

(i) $P_1 \ne P_2$이고 두 점 모두 무한원점이 아닌 경우 $x_1 \ne x_2$라면, $m = (y_2 - y_1)(x_2 - x_1)^{-1}$이고

$(x_2 - x_1)^{-1}$은 법 p로 $x_2 - x_1$의 역수라 할 때 다음과 같이 정의한다.

$$P_1 + P_2 = (x_3, y_3) = (m^2 - x_1 - x_2, m(x_1 - x_3) - y_1)$$

만약 $x_1 = x_2$이지만 $y_1 \neq y_2$라면 다음과 같이 정의한다.

$$P_1 + P_2 = \infty$$

(ii) $P_1 = P_2$이고 무한원점이 아닌 경우 $y_1 = y_2 \neq 0$라면, $m = (3x_1^2 + a)(2y_1)^{-1}$이고 $(2y_1)^{-1}$은 법 p로 $2y_1$의 역수라 할 때 다음과 같이 정의한다.

$$P_1 + P_2 = 2P_1 = (m^2 - 2x_1, m(x_1 - x_3) - y_1)$$

만약 $y_1 = y_2 = 0$이라면 다음과 같이 정의한다.

$$P_1 + P_2 = \infty$$

(iii) 타원곡선 위의 모든 점 P(무한원점 ∞를 포함하여)에 대해 다음으로 정의한다.

$$P + \infty = P$$

비고. 소수 p에 대해 법 p로의 타원곡선이 이산적인 점들의 집합임에도 불구하고, 여전히 "접선의 기울기"라는 용어가 $m = (3x_1^2 - a)(2y_1)^{-1}$ ($(2y_1)^{-1}$은 법 p로 $2y_1$의 역수)을 기술하는 데 사용된다.

비고. 실수 위의 타원곡선과 마찬가지로 법 p로의 타원곡선 위의 점 $P = (x, y)$의 음수는 x축에 대한 반사이다. 즉 $-P = (x, -y)$이다. $P = (x, y)$가 법 p로의 타원곡선에 속하면 $-P = (x, -y)$도 이 곡선에 속함을 확인할 수 있다.

비고. 법 p로의 타원곡선 위의 점 P_1과 P_2에 대해 $P_3 = P_1 + P_2$를 구하려면 먼저 P_3의 x 좌표인 x_3를 구한 후 y_3, 즉 P_3의 y 좌표를 찾아야 한다. 왜냐하면 x_3가 y_3를 계산하는 데 필요하기 때문이다. 이는 $P_1 \neq P_2$인 경우와 $P_1 = P_2$인 경우 모두에 적용된다.

비고. 소수 p와 정수 a, b에 대해 타원곡선 $E_p(a, b)$ 위의 점의 덧셈은 실수 위의 타원곡선에서의 점의 덧셈과 같이 교환법칙, 항등원의 존재, 역원의 존재, 결합법칙 등을 포함한 항등원과 역원에 대한 일반적인 성질을 가진다.

n이 양의 정수이고 $P \in E_p(a,b)$이며 p가 홀수 소수이고 a와 b가 정수일 때, nP를 효율적으로 계산하는 방법은 n의 이진전개를 사용하는 것이다. $n = (b_k b_{k-1} \ldots b_1 b_0)$이면 $nP = \sum_{j=0}^{k} 2^j P$이므로, nP를 계산하기 위해서는 $P, 2P, 2^2P, \ldots, 2^kP$를 P부터 시작하여 반복적으로 두 배씩 하여 구한 후 $b_j = 1$인 경우의 2^jP 항들을 더한다. 예를 들어 $13P$를 계산하려면 $2P$, $4P$, $8P$를 계산한 후 P, $4P$, $8P$를 더한다.

예제 14.24

$P = (8,4)$인 곡선 $E_{23}(1,2)$에서 $11P$를 찾기 위해 $11P = 8P + 2P + P$임을 확인한다. 법 p로의 타원곡선의 점을 두 배하기와 합을 찾는 규칙을 사용하여 $2P = (0,5)$, $4P = 2(2P) = 2(0,5) = (3,20)$, $8P = 2(3,20) = (3,3)$임을 확인하는 것은 독자에게 남겨둔다. 이러한 덧셈법칙을 사용하여 $11P = (3,3)+(0,5)+(8,4) = ((3,3)+(0,5))+(8,4) = (0,18)+(8,4) = (8,19)$임을 알 수 있다.

비고. 법 p로의 (및 m이 합성수일 때 법 m으로) 타원곡선의 점들의 합과 배수를 계산하는 데 유용한 도구는 https://andrea.corbellini.name/ecc/interactive/modk-mul.html 및 https://graui.de/code/elliptic2/에서 찾아볼 수 있다.

예제 14.25

점 $P_1 = (x_1, y_1) = (1,2)$와 $P_2 = (x_2, y_2) = (4,0)$은 모두 $E_5(1,2)$에 속한다(예제 14.22 참조). $P_1 + P_2 = P_3 = (x_3, y_3)$를 찾기 위해 먼저 $m = (y_2 - y_1)(x_2 - x_1)^{-1} = (0-2)(4-1)^{-1} \equiv -2 \cdot 2 \equiv 1 \pmod 5$를 구한다[$(4-1)^{-1} = 3^{-1} = 2 \pmod 5$임을 사용]. 따라서 $x_3 = m^2 - x_1 - x_2 = 1^2 - 1 - 4 \equiv 1 \pmod 5$이고 이를 이용하여 $y_3 = m(x_1 - x_3) - y_1 = 1(1-1) - 2 \equiv 3 \pmod 5$임을 알 수 있다. 그러므로 $P_1 + P_2 = P_3 = (1,3)$이다.

예제 14.26

점 $P = (x_1, y_1) = (2,5)$는 $E_7(3,4)$에 속한다(예제 14.23 참조). $2P = 2(2,5) = (x_2, y_2)$를 찾기 위해 법 p로의 타원곡선에서 점을 대수적으로 두 배하는 공식을 사용한다. $2P$를 계산하기 위해 먼저 $m = (3x_1^2 + a)(2y_1)^{-1} = (3 \cdot 2^2 + 3)(2 \cdot 5)^{-1} \equiv 1 \cdot 5 = 5 \pmod 7$를 구한다. 따라서 $x_2 = m^2 - 2x_1 = 5^2 - 2 \cdot 2 \equiv 0 \pmod 7$이고 $y_2 = m(x_1 - x_2) - y_1 = 5(2-0) - 5 \equiv 5 \pmod 7$임을 알 수 있다. 그러므로 $2P = (0,5)$이다.

정수 a와 b에 대해 $E_p(a,b)$에 속하는 점 (x,y)를 결정할 때 고려해야 할 가능한 x와 y값이 각각 p개 있다. 따라서 무한원점을 포함하여 $E_p(a,b)$에는 최대 p^2+1개의 점이 있을 수 있다. 따라서 모든 점 $P \in E_p(a,b)$에 대해 $jP = kP$이고 $j < k$인 양의 정수 j와 k가 존재한다. 양변에 $k(-P)$를 더하면 좌변은 $jP + k(-P) = jP - kP = (j-k)P$가 되고, 우변은 $kP + k(-P) = kP - kP = \infty$가 되어, $(j-k)P = \infty$임을 알 수 있다. 그러므로 $mP = \infty$

가 되는 양의 정수 m이 존재하고, 특히 $mP = \infty$가 되는 가장 작은 양의 정수 m이 존재한다. 다음 정의에서 이 값이 등장한다.

정의 14.6 법 p로의 타원곡선의 점의 위수

홀수 소수 p와 정수 a, b에 대해 타원곡선 $E_p(a,b)$ 위의 점 P의 **위수**는 $ord(P)$로 표시되며, $dP = \infty$가 되는 가장 작은 양의 정수 d를 말한다.

다음 정리에서 p가 소수인 경우 법 p로의 타원곡선에서 점 P의 m배가 무한원점일 때, m이 P의 위수의 배수여야 함을 밝힌다.

정리 14.21

P가 타원곡선 $E_p(a,b)$ 위의 점이고 p가 소수이며 $mP = \infty$일 때 P의 위수는 m을 나눈다.

증명 14.21

m이 양의 정수일 때 $mP = \infty$라고 하자. $m = dq+r$이고 $0 \leq r < d$이면 $\infty = mP = (dq+r)P = q(dP) + rP = q\infty + rP$이므로 $rP = \infty$이다. d의 최소성에 의해 $r = 0$이 되어야 하고, 따라서 $d \mid m$이다.

예제 14.27

점 $P = (2,1)$은 $E_7(2,3)$ $[y^2 = x^3 + 2x + 3 \pmod 7]$에 속한다. 계산 결과(독자에게 남겨둠) $2P = (3,6)$, $3P = (6,0)$, $4P = (3,1)$, $5P = (2,6)$, $6P = \infty$임을 알 수 있다. 따라서 $E_7(2,3)$에서 $(2,1)$의 위수는 6이다.

이제 다음 정리로 이어진다.

정리 14.22

홀수 소수 p와 정수 a와 b에 대해 $P \in E_p(a,b)$이면 $ord(P)$는 $|E_p(a,b)|$를 나눈다.

군론을 공부한 학생들은 라그랑주의 정리를 사용하여 정리 14.22를 증명할 수 있다. 여기서는 증명을 생략한다.

하세의 정리와 정리 14.22를 함께 사용하면 $|E_p(a,b)|$를 때로는 찾을 수 있다.

예제 14.28

[Wa08]에 따르면 $(2,3) \in E_{557}(-10,21)$의 위수는 189이다. 따라서 정리 14.22에 의해 189는 $|E_{557}(-10,21)|$를 나눈다. 또한 하세의 정리에 의해 다음이 성립한다.

$$|557+1-|E_{557}(-10,21)|| < 2\sqrt{557}$$

$\sqrt{557}$이 대략 23.6이므로 다음을 만족한다.

$$|557+1-|E_{557}(-10,21)|| < 47$$

이로부터 $511 \le |E_{557}(-10,21)| \le 605$임을 알 수 있다. 189의 첫 네 개의 양의 배수는 189, 378, 567, 756인데, 이들 중 올바른 범위에 속하는 유일한 값은 567이다. 이로부터 $|E_{557}(-10,21)| = 567$임을 알 수 있다.

정의 14.7 타원곡선 이산로그

홀수 소수 p와 정수 a, b에 대해 타원곡선 $E_p(a,b)$ 위의 점 P, Q가 $Q = nP$(n은 양의 정수)를 만족하면, n을 $E_p(a,b)$에서 밑 P에 대한 Q의 **이산로그**라고 한다. **이산로그문제**는 타원곡선 $E_p(a,b)$ 위의 주어진 점 P와 Q에 대해 $Q = nP$를 만족하는 정수 n을 구하는 문제이다.

P와 Q가 주어진 타원곡선 위의 점일 때 $Q = nP$가 되는 이산로그 n을 찾는 보장된 방법 중 하나는 양의 정수들을 차례로 대입해보는 것이다. 이 무차별 대입 방법은 p가 아주 큰 정수일 때는 실행가능하지 않다. 이 상황은 자릿수가 수백 자리에 이르는 소수를 사용하는 암호화 응용 프로그램에서 발생한다. 다음 예제에서 작은 소수일 때 무차별 대입 방법을 적용해본다.

예제 14.29

예제 14.27에서 점 $P = (2,1)$는 $E_7(2,3)$에 속하며, $2P = (3,6)$, $3P = (6,0)$, $4P = (3,1)$, $5P = (2,6)$임을 알아보았다. 따라서 $E_7(2,3)$에서 밑 $(2,1)$에 대한 $(3,1)$의 이산로그는 4이고, $(6,0)$의 이산로그는 3이며, $(3,6)$의 이산로그는 2이다.

10장에서 소수 p에 대해 법 p로 이산로그를 찾기 위한 최단보폭-최장보폭 알고리즘을 소개하고, 법 p로 이산로그를 찾기 위한 다양한 효율적인 알고리즘이 개발되었다고 했다. 마찬가지로 타원곡선 이산로그를 찾기 위한 다양한 알고리즘도 개발되었는데, 이러한 알고리즘 중에는 지표 계산 공격, 폴릭-헬먼(Pohlig-Hellman) 방법, 최단보폭-최장보폭 방법, 폴라드 ρ 방법, 폴라드 λ 방법 등이 있다. [Wa08]과 [Si09]에서 이러한 알고리즘과, 어려운 경우에 도움이 될 수 있는 특수 목적의 알고리즘도 설명하고 있다. 그러나 이러한 방법들 중 어느 것도 이산로그문제의 어려움에 의존하는 타원곡선 암호화의 보안을 위협할 만큼 효율적이지는 않다. 다만 타원곡선 암호화를 사용할 때 피해야 할 몇 가지 경우를 식별하는 데 도움이 된다.

지금까지 p가 소수일 때 법 p로 정수 집합 위에서 타원곡선을 정의했다. 그렇다면 정의를 확장하여 m이 합성수일 때 법 m으로 타원곡선을 정의할 수 있을까? 불행히도 이것은 불가능하다. 왜냐하면 m이 합성수일 때 m과 서로소인 정수에 대해서만 법 m으로 역수를 찾을 수 있기 때문에, $y^2 \equiv x^3 + ax + b \pmod{m}$을 만족하는 점들의 정의를 확장할 수 없기 때문이다.

그렇다고 하더라도 m이 양의 합성수일 때 $y^2 \equiv x^3+ax+b \pmod{m}$ 형태의 곡선을 연구할 필요가 있다. 이러한 곡선을 소수에 대한 타원곡선을 나타내는 방식과 유사하게 $E_m(a,b)$로 나타낸다. m이 $(m,6)=1$이고 $(4a^3+27b^2, m)=1$인 합성수일 때 $E_n(a,b)$ [즉 $y^2 \equiv x^3+ax+b \pmod{m}$을 만족하는 점 (x,y)들과 무한원점 ∞의 집합]을 **유사타원곡선**(elliptic pseudocurve)이라고 부른다. n이 합성수일 때 법 n으로 유사타원곡선 위의 두 점 P와 Q가 주어지면, 마치 p가 소수일 때 법 p로의 타원곡선 위의 두 점을 더하는 것처럼 이 점들을 더하려고 시도할 수 있다. 그러나 n이 합성수이기 때문에 법 n으로 역수가 존재하지 않는 정수들이 있어 P의 합이 정의되지 않을 수 있다. 이 특성을 이용해 이 장의 다음 절에서 정수를 소인수분해하는 알고리즘을 소개한다.

예제 14.30

점 $(5,3)$과 $(19,4)$는 모두 $E_{21}(1,5)$에 속한다. 타원곡선 위의 두 점의 합에 대한 공식을 사용하여 이 점들을 더하면, $m=(4-3)(19-5)^{-1}$일 때 $(5,3)+(19,4)=(m^2-5-24, m(5-x_3)-19)$를 얻는다. 그러나 $19-5=14$는 $(14,21)=7 \neq 1$이므로 21에 대한 역수를 가지지 않는다. 따라서 $(5,3)+(19,4)$는 정의되지 않는다.

14.6 연습문제

1. 다음 타원곡선 위의 모든 점을 구하라.

   a) $E_5(1,3)$　　b) $E_7(2,4)$　　c) $E_{11}(1,6)$

2. 다음 타원곡선 위의 모든 점을 구하라.

   a) $E_7(2,-1)$　　b) $E_{11}(10,3)$　　c) $E_{13}(0,1)$

3. $E_{19}(5,-2)$ 위에서 다음 점을 구하라.

   a) $-(15,16)$　　c) $3(11,4)$　　e) $(15,3)+(1,2)$

   b) $2(11,4)$　　d) $4(11,4)$　　f) $(6,4)-(4,5)$

4. $E_{23}(6,5)$ 위에서 다음 점을 구하라.

a) $-(20,11)$ c) $3(3,2)$ e) $(20,11)+(3,2)$

b) $2(3,2)$ d) $4(3,2)$ f) $(8,6)-(4,1)$

5. p가 홀수 소수일 때 무한원점을 포함하여 $E_p(a,b)$ 위의 점의 개수가 $p+1+\sum_{i=0}^{p-1}\left(\frac{i^3+ai+b}{p}\right)$ 임을 보여라. 이때 $\left(\frac{c}{p}\right)$는 르장드르 기호이다.

6. a) 하세의 정리에 따르면 a와 b가 양의 정수일 때 $|E_5(a,b)|$의 가능한 값들은 무엇인가?

   b) `https://andrea.corbellini.name/ecc/interactive/modk-mul.html`에 있는 타원곡선 덧셈 및 스칼라 곱셈 프로그램과 같은 온라인 프로그램을 이용하여 하세의 정리에 의해 주어진 $|E_5(a,b)|$의 가능한 모든 값에 대해 a와 b의 값을 찾아라.

7. $|E_{17}(2,2)|=19$임을 보이고, $(5,1)\in E_{17}(2,2)$의 위수가 19임을 증명하라.

8. 점 $(0,1)$의 위수가 $E_{101}(7,1)$에서 116이다. 하세의 정리와 정리 14.22를 이용하여 $|E_{101}(7,1)|$를 구하라.

9. $E_{103}(7,12)$ 위의 점 $(-1,2)$의 위수가 13이고, 점 $(19,0)$의 위수가 2이다. 하세의 정리와 정리 14.22를 이용하여 $|E_{103}(7,12)|$를 구하라.

10. 이 연습문제에서는 p가 홀수 소수일 때 법 p로의 타원곡선 위의 페르마의 작은 정리를 찾아본다. a와 b가 정수이고 P가 $E_p(a,b)$ 위의 점일 때 $|E_p(a,b)|=n$이라고 가정하자.

    a) k가 양의 정수이고 P가 $E_p(a,b)$ 위의 임의의 점일 때 $P_1,P_2,\ldots,P_k$가 $E_p(a,b)$ 위의 k개의 서로 다른 점이라면, $P_1+P, P_2+P,\ldots,P_k+P$도 서로 다른 k개의 점임을 보여라.

    b) (a)를 이용하여 $P_1,P_2,\ldots,P_n$이 $E_p(a,b)$ 위의 n개의 서로 다른 점이라면, $P_1+P_2+\cdots+P_n=(P_1+P)+(P_2+P)+\cdots+(P_n+P)$임을 보여라.

    c) (b)로부터 $nP=\infty$ (무한원점)임을 유도하라.

11. $E_5(1,2)$ 위의 점들에 대한 덧셈표를 작성하라.

12. $E_7(3,-4)$ 위의 점들에 대한 덧셈표를 작성하라.

13. $E_{11}(3,-1)$ 위의 점들에 대한 덧셈표를 작성하라.

14. 다음 점의 쌍 각각에 대해 유사타원곡선 $E_{38}(3,-6)$ 위에서 이들의 합을 구하거나 이 합이 정의되지 않음을 보여라.

    a) (20, 6), (13, 30) c) (18, 16), (22, 26)

    b) (5, 20), (8, 32) d) (18, 22), (9, 22)

15. 다음 점의 쌍 각각에 대해 유사타원곡선 $E_{42}(6,-1)$ 위에서 이들의 합을 구하거나 이 합이 정의되지 않음을 보여라.

a) (17, 10), (26, 35)

b) (31, 18), (26, 35)

c) (38, 17), (17, 38)

d) (40, 21), (17, 38)

16. 다음 점 각각에 대해 $E_{221}(2,3)$ 위에서 그 점의 두 배를 구하거나 존재하지 않음을 보여라.

a) (36, 75) b) (39, 74) c) (168, 39) d) (186, 136)

17. 다음 점 각각에 대해 $E_{143}(11,17)$ 위에서 그 점의 두 배를 구하거나 존재하지 않음을 보여라.

a) (87, 26) b) (123, 39) c) (107, 34) d) (81, 31)

18. $E_7(3,-4)$ 위의 각 점의 위수를 구하라.

19. $E_{11}(3,-1)$ 위의 각 점의 위수를 구하라.

20. 타원곡선 $E_7(1,1)$ 위에서 밑 $P=(2,2)$에 대한 점 $Q=(0,6)$의 이산로그를 구하라.

21. 타원곡선 $E_{23}(9,17)$ 위에서 밑 $P=(16,5)$에 대한 점 $Q=(4,5)$의 이산로그를 구하라.

계산과 탐구

1. 타원곡선 $E_{37}(32,8)$에 속하는 점들을 모두 찾아서 몇 개인지 밝혀라.
2. 타원곡선 $E_{97}(14,29)$에 속하는 모든 점들을 찾아서 몇 개인지 밝혀라.
3. 하세의 정리에 의해 허용되는 $|E_{17}(a,b)|$의 모든 가능한 값 n을 찾고, $|E_{17}(a,b)|=n$인 a와 b의 값을 찾아라.
4. 타원곡선 $E_{37}(32,8)$에 속하는 점 $(35,11)$과 $(33,36)$을 더하라.
5. $E_{29}(32,8)$ 위의 점 $(26,28)$과 $(28,27)$을 더하라.
6. $E_{101}(23,8)$ 위에서 $k\le 100$인 모든 양의 정수 k에 대해 점 $k(29,4)$를 구하라.
7. $E_{27}(14,29)$ 위의 점 $P=(37,88)$에 대해 $17P$를 구하라.
8. $E_{23}(1,4)$ 위의 점들을 찾아라. 군 이론을 공부한 경우에 이 점들의 집합이 순환군을 형성하며 무한대의 점을 제외한 모든 점이 군의 생성자임을 증명하라.
9. $E_{599}(-5,5)$와 $E_{761}(-5,5)$ 위의 점들의 수를 구하라.
10. $E_{89}(5,1)$ 위의 각 점의 위수를 구하라.

프로그래밍 프로젝트

1. 실수 위의 타원곡선에 속한 두 점을 더하라.
2. 실수 위의 타원곡선에 속한 한 점에 양의 정수를 곱하라.

3. p가 홀수 소수이고 a와 b가 정수일 때 $|E_p(a,b)|$를 구하라.

4. p가 홀수 소수일 때 법 p로의 타원곡선 위의 두 점을 더하라.

5. p가 홀수 소수일 때 법 p로의 타원곡선 위의 한 점 P에 양의 정수 n을 곱하라.

6. p가 홀수 소수이고 a와 b가 정수일 때 타원곡선 $E_p(a,b)$ 위의 한 점의 위수를 구하라.

14.7 타원곡선의 응용

타원곡선은 수학과 암호학에서 다양한 응용을 가지고 있다. 이 절에서는 p가 홀수 소수일 때 법 p로 정수 위의 타원곡선을 사용하는 중요한 소인수분해 알고리즘을 소개한다. 이 알고리즘은 1980년대 네덜란드의 수학자이자 컴퓨터 과학자인 렌스트라(Hendrik Lenstra)에 의해 도입되었다. 타원곡선을 사용한 소인수분해는 현재도 가장 작은 소인수가 50에서 60자리의 십진수인 정수를 분해하는 데 가장 효과적인 방법으로 여겨진다. 또한 타원곡선을 이용한 암호학(Elliptic Curve Cryptography, ECC)을 소개한다. ECC가 홀수 소수 법 타원곡선을 사용하며, 특히 메시지를 암호화하고 메시지에 서명하며 안전하게 키를 교환하는 방법으로 사용됨을 보여준다. 타원곡선 암호학은 비트코인과 같은 암호화폐를 포함한 다양한 응용 분야에서 널리 사용되고 있다.

14.7.1 타원곡선을 이용한 인수분해

새로운 효율적인 소인수분해 알고리즘을 찾는 것은 많은 수학자가 추구하는 목표이다. 이 목표는 특히 RSA를 포함한 많은 공개키 암호체계의 보안이 큰 정수의 소인수분해의 어려움에 의존하기 때문에 점점 더 중요해지고 있다. 1987년 네덜란드의 수학자 렌스트라가 타원곡선을 사용하여 숫자를 인수분해하는 방법을 발견하면서 소인수분해에 있어 중요한 돌파구가 마련되었다. 그의 방법은 **타원곡선 소인수분해방법**(Elliptic Curve Factorization Method, ECM)으로 알려져 있으며, 이 방법은 이차체 및 일반 수론 체 소인수분해방법에 이어 세 번째로 빠른 소인수분해방법으로 여겨진다. ECM은 준-지수 시간을 요하며, 보다 정확하게는 p가 n의 가장 작은 소인수일 때 $O(e^{\sqrt{\log p \log\log p}(\sqrt{2}+o(1))})$ 시간에 실행된다. ECM은 특수 목적의 소인수분해 알고리즘으로 소인수의 크기가 n이 아닌 n의 가장 작은 소인수 p의 크기에 의해 결정되기 때문에 60자리 이하의 약수를 찾는 데 가장 적합하다. ECM을 사용해 발견된 가장 큰 소인수는 63자리의 십진수이며 2013년에 발견되었다.

1980년대에 여러 수학자는 타원곡선의 산술을 사용하여 양의 정수를 분해할 수 있을 가능성을 제안했다. 특히 폴라드의 $p-1$ 소인수분해방법(7.1절에서 소개된 것과 유사한 방법)을 기반으로 한 소인수분해방법을 만들 수 있을 것이라는 생각이 있었다. 이러한 방법은 **렌스트라의**

타원곡선 방법(Lenstra's elliptic curve method)으로 알려져 있으며, 1987년 렌스트라에 의해 발견되었다.

양의 정수 n을 소인수분해하는데, 렌스트라의 타원곡선 방법을 사용하는 단계를 알아본다.

렌스트라의 타원곡선 소인수분해 알고리즘

(i) n이 2 또는 3으로 나눠는지 확인하고, 아니라면 n이 거듭제곱수가 아닌 경우 (ii) 단계로 이동한다.

(ii) 임의의 양의 정수 a, x_1, y_1과 작은 소인수의 작은 거듭제곱의 곱인 큰 양의 정수 B를 선택한다. 예를 들어 m이 적절히 큰 양의 정수일 때 $B = \mathrm{lcm}(2, 3, \ldots, m)$ 또는 $B = 10!$으로 택할 수 있다. 선택한 B의 크기는 n의 크기에 따라 다르다.

(iii) 점 $P = (x_1, y_1)$가 유사타원곡선 $E_n(a, b)$에 속할 때(즉 곡선은 $y_1^2 = x_1^3 + ax_1 + b \pmod{n}$), $b = y_1^2 - x_1^2 - ax_1$를 찾는다.

(iv) $D = (4a^2 + 27b^2, n)$이 n의 인수이므로 D가 1과 n 사이에 있으면 멈춘다. $D = 1$이면 (v) 단계로 계속 진행하고, $D = n$이면 (ii) 단계로 돌아가 새로운 a값을 선택한다.

(v) (x_1, y_1)에서 시작하여 두 배하기, 더하기, 정수 배하기를 반복하여 BP를 계산한다. 만약 계산 중에 n과 서로소가 아닌 정수의 법 n으로의 역수를 찾는 계산이 필요하게 되면 n의 인수를 발견한 것이므로 멈춘다.

(vi) BP가 $E_n(a, b)$에 속하면 (ii) 단계로 돌아간다. 새로운 a, x_1, y_1값을 선택하여 (iii)~(v) 단계를 계속 진행한다.

두 예제를 통해 렌스트라의 타원곡선 소인수분해방법이 실제로 어떻게 작동하는지 보여준다.

예제 14.31

렌스트라의 타원곡선 소인수분해방법을 사용하여 $n = 4453$을 소인수분해하는 방법을 살펴본다. 먼저, 4453이 2 또는 3으로 나눠지 않으며 양의 정수의 거듭제곱이 아님을 확인한다. 유사타원곡선 $E_{4453}(10, -2)$, 즉 $y^2 = x^3 + 10x - 2$를 선택하고 점 $P = (1, 3)$을 선택한다. 4453은 비교적 작은 정수이므로 $B = 5$를 선택한다(참고로 $\mathrm{lcm}[2, 3, 4, 5] = 60$). 유사타원곡선 $E_{4453}(10, -2)$의 판별식은 $4a^2 + 27b^2 = 4 \cdot 10^2 + 27 \cdot (-2)^2 = 508$이며 $(508, 4453) = 1$이다.

이제 $2P$를 계산한다. $2P$를 찾으려면 점 $P = (1, 3)$에서 접선의 기울기 m이 필요하다. $m \equiv (3 \cdot 1^2 + 10)(2 \cdot 3)^{-1} \pmod{n}$이다. n이 2 또는 3으로 나눠지 않으므로 $(4453, 6) = 1$이다. 유클리드 알고리즘을 사용하여 $6^{-1} = 3713 \pmod{4453}$을 구하고, 이로부터 $m = (3 \cdot 1^2 + 10)3713 \pmod{4453} = 2739$를 얻는다. 두 배 공식을 적용하면 $2P = (4332, 3230)$이다.

다음으로 점 $2P$와 P를 더하여 $3P$를 구한다. 법 p로의 타원곡선 상의 점에 대한 덧셈 공식을 사용하여 $2P + P = (4332, 3230) + (1, 3)$을 구하기 위해서는 법 4453으로 4331의 역수가 필요하다. 그러나 유클리드 알고리즘을 사용하면 $(4331, 4453) = 61$임을 알 수 있고, 따라서 이 역수는 존재하지 않지만 61이 4453의 소인수라는 결론을 내릴 수 있다. 바로 $4453 = 61 \cdot 73$이다. 비록 더 큰 정수 m에 대해 mP를 찾는 과정이 $3P$를 찾는 시점에서 멈췄지만, 이 과정에서 4453의 소인수를 발견했다.

예제 14.32

렌스트라의 타원곡선 소인수분해방법을 사용하여 $n = 455839$을 소인수분해하는 방법을 살펴본다. 트랩(Trappe)과 워싱턴(Washington)의 [TrWa96]에서 설명한 접근 방식을 따르며 많은 계산을 독자에게 맡긴다.

먼저 455839가 2나 3으로 나뉘지 않으며 제곱수(제곱근은 약 675.16)나 정수의 거듭제곱이 아님을 확인한다. 유사타원곡선 $E_{455839}(5, -5)$, 즉 $y^2 = x^3 + 5x - 5 (\bmod 455839)$를 선택하고 이 곡선 위의 점 $P = (1, 1)$을 선택한다. 이 타원곡선의 판별식은 $4a^2 + 27b^2 = 4 \cdot 5^2 + 27 \cdot (-5)^2 = 775$이며 $(775, 455839) = 1$이다. $B = 10!$을 선택하면 이 알고리즘은 궁극적으로 점의 덧셈 및 배수 공식을 사용하여 이 곡선 위에서 $(10!)P$를 계산하게 된다. 그러나 과정 중간에 455839의 인수를 발견하게 되면 알고리즘이 종료될 수 있다. 이 경우 455839를 소인수분해하는 목표를 달성하게 된다.

점 $P = (x, y)$에서 접선의 기울기는 $m \equiv (3x^2 + 5)(2y)^{-1} \pmod{n}$이다. 이를 사용하여 $2P$를 계산할 수 있다. $P = (1, 1)$이면 $m \equiv 4 \pmod{n}$이므로, $2P$는 $x' = m^2 - 2x = 14$이고 $y' = m(x - x') - y = 4(1 - 14) - 1 \equiv -53 \pmod{n}$일 때 $2P = (x', y')$이다. ($2P$가 이 타원곡선에 속하는지 검증하여 계산이 정확한지 확인할 수 있다. $(-53)^2 \equiv 2809 \equiv 143 + 514 - 54 \pmod{455839}$인 것을 확인할 수 있다.)

다음 단계는 $3!P = 6P$를 계산하는 것이다. 이를 위해 먼저 두 배 공식을 사용하여 $4P$를 구하고, 그 후 덧셈 공식을 사용하여 $6P = 4P + 2P$를 구한다. 두 배 공식을 통해 $4P = 2(2P)$를 찾기 위해서는 $m(2P) = m((14, -53)) = (3 \cdot 14^2 + 5)(2(-53))^{-1} = -593 \cdot (106)^{-1} \pmod{455839}$을 계산해야 한다. 유클리드 알고리즘을 사용하여 $106^{-1} \equiv 81707 \pmod{455839}$임을 찾을 수 있고, 두 배 공식을 사용하여 $4P = (259851, 116255)$임을 알 수 있다. 이제 $6P$를 계산하려면 $4P = (259851, 116255)$와 $2P = (14, -53)$을 더하면 된다. 이 계산은 독자에게 맡긴다.

계속해서 $4!P$, $5!P$, $6!P$, $7!P$를 계산할 수 있으며, 이 과정에서는 455839와 서로소가 아닌 정수의 역수를 구할 필요가 없다. 그러나 $8!P$를 계산하려면 법 455839로 599의 역수를 구해야 하는데, 유클리드 알고리즘을 사용하면 $(599, 455839) = 599$를 얻게 되므로 599가 455839의 인수임을 알게 된다. 455839를 599로 나누면 $455839 = 599 \cdot 761$이라는 결과를 얻는다.

14.7.2 타원곡선 암호화

타원곡선 암호체계(ECC)은 1985년에 미국의 수학자 코블리츠(Neal Koblitz)와 밀러(Victor Miller)에 의해 독립적으로 발명되었다. 이러한 암호체계는 엘가말(T. ElGamal)이 발명한 이산로그(DL) 암호체계와 유사하다. 그러나 타원곡선 암호체계에서는 이산로그 암호체계에서 사용되는 소수 법 정수의 곱셈군이 소수 법 타원곡선 위의 점들의 군으로 대체된다. 소수 법의 정수 곱셈군에서의 모듈러 곱셈은 소수 법 타원곡선 위의 점들의 덧셈으로 대체되며, 소수 법의 정수 곱셈군에서의 모듈러 거듭제곱은 소수 법 타원곡선 위의 점들의 곱셈으로 대체된다. 타원곡선 암호체계의 보안은 소수 법의 이산로그문제를 푸는 것이 아닌, 타원곡선 이산로그문제의 계산적 난해성에 기반을 두고 있다.

엘가말 타원곡선 암호 지금부터 엘가말 타원곡선 암호체계를 소개한다. 특히 이 시스템이 메시지를 암호화하는 방법, 두 당사자가 공유 키를 구성하는 방법 그리고 이 시스템이 디지털 서명을 구성하는 데 어떻게 사용될 수 있는지 알아본다.

타원곡선 암호체계의 보안은 홀수 소수 p에 대해 타원곡선의 이산로그문제를 푸는 것의 난이도에 의존한다. 현재 수학자들은 소수 법 타원곡선에서의 이산로그문제가 소수 법 정수 곱셈군에서의 이산로그문제보다 훨씬 더 어렵다고 믿고 있다. 따라서 법 p로 정수 대신 법 p로의 타원곡선을 사용할 때 더 높은 수준의 보안을 달성할 수 있다. 또한 소수 p에 대해 p에 가까운 수의 점을 가진 많은 법 p로의 타원곡선이 존재한다.

예를 들어 Alice가 엘가말 타원곡선 암호체계를 사용하여 Bob에게 비밀 메시지를 보내고자 한다고 가정해보자. Bob은 먼저 $p \equiv 3 \pmod 4$인 소수 p 정수 a와 b에 대한 타원곡선 $E_p(a, b)$를 선택한다. 이 타원곡선은 Bob과 메시지를 공유하고자 하는 모든 사람에게 공개된다. Bob은 $|E_p(a, b)|$를 넘지 않는 양의 정수 z와 점 $\alpha \in E_p(a, b)$를 선택하여 $\beta = z\alpha$를 계산한다. 다른 사람들이 비밀 메시지를 자신에게 보낼 수 있도록 Bob은 α, β, $|E_p(a, b)|$, p를 공개한다. 그러나 정수 z는 비밀로 유지하고, 이것이 Bob의 개인키가 된다.

Alice는 Bob과 통신하기 전에, 먼저 $|E_p(a, b)|$를 넘지 않는 양의 정수 k를 선택해야 한다. 이것이 Alice의 개인키로 k를 비밀로 유지한다.

이제 Alice가 서명하고자 하는 비밀 메시지 m이 있다고 가정하자. m이 양의 정수라고 하면, (텍스트 메시지나 다른 형태의 메시지에 서명하려면 이 메시지를 양의 정수로 변환해야 한다.) Alice는 다음 단계를 따른다. 먼저, Bob이 선택한 타원곡선 위의 점 x로 메시지를 인코딩한다. 즉 $x \in E_p(a, b)$이다. (이 작업은 [Ko94]에서 찾을 수 있는 코블리츠가 고안한 방법 등 다양한 방법으로 수행할 수 있다.) 그런 다음에 Alice는 암호화 함수 $e(x, k)$를 사용하여 메시지를 암호화한다. 이때 $e(x, k) = (k\alpha, x + k\beta) = (y_1, y_2)$이다. 이 순서쌍의 첫 번째 성분은 Alice의 개인키 k와 Bob의 공개정보의 일부인 α의 곱이다.

Bob은 Alice로부터 메시지 (y_1, y_2)를 받으면 함수 $d(y_1, y_2) = y_2 - zy_1$을 사용하여 메시지를 복호화할 수 있다. 왜냐하면 $(x + k\beta) - z(y_1) = (x + k(z\alpha)) - z(k\alpha) = x$이기 때문이다.

이제 간단한 예제를 통해 암호화와 복호화 과정을 보인다.

예제 14.33

Bob이 소수 $p = 11$과 타원곡선 $E_{11}(5,4)$를 선택한다고 가정하자. Bob은 또한 점 $\alpha = (10,3) \in E_{11}(5,4)$와 정수 $z = 3$을 선택한 후 $\beta = 3(10,3) = (10,8)$을 계산한다. Alice는 자신의 개인키 k로 2를 선택하고 비밀 메시지를 점 $x = (2,0) \in E_{11}(5,4)$로 인코딩한다. Alice는 메시지를 암호화하기 위해 $y_1 = k\alpha = 2(10,3) = (5,0)$과 $y_2 = x + k\beta = (2,0) + 2(10,8) = (2,0) + (5,0) = (4,0)$을 계산한다. 따라서 암호화된 메시지는 $(y_1, y_2) = ((5,0),(4,0))$이다.

암호화된 메시지 $(y_1, y_2) = ((5,0),(4,0))$를 복호화하기 위해 Bob은 $x = y_2 - zy_1 = (4,0) - 3(5,0)$을 계산한다. 곡선 $E_{11}(5,4)$에서 $3(5,0) = (5,0)$이므로 $x = (4,0) - (5,0) = (4,0) + (5,0) = (2,0)$이다. 이렇게 Bob은 원래 메시지 $x = (2,0)$를 성공적으로 복구할 수 있다.

타원곡선 디피-헬먼 키 교환 9장에서 다룬 디피-헬먼 키 교환 프로토콜과 유사한 법 p에 대한 타원곡선을 기반으로 하는 프로토콜이 있다. Alice와 Bob이 법 p에 대한 타원곡선을 기반으로 하는 이 프로토콜을 사용하여 키를 교환하려면, p가 5 이상인 소수일 때 다음 단계를 따른다.

(i) Alice와 Bob은 $p \geq 5$인 소수 p와 정수 a 및 b에 대해 타원곡선 $E_p(a,b)$와 **기준점**(base point)으로 알려진 이 곡선 위의 지정된 점 G를 사용하기로 합의한다.

(ii) Alice와 Bob은 각각 비밀 양의 정수 N_{Alice}와 N_{Bob}을 무작위로 선택하고 공개 점 $N_{Alice}G$와 $N_{Bob}G$를 계산한다.

(iii) 두 사람은 각각 공통 키를 계산한다. Alice는 $N_{Alice}N_{Bob}G$를 계산하고, Bob은 $N_{Bob}N_{Alice}G$를 계산한다. 이제 두 사람은 자신들만 아는 공통의 비밀키를 가지게 된다. 두 사람이 동일한 키를 갖게 되는 것은 $N_{Alice}N_{Bob}G = N_{Bob}N_{Alice}G$이기 때문이다.

예제 14.34

Alice와 Bob이 타원곡선 $E_{23}(-2,15)$, 즉 곡선 $y^2 \equiv x^3 - 2x + 15 \pmod{23}$을 사용하기로 합의했다고 가정하자. 기준점은 $G = (4,5)$로 한다. 또한 Alice는 자신의 비밀키로 $N_{Alice} = 7$을, Bob은 자신의 비밀키로 $N_{Bob} = 3$을 선택했다고 가정한다. 두 사람의 공개된 점으로 Alice는 $N_{Alice}G = 7G = 7(4,5) = (17,8)$을 계산하고, Bob은 $N_{Bob}G = 3(4,5) = (13,22)$를 계산한다. 공유 키를 얻기 위해 Alice는 $N_{Alice}N_{Bob}G = 7(13,22) = (15,5)$를 계산하고, Bob은 $N_{Bob}N_{Alice}G = 3(17,8) = (15,5)$를 계산한다. 따라서 두 사람의 공유 키는 $(15,5)$이다.

타원곡선 전자서명 알고리즘 11.2절에서 설명한 바와 같이 타원곡선에도 엘가말의 디지털 서명 알고리즘(DSA)과 유사한 알고리즘이 있으며, 이를 **타원곡선 전자서명 알고리즘**(Elliptic Curve Digital Signature Algorithm, ECDSA)라고 한다. 이 알고리즘은 캐나다의 수학자 밴스톤(Scott Vanstone)에 의해 1992년에 발명되었고, DSA보다 더 적은 비트를 사용하여 효율적이다. ECDSA는 비트코인을 포함한 디지털 화폐 시스템에서 사용된다. 메시지가 양의 정수 m 이하의 정수로 코딩되어 있다고 가정한다.

ECDSA를 작동하게 하기 위해서는 사장 먼저 공용 매개변수를 생성해야 한다. 이를 위해 신뢰할 수 있는 관리자, 즉 신뢰할 수 있는 제삼자가 큰 소수 p와 정수 a, b에 대해 $|E_p(a,b)| > m$를 만족하는 타원곡선 $E_p(a,b)$를 선택한다. 이 신뢰할 수 있는 제삼자는 $E_p(a,b)$ 위의 점의 수를 계산하여 그것이 m보다 크다는 것을 확인해야 한다. 또한 이 신뢰할 수 있는 제삼자는 큰 소수 q를 위수로 가지는 기준점 $G \in E_p(a,b)$를 선택한다.

서명된 메시지를 보내기 위해 각 사용자는 $1 < s < q-1$ 범위에서 비밀서명키 s를 선택한다. s를 사용하여 해당 사용자에 대한 검증키 $V = sG$를 계산한다. 이 검증키 V는 공개된다. 발신자 Samantha가 메시지 M(정수로 표현됨)에 서명하려면 q보다 작은 정수 e를 무작위로 선택하여, 점 $eG \in E_p(a,b)$를 찾고 $s_1 = x(eG) \pmod q$와 $s_2 = (M + ss_1)e^{-1} \pmod q$를 계산한다. 이때 $x(P)$는 점 P의 첫 번째 좌표를 나타낸다. 디지털 서명은 바로 (s_1, s_2)이다.

검증자 Victor는 서명이 유효한지 확인하기 위해 다음 계산을 수행할 수 있다. 먼저 $v_1 = Ms_2^{-1} \pmod q$와 $v_2 = s_1 s_2^{-1} \pmod q$를 계산하여 점 $v_1G + v_2V \in E_p(a,b)$를 찾는다 (V는 검증키). 마지막으로, $x(v_1G + v_2V) \pmod q$가 s_1과 같은지 확인한다.

비고. 검증 단계가 유효한 서명을 확인하는 과정을 이해하기 위해 $v_1G + v_2V = Ms_2^{-1}G + s_1s_2^{-1}(sG) = (M + ss_1)s_2^{-1}G = (ss_2)s_2^{-1}G = sG = eG \in E_p(a,b)$을 주목할 필요가 있다. $x(v_1G + v_2V) \pmod q$가 $x(eG) \pmod q$와 같다. 따라서 s_1과 같다.

간단한 예제를 통해 메시지 서명 과정과 서명 검증에 사용되는 단계를 설명한다.

예제 14.35

신뢰할 수 있는 제삼자가 타원곡선 $E_{17}(2,2)$을 선택했다고 가정하자. (독자에게 $|E_{17}(2,2)| = 19$의 증명은 맡긴다.) 신뢰할 수 있는 제삼자는 차수가 19인 기준점 $G = (5,1)$을 선택한다.

Samantha는 자신의 비밀키로 $s = 5$를 선택한다. 따라서 Samantha의 공개검증키 $V = sG$는 $V = 5(5,1) = (9,16)$이다. 메시지 $M = 5$에 서명하고자 임의로 정수 $e = 8$을 선택하고 $s_1 = x(eG) = x(8(5,1)) = x(13,7) = 13$과 $s_2 = (M + ss_1)e^{-1} = (5 + 5\cdot 13)\cdot 8^{-1} \equiv (5+65)\cdot 15 = 13 (\bmod 19)$를 계산한다(여기서 $8^{-1} = 15 (\bmod 19)$임을 사용). 따라서 메시지에 대한 Samantha의 디지털 서명은 $(13, 13)$이다.

이 서명을 검증하기 위해 Victor는 $v_1 = Ms_2^{-1} = 5\cdot 13^{-1} = 5\cdot 4 = 3 \pmod{19}$를 계산한다($13^{-1} = 4$

(mod 17) 사용). Victor는 $x(v_1G+v_2V) = x(3(5,1)+1(5,1)) = x((10,6)+(9,6)) = x(13,7) = 13$을 계산하여 서명을 검증한다. $x(v_1G+v_2V) = 13 = s_1$이므로 Samantha의 서명이 검증되었다.

14.7 연습문제

1. 예제 14.32에서 다룬 유사타원곡선 $E_{455839}(5,-5)$ 위의 점 $P=(1,1)$에 대해 다음 각 k에 대해 $k!P$를 계산하라.

    a) $k=3$　　b) $k=4$　　c) $k=5$

2. $E_{391}(1,-1)$과 이 곡선 위의 점 $P=(228,14)$에 대해 렌스트라의 타원곡선 소인수분해방법을 사용하여 391을 소인수분해하라. $2P$를 찾은 다음 $3P$를 구하는 방식으로 진행하라.

3. $E_{493}(1,1)$과 이 곡선 위의 점 $P=(0,1)$에 대해 렌스트라의 타원곡선 소인수분해방법을 사용하여 493을 소인수분해하라. $6P$를 찾은 다음 $12P$를 구하는 방식으로 진행하라.

4. $E_{187}(3,7)$과 이 곡선 위의 점 $P=(38,112)$에 대해 렌스트라의 타원곡선 소인수분해방법을 사용하여 187을 소인수분해하라.

5. $E_{26167}(4,128)$과 이 곡선 위의 점 $P=(2,12)$에 대해 렌스트라의 타원곡선 소인수분해방법을 사용하여 26167을 소인수분해하라.

6. $E_{6887}(14,19)$과 이 곡선 위의 점 $P=(1512,3166)$에 대해 렌스트라의 타원곡선 소인수분해방법을 사용하여 6887을 소인수분해하라.

7. 렌스트라의 타원곡선 소인수분해방법을 사용하여 9073을 소인수분해하라.

8. 렌스트라의 타원곡선 소인수분해방법을 사용하여 9509를 소인수분해하라.

9. 렌스트라의 타원곡선 소인수분해방법을 사용하여 9641을 소인수분해하라.

10. Bob이 소수 103과 타원곡선 $E_{103}(4,19)$을 선택하여 타원곡선 암호화를 사용해 메시지를 암호화한다고 가정하자. Bob은 또한 점 $\alpha=(45,13)\in E_{103}(4,19)$와 정수 $z=8$을 선택하여 $\beta=8(45,13)=(16,70)$을 계산했다. Alice는 자신의 개인키 k로 12를 선택하여 자신의 메시지 m을 $E_{103}(4,19)$ 위의 점 $(95,14)$로 인코딩했다.

    a) Alice가 Bob에게 보낼 암호화된 메시지를 계산하라.

    b) (a)에서 구한 Alice의 비밀 메시지를 Bob이 복호화하는 과정을 보여라.

11. Bob이 소수 881과 타원곡선 $E_{881}(23,17)$을 선택하여 타원곡선 암호화를 사용해 메시지를 암호화한다고 가정하자. Bob은 또한 점 $\alpha=(7,87)\in E_{881}(23,17)$와 정수 $z=11$을 선택하여

$\beta = 11(7,87) = (247,593)$을 계산했다. Alice는 자신의 개인키 k로 22를 선택하고 자신의 메시지 m을 $E_{881}(23,17)$ 위의 점 $x = (153,18)$로 인코딩했다.

a) Alice가 Bob에게 보낼 암호화된 메시지를 계산하라.

b) (a)에서 구한 Alice의 비밀 메시지를 Bob이 복호화하는 과정을 보여라.

12. Alice와 Bob이 타원곡선 $y^2 = x^3 + x \pmod 7$과 기준점 $G = (3,3)$에 합의한 상태에서, 타원곡선 버전의 디피-헬먼 키 교환 프로토콜을 사용하여 두 사람이 공유할 비밀키를 찾아라. Alice는 자신의 비밀키로 $N_{Alice} = 5$를, Bob은 자신의 비밀키로 $N_{Bob} = 3$을 선택했다.

13. Alice와 Bob이 타원곡선 $y^2 = x^3 - 3x + 11 \pmod{41}$과 기준점 $G = (6,2)$에 합의한 상태에서 타원곡선 버전의 디피-헬먼 키 교환 프로토콜을 사용하여 두 사람이 공유할 비밀키를 찾아라. Alice는 자신의 비밀키로 $N_{Alice} = 7$을, Bob은 자신의 비밀키로 $N_{Bob} = 4$를 선택했다.

14. 도청자 Eve가 Alice와 Bob 사이의 메시지를 가로채어 Alice와 Bob이 공유한 타원곡선 $E_p(r,s)$, 기준점 $G \in E_p(r,s)$ 그리고 Alice가 Bob에게 보낸 점 aG와 Bob이 Alice에게 보낸 점 bG를 갖고 있다고 가정하자. Eve가 $E_p(r,s)$에서의 이산로그문제를 해결할 수 있다고 할 때, Eve가 갖고 있는 정보를 바탕으로 abG를 찾는 방법을 설명하라.

15. Alice와 Bob이 타원곡선 $E_{19}(3,-1)$과 기준점 $(14,7)$에 합의했다고 가정하자. Alice와 Bob은 각각 자신의 비밀키 a와 b를 계산했다. Alice는 점 $aG = (3,15)$를 Bob에게 보냈고, Bob은 점 $bG = (16,18)$을 Alice에게 보냈다. Eve는 Alice가 Bob에게 보낸 메시지와 Bob이 Alice에게 보낸 메시지를 가로채어 그들이 공유하는 타원곡선과 기준점 및 점 aG와 bG를 얻게 되었다. Eve가 알고 있는 정보를 사용하여 abG를 찾아라. (이를 위해 $E_{19}(3,-1)$에서의 이산로그문제를 해결해야 할 것이다.)

16. 신뢰할 수 있는 제삼자가 타원곡선 $E_{23}(3,15)$ ($|E_{23}(3,15)| = 19$ 참고)와 기준점 $G = (2,11) \in E_{23}(3,15)$을 선택하여 기준점 G의 위수가 소수 19이다. Samantha가 서명된 메시지 $M = 16$을 Victor에게 보내려고 하고, 비밀서명키는 $s = 13$이며 메시지에 서명하기 위해 $e = 15$라는 정수를 무작위로 선택했다고 하자.

a) Samantha의 검증키 V를 구하라.

b) 이 메시지에 대한 Samantha의 디지털 서명 (s_1, s_2)를 작성하라.

c) Victor가 이 디지털 서명이 유효한지 검증하는 방법을 설명하라.

17. 신뢰할 수 있는 제삼자가 타원곡선 $E_{19}(5,8)$ ($|E_{19}(5,8)| = 22$ 참고)과 기준점 $G = (7,5) \in E_{19}(5,8)$을 선택하여 기준점 G의 위수가 소수 11이다. Samantha가 서명된 메시지 $M = 10$을 Victor에게 보내려고 하고, 비밀키는 $s = 7$이며 메시지에 서명하기 위해 무작위로 정수 e를 선택했다고 하자.

a) Samantha의 검증키 V를 구하라.

b) 이 메시지에 대한 Samantha의 디지털 서명 (s_1, s_2)를 작성하라.

c) Victor가 이 디지털 서명이 유효한지 검증하는 방법을 설명하라.

계산과 탐구

1. 예제 14.32에서 $n = 3, 4, 5, 6, 7$에 대해 $n!P$를 구하라.

2. $E_{589}(389, 1)$에 대해 렌스트라의 타원곡선 소인수분해방법을 사용하여 5959를 소인수분해하라.

3. $k(1, 1) = \infty$가 되는 가장 작은 정수 k가 각각 $E_{599}(-5, 5)$에서는 640이고, $E_{761}(-5, 5)$에서는 777임을 보여라.

4. 640은 $8!$을 나누지만 777은 $8!$을 나누지 않음을 보이고, 이를 통해 이전 문제에서 얻은 결과와 함께 $8!P = \infty$가 $E_{599}(-5, 5)$에서는 성립하지만 $E_{761}(-5, 5)$에서는 성립하지 않음을 유도하라.

프로그래밍 프로젝트

1. 다익스트라 타원곡선 소인수분해방법을 사용하여 양의 정수를 소인수분해하라.

2. 타원곡선 디피-헬먼 키 교환을 사용한 키 교환 프로토콜을 구현하라.

3. 타원곡선 디지털 서명 알고리즘을 사용하여 서명된 메시지를 서명하고 검증하라.

4. 타원곡선 암호화를 사용하여 메시지를 암호화하고 복호화하라.

제15장 가우스 정수

이전 장에서 정수 집합의 성질을 연구했다. 특히 매력적인 정수론의 측면은 나눔, 소수, 인수분해와 관련된 정수의 많은 기본적인 특성이 다른 수의 집합에서도 정의될 수 있다. 이번 장에서 $a+bi$와 같은 형태의 가우스 정수들의 집합을 연구한다. 여기에서 a와 b는 정수이고 $i=\sqrt{-1}$이다. 가우스 정수의 나눔 개념, 나눗셈 정리 그리고 가우스 소수의 개념과 두 가우스 정수의 최대공약수를 소개한다. 또한 가우스 정수는 가우스 소수들의 곱으로 유일하게 표현됨을 보인다. 마지막으로 가우스 정수를 활용하여 주어진 양의 정수를 두 제곱수의 합의로 표현하는 방법의 수를 결정한다. 이 장의 자료는 대수적 수와 성질을 연구하는 정수론의 한 분야인 대수적 수론의 세계로 들어가는 작은 단계이며 수론의 한 분야이다. 정수론을 계속해서 전공할 학생에게는 가우스 정수를 구체적으로 다루어본 경험이 심화연구를 위한 유용한 가교역할을 할 것이다. 대수적 수론 연구를 위한 좋은 참고문헌으로는 [A1Wi03], [Mo99], [Po99], [Ri0l] 등이 있다.

15.1 가우스 정수와 가우스 소수

이 장에서 정수론의 연구를 복소수의 영역으로 확장한다. 우선 복소수를 별로 접해보지 못한 학생들을 위해 복소수의 기본 성질을 간략히 복습한다.

복소수는 $x+yi$ 형태의 수들이다. 여기에서 x와 y는 실수이고, $i=\sqrt{-1}$은 허수단위이다. 복소수의 덧셈, 뺄셈, 곱셈, 나눗셈은 다음 규칙을 따른다.

$$(a+bi)+(c+di)=(a+c)+(b+d)i$$
$$(a+bi)-(c+di)=(a-c)+(b-d)i$$

$$(a+bi)(c+di) = ac + adi + bci + bdi^2 = (ac - bd) + (ad + bc)i$$
$$\frac{a+bi}{c+di} = \frac{a+bi}{c+di} \cdot \frac{c-di}{c-di} = \frac{ac+bd}{c^2+d^2} + \frac{(-ad+bc)i}{c^2+d^2}$$

복소수의 덧셈과 곱셈은 교환법칙이 성립함을 알 수 있다.

정수의 절댓값을 사용하여 정수의 크기를 잰다. 복소수의 경우에도 다음과 같은 방법으로 크기를 잴 수 있다.

정의 15.1

복소수 $z = x + iy$에 대해 z의 **절댓값**(absolute value) $|z|$를 다음과 같이 정의하고,

$$|z| = \sqrt{x^2 + y^2}$$

z의 **노름**(norm) $N(z)$는 다음과 같이 정의한다.

$$N(z) = |z|^2 = x^2 + y^2$$

주어진 복소수에 대해 허수부분의 부호를 바꿈으로써 절댓값과 노름이 같은 또다른 복소수를 만들어낼 수 있다.

정의 15.2

복소수 $z = x + iy$에 대해 z의 켤레복소수는 $x - yi$로 정의하고, $\overline{z}$로 표기한다.

두 복소수 w와 z에 대해 wz의 켤레복소수는 w와 z의 켤레복소수들의 곱과 같다. 즉 $\overline{(wz)} = (\overline{w})(\overline{z})$가 성립한다. 또한 복소수 $z = x + iy$에 대해 다음과 같음을 알 수 있다.

$$z\overline{z} = (x + iy)(x - iy) = x^2 + y^2 = N(z)$$

다음 정리에서 노름의 유용한 성질들을 살펴보자.

정리 15.1

복소수의 집합으로부터 음이 아닌 실수의 집합으로의 함수인 노름 N은 다음 성질들을 만족한다.

(i) 복소수 z에 대해 $N(z)$는 음이 아닌 실수이다.

(ii) 모든 복소수 z와 w에 대해 $N(zw) = N(z)N(w)$이다.

(iii) $N(z) = 0$이기 위한 필요충분조건은 $z = 0$이다.

증명 15.1

(i)을 증명하기 위해 복소수 z를 $z = x + iy$라고 두자. 그러면, $N(z) = x^2 + y^2$이 되어 음이 아닌 실수가 된다.

(ii)는 다음 식으로부터 성립된다.

$$N(zw) = (zw)\overline{(zw)} = (zw)(\overline{z}\overline{w}) = (z\overline{z})(w\overline{w}) = N(z)N(w)$$

이제 (iii)을 증명하자. $0 = 0 + 0i$이므로 $N(0) = 0^2 + 0^2 = 0$이 된다. 역으로 $N(x + iy) = 0$이라면 $x^2 + y^2 = 0$이 되어 $x = y = 0$이 되므로 $x + yi = 0$이 된다.

15.1.1 가우스 정수

지난 장들에서 주로 유리수나 정수를 다루어왔다. 정수론의 중요한 분야인 **대수적 수론**(algebraic number theory)에서는 정수에 대해 개발되었던 이론들을 대수적 정수로 확장시킨다. 여기서 대수적 정수란 최고차 항의 계수가 1인 정수계수 다항식의 근을 의미한다. 이제 이번 장에서 공부할 특별한 종류의 대수적 정수를 소개한다.

정의 15.3

정수 a와 b에 대해 $a + bi$ 형태의 복소수를 **가우스 정수**(Gaussian integer)라 부르고, 모든 가우스 정수들의 집합을 $\mathbb{Z}[i]$로 표기한다.

$\gamma = a + bi$가 가우스 정수이면 다음의 이차방정식을 만족하는 대수적 정수가 된다.

$$\gamma^2 - 2a\gamma + (a^2 + b^2) = 0$$

γ가 만족하는 다항식이 최고차항의 계수가 1인 정수계수 이차 다항식이므로 γ는 **이차무리수**(quadratic irrationality)라고 불리운다. 역으로 유리수 r과 s에 대해 $\alpha = r + si$가 최고차항의 계수가 1인 정수계수 이차 다항식의 근이 되면, α는 가우스 정수가 된다(연습문제 41을 보라.) 가우스 정수라는 이름은 가우스 정수의 성질을 처음으로 심도있게 연구한 독일의 위대한 수학자 가우스의 이름을 따서 명명되었다.

가우스 정수를 표기할 때는 일반적으로 그리스문자인 α, β, γ, δ 등을 사용한다. n이 정수이면 $n = n + 0i$로 나타낼 수 있으므로 가우스 정수가 된다. 가우스 정수를 논할 때 정수 n은 **유리정수**(rational integer)라고도 부른다.

가우스 정수의 집합은 덧셈, 뺄셈, 곱셈에 대해 닫혀있음을 다음 정리에서 살펴볼 것이다.

정리 15.2

두 가우스 정수 α와 β에 대해 $\alpha+\beta$, $\alpha-\beta$, $\alpha\beta$는 다시 가우스 정수가 된다.

증명 15.2

$\alpha = x+iy$, $\beta = w+iz$라고 쓰면 다음과 같다.

$$\begin{aligned}\alpha+\beta &= (x+w)+i(y+z)\\ \alpha-\beta &= (x-w)+i(y-z)\\ \alpha\beta &= (xw-yz)+i(yw+xz)\end{aligned}$$

그러므로 이들이 다시 가우스 정수임을 알 수 있다.

정수 집합의 경우처럼 가우스 정수의 집합은 덧셈, 뺄셈, 곱셈에 닫혀있지만, 나눗셈에 대해 닫혀있지 않다. 또한 가우스 정수 $\alpha = a+bi$에 대해 $N(\alpha) = a^2+b^2$이 되어 음이 아닌 정수가 됨을 알 수 있다.

15.1.2 가우스 정수의 나눔

그 동안 정수의 집합을 공부해왔던 방식으로 가우스 정수의 집합을 연구할 수 있다. 가우스 정수와 정수는 많은 유사한 성질이 있으며, 이러한 성질들을 설명하기 위해 정수에 대해 썼던 개념들을 소개하고자 한다. 특히 가우스 정수의 나눔과 가우스 소수, 가우스 정수 쌍의 최대공약수 등의 개념들을 정의할 것이다.

정의 15.4

두 가우스 정수 α와 β에 대해 $\beta = \alpha\gamma$가 되는 가우스 정수 γ가 존재할 때, α는 β를 **나눈다**(divides)라고 정의하고, $\alpha \mid \beta$로 표기한다. α가 β를 나누지 않는 경우에는 $\alpha \nmid \beta$로 표기한다.

예제 15.1

$(2-i)(5+3i) = 13+i$이므로 $2-i \mid 13+i$임을 알 수 있다. 하지만 다음 식은 가우스 정수가 아니므로 $3+2i \nmid 6+5i$임을 알 수 있다.

$$\frac{6+5i}{3+2i} = \frac{(6+5i)(3-2i)}{(3+2i)(3-2i)} = \frac{28+3i}{13} = \frac{28}{13}+\frac{3i}{13}$$

예제 15.2

임의의 정수 a와 b에 대해 $a + bi = -i(-b + ai)$이므로 $-i$는 모든 가우스 정수 $a + bi$를 나눔을 알 수 있다. 모든 가우스 정수를 나누는 가우스 정수는 $1, -1, i, -i$ 뿐이며, 이러한 사실은 이 절의 후반부에서 살펴보게 될 것이다.

예제 15.3

$3 + 2i$로 나눠는 가우스 정수는 정수 a와 b에 대해 다음 형태로 나타낸다.

$$(3 + 2i)(a + bi) = (3a - 2b) + i(2a + 3b)$$

이러한 가우스 정수를 복소평면에 표시하면 그림 15.1과 같다.

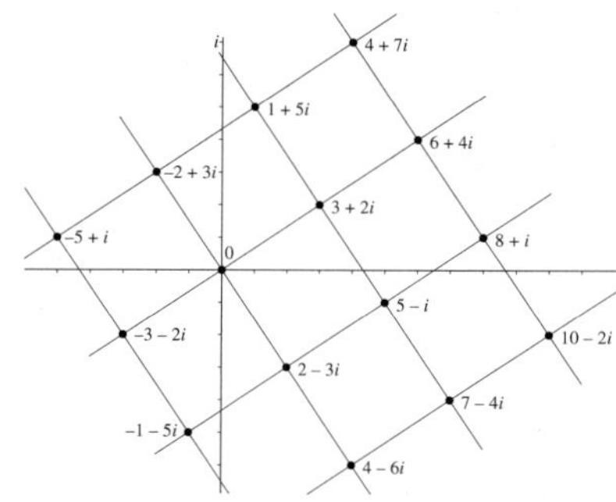

그림 15.1: $3 + 2i$로 나눠는 가우스 정수

가우스 정수의 나눔은 많은 부분에서 정수의 나눔과 같은 성질들을 공유한다. 예를 들어 가우스 정수 α, β, γ에 대해 $\alpha \mid \beta$이고 $\beta \mid \gamma$이면 $\alpha \mid \gamma$이다. 또한 가우스 정수 α, β, γ, ν, μ에 대해 $\gamma \mid \alpha$이고 $\gamma \mid \beta$이면 $\gamma \mid (\mu\alpha + \nu\beta)$가 성립한다. 이러한 성질들이 성립함에 대한 증명은 독자에게 맡긴다.

1의 약수인 정수는 1과 -1 뿐이다. 이제 1의 약수인 가우스 정수를 결정해보자. 먼저 관련 용어부터 정의한다.

정의 15.5

1을 나누는 가우스 정수를 **단원**(unit)이라고 부른다. ϵ이 단원이고 α가 가우스 정수일 때 $\epsilon\alpha$를 α의 **동반원**(associate)이라고 부른다.

이제 어떤 가우스 정수가 단원일지를 확인하는 쉬운 판정법을 소개한다.

정리 15.3

가우스 정수 ϵ이 단원일 필요충분조건은 $N(\epsilon) = 1$이다.

증명 15.3

먼저 이 단원이라고 가정하자. 그러면 $\epsilon v = 1$이 되는 가우스 정수 v가 존재한다. 여기에 정리 15.1(ii)를 적용하면 $N(\epsilon v) = N(\epsilon)N(v) = 1$이 된다. 한편 ϵ과 v가 모두 가우스 정수이므로 $N(\epsilon)$과 $N(v)$는 모두 정수가 되어 $N(\epsilon) = N(v) = 1$이 됨을 알 수 있다. 역으로 $N(\epsilon) = 1$이라고 가정하면 $\epsilon\bar{\epsilon} = N(\epsilon) = 1$이 되므로, $\epsilon | 1$이 되어 ϵ은 단원이 된다.

다음 정리에서는 어떤 가우스 정수가 단원인지를 결정한다.

정리 15.4

단원이 되는 가우스 정수는 $1, -1, i, -i$뿐이다.

증명 15.4

정리 15.3으로부터 가우스 정수 $\epsilon = a + bi$가 단원일 필요충분조건은 $N(\epsilon) = 1$임을 알았다. $N(\epsilon) = a^2 + b^2$이므로 ϵ이 단원일 필요충분조건은 $a^2 + b^2 = 1$이 된다. 여기서 a와 b는 정수이므로 $a^2 + b^2 = 1$을 만족하는 순서쌍 (a, b)는 $(1, 0)$, $(-1, 0)$, $(0, 1)$, $(0, -1)$뿐임을 알 수 있다. 따라서 ϵ이 단원일 필요충분조건은 $\epsilon = 1, -1, i, -i$가 된다.

이제 어떤 가우스 정수가 단원이 되는지를 알고 있기 때문에 가우스 정수 β의 동반원을 모두 결정할 수 있고, 실제로 $\beta, -\beta, i\beta, -i\beta$뿐임을 알 수 있다.

예제 15.4

가우스 정수 $-2+3i$의 동반원은 $-2+3i$, $-(-2+3i) = 2-3i$, $i(-2+3i) = -3-2i$, $-i(-2+3i) = 3+2i$ 네 개뿐임을 알 수 있다.

15.1.3 가우스 소수

p가 소수인 정수라고 하면 $p \neq 1, -1$이며 p의 약수는 1, -1, p, $-p$뿐임을 주목하자. 비슷한 방식으로 가우스 소수를 정의하기 위해 단원과 동반원에 의한 나눔은 자명하므로, 이 외의 나눔을 가지지 않는 가우스 정수로 정의하자.

정의 15.6

0아닌 가우스 정수 π가 단원이 아니며 π를 나누는 유일한 가우스 정수는 단원과 π의 동반원뿐일 때, π를 **가우스 소수**(Gaussian prime)라고 부른다.

위의 정의로부터 가우스 정수 π가 가우스 소수일 필요충분조건은 π는 정확히 8개의 약수, 즉 네 개의 단원 1, -1, i, $-i$와 네 개의 동반원 π, $-\pi$, $i\pi$, $-i\pi$만을 약수로 가진다는 것이다. (단원인 가우스 정수는 정확히 네 개의 약수, 즉 네 개의 단원만 약수로 갖는다. 가우스 소수도 아니고 단원도 아닌 경우는 8개보다 더 많은 개수의 약수를 갖는다.)

정수의 집합에서 소수인 수를 가우스 소수와 구분하기 위해 **유리소수**라고 부른다. 뒤에 나올 예제에서 유리소수이면서 가우스 소수인 경우도 있지만, 그렇지 않은 경우도 있음을 보게 될 것이다. 가우스 소수의 예를 예제 전에 가우스 정수가 가우스 소수인지를 결정하는 데 도움을 주는 유용한 결과를 먼저 소개한다.

정리 15.5

π가 가우스 정수이고 $N(\pi)$는 유리소수 p이면, π와 $\overline{\pi}$는 모두 가우스 소수이다. 하지만 p는 가우스 소수가 되지 않는다.

증명 15.5

가우스 정수 α와 β에 대해 $\pi = \alpha\beta$라고 가정하자. 양변에 노름을 취하면 $p = N(\alpha)N(\beta)$이고 $N(\alpha)$, $N(\beta)$는 양의 정수이므로 $N(\alpha) = 1$, $N(\beta) = p$이거나 $N(\alpha) = p$, $N(\beta) = 1$이어야 한다. 따라서 정리 15.3으로부터 α 또는 β가 단원이므로 π는 단원이 아닌 가우스 정수의 곱으로 쓰일 수 없게 되어 가우스 소수가 됨을 알 수 있다.

$N(\pi) = \pi\overline{\pi}$임을 주목하자. $N(\overline{\pi}) = N(\pi) = p$이므로 $\overline{\pi}$도 가우스 소수가 된다. 하지만 $p = \pi\overline{\pi}$이고 π와 $\overline{\pi}$는 모두 단원이 아니므로, p는 가우스 소수가 아니다.

이제 가우스 소수의 예제를 살펴보자.

예제 15.5

$N(2-i) = 5$이고 5는 유리소수이므로 정리 15.5에 의해 $2-i$는 가우스 소수이다. 하지만 $5 = (2+i)(2-i)$이므로 5는 가우스 소수가 아니다. 비슷한 방식으로 $N(2+3i) = 13$이고 13은 유리소수이므로 $2+3i$는 가우스 소수이다. 그러나 $13 = (2+3i)(2-3i)$이므로 13은 가우스 소수가 아니다.

정리 15.5의 역은 참이 아니다. 다음 예제에서 노름이 유리소수가 아닌 가우스 소수를 살펴보자.

예제 15.6

아래에서 보듯이 3은 가우스 소수이지만, $N(3) = 9$이므로 유리소수가 아니다. 3이 가우스 소수임을 보이기 위해 $3 = (a+bi)(c+di)$라고 가정하자. 양변에 노름을 취하면 $9 = (a^2+b^2)(c^2+d^2)$이 된다. 3은 두 제곱수의 합으로 표현될 수 없으므로 $a+bi$와 $c+di$ 둘 중의 하나는 단원이 됨을 알 수 있다. 따라서 3은 가우스 소수이다.

이제 유리소수 2가 가우스 소수인지 아닌지 결정해보자.

예제 15.7

2가 가우스 소수인지 결정하기 위해 $2 = \alpha\beta$가 되는 단원이 아닌 가우스 정수 α, β가 존재하는지 살펴야 한다. $\alpha = a+bi$, $\beta = c+di$로 두고 $2 = \alpha\beta$의 양변에 노름을 취하면 $4 = (a^2+b^2)(c^2+d^2)$이 된다. α, β가 단원이 아니라고 가정했으므로 $a^2+b^2 = 2 = c^2+d^2$이 되어야 한다. 따라서 a, b, c, d는 1 또는 -1이 되어야 하고, α, β는 $1+i$, $-1+i$, $1-i$, $-1-i$ 넷 중의 하나가 되어야 한다. 이 중에서 $\alpha\beta = 2$인 한 경우를 찾아보면 $\alpha = 1+i$, $\beta = 1-i$가 가능함을 확인할 수 있다. 결론적으로 $2 = (1+i)(1-i)$로 표시되므로 가우스 소수가 아니다.

하지만 $N(1+i) = 2$이고 2는 소수이므로 정리 15.5에 의해 $1+i$와 $1-i$는 둘 다 가우스 소수임을 알 수 있다.

예제 15.5~15.7을 살펴보면 유리소수 3은 가우스 소수이지만, 유리소수 2와 5는 가우스 소수가 아님을 볼 수 있었다. 15.3절에서 어떤 유리소수가 가우스 소수이고, 어떤 유리소수가 가우스 소수가 아닌지를 결정한다.

15.1.4 가우스 정수에 대한 나눗셈 알고리즘

이 책의 첫 장에서 유리수에 대한 나눗셈 알고리즘을 살펴보았다. 이 알고리즘에 따르면 주어진 정수 a를 양의 정수 b로 나눌 때 몫과 나머지가 유일하게 존재하고, 나머지 r은 음이 아닌 정수로서 부등식 $r < b$를 만족한다. 가우스 정수에 대해 비슷한 알고리즘을 얻고 싶지만, 두 복소수의 크기를 비교할 수 없으므로 문제가 생긴다. 이러한 문제는 복소수의 노름을 비교함으로써 해결될 수 있다. 하지만 뒤에 나오는 여러 예제에서 볼 수 있듯이 정수에서와는 다르게 몫과 나머지가 유일하게 정해지지 않음을 알 수 있다.

정리 15.6 가우스 정수에 대한 나눗셈 알고리즘

α와 β는 $\beta \neq 0$인 가우스 정수라 하자. 그러면 가우스 정수 γ와 δ가 존재하여 다음이 성립한다.

$$\alpha = \beta\gamma + \rho, \ \ 0 \leq N(\rho) < N(\beta)$$

여기에서 γ와 ρ를 각각 이 나눗셈의 **몫**(quotient)과 **나머지**(remainder)라고 부른다.

증명 15.6

먼저 $\alpha/\beta = x + iy$라고 두자. 이때 복소수 $x + iy$가 가우스 정수가 될 필요충분조건은 β가 α를 나누는 것과 같다. 이제 정수 s와 t를 각각 $s = [x + \frac{1}{2}]$와 $t = [y + \frac{1}{2}]$라고 두면 이들은 각각 x와 y에 가장 가까운 정수가 된다. 여기서 x 또는 y의 분수부분이 $1/2$인 경우에는 반올림해서 얻어지는 정수와 같다(그림 15.2를 보라).

이렇게 s와 t를 고르면 $|f| \leq 1/2$이고 $|g| \leq 1/2$인 실수 f와 g에 대해 다음 등식이 만족됨을 알 수 있다.

$$x + iy = (s + f) + i(t + g)$$

이제 $\gamma = s + ti$, $\rho = \alpha - \beta\gamma$로 놓자. 정리 15.1에 의하면 $N(\rho) \geq 0$임을 알 수 있다.

$N(\rho) < N(\beta)$를 보이기 위해 정리 15.1(ii)를 적용하면 다음을 얻는다.

$$\begin{aligned} N(\rho) &= N(\alpha - \beta\gamma) = N(((\alpha/\beta) - \gamma)\beta) = N(((x + iy) - \gamma)\beta) \\ &= N((x + iy) - \gamma)N(\beta) = N((x + iy) - (s + ti))N(\beta) \\ &= N(f + gi)N(\beta) = (f^2 + g^2)N(\beta) \\ &\leq ((1/2)^2 + (1/2)^2)N(\beta) \leq N(\beta)/2 < N(\beta) \end{aligned}$$

따라서 원하는 결과를 얻었다.

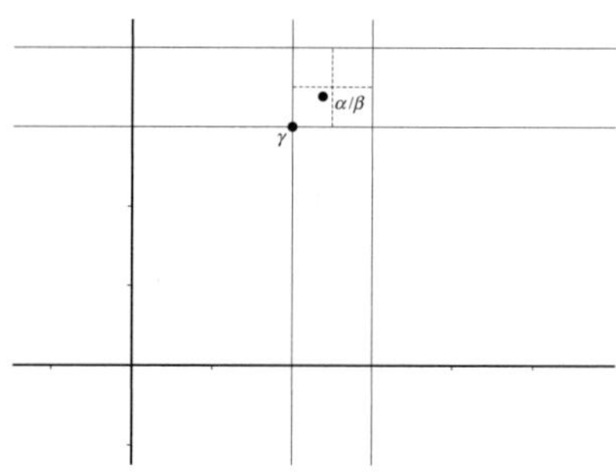

그림 15.2: α를 β로 나눌 때 얻어지는 몫 γ를 결정하기

비고. 정리 15.6의 증명에서 가우스 정수 α를 0이 아닌 가우스 정수 β로 나눌 때 나머지 ρ는 부등식 $0 \leq N(\rho) \leq N(\beta)/2$를 만족함을 주목하자. 즉 나머지의 노름은 나누는 수의 노름의 반을 넘지 않는다. 이것은 기억할 만한 유용한 사실이다.

예제 15.8은 정리 15.6의 증명에서 계산된 몫과 나머지를 찾는 방법을 보여준다. 또한 이 예제는 이러한 값들이 유일하지 않음을 보여준다. 즉 정리의 결론을 만족하는 다른 가능한 값들이 있을 수 있다.

예제 15.8

$\alpha = 13 + 20i$, $\beta = -3 + 5i$라고 하자. 정리 15.6의 증명의 각 단계들을 따라 $\alpha = \beta\gamma + \rho$와 $N(\rho) < N(\beta)$, 즉 $13 + 20i = (-3 + 5i)\gamma + \rho$와 $0 \le N(\rho) < N(-3 + 5i) = 34$를 만족하는 가우스 정수 γ와 ρ를 각각 찾을 수 있다. 먼저 α를 β로 나누어 다음 식을 얻는다.

$$\frac{13 + 20i}{-3 + 5i} = \frac{61}{34} - \frac{125}{34}i$$

다음으로는 $\frac{61}{34}$과 $\frac{125}{34}$에 가장 가까운 정수인 2와 -4를 각각 고른다. 따라서 몫 γ는 $2 - 4i$로 택하고, 대응하는 나머지 ρ는 $\alpha - \beta\gamma$와 같으므로 $(13 + 20i) - (-3 + 5i)(2 - 4i) = -1 - 2i$가 된다. 이제 $N(-1 - 2i) = 5 < N(-3 + 5i)/2 = 17$이므로 부등식 $N(\rho) \le N(\beta)/2 < N(\beta)$가 만족됨을 확인할 수 있다.

나눗셈 알고리즘의 결론을 만족하는 몫과 나머지를 정리 15.6의 증명에서 제시된 값과 다른 값을 고르는 것이 가능하다. 예를 들어 $\gamma = 2 - 3i$, $\rho = 4 + i$로 고르면, $13 + 20i = (-3+5i)(2-3i) + (4+i)$이고 $N(4 + i) = 17 \le N(-3 + 5i)/2 = 17 < N(-3 + 5i)$임을 확인할 수 있다.

15.1 연습문제

1. 다음 각각을 가우스 정수 $a + bi$ 형태로 간단히 표현하라.

   a) $(2 + i)^2(3 + i)$　　b) $(2 - 3i)^3$　　c) $-i(-i + 3)^3$

2. 다음 각각을 가우스 정수 $a + bi$ 형태로 간단히 표현하라.

   a) $(-1 + i)^3(1 + i)^3$　　b) $(3 + 2i)(3 - i)^2$　　c) $(2 + i)^2(5 - i)^3$

3. 다음에 주어진 가우스 정수 α와 β에 대해 α가 β를 나누는지 결정하라.

   a) $\alpha = 2 - i$, $\beta = 5 + 5i$　　c) $\alpha = 5$, $\beta = 2 + 3i$

   b) $\alpha = 1 - i$, $\beta = 8$　　d) $\alpha = 3 + 2i$, $\beta = 26$

4. 다음에 주어진 가우스 정수 α와 β에 대해 α가 β를 나누는지 결정하라.

   a) $\alpha = 3$, $\beta = 4 + 7i$　　c) $\alpha = 5 + 3i$, $\beta = 30 + 6i$

   b) $\alpha = 2 + i$, $\beta = 15$　　d) $\alpha = 11 + 4i$, $\beta = 274$

5. $4 + 3i$로 나뉘는 모든 가우스 정수에 대한 공식을 구하고, 복소평면에 나타내라.

6. $4-i$로 나뉘는 모든 가우스 정수에 대한 공식을 구하고, 복소평면에 나타내라.

7. 가우스 정수 α, β, γ에 대해 $\alpha \mid \beta$이고 $\beta \mid \gamma$이면 $\alpha \mid \gamma$임을 보여라.

8. 가우스 정수 α, β, γ, μ, ν에 대해 $\gamma \mid \alpha$이고 $\gamma \mid \beta$이면 $\gamma \mid (\mu\alpha + \nu\beta)$임을 보여라.

9. 가우스 정수 ε이 단원이면 $\varepsilon^5 = \varepsilon$임을 보여라.

10. 가우스 정수 α의 켤레복소수가 α의 동반원이 되는 모든 가우스 정수를 구하라.

11. 주어진 가우스 정수 α와 β에 대해 $\alpha \mid \beta$이고 $\beta \mid \alpha$이면 α와 β는 서로 동반원 관계임을 보여라.

12. 가우스 정수 α와 β에 대해 $\alpha \mid \beta$이면 $N(\alpha) \mid N(\beta)$임을 보여라.

13. 다음 명제가 참이면 증명을 하고, 거짓이면 반례를 들어라.
명제: 주어진 가우스 정수 α와 β에 대해 $N(\alpha) \mid N(\beta)$이면 $\alpha \mid \beta$이다.

14. 가우스 정수 α와 β에 대해 $\alpha \mid \beta$이면 $\overline{\alpha} \mid \overline{\beta}$임을 보여라.

15. 영이 아닌 가우스 정수 α에 대해 α의 동반원 $c+di$ 중에서 $c>0$이고 $d \geq 0$인 동반원이 딱 한 개 존재함을 보여라.

16. 다음에 주어진 가우스 정수 α와 β에 대해 정리 15.6의 증명 과정을 따라 얻어지는 몫 γ와 나머지 ρ를 찾고, $N(\rho) < N(\beta)$임을 확인하라.

    a) $\alpha = 14+17i$, $\beta = 2+3i$ b) $\alpha = 7-19i$, $\beta = 3-4i$ c) $\alpha = 33$, $\beta = 5+i$

17. 다음에 주어진 가우스 정수 α와 β에 대해 정리 15.6의 증명 과정을 따라 얻어지는 몫 γ와 나머지 ρ를 찾고, $N(\rho) < N(\beta)$임을 확인하라.

    a) $\alpha = 24-9i$, $\beta = 3+3i$ b) $\alpha = 18+15i$, $\beta = 3+4i$ c) $\alpha = 87i$, $\beta = 11-2i$.

18. 연습문제 16에 주어진 α와 β에 대해 정리 15.6의 증명 과정으로부터 얻어지는 것과 다른 몫 γ와 나머지 ρ를 찾아라.

19. 연습문제 17에 주어진 α와 β에 대해 정리 15.6의 증명 과정으로부터 얻어지는 것과 다른 몫 γ와 나머지 ρ를 찾아라.

20. $\beta \neq 0$이고 $\beta \nmid \alpha$인 모든 가우스 정수 쌍 $\{\alpha, \beta\}$에 대해 $\alpha = \beta\gamma + \rho$이고 $N(\rho) < N(\beta)$를 만족하는 서로 다른 가우스 정수 쌍 $\{\gamma, \rho\}$가 적어도 두 개 이상 존재함을 보여라.

*21. α와 β는 $\beta \neq 0$인 가우스 정수일 때 $\alpha = \beta\gamma + \rho$이고 $N(\rho) < N(\beta)$를 만족하는 가우스 정수 쌍 $\{\gamma, \rho\}$의 개수로 가능한 값들을 모두 결정하라. (힌트: 그림 15.2에서와 같이 한 변의 길이가 1인 정사각형에 놓여 있는 α/β의 위치를 기하학적으로 분석하라.)

22. $(-2-i)^3 + (-2+i)^3 = (1+i)^4$임을 보이고, 이 관계식으로부터 빌의 추측이 가우스 정수에서는 성립하지 않음을 설명하라.

23. 가우스 정수 $a+bi$가 $1+i$로 나뉠 필요충분조건은 a와 b가 둘 다 짝수이거나 둘 다 홀수임을 보여라.

24. π가 가우스 소수이면 $N(\pi)=2$ 또는 $N(\pi)\equiv 1 \pmod 4$임을 보여라.

25. 가우스 정수 α에 대해 α^2+1 형태의 가우스 소수를 모두 구하라.

26. $a+bi$가 가우스 소수이면 $b+ai$도 가우스 소수임을 보여라.

27. 예제 15.6의 방법을 사용하여 7은 유리소수이면서 또한 가우스 소수임을 보여라.

28. $4k+3$ 형태의 모든 유리소수는 가우스 소수임을 보여라.

29. 0이 아닌 가우스 정수 α가 단원도 아니고 소수도 아니라고 할 때, 다음 성질을 만족하는 가우스 정수 β가 존재함을 보여라.

$$\beta \mid \alpha,\ 1 < N(\beta) \leq \sqrt{N(\alpha)}$$

30. 노름이 주어진 한도를 넘지 않는 가우스 소수를 모두 찾기 위해 에라스토테네스 체의 방법을 어떻게 적용할 수 있는지 설명하라.

31. 노름이 100을 넘지 않는 모든 가우스 소수를 구하라.

32. 노름이 200을 넘지 않는 모든 가우스 소수를 복소평면 위에 격자점으로 표시하라.

가우스 정수에 대한 합동의 개념을 다음과 같이 정의할 수 있다. 가우스 정수 α, β와 0이 아닌 가우스 정수 γ에 대해 만약 $\gamma \mid (\alpha-\beta)$이면 α는 β와 법 γ로 **합동**(congruent)이라 부르고 $\alpha \equiv \beta \pmod{\gamma}$로 표기한다.

33. 주어진 0이 아닌 가우스 정수 μ에 대해 다음의 성질들이 성립함을 보여라.

    a) 만약 α가 가우스 정수이면 $\alpha \equiv \alpha \pmod{\mu}$이다.

    b) 만약 $\alpha \equiv \beta \pmod{\mu}$이면 $\beta \equiv \alpha \pmod{\mu}$이다.

    c) 만약 $\alpha \equiv \beta \pmod{\mu}$이고 $\beta \equiv \gamma \pmod{\mu}$이면 $\alpha \equiv \gamma \pmod{\mu}$이다.

34. 가우스 정수 $\alpha, \beta, \gamma, \delta$와 0이 아닌 가우스 정수 μ에 대해 $\alpha \equiv \beta \pmod{\mu}$이고 $\gamma \equiv \delta \pmod{\mu}$일 때 다음의 성질들이 성립함을 보여라.

    a) $\alpha+\gamma \equiv \beta+\delta \pmod{\mu}$　　b) $\alpha-\gamma \equiv \beta-\delta \pmod{\mu}$　　c) $\alpha\gamma \equiv \beta\delta \pmod{\mu}$

35. 두 가우스 정수 $\alpha = a_1+ib_1$과 $\beta = a_2+ib_2$를 곱할 때 본문에서 제시된 방법에 따르면 유리정수들을 네 번 곱해야 했다. 다섯 번의 덧셈, 뺄셈과 함께 세 번의 곱셈만으로 가능함을 보여라. (힌트: $m_1 = b_2(a_1+b_1)$, $m_2 = a_2(a_1-b_1)$, $m_3 = b_1(a_2-b_2)$를 이용하라.)

36. 복소수 z에 대해 가우스 정수 $\{z\}$를 $\{z\} = \{a+bi\} = \{a\}+\{b\}i$로 정의하자. 여기서 $\{x\}$는 실수 x를 반올림해서 얻어지는 정수를 의미한다. 이때 복소수 z에 가장 가까운 가우스 정수는 $\{z\}$임을 보이고, $N(z-\{z\}) \leq 1/2$임을 보여라.

음이 아닌 정수 k에 대해 가우스 피보나치 수 G_k는 피보나치 수 f_k를 사용하여 $G_k = f_k + if_{k+1}$로 정의된다. 연습문제 37~39는 가우스 피보나치 수에 관한 문제이다.

37. a) $k = 0, 1, 2, 3, 4, 5$에 대해 가우스 피보나치 수열 G_k의 값을 구하라. (단, $f_0 = 0$임을 기억하자.)
    b) k는 2보다 크거나 같은 정수일 때 $G_k = G_{k-1} + G_{k-2}$임을 보여라.

38. 모든 음이 아닌 정수 k에 대해 $N(G_k) = f_{2k+1}$임을 보여라.

39. 모든 양의 정수 n에 대해 $G_{n+2}G_{n+1} - G_{n+3}G_n = (-1)^n(2+i)$이 성립함을 보여라.

40. 모든 가우스 정수는 다음과 같은 형태로 쓰일 수 있음을 보여라.

$$a_n(-1+i)^n + a_{n-1}(-1+i)^{n-1} + \cdots + a_1(-1+i) + a_0$$

여기서 $j = 0, 1, \ldots, n-1, n$에 대해 a_j는 0 또는 1이다.

41. 유리수 r과 s에 대해 $\alpha = r + si$가 최고차항의 계수가 1인 정수계수 이차 다항식의 근이 되면 α는 가우스 정수가 됨을 보여라.

42. $\pi = a + bi$가 가우스 소수일 때 $(a+1)+bi$, $(a-1)+bi$, $a+(b+1)i$, $a+(b-1)i$ 중에서 가우스 소수가 있는지 살펴보라.

43. 만약 $\pi_1 = (a-1)+bi$, $\pi_2 = (a+1)+bi$, $\pi_3 = a+(b-1)i$, $\pi_4 = a+(b+1)i$가 모두 가우스 소수이고 $|a|+|b| > 5$이면 5는 a와 b의 공약수이고 $ab \neq 0$임을 보여라.

44. 양의 정수 m과 n을 늘려가면서 집합 $\{a+bi \mid 0 \le a \le m, 0 \le b \le n\}$에 속하는 모든 가우스 정수들의 곱으로 구성되는 블록을 만들어보아라. 이 블록은 가우스수를 하나도 포함하지 않음을 보여라.

45. $\alpha\beta\gamma = \alpha + \beta + \gamma = 1$을 만족하는 모든 가우스 정수 α, β, γ를 구하라.

46. 가우스 소수 π의 노름이 2가 아니라면 π의 동반원 중에서 법 4로 1 또는 $3+2i$와 합동인 동반원이 딱 한 개 존재함을 보여라.

계산과 탐구

1. $180 - 181i = (12+13i)\gamma + \rho$이며 $N(\rho) < N(12+13i)$를 만족하는 모든 가우스 정수 γ와 ρ의 쌍을 찾아라.

2. 에라스토테네스 체 알고리즘의 변형을 사용하여 노름이 1000보다 작은 모든 가우스 소수를 찾아라.

3. 차이가 2인 가우스 소수 쌍을 가능한 많이 찾아라.

4. 공차가 2인 등차수열을 이루는 가우스 소수 세 쌍을 가능한 많이 찾아라.

5. $1+bi$ 형태의 가우스 소수를 가능한 많이 찾아라. 여기서 b는 정수이다(이러한 소수가 무한히 많은지는 알려져 있지 않다).

6. $\alpha^2+\alpha+(9+4i)$ 형태를 가진 가우스 소수를 가능한 많이 찾아라.

7. 복소평면에서 원점을 둘러싸며 폭 k인 영역(k는 양의 실수) 내에 가우스 소수가 없는 지역인 **가우스 해자(Gaussian moats)를 찾아라. 해결되지 않은 가우스 해자 문제는 차이가 일정 범위 내로 제한되는 연속적인 가우스 소수의 무한 수열이 존재하는지를 묻는다. (가우스 해자에 대한 더 많은 정보는 [GeWaWi98]을 참고하라.)

프로그래밍 프로젝트

1. 두 가우스 정수 α와 β가 주어졌을 때 $\alpha=\gamma\beta+\rho$를 만족하는 모든 가우스 정수 γ와 ρ의 쌍을 찾아라.

2. 에라스토테네스 체 알고리즘의 변형을 구현하여 노름이 주어진 정수보다 작은 모든 가우스 소수를 찾아라.

3. 양의 실수 k와 양의 정수 n이 주어졌을 때 노름이 n보다 작은 가우스 소수 중에 노름이 5 이하인 가우스 소수에서 시작하여 k를 넘지 않는 거리로 이동하며 도달할 수 있는 모든 가우스 소수를 찾아라.

4. 이전 프로그래밍 프로젝트에서 설명한 방식으로 도달할 수 있는 가우스 소수들을 그래프로 표시하라.

15.2 최대공약수와 유일 인수분해

3장에서 두 유리정수 중에서 적어도 하나는 0이 아닌 경우에 이들의 최대공약수가 항상 존재한다는 사실을 보였다. 최대공약수의 성질을 사용하여 두 정수의 곱을 나누는 소수는 반드시 둘 중 하나를 나누어야 함을 증명했고, 이 사실을 사용하여 모든 정수는 소수들의 곱으로 표현되며, 소인수들을 크기 순으로 정렬했을 때 유일하게 표현됨을 보였다. 이 절에서는 가우스 정수에 대한 유사한 결과들을 살펴볼 것이다. 먼저 최대공약수의 개념을 정의하고, 두 가우스 정수 중에서 적어도 하나는 0이 아닌 경우에 이들의 최대공약수가 존재한다는 사실을 보일 것이다. 또한 두 가우스 정수들의 곱을 나누는 가우스 소수는 반드시 둘 중 하나를 나눔을 보일 것이다. 이러한 결과는 가우스 정수의 유일 소인수분해 정리에 이용될 것이다.

15.2.1 최대공약수

가우스 정수는 크기를 논할 수 없으므로 두 정수의 최대공약수의 정의를 두 가우스 정수의 최대공약수의 정의로 그대로 가져올 수는 없다. 하지만 정리 3.5에 주어진 최대공약수의 필요충분조건을 사용하면 두 가우스 정수의 최대공약수를 정의할 수 있다.

정의 15.7

두 가우스 정수 α와 β의 **최대공약수**(greatest common divisor)는 다음 두 조건을 만족하는 가우스 정수 γ이다.

(i) $\gamma \mid \alpha$이고 $\gamma \mid \beta$이다.

(ii) 만약 $\delta \mid \alpha$이고 $\delta \mid \beta$이면 $\delta \mid \gamma$이다.

만약 γ가 두 가우스 정수 α와 β의 최대공약수이면 γ의 모든 동반원도 최대공약수가 된다 (연습문제 5를 보라). 즉 γ가 두 가우스 정수 α와 β의 최대공약수이면 $-\gamma$, $i\gamma$, $-i\gamma$도 최대공약수가 된다. 역으로 두 최대공약수는 서로 동반원 관계에 있음을 이 절의 후반부에 증명할 것이다. 먼저 두 가우스 정수의 최대공약수가 존재함을 보이자.

정리 15.7

두 가우스 정수 α와 β 중에 적어도 하나는 0이 아니면,

(i) α와 β의 최대공약수 γ가 항상 존재하고,

(ii) $\gamma = \mu\alpha + \nu\beta$로 표현된다. 여기서 μ와 ν는 가우스 정수로서 α와 β의 베주 계수라고 부른다.

증명 15.7

집합 S를 $\mu\alpha + \nu\beta$ 형태의 0이 아닌 가우스 정수의 노름들의 집합이라고 놓자. 0이 아닌 가우스 정수의 노름은 양의 정수이므로 집합 S는 양의 정수로 이루어져 있다. 또한 집합 S는 공집합이 아니다. 왜냐하면 $N(1\cdot\alpha + 0\cdot\beta) = N(\alpha)$와 $N(0\cdot\alpha + 1\cdot\beta) = N(\beta)$가 모두 집합 S에 속하는데, 둘 다 0이 될 수는 없기 때문이다.

집합 S는 양의 정수로 이루어져 있고, 공집합이 아니므로 정렬성질에 의해 최소 원소 $N(\gamma)$를 갖는다. S의 정의에 의해 $\gamma = \mu_0\alpha + \nu_0\beta$가 되는 가우스 정수 μ_0와 ν_0가 존재하고, $N(\gamma)$의 최소성으로부터 모든 가우스 정수 μ와 ν에 대해 부등식 $N(\gamma) \le N(\mu\alpha + \nu\beta)$가 성립한다.

이제 γ가 α와 β의 최대공약수임을 보이자. 먼저 $\delta \mid \alpha$이고 $\delta \mid \beta$라고 가정하자. 그러면 $\alpha = \delta\rho$이고 $\beta = \delta\sigma$인 가우스 정수 ρ와 σ가 존재하게 되고, γ는 다음과 같이 표현된다.

$$\gamma = \mu_0\alpha + \nu_0\beta = \mu_0\delta\rho + \nu_0\delta\sigma = \delta(\mu_0\rho + \nu_0\sigma)$$

따라서 $\delta \mid \gamma$임을 알 수 있다.

다음으로 $\gamma \mid \alpha$이고 $\gamma \mid \beta$임을 보이기 위해 γ가 $\mu\alpha + \nu\beta$꼴의 모든 가우스 정수를 나눔을 보이자. 가우스 정수 μ_1과 ν_1에 대해 $\tau = \mu_1\alpha + \nu_1\beta$라고 놓자. 가우스 정수에 대한 나눗셈 알고리즘인 정리 14.6을 적용하면 $\tau = \gamma\eta + \zeta$이고, $0 \le N(\zeta) < N(\gamma)$를 만족하는 가우스 정수 η와 ζ가 존재한다. 또한 ζ는 $\mu\alpha + \nu\beta$ 형태가 되는데, 그 이유는 다음과 같다.

$$\zeta = \tau - \gamma\eta = (\mu_1\alpha + \nu_1\beta) - (\mu_0\alpha + \nu_0\beta)\eta = (\mu_1 - \mu_0\eta)\alpha + (\nu_1 - \nu_0\eta)\beta$$

$N(\gamma)$의 최소성으로부터 $N(\zeta) = 0$이 되어야 하고, 정리 15.1을 적용하면 $\zeta = 0$임을 알 수 있다. 따라서 $\gamma \mid \tau$임을 보였다.

이제 주어진 두 가우스 정수에 대해 최대공약수가 두 개 존재한다면 이들은 서로 동반원 관계에 있음을 보이자.

정리 15.8

두 가우스 정수 α와 β 중에 적어도 하나는 0이 아니라고 가정하자. γ_1과 γ_2가 두 가우스 정수 α와 β의 최대공약수이면 γ_1과 γ_2는 서로 동반원 관계에 있다.

증명 15.8

최대공약수가 만족해야 할 두 번째 조건으로부터 $\gamma_1 \mid \gamma_2$이고 $\gamma_2 \mid \gamma_1$임을 알 수 있다. 따라서 가우스 정수 ϵ과 θ가 존재하여 $\gamma_2 = \epsilon\gamma_1$이고 $\gamma_1 = \theta\gamma_2$가 된다. 이들을 조합하면 $\gamma_1 = \theta\epsilon\gamma_1$을 얻고, γ_1을 소거하면 $\theta\epsilon = 1$을 얻는다. 이로부터 θ와 ϵ은 둘 다 단원이 되고, $\gamma_1 = \theta\gamma_2$로부터 γ_1과 γ_2는 서로 동반원 관계임을 알 수 있다.

정리 15.8의 역도 참이 되는데, 이에 대한 증명은 연습문제 7로 남겨둔다.

정의 15.8

두 가우스 정수 α와 β의 최대공약수가 1인 경우에 α와 β는 **서로소**(relatively prime)라고 부른다.

1이 α와 β의 최대공약수라는 조건은 1의 동반원, 즉 -1, i, $-i$가 α와 β의 최대공약수라는 조건과 동치이다. 예를 들어 i가 α와 β의 최대공약수이면 이들은 서로소가 된다.

유클리드 알고리즘(정리 3.6)을 적절히 변형하여 두 가우스 정수의 최대공약수를 구할 수 있다.

정리 15.9 가우스 정수에 대한 유클리드 알고리즘

α와 β는 가우스 정수이고 $\beta \neq 0$이라고 가정하자. 이제 $\rho_0 = \alpha$, $\rho_1 = \beta$로 두고 나눗셈 알고리즘을 연속적으로 적용하여 $j = 0, 1, 2, \ldots, n-2$에 대해 $N(\rho_{j+2}) < N(\rho_{j+1})$을 만족하는 관계식 $\rho_j = \rho_{j+1}\gamma_{j+1} + \rho_{j+2}$를 얻고 $\rho_{n+1} = 0$이라고 가정하자. 이때 마지막 0이 아닌 나머지 ρ_n이 α와 β의 최대공약수와 같게 된다.

정리 15.9의 증명은 정리 3.6의 증명을 적절히 변형하면 어렵지 않게 증명할 수 있으므로 독자에게 남겨둔다. 유클리드 알고리즘의 단계들을 거꾸로 거슬러 올라가면, 주어진 두 가우스 정수의 최대공약수를 이들의 일차결합으로 표현할 수 있다. 이것에 대한 예를 다음 예제에서 살펴보자.

예제 15.9

$\alpha = 97 + 210i$와 $\beta = 123 + 16i$에 대해 다음과 같이 유클리드 알고리즘을 적용하여 α와 β의 최대공약수를 구할 수 있다.

$$\begin{aligned}
97 + 210i &= (123 + 16i)(1 + 2i) + (6 - 52i) \\
123 + 16i &= (6 - 52i)(2i) + (19 + 4i) \\
6 - 52i &= (19 + 4i)(-3i) + (-6 + 5i) \\
19 + 4i &= (-6 + 5i)(-2 - 2i) + (-3 + 2i) \\
-6 + 5i &= (-3 + 2i)2 + i \\
-3 + 2i &= i(2 + 3i) + 0
\end{aligned}$$

따라서 α와 β의 최대공약수는 i임을 알 수 있다. 또한 이들의 다른 최대공약수는 모두 i의 동반원인 $1, -1, i, -i$ 중의 하나가 된다. 1이 α와 β의 최대공약수이므로 이들은 서로소가 되며 1을 α와 β의 일차결합으로 표현할 수 있다. 위에 주어진 유클리드 알고리즘을 거꾸로 거슬러 올라가면 $1 = \mu\alpha + \nu\beta$가 되는 가우스 정수 μ와 ν를 찾을 수 있고, 구체적으로 다음과 같이 주어진다.

$$(97 + 210i)(-24 + 21i) + (123 + 16i)(57 + 17i) = 1$$

자세한 계산은 독자에게 남겨둔다.

15.2.2 가우스 정수의 유일 소인수분해

산술의 기본정리에 따르면 모든 정수는 소수들의 곱으로 유일하게 쓰인다. 이 정리의 증명은 다음 사실에 근거를 두고 있다. 소수 p가 두 정수의 곱을 나누면 p는 이들 중 적어도 하나를 반드시 나누어야 한다. 이 사실은 가우스 정수에 대해서도 비슷하게 성립하는데, 이는 가우스 정수의 유일 소인수분해 정리를 증명하는 데 핵심적인 역할을 할 것이다.

도움정리 15.1

가우스 소수 π가 두 가우스 정수 α와 β의 곱을 나누면 π는 α를 나누거나 β를 나눈다.

증명

π가 α를 나누지 않는다고 가정하고, π는 β를 반드시 나누게 됨을 보이자. $\pi \nmid \alpha$이므로 단원 ϵ에 대해 $\epsilon\pi \nmid \alpha$ 임을 알 수 있다. π의 약수는 단원과 π의 동반원뿐이므로 π와 α의 최대공약수는 단원이 됨을 알 수 있다. 따라서 1이 π와 α의 최대공약수가 되므로 정리 15.7에 의해 $1 = \mu\pi + \nu\alpha$가 되는 가우스 정수 μ와 ν가 존재하게 된다. 이 식의 양변에 β를 곱하면 $\beta = \pi(\mu\beta) + \nu(\alpha\beta)$를 얻고, 주어진 가정에 의해 $\pi \mid \alpha\beta$이므로 15.1절의 연습문제 8을 적용하면 $\pi \mid \beta$임을 보일 수 있다.

도움정리 15.1은 가우스 정수에 대한 유일 소인수분해 정리를 증명하는 핵심적인 도구이다. 다른 종류의 대수적 정수들의 집합에서는 유일 소인수분해가 깨지는 경우가 있다. 예를 들어 $a + b\sqrt{-5}$ 형태의 이차 정수들의 집합인 $\mathbb{Z}[\sqrt{-5}]$에서는 도움정리 15.1과 유사한 결과가 성립하지 않고, 따라서 유일 소인수분해 성질이 만족되지 않는다.

도움정리 15.1은 둘보다 더 많은 가우스 정수의 곱으로 확장될 수 있다.

도움정리 15.2

가우스 소수 π가 가우스 정수 $\alpha_1, \alpha_2, \ldots, \alpha_m$의 곱인 $\alpha_1\alpha_2\cdots\alpha_m$을 나누면 π는 적어도 이들 중 하나인 α_j $(1 \le j \le m)$를 나눈다.

증명

m에 관한 수학적 귀납법을 사용하여 이 결과를 증명해보자. $m = 1$인 때는 자명하다. 이제 양의 정수 k에 대해 $m = k$일 때 성립한다고 가정하자. 즉 $\pi \mid \alpha_1\alpha_2\cdots\alpha_k$이면 π는 이들 중 적어도 하나를 나눈다고 가정하자. 이제 $\pi \mid \alpha_1\alpha_2\cdots\alpha_k\alpha_{k+1}$이라고 가정하면 $\pi \mid \alpha_1(\alpha_2\cdots\alpha_k\alpha_{k+1})$이므로, 도움정리 15.1과 수학적 귀납법 가정에 의해 π는 $\alpha_1, \ldots, \alpha_{k+1}$ 중에서 적어도 하나를 나누어야 한다. 따라서 $m = k + 1$일 때 성립하게 되고 수학적 귀납법에 의해서 결과가 증명이 된다.

이제 가우스 정수에 대한 유일 소인수분해 정리를 살펴볼 것이다. 이 정리는 산술의 기본정리와 유사한 정리이며, 이 정리를 최초로 증명한 사람은 가우스이다. 가우스는 가우스 정수의 구조가 정수의 구조와 유사함을 인지하고 가우스 정수의 유용성을 보였다. 이는 이 장의 후반부에서 자세히 살펴볼 것이다.

정리 15.10 가우스 정수에 대한 유일 소인수분해 정리

γ가 0이 아닌 가우스 정수이고 단원이 아니면, 다음 두 가지가 성립한다.

(i) γ는 가우스 소수들의 곱으로 표현될 수 있다.

(ii) 이 소인수분해는 다음과 같은 이유로 유일하다. 가우스 소수 $\pi_1, \pi_2, \ldots, \pi_s, \rho_1, \rho_2, \ldots, \rho_t$에 대해 다음과 같다면

$$\gamma = \pi_1 \pi_2 \cdots \pi_s = \rho_1 \rho_2 \cdots \rho_t$$

$s = t$이고, 필요한 경우 적절히 순서를 바꾸면 모든 $i = 1, 2, \ldots, s$에 대해 $\pi_i = \rho_i$가 된다.

증명 15.10

(i)를 증명하기 위해 $N(\gamma)$에 대한 수학적 귀납법을 쓰자. γ는 0이 아니고 단원이 아니므로 정리 15.3에 의해 $N(\gamma)$는 1이 아니다. 따라서 $N(\gamma) \geq 2$임을 알 수 있다.

$N(\gamma) = 2$이면 정리 15.5에 의해 γ는 가우스 소수가 되므로, 이 경우에 γ는 그 자체로 가우스 소수 딱 하나의 곱이라고 할 수 있다.

이제 $N(\gamma) > 2$일 때 $N(\delta) < N(\gamma)$인 모든 가우스 정수 δ는 가우스 소수의 곱으로 표현될 수 있다고 가정하자. 만약 γ가 가우스 소수라면 γ는 그 자체로 가우스 소수 딱 하나의 곱이라고 할 수 있다. γ가 가우스 소수가 아니라면 단원이 아닌 가우스 정수들 η와 θ가 존재하여 $\gamma = \eta\theta$가 된다. η와 θ는 모두 단원이 아니므로 정리 15.1과 15.3에 의해 $N(\gamma)$와 $N(\theta)$는 모두 1보다 큼을 알 수 있다. 또한 $N(\gamma) = N(\eta)N(\theta)$이므로 부등식 $2 \leq N(\eta) < N(\gamma)$와 $2 \leq N(\theta) < N(\gamma)$가 성립한다. 수학적 귀납법 가정에 의해 η와 θ는 둘 다 가우스 소수의 곱이 된다. 즉 $\eta = \pi_1 \pi_2 \cdots \pi_s$이고 $\theta = \rho_1 \rho_2 \cdots \rho_t$가 되는 가우스 소수 $\pi_1, \pi_2, \ldots, \pi_s, \rho_1, \rho_2, \ldots, \rho_t$가 존재한다. 따라서 다음과 같다.

$$\gamma = \eta\theta = \pi_1 \pi_2 \cdots \pi_s \rho_1 \rho_2 \cdots \rho_t$$

따라서 γ는 가우스 소수의 곱으로 표현된다.

(i)와 마찬가지로 (ii)를 증명하는 데에도 $N(\gamma)$에 관한 수학적 귀납법을 쓰도록 하자. $N(\gamma) = 2$이면 γ는 가우스 소수이므로, γ는 가우스 소수 딱 하나의 곱이 되어 유일하게 표현된다.

이제 $N(\gamma) > 2$일 때 $N(\delta) < N(\gamma)$인 모든 가우스 정수 δ에 대해 (ii)의 내용이 성립한다고 가정하자. γ가 가우스 소수 $\pi_1, \pi_2, \ldots, \pi_s, \rho_1, \rho_2, \ldots, \rho_t$에 대해 다음과 같은 두 가지 방식으로 가우스 소수의 곱으로 표현된다고 가정하자.

$$\gamma = \pi_1 \pi_2 \cdots \pi_s = \rho_1 \rho_2 \cdots \rho_t$$

여기서 $s > 1$임을 주목하자. 왜냐하면 $s = 1$이면, γ는 그 자체로 가우스 소수이므로 가우스 소수의 곱으로 유일하게 표현되기 때문이다.

$\pi_1 \mid \pi_1\pi_2\cdots\pi_s$이고 $\pi_1\pi_2\cdots\pi_s = \rho_1\rho_2\cdots\rho_t$이기 때문에, $\pi_1 \mid \rho_1\rho_2\cdots\rho_t$임을 알 수 있다. 따라서 도움정리 15.2에 의해 π_1은 $\rho_1, \rho_2, \ldots, \rho_t$ 중의 하나를 나누게 된다. 필요하다면 $\rho_1, \rho_2, \ldots, \rho_k$의 순서를 적절히 바꾸어서 $\pi_1 \mid \rho_1$이 되게 할 수 있다. ρ_1은 가우스 소수이므로 단원과 동반원에 의해서만 나뉠 수 있다. 따라서 π_1과 ρ_1은 서로 동반원 관계에 있게 되어 $\rho_1 = \epsilon\pi_1$이 되는 단원 ϵ이 존재하게 된다. 이제 $\pi_1\pi_2\cdots\pi_s = \epsilon\pi_1\rho_2\cdots\rho_t$를 얻게 되고 양변을 π_1으로 나누면 다음과 같은 식을 얻는다.

$$\pi_2\cdots\pi_s = (\epsilon\rho_2)\rho_3\cdots\rho_t$$

π_1은 가우스 소수이기 때문에 $N(\pi_1) \geq 2$이므로 다음 부등식이 성립한다.

$$1 \leq N(\pi_2\cdots\pi_s) < N(\pi_1\pi_2\cdots\pi_s) = N(\gamma)$$

이제 수학적 귀납법 가정과 $\pi_2\cdots\pi_s = \epsilon\rho_2\rho_3\cdots\rho_t$라는 사실로부터 $s-1 = t-1$이 되고, 필요한 경우에 적절히 순서를 바꾸면 모든 $i = 2, \ldots, s$에 대해 $\pi_i = \rho_i$가 된다. 따라서 (ii)의 내용이 증명된다.

주어진 가우스 정수를 가우스 소수의 곱으로 분해하는 것은 노름 계산을 통해 가능하다. 노름의 소인수분해에 등장하는 각각의 소인수에 대해 이 소인수를 노름값으로 갖는 가능한 가우스 소수를 찾고, 이러한 가우스 소수가 실제로 주어진 가우스 정수를 나누는지 확인한다.

예제 15.10

20을 가우스 소수의 곱으로 분해하기 위해 $N(20) = 20^2 = 400$임을 주목하자. 따라서 20의 가우스 소인수의 노름은 2 또는 5가 될 수 있다. 실제로 20을 $1+i$로 계속 나누어보면 $(1+i)^4$으로 나뉘고, 이때 몫은 -5가 된다. 이제 $5 = (1+2i)(1-2i)$이므로 다음과 같은 분해를 얻는다.

$$20 = -(1+i)^4(1+2i)(1-2i)$$

15.2 연습문제

1. 다음 각각의 가우스 정수 쌍에 대해 최대공약수와 베주 계수를 구하라.

   a) $4+7i$, $-1+4i$

   b) $8-14i$, $7+17i$

   c) $11+16i$, $10+11i$

   d) $135-14i$, $155+34i$

2. 다음 각각의 가우스 정수 쌍에 대해 최대공약수와 베주 계수를 구하라.

a) $10,\ 18+26i$

b) $7-4i,\ 1+3i$

c) $18-i,\ 11+7i$

d) $79+33i,\ 37-19i$

3. 두 가우스 정수의 최대공약수의 정의를 사용하여 서로 동반원이 아닌 두 가우스 소수의 최대공약수는 1 임을 보여라.

4. 두 가우스 정수의 최대공약수의 정의를 사용하여 가우스 정수 α와 단원 ϵ의 최대공약수는 1 임을 보여라.

5. 두 가우스 정수 α와 β의 최대공약수가 γ이면 $\overline{\alpha}$와 $\overline{\beta}$의 최대공약수는 $\overline{\gamma}$임을 보여라.

6. a) 두 가우스 정수의 최대공약수의 정의를 확장하여 셋 이상의 가우스 정수의 최대공약수의 정의를 만들어라.

   b) 위의 정의로부터 세 가우스 정수 α, β, γ의 최대공약수는 α, β의 최대공약수와 γ의 최대공약수와 같음을 보여라.

7. γ가 두 가우스 정수 α와 β의 최대공약수이면 γ의 모든 동반원도 α와 β의 최대공약수임을 보여라.

8. 두 가우스 정수 α와 β에 대해 $N(\alpha)$와 $N(\beta)$가 서로소인 정수이면 α와 β는 서로소인 가우스 정수임을 보여라.

9. 연습문제 8의 역은 거짓임을 보여라. 즉 α와 β는 서로소인 가우스 정수이지만 $N(\alpha)$와 $N(\beta)$는 서로소가 아닌 정수가 되는 예를 찾아라.

10. 만약 γ가 두 가우스 정수 α와 β의 최대공약수이면 $N(\gamma)$는 $(N(\alpha), N(\beta))$를 나눔을 보여라.

11. a와 b가 서로소인 정수이면 동시에 서로소인 가우스 정수가 됨을 보여라.

12. 가우스 정수 α, β, γ와 양의 정수 n에 대해 $\alpha\beta = \gamma^n$이고 α, β가 서로소이면, $\alpha = \epsilon\delta^n$이 되는 단원 ϵ과 가우스 정수 δ가 존재함을 보여라.

13. a) 가우스 정수에 대한 유클리드 알고리즘을 적용하여 $\alpha = 44+18i$와 $\beta = 12-16i$의 최대공약수를 구하라.

    b) $\mu(44+18i)+\nu(12-16i)$의 값이 (a)에서 구한 최대공약수와 같게 되는 가우스 정수 μ와 ν를 찾아라.

14. a) 가우스 정수에 대한 유클리드 알고리즘을 적용하여 $2-11i$와 $7+8i$가 서로소임을 보여라.

    b) $\mu(2-11i)+\nu(7+8i)=1$이 되는 가우스 정수 μ와 ν를 찾아라.

15. 15.1절의 연습문제 37에서 정의된 가우스 피보나치 수를 생각하자. 양의 정수 k에 대해 연속하는 두 가우스 피보나치 수 G_k와 G_{k+1}은 서로소임을 보여라.

16. 양의 정수 k에 대해 연속하는 두 가우스 피보나치 수 G_k와 G_{k+1}의 최대공약수를 구하기 위해 몇 번의 나눗셈이 사용되는지 계산하라.

17. α와 β가 둘 다 0이 아닌 가우스 정수이고 $N(\alpha) \le N(\beta)$라고 가정하자. α와 β의 최대공약수를 구하기 위해 요구되는 비트연산 수에 대한 빅-O 추정값을 유도하라. (힌트: 정리 15.6의 증명 바로 다음에 나오는 비고의 내용을 사용하라.)

18. 다음에 주어진 각각의 가우스 정수를 가우스 소수와 단원의 곱으로 표현하라. 여기서 가우스 소수는 실수부가 양수이고, 허수부는 음이 아닌 것으로 택하라.

a) $9+i$ b) 4 c) $22+7i$ d) $210+2100i$

19. 다음에 주어진 각각의 가우스 정수를 가우스 소수와 단원의 곱으로 표현하라. 여기서 가우스 소수는 실수부가 양수이고, 허수부는 음이 아닌 것으로 택하라.

a) $7+6i$ b) $3-13i$ c) 28 d) $400i$

20. 1부터 7까지 각각의 정수 k에 대해 가우스 정수 $k+(7-k)i$를 가우스 소수의 곱으로 표현하라. 여기서 가우스 소수는 실수부가 양수이고, 허수부는 음이 아닌 것으로 택하라.

21. 다음에 주어진 각각의 가우스 정수를 나누는 서로 다른 가우스 정수의 개수를 구하라. 여기서 동반원은 서로 다른 것으로 세는 것으로 하자.

a) 10 b) $256+128i$ c) 27000 d) $5040+40320i$

22. 다음에 주어진 각각의 가우스 정수를 나누는 서로 다른 가우스 정수의 개수를 구하라. 여기서 동반원은 서로 다른 것으로 세는 것으로 하자.

a) 198 b) $128+256i$ c) 169000 d) $4004+8008i$

23. 정수 n과 가우스 정수 $a+bi$가 서로소일 필요충분조건은 n과 $b+ai$가 서로소임을 보여라.

24. 가우스 정수에 대한 유일 소인수분해 정리(정리 15.10)와 15.1절의 연습문제 13을 사용하여 0이 아닌 모든 가우스 정수는 $\epsilon\pi_1^{e_1}\pi_2^{e_2}\cdots\pi_k^{e_k}$ 꼴로 유일하게 쓰여질 수 있음을 보여라. 여기서 ϵ은 단원이고, 1부터 k까지 각각의 정수 j에 대해 $\pi_j = a_j + b_j i$는 $a_j > 0$, $b_j \ge 0$인 가우스 소수이며, 이들의 순서는 무시한다.

25. 소수의 개수가 무수히 많다는 정리(정리 3.1)의 유클리드에 의한 증명을 적절히 변형하여 가우스 소수의 개수가 무수히 많음을 보여라.

연습문제 26~43까지는 15.1절의 연습문제 33에서 정의된 가우스 정수에 대한 합동식의 정의를 이용하는 문제들이다.

26. a) 가우스 정수 α, β, μ에 대해 β가 법 μ로 α의 역수가 된다는 것이 무엇을 의미하는지 정의하라.
 b) 만약 α와 μ가 서로소이면 법 μ로 α의 역수가 되는 가우스 정수가 존재함을 보여라.

27. 법 $2+3i$로 $1+2i$의 역수를 구하라.

28. 법 $5+2i$로 4의 역수를 구하라.

29. 가우스 정수 α, β, μ에 대해 α와 μ가 서로소일 때 일차합동식 $\alpha x \equiv \beta \pmod{\mu}$의 해를 어떻게 구할 수 있는지 설명하라.

30. 다음에 주어진 각각의 일차합동식의 해를 구하라.

a) $(2+i)x \equiv 3 \pmod{4-i}$
b) $4x \equiv -3+4i \pmod{5+2i}$
c) $2x \equiv 5 \pmod{3-2i}$

31. 다음에 주어진 각각의 일차합동식의 해를 구하라.

a) $3x \equiv 2+i \pmod{13}$
b) $5x \equiv 3-2i \pmod{4+i}$
c) $(3+i)x \equiv 4 \pmod{2+3i}$

32. 다음에 주어진 각각의 일차합동식의 해를 구하라.

a) $5x \equiv 2-3i \pmod{11}$
b) $4x \equiv 7+i \pmod{3+2i}$
c) $(2+5i)x \equiv 3 \pmod{4-7i}$

33. 가우스 정수에 대한 연립일차합동식과 관련된 중국인의 나머지정리를 만들고, 이를 증명하라.

34. 다음 연립합동식을 동시에 만족하는 가우스 정수로 이루어진 해를 구하라.

$$x \equiv 2 \pmod{2+3i}$$
$$x \equiv 3 \pmod{1+4i}$$

35. 다음 연립합동식을 동시에 만족하는 가우스 정수로 이루어진 해를 구하라.

$$x \equiv 1+3i \pmod{2+5i}$$
$$x \equiv 2-i \pmod{3-4i}$$

36. 법 11로 1과 합동, 법 $4+3i$로 2와 합동, 법 $1+7i$로 3과 합동이 되는 가우스 정수를 각각 구하라.

γ를 가우스 정수라고 하자. 가우스 정수로 이루어진 어떤 집합이 있을 때, 임의의 가우스 정수가 법 γ로 이 집합에 있는 오직 하나의 값과 합동이 되면 이 집합을 법 γ로의 **완전잉여계**라 한다.

37. 다음에 주어진 각각의 법으로 완전잉여계를 구하라.

a) $1-i$
b) 2
c) $2+3i$

38. 다음에 주어진 각각의 법으로 완전잉여계를 구하라.

a) $1+2i$
b) 3
c) $4-i$

39. 가우스 정수 α에 대해 법 α로의 완전잉여계의 원소의 개수는 $N(\alpha)$임을 증명하라.

γ를 가우스 정수라고 하자. 가우스 정수들로 이루어진 어떤 집합이 있을 때 γ와 서로소인 임의의 가우스 정수가 법 γ로 이 집합에 있는 오직 하나의 값과 합동이 되면, 이 집합을 법 γ로의 **기약잉여계**(reduced residue system)라 한다.

40. 다음에 주어진 각각의 법으로 기약잉여계를 구하라.

    a) $-1+3i$ b) 2 c) $5-i$

41. 다음에 주어진 각각의 법으로 기약잉여계를 구하라.

    a) $2+2i$ b) 4 c) $4+2i$

42. 가우스 소수 π에 대해 법 π로 기약잉여계의 원소의 개수를 구하라.

43. 가우스 소수 π와 양의 정수 e에 대해 법 π^e으로 기약잉여계의 원소의 개수를 구하라.

44. a) 유리수 r과 s에 대해 $r+s\sqrt{-3}$ 형태의 대수적 정수는 $a+b\omega$ 꼴임을 보여라. 여기서 a와 b는 모두 정수이고 $\omega=(-1+\sqrt{-3})/2$이다. 19세기 중반 이러한 꼴의 수를 연구했던 막스 아이젠슈타인의 이름을 따서, 이러한 꼴의 수를 **아이젠슈타인 정수**(Eisenstein integer)라고 부른다. [칼 야코비도 이러한 꼴의 수를 연구했던 것으로 보이며 이 수들은 **아이젠슈타인-야코비 정수**(Eisenstein-Jacobi integer)라고도 불리운다.] 아이젠슈타인 정수의 집합은 $\mathbb{Z}[\omega]$로 표기된다.

    b) 두 아이젠슈타인 정수의 합, 차, 곱은 다시 아이젠슈타인 정수임을 보여라.

    c) α가 아이젠슈타인 정수이면 α의 켤레복소수인 $\overline{\alpha}$도 또한 아이젠슈타인 정수임을 보여라. (힌트: $\overline{\omega}=\omega^2$임을 보이고, 이를 이용하라.)

    d) 아이젠슈타인 정수 $\alpha=a+b\omega$에 대해 α의 노름을 $N(\alpha)=a^2-ab+b^2$로 정의하자. 이때 $N(\alpha)=\alpha\overline{\alpha}$임을 보여라.

    e) 두 아이젠슈타인 정수 α와 β에 대해 $\beta=\alpha\gamma$가 되는 아이젠슈타인 정수 γ가 존재할 때 α는 β를 나눈다고 부르자. $1+2\omega$가 $1+5\omega$를 나누는지와 $3+\omega$가 $9+8\omega$를 나누는지를 결정하라.

    f) 아이젠슈타인 정수 ω가 1을 나누는 경우에 ω를 단원이라고 부른다. 단원이 되는 아이젠슈타인 정수를 모두 구하라.

    g) 아이젠슈타인 정수 π가 오직 단원과 π의 동반원으로만 나뉘는 경우에 π를 **아이젠슈타인 소수**(Eisenstein prime)라고 부른다. (아이젠슈타인 정수의 동반원이란 자기자신과 단원과의 곱을 의미한다.) $1+2\omega$, $3-2\omega$, $5+4\omega$, $-7-2\omega$가 아이젠슈타인 소수인지 결정하라.

    *h) 아이젠슈타인 정수 α와 0이 아닌 아이젠슈타인 정수 β에 대해 $\alpha=\beta\gamma+\rho$이고 $N(\rho)<N(\beta)$인 아이젠슈타인 정수 γ와 ρ가 존재함을 보여라. 즉 아이젠슈타인 정수에 대한 나눗셈 알고리즘을 만들어라.

    i) (h)를 이용하여 아이젠슈타인 정수는 아이젠슈타인 소수들의 곱으로 유일하게 쓰여질 수 있음을 보여라. 단, 동반원 관계에 있는 아이젠슈타인 소수와 소수들의 순서의 차이는 무시한다.

    j) 6, $5+9\omega$, 114, $37+74\omega$의 아이젠슈타인 정수를 아이젠슈타인 소수의 곱으로 분해하라.

45. a) 유리수 r과 s에 대해 $r+s\sqrt{-5}$ 형태의 대수적 정수는 $a+b\sqrt{-5}$꼴임을 보여라. 여기서 a와 b는 모두 정수이다. (이러한 꼴의 수들은 3장에서 간략하게 살펴보았으며, 이번 연습문제에서는 보다 자세히 살펴보도록 하자.)

b) a와 b는 모두 정수일 때 $a+b\sqrt{-5}$ 형태의 수들의 합, 차, 곱은 다시 같은 형태임을 보여라.

c) a와 b는 모두 정수일 때 $a+b\sqrt{-5}$ 형태의 수들의 집합을 $\mathbb{Z}[\sqrt{-5}]$로 표기하자. 이 집합에 속하는 α와 β에 대해 $\beta = \alpha\gamma$가 되는 γ가 같은 집합 안에 존재할 때, α는 β를 나눈다고 부르자. $-9+11\sqrt{-5}$가 $2+3\sqrt{-5}$를 나누는지와 $8+13\sqrt{-5}$가 $1+4\sqrt{-5}$를 나누는지를 결정하라.

d) $\alpha = a+b\sqrt{-5}$에 대해 α의 노름을 $N(\alpha) = a^2+5b^2$로 정의하자. $\mathbb{Z}[\sqrt{-5}]$에 속하는 α와 β에 대해 $N(\alpha\beta) = N(\alpha)N(\beta)$임을 보여라.

e) $\mathbb{Z}[\sqrt{-5}]$에 속하는 ϵ이 1을 나누는 경우에 ϵ을 단원이라고 부른다. 단원이 되는 $\mathbb{Z}[\sqrt{-5}]$의 원소는 1과 -1뿐임을 보여라.

f) $\mathbb{Z}[\sqrt{-5}]$에 속하는 α가 오직 1, -1, α, $-\alpha$에 의해서만 나눠는 경우에 α를 소수라고 부른다. 2, 3, $1+\sqrt{-5}$, $1-\sqrt{-5}$는 모두 소수임을 보여라. 또한 2는 $1+\sqrt{-5}$를 나누지 않고, $1-\sqrt{-5}$도 나누지 않음을 보여라. 따라서 $6 = 2\cdot 3 = (1+\sqrt{-5})(1-\sqrt{-5})$와 같이 두 가지 다른 방식으로 분해가 되므로, $\mathbb{Z}[\sqrt{-5}]$에서는 유일 소인수분해가 성립되지 않는다.

g) $7-2\sqrt{-5} = (1+\sqrt{-5})\gamma+\rho$이고 $N(\rho) < N(1+\sqrt{-5}) = 6$인 γ와 ρ가 $\mathbb{Z}[\sqrt{-5}]$에 존재하지 않음을 보여라. 즉 $\mathbb{Z}[\sqrt{-5}]$에서는 나눗셈 알고리즘이 성립하지 않는다.

h) $\alpha = 3$, $\beta = 1+\sqrt{-5}$라고 두자. α와 β는 서로 동반원 관계에 있지 않은 소수들이지만, $\alpha\mu+\beta\nu = 1$이 되는 μ와 ν가 $\mathbb{Z}[\sqrt{-5}]$에 존재하지 않음을 보여라.

계산과 탐구

1. $k \leq s$인 모든 양의 정수 k에 대해 $(2007-k)+(2008-k)i$를 가우스 소수들과 단원의 곱으로 나타내어라. 단, 각 가우스 소수는 실수부가 양수이고 허수부가 음이 아닌 형태로 표현하라.

2. n보다 작은 노름을 가지는 모든 가우스 소수의 곱에 1을 더해 만든 가우스 정수 각각에 대해 노름이 가장 작은 소인수를 찾아라. 이들 중 무한히 많은 수가 가우스 소수라고 생각하는가?

3. 무작위로 선택된 두 가우스 정수가 서로소인지 판단하고, 이를 반복하여 두 가우스 정수가 서로소일 확률을 추정하라.

프로그래밍 프로젝트

1. 가우스 정수에 대한 유클리드 알고리즘의 변형을 사용하여 두 가우스 정수의 최대공약수를 찾아라.

2. 두 가우스 정수의 최대공약수를 이 두 가우스 정수의 선형 결합으로 표현하라.

3. 가우스 정수에 대한 나눗셈 알고리즘의 증명에 나오는 방법으로 몫과 나머지를 찾아 최대공약수를 구하는 유클리드 알고리즘의 변형에서 사용된 단계 수를 추적하라.

4. 가우스 정수를 단원과 가우스 소수의 곱으로 고유하게 소인수 분해하되, 소인수분해에 포함된 가우스 소수가 모두 제1사분면에 위치하도록 하라.

15.3 가우스 정수와 제곱수의 합

14.3절에서 두 제곱수의 합으로 표현될 수 있는 양의 정수는 어떤 수인지를 결정했다. 이번 절에서는 가우스 소수에 대한 지식을 사용하여 이 결과가 증명될 수 있음을 보일 것이다. 또한 가우스 소수를 이용하여 주어진 양의 정수를 두 제곱수의 합으로 표현하는 방법의 수를 구한다.

14.3절에서 $4k+1$ 형태의 모든 소수는 두 제곱수의 합으로 표현된다는 사실이 증명되었다. 이 사실은 가우스 소수를 사용하여 다른 방식으로 증명될 수 있다.

정리 15.11

양의 정수 k에 대해 $4k+1$ 형태의 유리소수는 두 제곱수의 합으로 표현된다. 또한 두 제곱수의 순서를 무시하면 이 표현은 유일하다.

증명 15.11

p를 $4k+1$ 형태의 유리소수라고 가정하자. p가 두 제곱수의 합으로 표현됨을 보이기 위해 먼저 p가 가우스 소수가 아님을 보이자. 정리 12.5에 의하면 -1은 법 p로 이차잉여이므로 $t^2 \equiv -1 \pmod{p}$인 유리 정수[1] t[1]가 존재한다. $p \mid (t^2+1) = (t+i)(t-i)$이므로 p가 가우스 소수라고 가정하면 도움정리 15.1에 의해 $p \mid t+i$이거나 $p \mid t-i$가 된다. 하지만 p로 나뉘는 가우스 정수는 $p(a+bi)$(a와 b는 유리 정수) 형태이므로 $t+i$와 $t-i$는 모두 p로 나뉘지 않음을 알 수 있다. 따라서 p는 가우스 소수가 될 수 없다.

p는 가우스 소수가 아니므로 $p=\alpha\beta$인 단원이 아닌 α와 β가 존재한다. 노름을 취하면, $p^2 = N(\alpha)N(\beta)$가 되는데, α와 β는 모두 단원이 아니므로 $N(\alpha)=N(\beta)=p$가 된다. 따라서 $\alpha = a+bi$, $\beta = c+di$라고 놓으면 다음과 같다.

$$p = N(\alpha) = a^2+b^2, \qquad p = N(\beta) = c^2+d^2$$

그러므로 p는 두 제곱수의 합이 된다.

p를 두 제곱수의 합으로 표현하는 방법이 유일하다는 사실은 독자에게 남겨둔다.

---

[1]역자 주: 유리 정수(rational integer)는 정수 $\cdots, -2, -1, 0, 1, 2, \cdots$를 가리키는 것으로 가우스 정수와 같은 대수적 정수와 구분하기 위해 사용하는 용어이다.

어떤 유리 정수가 두 제곱수의 합으로 표현되는지 결정하기 위해 우선 어떤 유리 정수가 가우스 소수이며, 그렇지 않은 경우에는 가우스 소수의 곱으로 어떻게 분해되는지 알 필요가 있다. 이를 위해 먼저 다음의 도움정리를 살펴보자.

도움정리 15.3

π가 가우스 소수이면 π가 나누는 유리소수는 오직 하나 존재한다.

증명

$N(\pi)$를 유리소수의 곱으로 표현하여 $N(\pi) = p_1 p_2 \cdots p_t$라고 놓자. $N(\pi) = \pi\overline{\pi}$이므로 $\pi \mid N(\pi) = p_1 p_2 \cdots p_t$가 된다. 따라서 도움정리 15.2로부터 $\pi \mid p_j$인 유리소수 p_j가 존재한다.

이제 π가 나누는 유리소수가 딱 하나뿐임을 보이자. 만약 π가 서로 다른 유리소수 p_1과 p_2를 동시에 나눈다고 가정해보자. 이때 p_1과 p_2는 서로소이므로 $mp_1 + np_2 = 1$이 되는 유리 정수 m과 n이 존재한다. 15.1절의 연습문제 8에 있는 나눔 성질을 이용하면 π는 1을 나누게 되어 π는 단원이 되므로 모순이 발생한다. 따라서 π가 나누는 유리소수는 딱 하나뿐임이 증명된다.

이제 어떤 유리소수가 가우스 소수인지, 그렇지 않은 경우에는 가우스 소수의 곱으로 어떻게 분해되는지를 결정할 수 있다.

정리 15.12

p가 유리소수이면 p는 다음과 같이 가우스 소수의 곱으로 분해된다.

(i) $p = 2$이면 $p = -i(1+i)^2 = i(1-i)^2$로 분해된다. 여기서 $1+i$와 $1-i$는 둘 다 노름이 2인 가우스 소수이다.

(ii) $p \equiv 3 \pmod 4$이면 p 자신이 가우스 소수이며 노름은 p^2이다.

(iii) $p \equiv 1 \pmod 4$이면 노름이 각각 p이면서 서로 동반원 관계가 아닌 가우스 소수 π와 π'이 존재해서 $p = \pi\pi'$이 된다.

증명 15.12

(i)의 증명: $2 = -i(1+i)^2 = i(1-i)^2$이고 $-i$와 i는 단원임을 주목하자. 또한 $N(1+i) = N(1-i) = 2$로서 유리소수이므로, 정리 15.5에 의해 $1+i$와 $1-i$는 둘 다 가우스 소수이다.

(ii)의 증명: p가 $p \equiv 3 \pmod 4$인 유리소수인 경우 $p = \alpha\beta$인 단원이 아닌 가우스 정수 $\alpha = a+bi$와 $\beta = c+di$가 존재한다고 가정해보자. 노름을 취하면 $p^2 = N(\alpha)N(\beta)$가 되는데, α와 β는 모두

단원이 아니므로 $N(\alpha)$와 $N(\beta)$는 둘 다 p가 되어야 한다. 따라서 $a^2+b^2=p=c^2+d^2$을 얻게 되어 $p\equiv 3 \pmod 4$에 모순이 된다. 그러므로 $p\equiv 3 \pmod 4$인 유리소수 p는 가우스 소수이다.
(iii)의 증명: p가 $p\equiv 1 \pmod 4$인 유리소수인 경우 정리 15.11에 의해 $p=a^2+b^2$이 되는 정수 a와 b가 존재한다. 이제 π_1과 π_2를 각각 $\pi_1=a+bi$, $\pi_2=a-bi$라고 두면 $N(\pi_1)=N(\pi_2)=p$이므로 정리 15.5에 의해 π_1과 π_2는 모두 가우스 소수이다. 만약 π_1과 π_2가 서로 동반원 관계라면 $\pi_1=\epsilon\pi_2$인 단원 ϵ이 존재한다. $\epsilon=1$인 경우 $\pi_1=\pi_2$로부터 $b=0$을 얻게 되고, $p=a^2$이므로 모순이 발생한다. $\epsilon=-1$인 경우 $\pi_1=-\pi_2$로부터 $a=0$을 얻게 되고, $p=b^2$이므로 모순이 발생한다. $\epsilon=i$인 경우 $\pi_1=i\pi_2$로부터 $a=b$를 얻게 되고, $p=2a^2$이므로 p가 홀수인 소수라는 사실에 모순이 된다. $\epsilon=-1$인 경우 $\pi_1=-i\pi_2$로부터 $a=-b$를 얻게 되고, 마찬가지로 $p=2a^2$이므로 모순이 발생한다. 따라서 가능한 모든 ϵ의 값에 대해서 모순이 발생하므로 π_1과 π_2는 서로 동반원 관계가 아님을 알 수 있다.

이제 가우스 정수에 대한 유일 소인수분해 정리를 이용하여 주어진 양의 정수가 두 제곱수의 합으로 표현되는 방법의 수를 결정할 모든 준비를 마쳤다. 두 제곱수의 합으로 표현될 수 있는 양의 정수는 14.3절의 정리 14.6에서 결정되었음을 상기하자.

정리 15.13

양의 정수 n의 소인수분해가 다음과 같다고 가정하자.

$$n=2^m p_1^{e_1}p_2^{e_2}\cdots p_s^{e_s}q_1^{f_1}q_2^{f_2}\cdots q_t^{f_t}$$

여기서 m은 음이 아닌 정수이고 $p_1,p_2,\ldots,p_s$는 $4k+1$ 형태의 소수이고 $q_1,q_2,\ldots,q_t$는 $4k+3$ 형태의 소수이고 $e_1,e_2,\ldots,e_s$는 양의 정수이고 $f_1,f_2,\ldots,f_t$는 짝수인 양의 정수이다. 이때 n을 두 제곱수의 합으로 표현하는 방법의 수는 다음과 같다.

$$4(e_1+1)(e_2+1)\ldots(e_s+1)$$

(단, 제곱수들의 순서와 제곱이 되는 수의 부호를 모두 고려하여 세는 것으로 한다.)

증명 15.13

n을 두 제곱수의 합으로 표현하는 방법의 수, 즉 $n=a^2+b^2$이 되는 순서쌍 (a,b)의 개수를 구하기 위해 n을 가우스 정수 $a+ib$와 $a-ib$의 곱, 즉 $n=(a+ib)(a-ib)$로 쓰는 방법의 수를 구한다.
n의 소인수분해를 이용하여 $n=(a+ib)(a-ib)$로 분해하는 방법의 수를 세어보자. 먼저 정리 15.11로부터 n의 소인수 중 $4k+1$ 형태의 소인수 p_k에 대해 $p_k=a_k^2+b_k^2$이 되는 정수 a_k,b_k가

존재한다. 또한 $1+i=i(1-i)$이므로 $2^m=(1+i)^m(1-i)^m=i^m(1-i)^{2m}$이 된다.

따라서 n은 다음과 같이 쓰인다.

$$\begin{aligned} n =& i^m(1-i)^{2m}(a_1+b_ii)^{e_1}(a_1-b_ii)^{e_1}(a_2+b_2i)^{e_2}(a_2-b_2i)^{e_2} \\ & \cdots(a_s+b_si)^{e_s}(a_s-b_si)^{e_s}q_1^{f_1}q_2^{f_2}\cdots q_t^{f_t} \end{aligned}$$

여기서 i^m은 단원이므로, 위의 식은 n을 단원과 가우스 소수의 곱으로 분해한 것이다. 이제 $n=(a+ib)(a-ib)$가 되는 $a+ib$의 형태를 살펴보자. 위에 주어진 n의 분해로부터 $a+ib$의 형태는 다음과 같다.

$$\begin{aligned} a+ib =& \epsilon_0(1-i)^w(a_1+b_ii)^{g_1}(a_1-b_ii)^{h_1}(a_2+b_2i)^{g_2}(a_2-b_2i)^{h_2} \\ & \cdots(a_s+b_si)^{g_s}(a_s-b_si)^{h_s}q_1^{k_1}q_2^{k_2}\cdots q_t^{k_t} \end{aligned}$$

여기서 ϵ_0은 단원이고 $w, g_1, \ldots, g_s, h_1, \ldots, h_s, k_1, \ldots, k_t$는 음이 아닌 정수로서 $0 \le w \le 2m$, $0 \le g_i \le e_i$, $0 \le h_i \le e_i$ $(i=1,\ldots,s)$, $0 \le k_j \le f_j$ $(j=1,\ldots,t)$를 만족한다.

따라서 $a+ib$의 켤레복소수는 다음과 같이 주어진다.

$$\begin{aligned} a-ib =& \overline{\epsilon_0}(1+i)^w(a_1-b_ii)^{g_1}(a_1+b_ii)^{h_1}(a_2-b_2i)^{g_2}(a_2+b_2i)^{h_2} \\ & \cdots(a_s-b_si)^{g_s}(a_s+b_si)^{h_s}q_1^{k_1}q_2^{k_2}\cdots q_t^{k_t} \end{aligned}$$

$n=(a+ib)(a-ib)$이므로 $n=2^wp_1^{g_1+h_1}\cdots p_s^{g_s+h_s}q_1^{2k_1}\cdots q_t^{2k_t}$이 된다. 이를 n의 소인수분해와 비교하면 $w=m$, $g_1+h_1=e_1, \ldots, g_s+h_s=e_s$, $k_1=f_1/2, \ldots, k_t=f_t/2$가 된다. 이로부터 w와 $k_j(j=1,\ldots,t)$는 유일하게 결정되는 반면에 g_i $(i=1,\ldots,s)$는 0부터 e_i 중의 한 값을 가질 수 있고, h_i는 g_i에 의해 자동적으로 결정된다. 또한 단원 ϵ_0는 네 가지 선택이 가능하다. 따라서 $n=(a+ib)(a-ib)$가 되는 서로 다른 $a+ib$의 개수는 $4(e_1+1)(e_2+1)\cdots(e_s+1)$이 되고, 이는 n을 두 제곱수의 합으로 표현하는 방법의 개수와 같다.

예제 15.11

$n=25=5^2$의 경우 정리 15.13에 의해 25를 두 제곱수의 합으로 표현하는 방법의 수는 $4\cdot3=12$이다. 실제로 다음과 같이 표현된다.

$$(\pm3)^2+(\pm4)^2, (\pm4)^2+(\pm3)^2, (\pm5)^2+0^2, 0^2+(\pm5)^2$$

$n=90=2\cdot5\cdot3^2$의 경우 정리 15.13에 의해 90을 두 제곱수의 합으로 표현하는 방법의 수는

$4 \cdot 2 = 8$이다. 실제로 다음과 같이 표현된다.

$$(\pm 3)^2 + (\pm 9)^2, (\pm 9)^2 + (\pm 3)^2$$

$n = 16,200 = 2^3 \cdot 5^2 \cdot 3^4$의 경우 정리 15.13에 의해 $16,200$을 두 제곱수의 합으로 표현하는 방법의 수는 $4 \cdot 3 = 12$이다. 구체적인 표현을 구하는 것은 독자에게 남겨둔다.

15.3.1 결론

이번 절에서는 가우스 정수를 사용하여 디오판토스 방정식 $x^2 + y^2 = n$ (n은 양의 정수)의 해를 살펴보았다. 가우스 정수는 다른 종류의 디오판토스 방정식을 공부하는 데도 유용하게 쓰인다. 예를 들어 가우스 정수를 사용하여 피타고라스 세 쌍을 구할 수 있고(연습문제 9), 또한 디오판토스 방정식 $x^2 + y^2 = z^3$의 해를 구할 수도 있다(연습문제 10).

15.3 연습문제

1. 다음 각각의 정수를 두 제곱수의 합으로 표현하는 방법의 수를 구하라.

   a) 5 b) 20 c) 120 d) 1000

2. 다음 각각의 정수를 두 제곱수의 합으로 표현하는 방법의 수를 구하라.

   a) 16 b) 99 c) 650 d) 1,001,000

3. 가우스 정수 α, β, γ에 대해 주어진 선형 디오판토스 방정식 $\alpha x + \beta y = \gamma$의 가우스 정수로 이루어진 해의 순서쌍 (x, y)를 구하는 방법에 대해 설명하라.

4. 다음 각각의 선형 디오판토스 방정식에 대해 가우스 정수로 이루어진 해의 순서쌍 (x, y)를 모두 구하라.

   a) $(3 + 2i)x + 5y = 7i$ b) $5x + (2 - i)y = 3$

5. 다음 각각의 선형 디오판토스 방정식에 대해 가우스 정수로 이루어진 해의 순서쌍 (x, y)를 모두 구하라.

   a) $(3 + 4i)x + (3 - i)y = 7i$ b) $(7 + i)x + (7 - i)y = 1$

6. 가우스 정수 α, β, δ, γ에 대해 주어진 선형 디오판토스 방정식 $\alpha x + \beta y + \delta z = \gamma$의 가우스 정수로 이루어진 해의 세 쌍 (x, y, z)를 구하는 방법에 대해 설명하라.

7. 정리 15.11의 유일성 부분을 증명하라. 즉 $4k + 1$ 형태의 소수 p가 $p = a^2 + b^2 = c^2 + d^2$로 표현되는 정수 a, b, c, d가 존재하면 $a^2 = c^2, b^2 = d^2$이거나 $a^2 = d^2, b^2 = c^2$임을 보여라.

8. 이번 연습문제에서는 가우스 정수를 사용하여 디오판토스 방정식 $x^2+1=y^3$을 만족하는 유리 정수해의 순서쌍 (x,y)를 구할 것이다.

   a) 정수 x와 y가 $x^2+1=y^3$을 만족하면 $x-i$와 $x+i$는 서로소임을 보여라.

   b) $x=r^3-3rs^2$과 $3r^2s-s^3=1$을 동시에 만족하는 정수 r과 s가 존재함을 보여라. (힌트: (a)와 15.2절의 연습문제 12를 이용하여 $x+i=(\epsilon\delta)^3$을 만족하는 단원 ϵ과 가우스 정수 δ가 존재함을 보여라.)

   c) (b)에 주어진 r,s가 만족하는 방정식을 분석하여 $x^2+1=y^3$의 모든 정수해를 구하라.

9. 가우스 정수를 사용하여 14.1절에 있는 원시 피타고라스 수에 관한 정리인 정리 14.1을 증명하라. (힌트: 방정식 $x^2+y^2=z^2$을 만족하는 원시 피타고라스 수에 대해 $x^2+y^2=(x+iy)(x-iy)$에서 $x+iy$와 $x-iy$가 서로소인 가우스 정수임을 보이고, 15.1절의 연습문제 10을 적용하라.)

*10. 가우스 정수를 사용하여 디오판토스 방정식 $x^2+y^2=z^3$을 만족하는 유리 정수해 x, y, z를 모두 구하라.

*11. 페르마의 작은 정리의 가우스 정수 버전을 증명하라. 즉 가우스 정수 α와 가우스 소수 π가 서로소일 때, $\alpha^{N(\pi)-1}\equiv 1 \pmod{\pi}$임을 보여라. (힌트: $\pi \mid p$인 유리소수 p에 대해 $p\equiv 1 \pmod 4$, $p\equiv 2 \pmod 4$, $p\equiv 3 \pmod 4$인 경우로 나누어 증명하라.)

*12. 가우스 정수 γ에 대해 법 γ로의 기약잉여계의 원소의 개수를 $\phi(\gamma)$로 정의하자. 오일러 정리의 가우스 정수 버전을 증명하라. 즉 가우스 정수 α와 γ가 서로소일 때 다음 식이 성립함을 보여라.

$$\alpha^{\phi(\gamma)}\equiv 1 \pmod{\gamma}$$

13. 윌슨의 정리의 가우스 정수 버전을 증명하라. 즉 가우스 소수 π와 법 π로의 기약잉여계 $\{\alpha_1,\alpha_2,\ldots,\alpha_r\}$에 대해 다음 식이 성립함을 보여라.

$$\alpha_1\alpha_2\cdots\alpha_r\equiv -1 \pmod{\pi}$$

14. 15.2절의 연습문제 44에서 정의된 아이젠슈타인 정수에 대해 다음 각각이 성립함을 보여라.

   a) 유리소수 2는 아이젠슈타인 소수이다.

   b) 양의 정수 k에 대해 $3k+2$ 형태의 유리소수는 아이젠슈타인 소수이다.

   c) 양의 정수 k에 대해 $3k+1$ 형태의 유리소수는 서로 동반원 관계에 있지 않은 두 아이젠슈타인 소수들의 곱으로 분해된다.

계산과 탐구

1. 14장에서 카탈란의 추측이 해결되어 2^3과 3^2이 오직 차이가 1인 유리 정수의 거듭제곱임을 보였다고 언급했다. 가우스 정수에 대해 단원만큼 차이가 나는 모든 가우스 정수의 거듭제곱을 찾는

문제는 여전히 미해결 문제이다. $(11+11i)^2$과 $(3i)^5$, $(1-i)^5$과 $(1+2i)^2$, $(78+78i)^2$과 $(23i)^3$이 이러한 거듭제곱의 쌍이라는 것을 보여라. 다른 쌍을 찾을 수 있는가?

2. $(3+13i)^3+(7+i)^3=(3+10i)^3+(1+10i)^3$, $(6+3i)^4+(2+6i)^4=(4+2i)^4+(2+i)^4$, $(2+3i)^5+(2-3i)^5=3^5+1$, $(1+6i)^5+(3-2i)^5=(6+i)^5+(-2+3i)^5$, $(9+6i)^5+(3-10i)^5=(6+i)^5+(6-5i)^5$, $(15+14i)^5+(5-18i)^5=(18-7i)^5+(2+3i)^5$ 임을 보여라. 방정식 $x^n+y^n=w^n+z^n$의 다른 해를 찾을 수 있는가? 여기서 x, y, z, ω는 가우스 정수이고 n은 양의 정수이다.

3. 15.1절 연습문제 22는 가우스 정수에 대해 빌의 추측의 반례를 제시한다. 이 추측은 $x^a+y^b=z^c$라는 디오판토스 방정식의 비자명한 해가 없다고 주장한다. 여기서 a, b, c는 $a\geq 3$, $b\geq 3$, $c\geq 3$을 만족하는 정수이며, x, y, z는 서로소인 가우스 정수이다. 15.1절 연습문제 22에 제시된 반례 이외의 다른 반례를 찾을 수 있는가?

프로그래밍 프로젝트

1. 양의 정수 n을 두 제곱수의 합으로 표현할 수 있는 경우의 수를 찾아라.
2. 양의 정수 n을 두 제곱수의 합으로 표현할 수 있는 모든 방법을 찾아라.

찾아보기

【 ㅂ 】

【 ㅋ 】

【 ㅌ 】

【 ㅍ 】

【 ㅎ 】

【 기타 】